工程建设标准强制性条文(房屋建筑部分)
实施导则

GUIDE TO THE COMPULSORY PROVISIONS OF ENGINEERING CONSTRUCTION STANDARDS (BUILDING)

《工程建设标准强制性条文》(房屋建筑部分)咨询委员会

中国建筑工业出版社

图书在版编目(CIP)数据

工程建设标准强制性条文实施导则(房屋建筑部分)/《工程建设标准强制性条文》(房屋建筑部分)咨询委员会.—北京:中国建筑工业出版社,2004
ISBN 7-112-06282-9

Ⅰ.工… Ⅱ.工… Ⅲ.建筑工程—国家标准—中国 Ⅳ.TU-65

中国版本图书馆CIP数据核字(2003)第127124号

工程建设标准强制性条文(房屋建筑部分)
实 施 导 则
GUIDE TO THE COMPULSORY PROVISIONS
OF ENGINEERING CONSTRUCTION STANDARDS
(BUILDING)
《工程建设标准强制性条文》(房屋建筑部分)咨询委员会

*

中国建筑工业出版社出版、发行(北京西郊百万庄)
新 华 书 店 经 销
世界知识印刷厂印刷

*

开本:787×1092毫米 1/16 印张:54¼ 字数:1348千字
2004年2月第一版 2004年2月第一次印刷
印数:1—30000册 定价:108.00元

ISBN 7-112-06282-9
TU·5541(12296)

本社网址:http://www.china-abp.com.cn
网上书店:http://www.china-building.com.cn

为系统掌握现行工程建设标准，全面理解《强制性条文》的准确内涵，保证《强制性条文》的贯彻执行，由强制性条文咨询委员会组织工程建设行业专家编写了《工程建设标准强制性条文（房屋建筑部分）实施导则》一书，以期通过本书使参与建设活动各方责任主体对强制性条文的理解一致。

本书参照《强制性条文》的章节顺序，每篇除正文外，还有"概述"。"概述"内容包括：2002 年版本篇强制性条文概况；与 2000 年版相应篇的对比分析；论述本篇技术控制要点（体现完整性、总体控制性、系统性、过程控制环节、针对性技术措施等）。在每篇、章对具体强制性条文解释中，分别论述"技术要点说明"及"实施与检查的控制"内容，以便于执行者"系统掌握"和"全面准确理解"强制性条文。在 2002 版强制性条文出版以后新批准的、代替或补充 2002 版强制性条文中相应内容的新条文，在本书中以新条文内容编写，并注明了新标准号。在每篇的最后汇总了各篇强制性条文重点检查内容供参考使用，使得本书内容既方便准确理解，又保证正确执行。

本书适合工程建设单位各类从业人员参考使用，是工程建设从业人员必备的指导用书。同时，本书还可作为房屋建筑强制性条文的宣传贯彻用书。

* * *

责任编辑：咸大庆　王　梅
责任设计：孙　梅
责任校对：王　莉

前言

为了加强《工程建设标准强制性条文》(房屋建筑部分)(以下简称《强制性条文》)的宣传贯彻工作,按照建设部标准定额司的要求,由强制性条文咨询委员会组织编写了《工程建设标准强制性条文(房屋建筑部分)实施导则》(以下简称《实施导则》)。《实施导则》的编写是以“系统掌握现行工程建设标准,全面理解强制性条文的准确内涵,以保证《强制性条文》的贯彻执行”为目的,使参与建设活动各方责任主体对强制性条文的理解一致,既方便准确理解,又保证正确执行。

《实施导则》逐条阐述了《强制性条文》的技术要点和实施与检查控制内容。其中,技术要点叙述了条文的涵义和确定为强制性条文的原因以及相关条文的规定;实施与检查的控制叙述了为保证强制性条文正确执行应当重点控制的内容和采取的措施。对2002年版《强制性条文》出版以后新批准的强制性条文,代替或补充了2002年版《强制性条文》中相应内容,在《实施导则》中以新批准的强制性条文内容进行编写。

本《实施导则》由徐培福、袁振隆、卫明、张雁、丁玉琴、陈国义、程志军、戎君明负责组织编写、统稿和审定。

本《实施导则》由下列人员负责编写(以姓氏笔画为序):

马眷荣、王永维、王冠军、王　华、史志华、叶茂煦、付慈英、孙述璞、李引擎、李景色、李陆峰、李爱新、刘嘉福、刘景凤、朱忠厚、安玉衡、陈基发、陈雪庭、陈凤旺、陈海岩、吴松勤、张元勃、张昌叙、张永钧、张耀良、张　森、孟小平、宋　波、林建平、林海燕、林　杰、苑振芳、周文麟、郎四维、庞传贵、金振同、侯兆欣、侯茂盛、哈成德、高　勇、倪照鹏、顾宝和、徐有邻、桂业琨、钱大治、姜　敏、黄小坤、黄德祥、崔　佳、梁　坦、程良奎、董津城、腾延京、蔡益燕、樊承谋、戴国莹。

本《实施导则》由下列人员负责审查(以姓氏笔画为序):

丁玉琴、卫　明、王谓云、叶可明、吕志涛、朱学敏、刘金砺、刘　群、戎君明、陈绍蕃、陈建东、陈富生、陈国义、张耀春、张中权、张永钧、张在明、张　芹、张　华、张绍纲、张　雁、沈世钊、沈祖炎、沙志国、杨华雄、郑生庆、周锡元、周炳章、岳清瑞、林志伸、金石坚、赵西安、胡德炘、胡庆昌、施楚贤、姜秋海、容柏生、徐培福、徐有邻、徐厚军、徐荣杰、徐　游、徐　建、徐崇宝、徐金泉、钱　风、袁振隆、袁金西、袁必勤、夏志斌、唐岱新、顾　均、黄熙龄、黄　强、黄小坤、崔鸿超、程志军、潘　鼐、戴国莹、魏明钟。

各单位在使用《实施导则》过程中,如发现需要修改和补充之处,请将意见寄交《工程建设标准强制性条文》(房屋建筑部分)咨询委员会秘书处(北京市北三环东路30号中国建筑科学研究院,邮政编码:100013,E-mail:qztw@mail.cin.gov.cn),以供今后修订时参考。

《工程建设标准强制性条文》(房屋建筑部分)咨询委员会

二〇〇三年十月

目录

序　篇

工程建设强制性标准是指直接涉及工程质量、安全、卫生及环境保护等方面的工程建设标准强制性条文。强制性条文颁布以来，国务院有关部门、各级建设行政主管部门和广大工程技术人员高度重视，纷纷开展了贯彻实施强制性条文的活动，以准确理解强制性条文的内容，把握强制性条文的精神实质，全面了解强制性条文的产生背景、作用、意义和违反强制性条文的处罚等内容。强制性条文的正确实施，对促进房屋建筑活动健康发展，保证工程质量、安全，提高投资效益、社会效益和环境效益都具有重要的意义。

一、强制性条文产生的背景和作用

改革开放以来，我国工程建设发展迅猛，基本建设投资规模加大。2000 年我国固定资产投资总额为 32619 亿元，由建筑业直接完成的建筑安装工程总额为 20536 亿元。建筑业完成的总产值和增加值持续增长，城市建设、住宅建设也形势喜人，人民的住房条件、居住环境得到了明显的改善。这些为国家的经济建设和社会稳定作出了巨大贡献。但是，在发展过程中也出现了一些不容忽视的问题，特别是有些地方建设市场秩序比较混乱，有章不循、有法不依的现象突出，严重危及了工程质量和安全生产，给国家财产和人民群众的生命财产安全构成了巨大威胁。如重庆綦江大桥、云南昆禄高速公路等发生了一系列重大的恶性工程事故和火灾事故，在社会上引起了强烈的反应。对于这些事故，党中央、国务院十分重视，国家领导同志都作过专门的重要批示和讲话。血的教训警示人们，一定要加强工程建设全过程的管理，一定要把工程建设和使用过程中的质量、安全隐患消灭在萌芽状态。2000 年 1 月 30 日，国务院发布了第 279 号令《建设工程质量管理条例》。这是国家对如何在市场经济条件下，建立新的建设工程质量管理制度和运行机制作出的重大决定。《建设工程质量管理条例》第一次对执行国家强制性标准作出了比较严格的规定。不执行国家强制性技术标准就是违法，就要受到相应的处罚。该条例的发布实施，为保证工程质量，提供了必要和关键的工作依据和条件。

从 1988 年我国《标准化法》颁布以后，各级标准在批准时就明确了属性，即是强制性的，还是推荐性的。在随后的十年期间，我国批准发布的工程建设国家标准、行业标准、地方标准中强制性标准有 2700 多项，占整个标准数量的 75%。相应标准中的条文就有 15 万多条。如果按照这样庞大的条文去监督、去处罚，一是工作量太大，执行不便；二是突出不了重点。标准规范本身是对客观自然规律的反映，是科学技术的结晶。通过把这些成熟的、先进的技术和客观要求制定成为规则，指导人们征服自然、改造自然，避免受到自然的惩罚。标准在制定中通过严格程度不同用词来区分人们对自然的认识，在内容上面既有强制性的“必须”、“严禁”，也有推荐性的“宜”和“可”等不同的表述。在这样的背景下，就迫使我们寻找以较少的条文作为重点监管和处罚的依据，带动标准的贯彻执行。为此我们对当时 212 项国家标准的严格程度用词进行统计，其中"必须"和"应"规定的条文占总条文的82%，数量还是太多，为此建设部通过征求专家的意见并经过反复研究，采取从已经批准的国家、行业标准中将带有"必须"和"应"规定的条文里对直接涉及人民生命财产安全、人身健康、环境保护和其他公众利益的条文进行摘录。2000版房屋建筑部分摘录的强制性条文共1554条，仅占相应标准条文总数的5%。

建设部自2000年以来相继批准了《工程建设标准强制性条文》共十五部分，包括城乡规划、城市建设、房屋建筑、工业建筑、水利工程、电力工程、信息工程、水运工程、公路工程、铁道工程、石油和化工建设工程、矿山工程、人防工程、广播电影电视工程和民航机场工程，覆盖了工程建设的各主要领域。与此同时，建设部颁布了建设部令81号《实施工程建设强制性标准监督规定》，明确了工程建设强制性标准是指直接涉及工程质量、安全、卫生及环境保护等方面的工程建设标准强制性条文，从而确立了强制性条文的法律地位。

2000年版的强制性条文颁布以后，立即受到工程界的高度重视，并作为工程建设执法的依据。近年来每年质量大检查和建筑市场专项治理中都把强制性条文作为重要依据，为保证和提高工程质量起到了根本性的作用。随着强制性条文的贯彻实施和工程建设标准化工作的深入开展，以及对强制性条文的深入研究和实践的检验，大家发现2000年版强制性条文(房屋建筑部分)还有一些不适应和不完善的地方，急需修订和完善。主要有两方面的情况：第一、近年来，国家对标准化工作十分重视，加大了标准的编制力度，两年期间建设部将建筑工程领域中的勘察、设计、施工质量验收规范进行了全面修订，相继颁布了一系列新修订的规范，规范更新率达到42%，一些新的强制性条文需要纳入，原来已经确定的强制性条文也发生了变化，有些内容已经修改，需要及时调整；第二、在2000年版本的摘录过程中，由于没有现成的经验借鉴，一些摘录的条文还不尽合理，有些规定过细过杂，需要进行修订。

根据各方面的意见和反映，建设部决定对2000年版的强制性条文(房屋建筑部分)进行修订。这项修订工作采取了区别于一般标准制定的程序和做法，积极借鉴国际上技术法规的制定程序和模式。首先，成立了工程建设标准强制性条文(房屋建筑部分)咨询委员会，咨询委员会成员由包括6位院士在内的85位专家组成，覆盖了政府机关、科研单位、高等院校、设计、施工、监督、监理等房屋建筑各个领域。其次，明确了修订的原则，严格按照保证质量、安全、人体健康、环境保护和维护公共利益的原则，将整个房屋建筑的强制性条文作为一个体系来编制，并考虑向技术法规过渡的可能性。咨询委员会在强制性条文修订过程中，广泛征求各方面的意见，进行反复研究和修改。他们将新标准中的强制性条文、保留标准的强制性条文以及近期将发布的强制性条文，都进行编制整理，逐条审查，按照更科学、更严格的指导思想界定强制性条文。在体系框架和内容结构上，充分考虑其完整性和合理性，使得将来的技术法规能够在这个体系框架上逐步形成；在条文数量上既严格控制，又宽严适度，力争达到以较少的条文有效地控制质量和安全的作用。

强制性条文在工程建设活动中发挥的作用日显重要，具体表现在以下几个方面：

(一) 实施《工程建设标准强制性条文》是贯彻《建设工程质量管理条例》的一项重大举措

国务院发布的《建设工程质量管理条例》，是国家在市场经济条件下，为建立新的建设工程质量管理制度和运行机制作出的重要规定。《条例》对执行国家强制性标准作出了比较严格的规定，不执行国家强制性技术标准就是违法，就要受到相应的处罚。《条例》对国家强制性标准实施监督的严格规定，打破了传统的单纯依靠行政管理保证建设工程质量的概念，开始走上了行政管理和技术规范并重的保证建设工程质量的道路。

（二）编制《工程建设标准强制性条文》是推进工程建设标准体制改革所迈出的关键性的一步

工程建设标准化是国家、行业和地方政府从技术控制的角度，为建设市场提供运行规则的一项基础性工作，对引导和规范建设市场行为具有重要的作用。我国现行的工程建设标准体制是强制性与推荐性相结合的体制，这一体制是《标准化法》所规定的。在建立和完善社会主义市场经济体制和应对加入 WTO 的新形势下，需要进行改革和完善，需要与时俱进。

世界上大多数国家对建设活动的技术控制，采取的是技术法规与技术标准相结合的管理体制。技术法规是强制性的，是把建设领域中的技术要求法治化，严格贯彻在工程建设实际工作中，不执行技术法规就是违法，就要受到法律的处罚，而没有被技术法规引用的技术标准可自愿采用。这套管理体制，由于技术法规的数量比较少、重点内容比较突出，因而执行起来也就比较明确，比较方便，不仅能够满足建设市场运行管理的需要，而且也不会给建设市场的发展、技术的进步造成障碍，应当说，这对我国工程建设标准体制的改革具有现实的借鉴作用。

但就目前而言，我国工程建设技术领域直接形成技术法规，按照技术法规与技术标准体制运作还需要有一个法律的准备过程，还有许多工作要做。为向技术法规过渡而编制的《工程建设标准强制性条文》，标志着启动了工程建设标准体制的改革，而且迈出了关键性的一步，今后通过对《工程建设标准强制性条文》内容的不断完善和改造，将会逐步形成我国的工程建设技术法规体系。

（三）强制性条文对保证工程质量、安全，规范建筑市场具有重要的作用

工程建设强制性标准是技术法规性文件，是工程质量管理的技术依据。我国从 1999 年开始的连续四年建设执法大检查，均将是否执行强制性标准作为一项重要内容。从检查组联合检查的情况来看，工程质量问题不容乐观。一些工程建设中发生的质量事故或安全事故，虽然表现形式和呈现的结果是多种多样的，但其中的一个重要原因都是违反标准的规定，特别是违反强制性标准的规定造成的。反过来，如果严格按照标准、规范、规程去执行，在正常设计、正常施工、正常使用的条件下，工程的安全和质量是能够得到保证的，不会出现桥垮屋塌的现象。今后，不论对人为原因造成的，还是对在自然灾害中垮塌的建设工程都要审查有关单位贯彻执行强制性标准的情况，对违规者要追究法律责任。只有严格贯彻执行强制性标准，才能保证建筑的使用寿命，才能使建筑经得起自然灾害的检验，才能确保人民的生命财产安全，才能使投资发挥最好的效益。

（四）制定和严格执行强制性标准是应对加入世界贸易组织的重要举措

我国加入世界贸易组织，对我们的各项制度和要求提出了新的要求。世界贸易组织为了消除贸易壁垒而制定的一系列协定，我们一般称为关税协定和非关税协定。技术贸易壁垒协定（WTO/TBT）作为非关税协定的重要组成部分，将技术标准、技术法规和合格评定作为三大技术贸易壁垒。根据我国多次与世界贸易组织谈判的结果，我国制定的强制性标准与技术贸易壁垒协定所规定的技术法规是等同的，我国制定的推荐性标准与贸易技术壁垒协定所规定的技术标准是等同的。技术法规是指政府颁布的强制性文件，技术法规是一个国家的主权体现，必须执行；技术标准是竞争的手段和自愿采用的，在中国境内从事工程建设活动的各个企业和个人必须严格执行中国的强制性标准。

执行强制性标准既能保证工程质量安全、规范建筑市场,又能切实保护我们的民族工业,应对加入 WTO 之后的挑战,维护国家和人民的根本利益。

二、2002 年版强制性条文的制定原则和特点

世界贸易组织(WTO)制定的“技术贸易壁垒协定”,对技术法规给出的范围为:国家安全、防止欺骗、保护人体健康和安全、保护动植物的生命和健康、保护环境。强制性条文确定的原则是:直接涉及工程质量、安全、卫生及环境保护等方面内容,且为现行标准中条文。无论是国际上,还是我国,在确定强制性条文的基本原则是相近的。强制性条文的确定权限是由政府部门控制的,作为政府管理国家,首要关心的,对外是国防,对内则表现为公共安全、健康、环境保护。人民的这些利益必须通过强制性获得,同时我国的政府是人民的政府,党代表最广大人民群众的根本利益。因此,强制性条文确定的原则是直接涉及工程质量、安全、卫生及环境保护和公共利益等方面内容。

我国工程建设强制性条文是从现行标准中摘录出来的,条文规定的内容较为具体详细,这样也便于检查操作。从发展方向来讲,随着我国的法制建设的完善,强制性条文逐步走向技术法规,以性能为主的规定将会越来越多。

2002 年版强制性条文的制定原则如下:

1. 修订时仍然遵照制定 2000 年版强制性条文时的总原则,即将工程建设国家和行业标准中直接涉及人民生命财产安全、人身健康、环境保护和其他公众利益的,并考虑了保护资源、节约投资、提高经济效益和社会效益等政策要求的条文纳入强制性条文。

2. 修订中,经过《工程建设标准强制性条文》(房屋建筑部分)咨询委员会研究,确定了在编制新版强制性条文中的几点原则性意见:

(1) 强制性条文应具有可操作性;

(2) 对争议较大,且未完全取得一致意见的条文,暂不纳入;

(3) 强制性条文之间应协调一致,对不一致的条文要调整,使其不矛盾,不重复;

(4) 强制性条文中不应引用其他标准中非强制性的内容以及推荐性标准的内容;

(5) 强制性条文仅摘自国家和行业标准,不包括推荐性标准;

(6) 强制性条文的用词采用“必须、严禁”和“应、不应、不得”等用词,一般不采用“宜、不宜”等用词;

(7) 对新发布的标准中已公布的强制性条文,应慎重对待。一般情况下不再进行修改或补充;个别需要修改、补充的,要经过规定的标准局部修订程序。

2002 年版强制性条文全文共分九篇,引用工程建设标准 107 本,共编录强制性条文 1444 条。

2002 年版强制性条文的主要特点是:

1. 突出了对直接涉及人民生命财产安全、人身健康、环境保护和其他公众利益的关键技术控制要点的补充、强化;

2. 对《2000 年版强制性条文》中摘录的,但至今尚未修订发布的标准,本着更严格、更科学的原则,针对执行中的情况,重新进行了审核确定,使其能够与新发布标准中的强制性

条文协调，形成相对完善的有机整体，共同构成新版强制性条文；

3. 强制性条文之间进行了充分协调，避免了矛盾和重复；

4. 新版强制性条文具有较好的可操作性；

5. 强制性条文强制的内容和范围明确，不引用其他标准中非强制性内容；

6. 为保持今后强制性条文的连续性、协调性，在2002年版后的强制性条文仍由咨询委员会审查。

三、强制性条文的实施

《工程建设标准强制性条文》(房屋建筑部分)是政府站在国家和人民的立场上，对工程建设活动提出的最基本的、必须做到的要求。从某种意义上讲，这就是目前阶段的具有中国特色的"技术法规"。所有工程建设活动的参与者，也包括管理者和技术人员，都应当熟悉、了解和遵守。不知法、不懂法、不执法，纵有再好的行政法规和技术法规，也只能是纸上谈兵。所以，建设行政主管部门应首先将学习强制性标准作为重要任务，然后要加大对违反强制标准监督检查的力度，这项工作是依法行政的组成部分，也是《建设工程质量管理条例》赋予给县级以上建设行政主管部门的职能之一。如果不按照这样做，其本身就是失职。各个参与建设活动各方责任主体，也应当严格按照强制性条文执行，否则就应当受到处罚。

(一) 贯彻实施的要素

根据标准化法的规定，标准化工作的三大任务：制定标准、实施标准和对实施标准的监督，这三大任务是从参与标准化的各个不同的主体来区别的。从制定标准的目的来看，制定出来的标准如果得不到执行，那么标准制定本身也是没有意义的。事实上，建立技术法制化秩序主要在于两个方面，一方面是制定一个法制化文件，另一方面是严格执行。现在已经制定出强制性条文，大家面临的主要工作是执行。一个强制性的文件制定出来后，要得到贯彻执行，应当遵循实施的三个要素：权威性、公众的意识、对执行的监督。这三个要素相互支撑，缺一不可。强制性条文的权威性是指在制定过程中按照标准化的原则，符合标准的程序，通过大家公认，得到广泛使用，并带来直接和间接的效益。使用者执行好的强制性条文以后，将具有明显的效果，会使得大家自觉遵守执行。公众良好的贯标意识，主要靠自觉学习、掌握和执行。对标准的学习实际上也是对新技术的掌握，标准规范掌握好了以后就能够自觉遵守标准的规定，按照标准去执行。对执行的监督是三个要素中最难处理的，因为这是执行的最后一道闸门，也是较为重要的防线，特别是强制性标准，如果缺乏监督，造成的危害是直接的。对违反强制性条文的处罚，不能简单地认为是处罚的需要，更为重要的是对执行强制性条文的监督应当建立事前监督和事后处理的制度。

各地方、各单位应当采取多种方式宣传强制性条文，搞好培训工作。各级建设行政主管部门的同志需要学习了解强制性条文的基本内容，提高对落实强制性条文重要性、紧迫性的认识，提高依法查处违反强制性条文行为的能力；接受建设行政主管部门委托执法的建设工程质量监督机构、建设工程安全监督机构、施工图审查机构以及标准化机构的技术人员需要熟练掌握强制性条文，提高工作质量和效率。标准规范是对重复性的技术共性的问题做出的科学规定，具体到每一个工程，采用标准的情况是复杂的，执法人员除了要熟练掌握强制性条文以外，还要在平时积累经验，进行典型案例分析，查找落实强制性条文的薄弱环节，及时引导，把事故苗头消灭在萌芽状态；勘察、设计、施工、监理各单位的主要负责人应带领工程技术人员和施工操作人员认真学习标准，提高标准化意识，增强贯彻强制性条文的自觉性。

勘察、设计、施工、监理单位要把落实工程建设标准强制性条文具体到企业标准化工作中去。各有关单位要根据强制性条文，修改本单位的设计技术条件，完善施工操作工艺规程，细化监理大纲。通过消化、吸收、宣传、执行强制性条文，发展企业标准化，增加技术储备，提升企业的技术实力，增强企业竞争力。

要加强执法监督检查，依法查处违反工程建设标准强制性条文的单位和个人。各级建设行政主管部门应当切实依法行政，按照建设部令第 81 号《实施工程建设强制性标准监督规定》的要求，将实施强制性条文的监督检查纳入行政执法的内容。建设部从 1999 年开始就将强制性标准的实施监督列入行政执法的重要内容，2000 版的强制性条文发布实施后，更成为每年工程质量大检查和建筑市场专项治理的重要依据。不执行强制性标准，就要依法查处。同时，各级建设行政主管部门都要督促接受委托执法的有关机构，认真做好强制性条文实施监督工作。接受委托执法的有关机构，要严格用强制性标准规范施工现场的安全生产、环境保护、文明施工等活动，在勘察、设计、施工各个阶段的各个环节，更加重视强制性标准的执行与监控。通过有法必依、执法必严、违法必究，增强工程建设有关各方落实强制性条文的自觉性。

（二）新技术、新工艺、新材料的应用

标准是以实践经验的总结和科学技术的发展为基础的，它不是某项科学技术研究成果，也不是单纯的实践经验总结，而必须是体现两者有机结合的综合成果。实践经验需要科学的归纳、分析、提炼，才能具有普遍的指导意义；科学技术研究成果必须通过实践检验才能确认其客观实际的可靠程度。因此，任何一项新技术、新工艺、新材料要纳入到标准中，必须具备：①技术鉴定；②通过一定范围内的试行；③按照标准的制定程序提炼加工。

标准与科学技术发展密切相连，标准应当与科学技术发展同步，适时将科学技术纳入到标准中去。科技进步是提高标准制定质量的关键环节。反过来，如果新技术、新工艺、新材料得不到推行，就难以获取实践的检验，也不能验证其正确性，纳入到标准中也会不可靠。为此，给出适当的条件允许其发展，是建立标准与科学技术桥梁的重要机制。

标准的强制是技术内容法治化的体现，但是并不排斥新技术、新材料、新工艺的应用，更不是桎梏技术人员创造性的发挥。按照建设部 81 号部令《实施工程建设强制性标准监督规定》第五条“工程建设中拟采用的新技术、新工艺、新材料，不符合现行强制性标准规定的，应当由拟采用单位提请建设单位组织专题技术论证，报批准标准的建设行政主管部门或者国务院有关主管部门审定。”

不符合现行强制性标准规定的及现行强制性标准未作规定的，这两者情况是不一样的。对于新技术、新工艺、新材料不符合现行强制性标准规定的，是指现行强制性标准（实质是强制性条文）中已经有明确的规定或者限制，而新技术、新工艺、新材料达不到这些要求或者超过其限制条件。这时，应当由拟采用单位提请建设单位组织专题技术论证，并按规定报送有关主管部门审定。如果新技术、新工艺、新材料的应用在现行强制性标准中未作规定，则不受建设部令 81 号《实施工程建设强制性标准监督规定》的约束。

需要说明的是建设部在 2002 年颁布的第 111 号部令《超限高层建筑工程抗震设防管理

规定》中，超限高层建筑工程是指超出现行有关技术标准所规定的适用高度或体型规则性要求的高层建筑工程，也就是指超出有关抗震方面强制性标准规定的，应当按照第111号令执行。对于强制性标准明确作出规定的，而不符合时，应当按照建设部令81号《实施工程建设强制性标准监督规定》执行。

（三）国际标准和国外标准

积极采用国际标准和国外先进标准是我国标准化工作的原则之一。国际标准是指国际标准化组织ISO和国际电工委员会IEC所制定的标准，以及ISO确认并公布的其他国际组织制定的标准。

国外标准是指未经ISO确认并公布的其他国际组织的标准、发达国家的国家标准、区域性组织的标准、国际上有权威的团体和企业（公司）标准中的标准。

由于国际标准和国外标准制订的条件不尽相同，在我国对此类标准进行实施时，如果工程中所采用的国际标准和国外标准规定的内容不涉及到强制性标准的内容，一般在双方约定或者合同中采用即可，如果涉及到强制性标准的内容，即与安全、卫生、环境保护和公共利益有关，此时在执行标准上涉及到国家主权的完整问题，因此，应纳入标准实施的监督范畴。工程建设中采用国际标准或者国外标准，现行强制性标准未作规定的，建设单位应当向国务院建设行政主管部门或者国务院有关行政主管部门备案。

（四）违反强制性标准的处罚

建设部令81号《实施工程建设强制性标准监督规定》对参与建设活动各方责任主体违反强制性标准的处罚做出了具体的规定，这些规定与《建设工程质量管理条例》是一致的。

1. 建设单位

建设单位不履行或不正当履行其工程管理的职责的行为是多方面的，对于强制性标准方面，建设单位有下列行为之一的，责令改正，并处以20万元以上50万元以下的罚款：

(1) 明示或暗示施工单位使用不合格的建筑材料、建筑构配件和设备；

(2) 明示或暗示设计单位或施工单位违反建设工程强制性标准，降低工程质量。

2. 勘察、设计单位

勘察、设计单位违反工程建设强制性标准进行勘察、设计的，责令改正，并处以10万元以上30万元以下的罚款。

有前款行为，造成工程质量事故的，责令停业整顿，降低资质等级；情节严重的，吊销资质证书；造成损失的，依法承担赔偿责任。

3. 施工单位

施工单位违反工程建设强制性标准的，责令改正，处工程合同价款2%以上4%以下的罚款；造成建设工程质量不符合规定的质量标准的，负责返工、返修，并赔偿因此造成的损失；情节严重的，责令停业整顿，降低资质等级或者吊销资质证书。

4. 工程监理单位

工程监理单位与建设单位或施工单位串通，弄虚作假、降低工程质量的；违反强制性标准规定，将不合格的建设工程以及建筑材料、建筑构配件和设备按照合格签字的，责令改正，处50万元以上100万元以下的罚款，降低资质等级或者吊销资质证书；有违法所得的，予以没收；造成损失的，承担连带赔偿责任。

5. 事故单位和人员

违反工程建设强制性标准造成工程质量、安全隐患或者工程事故的，按照《建设工程质量管理条例》有关规定，对事故责任单位和责任人进行处罚。

6. 建设行政主管部门和有关人员

建设行政主管部门和有关行政主管部门工作人员，玩忽职守、滥用职权、徇私舞弊的，给予行政处分；构成犯罪的，依法追究刑事责任。

第一篇　建　筑　设　计

概　述

本篇共涉及30本现行建筑工程设计标准，这些标准中共有3000多条规定，这里仅收录其中的172条(占5.5%)。

本篇强制性条文摘自下列规范：

《民用建筑设计通则》JGJ 37—87

《民用建筑热工设计规范》GB 50176—93

《民用建筑节能设计标准》JGJ 26—95

《夏热冬冷地区居住建筑节能设计标准》JGJ 134—2001

《民用建筑照明设计标准》GBJ 133—90

《托儿所、幼儿园建筑设计规范》JGJ 39—87

《中小学校建筑设计规范》GBJ 99—86

《民用建筑隔声设计规范》GBJ 118—88

《办公建筑设计规范》JGJ 67—89

《科学实验建筑设计规范》JGJ 91—93

《文化馆建筑设计规范》JGJ 41—87

《旅馆建筑设计规范》JGJ 62—90

《商店建筑设计规范》JGJ 48—88

《饮食建筑设计规范》JGJ 64—89

《图书馆建筑设计规范》JGJ 38—99

《档案馆建筑设计规范》JGJ 25—2000

《殡仪馆建筑设计规范》JGJ 124—99

《汽车客运站建筑设计规范》JGJ 60—99

《港口客运站建筑设计规范》JGJ 86—92

《铁路旅客车站建筑设计规范》GB 50226—95

《汽车库建筑设计规范》JGJ 100—98

《综合医院建筑设计规范》JGJ 49—88

《疗养院建筑设计规范》JGJ 40—87

《体育建筑设计规范》JGJ 31—2003

《住宅设计规范》GB 50096—1999

《宿舍建筑设计规范》JGJ 36—87

《老年人建筑设计规范》JGJ 122—99

《城市道路和建筑物无障碍设计规程》JGJ 50—2001

《地下工程防水技术规范》GB 50108—2001

《人民防空地下室设计规范》GB 50038—94

本篇分为三章：1. 设计基本规定；2. 室内环境设计；3. 各类建筑的专门设计。各章基本控制要点如下：

1. 设计基本规定控制要点：

建筑设计的质量控制，首先考虑如何满足建筑功能基本要求。针对目前常发事故中，大量存在追求速度、形式，忽视基本要求的现象，2002 年版继续把基本规定作为重点控制内容。以《民用建筑设计通则》为依据，把基地标高、疏散通道宽度、窗台、栏杆的高度等基本要求作为保证建筑物基本质量的强制性条文。

强调建筑设计中遵守成熟经验与保证安全的重要性。在新材料新技术尚未成熟时，传统的硬性规定仍然十分必要。如条文中继续强调："排烟与通风不得使用同一管道系统"的规定，就是针对当前有的热水器的排气管接入了厨房排烟管，从而引发人身伤亡事故而特别重申的。同时，关于"栏杆应以坚固、耐久的材料制作，并能承受荷载规范规定的水平荷载"等原则性的规定，在今后的设计实践中，仍然要反复强调。

2. 室内环境设计控制要点：

室内环境设计的规定中首先强调了节能，要求建筑师从维护结构的热工性能、窗户的气密性等方面保证建筑节能。同时相对过去片面强调对寒冷地区采暖时的节能，2002 年版更加重视空调制冷时房屋建筑的节能要求。

室内光环境设计的控制，主要强调公共安全和公众利益；对《民用建筑照明设计标准》中公共建筑照度标准值，重点录入图书馆、中小学、托幼建筑等人流较集中和视觉要求较高底的公共部位的照度标准值作为强制性条文，以保证在这些空间中活动的人员的最基本视觉要求。2002 年版在照明要求方面对 2000 年版修改较多，主要删除部分属日常使用中管理者可自由选择的标准。

在隔声和噪声限制方面，强调了对室内声学环境的控制，将《民用建筑隔声设计规范》中有关住宅建筑、教学建筑、医疗建筑和旅馆建筑等，对室内声环境要求较高的建筑的声学环境标准，列入强制性条文。重点控制室内允许噪声级、空气声隔声和楼板撞击声隔声量。

3. 各类建筑的专门设计控制要点：

各类公共建筑的设计控制，是针对常见设计错误提出的，重点在保证安全和体现建筑对人的关怀方面。如要求托儿所、幼儿园"在距地 1.20m 高度内，不应装易碎玻璃"；要求中小学校"二层以上教学楼向外开启的窗，应考虑擦玻璃方便与安全措施"，要求殡仪馆建筑的"骨灰寄存用房应有通风换气设施"等等。此外，特殊专业技术要求也录入了强制性条文。如《综合医院建筑设计规范》中有关"放射科防护"和"核医学防护"的许多特殊要求，列入强制性条文。

对居住建筑的设计控制，主要依据《住宅设计规范》，提出保证基本居住生活质量的要求，如坚持强调"七层以上住宅或住户入口层距地高度超过 16m 以上时必须设置电梯"，"住宅不应布置在地下室内"等要求，体现了强制性条文坚持以人为本，维护公众利益的特征。

2002 年版对老年人建筑的规定和建筑无障碍设计的规定，各自独立编成一节，体现建筑对老年人的关怀和保护。强调设计应适应人口老龄化的需要。

对建筑无障碍设计的要求中，主要收录了 2001 年颁布的《城市道路和建筑物无障碍设计规范》，重点提出无障碍建筑的设计应用范围，强调对建筑物公共出入口、各种走廊、通道以及门的设置等进行无障碍设计，保证轮椅使用者能够自如出入各种公共场所的基本权益，体现了社会的文明进步。

在关于地下室的强制性条文中，主要根据《地下工程防水技术规范》收录有关工程构造防水措施的要求，并根据《人民防空地下室设计规范》收录关于相邻抗爆单元之间设置抗爆墙的规定等。

在2000年版建筑设计部分的强制性条文收录时及执行过程中，建筑设计规范的强制性条文显现出可操作性较差的问题。两年多来，在执行中发现的问题仍然是强制性条文的可操作性问题。本次2002年版复审过程中，对可操作性存在问题的条文作了较多删除。

1 设计基本规定

本章仅以《民用建筑设计通则》JGJ 37－87为依据，收录该通则66条规定中的11条，其中有些条只摘录了有限的款。由于通则是我国建筑设计规范中较老的版本，而且目前正在修订，因此本版强制性条文对2000年版没有作太多修改。

《民用建筑设计通则》JGJ 37—87

2.1.2 基地高程

一、基地地面高程应按城市规划确定的控制标高设计。

【技术要点说明】

城市规划对基地内高程总体已经确定的前提下，应综合考虑竖向、土方和雨水排除。基地地面高程设计应与城市已确定的控制标高统一。

2.1.4 相邻基地边界线的建筑与空地

三、除城市规划确定的永久性空地外，紧接基地边界线的建筑不得向邻地方向设洞口、门窗、阳台、挑檐、废气排出口及排泄雨水。

【技术要点说明】

紧接基地边界线的建筑，在符合防火规范的有关规定的前提下，边界两边的建筑可毗连，但不得向相邻方向设洞口、开门窗、设阳台、室外空调机位及挑沿、排雨水和废气等，以防止有碍安全、卫生、对视的后患和民事纠纷。

2.2.1 不允许突入道路红线的建筑突出物

一、建筑物的台阶、平台、窗井。

二、地下建筑及建筑基础。

三、除基地内连接城市管线以外的其他地下管线。

【技术要点说明】

因道路红线以内地下、地下空间均为城市公共空间，不属某单位所用，如有条文中所述建筑突出物突入道路红线，将影响城市空间景观、人流、车流交通及城市地下管网敷设。

3.3.2 地面排水

一、基地内应有排除地面及路面雨水至城市排水系统的设施。

【技术要点说明】

基地内地面和道路应有排除地面及路面雨水的设施，以保证雨季排水可以畅通排至城市雨水系统或采用雨水回收设施，有利于节水环保。

4.2.1 楼梯

二、供日常主要交通用的楼梯的梯段净宽应根据建筑物使用特征，一般按每股人流宽为0.55＋(0～0.15)m的人流股数确定，并不应少于两股人流。

三、梯段改变方向时，平台扶手处的最小宽度不应小于梯段净宽。

四、每个梯段的踏步一般不应超过18级，亦不应少于3级。

五、楼梯平台上部及下部过道处的净高不应小于2m。梯段净高不应小于2.20m。

九、有儿童经常使用的楼梯的梯井净宽大于0.20m时，必须采取安全措施。

【技术要点说明】

二、楼梯梯段宽度在防火规范中是以每股人流为0.55m计算，并规定按两股人流为最小宽度不得小于1.1m宽，这对疏散楼梯是适用的，但对日常主要交通用的楼梯的梯段净宽应适当加宽，尤其是人员密集的公共建筑(如商场、剧场、体育馆等)的主要楼梯按多股人流通行，使垂直交通不造成拥挤和阻塞，应考虑人体行进中一定摆幅和相互间空隙，因此本条规定每股人流为0.55m＋(0～0.15m)即0.55～0.7m宽，人流众多的公共场所应取上限值。本规定适用一般建筑公共楼梯的设计，但对住宅有特殊放宽要求，《住宅设计规范》4.1.2条规定："六层及六层以下住宅，一边设有栏杆的梯段净宽不应小于1m。"，因此，有关住宅楼梯间的设计可执行《住宅设计规范》相关的规定。

三、楼梯休息平台宽度是影响搬运家具和病人担架通行的主要因素，平台扶手处最小宽度不应小于楼梯净宽1.1m，再增加0.1m的空隙，平台净宽不应小于1.2m。

四、超过18级的梯段是连续登梯的疲劳极限，需要适当平台缓冲；少于3级的梯段容易造成一步踩空的危险。本款规定是为方便使用和保证安全交通。

五、楼梯平台上部、下部净高由于楼梯做法设计各层净高不一定与各层楼净高一致，因此平台板底或平台梁底的最低处不应少于2m净高，使人行进时不会碰撞、不感到压抑的最小尺寸。楼梯段净高一般应满足人在楼梯上伸直手臂向上旋升时手指刚触及上方梯段板底突出物下缘为限，楼梯坡度增大，其净高也相应增高，坡度越缓净高也就越低，但要保证人在行进中不碰头和产生压抑感，故按常用坡度，定为2.20m梯段净高。

九、为了保护少年儿童生命安全，在儿童经常使用的楼梯的梯井净宽大于0.20m(少儿胸背厚度)时，容易产生坠落事故。必须采取防少儿攀滑措施，防止跌落楼梯井底。防止儿童在楼梯扶手上做滑梯游戏。现《住宅设计规范》有更加严格的规定，要求住宅"楼梯井净宽大于0.11m(少儿头宽度)时，必须采取防止儿童攀滑的措施。"该条同样列为强制性条文，因此，住宅设计应执行《住宅设计规范》的规定。

4.2.4 栏杆

凡阳台、外廊、室内回廊、内天井、上人屋面及室外楼梯等临空处应设置防护栏杆，并应符合下列规定：

一、栏杆应以坚固、耐久的材料制作，并能承受荷载规范规定的水平荷载；

二、栏杆高度不应小于1.05m，高层建筑的栏杆高度应再适当提高，但不宜超过1.20m；

三、栏杆离楼面或屋面0.10m高度内不应留空；

四、有儿童活动的场所，栏杆应采用不易攀登的构造。

【技术要点说明】

阳台、外廊、女儿墙等高空处栏杆高度应超过人体重心高度，才能避免人体靠近栏杆时因重心外移而坠落的危险。据有关单位在1980年对人体测量结果，我国男子平均身高为1656.03mm，换算成人体直立状态下的重心高度是994mm，加上穿鞋后的重心高度为994＋20＝1014mm，这里不包括穿高跟鞋的厚鞋底的高度。国际"固定式工业防护栏杆"中规定"防护栏杆高度不得低于1050mm"，对于高层、超高层建筑因高空俯视会有恐惧感，因此根据人体重心和心理因素，分别加高至1100mm及1200mm，少年儿童生性好动，容易翻越栏杆，故少儿活动场所一律不应低于1100mm高的栏杆。为保护少年儿童生命安全，栏杆应采用防止攀登的构造，如横向花饰、女儿墙防水材料收头的小沿砖等。做垂直栏杆时，杆件间的净距不应大于0.11m，以防少儿头部身体穿过而坠落。

4.4.4　楼地面

四、存放食品、食料或药物等房间，其存放物有可能与地面直接接触者，严禁采用有毒性的塑料、涂料或水玻璃等做面层材料。

【技术要点说明】室内楼、地面存放食品、食料或药物及其他有人使用的房间，装修材料均应环保，严禁采用有毒或污染的建材。

4.5.2　窗

四、窗台低于0.80m时，应采取防护措施。

【技术要点说明】

没有邻接阳台或平台的外窗窗台，距楼面净高较低，如飘窗（凸窗）、落地窗或低窗台等容易发生儿童攀登或撞碎玻璃窗坠落事故，当窗台距地面低于0.8m时，应采取防护措施确保安全。各类建筑的专门设计有更加严格的规定，如：《住宅设计规范》为0.9m，应执行相关规范的规定。低窗台的防护措施应从可踏面计算防护高度。窗台的有效防护高度应保证净高0.9m，距离楼（地）面0.45m以下的台面、横栏杆等容易造成无意识攀登的可踏面，不应计入窗台净高。

4.7.1　建筑物内的公用厕所、盥洗室、浴室应符合下列规定：

一、上述用房不应布置在餐厅、食品加工、食品贮存、配电及变电等有严格卫生要求或防潮要求用房的直接上层；

四、楼地面、楼地面沟槽，管道穿楼板及楼板接墙面处应严密防水、防渗漏。

【技术要点说明】

建筑物内的公用厕所、盥洗室、浴室等卫生用房及住宅的卫生间用水多，管道多易发生漏水现象。本条规定对于保证其相邻用房的使用功能和卫生条件，必须严格执行。跃层住宅中允许自家卫生间可布置在本套内的卧室、起居室（厅）或厨房的上层，这类用房要求楼地面严密防水、防渗，卫生间的楼地面及楼地面沟槽、管道穿楼板及楼板接墙处均应严密防水、防渗漏。卫生设备的配置因各类建筑使用性质不同，应按单项建筑设计规范的规定执行。

4.8.1　管道井

三、在安全、防火和卫生方面互有影响的管道不应敷设在同一竖井内。

【技术要点说明】在安全、防火和卫生要求互有影响的管道井，其使用构造、材料不同，本规定要求分别独立设置，不得共用同一管道系统。

4.9.1　烟道、通风道

五、排烟和通风不得使用同一管道系统。

【技术要点说明】

为了满足使用要求，确保安全、防止互相串烟、串气、倒灌和相互污染，确保人身安全，应分别独立设置排烟、通风道，不得使用同一管道系统。

【实施与检查的控制】

《民用建筑设计通则》是对建筑设计提出的最基本的要求，本节强制性条文的规定，更是建筑工程设计必须严格遵守的，设计单位应无条件执行以上规定。主管部门特别是审图机构必须将是否违反上述条文作为审查重点。施工阶段如发现违反现象应拒绝施工，否则将负相关责任。

在实施与检查中，对执行以上规定需把握两方面的原则，其一，通则的要求是对一般建筑设计最基本的要求，只要专门的建筑设计规范没有特殊要求，应无条件执行通则的规定；其二，通则的要求不能代替所有建筑设计要求，只要专门的建筑设计规范有特殊要求的，应执行相关建筑规范的规定。一般情况下专门的建筑设计规范提出的规定会比通则的规定更加严格，如《住宅设计规范》提出的窗台高度、《托儿所、幼儿园建筑设计规范》提出的护栏高度等要求比通则严格；但也有个别情况比通则要求放宽的，如《住宅设计规范》对六层以下住宅楼梯净宽的要求比通则要求低。此外，要注意条文执行范围的准确性，如通则中对公共楼梯的要求不能引申到住宅室内楼梯。检查中如发现符合通则中强制性条文要求，但违反相关规范规定的情况，仍应认真纠正，按违反一般规定处理。

审图时要特别注意对 2.1.2 条的检查控制，对总平面图没有标高的，不允许“等施工现场再定”。对 4.8.1 条和 4.9.1 条要注意专用管线的安全布置要求，任何情况下，不允许将通风管道与排烟管道接通。

2 室内环境设计

创造和保持一个良好的室内环境，是任何一栋建筑都应该具有的功能。因此，在建筑的设计过程中，对室内环境设计应该有一定的重视。本章所述室内环境，只是指声、光、热物理环境。本章分为三节：2.1 热工与节能；2.2 照明；2.3 隔声和噪声限制。

2.1 热工与节能

《民用建筑热工设计规范》GB 50176—93

3.2.5 外墙、屋顶、直接接触室外空气的楼板和不采暖楼梯间的隔墙等围护结构，应进行保温验算，其传热阻应大于或等于建筑物所在地区要求的最小传热阻。

【技术要点说明】

房间内表面出现结露现象是不能允许的，因为这将影响房间的正常使用，影响居住者的生活和健康。当室外温度较低时，如果外围护结构的保温性能比较差，则其内表面温度就可能降到露点温度以下，就可能出现结露现象。最小传热阻就是在设计条件下，为保证内表面不结露外围护结构所必须达到的热阻值。在任何情况下这个最小热阻值都应该得到保证。

【实施与检查的控制】

设计人员应计算外墙、屋顶、直接接触室外空气的楼板和不采暖楼梯间的隔墙等围护结构的传热阻，并确保这些热阻不小于规范规定的最小传热阻。

4.3.1 围护结构热桥部位的内表面温度不应低于室内空气露点温度。

【技术要点说明】

在外围护结构中，不可避免地会有一些过梁，抗震柱之类的构件，由于这些构件一般都是钢筋混凝土，钢筋混凝土的传热性能很好，因此这些局部比外围护结构的正常部位保温性能差很多，形成所谓的"热桥"部位。如第 3.2.5 条的技术要点说明所述，房间内表面出现结露现象是不能允许的。不仅要保证外围护结构内表面的大面上不出现结露，而且也要保证外围护结构内表面局部的薄弱部位也不出现结露。热桥部位的内表面温度高于室内空气露点温度，就能保证不结露。

【实施与检查的控制】

设计人员应计算外围护结构热桥部位的内表面温度，并确保这些内表面温度不低于设计状态下室内空气的露点温度。

4.4.4 居住建筑和公共建筑窗户的气密性，应符合下列规定：

一、在冬季室外平均风速大于或等于 3.0m/s 的地区，对于 1～6 层建筑，不应低于建筑外窗空气渗透性能的Ⅲ级水平；对于 7～30 层建筑，不应低于建筑外窗空气渗透性能的Ⅱ级水平。

二、在冬季室外平均风速小于 3.0m/s 的地区，对于 1～6 层建筑，不应低于建筑外窗空气渗透性能的Ⅳ级水平；对于 7～30 层建筑，不应低于建筑外窗空气渗透性能的Ⅲ级水平。

【技术要点说明】

冬季室外的冷风过多地渗入室内,一方面会造成室内不舒适,另一方面也会加大采暖系统的负荷,增加不必要的能源消耗,因此要将通过窗户的冷风渗入量控制在一个合理的水平。

窗户气密性能的高低直接影响到室外风的渗入。冷风的渗透除了与窗户的气密性相关之外,还与建筑所在地室外的风速,以及窗户所在高度有关。冬季室外的平均风速越高,冷风就越容易深入室内。窗户所在的高度越高,冷风也越容易深入室内。

本条文根据动机不同的室外平均风速和建筑物的高度,规定了窗户气密性能应该达到的等级,保证将通过窗户的冷风渗入量控制在一个合理的水平。

【实施与检查的控制】

作为建筑外围护结构的一个重要组成部分,窗户的各项产品性能指标中应该包含气密性指标,或者窗户的生产厂商能够提供气密性的检测报告。设计人员可以根据建筑物的设计图纸和窗户的产品性能报告,检查此条文的要求是否得到满足。

5.1.1 在房间自然通风情况下,建筑物的屋顶和东、西外墙的内表面最高温度,应满足下式要求:

$$\theta_{i,max} \leqslant t_{e,max} \quad (5.1.1)$$

【技术要点说明】

夏季,建筑物的屋顶和东西外墙受到强烈的太阳辐射,如果屋顶和外墙结构比较轻薄,就容易出现内表面温度过高的现象。屋顶或外墙内表面温度过高,室内的人会有受到"烘烤"的感觉,会感到不舒服,情况严重的甚至会影响人的正常工作和生活。

从保护居住者的身体健康和保持室内起码的舒适性出发,本条文规定屋顶和东西外墙内表面最高温度不得大于室外空气的最高温度。

【实施与检查的控制】

设计人员设计建筑时,应核算一下屋顶和东、西外墙内表面的最高温度 $\theta_{i,max}$ 是否超过室外空气的最高温度 $t_{e,max}$。如果 $\theta_{i,max}$ 大于 $t_{e,max}$,则应增强屋顶和外墙的隔热措施,如外表面涂反射涂料、增加屋顶或墙的厚度等等。

内表面最高温度的计算比较复杂,GB 50176—93 的附录规定了计算的方法。

6.1.2 采暖期间,围护结构中保温材料因内部冷凝受潮而增加的重量湿度允许增量,应符合表 6.1.2 的规定。

采暖期间保温材料重量湿度的允许增量[$\Delta\omega$](%)　　表 6.1.2

保温材料名称	重量湿度允许增量[$\Delta\omega$]
多孔混凝土(泡沫混凝土、加气混凝土等),$\rho_0=500\sim700kg/m^3$	4
水泥膨胀珍珠岩和水泥膨胀蛭石等,$\rho_0=300\sim500kg/m^3$	6
沥青膨胀珍珠岩和沥青膨胀蛭石等,$\rho_0=300\sim400kg/m^3$	7
水泥纤维板	5
矿棉、岩棉、玻璃棉及其制品(板或毡)	3
聚苯乙烯泡沫塑料	15
矿渣和炉渣填料	2

【技术要点说明】

围护结构中保温材料受潮是很难彻底避免的,但是保温材料受潮将大大削弱甚至完全丧失其保温性能,因此围护结构中应有可靠的构造措施保证保温材料不过度受潮。保温材

料重量湿度允许增量就是从这个角度出发提出的

【实施与检查的控制】

设计人员应核算一下，在采暖期的设计工况下，围护结构中的保温材料的重量湿度增量是否不超过规定的限值。如果不超过，就表示保温材料能够保持足够干燥。反之，就要对保温材料采取隔潮措施。GB 50176－93 的附录规定了计算材料重量湿度增量的方法。

《民用建筑节能设计标准》JGJ 26—95

4.2.1　不同地区采暖居住建筑各部分围护结构的传热系数不应超过表 4.2.1 规定的限值。

不同地区采暖居住建筑各部分围护结构传热系数限值[W/(m²·K)]　　表 4.2.1

采暖期室外平均温度(℃)	代表性城市	屋顶		外墙		不采暖楼梯间		窗户(含阳台门上部)	阳台门下部门芯板	外门	地板		地面	
		体形系数≤0.3	体形系数>0.3	体形系数≤0.3	体形系数>0.3	隔墙	户门				接触室外空气地板	不采暖地下室上部地板	周边地面	非周边地面
2.0～1.0	郑州、洛阳 宝鸡、徐州	0.80	0.60	1.10 1.40	0.80 1.10	1.83	2.70	4.70 4.00	1.70	—	0.60	0.65	0.52	0.30
0.9～0.0	西安、拉萨、济南、青岛、安阳	0.80	0.60	1.00 1.28	0.70 1.00	1.83	2.70	4.70 4.00	1.70	—	0.60	0.65	0.52	0.30
－0.1～ －1.0	石家庄、德州、晋城、天水	0.80	0.60	0.92 1.20	0.60 0.85	1.83	2.00	4.70 4.00	1.70	—	0.60	0.65	0.52	0.30
－1.1～ －2.0	北京、天津、大连、阳泉、平凉	0.80	0.60	0.90 1.16	0.55 0.82	1.83	2.00	4.70 4.00	1.70	—	0.50	0.55	0.52	0.30
－2.1～ －3.0	兰州、太原、唐山、阿坝、喀什	0.70	0.50	0.85 1.10	0.62 0.78	0.94	2.00	4.70 4.00	1.70	—	0.50	0.55	0.52	0.30
－3.1～ －4.0	西宁、银川、丹东	0.70	0.50	0.68	0.65	0.94	2.00	4.00	1.70	—	0.50	0.55	0.52	0.30
－4.1～ －5.0	张家口、鞍山、酒泉、伊宁、吐鲁番	0.70	0.50	0.75	0.60	0.94	2.00	3.00	1.35	—	0.50	0.55	0.52	0.30
－5.1～ －6.0	沈阳、大同、本溪、阜新、哈密	0.60	0.40	0.68	0.56	0.94	1.50	3.00	1.35	—	0.40	0.55	0.30	0.30
－6.1～ －7.0	呼和浩特、抚顺、大柴旦	0.60	0.40	0.65	0.50	—	—	3.00	1.35	2.50	0.40	0.55	0.30	0.30
－7.1～ －8.0	延吉、通辽、通化、四平	0.60	0.40	0.65	0.50	—	—	2.50	1.35	2.50	0.40	0.55	0.30	0.30
－8.1～ 0.90	长春、乌鲁木齐	0.50	0.30	0.56	0.45	—	—	2.50	1.35	2.50	0.30	0.50	0.30	0.30
－9.1～ －10.0	哈尔滨、牡丹江、克拉玛依	0.50	0.30	0.52	0.40	—	—	2.50	1.35	2.50	0.30	0.50	0.30	0.30
－10.1～ －11.0	佳木斯、安达、齐齐哈尔、富锦	0.50	0.30	0.52	0.40	—	—	2.50	1.35	2.50	0.30	0.50	0.30	0.30
－11.1～ －12.0	海伦、博克图	0.40	0.25	0.52	0.40	—	—	2.00	1.35	2.50	0.25	0.45	0.30	0.30
－12.1～ －14.5	伊春、呼玛、海拉尔、满洲里	0.40	0.25	0.52	0.40	—	—	2.00	1.35	2.50	0.25	0.45	0.30	0.30

注：1　表中外墙的传热系数限值系指考虑周边热桥影响后的外墙平均传热系数。有些地区外墙的传热系数限值有两行数据，上行数据与传热系数为 4.70 的单层塑料窗相对应；下行数据与传热系数为 4.00 的单框双玻金属窗相对应。

2　表中周边地面一栏中 0.52 为位于建筑物周边的不带保温层的混凝土地面的传热系数；0.30 为带保温层的混凝土地面的传热系数。非周边地面一栏中 0.30 为位于建筑物非周边的不带保温层的混凝土地面的传热系数。

【技术要点说明】

居住建筑达到节能50%要靠两方面的措施来保证，一是增强建筑围护结构的保温性能，二是提高锅炉燃烧效率和供热管网输送效率。建筑围护结构的保温性能可以用传热系数来评价，在相同的室内外温差条件下，围护结构的传热系数越小，损失的热量就越少。《民用建筑节能设计标准（采暖居住建筑部分）》JGJ 26—95 的第4.2.1条规定不同地区采暖居住建筑各部分围护结构的传热系数不应超过表4.2.1中的限值。满足这个要求，所设计的居住建筑就能符合节能设计标准对采暖居住建筑的围护结构所提出的节能要求。

【实施与检查的控制】

本条的根本目的是要保证所设计的采暖居住建筑的建筑耗热量指标不超过JGJ 26—95规定的限值。如果所设计的采暖居住建筑的围护结构某部分不能符合本强条的要求，应该采取必要的技术措施来改正，例如增加墙体保温材料的厚度或使用更好的保温材料、使用保温性能更好的窗户等等。

《夏热冬冷地区居住建筑节能设计标准》JGJ 134—2001

3.0.3 居住建筑通过采用增强建筑围护结构保温隔热性能和提高采暖、空调设备能效比的节能措施，在保证相同的室内热环境指标的前提下，与未采取节能措施前相比，采暖、空调能耗应节约50%。

【技术要点说明】

本条文是一条原则性的条文，要求新设计的居住建筑必须符合节能50%要求，并阐明了节能50%的含义。

4.0.3 条式建筑物的体形系数不应超过0.35，点式建筑物的体形系数不应超过0.40。

【技术要点说明】

建筑物体形系数是指建筑物的外表面积和外表面积所包的体积之比。

体形系数的大小对建筑能耗的影响非常显著。体形系数越小，单位建筑面积对应的外表面积越小，外围护结构的传热损失越小。从降低建筑能耗的角度出发，应该将体形系数控制在一个较低的水平上。但是，体形系数不只是影响外围护结构的传热损失，它还与建筑造型，平面布局，采光通风等紧密相关。体形系数过小，将制约建筑师的创造性，造成建筑造型呆板，平面布局困难，甚至损害建筑功能。因此权衡利弊，兼顾不同类型的建筑造型，将条式建筑的体形系数定在0.35，点式建筑定在0.40。

【实施与检查的控制】

减少建筑立面过多的凹凸有助于降低建筑物的体形系数。

本标准有一个特点，允许居住建筑有两条节能达标的设计途径。一条途径是"规定性指标"途径，即所设计建筑的各个指标都要达到标准中规定的刚性指标。另一条途径是"性能型指标"，即所设计建筑的各个指标中可以有些不达到标准中规定的刚性指标，但该建筑的最终节能指标必须达到标准的要求。

如果所设计建筑的体形系数超过了规定，则要求提高建筑围护结构的保温隔热性能，并按照本标准第五章的规定计算建筑物的节能综合指标，审查建筑物的采暖和空调年耗电量是否能控制在规定的范围内，确保实现本标准第3.0.3条提出的节能50%的目标。

4.0.4 外窗（包括阳台门的透明部分）的面积不应过大。不同朝向、不同窗墙面积比的外

窗，其传热系数应符合表 4.0.4 的规定。

不同朝向、不同窗墙面积比的外窗传热系数　　表 4.0.4

朝向	窗外环境条件	外窗的传热系数 K[W/(m²·K)]				
		窗墙面积比≤0.25	窗墙面积比>0.25 且≤0.30	窗墙面积比>0.30 且≤0.35	窗墙面积比>0.35 且≤0.45	窗墙面积比>0.45 且≤0.50
北(偏东 60°到偏西 60°范围)	冬季最冷月室外平均气温>5℃	4.7	4.7	3.2	2.5	—
	冬季最冷月室外平均气温≤5℃	4.7	3.2	3.2	2.5	—
东、西(东或西偏北 30°到偏南 60°范围)	无外遮阳措施	4.7	3.2	—	—	—
	有外遮阳(其太阳辐射透过率≤20%)	4.7	3.2	3.2	2.5	2.5
南(偏东 30°到偏西 30°范围)		4.7	4.7	3.2	2.5	2.5

【技术要点说明】

普通窗户(包括阳台门的透明部分)的保温隔热性能比外墙差很多，夏季白天通过窗户进入室内的太阳辐射热也比外墙的太阳辐射得热多得多，窗墙面积比越大，则采暖和空调的能耗也越大。因此，从节约的角度出发，必须限制窗墙面积比。在一般情况下，应以满足室内采光要求作为窗墙面积比的确定原则，表 4.0.5 中规定的数值能满足较大进深房间的采光要求。

窗户的朝向不同，通过窗户的能量损失会有很大的差别，本条文考虑了这个因素，因此，对不同朝向、不同窗墙面积比的窗户提出了不同的性能指标要求。

【实施与检查的控制】

根据设计图纸计算居住建筑各个朝向的窗墙比，然后检查所选择的窗户的传热系数是否符合表 4.0.4 中规定的要求。窗户的传热系数是窗户的一项重要性能指标，应有窗户的生产厂商提供。如果窗户的产品说明书中不包括传热系数，应要求生产厂商提供具有资质的实验室提供的传热系数检测报告。

近年来，国内的门窗行业发展很快，市场上很容易得到满足上表性能要求的窗产品。

4.0.7　建筑物 1～6 层的外窗及阳台门的气密性等级，不应低于现行国家标准《建筑外窗空气渗透性能分级及其检测方法》GB 7107 规定的Ⅲ级；7 层及 7 层以上的外窗及阳台门的气密性等级，不应低于该标准规定的Ⅱ级。

【技术要点说明】

冬季室外的冷风过多地渗入室内，夏季室外的热风过多地渗入室内，一方面会造成室内不舒适，另一方面也会加大采暖或空调系统的负荷，增加不必要的能源消耗，因此要求外窗及阳台门必须具有良好的气密性，能够在采暖或空调季节，将通过关闭的窗户渗透入室内的室外空气量控制在一个合理的水平。

【实施与检查的控制】

窗户的气密性是窗户的一项重要性能指标，应有窗户的生产厂商提供。如果窗户的产品说明书中不包括空气渗透性能分级，应要求生产厂商提供具有资质的实验室提供的空气渗透性能分级检测报告。

本条要求的窗户的气密性指标是容易得到满足的。

4.0.8 围护结构各部分的传热系数和热惰性指标应符合表 4.0.8 的规定。其中外墙的传热系数应考虑结构性冷桥的影响,取平均传热系数,其计算方法应符合本标准附录 A 的规定。

围护结构各部分的传热系数 K [W/(m² · K)]和热惰性指标 D 表 4.0.8

屋顶*	外墙*	外窗(含阳台门透明部分)	分户墙和楼板	底部自然通风的架空楼板	户门
$K \leqslant 1.0$ $D \geqslant 3.0$	$K \leqslant 1.5$ $D \geqslant 3.0$	按表 4.0.4 的规定	$K \leqslant 2.0$	$K \leqslant 1.5$	$K \leqslant 3.0$
$K \leqslant 0.8$ $D \geqslant 2.5$	$K \leqslant 1.0$ $D \geqslant 2.5$				

* 当屋顶和外墙的 K 值满足要求,但 D 值不满足要求时,应按照《民用建筑热工设计规范》GB 50176—93 第 5.1.1 条来验算隔热设计要求。

【技术要点说明】

对一般的居住建筑,如果体形系数符合第 4.0.3 条规定,窗墙比和外窗的热工性能满足表 4.0.4 的规定,墙和屋顶等的热工性能满足表 4.0.8 的规定,编制标准过程中大量的动态计算结果表明此类量大面广居住建筑采暖、空调年耗电量,能满足本标准第 3.0.3 条提出的节能 50%的目标。

当外墙和屋顶采用轻型结构时,可能会出现热惰性指标值很低的情况。这样,在夏季不开启空调机的自然通风条件下,屋顶和外墙的内表面最高计算温度有可能高于《民用建筑热工设计规范》GB 50176—93 的规定。为了避免出现这种情况,并提高采暖和空调时室内温度的稳定性,因此在表 4.0.9 中规定屋顶和外墙的热惰性指标根据传热系数的不同,一般不应低于 3.0 和 2.5。

但是不是所有的采用含有绝热材料的轻型复合结构的外墙和屋顶都能满足热惰性指标值高于 2.5 的,出现这种情况时,屋顶和西墙的内表面温度应参照《民用建筑热工设计规范》GB 50176—93 的规定核算一下。

本条文对楼板和分户墙提出了保温性能的要求。这是因为在夏热冬冷地区,采暖空调是居民的个人行为,如果相邻的住户不采暖空调,而楼板和分户墙的保温性能又太差,对采暖空调户是不太公平合理的。在楼板和分户墙上采取一些措施,达到表 4.0.9 的要求是不困难的,而且增加造价不多。

【实施与检查的控制】

根据设计图纸分别计算屋顶、外墙、分户墙和楼板等的传热系数,对外墙和屋顶还要计算其热惰性指标,然后检查计算出的这些结果是否符合本条的规定。

这些性能规定对节能 50%是必需的,从技术上也是完全可以做到的。

单框单玻 PVC 塑料窗的传热系数可满足规定的 4.7 W/(m² · K)。单框(PVC 塑料和断热铝合金等)中空玻璃窗的传热系数可满足规定的 3.2 W/(m² · K)。使用中空玻璃窗是一种发展的方向,是夏热冬冷地区节能居住建筑兼顾通透明亮和节能,放宽窗墙面积比,提高外窗热工性能的主要技术途径。

计算外墙的传热系数时,要采用平均传热系数的概念,即计算按面积加权法求得外墙的传热系数。因为外墙周边混凝土梁、柱、剪力墙等"热桥"对传热有很大的影响,平均传热系数考虑了这些影响。

本标准对楼板和分户墙提出了保温性能的要求。在楼板下表面和分户墙上抹一层保温砂浆就能达到本条文的要求，而且增加造价也有限。

建筑物的使用寿命比较长，从长远来看，初期的建筑节能投资是可以在合理的期限内因节能而收回的，而且节能型的建筑室内更加舒适，少消耗能源，减少二氧化碳排放，保护大气环境。应鼓励围护结构采用较高档的节能技术和产品，热工性能指标突破本标准的规定。经济发达的地区，建筑节能工作开展得比较早的地区，更应该往这个方向努力。

5.0.5 计算出的每栋建筑的采暖年耗电量和空调年耗电量之和，不应超过表5.0.5按采暖度日数列出的采暖年耗电量和按空调度日数列出的空调年耗电量限值之和。

建筑物节能综合指标的限值 表5.0.5

HDD18 (℃·d)	耗热量指标 q_h(W/m²)	采暖年耗电量 E_h(kWh/m²)	CDD26 (℃·d)	耗冷量指标 q_c(W/m²)	空调年耗电量 E_c(kWh/m²)
800	10.1	11.1	25	18.4	13.7
900	10.9	13.4	50	19.9	15.6
1000	11.7	15.6	75	21.3	17.4
1100	12.5	17.8	100	22.8	19.3
1200	13.4	20.1	125	24.3	21.2
1300	14.2	22.3	150	25.8	23.0
1400	15.0	24.5	175	27.3	24.9
1500	15.8	26.7	200	28.8	26.8
1600	16.6	29.0	225	30.3	28.6
1700	17.5	31.2	250	31.8	30.5
1800	18.3	33.4	275	33.3	32.4
1900	19.1	35.7	300	34.8	34.2
2000	19.9	37.9			
2100	20.7	40.1			
2200	21.6	42.4			
2300	22.4	44.6			
2400	23.2	46.8			
2500	24.0	49.0			

【技术要点说明】

居住建筑在标准工况下的采暖和空调能耗与建筑物所处的地点、建筑的外形、围护结构的热工性能等因素关系密切。随着经济的发展，人们对居住建筑的要求越来越高，建筑设计也越来越丰富多彩，只靠诸如限制体形系数和窗墙比之类的措施来达到节能的目的。为了适应这种新的情况，在《夏热冬冷地区居住建筑节能设计标准》中提出了两种并行的建筑节能设计方法，一种称为“规定性指标”的方法，只要所设计的建筑满足第4.0.3、第4.0.4、第4.0.7条、第4.0.8条的刚性规定，这栋建筑就被认定为符合节能设计要求的建筑。另一种称为“性能性指标”的方法，就是不要求所设计的建筑完全满足第4.0.3条、第4.0.4条、第4.0.7条、第4.0.8条的刚性规定，但要求它在标准工况下计算出来的采暖和空调能耗不超过本标准第5.0.5条预先规定的限值。“规定性指标”和“性能性指标”两种方法之间是任选其一的关系，即通过“规定性指标”审查的建筑就不用再通过“性能性指标”的审查，反之亦然。这两种方法的根本目的是相同的，就是要将居住建筑在标准工况下的采暖和空调能耗控制在规定的水平。

第5.0.5条和表5.0.5就是所谓“性能性指标”的方法。

【实施与检查的控制】

按性能性指标的方法进行节能设计或核算已设计的建筑是否符合节能要求，需要经过非常复杂的计算，而且计算还要在规定的标准工况条件下进行，只有使用专门的计算机软件才能完成这项计算工作。

实施本条文必须注意使用的计算机软件是经过建筑节能管理部门认定的软件。

6.0.2 居住建筑当采用集中采暖、空调时，应设计分室(户)温度控制及分户热(冷)量计量设施。采暖系统其他节能设计应符合现行行业标准《民用建筑节能设计标准(采暖居住建筑部分)》JGJ 26中的有关规定。集中空调系统设计应符合现行国家标准《旅游旅馆建筑热工与空气调节节能设计标准》GB 50189中的有关规定。

【技术要点说明】

该地区的居住建筑如果采用集中采暖空调方式，应设置分室(户)温度控制及分户热(冷)量计量设施，其他采暖空调设计技术规定应执行或参照执行相应设计标准中有关条款。

【实施与检查的控制】

与分散的采暖空调措施相比，集中的采暖空调系统有很多的优点。但是，在设计集中的采暖空调系统时，要注意设计分户计量和分室(户)温度调节控制装置，要注意整个系统各个环节的效率等等，否则新设计的系统将不满足建设部2000年2月18日颁布的第76号令《民用建筑节能管理规定》。

分户计量和分室(户)温度调节控制的方式多种多样，对新建建筑而言，从技术的角度出发，设计和安装上这类装置不应该成为问题，必须坚持执行。

2.2 照 明

《民用建筑照明设计标准》GBJ 133—90

2.2.1 图书馆建筑照明的照度标准值应符合表2.2.1的规定。

图书馆建筑照明的照度标准值 **表2.2.1**

类别	参考平面及其高度	照度标准值(lx)		
		低	中	高
一般阅览室、少年儿童阅览室、研究室、装裱修整间、美工室	0.75m水平面	150	200	300
老年读者阅览室、善本书和舆图阅览室	0.75m水平面	200	300	500
陈列室、目录厅(室)、出纳厅(室)、视听室、缩微阅览室	0.75m水平面	75	100	150

续表

类　　别	参考平面及其高度	照度值(1x)		
		低	中	高
读者休息室	0.75m水平面	30	50	75
书　　库	0.25m垂直面	20	30	50
开敞式运输传送设备	0.75m水平面	50	75	100

【技术要点说明】

(1) 规定此照度标准值的目的是为了保护读者视力健康。

(2) 该条规定的照度标准值是通过实验室实验、照明现场评价和我国照明现状调查提出来的。

(3) 本条规定的是距地面0.75m高的水平面上的维持平均照度。

【实施与检查的控制】

(1) 为了确保在使用期间照度值都能满足标准要求,设计时要考虑光源光通量的衰减,灯具积尘和房屋表面污染引起照度值的降低计入维护系数;

(2) 除了照度满足本条的要求外,照度均匀度(最小照度与平均照度之比值)不宜小于0.7,眩光限制和光源显色性也应符合《民用建筑照明设计标准》GBJ 133—90中的规定。

(3) 从目前我国的经济发展水平考虑及与国际先进标准比较,设计时宜选用表中的高端值。

(4) 工程竣工后,应进行现场照明测试,合乎标准要求者方予以验收。大型或重要图书馆建筑应由法定的国家检测机构进行现场检测和评价,并出具检测报告。

《托儿所、幼儿园建筑设计规范》JGJ 39—87

4.3.3　照度标准不应低于表4.3.3的规定。

主要房间平均照度标准(lx)　　表4.3.3

房间名称	照度值	工作面	房间名称	照度值	工作面
活动室、乳儿室、音体活动室	150	距墙0.5m	卫生间、洗衣房	30	地面
医务保健室、隔离室、办公室	100	距地0.80m	门厅、烧火间、库房	20	地面
寝室、喂奶室、配奶室、厨房	75	距地0.80m			

【技术要点说明】

(1) 规定托儿所、幼儿园活动室等各种场所照度标准值的目的是为了保护幼儿的视力健康,以及为幼儿服务的各项工作能顺利进行。

(2) 本条分别规定了距地面0.8m高的工作面、距墙0.5m范围内以及地面的维持平均照度。

【实施与检查的控制】

(1) 表中规定的是最小维持照度值,设计时要考虑维护系数。

(2) 除了照度满足本条的要求外,照度均匀度(最小照度与平均照度之比值)不宜小于

0.7,眩光限制和光源显色性也应符合相关标准要求。

(3) 工程竣工后,应进行现场照明测试,合乎标准要求者方予以验收。重要的托儿所、幼儿园建筑应由法定的检测机构进行现场检测,并出具检测报告。

《中小学校建筑设计规范》GBJ 99—86

7.2.2 学校用房工作面或地面的平均照度不应低于表7.2.2的规定,其照度均匀度不应低于0.7。

学校用房的平均照度 **表7.2.2**

房间名称	平均照度(lx)	规定照度的平面	房间名称	平均照度(lx)	规定照度的平面
普通教室、书法教室、语言教室、音乐教室、史地教室、合班教室	150	课桌面	舞蹈教室	150	地面
			美术教室、阅览室	200	课桌面
			风雨操场	100	地面
实验室、自然教室	150	实验桌面	办公室、保健室	150	桌面
微型计算机教室	200	机台面	引水处、厕所、走道、楼梯间	20	地面
琴房	150	谱架面			

7.2.3 教室黑板应设黑板灯。其垂直照度的平均值不应低于200lx。黑板面上的照度均匀度不应低于0.7。黑板灯对学生和教师均不得产生直接眩光。

【技术要点说明】

(1) 第7.2.2条和第7.2.3条这两条标准的目的是保护中小学生的视力健康。他们都是祖国的未来。

(2) 第7.2.2条规定的是实际工作面或地面上的维持平均水平照度。而第7.2.3条规定的是黑板面上的维持平均垂直照度。

【实施与检查的控制】

(1) 条文中规定的亦是最小维持照度值,设计时应计入维护系数;

(2) 除了照度和照度均匀度应满足条文中的规定外,眩光限制和光源显色性也应符合相关规定。

(3) 黑板照明非常重要,实际调查表明,目前国内许多教室没有专设黑板照明,少数设了照明的多半也不符合要求,因此设计者要高度重视。设计时除不宜采用裸灯以免产生直接眩光外,还要注意选择适当灯具以免产生反射眩光。

(4) 工程竣工后,应进行现场照明测试,合乎标准要求者方予以验收。重要的中小学教室应由法定的检测机构进行现场检测并出具检测报告。

2.3 隔声和噪声限值

《民用建筑隔声设计规范》GBJ 118—88

3.1.1 住宅内卧室、书房与起居室的允许噪声级,应符合表3.1.1的规定。

4.1.1 学校建筑中各种教学用房及教学辅助用房的允许噪声级,应符合表4.1.1的规定。

室内允许噪声级　　表 3.1.1

房 间 名 称	允许噪声级(A 声级,dB)		
	一　级	二　级	三　级
卧室、书房(或卧室兼起居室)	≤40	≤45	≤50
起 居 室	≤45	≤50	

室内允许噪声级　　表 4.1.1

房 间 类 别	允许噪声级(A 声级,dB)		
	一　级	二　级	三　级
有特殊安静要求的房间	≤40	—	—
一般教室	—	≤50	—
无特殊安静要求的房间	—	—	≤55

注:1　特殊安静要求的房间指语言教室、录音室、阅览室等。
一般教室指普通教室、史地教室、合班教室、自然教室、音乐教室、琴房、视听教室、美术教室等。
无特殊安静要求的房间指健身房、舞蹈教室;以操作为主的实验室,教师办公及休息室等。
2　对于邻近有特别容易分散学生听课注意力的干扰噪声(如演唱)时,表 4.1.1 中的允许噪声级应降低 5dB。

5.1.1　病房、诊疗室室内允许噪声级,应符合表 5.1.1 的规定。

室内允许噪声级　　表 5.1.1

房 间 名 称	允许噪声级(A 声级,dB)		
	一　级	二　级	三　级
病房、医护人员休息室	≤40	≤45	≤50
门 诊 室	≤55		≤60
手 术 室	≤45		≤50
听力测听室	≤25		≤30

6.1.1　旅馆的允许噪声级,应符合表 6.1.1 的规定。

室内允许噪声级　　表 6.1.1

房 间 名 称	允 许 噪 声 级 (dB)			
	特　级	一　级	二　级	三　级
客　　房	≤35	≤40	≤45	≤55
会 议 室	≤40	≤45	≤50	
多用途大厅	≤40	≤45	≤50	—
办 公 室	≤45	≤50	≤55	
餐厅、宴会厅	≤50	≤55	≤60	—

【技术要点说明】

上述第3.1.1条、第4.1.1条、第5.1.1条、第6.1.1条四条为四类建筑的允许噪声级的数值，均为昼间开窗条件下的标准值，且噪声特性为稳态噪声。对不同的噪声特性(包括峰值因素、频率特性、持续时间和起伏等)，应按《民用建筑隔声设计规范》中附录一的规定，对噪声测量值进行修正。对使用中不需开窗的建筑(如有空调的宾馆客房)，允许噪声级指关窗情况下的标准值。夜间的标准应再减 10dB。昼夜的具体时段可按当地人民政府及地区习惯、季节变化而定。允许噪声级是噪声限值，实际噪声级应低于它，若高则需要采取隔声措施。允许噪声级越低意味着对室内有越安静的要求。

允许噪声级采用 A 声级作为评价量，是由于它与人们的主观评价有最佳的相关性，并且是单值评价量，具有简单、方便的优点。但处理工程问题时，往往要了解存在问题的频带及其声压级，因而还有按 *NR* 曲线(一组频带声压级曲线)作为评价量的方法。为方便使用，频带声压级曲线用一整数作为曲线的代号。一般情况下，代表某条 *NR* 曲线的整数要比 A 声级的分贝数低 5dB。

每个人每天的大部分时间是在民用建筑中度过的，并且人们都希望有一个安静的生活、工作环境。休息、学习时，就要求更安静。因此，有必要规定各类民用建筑中的允许噪声级，为人们提供良好的室内声环境。

【实施与检查的控制】

设计人员应根据各房间的使用功能及希望达到的安静程度，选择适当的室内允许噪声级标准。

工程建成后，应由国家授权的检测机构对其进行现场声学检测，了解室内噪声是否低于设计时所确定的室内允许噪声级标准。室内噪声应于昼夜两个不同时段内，各选择较不利的时间在房间中央测量。室内噪声的测量应按《民用建筑隔声设计规范》中的附录二进行。

3.2.1 分户墙与楼板的空气声隔声标准，应符合表 3.2.1 的规定。

空气声隔声标准 表 3.2.1

围护结构部位	计权隔声量(dB)		
	一 级	二 级	三 级
分户墙及楼板	≥50	≥45	≥40

【技术要点说明】

本条规定了住宅围护结构的空气声隔声标准。隔声量表征的是构件对空气声的衰减程度，隔声量越高对声音的衰减越大。

如不考虑室内噪声源的影响，室内的安静状况与外部声环境和房间围护结构的隔声能力有关。为隔绝房间以外的噪声，使室内达到允许噪声标准的要求，住宅围护结构必须具有相应的空气声隔声能力。

住宅分户墙与楼板的空气声隔声标准分三级，最低级为计权隔声量≥40dB。但 40dB 的隔声量，对于分户墙来说并不理想，隔壁房间内的大声说话还是听得清。因此，从人们对安静的要求及目前我国的经济发展水平考虑，设计时宜选用二级或一级隔声标准，即计权隔声量≥45dB。

4.2.1 不同房间围护结构的空气声隔声标准，应符合表 4.2.1 的规定。

空气声隔声标准　　　　表 4.2.1

<table>
<tr><th rowspan="2">围护结构部位</th><th colspan="3">计权隔声量(dB)</th></tr>
<tr><th>一　级</th><th>二　级</th><th>三　级</th></tr>
<tr><td>有特殊安静要求的房间与一般教室间的隔墙与楼板</td><td>≥50</td><td>—</td><td>—</td></tr>
<tr><td>一般教室与各种产生噪声的活动室间的隔墙与楼板</td><td>—</td><td>≥45</td><td>—</td></tr>
<tr><td>一般教室与教室之间的隔墙与楼板</td><td>—</td><td>—</td><td>≥40</td></tr>
</table>

注：产生噪声的房间系指音乐教室、舞蹈教室、琴房、健身房以及有产生噪声与振动的机械设备的房间。

【技术要点说明】

本条规定了学校各房间围护结构的空气声隔声标准。隔声量表征的是构件对空气声的衰减程度，隔声量越高对声音的衰减越大。

如不考虑室内噪声源的影响，室内的安静状况与外部声环境和房间围护结构的隔声能力有关。为隔绝房间以外的噪声，使室内达到允许噪声标准的要求，房间的围护结构必须具有相应的空气声隔声能力。

教室与教室之间往往有门和走廊间接传声，使隔墙的隔声受到很大限制，因此未对隔墙提出过高隔声要求。

教室与一些其中有产生噪声活动的房间之间，由于干扰声源比一般教室为大，因此把计权隔声量提高 5dB。

至于一些有特殊安静要求的房间与教室毗连时，则计权隔声量应再提高 5dB。

5.2.1　病房、诊疗室隔墙、楼板的空气声隔声标准，应符合表 5.2.1 的规定。

空气声隔声标准　　　　表 5.2.1

<table>
<tr><th rowspan="2">围护结构部位</th><th colspan="3">计权隔声量(dB)</th></tr>
<tr><th>一　级</th><th>二　级</th><th>三　级</th></tr>
<tr><td>病房与病房之间</td><td>≥45</td><td>≥40</td><td>≥35</td></tr>
<tr><td>病房与产生噪声的房间之间</td><td colspan="2">≥50</td><td>≥45</td></tr>
<tr><td>手术室与病房之间</td><td>≥50</td><td>≥45</td><td>≥40</td></tr>
<tr><td>手术室与产生噪声的房间之间</td><td colspan="2">≥50</td><td>≥45</td></tr>
<tr><td>听力测听室围护结构</td><td colspan="3">≥50</td></tr>
</table>

注：产生噪声的房间系指有噪声或振动设备的房间。

【技术要点说明】

本条规定了医院各房间围护结构的空气声隔声标准。隔声量表征的是构件对空气声的衰减程度，隔声量越高对声音的衰减越大。

如不考虑室内噪声源的影响，室内的安静状况与外部声环境和房间围护结构的隔声能力有关。为隔绝房间以外的噪声，使室内达到允许噪声标准的要求，房间的围护结构必须具有相应的空气声隔声能力。

病房围护结构的空气声隔声标准参照了住宅空气声隔声标准。但病房与住宅不同，一般住宅为独门独户，而病房大多为内走廊式，使用的门一般为普通木门(六人以上的病房，需要双扇门)，且门上均有观察窗(玻璃厚 3～5mm)。由于间接传声的影响，使隔墙的隔声受到限制，因此对隔墙提出的隔声要求略低于住宅。

6.2.1　客房围护结构空气声隔声标准，应符合表 6.2.1 的规定。

客房空气声隔声标准　　表 6.2.1

围护结构部位	计权隔声量(dB)			
	特　级	一　级	二　级	三　级
客房与客房间隔墙	≥50	≥45	≥40	
客房与走廊间隔墙(包含门)	≥40		≥35	≥30
客房的外墙(包含窗)	≥40	≥35	≥25	≥20

【技术要点说明】

本条规定了旅馆客房围护结构的空气声隔声标准。隔声量表征的是构件对空气声的衰减程度，隔声量越高对声音的衰减越大。

如不考虑室内噪声源的影响，室内的安静状况与外部声环境和房间围护结构的隔声能力有关。为隔绝房间以外的噪声，使室内达到允许噪声标准的要求，房间的围护结构必须具有相应的空气声隔声能力。

客房围护结构的空气声隔声标准参照了住宅空气声隔声标准。有空调的客房可以不开窗使用，故增加了对客房外墙(包含窗)的空气声隔声标准。

【实施与检查的控制】

设计人员应根据各房间的室内允许噪声级、对房间有影响的外界噪声源的情况，选择房间围护结构的空气声隔声标准，确保房间以外的噪声传至室内后低于室内允许噪声级。

对于空气声隔声来说，除选择隔声量达到要求的墙体(或楼板)构造外，还必须对墙上的暗埋管线、电源盒以及水管与套管间的缝隙等，采取相应的隔声措施。因为这些均是隔声的薄弱点，如不注意，就可能达不到预期的隔声效果。

主管部门应审查设计中是否包括声学设计，设计中所采用的声学材料、构件、部件、构造等是否有国家授权检测机构的声学性能检验报告，声学设计是否合理、能否满足使用要求。

工程建成后，应由国家授权的检测机构对其进行现场声学检测，了解工程是否达到声学设计指标、工程声学质量如何。应将建筑的声学质量作为工程竣工验收的内容之一。

3.2.2　楼板的撞击声隔声标准，应符合表 3.2.2 的规定。

撞击声隔声标准　　表 3.2.2

楼板部位	计权标准化撞击声压级(dB)		
	一　级	二　级	三　级
分户层间楼板	≤65	≤75	

注：当确有困难时，可允许三级楼板计权标准化撞击声压级小于或等于 85dB，但在楼板构造上应预留改善的可能条件。

4.2.2　不同房间楼板撞击声隔声标准，应符合表 4.2.2 的规定。

撞击声隔声标准　　　　表 4.2.2

楼　板　部　位	计权标准化撞击声压级(dB)		
	一　级	二　级	三　级
有特殊安静要求的房间与一般教室之间	≤65	—	—
一般教室与产生噪声的活动室之间	—	≤65	—
一般教室与教室之间	—	—	≤75

注：1　当确有困难时，可允许一般教室与教室之间的楼板计权标准化撞击声压级小于或等于 85dB，但在楼板构造上应预留改善的可能条件。

2　产生噪声的房间系指音乐教室、舞蹈教室、琴房、健身房以及有产生噪声与振动的机械设备的房间。

5.2.2　病房与诊疗室楼板撞击声隔声标准，应符合表 5.2.2 的规定。

撞击声隔声标准　　　　表 5.2.2

楼　板　部　位	计权标准化撞击声压级(dB)		
	一　级	二　级	三　级
病房与病房之间	≤65	≤75	
病房与手术室之间		≤75	
听力测听室上部楼板		≤65	

注：当确有困难时，可允许病房的楼板计权标准化撞击声压级小于或等于 85dB，但在楼板构造上应预留改善的可能条件。

6.2.2　客房楼板撞击声隔声标准，应符合表 6.2.2 的规定。

客房撞击声隔声标准　　　　表 6.2.2

楼　板　部　位	计权标准化撞击声压级(dB)			
	特　级	一　级	二　级	三　级
客房层间楼板	≤55	≤65	≤75	
客房与各种有振动房间之间的楼板	≤55		≤65	

注：机房在客房上层，而楼板撞击隔声达不到要求时，必须对机械设备采取隔振措施。当确有困难时，可允许客房与客房间楼板三级计权标准化撞击声压级小于或等于 85dB，但在楼板构造上应预留改善的可能条件。

【技术要点说明】

3.2.2 条规定了住宅分户层间楼板的撞击声隔声标准。4.2.2 条规定了学校中不同房间顶部楼板的撞击声隔声标准。5.2.2 条规定了医院病房、诊疗室顶部楼板的撞击声隔声标准。6.2.2 条规定了旅馆客房顶部楼板的撞击声隔声标准。

楼板撞击声是影响室内安静的外界噪声之一。为隔绝楼板撞击声，使室内达到允许噪声标准的要求，房间顶部的楼板必须具有相应的撞击声隔声能力。撞击声压级是标准撞击器撞击楼板时楼板下室内的声级，撞击声压级越低楼板下室内受到的干扰越小，表明楼板隔绝撞击声的性能越好。

上述四类建筑的撞击声隔声标准表中，均加注：当确有困难时，允许楼板的计权标准化撞击声压级可以在 75～85dB 之间，但在楼板构造上预留改造的可能条件。这是编制组考虑到当时我国楼板隔声材料为数很少，价格较贵的实际情况，所采取的暂时性处理措施。目前住宅一般均做精装修，要在混凝土楼板上铺设地板面层，旅馆的客房一般铺地毯，这就使提高住宅、旅馆楼板的撞击声隔声性能有了可能性。从目前我国的经济发展水平考虑及与国际先进标准比较，设计时对楼板的撞击声隔声标准至少应选用计权标准化撞击声压级≤75dB。

【实施与检查的控制】

设计人员应根据各房间的室内允许噪声级、楼上可能产生撞击声的情况，选择房间顶部楼板的撞击声隔声标准，确保由房间楼上产生的撞击声低于室内允许噪声级。

主管部门应审查设计中是否包括声学设计，设计中所采用的声学材料、构件、部件、构造等是否有国家授权检测机构的声学性能检验报告，声学设计是否合理、能否满足使用要求。

工程建成后，应由国家授权的检测机构对其进行现场声学检测，了解工程是否达到声学设计指标、工程声学质量如何。应将建筑的声学质量作为工程竣工验收的内容之一。

3　各类建筑的专门设计

3.1　公　共　建　筑

《托儿所、幼儿园建筑设计规范》JGJ 39—87

3.1.4　严禁将幼儿生活用房设在地下室或半地下室。

【技术要点说明】

根据国际相关标准，地下室不可作为永久性生活用房，半地下室可根据居住对象作为短期生活用房。由于幼儿发育对阳光有特殊需求，本规定比一般居住建筑要求严格。

3.6.5　楼梯、扶手、栏杆和踏步应符合下列规定：

一、楼梯除设成人扶手外，并应在靠墙一侧设幼儿扶手，其高度不应大于0.60m。

二、楼梯栏杆垂直线饰间的净距不应大于0.11m。当楼梯井净宽度大于0.20m时，必须采取安全措施。

三、楼梯踏步的高度不应大于0.15m，宽度不应小于0.26m。

四、在严寒、寒冷地区设置的室外安全疏散楼梯，应有防滑措施。

【技术要点说明】

本条是楼梯、扶手、栏杆和踏步的防护措施要求。楼梯的栏杆高度和梯井净宽的要求与基本规定一致，但要求一侧另设高度不大于0.60m的幼儿扶手。为了减缓楼梯坡度，在对楼梯踏步宽度没有特殊要求的情况下，提出踏步的高度不应大于0.15m。0.15m高的踏步在其他工程设计中是最低尺寸，本规定根据幼儿生理特点，作为最大限制尺寸，应予以特别注意。

3.6.6　活动室、寝室、音体活动室应设双扇平开门，其宽度不应小于1.20m。疏散通道中不应使用转门、弹簧门和推拉门。

【技术要点说明】

儿童天性活泼、好动，其主要生活、活动空间的出入口要求特别畅通，否则容易造成意外伤害。本条要求设宽度不小于1.20m的双扇平开门，在设计中如不特别注意，容易忽视。同时要求疏散通道中不应使用转门、弹簧门和推拉门等容易伤害儿童的产品。

3.7.2　严寒、寒冷地区主体建筑的主要出入口应设挡风门斗，其双层门中心距离不应小于1.6m。幼儿经常出入的门应符合下列规定：

一、在距地0.60～1.20m高度内，不应装易碎玻璃。

四、不应设置门坎和弹簧门。

【技术要点说明】

从保护儿童免受碰撞伤害的角度出发，要求幼儿经常出入的门，在距地0.60～1.20m高度内，不装易碎玻璃。不设置门坎和弹簧门。在严寒、寒冷地区主体建筑的主要出入口应设挡风门斗，以防寒风侵入，影响幼儿健康。要求双层门中心距离不应小于1.60m，以防止双层门同时开启时挤伤幼儿。

3.7.4　阳台、屋顶平台的护栏净高不应小于1.20m，内侧不应设有支撑。

【技术要点说明】

本规定对阳台、屋顶平台的护栏净高要求比基本规定略高。同时要求内侧不设支撑，防止儿童攀爬发生意外。本规定中的屋顶平台指设计中确定为上人屋面的平台。

3.7.5　幼儿经常接触的1.30m以下的室外墙面不应粗糙，室内墙角、窗台、暖气罩、窗口竖边等棱角部位必须做成小圆角。

【技术要点说明】

本规定要求对幼儿经常接触的低部位室外墙面和室内墙角及窗台等容易造成儿童外伤的部位进行处理。1.30m是本规范编制时设定的学龄前儿童身高的高限。

【实施与检查的控制】

对3.1.4条不需判定地下室与半地下室的界限，而且"严禁"的用词十分明确。对3.6.5条的实施与检查中发现，本条规定中"当楼梯井净宽度大于0.20m时，"的规定比《住宅设计规范宽松，与现行《设计通则》一致。因此仍然应以本规定为执法依据。对3.7.2条所指易碎玻璃，指达不到国家安全玻璃标准强度的玻璃。

以上设计措施，在工程设计中执行难度不大，但一时的疏忽在意外事故处理中造成较大麻烦。关键是设计者对问题的认识和重视程度，设计人员应贯彻对幼儿无微不至关怀的设计思想，正确理解并严格执行上述条文。审图机构要认真审查栏杆高度等安全措施，对门的选用和构造做法要求施工图明确表示。施工和验收阶段发现违规现象，必须及时报告纠正，否则在日常检查或事故原因调查中一经发现，应负相关责任。

《中小学校建筑设计规范》GBJ 99—86

2.1.1　学校校址选择应符合下列规定：

三、学校主要教学用房的外墙面与铁路的距离不应小于300m；与机动车流量超过每小时270辆的道路同侧路边的距离不应小于80m，当小于80m时，必须采取有效的隔声措施。

五、校区内不得有架空高压输电线穿过。

【技术要点说明】

为了保证学校安静的教学环境，提出学校选择的基本措施是与铁路和较大机动车流量的道路保持一定距离，当满足不了距离要求时，必须采取有效的隔声措施。随着我国城市机动车数量快速增长趋势，加大防护距离和土地利用之间的矛盾越来越突出，本条文"采取有效的隔声措施"允许采用多种技术手段，如采用隔声墙和绿化带等办法均属有效措施。

3.3.7　化学实验室的设计应符合下列规定：

四、实验室内应设置一个事故急救冲洗水嘴。

【技术要点说明】

本条要求化学实验室内设置一个事故急救冲洗水嘴，这是中小学化学教学实践中，避免身体伤害的简单易行措施。

5.3.2　教学用房窗的设计应符合下列规定：

二、教室、实验室靠外廊、单内廊一侧应设窗。但距地面2000mm范围内，窗开启后不应影响教室使用、走廊宽度和通行安全。

五、二层以上的教学楼向外开启的窗，应考虑擦玻璃方便与安全措施。

【技术要点说明】

本条对教学用房窗的设计提出规定，中小学生在走廊中的活动频繁激烈，容易造成身体伤害，因此要求外廊、单内廊一侧的窗开启后，不应影响教室使用、走廊宽度和通行安全。距地面 2000mm 范围内是本规范设定中小学生活动中容易受伤的高度。对二层以上的教学楼的向外开启的窗，要求考虑擦玻璃方便与安全措施，以免学生在擦玻璃时摔出窗外。

6.3.5　室内楼梯栏杆(或栏板)的高度不应小于 900mm。室外楼梯及水平栏杆(或栏板)的高度不应小于 1100mm。

楼梯不应采用易于攀登的花格栏杆。

【技术要点说明】

本条对室内楼梯栏杆(或栏板)的高度规定与《民用建筑设计通则》中的规定基本一致，室外楼梯栏杆一律要求不小于 1100mm。从保护学生安全的角度出发，室内外楼梯一律强调“不应采用易于攀登的花格栏杆”，以免学生攀爬摔伤。

【实施与检查的控制】

第 2.1.1 条在实施中越来越多“采取有效的隔声措施”。检查中如需判定措施是否有效，应执行《民用建筑设计规范》。第 6.3.5 条的实施与检查中应注意，栏杆的 450mm 以下高度部位，如果形成可踏面，均判定为易于攀登。

《中小学校建筑设计规范》中的 4 条强制性条文，重点在保护正常的教学环境和中小学生使用安全。施工图审查中应重点控制相关要求的措施是否到位。

《办公建筑设计规范》JGJ 67—89

3.1.3　六层及六层以上办公建筑应设电梯。建筑高度超过 75m 的办公建筑电梯应分区或分层使用。

【技术要点说明】

本条是保证办公建筑垂直交通安全使用的最低要求。《办公建筑设计规范》是较早的行业标准，其规定指标与目前相关国家标准比较为宽松。

3.1.7　走道

一、走道最小净宽不应小于表 3.1.7 的规定。

走道最小净宽　　　　**表 3.1.7**

走道长度(m)	走道净宽(m)	
	单面布房	双面布房
≤40	1.30	1.40
>40	1.50	1.80

注：内筒结构的回廊式走道净宽最小值同单面布房走道。

二、走道地面有高差时，当高差不足二级踏步时，不得设置台阶，应设坡道。

【技术要点说明】

本条是保证办公建筑交通安全使用的最低要求。以上 2 条在《城市道路和建筑物无障碍设计规程》JGJ 50—2001 中已有更加严格的规定，但因不是所有办公建筑均列为无障碍设计范围，所以，以上两条规定是未采用无障碍设计办公建筑必须遵守的规定。

【实施与检查的控制】

第3.1.3条的检查重点是建筑高度超过75m的办公建筑，其电梯是否分区或分层使用。第3.1.7条主要审查施工图中走道的最小净宽和高差处理是否符合具体要求。施工图审查单位要对中小型办公建筑设计审查时需严格限制。施工中和验收如果发现问题要及时报告，并采取有效措施。

以上规定是从建筑使用要求出发制定的最低要求，在防火设计和无障碍设计方面已有更加严格的规定，所以，以上两条规定是未采用无障碍设计办公建筑或对防火没有特殊要求的办公建筑设计时必须严格遵守的规定。

《科学实验建筑设计规范》JGJ 91—93

3.1.5 基地应避开噪声、振动、电磁干扰和其他污染源，或采取相应的保护措施。对科学实验工作自身产生的上述危害，亦应采取相应的环境保护措施，防止对周围环境的影响。

【技术要点说明】

本条是环境保护的警示性要求，要求进行科学实验建筑设计时，选择基地应避开污染源或采取相应的保护措施。本条文关于防止建筑本身对周围环境的影响的措施，主要指噪声、振动、电磁干扰和其他污染源的控制措施。

3.2.6 使用有放射性、爆炸性、毒害性和污染性物质的独立建筑物或构筑物，在总平面中的位置应符合有关安全、防护、疏散、环境保护等规定。

【技术要点说明】

本条要求对科研建筑使用有害物质的独立建筑物或构筑物，在总图设计时按照有关规定设置一定防护距离或采取隔离措施。

【实施与检查的控制】

在建筑设计实践中，一般比较注意保护建筑不受外界环境污染，而忽视建筑对周围环境的污染，因此，对第3.1.5条的检查重点是科学实验建筑本身对周围环境的影响的控制措施是否到位。对第3.2.6条检查重点是使用有放射性、爆炸性、毒害性和污染性物质的独立建筑物或构筑物，其总平面的位置是否符合有关规定。

目前国家对噪声、振动、电磁干扰等均有相应控制标准，设计者应予以高度重视。审图部门对使用有放射性、爆炸性、毒害性和污染性物质的独立建筑物或构筑物的设计，要逐项检查在总图中的位置是否符合有关安全规定。

《文化馆建筑设计规范》JGJ 41—87

3.1.3 文化馆设置儿童、老年人专用的活动房间时，应布置在当地最佳朝向和出入安全、方便的地方，并分别设有适于儿童和老年人使用的卫生间。

【技术要点说明】

本条强调文化馆建筑应特别重视保护老年人和儿童的合法权力。强调的是日照和使用安全，是关怀老人儿童健康的具体要求。

【实施与检查的控制】

本条要求设计时保证将儿童、老年人专用的活动房间布置在当地最佳朝向和出入安全、方便的地方。特别要求要能够方便地使用卫生间。审图部门要检查活动路线与专用房间的布置。

《旅馆建筑设计规范》JGJ 62—90

3.1.6　锅炉房、冷却塔等不宜设在客房楼内，如必须设在客房楼内时，应自成一区，并应采取防火、隔声、减震等措施。

【技术要点说明】

本规定是针对设计中常见的安全隐患提出的。其中“应自成一区”，是必须严格执行的具体规定，因为适当的分区，是防火、隔声、减震等的最有力措施。

3.2.3　卫生间。

四、卫生间不应设在餐厅、厨房、食品贮藏、变配电室等有严格卫生要求或防潮要求用房的直接上层。

【技术要点说明】

本规定是针对设计中常见的卫生隐患提出的。本条针对卫生间对餐厅、厨房、食品贮藏、变配电室等有严格卫生要求或防潮要求的用房可能造成的漏水污染破坏，提出具体要求，是避免食品污染事故和电气安全事故的必要条件。

【实施与检查的控制】

第3.1.6条的执行重点在“应自成一区”，检查时注意总图的相应位置。第3.2.3条需要检查非标准层中卫生间下层空间的使用性质。

以上两条要求设计单位在方案设计阶段严格执行。审图部门应严格把关，否则将对使用中发生的事故或者纠纷负相关责任。

《商店建筑设计规范》JGJ 48—88

3.1.6　营业部分的公用楼梯、坡道应符合下列规定：

一、室内楼梯的每梯段净宽不应小于1.40m，踏步高度不应大于0.16m，踏步宽度不应小于0.28m；

二、室外台阶的踏步高度不应大于0.15m，踏步宽度不应小于0.30m；

【技术要点说明】

本条对营业部分的公用楼梯、坡道的规定与一般设计规定基本一致，但其中关于“室内楼梯的每梯段净宽不应小于1.40m，”的要求比较严格。室外台阶的踏步高度和踏步宽度要求是踏步合理坡度的基本要求。

3.1.11　设系统空调或采暖的商店营业厅的建筑构造应符合下列规定：

四、营业厅与空气处理室之间的隔墙应为防火兼隔声构造，并不得直接开门相通。

【技术要点说明】

本条主要要求设系统空调或采暖的商店在处理隔声的同时防止火灾蔓延，保证顾客安全疏散。

3.2.10　联营商场内连续排列店铺设计应符合下列规定：

二、饮食店的灶台不宜面向公共通道，并应有良好排烟通风设施；

四、各店铺的隔墙、吊顶等的饰面材料和构造不得降低商场建筑物的耐火等级规定，并不得任意添加设计规定以外的超载物。

【技术要点说明】

本条要求联营商场内连续排列店铺应有良好的排烟通风设施，同时要求其饰面材料和构造不得降低商场建筑物的耐火等级规定，并不得任意添加设计规定以外的超载物，这是针对大量商场火灾和卫生通风事故而提出的。

3.3.3 食品类商店仓储部分尚应符合下列规定：

一、根据商品不同保存条件和商品之间存在串味、污染的影响，应分设库房或在库内采取有效隔离措施；

二、各种用房地面、墙裙等均应为可冲洗的面层，并严禁采用有毒和起化学反应的涂料。

【技术要点说明】

本条是对食品类商店仓储保证库存食品卫生的最基本要求。

【实施与检查的控制】

对商店建筑设计的审查重点是安全疏散和通风、卫生等基本环境条件，以上4条中对第3.1.6条的执行中，应借鉴近期国内多起商场火灾的教训，要求设计者对楼梯的最小疏散宽度特别注意，即使商场内有电梯和主要楼梯，只要是顾客使用的楼梯，必须保证最小梯段净宽。

第3.2.10条的执行难点是大型商场分包转让摊位，各自负责装修。因此要求应有统一报建手续和竣工验收手续，并加大消防和卫生检查力度。

《饮食建筑设计规范》JGJ 64—89

2.0.2 饮食建筑严禁建于产生有害、有毒物质的工业企业防护地段内；与有碍公共卫生的污染源应保持一定距离，并须符合当地食品卫生监督机构的规定。

【技术要点说明】

本条原则规定了饮食建筑与产生有害、有毒物质的工业企业之间必须有防护距离，同时要求与有碍公共卫生的污染源保持一定距离。这是保护饮食建筑自身免受污染的要求，应在选址时特别注意。

2.0.4 在总平面布置上，应防止厨房(或饮食制作间)的油烟、气味、噪声及废弃物等对邻近建筑物的影响。

【技术要点说明】

本条要求在总平面布置上采取措施，防止厨房的油烟、气味、噪声及废弃物等对邻近建筑物造成影响。本条文强调在总平面布置上处理饮食建筑对周围建筑的影响，是因为其污染问题较难采用其他措施解决。

3.2.7 就餐者专用的洗手设施和厕所应符合下列规定：

一、一、二级餐馆及一级饮食店应设洗手间和厕所，三级餐馆应设专用厕所，厕所应男女分设。三级餐馆的餐厅及二级饮食店饮食厅内应设洗手池；一、二级食堂餐厅内应设洗手池和洗碗池；

四、厕所应采用水冲式。

【技术要点说明】

本条要求就餐者专用的洗手设施和厕所达到一定卫生标准。本条规定在我国部分地区成功抗击SARS的经验中充分体现了其重要性，说明我国饮食建筑设计中严格执行卫生标准的迫切性。

3.3.3 厨房与饮食制作间应按原料处理、主食加工、副食加工、备餐、食具洗存等工艺流程

合理布置，严格做到原料与成品分开，生食与熟食分隔加工和存放，并应符合下列规定：

一、副食粗加工宜分设肉禽、水产的工作台和清洗池，粗加工后的原料送入细加工间避免反流。遗留的废弃物应妥善处理；

二、冷荤成品应在单间内进行拼配，在其入口处应设有洗手设施的前室；

三、冷食制作间的入口处应设有通过式消毒设施；

四、垂直运输的食梯应生、熟分设。

【技术要点说明】

本条具体规定厨房与饮食制作间按原料处理、主食加工、副食加工、备餐、食具洗存等工艺流程合理布置，严格做到原料与成品分开，生食与熟食分隔加工和存放的措施。

【实施与检查的控制】

《饮食建筑设计规范》是20世纪80年代末的设计规定，随着我国人民经济生活水平提高，对饮食卫生要求要求越来越高，建筑设计人员应对饮食建筑的卫生防护要求高度重视，严格执行有关规定。同时注意采用安全有效的新技术产品。

施工图审查时，对第2.0.4条要重点审查总平面布置，应防止厨房对邻近建筑物的污染，及时避免工程纠纷。对第3.2.7条要特别重视卫生间的设计标准，要求严格遵守条文规定并以现代手段设计饮食建筑中的卫生间。

《图书馆建筑设计规范》JGJ 38—99

3.1.4　图书馆宜独立建造。当与其他建筑合建时，必须满足图书馆的使用功能和环境要求，并自成一区，单独设置出入口。

【技术要点说明】

关于"图书馆独立建造"和"单独设置出入口"的规定，是根据图书馆环境要求和安全疏散要求提出的。

4.1.8　电梯井道及产生噪声的设备机房，不宜与阅览室毗邻，并应采取消声、隔声及减振措施，减少其对整个馆区的影响。

【技术要点说明】

本条要求对电梯井道及产生噪声的设备机房采取消声、隔声及减振措施，减少其对整个馆区的影响，特别要求保证阅览室不受噪声的影响。

4.2.9　书库内工作人员专用楼梯的梯段净宽不应小于0.80m，坡度不应大于45°，并应采取防滑措施。

【技术要点说明】

本条针对图书馆书库内工作人员专用楼梯的梯段净宽小，坡度大造成摔伤事故较多的情况，要求保证梯段净宽和坡度要求。0.80m的梯段净宽，和45°的梯段坡度是建筑工程设计少用的极限尺度，主要根据图书馆管理中经常使用活动楼梯上书架的实际情况，认为工作人员习惯更陡的楼梯。但作为建筑工程实施的楼梯，必须有坡度限制并应采取防滑措施。

4.5.5　300座位以上规模的报告厅应与阅览区隔离，独立设置。

【技术要点说明】

本条规定了报告厅应与阅览区隔离，目的是避免人流交叉干扰，便于安全疏散。

【实施与检查的控制】

《图书馆建筑设计规范》中的4条强制性条文，是维护图书馆公共秩序和工作人员安全的措施。设计中要强调公众利益，保护读者。隔声处理有相关控制措施要求，安全疏散应同时考虑防火疏散要求。

对第3.1.4条重点检查总图中图书馆是否“独立建造”和“单独设置出入口”，能否保证安全疏散要求。根据第4.2.9条检查库内工作人员专用楼梯的梯段净宽和坡度时，主要区别是否纯属专用，只要涉及读者使用的楼梯，必须引用其他更加严格的规定。

《档案馆建筑设计规范》JGJ 25—2000

4.2.10　档案库每开间的窗洞面积与外墙面积比不应大于1∶10，档案库不得采用跨层或跨间的通长窗。

【技术要点说明】

本条要求档案库每开间的窗洞面积与外墙面积的比例尽量小，要求档案库不得采用跨层或跨间的通长窗，以保证室内稳定的温湿度控制并减少光照对档案资料的损坏。

5.7.1　档案馆的外门及首层外窗均应有可靠的安全防护设施。

【技术要点说明】

本条从防止档案资料被盗和破坏的角度出发，要求档案馆的外门及首层外窗均应有可靠的安全防护设施。

【实施与检查的控制】

《档案馆建筑设计规范》中的2条强制性条文主要是从保存国家珍贵档案资料的目的出发，提出控制档案库室内环境和加强安全防护设施的要求。第4.2.10条的要求明确，在现代建筑设计中容易实现。第5.7.1条的安全防护措施在目前条件下应更多采用现代科技手段，可采用电子监控和报警系统。

《殡仪馆建筑设计规范》JGJ 124—99

3.0.2　设有火化间的殡仪馆宜建在当地常年主导风向的下风侧，并应有利于排水和空气扩散。

【技术要点说明】

为防止殡仪馆的火化间的废气和废水向城市扩散和排放，要求选址和布局时严格执行本条规定。

5.3.2　悼念厅的出入口应设方便轮椅通行的坡道。

【技术要点说明】

悼念厅是老年人和残疾人不得不出入的地方，因此应进行无障碍设计。

5.5.6　骨灰寄存用房应有通风换气设施。

【技术要点说明】

骨灰的存放时间一般要满足一代人对死者长时间的哀思，因此骨灰寄存用房应有良好通风换气设施。本条要求的通风换气设施，包括机械通风或空调设施。

6.1.1　殡仪区中的遗体停放、消毒、防腐、整容、解剖和更衣等用房均应进行卫生防护。

【技术要点说明】

遗体处理过程中容易产生疾病传播，因此，殡仪区中的遗体处理用房均应进行卫生防护。本条所指卫生防护包括平面设计中的防护距离和功能分区，以及必要的给排水、消毒设施等。

6.1.3　消毒室、防腐室、整容室和解剖室应单独为工作人员设自动消毒装置。

【技术要点说明】

为了保证消毒室、防腐室、整容室和解剖室里工作人员的还应设自动消毒装置。

6.1.7　火化区内应设置集中处理火化间废弃物的专用设施。

6.2.5　骨灰寄存区中的祭悼场所应设封闭的废弃物堆放装置。

【技术要点说明】

第6.1.7条、第6.2.5条等条文均为废弃物处理的规定，殡仪馆中各种废弃物如果不集中堆放并专业化处理，容易发生环境污染和传播疾病，并可能伤害死者家属的感情，因此要求在建筑设计阶段，考虑设置专用设施集中堆放并进行封闭式处理。

【实施与检查的控制】

《殡仪馆建筑设计规范》中的8条强制性条文，主要强调使用安全和卫生要求。执行重点有：选址应在"当地常年主导风向的下风侧，并应有利于排水和空气扩散。"对遗体停放、消毒、防腐、整容、解剖和更衣等用房均应进行卫生防护。并单独为工作人员设自动消毒装置的要求。还有对废弃物采用专用设施，防止细菌扩散等。

《汽车客运站建筑设计规范》JGJ 60—99

3.2.2　汽车进站口、出站口应符合下列规定：

1　一、二级汽车站进站口、出站口应分别独立设置，出站口宽度均不应小于4m；

2　汽车进站口、出站口与旅客主要出入口应设不小于5m的安全距离，并应有隔离措施；

3　汽车进站口、出站口距公园、学校、托幼建筑及人员密集场所的主要出入口距离不应小于20m；

4　汽车进站口、出站口应保证驾驶员行车安全视距。

【技术要点说明】

本条规定提出了4个方面的要求：

1. 规定了进站口、出站口分别设置，并要求站口最小宽度，是保证进出站客车安全畅通行使的基本要求。

2. 规定了进站口、出站口与旅客主要出入口的安全距离，从根本上保证人车分流，杜绝交通事故。

3. 规定了进站口、出站口与公园、学校、托幼建筑等人员密集场所的主要出入口的距离，防止进出站车辆对路人造成伤害。

4. 规定了进站口、出站口为驾驶员行车保留足够的安全视距，为安全行使环境提供必要条件。

【实施与检查的控制】

《汽车客运站建筑设计规范》仅收录了本条强制性条文，规定中4款关于进站口、出站口交通安全的措施在实践中十分重要，设计时应认真执行，审图中应严格审核设计距离。

《港口客运站建筑设计规范》JGJ 86—92

2.2.5　客运站的站前广场、站房和客运码头应配套设置。站前广场、站房和客运码头应布置在沿江或沿海城市道路的同一侧。

【技术要点说明】

港口客运站的站前广场、站房和客运码头是构成客运站的重要组成部分，本条要求三项设施同时配套设置，并布置在沿江或沿海城市道路的同一侧。这是对城市总体交通系统安全运行提出的要求。

4.0.3　客、车滚装船码头应设置安全、方便的旅客和车辆上、下船设施。在码头附近，应设置乘船车辆的专用停车场。停车场的停车规模，不应小于同时发船所载车辆数的一倍。

【技术要点说明】

港口客、车滚装船码头是车辆、人流集中通行的地方，又是水陆交通枢纽，其设施安全和停车场规模是保证旅客安全的重要条件。本条规定是对交通枢纽的安全使用提出的具体要求。

5.1.4　站房应设置保障旅客安全和方便的上下船廊道，且应设置方便残疾人使用的相应设施。

【技术要点说明】

本条要求是对旅客人身安全提出的保障措施。本规定强调站房设计应全面实行无障碍设计。

5.6.3　出境和入境用房的布置，必须避免联检前的旅客及行包与联检后的旅客及行包接触混杂。

【技术要点说明】

本条要求是为保证国家安全、人民健康、旅客财产安全而对出境和入境用房提出的专门要求，是对建筑设计中容易忽视的问题的特别警示。

【实施与检查的控制】

执行第2.2.5条时应从城市总体规划大局出发，严格服从规划设计的原则。执行第4.0.3条时要重点考虑码头的安全设施设计，重点防止因人流车流拥堵或混杂造成的安全事故。

第5.1.4条要求在设置安全和方便的上下船廊道的同时全面进行无障碍设计；第5.6.3条是对建筑设计中容易忽视的问题的特别警示。

以上各条在设计阶段要检查平面布置的各项内容，执行中要重点检查措施的落实情况。

《铁路旅客车站建筑设计规范》GB 50226—95

5.1.4　特大型、大型站应设检查易燃、易爆、危险物品的设施。

【技术要点说明】

随着我国对铁路运输安全的高度重视，《中华人民共和国铁路法》第四十八条规定，禁止旅客携带危险品上车。全国各特大型、大型火车站均设置专门检查设施。原有铁路旅客车站由于在建筑设计中未设相应检查设施，造成改造困难并影响检查质量，危及铁路安全，因此本条强调在建筑设计阶段，应设检查易燃、易爆、危险物品的设施。本条规定是铁路实行安全检查、实现安全运输的基本条件。

5.2.2　进站广厅入口处应至少设一处方便残疾人使用的坡道。

【技术要点说明】

进站广厅入口是铁路旅客的必经之地，应设置坡道保证残疾人使用。不论车站规模大小，必须满足本条规定要求。

6.1.4　当综合型站房中设有锅炉房、库房、食堂时，应设置运送燃料、货物、垃圾的单独出入口。

【技术要点说明】

综合型站房中的锅炉房、库房、食堂时，其运送燃料、货物、垃圾的交通量大，如果与旅客人流交叉容易发生各种事故。本规定的单独出入口在总平面布置中应做到功能分区明确。

6.1.5　站房靠近线路一侧的非铁路房屋应设置安全防护设施。

【技术要点说明】

本条要求是对铁路实施安全管理的需要。

【实施与检查的控制】

执行以上4条规定时，应注意在总平面设计时开始全面考虑。建筑设计时应注意第6.1.5条所要求的安全防护设施，既要防止其他人员从铁路非法进入建筑，更要防止其他人员从建筑非法进入铁路，对安全运输构成威胁。

《汽车库建筑设计规范》JGJ 100—98

3.2.1　特大、大、中型汽车库总平面应按功能分区，由管理区、车库区、辅助设施区及道路、绿化等组成，并应符合下列规定：

3.2.1.4　库址内车行道与人行道应严格分离，消防车道必须畅通。

【技术要点说明】

本条规定要求在车库内保证行人有路可走，行走安全。同时，车库是火灾的常发地点，消防车道应保证进出畅通并满足火灾扑救要求。

3.2.8　汽车库库址的车辆出入口，距离城市道路的规划红线不应小于7.5m，并在距出入口边线内2m处作视点的120°范围内至边线外7.5m以上不应有遮挡视线障碍物。

【技术要点说明】

本条具体要求汽车库库址的车辆出入口，距离城市道路的规划红线有一定的安全距离并保证基本的视线无障碍。

4.1.6　汽车库内坡道严禁将宽的单车道兼作双车道。

【技术要点说明】

本条是针对常发事故提出的，汽车库内的单车道如果兼作双车道，即使有一定的宽度，汽车在坡道及其转弯处仍然容易发生相撞事故。

4.2.13　地下汽车库内不应设置修理车位，并不应设有使用易燃、易爆物品的房间或存放的库房。

【技术要点说明】

本条要求主要考虑地下车库在通风、采光方面条件差，集中存放的汽车由于其油箱大量储存大量汽油，本身是易燃易爆因素。而且地下车库火灾时扑救困难程度大，因此，设计时一定要排除其他可能产生火灾爆炸事故的因素。

【实施与检查的控制】

以上4条规定在我国目前汽车库严重不足，城市土地紧张的情况下，严格执行难度很高。但事关人民生命财产安全，必须高度重视。其中第3.2.8条和第4.2.13条由于不属于消防检查要求，需要特别注意。审图或施工中如果发现违反现象，应及时纠正并报告，否则负相关责任。

《综合医院建筑设计规范》JGJ 49—88

2.2.2　医院出入口不应少于二处，人员出入口不应兼作尸体和废弃物出口。

【技术要点说明】

本条规定了医院出入口的最低数量要求，并要求设尸体和废弃物的专门出口。主要目的是防止尸体和废弃物在运送过程中造成环境污染。

2.2.4　太平间、病理解剖室、焚毁炉应设于医院隐蔽处，并应与主体建筑有适当隔离。尸体运送路线应避免与出入院路线交叉。

【技术要点说明】

本条根据太平间、病理解剖室、焚毁炉等工作环境需要，规定其设于医院的隐蔽处，并应与主体建筑有适当隔离。进一步要求建筑平面布局实现严格的功能分区，有效控制污染、保护环境。要求尸体运送线路应避免与出入院路线交叉。

3.1.4　电梯

一、四层及四层以上的门诊楼或病房楼应设电梯，且不得少于二台；当病房楼高度超过24m时，应设污物梯。

【技术要点说明】

本条要求医院的门诊楼或病房楼如果达到四层及四层以上时应设二台电梯，本规定比一般建筑规定严格，是减少垂直运输等候时间，保证病人得到及时医治重要条件。同时要求24m以上病房楼设置污物梯，以免污物与人流交叉，增加交通量。

3.1.6　三层及三层以下无电梯的病房楼以及观察室与抢救室不在同一层又无电梯的急诊部，均应设置坡道，其坡度不宜大于1/10，并应有防滑措施。

【技术要点说明】

本条要求无电梯的病房楼以及观察室与抢救室不在同一层又无电梯的急诊部，均应设置坡道，其坡度要求按无障碍坡道的高要求设计，并应有防滑措施。

以上两条均是要求医院具有安全、及时运送危急病人的职能，在目前的条件下，医院病房楼等不设电梯的情况已经极少，执行本规定时要强调四层及四层以上时设两台电梯，强调及时抢救的重要性。

3.1.14　厕所

三、厕所应设前室，并应设非手动开关的洗手盆。

【技术要点说明】

本条是为了防止病人排泄物中的细菌等通过厕所及其卫生实施传染其他人员，因此，要求厕所应设前室，并应设非手动开关的洗手盆。本条中“非手动开关的洗手盆”。指通过脚踏或其他电控方式避免手动接触病菌的措施。

3.4.11　儿科病房

五、儿童用房的窗和散热片应有安全防护措施。

【技术要点说明】

本条要求儿童用房的窗和散热片采取安全防护措施。主要考虑患病儿童在医院需要得到更多的保护和照顾，以防造成新的伤害。

3.5.1　20床以上的一般传染病房，或兼收烈性传染病者，必须单独建造病房，并与周围的建筑保持一定距离。

【技术要点说明】

本条提出一般传染病房，或兼收烈性传染病者的病房单独建造的条件并要求与周围的建筑保持一定距离。同样是根据医院控制传染、防止疾病蔓延的职能要求提出的。

3.5.3　传染病病房应符合下列条件：

一、平面应严格按照清洁区、半清洁区和污染区布置。

二、应设单独出入口和入院处理处。

三、需分别隔离的病种，应设单独通往室外的专用通道。

四、每间病房不得超过4床。两床之间的净距不得小于1.10m。

五、完全隔离房应设缓冲前室；盥洗、浴厕应附设于病房之内；并应有单独对外出口。

【技术要点说明】

本条规定了传染病病房应符合的具体条件，包括：平面分区布置；设单独出入口和入院处理处；按病种设单独通往室外的专用通道；病房的床位控制数和距离；完全隔离房的防护措施等。这些规定是我国多年控制疾病传染经验和教训总结得出的。

3.7.3 放射科防护

对诊断室、治疗室的墙身、楼地面、门窗、防护屏障、洞口、嵌入体和缝隙等所采用的材料厚度、构造均应按设备要求和防护专门规定有安全可靠的防护措施。

【技术要点说明】

本条对放射科的诊断室、治疗室的墙身等部位的构造提出严格的要求。重点防范放射性物质对人体的伤害和对周围环境的破坏。

3.8.2 核医学科的实验室应符合下列规定：

一、分装、标记和洗涤室，应相互贴邻布置，并应联系便捷。

二、计量室不应与高、中活性实验室贴邻。

三、高、中活性实验室应设通风柜，通风柜的位置应有利于组织实验室的气流不受扩散污染。

【技术要点说明】

本条从防止核放射侵害的目的出发，要求核医学科的实验室在平面布置和通风组织等方面满足具体的规定要求。

3.8.4 核医学科防护

三、γ照相机室应设专用候诊处；其面积应使候诊者相互间保持1m的距离。

【技术要点说明】

本条要求核医学科的照相机室应设专用候诊处，并要求有足够的面积空间，以便保证候诊者与设备保持防护需要的距离。

3.17.1 营养厨房严禁设在有传染病科的病房楼内。

【技术要点说明】

本条要求对营养厨房实行严格防护，严禁设在有传染病科的病房楼内。也是防止疾病进一步蔓延的需要。

3.17.4 焚毁炉应有消烟除尘的措施。

【技术要点说明】

本条要求焚烧炉应有消烟除尘的措施，防止医院的有害烟尘污染环境。目前的消烟除尘措施应满足所在地区的环境保护要求。

【实施与检查的控制】

《综合医院建筑设计规范》的强制性条文，重点保证以下三方面的重要职能，因此，应作为检查重点。

1. 方便救死扶伤、保证病人安全的职能;相应的条文为:第 3.1.4 条 、第 3.1.6 条 、第 3.4.11 条等规定。

2. 预防传染,防止疾病蔓延的职能;相应的条文为:第 3.1.14 条、第 3.5.1 条 、第 3.5.3 条、第 3.17.1 条等规定。

3. 控制污染、保护环境的职能。相应的条文为:第 2.2.2 条、第 2.2.4 条、第 3.7.3 条、第 3.8.2 条、第 3.8.4 条、第 3.17.4 条等规定。

由于以上 13 条规定专业性强,表述具体、明确,在 2000 年版的执行过程中未发现反馈意见。2002 年版未对其进行修编。我国近期因非典型肺炎流行及其防治的经验和教训,说明综合医院的建筑设计应该更加重视满足控制传染、防止疾病蔓延的和控制污染、保护环境的功能要求。同时证明,以上强制性条文的重要作用,务必严格执行。今后对综合医院的设计及其检查中,一定要根据以上规定逐条审查,重点检查是否满足方便救死扶伤、保证病人安全,控制传染、防止疾病蔓延,控制污染、保护环境等三方面的职能要求。

《疗养院建筑设计规范》JGJ 40—87

3.1.2 疗养院建筑超过四层应设置电梯。

【技术要点说明】

本条要求疗养院建筑超过四层应设置电梯,比一般建筑和居住建筑要求严格,但比《老年人居住建筑设计标准》的三层及三层以上应设电梯的要求宽松。主要考虑疗养院的服务对象比一般人员弱,需要照顾,但总体在住宿安排上可以强弱搭配,比老年人容易满足服务要求。

3.1.5 疗养院主要建筑物的坡道、出入口、走道应满足使用轮椅者的要求。

【技术要点说明】

本条规定“疗养院主要建筑物的坡道、出入口、走道应满足使用轮椅者的要求”。以上规定事实上在《城市道和建筑物无障碍设计规程》JGJ 50—2001 的强制性条文中有更为详细的规定,但目前各地对疗养院建筑的无障碍设计的规定的执行力度有差别,这里需要特别强调。

3.2.11 疗养院疗养员活动室必须光线充足,朝向和通风良好。

本条要求对疗养院疗养员活动室的采光和通风条件提出严格要求,是把疗养员视为老弱病残,强调对其特殊保护。

【实施与检查的控制】

上述 3 条规定在执行中,存在对疗养院建筑的定性的争议。从劳动保护角度立项建设的疗养院建筑,应该无条件执行以上规定;从经营的角度立项建设的疗养院建筑,应定性为旅游休闲建筑,设计时可不执行本规定。

《体育建筑设计规范》JGJ 31—2003

1.0.8 不同等级体育建筑结构设计使用年限和耐火等级应符合表 1.0.8 的规定。

体育建筑的结构设计使用年限和耐火等级　　表 1.0.8

建筑等级	主体结构设计使用年限	耐火等级	建筑等级	主体结构设计使用年限	耐火等级
特级	>100 年	不低于一级	丙级	25～50 年	不低于二级
甲级、乙级	50～100 年	不低于二级			

【技术要点说明】

本条是对结构设计使用年限和耐火等级的要求。

4.1.11　应考虑残疾人参加的运动项目特点和要求，并应满足残疾观众的需要。

【技术要点说明】

本条要求根据运动项目的特点，考虑残疾人参加或观看体育比赛。残疾人观看体育比赛的要求在《城市道路和建筑物无障碍设计规范》中有详细规定，因此，执行本条规定，应特别考虑残疾人参加体育比赛时的要求和相应的技术措施。

4.2.4　场地的对外出入口应不少于二处，其大小应满足人员出入方便、疏散安全和器材运输的要求。

【技术要点说明】

本条要求场地出入口应有二处以上。这在我国当前体育场馆建筑形式多样化的趋势下，十分必要，特别提醒小型室内场馆设计，要重视疏散安全。

5.7.4　比赛场地出入口的数量和大小应根据运动员出入场、举行仪式、器材运输、消防车进入及检修车辆的通行等使用要求综合解决。

【技术要点说明】

本条强调场地出入口的数量要根据多种需要综合解决。在体育场馆中人流和车流的不合理交叉，不仅使用不便，更严重的是为造成重大伤亡事故留下隐患。

【实施与检查的控制】

《体育建筑设计规范》是2003年新颁布的，共有4条规定列为强制性条文。其中除第1.0.8条属结构设计基本规定外，其他3条主要考虑交通、疏散的安全。重点审查出入口的数量及其安全疏散措施。

3.2　居　住　建　筑

《住宅设计规范》GB 50096—1999

3.1.1　住宅应按套型设计，每套住宅应设卧室、起居室（厅）、厨房和卫生间等基本空间。

【技术要点说明】

本条要求住宅应按套型设计，并明确要求每套住宅应设卧室、起居室（厅）、厨房和卫生间等基本空间。具体表现为独门独户，套型界限分明。保证居民拥有基本的居住领域感和安全感。

3.3.2　厨房应有直接采光、自然通风。

【技术要点说明】

本条要求重点是直接采光和自然通风。具体操作时应根据规范关于厨房采光、通风的面积要求。同时，厨房往往是整套住宅通风的重要出口，保证自然通风对保证室内空气环境质量具有重要意义。

3.3.3　厨房应设置洗涤池、案台、炉灶及排油烟机等设施或预留位置。

【技术要点说明】

本条要求厨房应设置相应的设施或预留位置，设计时主要体现为厨房空间布置和设备系统的连接条件。如案台、炉灶强调的是位置和尺度，洗涤池强调的是与给排水系统的连接，排油烟机强调的是位置和通风口。

3.4.3　卫生间不应直接布置在下层住户的卧室、起居室（厅）和厨房的上层。并均应有防

水、隔声和便于检修的措施。

【技术要点说明】

本条要求是针对近年房地产投诉热点而提出的。执行重点在建筑套型设计时应严格区别套内外的界限。在建设过程中，开发单位常常要求局部调整平面，此时设计者如果忽视本规定，将造成违规现象，引起住户的不满和投诉。

3.6.2 卧室、起居室(厅)的室内净高不应低于2.40m，局部净高不应低于2.10m，且其面积不应大于室内使用面积的1/3。

【技术要点说明】

本条是对住宅室内净高、局部净高提出尺寸要求，强调必不可少的居住活动空间需求。根据普通住宅层高为2.80m的要求，不管采用何种楼板结构，卧室、起居室(厅)的室内净高很容易达到2.40m，但个别高档住宅精装修装吊顶时，反而忽视净高要求，引起不必要的纠纷。局部净高是指梁底处净高、活动空间上部吊柜的柜底与地面距离。一间房间中低于2.40m的局部净高的使用面积不能多于其房间使用面积的1/3。

3.6.3 利用坡屋顶内空间作卧室、起居室(厅)时，其1/2面积的室内净高不应低于2.10m。

【技术要点说明】

本条是对坡屋顶住宅室内净高提出尺寸要求。说明坡屋顶住宅室内净高要求比一般住宅室内净高要求宽松。《住宅设计规范》允许坡屋顶住宅室内1/2面积的净高可在1.20～2.10m之间。这部分面积只按1/2计入使用面积，本条规定的“1/2面积的室内净高不应低于2.10m”，其面积指地板面积，不是使用面积。

3.7.2 阳台栏杆设计应防止儿童攀登，栏杆的垂直杆件间净距不应大于0.11m；放置花盆处必须采取防坠落措施。

【技术要点说明】

根据人体工程学原理，栏杆的垂直杆件间净距不应大于0.11m，才能防止儿童钻出。同时为防止因栏杆上放置的花盆坠落伤人，要求采取防坠落措施。

3.7.3 低层、多层住宅的阳台栏杆净高不应低于1.05m，中高层、高层住宅的阳台栏杆净高不应低于1.10m。

【技术要点说明】

根据人体重心稳定和心理要求，阳台栏杆应随建筑高度增高而增高。由于我国近期采取封闭阳台的设计越来越多，大量咨询意见要求对封闭阳台的情况明确规定栏杆高度，建设部2003年4月批准了对《住宅设计规范》的局部修订，其中本条文进行了进一步明确规定：“封闭阳台栏杆也应满足阳台栏杆净高要求”。其依据是“封闭阳台没有改变人体重心稳定和心理要求”。

3.9.1 外窗窗台距楼面、地面的净高低于0.90m时，应有防护设施。

【技术要点说明】

没有邻接阳台或平台的外窗窗台，应有一定高度才能防止坠落事故。由于我国近期低窗台的设计越来越多，大量咨询意见要求对低窗台的情况进行明确规定，建设部2003年4月批准了对《住宅设计规范》的局部修订，其中本条文进行了进一步明确规定，补充：“窗台的净高或防护栏杆的高度均应从可踏面起算，保证净高0.90m”。其依据是“有效的防护高度应保证净高0.90m，距离楼(地)面0.45m以下的台面、横栏杆、等容易造成无意识攀登的可踏面，不应计入窗台净高”。

4.1.2　楼梯梯段净宽不应小于1.10m。六层及六层以下住宅，一边设有栏杆的梯段净宽不应小于1m。

【技术要点说明】

住宅楼梯梯段净宽不应小于1.10m的规定与《设计通则》4.2.1条楼梯的一般规定，按人流股数计算宽度是基本一致的。但从实际出发，本条关于"六层及六层以下住宅，一边设有栏杆的梯段净宽不应小于1m"的规定适当放宽。

4.1.3　楼梯踏步宽度不应小于0.26m，踏步高度不应大于0.175m。扶手高度不应小于0.90m。楼梯水平段栏杆长度大于0.50m时，其扶手高度不应小于1.05m。楼梯栏杆垂直杆件间净空不应大于0.11m。

【技术要点说明】

本条从安全防护的角度出发，具体规定了减缓楼梯坡度，加强栏杆安全性的要求，比一般建筑规定略为严格。

4.1.5　楼梯井净宽大于0.11m时，必须采取防止儿童攀滑的措施。

【技术要点说明】

为了防止儿童在楼梯扶手上玩滑梯游戏时从楼梯井掉落，本条从安全防护的角度出发，要求与楼梯栏杆垂直杆件间净空一致，不应大于0.11m。

4.1.6　七层及以上住宅或住户入口层楼面距室外设计地面的高度超过16m以上的住宅必须设置电梯。

注：1　底层作为商店或其他用房的多层住宅，其住户入口层楼面距该建筑物的室外设计地面高度超过16m时必须设置电梯。

2　底层做架空层或贮存空间的多层住宅，其住户入口层楼面距该建筑物的室外设计地面高度超过16m时必须设置电梯。

3　顶层为两层一套的跃层住宅时，跃层部分不计层数。其顶层住户入口层楼面距该建筑物室外设计地面的高度不超过16m时，可不设电梯。

4　住宅中间层有直通室外地面的出入口并具有消防通道时，其层数可由中间层起计算。

【技术要点说明】

本条特别针对当前房地产开发中追求短期利益，牺牲居住者利益的常用处理手法，严格规定了住宅设电梯的层数要求。本条中4款注释进一步明确实施时应注意的情况。

4.2.1　外廊、内天井及上人屋面等临空处栏杆净高，低层、多层住宅不应低于1.05m，中高层、高层住宅不应低于1.10m，栏杆设计应防止儿童攀登，垂直杆件间净空不应大于0.11m。

【技术要点说明】

本条关于封闭阳台栏杆净高的说明参照第3.7.3条，关于栏杆净高的计算方法应参照第3.9.1条窗台净高的算法。

4.2.3　住宅的公共出入口位于阳台、外廊及开敞楼梯平台的下部时，应采取设置雨罩等防止物体坠落伤人的安全措施。

【技术要点说明】

为防止阳台、外廊及开敞楼梯平台上坠物伤人，要求其下部的公共出入口设置雨罩等防护措施。

4.2.5　设置电梯的住宅公共出入口，当有高差时，应设轮椅坡道和扶手。

【技术要点说明】

从保护老年人和残疾人的合法权利出发，要求住宅公共出入口设轮椅坡道和扶手。本条中“设置电梯的住宅”。指按第 4.1.6 条要求必须设电梯的住宅，不可用于要求多层、低层设电梯的情况。

4.4.1　住宅不应布置在地下室内。当布置在半地下室时，必须对采光、通风、日照、防潮、排水及安全防护采取措施。

【技术要点说明】

住宅是供居住者长期、连续使用的地方，从采光、通风、日照、防潮、排水及安全、卫生防护等方面考虑，住宅不应布置在地下室内。当布置在半地下室时，应采取相应措施。

4.5.1　住宅建筑内严禁布置存放和使用火灾危险性为甲、乙类物品的商店、车间和仓库，并不应布置产生噪声、振动和污染环境卫生的商店、车间和娱乐设施。

【技术要点说明】

本条从保护居住环境的目的出发，对隔声、防爆等多方面提出具体要求，是保证安全卫生的重要措施。

4.5.4　住宅与附建公共用房的出入口应分开布置。

【技术要点说明】

为了解决使用功能完全不同的用房在一起时产生的人流交叉干扰的矛盾，保证防火安全疏散，要求住宅与附建公共用房的出入口分开布置。实施中由于分别设置出入口造成增加建筑面积分摊是正常情况，应在工程设计前期全面衡量得失，不可作为降低安全要求的理由。

【实施与检查的控制】

对住宅设计的强制性执行原则是维护公众利益，保证最广大人民群众最基本的居住条件。具体体现以下方面：

第 3.1.1 条 、第 3.6.2 条、第 3.6.3 条、第 4.1.6 条等规定，主要强调保证基本居住水平。以上 4 条在实施过程中的争议在于，是否要对市场化的商品住宅保证最低标准，但执行中违规的现象却多出现在对拆迁户的赔偿标准上。列为强制性条文后，对保证国家基本居住质量的底线，起重要作用。

第 3.7.2 条、第 3.7.3 条、第 3.9.1 条、第 4.1.2 条、第 4.1.3 条、第 4.1.5 条、第 4.2.1 条、第 4.2.3 条等条文主要强调保证居住者安全。以上 9 条在防止住宅意外事故及事故处理方面起重要作用，特别是对窗台和栏杆的防护高度要求，住宅设计规范比一般建筑基本规定更加严格，执行中因重视程度不够被处理的实例较多。

第 3.3.2 条、第 3.3.3 条 、第 3.4.3 条 、第 4.4.1 条、第 4.5.1 条 、第 4.5.4 条等条文，主要从提高室内环境质量和保护居住环境的目的出发，对隔声、防潮、防爆等多方面提出具体要求，是保证安全卫生的重要措施。

在保证基本居住水平方面，需要特别强调的是，最低标准与普遍处理方式有根本差别，设计时不应简单地以满足以上规定为目的，而应根据具体情况，在保证基本要求的基础上，采用更加合适的设计标准。在保证居住者安全方面，要求设计及其管理部门，注意改变过去关于住宅是要求最低的建筑的观念，高度重视保证居住者安全。在保证居住环境质量方面，随着广大居民的环境意识以及对环境质量要求日益提高，要求设计及其管理部门高度重视，严格执行以上规定。

《宿舍建筑设计规范》JGJ 36—87

3.2.5　居室不应布置在地下室。

【技术要点说明】

本条规定的目的是为了满足最低的卫生要求。与《住宅设计规范》的相关条文相比，本条文不对设在半地下室的情况提出具体要求。因此，执行本规定，需要判断地下室和半地下室的区别。

3.5.3　宿舍最高居住层的楼地面距入口层地面的高度大于 20m 时，应设电梯。

【技术要点说明】

本条规定的设电梯高度比住宅要求的高出 4 米，但因宿舍的层高往往较高，因此实际工程中，需要设电梯的层数一般比住宅只高出一层。

【实施与检查的控制】

《宿舍建筑设计规范》收录的 2 条强制性条文，明确要求保证宿舍居住人员的基本居住标准。本节将宿舍定位为居住建筑，认为其居住者将在宿舍中较长期居住，但居住人群属非弱势人群，与住宅中居住的人员比，保护力度可相应减轻。执行中要严格审查工程项目的性质，防止将住宅工程项目作为宿舍建筑审批。

3.3　老年人建筑

《老年人建筑设计规范》JGJ 122—99

4.3.1　老年人居住建筑过厅应具备轮椅、担架回旋条件，并应符合下列要求：

1　户室内门厅部位应具备设置更衣、换鞋用橱柜和椅凳的空间。

2　户室内面对走道的门与门、门与邻墙之间的距离，不应小于 0.50m，应保证轮椅回旋和门扇开启空间。

3　户室内通过式走道净宽不应小于 1.20m。

【技术要点说明】

本条要求对老年人居住建筑的过厅、户室内门厅、户室内面对走道的门与门、户室内通过式走道等老年人出入经由的房间和建筑部位进行无障碍设计。保证老年人的活动安全和方便。

4.3.3　老年人出入经由的过厅、走道、房间不得设门坎。

【技术要点说明】

由于门坎容易造成老年人摔伤等安全事故，本条要求老年人建筑中的过厅、走道、房间取消门坎，需要高差时采用坡度处理。

4.5.1　老年人居住建筑的起居室、卧室，老年人公共建筑中的疗养室、病房，应有良好朝向、天然采光和自然通风。

【技术要点说明】

本条要求平面设计时特别重视老年人居住建筑的起居室、卧室及老年人公共建筑中的疗养室、病房等的朝向布置。保证满足天然采光和自然通风的要求。这是保证老年人建筑满足最基本居住环境质量的要求。

4.8.4　供老人活动的屋顶平台或屋顶花园，其屋顶女儿墙护栏高度不应小于1.10m；出平台的屋顶突出物，其高度不应小于0.60m。

【技术要点说明】

本条规定了供老年人活动的屋顶平台或屋顶花园女儿墙护栏等的防护高度，严格要求保护老年人的安全。

5.0.8　老年人专用厨房应设燃气泄漏报警装置。

5.0.9　电源开关应选用宽板防漏电式按键开关。

5.0.11　老人院床头应设呼叫对讲系统、床头照明灯和安全电源插座。

【技术要点说明】

第5.0.8条、第5.0.9条、第5.0.11条等条文强调为老年人建筑配备安全方便的专用燃气泄漏报警装置、宽板防漏电式按键开关、呼叫对讲系统、床头照明灯和安全电源插座等设施，要求设计人员以高度负责的态度对待老年人建筑设计。

【实施与检查的控制】

《老年人建筑设计规范》收录了7条强制性条文，重点在保护老年人的安全和提供健康卫生的生活环境。该规范将老年人居住建筑和公共设施笼统地作了规定，在2000年版执行过程中反映出操作性存在一定问题。2003年9月1日起我国实施《老年人居住建筑设计标准》GB/T 50340—2003，由于是推荐性标准，所以没有提出新的强制性条文，而且有关老年人公共设施方面的国家标准正在编制中，因此，以上2002年版的强制性条文必须继续执行，设计和审查的重点是公共设施部分在设计中是否充分考虑老年人使用安全。

3.4　无障碍设计

《城市道路和建筑物无障碍设计规范》JGJ 50—2001

5.1.1　办公、科研建筑进行无障碍设计的范围应符合表5.1.1的规定。

无障碍设计的范围　表5.1.1

	建筑类别	设计部位
办公室、科研建筑	• 各级政府办公建筑 • 各级司法部门建筑 • 企、事业办公建筑 • 各类科研建筑 • 其他招商、办公、社区服务建筑	1. 建筑基地（人行通路、停车车位） 2. 建筑入口、入口平台及门 3. 水平与垂直交通 4. 接待用房（一般接待室、贵宾接待室） 5. 公共用房（会议室、报告厅、审判厅等） 6. 公共厕所 7. 服务台、公共电话、饮水器等相应设施

注：县级及县级以上的政府机关与司法部门，必须设无障碍专用厕所。

5.1.2　商业、服务建筑进行无障碍设计的范围应符合表5.1.2的规定。

无障碍设计的范围　表5.1.2

	建筑类别	设计部位
商业建筑	• 百货商店、综合商场建筑 • 自选超市、菜市场类建筑 • 餐馆、饮食店、食品店建筑	1. 建筑入口及门 2. 水平与垂直交通 3. 普通营业区、自选营业区

续表

	建　筑　类　别	设　计　部　位
服务建筑	• 金融、邮电建筑 • 招待所、培训中心建筑 • 宾馆、饭店、旅馆 • 洗浴、美容美发建筑 • 殡仪馆建筑等	4. 饮食厅、游乐用房 5. 顾客休息与服务用房 6. 公共厕所、公共浴室 7. 宾馆、饭店、招待所的公共部分与客房部分 8. 总服务台、业务台、取款机、查询台、结算通道、公用电话、饮水器、停车车位等相应设施

注：1　商业与服务建筑的入口宜设无障碍入口。

2　设有公共厕所的大型商业与服务建筑，必须设无障碍专用厕所。

3　有楼层的大型商业与服务建筑应设无障碍电梯。

5.1.3　文化、纪念建筑进行无障碍设计的范围应符合表5.1.3的规定。

无障碍设计的范围　　表5.1.3

	建　筑　类　别	设　计　部　位
文化建筑	• 文化馆建筑 • 图书馆建筑 • 科技馆建筑 • 博物馆、展览馆建筑 • 档案馆建筑等	1. 建筑基地(庭院、人行通路、停车车位) 2. 建筑入口、入口平台及门 3. 水平与垂直交通 4. 接待室、休息室、信息及查询服务 5. 出纳、目录厅、阅览室、阅读室 6. 展览厅、报告厅、陈列室、视听室等 7. 公共厕所 8. 售票处、总服务台、公共电话、饮水器等相应设施
纪念性建筑	• 纪念馆 • 纪念塔 • 纪念碑 • 纪念物等	

注：1　设有公共厕所的大型文化与纪念建筑，必须设无障碍专用厕所。

2　有楼层的大型文化与纪念建筑应设无障碍电梯。

5.1.4　观演、体育建筑进行无障碍设计的范围应符合表5.1.4的规定。

无障碍设计的范围　　表5.1.4

	建　筑　类　别	设　计　部　位
观演建筑	• 剧场、剧院建筑 • 电影院建筑 • 音乐厅建筑 • 礼堂、会议中心建筑	1. 建筑基地(人行通路、停车车位) 2. 建筑入口、入口平台及门 3. 水平与垂直交通 4. 前厅、休息厅、观众席 5. 主席台、贵宾休息室 6. 舞台、后台、排练房、化妆室 7. 训练场地、比赛场地 8. 观众厕所 9. 演员、运动员厕所与浴室 10. 售票处、公共电话、饮水器等相应设施
体育建筑	• 体育场、体育馆建筑 • 游泳馆建筑 • 溜冰馆、溜冰场建筑 • 健身房(风雨操场)	

注：1　观演与体育建筑的观众席、听众席和主席台，必须设轮椅席位。

2　大型观演与体育建筑的观众厕所和贵宾室，必须设无障碍专用厕所。

5.1.5　交通、医疗建筑进行无障碍设计的范围应符合表5.1.5的规定。

无障碍设计的范围　　表5.1.5

	建　筑　类　别	设　计　部　位
交通建筑	• 空港航站楼建筑 • 铁路旅客客运站建筑 • 汽车客运站建筑 • 地铁客运站建筑 • 港口客运站建筑	1. 站前广场、人行通路、庭院、停车车位 2. 建筑入口及门 3. 水平与垂直交通 4. 售票，联检通道，旅客候机、车、船厅及中转区 5. 行李托运、提取、寄存及商业服务区

续表

	建　筑　类　别	设　计　部　位
医疗建筑	• 综合医院、专科医院建筑 • 疗养院建筑 • 康复中心建筑 • 急救中心建筑 • 其他医疗、休养建筑	6. 登机桥、天桥、地道、站台、引桥及旅客到达区 7. 门诊用房、急诊用房、住院病房、疗养用房 8. 放射、检验及功能检查用房、理疗用房等 9. 公共厕所 10. 服务台、挂号、取药、公共电话、饮水器及查询台等

注：1　交通与医疗建筑的入口应设无障碍入口。
　　2　交通与医疗建筑必须设无障碍专用厕所。
　　3　有楼层的交通与医疗建筑应设无障碍电梯。

5.1.6　学校、园林建筑进行无障碍设计的范围应符合表5.1.6的规定。

无障碍设计的范围　　表5.1.6

	建　筑　类　别	设　计　部　位
学校建筑	• 高等院校 • 专业学校 • 职业高中与中、小学及托幼建筑 • 培智学校 • 聋哑学校 • 盲人学校	1. 建筑基地(人行通路、停车车位) 2. 建筑入口、入口平台及门 3. 水平与垂直交通 4. 普通教室、合班教室、电教室 5. 实验室、图书阅览室 6. 自然、史地、美术、书法、音乐教室 7. 风雨操场、游泳馆 8. 观展区、表演区、儿童活动区 9. 室内外公共厕所 10. 售票处、服务台、公用电话、饮水器等相应设施
园林建筑	• 城市广场 • 城市公园 • 街心花园 • 动物园、植物园 • 海洋馆 • 游乐园与旅游景点	

注：大型园林建筑及主要旅游地段必须设无障碍专用厕所。

5.2.1　高层、中高层住宅及公寓建筑进行无障碍设计的范围应符合表5.2.1的规定。

无障碍设计的范围　　表5.2.1

建　筑　类　别	设　计　部　位	建　筑　类　别	设　计　部　位
• 高层住宅 • 中高层住宅	1. 建筑入口 2. 入口平台 3. 候梯厅	• 高层公寓 • 中高层公寓	4. 电梯轿厢 5. 公共走道 6. 无障碍住房

注：高层、中高层住宅及公寓建筑，每50套住房宜设两套符合乘轮椅者居住的无障碍住房套型。

6.1.1　居住区道路进行无障碍设计应包括以下范围：

1　居住区路的人行道(居住区级)；

2　小区路的人行道(小区级)；

3　组团路的人行道(组团级)；

4　宅间小路的人行道。

6.2.1　居住区公共绿地进行无障碍设计应包括以下范围：

1　居住区公园(居住区级)；

2　小游园(小区级);

3　组团绿地(组团级);

4　儿童活动场。

【技术要点说明】

第5.1.1～5.1.6条、第5.2.1条、第6.1.1条、第6.2.1条是要求建筑设计应遵循与时俱进、以人为本的原则,也就是说建筑设计要随着社会的发展和人类生活方式的变化而发展变化,因此建筑无障碍设计的应运而生正是时代进步与人民需求的体现。遵循这个原则,城镇中的各种类别的公共建筑和高层住宅及居住小区,必须进行无障碍设计。因为这些建筑物的使用者包括健全人以及行走有困难的老年人、残疾人、病弱者、携重物者、婴幼儿与妇女,所以要求建筑物的使用功能、水平与垂直交通流线及设施配件等,均应符合人民群众在通行和使用上的安全和便利,在设计上应做到:健全人能够达到的地方和使用的设施,弱势群体亦应能够达到和使用。因此从建筑入口到门厅接待、楼梯与电梯、座席与客房、餐饮与购物、健身与游乐、厕所与浴室,都应配备相应的无障碍设施。例如有台阶的地方要设坡道、公共厕所要设无障碍厕位、设有电梯的建筑应配有无障碍型电梯轿厢等。

目前建筑无障碍设计在国际上已普遍实施,它不仅体现了人文思想,同时也是社会文明与进步的标志。

7.1.2　公共建筑与高层、中高层居住建筑入口设台阶时,必须设轮椅坡道和扶手。

7.1.3　建筑入口轮椅通行平台最小宽度应符合表7.1.3的规定。

入口平台宽度　　表7.1.3

<table>
<tr><th>建筑类别</th><th>入口平台最小宽度(m)</th><th>建筑类别</th><th>入口平台最小宽度(m)</th></tr>
<tr><td>1. 大、中型公共建筑</td><td>≥2.00</td><td rowspan="2">4. 多、低层无障碍住宅、公寓建筑</td><td rowspan="2">≥1.50</td></tr>
<tr><td>2. 小型公共建筑</td><td>≥1.50</td></tr>
<tr><td>3. 中、高层建筑、公寓建筑</td><td>≥2.00</td><td>5. 无障碍宿舍建筑</td><td>≥1.50</td></tr>
</table>

【技术要点说明】

公共建筑入口与高层、中高层居住建筑入口是建筑物的主要部位,也是人流必经之地,因此设计必须要最大限度地做到公众在此处通行的安全与便利。如果在建筑入口处只设计台阶,势必会将行动不便者拒之门外,同时也会给携重物者、老年人、婴幼儿及妇女等在通行上带来困难和不便,造成了许多人不能正常参与社会生活,“以人为本”成了一句空话。

7.2.5　坡道在不同坡度的情况下,坡道高度和水平长度应符合表7.2.5的规定。

坡道高度和水平长度　　表7.2.5

坡度	1∶20	1∶16	1∶12	1∶10	1∶8
最大高度(m)	1.50	1.00	0.75	0.60	0.35
水平长度(m)	30.00	16.00	9.00	6.00	2.80

【技术要点说明】

本条建筑物轮椅通行坡道的坡度及坡道高度的限定,是关系到乘轮椅者能否在坡道上安全通行的先决条件。因此国际上制定了建筑物坡道的坡度不应大于1∶12、高度不应大于0.75m的最低标准。此标准可以使大部分乘轮椅者在自身能力的条件下、也可使病弱及老年乘轮椅者在家人协助下，安全方便的通过坡道。如果坡道的坡度和高度不加以限定，超越了乘轮椅者的通行能力，不仅无法正常行驶，并且极容易发生摔伤事故，致使原本就行动不便的人雪上加霜，后果十分严重，因此坡道的坡度和高度必须严格执行。

7.3.1　乘轮椅者通行的走道和通路最小宽度应符合表7.3.1的规定。

轮椅通行最小宽度　　表7.3.1

建筑类别	最小宽度(m)	建筑类别	最小宽度(m)
1. 大型公共建筑走道	≥1.80	4. 居住建筑走廊	≥1.20
2. 中小型公共建筑走道	≥1.50	5. 建筑基地人行通路	≥1.50
3. 检票口、结算口轮椅通道	≥0.90		

7.4.1　供残疾人使用的门应符合下列规定：

1　应采用自动门，也可采用推拉门、折叠门或平开门，不应采用力度大的弹簧门；

2　在旋转门一侧应另设残疾人使用的门；

3　轮椅通行门的净宽应符合表7.4.1的规定。

门的净宽　　表7.4.1

类别	净宽(m)	类别	净宽(m)
1. 自动门	≥1.00	3. 平开门	≥0.80
2. 推拉门、折叠门	≥0.80	4. 弹簧门(小力度)	≥0.80

4　乘轮椅者开启的推拉门和平开门，在门把手一侧的墙面，应留有不小于0.5m的墙面宽度；

5　乘轮椅者开启的门扇，应安装视线观察玻璃、横执把手和关门拉手，在门扇的下方应安装高0.35m的护门板；

6　门扇在一只手操纵下应易于开启，门槛高度及门内外地面高差不应大于15mm，并应以斜面过渡。

【技术要点说明】

公共建筑走道、居住建筑走廊及室外通路的宽度，是以轮椅的通行宽度和人流的基本通行量而定的。

供轮椅通行的走道宽度，应按照人流的通行量和轮椅行驶的宽度而定，一辆轮椅在走道中通行的净宽一般为0.90m，一般人流通行的净宽度为0.55m。如果将走道的宽度定为1.20m，只能满足一辆轮椅和一个人的侧身相互通过。走道的宽度定为1.50m时，可满足一辆轮椅和一个人正面相互通过，也能满足两辆对行的轮椅勉强通过。走道的宽度定为1.80m，即可满足两辆轮椅顺利对行外，还能满足一辆轮椅和拄双拐者在对行时最低宽度的要求。因此，大型公共建筑走道的净宽度不应小于1.80m，中型公共建筑走道的净宽度不应小于1.50m；小型公共建筑走道的净宽度不应小于1.20m。当走道宽度小于1.50m时，在走道的末端要设在1.50m×1.50m的轮椅回旋地段，以便轮椅调头行驶。

如果建筑物的通行宽度未考虑上述因素，将会产生人流通行不畅或人流堵塞现象，特别是在发生意外情况时，人员的伤亡事故难以避免。

建筑物的门通常是设在室内外及各室之间衔接的主要部位，也是促使通行和房间完整独立使用功能不可缺少的要素。由于出入口的位置和使用性质的不同，门扇的形式、规格、大小各异。开启和关闭门扇的动作对于肢体残疾者和视觉残疾者是很困难的，还容易发生碰撞的危险，因此，门的部位和开启方式的设计，需要考虑残疾人的使用方便与安全。适用于残疾人的门在设计顺序上应是：自动门、推拉门、折叠门、平开门。

在公共建筑的入口常常设旋转门，这种门给乘轮椅车、拄拐杖者及视残者带来通行上的困难，甚至根本无法使用，因此要求在旋转门的一侧必须设置平开门，以利通行。

乘轮椅者在行进时自身的净宽度一般为 0.75m，因此要求各种门扇开启后的最小的净宽度：自动门为 1.00m，其他门不得小于 0.80m。

为了使乘轮椅者能够方便的将门开启，在平开门、推拉门的门把手一侧的墙面应为轮椅留有宽 0.50m 的空间，乘轮椅者方能靠近门把手将门扇打开。

当轮椅通过门框要将门关上时，则需要使用关门拉手，关门拉手应设在门扇高 0.90m 处并靠近门的内侧，否则轮椅还得倒回去很困难的用门把手一点一点的将门关上。门把手的型式应选用横把下压式的，因为圆球形门把手，会使手部残疾者使用困难。在门扇中部要设有观察玻璃，可提前知晓门扇另一面的动态情况，以免发生碰撞。在门扇的下方设置高 0.35m 的护门板，防止轮椅搁脚板将门扇碰坏。

有的肢体残疾者的手形态异常，力度受到影响，因此要求手动推拉门和平开门应在一只手操纵下就能轻易将门开启。乘轮椅者在地面高差大于 15mm 的情况下通过时比较困难，所以要求门槛的高度不应大于 15mm，并以斜面过渡便于轮椅通行。

7.7.1　在公共建筑中配备电梯时，必须设无障碍电梯。

【技术要点说明】

本条电梯是人们理想的垂直交通设施，尤其是残疾人、老年人、婴幼儿与妇女，在公共建筑和居住建筑的内部上下活动时，通过电梯可以方便地到达任一楼层，只需要进行水平方向上的走动。

电梯厅的深度不应小于 1.80m。电梯厅的呼叫按钮的高度为 0.90～1.10m 电梯厅显示电梯运行层数标示的规格不应小于 50mm×50mm，以方便弱视者了解电梯运行情况。在电梯入口的地面设置提示盲道标志，告知视觉残疾者电梯的准确位置和等候地点。

供残疾人使用的无障碍电梯，在规格和设施配套上均有所要求，如电梯门的宽度，关门的速度，梯厢的面积，在梯厢内安装扶手、镜子、低位及盲文选层按钮、音响报层等，并在电梯厅的显著位置安装国际无障碍通用标志。

为了方便轮椅进入电梯厢，电梯门开启后的净宽不应小于 0.8m。轮椅进入电梯厢的深度不应小于 1.40m。如果使用 1.40m×1.10m 的小型电梯，轮椅进入电梯厢后不能回转，只能是正面进入倒退而出，或倒退进入正面而出。使用深 1.70m、宽 1.40m 的电梯厢，轮椅正面进入后可直接回转 180°正面驶出电梯。

电梯厢内三面需设 0.8～0.85m 的扶手，扶手安装应坚固并易于抓握，电梯厢的选层按钮高度为 0.90～1.10m 之间，如设置 2 套选层按钮，一套设在电梯门一侧，另一套应设在轿厢靠内部的位置，以方便在不同的位置都可以使用选层按钮。选层按钮要带有凸出的阿拉伯数字或盲文数字，轿厢中应设有报层音响，以方便视觉残疾者。在轿厢正面扶手的上方要安装镜子，可以使乘轮椅从镜子中看到电梯运行情况，为退出电梯做好准备。

高层住宅建筑设置的电梯应有一座能使急救担架进入的电梯，以便在紧急情况下能够迅速运送病人，否则将会严重贻误病情。

7.8.1　公共厕所无障碍设施与设计要求应符合表 7.8.1 的规定。

公共厕所无障碍设施与设计要求　表 7.8.1

设施类别	设计要求
通　道	地面应防滑和不积水，宽度不应小于 1.50m
洗手盆	1. 距洗手盆两侧和前缘 50mm 应设安全抓杆 2. 洗手盆前应有 1.10m×0.80m 乘轮椅者使用面积
男厕所	1. 小便器两侧和上方，应设宽 0.60～0.70m、高 1.20m 的安全抓杆 2. 小便器下口距地面不应大于 0.50m
无障碍厕位	1. 男、女公共厕所应各设一个无障碍隔间厕位 2. 新建无障碍厕位面积不应小于 1.80m×1.40m 3. 改建无障碍厕位面积不应小于 2.00m×1.00m 4. 厕位门扇向外开启后，入口净宽不应小于 0.80m，门扇内侧应设关门拉手 5. 坐便器高 0.45m，两侧应设高 0.70m 水平抓杆，在墙面一侧应设高 1.40m 的垂直抓杆
安全抓杆	1. 安全抓杆直径应为 30～40mm 2. 安全抓杆内侧应距墙面 40mm 3. 抓杆应安装坚固

7.8.2　专用厕所无障碍设施与设计要求应符合表 7.8.2 的规定。

专用厕所无障碍设施与设计要求　表 7.8.2

设施类别	设计要求
设置位置	政府机关和大型公共建筑及城市的主要地段，应设无障碍专用厕所
门　扇	应采用门外可紧急开启的门插销
面　积	≥2.00m×2.00m
坐便器	坐便器高应为 0.45m，两侧应设高 0.70m 水平抓杆，在墙面一侧应加设高 1.40m 的垂直抓杆
洗手盆	两侧和前缘 50mm 处应设置安全抓杆
放物台	长、宽、高为 0.80m×0.50m×0.60m，台面宜采用木制品或革制品
挂衣钩	可设高 1.20m 的挂衣钩
呼叫按钮	距地面高 0.40～0.50m 处应设求助呼叫按钮

【技术要点说明】

厕所是人们生活中不可缺少的场所，也是残疾人、老年人及婴幼儿感到最不方便的地方。据统计每年在厕所发生的事故远远超过其他地方发生的事故。目前公共厕所对残疾人来说还存在着许多问题，如入口的台阶使轮椅无法进入；室内空间过小，轮椅无法回旋和接近所需使用的设施。缺少使身体保持平衡和转移的安全抓杆，造成轮椅转换的不便；没有坐式便器；地面积水使之过于光滑，造成残疾人、老年人摔倒等等。因此许多残疾人出门办事又无法进入和使用公共厕所时，不得不长时间不饮水，这不仅影响残疾人参与社会，而且又加重损伤了残疾人的身心健康。

供残疾人使用的公共厕所要易于寻找和接近，应并在无障碍标志作为引导。入口的坡道设计应便于轮椅出入，坡度不应大于1/12，坡道宽度为1.20m，入口平台和门的净宽度应不小于1.50m和0.90m。室内要有直径不小于1.5m的轮椅回转空间。地面防滑且不积水。为了方便各种残疾人使用方便，在男厕所内应设残疾人使用的低位小便器，小便器下口的高度不应超过0.50m。洗手盆的前方要1.10m×0.80m轮椅的使用面积。

在男女厕所内，选择通行方便和位置适当的部位，至少要各设一座轮椅可进入使用的坐式便器专用厕位。专用厕位可设计成大型和小型两种规格。大型厕位轮椅进入后可以调整角度和回转，轮椅可在坐便器侧面靠近平移部位，在厕位门向外开时，厕位面积不宜小于2.00m×1.50m。小型厕位在轮椅进入不能旋转角度，只能从正面对着坐便器进行身体转移，最后倒退出厕位，在门向外开时厕位面积不应小于1.80m×1.00m。厕位的门开启后的净宽不应小于0.80m，在门扇的内侧要设有0.90m的水平关门拉手，待轮椅进入厕位后便于将门关上。坐便器的高度宜为0.45m，保持在标准轮椅从面高一致。

单独设置的残疾人专用厕所是指男女残疾者均可分别使用的厕所，应在公共建筑通行方便的地段设置。也可靠近男女公共厕所位置，用醒目的无障碍标志给予区分。专用厕所的面积一般要大于专用厕位，面积不宜小于2.00m×2.00m。在厕所门向外开时轮椅可旋转360°，轮椅可正面驶入厕所。专用厕所门开启后的净宽不应小于0.80m，在门扇的内侧高0.90m处设水平关门拉手。在厕所内除设有坐便器、洗手盆、安全抓杆外，还应设镜子和放物台及呼救按钮。地面采用防滑材料并不得积水。专用厕所可以在家属陪同下进入照料，这是一种深受残疾人、老年人欢迎的厕所。

安全抓杆是设在男女厕所无障碍厕位与专用厕所的坐式便器、蹲式便器、小便器、洗手盆的周围，是残疾人、老年人在厕所中保持身体平衡和进行转移不可缺少的安全和保护设施。安全抓杆的形式较多，一般为水平式、直立式、旋转式及吊环式等。安全抓杆要少占地面空间，使轮椅靠近各种设施，以达到方便的使用效果。安全抓杆管径为30～40mm，要安装坚固，应能承受100kg以上的重量。安装在墙壁上的安全抓杆内侧距墙面为40mm。设计时可根据房屋面积大小及服务设施条件等因素考虑。

在坐式便器的两侧，需安装高0.70m的水平抓杆和至少在一侧安装高1.40m的垂直抓杆，供残疾人从轮椅上平移到坐便器上和拄拐杖者在起立时使用。安装在墙壁上的水平抓杆长度为0.70～0.90m，安装在坐便器另一侧的水平抓杆一般为T形，这种T形水平抓杆的长度为0.55～0.65m，可做成固定式，也可做成悬臂式可旋转的抓杆，可作水平旋转90°和垂直旋转90°两种，这种可旋转抓杆在使用前将抓杆转到墙面上，不占任何空间，待轮椅靠近坐便器后再将抓杆转过来，协助残疾人从轮椅上转换到坐便器上。这种可旋转的水平抓杆的长度可做到0.60～0.70m，在使用上更为方便。

安装在墙壁上的直立式抓杆，高度为1.40m，主要是供拄拐杖者和老年人在起立时使用，可与水平抓杆结合成L形。吊环式拉杆设在坐便器上方，高度为1.40m，吊环可左右移动和旋转角度，使用时往往比水平抓杆来得省力，还可节省地面空间，可使轮椅完全靠近坐便器，因此也受到残疾人的欢迎。

在男厕所，至少有一座小便器的两侧和上部设置安全抓杆，两侧抓杆间距为0.60～0.65m，高为0.90m，水平长度为0.55m。上部横向抓标高1.20m，距墙面0.25m，主要是供残疾人将上身的胸部靠住，使重心更为稳定。悬挂式小便斗外口的高度不应大于0.50m。

洗手盆三面的安全抓杆应距盆边 50mm，高出盆面 50mm，两侧抓杆的水平长度可比洗手盆长出 0.15～0.25m。抓杆可做成落地式和悬挑式两种，但要方便乘轮椅者靠近洗手盆的下部空间。

7.9.1 设有观众席和听众席的公共建筑，应设轮椅席位。

7.10.1 设有客房的公共建筑应设无障碍客房，其设施与设计要求应符合表 7.10.1 的规定。

无障碍设施与设计要求　　表 7.10.1

类　别	设计要求
客房位置	1. 应便于到达、疏散和进出方便 2. 餐厅、购物和康乐等设施的公共通道应方便轮椅到达
客房数量 (标准间)	1. 100 间以下，应设 1～2 间无障碍客房 2. 100～400 间，应设 2～4 间无障碍客房 3. 400 间以上，应设 3 间以上无障碍客房
客房内过道	1. 出口及床前过道的宽度不应小于 1.50m 2. 床间距离不应小于 1.20m
卫生间	1. 门扇向外开启，净宽不应小于 0.80m 2. 轮椅回转直径不应小于 1.50m 3. 浴盆、坐便器、洗面盆及安全抓杆等应符合有关规定
电器与家具	1. 位置和高度应方便乘轮椅者靠近和使用 2. 床、坐便器、浴盆高度应为 0.45m 3. 客房及卫生间应设求助呼叫按钮

【技术要点说明】

在会堂、法庭、图书馆、影剧院、音乐厅、体育场馆等观众厅及阅览室，应设置残疾人方便到达和使用的轮椅席位，这是落实残疾人平等参与社会生活及共同分享社会经济文化发展成果的重要组成部分。

轮椅席应设在观众席及阅览室出入方便的地段，应靠近观众席和阅览室的入口处或安全出口处，其通行路线要便捷，能够方便地到达休息厅和厕所。但轮椅席的位置应不影响其他观众的视线，也不应阻碍走道的通行。

轮椅席的深度为 1.10m，与标准轮椅的长度基本一致，一个轮椅席位的宽度为 0.80m，是乘轮椅者的手臂推动轮椅时所需要的最小宽度。2 个轮椅席位的宽度相当于 3 个观众固定座椅的宽度。

影剧院、会堂等观众厅的地面有一定的坡道，但轮椅席的地面应要求平坦，否则轮椅会向前倾斜而产生不安全感。为了防止乘轮椅者和其他观众座椅碰撞，在轮椅席的周围宜设置高 0.40～0.80m 的栏杆或栏板。在轮椅席旁和地面，安装和涂绘无障碍通用标志，指引乘轮椅者方便就位。

影剧院的规模一般为 800～1200 个观众座席，如按每 400 个座席设一个轮椅席位，可安排 2～3 个轮椅席位，最好将两个或两个以上的轮椅席位并列布置，以便残疾人能够结伴和便于服务人员集中照料。当轮椅席空闲时，服务人员可安排活动座椅供其他观众或工作人员就座,这样比较灵活易行。

旅馆、饭店和招待所设置无障碍客房,是为残疾人参与社会生活和扩大社会活动范围提供了有利条件,也是提高客房使用率的一项措施。据调研资料,香港规定拥有100～200间客房的旅馆,需提供不少于两套设施完备的无障碍客房,每增加100间客房时,还需再提供一套无障碍客房。美国奥兰多的马里奥特饭店有客房1500套,其中有15套可供乘轮椅者使用的设施完备的客房。我国北京、上海、广州、深圳等部分旅馆、饭店也设有供残疾人使用的无障碍客房。

客房的室内通道是残疾人开门、关门及通行与活动的枢纽,其宽度不宜小于1.50m,以方便乘轮椅者从房间内开门,在通道存取衣物,和从通道进入卫生间。为节省卫生间使用面积,卫生间的门宜向外开启,开启后的净宽应达到0.80m。卫生间内要提供轮椅的回旋空间。在坐便器一侧或两侧需安装安全抓杆,在浴盆的一端宜设宽0.40m的洗浴坐台,便于残疾人从轮椅上转移到坐台上进行洗浴。在坐台墙面的和浴盆内侧墙面上,安装安全抓杆。洗脸盆如设计为台式,可不安装抓杆,但在洗脸盆的下方应方便乘轮椅者靠近。

在客房床位的一侧,要留有直径不小于1.50m的轮椅回转空间,以方便乘轮椅者休息和料理各种相关事务。客房床面的高度、坐便器的高度、谷盆或淋浴坐椅的高度,应与标准轮椅坐高一致,即0.45m,可方便残疾人进行转移。在卫生间及客房的适当部位,需设紧急呼叫按钮。

残疾人的行动能力和生理反应均与健全人有一定差距,因此无障碍客房应设在客房层的低层部位,且应靠近服务台、公共活动区及安全出口地段,以利残疾人方便到达客房和参与各种活动及安全疏散。

【实施与检查的控制】

《城市道和建筑物无障碍设计规范》是2001年开始实施的标准,2002年版收录了19条强制性条文。执行重点是明确无障碍建筑的设计应用范围,凡确定为无障碍建筑的工程设计,必须严格执行以上各项规定。工程设计图纸审查时,应逐项对建筑物的公共出入口、各种走廊、通道以及门的设置数量和宽度等进行审核。发现问题及时报告并落实整改措施。对确认为无障碍建筑工程项目而未进行无障碍设计的,无论在什么阶段发现,坚决纠正并追究相关责任。

3.5　地　下　室

《地下工程防水技术规范》GB 50108—2001

3.1.8　地下工程防水设计内容应包括:

1　防水等级和设防要求;

2　防水混凝土的抗渗等级和其他技术指标,质量保证措施;

3　其他防水层选用的材料及其技术指标,质量保证措施;

4　工程细部构造的防水措施,选用的材料及其技术指标,质量保证措施;

5　工程的防排水系统,地面挡水、截水系统及工程各种洞口的防倒灌措施。

【技术要点说明】

本条要求地下工程防水设计内容应包括防水等级和设防要求等5项技术指标和质量保

证措施。

3.2.1 地下工程的防水等级分为四级,各级的标准应符合表3.2.1的规定。

地下工程防水等级标准 表3.2.1

防水等级	标准
一级	不允许渗水,结构表面无湿渍
二级	不允许漏水,结构表面可有少量湿渍 工业与民用建筑:总湿渍面积不应大于总防水面积(包括顶板、墙面、地面)的1/1000;任意$100m^2$防水面积上的湿渍不超过1处,单个湿渍的最大面积不大于$0.1\ m^2$ 其他地下工程:总湿渍面积不应大于总防水面积的6/1000;任意$100\ m^2$防水面积上的湿渍不超过4处,单个湿渍的最大面积不大于$0.2\ m^2$
三级	有少量漏水点,不得有线流和漏泥砂 任意$100m^2$防水面积上的漏水点数不超过7处,单个漏水点的最大漏水量不大于2.5L/d,单个湿渍的最大面积不大于$0.3\ m^2$
四级	有漏水点,不得有线流和漏泥砂 整个工程平均漏水量不大于$2L/m^2 \cdot d$;任意$100\ m^2$防水面积的平均漏水量不大于$4L/m^2 \cdot d$

【技术要点说明】

本条要求地下工程的防水等级符合相应等级标准的规定。

3.2.2 地下工程的防水等级,应根据工程的重要性和使用中对防水的要求按表3.2.2选定。

不同防水等级的适用范围 表3.2.2

防水等级	适用范围
一级	人员长期停留的场所;因有少量湿渍会使物品变质、失效的贮物场所及严重影响设备正常运转和危及工程安全运营的部位;极重要的战备工程
二级	人员经常活动的场所;在有少量湿渍的情况下不会使物品变质、失效的贮物场所及基本不影响设备正常运转和工程安全运营的部位;重要的战备工程
三级	人员临时活动的场所;一般战备工程
四级	对渗漏水无严格要求的工程

【技术要点说明】

本条要求根据工程的重要性和使用中对防水的要求,正确确定地下工程的防水等级。

4.1.3 防水混凝土的设计抗渗等级,应符合表4.1.3的规定。

防水混凝土设计抗渗等级 表4.1.3

工程埋置深度(m)	设计抗渗等级	工程埋置深度(m)	设计抗渗等级
<10	S6	20~30	S10
10~20	S8	30~40	S12

注:1 本表适用于Ⅳ、Ⅴ级围岩(土层及软弱围岩);

2 山岭隧道防水混凝土的抗渗等级可按铁道部门的有关规范执行。

【技术要点说明】

本条要求按照工程的埋深，正确确定防水混凝土的设计抗渗等级。

【实施与检查的控制】

由于地下工程的防水质量问题往往引发工程重大质量事故，但在建设过程中不容易发现，事关人民生命财产安全。因此执行以上4条规定的重要措施是严格按审查程序认真审核工程各阶段的质量标准。条文中提供了具体的审查条件和指标要求逐项审查。其中第3.1.8条强制执行的重点是审查工程设计是否涉及上述内容并落实实施。

《人民防空地下室设计规范》GB 50038—94

3.1.3　防空地下室距甲类、乙类易燃易爆生产厂房、库房的距离不应小于50m；距有害液体、重毒气体的贮罐不应小于100m。

【技术要点说明】

本条要求选址时考虑地下建筑与有害物质的距离。

3.1.5　防空地下室的室外出入口、进风口、排风口、排烟口和通风采光窗的布置，应符合战时及平时使用要求和地面建筑规划要求。

【技术要点说明】

本条要求出入口和通风开口设计时符合平战结合的原则。执行重点是全面考虑周围环境因素。

3.1.6　与防空地下室无关的管道，不宜穿过人防围护结构。当因条件限制需要穿过其顶板时，只允许给水、采暖、空调冷媒管道穿过，且其公称直径不得大于75mm。凡进入防空地下室的管道及其穿过的人防围护结构，均应采取防护密闭措施。

3.3.3　相邻抗爆单元之间应设置抗爆隔墙。当墙上开设连通口时，应在门洞的一侧设置抗爆挡墙。抗爆挡墙的材料和厚度应与抗爆隔墙一致。抗爆隔墙和抗爆挡墙均可在临战时砌筑。抗爆隔墙和抗爆挡墙尚应符合以下要求：

3.3.3.1　采用钢筋混凝土墙时，其厚度不应小于200mm；

3.3.3.2　采用砖墙时，其厚度不应小于370mm，并应沿墙高每500mm配置3ϕ6通长的钢筋，且应与钢筋混凝土墙(柱)拉结。

3.3.4　防空地下室中每个防护单元的防护设施和内部设备应自成系统。相邻防护单元之间应设置防护密闭隔墙。当墙上开设门洞时，应在其两侧设置防护密闭门。若相邻防护单元的防护等级不同，高抗力的防护密闭门应设置在低抗力防护单元一侧；低抗力的防护密闭门应设置在高抗力的防护单元一侧。

【技术要点说明】

上述三条主要根据防空要求，对地下建筑外维护结构，提出保护措施。

3.3.7　防空地下室顶板底面不宜高出室外地面。5级和6级防空地下室，当上部建筑采用砖混结构时，其顶板底面可高出室外地面。但必须满足下列要求：

3.3.7.1　6级防空地下室顶板底面高出室外地面的高度不得大于1.0m。高出室外地面的外墙必须满足战时各项防护要求。

3.3.7.2　5级防空地下室，当地应具有取土条件；其顶板底面高出室外地面的高度不得大于0.5m；并应在临战时覆土。

【技术要点说明】

本条要求地下室顶板不宜高出地面。等级要求较低的，可以略为高出，但是应有相应防护措施。

3.4.1 防空地下室出入口的设置应符合以下要求：

3.4.1.1 防空地下室的每个防护单元不应少于两个出入口(不包括防护单元之间的连通口)，其战时使用的主要出入口应设在室外，且不应采用竖井式。

【技术要点说明】

本条要求地下室出入口的设置符合一定要求，特别强调战时使用的要求。

3.4.6 当电梯由地面通至地下室时，电梯必须设置在防空地下室的防护密闭区以外。

【技术要点说明】

本条要求电梯的设置不能破坏防护密闭区，必须设置在防护密闭区外。

3.5.9 贮油间宜与发电机室分开布置，并应设置向外开启的防火门，其地面应低于附近房间或走道地面150～200mm或设门槛。

严禁排烟管、风管、给排水管、电线等穿过贮油间。

【技术要点说明】

本条对地下室贮油间的布置提出具体要求，严禁其他管道穿过贮油间，并加强防火措施。

3.6.3 防空地下室的顶板不应抹灰。墙面抹灰不得掺用纸筋等可能霉烂的材料。密闭通道、防毒通道、洗消间、简易洗消间、滤毒室、扩散室以及战时易染毒的通道和房间墙面、顶面、地面均应平整光洁，易于清洗。

【技术要点说明】

本条从防潮的角度出发，要求地下室的顶板不应抹灰。并对墙面等构造提出具体措施。

【实施与检查的控制】

《人民防空地下室设计规范》收录了10条强制性条文，均属防空地下设施的专业技术要求。地下建筑的专业要求较复杂，执行以上强制性条文时应注意多专业配合。

重点检查内容

《民用建筑设计通则》JGJ 37—87

条　号	项　目	重点检查内容
2.1.2	基地高程	检查控制标高是否与城市已确定的控制标高统一
2.1.4	基地边界线的建筑与空地	检查紧接基地边界线的建筑是否向邻地方向设洞口、门窗、阳台、挑檐、废气排出口及排泄雨水
2.2.1	建筑突出物	检查建筑物的台阶、平台、窗井、地下建筑及建筑基础、地下管线
3.3.2	地面排水	检查是否有排除地面及路面雨水至城市排水系统的设施
4.2.1	楼梯	检查梯段净宽、平台扶手处的最小宽度、踏步级数、楼梯平台上部及下部过道处的净高、梯井净宽
4.2.4	栏杆	检查栏杆高度、栏杆构造
4.4.4	楼地面	检查装修材料的环保性能指标
4.5.2	窗	检查窗台高度及低窗台的防护措施
4.7.1	公用厕所、盥洗室、浴室	检查其下层房间的使用性质、楼地面的防水、防渗漏措施
4.8.1	管道井	检查管道井各种管道的敷设情况
4.9.1	烟道、通风道	检查排烟道和通风道是否独立设置

《民用建筑热工设计规范》GB 50176—93

条　号	项　目	重点检查内容
3.2.5	围护结构传热阻	验算外围护结构的设计热阻是否大于相应的最小热阻
4.3.1	围护结构热桥	验算外围护结构中热桥部位的内表面温度是否高于室内空气的露点温度
4.4.4	窗户的气密性	检查设计使用的窗户的气密性指标是否满足要求
5.1.1	内表面最高温度	计算屋顶和东西外墙夏季内表面最高温度并与室外最高温度比较
6.1.2	保温材料防潮	计算采暖设计工况下保温材料受潮引起的重量增量并与允许增量比较

《民用建筑节能设计标准》JGJ 26—95

条　号	项　目	重点检查内容
4.2.1	围护结构传热系数	根据居住建筑所在的地区，检查围护结构各部分的传热系数是否超限

《夏热冬冷地区居住建筑节能设计标准》JGJ 134—2001

条　号	项　目	重点检查内容
3.0.3	建筑节能率	检查采暖、空调能耗
4.0.3	建筑物的体形系数	计算建筑物的体形系数，检查是否超过限制
4.0.4	建筑物的窗墙比和窗的传热系数	计算建筑物个朝向的窗墙面积比，根据窗墙比检查所选用窗户的传热系数是否符合要求
4.0.7	外窗的气密性	检查外窗的气密性指标是否符合要求
4.0.8	墙、顶等的传热系数	计算墙、屋顶等的传热系数（热惰性指标），检查是否符合要求

续表

条号	项目	重点检查内容
5.0.5	采暖空调耗电量	如果第4.0.3、4.0.4、4.0.8的要求不能全部得到满足，则要计算建筑物在标准工况下的年采暖和空调耗电量，检查采暖和空调耗电量之和是否超过表5.0.5中相应的限值
6.0.2	集中采暖空调系统的技术要求	检查是否设计了分户热(冷)计量和分室(户)控制温度装置，检查采暖设备、空调机以及供热(冷)管网的效率是否符合相应规范的要求

《民用建筑照明设计标准》GBJ 133—90

条号	项目	重点检查内容
2.2.1	维持平均照度	设计时是否考虑了维持系数、平均照度是否符合要求

《托儿所、幼儿园建筑设计规范》JGJ 39—87

条号	项目	重点检查内容
4.3.3	维持平均照度	设计时是否考虑了维持系数、平均照度是否符合要求

《中小学校建筑设计规范》GBJ 99—86

条号	项目	重点检查内容
7.2.2	各类教室规定平面的维持平均照度及其均匀度	设计时是否考虑了维持系数，平均照度、均匀度是否符合要求
7.2.3	黑板面上维持平均垂直照度及其均匀度	设计时是否考虑了维持系数，平均照度、均匀度是否符合要求

《民用建筑隔声设计规范》GBJ 118—88

条号	项目	重点检查内容
3.1.1	住宅室内允许噪声级	检查设计所确定的室内允许噪声级是否满足使用功能的要求
3.2.1	住宅围护结构空气声隔声标准	检查设计所确定的围护结构的隔声量能否保证外界传至室内的噪声低于室内允许噪声级
3.2.2	住宅分户层间楼板撞击声隔声标准	检查设计所确定的楼板隔撞击声的能力能否保证由房间楼上产生的撞击声低于室内允许噪声级
4.1.1	学校室内允许噪声级	检查设计所确定的室内允许噪声级是否满足使用功能的要求
4.2.1	学校教室等房间围护结构空气声隔声标准	检查设计所确定的围护结构的隔声量能否保证外界传至室内的噪声低于室内允许噪声级
4.2.2	学校教室等房间顶部楼板撞击声隔声标准	检查设计所确定的楼板隔撞击声的能力能否保证由房间楼上产生的撞击声低于室内允许噪声级
5.1.1	医院室内允许噪声级	检查设计所确定的室内允许噪声级是否满足使用功能的要求
5.2.1	医院病房、诊疗室围护结构空气声隔声标准	检查设计所确定的围护结构的隔声量能否保证外界传至室内的噪声低于室内允许噪声级

续表

条号	项目	重点检查内容
5.2.2	医院病房、诊疗室顶部楼板撞击声隔声标准	检查设计所确定的楼板隔撞击声的能力能否保证由房间楼上产生的撞击声低于室内允许噪声级
6.1.1	旅馆室内允许噪声级	检查设计所确定的室内允许噪声级是否满足使用功能的要求
6.2.1	旅馆客房围护结构空气声隔声标准	检查设计所确定的围护结构的隔声量能否保证外界传至室内的噪声低于室内允许噪声级
6.2.2	旅馆客房顶部楼板撞击声隔声标准	检查设计所确定的楼板隔撞击声的能力能否保证由房间楼上产生的撞击声低于室内允许噪声级

《托儿所、幼儿园建筑设计规范》JGJ 39—87

条号	项目	重点检查内容
3.1.4	幼儿生活用房	检查是否设在地下室或半地下室
3.6.5	楼梯、扶手、栏杆和踏步	检查是否设幼儿扶手，楼梯栏杆垂直线饰间的净距，踏步的高度不应大于0.15m
3.6.6	活动室等和疏散通道中的门	检查门的开启形式是否符合安全要求
3.7.2	主体建筑的主要出入口	针对严寒、寒冷地区，检查其双层门中心距离。距地0.60～1.20m高度内玻璃门是否采用安全玻璃
3.7.4	阳台、屋顶平台的护栏	检查护栏的净高和构造
3.7.5	室内墙角、窗台、暖气罩、窗口	检查棱角部位的构造

《中小学校建筑设计规范》GBJ 99—86

条号	项目	重点检查内容
2.1.1	总图选址	检查教学用房的外墙面与铁路、机动车道的距离。是否有架空高压输电线穿过
3.3.7	化学实验室	检查是否设置事故急救冲洗水嘴
5.3.2	教学用房窗的设计	教室、实验室是否双向设窗，窗的开启方式
6.3.5	楼梯栏杆的高度	检查室内外楼梯及水平栏杆的高度，注意防止出现易于攀登的花格栏杆

《办公建筑设计规范》JGJ 67—89

条号	项目	重点检查内容
3.1.3	电梯设置	检查建筑高度超过75m的办公建筑，其电梯是否分区或分层使用
3.1.7	走道	检查走道最小净宽和高差处理是否符合具体要求

《科学实验建筑设计规范》JGJ 91—93

条号	项目	重点检查内容
3.1.5	环境保护措施	检查对噪声、振动、电磁干扰和其他污染源的控制措施
3.2.6	独立建筑物或构筑物	检查在总平面中的位置是否符合有关规定

《文化馆建筑设计规范》JGJ 41—87

条　号	项　目	重点检查内容
3.1.3	专用的活动房间	是否布置在当地最佳朝向和出入安全、方便的地方

《旅馆建筑设计规范》JGJ 62—90

条　号	项　目	重点检查内容
3.1.6	客房楼内的锅炉房、冷却塔	检查时注意总图的相应位置，检查是否“自成一区”并采取防火、隔声、减震等措施
3.2.3	卫生间下层空间	检查非标准层中卫生间下层空间的使用性质

《商店建筑设计规范》JGJ 48—88

条　号	项　目	重点检查内容
3.1.6	营业部分的公用楼梯	检查室内楼梯的每梯段净宽
3.1.11	建 筑 构 造	检查营业厅与空气处理室之间的隔墙是否为防火兼隔声构造
3.2.10	联营商场内连续排列店铺	检查灶台是否面向公共通道、排烟通风设施的状况；检查隔墙、吊顶等的饰面材料和构造的耐火等级
3.3.3	食品类商店仓储部分	检查各种用房地面、墙裙等材料做法是否符合卫生要求

《饮食建筑设计规范》JGJ 64—89

条　号	项　目	重点检查内容
2.0.2	总平面布置	检查是否与有碍公共卫生的污染源保持一定距离
2.0.4	总平面布置	检查厨房的油烟、气味、噪声及废弃物等是否对邻近建筑物造成影响
3.2.7	洗手设施和厕所	检查洗手设施和厕所的设置是否达到一定卫生标准
3.3.3	厨房与饮食制作间	检查原料处理、主食加工、副食加工、备餐、食具洗存等工艺流程是否合理布置，并符合卫生标准规定

《图书馆建筑设计规范》JGJ 38—99

条　号	项　目	重点检查内容
3.1.4	总平面布置	检查是否自成一区，单独设置出入口
4.1.8	电梯井道及设备机房	检查是否与阅览室毗邻，其消声、隔声及减振措施是否符合要求
4.2.9	书库内工作人员专用楼梯	检查梯段净宽、坡度及防滑措施
4.5.5	报告厅平面	检查300座位以上规模的报告厅是否与阅览区隔离，独立设置

《档案馆建筑设计规范》JGJ 25—2000

条　号	项　目	重点检查内容
4.2.10	每开间的窗洞面积	核算与外墙面积比，注意检查处理采用跨层或跨间的通长窗的违规设计
5.7.1	外门及首层	检查是否设置可靠的安全防护设施

《殡仪馆建筑设计规范》JGJ 124—99

条 号	项 目	重点检查内容
3.0.2	总平面布置	检查殡仪馆是否布置在当地常年主导风向的下风侧
5.3.2	悼念厅的出入口	检查是否设轮椅通行的坡道
5.5.6	通风换气设施	检查骨灰寄存用房是否有通风换气设施
6.1.1	卫生防护措施	检查遗体停放、消毒、防腐、整容、解剖和更衣等用房
6.1.3	自动消毒装置	检查消毒室、防腐室、整容室和解剖室是否单独为工作人员设自动消毒装置
6.1.7	火 化 区	检查是否设置集中处理火化间废弃物的专用设施
6.2.5	骨灰寄存区	检查祭悼场所是否设封闭的废弃物堆放装置

《汽车客运站建筑设计规范》JGJ 60—99

条 号	项 目	重点检查内容
3.2.2	汽车进站口、出站口	检查出站口宽度、进站口、出站口与旅客主要出入口的安全距离、与公园、学校、托幼建筑及人员密集场所的主要出入口距离、驾驶员行车安全视距

《港口客运站建筑设计规范》JGJ 86—92

条 号	项 目	重点检查内容
2.2.5	总平面布置	检查站前广场、站房和客运码头是否配套设置
4.0.3	客、车滚装船码头	检查是否设车辆的专用停车场及其停车规模倍
5.1.4	站 房	检查是否设安全、方便的旅客上下船廊道
5.6.3	出境和入境用房的布置	检查能否避免联检前的旅客及行包与联检后的旅客及行包接触混杂

《铁路旅客车站建筑设计规范》GB 50226—95

条 号	项 目	重点检查内容
5.1.4	安全设施	检查特大型、大型站是否设检查易燃、易爆、危险物品的设施
5.2.2	进站广厅入口	检查是否设方便残疾人使用的坡道
6.1.4	出入口	当综合型站房中设有锅炉房、库房、食堂时，应检查是否设置运送燃料、货物、垃圾的单独出入口
6.1.5	安全防护设施	检查靠近线路一侧的非铁路房屋是否设置安全防护设施

《汽车库建筑设计规范》JGJ 100—98

条 号	项 目	重点检查内容
3.2.1	总 平 面	检查库址内车行道与人行道是否严格分离，消防车道是否畅通
3.2.8	车辆出入口	检查在距出入口边线内 2m 处作视点的 120°范围内至边线外 7.5m 以上是否有遮挡视线的障碍物
4.1.6	坡 道	检查是否将宽的单车道兼作双车道
4.2.13	地下汽车库平面	检查是否设置修理车位，及使用易燃、易爆物品的房间或存放的库房

《综合医院建筑设计规范》JGJ 49—88

条号	项目	重点检查内容
2.2.2	出入口	检查出入口是否少于二处,人员出入口是否兼作尸体和废弃物出口
2.2.4	总平面	检查太平间、病理解剖室、焚毁炉是否与主体建筑有适当隔离。尸体运送路线是否与出入院路线交叉
3.1.4	电梯配置	检查四层及四层以上的门诊楼或病房楼是否设二台电梯
3.1.6	坡道	检查无电梯的病房楼以及观察室与抢救室不在同一层又无电梯的急诊部是否设置坡道
3.1.14	厕所	检查厕所是否设前室和非手动开关的洗手盆
3.4.11	儿科病房	检查窗和散热片是否有安全防护措施
3.5.1	防护距离	检查20床以上的一般传染病房,或兼收烈性传染病者,是否单独建造病房,并与周围的建筑保持一定距离
3.5.3	传染病病房平面	检查是否分区布置。是否设单独出入口和入院处理处。病房的床位控制数和距离是否符合要求
3.7.3	放射科防护措施	检查相关部位的的材料厚度、构造均是否按设备要求和防护专门规定有安全可靠的防护措施
3.8.2	核医学科的实验室防护措施	检查平面布置和通风组织等方面是否满足具体的规定要求
3.8.4	核医学科防护措施	检查照相机室是否设专用候诊处;候诊者与设备相互间能否保持一定的距离
3.17.1	总平面布置	检查营养厨房是否设在有传染病科的病房楼内
3.17.4	防护措施	检查焚毁炉是否有消烟除尘的措施

《疗养院建筑设计规范》JGJ 40—87

条号	项目	重点检查内容
3.1.2	电梯配置	检查超过四层的建筑是否设置电梯
3.1.5	无障碍设计	检查主要建筑物的坡道、出入口、走道是否满足使用轮椅者的要求
3.2.11	平面布置	检查疗养员活动室的朝向、采光和通风是否符合要求

《体育建筑设计规范》JGJ 31—2003

条号	项目	重点检查内容
1.0.8	使用年限和耐火等级	检查建筑结构设计使用年限和耐火等级是否符合规定
4.1.11	无障碍设计	检查是否满足残疾人参加的运动项目特点和要求,并满足残疾观众的需要
4.2.4	总平面布置	检查场地是否有二处对外出入口,其大小能否满足人员出入方便、疏散安全和器材运输的要求
5.7.4	出入口	检查比赛场地出入口的数量,大小是否符合使用要求

《住宅设计规范》GB 50096—1999

条　　号	项　　目	重点检查内容
3.1.1	套　型	检查每套住宅的卧室、起居室(厅)、厨房和卫生间等基本空间是否齐全
3.3.2	厨房平面	检查是否直接采光、自然通风
3.3.3	厨房设施	检查是否设置洗涤池、案台、炉灶及排油烟机等设施或预留位置
3.4.3	卫生间上下层平面	检查卫生间的下层是否为其他住户的卧室、起居室(厅)和厨房。其防水、隔声和检修的措施是否可靠
3.6.2	净　高	检查卧室、起居室(厅)的室内净高和局部净高是否符合要求
3.6.3	坡屋顶内卧室、起居室(厅)的净高	检查其低于2.10m净高的地板面积是否超过房间面积的1/2
3.7.2	阳台栏杆设计	检查栏杆的垂直杆件间净距及放置花盆处的防坠落措施
3.7.3	阳台栏杆净高	按低层、多层住宅和中高层、高层住宅分别检查阳台栏杆净高是否符合要求
3.9.1	外窗窗台高度	检查窗台距楼面、地面的净高及其防护设施是否符合要求
4.1.2	楼梯宽度	检查梯段净宽是否符合要求
4.1.3	楼梯踏步和栏杆	检查踏步宽度、踏步高度、扶手高度、水平段栏杆长度、栏杆垂直杆件间净空等是否符合要求
4.1.5	楼　梯　井	检查楼梯井净宽及其防止儿童攀滑的措施是否符合要求
4.1.6	电梯配置	检查七层及以上住宅或住户入口层楼面距室外设计地面的高度超过16m以上的住宅是否设置电梯
4.2.1	外廊、内天井及上人屋面	检查其临空处栏杆净高、垂直杆件间净空等是否符合要求
4.2.3	公共出入口上部	检查位于阳台、外廊及开敞楼梯平台的下部的公共出入口,是否设置雨罩等防止物体坠落伤人的安全措施
4.2.5	无障碍设计	检查设置电梯的住宅公共出入口,其高差处是否设轮椅坡道和扶手
4.4.1	地　下　室	检查地下室平面是否布置住宅。在半地下室布置住宅时,其采光、通风、日照、防潮、排水及安全防护措施是否符合要求
4.5.1	环境控制措施	检查住宅建筑内是否布置存放危险品的仓库或扰民的商店、车间和娱乐设施
4.5.4	出　入　口	检查住宅与附建公共用房的出入口是否分开布置

《宿舍建筑设计规范》JGJ 36—87

条　　号	项　　目	重点检查内容
3.2.5	地下室	检查地下室平面,是否布置居室
3.5.3	电梯配置	检查最高居住层的楼地面距入口层地面的高度,当大于20m时,应设电梯

《老年人建筑设计规范》JGJ 122—99

条　　号	项　　目	重点检查内容
4.3.1	平　　面	检查户室内门厅、户室内面对走道的门与门、门与邻墙之间的距离、通过式走道净宽等是否符合要求
4.3.3	平　　面	检查老年人出入经由的过厅、走道、房间是否设门坎

续表

条号	项目	重点检查内容
4.5.1	平面	检查老年人居住建筑的起居室、卧室，老年人公共建筑中的疗养室、病房，是否有良好朝向、天然采光和自然通风
4.8.4	屋顶平台	检查屋顶女儿墙护栏高度、出平台的屋顶突出物的高度是否符合规定
5.0.8	报警装置	检查老年人专用厨房是否设燃气泄漏报警装置
5.0.9	电源开关	检查电源开关是否用宽板防漏电式按键开关
5.0.11	呼叫系统	检查老人院床头是否设呼叫对讲系统、床头照明灯和安全电源插座

《城市道路和建筑物无障碍设计规范》JGJ 50—2001

条号	项目	重点检查内容	条号	项目	重点检查内容
5.1.1	办公、科研建筑	设计部位	7.1.2	公共建筑与高层、中高层居住建筑入口	轮椅坡道和扶手
5.1.2	商业、服务建筑	设计部位			
5.1.3	文化、纪念建筑	设计部位	7.1.3	建筑入口	轮椅通行平台宽度
5.1.4	观演、体育建筑	设计部位	7.2.5	坡道	坡道高度、水平长度
5.1.5	交通、医疗建筑	设计部位	7.3.1	走道和道路	最小宽度
5.1.6	学校、园林建筑	设计部位	7.4.1	门	门的种类和净宽
5.2.1	高层、中高层住宅及公寓建筑	设计部位	7.7.1	公共建筑电梯	电梯设计
			7.8.1	公共厕所	设施和设计
6.1.1	居住道路	设计部位	7.8.2	专用厕所	设施和设计
6.2.1	居住区公共绿地	设计部位	7.9.1	观众席、听众席	轮椅席位
			7.10.1	客房	设施和设计

《地下工程防水技术规范》GB 50108—2001

条号	项目	重点检查内容
3.1.8	防水设计内容	检查防水等级和设防要求等5项技术指标和质量保证措施是否符合要求
3.2.1	防水等级标准	检查各级的标准是否符合表3.2.1的规定
3.2.2	确定防水等级的依据	检查工程的重要性和使用中对防水的要求是否与防水等级相符
4.1.3	设计抗渗等级	检查设计抗渗等级是否符合表4.1.3的规定

《人民防空地下室设计规范》GB 50038－94

条号	项目	重点检查内容
3.1.3	防护距离	检查防空地下室距易燃易爆生产厂房、库房的距离及距有害液体、重毒气体的贮罐的距离是否符合规定
3.1.5	出入口和通风采光	检查室外出入口、进风口、排风口、排烟口和通风采光窗的布置是否符合战时及平时使用要求和地面建筑规划要求
3.1.6	防护措施	检查进人防空地下室的管道及其穿过的人防围护结构是否采取防护密闭措施
3.3.3	抗爆挡墙	检查抗爆隔墙和抗爆挡墙尚是否符合要求
3.3.4	防护单元	检查地下室中每个防护单元的防护设施和内部设备是否自成系统。相邻防护单元之间的防护措施是否符合要求

续表

条　号	项　目	重点检查内容
3.3.7	顶板底面构造	检查顶板底面是否高出室外地面。5级和6级防空地下室的上部建筑采用砖混结构时,其顶板底面如高出室外地面。是否满足条文要求
3.4.1	出　入　口	检查地下室出入口的设置是否符合条文要求
3.4.6	电　梯	检查电梯是否设置在防空地下室的防护密闭区以外
3.5.9	平面布置	检查贮油间是否与发电机室分开布置,是否设置向外开启的防火门,其地面是否低于附近房间或走道地面150～200mm或设门槛。严禁排烟管、风管、给排水管、电线等穿过贮油间
3.6.3	顶板、墙面构造	从防潮的角度检查地下室的顶板、墙面等构造是否符合要求

第二篇 建筑防火

概 述

建筑防火主要由被动防火体系和主动防火体系构成，同时考虑建筑物内人员的安全疏散要求。

建筑被动防火体系：主要是根据燃烧的基本原理，采取措施防止燃烧条件的产生或削弱燃烧条件的发展、阻止火势蔓延，即控制建筑物内的火灾荷载密度、提高建筑物的耐火等级和材料的燃烧性能、控制和消除点火源、采取分隔措施以阻止火势蔓延。

建筑主动防火体系：主要采取措施及早探测火灾、破坏已形成的燃烧条件、终止燃烧的连锁反应，使火熄灭或把火灾控制在一定范围内，减少火灾损失。主要依靠设置火灾自动报警系统、灭火设施和排烟系统来实现。

建筑防火的质量控制目标为：

一、建筑分类、耐火等级及其构件的耐火极限

建筑物的耐火等级应合理，房屋建筑构件选用应符合相应建筑耐火等级的要求，建筑材料和建筑构件的选用应满足相应建筑构件的燃烧性能要求、耐火极限和建筑部位的内部装修防火要求。

建筑物的耐火等级是由构筑整个建筑物的所有构件的耐火性能共同决定的，其中的墙体、支承柱、梁、楼板、屋面承重体系等主要承重构件的耐火性能起着决定性作用，设计时主要根据建筑物的重要性、火灾危险性、建筑高度、火灾荷载密度等确定。

质量控制目标：建筑物的分类、耐火等级确定和构件的耐火极限符合规范要求，使不同用途的建筑物具有与之相适应的耐火安全储备，达到较高的投资效益比，实现安全与经济的统一。主要要求如下：

(1) 所设计建筑物的耐火等级应与其使用功能、建筑高度相适应，使建筑物在受内部火灾作用时能保持足够的结构稳定性和承载力，并能在外部火和(或)高温影响时不致起火导致火灾蔓延扩大，保证内部人员疏散和外部消防人员救援与灭火的安全。

(2) 设计中所采用的建筑材料应符合相应耐火等级的要求，尽可能减少其发烟量、火焰传播速度、发热量等。

(3) 设计的建筑构件在其设计使用年限内和偶然火灾作用下应能使建筑物具有相应足够的耐火能力，并能为火灾后建筑物的修复使用提供有利条件。

重点控制建筑物的耐火等级和建筑材料的燃烧性能以及建筑构件的耐火极限不低于相应建筑耐火等级的要求，特别是钢结构构件。严格控制发烟量大、燃烧性能低的有机材料在公众聚集场所和地下建筑中的使用。

二、总平面和建筑平面布置

建筑物的防火总平面布置应服从城市的总体规划和城市消防规划要求，根据建筑物的高度、使用性质、体量或规模等因素，合理确定其位置、防火间距、消防车道和消防水源等。特别是对于高层建筑、生产厂房与仓库等建筑高度高、人员密集或火灾危险性大的建筑物，更应认真调查研究，通过综合分析后再进行布置。其目标为：通过对建筑物进行合理布局和设置防火间距，防止火灾在相邻建筑物之间相互蔓延，合理利用和节约土地，使建筑物着火时，能限制火灾和烟气在（或通过）建筑外部的蔓延，并为人员疏散、消防人员的救援和灭火提供保护，减少火灾时建筑物、邻近建筑物及其居住（或使用）者受到强辐射热和烟气的影响。

消防车道质量控制为：建筑物周围消防车道的平面布置应符合规范要求，使消防车道布置合理，满足火场供水、灭火和救援需要。

建筑内部平面布置的质量控制目标为：建筑物的平面布置应符合规范要求，通过对建筑物内部空间进行合理分隔，防止火灾和烟气在建筑内部蔓延扩大，确保火灾时的人员生命安全，减少财产损失。使得：

（1）建筑内部某部位着火时，能限制火灾和烟气在（或通过）建筑内部和外部的蔓延，并为人员疏散、消防人员的救援和灭火提供保护。

（2）建筑物内部某处发生火灾时，减少对邻近（上下层、水平相邻空间）分隔区域受到强辐射热和烟气的影响。

（3）消防人员能方便进行救援、利用灭火设施进行作战活动。

（4）有火灾或爆炸危险的建筑设备设置部位，能防止对人员和贵重设备造成影响或危害。

（5）有火灾或爆炸危险的场所，应采取措施防止发生火灾或爆炸，及时控制灾害的蔓延扩大。

重点控制建筑物之间的防火间距、建筑内部的防火分区面积和分隔构件、有较大火灾危险和爆炸危险的设备布置位置。

三、建筑防火疏散

事实说明：在建筑防火设计时，必须根据建筑物的具体情况认真确定安全出口的位置、数量和疏散宽度。其主导思想是安全出口的位置和数量，应结合建筑的空间合理组合，兼顾其使用功能和安全性，使建筑物内的人员能在接到火警信息后，在最短时间内，全部安全疏散到室外或其他安全地带。在《强制性条文》中纳入了《建筑设计防火规范》和《高层民用建筑设计防火规范》中关于安全疏散的大部分条文作为一般要求，并将一些涉及人员较密集的公共建筑和汽车库等专业规范中的安全疏散条款纳入到《强制性条文》中，作为相应建筑安全疏散的特殊要求。其质量控制要点是：建筑物中设置的疏散走道、疏散楼梯和疏散门等安全出口的宽度足够，出口数量足够并能满足不同情况下的安全疏散距离要求，疏散指示明显正确，使人员能在火灾发展过程中的可用疏散时间内及时、安全疏散完毕。

安全疏散的另一个重要内容就是疏散距离的确定，即疏散走道的长度。安全疏散距离直接影响疏散所需时间和人员安全。它包括房间内最远点到房间门或住宅户门的距离和从房间门到疏散楼梯间或外部出口的距离。

重点控制疏散通道的距离和防护措施、出口数量和宽度，使其与建筑的使用功能和建筑高度等疏散、扑救难易程度相适应。安全出口或疏散出口的门应采取措施防止在火灾时无法打开和防止脱落物、烟与火对疏散通道的危害。安全疏散指示标志的设置位置、标识应正确、清晰明了。地下室的楼梯间与建筑物地上部分的楼梯间必须在首层分隔或直通室外。

四、建筑消防设施

建筑主动防火设施有火灾自动报警系统、建筑防排烟系统、固定的自动灭火系统(如自动喷水灭火系统、泡沫灭火系统、气体灭火系统等)和其他灭火设施(建筑灭火器、室、内外消火栓系统等)。这些防火设施的设计和安装是一项专业性很强的技术工作,设计时必须认真贯彻执行国家有关方针、政策和相应的设计规范与施工验收规范,如《火灾自动报警系统设计规范》、《火灾自动报警系统施工及验收规范》、《自动喷水灭火系统设计规范》、《自动喷水灭火系统施工及验收规范》、《水喷雾灭火系统设计规范》、《卤代烷 1211 灭火系统设计规范》、《卤代烷 1301 灭火系统设计规范》和《二氧化碳灭火系统设计规范》的规定。

重点控制在《建筑设计防火规范》和《高层民用建筑设计防火规范》等规范中规定需要设置火灾自动报警和灭火设施的建筑中是否设有这些设施,要求所设计的室内、室外消防给水系统能保证灭火时的用水可靠性、用水量和水压要求,使这些设施的设计与施工能保证系统发挥应有的作用。如设置是否与保护对象及系统的使用条件相适应、安装与调试是否符合国家有关施工及验收标准等。

五、2002 年版的修订情况

在 2000 年版《强制性条文》实施后,有效地遏制了重大伤亡的火灾的发生,但仍然经常发生建筑安全疏散设施、建筑消防设施设计和管理方面的问题,导致火灾时人员的重大伤亡和火灾不能在初期得到控制。为此,2002 年版《强制性条文》主要对大中型商场、地下商店和歌舞娱乐放映游艺场所以及托儿所、幼儿园等建筑的防火进行了加强,一是安全疏散设施,包括内部装修材料控制、疏散通道、楼梯间的设置、安全出口或疏散出口门的设置、防排烟设施、火灾自动报警系统和自动喷水灭火系统等方面都进行了加强,有效地控制了这些场所重特大火灾事故的发生。此外,还将《自动喷水灭火系统设计规范》的强制性条文(共 84 条)纳入了强制性条文中。

1 建筑分类、耐火等级及其构件耐火极限

《建筑设计防火规范》GBJ 16—87(2001 年局部修订)

2.0.1 建筑物的耐火等级分为四级,其构件的燃烧性能和耐火极限不应低于表 2.0.1 的规定(本规范另有规定者除外)。

建筑物构件的燃烧性能和耐火极限 表 2.0.1

构件名称 \ 燃烧性能和耐火极限(h) \ 耐火等级		一级	二级	三级	四级
墙	防火墙	非燃烧体 4.00	非燃烧体 4.00	非燃烧体 4.00	非燃烧体 4.00
	承重墙、楼梯间,电梯井的墙	非燃烧体 3.00	非燃烧体 2.50	非燃烧体 2.50	难燃烧体 0.50
	非承重外墙、疏散走道两侧的隔墙	非燃烧体 1.00	非燃烧体 1.00	非燃烧体 0.50	难燃烧体 0.25
	房间隔墙	非燃烧体 0.75	非燃烧体 0.50	难燃烧体 0.50	难燃烧体 0.25
柱	支承多层的柱	非燃烧体 3.00	非燃烧体 2.50	非燃烧体 2.50	难燃烧体 0.50
	支承单层的柱	非燃烧体 2.50	非燃烧体 2.00	非燃烧体 2.00	燃烧体
梁		非燃烧体 2.00	非燃烧体 1.50	非燃烧体 1.00	难燃烧体 0.50
楼板		非燃烧体 1.50	非燃烧体 1.00	非燃烧体 0.50	难燃烧体 0.25
屋顶承重构件		非燃烧体 1.50	非燃烧体 0.50	燃烧体	燃烧体
疏散楼梯		非燃烧体 1.50	非燃烧体 1.00	非燃烧体 1.00	燃烧体
吊顶(包括吊顶搁栅)		非燃烧体 0.25	难燃烧体 0.25	难燃烧体 0.15	燃烧体

注:1 以木柱承重且以非燃烧材料作为墙体的建筑物,其耐火等级应按四级确定。

【技术要点说明】

调查表明,90%以上的火灾在一个防火分区内延续燃烧时间都在 2h 以内。考虑了一定的安全系数后,规范表 2.0.1 中个别构件的耐火极限定为 4h 或 3h,其余构件略高于或低于 2.00h。

在前苏联、美国、日本等国家的有关规定中,其建筑物构件的耐火极限均不超过4h。

综上所述,规范表2.0.1中将防火墙的耐火极限定为4h,一级耐火等级建筑物的承重墙、楼梯间墙和支承多层的柱,其耐火极限规定为3h。其余构件的耐火极限均不超过3h。

1. 一级耐火等级建筑物中支承单层的柱,其最低耐火极限应比支承多层柱的最低耐火极限略为降低要求,即规定为2.5h。

二、三级耐火等级建筑物的支承柱,其最低的耐火极限又比一级耐火等级建筑物的支承柱的最低耐火极限要求略有降低。

四级耐火等级建筑物的支承柱,也有采用木柱承重且以不燃烧材料作覆面保护的,对于这类建筑物的支承多层的柱,其耐火极限为0.5h,故规定为0.5h。

2. 将一级耐火等级建筑物楼板的耐火极限定为1.5h,二级耐火等级建筑物定为1h时,大部分一、二级耐火等级建筑物不会被烧垮。我国二级耐火等级建筑占多数,通常采用的钢筋混凝土楼板的保护层是1.5cm厚,其耐火极限为1h。故将二级耐火等级建筑物楼板的最低耐火极限定为1h。

预应力钢筋混凝土楼板的耐火极限较低,在工业建筑中使用得越来越少,但为照顾一部分需要,如住宅建筑,在规范第7.2.9条中作了适当调整。

三级耐火等级建筑物的楼板,其耐火极限定为0.5h,一般都能满足消防安全和实际建设要求。

3. 一级耐火等级建筑物的屋顶,其最低耐火极限为1.5h。

二级耐火等级建筑物的屋顶规定为0.5h的不燃体。考虑到目前我国采用钢屋架比较普遍,所以在第7.3.1条中作了调整。

4. 吊顶有别于其他的建筑构件,火灾时并不直接危及建筑物的主体结构。对吊顶耐火极限的要求,主要是考虑在火灾时要保证在一定疏散时间内不对人员行动产生明显的危害。规范表2.0.1对吊顶作了一般性规定.至于有些建筑物和部位需要提高的,在第7章中另有规定。

5. 三级耐火等级建筑物疏散用楼梯的耐火极限是根据我国现行钢筋混凝土楼梯的作法确定的。四级耐火等级建筑因限制为单层,故四级耐火等级建筑物不必规定楼梯的耐火极限。

6. 由于现代建筑物中大量采用装配式钢筋混凝土结构和钢结构,而这种结构形式在构件的节点缝隙和露明钢支承构件部位一般是构件的防火薄弱环节。故要求加设保护层,使其耐火极限不低于本表相应构件的规定。

考虑我国现有的吊顶材料类型,符合规范要求且又便于施工的难燃烧材料缺乏,故对二级耐火等级的吊顶要求作了适当调整。

作为框架结构填补墙的楼梯间墙,有的采用钢筋混凝土板材或其他形式的板材,耐火极限要求在2.5h以上有困难。故对此作了一定调整,将其耐火极限调整为2h。

一、二级耐火等级民用建筑疏散走道两侧隔墙如采用轻质板材,则要求达到1h耐火极限。这在实际中有一定困难,因此作了调整,即可采用耐火极限为0.75h的不燃体。

【实施与检查的控制】

建筑物的耐火等级是由各类建筑构件的耐火极限值和燃烧性能确定的,要一一对应。

《高层民用建筑设计防火规范》GB 50045—95(2001年局部修订)

1.0.5 当高层建筑的建筑高度超过250m时,建筑设计采取的特殊的防火措施,应提交国

家消防主管部门组织专题研究、论证。

【技术要点说明】

250m 是一个高度控制指标。当超过此限值采取特殊的防火措施时，应进行专题研究、论证。

【实施与检查的控制】

当高层建筑的建筑高度超过 250m 时，检查是否对采取的特殊的防火措施进行专题研究、论证。

3.0.2 高层建筑的耐火等级应分为一、二两级，其建筑构件的燃烧性能和耐火极限不应低于表 3.0.2 的规定。

建筑构件的燃烧性能和耐火极限　　表 3.0.2

构件名称 \ 燃烧性能和耐火极限(h)		耐火等级 一级	耐火等级 二级
墙	防火墙	不燃烧体 3.00	不燃烧体 3.00
墙	承重墙、楼梯间、电梯井和住宅单元之间的墙	不燃烧体 2.00	不燃烧体 2.00
墙	非承重外墙、疏散走道两侧的隔墙	不燃烧体 1.00	不燃烧体 1.00
墙	房间隔墙	不燃烧体 0.75	不燃烧体 0.50
柱		不燃烧体 3.00	不燃烧体 2.50
梁		不燃烧体 2.00	不燃烧体 1.50
楼板、疏散楼梯、屋顶承重构件		不燃烧体 1.50	不燃烧体 1.00
吊顶		不燃烧体 0.25	难燃烧体 0.25

【技术要点说明】

各种建筑构件的燃烧性能和耐火极限是结合《建筑设计防火规范》的实践以及《高层民用建筑设计防火规范》制定时高层民用建筑结构的实际情况而确定的。

预应力钢筋混凝土楼板等构件如达不到规范表 3.0.2 规定的耐火极限时，必须采取增加主筋(受力筋)的保护层厚度、采取喷涂防火材料或其他防火措施，提高其耐火能力，使其达到本规定要求的耐火极限。

吊顶的耐火极限规定，主要考虑要求在火灾发生时能保证人员疏散时间内吊顶的完整性，不发生较大的窜烟窜火或产生较大分解烟气。设计时，应选用能满足相应耐火极限要求的不燃板材和轻钢龙骨。

【实施与检查的控制】

高层民用建筑的耐火等级只有两级。其级别由各类建筑构件的耐火极限值和燃烧性能确定。

3.0.3 预制钢筋混凝土构件的节点缝隙或金属承重构件节点的外露部位，必须加设防火保护层，其耐火极限不应低于本规范表 3.0.2 相应建筑构件的耐火极限。

【技术要点说明】

本条是为了确保构件整体不因局部耐火强度的不足而塌垮。

【实施与检查的控制】

设计中应明确标示说明。

3.0.4 一类高层建筑的耐火等级应为一级，二类高层建筑的耐火等级不应低于二级。裙房的耐火等级不应低于二级。高层建筑地下室的耐火等级应为一级。

【技术要点说明】

本条对不同类别的高层民用建筑及其与高层主体建筑相连的裙房应采用的耐火等级作了具体规定。

一类高层民用建筑通常是建筑高度高或建筑规模较大或性质重要、设备贵重、功能复杂、竖向管井多,有的还要使用大量的可燃装修材料的建筑。一旦发生火灾,疏散和扑救都很困难,容易造成重大损失或伤亡事故。因此,对此类建筑物的耐火等级应比二类建筑物高一些,故规定一类高层民用建筑的耐火等级应为一级,二类高层民用建筑的耐火等级不应低于二级。

考虑到高层主体建筑及与其相连的裙房,在重要性和扑救、疏散难度等方面有所差别,结合当前的实际情况和执行1982年版《高规》(原规范)十多年的实践,规定与高层民用建筑主体相连的裙房的耐火等级不应低于二级。

地下室发生火灾时,热量不易散失,温度高、烟雾大,疏散和扑救都非常困难。为了有利于防止火灾向地面以上部分和其他部位蔓延,规定其耐火等级应为一级。

【实施与检查的控制】

设计时应首先确定建筑物的耐火等级。

3.0.7 高层建筑内存放可燃物的平均重量超过200kg/m² 的房间,当不设自动灭火系统时,其柱、梁、楼板和墙的耐火极限应按本规范第3.0.2条的规定提高0.50h。

【技术要点说明】

建筑结构构件的耐火极限要求随建筑物内火灾荷载密度的大小以及建筑特征不同而不同。考虑到这些建筑物房间内的可燃物的数量不是固定的,目前国内又缺乏这方面的统计数据和资料,故本规范中规定可燃物超过200kg/m² 的房间,其梁、楼板、隔墙等构件的耐火极限应在本规范第3.0.2条规定的基础上相应提高0.50h。自动灭火系统对扑灭初起火灾有明显的效果,不容易酿成大火。安装有自动灭火系统的房间,消防保护能力有提高。所以,对其组成构件的耐火极限可以不提高。

【实施与检查的控制】

根据可燃物重量和房间面积确定是否执行本条。

《汽车库、修车库、停车场设计防火规范》GB 50067—97

3.0.2 汽车库、修车库的耐火等级应分为三级。各级耐火等级建筑物构件的燃烧性能和耐火极限均不应低于表3.0.2的规定。

各级耐火等级建筑物构件的燃烧性能和耐火极限 表3.0.2

构件名称 \ 燃烧性能和耐火极限(h) \ 耐火等级		一级	二级	三级
墙	防火墙	不燃烧体 3.00	不燃烧体 3.00	不燃烧体 3.00
	承重墙、楼梯间的墙、防火隔墙	不燃烧体 2.00	不燃烧体 2.00	不燃烧体 2.00
	隔墙、框架填充墙	不燃烧体 0.75	不燃烧体 0.50	不燃烧体 0.50
柱	支承多层的柱	不燃烧体 3.00	不燃烧体 2.50	不燃烧体 2.50
	支承单层的柱	不燃烧体 2.50	不燃烧体 2.00	不燃烧体 2.00

续表

燃烧性能和耐火极限(h)　耐火等级 构件名称	一　级	二　级	三　级
梁	不燃烧体 2.00	不燃烧体 1.50	不燃烧体 1.00
楼　板	不燃烧体 1.50	不燃烧体 1.00	不燃烧体 0.50
疏散楼梯、坡道	不燃烧体 1.50	不燃烧体 1.00	不燃烧体 1.00
屋顶承重构件	不燃烧体 1.50	不燃烧体 0.50	燃烧体
吊顶(包括吊顶搁栅)	不燃烧体 0.25	不燃烧体 0.25	难燃烧体 0.15

注：预制钢筋混凝土构件的节点缝隙或金属承重构件的外露部位应加设防火保护层，其耐火极限不应低于本表相应构件的规定。

【技术要点说明】

本条耐火等级以现行《建筑设计防火规范》、《高层民用建筑设计防火规范》的规定为基准，结合汽车库的特点，增加了“防火隔墙”一项。防火隔墙比防火墙的耐火时间略低，比一般隔墙的耐火时间高，且不必按防火墙的要求必须砌筑在梁或基础上，只须从楼板砌筑至顶板。这些都是鉴于汽车库内的火灾荷载密度较少而提出的防火分隔措施。

【实施与检查的控制】

注意区分三个级别所对应的构件耐火要求

3.0.3　地下汽车库的耐火等级应为一级。

甲、乙类物品运输车的汽车库、修车库和Ⅰ、Ⅱ、Ⅲ类的汽车库、修车库的耐火等级不应低于二级。

Ⅳ类汽车库、修车库的耐火等级不应低于三级。

注：甲、乙类物品的火灾危险性分类应按现行的国家标准《建筑设计防火规范》的规定执行。

【技术要点说明】

本条对各类车库的耐火等级分别作了相应的规定。地下车库发生火灾时，扑救难度大，加之地下车库通常为钢筋混凝土结构，因此无论停车数量多少，其耐火等级均不应低于一级。

Ⅰ、Ⅱ、Ⅲ类汽车库其停车数量较多，这些车库均应采用不低于二级耐火等级的建筑。

甲、乙类物品运输车由于槽罐内有残存物品，危险性高，故此类车库的耐火等级不应低于二级。

机械式立体车库的结构采用全钢结构的较多，但停车数量少，内部消防设施全，火灾危险性较小。为了适应新型车库的发展，对这类车库的耐火等级未作特殊要求，但如采用全钢结构，其梁、柱等承重构件均应进行防火处理，并需满足三级耐火等级的要求。

【实施与检查的控制】

明确汽车库、修车库的类别与其耐火等级。

《图书馆建筑设计规范》JGJ 38—99

6.1.2 图书馆藏书量超过100万册的图书馆、书库,耐火等级应为一级。

6.1.3 图书馆特藏库、珍善本书库的耐火等级均应为一级。

6.1.4 建筑高度超过24.00m,藏书量不超过100万册的图书馆、书库,耐火等级不应低于二级。

6.1.5 建筑高度不超过24.00m,藏书量超过10万册但不超过100万册的图书馆、书库,耐火等级不应低于二级。

6.1.6 建筑高度不超过24.00m,建筑层数不超过三层,藏书量不超过10万册的图书馆,耐火等级不应低于三级,但其书库和开架阅览室部分的耐火等级不得低于二级。

《文化馆建筑设计规范》JGJ 41—87

4.0.2 文化馆的建筑耐火等级对于高层建筑不应低于二级,对于多层建筑不应低于三级。

《电影院建筑设计规范》JGJ 58—88

7.1.2 任何等级电影院的放映室均不应低于二级耐火等级。

《汽车客运站建筑设计规范》JGJ 60—99

5.1.2 公路汽车客运站的耐火等级,一、二、三级站不应低于二级,四级站不应低于三级。

《港口客运站建筑设计规范》JGJ 86—92

6.0.2 各级港口客运站的站房耐火等级均不应低于二级。

《殡仪馆建筑设计规范》JGJ 124—99

7.1.1 殡仪馆建筑的耐火等级不应低于二级。

《铁路旅客车站建筑设计规范》GB 50226—95

8.1.1 各型铁路旅客车站的站房、站台雨篷及地道、天桥的耐火等级均不应低于二级。

【技术要点说明】

1. 图书馆建筑的耐火等级要求采用了防火设计规范中的要求。对藏书量不超过100万册,建筑高度超过50m的图书馆《高层民用建筑设计防火规范》(GB 50045)中未明确规定的,此次做了专门规定。另外强调了高层图书馆的书库不低于一级;多层图书馆的书库不低于二级。

2. 其他各类专用建筑的耐火等级均依据防火设计规范的要求确定的。

3. 上述其他建筑均为人员较密集且性质较重要的公共建筑,其耐火等级要求均是依据建筑防火设计规范的规定,根据这些建筑的使用特点而作的具体规定。

【实施与检查的控制】

根据建筑的性质和高度,对应《建筑设计防火规范》和《高层民用建筑设计防火规范》去确定耐火等级。

《自动喷水灭火系统设计规范》GB 50084—2001

3.0.1 设置场所火灾危险等级的划分,应符合下列规定:

1 轻危险级

2 中危险级

Ⅰ级

Ⅱ级

3 严重危险级

Ⅰ级

Ⅱ级

4 仓库危险级

Ⅰ级

Ⅱ级

Ⅲ级

3.0.2 设置场所的火灾危险等级,应根据其用途、容纳物品的火灾荷载及室内空间条件等因素,在分析火灾特点和热气流驱动喷头开放及喷水到位的难易程度后确定。

4.1.2 自动喷水灭火系统不适用于存在较多下列物品的场所:

1 遇水发生爆炸或加速燃烧的物品;

2 遇水发生剧烈化学反应或产生有毒有害物质的物品;

3 洒水将导致喷溅或沸溢的液体。

4.2.1 环境温度不低于4℃,且不高于70℃的场所应采用湿式系统。

4.2.2 环境温度低于4℃,或高于70℃的场所应采用干式系统。

4.2.5 具有下列条件之一的场所,应采用雨淋系统:

1 火灾的水平蔓延速度快、闭式喷头的开放不能及时使喷水有效覆盖着火区域;

2 室内净空高度超过本规范6.1.1条的规定,且必须迅速扑救初期火灾;

3 严重危险级Ⅱ级。

4.2.6 下列场所应采用设置快速响应早期抑制喷头的自动喷水灭火系统:

1 货品堆积高度等于或大于4.5m的仓库危险级Ⅰ级、Ⅱ级仓库;

2 货品堆积高度等于或大于3.5m的仓库危险级Ⅲ级仓库;

3 储存发泡类塑料与橡胶的仓库危险级Ⅲ级仓库。

4.2.9 自动喷水灭火系统应有下列组件、配件和设施:

1 应设有洒水喷头、水流指示器、报警阀组、压力开关等组件和末端试水装置,以及管道、供水设施;

3 应设有泄水阀(或泄水口)、排气阀(或排气口)和排污口;

4 干式系统和预作用系统的配水管道应设快速排气阀。有压充气管道的快速排气阀入口前应设电动阀。

4.2.10 防护冷却水幕应直接将水喷向被保护对象;防火分隔水幕不宜用于尺寸超过15m(宽)×8m(高)的开口(舞台口除外)。

2 总平面布局和平面布置

2.1 一 般 规 定

《建筑设计防火规范》GBJ 16—87(2001 年局部修订)

5.4.1 总蒸发量不超过 6t、单台蒸发量不超过 2t 的锅炉,总额定容量不超过 1260kVA、单台额定容量不超过 630kVA 的可燃油油浸电力变压器以及充有可燃油的高压电容器和多油开关等,可贴邻民用建筑(除观众厅、教室等人员密集的房间和病房外)布置,但必须采用防火墙隔开。

上述房间不宜布置在主体建筑内。如受条件限制必须布置时,应采取下列防火措施:

一、不应布置在人员密集的场所的上面、下面或贴邻,并应采用无门窗洞口的耐火极限不低于 3.00h 的隔墙(包括变压器室之间的隔墙)和 1.50h 的楼板与其他部位隔开;当必须开门时,应设甲级防火门。

变压器室与配电室之间的隔墙,应设防火墙。

二、锅炉房、变压器室应设置在首层靠外墙的部位,并应在外墙上开门。首层外墙开口部位的上方应设置宽度不小于 1.00m 的防火挑檐或高度不小于 1.20m 的窗间墙。

三、变压器下面应有储存变压器全部油量的事故储油设施。多油开关、高压电容器室均应设有防止油品流散的设施。

【技术要点说明】

本条对设置在民用建筑中的燃煤、燃油、燃气锅炉房,可燃油油浸电力变压器室,充有可燃油的高压电容器,多油开关等的布置位置做了具体规定。

1. 快装锅炉事故后果严重,不宜设在地下室、半地下室。故规范对在地下室、半地下室布置锅炉房不提倡,也不作规定。

2. 本条款对锅炉作了总蒸发量 6t,单台蒸发量 2t 的规定。

由于锅炉的改进,锅炉房体积大大缩小了,一般受地形等条件限制的中大型建筑物即可采用非单建式锅炉房供暖。故本款对蒸发量作了具体规定。

3. 现在公共建筑、民用建筑用电量都比过去大量增加,故改为总容量不超过 1260kVA,单台容量为 630kVA。

4. 本条从防止爆炸事故出发,规定上述房间不宜布置在主体建筑内。

对于干式或不燃油浸变压器,因其火灾危险性小,不易发生爆炸,故本条文未作限制。湿式变压器易升温,温度升高易起火,应在专用房间内作好室内通风,并应有可靠的降温散热措施。

5. 由于受条件的制约,有时必须将燃煤、燃油、燃气锅炉房、可燃油油浸电力变压器室、充有可燃油的高压电容器、多油开关等布置在主体建筑内。故本条款对此作了有条件的适当放宽,要求采取相应的安全措施:

(1) 不应布置在人员密集场所的上面、下面或相邻。

(2) 要求设1m宽的防火挑檐，是针对底层以上有开口的房间而言。规定底层开口距上层房间的开口部位的实墙体高度应大于1.2m或设置宽度大于1m的防火挑檐。

【实施与检查的控制】

根据设备的特性确定其平面位置和与周围的分隔。

5.4.2　存放和使用化学易燃易爆物品的商店、作坊和储藏间，严禁附设在民用建筑内。

住宅建筑的底层如设有商业服务网点时，应采用耐火极限不低于3.00h的隔墙和耐火极限不低于1.00h的非燃烧体楼板与住宅分隔开。

商业服务网点的安全出口必须与住宅部分隔开。

【技术要点说明】

本条规定严禁在民用、居住建筑内设易燃易爆商店。根据近年来居住建筑下设商店的火灾情况，商业服务网点的疏散出口和疏散通道必须与住宅部分隔开，首层的商店必须用耐火极限不低于3h的隔墙和耐火极限不低于1.5h的不燃体楼板，与住宅部分隔开，以保证居民的火灾安全。

【实施与检查的控制】

检查民用建筑中是否存放易燃、易爆物及住宅与商业部分的分隔。

《高层民用建筑设计防火规范》GB 50045—95(2001年局部修订)

4.1.2　燃油、燃气的锅炉，可燃油油浸电力变压器，充有可燃油的高压电容器和多油开关等宜设置在高层建筑外的专用房内。

除液化石油气作燃料的锅炉外，当上述设备受条件限制必须布置在高层建筑或裙房内时，其锅炉的总蒸发量不应超过6.0t/h，且单台锅炉蒸发量不应超过2.0t/h；可燃油油浸电力变压器总容量不应超过1260kVA，单台容量不应超过630kVA，并应符合下列规定：

4.1.2.1　不应布置在人员密集场所的上一层、下一层或贴邻，并采用无门窗洞口的耐火极限不低于2.0h的隔墙和1.50h的楼板与其他部位隔开。当必须开门时，应设甲级防火门。

4.1.2.2　锅炉房、变压器室，应布置在首层或地下一层靠外墙部位，并应设直接对外的安全出口。外墙开口部位的上方，应设置宽度不小于1.0m不燃烧体的防火挑檐。

4.1.2.3　变压器下面应设有储存变压器全部油量的事故储油设施；变压器、多油开关室、高压电容器室，应设置防止油品流散的设施。

4.1.2.4　应设置火灾自动报警系统和自动灭火系统。

【技术要点说明】

本条对布置在高层民用建筑或裙房中的燃油、燃气锅炉房，可燃油油浸电力变压器，充有可燃油的高压电容器、多油开关等做了规定，其理由是：

1. 我国目前生产的快装锅炉，其工作压力一般为0.1～1.3MPa，其蒸发量为1～30t/h。如果产品质量差、安全保护设备失灵或操作不慎等都有导致发生爆炸的可能，特别是燃油、燃气的锅炉，容易发生爆炸事故。故不宜在高层建筑内安装使用，如受条件限制，锅炉房不能与高层建筑脱开布置时，允许将其布置在高层建筑内。但对燃油、燃气锅炉的单台蒸发量和锅炉房的总蒸发量作了限制，另外还须符合本条4.1.2.1、4.1.2.2、4.1.2.4款的规定，采取相应的防火措施。

2. 可燃油油浸电力变压器发生故障产生电弧等时，将使变压器内的绝缘油迅速发生热分解，析出氢气、甲烷、乙烯等可燃气体，压力骤增，造成外壳爆裂大量喷油，或者析出的可燃气体与空气混合形成爆炸混合物，在电弧或火花的作用下引起燃烧爆炸。故规定可燃油油浸电力变压器和充有可燃油的高压电容器、多油开关等不宜布置在高层民用建筑裙房内。对干式或不燃液体的变压器，因其火灾危险性小，不易发生爆炸，故本条未作限制。

3. 由于受到规划要求、用地紧张、建设投资等条件的限制，必须将可燃油油浸变压器等布置在高层建筑内时，应采取符合本条要求的防火措施。

【实施与检查的控制】

根据设备的特性确定其平面位置和与周围的分隔。

4.1.3 柴油发电机房应符合下列规定：

4.1.3.1 柴油发电机房应采用耐火极限不低于 2.0h 的隔墙和 1.50h 的楼板与其他部位隔开。

4.1.3.2 柴油发电机房内应设置储油间，其总储存量不应超过 8.0h 的需要量，储油间应采用防火墙与发电机间隔开；当必须在防火墙上开门时，应设置能自行关闭的甲级防火门。

4.1.3.3 应设置火灾自动报警系统和自动灭火系统。

【技术要点说明】

自备柴油发电机房离开高层建筑单独修建通常较困难，同时考虑柴油燃点较高，火灾危险性较小。故在采取相应防火措施后，也可布置在与高层主体建筑相连的裙房的首层或地下一层，并应设置火灾自动报警系统和固定灭火装置。

【实施与检查的控制】

三条限制条件应同时满足。

4.1.5 高层建筑内的观众厅、会议厅、多功能厅等人员密集场所，应设在首层或二、三层；当必须设在其他楼层时，除本规范另有规定外，尚应符合下列规定：

4.1.5.2 一个厅、室的安全出口不应少于两个。

4.1.5.3 必须设置火灾自动报警系统和自动喷水灭火系统。

4.1.5.4 幕布和窗帘应采用经阻燃处理的织物。

【技术要点说明】

有些已建成的高层民用建筑内附设有观众厅、会议厅等人员密集的厅、室，有的设在接近首层或低层部位，有的设在顶层，一旦建筑物内发生火灾，将给安全疏散带来很大困难。因此，本条规定上述人员密集的厅、室宜设在首层或二、三层，这样就能比较经济、方便地在局部增设疏散楼梯，使人员能在短时间内安全疏散。如果设在其他层，必须采取本条规定的4条防火措施。

【实施与检查的控制】

检查这类场所设置的楼层和应满足的附加条件。

4.1.5A 高层建筑内的歌舞厅、卡拉 OK 厅（含具有卡拉 OK 功能的餐厅）、夜总会、录像厅、放映厅、桑拿浴室（除洗浴部分外）、游艺厅（含电子游艺厅）、网吧等歌舞娱乐放映游艺场所（以下简称歌舞娱乐放映游艺场所），应设在首层或二、三层；宜靠外墙设置，不应布置在袋形走道的两侧和尽端，其最大容纳人数按录像厅、放映厅为 1.0 人/m^2，其他场所为 0.5 人/m^2 计算，面积按厅室建筑面积计算；并应采用耐火极限不低于 2.0h 的隔墙和 1.00h 的楼板与

其他场所隔开,当墙上必须开门时应设置不低于乙级的防火门。

当必须设置在其他楼层时,尚应符合下列规定:

4.1.5A.1 不应设置在地下二层及二层以下,设置在地下一层时,地下一层地面与室外出入口地坪的高差不应大于10m;

4.1.5A.2 一个厅、室的建筑面积不应超过200m²;

4.1.5A.3 一个厅、室的出口不应少于两个,当一个厅、室的建筑面积小于50㎡,可设置一个出口;

4.1.5A.4 应设置火灾自动报警系统和自动喷水灭火系统。

4.1.5A.5 应设置防烟、排烟设施,并应符合本规范有关规定。

4.1.5A.6 疏散走道和其他主要疏散路线的地面或靠近地面的墙上,应设置发光疏散指示标志。

【技术要点说明】

近几年,歌舞娱乐放映游艺场所群死群伤火灾多发,为保护人身安全,减少财产损失,对歌舞娱乐放映游艺场所补充了一些防火设计要求。

歌舞娱乐放映游艺场所内的房间如果设置在袋形走道的两侧或尽端,不利于人员疏散。

为保证歌舞娱乐放映游艺场所人员安全疏散,根据我国实际情况,并参考国外有关标准,规定了这些场所的人数计算指标。

歌舞娱乐放映游艺场所,每个厅、室的出口不少于两个的规定,是考虑到当其中一个疏散出口被烟火封堵时,人员可以通过另一个疏散出口逃生。对于建筑面积小于50m² 的厅、室,面积不大,人员数量较少,疏散比较容易时,可设置一个疏散出口。

“一个厅、室”是指一个独立的歌舞娱乐放映游艺场所。其建筑面积限定在200m² 是为了将火灾限制在一定的区域内,减少人员伤亡。对此类场所没有规定采用防火墙,而采用耐火极限不低于2h的隔墙与其他场所隔开,是考虑到这类场所一般是后改建的,采用防火墙进行分隔,在构造上有一定难度。为解决这一实际问题,又加强这类场所的防火分隔,故作本条规定。这类场所内的各房间之间隔墙的防火要求按照本规范的相应规定执行。

大多数建筑火灾案例表明,人员死亡绝大部分都是由于吸入有毒烟气而窒息死亡的。因此,对这类场所提出了防烟、排烟要求。

【实施与检查的控制】

对该条认定的建筑物部位应满足相应的规定。

4.1.5B 地下商店应符合下列规定:

4.1.5B.1 营业厅不宜设在地下三层及三层以下;

4.1.5B.2 不应经营和储存火灾危险性为甲、乙类储存物品属性的商品;

4.1.5B.3 应设火灾自动报警系统和自动喷水灭火系统;

4.1.5B.4 当商店总建筑面积大于20000㎡时,应采用防火墙进行分隔,且防火墙上不得开设门窗洞口;

4.1.5B.5 应设防烟、排烟设施,并应符合本规范有关规定;

4.1.5B.6 疏散走道和其他主要疏散路线的地面或靠近地面的墙面上,应设置发光疏散指示标志。

【技术要点说明】

火灾危险性为甲、乙类储存物品属性的商品，极易燃烧、难以扑救。本条参照《建筑设计防火规范》关于甲、乙类物品的商品不应布置（包括经营和储存）在半地下或地下各层的要求做了相应规定。

营业厅设置在地下三层及三层以下时，由于经营和储存的商品数量多、火灾荷载大、垂直疏散距离较长，一旦发生火灾，火灾扑救、烟气排除和人员疏散都较为困难。故规定不宜设置在地下三层及三层以下。规定“不宜”是考虑到如经营不燃或难燃的商品，则可根据具体情况，设置在地下三层及三层以下。

为最大限度减少火灾的危害，同时考虑使用和经营的需要，对地下商店的总建筑面积做出了不应大于 20000m²，并采用防火墙分隔，且防火墙上不应开设门窗洞口的限定。总建筑面积包括营业面积、储存面积及其他配套服务面积等。这样的规定，是为了解决目前实际工程中存在地下商店规模越建越大，并采用防火卷帘门作防火分隔，以致数万平方米的地下商店连成一片，不利于安全疏散和火灾扑救的问题。

【实施与检查的控制】

注意商店所处的地下层数和面积的限值。

4.1.6 托儿所、幼儿园、游乐厅等儿童活动场所不应设置在高层建筑内，当必须设置在高层建筑内时，应设置在建筑物的首层或二、三层，并应设置单独出入口。

【技术要点说明】

一些托儿所、幼儿园、游乐厅等儿童活动场所设在高层建筑的四层以上，由于儿童缺乏逃生自救能力，火灾时无法迅速疏散，容易造成伤亡事故。为此，做出相应规定。

【实施与检查的控制】

在高层建筑内，儿童活动场所最高位于三层且有单独出入口。

4.1.7 高层建筑的底边至少有一个长边或周边长度的 1/4 且不小于一个长边长度，不应布置高度大于 5.0m、进深大于 4.0m 的裙房，且在此范围内必须设有直通室外的楼梯或直通楼梯间的出口。

【技术要点说明】

在发生火灾时，消防车辆要迅速靠近起火建筑，消防人员要尽快到达着火层（火场），一般是通过直通室外的楼梯间或出入口，从楼梯间进入起火层，开展对该层及其上、下层的扑救作业。

登高消防车功能试验证明，高度在 5m、进深在 4m 的附属建筑，不会影响扑救作业，故本条对其未作要求。

目前有些高层建筑、特别是商住楼的住宅部分平面布置的进深和开间都很大，有的设计为方形，还有些高层办公楼、旅馆等也是这样的平面布置。因此，根据基本满足扑救需要，也照顾到这些实际情况，规定 1/4 周边不应布置相连的大裙房。无论是建筑物底部留一长边或 1/4 周边长度，其目的要使登高消防车能展开实施灭火救援工作，所以在布置时要考虑这一基本要求。

【实施与检查的控制】

裙房的布置不应影响消防车扑救作业。

4.1.10 高层建筑使用丙类液体作燃料时，应符合下列规定：

4.1.10.2 中间罐的容积不应大于 1.0m³，并应设在耐火等级不低于二级的单独房间

内,该房间的门应采用甲级防火门。

【技术要点说明】

在没有管道煤气的高层宾馆、饭店等,若使用丙类液体作燃料,其储罐的设置位置又无法满足本规范第4.2.5条所规定的防火间距时,在采取必要的防火安全措施后,也可直埋于高层主体建筑与其相连的附属建筑附近,防火间距可以减少或不限。本条中所说的"面向油罐一面4m范围内的建筑物外墙为防火墙时",4m范围是指储罐的两端和上、下部各4m范围内的建筑物外墙为防火墙时。

【实施与检查的控制】

控制罐的容积并要单独设置。

4.1.11 当高层建筑采用瓶装液化石油气作燃料时,应设集中瓶装液化石油气间,并应符合下列规定:

4.1.11.2 总储量超过1.0m³、而不超过3.0m³的瓶装液化石油气间,应独立建造,且与高层建筑和裙房的防火间距不应小于10m。

4.1.11.3 在总进气管道、总出气管道上应设有紧急事故自动切断阀。

4.1.11.4 应设有可燃气体浓度报警装置。

【技术要点说明】

在总结各地实践经验和参考国外资料、规定的基础上,本条作了以下规定:

1. 规定总储量不超过1m³的瓶装液化石油气气化间,可与高层建筑直接相连的裙房贴邻建造,但不能与高层建筑主体贴邻建造。

2. 总储量超过1m³且不超过3m³的瓶装液化石油气气化间,一定要独立建造,且与高层主体建筑和直接相连的裙房保持10m以上的防火间距。

3. 瓶装液化石油气气化间的耐火等级不应低于二级,这与高层主体建筑和高层主体建筑直接相连的裙房的耐火等级相吻合。

4. 为防止事故扩大,减少损失,应在总进、出气管上设有紧急事故自动切断阀。

5. 为迅速而有效地扑灭液化石油气火灾,在气化间内必须设有自动灭火系统。

6. 液化石油气配气系统如接头、阀门密封不严,容易漏气,达到爆炸浓度,遇火源或高温作用,容易发生爆炸起火,因此应设有可燃气体浓度检漏报警装置。

7. 为防止因电气火花而引起的液化石油气火灾爆炸,造成不应有的损失,因此安装在气化间的灯具、开关等,必须采用防爆型的,导线应穿金属管或采用耐火电线。

8. 液化石油气与空气的相对密度大于1,一旦漏气,容易积聚达到爆炸浓度而发生爆炸,为防止类似事故发生,故作此规定。

9. 为稀释可燃气体,使之不能达到爆炸浓度,气化间应根据条件,采取机械或自然通风措施。

【实施与检查的控制】

设专用瓶间并满足相应条件。

《汽车库、修车库、停车场设计防火规范》GB 50067—97

4.1.1 车库不应布置在易燃、可燃液体或可燃气体的生产装置区和贮存区内。

【技术要点说明】

汽车主要利用汽油或柴油作燃料。汽油闪点低，易燃易爆，在修车时往往由于违反操作规程或缺乏防火知识引起火灾，造成严重的财产损失。因此，汽车库与其他建筑应保持一定的防火间距，并需设置必须的消防通道和消防水源。

本条还规定不应将汽车库布置在易燃、可燃液体和可燃气体的生产装置区和贮存区内，这对保证防火安全是非常必要的。

【实施与检查的控制】

严格禁止车库布置在易燃、可燃液体或可燃气体的生产装置区和贮存区内。

4.1.2　汽车库不应与甲、乙类生产厂房、库房以及托儿所、幼儿园、养老院组合建造；当病房楼与汽车库有完全的防火分隔时，病房楼的地下可设置汽车库。

【技术要点说明】

为适应汽车库建设发展的需要，本条对汽车库与一般工业、民用建筑的组合或贴邻不作限制规定，只对甲、乙类易燃易爆危险品生产车间，储存仓库和民用建筑中的托儿所、幼儿园、养老院和病房楼等特殊建筑的组合建造作了限制。这是由于孩子、老人和病人等疏散速度慢且疏散困难，一旦发生火灾，对扑救火灾极为不利，且平时汽车噪声、废气对孩子、老人和病人的健康也不利。为此，在以上这些部位限制组合建造汽车库是必要的。当汽车库和病房楼有完全的防火分隔，汽车的进出口和病房楼人员的出入口完全分开、不会相互干扰时，可考虑在病房楼的地下设置汽车库。

【实施与检查的控制】

审查能否合建及相应条件。

4.1.3　甲、乙类物品运输车的汽车库、修车库应为单层、独立建造。当停车数量不超过3辆时，可与一、二级耐火等级的Ⅳ类汽车库贴邻建造，但应采用防火墙隔开。

【技术要点说明】

甲、乙类物品运输车在停放或修理时有时有残留的易燃液体和可燃气体，散发在室内并流淌或漂浮在地面上，遇到明火就会燃烧、爆炸。所以，对甲、乙类物品运输车的汽车库、修车库强调单层独立建造。考虑到一些较小修车库的实际情况，对停车数不超过3辆的车库，在有防火墙隔开的条件下，允许与一、二级耐火等级的Ⅳ类汽车库贴邻建造。

【实施与检查的控制】

根据运输物品的性质决定建造形式。

4.1.4　Ⅰ类修车库应单独建造；Ⅱ、Ⅲ、Ⅳ类修车库可设置在一、二级耐火等级的建筑物的首层或与其贴邻建造，但不得与甲、乙类生产厂房、库房、明火作业的车间或托儿所、幼儿园、养老院、病房楼及人员密集的公共活动场所组合或贴邻建造。

【技术要点说明】

Ⅰ类修车库的特点是车位多、维修任务量大。为保养和修理车辆方便，在一幢建筑内往往包括多个工种，并经常需要进行明火作业和使用易燃物品，如用汽油清洗零件、喷漆时使用有机溶剂等，火灾危险性大，故Ⅰ类修车库宜单独建造。

从目前国内已有的大中型修车库来看，一般都是单独建造的。但本规范如不考虑修车库类别，不加区别的一律要求单独建造也不符合节约用地、节省投资的国家政策。故本条对Ⅱ、Ⅲ、Ⅳ类修车库允许独立设置有困难时，可与没有明火作业的丙、丁、戊类危险性生产厂房、库房及一、二级耐火等级的一般民用建筑(除托儿所、幼儿园、养老院、病房楼及人员密集的公共活动场所,如商场、展览、餐饮、娱乐场所等)贴邻建造或附设在建筑底层,但必须用防火墙、楼板、防火挑檐措施进行分隔。

【实施与检查的控制】

根据修车库的类型确定建造的位置。

4.1.6　地下汽车库内不应设置修理车位、喷漆间、充电间、乙炔间和甲、乙类物品贮存室。

【技术要点说明】

汽车的修理车位,不可避免地要有明火作业和使用易燃物品。而地下汽车库一般通风条件较差,散发的可燃气体或蒸气不易排除,遇火源极易引起燃烧爆炸。喷漆间容易产生有机溶剂的挥发蒸气,电瓶充电时容易产生氢气,上述均为易燃易爆的气体。为了确保地下汽车库的消防安全,必须给予限制。

【实施与检查的控制】

设计要明确要求。

4.1.7　汽车库和修车库内不应设置汽油罐、加油机。

【技术要点说明】

由于汽油罐、加油机容易挥发可燃蒸气和达到爆炸浓度而引发火灾、爆炸事故。因此,本条规定汽油罐、加油机不应设在汽车库和修车库内。

【实施与检查的控制】

设计要明确要求。

4.1.8　停放易燃液体、液化石油气罐车的汽车库内,严禁设置地下室和地沟。

【技术要点说明】

相对密度大于空气相对密度的可燃气体、可燃蒸气,火灾、爆炸的危险性要比一般的液体、气体大得多。其主要特点是这类可燃气体、可燃蒸气泄漏在空气中,浮沉在地面或地沟、地坑等低洼处,当浓度达到爆炸极限后,一遇明火就会发生燃烧和爆炸。《石油化工企业设计防火规范》和《城镇燃气设计规范》中都明确规定了石油液化气管道严禁设在管沟内,就是防止气体泄出后引起管沟爆炸。

【实施与检查的控制】

审查相应的图纸。

4.1.10　车库区内的加油站、甲类危险物品仓库、乙炔发生器间不应布置在架空电力线的下面。

【技术要点说明】

加油站、甲类危险物品库房、乙炔间等是火灾危险性很大的场所,如果在其上空有架空输(配)电线跨越,一旦这些场所发生火灾,危及到架空输(配)电线路后,轻则造成输(配)电线路短路停电,酿成电气火灾,重则造成区域性断电事故。

若跨越加油站等场所的输(配)电线路发生断线、短路等事故,也易引起上述场所发生火灾和爆炸事故,所以规定输(配)电线路均不应从这些场所上空跨越。

【实施与检查的控制】

根据城市电网布置检查相关建筑的位置。

《铁路旅客车站建筑设计规范》GB 50226—95

8.1.2　铁路旅客站房严禁设置易燃、易爆及危险品的存放处。

【技术要点说明】

铁路旅客站房人流量大,不应设置易燃、易爆及危险品的存放处。

【实施与检查的控制】

设计要标明。

2.2 防 火 间 距

《建筑设计防火规范》GBJ 16—87(2001 版)

5.2.1 民用建筑之间的防火间距,不应小于表 5.2.1 的规定。

民用建筑的防火间距(m) 表 5.2.1

防火间距 耐火等级 \ 耐火等级	一、二级	三级	四级
一、二级	6	7	9
三 级	7	8	10
四 级	9	10	12

注:1. 两座建筑相邻较高的一面的外墙为防火墙时,其防火间距不限。

2. 相邻的两座建筑物,较低一座的耐火等级不低于二级、屋顶不设天窗、屋顶承重构件的耐火极限不低于 1h,且相邻的较低一面外墙为防火墙时,其防火间距可适当减少,但不应小于 3.5m。

3. 相邻的两座建筑物,较低一座的耐火等级不低于二级,当相邻较高一面外墙的开口部位设有防火门窗或防火卷帘和水幕时,其防火间距可适当减少,但不应小于 3.5m。

4. 两座建筑相邻两面的外墙为非燃烧体如无外露的燃烧体屋檐,当每面外墙上的门窗洞口面积之和不超过该外墙面积的 5%,且门窗口不正对开设时,其防火间距可按本表减少 25%。

【技术要点说明】

目前城市内新建的民用建筑绝大多数是一、二级耐火等级的。一、二级耐火等级建筑之间的防火间距定为 6m,比卫生、日照等要求都低。从消防角度来看,6m 的防火间距是必要的。考虑到建筑的改建和扩建等需要,有时很难达到规定要求,因此规范对某些情况作了一些调整,主要是:

1. 当两座一、二级耐火等级的建筑,较低一面的外墙为防火墙且屋顶承重构件和屋面板的耐火极限不低于 1h 时,防火间距允许减少到 3.5m。因为发生火灾时,通常火焰都是从下向上蔓延,考虑较低的建筑物起火时,火焰不致迅速蔓延到较高的建筑物,采取防火墙和耐火的屋盖是合理的。

"屋盖"通常是指除屋架外的全部屋顶构件。考虑"屋盖"全部达到耐火极限不低于 1h 有时有困难;采用钢屋架时,假设屋盖能达到 1h 的耐火极限,但钢屋架的耐火极限仅为0.25h 左右,故在规范表 5.2.1 规定的防火间距中,其屋盖和屋架的耐火极限均要求达到 1h 以上,其余部分可按一、二级耐火等级要求考虑。

至于较高建筑物设置防火门、窗或卷帘和水幕等防火设施后,能缩小防火间距是考虑较高一面建筑物起火时,火焰不至于向较低一面建筑物窜出和落下。

防火间距不应小于 3.5m,主要是考虑消防车道的需要。实际执行时,还应充分与当地公安消防机构协商确定。

2. 考虑有的建筑物防火间距不足，而全部不开设门窗洞口又有困难，允许每一面外墙开设门窗洞口面积之和不超过该外墙全部面积的5%，其防火间距可缩小25%。但即使这样，门窗洞口的面积仍然较大，故要求门窗洞口不应直对，而应错开，以防起火时的强烈热辐射和热对流作用。

【实施与检查的控制】

根据建筑物的耐火等级确定相互间的距离。

《高层民用建筑设计防火规范》GB50045－95(2001年局部修订)

4.2.1　高层建筑之间及高层建筑与其他民用建筑之间的防火间距，不应小于表4.2.1的规定。

高层建筑之间及高层建筑与其他民用建筑之间的防火间距(m)　　表4.2.1

建筑类别	高层建筑	裙　房	其他民用建筑		
			耐　火　等　级		
			一、二级	三　级	四　级
高层建筑	13	9	9	11	14
裙　房	9	6	6	7	9

注：防火间距应按相邻建筑外墙的最近距离计算；当外墙有突出可燃构件时，应从其突出的部分外缘算起。

编者注：4.2.2条、4.2.3条、4.2.4条的情况除外。

【技术要点说明】

本条规定的防火间距综合考虑了满足消防扑救需要和防止火势向邻近建筑蔓延以及节约用地等因素：

1. 满足消防扑救需要。扑救高层建筑火灾需要使用消防水罐车、曲臂车、云梯登高消防车等车辆。要综合考虑消防车辆的停靠、通行与操作。

2. 防止火势蔓延。造成火势蔓延，主要有"飞火"(与风力有关)、"热辐射"和"热对流"等几个主要因素。但考虑防火间距的因素主要是"热辐射"强度。

3. 节约用地。从某种意义上讲，修建高层建筑是要达到多占空间少占地的目的，解决城市用地紧张问题。

有不少高层民用建筑底层周围，常常布置一些附属建筑，如附设商店、邮电、营业厅、餐厅、休息厅以及办公、修理服务用房等。这些附属建筑和高层主体建筑不区别对待，一律要求13m防火间距不利于节约用地，也是不现实的，故参照《建筑设计防火规范》的规定，其防火间距分别是6、7、9m，这也是符合目前建筑防火间距现状的。

【实施与检查的控制】

根据建筑物的耐火等级确定相互间的距离。

4.2.5　高层建筑与小型甲、乙、丙类液体储罐、可燃气体储罐和化学易燃物品库房的防火间距，不应小于表4.2.5的规定。

【技术要点说明】

对储量在本条规定范围内的甲、乙、丙类液体储罐，可燃气体储罐和化学易燃品库房的防火间距作了规定。

有些高层建筑，使用燃油(原油、柴油等)锅炉，并根据锅炉燃料每日的用量、来源的远近

高层建筑与小型甲、乙、丙类液体储罐、可燃气体储罐和化学易燃物品库房的防火间距　表 4.2.5

名称和储量		防火间距(m)	
		高层建筑	裙房
小型甲、乙类液体储罐	$<30m^3$	35	30
	$30\sim60m^3$	40	35
小型丙类液体储罐	$<150m^3$	35	30
	$150\sim200m^3$	40	35
可燃气体储罐	$<100m^3$	30	25
	$100\sim500m^3$	35	30
化学易燃物品库房	<1t	30	25
	1～5t	35	30

注：1 储罐的防火间距应从距建筑物最近的储罐外壁算起；

2 当甲、乙、丙类液体储罐直埋时，本表的防火距离可减少 50%。

和运输条件等情况，设置燃料储罐，一般容量为几十至几百立方米。

另外，有些科研楼、医院、通讯楼和多功能的高层建筑，需用一些化学易燃物品、可燃气体等。

本条是借鉴火灾爆炸事故的经验教训，参照《建筑设计防火规范》的有关规定，并根据高层建筑应比低层建筑要求严一些的精神作的规定。

【实施与检查的控制】

根据储罐的类别和容积，检验其与高层建筑的防火间距值。

4.2.6　高层医院等的液氧储罐总容量不超过 $3.00m^3$ 时，储罐间可一面贴邻所属高层建筑外墙建造，但应采用防火墙隔开，并应设直通室外的出口。

【技术要点说明】

液氧储罐如操作使用不当，极易发生强烈燃烧，危害很大。所以，本条对高层医院液氧储罐库房的总容量作了限制，并对设置部位、采取的防火措施也作了规定。

【实施与检查的控制】

控制总容量及分隔措施。

4.2.7　高层建筑与厂(库)房、煤气调压站、液化石油气气化站、混气站和城市液化石油气供应站瓶库的防火间距，不应小于表 4.2.7 的规定。

高层建筑与厂(库)房、煤气调压站等的防火间距　表 4.2.7

名称 \ 防火间距(m)			一类		二类	
			高层建筑	裙房	高层建筑	裙房
丙类厂(库)房	耐火等级	一、二级	20	15	15	13
		二、四级	25	20	20	15
丁、戊类厂(库)房		一、二级	15	10	13	10
		三、四级	18	12	15	10
煤气调压站	进口压力(MPa)	0.005～<0.15	20	15	15	13
		0.15～≤0.30	25	20	20	15

续表

名 称	防火间距(m)		一类 高层建筑	一类 裙房	二类 高层建筑	二类 裙房
煤气调压箱	进口压力(MPa)	0.005～<0.15	15	13	13	6
		0.15～≤0.30	20	15	15	13
液化石油气气化站、混气站	总储量(m^3)	<30	45	40	40	35
		30～50	50	45	45	40
城市液化石油气供应站瓶库		≤15	30	25	25	20
		≤10	25	20	20	15

【技术要点说明】

本表4.2.7规定的防火间距也是依据第4.2.1条说明中阐明的几个因素和下述情况确定的。

1. 高层建筑不宜布置在甲、乙类厂房附近。对丙、丁、戊类的厂房、库房，目前设在大、中城市市区的还比较多，需要规定其与高层民用建筑之间的防火间距，表4.2.7中作了具体规定。

2. 煤气调压站的防火间距是根据现行的国家标准《城镇燃气设计规范》的有关规定提出的，但考虑到二类高层建筑与一类高层建筑要有所区别，故前者比后者相应地减少。

3. 液化石油气的气化站、混气站的总储量和防火间距是根据多次液化石油气火灾的经验教训提出的。本着既保障安全，又节约用地的原则，规定为35～50m，液化石油气瓶库为15～25m。

在规范4.2.7条中规定了单罐容积不宜超过$10m^3$。

鉴于一类高层民用建筑发生火灾后易造成更大的损失，因此，在防火间距上要求比二类建筑大些，故在表4.2.7规定中予以区别对待。

煤气调压站(箱)的进口压力，是参照现行的国家标准《城镇燃气设计规范》而修改的，亦可参照上述规范的规定执行。

【实施与检查的控制】

按照建筑物类别，一一对应确定具体的防火间距值。

《汽车库、修车库、停车场设计防火规范》GB 50067—97

4.2.1 车库之间以及车库与除甲类物品库房外的其他建筑物之间的防火间距不应小于表4.2.1的规定。

车库之间以及车库与除甲类物品的库房外的其他建筑物之间的防火间距 表4.2.1

车库名称和耐火等级	防火间距(m)	汽车库、修车库、厂房、库房、民用建筑耐火等级 一、二级	三 级	四 级
汽车库、修车库	一、二级	10	12	14
	三 级	12	14	16
停 车 场		6	8	10

注：1. 防火间距应按相邻建筑物外墙的最近距离算起，如外墙有凸出的可燃物构件时，则应从其凸出部分外缘算起，停车场从靠近建筑物的最近停车位置边缘算起。
2. 高层汽车库与其他建筑物之间，汽车库、修车库与高层民用建筑之间的防火间距应按本表规定值增加3m。
3. 汽车库、修车库与甲类厂房之间的防火间距应按本表规定值增加2m。

【技术要点说明】

根据汽车使用易燃液体为燃料容易引起火灾的特点，汽车库、修车库与一、二级耐火等级建筑之间，在火灾初期有10m左右的间距，一般能满足扑救的需要和防止火势的蔓延。高度超过24m的汽车库发生火灾时需使用登高车灭火抢救，间距需大些。露天停车场由于自然条件好，汽油蒸气不易聚积，遇明火发生事故的机会要少一些，发生火灾时进行扑救和车辆疏散条件较室内有利，对建筑物的威胁也较小。所以，停车场与其他建筑物的防火间距作了相应减少。

【实施与检查的控制】

防火间距离要满足表中及附注的规定。

4.2.5 甲、乙类物品运输车的车库与民用建筑之间的防火间距不应小于25m，与重要公共建筑的防火间距不应小于50m。甲类物品运输车的车库与明火或散发火花地点的防火间距不应小于30m，与厂房、库房的防火间距应按本规范表4.2.1的规定值增加2m。

【技术要点说明】

甲、乙类物品运输车的车库与相邻厂房、库房之间适当加大防火间距是必要的。甲、乙类物品运输车的车库与民用建筑和有明火或散发火花地点的防火间距采用25～30m，与重要公共建筑的防火间距采用50m是适当的，与《建筑设计防火规范》也是相吻合的。

【实施与检查的控制】

检查防火间距的具体数值。

4.2.6 车库与易燃、可燃液体储罐，可燃气体储罐，液化石油气储罐的防火间距，不应小于表4.2.6的规定。

车库与易燃、可燃液体储罐，可燃气体储罐，液化石油气储罐的防火间距　　表4.2.6

名称	总贮量(m^3) 防火间距(m)	汽车库、修车库		停车场
		一、二级	三级	
易燃液体储罐	1～50	12	15	12
	51～200	15	20	15
	201～1000	20	25	20
	1001～5000	25	30	25
可燃液体储罐	5～250	12	15	12
	251～1000	15	20	15
	1001～5000	20	25	20
	5001～25000	25	30	25
水槽式可燃气体储罐	≤1000	12	15	12
	1001～10000	15	20	15
	>10000	20	25	20
液化石油气储罐	1～30	18	20	18
	31～200	20	25	20
	201～500	25	30	25
	>500	30	40	30

注：1. 防火间距应从距车库最近的储罐外壁算起，但设有防火堤的储罐，其防火堤外侧基脚线距车库的距离不应小于10m。

2. 计算易燃、可燃液体储罐区总贮量时，1m^3的易燃液体按5m^3的可燃液体计算。

3. 干式可燃气体储罐与车库的防火间距按本表规定值增加25%。

【技术要点说明】

本条根据《建筑设计防火规范》有关易燃液体储罐、可燃液体储罐、可燃气体储罐、液化石油气储罐与建筑物的防火间距作了相应规定。

【实施与检查的控制】

根据贮量对应确定具体的数值。

4.2.8 车库与甲类物品库房的防火间距不应小于表 4.2.8 的规定。

车库与甲类物品库房的防火间距　　表 4.2.8

名称		总贮量(t) \ 防火间距(m)	汽车库、修车库		停车场
			一、二级	三级	
甲类物品库房	3、4项	≤5	15	20	15
		>5	20	25	20
	1、2、5、6项	≤10	12	15	12
		>10	15	20	15

【技术要点说明】

本条是参照现行《建筑设计防火规范》的有关规定条文提出的。在汽车发动和行驶过程中，都可能产生火花，过去由于这些火花引起的甲、乙类物品库房等发生火灾事故是不少的。因此，规定车库与火灾危险性较大的甲类物品库房之间留出一定的防火间距是很有必要的。

【实施与检查的控制】

对应检查防火间距。

4.2.9 车库与可燃材料露天、半露天堆场的防火间距不应小于表 4.2.9 的规定。

汽车库与可燃材料露天、半露天堆场的防火间距　　表 4.2.9

名称		总贮量(t) \ 防火间距(m)	汽车库、修车库		停车场
			一、二级	三级	
稻草、麦秸、芦苇等		10～500	15	20	15
		501～10000	20	25	20
		10001～20000	25	30	25
棉麻、毛、化纤、百货		10～500	10	15	10
		501～1000	15	20	15
		1001～5000	20	25	20
煤和焦炭		1000～5000	6	8	6
		>5000	8	10	8
粮食	筒仓	10～5000	10	15	10
		5001～20000	15	20	15
	席穴囤	10～5000	15	20	15
		5001～20000	20	25	20
木材等可燃材料		50～1000m³	10	15	10
		1001～10000m³	15	20	15

【技术要点说明】

本条主要规定了车库可燃材料堆场的防火间距。由于堆放的可燃材料和汽车使用的燃料均有较大危险,因此,本条将车库与可燃材料堆场的防火间距参照《建筑设计防火规范》有关内容作了相应规定。

【实施与检查的控制】

对应检查防火间距。

2.3 消 防 车 道

《建筑设计防火规范》GBJ 16—87(2001年局部修订)

6.0.2 消防车道穿过建筑物的门洞时,其净高和净宽不应小于4m;门垛之间的净宽不应小于3.5m。

【技术要点说明】

规定穿过建筑物的消防车道的净高和净宽不应小于4m,主要是依照目前国内生产和使用的各种消防车辆外形尺寸而确定的。其次还考虑到火灾出动过程中消防车在城市市区内的车速相对较快,穿过建筑物时宽度上应有一定的安全系数便于车辆快速通行,以便顺利到达火场。

穿过建筑物的门,其净宽要求不小于一般消防车道宽度。考虑建筑模数,我国民用建筑开间尺寸一般在4m以下,如要求门垛处净宽4m,门洞的净宽在4.2m左右,开间尺寸则要达4.5m以上,对于大多数民用建筑来说是不适用的,因此对此作适当放宽。将门垛处的净宽定在3.5m,保证消防车能通过就行。

【实施与检查的控制】

检查门洞的净宽和净高及门垛之间的净宽。

6.0.8 供消防车取水的天然水源和消防水池,应设置消防车道。

【技术要点说明】

有的工厂、仓库和易燃、可燃材料堆场,距离水池较远,又没设置消防车道。发生火灾时,消防车无法接近取水池,延误取水时间。反之,设有消防车道或可供消防车通行的平坦空地,发生火灾时,消防车能顺利到达取水地点,对于及时控制火势蔓延扩大,能发挥很好作用。因此,供消防车道取水的天然水源和消防水池,应设置消防车道。

【实施与检查的控制】

在平面规划图上应标明。

6.0.9 消防车道的宽度不应小于3.5m,道路上空遇有管架、栈桥等障碍物时,其净高不应小于4m。

【技术要点说明】

消防车道定为不小于3.5m,是按照单车道考虑的。其净高不应小于4m的规定,是按目前国内外所使用的各种消防车辆外形尺寸确定的。

【实施与检查的控制】

检查消防车道的宽度和净高,在该部位应明确规定宽度和高度。

6.0.10　环形消防车道至少应有两处与其他车道连通。尽头式消防车道应设回车道或面积不小于12m×12m的回车场。供大型消防车使用的回车场面积不应小于15m×15m。

消防车道下的管道和暗沟应能承受大型消防车的压力。

消防车道可利用交通道路。

【技术要点说明】

本条规定12m×12m的回车场，是根据一般消防车的最小转弯半径确定的。

有些大型消防车和特种消防车，由于车身长度和最小转弯半径已有12m左右，故设置12m×12m回车场就明显行不通了，需设置更大面积的回车场才能满足使用要求。在某些城市已使用的少数消防车，其车身全长有15.7m，而15m×15m的回车场可能又满足不了使用要求，因此，如遇这种情况，其回车场按当地实际配备的大型消防车确定。

在设置消防车道时，要考虑路面能否承受大型消防车的通行的问题。为此，本条作了原则规定。

【实施与检查的控制】

注意车道的环通、回车场面积及承受轮压等问题。

《高层民用建筑设计防火规范》GB 50045—95(2001年局部修订)

4.3.6　穿过高层建筑的消防车道，其净宽和净空高度均不应小于4.00m。

【技术要点说明】及【实施与检查的控制】

本条规定的尺寸是根据目前我国各城市使用的消防车外形尺寸，并参照《建筑设计防火规范》的要求制定的。所规定的尺寸基本与《建筑设计防火规范》尺寸一致，其目的在于发生火灾时便于消防车无阻挡地通过，迅速到达火场，顺利开展扑救工作。

【实施与检查的控制】

检查穿过高层建筑的消防车道的净宽和净高。

3 防火和构造

3.1 防火和防烟分区

《建筑设计防火规范》GBJ 16—87(2001年局部修订)

1.0.3 本规范适用于下列新建、扩建和改建的工业与民用建筑:

一、九层及九层以下的住宅(包括底层设置商业服务网点的住宅)和建筑高度不超过24m的其他民用建筑以及建筑高度超过24m的单层公共建筑。

三、地下民用建筑。

注:建筑高度为建筑物室外地面到其女儿墙顶部或檐口的高度。屋顶上的瞭望塔、冷却塔、水箱间、微波天线间、电梯机房、排风和排烟机房以及楼梯出口小间等不计入建筑高度和层数内,建筑物的地下室、半地下室的顶板面高出室外地面不超过1.5m者,不计入层数内。

【技术要点说明】

本条规定了《建筑设计防火规范》的适用和不适用范围,将高层民用建筑中未包括的部分内容纳入本规范的适用范围内。如七、八、九层非单元式住宅,层数超过六层且建筑高度不超过24m的其他民用建筑以及高度超过24m的工业建筑的防火设计要求。

另外作出以下规定:

1. 住宅建筑以层划分,主要考虑到我国各地区住宅建设的层高,一般在2.7～3.0m之间,九层住宅的建筑高度一般在24.3～26m。为了顾及这一现实情况,同时考虑单元住宅防火隔断的条件较好,故将建筑高度超过24m的九层住宅仍包括在本规范的适用范围内。

2. 关于建筑高度超过24m的单层公共建筑,如体育馆、大会堂、会展中心等建筑,这类建筑空间大而高,容纳人数多而密集。它们的主体建筑高度虽超过24m,但是消防设施的配备尚又不能同于高层建筑要求。故将类似这样的一些单层公共建筑列入本规范的适用范围中。

3. 高层工业建筑目前尚无专门标准,如果在设计中对其防火要求缺乏考虑,一旦发生火灾,往往造成严重人身伤亡和经济损失。因此,对于高层工业建筑要求设计中采取消防技术措施,设置必要的消防设施,所以本规范对此作了有关规定。

4. 关于火药、炸药厂(库)、无窗厂房、地下建筑、炼油、化工厂的露天生产装置和构筑物,它们专业性强,防火要求特殊,与一般建筑设计有所不同,且有的已有专门规范,故本规范均未包括在内。本条规定中的生产区不包括储存区和生产辅助区。

5. 近十年来,城市地下民用建筑,特别是地下商店发展较快。为加强这类场所的防火设计,将地下民用建筑的防火设计要求纳入本规范。由于人民防空工程、地下铁路及其他地下非民用建筑专业性强,防火要求特殊,而且有的已有专门规范,如《人民防空工程设计防火规范》、《地下铁路设计规范》等,故本规范不适用于人民防空工程、地下铁路及其他地下非民用建筑的防火设计。

【实施与检查的控制】

审查部门要根据建筑的功能和高度严格确定该建筑物是否适用于本条规定的范围。

5.1.1　民用建筑的耐火等级、层数、长度和建筑面积，应符合表5.1.1的要求。

民用建筑的耐火等级、层数、长度和建筑面积　　表5.1.1

耐火等级	最多允许层数	防火分区间		备　注
		最大允许长度(m)	每层最大允许建筑面积(m^2)	
一、二级	按本规范第1.0.3条规定	150	2500	1. 体育馆、剧院、展览建筑等的观众厅、展览厅的长度和面积可以根据需要确定 2. 托儿所、幼儿园的儿童用房及儿童游乐厅等儿童活动场所不应设置在四层及四层以上或地下、半地下建筑内
三级	5层	100	1200	1. 托儿所、幼儿园的儿童用房及儿童游乐厅等儿童活动场所和医院、疗养院的住院部分不应设置在三层及三层以上或地下、半地下建筑内 2. 商店、学校、电影院、剧院、礼堂、食堂、菜市场不应超过二层
四级	2层	60	600	学校、食堂、菜市场、托儿所、幼儿园、医院等不应超过一层

注：1　重要的公共建筑应采用一、二级耐火等级的建筑。商店、学校、食堂、菜市场如采用一、二级耐火等级的建筑有困难，可采用三级耐火等级的建筑。

2　建筑物的长度，系指建筑物各分段中线长度的总和。如遇有不规则的平面而有各种不同量法时，应采用较大值。

3　建筑内设置自动灭火系统时，每层最大允许建筑面积可按本表增加一倍。局部设置时，增加面积可按该局部面积一倍计算。

4　托儿所、幼儿园及儿童游乐厅等儿童活动场所应独立建造。当必须设置在其他建筑内时，宜设置独立的出入口。

【技术要点说明】

规范表5.1.1有如下几个重点说明的问题：

1. 为与《高层民用建筑设计防火规范》衔接，本规范明确只适用于不超过九层的住宅，高度不超过24m的公共建筑以及高度超过24m的单层公共建筑。

2. 一、二级耐火等级的建筑物每层建筑面积超过2500m^2的情况日益增多。在防火分隔措施上除采用防火墙外，也可采用防火卷帘加水幕、防火分隔水幕带等措施。表中的防火分区面积为每层每个防火分区的最大建筑面积。

3. 学校、食堂、菜市场、托儿所、幼儿园、医院等不应超过一层。据调查，新建的托儿所、幼儿园、医院没有采用四级耐火等级建筑的。但考虑到我国地区广大，全部要求采用一、二级或三级耐火等级的建筑尚有困难，允许条件受限的地方将这些功能的建筑设在单层四级耐火等级的建筑内。

4. 民用建筑包含公共建筑和居住建筑两大部分，居住建筑发生事故造成的经济损失、人员伤亡较小，故居住建筑可以放宽。商店、学校、食堂、菜市场等发生火灾容易造成较大的伤亡，故要求应略高一些。

5. 有些百货楼、展览馆、火车站、商场等的占地面积和每层每个防火分区的建筑面积已超过 2500m²。为适应建设发展的需要，也为与《高层民用建筑设计防火规范》取得一致，增加了“……如设有自动灭火设备时，其最大允许建筑面积可按本表增加一倍”的内容。

6. 当一座建筑物占地面积超过 2500m² 或多层建筑每层每个防火分区的建筑面积超过 2500m² 时，需要采取防火分隔措施。最有效的防火分隔措施就是采用防火墙分隔，但考虑有些地方还需要连通或开口时，可采取其他防火措施，如采用防火卷帘加防火冷却水幕的做法来代替防火墙。

7. 托儿所、幼儿园以及儿童游乐活动场所独立建造的规定，是考虑到婴幼儿缺乏逃生自救能力，这些场所如果建在其他建筑中，就可能受到建筑其他部位火灾的威胁。因此，本条规定此类场所要独立建造。同时，考虑到各地情况有所差异，作出了当必须设置在其他建筑内时，宜设置独立出入口的规定。

【实施与检查的控制】

耐火等级是与建筑允许的层数相关的。注意审查建筑类型与耐火级别和高度与层数的对应情况，并根据建筑耐火级别审查相应防火分区的面积。

5.1.1A 歌舞厅、录像厅、夜总会、放映厅、卡拉 OK 厅(含具有卡拉 OK 功能的餐厅)、游艺厅(含电子游艺厅)、桑拿浴室(除洗浴部分外)、网吧等歌舞娱乐放映游艺场所(以下简称歌舞娱乐放映游艺场所)，宜设置在一、二级耐火等级建筑内的首层、二层或三层的靠外墙部位，不应设置在袋形走道的两侧或尽端。当必须设置在建筑的其他楼层时，尚应符合下列规定：

一、不应设置在地下二层及二层以下。当设置在地下一层时，地下一层地面与室外出入口地坪的高差不应大于 10m；

二、一个厅、室的建筑面积不应大于 200m²；

三、应没置防烟、排烟设施。对于地下房间、无窗房间或有固定窗扇的地上房间，以及超过 20m 且无自然排烟的疏散走道或有直接自然通风、但长度超过 40m 的疏散内走道，应设机械排烟设施。

【技术要点说明】

由于公共娱乐场所定义比较困难，故本规范未给出明确定义。本规范所指公共娱乐，一般为歌舞厅、录像厅、卡拉 OK 厅、电子游戏厅、网吧、酒吧、桑拿按摩室、夜总会等类似场所。

近几年，娱乐场所群死群伤火灾多发，为保证人身安全，减少财产损失，对此类场所作出了相应规定。

1. 娱乐场所内的房间如布置在袋形走道的两侧或尽端，不利于人员疏散。

2. “一个厅、室”是指歌舞娱乐放映游艺场。其建筑面积限定在 200m² 是为了将火灾限制在一定区域内，减少人员伤亡。有关这些场所与其他场所的防火分隔在本规范第 7.2.3 条作了规定。

3. 大多数火灾中的人员死亡均因吸入有毒烟气窒息所致。故对这类场所作出了防烟、排烟要求。

【实施与检查的控制】

根据该条明确标出场所名称，重点检查它们设置的楼层、位置及附加的消防设施条件。

5.1.3 地下、半地下建筑内的防火分区间应采用防火墙分隔，每个防火分区的建筑面积不应大于 500m²。

当设置自动灭火系统时,每个防火分区的最大允许建筑面积可增加到1000m²。局部设置时,增加面积应按该局部面积的一倍计算。

【技术要点说明】

建筑物附建地下室、半地下室的日益增多。考虑到地下建筑火灾特点以及与《高层民用建筑设计防火规范》相协调,本条规定地下、半地下室的每个防火分区面积不超过500m²。

本条所指地下、半地下建筑既包括附建在建筑中的地下室、半地下室,也包括单独建造的地下、半地下建筑工程。

防火分区应采用防火墙进行分隔。

【实施与检查的控制】

审查图纸平面分区的面积及是否具备放宽一倍面积的条件。

5.1.3A 地下商店应符合下列要求:

一、营业厅不宜设置在地下三层及三层以下,且不应经营和储存火灾危险性为甲、乙类储存物品属性的商品;

二、当设置火灾自动报警系统和自动喷水灭火系统,且建筑内部装修符合现行国家标准《建筑内部装修设计防火规范》GB 50222的规定时,其营业厅每个防火分区的最大允许建筑面积可增加到2000m²。当地下商店总建筑面积大于20000m²时,应采用防火墙分隔,且防火墙上不应开设门窗洞口;

三、应设置防烟、排烟设施。防烟、排烟设施的设计应按现行国家标准《人民防空工程防火设计规范》GB 50098的规定执行。

【技术要点说明】

本条是对地下商店的具体防火设计要求:

1. 火灾危险性为甲、乙类储存物品属性的商品,极易燃烧,难以扑救,故严格规定营业厅不得经营,库房不得储存此类物品。

2. 商业营业厅设置在地下三层及三层以下时,一旦发生火灾,火灾扑救、烟气排除和人员疏散都较为困难,故规定不宜设置。规定"不宜"是考虑到如经营不燃或难燃的商品,则可根据具体情况,设在地下三层及三层以下。

3. 为防止火灾大面积蔓延,对地下商店的总建筑面积限制在不应大于20000m²,并采用防火墙分隔,且防火墙上不应开设门窗洞口。总建筑面积包括营业面积、储存面积及其他配套服务面积等。当商店上下层有开口或自动扶梯或敞开楼梯相互连通时,其防火分区面积的确定,本规范其他条文已有相应规定。

4. 地下商店的防排烟对于疏散和救援都十分必要和重要。因此,对地下商店要求设置防排烟设施。有关防排烟设施的设计要求与人民防空工程有许多共同点,故规定应按现行国家标准《人民防空工程设计防火规范》的规定进行。

【实施与检查的控制】

重点审查商场营业厅所处的地下层数,经营的物品,总的建筑面积和防排烟系统。

《高层民用建筑设计防火规范》GB 50045—95(2001年局部修订)

5.1.1 高层建筑内应采用防火墙等划分防火分区,每个防火分区允许最大建筑面积,不应超过表5.1.1的规定。

每个防火分区的允许最大建筑面积　表 5.1.1

建筑类别	每个防火分区建筑面积(m^2)	建筑类别	每个防火分区建筑面积(m^2)
一类建筑	1000	地下室	500
二类建筑	1500		

注：1　设有自动灭火系统的防火分区，其允许最大建筑面积可按本表增加1.0倍；当局部设置自动灭火系统时，增加面积可按该局部面积的1.0倍计算。

2　一类建筑的电信楼，其防火分区允许最大建筑面积可按本表增加50%。

【技术要点说明】

在高层建筑设计时，防火和防烟分区的划分极其重要。防火分区的划分，既要从限制火势蔓延、减少损失方面考虑，又要顾及到便于平时使用管理，以节省投资。比较可靠的防火分区应包括楼板的水平防火分区和垂直防火分区两部分。水平防火分区是用防火墙或防火门、防火卷帘等将各楼层在水平方向分隔为两个或几个防火分区；垂直防火分区是将具有1.5h或1h耐火极限的楼板和窗间墙（两上、下窗之间的距离不小于1.2m）将上下层隔开。当上下层设有走廊、自动扶梯、传送带等开口部位时，应将相连通的各层作为一个防火分区考虑。防火分区的作用在于发生火灾时，可将火势控制在一定的范围内，以有利于消防扑救、减少火灾损失。

规范第5.1.1条根据我国一些高层建筑对防火分区划分的实际做法，并参照国外有关标准、规范资料，将防火分区的面积规定为表5.1.1中所列的三种数字。

一类高层建筑，如高级旅馆、商业楼、展览楼、图书情报楼等以及高度超过50m的普通旅馆、办公楼等，其火灾危险性比二类高层建筑大。因此，将一类高层建筑每个防火分区最大允许建筑面积规定为$1000m^2$。

二类高层建筑，如普通旅馆、住宅和办公楼等建筑，内部装修、陈设等相对少些，火灾危险性也会比一类建筑相对小些，其防火分区最大允许建筑面积规定为$1500m^2$。这样规定是根据我国目前经济水平以及消防扑救能力提出的。

地下室规定建筑面积$500m^2$为一个防火分区。因为地下室一般是无窗房间，其出口的楼梯既是疏散口，又是排烟口，同时又是消防扑救口。因此，对地下室防火分区的面积要求严。

自动喷水灭火设备能及时控制和扑灭初起火灾，有效地控制火势蔓延，使建筑物的安全程度大为提高。因此，对设有自动喷水灭火系统的防火分区，其最大允许建筑面积可增加一倍；当局部设置自动喷水灭火系统时，则该局部面积可增加一倍。

与高层建筑相连的裙房建筑高度较低，火灾时疏散较快，且扑救难度也比较小，易于控制火势蔓延。当高层主体建筑与裙房之间用防火墙等防火分隔设施分开时，其裙房的最大允许建筑面积可按《建筑设计防火规范》的规定执行。

有些高层公共建筑，在门厅等处设有贯通2～3层或更多的各种开口，如走廊、开敞楼梯、自动扶梯、传送带等开口部位，应将其视为一个整体，其建筑总面积不得超过本规范表5.1.1的规定。如果总面积超过规定，应在开口部位采取防火分隔设施，使其满足表5.1.1的要求。

【实施与检查的控制】

实施时注意要按建筑的类别以及有无自动灭火系统去确定防火分区面积，并要特别注意上、下层连通部位的分区问题。

5.1.3 当高层建筑与其裙房之间设有防火墙等防火分隔设施时，其裙房的防火分区允许最大建筑面积不应大于 2500m²，当设有自动喷水灭火系统时，防火分区允许最大建筑面积可增加 1.0 倍。

5.1.4 高层建筑内设有上下层相连通的走廊、敞开楼梯、自动扶梯、传送带等开口部位时，应按上下连通层作为一个防火分区，其允许最大建筑面积之和不应超过本规范第 5.1.1 条规定。

5.1.5 高层建筑中庭防火分区面积应按上、下层连通的面积叠加计算，当超过一个防火分区面积时，应符合下列规定：

5.1.5.1 房间与中庭回廊相通的门、窗，应设自行关闭的乙级防火门、窗。

5.1.5.2 与中庭相通的过厅、通道等，应设乙级防火门或耐火极限大于 3.0h 的防火卷帘分隔。

5.1.5.3 中庭每层回廊应设有自动喷水灭火系统。

5.1.5.4 中庭每层回廊应设火灾自动报警系统。

【技术要点说明】

建筑物中的中庭还没有确切的定义。中庭的高度不等，有的与建筑物同高，有的则只是在建筑的上面或下部几层。在设计中庭时碰到的最大问题是其防火分区被上下贯通的大空间所破坏。因此，中庭防火设计不合理时，其火灾危害性大。

结合国外情况本规范作出了如下规定：

1. 房间与中庭回廊相通的门、窗应设自行关闭的乙级防火门、窗。

2. 与中庭相连的过厅、通道等相通处应设乙级防火门或复合型防火卷帘，主要起防火、防烟分隔作用，不论是中庭或是过厅等部位起火都能起到阻火、阻烟作用。

3. 中庭每层回廊应设置自动喷水灭火系统，喷头间距不应小于 2.0m，但也不应大于 2.8m。

4. 中庭每层回廊应设火灾自动报警系统。

5. 设置排烟设施在本规范第八章作了具体规定。

【实施与检查的控制】

竖向多层连通的中庭在满足本条规定的前提下，才可作为一个防火分区对待。

《汽车库、修车库、停车场设计防火规范》GB 50067—97

5.1.1 汽车库应设防火墙划分防火分区。每个防火分区的最大允许建筑面积应符合表 5.1.1 的规定。

汽车库防火分区最大允许建筑面积(m²)　　表 5.1.1

耐火等级	单层汽车库	多层汽车库	地下汽车库或高层汽车库
一、二级	3000	2500	2000
三　级	1000		

注：1 敞开式、错层式、斜楼板式的汽车库的上下连通层面积应叠加计算，其防火分区最大允许建筑面积可按本表规定值增加一倍。

2 室内地坪低于室外地坪面、高度超过该层汽车库净高 1/3 且不超过净高 1/2 的汽车库，或设在建筑物首层的汽车库的防火分区最大允许建筑面积不应超过 2500m²。

3 复式汽车库的防火分区最大允许建筑面积应按本表规定值减少 35%。

【技术要点说明】

目前国内新建的汽车库一般耐火等级均为一、二级且都在库内安装了自动喷水灭火系统。这类汽车库发生大火的事故较少。

本条文规定立足于提高汽车库的耐火等级，增强车库的自救能力，根据不同汽车库的形式、不同耐火等级分别作了防火分区面积的规定。单层一、二级耐火等级的汽车库，其疏散条件和火灾扑救都比其他形式的汽车库有利方便，建筑内部的防火分区建筑面积大些，而三级耐火等级的汽车库，由于建筑物燃烧容易蔓延扩大火灾，其防火分区控制得小些。多层汽车库较单层汽车库疏散和扑救困难，其防火分区的面积相应减小。地下和高层汽车库疏散和扑救条件更困难，其防火分区的面积要再小些。一般一辆小汽车的停车面积为 $30m^2$ 左右，大汽车的停车面积为 $40m^2$ 左右。根据这一停车面积计算，一个防火分区内最多停车数为 80～100 辆，最少的停车数为 30 辆。

半地下室车库，即室内地坪低于室外地坪面、高度超过该层车库净高 1/3 且不超过净高 1/2的汽车库，和设在建筑首层的汽车库（不论是否是高层汽车库）按照多层汽车库对待。

复式汽车库与一般地下汽车库相比由于其设备能叠放停车，相同的面积内可多停 30%～50%的小汽车，故其防火分区面积应适当减小，以保证安全。

【实施与检查的控制】

该防火分区必须用防火墙实现，并注意楼层上下连通的车库和复式车库的情况。

5.1.4 甲、乙类物品运输车的汽车库、修车库，其防火分区最大允许建筑面积不应超过 $500m^2$。

【技术要点说明】

甲、乙类危险物品运输车地下汽车库、修车库，其火灾危险性较一般地下汽车库大。参照《建筑设计防火规范》乙类危险品库防火隔间的建筑面积（$500m^2$），本条规定此类汽车库地下防火分区为 $500m^2$。

【实施与检查的控制】

对这类危险性大的车库更要严格对待。

5.1.5 修车库防火分区最大允许建筑面积不应超过 $2000m^2$，当修车部位与相邻的使用有机溶剂的清洗和喷漆工段采用防火墙分隔时，其防火分区最大允许建筑面积不应超过 $4000m^2$。

【技术要点说明】

修车库类似厂房建筑，由于其工艺上需使用汽油等清洗和喷漆工段，火灾危险性可按甲类危险性对待。参照《建筑设计防火规范》甲类厂房的要求，防火分区面积控制在 $2000m^2$ 以内，对于将危险性较大的工段进行了完全分隔的修车库，适当调整至 $4000m^2$。

【实施与检查的控制】

注意建规中相关规定，以及工艺段的分割。

《图书馆建筑设计规范》JGJ 38—99

6.2.2 图书馆基本书库、非书资料库，藏阅合一的阅览空间防火分区最大允许建筑面积：当为单层时，不应大于 $1500m^2$；当为多层，建筑高度不超过 24.00m 时，不应大于 $1000m^2$；当建筑高度超过 24.00m 时，不应大于 $700m^2$；地下室或半地下室的书库，不应大于 $300m^2$。

6.2.3　珍藏本书库、特藏库，应单独设置防火分区。

6.2.4　采用积层书架的书库，划分防火分区时，应将书架层的面积合并计算。

【技术要点说明】

本规范的防火分区是根据《高层民用建筑设计防火规范》及《建筑设计防火规范》有关防火分区面积的规定，综合确定的。对高度超过 24m 的书库，其防火分区面积为 700m^2 的规定系按照《建筑设计防火规范》丙类物品的相应规定确定的。

关于积层书架的书库在划分防火分区时，明确规定应将书架层的面积合并计算。

【实施与检查的控制】

防火分区的原理是一致的，但实施时注意面积的区别，以及珍藏书库和积层书架书库的分区。

《综合医院建筑设计规范》JGJ 49—88

4.0.3　综合医院建筑的防火分区

三、防火分区内的病房、产房、手术部、精密贵重医疗装备用房等，均应采用耐火极限不低于 1.0h 的非燃烧体与其他部分隔开。

《旅馆建筑设计规范》JGJ 62—90

4.0.5　旅馆建筑内的商店、商品展销厅、餐厅、宴会厅等火灾危险性大、安全性要求高的功能区及用房，应独立划分防火分区或设置相应耐火极限的防火分隔，并设置必要的排烟设施。

《博物馆建筑设计规范》JGJ 66—91

5.1.1　博物馆藏品库区的防火分区面积，单层建筑不得大于 1500m^2，多层建筑不得大于 1000m^2，同一防火分区内的隔间面积不得大于 500m^2。陈列区的防火分区面积不得大于 2500m^2，同一防火分区内的隔间面积不得大于 1000m^2。

《殡仪馆建筑设计规范》JGJ 124—99

7.2.3　殡仪馆内骨灰寄存用房的防火分区隔间最大允许建筑面积，当为单层时不应大于 800m^2；当建筑高度在 24.0m 以下时，每层不应大于 500m^2；当建筑高度大于 24.0m 时，每层不应大于 300m^2。

《铁路旅客车站建筑设计规范》GB 50226—95

8.1.3　综合型铁路旅客车站站房内非铁路用房应与旅客车站用房严格划分防火分区。

3.2　建　筑　构　造

《建筑设计防火规范》GBJ 16—87(2001 年局部修订)

7.1.1　防火墙应直接设置在基础上或钢筋混凝土的框架上。

【技术要点说明】

防火墙对阻止火灾蔓延作用很大，是水平防火分区间的重要分隔物。防火墙应保证在受火或辐射热作用下的稳定性、完整性和绝热性。

【实施与检查的控制】

设计时要明确标示。

7.1.4 防火墙上不应开门窗洞口，如必须开设时，应采用甲级防火门窗，并应能自行关闭。可燃气体和甲、乙、丙类液体管道不应穿过防火墙。

【技术要点说明】

为防止建筑物内发生火灾时，浓烟和火焰穿过门窗洞口蔓延扩散而作本条规定。

如在防火墙上必须开设时，应在开口部位设置防火门窗。从实践证明，用耐火极限为1.2h的甲级防火门，能基本满足控制火势的要求。

氢气、煤气、乙炔等可燃气体以及汽油、苯、甲醇、乙醇、煤油、柴油等甲、乙、丙类液体管道万一破损，大量可燃气体或蒸气泄漏出来，不仅防火墙本身不安全，而且防火墙两边的房间也会受到严重威胁，因此，上述管道禁止穿过防火墙。

其他管道（如水管、以及输送无危险的液化管道等），如因条件限制，必须穿过防火墙时，应用水泥砂浆等不燃材料或防火封堵材料将管道周围的缝隙填塞密实。

【实施与检查的控制】

除了在设计时把好关外，尚应做好现场检查和工程验收。

7.2.1 在单元式住宅中，单元之间的墙应为耐火极限不低于1.5h的非燃烧体，并应砌至屋面板底部。

【技术要点说明】

在单元式住宅中，单元之间的墙一般无门窗洞口，如果此墙的耐火极限能达到一定要求就可起到防火隔断作用。当住宅采用框架结构时，单元之间的墙采用12cm厚的空心砖墙或其他不燃体的轻质隔墙，此时耐火极限为1.5h，如为砖墙承重系统，则其耐火极限更高。

【实施与检查的控制】

核查墙体的耐火极限值和燃烧性能。

7.2.3 歌舞娱乐放映游艺场所，附设在居住建筑中的托儿所、幼儿园，应用耐火极限不低于2.0h的不燃烧体墙和耐火极限不低于1.00h的楼板与其他场所隔开，当墙上必须开门时应设置不低于乙级的防火门。

【技术要点说明】

对此类场所没有规定采用防火墙，而采用耐火极限不低于2h的隔墙与其他场所隔开，是考虑到此类场所一般是后改建的，采用防火墙进行分隔，在构造上有一定难度。为解决这一实际问题，又加强这类场所的防火分隔，故本条规定采用耐火极限不低于2h的隔墙与其他场所隔开。这类场所内的各房间之间隔墙的防火要求在本规范中已有相应规定，本条不再做规定。

【实施与检查的控制】

改造工程要严把施工、验收关。

7.2.5 三级耐火等级的下列建筑或部位的吊顶，应采用耐火极限不低于0.25h的难燃烧体。

一、医院、疗养院、托儿所、幼儿园；

二、三层及三层以上建筑内的楼梯间、门厅、走道。

【技术要点说明】

医院、疗养院中，病人行动困难；托儿所、幼儿园的儿童需要有成年人协助和照顾等一些特殊的要求。因此，有必要为病人、儿童创造安全疏散的条件，故三级耐火等级建筑的医院、疗养院及托儿所等的顶棚较一般建筑应提高防火要求。

楼梯间、门厅和走道等，是疏散出路的关键部位，如果不采用耐火极限较高的吊顶，一旦发生火灾很可能塌下来把这些部位封住，造成伤亡事故。根据以上情况，作了此条规定。

【实施与检查的控制】

所采用的吊顶整体构造应有检测证明。

7.2.11 附设在建筑物内的消防控制室、固定灭火装置的设备室（如钢瓶间、泡沫液间）、通风空气调节机房，应采用耐火极限不低于2.5h的隔墙和1.5h的楼板与其他部位隔开。隔墙上的门应采用乙级防火门。

【技术要点说明】

附设在建筑物内的消防控制室、固定灭火系统的设备室应在建筑发生火灾时，能抵御或不受到火灾的威胁，确保灭火设施和灭火工作正常发挥作用或顺利进行；通风、空调机房是通风管道汇集的地方和火势蔓延的主要部位。基于上述考虑，故本条规定这些房间要采用2h的隔墙和1.5h的楼板与其他部位隔开，并规定隔墙上的门至少应为乙级防火门。但考虑到丁、戊类生产厂房的火灾危险性较小，对这两类建筑中的通风机房的要求有所放宽。

【实施与检查的控制】

对隔墙、楼板和门的耐火要求应在图上标明。

《高层民用建筑设计防火规范》GB 50045—95（2001年局部修订）

5.2.2 紧靠防火墙两侧的门、窗、洞口之间最近边缘的水平距离不应小于2.00m；当水平间距小于2.00m时，应设置固定乙级防火门、窗。

【技术要点说明】

防火墙设在建筑物转角处，不能有效防止火势蔓延。为了防止火势从防火墙的内转角或防火墙两侧的门窗洞口蔓延，要求门、窗之间必须保持一定的距离，其具体数据采用了《建筑设计防火规范》第7.1.5条的规定。如相邻两窗之间一侧装有耐火极限不低于0.9h的不燃烧固定窗扇的采光窗，也可以防止火势蔓延，故可不受距离限制。

【实施与检查的控制】

设计要在此局部做出专门的说明和图示。

5.2.4 输送可燃气体和甲、乙、丙类液体的管道，严禁穿过防火墙。其他管道不宜穿过防火墙，当必须穿过时，应采用不燃烧材料将其周围的空隙填塞密实。

当必须穿过时，穿过防火墙处的管道保温材料，应采用不燃烧材料。

【技术要点说明】

防火墙是阻止火势蔓延的重要分隔物，应有严格的要求。故规定输送煤气、氢气、汽油、乙醚、柴油等可燃气体或乙、丙类液体的管道，严禁穿过防火墙。其他管道必须穿过防火墙时，为了防止通过空隙传播火焰，故要求用不燃烧材料紧密填塞。

为防止穿过防火墙处的管道保温材料扩大火势蔓，还要求管道外面的保温、隔热材料采用耐火性能好的材料。

【实施与检查的控制】

明确设计要求，加强施工监理和严格把好施工验收关。

5.2.7 设在高层建筑内的自动灭火系统的设备室、通风、空调机房，应采用耐火极限不低于2.00h的隔墙、1.50h的楼板和甲级防火门与其他部位隔开。

【技术要点说明】

建筑物发生火灾时，必须保证固定灭火装置不受火势威胁，确保其正常发挥作用。同时也要阻止通风、空调机房内外失火时，相互蔓延扩大。所以本条规定对自动灭火系统设备室、通风、空调机房均采用耐火极限不低于2h的隔墙、1.5h的楼板和甲级防火门与其他部位隔开。

【实施与检查的控制】

对隔墙、楼板和门的耐火要求应在图上标明。

5.3.1 电梯井应独立设置，井内严禁敷设可燃气体和甲、乙、丙类液体管道，并不应敷设与电梯无关的电缆、电线等。电梯井井壁除开设电梯门洞和通气孔洞外，不应开设其他洞口。电梯门不应采用栅栏门。

【技术要点说明】

发生火灾时，电梯井往往成为火势蔓延的通道，如与其他管井连通，一旦起火，容易通过电梯井威胁其他管井，扩大灾情，因此应独立设置。

电梯井一般都与梯厅及其他房间相连接，所处的位置重要，若在梯井内敷设可燃气体和易燃、可燃液体管道或敷设与电梯无关的电缆、电线是不安全的。所以本条对此作了规定。

鉴于电梯井很容易成为拔烟火的通道，所以规定电梯井井壁上除开设电梯门和底部及顶部的通气孔外，不应开设其他洞口。

【实施与检查的控制】

严格把握不开与电梯无关的洞口，不设与电梯无关的管线。

5.3.2 电缆井、管道井、排烟道、排气道、垃圾道等竖向管道井，应分别独立设置；其井壁应为耐火极限不低于1.00h的不燃烧体；井壁上的检查门应采用丙级防火门。

【技术要点说明】

为了防止火灾蔓延扩大，要求电缆井、管道井、排烟道、排气道、垃圾道等单独设置，不应混设。

为防止火灾时将管井烧毁，扩大灾情，规定上述管道井壁采用不燃烧材料制作，其耐火极限为1h。

【实施与检查的控制】

明确标明井壁和防火门的耐火要求。

5.3.3 建筑高度不超过100m的高层建筑，其电缆井、管道井应每隔2～3层在楼板处用相当于楼板耐火极限的不燃烧体作防火分隔；建筑高度超过100m的高层建筑，应在每层楼板处用相当于楼板耐火极限的不燃烧体作防火分隔。

电缆井、管道井与房间、走道等相连通的孔洞，其空隙应采用不燃烧材料填塞密实。

【技术要点说明】

对电缆井、管道井，在每层楼板处用相当于楼板耐火极限的不燃烧材料填堵密实是阻止火势竖向蔓延的好办法之一。但从实际出发，考虑到便于管子检修、更换，有些竖井如果按层分隔确有困难时，可每隔 2～3 层加以分隔。对 100m 以上的超高层建筑，考虑到火灾扑救难度更大等不利情况，因此要求每层进行防火分隔。

【实施与检查的控制】

特别注意和检查分隔封堵材料的可靠性。

5.5.1　屋顶采用金属承重结构时，其吊顶、望板、保温材料等均应采用不燃烧材料，屋顶金属承重构件应采用外包敷不燃烧材料或喷涂防火涂料等措施，并应符合本规范第 3.0.2 条规定的耐火极限，或设置自动喷水灭火系统。

【技术要点说明】

有些体育馆、剧院、电影院、大礼堂的屋顶采用钢屋架，未作防火处理，发生火灾时，很快塌架，造成严重损失和伤亡事故。为保证建筑的消防安全，采用金属屋架时应进行防火处理。本条规定屋顶承重钢结构应采取外包不燃烧材料或喷涂防火涂料等措施，或设置自动喷水灭火系统保护，使其达到规定的耐火极限的要求。同时吊顶、望板、保温材料等应采用不燃烧材料，以减少发生火灾对屋顶钢结构的威胁。

【实施与检查的控制】

所采用的保护材料应有检测报告，并且其耐火时间不应小于规范对此构件的耐火要求时间。

5.5.3　变形缝构造基层应采用不燃烧材料。

电缆、可燃气体管道和甲、乙、丙类液体管道，不应敷设在变形缝内。当其穿过变形缝时，应在穿过处加设不燃烧材料套管，并应采用不燃烧材料将套管空隙填塞密实。

【技术要点说明】

高层建筑的变形缝因抗震等需要留得较宽，发生火灾时，有很强的拔火作用。因此要求变形缝构件基层应采用不燃烧材料。

有些高层建筑的变形缝内还敷设电缆，这是不妥当的。万一电缆发生火灾，必然影响全楼的安全。为了消除变形缝的火灾危险因素，保证建筑物的安全，本条规定变形缝内不应敷设电缆、可燃气体管道和甲、乙、丙类液体管道等。对穿越变形缝的上述管道要按规定作处理。

【实施与检查的控制】

设计要写要求，施工要保证质量。

《汽车库、修车库、停车场设计防火规范》GB 50067—97

5.1.6　汽车库、修车库贴邻其他建筑物时，必须采用防火墙隔开。

设在其他建筑物内的汽车库（包括屋顶的汽车库）、修车库与其他部分应采用耐火极限不低于 3.00h 的不燃烧体隔墙和 2.00h 的不燃烧体楼板分隔，汽车库、修车库的外墙门、窗、洞口的上方应设置不燃烧体的防火挑檐。外墙的上、下窗间墙高度不应小于 1.2m。防火挑檐的宽度不应小于 1m，耐火极限不应低于 1.00h。

【技术要点说明】

当车库与其他建筑贴邻建造时，其相邻的墙应为防火墙。当车库组合在办公楼、宾馆、电信大楼及公共建筑物中时，本条对汽车库与其他建筑组合在一起的建筑楼板和隔墙提出了较高的耐火极限要求。如楼板比一级耐火等级的建筑物提高了0.5h,隔墙需3h耐火时间。这一规定与国外一些规范的规定也是相类同的。

本条还规定汽车库门窗洞口上方应挑出宽度不小于1m的防雨棚,作为防止火焰从门窗洞口向上蔓延的措施,亦可采用提高上、下层窗槛墙的高度达到防止火焰蔓延的目的。规定窗槛墙的高度为1.2m在建筑上是能够做到的。本条规定窗槛墙的高度为1.2m,防火挑檐的宽度1m能达到阻止火灾蔓延的作用。

【实施与检查的控制】

要在相应的位置上,做出具体的要求标示。

5.1.7 汽车库内设置修理车位时,停车部位与修车部位之间应设耐火极限不低于3.00h的不燃烧体隔墙和2.00h的不燃烧体楼板分隔。

【技术要点说明】

停车和修车部位之间如不设防火隔墙,在修理时一旦失火容易烧着停放的汽车,造成重大损失。因此,本条规定汽车库内停车与修车车位之间,必须设置防火隔墙和耐火极限较高的楼板,确保汽车库的消防安全。

【实施与检查的控制】

注意检查楼板耐火时间是否满足要求。

5.1.10 自动灭火系统的设备室、消防水泵房应采用防火隔墙和耐火极限不低于1.50h的不燃烧体楼板与相邻部位分隔。

【技术要点说明】

自动灭火系统的设备室、消防水泵房是灭火系统的"心脏",汽车库发生火灾时,必须保证该装置不受火势威胁。因此规定应采用防火墙和楼板将其与相邻部位分隔开。

《档案馆建筑设计规范》JGJ 25—2000

6.0.5 档案库内严禁设置明火设施。档案装具宜采用不燃烧材料或难燃烧材料制成。

《图书馆建筑设计规范》JGJ 38—99

6.2.1 图书馆基本书库、非书资料库应用防火墙与其毗邻的建筑完全隔离,防火墙的耐火极限不应低于3.00h。

【技术要点说明】

防火墙的耐火极限,《建筑设计防火规范》GBJ 16规定4h,《高层民用建筑设计防火规范》GB 50045规定为3h。考虑到今后的图书馆多采用钢筋混凝土框架结构填充墙体系,故按《高层民用建筑设计防火规范》GB 50045的要求规定。

【实施与检查的控制】

在此部位要明确设计标示。

《商店建筑设计规范》JGJ 48—88

4.1.4 综合性建筑的商店部分应采用耐火极限不低于3.00h的隔墙和耐火极限不低于1.50h的非燃烧体楼板与其他建筑部分隔开;商店部分的安全出口必须与其他建筑部分隔开。

《殡仪馆建筑设计规范》JGJ 124—99

7.2.4　殡仪馆骨灰寄存室与毗邻的其他用房之间的隔墙应为防火墙。

《科学实验建筑设计规范》JGJ 91—93

5.2.1　科学实验建筑中有贵重仪器设备的实验室的隔墙应采用耐火极限不低于1.00h的非燃烧体。

3.3　建　筑　装　修

《建筑内部装修设计防火规范》GB 50222—95(2001年局部修订)

3.1.2　除地下建筑外,无窗房间的内部装修材料的燃烧性能等级,除A级外,应在本规范规定的基础上提高一级。

【技术要点说明】

无窗房间发生火灾时有几个特点:(1)火灾初起阶段不易被发觉,发现起火时,火势往往已经较大。(2)室内的烟雾和毒气不能及时排出。(3)消防人员进行火情侦察和施救比较困难。因此,将无窗房间室内装修的要求提高一级。

【实施与检查的控制】

要确定该空间是否有可自然采光的洞口。

3.1.5　消防水泵房、排烟机房、固定灭火系统钢瓶间、配电室、变压器室、通风和空调机房等,其内部所有装修均应采用A级装修材料。

【技术要点说明】

本条主要考虑建筑物内各类动力设备用房。这些设备的正常运转,对火灾的监控和扑救是非常重要的,故要求全部使用A级材料装修。

【实施与检查的控制】

这些建筑空间不应有能燃烧的装修材料。

3.1.6　无自然采光楼梯间、封闭楼梯间、防烟楼梯间的顶棚、墙面和地面均应采用A级装修材料。

【技术要点说明】

本条主要考虑建筑物内纵向疏散通道在火灾中的安全。火灾发生时,各楼层人员都需要经过纵向疏散通道。尤其是高层建筑,如果纵向通道被火封住,对受灾人员的逃生和消防人员的救援都极为不利。

【实施与检查的控制】

设计时首先确定楼梯间的性质,然后对应执行该条。

3.1.13　地上建筑的水平疏散走道和安全出口的门厅,其顶棚装修材料应采用A级装修材料,其他部位应采用不低于B_1级的装修材料。

【技术要点说明】

建筑物各层的水平疏散走道和安全出口门厅是火灾中人员逃生的主要通道,因而对装修材料的燃烧性能要求较高。

【实施与检查的控制】

需结合水平安全疏散设计,落实本条规定。

3.1.15A 建筑内部装修不应减少安全出口、疏散出口或疏散走道的设计疏散所需净宽度和数量。

【技术要点说明】

室内装修设计存在随意减少建筑内的安全出口、疏散出口和疏散走道的宽度和数量的现象，为防止这种情况出现，做出本条规定。

【实施与检查的控制】

一定要加强检查、验收。

3.1.18 当歌舞厅、卡拉OK厅(含具有卡拉OK功能的餐厅)、夜总会、录像厅、放映厅、桑拿浴(除洗浴部分外)、游艺厅(含电子游艺厅)、网吧等歌舞娱乐放映游艺场所(以下简称歌舞娱乐放映游艺场所)设置在一、二级耐火等级建筑的四层及四层以上时，室内装修的顶棚材料应采用A级装修材料，其他部位应采用不低于B_1级的装修材料；设置在地下一层时，室内装修的顶棚、墙面材料应采用A级装修材料，其他部位应采用不低于B_1级的装修材料。

【技术要点说明】

娱乐场所屡屡发生一次死亡数十人或数百人的火灾事故，其中一个重要的原因是这类场所使用大量可燃装修材料。发生火灾时，这些材料产生大量有毒烟气，导致人员在很短的时间内窒息死亡。因此，本条对这类场所的室内装修材料做出相应规定。当这类场所设在地下一层时，安全疏散和扑救火灾的条件更为不利，故本条对地下建筑的要求比地上建筑更加严格。符合本条所列情况的歌舞娱乐放映游艺场所，不论设置在多层、高层还是地下建筑中，其室内装修材料的燃烧性能等级按本条规定执行。当歌舞娱乐放映游艺场所设置在单层、多层或高层建筑中的首层或二、三层时，仍按本规范相应的规定执行。

【实施与检查的控制】

实施本条时，要注意首先对应使用功能，其次确定它们所处的楼层位置，最后严格控制材料的耐火级别。

3.2.3 除第3.1.18条的规定外，当单层、多层民用建筑需做内部装修的空间内装有自动灭火系统时，除顶棚外，其内部装修材料的燃烧性能等级可在表3.2.1规定的基础上降低一级；当同时装有火灾自动报警装置和自动灭火系统时，其顶棚装修材料的燃烧性能等级可在表3.2.1规定的基础上降低一级，其他装修材料的燃烧性能等级可不限制。

【技术要点说明】

考虑到一些建筑物标准较高，要采用较多的可燃材料进行装修，但又不符合本规范表3.2.1中的要求，这就必须从加强消防措施着手，给设计部门、建设单位一些余地，也是一种弥补措施。

【实施与检查的控制】

首先标明规范的基准要求，然后根据该空间是否有相应的消防设备，再给出最终的设计结果。

3.4.2 地下民用建筑的疏散走道和安全出口的门厅，其顶棚、墙面和地面的装修材料应采用A级装修材料。

【技术要点说明】

本条特别提出公共疏散走道各部位装修材料的燃烧性能等级要求，是由于地下民用建筑的火灾特点及疏散走道部位在火灾疏散时的重要性决定的。

【实施与检查的控制】

注意实施该条时，与建筑地上相同部位在要求上的差别。

3.4　防烟和排烟

《高层民用建筑设计防火规范》GB 50045—95(2001 年局部修订)

8.1.3　一类高层建筑和建筑高度超过 32m 的二类高层建筑的下列部位应设排烟设施：

8.1.3.1　长度超过 20m 的内走道。

8.1.3.2　面积超过 100m²，且经常有人停留或可燃物较多的房间。

【技术要点说明】

火灾产生大量的烟气和热量，如不排除，就不能保证人员的安全疏散和扑救工作的顺利进行。因此排出火灾产生的烟气和热量，是防、排烟设计的主要目的。本条对一类高层建筑和建筑高度超过 32m 的二类高层建筑中长度超过 20m 的内走道、面积超过 100m² 且经常有人停留或可燃物较多的房间应设置排烟设施作出规定，其理由及排烟方式分别说明如下：

一、设置排烟设施的理由

1. 一类高层建筑的可燃装修材料多，陈设及贵重物品多，空调、通风等管道也多。塔式建筑仅仅一个楼梯间，疏散困难。建筑高度超过 32m 的二类高层建筑其垂直疏散距离大。

2. 据火灾实地观测，人在浓烟中低头掩鼻最大通行的距离为 20～30m。参考国外资料及火灾实地观测的结果，本条规定长度超过 20m 的内走道应设置排烟设施。

3. 房间的排烟只规定"面积超过 100m²，且经常有人停留或可燃物较多的房间"只是定性的，考虑到建筑使用功能的复杂性等因素的限制，目前不宜按定量规定，只能列举一些例子供设计人员参考。例：多功能厅、餐厅、会议室、公共场所及书库、资料室、贵重物品陈列室、商品库、计算机房、电讯机房等。

二、设置排烟设施的方式

1. 自然排烟：利用火灾时产生的热压，通过可开启的外窗或排烟窗(包括在火灾发生时破碎玻璃以打开外窗)把烟气排至室外。

2. 机械排烟：设置专用的排烟口、排烟管道及排烟风机把火灾产生的烟气与热量排至室外。

需要说明的是，设置专用的排烟竖井对走道与房间进行有组织的自然排烟方式，由于竖井需要的截面很大，且漏风现象较严重，故本条不推荐采用。

【实施与检查的控制】

设计要明确排烟的位置，排烟方式和设施。

8.2.2　采用自然排烟的开窗面积应符合下列规定：

8.2.2.1　防烟楼梯间前室、消防电梯间前室可开启外窗面积不应小于 2.00m²，合用前室不应小于 3.00m²。

8.2.2.2 靠外墙的防烟楼梯间每五层内可开启外窗总面积之和不应小于 2.00m²。

8.2.2.3 长度不超过 60m 的内走道可开启外窗面积不应小于走道面积的 2%。

8.2.2.4 需要排烟的房间可开启外窗面积不应小于该房间面积的 2%。

【技术要点说明】

采用自然排烟方式进行排烟的部位，首先需要有一定的可开启外窗的面积，本条对采用自然排烟的开窗面积提出要求。目前，我国在防、排烟试验研究方面尚无完整的资料，故本条对可开启外窗面积仍参考国外有关资料确定。考虑到在火灾时采取开窗或打碎玻璃的办法进行排烟是可以的，因此开窗面积按本条只计算可开启外窗的面积。

需要说明的是：

楼梯间是人员疏散的重要疏散通道，从理论上讲是不允许有烟的，但当前室采用自然排烟时，由于楼梯间存在着热压差(即烟囱效应)，烟气仍同时进入楼梯间，使人们无法疏散。为此，要求楼梯间也应有一定的开窗面积，开窗面积能在五层内任意调整，如：当某高层建筑下部有三层裙房时，其靠外墙的防烟楼梯间可以保证四、五层内有可开启外窗面积 2m² 时，其一至三层内可无外窗。这样可满足裙房且裙房高度不太高的建筑的要求。另外对室内中庭净空高度不超过 12m 的限制，是由于高度超过 12m 时，就不能采取可开启的高侧窗进行自然排烟，其原因是烟气上升有“层化”现象。

所谓“层化”现象是当建筑较高而火灾温度较低(一般火灾初期的烟气温度为 50～60℃)，或在热烟气上升流动中过冷(如空调影响)，部分烟气不再朝竖向上升，按照倒塔形的发展而半途改变方向并停留在水平方向，也就是烟气过冷后其密度加大，当它流到与其密度相等空气高度时，便折转成水平方向扩展而不再上升。升到一定高度的烟气随着温度的降低又会下降，使得烟气无法从高窗排出室外。

由于自然排烟受到自然条件、建筑本身热压、密闭性等因素的影响而缺乏保证。因此，根据建筑的使用性质(如极为重要、装修豪华程度等)、投资条件许可等情况，虽具有可开启外窗的自然排烟条件，但仍需采用机械防烟措施。

【实施与检查的控制】

该条的核心是根据不同建筑部位，保证有效的排烟窗面积不小于规定面积。

8.3.1 下列部位应设置独立的机械加压送风的防烟设施：

8.3.1.1 不具备自然排烟条件的防烟楼梯间、消防电梯间前室或合用前室。

8.3.1.2 采用自然排烟措施的防烟楼梯间，其不具备自然排烟条件的前室。

8.3.1.3 封闭避难层(间)。

【技术要点说明】

对于一幢建筑，当某一部位发生火灾时，应迅速对火灾区域实行排烟控制，故该部位的空气压力值为相对负压。对非火灾部位及疏散通道等应迅速采取机械加压送风，使该部位空气压力为相对正压，以阻止烟气的侵入。根据我国国情，本条规定了只对不具备自然排烟条件的垂直疏散通道(防烟楼梯间及其前室、消防电梯间前室或合用前室)和封闭式避难层采用机械加压送风的防烟措施。

由于本规范第 8.2.1 条与第 8.2.2 条规定当防烟楼梯间及其前室、消防电梯间前室或合用前室各部位当有可开启外窗时，能采用自然排烟方式，造成楼梯间与前室或合用前室在采用自然排烟方式与采用机械加压送风方式排列组合上的多样化，而这两种排烟方式不能共用。这种组合关系及防烟设施设置部位分别列于表 2-1。

垂直疏散通道防烟部位的设置表　　表 2-1

组合关系	防烟部位
不具备自然排烟条件的楼梯间与其前室	楼梯间
采用自然排烟的前室或合用前室与不具备自然排烟条件的楼梯间	楼梯间
采用自然排烟的楼梯间与不具备自然排烟条件的前室或合用前室	前室或合用前室
不具备自然排烟条件的楼梯间与合用前室	楼梯间、合用前室
不具备自然排烟条件的消防电梯间前室	前室

需要说明的几点：

1. 关于消防电梯井是否设置防烟设施的问题。

这个问题也是当前国内外有关专家正在研究的课题，至今尚无定论。据有关资料介绍，利用消防电梯井作为加压送风有一定的实用意义和经济意义。由于我国目前在这方面尚未开展系统的研究，所以本条不规定对消防电梯井采用机械加压送风。另一方面，考虑到防、排烟技术的发展和需要，在有技术条件和足够技术资料的情况下，允许采用对消防电梯井设置加压送风，但前室或合用前室不送风，这也是有利于防排烟技术在今后得到进一步发展。

2. 关于“对不具备自然排烟条件的防烟楼梯间进行加压送风时，其前室可不送风”的讨论。

目前国内对不具备自然排烟条件的防烟楼梯间及其前室进行加压送风的做法有以下三种：(1)只对防烟楼梯间进行加压送风，其前室不送风；(2)防烟楼梯间及其前室分别设置两个独立的加压送风系统，进行加压送风；(3)对防烟楼梯间设置一套加压送风系统的同时，又从该加压送风系统伸出一支管分别对各层前室进行加压送风。本条规定对不具备自然排烟条件的防烟楼梯间进行加压送风时，其前室可不送风的理由是：

从防烟楼梯间加压送风后的排泄途径来分析，其加压送风的风量只能通过前室与走廊的门排泄，因此对排烟楼梯间加压送风的同时，即对其前室进行间接的加压送风。其不同之处是前室受到一道门的阻力影响，使其压力、风量受截流。

从风量分配上分析，当不同楼层的防烟楼梯间与前室的门以及前室与走道之间的门同时开启或部分开启时，气流风量分配与走向十分复杂，以致对防烟楼梯间及其前室的风量控制很难实现。

【实施与检查的控制】

为确保人员安全疏散和临时避难的部位不受烟气侵扰，必须严格确定应加压送风的建筑部位。

8.3.3　层数超过三十二层的高层建筑，其送风系统及送风量应分段设计。

8.3.4　剪刀楼梯间可合用一个风道，其风量应按二个楼梯间风量计算，送风口应分别设置。

【技术要点说明】

本规范第 8.3.2 条的各表数值，最大在 32 层以下，如超过规定值时(即层数时)，其送风系统及送风量要分段计算。

当疏散楼梯采用剪刀楼梯时，为保证其安全，规定按两个楼梯的风量计算并分别设置送风口。

【实施与检查的控制】

32层是送风量分段计算的分界点；剪刀楼梯的特有形式一定要考虑送风口分置的风量计算。

8.3.5 封闭避难层(间)的机械加压送风量应按避难层净面积每平方米不小于30m³/h计算。

【技术要点说明】

当发生火灾时，为了阻止烟气入侵，对封闭式避难层设置机械加压送风设施，不但可以保证避难层内的一定的正压值，而且也是为避难人员的呼吸需要提供室外新鲜空气，本条规定了对封闭避难层其机械加压送风量。其理由是参考我国《人民防空地下室设计规范》(GBJ 38—79)人员掩蔽室清洁式通风量取每人每小时6～7m³计。为了方便设计人员计算，本条以每平方米避难层(包括避难间)净面积需要30m³/h计算(即按每平方米可容纳5人计算)。

【实施与检查的控制】

计算的送风量和设备供风能力应保证此值的实现。

8.3.7 机械加压送风机的全压，除计算最不利环管道压头损失外，尚应有余压。其余压值应符合下列要求：

8.3.7.1 防烟楼梯间为40 Pa至50Pa。

8.3.7.2 前室、合用前室、消防电梯间前室、封闭避难层(间)为25Pa至30 Pa。

【技术要点说明】

本条规定不仅是对选择送风机提出要求，更重要的是对加压送风的防烟楼梯间及前室、消防电梯前室和合用前室、封闭避难层需要保持的正压值提出要求。

关于加压部位正压值的确定，是加压送风量的计算及工程竣工验收等很重要的依据，它直接影响到加压送风系统的防烟效果。

正压值的要求是：当相通加压部位的门关闭的条件下，其值应足以阻止着火层的烟气在热压、风压、浮压等力量联合作用下进入楼梯间、前室或封闭避难层。为促使防烟楼梯间内的加压空气向走道流动，发挥对着火层烟气的排斥作用，要求在加压送风时防烟楼梯间的空气压力大于前室的空气压力，而前室的空气压力大于走道的空气压力。仅从防烟角度看，送风正压值越高越好，但由于一般疏散门的方向是朝着疏散方向开启，而加压作用力的方向恰好与疏散方向相反，如果压力过高，可能会带来开门的困难，甚至使门不能开启。另一方面，压力过高也会使风机、风道等送风系统的设备投资增多。因此，正压值是正压送风的关键技术参数。

本条的规定直接采用了国内“八五”期间取得的重大科技成果。防烟楼梯间的正压值由过去规定的50Pa改为40～50Pa；前室、合用前室、消防电梯间、封闭避难层(间)由25Pa改为25～30Pa。但在设计中要注意两组数据的合理搭配，保持一高一低，或都取中间值，而不要都取高值或都取低值。例如，楼梯间若取40Pa，前室或合用前室则取30Pa；楼梯间若取50Pa，前室或合用前室则取25Pa。

【实施与检查的控制】

注意楼梯间与前室风压值的不同，并保证设计的余压值在界限值之间。要注意工程竣工时的实测验证。

8.4.4　排烟口应设在顶棚上或靠近顶棚的墙面上，且与附近安全出口沿走道方向相邻边缘之间的最小水平距离不应小于1.50m。设在顶棚上的排烟口，距可燃构件或可燃物的距离不应小于1.0m。排烟口平时关闭，并应设置手动或自动开启装置。

【技术要点说明】

排烟口是机械排烟系统分支管路的前端，排烟系统排出的烟，首先由排烟口进入分支管，再汇入系统干管和主管，最后由风机排出室外。烟气因受热而膨胀，其容重较轻，向上运动并贴附在顶棚上再向水平方向流动，因此排烟口应尽量设在顶棚或靠近顶棚的墙面上，以有利于烟气的排出。再者，当机械排烟系统启动运行时，排烟口处于负压状态，把火灾烟气不断地吸引至排烟口，通过排烟口不断排走，所以排烟口周围始终聚集一团浓烟。若排烟口的位置不避开安全出口，当疏散人员通过安全出口时，都要受到浓烟的影响，同时浓烟遮挡安全出口，也影响疏散人员识别安全出口位置，不利于安全疏散。本条规定排烟口与附近安全出口沿走道方向相邻边缘之间的最小水平距离不应小于1.5m，是要在通常情况下，遇火灾疏散时，疏散人员跨过排烟口下面的烟团，在1m的极限能见度的条件下，也能看清安全出口，使排烟系统充分发挥排烟防烟的作用。

【实施与检查的控制】

排烟口的位置直接影响排烟的实际效果，应仔细定位，并且关注排烟的关闭系统的有效性。

8.4.9　排烟管道必须采用不燃材料制作。安装在吊顶内的排烟管道，其隔热层应采用不燃烧材料制作，并应与可燃物保待不小于150mm的距离。

【技术要点说明】

为了防止排烟口、排烟阀门、排烟道等本身和附近的可燃物被高温烤着起火，故本条规定，这些组件必须采用不燃烧材料制作，并与可燃物保持不小于150mm的距离。

【实施与检查的控制】

设计要明确说明，并检查产品的质量检测报告。

3.5　火灾自动报警装置

《建筑设计防火规范》GBJ 16—87(2001年局部修订)

10.3.1　建筑物的下列部位应设火灾自动报警装置：

一、大中型电子计算机房，特殊贵重的机器、仪表、仪器设备室、贵重物品库房，每座占地面积超过1000m² 的棉、毛、丝、麻、化纤及其织物库房，设有卤代烷、二氧化碳等固定灭火装置的其他房间，广播、电信楼的重要机房，火灾危险性大的重要实验室；

二、图书、文物珍藏库、每座藏书超过100万册的书库，重要的档案、资料库，占地面积超过500m² 或总建筑面积超过1000m² 的卷烟库房；

三、超过3000个座位的体育馆观众厅，有可燃物的吊顶内及其电信设备室，每层建筑面积超过3000m² 的百货楼、展览楼和高级旅馆等。

注：设有火灾自动报警装置的建筑，应在适当部位增设手动报警装置。

10.3.1A　建筑面积大于500m² 的地下商店应设火灾自动报警装置。

10.3.1B　下列歌舞娱乐放映游艺场所应设火灾自动报警装置：

一、设置在地下、半地下；

二、设置在建筑的地上四层及四层以上。

【技术要点说明】

火灾自动报警系统，由触发器件、火灾报警装置，火灾警报装置以及具有其他辅助功能的装置组成。它是人们为了及早发现和通报火灾，并及时采取有效措施控制和扑灭火灾，而设置在建筑物中或其他场所的一种自动消防设施。在经济、技术比较发达的国家，在各种建筑物安装中火灾自动报警比较普遍。有的国家规定，家庭住户也应安装。

本条总结国内安装火灾自动报警的实践经验，又适当考虑今后的发展情况，规定了设置火灾自动报警装置的范围，提出以下几个方面：

1. 大中型电子计算机房（据电子工业部电子计算机总局介绍，国内外划分大中型电子计算机尚无同一标准，一般可根据计算机的价值、运算速度、字长等条件确定。目前我国划分标准大体是：价值在100万以上，运算速度在100万以上，字长在32位以上，可算作大中型电子计算机。现行《计算机房设计规范》则按主机房的建筑面积大小来规定）。

2. 贵重的机器、仪器、仪表设备室（主要是指性质重要、价值特高的精密机器、仪器、仪表装备室）。

3. 每座占地面积超过1000m^2的棉、毛、丝、麻、化纤及其织物等丙类物品库房。因为这样大的库房，储量相应增大，价值高，发生火灾后损失大。

4. 设有卤代烷、二氧化碳等固定灭火装置的其他房间。因为装有这些固定灭火装置的，一般为大中型电子计算机房、重要通讯机房、重要资料档案库、珍藏库等，为了达到早报警、早扑救或有效分隔，以减少损失的目的，故作了本款规定。

5. 广播、电信楼的重要机房。因为这些建筑的重要机房，一旦发生火灾，将会对通讯、广播电视中断，造成重大经济损失和不良政治影响，因此，作为重点保护十分必要。

6. 图书、文物珍藏室，系指价值高的绝本图书和古代珍贵文物贮藏室；一幢书库藏书数量100万册以上，一旦发生火灾损失较大，需要设置火灾自动报警装置加以保护。重要的档案、资料库，一般是指人事和其他绝密、秘密的档案和资料。

7. 超过4000个座位的体育馆观众厅，有可燃物的吊顶内及其电信设备室。这些部位主要是有配电线路、木马道、风管可燃保温材料等物，或是人员较密集的公共场所。关于影剧院的级别是与《剧场设计规范》协调后确定的。

8. 高级旅馆系指建筑标准高、功能复杂、可燃装修多、设有集中空气调节系统的旅馆。

9. 建筑面积大于500m^2的地下商店，以及不论建筑面积大小的设置在地下、半地下或设置在建筑的地上四层以上的歌舞娱乐放映游艺场所。

【实施与检查的控制】

严格对应确定需设置报警系统的建筑部位，并注意选用与保护环境相匹配的探测系统。加强工程验收和维护管理。

10.3.2 散发可燃气体、可燃蒸气的甲类厂房和场所，应设置可燃气体浓度检漏报警装置。

【技术要点说明】

本条对散发可燃气体、可燃蒸气的甲类厂房和场所，应设置固定的可燃气体浓度报警装置作了规定。

近十几年来，我国引进的化工生产装置和其他易燃易爆生产设备，在其装置区或某些部位，大多设有固定可燃气体、可燃蒸气检漏报警装置，均起到了将火灾爆炸事故发现在萌芽状态的作用，收到了较好的实效。

我国有关科研、生产单位，正在积极研究和生产可燃气体检漏报警器，有的已安装使用。

【实施与检查的控制】

鉴于该类场所具有的爆炸危险，必须选用高质量的可靠检漏报警装置。

《高层民用建筑设计防火规范》GB 50045—95(2001 年局部修订)

9.4.1　建筑高度超过 100m 的高层建筑，除面积小于 5.0m² 的厕所、卫生间外，均应设火灾自动报警系统。

9.4.2　除普通住宅外，建筑高度不超过 100m 的一类高层建筑的下列部位应设置火灾自动报警系统：

9.4.2.1　医院病房楼的病房、贵重医疗设备室、病历档案室、药品库；

9.4.2.2　高级旅馆的客房和公共活动用房；

9.4.2.3　商业楼、商住楼的营业厅，展览楼的展览厅；

9.4.2.4　电信楼、邮政楼的重要机房和重要房间；

9.4.2.5　财贸金融楼的办公室、营业厅、票证库；

9.4.2.6　广播电视楼的演播室、播音室、录音室、节目播出技术用房、道具布景；

9.4.2.7　电力调度楼、防灾指挥调度楼等的微波机房、计算机房、控制机房、动力机房；

9.4.2.8　图书馆的阅览室、办公室、书库；

9.4.2.9　档案楼的档案库、阅览室、办公室；

9.4.2.10　办公楼的办公室、会议室、档案室；

9.4.2.11　内走道、门厅、可燃物品库房、空调机房、配电室、自备发电机房；

9.4.2.12　净高超过 2.60m 且可燃物较多的技术夹层；

9.4.2.13　贵重设备间和火灾危险性较大的房间；

9.4.2.14　经常有人停留或可燃物较多的地下室；

9.4.2.15　电子计算机房的主机房、控制室、纸库、磁带库。

9.4.3　二类高层建筑的下列部位应设火灾自动报警系统：

9.4.3.1　财贸金融楼的办公室、营业厅、票证库；

9.4.3.2　电子计算机房的主机房、控制室、纸库、磁带库；

9.4.3.3　面积大于 50m² 的可燃物品库房；

9.4.3.4　面积大于 500m² 的营业厅；

9.4.3.5　经常有人停留或可燃物较多的地下室；

9.4.3.6　性质重要或有贵重物品的房间。

【技术要点说明】

许多高层建筑、高级旅馆、重要仓库、重要的公共建筑等都装设了火灾自动报警系统。

火灾自动报警系统的设计应按现行的国家标准《火灾自动报警系统设计规范》的规定执行。

【实施与检查的控制】

按本条确定系统安装的部位，按火灾自动报警系统设计规范选择系统设备并出设计图。

《汽车库、修车库、停车场设计防火规范》GB 50067—97

9.0.7 除敞开式汽车库以外的Ⅰ类汽车库、Ⅱ类地下汽车库和高层汽车库以及机械式立体汽车库、复式汽车库、采用升降梯作汽车疏散出口的汽车库，应设置火灾自动报警系统。

【技术要点说明】

目前较大型的汽车库都安装了火灾自动报警设施。但由于汽车库内通风不良，又受车辆尾气的影响，不少安装了烟感报警的设备经常发生故障。因此，在汽车库安装何种自动报警设备应根据汽车库的通风条件而定。在通风条件好的车库内可采用烟感报警设施，一般的汽车库内可采用温感报警设施。鉴于汽车库火灾危险性的实际情况，本条规定确保了重点，又节约了建设投资，符合我国国情。

【实施与检查的控制】

需根据汽车库的具体条件选定设备，并具有可靠的故障反馈功能。

《博物馆建筑设计规范》JGJ 66—91

5.3.1 大、中型博物馆必须设置火灾自动报警系统。

《港口客运站建筑设计规范》JGJ 86—92

6.0.8 一、二、三级港口客运站及国际客运站的行包仓库，应设火灾自动报警装置。

《铁路旅客车站建筑设计规范》GB 50226—95

8.2.3 特大型、大型铁路旅客车站的软席候车室、贵宾候车室、售票票据库、行包库及配电室等场所应设置火灾自动报警系统，并相应设置消防控制室。当综合型站房的非站房部分设有消防控制室时，应与旅客站房分别设置。

《档案馆建筑设计规范》JGJ 25—2000

6.0.3 特级、甲级档案馆的档案库、缩微用房、空调机房等房间应设置火灾自动报警设施。

《自动喷水灭火系统设计规范》GB 50084—2001

6.2.1 自动喷水灭火系统应设报警阀组。保护室内钢屋架等建筑构件的闭式系统，应设独立的报警阀组。水幕系统应设独立的报警阀组或感温雨淋阀。

【技术要点说明】

报警阀在自动喷水灭火系统中有下列作用：1. 湿式和干式报警阀：喷头动作后开启并接通报警水流，报警水流将驱动水力警铃和压力开关报警；2. 雨淋报警阀：接通或关断系统供水；3 防止水倒流。

报警阀组中的试验阀，用于检验报警阀、水力警铃和压力开关的可靠性。由于报警阀和水力警铃及压力开关均采用水力驱动的工作原理，因此具有良好的可靠性和稳定性。

各类系统的报警阀组，均已形成标准化的组成形式。报警阀前应配套设有控制阀，主要用于维修时切断供水，系统处于戒备状态时应常开。此阀应采用可显示启闭状态的信号阀，或平时用锁具将阀位锁定在常开位置，以防止误操作。

为钢屋架等建筑构件建立的系统，功能不同于扑救地面火灾的系统，因此规定单独设置报警阀组。水幕系统与上述情况类似，也规定单独设置报警阀组或感温雨淋阀。

【实施与检查的控制】

设计时要区别不同的保护对象，分别考虑设置报警阀组。

6.2.5　雨淋阀组的电磁阀，其入口应设过滤器。并联设置雨淋阀组的雨淋系统，其雨淋阀控制腔的入口应设止回阀。

【技术要点说明】

1. 雨淋阀配置的电磁阀，其流道的通径很小。在电磁阀入口设置过滤器，是为了防止其流道被堵塞，保证电磁阀的可靠性。

2. 并联设置雨淋阀组的系统，启动时，将根据火情开启一部分雨淋阀。当开阀供水时，雨淋阀的入口水压将产生波动，有可能引起其他雨淋阀的误动作。为了稳定控制腔的压力，保证雨淋阀的可靠性，本条规定：并联设置雨淋阀组的雨淋系统，雨淋阀控制腔的入口要求设有止回阀。

【实施与检查的控制】

本条的要点是确保流道的畅通和消除误动作。

6.2.7　连接报警阀进出口的控制阀，宜采用信号阀。当不采用信号阀时，控制阀应设锁定阀位的锁具。

【技术要点说明】

本条对报警阀进出口设置的控制阀，规定应采用信号阀或配置能够锁定阀板位置的锁具。

【实施与检查的控制】

从防止误操作的角度选择合适的产品。

6.2.8　水力警铃的工作压力不应小于0.05MPa，并应符合下列规定

1. 应设在有人值班的地点附近；

2. 与报警阀连接的管道，其管径应为20mm，总长不宜大于20m。

【技术要点说明】

本条提出了水力警铃安装位置、与报警阀组连接管直径及工作压力的规定。规定连接管直径和工作压力的目的，是为了保证水力警铃报警时的声强。

自动喷水灭火系统的报警装置，采用水流驱动原理。报警阀开启后，报警水流从报警阀经延迟器流向水力警铃，驱动水力警铃就地发出警报，并驱动压力开关输出启泵的报警信号。

【实施与检查的控制】

设计要保证系统报警后能被人感知。

6.3.1　除报警阀组控制的喷头只保护不超过防火分区面积的同层场所外，每个防火分区、每个楼层均应设水流指示器。

【技术要点说明】

水流指示器的功能是及时准确地报告火灾部位，本条对系统中应设置水流指示器的部位提出了要求，规定每个防火分区和每个楼层均要求设有水流指示器。同时规定，当一个湿式报警阀仅控制一个防火分区或一个楼层的喷头时，由于报警阀组的水力警铃和压力开关已能充分发挥报警作用，故此种情况可不设水流指示器。

【实施与检查的控制】

对每个分区、每层水流指示器的设置情况进行审查。

6.3.2 仓库内顶板下喷头与货架内喷头应分别设置水流指示器。

【技术要点说明】

设置货架内喷头的仓库，将在顶板下与货架内同时设置喷头。顶板下喷头与货架内喷头分别设置水流指示器，有利于准确判断开放喷头的位置，故规定此条。

【实施与检查的控制】

审查图纸并注意现场验收检查。

6.3.3 当水流指示器入口前设置控制阀时，应采用信号阀。

【技术要点说明】

为使系统在维修时关停的范围不致过大，在水流指示器前可设置阀门，并要求该阀门采用信号阀，以显示阀门的状态。其目的是为了防止误操作，造成配水管道断水的故障。

【实施与检查的控制】

为了防止误操作，必须采用该阀门。

6.5.1 每个报警阀组控制的最不利点喷头处，应设末端试水装置，其他防火分区、楼层的最不利点喷头处，均应设直径为25mm的试水阀。

【技术要点说明】

本条提出了设置末端试水装置的规定。为了检验系统的可靠性，检测系统能否在开放一只喷头的最不利条件下可靠报警并正常启动，要求在每个报警阀的供水最不利处设置末端试水装置。末端试水装置检测的内容，包括水流指示器、报警阀、压力开关、水力警铃的动作是否正常，配水管道是否畅通，以及最不利喷头工作压力等。本条还提出了要求每个防火分区、每个楼层，在供水最不利处装设直径25mm的试水阀的规定，以便在必要时连接末端试水装置。

【实施与检查的控制】

设计图纸要明确标出并注意整体验收检测。

6.5.2 末端试水装置应由试水阀、压力表以及试水接头组成。试水接头出水口的流量系数，应等同于同楼层或防火分区内的最小流量系数喷头。末端试水装置的出水，应采取孔口出流的方式排入排水管道。

【技术要点说明】

规定了末端试水装置的组成、试水接头出水口的流量系数，并对末端试水装置出水的排放方式提出了要求。为了使末端试水装置能够模拟实际情况，进行开放1只喷头启动系统等试验，其试水接头出水口的流量系数，要求与同楼层或所在防火分区采用的最小流量系数的喷头一致。例如：某酒点在客房中安装扩展覆盖边墙型喷头，走廊安装下垂型标准喷头，其所在楼层如设置末端试水装置，试水接头出水口的流量系数，应为 $K=80$。当末端试水装置的出水口直接与管道或软管连接时，将改变试水接头出水口的局部阻力，因此改变了流量系数。所以，本条对末端试水装置的出水，提出采取孔口出流的方式排入排水管道的要求。

【实施与检查的控制】

设计实施时要控制好流量参数和孔口出流两点，并注意工程检测验收。

4　安全疏散和消防电梯

4.1　一 般 规 定

《建筑设计防火规范》GBJ 16—87(2001年局部修订)

5.3.1　公共建筑和通廊式居住建筑安全出口的数目不应少于2个,但符合下列要求的可设一个:

一、一个房间的面积不超过60m²,且人数不超过50人时,可设一个门;位于走道尽端的房间(托儿所、幼儿园除外)内由最远一点到房门口的直线距离不超过14m,且人数不超过80人时,也可设一个向外开启的门,但门的净宽不应小于1.40m。

歌舞娱乐放映游艺场所的疏散出口不应少于2个。当其建筑面积不大于50 m²时,可设置1个疏散出口。

二、二层或三层的建筑(医院、疗养院、托儿所、幼儿园除外)符合表5.3.1的要求时,可设一个疏散楼梯。

设置一个疏散楼梯的条件　　表5.3.1

耐火等级	层　数	每层最大建筑面积(m²)	人　数
一、二级	二、三层	500	第二层和第三层人数之和不超过100人
三　级	二、三层	200	第二层和第三层人数之和不超过50人
四　级	二　层	200	第二层人数不超过30人

三、单层公共建筑(托儿所、幼儿园除外)如面积不超过200 m²且人数不超过50人时,可设一个直通室外的安全出口。

四、设有不少于两个疏散楼梯的一、二级耐火等级的公共建筑,如顶层局部升高时,其高出部分的层数不超过两层,每层面积不超过200 m²,人数之和不超过50人时,可设一个楼梯,但应另设一个直通平屋面的安全出口。

【技术要点说明】

本条的规定内容主要针对公共建筑和通廊式居住建筑,强调建筑或房间至少应设两个安全出口的原则要求。这是因为在人员较多的建筑物或房间如果仅有一个出口,一旦发生火灾出口被火封住所造成的伤亡事故是严重的。

对允许房间设一个安全出口的有如下的要求:

1. 将走道尽端房间允许设一个安全出口的人数规定为80人。这是根据房间内最远一点到房门口的距离不超过14m估算的。

2. 为保证安全疏散,在这一款里还对走道尽端房间的门宽和开启方向作了具体规定。

3. 考虑到幼儿在事故情况下要依靠大人帮助,而成人每次最多只能背抱二名幼儿,当房间位于袋型走道两侧时因仅一个疏散出口，若疏散时间长极易造成伤亡，故幼儿用房不应布置在袋行走道两侧及走道尽端。

另外，在本条第二款中，对有允许设一个疏散楼梯的条件作了具体要求。

1. 建筑物使用性质的限制。规范规定中明确医院、疗养院、托儿所和幼儿园建筑不允许设一个疏散楼梯。

规定中所提到的医院，主要指医院中的门诊、病房楼等病人聚集多和流量较大的医院用房，包括城市卫生院中的门诊病房楼。疗养院是指医疗性的疗养院，其疗养者基本上都是慢性病人。而对于那种休养性的疗养院，则不包括在此范围之内。另外，托儿所包括哺乳室。

2. 层数限制。消防队员可以用来救人的三节梯长只有 10.5m 左右。当建筑物层数较低，楼梯口被火封住还可以用三节梯抢救未及疏散出来的人员。另外，层数低，其通向室外地坪的疏散距离短，有利疏散。所以，层数限制在三层是比较合适的。

3. 根据建筑物耐火等级的不同，对每层最大建筑面积应有所限制。民用建筑的火灾绝大部分发生在三、四级建筑中。因而，把一、二级和三、四级耐火等级的建筑物加以区别，做到严宽分明。将一、二级耐火等级的面积限制定为 $500m^2$，这对于一般小型办公等公共建筑来说是可行的。同时，将人数限制为 100 人。

4. 有些办公楼或科研楼等公共建筑，往往在屋顶部分局部高出 1～2 层。其要求内容基本上是按照三级耐火等级公共建筑设置一个疏散楼梯的条件制定的。在此部分房间中，设计上不应布置会议室等面积较大、容纳人数较多的房间或存放可燃物品的库房。同时，在高出部分的底层应设一个能直通主体部分平屋面的安全出口，以利上部人员可以疏散到屋顶上临时避难或安全转移。

【实施与检查的控制】

设两个出口是疏散设计的基本原则，如只设一个时，应严格满足本条的各种要求。

5.3.4 剧院、电影院、礼堂的观众厅安全出口的数目均不应少于两个，且每个安全出口的平均疏散人数不应超过 250 人。容纳人数超过 2000 人时，其超过 2000 人的部分，每个安全出口的平均疏散人数不应超过 400 人。

【技术要点说明】

本条对剧院、电影院、礼堂的观众厅的安全出口数目和体育馆观众厅的安全出口数目分别作了规定。剧院、电影院、礼堂的观众厅等有关安全疏散设计的要求与体育馆的要求应加以区分，其理由主要有以下几点：

1. 剧院、电影院、礼堂等的观众厅，其室内空间的体积与体育馆室内空间体积相比要小。因此火场温度上升的速度和烟雾浓度增加的速度，前者要比后者来得快，并导致人员有效疏散时间短。

2. 剧院、电影院、礼堂的观众厅，其内部装修用的可燃材料一般要比体育馆多，尤其是剧院和多功能礼堂的舞台上设有幕布、布景、道具以及木地板等可燃物，加之各种用电设备复杂，所以火灾危险性要比体育馆大。

3. 剧院、电影院、礼堂的观众厅内容纳人数与体育馆有很大差别。在安全疏散设计上，由于受平面的座位排列和走道布置等技术和经济因素的制约，使得体育馆观众厅每个安全出口所平均担负的疏散人数要比剧院和电影院的多。另外，由于体育馆观众厅最远处座位至最近安全出口的距离，一般也都比剧院、电影院的要大，再加上体育馆观众厅的地面形式多为阶梯地面，疏散速度较慢，所以整个疏散时间就需要长一些。

4. 从设计的可行性来看，剧院、电影院的疏散设计，采用规范规定的安全出口数目和疏散宽度指标等要求基本上是可行的。而体育馆出口设计执行剧院的规定就十分困难。

安全出口数目与疏散时间的关系，在疏散设计中主要体现在两个方面：一是设计中实际确定的安全出口总宽度，必须大于根据控制疏散时间计算出来的总宽度；二是设计的安全出口数量，一定要满足每个安全出口平均疏散人数的规定要求，以及根据此疏散人数所计算出的疏散时间，还必须小于控制疏散时间的规定要求。

在疏散设计中安全出口的数目与安全出口的宽度之间有着相互协调，相互配合的密切关系。这也是认真控制疏散时间，合理执行疏散密度指标所必须充分注意和精心设计的一个重要环节。在这方面，要求设计人员在确定观众厅安全出口的宽度时，必须考虑通过人流股数的多少和宽度，如单股人流的宽度为55cm，两股人流的宽度为1.1m，三股人流的宽度为1.65m等。这就像设计门窗洞口要考虑建筑模数一样，只有设计得合理，才能更好地发挥安全出口的疏散功能和经济效益。

基于上述分析，本条文只对剧院、电影院和礼堂的观众厅安全出口数目做要求。现对其条文内容作如下说明：

1. 对一、二级耐火等级建筑的观众厅疏散时间按2min控制。

据调查，一般剧院、电影院等观众厅的疏散门宽度多在1.65m以上，即可通过三股疏散人流。这样，一座容纳人数不超过2000人的剧院或电影院，如果池座和楼座的每股人流通过能力按40人/min计算（池座平坡地面按43人，楼座阶梯地面按37人），则250人需要的疏散时间为250/(3×40)＝2.08(min)，与规定的控制疏散时间基本吻合。同理，如果剧院或电影院的容纳人数超过了2000人，则超过2000人的部分，每个安全出口的平均人数可按不超过400人考虑，这样对整个观众厅来说，每个安全出口的平均疏散人数就超过了250人。因此，也要相应调整每个安全出口的宽度。在这里，设计人员仍要注意掌握和合理确定每个安全出口的人流通行股数和控制疏散时间的协调关系。如一座容纳人数为2400人的剧院，按规定需要的安全出口数目为：2000/250＋400/400＝9(个)，则每个安全出口的平均疏散人数约为：2400/9＝267(人)，按2min控制疏散时间计算出来的每个安全出口所需通过的人流股数为：267/(2×40)＝3.3(股)。此时，一般宜按4股通行能力来考虑设计安全出口的宽度，即采用4×0.55＝2.20(m)较为合适。

2. 对于三级耐火等级的剧院、电影院等的观众厅，人员的疏散时间按1.5min控制。

具体设计时，可按上述办法根据每个安全出口平均担负的疏散人数，对每个安全出口的宽度进行必要的校核和调整。

【实施与检查的控制】

重点控制出口的数量和每个出口的疏散人数。

5.3.5　体育馆观众厅安全出口的数目不应小于两个。

【技术要点说明】

对于体育馆观众厅每个安全出口的平均疏散人数提出不宜超过400～700人的要求，作如下说明：

1. 一、二级耐火等级体育馆观众厅的控制疏散时间，是根据不同的容量规模分别按3～4min考虑的。

对部分体育馆的实测结果是：2000～5000座的观众厅，其平均疏散时间为3.17min；5000～20000座的观众厅其平均疏散时间为4min，所以决定将一、二级耐火等级体育馆观众厅人员的疏散时间定为3～4min。

2. 由于体育馆观众厅容纳人数的规模变化幅度较大，所以观众厅每个安全出口平均担负的疏散人数也相应地有个变化的幅度，而这个变化又与观众厅安全出口的设计宽度密切相关。

规范将一、二级耐火等级体育馆观众厅安全出口平均疏散的人数定为400～700人。在具体工程的疏散设计中，设计人员可按上述计算方法，根据不同的容量规模，合理地确定观众厅安全出口的数目、宽度，以满足规定的控制疏散时间的要求。如一座容量规模为8600人的一、二级耐火等级的体育馆，如果观众厅的安全出口设计为14个，则每个出口的平均疏散人数为8600/14＝614(人)。设每个出口的宽度定为2.20m(即4股人流所需宽度)，则通过每个安全出口需要的疏散时间为614/(4×37)＝4.15(min)，超过3.5min，不符合规范要求。因此，应考虑增加安全出口的数目或加大安全出口的宽度。如果采取增加出口的数目的办法，将安全出口数目增加到18个，则每个安全出口的平均疏散人数为8600/18＝478(人)。通过每个安全出口需要的疏散时间则缩短为478/(4×37)＝3.22(min)，不超过3.5min，符合规范要求。又如：容量规模为20000人的一座一、二级耐火等级的体育馆，如果观众厅的安全出口数目设计为30个，则每个安全出口的平均疏散人数为20000/30＝667(人)。设每个出口的宽度定为2.2m，则通过每个出口需要的疏散时间为667/(4×37)＝4.5(min)，超过了4min，不符合规范要求。如把每个出口的宽度加大为2.75m(即5股人流所需宽度)，则通过每个安全出口的疏散时间为667/(5×37)＝3.6(min)，小于4min，符合规范要求。

3. 体育馆的疏散设计，要注意将观众厅安全出口的数目与观众席位的连续排数和每排的连续座位数联系起来加以综合考虑。一个观众席位区，观众可通过两侧的两个出口进行疏散，其间共有可供四股人流通行的疏散走道。若规定出观众厅的疏散时间为3.5min，则该席位区最多容纳的观众席位数为4×37×3.5＝518(人)。在这种情况下，安全出口的宽度就不应小于2.2m；而观众席位区的连续排数如定为20排，则每一排的连续座位就不宜超过518/20＝26(个)。如果一定要增加连续座位数，就必须相应加大疏散走道和安全出口的宽度。否则就会违反“来去相等”的设计原则了。

【实施与检查的控制】

通过观众座位数，计算出口的宽度和数量。

5.3.6　地下室、半地下室每个防火分区的安全出口数目不应少于2个。但面积不超过$50m^2$，且人数不超过10人时可设1个。

地下室、半地下室有2个或2个以上防火分区相邻布置时，每个防火分区可利用防火墙上一个通向相邻分区的防火门作为第二安全出口，但每个防火分区必须有一个直通室外的安全出口。

人数不超过30人且建筑面积不大于$500m^2$的地下、半地下建筑，其垂直金属梯可作为安全出口。

歌舞娱乐放映游艺场所的疏散出口不应少于2个。当其建筑面积不大于$50\ m^2$时，可设置一个疏散出口，其疏散出口总宽度，应根据其通过人数按不小于1.0m/百人确定。

注：地下室、半地下室的楼梯间，在首层应采用耐火极限不低于 2.00h 的隔墙与其他部位隔开并应直通室外，当必须在隔墙上开门时，应采用不低于乙级的防火门。

地下室或半地下室与地上层不应共用楼梯间，当必须共用楼梯间时，应在首层与半地下层的入口处设置耐火极限不低于 2.00h 的隔墙和乙级的防火门隔开，并应有明显的标志。

【技术要点说明】

地下、半地下建筑每个防火分区的安全出口不应少于两个。考虑到相邻防火分区同时起火的可能性较小，所以可在设置两个安全出口有困难时，可将相邻防火分区之间的防火墙上的防火门作为第二安全出口，但每个防火分区必须有一个直通室外的安全出口(包括通过符合规范要求的底层楼梯间或具有防烟功能的疏散避难走道，再到达室外的安全出口)。

但对于面积不超过 $50m^2$，且人数不超过 10 人的地下室，半地下室允许设一个安全出口。

为防止烟气和火焰蔓延到其他部位，规定在底层楼梯间通地下室、半地下室的入口处，应用耐火极限不低于 1.5h 的不燃体隔墙和乙级防火门与其他部位分隔开。当地下室、半地下室与底层共用一个楼梯间作为安全出口时，为防止发生火灾时，上面人员在疏散过程中误入地下室而造成混乱以至伤亡现象，故规定在底层楼梯间处应设有分隔设施和明显的疏导性标志。

歌舞娱乐放映游艺场所疏散出口总宽度，应根据疏散人数百人指标计算确定。

歌舞娱乐放映游艺场所每个厅室的出口不少于两个的规定，是考虑到当其中一个疏散出口被烟火封堵时，人员可以通过另一个疏散出口逃生。对于建筑面积小于 $50m^2$ 的厅室，面积不大，人员数量较少，疏散比较容易，所以可设置一个疏散出口。

【实施与检查的控制】

检查防火分区出口的分布，楼梯的位置和防火门的设置。

5.3.6A　建筑中的安全出口或疏散出口应分散布置。建筑中相邻 2 个安全出口或疏散出口最近边缘之间的水平距离不应小于 5.0m。

【技术要点说明】

对安全出口、疏散出口的布置方式的规定，是为了避免安全出口或房间出口间设置距离太近，造成人员疏散拥堵的现象。出口之间的距离是根据我国实际情况并参考了国外有关标准确定的。

此外，为保证人员疏散畅通、快捷、安全，疏散楼梯间在各层的平面位置不应改变。

【实施与检查的控制】

两个安全出口的水平距离必须控制，以防止人员疏散时过于集中而堵塞。

《高层民用建筑设计防火规范》GB 50045—95(2001 年局部修订)

6.1.1　高层建筑每个防火分区的安全出口不应少于两个。但符合下列条件之一的，可设一个安全出口：

6.1.1.1　十八层及十八层以下，每层不超过 8 户、建筑面积不超过 $650m^2$，且设有一座防烟楼梯间和消防电梯的塔式住宅。

6.1.1.2　每个单元设有一座通向屋顶的疏散楼梯，且从第十层起每层相邻单元设有连通阳台或凹廊的单元式住宅。

6.1.1.3　除地下室外的相邻两个防火分区，当防火墙上有防火门连通，且两个防火分区的建筑面积之和不超过本规范第 5.1.1 条规定的一个防火分区面积的 1.40 倍的公共建筑。

【技术要点说明】

高层建筑的高度高、层数多，人员集中。发生火灾时，烟和火通过垂直通道或各种管井向上蔓延速度快。由于垂直疏散距离长、人流密集。因此，要求每个防火分区的安全出口不少于两个。对不超过 18 层的塔式住宅和单元式住宅可放宽要求的理由如下：

1. 塔式住宅的布置是以疏散楼梯为中心，因此其疏散路线较相同面积的通廊式住宅要短，疏散路线也较简捷。

塔式住宅设一座防烟楼梯间和一部兼用的消防电梯，在高度不超过 18 层时，每层 650m^2 和 8 户人家的情况下，遇有火灾，基本上可以满足人员疏散和消防队员对火灾扑救的需要。

2. 单元式住宅，受平面设计和面积指标的限制，在一个单元内设两个安全出口比较困难。由此规定可设一座疏散楼梯，但条件是从第十层起每层相邻单元设有连通阳台或凹廊，并强调单元住宅的疏散楼梯必须出屋面。

【实施与检查的控制】

严格把关只设一个安全出口的条件。

6.1.4　高层公共建筑的大空间设计，必须符合双向疏散或袋形走道的规定。

【技术要点说明】

国外高层公共建筑，搞大空间设计的不少，即楼层内不进行分隔，而由使用者按照需要，进行装饰与分隔。但从一些国内工程看，考虑的安全疏散距离往往偏大，不利于安全疏散。

【实施与检查的控制】

保证双向疏散，控制疏散距离。

6.1.12　高层建筑地下室、半地下室的安全疏散应符合下列规定：

6.1.12.1　每个防火分区的安全出口不应少于两个。当有两个或两个以上防火分区，且相邻防火分区之间的防火墙上设有防火门时，每个防火分区可分别设一个直通室外的安全出口。

6.1.12.3　人员密集的厅、室疏散出口总宽度，应按其通过人数每 100 人不小于 1.00m 计算。

【技术要点说明】

对地下室、半地下室的防火设计，应该比地面以上部分的要求严格。

1. 每个防火分区的安全出口数不应少于两个，考虑到相邻两个防火分区同时发生火灾的可能性较小，因此相邻分区之间防火墙上的防火门可用作第二个安全出口。但要求每个防火分区至少应有一个直通室外的安全出口，以保证安全疏散的可靠性。通过防火门进入相邻防火分区时，如果不是直通外部出口，而是经过其他房间时，也必须保证能由该房间安全疏散出去。

2. 对房间的面积和使用人数的规定严于地上部分，目的是保证人员安全，缩短疏散时间。

3. 较大空间的厅室及设在地下层的餐厅、商场等，出口应有足够的宽度。要求其疏散出口总宽，按通过人数每 100 人不小于 1m 计算。

【实施与检查的控制】

保证有一个直通室外的出口和人密集区的出口总宽度。

6.1.13　建筑高度超过 100m 的公共建筑，应设置避难层(间)，并应符合下列规定：

6.1.13.2　通向避难层的防烟楼梯应在避难层分隔、同层错位或上下层断开，但人员均必须经避难层方能上下。

6.1.13.5　避难层应设消防电梯出口。

6.1.13.6　避难层应设消防专线电话，并应设有消火栓和消防卷盘。

6.1.13.7　封闭式避难层应设独立的防烟设施。

6.1.13.8　避难层应设有应急广播和应急照明，其供电时间不应小于1.00h，照度不应低于1.00lx。

【技术要点说明】

建筑高度在100m以上的建筑物，火灾时要将建筑内的人员完全疏散到室外比较困难，并且有时人员向下直接疏散因火灾等原因无法实现时，人员也需要临时避难，等待救援。故本条规定的建筑要设暂时避难层。对避难层有如下几条技术要求。

1. 从首层到第一个避难层之间的楼层不宜超过15层的原因是，发生火灾时集聚在第15层左右的避难层人员，不能再经楼梯疏散，可由云梯车将人员疏散下来。目前国内有一部分城市配有50m高的云梯车，可满足15层高度的需要。

此外，还考虑到各种机电设备及管道等的布置需要，并能方便于建成后的使用管理，两个避难层之间的楼层数大致定在15层左右。

2. 进入避难层的入口，如没有必要的引导标志，发生了火灾，处于极度紧张的人员不容易找到避难层。为此提出防烟楼梯间宜在避难层错动位置或上下层断开通过避难层，但均应通过避难层，使需要进入的人能尽早进入避难层。

3. 避难层的人员面积指标，是设计人员比较关心的事情。集聚在避难层的人员密度是要大一些，但又不致于过分拥挤。考虑到我国人员的体型情况，平均每平方米容纳5个人还是可以的。

【实施与检查的控制】

确保五条具体要求同时实现。

《汽车库、修车库、停车场设计防火规范》GB 50067—97

6.0.1　汽车库、修车库的人员安全出口和汽车疏散出口应分开设置。设在民用建筑内的汽车库，其车辆疏散出口应与其他部分的人员安全出口分开设置。

【技术要点说明】

本条是为了确保人车分流、各行其道，发生火灾时不影响人员的安全疏散。汽车库、修车库与办公、宿舍、休息用房组合的建筑，其人员出口和车辆的出口应分开设置。

设在工业与民用建筑内的汽车库是指与其他建筑平面贴邻或上下组合的建筑，对这些组合式汽车库应做到车辆的疏散出口与人员的安全出口分开设置，方便平时的使用管理，确保火灾时安全疏散的可靠。

【实施与检查的控制】

把握住人、车出口分开设置的原则。

6.0.3　汽车库、修车库的室内疏散楼梯应设置封闭楼梯间。建筑高度超过32m的高层汽车库的室内疏散楼梯应设置防烟楼梯间。

【技术要点说明】

多层、高层以及地下的汽车库、修车库内的人员疏散主要依靠楼梯进行。因此要求室内的楼梯必须安全可靠,要求在楼梯间入口处应设置封闭门使之形成封闭楼梯间。对地下汽车库和高层汽车库以及设在高层建筑裙房内的汽车库,其楼梯间的封闭门应采用乙级防火门。

【实施与检查的控制】

为了人的安全,最低应设封闭楼梯间。

6.0.6 汽车库、修车库的汽车疏散出口不应少于两个,但符合下列条件之一的可设一个:

1 Ⅳ类汽车库;

2 汽车疏散坡道为双车道的Ⅲ类地上汽车库和停车数少于100辆的地下汽车库;

3 Ⅱ、Ⅲ、Ⅳ类修车库。

6.0.7 Ⅰ、Ⅱ类地上汽车库和停车数大于100辆的地下汽车库,当采用错层或斜楼板式且车道、坡道为双车道时,其首层或地下一层至室外的汽车疏散出口不应少于两个,汽车库内的其他楼层汽车疏散坡道可设一个。

【技术要点说明】

确定车辆疏散出口的主要原则是,在汽车库满足平时使用要求的基础上,适当考虑火灾时车辆的安全疏散要求。对大型的汽车库,平时使用也需要设置两个以上的出口,所以原则规定出口不应少于两个,但对设置一个出口的汽车库停车数比过去增加了一倍左右。如设置的是单车道时,停车数控制在50辆以下,这样与公安交通管理部门的规定还是一致的。

地下汽车库,设置出口不仅占用面积大,而且难度大,故规定100辆以下双车道的地下汽车库也可设一个出口。这些汽车库按要求设置自动喷淋灭火系统,最大的防火分区可为4000m²,对于地下多层汽车库,在计算每层设置汽车疏散出口数量时,应尽量按总数量予以考虑,即总数在100辆以上的应不少于两个,总数在100辆以下的可为一个双车道出口。如确有困难,当车道上设有自动喷淋灭火系统时,可按本层地下车库所担负的车辆疏散数量是否超过50或100辆来确定汽车出口数。例如三层停车库,地下一层为54辆,地下二层为38辆,地下三层为34辆。在设置汽车出口有困难时,地下三层至地下二层因汽车疏散少于50辆,可设一个单车道的出口;地下二层至地下一层,因汽车疏散为38+34=72辆,大于50辆,小于100辆,可设一个双车道的出口;地下一层至室外,因汽车疏散数量为54+38+34=126辆,大于100辆,应设两个汽车疏散出口。

错层式、斜楼板式汽车库内,一般汽车疏散是螺旋单向式按同一时针方向行驶,楼层内难以设置两个疏散车道,但一般都为双车道。当车道上设置自动喷淋灭火系统时,楼层内可允许只设一个出口,但到了地面及地下室外时,I、II类地上汽车库和超过100辆的地下汽车库应设两个出口,这样也便于平时汽车的出入管理。

【实施与检查的控制】

检查设一个出口的条件并根据汽车的数量、建筑条件和消防设施决定出口的多少。

《图书馆建筑设计规范》JGJ 38—99

6.4.4 图书馆内超过300座位的报告厅,应独立设置安全出口,并不得少于两个。

《商店建筑设计规范》JGJ 48—88

4.2.3 商店营业部分的疏散通道和楼梯间内的装修、橱窗和广告牌等均不得影响设计要求的疏散宽度。

《电影院建筑设计规范》JGJ 58—88

7.2.5 后台应有不少于两个直接通向室外的出口。

7.2.6 乐池和台仓出口不应少于两个。

《汽车客运站建筑设计规范》JGJ 60—99

7.2.2 汽车客运站内候车厅安全出口必须直接通向室外,室外通道净宽不得小于3m。

7.2.5 楼层设置候车厅时,疏散楼梯不得少于两个,疏散楼梯应直接通向室外,室外通道净宽不得小于3m。

4.2 安全疏散距离和出口宽度

《建筑设计防火规范》GBJ 16—87(2001年局部修订)

5.3.8 民用建筑的安全疏散距离,应符合下列要求:

一、直接通向公共走道的房间门至最近的外部出口或封闭楼梯间的距离,应符合表5.3.8的要求。

安全疏散距离　　表5.3.8

名　称	房间至外部出口或封闭楼梯间的最大距离(m)					
	位于两个外部出口或楼梯间之间的房间			位于袋形走道两侧或尽端的房间		
	耐　火　等　级			耐　火　等　级		
	一、二级	三级	四级	一、二级	三级	四级
托儿所、幼儿园	25	20	—	20	15	—
医院、疗养院	35	30	—	20	15	—
学　校	35	30	—	22	20	—
其他民用建筑	40	35	25	22	20	15

注:1 敞开式外廊建筑的房间门至外部出口或楼梯间的最大距离可按本表增加5.00m。
2 设有自动喷水灭火系统的建筑物,其安全疏散距离可按本表规定增加25%。

二、房间的门至最近的非封闭楼梯间的距离,如房间位于两个楼梯间之间时,应按表5.3.8减少5.00m;如房间位于袋形走道或尽端时,应按表5.3.8减少2.00m。

楼梯间的首层应设置直接对外的出口,当层数不超过四层时,可将对外出口设置在离楼梯间不超过15m处。

三、不论采用何种形式的楼梯间,房间内最远一点到房门的距离,不应超过表5.3.8中规定的袋形走道两侧或尽端的房间从房门到外部出口或楼梯间的最大距离。

【技术要点说明】

规范表5.3.8中规定的至外部出口或封闭楼梯间的最大距离的房门,是指直通公共疏散走道的房门或直接开向楼梯间的分户门,而不是指套间里的隔间门或分户门内的居室门。

规范表5.3.8的注1,对于敞开式外廊建筑的有关要求作了适当放宽。理由是外廊式建筑一旦发生火灾时，因为外廊是敞开的，所以通风、排烟、采光、降温等方面的情况一般均比内廊式建筑要有利于安全疏散，所以适当增加了规定的距离。

规范表 5.3.8 的注 2，对设有自动喷水灭火系统的建筑物，其安全疏散距离可按规定增加 25%，作为在加强设防条件情况下，允许适当调整的一种措施，从而给设计以一定灵活的可能。

为和《高层民用建筑设计防火规范》协调一致，将出口和楼梯间的距离最远不超过 14m 调整为 15m。

【实施与检查的控制】

疏散距离的确定取决于建筑类型、耐火等级、平面布局以及灭火设施，要对应检查。

5.3.10　剧院、电影院、礼堂等人员密集的公共场所观众厅的疏散内门和观众厅外的疏散外门、楼梯和走道各自总宽度，均应按不小于表 5.3.10 的规定计算。

疏散宽度指标　　表 5.3.10

宽度指标(m/百人) 疏散部位 \ 观众厅座位数(个) 耐火等级		≤2500	≤1200
		一、二级	三级
门和走道	平坡地面	0.65	0.85
	阶梯地面	0.75	1.00
楼　梯		0.75	1.00

注：有等场需要的入场门，不应作为观众厅的疏散门。

【技术要点说明】

这一条是专门对剧院、电影院、礼堂等公共建筑安全疏散设计出来的宽度指标要求：

1. 本条规定的疏散宽度指标是根据一、二级耐火等级建筑出观众厅的疏散时间控制在 2min，三级耐火等级建筑出观众厅的疏散时间控制在 1.5min 这一条件来确定的。这样按照计算安全出口宽度指标公式所算出来的一、二级耐火等级建筑的观众厅中每 100 人所需疏散宽度为：

门和平坡地面：$B=100\times0.55/(2\times43)=0.639$(m)　　取 0.65m；

阶梯地面和楼梯：$B=100\times0.55/(2\times37)=0.743$(m)　　取 0.75m。

三级耐火等级建筑的观众厅中每 100 人所需要的疏散宽度为：

门和平坡地面：$B=100\times0.55/(1.5\times43)=0.85$(m)　　取 0.85m；

阶梯地面和楼梯：$B=100\times0.55/(1.5\times37)=0.99$(m)　　取 1.00m。

2. 根据规定的疏散宽度指标计算出来的安全出口总宽度，只是实际需要设计的最小宽度，在最后具体确定安全出口的设计宽度时，还需要对每个安全(疏散)出口的疏散时间进行细致的校核和必要的调整。

如：一座容量规模为 1500 人的影剧院，耐火等级为二级，其中池座容纳 1000 人、楼座部分容纳 500 人，按上述规定的疏散宽度指标计算出来的安全出口的总宽分别为：

池座：$1000\div100\times0.65=6.5$(m)；

楼座：$500\div100\times0.75=3.75$(m)。

在具体确定安全出口时，如果池座部分设计 4 个、每个宽度为 1.65m 的安全出口，则每个出口平均担负的疏散人数为 1000/4＝250(人)，每个出口所需疏散时间为 $250/(3\times43)=$

1.94(min)＜2min，符合规范要求。如果楼座部分也开设2个、每个宽度为1.65m的安全(疏散)出口，则每个出口所需疏散时间为250/(3×37)＝2.25(min)＞2min，按要求应增加出口数量或加大出口宽度。如采取增加出口数目的办法改开3个出口，每个出口平均担负的疏散人数为500/3＝167(人)，每个出口所需疏散时间为167/(3×37)＝1.5(min)，符合要求。这样算出来的观众厅的实际需要总宽度为4×1.65＋3×1.65＝11.55(m)，依次推算出的疏散宽度指标为(11.5/1500)×100＝0.77(m/百人)。如采取加大楼座出口宽度的办法，将两个出口的宽度改为2.2m，则每个出口所需要的疏散时间为250/(4×37)＝1.69(min)，也是可行的。这样，观众厅实际需要的安全出口总宽度为4×1.65＋2.2＝11(m)，反算出来的疏散宽度指标则为(11/1500)×100＝0.73(m/百人)。

3. 本条的适用范围，对一、二级耐火等级的建筑，容纳人数不超过2500人；对三级耐火等级的建筑，容纳人数不超过1200人。

【实施与检查的控制】

用百人指标计算的是最小宽度值。注意必要的校核与调整。

5.3.11　体育馆观众厅的疏散门以及疏散外门，楼梯和走道各自宽度，均应按不小于表5.3.11的规定计算。

疏散宽度指标　　表5.3.11

宽度指标(m/百人) 疏散部位 \ 观众厅座位数(个)		3000～5000	5001～10000	10001～20000
耐火等级		一、二级	一、二级	一、二级
门和走道	平坡地面	0.43	0.37	0.32
	阶梯地面	0.50	0.43	0.37
楼　梯		0.50	0.43	0.37

注：表中较大座位数档次按规定指标计算出来的疏散总宽度，不应小于相邻较小座位数档次按其最多座位数计算出来的疏散总宽度。

【技术要点说明】

这一条是专门对体育馆建筑安全疏散设计提出来的宽度指标要求。

将体育馆观众厅容量规模的最低限数定为3000人。其理由主要有以下两点：

1. 国内各大、中城市已建成的体育馆，其容量规模多在3000人以上。

2. 把剧院、电影院的观众厅与体育馆的观众厅在疏散宽度指标上分别规定，所以在规定容量规模的适用范围时，理应拉开距离，防止交叉现象。

将体育馆观众厅容量规模的最高限数定为20000人，这主要基于以下几个原因：

1. 国内各大、中城市近年来陆续建成使用的体育馆有不少容量规模超过了6000人。

2. 容量规模大的体育馆普遍存在着建设周期长、使用率和审查率低、经营管理费大等问题。

本条规定中的疏散宽度指标，按照观众厅容量规模的大小分为三档：3000～5000人；5001～10000人；10001～20000人。每个档次中所规定的百人疏散宽度指标(m/百人)，是根据出观众厅的疏散时间分别控制在3min、3.5min、4min这一基本要求来确定的。

根据规定的疏散宽度指标计算出来的安全出口总宽度，只是实际需要设计的概算宽度，在最后确定安全出口的设计宽度时，还需对每个安全出口进行核算和调整。

本条表5.3.11后面增加的一条"注"，明确了采用指标进行计算和选定疏散宽度时的一条原则：即容量规模大所计算出来的需要宽度，不应小于根据容量规模小的观众厅计算所需宽度。如果前者小于后者，应采用最大者数据。

体育馆观众厅内纵横走道的布置是疏散设计中的一个重要内容，在工程设计中应注意以下几点：

1. 观众席位中的纵走道担负着把全部观众疏散到安全出口的重要功能。因此，在观众席位中不设横走道时，其通向安全出口的纵走道设计总宽度应与观众厅安全出口的设计总宽度相等。

2. 观众席位中的横走道可以起到调剂安全出口人流密度和加大出口疏散流通能力的作用。所以，一般容量规模超过6000人或每个安全出口设计的通过人流股数超过4股时，宜在观众席位中设置横走道。

3. 经过观众席中的纵、横走道通向安全出口的设计人流股数与安全出口设计的通行股数，应符合"来去相等"的原则。如安全出口设计的宽度为2.2m，则经过纵、横走道通向安全出口的人流股数不宜超过4股，超过了就会造成出口处堵塞、延误疏散时间。反之，如果经纵、横走道通向安全出口的人流股数少于安全出口的设计通行人流股数，则不能充分发挥安全出口的疏散作用。

【实施与检查的控制】

按座位数和百人指标确定理论宽度并在此基础上做设计的调整。

5.3.12 学校、商店、办公楼、候车（船）室、歌舞娱乐放映游艺场所等民用建筑中的楼梯、走道及首层疏散外门的各自总宽度，均应根据疏散人数，按不小于表5.3.12规定的净宽度指标计算。

楼梯门和走道的净宽度指标（m/百人） 表5.3.12

层数	耐火等级		
	一、二级	三级	四级
一、二层	0.65	0.75	1.00
三层	0.75	1.00	—
≥四层	1.00	1.25	—

注：1 每层疏散楼梯的总宽度应按本表规定计算。当每层人数不等时，其总宽度可分层计算，下层楼梯的总宽度按其上层人数最多一层的人数计算；

2 每层疏散门和走道的总宽度应按本表规定计算；

3 底层外门的总宽度应按该层或该层以上人数最多的一层人数计算，不供楼上人员疏散的外门，可按本层人数计算；

4 录像厅、放映厅的疏散人数应根据该场所的建筑面积按1.0人/m²计算；其他歌舞娱乐放映游艺场所的疏散人数应根据该场所建筑面积按0.5人/m²计算。

【技术要点说明】

本条规定内容也基本上适用于火车、汽车站内的候车室，轮船码头的候船室以及民航候机厅等公共建筑的安全疏散设计。

在多层民用建筑中，各层的使用情况不同，每层上的使用人数也往往有所差异。如果整栋建筑物的楼梯按人数最多的一层计算，除非人数最多的一层是在顶层，否则是不尽合理的，也不经济。对此，表注中明确规定：每层楼梯的总宽度可按该层或该层以上人数最多的一层计算，即对楼梯总宽度分段进行计算，下层楼梯总宽度按其上层人数最多的一层计算。

如：一座二级耐火等级的六层民用建筑，第四层的使用人数最多为400人，第五层、第六层每层的人数均为200人，计算该建筑的楼梯总宽度。根据楼梯宽度指标1m/百人的规定，第四层和第四层以下每层楼梯的总宽度为4m；第五层和第六层每层楼梯的总宽度可为2m。

为保证歌舞娱乐放映游艺场所疏散设计安全可靠，根据我国实际情况，并参考国外有关标准，规定了这些场所的人数计算指标。人员密度指标是按该场所净面积计算确定的。

【实施与检查的控制】

用百人指标算出口宽度，注意娱乐场所总人数的计算要求。

5.3.14　人员密集的公共场所、观众厅的入场门、太平门不应设置门槛，其宽度不应小于1.40m，紧靠门口1.40m内不应设置踏步。

太平门应为推闩式外开门。

人员密集的公共场所的室外疏散小巷，其宽度不应小于3.00m。

【技术要点说明】

本条文的规定主要是为了保证安全疏散人流的顺畅。

观众厅太平门要求装置自动门闩或装安全自动推闩。这也是一种保证安全疏散的重要措施。剧院、电影院等的观众厅的太平门上安装的是普通插销或笨重的手推杠，甚至有的门经常上锁。这种现象在实际火灾中有过多起惨重教训。

安全自动推闩是一种门上用的通天插销，但扶手不是旋转式的，而是一推或一压就能使通天插销缩回的扶手，这是一种供疏散门专用的建筑五金。

人员密集的公共场所的室外疏散小巷，其宽度规定不应小于3m。这是非常必要的，而且是最小宽度，设计时应因地制宜地尽量加大此宽度。

原规定太平门向外开，并要求装置自动门闩，目前已成为定型产品，为了与相应的产品标准进行协调，故作了相应修改。

【实施与检查的控制】

公共场所出口的设计以人员疏散不出现任何障碍为原则。

《高层民用建筑设计防火规范》GB 50045—95(2001年局部修订)

6.1.5　高层建筑的安全出口应分散布置，两个安全出口之间的距离不应小于5.00m。安全疏散距离应符合表6.1.5的规定。

安全疏散距离　　表6.1.5

高层建筑		房间门或住宅户门至最近的外部出口或楼梯间的最大距离(m)	
		位于两个安全出口之间的房间	位于袋形走道两侧或尽端的房间
医院	病房部分	24	12
	其他部分	30	15
旅馆、展览楼、教学楼		30	15
其他		40	20

【技术要点说明】

要求高层建筑安全疏散出口分散布置，目的在于在同一建筑中楼梯出口距离不能太小。因为两个楼梯出口之间距离太近，安全出口集中，会使人流疏散不均匀而造成拥挤；还会因出口同时被烟堵住，使人员不能脱离危险地区而造成人员重大伤亡事故。故本规范规定两个安全出口之间的距离不应小于5.00m。

本规范表6.1.5规定的距离，是根据人员在允许疏散时间内，通过走道迅速疏散，并以能透过烟雾看到安全出口或疏散标志的距离确定的。考虑到各类建筑的使用性质、容纳人数、室内可燃物数量不等，规定的安全疏散距离也有一定幅度的变化。

本条对教学楼、旅馆、展览楼的安全疏散距离为30m。因为这些建筑内的人员较集中或对疏散路线不太熟悉。以旅馆为例，可燃物较多，来往人员不固定，对建筑内的情况和疏散路线不太熟悉，尤其是夜间起火会给疏散带来很大困难。高层建筑的教学楼人员密集较大。

高层医院的病房部分，使用对象主要是病人，大多行动不便，发生火灾时有的人需要手推车或担架等协助疏散，根据不利的疏散条件并结合一个护理单元的面积，将安全疏散距离定为24m。

其他高层建筑，如办公楼、通讯楼、广播电视楼、邮政楼、电力调度楼、防灾指挥楼等，一般面积较大，但人员密度不大。通廊式住宅虽然人员密度较大，但固定的住户对环境熟悉，对疏散是有利因素。参照《建筑设计防火规范》第5.3.8条，对耐火等级为一、二级的其他民用建筑的疏散距离规定，确定这些建筑的安全疏散距离为不大于40m。

袋形走道内最大安全距离的规定，考虑到火灾时该走道内房间里的人员疏散时，有可能在惊慌失措的情况下，会跑向走道的尽头，发现此路不通时掉转方向再找疏散楼梯口。为此，有必要缩短安全疏散距离。

【实施与检查的控制】

根据建筑类型、平面布局确定疏散距离，并防止出口间距离太小。

6.1.9 高层建筑内走道的净宽，应按通过人数每100人不小于1.00m计算；高层建筑首层疏散外门的总宽度，应按人数最多的一层每100人不小于1.00m计算。首层疏散外门和走道的净宽不应小于表6.1.9的规定。

首层疏散外门和走道的净宽(m)　　表6.1.9

高层建筑	每个外门的净宽	走道净宽	
		单面布房	双面布房
医院	1.30	1.40	1.50
居住建筑	1.10	1.20	1.30
其他	1.20	1.30	1.40

【技术要点说明】

本条规定高层建筑各层走道的总宽度按每100人不小于1m计算，是参照《建筑设计防火规范》规定的数据编写的。规定首层疏散外门总宽度，应按该建筑人数最多的楼层计算，可同第6.2.9条规定的楼梯总宽度计算相对应，避免外门总宽度小于楼梯总宽度，使人员疏散在首层出现堵塞。

对外门和走道的最小规定，是根据国内高层民用建筑走道和外门净宽度的实际情况，并参考国外的规定提出的，一般都不小于本规范表 6.1.9 所规定的数字。

【实施与检查的控制】

注意首层外门和走道净宽的计算区别和最后的协调。

6.1.10 疏散楼梯间及其前室的门的净宽应按通过人数每 100 人不小于 1.00m 计算，但最小净宽不应小于 0.90m。单面布置房间的住宅，其走道出垛处的最小净宽不应小于 0.90m。

【技术要点说明】

根据实际使用的情况，作出楼梯间及其前室（包括合用前室）的门的最小宽度规定是必要的。通廊式住宅中，由于结构需要，长外廊外墙每个开间要向走道出垛，但这里的宽度应至少保证两个人通过（其中一个人侧身），由此作出需要 0.90m 的规定。

【实施与检查的控制】

在最小 0.9m 的基础上，计算确定门的宽度。

6.1.11 高层建筑内设有固定座位的观众厅、会议厅等人员密集场所，其疏散走道、出口等应符合下列规定：

6.1.11.1 厅内的疏散走道的净宽应按通过人数每 100 人不小于 0.80m 计算。

6.1.11.2 厅的疏散出口和厅外疏散走道的总宽度，平坡地面应分别按通过人数每 100 人不小于 0.65m 计算，阶梯地面应分别按通过人数每 100 人不小于 0.80m 计算。疏散出口和疏散走道的最小净宽均不应小于 1.40m。

6.1.11.3 疏散出口的门内、门外 1.40m 范围内不应设踏步，且门必须向外开，并不应设置门槛。

6.1.11.5 观众厅每个疏散出口的平均疏散人数不应超过 250 人。

【技术要点说明】

在建筑内常建有人员密集厅堂。厅堂设有固定座位是为了控制使用人数，没有人员限制，遇有火灾疏散极为困难。为有利于疏散，对座位布置纵横走道净宽度作了必要的规定。尤其强调疏散外门开启方向并均匀布置，缩短疏散时间，疏散外门还须采用推杠式门闩（只能从室内开启，借助人的推力，触动门闩将门打开），并与火灾自动报警系统联动，自动开启。

【实施与检查的控制】

在最小 1.4m 的基础上，用固定座位确定人数，用人数计算宽度，并在构造上保证人流畅通。

《汽车库、修车库、停车场设计防火规范》GB 50067—97

6.0.5 汽车库室内最远工作地点至楼梯间的距离不应超过 45m，当设有自动灭火系统时，其距离不应超过 60m。单层或设在建筑物首层的汽车库，室内最远工作地点至室外出口的距离不应超过 60m。

【技术要点说明】

汽车库的火灾危险性按照《建筑设计防火规范》划分为丁类，但毕竟汽车还有许多可燃物，火灾时燃烧比较迅速。在确定安全疏散距离时，参考了国外资料的规定和《建筑设计防火规范》对丁类生产厂房的规定，定为 45m。装有自动喷淋灭火设备的汽车库安全性有所提高，该距离可适当放大，定为 60m，对底层汽车库和单层汽车库因都能直接疏散到室外，要比楼层停车库疏散方便，所以在楼层汽车库的基础上又作了相应的调整规定。这是因为汽车库的特点是空间大、人员少，按照自由疏散的速度 1m/s，计算，一般在 1min 左右都能到达安全出口。

【实施与检查的控制】

注意首层与其他层的距离差别。

《电影院建筑设计规范》JGJ 58—88

7.2.2 电影院建筑计算安全出口、疏散通道、疏散楼梯的宽度所取人数应符合下列规定：

一、池座、楼座观众人数各按满座计算；

7.2.3 池座和楼座应分别设置至少2个安全出口(楼座座席数少于50时可只设1个)。

7.2.4 观众厅每一安全出口尚应符合下列规定：

一、采用双扇外开门；

二、严禁用推拉门、卷帘门、折叠门、转门等；

三、门内外标高应一致或和缓过渡；门道内应无门槛、突出物及悬挂物；

四、在门头显要位置设置灯光疏散指示标志；

五、安全出口门上应设自动门闩。

《托儿所、幼儿园建筑设计规范》JGJ 39—87

3.6.3 托儿所、幼儿园主体建筑走廊净宽度不应小于表3.6.3的规定。

走廊最小净宽度(m) 表3.6.3

房间名称	房间布置	
	双面布房	单面布房或外廊
生活用房	1.8	1.5
服务供应用房	1.5	1.3

《文化馆建筑设计规范》JGJ 41—87

4.0.4 文化馆内走道净宽不应小于表4.0.4的规定。

走道最小净宽度(m) 表4.0.4

部分	部分双面布房	单面布房
群众活动部分	2.10	1.80
学习辅导部分	1.80	1.50
专业工作部分	1.50	1.20

4.0.7 展览厅、舞厅、大游艺室的主要出入口宽度不应小于1.50m。

《商店建筑设计规范》JGJ 48—88

4.2.2 商店建筑的商店营业厅的出入门、安全门净宽度不应小于1.40m,并不应设置门槛。

《殡仪馆建筑设计规范》JGJ 124—99

7.1.6 殡仪馆内悼念厅楼梯和走道的疏散总宽度应分别按每百人不少于0.65m计算。

4.3　疏散楼梯间、楼梯和门

《建筑设计防火规范》GBJ 16—87(2001年局部修订)

5.3.7　公共建筑的室内疏散楼梯宜设置楼梯间。

医院、疗养院的病房楼，设有空气调节系统的多层旅馆，超过5层的其他公共建筑的室内疏散楼梯，均应设置封闭楼梯间(包括首层扩大封闭楼梯间)。

设有歌舞娱乐放映游艺场所且超过3层的地上建筑，应设置封闭楼梯间。

地下商店和设有歌舞娱乐放映游艺场所的地下建筑，当其地下层数为三层及三层以上，以及地下层数为一层或二层且其室内地面与室外出入口地坪高差大于10m时，均应设置防烟楼梯间，其楼梯间的门采用不低于乙级的防火门。

注：① 超过六层的塔式住宅应设封闭楼梯间，如户门采用乙级防火门时，可不设。

② 公共建筑门厅的主楼梯如不计入总疏散宽度，可不设楼梯间。

【技术要点说明】

对应设置封闭楼梯间的建筑，其底层楼梯间可以适当扩大封闭范围。所谓扩大封闭楼梯间，就是将楼梯间的封闭范围扩大。一般公共建筑首层入口处的楼梯往往作得比较宽大开敞，而且和门厅的空间混成一体，这样就将楼梯间的封闭范围扩大了，这种情况是允许的。

这条的注①中新增加了对多层塔式住宅的规定内容。因为塔式住宅多是单独建造的(并联式建造的除外)，在这种情况下规范不要求楼梯通至平屋顶，故在规范中规定：超过六层的塔式住宅应设封闭楼梯间，如每层每户通向楼梯间的门采用乙级防火门，则可不设封闭楼梯间。

这条注②中对于设在公共建筑首层门厅内的主要楼梯，如不计入疏散设计需要总宽度之内，则可不设楼梯间。这对于适应实际需要和保证使用安全来说可以做到统筹兼顾。

另外，分别对地上、地下设置歌舞娱乐放映游艺场所和地下商店的建筑中设置封闭楼梯和防烟楼梯间的条件做出规定。

【实施与检查的控制】

注意检查设楼梯间的条件，确定楼梯间的形式。

7.4.1　疏散用的楼梯间应符合下列要求：

一、防烟楼梯间前室和封闭楼梯间的内墙上，除在同层开设通向公共走道的疏散门外，不应开设其他的房间门窗；

二、楼梯间及其前室内不应附设烧水间，可燃材料储藏室，非封闭的电梯井，可燃气体管道，甲、乙、丙类液体管道等；

注：电梯不能作为疏散用楼梯。

【技术要点说明】

本条规定主要有以下几点要求：

1. 要保证人员在楼梯间内疏散时能有较好的光线，有条件的情况下应首先选用天然采光。一般不宜采用人工照明的暗楼梯间。

2. 为避免在火灾发生时火焰和烟气窜入封闭楼梯间、防烟楼梯间及其前室，本条要求除开设同层公共走道的疏散门外，不应开设其他的房间门。

3. 规定楼梯间及其前室内不应附设烧水间、可燃材料贮藏室，非封闭的电梯井、可燃气体管道，甲、乙、丙类液体管道等，是为了避免楼梯间内发生火灾和通过楼梯间蔓延。

4. 保证楼梯间的有效疏散宽度不致因凸出物而减少，并避免凸出物碰伤疏散人群从而保证安全。

5. 明确电梯不能作为火灾时疏散使用，当然也不计入疏散宽度。这是因为普通电梯在火灾发生时，会因断电停止运行；而消防电梯在火灾发生时，主要供消防队员扑救火灾使用，也不能作为疏散楼梯使用。

6. 本条第四款是对住宅建筑的放宽要求，但只限于"局部、水平穿过"。这里提到的可靠的"保护措施"包括可燃气体管道加套管、埋地、应急切断气源等措施。另外管道的安装位置要避免人员通过楼梯间时对管道的碰撞。

【实施与检查的控制】

重点控制疏散楼梯间内不应设其他洞口，不存放可燃物和不允许可燃气体管道穿越。

7.4.7 医院的病房楼、民用建筑及厂房的疏散用门应向疏散方向开启。人数不超过60人的房间且每樘门的平均疏散人数不超过30人时(甲、乙类生产车间除外)，其门的开启方向不限。

疏散用的门不应采用侧拉门(库房除外)，严禁采用转门。

【技术要点说明】

为避免在发生火灾时，由于人群惊慌拥挤压紧内开门扇而使门无法开启，在房间人数超过一定数量时疏散门均应向疏散方向开启。

侧拉门或转门在人群拥挤的紧急疏散情况下无法保证安全迅速疏散，不允许作为疏散门。

【实施与检查的控制】

疏散门开向疏散方向是个原则。特殊情况要符合限制要求。

10.2.8 影剧院、体育馆、多功能礼堂等，其疏散走道和疏散门，均宜设置灯光疏散指示标志。

歌舞娱乐放映游艺场所和地下商店内的疏散走道和主要疏散路线的地面或靠近地面的墙上应设置发光疏散指示标志。

《高层民用建筑设计防火规范》GB 50045—95(2001年局部修订)

6.1.16 高层建筑的公共疏散门均应向疏散方向开启，且不应采用侧拉门、吊门和转门。自动启闭的门应有手动开启装置。

【技术要点说明】

高层建筑的公共疏散门，主要是指高层建筑公用门厅的外门，展览厅、多功能厅、餐厅、舞厅、商场营业厅、观众厅的门，其他面积较大房间的门。这些地方往往人员较密集，因此要求所设的公共疏散门必须向疏散方向开启。

在大量拥挤人流急待疏散的情况下，侧拉门、吊门和转门，都会使出口卡住，造成人流堵塞，不能用作疏散出口。

【实施与检查的控制】

控制门的开启方向和门的型式。

6.2.1 一类建筑和除单元式和通廊式住宅外的建筑高度超过32m的二类建筑以及塔式住宅，均应设防烟楼梯间。防烟楼梯间的设置应符合下列规定：

6.2.1.1　楼梯间入口处应设前室、阳台或凹廊。

6.2.1.2　前室的面积，公共建筑不应小于6.00m²，居住建筑不应小于4.50m²。

6.2.1.3　前室和楼梯间的门均应为乙级防火门，并应向疏散方向开启。

【技术要点说明】

高层建筑发生火灾时，建筑内的人员不能靠一般电梯或云梯车等作为主要疏散和抢救手段。

一般客用电梯无防烟、防水等措施，火灾时必须停止使用，云梯车也只能为消防队员扑救时专用。这时楼梯间是用于人员垂直疏散的惟一通道，因此楼梯间必须安全可靠。根据高层建筑的类别或不同高度，规定必须设置防烟楼梯间或是封闭楼梯间。

鉴于一类建筑可燃装修和陈设物较多，有些高级旅馆或办公室还设有空调系统，更增加了火灾的危险性。18层及18层以下的塔式住宅仅有一座楼梯。高度超过32m的二类建筑，垂直疏散距离较大。因此，本条规定一类建筑、塔式住宅和高度超过32m的二类建筑(单元式住宅和通廊式住宅除外)，应设置防烟楼梯间。防烟楼梯间的平面布置是，必须先经过防烟前室再进入楼梯间。防烟前室应有可靠的防烟设施，这样的楼梯间比封闭楼梯间有更好的防烟、防火能力，可靠性强。具体要求作以下说明：

1. 根据防烟楼梯间功能的需要，对平面布置提出了规定。

2. 发生火灾时，前室应有与人数相适应的面积来容纳停留疏散的人员。一般前室面积不应小于6m²。按前室的人员密度5人/m²计算，可容纳30人。

高层住宅的面积指标控制较严，前室都按6m²执行有困难。因此，高层住宅防烟楼梯间的前室面积不应小于4.5m²。

受平面布置的限制，前室不能靠外墙设置时，必须在前室和楼梯间采用机械加压送风设施，以保障防烟楼梯间的安全。

3. 进入前室的门和前室到楼梯间的门，规定采用乙级防火门，是为了确保前室和楼梯间抵御火灾的能力，以保障人员疏散的安全可靠性。

【实施与检查的控制】

确定应设防烟楼梯间的建筑类型，并保证防烟楼梯间的条件得以实现。

6.2.2　裙房和除单元式和通廊式住宅外的建筑高度不超过32m的二类建筑应设封闭楼梯间。封闭楼梯间的设置应符合下列规定：

6.2.2.1　楼梯间应靠外墙，并应直接天然采光和自然通风，当不能直接天然采光和自然通风时，应按防烟楼梯间规定设置。

6.2.2.2　楼梯间应设乙级防火门，并应向疏散方向开启。

6.2.2.3　楼梯间的首层紧接主要出口时，可将走道和门厅等包括在楼梯间内，形成扩大的封闭楼梯间，但应采用乙级防火门等防火措施与其他走道和房间隔开。

【技术要点说明】

建筑高度不超过32m的二类建筑(单元式住宅和通廊式住宅除外)，应设封闭楼梯间。这是考虑到目前国家的经济情况提出的规定。

高度超过24m的建筑，都要求一律设防烟楼梯间，执行上有一定困难。因此，根据不同情况予以区别对待。高度在24m以上、32m以下的二类建筑(单元式住宅和通廊式住宅除外)，由于标准较低，建筑装修和内部陈设等可燃物少一些，一般又没有空调系统的蔓延火灾途径，所以允许设封闭楼梯间。火灾时，在一定时间内仍有隔绝烟火向垂直方向传播的能力。封闭楼梯间的要求说明如下：

1. 楼梯间必须靠外墙设置，是为有利于楼梯间的直接采光和自然通风。如果没有通风条件，进入楼梯间的烟气不容易排除，疏散人员无法进入；没有直接采光，紧急疏散时，即使是白天，使用也不方便。为此，32m以下的二类建筑，当楼梯间没有直接采光和自然通风时，应设置防烟楼梯间。

2. 为防止火灾威胁楼梯间的安全使用，封闭楼梯间的门必须是乙级防火门，并向疏散方向开启。

3. 高层建筑楼梯间在首层和门厅及主要出口相连时，一般都要求将楼梯间开敞地设在门厅或靠近主要出口。在首层将楼梯间封闭起来不容易做到。为适应某些公共建筑的实际要求，又能保障疏散安全，本条允许将通向室外的走道、门厅包括在楼梯间范围内，形成扩大的封闭楼梯间。但这个范围应尽可能小一些。门厅和通向房间的走道之间，应用与楼梯间有相同耐火时间的墙体和防火门予以分隔。扩大封闭空间内使用的装修材料宜用难燃或不燃材料，所有穿过管道的洞口要做阻燃处理。

4. 与高层主体相连的裙房楼梯间，允许采用封闭楼梯间。

【实施与检查的控制】

确定应设封闭楼梯间的建筑类型并保证封闭楼梯间的条件得以实现。

6.2.3　单元式住宅每个单元的疏散楼梯间的设置应符合下列规定：

6.2.3.1　十一层及十一层以下的单元式住宅可不设封闭楼梯间，但开向楼梯间的户门应为乙级防火门，且楼梯间应靠外墙，并应直接天然采光和自然通风。

6.2.3.2　十二层及十八层的单元式住宅应设封闭楼梯间。

6.2.3.3　十九层及十九层以上的单元式住宅应设防烟楼梯间。

【技术要点说明】

单元式住宅，每单元只有一座楼梯，若中间楼层发生火灾，楼梯间一旦进烟，楼层上部的人员大都宁愿上屋顶，而不敢向下疏散。因此，楼梯间有必要通向屋顶。在屋顶的人，可以从其他单元通向屋顶的楼梯间疏散到室外地面。

十一层及十一层以下的单元式住宅，总高度不算太高，适当降低对楼梯间的要求，可不设封闭楼梯间。为防止房内火灾蔓延到楼梯间，要求开向楼梯间的户门，必须是乙级防火门。

十二层至十八层的单元式住宅，有必要提高疏散楼梯的安全度，必须设封闭楼梯间，使之具有一定阻挡烟火的能力。

十九层及十九层以上的单元式住宅，高度达50m以上，人员比较集中，为保障疏散安全和满足消防扑救的需要，必须设置防烟楼梯间。

【实施与检查的控制】

应根据层数确定单元式住宅的疏散楼梯。

6.2.4　十一层及十一层以下的通廊式住宅应设封闭楼梯间；超过十一层的通廊式住宅应设防烟楼梯间。

【技术要点说明】

通廊式住宅的平面布置和一般内走道两边布置房间的办公楼相似。横向单元分隔墙少，发生火灾时，不如单元式住宅那样能有效地阻止、控制火势的蔓延、扩大。因此，当超过十一层时，就必须设防烟楼梯间。

【实施与检查的控制】

根据层数核对楼梯间的设置情况。

6.2.5　楼梯间及防烟楼梯间前室应符合下列规定：

6.2.5.1　楼梯间及防烟楼梯间前室的内墙上，除开设通向公共走道的疏散门外，不应开设其他门、窗、洞口。

6.2.5.2　楼梯间及防烟楼梯间前室内不应敷设可燃气体管道和甲、乙、丙类液体管道，并不应有影响疏散的突出物。

6.2.5.3　居住建筑内的煤气管道不应穿过楼梯间；当必须局部水平穿过楼梯间时，应穿钢套管保护。

【技术要点说明】

为提高防烟楼梯间和封闭楼梯间的安全可靠性，协调好各个方面的工作，对几个共性问题作了规定：

1. 第6.2.5.1款规定的目的在于提高防烟楼梯间的安全度，如果与之相邻房间的门直接开向楼梯间或前室，就会造成楼梯间或前室的堵塞，影响人员安全疏散。

2. 可燃气体管道穿过楼梯间或前室，发生火灾时容易爆炸，形成更大的灾难。

3. 高层住宅中经过楼梯间的煤气管道，规定必须另加钢套管保护。

【实施与检查的控制】

控制好设置该类楼梯间的共性点。

6.2.8　地下室、半地下室的楼梯间，在首层应采用耐火极限不低于2.0h的隔墙与其他部位隔开并应直通室外，当必须在隔墙上开门时，应采用不低于乙级的防火门。

地下室或半地下室与地上层不应共用楼梯间，当必须共用楼梯间时，应在首层与地下或半地下层的出入口处，设置耐火极限不低于2.00h的隔墙和乙级的防火门隔开，并应有明显标志。

【技术要点说明】

地下层与地上层如果没有进行有效的分隔，容易造成地下层火灾蔓延到地上建筑。为防止地下层烟气和火焰蔓延到上部其他楼层，同时避免上面人员在疏散时误入地下层，本条对地上层和地下层的分隔措施以及指示标志做出具体规定。

【实施与检查的控制】

确保地下楼梯间本身的耐火时效，并注意将其与地上层楼梯错位与分隔。

6.2.9　每层疏散楼梯总宽度应按其通过人数每100人不小于1.0m计算，各层人数不相等时，其总宽度可分段计算，下层疏散楼梯总宽度应按其上层人数最多的一层计算。疏散楼梯的最小净宽不应小于表6.2.9的规定。

疏散楼梯的最小净宽度(m)　　表6.2.9

高层建筑	医院病房楼	居住建筑	其他建筑
疏散楼梯的最小净宽度	1.30	1.10	1.20

【技术要点说明】

高层建筑的疏散楼梯总宽度应按其通过人数每100人不小于1.00m计算。这是根据

《建筑设计防火规范》第 5.3.12 条规定的楼梯宽度指标提出的。

高层建筑中由于使用情况不同，每层人数往往不相等，如果按人数最多的一层计算楼梯的总宽度，除非人数最多的楼层在顶层时才合理，否则就不经济。因此，本条规定每层楼梯的总宽度可按该层或该层以上，人数最多的一层计算。也就是楼梯总宽度可分段计算，即下层楼梯宽度，按其上层人数最多的一层计算。

实际工程中有些高层建筑的楼层面积较大，但人数并不多。如按 1m/百人宽度指标计算，设计宽度可能会不足 1.1m。出现这种情况时，楼梯宽度应按本规范表 6.2.9 的规定进行设计。这是因为《民用建筑设计通则》JGJ 37—87 第 4.2.1 条第二款规定“梯段净宽度除应符合防火规范的规定外……，并不应少于两股人流。”考虑到不同建筑功能要求上的差别，本规定作出不同最小宽度的规定。

【实施与检查的控制】

在满足最小宽度的基础上，用百人指标算楼梯宽度。

《图书馆建筑设计规范》JGJ 38—99

6.4.3　图书馆内书库、非书资料库的疏散楼梯，应设计为封闭楼梯间或防烟楼梯间。

【技术要点说明】

由于要求楼梯应设计成封闭楼梯，为便于建筑处理，故做此规定。疏散楼梯于库门外临近设置，既便于各层出纳台工作人员共同使用，也可避免库内工作人员相互串通。

【实施与检查的控制】

根据书库的条件选择楼梯间型式并确保其各条要求的实现。

《档案馆建筑设计规范》JGJ 25—2000

6.0.7　库区内设置楼梯时，应采用封闭楼梯间，门应采用不低于乙级的防火门。

《文化馆建筑设计规范》JGJ 41—87

4.0.5　文化馆群众活动部分、学习辅导部分的门均不得设置门槛。

《综合医院建筑设计规范》JGJ 49—88

4.0.4　综合医院建筑内的楼梯、电梯

一、病人使用的疏散楼梯至少应有一座为天然采光和自然通风的楼梯。

二、病房楼的疏散楼梯间，不论层数多少，均应为封闭式楼梯间；高层病房楼应为防烟楼梯间。

三、每层电梯间应设前室，由走道通向前室的门，应为向疏散方向开启的乙级防火门。

《电影院建筑设计规范》JGJ 58—88

7.2.7　电影院的室内楼梯应符合下列规定：

一、观众使用的主楼梯净宽不应小于 1.40m；

二、有候场需要的门厅，门厅内供入场使用的主楼梯不应作为疏散楼梯。

《博物馆建筑设计规范》JGJ 66—91

5.2.1　藏品库区的电梯和安全疏散楼梯应设在每层藏品库房的总门之外。

《中小学建筑设计规范》GBJ 99—86

6.4.1 中小学建筑中的教室安全出口的门洞宽度不应小于1000mm。合班教室的门洞宽度不应小于1500mm。

《铁路旅客车站建筑设计规范》GB 50226—95

8.1.5 铁路旅客车站内的旅客用楼梯及安全疏散通路的净宽度应符合下列规定：

1 安全疏散口及每跑楼梯净宽度，应根据人流计算，并不得小于1.6m。

2 安全疏散口通路净宽度不得小于3m。

4.4 消 防 电 梯

《高层民用建筑设计防火规范》GB 50045—95(2001年局部修订)

6.3.1 下列高层建筑应设消防电梯：一类公共建筑、塔式住宅、十二层及十二层以上的单元式住宅和通廊式住宅、高度超过32m的其他二类公共建筑。

【技术要点说明】

普通电梯的平面布置，一般都敞开在走道或电梯厅。火灾时因电源切断而停止使用。因此，普通电梯无法供消防队员扑救火灾。因此，高层建筑应设消防电梯。

具体规定是，高度超过24m的一类建筑、十层及十层以上的塔式住宅、十二层及十二层以上的其他类型住宅、高度超过32m的二类建筑，都必须设置消防电梯。

【实施与检查的控制】

根据建筑型式和防火级别设置消防电梯。

6.3.2 高层建筑消防电梯的设置数量应符合下列规定：

3 当大于4500m² 时，应设3台。

4 消防电梯可与客梯或工作电梯兼用，但应符合消防电梯的要求。

【技术要点说明】

设置消防电梯的台数，国内没有实际经验。本条主要参考日本有关规定编写。为满足火灾扑救需要，又节约投资，根据不同楼层的建筑面积，规定了应设置的消防电梯台数。

【实施与检查的控制】

按楼层面积确定消防电梯的台数。

5 灭火设施

5.1 一般规定

《建筑设计防火规范》GBJ 16—87(2001年局部修订)

8.1.3 室外消防给水可采用高压或临时高压给水系统时,管道的压力应保证用水总量达到最大且水枪在任何建筑物的最高处时,水枪的充实水柱仍不小于10m;如采用低压给水系统,管道的压力应保证灭火时最不利点消火栓的水压不小于10m水柱(从地面算起)。

【技术要点说明】

室外消防给水管道可采用高压、临时高压和低压管道。

1. 高压管道:管网内经常保持足够的压力和消防用水量,火场上不需要使用消防车或其他移动式水泵加压,而直接由消火栓接出水带,水枪灭火。

当建筑高度小于或等于24m时,消防车可采用沿楼梯铺设水带单干线或从窗口竖直铺设水带双干线直接供水扑灭火灾。当建筑高度大于24m时,则基本立足于室内消防设备扑救火灾。因此,当建筑高度小于或等于24m时,室外高压给水管道的压力应保证生产、生活、消防用水量达到最大(生产、生活用水量按最大小时流量计算,消防用水量按最大秒流量计算),且水枪布置在保护范围内任何建筑物的最高处时,水枪的充实水柱不应小于10m,以防止消防人员受到辐射热和坍塌物体的伤害和保证有效地扑灭火灾。此时高压管道最不利点处消火栓的压力可按下式计算:

$$H_{栓}=H_{标}+h_{带}+h_{枪}$$

式中:$H_{栓}$——管网最不利点处消火栓应保持的压力(m水柱);

$H_{标}$——消火栓与站在最不利点水枪手的标高差(m);

$h_{带}$——6条直径65mm水带的水头损失之和(m水柱);

$h_{枪}$——充实水柱不小于10m、流量不少于5L/s时,口径19mm水枪所需的压力(m水柱)。

2. 临时高压管道:在给水管道内平时水压不高,在水泵站(房)内设有消防水泵,当接到火警时,高压消防水泵开动后,使管网内的压力,达到高压给水管道的压力要求。

当城镇、居住区或企业事业单位内有高层建筑时,常采用区域(即数幢建筑物合用泵房)或独立(即每幢建筑物设水泵房)的临时高压给水系统。

区域高压或临时高压的消防给水系统,可以采用室外和室内均为高压或临时高压的消防给水系统,也可采用室内为高压或临时高压,而室外为低压消防给水系统。

当室内采用高压或临时高压消防给水系统时,一般情况下,室外采用低压消防给水系统。气压给水装置只能算临时高压。

3. 低压管道:管网内平时水压较低,火场上水枪需要的压力,由消防车或其他移动式消防泵加压形成。

消防车从低压给水管网消火栓取水，一般有两种形式：一是将消防车泵的吸水管直接接在消火栓上吸水；另一种方式是将消火栓接上水带往消防车水罐内放水，消防车泵从水罐内吸水加压，供应火场用水。为及时扑灭火灾，在消防给水设计时应满足这种取水方式的水压要求。火场上一辆消防车占用一个消火栓，按一辆消防车出两支水枪，每支水枪的平均流量为5L/s计算，两支水枪的出水量约为10L/s。当流量为10L/s、直径65mm的麻质水带长度为20m时，其水头损失为8.6m水柱。消火栓与消防车水罐入口的标高差约为1.5m。两者合计约为10m水柱。因此，最不利点消火栓的压力不应小于10m水柱。

注：① 室外高压或临时高压管网最不利点处消火栓的压力计算，根据扑救室外火灾的要求，一般采用口径19mm水柱，为扑救人员的安全，防止辐射热对扑救人员的灼伤和有效地射及火源，水枪的充实水柱长度不应小于10m。为及时地扑救火灾以及为扑救高度不超过24m的多层建筑物火灾的需要，采用消火栓接出的水带长度为6条。

不论高压、临时高压或低压消防给水系统，若生产、生活和消防合用一个给水系统时，均应按生产、生活用水量达到最大时，保证满足最不利点（一般为离泵站的最高、最远点）消火栓或其他消防用水设备的水压和水量的要求。

生产、生活用水量按最大日最大小时流量计算。消防用水量应按最大秒流量计算，确保消防用水量需要。

② 高层工业建筑，若采用区域高压、临时高压消防给水系统时，应保证在生产、生活和消防用水量达到最大时，仍应保证高层工业建筑物内最不利点（或储罐、露天生产装置的最高处）消防设备的水压要求。

③ 为防止消防用水时形成的水锤损坏管网或其他用水设备，对消火栓给水管道内的水流速度作了一定限制。

【实施与检查的控制】

通过水力计算，校核设计中最不利点处消火栓栓口出水压力及水枪充实水柱长度是否满足本规范条文的要求。

《高层民用建筑设计防火规范》GB 50045—95（2001年局部修订）

7.1.1　高层建筑必须设置室内、室外消火栓给水系统。

【技术要点说明】

不论何种类型的高层民用建筑，不论何种情况（不能用水扑救的部位除外）都必须设置室内和室外消火栓给水系统。本条文基于以下几方面因素：

1. 高层民用建筑由于火势蔓延迅速、扑救难度大等原因，因而必须设置有效的灭火系统。

2. 在用于灭火的灭火剂中，目前水仍是国内外使用的主要灭火剂。

3. 以水为灭火剂的消防系统，主要用消火栓给水系统和自动喷水灭火系统两类。自动喷水灭火系统同消火栓灭火系统相比，工程造价高。因此从节省投资考虑，主要采用消火栓给水系统。

【实施与检查的控制】

针对高层建筑室内、外消火栓给水系统应有具体的设计内容。

7.1.2　消防用水利用天然水源应确保枯水期最低水位时的消防用水量，并应设置可靠的取

水设施。

【技术要点说明】

本条规定消防用水可采用给水管网、消防水池或天然水源。

周密地考虑消防给水设计，保证高层建筑灭火的需要，尤其是确保消防给水水源，十分重要。

天然水源包括存在于地壳表面暴露于大气的地表水(江、河、湖、泊、池、塘水等)，也包括存在于地壳岩石裂缝或土壤空隙中的地下水(阴河、泉水等)。天然水源用作消防给水要保证水量和水质以及取水的方便。

1. 水量。应考虑枯水期最低水位时的消防用水量。

2. 水质。应考虑水中的悬浮物杂质不致堵塞喷头出口，被油污染或含有其他易燃、可燃液体的天然水源也不能作消防用水使用。

3. 取水。应使消防车能靠近水源取水，且在最低水位时能吸上水，即保证消防车水泵的吸水高度不大于6m。

此外，在寒冷地区(采暖地区)，利用天然水源作为消防用水时，应有可靠的防冻措施，保证在冰期内仍能供应消防用水。

【实施与检查的控制】

设计单位应掌握详实的水源水文资料，确保枯水期最低水位条件下的消防用水量及吸水高度，同时考虑水泵的过滤及防冻，设计中应体现所采用的具体技术措施。

7.1.3 室内消防给水应采用高压或临时高压给水系统。当室内消防用水量达到最大时，其水压应满足室内最不利点灭火设施的要求。

室外低压给水管道的水压，当生活、生产和消防用水量达到最大时，不应小于0.10MPa(从室外地面算起)。

注：生活、生产用水量应按最大小时流量计算，消防用水量应按最大秒流量计算。

【技术要点说明】

高层建筑的火灾扑救应以室内消防给水系统为主，应保证室内消防给水管网有满足消防需要的流量和水压。为此，高层民用建筑的室内消防给水系统，应采用高压或临时高压消防给水系统。

过去建造的高层建筑采用临时高压消防给水系统较多，近年来建造的成组、成排的高层建筑，采用区域或集中高压(或临时高压)消防给水系统较多，这种系统具有管理方便、投资省等优点。

为保证高层建筑的灭火效果，特别是控制和扑灭初期火灾的需要，高层建筑设置的消防水箱应满足室内最不利点灭火设备(消火栓、自动喷水灭火系统喷水喷头、水幕喷头等)的水压和水量要求。如不能满足，应设气压给水、稳压泵等增压设施。生活用水、生产用水和消防用水合用的室外低压给水管管道，当生活用水和生产用水达到最大流量时(按最大小时流量计算)，应仍能保证室内消防用水量和室外消防用水量(按最大秒流量计算)，且此时给水管道的水压不应低于0.10MPa，以满足消防车利用水带从消火栓取水的要求。

【实施与检查的控制】

室内消防给水当采用高压制时，设计单位应在设计中注明选择依据；当采用临时高压制时，设计单位应在设计中给出增压、稳压设备的具体选型参数。

室外低压给水管道应结合管网水力条件进行设计，其水量、水压要求应满足本规范条文要求。

5.2 室外消防给水

《建筑设计防火规范》GBJ 16—87(2001 年局部修订)

8.2.2 民用建筑的室外消防用水量，应按同一时间内的火灾次数和一次灭火用水量确定。

一、民用建筑在同一时间内的火灾次数不应小于表 8.2.2-1 的规定；

同一时间内的火灾次数表 表 8.2.2-1

名称	基地面积(ha)	附近居住区人数(万人)	同一时间内的火灾次数	备注
民用建筑	不限	不限	1	按需水量最大的一座建筑物计算

二、建筑物的室外消火栓用水量，不应小于表 8.2.2-2 的规定；

三、一个单位内有泡沫设备、带架水枪、自动喷水灭火设备，以及其他消防用水设备时，其消防用水量，应将上述设备所需的全部消防用水量加上表 8.2.2-2 规定的室外消火栓用水量的 50%，但采用的水量不应小于表 8.2.2-2 的规定。

建筑物的室外消火栓用水量(L/s) 表 8.2.2-2

耐火等级	建筑物体积 (m^3)					
	≤1500	1501～3000	3001～5000	5001～20000	20001～50000	>50000
一、二级	10	15	15	20	25	30
三 级	10	15	20	25	30	—
四 级	10	15	20	25	—	—

注：1 室外消火栓用水量应按消防需水量最大的一座建筑物或一个防火分区计算。成组布置的建筑物应按消防需水量较大的相邻两座计算。

2 火车站、码头和机场的中转库房，其室外消火栓用水量应按相应耐火等级的丙类物品库房确定。

3 国家级文物保护单位的重点砖木、木结构的建筑物室外消防用水量，按三级耐火等级民用建筑物消防用水量确定。

【技术要点说明】

工厂、仓库和民用建筑的室外消防用水量为同一时间内的火灾次数和一次灭火用水量的乘积。

1. 工厂、仓库和民用建筑的火灾次数

基地面积在 100 万 m^2 以下，且居住区人数不超过 1.5 万人的工厂，同一时间内的火灾次数定为 1 次。基地面积在 100 万 m^2 以下，但居住区人数超过 1.5 万人的工厂，曾在同一时间内发生过 2 次火灾，因此同一时间内发生火灾的次数定为 2 次。基地面积超过 100 万 m^2 和居住区人数超过 1.5 万人的工厂，没有发现同一时间内 3 次火灾，因此，也采用 2 次火灾计算。

对于仓库、机关、学校、医院等民用建筑物，没有发现同时有 2 次火灾，同一时间内的火灾次数按 1 次计算。

2. 建筑物室外消防用水量与下述因素有关：

① 建筑物的耐火等级。一、二级耐火等级的建筑物可不考虑建筑物本身的灭火用水量，而只考虑冷却用水和建筑物内易燃物资的灭火用水量；三级耐火等级的建筑物应考虑建筑物本身的灭火用水量；四级耐火等级的建筑物比三级耐火等级的建筑物用水量应大些。

② 生产类别。丁、戊类生产火灾危险性最小，甲、乙类生产火灾危险性最大。丙类生产火灾危险性介于甲、乙类和丁、戊类之间。但丙类生产可燃物较多，火场上实际消防用水量最大。

③ 建筑物体积。建筑物体积越大、层数越多，火灾蔓延的速度越快、燃烧的面积也大，所需使用水枪的充实水柱长度要求也大，消防用水量随之增大。

④ 建筑物用途。库房堆存物资较集中，一般比厂房用水量大。公共建筑物的消防用水量接近丙类生产厂房。

为保证消防基本安全和节约投资，以 10L/s 为基数，采用 45L/s(平均用水量加一支水枪的水量)为上限，以每支水枪平均用水量 5L/s 为递增单位，确定各类建筑物室外消火栓用水量，如规范表 8.2.2-2。对该表中数字要注意的是：

建筑物成组布置时，防火间距较小。这种状况易在其中一座建筑物发生火灾时引发较大面积的火灾，但考虑到其分隔的作用，室外消防用水量可不按成组建筑物同时起火计算，而规定按成组建筑物中室外消防用水量较大者的相邻两座建筑物的用水量之和计算。

火车站、码头、机场的中转库房，堆放货物品种变化较大，其室外消火栓用水量按储存丙类物品库房确定。

近年来古建筑火灾较多，为加强古建筑消防保护，对砖木结构和木结构的古建筑规定了必须的用水量。

3. 一个单位(或一座建筑物、一个堆场、一个罐区)内设有多种用水灭火设备并可能同时使用或开启时，一般应按这些灭火设备的用水量之和计算设计流量。考虑到实际灭火情形和水量的设置，规定其他设施发挥效用时，消火栓的用水量可 50%计入总消防用水量。不过，有时消火栓的用水量较大，其他用水灭火设备的用水量较少，可能计算出来的消防用水量少于消火栓灭火设备的用水量。此时仍应采用建筑物的室外消火栓用水量(即表 8.2.2-2 的用水量)。

【实施与检查的控制】

审查设计所采用的火灾次数及室外消防用水量是否满足本规范条文的要求。

8.3.1 室外消防给水管道的布置应符合下列要求：

二、环状管网的输水干管及向环状管网输水的输水管均不应少于两条，当其中一条发生故障时，其余的干管应仍能通过消防用水总量；

三、环状管道应用阀门分成若干独立段；

四、室外消防给水管道的最小直径不应小于 100mm。

【技术要点说明】

本条规定了消防给水的布置要求：

1. 环状管网水流四通八达、供水安全可靠，因此消防给水管道应采用环状给水管道。但在建设的初期输水干管要一次形成环状管道有时有困难，允许采用枝状，但应考虑今后有形成环状的可能。当消防用水量较少时，为节约投资亦可采用枝状管道。因此规定消防用水量少于 15L/s，亦可采用枝状管道。

2. 为确保环状给水管网的水源，规定向环状管网输水的管道不应少于两条。当其中一条输水管发生故障或检修时，其余的输水管最少应能通过消防用水总量。

工业企业内，当停止(或减少)生产用水会引起二次灾害(例如引起火灾或爆炸事故)时，输水管中一条发生故障后，其余的输水管仍应能保证100%的生产、生活、消防用水量，不得降低供水保证率。

3. 为保证环状管网的供水安全可靠，管网上应设消防分隔阀门。阀门应设在管道的三通、四通分水处，阀门的数量应按 $n-1$ 原则设置(三通 n 为3，四通 n 为4)。当两阀门之间消火栓的数量超过5个时，在管网上应增设阀门。

4. 设置消火栓的消防给水管道的直径应由计算决定，当计算出来的管道直径小于100mm时，仍应采用100mm。

【实施与检查的控制】

室外消防给水管道的布置应在设计图纸中具体体现。

8.3.3 具有下列情况之一者应设消防水池：

一、当生产、生活用水量达到最大时，市政给水管道、进水管或天然水源不能满足室内外消防用水量；

二、市政排水管道为枝状或只有一条进水管，且消防用水量之和超过25L/s。

【技术要点说明】

本条规定了应设消防水池的条件：

1. 市政给水管道直径太小，不能满足消防用水量要求者(即在生产、生活用水量达到最大时，不能保证消防用水量)，或进水管直径太小，不能保证消防用水量要求者，应设消防水池储存消防用水。

虽有天然水源，其水位太低、水量太少或枯水季节不能保证用水者，仍应设消防水池。

2. 市政给水管道为枝状或只有一条进水管，则在检修时可能停水，影响消防用水的安全。因此，室内外消防用水量超过25L/s，且由枝状管道供水或仅有一条进水管供水，虽能满足流量要求，但考虑枝状管道或一条供水管的可靠性，规定仍应设置消防水池。若室内外消防用水量小于25L/s，而由枝状管道供水或仅有一条进水管供水，当能满足流量要求时，为节约投资，可不设置消防水池。

【实施与检查的控制】

符合本规范条文要求的建筑物，其消防给水系统中应设置消防水池。

《高层民用建筑设计防火规范》GB 50045—95(2001年局部修订)

7.2.1 高层建筑的消防用水总量应按室内、外消防用水量之和计算。

高层建筑内设有消火栓、自动喷水、水幕、泡沫等灭火系统时，其室内消防用水量应按需要同时开启的灭火系统用水量之和计算。

【技术要点说明】

对高层民用建筑要求消防用水总量按室内消防给水系统(包括消火栓给水系统和与室内消火栓给水系统同时开放的其他灭火设备)的消防用水量和室外消防给水系统的消防用水量之和计算。

建筑物内设有数种消防用水灭火设备时，其室内消防用水量的计算，一般可根据建筑物内可能同时开启的下列数种灭火设备的情况确定：

1. 消火栓系统加上自动喷水灭火设备(按第 7.2.3 条的规定计算)。

2. 消火栓给水系统加上水幕消防设备或泡沫灭火设备。

3. 消火栓给水系统加上水幕消防设备、泡沫灭火设备。

4. 消火栓给水系统加上自动喷水灭火设备、水幕消防设备或泡沫灭火设备。

5. 消火栓给水系统加上自动喷水灭火设备、水幕消防设备、泡沫灭火设备。

如果遇到上述三、四、五三种组合情况时，而几种灭火设备又确实需要同时开启进行灭火时，则应按其用水量之和计算。例如：高层建筑的剧院舞台口设有水幕设备和营业厅内的自动喷水灭火设备再加上室内消火栓给水系统需要同时开启进行灭火时，其室内消防用水量按其三者之和计算；如不需同时开启时，可按消火栓给水系统与自动喷水灭火设备或水幕设备的用水量较大者计算。又如某高级旅馆，其楼内设有消火栓给水系统，在敞开电梯厅的开口部位设有水幕设备，在自备发电机房的贮油间内设有泡沫灭火设备。如只需同时开启两种灭火设备进行灭火，则按其中两者较大的计算，等等。

【实施与检查的控制】

设计单位应说明各类消防灭火系统在设计火灾延续时间内的消防用水量，消防用水总量为各类消防灭火系统用水量之和。

7.2.2 高层建筑室内、外消火栓给水系统的用水量，不应小于表 7.2.2 的规定。

消火栓给水系统的用水量 表 7.2.2

<table>
<tr><th rowspan="2">高层建筑类别</th><th rowspan="2">建筑高度(m)</th><th colspan="2">消火栓用水量(L/s)</th><th rowspan="2">每根竖管最小流量(L/s)</th><th rowspan="2">每支水枪最小流量(L/s)</th></tr>
<tr><th>室外</th><th>室内</th></tr>
<tr><td rowspan="2">普通住宅</td><td>≤50</td><td>15</td><td>10</td><td>10</td><td>5</td></tr>
<tr><td>>50</td><td>15</td><td>20</td><td>10</td><td>5</td></tr>
<tr><td rowspan="2">1. 高级住宅
2. 医院
3. 二类建筑的商业楼、展览楼、综合楼、财贸金融楼、电信楼、商住楼、图书馆、书库
4. 省级以下的邮政楼、防灾指挥调度楼、广播电视楼、电力调度楼
5. 建筑高度不超过 50m 的教学楼和普通的旅馆、办公楼、科研楼、档案楼等</td><td>≤50</td><td>20</td><td>20</td><td>10</td><td>5</td></tr>
<tr><td>>50</td><td>20</td><td>30</td><td>15</td><td>5</td></tr>
<tr><td rowspan="2">1. 高级旅馆
2. 建筑高度超过 50m 或每层建筑面积超过 1000m² 的商业楼、展览楼、综合楼、财贸金融楼、电信楼
3. 建筑高度超过 50m 或每层建筑面积超过 1500m² 的商住楼
4. 中央和省级(含计划单列市)广播电视楼
5. 网局级和省级(含计划单列市)电力调度楼
6. 省级(含计划单列市)邮政楼、防灾指挥调度楼
7. 藏书超过 100 万册的图书馆、书库
8. 重要的办公楼、科研楼、档案楼
9. 建筑高度超过 50m 的教学楼和普通的旅馆、办公楼、科研楼、档案楼等</td><td>≤50</td><td>30</td><td>30</td><td>15</td><td>5</td></tr>
<tr><td>>50</td><td>30</td><td>40</td><td>15</td><td>5</td></tr>
</table>

【技术要点说明】

不同用途的高层建筑的消防用水量与燃烧物数量及其基本特性、建筑物的可燃烧面积、空间大小、火灾蔓延的可能性、室内人员情况以及管理水平等有密切关系。高层住宅中普通住宅消防用水量可以小些。

高级住宅常设有空调系统，可燃装修、家具、陈设较多，因此，应比普通住宅用水量要大。

医院、教学楼、普通旅馆、办公楼、科研楼、档案楼、图书馆，省级以下的邮政楼、广播电视楼，电力调度楼、防灾指挥调度楼等，其使用功能、室内设备、火灾危险虽然不同，但消防用水量则大体相同，故将这些建筑列为一栏。

高级旅馆，重要的办公楼、科研楼、档案楼、图书馆，中央级和省级的广播电视楼、网局级和省级电力调度楼、商住楼等一类高层建筑，其使用功能、室内设备价值、重要性、火灾危险等较前者复杂些、高档些，消防用水量大些，故另列一档。

高层建筑的高度不同对消防用水量有不同的要求。建筑高度越高火势垂直蔓延的可能性也越大，消防扑救工作也就越困难。目前消防登高车最大工作高度一般为30～48m，国产0023型曲臂登高消防车的最大工作高度为23m。我国较广泛使用解放牌消防车和麻质水带，在建筑高度不超过50m时，可以利用解放牌消防车通过水泵接合器向室内管网供水，仍可加强室内消防给水系统的供水能力。

建筑高度大于50m的建筑必须进一步加强内部消防设施。因此，其室内消火栓给水系统应比不超过50m的供水能力要大。

消防用水量的上限值指扑救火灾危险性大、可燃物多、火灾蔓延快、建筑高度大于50m的建筑火灾所需要的用水量。本规范以70L/s作为高层建筑消防用水量的上限值，考虑到以自救为主，有些高层建筑室内消防用水量需比室外消防用水量适当大些。

消防用水量的下限值，系指扑救火灾危险性较小、可燃物较少、建筑高度较低(例如虽超过24m但不超过50m)的建筑物火灾所需要的用水量。对低标准的高层建筑消防用水量，参照低层民用建筑的下限消防用水量，采用25L/s作为高层民用建筑室内、外消防用水量的下限值。

高层建筑火灾立足于自救，室内消防给水系统的消防用水量理应满足扑救建筑物火灾的实际需水量。但鉴于目前满足这一要求尚有一定困难，因此将建筑物的消防用水量分成室外和室内消防用水量。

室外消防用水量，一方面，供消防车从室外管网取水，通过水泵接合器向室内管网供水，增补室内的用水量不足。另一方面，消防车从室外消火栓(或消防池)取水，供应消防车、曲臂车等的带架水枪用水，控制和扑救建筑物火灾；或用消防车从室外消火栓取水，铺水带接水枪，直接扑救或控制高层建筑较低部分或邻近建筑物的火灾。

室内消防用水量供室内消火栓扑救火灾使用。本条规定的室内消火栓给水系统的消防用水量，是扑救高层建筑物初中期火灾的用水量，是保证建筑物消防安全所必要的最低用水量。

高层建筑内任何一部位发生火灾，需要同层相邻两个消火栓同时出水扑救，以防止火灾蔓延扩大。当相邻两根竖管有一根在检修时，另一根应仍能保证扑救初起火灾的需要。因此，每根竖管应供给一定的消防用水量，本规范表7.2.2作了具体规定：室内消防用水量小于或等于20L/s的建筑物内，每根竖管的流量不小于两支水枪的用水量(即不小于10L/s)；室内消防用水量等于或大于30L/s的建筑物内，不小于3支水枪的用水量(即不小于15L/s)。

消防水力试验得出，口径19mm的水枪，当充实水柱长度为10～13m时，每支水枪的流量为4.6～5.7L/s，每支水枪的平均用水量约为5L/s左右。因此，本规范表7.2.2规定每支水枪的流量不小于5L/s。

【实施与检查的控制】

根据建筑物的使用功能，审查其室内、外消火栓给水系统的设计用水量是否满足本规范条文的要求。

7.2.4 高级旅馆、重要的办公楼、一类建筑的商业楼、展览楼、综合楼等和建筑高度超过100m的其他高层建筑，应设消防卷盘。

【技术要点说明】

消防卷盘由小口径室内消火栓（口径为25mm或32mm）、输水胶管（内径19mm）、小口径开关水枪（喷嘴口径为6.8mm或9mm）和转盘配套组成，长度20～40m的胶管卷绕在由摇臂支撑并可旋转的转盘上，胶管一头与小口径消火栓连接，另一头连接小口径水枪。整套消防卷盘与普通消火栓共放在组合型消防箱内或单独放置在专用消防箱内。

消防卷盘属于室内消防装置，适用于扑救碳水化合物引起的初起火灾。它构造简单、价格便宜、操作方便，未经专门训练的非专业消防人员也能使用，是消火栓给水系统中一种重要的辅助灭火设备。

消防卷盘与消防给水系统连接，也可与生活给水系统连接。由于用水量较少，消防队不使用这种设备进行灭火，只供本单位职工使用，因此在计算消防用水量时可不计入消防用水总量。

【实施与检查的控制】

消防卷盘作为辅助灭火设施，通常与室内消火栓结合设置，设计中应给出消防卷盘的配置参数。

7.3.1 室外消防给水管道应布置成环状。

【技术要点说明】

本条规定了消防给水管道的布置原则：

室外消防给水管网有环状和枝状两种。环状管网：管道纵横相互连通，局部管段检修或发生故障，仍能保证供水，可靠性好。枝状管网：管道布置成树枝状，局部管段检修或发生故障，影响下游管道范围的供水。为保证火场供水要求，高层建筑的室外消防给水管道应布置成环状。

为确保环状给水管道的水源，规范规定从市政给水管网接至高层建筑室外给水管道的进水管数量不宜少于两条，并宜从两条市政给水管道引入，以提高供水安全度，其选择顺序如下：

1. 两条市政给水管道，分别由两个水厂供水。
2. 两条市政给水管道，在高层建筑的对向两侧，均由一个水厂供水。
3. 两条市政给水管道，在高层建筑的同向两侧，均由一个水厂供水。
4. 两条市政给水管道，在高层建筑的同向一侧，均由一个水厂供水。
5. 一条市政给水管道，允许设两条或两条以上进水管。
6. 一条市政给水管道，只允许设一条进水管。

当进水管数量不少于两条，而其中一条检修或发生故障时，其余进水管应仍能满足全部用水量，即满足生活、生产和消防的用水总量。

在环网的相应管段上设置必要的阀门，以控制水源和保证管网中某一管级维修或发生故障时，其余管段仍能通水并正常工作。规范条文中的环状，首先应考虑室外消防给水管道与市政给水管道共同构成环状，环状平面形状不拘，矩形、方形、三角形、多边形均可。

【实施与检查的控制】

室外消防给水管道的布置应有具体设计内容，审查其是否成环。

7.3.2　符合下列条件之一时，高层建筑应设消防水池：

7.3.2.1　市政给水管道和进水管或天然水源不能满足消防用水量。

7.3.2.2　市政给水管道为枝状或只有一条进水管(二类居住建筑除外)。

【技术要点说明】

消防水池是用以贮存和供给消防用水的构筑物，在其他措施不能保证供给用量的情况时，如市政给水管道和进水管管径偏小，水压偏低不能满足消防用水量；天然水源水量偏少，水位偏低或在枯水期水量不能满足消防用水量；市政给水管道为枝状管网或只有一条进水管，都需要设置消防水池来确保消防用水量。但对二类建筑的住宅放宽了要求。

【实施与检查的控制】

符合本规范条文要求的高层建筑，其消防给水系统中应设置消防水池。

7.3.4　供消防车取水的消防水池应设取水口或取水井，其水深应保证消防车的消防水泵吸水高度不超过6.00m。

消防用水与其他用水共用的水池，应采取确保消防用水量不作他用的技术措施。

寒冷地区的消防水池应采取防冻措施。

【技术要点说明】

本条对供消防车取水的消防水池作了具体要求：

消防水池应设取水口或取水井。取水口或取水井的尺寸应满足吸水管的布置、安装、检修和水泵正常工作的要求。

消防水池的水深应保证水泵的吸水高度不超过6m。

消防水池取水口或取水井的位置距建筑物，一般不宜小于5m和不宜超过100m。当消防水池位于建筑物内时，取水口或取水井与建筑物的距离仍须按规范要求保证，而消防水池与取水口或取水井间用连通管连接，管径应能保证消防流量，取水井有效容积不得小于最大一台(组)水泵3min的出水量。

寒冷地区的消防水池应有防冻措施。

当消防水池共用时，为保证火灾时消防用水，水池内的消防用水在平时不应作为他用。一般可采取下列办法防止消防用水作为他用：

1. 其他用水的出水管置于共用水池的消防最高水位上。
2. 消防用水和其他用水在共用水池隔开，分别设置出水管。
3. 其他用水出水管采用虹吸管形式，在消防最高水位处留进气孔。

【实施与检查的控制】

消防水池最低水位的设定应满足水泵吸水高度的要求。设计中应体现所采用的消防水量不被他用及防冻的具体技术措施。

7.3.5　高层建筑群可共用消防水池和消防泵房。消防水池的容量应按消防用水量最大的一幢高层建筑计算。

【技术要点说明】

同一建筑小区内的高层民用建筑，由于室外给水管网条件相仿，距离靠近，而且同一时间内只考虑一次火灾。为节约用地和投资，消防水池和消防水泵房均可以共用。共用消防水池的有效容量应按用水量最大的一幢建筑物计算，其服务范围为两幢或两幢以上高层民用建筑。共用水池的其他要求按本规范第 7.3.3 和第 7.3.4 条规定执行。

【实施与检查的控制】

设计单位应核算出最大一幢高层建筑所需的消防用水量，消防水池的有效容积应满足此消防用水量的要求。

《汽车库、修车库、停车场设计防火规范》GB 50067—97

7.1.5 车库应设室外消火栓给水系统，其室外消防用水量应按消防用水量最大的一座汽车库、修车库、停车场计算，并不应小于下列规定：

7.1.5.1 Ⅰ、Ⅱ类车库 20L/s；

7.1.5.2 Ⅲ类车库 15L/s；

7.1.5.3 Ⅳ类车库 10L/s。

【技术要点说明】

车库消防室外用水量主要是参照《建筑设计防火规范》对丁类仓库的室外用水量的有关要求来确定的。其规定建筑物体积小于 5000m^3（相当于Ⅳ类汽车库）的 10L/s；建筑物体积大于 5000m^3 但小于 50000m^3（相当于Ⅲ类汽车库）的为 15L/s；建筑物大于 50000m^3（相当于Ⅰ、Ⅱ类汽车库）的为 20L/s。

【实施与检查的控制】

审查设计室外消防用水量是否满足本规范条文的要求。

7.1.8 汽车库、修车库应设室内消火栓给水系统，其消防用水量不应小于下列要求：

7.1.8.1 Ⅰ、Ⅱ、Ⅲ类汽车库及Ⅰ、Ⅱ类修车库的用水量不应小于 10L/s，且应保证相邻两个消火栓的水枪充实水柱同时达到室内任何部位。

7.1.8.2 Ⅳ类汽车库及Ⅲ、Ⅳ类修车库的用水量不应小于 5L/s，且应保证一个消火栓的水枪充实水柱到达室内任何部位。

【技术要点说明】

汽车库、修车库的室内消防用水量是参照《建筑设计防火规范》对性质相似的工业厂房、仓库消防用水量的规定而确定的。这与目前国内外的汽车库实际情况基本相符。另外，有些大型汽车库设置移动式空气泡沫设备是利用室内消防栓供水的。使用泡沫灭火设备时，室内消防栓就不用了，所以用水量也不另作规定。

【实施与检查的控制】

审查设计消防用水量是否满足本规范条文的要求，水枪充实水柱的长度应通过水力计算确定。

7.1.12 四层以上多层汽车库和高层汽车库及地下汽车库，其室内消防给水管网应设水泵接合器。

【技术要点说明】

本条规定了多层汽车库及地下汽车库要设置水泵结合器的要求，包括室内消防栓系统的水泵结合器和自动喷水系统的水泵结合器,地下汽车库主要是设置喷淋用水泵结合器。

水泵结合器的主要作用是:1. 一旦火场断电,消防泵不能工作时,由消防车向室内消防管道加压,代替固定泵工作;2. 万一出现大面积火灾,利用消防车抽吸室外管道或水池的水,补充室内消防用水量。

具体要求是按照《建筑设计防火规范》的有关规定制定的。目前国内公安消防队配备的车辆供水能力完全可以直接扑救四层以下多层汽车库的火灾。因此,规定四层以下汽车库可不设置消防水泵结合器。

【实施与检查的控制】

审核水泵结合器的设计供水能力是否满足设计消防用水量的要求。

5.3 室内消防给水

《建筑设计防火规范》GBJ 16—87(2001年局部修订)

8.4.1　下列建筑物应设室内消防给水:

一、厂房、库房高度不超过24m的科研楼(存有与水接触能引起燃烧爆炸的物品除外);

二、超过800个座位的剧院、电影院、俱乐部和超过1200个座位的礼堂、体育馆;

三、体积超过5000m³的车站、码头、机场建筑物以及展览馆、商店、病房楼、门诊楼、图书馆、书库等;

四、超过七层的单元式住宅,超过六层的塔式住宅、通廊式住宅、底层设有商业网点的单元式住宅;

五、超过五层或体积超过10000m³的教学楼等其他民用建筑。

【技术要点说明】

本条规定了室内消防给水设施的设置范围和原则:

1. 厂房、库房是生产和储存物资的重要建筑物,应设室内消防给水设施。有些科研楼、实验楼与生产厂房相似,也应设有室内消防给水设施。但建筑物内存有与水接触能引起爆炸的物质,即与水能起强烈化学反应,发生爆炸燃烧的物质(例如:电石、钾、钠等物质)时,则不应在该部位设置消防给水设备,而应采取其他灭火设施或防火保护措施。在实验楼、科研楼内仅存有少数该物质时,仍应设置室内消防给水设备。

2. 剧院、电影院、礼堂和体育馆等公共活动场所,人员多、发生事故后伤亡大。因此规定超过800座位的剧院、电影院、俱乐部和超过1200个座位的礼堂、体育馆应设室内消防给水设备。

3. 车站、码头、机场、展览馆、商店、病房楼、教学楼、图书馆等,流动人员较多,发生火灾后人员伤亡大、政治影响大,因此应设有室内消防给水设施。由于这些建筑的层高相差很大,因此以体积计算,体积超过5000m³时,均应设室内消防给水设备。

4. 超过七层的单元式住宅,超过六层的塔式、通廊式、底层设有商业网点的单元式住宅,高度较高,发生火灾后易蔓延扩大,因此要设室内消防给水设施。

一般情况下,七层的单元式住宅可不设室内消防给水设备。但底层设有商业网点,易引起火灾蔓延和扩大的七层住宅,仍应设置室内消防给水设施。如果一座建筑物内底层商业网点的占地面积之和不超过 $100m^2$，且用耐火极限不低于于 2h 的不燃烧体的墙和楼板与其他部位隔开时，七层的单元式住宅亦可不设室内消防给水设施。如果商业网点超过一层，则应按商店要求设置室内消防给水设施。

若建筑物内既有住宅、办公用房，又有商店、库房、工厂等，应按火灾危险性较大者确定是否需要设置室内消防给水设施。

5. 超过五层或体积超过 $10000m^3$ 的其他民用建筑，规模相对较大，使用人员和可燃物等也相应增加，应设室内消防给水设施。

6. 古建筑是我国人民宝贵的财富，应加强防火保护。

本规范仅对有木结构的国家级文物保护单位，要求应设置消防给水设施。

本条的注有两种含义：

其一是单层的一、二级耐火等级的厂房内，如有生产性质不同的部位时，应根据火灾危险性，确定各部位是否设置室内消防给水设备。

其二是一幢多层一、二级耐火等级的厂房内，如有生产性质不同的防火分区，若竖向用防火分隔物分隔开(例如用防火墙分开)，可按各防火分区火灾危险性确定各防火分区是否设置消防给水设备。如果在一个防火分区内没有防火墙进行分隔，而上下各层火灾危险性不同时，应按火灾危险性较大楼层确定消防给水设施。

多层一、二级耐火等级的厂房内当设有消防给水设施时，则每层均应设消火栓。建筑物内不允许有些楼层设消火栓而有些楼层不设消火栓，应每层均设置消火栓，以利火场防止火灾蔓延。

自动喷水灭火设备的设置场所应按本章第四节的要求确定。

【实施与检查的控制】

符合本规范条文规定的建筑物，应设室内消防给水设施。

8.6.1 室内消防给水管道，应符合下列要求：

一、室内消火栓超过 10 个且室内消防用水量大于 15L/s 时，室内消防给水管道至少应有两条进水管与室外环状管网连接，并应将室内管道连成环状或将进水管与室外管道连成环状。当环状管网的一条进水管发生事故时，其余的进水管应仍能供应全部用水量。

注：① 七层至九层的单元住宅和不超过 8 户的通廊式住宅，其室内消防管道可为枝状，进水管可采用一条。

② 进水管上设置的计量设备不应降低进水管的过水能力。

二、超过六层的塔式(采用双出口消火栓者除外)和通廊式住宅、超过五层或体积超过 $10000m^3$ 的其他民用建筑，超过四层的库房，如室内消防竖管为两条或两条以上时，应至少每两根竖管相连组成环状管道。每条竖管直径应按最不利点消火栓出水，并根据本规范表 8.5.2 规定的流量确定。

室内消火栓用水量 表 8.5.2

建筑物名称	高度、层数、体积或座位数	消火栓用水量(L/s)	同时使用水枪数量(支)	每支水枪最小流量(L/s)	每根竖管最小流量(L/s)
科研楼、试验楼	高度≤24m、体积≤$10000m^3$	10	2	5	10
	高度≤24m、体积>$10000m^3$	15	3	5	10

续表

建筑物名称	高度、层数、体积或座位数	消火栓用水量(L/s)	同时使用水枪数量(支)	每支水枪最小流量(L/s)	每根竖管最小流量(L/s)
车站、码头、机场建筑物和展览馆等	5001～25000m³	10	2	5	10
	25001～50000m³	15	3	5	10
	＞50000m³	20	4	5	15
商店、病房楼、教学楼等	5001～10000m³	5	2	2.5	5
	10001～25000m³	10	2	5	10
	＞25000m³	15	3	5	10
剧院、电影院、俱乐部、礼堂、体育馆等	801～1200个	10	2	5	10
	1201～5000个	15	3	5	10
	5001～10000个	20	4	5	15
	＞10000个	30	6	5	15
住宅	7～9层	5	2	2.5	5
其他建筑	≥6层或体积≥10000m³	15	3	5	10
国家级文物保护单位的重点砖木、木结构的古建筑	体积≤10000m³	20	4	5	10
	体积＞10000m³	25	5	5	15

四、超过四层的库房、设有消防管网的住宅及超过五层的其他民用建筑，其室内消防管网应设消防水泵接合器。距接合器15～40m内，应设室外消火栓或消防水池。接合器的数量，应按室内消防用水量计算确定，每个接合器的流量按10～15L/s计算。

五、室内消防给水管道应用阀门分成若干独立段，当某段损坏时，停止使用的消火栓在一层中不应超过5个。

六、消防用水与其他用水合并的室内管道，当其他用水达到最大秒流量时，应仍能供应全部消防用水量。

【技术要点说明】

室内消防给水管道是室内消防给水系统的主要组成部分，为有效地供应消防用水，应采取必要的保证措施。

一、环状管网供水安全，在某段损坏时，仍能供应必要的消防用水。因此室内消防管道应采用环状管道(或环状管网)。

环状管道应有可靠的水源保证，因此规定室内环状管道至少应有两条进水管分别与室外环状管道的不同管段连接。

七层至九层的单元式住宅的室内消防管道成环状在实际操作时比较困难，且单元式住宅单元每间有分隔墙分隔开，火灾不易蔓延。因此作了放宽处理，允许成枝状布置，采用一条进水管。

本条还要求进水管上的计量设备(即水表结点)不应降低进水管的进水能力。为解决这个问题，可采用下列方法：

1. 进水管的水表应考虑消防流量，要求在选用水表时，应将消防流量计算在内。

2. 当生产、生活用水量较小而消防用水量较大时，应采用独立消防管网。独立的消防给水管网的进水管可不设水表。

3. 七至九层单元式住宅的枝状管网上仅设一条进水管时，可在水表的结点处设置旁通管。旁通管上设阀门，平日阀门关闭，消防水泵启动后应能自动开启该阀门。在有人员值班的消防泵房也可由值班人员开启。但此水表结点应设在值班人员易于接近和便于开启的地方，且水表结点处应有明显的消防标志。

二、超过六层或通廊式住宅、超过五层或体积超过 10000m³ 的其他民用建筑、超过四层的厂房和库房等多层建筑，如室内消防竖管为两条或超过两条时，应至少每两条竖管相连组成环状管道。七层至九层的单元式住宅的消防竖管，可布置成枝状。

多层建筑消防竖管的直径，应按灭火时最不利处消火栓出水（最不利处一般是离水泵最远、标高最高的消火栓，但不包括屋顶消火栓）进行计算确定。每根竖管最小流量不小于 5L/s 时，按最上一层进行计算；每根竖管最小流量不小于 10L/s 时，按最上两层消火栓出水计算；每根竖管最小流量不小于 15L/s 时，应按最上三层消火栓出水计算。

三、高层厂房、高层库房的室内消防竖管的直径应按灭火时最不利处消火栓出水进行计算确定。高层厂房、高层库房的消防竖管上的流量分配，应符合表 2-2 的要求。

当计算出来的竖管直径小于 100mm 时，仍应采用 100mm。

消防竖管流量的分配 表 2-2

建筑物名称	建筑高度（m）	竖管流量分配不小于（L/s）		
		最不利竖管	次不利竖管	第三竖管
高层厂房	≤50	15	10	—
	>50	15	15	—
高层库房	≤50	15	15	—
	>50	15	15	10

四、为消防队员达到火场后能及时出水扑救火灾创造条件，对超过四层的厂房和库房和高层工业建筑，应设有消防水泵接合器。

消防水泵接合器的数量应按室内消防用水量计算确定。若室内设有消火栓、自动喷水等灭火设备时，应按室内消防总用水量（即室内最大消防秒流量）计算。消防水泵接合器的型式可根据消防车在火场的使用，以不妨碍交通且易于寻找等原则选用。每个消防水泵接合器一般供一辆消防车向室内管网送水。

消防水泵接合器应与室内环状管网连接。当采用分区给水时，每个分区均应按规定的数量设置消防水泵接合器。

消防水泵接合器的阀门应能在建筑物的室外进行操作。此阀门应有保护设施且应有明显的标志。

五、消防管道上应设有消防阀门。环状管网上的阀门布置应保证管网检修时，仍有必要的消防用水。即单层的厂房、库房的室内消防管网上的两个阀门之间的消火栓数量不应超过 5 个；多层、高层厂房、库房和多层民用建筑室内消防给水管网上阀门的布置，应保证其中一条竖管检修时，其余的竖管仍能供应消防用水。

六、消防用水与其他用水合并的室内管道，当其他用水达到最大秒流量时，仍应保证消防用水量。

发生火灾时，考虑到有洗澡人员处于惊慌恐惑状态，部分喷淋头未关闭就离开澡堂，这些喷淋头仍继续喷水，因此淋浴用水量按15%计算计入总用水量。

七、当市政给水管道供水能力很大，如当生产、生活用水达到最大小时流量时，市政给水管道仍能供应建筑物的室内外消防用水量，则建筑物内设置的室内消防用水泵的进水管宜直接与市政给水管网连接。这样做既可节约国家投资，对消防用水也无影响。否则，凡设有室内消火栓给水系统的住宅，均应设消防水池。

八、为防止消火栓用水影响自动喷水灭火设备用水，或者消火栓平日漏水引起自动喷水灭火设备的误报警。因此，自动喷水灭火设备的管网与消火栓给水管网宜分别单独设置。当分开设置有困难时，为保证不产生相互影响，在自动报警阀后的管道必须与消火栓给水系统管道分开，即在报警阀后的管道上严禁设置消火栓。但可共用消防水泵。

单元住宅同短通廊住宅供水条件相近，火灾危险性相近，可同样要求。严寒地区非采暖的工业建筑，冬季极易结冰，故规定可采用干式系统。但为保证火灾时消火栓能及时出水，规定在进水管上应设快速启闭阀和排气阀。

【实施与检查的控制】

室内消防给水管道应有详尽设计，其管道的布置形式、水泵结合器、阀门等组件的设置，室内消火栓设计用水量的确定等设计内容应满足本规范条文的要求。

8.6.2　室内消火栓应符合下列要求：

一、设有消防给水的建筑物，其各层(无可燃物的设备层除外)均应设置消火栓；

二、室内消火栓的布置，应保证有两支水枪的充实水柱同时到达室内任何部位。

三、室内消火栓栓口处的静水压力应不超过80m水柱，如超过80m水柱时，应采用分区给水系统。消火栓栓口处的出水压力超过50m水柱时，应有减压设施；

四、消防电梯前室应设室内消火栓。

【技术要点说明】

消火栓设置合理与否，直接影响灭火效果。本条规定了消火栓的布置要求：

1. 凡设有室内消火栓的建筑物，每层(包括有可燃物的设备层)均应设室内消火栓。

2. 应保证在任何情况下均可使用室内消火栓进行灭火。当相邻一个消火栓受到火灾威胁不能使用时，另一个消火栓仍能保护任何部位。因此，每个消火栓应按出一支水枪计算，不应使用双出口消火栓(建筑物最上一层除外)。消火栓在布置时，应保证相邻消火栓的水枪(不是双出口消火栓)充实水柱同时到达室内任何部位。

同时使用水枪数量为一支时，应保证有一支水枪的充实水柱到达室内任何部位。

对于多层民用建筑要尽可能利用市政管道水压力设计消防给水系统，为确保市政供水压力达到扑救必需的水枪充实水柱，应按建筑物层高和水枪的倾角(45°～60°)进行计算。

验算市政供水压力能否满足消防管路水头损失要求时，应按消防管道最远最不利点扑救需要的充实水柱进行。如果市政供水压力不能达到按层高计算的水枪充实水柱时，应设置消防增压水泵。此时，水枪充实水柱必须依照不应小于7m、10m、13m的规定来确定计算消防水泵的扬程。消防增压水泵的扬程(H_b)必须克服输水管的阻力H_z、供水高度H_g、消火栓出口的水压力H_{xh}，即：　$H_b = H_z + H_g + H_{xh}$(m)

水枪的充实水柱长度可按下式计算：$S_K = \frac{H_{层高}}{\sin\alpha}$

式中：S_K——水枪的充实水柱长度(m)；

$H_{层高}$——保护建筑物的层高(m);

α——水枪的上倾角。一般可采用45°,若有特殊困难时,亦可稍大些。考虑到消防队员的安全和扑救效果,水枪的最大上倾角不应大于60°。

3. 如室内消火栓处静水压力过大,给水系统中的设备易遭破坏。因此,消火栓处的静水压力超过80m水柱时,应采用分区给水系统。

消火栓处的水压力超过50m水柱时,水枪的反作用力大,一人难以操作,应采取减压设施。但减压后消火栓处的压力不应小于25m水柱。减压措施一般为减压阀或减压孔板。

4. 在消防电梯前室应设有室内消火栓,与室内其他的消火栓一样,无特殊的要求,但不能计入消火栓总数内。

5. 消火栓应设在建筑物内明显而便于灭火时取用的地方。为减小局部水压损失,在条件允许时,消火栓的出口宜向下或与设置消火栓的墙面成90°角。

6. 冷库内的室内消火栓应采取防止冻结损坏措施,一般应设在常温的穿堂和楼梯间内。冷库进入闷顶的入口处,应设有消火栓,便于扑救顶部保温层的火灾。

7. 消火栓的间距应由计算确定,并应满足消火栓最大间距的要求。

高层工业建筑、高架库房,甲、乙类厂房,设有空气调节系统的旅馆等建筑物,其室内消火栓的间距不应超过30m。其他单层和多层建筑室内消火栓的间距不应大于50m。

同一建筑物内应用统一规格的消火栓、水带和水枪,便于管理和使用。每条消防水带的长度不应超过25m。水带长度过长,火场上使用不便。

每个消火栓处应设消防水带箱,箱内应放置消火栓、水带和水枪。消防水带箱宜采用玻璃门,不应采用封闭的铁皮门,以便在万一情况下敲碎玻璃使用消火栓。

8. 平屋顶上设置的屋顶消火栓,用以检查消防水泵运转状况以及消防人员检查该建筑物内消防供水设施的性能时使用,也可以用于扑救邻近建筑火灾,保护本建筑不受邻近火灾的威胁。屋顶消火栓的数量一般可采用一个。寒冷地区可设在顶层楼梯出口小间附近。

9. 高层工业建筑内,每个消火栓处应设启动消防水泵的按钮,以便及时启动消防水泵,供应火场用水。其他建筑内当消防水箱不能满足最不利点消火栓的水压时,亦应在每个消火栓处,设置远距离启动消防水泵的按钮。

按钮应设有保护设施,例如放在消火栓箱内,或放在有玻璃保护的小壁龛内,防止小孩或其他人误启动消防水泵。

常高压消防给水系统能经常保持室内给水系统的压力和流量,故不设室内远距离启动消防水泵的按钮。

采用稳压泵稳压,当室内消防管网压力降低时能及时启动消防水泵的设备者,可不设远距离启动消防水泵的按钮。

设有中央空调系统的旅馆、办公楼以及座位数超过1500个的大型剧院、礼堂内的火灾易从通风管道迅速蔓延扩大。因而要求此种旅馆、办公楼内及该剧院、会堂闷顶内安装面灯部位的马道处,建议增设消防软管卷盘,供旅馆内的服务员、旅客和工作人员扑救初起火灾使用。

旅馆、办公楼内消防软管卷盘设在走道内,并保证有一股射流到达室内任何部位。剧院、会堂吊顶内消防软管卷盘应设在走道入口处,以利工作人员使用。

【实施与检查的控制】

室内消火栓的设置应满足本规范条文的要求,室内消火栓给水系统中最不利点和最有利点栓口的动压及静压应通过水力计算确定，其计算结果应符合本规范条文中相关数值的要求。

《港口客运站建筑设计规范》JGJ 86—92

6.0.7　一、二、三级港口客运站应设室内消防给水系统。

《高层民用建筑设计防火规范》GB 50045—95(2001 年局部修订)

7.4.1　室内消防给水系统应与生活、生产给水系统分开独立设置。室内消防给水管道应布置成环状。室内消防给水环状管网的进水管和区域高压或临时高压给水系统的引入管不应少于两根，当其中一根发生故障时，其余的进水管或引入管应能保证消防用水量和水压的要求。

【技术要点说明】

高层民用建筑室内消防给水系统，由于水压与生活、生产给水系统有较大差别，消防给水系统中水体滞留变质对生活、生产给水系统也有不利影响，因此要求室内消防给水系统与生活、生产给水系统分开设置。

室内消防给水管道的布置更直接与消防供水的安全可靠性密切相关。因此要求布置成供水安全可靠性高的环状管网。室内环网有水平环网、垂直环网和立体环网，可根据建筑体型、消防给水管道和消火栓布置确定，但必须保证供水干管和每条消防竖管都能做到双向供水。

引入管是从室外给水管网接至建筑物，向建筑供水的管段。向室内环状消防给管道供水的引入管，其数量不应少于两条，当其中一条发生故障时，其余引入管仍能保证消防用水量和水压的要求。

【实施与检查的控制】

为增强供水安全性，室内消防给水系统应单独设计，布置成环，进水管不应少于两条，其内容均应在设计图纸中详尽体现。

7.4.2　消防竖管的布置，应保证同层相邻两个消火栓的水枪的充实水柱同时达到被保护范围内的任何部位。每根消防竖管的直径应按通过的流量经计算确定，但不应小于 100mm。

【技术要点说明】

本条对消防竖管的布置、竖管的口径和数量作出了规定。确定消防竖管的直径首先应根据每根竖管最小流量值通过计算确定。

高层建筑发生火灾时，除了着火层的消火栓出水扑救外，其相邻上下两层均应出水堵截，以防火势扩大。因此，一根消防竖管上的上下相邻的消火栓，应能同时接出数支水枪灭火。为保证水枪的用水量，消防竖管的直径应按本规范第 7.2.2 条规定的流量计算。我国规定消防竖管的最小管径不应小于 100mm。

建筑高度在 50m 以下的普通塔式住宅，消防竖管往往布置在惟一的公用面积电梯和楼梯间的小厅处，此时设置两条消防竖管确有困难，容许只设一条竖管。但由于消火栓室内消防用水量和每根消防竖管最小流量仍需保证 10L/s，因此只能采用双阀双口消火栓来解决。禁止采用难以保证两支水枪同时有效使用的单阀双口消火栓。

【实施与检查的控制】

设计图纸中应注明消防管道的管径；水枪充实水柱的长度，应通过水力计算确定。

7.4.7　采用高压给水系统时，可不设高位消防水箱，当采用临时高压给水系统时，应设高位消防水箱，并应符合下列规定：

5 除串联消防给水系统外，发生火灾时由消防水泵供给的消防用水不应进入高位消防水箱。

【技术要点说明】

消防水箱的主要作用是供给高层建筑初期火灾时的消防用水水量，并保证相应的水压要求。对高压消防给水系统的高层建筑，如经常能保证室内最不利点消火栓和自动喷水灭火设备的水量和水压时，可以不设消防水箱。而对临时高压给水系统（独立设置或区域集中）的高层建筑物，均应设置消防水箱。

消防水箱指屋顶消防水箱，也包括垂直分区采用并联给水方式的各分区减压水箱。

水箱容量太大，在建筑设计中有时处理比较困难，但若水箱容量太小，又势必影响初期火灾的扑救；水箱压力的高低对于扑救建筑物顶层或附近几层的火灾关系也很大，压力低可能出不了水或达不到要求的充实水柱，影响灭火效率。因此，本条对水箱容积、压力等作了必要的规定。消防水箱的消防储水量，根据区别对待的原则，对不同性质的建筑规定了消防水箱的不同容量，住宅小些，公共建筑大些；当消火栓给水系统和自动喷水灭火系统分设水箱时，水箱容积应按系统分别保证。

一类建筑（住宅除外）的消防水箱，当不能满足最不利点消火栓静水压力 0.07MPa（建筑高度超过 100m 的高层建筑，静水压力不应低于 0.15MPa）时，要设增压设施，增压设施可采用气压水罐或稳压泵。

为防止消防水箱内的水因长期不用而变质，并做到经济合理，故提出消防用水与其他用水共用水箱，但共用水箱要有消防用水不作他用的技术措施（技术措施可参考消防水池不作他用的办法），以确保及时供应必需的灭火用水量。

有的高层建筑水箱采用消防管道进水或消防泵启动后消防用水经水箱再流入消防管网，这样不能保证消防设备的水压，充分发挥消防设备的作用。为此，应通过生活或其他给水管道向水箱供水，并在水箱的消防出水管上安装止回阀，以阻止消防水泵启动后消防用水进入水箱。

消防水箱也可以分成两格或设置两个，以便检修时仍能保证消防用水的供应。

【实施与检查的控制】

审查设计中高位消防水箱出水管上是否设置有止回阀。

5.4 固定灭火设施

《建筑设计防火规范》GBJ 16—87（2001 年局部修订）

8.7.1 下列部位应设置闭式自动喷水灭火设备：

二、可燃、难燃物品的高架库房、省级以上或藏书量超过 100 万册图书馆的书库；

三、超过 1500 个座位的剧院观众厅、舞台上部（屋顶采用金属构件时）、化妆室、道具室、储藏室、贵宾室；超过 2000 个座位的会堂或礼堂的观众厅、舞台上部、储藏室、贵宾室；超过 3000 个座位的体育馆、观众厅的吊顶上部、贵宾室、器材间、运动员休息室；

四、省级邮政楼的邮袋库；

五、每层面积超过 $3000m^2$ 或建筑面积超过 $9000m^2$ 的百货商场、展览大厅；

六、设有空气调节系统的旅馆和综合办公楼内的走道、办公室、餐厅、商店、库房和无楼

层服务员的客房；

8.7.1A　建筑面积大于 500 ㎡的地下商店应设自动喷水灭火系统。

8.7.1B　下列歌舞娱乐放映游艺场所应设自动喷水灭火系统：

一、设置在地下、半地下；

二、设置在建筑的首层、二层和三层，且建筑面积超过 300 ㎡；

三、设置在建筑的地上四层及四层以上。

【技术要点说明】

自动喷水灭火设备在国外已广泛使用。本条根据我国国民经济水平，规定了应设置自动喷水灭火系统的场所。这些场所主要指火灾危险性大、经济损失大、政治影响大，发生火灾后人员伤亡大的重点部位。

设有中央空调系统的高级旅馆、综合办公楼（多功能的建筑物），火源控制较困难，且火灾容易沿着空调管道蔓延和扩大，故应在其走道、办公室、餐厅、商店、库房和无楼层服务台的客房，设自动喷水灭火设备。在条件许可时，各楼层虽设有服务台，亦宜设置自动喷水灭火设备。

高层卷烟成品库房发生火灾事故，即使用水扑灭了，但保护下来的卷烟成品也已成为废品，其水渍损失等效于火灾损失。另外，国内至今尚未发生过高层卷烟成品库房火灾，为区别对待，降低基建投资，把高层卷烟成品库房除外。信函和包裹分拣间也是同类情况。

8.7.1A～8.7.1B 这两条是 2001 年修订时对原规范第 8.7.1 条的补充。

【实施与检查的控制】

符合本规范条文规定的建筑物及场所，应设置闭式自动喷水灭火系统。

8.7.2　下列部位应设水幕设备：

一、超过 1500 个座位的剧院和超过 2000 个座位的会堂、礼堂的舞台口，以及与舞台相连的侧台、后台的门窗洞口；

三、防火幕的上部。

【技术要点说明】

消防水幕设备的设计按照《自动喷水灭火系统设计规范》执行。

符合要求的水幕可以防止火灾通过开口部位向其他区域蔓延，或辅助其他防火分隔物实施有效分隔。防火水幕带下方不得放置可燃物。

【实施与检查的控制】

符合本规范条文规定的建筑物部位，应设置水幕系统。

8.7.3　下列部分应设雨淋喷水灭火设备：

三、日装瓶数量超过 3000 瓶的液化石油气储配站的灌瓶间、实瓶库；

四、超过 1500 个座位的剧院和超过 2000 个座位的会堂舞台的葡萄架下部；

五、建筑面积超过 400m² 的演播室，建筑面积超过 500m² 的电影摄影棚；

【技术要点说明】

雨淋喷水灭火设备是一种开式喷水头组成的灭火设备，用以扑救蔓延速度快的大面积平面火灾。在火灾燃烧猛烈、蔓延快的部位使用。雨淋喷水灭火设备应有足够的供水强度，保证其灭火效果。

在下列部位应设雨淋喷水灭火设备：

1. 火灾危险性大，发生火灾后燃烧速度快或发生爆炸性燃烧的生产厂房或部位。

2. 易燃物品库房，当面积较大或储存量较大时，发生火灾后影响面较大，如面积超过 $60m^2$ 的硝化棉之类库房。

3. 演播室、电影摄影棚内可燃物较多且空间较大，火灾易迅速蔓延扩大。

4. 乒乓球的主要原料是赛璐珞，在生产过程中还采用甲类液体溶剂，特别是乒乓球厂的轧坯、切片、磨球、分球检验部位，火灾危险性大且火灾发生后，燃烧强烈、蔓延快。

【实施与检查的控制】

符合本规范条文规定的建筑物部位，应设置雨淋系统。

8.7.5A 下列部位应设置二氧化碳等气体灭火系统，但不得采用卤代烷 1211、1301 灭火系统：

一、省级或藏书量超过 100 万册的图书馆的特藏库；

二、中央和省级的档案馆中的珍藏库和非纸质档案库；

三、大、中型博物馆中的珍品库房；

四、一级纸绢质文物的陈列室；

五、中央和省级广播电视中心内，建筑面积不小于 $120m^2$ 的音像制品库房。

【技术要点说明】

在本条规定的场所中存放的物品都是价值昂贵的文物，或珍贵的历史文献资料，多为存放多年的纸、绢质品或胶片(带)，采用气体灭火系统进行保护。同时，由于在这些场所中通常无人或只有 1～2 名管理人员。管理人员熟悉防护区内的火灾疏散通道、出口和灭火设备的位置，能处理发生的意外情况，火灾时能迅速逃生。因此在选择气体灭火系统时，可以不考虑灭火剂的毒性。

图书馆特藏库按《图书馆建筑设计规范》JGJ 38 确定。

档案馆中的珍藏库按《档案馆建筑设计规范》JGJ 25 确定。

大、中型博物馆按《博物馆建筑设计规范》JGJ 66 确定。

【实施与检查的控制】

符合本规范条文规定的建筑物部位，应设置二氧化碳等气体灭火系统，但不得采用卤代烷 1211，1301 气体灭火系统。

《汽车库、修车库、停车场设计防火规范》GB 50067—97

7.2.1 Ⅰ、Ⅱ、Ⅲ类地上汽车库、停车数超过 10 辆的地下汽车库、机械式立体汽车库或复式汽车库以及采用垂直升降梯作汽车疏散出口的汽车库、Ⅰ类修车库，均应设置自动喷水灭火系统。

【技术要点说明】

Ⅰ、Ⅱ、Ⅲ类汽车库，机械式立体汽车库，复式汽车库和超过 10 辆的Ⅳ类地下汽车库均要设置自动喷水灭火设备。这几种类型的汽车库有的规模大、停车数量多，有的没有车行道，车辆进出靠机械传送，有的设在地下一、二层，疏散极为困难。这些车库设置自动喷水灭火设备是十分必要的。本条规定需要安装自动喷水灭火设备的汽车库，主要依据停车规模和汽车库的形式来确定的。

【实施与检查的控制】

符合本规范条文规定的汽车库、修车库，应设置自动喷水灭火系统。

《铁路旅客车站建筑设计规范》GB 50226—95

8.2.4　特大型、大型铁路旅客车站的地下行包库，应按危险级建筑物规定设置自动喷水灭火系统。

《高层民用建筑设计防火规范》GB 50045—95(2001年局部修订)

7.6.1　建筑高度超过100m的高层建筑，除面积小于5.00m² 的卫生间、厕所和不宜用水扑救的部位外，均应设自动喷水灭火系统。

7.6.2　建筑高度不超过100m的一类高层建筑及其裙房的下列部位，除普通住宅和高层建筑中不宜用水扑救的部位外，应设自动喷水灭火系统：

7.6.2.1　公共活动用房。

7.6.2.2　走道、办公室和旅馆的客房。

7.6.2.3　可燃物品库房。

7.6.2.4　高级住宅的居住用房。

7.6.2.5　自动扶梯底部和垃圾道顶部。

【技术要点说明】

第7.6.1条规定了建筑高度超过100m的高层建筑应设自动喷水灭火设备。为了节省投资，第7.6.2条对低于100m的一类建筑及其裙房的一些重点部位、房间提出了应设置自动喷水灭火设备的要求。这些部位、房间或是火灾危险性较大，或是发生火灾后不易扑救、疏散困难，或是兼有上述不利条件，也有的是性质重要。

【实施与检查的控制】

符合本规范条文规定的建筑物及场所，应设置自动喷水灭火系统。

7.6.3　二类高层建筑中的商业营业厅、展览厅等公共活动用房和建筑面积超过200m² 的可燃物品库房，应设自动喷水灭火系统。

【技术要点说明】

有的二类高层公共建筑，其裙房及部分主体高层建筑，设有大小不等的展览厅、营业厅等，但没有设自动喷水系统和火灾自动报警系统，只有消火栓系统，不利于消防安全保护，故作了第7.6.3条的规定。

【实施与检查的控制】

符合本规范条文规定的建筑物及场所，应设置自动喷水灭火系统。

7.6.4　高层建筑中经常有人停留或可燃物较多的地下室房间、歌舞娱乐放映游艺场所等，应设自动喷水灭火系统。

【技术要点说明】

地下室一旦发生火灾，疏散和扑救难度大，加之歌舞娱乐放映游艺场所人员密集，火灾危险性较大，故应设自动喷水灭火系统。

【实施与检查的控制】

符合本规范条文规定的场所，应设置自动喷水灭火系统。

7.6.7　高层建筑的下列房间，应设置气体灭火系统：

7.6.7.1 主机房建筑面积不小于 $140m^2$ 的电子计算机房中的主机房和基本工作间的已记录磁、纸介质库；

7.6.7.2 省级或超过100万人口的城市，其广播电视发射塔楼内的微波机房、分米波机房、米波机房、变、配电室和不间断电源(UPS)室；

7.6.7.3 国际电信局、大区中心，省中心和一万路以上的地区中心的长途通信机房、控制室和信令转接点室；

7.6.7.4 二万线以上的市话汇接局和六万门以上的市话端局程控交换机房、控制室和信令转接点室；

7.6.7.5 中央及省级治安、防灾和网、局级及以上的电力等调度指挥中心的通信机房和控制室；

7.6.7.6 其他特殊重要设备室。

注：当有备用主机和备用已记录磁、纸介质且设置在不同建筑中，或同一建筑中的不同防火分区内时，7.6.7.1条中指定的房间内可采用预作用自动喷水灭火系统。

7.6.8 高层建筑的下列房间应设置气体灭火系统，但不得采用卤代烷1211、1301灭火系统：

7.6.8.1 国家、省级或藏书量超过100万册的图书馆的特藏库；

7.6.8.2 中央和省级档案馆中的珍藏库和非纸质档案库；

7.6.8.3 大、中型博物馆中的珍品库房；

7.6.8.4 一级纸、绢质文物的陈列室；

7.6.8.5 中央和省级广播电视中心内，面积不小于 $120m^2$ 的音像制品库房。

【技术要点说明】

条文各项所提及的房间，一旦发生火灾将会造成严重的经济损失或政治后果，必须加强防火保护和灭火设施。因此，除应设置室内消火栓给水系统外，尚应增设相应的气体或预作用自动喷水灭火系统。

电子计算机房，除其主机房和基本工作间的已记录磁、纸介质库之外，是可以采用预作用自动喷水灭火系统扑灭火灾的。当有备用主机和备用已记录磁、纸介质，且设置在其他建筑物中或在同一建筑物中的另一防火分区内，其主机房和基本工作间的已记录磁、纸介质库仍可采用预作用自动喷水灭火系统。

“其他特殊重要设备室”是指装备有对生产或生活产生重要影响的设施的房间，这类设施一旦被毁将对生产、生活产生严重影响，所以亦需采取严格的防火灭火措施。

【实施与检查的控制】

符合本规范条文规定的建筑物部位，应设置气体灭火系统。但不得采用卤代烷1211，1301灭火系统。

《自动喷水灭火系统设计规范》GB 50084—2001

7.1.1 喷头应布置在顶板或吊顶下易于接触到火灾热气流并有利于均匀布水的位置。当喷头附近有障碍物时，应符合本规范7.2节的规定或增设补偿喷水强度的喷头。

【技术要点说明】

本条规定了布置喷头所应遵循的原则：

1. 将喷头布置在顶板或吊顶下易于接触到火灾热气流的部位,有利于喷头热敏元件的及时受热;

2. 使喷头的洒水能够均匀分布。当喷头附近有不可避免的障碍物时,要求按本规范第7.2节喷头与障碍物的距离的要求布置喷头,或者增设喷头,补偿因喷头的洒水受阻而不能到位灭火的水量。

【实施与检查的控制】

审查设计中喷洒头的布置是否满足本规范条文的要求。

7.1.2　直立型、下垂型喷头的布置,包括同一根配水支管上喷头的间距及相邻配水支管的间距,应根据系统的喷水强度、喷头的流量系数和工作压力确定,并不应大于表7.1.2的规定,且不宜小于2.4m。

同一根配水支管上喷头的间距及相邻配水支管的间距　　表7.1.2

喷水强度 (L/min·m²)	正方形布置的边长(m)	矩形或平行四边形布置的长边边长(m)	一只喷头的最大保护面积(m²)	喷头与端墙的最大距离(m)
4	4.4	4.5	20.0	2.2
6	3.6	4.0	12.5	1.8
8	3.4	3.6	11.5	1.7
12～20	3.0	3.6	9.0	1.5

注:1　仅在走道设置单排喷头的闭式系统,其喷头间距应按走道地面不留漏喷空白点确定;

2　货架内喷头的间距不应小于2m,并不应大于3m。

【技术要点说明】

规范中"喷头最大水平间距"的概念,是指"同一根配水支管上喷头间的距离及相邻配水支管间的距离",需要根据设计选定的喷水强度、喷头的流量系数和工作压力确定。该参数将影响火场中的喷头开放时间,要使喷头既能适时开放,又能按规定的强度喷水,本条规定了其最大值。

为了控制喷头与火源之间的距离,保证喷头开放时间,本规范规定:中危险级Ⅰ级场所采用$K=80$标准喷头时,一只喷头的最大保护面积为12.5m²,配水支管上喷头间和配水支管间最大距离,正方形布置时为3.6m,矩形或平行四边形布置喷头时的长边边长为4.0m。

规定喷头与端墙最大距离的目的是为了使喷头的洒水能够喷湿墙和地面并不留漏喷的空白点,而且能够喷湿一定范围的墙面,防止火灾沿墙面的可燃物蔓延。

规范表7.1.2中的"注1",对仅在走道布置喷头的闭式系统,提出确定喷头间距的规定;"注2"则对货架内喷头的布置提出了要求。

【实施与检查的控制】

审查喷洒头的布置是否满足本规范条文的要求。

7.1.3　除吊顶型喷头及吊顶下安装的喷头外,直立型、下垂型标准喷头,其溅水盘与顶板的距离,不应小于75mm,且不应大于150mm。

【技术要点说明】

规定直立、下垂型标准喷头溅水盘与顶板的距离,目的是使喷头热敏元件处于"易于接触热气流"的最佳位置。溅水盘距离顶板太近不易安装维护,且洒水易受影响;太远则升温较慢，使喷头不能及时开放。吊顶下安装的喷头和吊顶型喷头，其安装位置不存在远离热烟气流的现象，故可不受此项规定的限制。

【实施与检查的控制】

喷洒头的安装可引用标准图集。

7.1.4 快速响应早期抑制喷头的溅水盘与顶板的距离，应符合表 7.1.4 的规定：

快速响应早期抑制喷头的溅水盘与顶板的距离（mm）　表 7.1.4

喷头安装方式	直立型		下垂型	
	不应小于	不应大于	不应小于	不应大于
溅水盘与顶板的距离	100	150	150	360

【技术要点说明】

本条参照美国标准，提出了直立和下垂安装的快速响应早期抑制喷头，喷头溅水盘与顶板距离的规定。

【实施与检查的控制】

设计中应注明溅水盘与顶板的距离。

7.1.5 图书馆、档案馆、商场、仓库中的通道上方宜设有喷头。喷头与被保护对象的水平距离，不应小于 0.3m；喷头溅水盘与保护对象的最小垂直距离不应小于表 7.1.5 的规定：

喷头溅水盘与保护对象的最小垂直距离（m）　表 7.1.5

喷头类型	最小垂直距离	喷头类型	最小垂直距离
标准喷头	0.45	其他喷头	0.90

【技术要点说明】

此条规定的适用对象由仓库扩展到包括图书馆、档案馆、商场等堆物较高的场所；由 $K=80$ 的标准喷头扩展到包括其他大口径的非标准喷头。

【实施与检查的控制】

审查设计中喷洒头的布置是否满足本规范条文的要求。

7.1.6 货架内喷头宜与顶板下喷头交错布置，其溅水盘与上方层板的距离，应符合本规范 7.1.3 条的规定，与其下方货品顶面的垂直距离不应小于 150mm。

【技术要点说明】

货架内布置的喷头，如果其溅水盘与货品顶面的间距太小，喷头的洒水将因货品的阻挡而不能达到均匀分布的目的。故提出要求溅水盘与其上方层板的距离符合第 7.1.3 条的规定，与其下方货品顶面的垂直距离不应小于 150mm 的规定。

【实施与检查的控制】

审查设计中喷洒头的布置是否满足本规范条文的要求。

7.1.8 净空高度大于 800mm 的闷顶和技术夹层内有可燃物时，应设置喷头。

【技术要点说明】

当吊顶上方闷顶或技术夹层的净空高度超过 800mm，且内部有可燃物时，要求设置喷头。如闷顶、技术夹层内无可燃物且顶板与吊顶均为不燃体时，可不设置喷头。

【实施与检查的控制】

审查符合本规范条文要求的闷顶和技术夹层是否设置有喷洒头，并应独立设置水流指示器。

7.1.9　当局部场所设置自动喷水灭火系统时，与相邻不设自动喷水灭火系统场所连通的走道或连通开口的外侧，应设喷头。

【技术要点说明】

本条强调了当在建筑物的局部场所设置喷头时，其门、窗、孔洞等开口的外侧及相邻不设喷头场所连通的走道，要求设置防止火灾从开口处蔓延的喷头。

【实施与检查的控制】

检查喷头的设置是否满足条文的要求。

7.1.10　装设通透性吊顶的场所，喷头应布置在顶板下。

【技术要点说明】

本条规定了装设通透性不挡烟吊顶的场所，要求设置的闭式喷头应布置在顶板下，使其易于接触火灾热气流。

【实施与检查的控制】

设计中应注明喷洒头溅水盘与顶板的距离。

7.1.11　顶板或吊顶为斜面时，喷头应垂直于斜面，并应按斜面距离确定喷头间距。

尖屋顶的屋脊处应设一排喷头。喷头溅水盘至屋脊的垂直距离，屋顶坡度>1/3时，不应大于0.8m；屋顶坡度<1/3时，不应大于0.6m。

【技术要点说明】

要求在倾斜的屋面板、吊顶下布置的喷头，垂直于斜面安装，喷头的间距按斜面的距离确定。当房间为尖屋顶时，要求屋脊处布置一排喷头。为利于系统尽快启动和便于安装，按屋顶坡度规定了喷头溅水盘与屋脊的垂直距离：屋顶坡度≥1/3时，不应大于0.8m；<1/3时，不应大于0.6m。

【实施与检查的控制】

审查设计中喷洒头的设置是否满足本规范条文的要求。

7.1.12　边墙型标准喷头的最大保护跨度与间距，应符合表7.1.12的规定：

边墙型标准喷头的最大保护跨度与间距(m)　　表7.1.12

设置场所火灾危险等级	轻危险级	中危险级Ⅰ级
配水支管上喷头的最大间距	3.6	3.0
单排喷头的最大保护跨度	3.6	3.0
两排相对喷头的最大保护跨度	7.2	6.0

注：1　两排相对喷头应交错布置；

2　室内跨度大于两排相对喷头的最大保护跨度时，应在两排相对喷头中间增设一排喷头。

【技术要点说明】

本条根据边墙型喷头与室内最不利点处火源的距离远、喷头受热条件较差等实际情况，调整了配水支管上喷头间的最大距离和侧喷水量跨越空间的最大保护距离数据。

本规范表7.1.12中的规定，按边墙型喷头的前喷水量占流量的70%～80%，喷向背墙的水量占20%～30%流量的原则作了调整。中危险Ⅰ级场所，喷头在配水支管上的最大间距确定为 3m，单排布置边墙型喷头时，喷头至对面墙的最大距离为 3m，1 只喷头保护的最大地面面积为 $9m^2$，并应符合喷水强度要求。

【实施与检查的控制】

审查设计中喷洒头的布置是否满足本规范条文的要求。

7.1.13　边墙型扩展覆盖喷头的最大保护跨度、配水支管上的喷头间距、喷头与两侧端墙的距离，应按喷头工作压力下能够喷湿对面墙和邻近端墙距溅水盘 1.2m 高度以下的墙面确定，且保护面积内的喷水强度应符合本规范表 5.0.1 的规定。

【技术要点说明】

本条规定了布置扩展覆盖边墙型喷头时的技术要求。此种喷头的优点是保护面积大，安装简便；其缺点与边墙型标准喷头相同，即喷头与室内最不利起火点的最大距离更远，影响喷头的受热和灭火效果，所以国外规范对此种喷头的使用条件要求很严。鉴于扩展覆盖边墙型喷头尚未纳入国家标准《自动喷水灭火系统洒水喷头性能要求和试验方法》(GB 5135—95)，因此设计中采用此种喷头时，要求按本条规定并根据生产厂提供的喷头流量特性、洒水分布和喷湿墙面范围等资料，确定喷水强度和喷头的布置。

【实施与检查的控制】

设计中应按本条规定，确定喷水强度和喷头的布置。

7.1.14　直立式边墙型喷头，其溅水盘与顶板的距离不应小于 100mm，且不宜大于 150mm，与背墙的距离不应小于 50mm，并不应大于 100mm。

水平式边墙型喷头溅水盘与顶板的距离不应小于 150mm，且不应大于 300mm。

【技术要点说明】

本条补充了水平式边墙型喷头的相关规定。

【实施与检查的控制】

审查设计中喷洒头的布置是否满足本规范条文的要求。

7.1.15　防火分隔水幕的喷头布置，应保证水幕的宽度不小于 6m。采用水幕喷头时，喷头不应少于 3 排；采用开式洒水喷头时，喷头不应少于 2 排。防护冷却水幕的喷头宜布置成单排。

【技术要点说明】

按防火分隔水幕和防护冷却水幕，分别规定了布置喷头的排数及排间距。

水幕的喷头布置，应直线分布衡量且不应出现空白点。

1. 防护冷却水幕与防火卷帘或防火幕等分隔物配合使用时，要求喷头单排布置，并将水喷向防火幕或防火卷帘等保护对象。

2. 防火分隔水幕采用开式洒水喷头时按不少于 2 排布置，采用水幕喷头时按不少于 3 排布置，以形成具有一定厚度的水墙或多层水帘。

【实施与检查的控制】

水幕的喷头布置应通过水力计算确定，并应符合本规范条文的要求。

8.0.1　配水管道的工作压力不应大于 1.20MPa，并不应设置其他用水设施。

【技术要点说明】

为了保证系统的用水量，报警阀出口后的管道上不得设置其他用水设施。

系统配水管道的工作压力不应大于 1.2MPa。

【实施与检查的控制】

通过水力计算校核系统最有利点处工作压力是否≤1.2MPa；报警阀后的配水管道应独立设置。

8.0.2 配水管道应采用内外壁热镀锌钢管。当报警阀入口前管道采用内壁不防腐的钢管时，应在该段管道的末端设过滤器。

【技术要点说明】

为保证配水管道的质量，避免不必要的检修，规定报警阀出口后的管道采用热镀锌钢管。报警阀入口前的管道，当采用内壁未经防腐涂覆处理的钢管时，要求在这段管段的末端、即报警阀的入口设置过滤器。

【实施与检查的控制】

设计中应注明配水管道的材质。

8.0.3 系统管道的连接，应采用沟槽式连接件（卡箍），或丝扣、法兰连接。报警阀前采用内壁不防腐钢管时，可焊接连接。

【技术要点说明】

对报警阀出口后的镀锌钢管，应采用沟槽式连接件（卡箍）、丝扣或法兰连接，不允许管道之间直接焊接。报警阀入口前的管道，因没有强制规定采用镀锌钢管，故管道的连接允许焊接。

【实施与检查的控制】

设计中应注明管道的连接方式。

8.0.6 配水管两侧每根配水支管控制的标准喷头数，轻危险级、中危险级场所不应超过8只，同时在吊顶上下安装喷头的配水支管，上下侧均不应超过8只。严重危险级及仓库危险级场所均不应超过6只。

【技术要点说明】

控制系统中配水管两侧每根配水支管设置的喷头数，目的是为了控制配水支管的长度，避免水头损失过大。

【实施与检查的控制】

审查各配水支管控制喷洒头的数量是否满足本规范条文的要求。

8.0.7 轻危险级、中危险级场所中配水支管、配水管控制的标准喷头数，不应超过表8.0.7的规定。

轻危险级、中危险级场所中配水支管、配水管控制的标准喷头数　　表8.0.7

公称管径(mm)	控制的标准喷头数(只)		公称管径(mm)	控制的标准喷头数(只)	
	轻危险级	中危险级		轻危险级	中危险级
25	1	1	65	18	12
32	3	3	80	48	32
40	5	4	100	—	64
50	10	8			

【技术要点说明】

为保证系统的可靠性和尽量均衡系统管道的水力性能，本条规定了各种直径管道控制的标准喷头数。

【实施与检查的控制】

设计中应标明各段配水管道的管径,审查不同管径配水管道控制喷洒头的数量是否满足本规范条文的要求。

8.0.8 短立管及末端试水装置的连接管,其管径不应小于25mm。

【技术要点说明】

为控制小管径管道的水头损失和防止杂物堵塞管道,本条提出了短立管及末端试水装置的连接管的最小管径不小于25mm的规定。

对干式、预作用及雨淋系统报警阀出口后配水管道的充水时间要求是:干式系统不宜超过1min,预作用和雨淋系统不宜超过2min。其目的是为了达到系统启动后立即喷水的要求。

【实施与检查的控制】

设计中应标明短立管及末端试水装置连接管的管径。

8.0.9 干式系统的配水管道充水时间,不宜大于1min;预作用系统与雨淋系统的配水管道充水时间,不宜大于2min。

9.1.3 系统的设计流量,应按最不利点处作用面积内喷头同时喷水的总流量确定:

$$Q_S = \frac{1}{60}\sum_{i=1}^{n} q_i \tag{9.1.3}$$

式中 Q_S——系统设计流量(L/s);

q_i——最不利点处作用面积内各喷头节点的流量(L/min);

n——最不利点处作用面积内的喷头数。

【技术要点说明】

系统的设计流量应按最不利作用面积内的喷头全部开放喷水时,所有喷头的出水流量之和确定。

【实施与检查的控制】

审查系统设计流量是否满足本规范条文的要求。

9.1.4 系统设计流量的计算,应保证任意作用面积内的平均喷水强度不低于本规范表5.0.1和表5.0.5的规定值。最不利点处作用面积内任意4只喷头围合范围内的平均喷水强度,轻危险级、中危险级不应低于本规范表5.0.1规定值的85%;严重危险级和仓库危险级不应低于本规范表5.0.1和表5.0.5的规定值。

【技术要点说明】

本条对任意作用面积内平均喷水强度、最不利作用面积内任意4只喷头围合面积内的平均喷水强度提出了要求。

【实施与检查的控制】

通过水力计算校核作用面积内平均喷水强度是否满足本规范条文的要求。

9.1.5 设置货架内喷头的仓库,顶板下喷头与货架内喷头应分别计算设计流量,并应按其设计流量之和确定系统的设计流量。

【技术要点说明】

本条规定了设有货架内喷头的系统的设计流量的计算方法。对设有货架内喷头的仓库，要求分别计算顶板下开放喷头和货架内开放喷头的设计流量后，取其二者之和，确定为系统的设计流量。

【实施与检查的控制】

审查系统设计流量是否满足本规范条文的要求。

9.1.6　建筑内设有不同类型的系统或有不同危险等级的场所时，系统的设计流量，应按其设计流量的最大值确定。

【技术要点说明】

本条是针对建筑物内设有多种类型系统，或按不同危险等级场所分别选取设计基本参数的系统，提出了出现此种复杂情况时确定系统设计流量的方法。

【实施与检查的控制】

审查系统设计流量是否满足本规范条文的要求。

9.1.7　当建筑物内同时设有自动喷水灭火系统和水幕系统时，系统的设计流量，应按同时启用的自动喷水灭火系统和水幕系统的用水量计算，并取二者之和中的最大值确定。

【技术要点说明】

当建筑内同时设置自动喷水灭火系统和水幕时，与喷淋系统作用面积交叉或连接的水幕，将可能在火灾中同时工作，因此系统的设计流量，要求按包括与喷淋系统同时工作的水幕的用水量计算并取二者之和的最大值确定。

【实施与检查的控制】

审查系统设计流量是否满足本规范条文的要求。

9.1.8　雨淋系统和水幕系统的设计流量，应按雨淋阀控制的喷头的流量之和确定。多个雨淋阀并联的雨淋系统，其系统设计流量，应按同时启用雨淋阀的流量之和的最大值确定。

【技术要点说明】

采用多台雨淋阀并逻辑组合分区喷水的系统，其设计流量的确定，要求先分别计算每台雨淋阀的流量，然后将需要同时开启的各雨淋阀的流量迭加计算总流量，并选取不同保护区域分别开启不同数量雨淋阀条件下各总流量中的最大值为系统的设计流量。

【实施与检查的控制】

审查系统设计流量是否满足本规范条文的要求。

10.1.1　系统用水应无污染、无腐蚀、无悬浮物。可由市政或企业的生产、消防给水管道供给，也可由消防水池或天然水源供给，并应确保持续喷水时间内的用水量。

【技术要点说明】

在相关规范规定的基础上，对水源提出了“无污染、无腐蚀、无悬浮物”的水质要求以及保证持续供水时间内用水量的补充规定。

凡利用天然水源提供给自动喷水灭火系统的消防用水，都是经过初沉淀或投药混凝沉淀和过滤等处理后方才供给消防使用，以保证系统用水的水质。

另外还要求系统的用水不能含有堵塞管道的积聚的纤维或其他悬浮物。

【实施与检查的控制】

设计用水总量应为各系统设计持续喷水时间内设计用水量之和。

10.1.2　与生活用水合用的消防水箱和消防水池，其储水的水质，应符合饮用水标准。

【技术要点说明】

对与生活用水合用的消防水池和消防水箱，要求其储水的水质符合饮用水标准，以防止污染生活用水。

【实施与检查的控制】

与生活用水合用的消防水池和消防水箱应有确保水质的措施。

10.1.3 严寒与寒冷地区，对系统中遭受冰冻影响的部分，应采取防冻措施。

【技术要点说明】

在严寒和寒冷地区，要求采用必要的防冻措施，避免因冰冻而造成供水不足或供水中断的现象发生。

【实施与检查的控制】

设计中应注明设备及管道保温的位置及工艺方法。

10.2.1 系统应设独立的供水泵，并应按一运一备或二运一备比例设置备用泵。

【技术要点说明】

规定自动喷水灭火系统宜与室内消火栓系统分别设置供水泵的目的，是为了保证系统供水的可靠性与防止干扰。按一运一备的要求设置备用泵，比例较合理且便于管理。

【实施与检查的控制】

系统供水泵的数量不应少于两台，其中按比例设置备用泵，各泵应互为备用。

10.2.3 系统的供水泵、稳压泵，应采用自灌式吸水方式。采用天然水源时，水泵的吸水口应采取防止杂物堵塞的措施。

【技术要点说明】

在本规范中重申了“系统的供水泵、稳压泵，应采取自灌式吸水方式”，及水泵吸水口应采取防止杂物堵塞措施的规定。

【实施与检查的控制】

供水泵，稳压泵的吸水口高度应低于水池的最低消防水位，水泵吸水口应采取防止杂物堵塞的技术措施。

10.2.4 每组供水泵的吸水管不应少于2根。报警阀入口前设置环状管道的系统，每组供水泵的出水管不应少于2根。供水泵的吸水管应设控制阀；出水管应设控制阀、止回阀、压力表和直径不小于65mm的试水阀。必要时，应采取控制供水泵出口压力的措施。

【实施与检查的控制】

自动喷水灭火系统供水管网的布置应满足本规范条文的要求。

10.3.1 采用临时高压给水系统的自动喷水灭火系统，应设高位消防水箱，其储水量应符合现行有关国家标准的规定。消防水箱的供水，应满足系统最不利点处喷头的最低工作压力和喷水强度。

【技术要点说明】

本条规定了系统供水泵进出口管道及其阀门等附件的配置要求。对有必要控制水泵出口压力的系统，要求采取相应措施的规定。

【实施与检查的控制】

采用临时高压给水系统的自动喷水灭火系统，应审核高位消防水箱的最低水位能否满足最不利点处喷洒头设计工作压力的要求。

10.3.3　消防水箱的出水管，应符合下列规定：

1. 应设止回阀，并应与报警阀入口前管道连接；

2. 轻危险级、中危险级场所的系统，管径不应小于80mm，严重危险级和仓库危险级不应小于100mm。

【技术要点说明】

采用临时高压给水系统的自动喷水灭火系统，应按现行国家标准《建筑设计防火规范》、《高层民用建筑设计防火规范》等相关规范设置高位消防水箱。设置消防水箱的目的在于：

1. 利用位差为系统提供戒备状态下所需要的水压，达到使管道内的充水保持一定压力。

2. 提供系统启动初期调节供水时的用水量和水压，在供水泵出现故障的紧急情况下应急供水，确保喷头开放后立即喷水。

3. 由于位差的限制，消防水箱向建筑物的顶层或距离较远部位供水时会出现水压不足的现象。为此，要求消防水箱满足不利楼层和部位喷头最低工作压力和喷水强度。

【实施与检查的控制】

设计中应标明消防水箱出水管的管径和止回阀的安装位置及规格。

10.4.1　系统应设水泵接合器，其数量应按系统的设计流量确定，每个水泵接合器的流量宜按10～15L/s计算。

【技术要点说明】

消防水箱的出水管应设有止回阀，以防止水泵的供水倒流入水箱；要求在报警阀前接入系统管道，是为了保证及时报警；规定采用较大直径的管道，是为了减少水头损失。

水泵接合器是用于外部增援供水的措施。当系统供水泵不能正常供水时，由消防车连接水泵接合器向系统的管道供水。水泵接合器的设置数量，应按系统的流量与水泵接合器的选型确定。

【实施与检查的控制】

审查水泵结合器的设置数量是否满足系统设计流量的要求。

10.4.2　当水泵接合器的供水能力不能满足最不利点处作用面积的流量和压力要求时，应采取增压措施。

【技术要点说明】

受消防车供水压力的限制，超过一定高度的建筑通过水泵接合器直接由消防车向建筑的较高部位供水，将难以实现一步到位。为解决上述问题，规定在消防车的供水能力接近极限的部位设置接力供水设施，由接力水箱和固定的电力泵或柴油机泵、手抬泵等接力泵以及水泵结合器或其他形式的接口组成。

【实施与检查的控制】

设计中应给出增压措施与系统管网的连接方式，并应注明增压设备的选型参数。

11.0.1　湿式系统、干式系统的喷头动作后，应由压力开关直接连锁自动启动供水泵。

预作用系统、雨淋系统及自动控制的水幕系统，应在火灾报警系统报警后，立即自动向配水管道供水。

【技术要点说明】

对湿式与干式系统，规定采用压力开关信号并直接连锁的方式，在喷头动作后立即自动启动供水泵。

对预作用与雨淋系统及自动控制的水幕系统，则要求在火灾报警系统报警后，立即自动向配水管道供水，并要求符合本规范第8.0.9条的规定。

采用消防水箱为系统管道稳压的，应由报警阀组的压力开关信号联动供水泵；采用气压给水设备时，应由报警阀或稳压泵的压力开关信号联动供水泵。

【实施与检查的控制】

设计中应给出火灾自动报警系统与压力开关、水流指示器、电磁阀的联动关系及方法。

11.0.2 预作用系统、雨淋系统和自动控制的水幕系统，应同时具备下列三种启动供水泵和开启雨淋阀的控制方式：

1 自动控制；

2 消防控制室(盘)手动远控；

3 水泵房现场应急操作。

【技术要点说明】

对预作用与雨淋系统及自动控制的水幕系统，提出了要求具有自动、手动远控和现场应急操作三种启动供水泵和开启雨淋阀的控制方式的规定。

【实施与检查的控制】

审查设计中系统及供水泵的开启方式是否兼备本规范条文要求的三种方式。

11.0.3 雨淋阀的自动控制方式，可采用电动、液(水)动或气动。

当雨淋阀采用充液(水)传动管自动控制时，闭式喷头与雨淋阀之间的高程差，应根据雨淋阀的性能确定。

【技术要点说明】

本条规定雨淋系统和自动控制的水幕系统中开启雨淋阀的控制方式允许采取电动、液(水)动或气动控制。

控制充液(水)传动管上闭式喷头与雨淋阀之间的高程差，是为了控制与雨淋阀连接的充液(水)传动管内的静压，保证传动管上闭式喷头动作后能可靠地开启雨淋阀。

【实施与检查的控制】

当雨淋阀采用充液(水)传动管自动控制时，注意审查闭式喷头与雨淋阀之间的高程差。

11.0.4 快速排气阀入口前的电动阀，应在启动供水泵的同时开启。

【技术要点说明】

本条规定了与快速排气阀连接的电动阀的控制要求，是保证干式、预作用系统有压充气管道迅速排气的措施之一。

【实施与检查的控制】

审查快速排气阀入口前电动阀的联动关系是否满足本规范条文的要求。

11.0.5 消防控制室(盘)应能显示水流指示器、压力开关、信号阀、水泵、消防水池及水箱水位、有压气体管道气压，以及电源和备用动力等是否处于正常状态的反馈信号，并应能控制水泵、电磁阀、电动阀等的操作。

【技术要点说明】

系统灭火失败的教训，很多是由于维护不当和误操作等原因造成的。加强对系统状态的监测与控制，能有效消除事故隐患。

对系统的监视与控制要求，包括：

1. 监视电源及备用动力的状况；

2. 监视系统的水源、水箱(罐)及信号阀的状态；

3. 可靠控制水泵的启动并显示反馈信号；

4. 可靠控制雨淋阀、电磁阀、电动阀的开启并显示反馈信号；

5. 监视水流指示器、压力开关的动作和复位状态；

6. 可靠控制补气装置，并显示气压

【实施与检查的控制】

火灾自动报警系统应能对本规范条文所列的各种设备及设施的状态进行信号采集或联动控制，其内容应在火灾自动报警系统设计中具体体现。

5.5 消防水泵房

《建筑设计防火规范》GBJ 16—87(2001年局部修订)

8.8.3 消防水泵房应有不少于两条的出水管直接与环状管网连接。当其中一条出水管检修时，其余的出水管应仍能供应全部用水量。

【技术要点说明】

环状管道应有二条进水管，即消防水泵房应有不少于两条出水管直接与环状管道连接。当采用二条出水管时，每条出水管均应能供应全部用水量。设计中应保证当其中一条出水管在检修时，其余的进水管应仍能供应全部用水量。泵房出水管与环状管网连接时，应与环状管网的不同管段连接，确保供水的可靠性。

【实施与检查的控制】

消防泵组应有不少于两条的独立出水管与环状管网连接。

《高层民用建筑设计防火规范》GB 50045—95(2001年局部修订)

7.5.3 消防给水系统应设置备用消防水泵，其工作能力不应小于其中最大一台消防工作泵。

【技术要点说明】

消防水泵是高层建筑消防给水系统的心脏，必须保证在扑救火灾时能坚持不间断地供水，设置备用水泵为措施之一。

固定消防水泵机组，不论工作泵台数多少，一组只设一台备用水泵，但备用水泵的工作能力不应小于消防工作泵中最大一台工作泵的工作能力，使其中任何一台工作泵发生故障或需进行维修时备用水泵投入后的总工作能力不会降低。

【实施与检查的控制】

审查设计中备用消防泵的性能参数是否与最大一台消防工作泵的性能参数一致或超出。

7.5.4 一组消防水泵，吸水管不应少于两条，当其中一条损坏或检修时，其余吸水管应仍能通过全部水量。

消防水泵房应设不少于两条的供水管与环状管网连接。

【技术要点说明】

消防泵应能及时、可靠地运行。设计中,一组消防水泵的吸水管不应少于两条,并使其中一条维修或发生故障时仍能正常工作。

消防水泵房向环状管网送水的供水管不应少于两条,当其中一条检修或发生故障时,其余的出水管应仍能供应全部消防用水量。

自灌式吸水的消防水泵比充水式水泵节省充水时间,启动迅速、运行可靠。因此,规定消防水泵应采用自灌式吸水。由于自灌式吸水种类多,而消防水泵又很少使用,因此规范推荐消防水池或消防水箱的工作水位高于消防水泵轴线标高的自灌式吸水方式。若采用自灌式有困难时,应有迅速、可靠的充水设备。

【实施与检查的控制】

消防泵组应有不少于两条的独立吸水管。

5.6 采暖、通风、空气调节系统的防火

《建筑设计防火规范》GBJ 16—87(2001年局部修订)

9.1.3 民用建筑内存有容易起火或爆炸物质的单独房间,如设有排风系统时,其排风系统应独立设置。

【技术要点说明】

民用建筑内存有容易起火或爆炸物质的房间(例如蓄电池容易放出可燃气体氢气,或使用甲类液体的小型零配件等)设置的排风设备应为独立的排风系统,并可将排出的气体在安全地点泄放,以免将这些容易起火或爆炸的物质送入民用建筑的其他房间内。

【实施与检查的控制】

审查设计中符合本规范条文规定的场所,其排风系统是否设置为独立系统。

9.1.4 排除含有比空气轻的可燃气体与空气的混合物时,其排风水平管全长应顺气流方向上坡度敷设。

【技术要点说明】

为排除比空气轻的可燃气体混合物,防止在管道内局部积存该气体,该排风水平管道应顺气流方向的向上坡度敷设。

【实施与检查的控制】

设计中应标明本规范条文要求的排风水平管道的气流方向和敷设坡度及坡向。

9.1.5 可燃气体管道和甲、乙、丙类液体管道不应穿过通风管道和通风机房,也不应沿风管的外壁敷设。

【技术要点说明】

可燃气体管道,甲、乙、丙类液体管道由于某种原因常发生火灾。为防止此种火灾沿着通风管道蔓延,此种管道不应穿过通风管道、通风机房,不应紧贴通风管外壁敷设。

【实施与检查的控制】

审查设计中通风管道的敷设和通风机房内管道的布置是否满足本规范条文的要求。

9.2.3 房间内有与采暖管道接触能引起燃烧爆炸的气体、蒸气或粉尘时,不应穿过采暖管道,如必须穿过时,应用非燃烧材料隔热。

【技术要点说明】

房间内有燃烧、爆炸性气体、粉尘时，不允许采用水或蒸汽采暖。采暖管道需穿过这样的厂房、房间时，应将穿过该厂房（房间）内的管道采用不燃隔热材料进行隔热处理。

【实施与检查的控制】

当本规范条文规定的房间内有采暖管道穿过时，应注明采暖管道进行隔热处理的隔热材料和具体工艺做法。

9.2.4　温度不超过100℃的采暖管道如通过可燃构件时，应与可燃构件保持不小于50mm的距离，温度超过100℃的采暖管道，应保持不小于100mm的距离或采用非燃烧材料隔热。

【技术要点说明】

采暖管道长期与可燃构件接触，会引起可燃构件炭化而起火，应采取必要的防火措施。为防止可燃构件被长期烘烤而引起自燃事故，则采暖管道离可燃物件应保持一定的距离。一般，采暖管道的温度小于或等于100℃时，应保持5cm的距离；采暖管道的温度超过100℃时，保持的距离不应小于10cm。若保持一定距离有困难时，可用不燃材料将采暖管道包起来，进行隔热处理。

【实施与检查的控制】

审查设计中采暖管道的敷设是否满足本规范条文的要求。如对采暖管道进行隔热处理，应注明隔热材料和具体工艺做法。

9.2.5　甲、乙类的库房、高层工业建筑以及影剧院、体育馆等公共建筑的采暖管道和设备，其保温材料应采用非燃烧材料。

【技术要点说明】

甲、乙类厂房、库房火灾危险性大，高层工业建筑和影剧院、体育馆等公共建筑空间大，火灾蔓延快。为限制火灾蔓延，防止火灾沿着管道的保温材料迅速蔓延到相邻房间或整栋建筑，减少火灾损失，采暖管道和设备的保温材料应采用不燃材料。

【实施与检查的控制】

设计中应注明保温材料为非燃材料和具体工艺做法。

9.3.1　空气中含有容易起火或爆炸危险物质的房间，其送、排风系统应采用防爆型的通风设备。送风机如设在单独隔开的通风机房内且送风干管上设有止回阀门，可采用普通型的通风设备。

【技术要点说明】

空气中含有起火或有爆炸性物质，当风机停机时此种物质易从风管倒流，将这些物质带到风机内。因此，为防止风机发生火花引起燃烧爆炸事故，应采用防爆型的通风设备（即采用有色金属制造的风机叶片和防爆的电动机）。

若通风机设在单独隔开的通风机房内且在送风干管内设有止回阀（即顺气流方向开启的单向阀），能防止危险物质倒流到风机内的设施且通风机房发生火灾后不致蔓延至其他房间时，可采用普通型（非防爆的）通风设备。

【实施与检查的控制】

审查设计中符合本规范条文规定的房间，其送、排风系统的设置及设备选型是否满足本条文的要求。

9.3.2　排除有燃烧和爆炸危险的粉尘的空气，在进入排风机前应进行净化。对于空气中含有容易爆炸的铝、镁等粉尘，应采用不产生火花的除尘器；如粉尘与水接触能形成爆炸性混

合物，不应采用湿式除尘器。

【技术要点说明】

含有燃烧和爆炸危险粉尘的空气不应进入排风机，以免引起火灾爆炸事故。因此，应在进入排风机前进行净化。

为防止除尘器工作过程中产生火花引起粉尘、碎屑燃烧或爆炸，排风系统中应采用不产生火花的除尘器。遇水易形成爆炸混合物的粉尘，禁止采用湿式除尘设备。

【实施与检查的控制】

设计中应标明除尘器的安装位置、设备类型及选型参数。

9.3.3　有爆炸危险的粉尘的排风机、除尘器，宜分组布置，并应与其他一般风机、除尘器分开设置。

【技术要点说明】

有爆炸危险粉尘的排风机、除尘器，采取分区分组布置是十分必要的、合理的。在实践中，凡分区分组布置的，发生爆炸事故的均收到了减少损失的实效。

【实施与检查的控制】

核查粉尘排风机、除尘器分组布置和与其他一般排风机、除尘器分开设置的情况。

9.3.5　有爆炸危险的粉尘和碎屑的除尘器、过滤器、管道，均应按现行的国家标准《采暖通风与空气调节设计规范》的有关规定设置泄压装置。

净化有爆炸危险的粉尘的干式除尘器和过滤器，应布置在系统的负压段上。

【技术要点说明】

本条目的在于预防爆炸事故的发生以及减少发生爆炸后的损失。

用于有爆炸危险的粉尘、碎屑的除尘器、过滤器和管道，如果设有减压装置，对于减轻爆炸时的破坏力较为有效。泄压面积大小应根据有爆炸危险的粉尘、纤维的危险程度，由计算确定。

为尽量缩短含尘管道的长度，减少管道内积尘，避免干式除尘器布置在系统的正压段上漏风而引起事故，故应布置在负压段上。

【实施与检查的控制】

设计中应标明泄压装置、除尘器、过滤器的安装位置、设备类型及选型参数。

9.3.6　排除、输送有燃烧或爆炸危险的气体、蒸气和粉尘的排风系统，应设有导除静电的接地装置，其排风设备不应布置在建筑物的地下室、半地下室内。

【技术要点说明】

有燃烧或爆炸危险的气体、蒸气和粉尘的排风系统，设置导除静电的接地装置可以有效控制这类场所发生事故的重要危险源——静电火花，降低燃烧或爆炸事故风险。

在地下室和半地下室内易积存有爆炸危险的物质，排除有爆炸危险物质的排风设备，不应布置在建筑物的地下室和半地下室内。

【实施与检查的控制】

设计中应标明排风设备的安装位置，注明导除静电接地装置的工艺做法。

9.3.8　排除有爆炸燃烧或危险的气体、蒸气和粉尘的排风管不应暗设，并应直接通到室外的安全处。

【技术要点说明】

为防止风管内发生爆炸以及便于检查维修，排除含有爆炸、燃烧危险的气体、粉尘的排风管，不应暗设，应明敷。排气口应设在室外安全地点，一般应远离明火以及人员通过或停留的地方。

【实施与检查的控制】

审查排风管的敷设是否满足本规范条文的要求。

9.3.9　排除和输送温度超过80℃的空气或其他气体以及容易起火的碎屑的管道与燃烧或难燃构件之间的填塞物，应用非燃烧的隔热材料。

【技术要点说明】

温度超过80℃的气体管道长期烘烤可燃或难燃构件，存在引发火灾的可能；排放易燃碎屑的管道有可能在管道内发生火灾并引燃邻近的可燃、难燃构件。故要求上述管道与可燃、难燃构件之间应用不燃的隔热材料进行填塞。

【实施与检查的控制】

设计中应标明充填位置，注明隔热材料的性质和具体工艺做法。

9.3.10　下列情况之一的通风、空气调节系统的送、回风管，应设防火阀：

一、送、回风总管穿过机房的隔墙和楼板处；

二、通过贵重设备或火灾危险性大的房间隔墙和楼板处的送、回风管道；

三、多层建筑的每层送、回风水平风管与垂直总管的交接处的水平管段上。

注：多层建筑各层的每个防火分区，当其通风、空气调节系统均系独立设置时，则被保护防火分区内的送、回风水平风管与总管的交接处可不设防火阀。

【技术要点说明】

本条规定了通风、空气调节系统中应设置防火阀部位：

1. 在送、回风管穿过机房隔墙处，穿过机房的楼板处设置防火阀，防止机房的火灾通过风管蔓延到建筑物的其他房间。

2. 在贵重设备间的隔墙和楼板处设防火阀，防止火灾危险性较大房间发生火灾经通风管蔓延到这些重要房间。

3. 多层建筑和高层工业建筑的楼板，一般可视为防火分隔物。在每层送回风水平风管与垂直总管交接处的水平管上设防火阀来防止火灾在上下层间蔓延扩大。

每个分区设置的通风、空气调节系统在送、回风总管穿越机房的隔墙和楼板处，已设置了防火阀，且多是一台风机或两台风机，同时只对一个防火分区送风，故无需在总管的交接处再设置防火阀。

【实施与检查的控制】

审查符合本规范条文规定的送、回风管道部位是否设置有防火阀。

9.3.11　防火阀的易熔片或其他感温、感烟等控制设备经作用，应能顺气流方向自行严密关闭，并应设有单独支吊架等防止风管变形而影响关闭的措施。

【技术要点说明】

为使防火阀能自行严密关闭，防火阀关闭的方向应与通风管内气流方向相一致。

设置防火阀的通风管应有一定的强度，在防火阀设置的管段处设单独的支吊架，以免管段变形，影响防火阀关闭的严密性。

为使防火阀能及时有效地关闭，控制防火阀关闭的易熔片或其他感温元件应设在容易感温的部位。易熔片及其他感温元件的控制温度应比通风系统最正常温度高出25℃，一般情况下可采用70℃。

【实施与检查的控制】

设计中应标明防火阀的关闭方式，关闭方向及单独支吊架等的安装位置及工艺做法。

9.3.12 通风、空气调节系统的风管应采用不燃烧材料制作，但接触腐蚀性介质的风管和柔性接头，可采用难燃烧材料制作。

公共建筑的厨房、浴室、厕所的机械或自然垂直排风管道，应设有防止回流设施。

【技术要点说明】

通风、空调系统的风管是火灾蔓延的通路。因此，通风、空调系统的风管，应采用不燃材料制造。腐蚀性场所的风管和柔性接头，如采用不燃烧材料制作，使用寿命短，既不经济且需经常更换，故允许采用难燃烧材料制作，但禁止采用可燃材料。

为防止火灾通过公共建筑的厨房、浴室、厕所的通风管道蔓延。因此，机械的或自然的垂直排风管道，应设防止回流设施。例如，排风支管穿越2个楼层后，与排风总管相连通。一般情况可将各层垂直排气管道加高二层后，再接到排气总管。

另一个做法是将排气竖管分成大小两个管道，即双管排气法。大管为总管，直通屋顶，高出屋面；小管分别在本层上部接入排气总管。

【实施与检查的控制】

设计中应标明风管的制作材料，给出防止回流的具体措施。

9.3.13 风管和设备的保温材料、消声材料及其粘结剂，应采用非燃烧材料或难燃烧材料。

风管内设有电加热器时，电加热器的开关与通风机开关应连锁控制。电加热器前后各800mm范围内的风管和穿过设有火源等容易起火房间的风管，均应采用非燃烧保温材料。

【技术要点说明】

为减少火灾从通风、空调管道蔓延，风管和设备的保温材料、消声材料及其粘结剂应采用不燃材料，在采用不燃材料有困难时，才允许采用难燃烧材料。

为防止电加热器引起风管火灾或通风机已停而电加热继续加热，引起过热而起火，电加热器前后各80cm的风管应采用不燃材料进行保温，其开关与风机的开关应进行连锁，风机停止运转，电加热器的电源亦应自动切断。同理，穿过有火源和容易起火房间的风管，亦应采用不燃保温材料。

【实施与检查的控制】

设计中应注明对风管和设备的保温材料、消声材料及粘接剂的选用，并应体现电加热器开关与通风机开关的联动控制关系与方法。

9.3.14 通风管道不宜穿过防火墙和非燃烧体楼板等防火分隔物。如必须穿过时，应在穿过处设防火阀。穿过防火墙两侧各2m范围内的风管保温材料应采用非燃烧材料，穿过处的空隙应用非燃烧材料填塞。

【技术要点说明】

通风管道在某些情况下，需要穿过防火墙和不燃体楼板时，则应在穿过防火分隔物处设置防烟防火阀。当火灾烟气通过防火分隔物处，该防火阀就能立即关闭。防火阀一般采用感烟探测器，而不是采用易熔金属或易熔元件进行控制。若防火墙处采用防烟防火阀有困难时，亦可采用双防火阀进行控制。防火墙上的双防火阀可采用易熔金属进行控制。

为防止火灾蔓延，穿过防火墙两侧各 2m 范围内的风管保温材料应采用不燃材料，穿过处的空隙，应用不燃材料，进行严密的填塞。

【实施与检查的控制】

设计中应标明穿防火墙或防火分隔物处风道上防火阀的位置安装，并应注明风道的保温材料，孔洞充填物和具体工艺做法。

《高层民用建筑设计防火规范》GB 50045—95(2001 年局部修订)

8.1.4 通风、空气调节系统应采取防火、防烟措施。

【技术要点说明】

当高层建筑发生火灾时，由通风、空调系统的风管引起火灾迅速蔓延造成重大损失的案例是很多的。为此，本条规定对通风、空调系统应有防火、防烟措施。

【实施与检查的控制】

设计中应体现具体采用的防火、防烟技术措施。

8.5.1 空气中含有易燃、易爆物质的房间，其送、排风系统应采用相应的防爆型通风设备；当送风机设在单独隔开的通风机房内且送风干管上设有止回阀时，可采用普通型通风设备，其空气不应循环使用。

【技术要点说明】

空气中含有易起火或爆炸的物质，当风机停机后，此种物质易从风管倒流，并带到风机内。设计时应采用防爆型的通风设备（如有色金属制造的风机叶片和防爆的电动机），防止风机发生火花引起燃烧爆炸事故。

若送风机设在单独隔开的通风机房内，且在送风干管内设有防火阀及止回阀，能防止危险物质倒流到风机内，通风机房发生火灾后，不致蔓延到其他房间时，可采用普通型非防爆的通风设备，但通风设备应是不燃烧体。

【实施与检查的控制】

审查设计中符合本规范条文规定的房间，其送、排风系统的设置及设备选型是否满足本规范条文的要求。

8.5.2 通风、空气调节系统，横向应按每个防火分区设置，竖向不宜超过五层，当排风管道设有防止回流设施且各层设有自动喷水灭火系统时，其进风和排风管道可不受此限制。垂直风管应设在管井内。

【技术要点说明】

阻止高层建筑火灾向垂直方向蔓延，是防止火灾扩大的一项重要措施。据此对风管穿越楼层的层数应加以限制，以防止火灾的竖向蔓延，同时也为减少火灾横向蔓延。故本条规定“通风、空气调节系统，横向应按每个防火分区设置，竖向不宜超过五层”。有些建筑，如旅馆、医院、办公楼，多采用风机盘管加进风式空气调节系统，一般进风及排风管道断面较小，密闭性较强，如一律按规定“竖向不超过五层”，从经济上和技术处理上都带来不利。考虑这一情况，本条又规定“当排风管道设有防止回流设施且各层设有自动喷水灭火系统时，其进风和排风管道可不受此限制”。

至于“垂直风管应设在管井内”的规定，是增强防火能力而采取的保护措施。

【实施与检查的控制】

审查设计中通风、空气调节系统的设置是否满足本规范条文的要求。

8.5.3 下列情况之一的通风、空气调节系统的风管道应设防火阀：

8.5.3.1 管道穿越防火分区处。

8.5.3.2 穿越通风、空气调节机房及重要的或火灾危险性大的房间隔墙和楼板处。

8.5.3.3 垂直风管与每层水平风管交接处的水平管段上。

8.5.3.4 穿越变形缝处的两侧。

【技术要点说明】

1. 为防止垂直排风管道扩散火势，本条规定“应采取防止回流的措施”。排风管道防止回流的措施主要有下列四种：

1）加高各层垂直排风管的长度，使各层的排风管道穿过两层楼板，在第三层内接入总排风管道。

2）将浴室、厕所、卫生间内的排风竖管分成大小两个管道，大管为总管，直通屋面；而每间浴室、厕所的排风小管，分别在本层上部接入总排风。

3）将支管顺气流方向插入排风竖管内，且使支管到支管出口的高度不小于600mm。

4）在排风支管上设置密闭性较强的止回阀。

2. 本条中“重要的或火灾危险性大的房间”是指性质比较特殊的房间（如贵宾休息室、多功能厅、大会议室、易燃物质试验室、储存量较大的可燃物品库房及贵重物品间等）。

3. 防火阀的安装要求有单独支吊架等措施，以防止风管变形影响防火阀关闭，同时防火阀能顺气流方向自行严密关闭。

防火分区处不仅有墙体，还可能有防火卷帘、水幕等特殊防火分隔设施，管道穿越防火分区处应设防火阀。

【实施与检查的控制】

审查符合本规范条文规定的风道部位是否设置有防火阀。

8.5.5 厨房、浴室、厕所等的垂直排风管道，应采取防止回流的措施或在支管上设置防火阀。

【技术要点说明】

为此本条对风管和风机等设备的选材提出了严格要求，明确了风机等设备和风管一样均应采用不燃材料制成。

【实施与检查的控制】

设计中应给出防止回流的具体技术措施。

8.5.6 通风、空气调节系统的管道等，应采用不燃烧材料制作，但接触腐蚀性介质的风管和柔性接头，可采用难燃烧材料制作。

【实施与检查的控制】

设计中应注明风道的制作材料。

8.5.7 管道和设备的保温材料、消声材料和胶粘剂应为不燃烧材料或难燃烧材料。

穿过防火墙和变形缝的风管两侧各2.00m范围内应采用不燃烧材料及其粘结剂。

【技术要点说明】

管道保温材料着火后，不仅蔓延快，而且扑救困难，因此设计时对管道保温材料（包括胶粘剂）应给予高度重视。一般首先应考虑采用不燃保温材料，如超细玻璃棉、岩棉、矿渣棉、硅酸铝棉、膨胀珍珠岩等；但考虑到我国目前生产保温材料品种构成的实际情况，完全采用不燃材料尚有一定困难，因此管道和设备的保温材料、消声材料，也允许采用难燃材料。粘结剂和保温层的外包材料仍应采用不燃烧材料，如玻璃布等。

对穿越变形缝两侧各 2m 范围，其保温材料及其粘结剂应要求严些，应当采用不燃烧材料。

【实施与检查的控制】

设计中应注明风道和设备的保温材料、消声材料和粘结剂的选用。

8.5.8 风管内设有电加热器时，风机应与电加热器联锁。电加热器前后各 800mm 范围内的风管和穿过设有火源等容易起火部位的管道，均必须采用不燃保温材料。

【技术要点说明】

有的小型、中型通风、空调管道内，安装有用于加温的电热装置，如使用后忘记拔掉插销等情况，会因发热而引起火灾。

电热器前后各 800mm 范围内的风管保温材料应采用不燃烧材料，主要根据国内工程实际作法和参考日本、美国等规范资料提出的。

【实施与检查的控制】

设计中应注明风管的保温材料，并应体现电加热器与风机的联动控制关系与方法。

5.7 电器防火、消防电源与应急照明

《建筑设计防火规范》GBJ 16—57(2001 年局部修订)

10.1.1 建筑物的消防用电设备，其电源应符合下列要求：

二、下列建筑物、储罐和堆场的消防用电，应按二级负荷供电：

3. 超过 1500 个座位的影剧院、超过 3000 个座位的体育馆、每层面积超过 3000m² 的百货楼、展览楼和室外消防用水量超过 25L/s 的其他公共建筑。

三、按一级负荷供电的建筑物，当供电不能满足要求时，应设自备发电设备；

【技术要点说明】

本条原则上要求消防设备的用电要有备用电源和备用动力：

一、一级负荷供电要求：

(一)《供配电系统设计规范》规定一级负荷原则上要有两个电源供电。两个电源的要求，必须符合下列条件之一：

1. 两个电源之间无联系；

2. 两个电源之间有联系，但应符合下列要求：

(1) 发生任何一种故障时，两个电源的任何部分应不致同时受到损坏；

(2) 对于短时间中断供电即会产生上述规范第 2.0.1 条第一款所述后果的一级负荷，应能在发生任何一种故障且主保护装置(包括断路器)失灵时，仍有一个电源不中断供电。对于稍长时间中断供电才会产生上述规范第 2.0.1 条一款所述后果的一级负荷，应能在发生任何一种故障且保护装置动作正常时，有一个电源不中断供电；并且在发生任何一种故障且主保护装置失灵以致两电源均中断供电后，应能有人值班完成各种必要操作，迅速恢复一个电源的供电。

结合消防用电设备(包括消防控制室、消防水泵、消防电梯、防烟排烟设施、火灾报警装

置、自动灭火装置、火灾事故照明、疏散指示标志和电动的防火门窗、卷帘、阀门等)的具体情况,具备下列条件之一的供电,可视为一级负荷:

1. 电源来自两个不同发电厂;

2. 电源来自两个区域变电站(电压在 35kV 及 35kV 以上);

3. 电源来自一个区域变电站,另一个设有自备发电设备。

(二) 本条规定要求一级负荷供电,主要从扑救难度和使用性质、重要性等因素来考虑的,如建筑高度超过 50m 的乙、丙类厂房和丙类库房等。

二、二级负荷供电要求:

(一)《供配电系统设计规范》规定的二级负荷原则上要求,应尽量做到当发生电力变压器故障或电力线路常见故障时不致中断供电(或中断后能迅速恢复)。在负荷较小或地区供电条件困难时,二级负荷可由一回 6kV 及以上专用架空线供电。

(二) 本款规定的保护对象,大多属于大、中型工厂、仓库和大型公共建筑以及贮罐堆场,如室外消防用水量超过 30L/s 的厂房、库房,体积均在 $50000m^3$ 以上;室外消防用水量超过 35L/s 易燃材料堆场,甲、乙类液体贮罐、可燃气体贮罐或贮罐区,均是贮量较大的堆场、贮罐或贮罐区。其消防用电设备应有较严格的要求,以保证火场动力的可靠性,避免造成重大损失。

三、除了本条一、二款以外的建筑物、贮罐、堆场的消防用电设备的供电要求作了规定:

(一) 建筑物、贮罐或贮罐区、堆场,从保障消防用电设备的可靠性出发,满足三级负荷供电要求是最起码的要求,有条件的厂宜设两台终端变压器。

(二) 一些较大的工厂、仓库(包括贮罐、堆场)和民用建筑,从保障日常生产、生活用电出发,一般都设有两台变压器(一备、一用),这样要求既不会增加投资,又提高了消防供电的可靠性。

【实施与检查的控制】

设计中应明确建筑物的供电等级,审查其是否满足本规范条文的要求。

10.1.2　火灾事故照明和疏散指示标志可采用蓄电池作备用电源。但连续供电时间不应少于 20min。

【技术要点说明】

当消防应急照明和疏散指示标志采用蓄电池作为备用电源时,其连续供电时间不少于 20min。当建筑物发生火灾时,一般情况下火灾在 10min 内产生的一氧化碳尚不多,但在 10～15min 之间,一氧化碳的浓度就大大超过对人体危害的允许浓度,而空气中的氧气含量也显著下降。在这个时间内人员如没有疏散出来,窒息死亡的可能性较大。

【实施与检查的控制】

设计单位应以本规范条文为依据,合理选型。

10.1.3　消防用电设备应采用单独的供电回路,并当发生火灾切断生产、生活用电时,应仍能保证消防用电,其配电设备应有明显标志。

【技术要点说明】

本条规定的供电回路,一般是指从低压总配电室或分配室至消防设备(如消防水泵房、消防控制室、消防电梯等)最末级配电箱的配电线路。

消防人员到达火场进行灭火时,首先要切断电源,以防止火势沿配电线路蔓延扩大和避免触电事故。由于不少单位或建筑物的配电线路是混合敷设,分不清哪些是消防设备用电配电线路。因此,不得不全部切断电源,致使消防用电设备不能正常运行。为了确保消防用电设备供电的可靠性,消防用电设备的配电线路应与其他动力、照明配电线路分开敷设。

为了避免误操作,影响灭火战斗,应设置紧急情况下方便操作的明显标志。

【实施与检查的控制】

消防用电设备的供电回路应单独设计,且不应参与火灾时非消防电源强行切断的联动控制。

10.1.4　消防用电设备的配电线路应穿管保护。当暗敷时应敷设在非燃烧体结构内,其保护层厚度不应小于30mm,明敷时必须穿金属管,并采取防火保护措施。采用绝缘和护套为非延燃性材料的电缆时,可不采取穿金属管保护,但应敷设在电缆井沟内。

【技术要点说明】

1. 耐火配线系指按照规定的火灾升温标准曲线达到840℃时,在30min内仍能继续有效供电的配线。

耐热配线系指按照规定的火灾升温标准曲线(1/2的曲线),升温到380℃时,能在15min内仍继续供电的配线。

2. 在设计中,消防用电设备配电线一般是金属管埋设在不燃体结构内。这是一种比较经济、安全的敷设方法。

对穿金属管保护层厚度不小于3cm,主要是参考火灾实例和试验数据确定的。试验情况表明,按照标准火灾升温曲线升温,3cm厚的保护层在15min内就可使金属管的温度达到105℃;30min时,达到210℃;到45min,可达290℃。试验还证明,金属达此温度,配电线路温度约比上述温度低1/3,仍能保证继续供电。金属管暗设,保护层厚度如能达到3cm以上,能够保障继续供电。考虑到钢筋混凝土装配式建筑或建筑物某些部位配电线路不能穿管暗设,必须明敷时,要采取防火保护措施,如在管套外面涂刷丙烯酸乳胶防火涂料等。

【实施与检查的控制】

设计中应注明消防配电线路敷设的具体工艺做法。

10.2.2　电力电缆不应和输送甲、乙、丙类液体管道、可燃气体管道、热力管道敷设在同一管沟内。

配电线路不得穿越风管内腔或敷设在风管外壁上,穿金属管保护的配电线路可紧贴风管外壁敷设。

【技术要点说明】

有些建筑将电力电缆与输送原油、苯、甲醇、乙醇、液化石油气、天然气、乙炔气、煤气等管道敷设在同一管(沟)内,由于上述液体或气体管道渗漏、电缆绝缘老化出现破损等情况会引起爆炸起火,因此,规定了配电线路不应敷设在金属风管内,但穿有金属管作保护的配电线路,可紧贴风管外壁敷设。

【实施与检查的控制】

审查设计中配电线路的敷设是否满足本规范条文的要求。

10.2.3　闷顶内有可燃物时,其配电线路应采取穿金属管保护。

【技术要点说明】

当配电线路设置在可燃物的闷顶(指吊顶屋盖或上部楼板之间的空间)内,又未采取穿金属管保护时，电线会因使用年限长，绝缘老化引发火灾。

【实施与检查的控制】

设计中应注明闷顶内配电线路敷设的具体工艺做法，

10.2.4 照明器表面的高温部位靠近可燃物时，应采取隔热、散热等防火保护措施。

卤钨灯和额定功率为100W及100W以上的白炽灯泡的吸顶灯、槽灯、嵌入式灯的引入线应采用瓷管、石棉、玻璃丝等非燃烧材料作隔热保护。

【技术要点说明】

1. 本条规定了照明器表面的高温部位靠近可燃物时，应采取防火保护措施。

2. 卤灯（包括碘钨灯和溴钨灯）的石英玻璃表面温度很高，1000W的灯管温度高达500～800℃，当纸、布、干木构件靠近时，很容易被烤燃引起火灾。功率在100W和100W以上的白炽灯泡使用时间较长时，温度也会上升到100℃以上。照明器设计、安装位置不当曾引起过多次事故，故规定上述两类灯具的引入线应采用瓷管、石棉、玻璃丝等不燃材料进行隔热保护。

【实施与检查的控制】

设计中应注明对照明器具高温部位进行隔热、散热等防火保护处理的具体工艺做法。

10.2.5 超过60W的白炽灯、卤钨灯、荧光高压汞灯（包括镇流器）等不应直接安装在可燃装修或可燃构件上。

可燃物品库房不应设置卤钨灯等高温照明器。

【技术要点说明】

本条对超过60W的白炽灯、卤钨灯、荧光高压汞灯的安装部位作了规定。因为上述灯具表面温度高，如安装在木吊顶龙骨（包括木吊顶板）、木墙裙以及其他木构件上易引发火灾。

【实施与检查的控制】

设计的灯具不应直接安装在可燃装修或可燃物件上。

可燃物品库房不得采用卤钨灯等。

10.2.6 公共建筑下列部位，应设火灾事故照明：

一、封闭楼梯间防烟楼梯间及其前室，消防电梯前室；

二、消防控制室、自动发电机房、消防水泵房；

三、观众厅，每层面积超过1500m² 的展览厅、营业厅，建筑面积超过200m² 的演播室，人员密集且建筑面积超过300m² 的地下室；

四、按规定应设封闭楼梯间或防烟楼梯间建筑的疏散走道。

【技术要点说明】

本条对公共建筑和高层厂房的某些部位应设火灾事故照明作了规定。

公共建筑火灾造成重大伤亡的原因很多，而着火后由于无可靠的事故照明，人员在一片漆黑中十分恐惧是个重要原因。

国外强调采用蓄电池作火灾事故照明和疏散指示标志的电源。考虑到目前我国的实际情况，一律要求采用蓄电池作为电源，尚有一定困难。故允许使用城市电网供电，可采用220V电压。

【实施与检查的控制】

审查设计的建筑物部位，是否设置有火灾事故照明。

10.2.7　疏散用的事故照明，其最低照度不应低于0.5lx。消防控制室，消防水泵房，自备发电机房的照明支线，应接在消防配电线路上。

【技术要点说明】

1. 本条对消防控制室、消防水泵房、自备发电机房等在火灾时仍需坚持工作的部位应设消防应急照明及其照度作了规定。

这些部位的工作应急照明的照度，必须保证正常工作时的照明照度，主要是参照《工业企业照明设计规范》(TJ 34—79)的有关规定提高的。

2. 所谓保证正常照明的照度，就是消防控制室、消防水泵房、自备发电机房的应急照明的最低照度要与该部位平时工作面上的正常工作照明的最低照度一样。

【实施与检查的控制】

设计中，当消防重要场所的事故照明与日常照明合用时，其照明灯具应采取消防配电线路供电，不应参与火灾时非消防电源强行切断的联动控制。

10.2.8　歌舞娱乐放映游艺场所和地下商店内的疏散走道和主要疏散路线的地面或靠近地面的墙上应设置发光疏散指示标志。

【技术要点说明】

1. 本条对剧院、电影院、体育馆、多功能礼堂、医院的病房等的疏散走道和疏散门，宜设置灯光疏散指示标志作了规定，使人们在浓烟弥漫的情况下能沿着灯光疏散指示标志顺利疏散。

2. 本条所指"发光疏散指示标志"包括电质发光型(如灯光型、电子显示型等)和光致发光型(如蓄光自发光型等)。这些疏散指示标志适用于歌舞娱乐放映游艺场所和高大空间场所，其中光致发光型疏散指示标志宜作为辅助疏散指示标志使用。

【实施与检查的控制】

设计中应注明疏散指示标志的发光类型、安装高度，应标明疏散指示标志的具体安装位置和疏散方向，疏散指示标志应设置在易于观察的部位，引导方向应清楚、准确。

10.2.9　事故照明灯和疏散指示标志，应设玻璃或其他非燃烧材料制作的保护罩。

【技术要点说明】

1. 本条对消防应急照明灯和疏散指示标志分别作了规定。

消防应急照明灯的设置位置大致有以下几种：在楼梯间，一般设在墙面或休息平台板的下面；在走道，一般设在墙面或顶棚的下面；在厅、堂，一般设在顶棚或墙面上；在楼梯口、太平门，一般设在门口的上部。

参照国内外一些建筑物的实际作法，规定疏散指示标志宜放在太平门的顶部或疏散走道及其转角处；距地面高度1m以下的墙面上。当然，在具体设计中，可结合实际情况，在这个范围内灵活地选定安装位置。总之，要符合一般人行走时目视前方的习惯，容易发现目标(标志)。但疏散标志不应设在吊顶上，以免被烟气遮挡。

2. 为防止火灾时迅速烧毁事故照明灯和疏散指示标志，影响安全疏散，在消防应急照明灯具和疏散指示标志的外表面还应加设保护措施。

【实施与检查的控制】

事故照明灯具和疏散指示标志产品应符合国家标准的有关要求。

10.2.10 爆炸和火灾危险环境电力装置的设计，应按现行的国家标准《爆炸和火灾危险环境电力装置设计规范》的有关规定执行。

《高层民用建筑设计防火规范》GB 50045—95(2001年局部修订)

9.1.1 高层建筑的消防控制室、消防水泵、消防电梯、防烟排烟设施、火灾自动报警、自动灭火系统、应急照明、疏散指示标志和电动的防火门、窗、卷帘、阀门等消防用电，应按现行的国家标准《供配电系统设计规范》的规定进行设计，一类高层建筑应按一级负荷要求供电，二类高层建筑应按二级负荷要求供电。

【技术要点说明】

1. 高层建筑特别是高层公共建筑，需要较大电能供应。高层建筑的电源，分常用电源(即工作电源)和备用电源两种。常用电源一般是直接取自城市低压三相四线制输电网(又称低压市电网)，其电压等级为380/220V。而三相380V级电压则用于高层建筑的电梯、水泵等动力设备供电；单向220V级电压用于电气工作照明、应急照明和生活其他用电设备。

2. 高层建筑的备用电源有取自城市两路高压(一般为10kV级)供电，其中一种为备用电源；在有高层建筑群的规划区域内，供电电源常常取35kV区域变电站；有的取自城市一路高压(10kV级)供电，另一种取自自备柴油发电机等等。

备用电源的作用是当常用电源出现故障而发生停电事故时，能保证高层建筑的各种消防设备(如消防给水、消防电梯、防排烟设备、应急照明和疏散指示标志、应急广播、电动的防火门窗、卷帘、自动灭火装置)和消防控制室等仍能继续运行。

3. 为确保高层建筑消防用电，按一级负荷供电是很必要的。考虑到我国目前的经济水平和城市供电水平有限，一律要求按一级负荷供电尚有困难。故要求一类高层建筑采用一级负荷供电，二类高层建筑采用二级负荷供电。

高层建筑发生火灾时，主要利用建筑物本身的消防设施进行灭火和疏散人员、物资。没有可靠的电源，就不能及时报警、灭火，不能有效地疏散人员、物资和控制火势蔓延。一些新建的电信楼、广播楼、电力调度楼、大型综合楼等高层公共建筑，一般除设有双电源以外，还设有自备发电机组，即设置了3个电源。而对二类高层建筑和住宅小区要求两回路供电是可行的。

【实施与检查的控制】

设计中应明确注明该建筑物的供电等级，设计电源的接入应满足其供电等级的要求。

9.1.2 高层建筑的消防控制室、消防水泵、消防电梯、防烟排烟风机等的供电，应在最末一级配电箱处设置自动切换装置。

一类高层建筑自备发电设备，应设有自动启动装置，并能在30s内供电。二类高层建筑自备发电设备，当采用自动启动有困难时，可采用手动启动装置。

【技术要点说明】

1. 本条对消防用电设备的两个电源的切换方式、切换点和自备发电机设备的启动时间作了规定。

对消防扑救来说，切换时间越短越好。考虑目前我国供电技术条件，规定在30s以内。而切换部位是指各自的最末一级配电箱，如消防水泵应在消防水泵房的配电箱处切换；又如消防电梯应在电梯机房配电箱处切换等等。

2. 消防用电的重点是高层建筑的消防控制室、消防电梯,防排烟风机等部位。

【实施与检查的控制】

消防设备应采用消防配电线路供电,应给出末端配电箱多电源互投和自备发电设备自动启动的详细工艺做法。

9.1.3　消防用电设备应采用专用的供电回路,其配电设备应设有明显标志。其配电线路和控制回路宜按防火分区划分。

【技术要点说明】

1. 有了可靠电源,而消防设备的配电线路不可靠,仍不能保证消防用电设备的安全供电。因此,消防用电设备均应采用专用的(即单独的)供电回路。

2. 建筑发生火灾后,可能会造成电气线路短路和其他设备事故,电气线路可能使火灾蔓延扩大。灭火时,消防人员必须是先切断工作电源,然后救火,以策扑救中的人员安全。而消防用电设备必须继续有电(不能停电),故消防用电必须采用单独回路,电源直接取自配电室的母线,当切断(停电)工作电源时,消防电源不受影响。

3. 本条所规定的供电回路,系指从低压总配电室(包括分配电室)至最末一级配电箱,与一般配电线路均应严格分开。消防用电设备的配电线路不能与其他动力、照明共用回路,并且还应设有紧急情况下方便操作的明显标志。否则,容易引起误操作,影响灭火战斗。

【实施与检查的控制】

设计的消防用电设备应为独立供电回路。

9.1.4　消防用电设备的配电线路应符合下列规定:

9.1.4.1　当采用暗敷设时,应敷设在不燃烧体结构内,且保护层厚度不宜小于30mm;

9.1.4.2　当采用明敷设时,应采用金属管或金属线槽上涂防火涂料保护;

9.1.4.3　当采用绝缘和护套为不延燃材料的电缆时,可不穿金属管保护,但应敷设在电缆井内。

【技术要点说明】

1. 目前国内许多高层建筑设计结合我国国情,消防用电设备配电线路多数是采用普通电缆电线而穿在金属管或阻燃塑料管内并埋设在不燃烧体结构内,这是一种比较经济、安全可靠的敷设方法。

2. 当采用明敷时,要求做到:必须在金属管或金属线槽上涂防火涂料进行保护。

当采用绝缘和保护套为不延燃性材料的电缆电线时,因敷设在电缆井内,又用金属线槽密封保护,可以满足要求。

【实施与检查的控制】

设计应注明消防配电线路敷设的具体工艺做法。

9.2.1　高层建筑的下列部位应设置应急照明:

9.2.1.1　楼梯间、防烟楼梯间前室、消防电梯间及其前室、合用前室和避难层(间);

9.2.1.2　配电室、消防控制室、消防水泵房、防烟排烟机房、供消防用电的蓄电池室、自备发电机房、电话总机房以及发生火灾时仍需坚持工作的其他房间;

9.2.1.3　观众厅、展览厅、多功能厅、餐厅和商业营业厅等人员密集的场所;

9.2.1.4　公共建筑内的疏散走道和居住建筑内走道长度超过20m的内走道。

【技术要点说明】

1. 高层建筑在安全疏散方面有许多不利因素：一是层数多，垂直疏散距离长，则疏散到地面或其他安全场所的时间要相应增长；二是规模大、人员多的高层建筑，由于有些高层建筑疏散通道设置不合理，拐弯多，宽窄不一，容易出现混乱拥挤情况，影响安全疏散；三是各种竖向管井未作防火分隔处理或处理不合要求，火灾时拔烟、拔火作用大，导致蔓延快，给安全疏散增加了困难；四是目前国内生产的消防登高车辆数量少，质量不高，最大工作高度有限，不利于高层建筑火灾的抢救等。针对以上不利因素，设置符合规定的应急照明和疏散指示标志是十分必要的。

2. 本条除规定疏散楼梯间、走道和防烟楼梯间前室、消防电梯间及其前室及合用前室以及观众厅、展览厅、多功能厅、餐厅和商场营业厅等人员密集的场所需设应急照明外，并对火灾时不能停电、必须坚持工作的场所（如配电室、消防控制室、消防水泵房、自备发电机房、电话总机房）也规定了应设应急照明。

3. 我国高层建筑火灾应急照明设计的现行做法，一般都采用城市电网的电源作为应急照明供电。为满足使用和安全要求，允许使用城市电网供电，对其电压未作具体规定，即可用 220V 的电压。有的高层建筑如果有条件，也可采用蓄电池作为火灾应急照明和疏散指示标志的电源。

【实施与检查的控制】

审查设计中符合本规范条文规定的建筑部位是否设置有应急照明。

9.2.2 疏散用的应急照明，其地面最低照度不应低于 0.5lx。

消防控制室、消防水泵房、防烟排烟机房、配电室和自备发电机房、电话总机房以及发生火灾时仍需坚持工作的其他房间的应急照明，仍应保证正常照明的照度。

【技术要点说明】

1. 本条规定的照度主要是参照现行的国家标准《工业企业照明设计标准》有关规定提出的。该标准规定供人员疏散用的事故照明，主要通道的照度不应低于 0.5lx。

2. 消防控制室、消防水泵房、配电室和自备发电机房要在高层建筑内任何部位发生火灾时坚持正常工作。这些部位应急照明的最低照度应与该部位工作面上的正常工作照明的最低照度相同，其有关数值引自《工业企业照明设计标准》。

【实施与检查的控制】

疏散用应急照明灯具应合理选型。重要场所的照度要求，应按《工业企业照明设计标准》的有关规定执行。

9.2.3 除二类居住建筑外，高层建筑的疏散走道和安全出口处应设灯光疏散指示标志。

9.2.5 应急照明灯和灯光疏散指示标志，应设玻璃或其他不燃烧材料制作的保护罩。

【技术要点说明】

1. 为防止火灾时迅速烧毁应急照明灯和疏散指示标志，影响安全疏散，在应急照明灯具和疏散指示标志的外表面加设保护措施。

2. 目前，我国已生产专用的应急照明灯和疏散指示标志，有关要求可按相应产品的国家标准执行。

【实施与检查的控制】

应急照明灯具和灯光疏散指示标志应合理选用，并符合相应产品国家标准的有关要求。

9.2.6 应急照明和疏散指示标志，可采用蓄电池作备用电源，且连续供电时间不应少于

20min;高度超过100m的高层建筑连续供电时间不应少于30min。

9.3.1　开关、插座和照明器靠近可燃物时,应采取隔热、散热等保护措施。

卤钨灯和超过100W的白炽灯泡的吸顶灯、槽灯、嵌入式灯的引入线应采取保护措施。

【技术要点说明】

1. 本条规定的供电时间是根据国内一些高层工程实践和参考日本等国的规范和资料而作出的。

2. 为有利于结合工程实际,充分发挥电气设计人员的积极性和创造性,对照明器表面的高温部位,应采取隔热、散热等防火保护措施,但未作具体规定。具体的保护措施较多,可根据实际情况处理。比如,将高温部位与可燃物之间垫设绝缘隔热物,隔绝高温;加强通风散热措施;与可燃物保持一定距离,使可燃物的温度不超过60～70℃等。

3. 对容易引起火灾的卤钨灯和不易散热、功率较大白炽灯泡的吸顶灯、嵌入式灯等提出了防火要求。由于卤钨灯灯管表面温度达700～800℃,必须使用耐热导线。白炽灯泡的吸顶灯、嵌入式灯的灯罩内或灯泡附近的温度,大大超过一般绝缘导线运行时的周围环境温度,若灯头的引入电源线不采取措施,其导线绝缘极易损坏,引起短路,甚至酿成火灾。

【实施与检查的控制】

设计中应注明所采取的隔热、散热等防火保护和配电线路敷设的具体工艺做法。

9.3.2　白炽灯、卤钨灯、荧光高压汞灯、镇流器等不应直接设置在可燃装修材料或可燃构件上。

可燃物品库房不应设置卤钨灯等高温照明灯具。

【技术要点说明】

白炽灯、卤钨灯、荧光高压汞灯和镇流器等直接安装在可燃构件或可燃装修上,容易发生火灾。卤钨灯管表面温度高,如在可燃物品库内设置这类高温照明器更是危险。

【实施与检查的控制】

审查所采取的隔热、散热等防火保护措施。注意可燃物品库房不得采用卤钨灯等。

重点检查内容

《建筑设计防火规范》GBJ 16—87(2001年局部修订)

条号	项目	重点检查内容
2.0.1	构件的燃烧性能和耐火极限	建筑物的耐火等级、其构件的燃烧性能和耐火极限的确定
5.4.1	锅炉房、高压电容器和多油开关等	锅炉房、高压电容器和多油开关等的设置
5.4.2	易燃易爆物品、商业服务网点	易燃易爆物品、商业服务网点等的设置
5.2.1	防火间距	民用建筑之间的防火间距
6.0.2	消防车道	消防车道穿过建筑物的门洞时,门洞的净高和净宽以及门垛之间的净宽
6.0.8	消防车道	供消防车取水的天然水源和消防水池应设置消防车道
6.0.9	消防车道	消防车道的设置
6.0.10	消防车道	消防车道、回车场的设置
1.0.3	适用范围	建筑设计防火规范的适用范围
5.1.1	民用建筑	民用建筑的耐火等级、层数、长度和建筑面积
5.1.1A	歌舞娱乐放映游艺场所	歌舞娱乐放映游艺场所设置规定
5.1.3	防火分区间	地下、半地下建筑内的防火分区间
5.1.3A	地下商店	地下商店的设置
7.1.1	防火墙	防火墙的设置
7.1.4	防火墙	防火墙上开门窗洞口的处理
7.2.1	墙	单元式住宅中,单元之间的墙的防火要求
7.2.3	分隔	歌舞娱乐放映游艺场所,附设在居住建筑中的托儿所、幼儿园的防火要求
7.2.5	吊顶	三级耐火等级建筑的吊顶防火要求
7.2.11	消防控制室设备室	消防控制室、设备室、机房设置要求
10.3.1	火灾自动报警装置	应设火灾自动报警装置的部位
10.3.1A	火灾自动报警装置	建筑面积大于500m^2的地下商店设火灾自动报警装置
10.3.1B	火灾自动报警装置	歌舞娱乐放映游艺场所设火灾自动报警装置
10.3.2	报警装置	散发可燃气体、可燃蒸气的甲类厂房和场所,设置可燃气体浓度检漏报警装置
5.3.1	安全出口	公共建筑和通廊式居住建筑安全出口、歌舞娱乐放映游艺场所的疏散出口、二层或三层的建筑安全出口设置
5.3.4	安全出口	剧院、电影院、礼堂的观众厅安全出口设置
5.3.5	安全出口	体育馆观众厅安全出口设置
5.3.6	安全出口	地下室、半地下室安全出口
5.3.6A	安全出口	建筑中的安全出口或疏散出口分散布置
5.3.8	疏散距离	民用建筑的安全疏散距离

续表

条 号	项 目	重 点 检 查 内 容
5.3.10	疏散	剧院、电影院、礼堂等人员密集的公共场所观众厅的疏散宽度指标
5.3.11	疏散	体育馆观众厅的疏散门以及疏散外门、楼梯和走道各自宽度
5.3.12	疏散	学校、商店、办公楼、候车(船)室、歌舞娱乐放映游艺场所等民用建筑中的楼梯、走道及首层疏散外门的各自总宽度
5.3.14	疏散门	人员密集的公共场所、观众厅的疏散门
5.3.7	楼梯间	公共建筑的室内楼梯间设置
7.4.1	楼梯间	疏散用的楼梯间
7.4.7	疏散用门	医院的病房楼、民用建筑及厂房的疏散用门的开启方向
10.2.8	疏散指示标志	影剧院、体育馆、多功能、歌舞娱乐放映游艺场所和地下商店礼堂等，其疏散走道和疏散门的疏散指示标志
8.1.3	消防给水	室外消防给水压力
8.2.2	消防用水量	民用建筑的室外消防用水量
8.3.1	消防给水管道	室外消防给水管道的布置
8.3.3	消防水池	消防水池设置
8.4.1	消防给水	建筑物设室内消防给水
8.6.1	给水管道	室内消防给水管道
8.6.2	消火栓	室内消火栓
8.7.1	自动喷水	设置闭式自动喷水灭火设备
8.7.1A	自动喷水	建筑面积大于500 ㎡的地下商店设自动喷水灭火系统
8.7.1B	自动喷水	歌舞娱乐放映游艺场所设自动喷水灭火系统
8.7.2	水幕	设置水幕设备的部位
8.7.3	雨淋	雨淋喷水灭火设备设置
8.7.5A	二氧化碳等	二氧化碳等气体灭火系统设置
8.8.3	出水管	消防水泵房应有不少于两条的出水管直接与环状管网连接
9.1.3	排风	民用建筑内存有容易起火或爆炸物质的单独房间，设排风系统
9.1.4	排风水平管	排风水平管敷设
9.1.5	可燃气体管道	可燃气体管道和甲、乙、丙类液体管道不应穿过通风管道和通风机房，也不应沿风管的外壁敷设
9.2.3	采暖管道	房间内有与采暖管道接触能引起燃烧爆炸的气体、蒸气或粉尘时，不应穿过采暖管道，如必须穿过时，应用非燃烧材料隔热
9.2.4	距离	采暖管道与可燃构件的距离
9.2.5	保温材料	甲、乙类的库房、高层工业建筑以及影剧院、体育馆等公共建筑的采暖管道和设备，其保温材料应采用非燃烧材料
9.3.1	通风	空气中含有容易起火或爆炸危险物质的房间，其送、排风系统采用的通风设备
9.3.2	粉尘	排除有燃烧和爆炸危险的粉尘的空气，在进入排风机前应进行净化
9.3.3	粉尘	有爆炸危险的粉尘的排风机、除尘器的布置

续表

条 号	项 目	重 点 检 查 内 容
9.3.5	泄压装置	有爆炸危险的粉尘和碎屑的除尘器、过滤器、管道，设置泄压装置
9.3.6	排风系统	排除、输送有燃烧或爆炸危险的气体、蒸气和粉尘的排风系统设置
9.3.8	排风管	排除有爆炸燃烧或危险的气体、蒸气和粉尘的排风管设置
9.3.9	填塞物	排除和输送温度超过80℃的空气或其他气体以及容易起火的碎屑的管道与燃烧或难燃构件之间的填塞物，应用非燃烧的隔热材料
9.3.10	防火阀	通风、空气调节系统的送、回风管设防火阀
9.3.11	防火阀关闭	防火阀的易熔片或其他感温、感烟等控制设备经作用，能顺气流方向自行严密关闭
9.3.12	风管	通风、空气调节系统的风管的制作
9.3.13	保温	风管和设备的保温材料、消声材料及其粘结剂，应采用非燃烧材料或难燃烧材料
9.3.14	通风管道	通风管道不宜穿过防火墙和非燃烧体楼板等防火分隔物的防火要求
10.1.1	电源	建筑物的消防用电设备的电源要求
10.1.2	电源	火灾事故照明和疏散指示标志可采用蓄电池作备用电源时的连续供电时间
10.1.3	供电回路	消防用电设备应采用单独的供电回路
10.1.4	配电线路	消防用电设备的配电线路的保护
10.2.2	敷设	电力电缆与输送甲、乙、丙类液体管道等分开敷设，配电线路不得穿越风管内腔或敷设在风管外壁上，穿金属管保护的配电线路可紧贴风管外壁敷设
10.2.3	金属管保护	闷顶内有可燃物时，其配电线路应采取穿金属管保护
10.2.4	照明器	照明器表面的高温部位靠近可燃物时，应采取隔热、散热等防火保护措施
10.2.5	照明器等	超过60W的白炽灯、卤钨灯、荧光高压汞灯及高温照明器的安装
10.2.6	事故照明	公共建筑设火灾事故照明
10.2.7	事故照明	疏散用的事故照明设置
10.2.8	疏散路线	歌舞娱乐放映游艺场所和地下商店内的疏散走道和主要疏散路线的地面或靠近地面的墙上应设置发光疏散指示标志
10.2.9	事故照明灯和疏散指示标志	事故照明灯和疏散指示标志，应设玻璃或其他非燃烧材料制作的保护罩

《高层民用建筑设计防火规范》GB 50045—95(2001年局部修订)

条 号	项 目	重 点 检 查 内 容
1.0.5	适用范围	当高层建筑的建筑高度超过250m时，建筑设计采取的特殊的防火措施，应提交国家消防主管部门组织专题研究、论证
3.0.2	构件的燃烧性能和耐火极限	各种建筑构件的燃烧性能耐火极限的确定
3.0.3	节点缝隙及外露部位	预制钢筋混凝土构件的节点缝隙或金属承重构件节点的外露部位须设防火保护

续表

条　号	项　目	重　点　检　查　内　容
3.0.4	耐火等级	高层建筑的耐火等级确定
3.0.7	可燃物较多的房间	高层建筑内存放可燃物较多的房间，其柱、梁、楼板和墙的耐火极限相应提高
4.1.2	锅炉房、高压电容器和多油开关等	锅炉房、高压电容器和多油开关等的设置
4.1.5A	歌舞娱乐放映游艺场所	歌舞娱乐放映游艺场所等设置的有关规定
4.1.6	儿童活动场所	托儿所、幼儿园、游乐厅等儿童活动场所的设置
4.1.7	扑救条件	高层建筑火灾的扑救条件
4.1.10	丙类液体作燃料	高层建筑使用丙类液体作燃料时的规定
4.1.11	液化石油气	高层建筑采用瓶装液化石油气作燃料时的规定
4.2.1	防火间距	高层建筑之间及高层建筑与其他民用建筑之间的防火间距
4.2.5	防火间距	高层建筑与小型甲、乙、丙类液体储罐、可燃气体储罐和化学易燃物品库房的防火间距
4.2.6	液氧储罐	高层医院等的液氧储罐设置
4.2.7	防火间距	高层建筑与厂(库)房、煤气调压站、液化石油气气化站、混气站和城市液化石油气供应站瓶库的防火间距
4.3.6	消防车道	消防车道的净宽和净高
5.1.1	防火分区	高层建筑防火分区的划分
5.1.3	防火分区	裙房防火分区的划分
5.1.4	防火分区	高层建筑内设有上下层相连通的走廊、敞开楼梯、自动扶梯、传送带等开口部位时的防火分区划分
5.1.5	中庭	高层建筑中庭的设置
5.2.2	防火墙	紧靠防火墙两侧的门、窗、洞口之间最近边缘的水平距离
5.2.4	穿过防火墙	可燃气体和甲、乙、丙类液体的管道严禁穿过防火墙
5.2.7	设备室、机房	设在高层建筑内的自动灭火系统的通风、空调防火要求
5.3.1	电梯井	电梯井的设置和电梯门
5.3.2	竖向管道井	电缆井、管道井、排烟道、排气道、垃圾道等竖向管道井的设置
5.3.3	井道	建筑高度不超过100m的高层建筑内的井道设置
5.5.1	防火保护措施	屋顶采用金属承重结构的防火保护措施
5.5.3	变形缝	变形缝构造及防火要求
8.1.3	排烟设施	一类高层建筑和建筑高度超过32m的二类高层建筑应设排烟设施
8.2.2	自然排烟	采用自然排烟的开窗规定
8.3.1	防烟设施	应独立设置机械加压送风的防烟设施的部位
8.3.3	送风系统	层数超过三十二层的高层建筑，其送风系统及送风量应分段设计
8.3.4	剪刀楼梯间	剪刀楼梯间风量计算、送风口设置
8.3.5	送风量	封闭避难层(间)的机械加压送风量

续表

条号	项目	重点检查内容
8.3.7	余压值	机械加压送风的余压值
8.4.4	排烟口	排烟口的设置
8.4.9	排烟管道	排烟管道的设置
9.4.1	火灾自动报警系统	建筑高度超过100m的高层建筑设火灾自动报警系统的部位
9.4.2	火灾自动报警系统	不超过100m的一类高层建筑设置火灾自动报警系统的部位
9.4.3	火灾自动报警系统	二类高层建筑设火灾自动报警系统的部位
6.1.1	安全出口	高层建筑的安全出口设置
6.1.4	疏散	高层公共建筑的大空间设计,应符合双向疏散或袋形走道的规定
6.1.12	安全疏散	高层建筑地下室、半地下室的安全疏散规定
6.1.13	避难层(间)	建筑高度超过100m的公共建筑,设置避难层(间)的规定
6.1.5	安全出口	安全出口的分散布置和安全疏散距离
6.1.9	疏散宽度	高层建筑内走道的净宽、首层疏散外门和走道宽度
6.1.10	疏散宽度	疏散楼梯间及其前室的门的净宽度
6.1.11	疏散走道、出口	高层建筑内设有固定座位的观众厅、会议厅等人员密集场所,其疏散走道、出口等规定
6.1.16	疏散门	高层建筑的公共疏散门
6.2.1	防烟楼梯间	防烟楼梯间的设置
6.2.2	封闭楼梯间	封闭楼梯间的设置
6.2.3	疏散楼梯间	单元式住宅疏散楼梯间的设置
6.2.4	疏散楼梯间	通廊式住宅设封闭楼梯间、防烟楼梯间
6.2.5	前室	楼梯间及防烟楼梯间前室
6.2.8	楼梯间	地下室、半地下室的楼梯间
6.2.9	疏散宽度	疏散楼梯宽度
6.3.1	消防电梯	高层建筑设消防电梯
6.3.2	消防电梯	高层建筑消防电梯的设置数量
7.1.1	消火栓给水系统	高层建筑设置室内、室外消火栓给水系统
7.1.2	天然水源	消防用水量和取水设施
7.1.3	消防给水水压	室内消防给水水压
7.2.1	消防用水总量	高层建筑的消防用水总量应按室内、外消防用水量之和计算
7.2.2	用水量	高层建筑室内、外消火栓给水系统的用水量限值
7.2.4	消防卷盘	高级旅馆、重要的办公楼、一类建筑的商业楼、展览楼、综合楼等和建筑高度超过100m的其他高层建筑,应设消防卷盘
7.3.1	室外消防给水管道	室外消防给水管道应布置成环状
7.3.2	消防水池	高层建筑设消防水池
7.3.4	取水口或取水井	供消防车取水的消防水池设取水口或取水井
7.3.5	共用消防水池	共用消防水池的容量计算

续表

条　号	项　　目	重 点 检 查 内 容
7.4.1	消防给水系统	室内消防给水系统设置
7.4.2	消防竖管	消防竖管的布置
7.4.7	消防水箱	高层建筑设高位消防水箱
7.6.1	自动喷水	建筑高度超过100m的高层建筑，设自动喷水灭火系统
7.6.2	自动喷水	建筑高度不超过100m的一类高层建筑及其裙房设自动喷水灭火系统
7.6.3	自动喷水	二类高层建筑中的商业营业厅、展览厅等公共活动用房和建筑面积超过 $200m^2$ 的可燃物品库房，设自动喷水灭火系统
7.6.4	自动喷水	高层建筑中经常有人停留或可燃物较多的地下房间、歌舞娱乐放映游艺场所等，设自动喷水灭火系统
7.6.7	气体灭火	高层建筑设置气体灭火系统
7.6.8	气体灭火	高层建筑设置气体灭火系统
7.5.3	消防水泵	消防给水系统应设置备用消防水泵，其工作能力不应小于其中最大一台消防工作泵
7.5.4	吸水管	一组消防水泵的吸水管与供水管
8.1.4	防火、防烟措施	通风、空气调节系统应采取防火、防烟措施
8.5.1	送、排风系统	空气中含有易燃、易爆物质的房间，其送、排风系统应采用相应的防爆型通风设备设置
8.5.2	通风、空气调节系统	通风、空气调节系统的设置
8.5.3	防火阀	通风、空气调节系统的风管道设防火阀
8.5.5	防火阀	厨房、浴室、厕所等的垂直排风管道，应采取防止回流的措施或在支管上设置防火阀
8.5.6	管道制作	通风、空气调节系统的管道等制作
8.5.7	保温材料	管道和设备的保温材料、消声材料和粘结剂
8.5.8	保温材料	风管内设有电加热器时，风机应与电加热器联锁。电加热器前后各800mm范围内的风管和穿过设有火源等容易起火部位的管道，均必须采用不燃保温材料
9.1.1	供电	消防用电设计，一类高层建筑应按一级负荷要求供电，二类高层建筑应按二级负荷要求供电
9.1.2	自动切换	高层建筑的消防控制室、消防水泵、消防电梯、防烟排烟风机等的供电，在最末一级配电箱处设置自动切换装置
9.1.3	供电回路	消防用电设备采用专用的供电回路
9.1.4	配电线路	消防用电设备的配电线路
9.2.1	应急照明	高层建筑设置应急照明的部位
9.2.2	应急照明	疏散用应急照明的最低照度
9.2.3	指示标志	高层建筑的疏散走道和安全出口处设灯光疏散指示标志
9.2.5	指示标志	应急照明灯和灯光疏散指示标志，设保护罩

续表

条　号	项　目	重 点 检 查 内 容
9.2.6	连续供电时间	应急照明灯和灯光疏散指示标志采用备用电源时的连续供电时间
9.3.1	隔热、散热	开关、插座和照明器靠近可燃物时，采取隔热、散热等保护措施
9.3.2	照明器设置	白炽灯、卤钨灯、荧光高压汞灯、镇流器、高温照明灯具等的设置

《汽车库、修车库、停车场设计防火规范》GB 50067—97

条　号	项　目	重 点 检 查 内 容
3.0.2	耐火等级、燃烧性能和耐火极限	汽车库、修车库的耐火等级、构件的燃烧性能和耐火极限确定
3.0.3	耐火等级	地下汽车库的耐火等级的确定
4.1.1	设置位置	汽车库设置位置
4.1.2	设置	汽车库设置
4.1.3	汽车库、修车库的建造	甲、乙类物品运输车的汽车库、修车库的建造
4.1.4	建造	修车库的建造
4.1.6	建造	地下汽车库内建造要求
4.1.7	建造	汽车库和修车库内建造要求
4.1.8	建造	汽车库内建造要求
4.1.10	建造	车库区内要求
4.2.1	防火间距	车库之间以及车库与除甲类物品库房外的其他建筑物之间的防火间距
4.2.5	防火间距	车库与民用建筑、工厂、库房等之间的防火间距
4.2.6	防火间距	车库与易燃、可燃液体储罐，可燃气体储罐，液化石油气储罐的防火间距
4.2.8	防火间距	车库与甲类物品库房的防火间距
4.2.9	防火间距	车库与可燃材料露天、半露天堆场的防火间距
5.1.1	防火分区	防火分区的面积
5.1.4	防火分区	甲、乙类物品运输车的汽车库、修车库的防火分区
5.1.5	防火分区	修车库防火分区面积
5.1.6	防火墙分隔	汽车库、修车库贴邻其他建筑物时的防火墙分隔
5.1.7	防火墙分隔	汽车库内设置修理车位时，停车部位与修车部位之间的防火分隔
5.1.10	设备室、消防水泵房	自动灭火系统的设备室、消防水泵房应采用防火隔墙
6.0.1	安全出口、疏散出口	汽车库、修车库的安全出口和疏散出口分开设置
6.0.3	疏散楼梯	汽车库、修车库的室内疏散楼梯设置
6.0.6	疏散出口	汽车库、修车库的汽车疏散出口
6.0.7	疏散出口	Ⅰ、Ⅱ类地上汽车库和停车数大于100辆的地下汽车库的疏散出口
6.0.5	疏散距离	汽车库室内最远工作地点至楼梯间、出口的距离
7.1.5	消火栓给水系统	车库设室外消火栓给水系统及消防用水量
7.1.8	消火栓给水系统	汽车库、修车库设室内消火栓给水系统及消防用水量
7.1.12	水泵接合器	四层以上多层汽车库和高层汽车库及地下汽车库，其室内消防给水管网设水泵接合器

续表

条 号	项 目	重 点 检 查 内 容
7.2.1	自动喷水	Ⅰ、Ⅱ、Ⅲ类地上汽车库、停车数超过10辆的地下汽车库、机械式立体汽车库或复式汽车库以及采用垂直升降梯作汽车疏散出口的汽车库、Ⅰ类修车库，设置自动喷水灭火系统
9.0.7	自动报警	Ⅰ类汽车库、Ⅱ类地下汽车库和高层汽车库以及机械式立体汽车库、复式汽车库、采用升降梯作汽车疏散出口的汽车库，设置火灾自动报警系统

《图书馆建筑设计规范》JGJ 38—99

条 号	项 目	重 点 检 查 内 容
6.1.2	耐火等级	图书馆藏耐火等级确定
6.1.3	耐火等级	图书馆藏耐火等级确定
6.1.4	耐火等级	图书馆藏耐火等级确定
6.1.5	耐火等级	图书馆藏耐火等级确定
6.1.6	耐火等级	图书馆藏耐火等级确定
6.2.1	防火墙分隔	基本书库、非书资料库与毗邻的建筑物之间的防火墙及其耐火极限
6.2.2	防火分区	图书馆的防火分区
6.2.3	防火分区	珍藏本书库、特藏库的防火分区
6.2.4	防火分区	采用积层书架的书库的防火分区
6.4.3	疏散楼梯	图书馆内书库、非书资料库的疏散楼梯
6.4.4	安全出口	图书馆内超过300座位的报告厅独立设置不少于两个安全出口

《文化馆建筑设计规范》JGJ 41—87

条 号	项 目	重 点 检 查 内 容
4.0.2	耐火等级	文化馆的建筑耐火等级确定
4.0.4	走道净宽	文化馆内走道净宽
4.0.5	门	文化馆群众活动部分、学习辅导部分的门
4.0.7	出入口宽度	展览厅、舞厅、大游艺室的出入口宽度

《电影院建筑设计规范》JGJ 58—88

条 号	项 目	重 点 检 查 内 容
7.1.2	耐火等级	电影院的建筑耐火等级确定
7.2.2	出口	电影院建筑安全出口、疏散通道、疏散楼梯的宽度所取人数
7.2.3	出口	池座和楼座设置安全出口的数量
7.2.4	出口	观众厅的安全出口
7.2.5	出口	后台应有不少于两个直接通向室外的出口
7.2.6	出口	乐池和台仓出口不应少于两个
7.2.7	楼梯	电影院的室内楼梯

《汽车客运站建筑设计规范》JGJ 60—99

条号	项目	重点检查内容
5.1.2	耐火等级	汽车客运站的建筑耐火等级确定
7.2.2	安全出口	汽车客运站内候车厅安全出口
7.2.5	疏散楼梯	楼层设置候车厅时的疏散楼梯

《港口客运站建筑设计规范》JGJ 86—92

条号	项目	重点检查内容
6.0.2	耐火等级	港口客运站的建筑耐火等级确定
6.0.7	消防给水	一、二、三级港口客运站应设室内消防给水系统
6.0.8	自动报警	一、二、三级港口客运站及国际客运站的行包仓库，设火灾自动报警装置

《殡仪馆建筑设计规范》JGJ 124—99

条号	项目	重点检查内容
7.1.1	耐火等级	殡仪馆的建筑耐火等级确定
7.1.6	疏散宽度	殡仪馆内悼念厅楼梯和走道的疏散总宽度
7.2.3	防火分区	殡仪馆建筑的防火分区
7.2.4	防火分隔	殡仪馆骨灰寄存室与毗邻的其他用房分隔

《铁路旅客车站建筑设计规范》GB 50226—95

条号	项目	重点检查内容
8.1.1	耐火等级	铁路旅客车站的建筑耐火等级确定
8.1.2	设置	严禁设置易燃、易爆及危险品的存放处
8.1.3	防火分区	综合型铁路旅客车站的防火分区
8.1.5	疏散	铁路旅客车站内的旅客用楼梯及安全疏散通路的净宽度
8.2.3	自动报警系统、消防控制室	特大型、大型铁路旅客车站的软席候车室、贵宾候车室、售票票据库、行包库及配电室等场所设置火灾自动报警系统、设置消防控制室
8.2.4	自动喷水	特大型、大型铁路旅客车站的地下行包库，设置自动喷水灭火系统

《综合医院建筑设计规范》JGJ 49—88

条号	项目	重点检查内容
4.0.3	防火分区	综合医院建筑的防火分区
4.0.4	楼梯、电梯	综合医院建筑内的楼梯、电梯

《旅馆建筑设计规范》JGJ 62—90

条号	项目	重点检查内容
4.0.5	防火分区	旅馆建筑的防火分区

《博物馆建筑设计规范》JGJ 66—91

条号	项目	重点检查内容
5.1.1	防火分区	博物馆建筑防火分区
5.2.1	疏散	藏品库区的电梯和安全疏散楼梯的设置
5.3.1	自动报警系统	大、中型博物馆必须设置火灾自动报警系统

《档案馆建筑设计规范》JGJ 25—2000

条　号	项　　目	重 点 检 查 内 容
6.0.3	自动报警	特级、甲级档案馆的档案库、缩微用房、空调机房等房间设置火灾自动报警设施
6.0.5	明火设施	档案库内严禁设置明火设施等
6.0.7	楼梯间和门	库区内设置楼梯时的楼梯间和门

《商店建筑设计规范》JGJ 48—88

条　号	项　　目	重 点 检 查 内 容
4.1.4	防火分隔	综合性建筑的商店部分及其安全出口与其他建筑部分隔开
4.2.3	疏散宽度	商店营业部分的疏散通道和楼梯间内的装修不得影响疏散宽度
4.2.2	疏散	商店建筑的商店营业厅的出入门、安全门净宽

《科学实验建筑设计规范》JGJ 91—93

条　号	项　　目	重 点 检 查 内 容
5.2.1	隔墙	科学实验建筑中有贵重仪器设备的实验室的隔墙防火要求

《建筑内部装修设计防火规范》GB 50222—95(2001年局部修订)

条　号	项　　目	重 点 检 查 内 容
3.1.2	装修材料	无窗房间的内部装修材料的燃烧性能等级
3.1.5	装修材料	消防水泵房、排烟机房、固定灭火系统钢瓶间、配电室、变压器室、通风和空调机房等,其内部所有装修材料
3.1.6	装修材料	无自然采光楼梯间、封闭楼梯间、防烟楼梯间的装修材料
3.1.13	装修材料	地上建筑的水平疏散走道和安全出口的门厅的装修材料
3.1.15A	安全出口、疏散出口或疏散走道	建筑内部装修不应影响安全出口、疏散出口或疏散走道
3.1.18	防火要求	歌舞娱乐放映游艺场所的防火要求
3.2.3	装修材料	单层、多层民用建筑有自动灭火系统时的装修材料
3.4.2	装修材料	地下民用建筑的疏散走道和安全出口的门厅,其顶棚、墙面和地面的装修材料

《自动喷水灭火系统设计规范》GB 50084—2001

条号	项目	重点检查内容
3.0.1	危险等级	设置场所火灾危险等级的划分
3.0.2	危险等级	确定火灾危险等级的因素
4.1.2	不适用范围	自动喷水灭火系统不适用的场所
4.2.1	湿式系统	环境温度不低于4℃,且不高于70℃的场所采用湿式系统
4.2.2	干式系统	环境温度低于4℃,或高于70℃的场所应采用干式系统
4.2.5	雨淋系统	雨淋系统的应用
4.2.6	自动喷水	设置快速响应早期抑制喷头的自动喷水灭火系统的场所
4.2.9	自动喷水灭火系统	自动喷水灭火系统的组成
4.2.10	水幕	防护冷却水幕和防火分隔水幕的设置。
6.2.1	自动喷水灭火系统	自动喷水灭火系统设置规定
6.2.5	雨淋阀组	雨淋阀组要求
6.2.7	控制阀	连接报警阀进出口的控制阀设置规定
6.2.8	工作压力	水力警铃的工作压力的规定
6.3.1	水流指示器	每个防火分区、每个楼层均应设水流指示器
6.3.2	水流指示器	仓库内顶板下喷头与货架内喷头应分别设置水流指示器
6.3.3	信号阀	水流指示器入口前设置控制阀时,采用信号阀
6.5.1	末端试水	末端试水装置、试水阀设置
6.5.2	末端试水装置	末端试水装置的组成
7.1.1	喷头	喷头的布置
7.1.2	喷头	直立型、下垂型喷头的布置
7.1.3	喷头	直立型、下垂型标准喷头,其溅水盘与顶板的距离
7.1.4	喷头	快速响应早期抑制喷头的溅水盘与顶板的距离
7.1.5	喷头	图书馆、档案馆、商场、仓库中的通道上方设喷头
7.1.6	喷头	货架内喷头与顶板下喷头交错布置,有关距离
7.1.8	喷头	净空高度大于800mm的闷顶和技术夹层内有可燃物时,设置喷头
7.1.9	喷头	当局部场所设置自动喷水灭火系统时,与相邻不设自动喷水灭火系统场所连通的走道或连通开口的外侧,应设喷头
7.1.10	喷头	装设通透性吊顶的场所的喷头布置
7.1.11	喷头	顶板或吊顶为斜面时的喷头布置
7.1.12	喷头	边墙型标准喷头的最大保护跨度与间距
7.1.13	喷头	边墙型扩展覆盖喷头设置
7.1.14	喷头	直立式边墙型喷头布置
7.1.15	喷头	防火分隔水幕的喷头布置
8.0.1	工作压力	配水管道的工作压力
8.0.2	配水管	配水管道制作
8.0.3	管道	系统管道的连接

续表

条 号	项 目	重 点 检 查 内 容
8.0.6	喷头数	配水管两侧每根配水支管控制的标准喷头数
8.0.7	喷头数	轻危险级、中危险级场所中配水支管、配水管控制的标准喷头数
8.0.8	连接管	短立管及末端试水装置的连接管直径
9.1.3	流量	系统的设计流量，按最不利点处作用面积内喷头同时喷水的总流量确定
9.1.4	流量	系统设计流量的计算
9.1.5	设计流量	设置货架内喷头的仓库，顶板下喷头与货架内喷头应分别计算设计流量
9.1.6	设计流量	建筑内设有不同类型的系统或有不同危险等级的场所时，系统的设计流量
9.1.7	设计流量	当建筑物内同时设有自动喷水灭火系统和水幕系统时，系统的设计流量
9.1.8	设计流量	雨淋系统和水幕系统的设计流量
10.1.1	用水	系统的用水、用水量
10.1.2	消防用水	与生活用水合用的消防水箱和消防水池的水质
10.1.3	防冻	严寒与寒冷地区，对系统中遭受冰冻影响的部分，采取防冻措施
10.2.1	水泵	系统应设独立的供水泵，并应按一运一备或二运一备比例设置备用泵
10.2.3	水泵	系统的供水泵、稳压泵
10.2.4	水管	吸水管、出水管、控制阀、止回阀、压力表、试水阀的设置
10.3.1	消防水箱	采用临时高压给水系统的自动喷水灭火系统，设高位消防水箱
10.3.3	出水管	消防水箱的出水管
10.4.1	水泵接合器	系统设水泵接合器
10.4.2	增压措施	当水泵接合器的供水能力不能满足最不利点处作用面积的流量和压力要求时，采取增压措施
11.0.1	启动	湿式系统、干式系统、预作用系统、雨淋系统及自动控制的水幕系统自动启动供水泵
11.0.2	控制	预作用系统、雨淋系统和自动控制的水幕系统，启动供水泵和开启雨淋阀的控制方式
11.0.3	控制	雨淋阀的自动控制方式
11.0.4	启动供水泵	快速排气阀入口前的电动阀，应在启动供水泵的同时开启
11.0.5	反馈信号	消防控制室(盘)应能显示水流指示器、压力开关、信号阀、水泵、消防水池及水箱水位、有压气体管道气压，以及电源和备用动力等是否处于正常状态的反馈信号，并应能控制水泵、电磁阀、电动阀等的操作

《托儿所、幼儿园建筑设计规范》JGJ 39—87

条 号	项 目	重 点 检 查 内 容
3.6.3	疏散	托儿所、幼儿园主体建筑走廊净宽度

《中小学建筑设计规范》GBJ 99—86

条 号	项 目	重 点 检 查 内 容
6.4.1	门洞宽度	中小学建筑中的教室安全出口的门洞宽度

第三篇 建筑设备

概 述

2002 年版《工程建设标准强制性条文》(房屋建筑部分)第三篇收录了保证各种建筑设备安全使用的重要规定。这些重要规定均直接涉及结构安全、人身健康和安全、环境保护等重大问题,符合强制性条文的确定原则。本篇包括"给水和排水设备"、"燃气设备"、"采暖、通风和空调设备"和"电气和防雷设备"四章。

给水和排水设备部分纳入的强制性条文,主要考虑在给排水设施、管道和卫生设备等设计和施工中,控制涉及安全、健康、环保和公众利益的技术环节,充分体现了强制性条文的编制原则。

在保障人民生命财产安全方面,在有可能遇水引起燃烧、爆炸等危害人身安全的地方,对管道的设置进行了严格地限制;管道穿越人防围护结构,有可能使冲击波通过围护结构,对人防设施及其内部造成危害,因此对其进行了限制并规定了具体的技术措施;将防止图书馆内的图书水浸损失的设计条款纳入了强制性条文。在保障人身健康方面,对防止回流污染、有可能污染生活饮用水水质的设计做法进行了限制,并提出了严格的技术措施;对中水的安全使用,防止中水误接、误用、误饮提出了要求,并明确了技术措施;对医疗建筑中有可能造成交叉感染的部位,规定了具体的设计要求。建筑给水对人们日常生活、对饮水健康影响较大,设计做法十分关键,因此,涉及此类问题的规范条款均纳入了强制性条文。在环境保护方面,将控制含有放射性物质和重金属等有害物质的污水排放、臭气排放、噪声等规范条文纳入了强制性条文。在保护公众利益方面,收入了一些相关条款,如水温控制、水封设置等规定。另外新增了热水器、游泳池等章节内容。

需要特别说明的是,《建筑给水排水设计规范》GB 50015—2003 已于 2003 年 9 月 1 日实施,与前版规范相比,本版规范进行了大幅修改,并新增了许多内容;《建筑中水设计规范》GB 50336—2002 也已于 2003 年 3 月 1 日实施。因此,与 2002 版强制性条文相比,给排水部分纳入的强制性条文有较大变化,结合此次实施导则的编写,对强制性条文的顺序进行了适当调整。

燃气设备部分的条文均摘自《城镇燃气设计规范》GB 50028－93(2002 年版),包括室内燃气管道、瓶装液化石油气、燃气的计量、居民生活用气、公共建筑用气、燃烧烟气的排除等方面的内容。住宅和公共建筑中燃气设备主要包括燃气管道、阀门、液化石油气钢瓶和瓶阀、调压器、煤气表、燃气灶具、燃气热水器、燃气采暖器、燃气空调、给排气设施、燃气泄漏报警器、燃气切断阀等。使用上述燃气设备时,必须防止由于燃气、烟气泄漏等滞留室内而引起的着火、爆炸和中毒事故。为防止和减少燃气事故,必须对上述燃气设备的产品质量、安装质量、使用和维修质量,以及燃气质量等环节进行严格控制。

采暖、通风和空调设备用于在建筑内创造一个舒适、健康、卫生的环境,这是人们生活、工作所必需的。随着我国经济高速发展，人民生活水平不断的提高，对室内热环境及空气品质的要求也不断提高。《工程建设标准强制性条文》是为了保证质量、安全、环保、人身健康和公众利益而采取的技术控制要点。从"采暖、通风和空调设备"章的内容来看，暖通空调的内容涉及到人身健康、公众利益和环保。良好的室内热环境不仅使人民舒适，而且可以大大提高工作效率及身体健康。但是，要保持室内热环境，暖通空调设备及系统需要运行，当然，耗费能量(主要为电、燃气、燃油及煤等)是必不可少的，与此同时，对环境带来了负面影响。我国近年来每年建成建筑面积高达 16 ～ 17 亿 m^2，其中城镇居住建筑及公共建筑近 10 亿 m^2。据统计，到 2001 年末，我国建筑年消耗商品能源共计 3.58 亿吨标准煤，占全社会终端能耗总量的 27.45％，采暖空调通风的能耗占建筑能耗的大部分，由此也排放了大量的 CO_2 及有害成分。所以，"采暖、通风和空调设备"章的内容主要目的是在保证室内良好热环境参数的前提下，控制暖通空调能耗无序增长，以实现我国可持续发展战略目标。

我国能源形势相当严峻，中国人口占世界总人口 20％，已探明的煤炭储量占世界储量的 11％、原油占 2.4％、天然气仅占 1.2％。人均能源资料占有量不到世界平均水平的一半。中国 2000 年一次能源生产量为 10.9 亿吨标准煤，能源消费量为 11.7 亿吨标准煤(不包括农村非商品生活能源消费 2 亿吨标准煤)，不到世界能源消费量的 10％；人均能源消费量不到 1 吨标准煤，不足世界人均能源消费水平 2.4 吨标准煤的一半，仅为发达国家的 1/5～1/10。因此，建筑节能，提高能源效率是实现可持续发展战略的优先选择。

采暖、通风和空调设备将内容控制在直接涉及质量、安全、环保、人身健康和公众利益方面。这一章质量控制技术要点主要涉及设计阶段，在设计时规定了室内设计参数，围护结构的热工要求；从保持居住建筑室内空气品质角度，规定了通风排气要求；以及集中采暖系统分户计量、室温控制要求和供热采暖系统的参数要求等。这一章强制性条文总共有 43 条强制性条文，分别引自《住宅设计规范》GB 50096—1999，《民用建筑节能设计标准》JGJ 26—95 和《采暖通风与空气调节设计规范》GB 50019—2003。从内容上可以分为采暖、通风和空调设计几部分。其中一般规定部分 4 条，采暖部分 12 条，通风部分 16 条，空调部分 11 条。这些条文的实施，主要由设计人员和工程施工、监理人员协同予以保证。

电气和防雷设备部分的供配电系统，依据两本规范：《供配电系统设计规范》GB 50052—95，选有 3 条；《低压配电设计规范》GB 50054—95，选有 11 条。变电设备，依据《10kV 及以下变电所设计规范》GB 50053—94，选有 8 条。防雷，依据《建筑物防雷设计规范》GB 50057—94(2000 年局部修订)，选有 12 条。

房屋建筑电气专业的关键，第一是安全可靠，这是最重要的，随着经济和技术的发展，人民生活水平的提高，对安全的要求越来越高；第二是经济实用。

关于电气安全，含人身安全和设备安全。人身安全，主要是避免人身直接或间接触电造成电击伤害，以及因触电造成的二次伤害(如触电后摔伤)等。设备安全，主要是设备的过电压、过电流、过热、干扰、中断供电造成设备损坏等，从而造成政治影响或经济损失。

关于经济实用，主要是在保证供电安全可靠、高质量、少电能损失、节省运行费用，易于管理维护的条件下，尽量节约投资。以获得最好的经济效益和社会效益。

1 给水和排水设备

1.1 管 道 布 置

本节共收入10条，收录的原则主要是考虑管道敷设不能影响建筑物自身安全、建筑物内部使用安全和管道系统安全。

《图书馆建筑设计规范》JGJ 38—99

7.1.2 图书馆书库内不得设置配水点。给、排水管道不应穿过书库。生活污水立管不应安装在与书库相邻的内墙上。

《档案馆建筑设计规范》JGJ 25—2000

7.1.2 档案馆库房内不应设置除消防以外的给水点。给、排水管道不应穿越库区。

【技术要点说明】

图书馆、档案馆的库区内存放有大量的珍贵历史文献资料和书刊，防潮、防水、防霉、防尘、防污染等要求是库区设计的基本防护要求。在实际中已有因在库房内设用水点而造成水淹事故的事例，因此设计时必须采取措施，避免给排水管道漏水或潮湿影响库房安全使用，对此设计人员应引起高度重视。

【实施与检查的控制】

为保证库区的安全使用，在进行图书馆、档案馆建筑的给排水设计时，设计人员要注意以下几个方面：

1. 区内不应设置除消防以外的给水点，给、排水管道不应穿越书库，防止因管道泄漏或结露而使图书文献浸渍。

2. 给排水管道不应设置在与书库相邻的内墙上。设计中应与建筑专业配合，不要将有水房间设置在与库区相邻的位置，当由于功能要求不得已在与库区相邻的位置设有用水房间时，与书库相邻的内墙处不应设置用水器具和给排水管道，以防止因管道或用水器具的漏水或喷溅而使墙体浸湿，引起库区内的墙面产生霉变，滋生霉菌，造成文献资料的霉变损失。另外，设计中还应注意，在与库区相邻的上方不应设置水箱间或其他用水房间，设计时应注意与建筑专业做好配合。

3. 当图书馆、档案馆的库区内根据防火规范或消防部门有关规定设置消防设施时，应根据规定尽量采用气体消防。当规范允许采用水消防系统时，应在满足消防规范的前提下，尽量缩短库区内的管道。

《建筑给水排水设计规范》GB 50015—2003

3.5.8 室内给水管道不得布置在遇水会引起燃烧、爆炸的原料、产品和设备的上面。

4.3.5　室内排水管道不得布置在遇水会引起燃烧、爆炸的原料、产品和设备的上面。

【技术要点说明】

对建筑物内部管道布置提出要求，这里主要是指工业建筑。给排水管道的布置应避开特殊的原料、产品和设备，以避免因管道渗漏或管道表面结露而引起安全事故，从而造成人身财产损失。

【实施与检查的控制】

室内管道布置一般采用明敷和暗敷等形式，而在工业建筑内，大多数管道采用明敷，设计中应注意了解工业原料和产品的种类、特性等，严禁将给排水管道布置在遇水会引起燃烧、爆炸的原料、产品的上面，存放这类特殊物品和设备的房间上方，不应设置用水房间。另外，给排水管道不得穿越变配电间，以防管道渗漏或结露滴水引起电气短路，造成电气设备的破坏。

4.3.6　排水横管不得布置在食堂、饮食业厨房的主副食操作烹调备餐的上方。当受条件限制不能避免时，应采取防护措施。

【技术要点说明】

由于排水管道可能渗漏、结露滴水、外壁积灰等原因，存在卫生隐患，可能造成厨房主副食品的污染，故纳入强制性条文。

【实施与检查的控制】

在宾馆、招待所和商住楼等建筑中，经常存在上层为居住用房，而下层为公共厨房的情况，此时，上层的卫生间排水管道可能位于厨房的主副食操作烹调或备餐的上方，设计中应与建筑专业配合协调，更改主副食操作烹调或备餐的位置，尽量避免这种情况发生。当确因条件限制而不能避免时，应采取的防护措施有：

1. 增加建筑夹层；

2. 管道作防结露保温处理，并在主副食操作烹调或备餐的上方加防护罩、防护板等。

5.4.20　膨胀管上严禁装设阀门。

【技术要点说明】

防止误操作而造成热水系统的超压事故。

【实施与检查的控制】

设计时严格按条文要求执行。检查单位检查膨胀管上是否装有阀门。

《人民防空地下室设计规范》GB 50038—94

6.1.15　防空地下室的给水管道，当从出入口引入时，应在防护密闭门内设置防爆波阀门；当从围护结构引入时，应在外墙内侧或顶板内侧设置防爆波阀门，其抗力不应小于1MPa。

6.2.11　透气管如需穿过防空地下室围护结构时，在其内侧应设公称压力不小于1MPa的阀门。

6.2.16　压力排出管在穿越外墙或顶板处的内侧设公称压力不小于1MPa的防爆波阀门。

6.4.8　柴油发电机房的输油管当从出入口引入时，应在防护密闭门内设置防爆波阀门；当从围护结构引入时，应在外墙内侧或顶板内侧设置防爆波阀门，其抗力不应小于1MPa。

【技术要点说明】

战时防冲击波、毒气等危害的安全要求。在战时，穿越防空地下室防护密闭门或围护结构的各种管道遭破坏时，冲击波、毒气等通过管道孔对防空地下室内部造成危害，在防护密闭门或防护结构内侧设置防爆波阀门，平时开启，保障平时防空地下室内设备的使用要求，战时关闭，起到隔绝作用。因涉及战时隐蔽人员和物资的安全，故纳入强制性条文。

【实施与检查的控制】

设计时，穿越防空地下室的各种管道应尽量从出入口处穿越；受条件限制时，再考虑穿越围护结构，但无论穿越何处，在穿越处的内侧均应设置公称压力不小于1MPa的防爆波阀门。另外，设置的阀门压力除考虑满足防冲击波外，还考虑了能承受管道系统的压力。防爆波阀门无专门产品，可采用满足压力要求的截止阀或闸板阀，采用截止阀时其关闭方向应与冲击波作用方向一致。检查单位应检查管道穿越防护结构内侧是否设置防爆波阀门以及阀门的公称压力等。

1.2　水质和防水质污染

本节共收入18条，收录的原则主要是考虑保障水质符合国家相应标准、防止水源和管道系统水质污染、防止有害气体污染、保障中水安全使用等。

《建筑给水排水设计规范》GB 50015—2003

3.2.1　生活给水系统的水质，应符合现行的国家标准《生活饮用水卫生标准》的要求。

【技术要点说明】

保障生活给水系统内的水质符合国家水质标准的要求，是在建筑工程给排水设计中应实现的最基本目的之一，是指导设计的基本原则。建筑给水设计的目的是将符合要求(包括水质、水量、水压等要求)的水送至用水点，满足建筑的功能要求。其中，水质与人们日常生活密切相关，直接影响人们的身体健康，因此，将其纳入了强制性条文。

【实施与检查的控制】

为实现本条文的要求，应首先确定符合国家水质标准要求的水源。另外，《建筑给水排水设计规范》中对给水系统中涉及到影响水质安全的环节，均提出了具体要求，并规定了各种技术措施，设计中应严格执行。

3.9.1　世界级比赛用游泳池的池水水质卫生标准，应符合国际游泳协会(FINA)关于游泳池池水水质卫生标准的规定。

3.9.3　游泳池和水上游乐池的初次充水和使用过程中的补充水水质，应符合现行的《生活饮用水卫生标准》的要求。

3.9.4　游泳池和水上游乐池的饮水、淋浴等生活用水水质，应符合现行的《生活饮用水卫生标准》的要求。

【技术要点说明】

在游泳池或游乐池中，人的身体与池水直接接触，并通过皮肤吸收、口鼻吞咽等方式吸收部分水分，因此游泳池或游乐池内的水质，直接关系到运动或游乐人员的身体健康，世界级比赛用游泳池的池水水质，还会影响游泳运动员水平的发挥，故对初次充水和补充水，以及饮水、淋浴等生活用水的水质作出明确要求，并纳入了强制性条文。

【实施与检查的控制】

设计中对规范规定的涉及到影响池水水质的要求应严格执行，选定的游泳池池水循环处理设备应符合国家或行业标准要求，处理出水水质应满足规范规定的要求。

3.2.3 城市给水管道严禁与自备水源的供水管道直接连接。

【技术要点说明】

国际上通用的规定。条文中的直接连接是指所有形式的管道直接连接，如将城市给水管道与自备水源的供水管道通过止回阀、倒流防止器等进行直接连接，都是禁止的。另外，即便自备水源的水质符合或优于城市生活给水水质，直接连接也是不允许的。

【实施与检查的控制】

严禁将城市给水管道与自备水源的供水管道之间采用任何形式直接连接，当用户需要将城市给水作为自备水源的备用水和补充水时，只能将城市给水管道的水放入贮水（或调节）池，二次加压后使用，且水池进水口与水池溢流水位之间必须具有有效的空气隔断，并符合其他相关条款的规定。

3.2.4 生活饮用水不得因管道产生虹吸回流而受污染，生活饮用水管道的配水件出水口应符合下列规定：

1 出水口不得被任何液体或杂质所淹没；

2 出水口高出承接用水容器溢流边缘的最小空气间隙，不得小于出水口直径的2.5倍；

3 特殊器具不能设置最小空气间隙时，应设置管道倒流防止器或采取其他有效的隔断措施。

【技术要点说明】

防止生活饮用水被回流污染的重要措施。由于给水管道的负压而引起的卫生器具或受水容器内的水或液体混合物倒流入生活给水系统，或非饮用水或其他液体、混合物进入生活给水管道系统的现象，均被称作回流污染。防止回流污染是建筑给排水设计的重点内容，它是防止病菌传播，保障人民身体健康的重大问题，因回流污染而造成饮水卫生事故或引发传染病的事件，在国内外均有报导。因此对于防止回流污染，设计人员应引起高度重视。

【实施与检查的控制】

设计人员应严格执行条文中的具体规定。对于条文中第1款，出水口不得被任何液体或杂质所淹没，主要针对配水件出口没有受水容器的取水水嘴和洒水栓而言，对于在配水件出口套接软管用于洒水或冲洗的连接，要采取防止倒流的技术措施，如安装真空破坏器或吸气阀。该条款在规范条文说明中提出了具体的技术措施，设计时应结合工程情况对照执行。

1.家用洗衣机的取水水嘴，宜高出地面1.0～1.2m；

2.公共厕所的连接冲洗软管的水嘴，宜高出地面1.2m；

3.医院太平间或殡仪馆类似房间的连接冲洗软管的水嘴，宜高出地面1.2m；

4.绿化洒水的洒水栓应高出地面至少400mm，并宜在控制阀出口安装吸气阀。

5.带有软管的浴盆混合水嘴，宜高出于浴盆溢流边缘400mm，并宜选用转换开关（水嘴与淋浴器的出水转换）能自动复位的产品。

检查单位应根据工程特点和场地具体条件，按条文中的具体措施检查。

3.2.5 从给水管道上直接接出下列用水管道时，应在这些用水管道上设置管道倒流防止器或其他有效的防止倒流污染的装置：

1 单独接出消防用水管道时，在消防用水管道的起端；

注：不含室外给水管道上接出室外消火栓。

2 从城市给水管道上直接吸水的水泵，其吸水管起端；

3 当游泳池、水上游乐池、按摩池、水景观赏池、循环冷却水集水池等的充水或补水管道出口与溢流水位之间的空气间隙小于出口管径2.5倍时，在充(补)水管上；

4 由城市给水管直接向锅炉、热水机组、水加热器、气压水罐等有压容器或密闭容器注水的注水管上；

5 垃圾处理站、动物养殖场(含动物园的饲养展览区)的冲洗管道及动物饮水管道的起端；

6 绿地等自动喷灌系统，当喷头为地下式或自动升降式时，其管道起端；

7 从城市给水环网的不同管段接出引入管向居住小区供水，且小区供水管与城市给水管形成环状管网时，其引入管上(一般在总水表后)。

【技术要点说明】

防止生活饮用水被倒流污染的重要措施。生活给水管道因某种原因出现倒流时，不论其水质是否已被污染，均被视为出现了"倒流污染"。在某些用水管道上设置管道倒流防止器是防止生活给水管道出现倒流污染的有效措施。原则上，当从生活饮用水管道上接出用于非生活饮用目的的管道时，在用于非生活饮用目的的管道的起始端均应设置倒流防止器。另外，当从城市给水环网的不同管段接出引入管向小区供水并在小区内形成环网，或从城市给水管道经加压设施向建筑或小区供水时，亦应在引入管或吸水管的起始端设置倒流防止器，防止因压差而造成倒流污染。除倒流防止器外，也可安装其他有效的防止倒流污染的装置。

【实施与检查的控制】

在工程设计中，当出现条文中的情况时，设计人员应严格按条文中的规定执行。检查单位应根据工程具体条件，按条文中的具体措施检查。

3.2.6 严禁生活饮用水管道与大便器(槽)直接连接。

【技术要点说明】

本条是指严禁生活饮用水管道采用普通阀门或其他不具有虹吸破坏装置的冲洗设备控制直接冲洗大便器或大便槽，是防止生活饮用水被回流污染的重要措施。设计时还应注意，采用普通阀门并在阀门出口段上加装虹吸破坏装置，也不得用于大便器(槽)的直接冲洗，因为它没有自闭功能，会造成水的大量浪费。

【实施与检查的控制】

设计人员应严格执行条文中的具体规定。检查单位按条文要求检查。

3.2.9 埋地式生活饮用水贮水池周围10m以内，不得有化粪池、污水处理构筑物、渗水井、垃圾堆放点等污染源；周围2m以内不得有污水管和污染物。当达不到此要求时，应采取防污染的措施。

【技术要点说明】

本条规定是防止因生活饮用水贮水池池体开裂，贮水池与化粪池等其他污染源距离过近而导致的污染。如果生活饮用水贮水池距化粪池等污染源很近，则相当于将生活饮用水贮水池设置于污染的地下水之中，而污染的水可能通过水池的池壁、管道与池体的缝隙等部位渗入水池中，或因与池体相连的管道维修使水池的水质受到污染。

【实施与检查的控制】

设计人员在进行室外设计时，应注意综合考虑生活饮用水贮水池、化粪池、污水处理构筑物、渗水井及污水管道的相对位置，满足条文规定的距离要求。当达不到条文规定的距离要求时，应按照该条文在规范条文说明中提出的技术措施，进行防护。

1. 提高生活饮用水贮水池池底标高，使池底标高高于化粪池等的池顶标高。

2. 在生活饮用水贮水池与化粪池之间设置防渗墙，防渗墙的长度应满足两池之间的折线净间距（化粪池端至墙端与端墙至贮水池端距离之和）大于10m；防渗墙的墙底标高不应高于贮水池池底标高；防渗墙墙顶标高，不应低于化粪池池顶标高。

3. 新建的化粪池，池体应采用钢筋混凝土结构，并做防水处理。

4. 新建的生活饮用水贮水池，宜采用双层池体结构，双层池体分层缝隙的渗水，应能自流排走（自流入集水坑抽走）。

检查单位应按条文中的距离要求进行检查，达不到距离要求的，应检查其防护措施。

4.8.4　化粪池距离地下水取水构筑物不得小于30m。

【技术要点说明】

分散式给水水源的卫生防护要求。防止化粪池的渗漏对给水水源造成污染。

【实施与检查的控制】

设计时应满足条文规定的距离要求。检查单位按条文规定的距离进行检查。

3.2.10　建筑物内的生活饮用水水池（箱）体，应采用独立结构形式，不得利用建筑物的本体结构作为水池（箱）的壁板、底板及顶盖。

生活饮用水水池（箱）与其他用水水池（箱）并列设置时，应有各自独立的分隔墙，不得共用一幅分隔墙，隔墙与隔墙之间应有排水措施。

【技术要点说明】

本条文主要有两方面内容。一方面是不得利用建筑物的本体结构作为生活饮用水水池（箱）的壁板、底板及顶盖，生活饮用水水池（箱）应采用独立结构形式。主要是由于①建筑物的本体结构对生活饮用水水池（箱）内水质的影响；②生活饮用水水池（箱）内的水对建筑物本体结构安全的影响。另一方面是生活饮用水水池（箱）与其他用水水池（箱）并列设置时，不得共用一幅分隔墙，且隔墙与隔墙之间应有排水措施。主要是防止因共用分隔墙壁渗水而造成生活饮用水水池（箱）内的水质污染。另外，设计人员应当注意，本条文同样适用于屋顶水箱或设于建筑物其他部位的水箱设计时的要求。

【实施与检查的控制】

当生活饮用水水池采用土建式池体时，满足本条文的要求难度很大，但应严格按条文的规定执行。设计时采用设备式成品水箱，可很好地解决这一问题。

4.3.13　下列构筑物和设备的排水管不得与污废水管道系统直接连接，应采取间接排水的方式：

1　生活饮用水贮水箱（池）的泄水管和溢流管；

2　开水器、热水器排水；

3　医疗灭菌消毒设备的排水；

4　蒸发式冷却器、空调设备冷凝水的排水；

5　贮存食品或饮料的冷藏库房的地面排水和冷风机溶霜水盘的排水。

【技术要点说明】

防止有害气体污染的技术措施。本条文中提出的间接排水，是指卫生设备或容器排出管与排水管道不直接连接，而是通过一个过渡的容器或漏斗等，这样卫生器具或容器与排水管道系统不但有存水弯隔绝，而且还有一段空气间隔。这样，当存水弯水封被破坏时，不致于因为卫生设备或容器与排水管道连通，使污浊气体进入设备或容器，从而造成污染。

【实施与检查的控制】

在工程设计中，当出现条文中的情况时，设计人员应严格按条文中的规定采取间接排水。设计中通常采用的间接排水技术措施有：将排水排至拖布池、漏斗、地面排水明沟等处，再排至排水管道；设在屋顶水箱间的生活饮用水贮水箱（池）的泄水管和溢流管，可排至屋面，再通过天沟等雨水系统排放；设在地下室的设备或其他不能重力流直接排水的设备，其排水可排至集水坑，再经潜水泵提升后排出。检查单位应根据工程具体情况，按照条文中的措施检查。

3.2.14　在非饮用水管道上接出水嘴或取水短管时，应采取防止误饮误用的措施。

《建筑中水设计规范》GB 50336—2002

5.4.7　中水管道上不得装设取水龙头。当装有取水接口时，必须采取严格的防止误饮、误用的措施。

【技术要点说明】

为保证中水或其他非饮用水的使用安全，防止中水的误饮、误用而提出的使用要求。中水管道上不得装设取水龙头，指的是在人员出入较多的公共场所安装易开式水龙头。当根据使用要求需要装设取水接口（或短管）时，如在处理站内安装的供工作人员使用的取水龙头，在其他地方安装浇洒道路、冲车、绿化等用途的取水接口等，应采取严格的技术管理措施，措施包括：明显标示不得饮用（必要时采用中、英文共同标示），安装供专人使用的带锁龙头等。

【实施与检查的控制】

设计时应注意，在公共场所禁止安装无防护措施的易开式水龙头，当需要设置取水接口时，应在设计图中注明采取的防护措施。

5.4.1　中水供水系统必须独立设置。

8.1.1　中水管道严禁与生活饮用水给水管道连接。

【技术要点说明】

中水的应用，其首要问题是卫生安全问题，防止对生活供水系统造成污染。5.4.1条和8.1.1条一是强调了中水供水系统的独立性，中水系统一经建立，就应保障其使用功能，生活给水系统只能是应急补给，并应有确保不污染生活给水系统的措施；二是严禁中水供水系统不得以任何形式与生活饮用水给水管道进行直接连接，包括采用止回阀、倒流防止器等措施的连接。

【实施与检查的控制】

在进行中水工程设计时，设计人员应当注意，当中水进入建筑物内部用于冲厕等用途时，中水供水管道应是完全独立的供水系统；当中水用于室外绿化等用途时，中水供水管道亦应是独立的供水系统。严禁中水管道与生活饮用水给水管道以任何形式进行直接连接。检查单位在检查中水供水系统的独立性的时候，重点检查中水管道是否与生活饮用水给水管道直接连接。另外，当饮用水管道单独设置时，中水管道亦不得与其他生活给水管道进行直接连接。

8.1.3　中水池（箱）内的自来水补水管应采取自来水防污染措施，补水管出水口应高于中水贮存池（箱）内溢流水位，其间距不得小于2.5倍管径。严禁采用淹没式浮球阀补水。

【技术要点说明】

防止中水对生活给水系统造成回流污染的技术措施。

【实施与检查的控制】

为满足此条文的要求，同时尽可能大地保证中水贮存池（箱）的储存容积，设计时可将中水贮存池（箱）的补水管设置在顶部；或采用在中水贮存池（箱）的顶部另设小补水箱的做法，将补水管设在小补水箱内，小补水箱与中水贮存池（箱）之间采用连通管连接，补水控制水位由设在中水贮存池（箱）的水位信号控制。

8.1.6　中水管道应采取下列防止误接、误用、误饮的措施：

1　中水管道外壁应按有关标准的规定涂色和标志；

2　水池（箱）、阀门、水表及给水栓、取水口均应有明显的“中水”标志；

3　公共场所及绿化的中水取水口应设带锁装置；

4　工程验收时应逐段进行检查，防止误接。

【技术要点说明】

防止中水误接、误用、误饮，保证中水安全使用的技术措施，是安全防护措施的主要内容，设计时必须给予高度的重视。

条文中的第3款，主要考虑防止不识字人群（如儿童）的误用。

【实施与检查的控制】

设计人员应严格执行条文中的具体规定。条文中的第1款关于中水管道外壁颜色和标志，由于我国目前对于给排水管道的外壁尚未作出统一的涂色和标志要求，中水管道外壁的颜色采用浅绿色是多年来已约定成俗的。当中水管道采用外壁为金属的管材时，其外壁的颜色应涂浅绿色；当采用外壁为塑料的管材时，应采用浅绿色的管道，并应在其外壁模印或打印明显耐久的“中水”标志，避免与其他管道混淆。目前建筑采用的管材种类较多，设计中应注意此条款的规定。对于2、3、4款，设计时可在图上标明，或采用设计说明进行要求。

检查单位应根据中水工程具体条件，按条文中的具体要求检查。对于第4款应重点检查施工验收记录。

1.3　卫生设备和水处理

本节共收入13条，收录的原则主要是考虑防止交叉感染、保证建筑排水系统安全、防止环境污染、保障游泳池、中水系统安全使用等。

《综合医院建筑设计规范》JGJ 49—88

5.2.3　下列用房的洗涤池，均应采用非手动开关，并应防止污水外溅：

一、诊查室、诊断室、产房、手术室、检验科、医生办公室、护士室、治疗室、配方室、无菌室；

二、其他有无菌要求或需要防止交叉感染的用房。

【技术要点说明】

防止交叉感染的技术措施。医院内人员情况复杂，病员多，病菌多，卫生要求严格，在医疗建筑的设计中，防止交叉感染是设计人员需要考虑的一个重要问题。而医院内的用水点较多，用水点的水龙头是容易产生交叉感染的敏感部位，故本条文对用水点的开关方式作出规定，并纳入强制性条文。

【实施与检查的控制】

对于本条文规定的采用非手动开关的场所，设计时一定要充分考虑到。医院洗涤池上的非手动开关，目前主要有肘式、脚踏式、红外感应式等，设计时应根据产品的性能，并充分了解使用人员的意见，确定何种场所采用何种形式的非手动开关。

5.2.6 洗婴池的热水供应应有控温、稳压装置。

【技术要点说明】

防止婴儿烫伤的技术措施。婴儿的皮肤非常娇嫩，对水温较为敏感，很容易烫伤或冻伤。故将其纳入强制性条文。

【实施与检查的控制】

在进行洗婴池给排水设计时，应考虑由压力稳定的热水系统供应其热水，有条件的可采用开式系统供应。将冷热水混合后供给洗婴池，并应采用温控阀或其他温控装置进行温度控制。检查单位应检查洗婴池的热水供应是否设置了控温、稳压装置，或采取了其他控温稳压措施。

《建筑给水排水设计规范》GB 50015—2003

4.2.6 构造内无存水弯的卫生器具与生活污水管道或其他可能产生有害气体的排水管道连接时，必须在排水口以下设存水弯。存水弯的水封深度不得小于 50mm。

【技术要点说明】

保证建筑排水设计安全、防止有害气体污染环境的重要技术措施。排水中大量的有机物排入生活污水管道，在水中发生厌氧反应，产生沼气、硫化氢等有害有毒气体。存水弯具是有水封装置的管道附件，它能有效地隔断排水管道内的有害有毒气体窜入室内，从而保证室内环境卫生，保障人民身心健康，防止事故发生。50mm 的水封深度是重力流排水系统内压波动不致于破坏存水弯水封的要求。

【实施与检查的控制】

设计时应注意，构造内无存水弯的卫生器具，如洗涤盆、洗脸盆、某些蹲便器和小便器等，当其与排水管道连接时，排水口下必须设置存水弯。存水弯有时可采用共用方式，即两个或两个以上的卫生器具共用一个存水弯，此时不仅要考虑防止有害气体进入室内，还要注意不能造成交叉感染，因此，医院内的病房、医疗室、手术室等医疗病区的卫生器具不得共用存水弯。

4.5.9 带水封的地漏水封深度不得小于 50mm。

【技术要点说明】

对地漏产品提出的技术要求。50mm 的水封深度是重力流排水系统内压波动不致于破坏存水弯水封的要求，是确定重力流排水系统的通气管管径和排水管管径的基础。另外，地漏水封深度过小时，容易蒸发干涸，使有害有毒气体窜入室内。

【实施与检查的控制】

设计中应在图中标明或在设计说明中注明对地漏的要求。检查单位对施工选用的产品进行检查。

4.3.19 室内排水沟与室外排水管道连接处，应设水封装置。

【技术要点说明】

防止有害气体污染环境的技术措施。

【实施与检查的控制】

室内排水沟与室外排水管道的连接，设计时常常容易忽略连接处的做法，设计时应注意设置存水弯，受条件限制时，可在室外设置水封井，防止室外管道中有毒气体通过明沟窜入室内，污染室内环境卫生。

4.8.8 医院污水必须进行消毒处理。处理后的水质，安排放条件应符合现行的《医疗机构污水排放要求》。

【技术要点说明】

防止环境污染的措施。医院污水是一个专用名词，是指医院、医疗卫生机构中被病原体污染了的污废水。医院污水中除含有病毒、细菌、螺旋体和原虫等病原体外，有些还含有放射性物质、重金属、废弃药物及其他有毒物质等，其中成分复杂，如不经过处理，排放后会污染水源、传染疾病，危害很大。医院污水处理包括污水消毒处理、放射性污水处理、重金属污水处理、废弃药物污水处理等内容，医院污水的主体是被病原体污染的污废水，因此对医院污水进行消毒处理是最基本的、最低要求的处理，是每个医院必须进行的处理。故将其纳入强制性条文。

【实施与检查的控制】

在进行医院建筑设计时，设计人员应了解医院原有的污水消毒设施状况，原有设施是否能够容纳新增的排水量，如容量不够，应考虑扩建污水处理站。对于新建的医院，在规划阶段就应考虑污水处理站位置和处理能力。对于含有放射性污水的处理，应进行特殊的处理（一般是经过衰变处置）后，方可进入污水处理站，对于含有半衰期较长的放射性污水，应采用专用的容器收集后由专业机构处理。检查部门首先检查医院是否设有污水处理站，再检查处理站处理后的水质是否符合国家标准。

3.9.12 游泳池和水上游乐池的池水必须进行消毒杀菌处理。

【技术要点说明】

保障游泳和游乐人员身体健康的措施。游泳池池水因循环使用，且游泳的人员较为复杂，水中细菌会不断增加，如果不进行消毒杀菌处理，池水会成为污染源并引起疾病的传染，影响游泳和游乐人员的身体健康。因此，必须对池水进行消毒杀菌处理，使水质符合卫生要求。故将其纳入强制性条文。

【实施与检查的控制】

在设计池水循环处理时，其处理设备中必须含有消毒单元。检查单位应注意对池水处理装置中有无消毒设备。

3.9.22 进入公共游泳池和水上游乐池的通道，应设置浸脚消毒池。

【技术要点说明】

防止游泳池和水上游乐池池水污染的措施。为保证游泳池和水上游乐池的池水不被污染，防止池水产生传染病菌，必须在游泳池和水上游乐池的入口处设置浸脚消毒池，使每一位游泳者或游乐者在进入池子之前，对脚部进行消毒。

【实施与检查的控制】

按相关规范的要求设置浸脚消毒池，设计中并注意与建筑专业的设计人员配合。检查单位注意检查进入公共游泳池和水上游乐池的通道上是否设置了浸脚消毒池。

《建筑中水设计规范》GB 50336—2002

1.0.5　缺水城市和缺水地区适合建设中水设施的工程项目，应按照当地有关规定配套建设中水设施。中水设施必须与主体工程同时设计，同时施工，同时使用。

【技术要点说明】

提出建设中水设施的基本原则，强调要结合各地区的不同特点和当地的有关规定建设中水设施，并与主体工程"三同时"。将污水处理后进行回用，是保护环境、节约用水、开发水资源的一项具体措施。中水设施必须与主体工程同时设计、同时施工、同时使用的"三同时"要求，是国家有关环境工程建设的成功经验，也是国家对城市节水的具体要求。故将本条文作为强制性条文提出。

【实施与检查的控制】

在缺水城市和缺水地区，当政府有关部门颁布有建设中水设施的规定和要求时，对于符合建设中水设施要求的工程项目，在设计时，设计人员应根据规定向建设单位和相关专业人员提出要求，并应与该工程项目同时设计。检查单位应对相关的设计文件进行检查，并结合工程进度，对中水设施的施工和使用情况进行检查。

1.0.10　中水工程设计必须采取确保使用、维修的安全措施，严禁中水进入生活饮用水给水系统。

【技术要点说明】

对中水工程的使用和维修的安全问题提出要求，并对中水使用的安全问题提出要求。中水作为建筑配套设施进入建筑或建筑小区内，安全性十分重要。①设施使用和维修的安全，特别是埋地式或地下式设施的使用和维修；②用水安全，因中水是非饮用水，必须严格限制其使用范围，设计中采取严格的安全防护措施，确保使用安全，严禁中水管道与生活饮用水管道任何方式的直接连接，避免发生误接、误用。

【实施与检查的控制】

对于埋地式或地下式中水设施，设计中应将设施使用和维修的安全性放在首位，注意采取通风换气等技术措施，以免发生人员中毒等事故。严禁中水管道与生活饮用水管道直接连接，而使中水进入生活饮用水给水系统，避免发生误接、误用。

3.1.6　综合医院污水作为中水水源时，必须经过消毒处理，产出的中水仅可用于独立的不与人直接接触的系统。

【技术要点说明】

中水用水安全的要求。由于综合医院的用水量很大，其排放的污水被稀释，污水中的有机物浓度低于一般的生活污水，而在一些缺水城市，由于中水的用量较大，急需拓宽中水的水源，故本条文将综合医院的污水列作中水水源。但由于医院污水中可能含有病原体，作为中水水源时，应将安全因素放在首位，故对其前期处理和处理后的中水用途分别作了要求和严格限定，并作为强制性条文。

【实施与检查的控制】

设计中应注意，综合医院的污水作为中水水源时，必须在医院的污水处理站出水端取水，产出的中水不得与人体直接接触，如作为不与人直接接触的绿化用水(滴灌)等。冲厕、洗车等用途有可能与人体直接接触，不应作为其出水用途。

3.1.7 传染病医院、结核病医院污水和放射性废水，不得作为中水水源。

【技术要点说明】

传染病和结核病医院的污水中含有多种传染病菌、病毒等有害物，虽然医院中设有消毒设施，但不可能保证任何时候的绝对安全性，如果在运行管理上稍有疏忽便会造成严重危害，而放射性废水对人体造成伤害的危险程度更大。考虑到安全因素，因此规定这几种污水和废水不得作为中水水源。

【实施与检查的控制】

设计中严禁将传染病医院、结核病医院污水和放射性废水作为中水水源。

6.2.18 中水处理必须设有消毒设施。

【技术要点说明】

中水用水安全的要求。中水是由各种排水经处理后，达到规定的水质标准，并在一定范围内使用的非饮用水，中水中的卫生指标是保障中水安全使用的重要指标，而消毒则是保障中水卫生指标的重要环节，因此，中水处理必须设有消毒设施，并作为强制性要求。

【实施与检查的控制】

在进行中水工程设计时，处理单元中必须设置消毒设施。检查单位可对设计图纸和中水设施进行检查，是否设有消毒设施。

1.4 游泳池及热水器

本节共收入5条，收录的原则主要是针对游泳池设施的使用安全、游泳人员的人员安全、热水器安全使用等。

《建筑给水排水设计规范》GB 50015—2003

3.9.9 水上游乐池滑道润滑水系统的循环水泵，必须设置备用泵。

【技术要点说明】

保障水上游乐人员安全的措施。水上游乐池滑道的娱乐功能是靠水来润滑的，如果断水则不仅滑道游乐功能丧失，而且载人容器设备在无水润滑情况下可能发生安全事故。因此，滑道润滑水循环系统一定要设有备用水泵，并应交替运行。

【实施与检查的控制】

设计时滑道润滑水系统时，其循环水泵必须设置备用水泵。检查单位可对设计中的滑道润滑水系统循环水泵设置情况进行检查，并检查实际情况。

3.9.14 使用瓶装氯气消毒时，氯气必须采用负压自动投加方式，严禁将氯直接注入游泳池水中的投加方式。加氯间应设置防毒、防火和防爆装置，并符合有关现行规范的规定。

【技术要点说明】

保证消毒剂使用安全的措施。氯气是很有效的消毒剂，且价格低廉，在我国许多的大型游泳池以往都是采用氯气消毒。但氯气消毒存在着一定的安全隐患，故本条文对氯气的投加方式作了规定，提出必须采用负压自动投加方式，并对加氯间的设计提出了要求。

【实施与检查的控制】

在进行游泳池消毒设计时，采用瓶装氯气消毒时，严禁将氯直接注入游泳池水中，必须采用负压自动加氯机进行投加。加氯间的设计必须符合有关规范的规定。

3.9.24 比赛用跳水池必须设置水面制波装置。

【技术要点说明】

跳水池使用安全要求，也是国际泳联跳水比赛的规则要求。跳水池水面制波，是为了防止跳水池的水表面产生眩光，使跳水运动员从跳台或跳板起跳后在空中完成各种动作的过程中，能准确地识别水面位置，从而保证空中动作的完成，并不会发生被水击伤或摔伤等事故。

【实施与检查的控制】

对于比赛用跳水池，设计时应设置水面制波装置。检查单位按要求检查是否设置了水面制波装置。

3.9.27 儿童游泳池的水深不得大于0.6m，当不同年龄段所用的池子合建在一起时，应采用栏杆将其分隔开。

【技术要点说明】

游泳池使用安全要求。对儿童池的水深作出规定，并对不同年龄段所用池子合建时，提出应采取的技术措施，其目的是为了防止发生儿童溺水事故。

【实施与检查的控制】

本条不属于给水排水设计范畴，设计时应与工艺设计人员配合，提醒工艺设计人员按本条文的要求执行。检查单位按条文要求进行检查。

5.4.5 燃气热水器、电热水器必须带有保证使用安全的装置。严禁在浴室内安装直接排气式燃气热水器等在使用空间内积聚有害气体的加热设备。

【技术要点说明】

热水器安装、使用安全要求。强调采用的燃气热水器和电热水器必须带有安全装置，浴室内严禁安装直接排气式燃气热水器或其他在使用空间内积聚有害气体的加热设备，均是出于热水器使用安全因素。热水器安装使用不善，会导致人身中毒或触电死亡事故，近年来已多有报道。故将此条文纳入强制性条文。

【实施与检查的控制】

设计采用燃气热水器或电热水器时，应注明其必须带有安全装置，严禁将直接排气式燃气热水器或其他在使用空间内积聚有害气体的加热设备设置在浴室内。检查单位应按照条文要求进行检查。

2 燃 气 设 备

2.1 室内燃气管道

《城镇燃气设计规范》GB 50028—93(2002年版)

7.2.1 用户室内燃气管道的最高压力不应大于表7.2.1的规定。

用户室内燃气管道的最高压力(表压 MPa) 表7.2.1

燃气用户	最高压力	燃气用户	最高压力
工业用户及单独的锅炉房	0.4	公共建筑和居民用户(低压进户)	<0.01
公共建筑和居民用户(中压进户)	0.2		

注：当进户管道燃气使用户燃具前燃气压力超过燃具最大允许工作压力时，在用户燃气表或燃具前应加燃气调压器。

【技术要点说明】

为保证室内燃气的使用安全，引入室内的燃气管道的最高压力必须加以限制，以减少燃气泄漏，防止中毒、火灾和爆炸事故。

【实施与检查的控制】

实施单位应根据用户室内燃气管道允许的最高压力，实际的供气压力等因素确定供气压力。检查单位应按本条规定进行检查。

7.2.3 在城镇供气管道上严禁直接安装加压设备。

7.2.4 当供气压力不能满足用气设备要求而需要加压时，必须符合下列要求：

(1) 加压设备前必须设浮动式缓冲罐。缓冲罐的容量应保证加压时不影响地区管网的压力工况；

(2) 缓冲罐前应设管网低压保护装置；

(3) 缓冲罐应设贮量下限位与加压设备联锁的自动切断阀。

(4) 加压设备应设旁通阀和出口止回阀。

【技术要点说明】

为保证燃气管网供气压力，防止燃气压力过低影响使用或抽空管道引发空气进入燃气管网的事故，故严禁从燃气管网直接抽气升压，并规定设置缓冲罐、管网低压保护等防止管网压力过低的安全保护措施。

【实施与检查的控制】

实施单位应根据管道的供气压力，用气设备需要的压力，并按该两条规定，确定燃气升压装置的设计方案。检查单位应按该两条规定检查燃气升压装置的工艺流程和设备设置情况。

7.2.10 燃气引入管不得敷设在卧室、浴室、地下室、易燃或易爆品的仓库、有腐蚀性介质的房间、配电间、变电室、电缆沟、烟道和进风道等地方。

【技术要点说明】

燃气工程的设计和施工,必须考虑工程本身不致对居住者或管理者的健康或生命产生威胁。为保证用气安全,所以下述部位不得敷设燃气引入管。

1. 卧室:人员休息处所,燃气泄漏后极易造成事故。

2. 浴室:环境潮湿,腐蚀管道,通风较差,燃气泄漏后极易造成事故。

3. 地下室:通风差,泄漏的燃气容易聚集。

4. 易燃或易爆品仓库:危险部位。

5. 有腐蚀性介质的房间:腐蚀管道。

6. 配电间、变电室、电缆沟:重要部位且易产生电火花。

7. 烟道:有明火部位,空间小,不允许燃气泄漏。

8. 进风道:新鲜空气供给部位,空间小,不允许燃气泄漏。

综上所述:燃气引入管应设在厨房、走廊等便于检修的非居住房间内。

【实施与检查的控制】

实施单位确定燃气引入管位置时,应严格避开上述部位,除上述指出的8个危险部位外,其他有危险的部位也不得敷设。检查单位应按危险部位有无燃气引入管进行检查。

7.2.11 燃气引入管进入密闭室时,密闭室必须进行改造,并设置换气口,其通风换气次数每小时不得小于3次。

【技术要点说明】

密闭室通风换气差,燃气泄漏容易聚积达到爆炸下限,故必须进行改造,以满足通风良好的要求。通风换气3次/h为一般住宅厨房的通风要求。

【实施与检查的控制】

实施单位应按该条要求对密闭室进行改造,设置直通室外的门窗。检查单位应按该条规定进行检查。

7.2.13 燃气引入管穿过建筑物基础、墙或管沟时,均应设置在套管中,并应考虑沉降的影响,必要时应采取补偿措施。

【技术要点说明】

设置套管的目的如下:

1. 建筑物沉降时保护管道;

2. 检修时便于更换管道;

3. 防止泄漏的燃气沿管沟扩散。

对高层建筑等沉降量较大的地方,除设置套管外还应采用柔性接管等有效的补偿措施。

【实施与检查的控制】

实施单位应按不同的部位、不同的目的要求设置套管和补偿装置,检查单位应分别检查套管和补偿装置的设置是否符合本条规定。

7.2.17 暗设燃气管道应符合下列要求:

(2) 暗设的燃气管道的管槽应设活动门和通风孔;暗设的燃气管道的管沟应设活动盖板,并填充干沙;

(3) 管道应有防腐绝缘层；

(4) 燃气管道不得敷设在可能渗入腐蚀性介质的管沟中；

(5) 当敷设燃气管道的管沟与其他管沟相交时，管沟之间应密封，燃气管道应敷设在钢套管中；

(6) 敷设燃气管道的设备层和管道井应通风良好。每层的管道井应设与楼板耐火极限相同的防火隔断层，并应有进出方便的检修门。

【技术要点说明】

室内燃气的设计和施工必须考虑在运行或使用中有可能发生事故的风险，应尽量避免。为便于检漏和检修，燃气管道一般均应明装，但由于考虑美观等原因时也可暗装。本条规定了燃气管道采用墙上的管槽、地上的管沟、建筑物内的管道井和设备层等方式暗敷时的安全技术要求。但在墙中暗埋和在顶棚吊顶中等隐蔽部位暗敷时还应有另外的安全技术规定。

【实施与检查的控制】

实施单位应按工程特点和场地具体情况选择管道暗敷方案。检查单位应按本条规定检查暗敷燃气管道的检漏，检修、通风等方面的情况是否符合本条规定。

7.2.18　室内燃气管道不得穿过易燃易爆品仓库、配电间、变电室、电缆沟、烟道和进风道等地方。

【技术要点说明】

燃气立管、水平管、户内支管均不得穿过生产危险部位（易燃易爆品仓库）、重要部位（配电间、变电室、电缆沟）、明火部位（烟道）和新鲜空气供给部位（进风道），以保证上述部位的安全。

【实施与检查的控制】

实施单位敷设燃气管道时应严格避开上述部位，检查单位应按上述部位有无燃气管道进行检查。

7.2.19　室内燃气管道不应敷设在潮湿或有腐蚀性介质的房间内。当必须敷设时，必须采取防腐蚀措施。

【技术要点说明】

目前燃气管道大都采用钢质的管材和管件，敷设在潮湿或有腐蚀性介质的部位容易造成腐蚀；当必须敷设时，必须有可靠的防腐蚀措施。

【实施与检查的控制】

实施单位敷设燃气管道时应避开厨房、浴室局部潮湿的部位和有腐蚀性介质的生产部位，当不能避开时，应采取防腐蚀措施。检查单位应按本条规定进行严格检查。

7.2.20　燃气管道严禁引入卧室。当燃气水平管道穿过卧室、浴室或地下室时，必须采用焊接连接的方式，并必须设置在套管中，燃气管道的立管不得敷设在卧室、浴室或厕所中。

【技术要点说明】

本条的主要目的是保证居民在住宅内休息、生活时的健康和安全而做的严格规定。

1. 卧室为人员休息处所，为防止燃气泄漏造成安全事故，故严禁设置燃气用具和引入燃气管道。

2. 卧室、浴室和地下室可穿过带套管、并焊接连接的水平管，以防止燃气泄漏对上述部位造成的安全隐患。

3. 卧室、浴室和厕所不得敷设燃气立管，燃气立管设置套管施工困难，且燃气泄漏后容易对上述人员休息和生活的处所造成危险。

【实施与检查的控制】

实施单位在住宅内敷设燃气水平管、立管和支管时，应根据住宅特点、房间布局和燃具种类确定管道敷设方案。检查单位应按本条规定检查住宅卧室、浴室、厕所和地下室等危险部位和重点部位。

7.2.21 当室内燃气管道穿过楼板、楼梯平台、墙壁和隔墙时，必须安装在套管中。

【技术要点说明】

燃气管道穿过楼板等部位时设置套管的目的主要为：

1. 防止因建筑物沉降损坏燃气管道；

2. 检修时便于抽换燃气管道；

3. 补偿因温度变化引起的管道伸缩和位移。

【实施与检查的控制】

实施单位应按燃气管道穿过的建筑物不同部位设置套管，检查单位应按该要求进行检查。

7.2.24 燃气管道必须考虑在工作环境温度下的极限变形。

【技术要点说明】

当环境温度或介质温度发生较大变化时，将引起管道的热胀或冷缩，产生较大的伸长或缩短；如果管子两端已被固定而不能自由伸缩时，就会在管壁内产生巨大的应力(拉应力或压应力)；此应力超过了管材的强度极限，就会造成管道的破坏。

防止管道因热胀冷缩而破坏的最好方法是设置补偿器。补偿器可以吸收管道的变形，使管壁内产生的应力在容许的范围内。

燃气管道常用的有方形(Π型)补偿器、波形补偿器、L形补偿器和Z形补偿器。其中，L形和Z形补偿器是因安装工艺需要配制管道时自然形成的，因此又叫自然补偿器。其余几种补偿器是专门设置来吸收管道热膨胀的，又叫人工补偿器。

【实施与检查的控制】

实施单位应计算因环境温度或介质温度变化引起的管道极限变形量和所产生的应力，然后确定补偿方式。检查单位应对管道极限变形量和所产生的应力，以及选用补偿器的补偿能力进行审核。

7.2.25 输送湿燃气的燃气管道敷设在气温低于0℃的房间或输送气相液化石油气管道处的环境温度低于其露点温度时，均应采取保温措施。

【技术要点说明】

本条规定的目的有两个：

1. 防止输送人工煤气等湿燃气时，因冷凝水结冰堵塞管道。

2. 防止输送液化石油气时，因液化石油气结露出现安全事故。

【实施与检查的控制】

实施单位应根据燃气含水量、液化石油气组分等情况确定管道的保温措施。检查单位重点检查管道保温效果。

7.2.28 地下室、半地下室、设备层敷设人工煤气和天然气管道时，应符合下列要求：

(1) 净高不应小于 2.2m;

(2) 应有良好的通风设施。地下室或地下设备层内应有机械通风和事故排风设施;

(3) 应设有固定的照明设备;

(4) 当燃气管道与其他管道一起敷设时,应敷设在其他管道的外侧;

(5) 燃气管道应采用焊接或法兰连接;

(6) 应用非燃烧体的实体墙与电话间、变电室、修理间和储藏室隔开;

(7) 地下室内燃气管道末端应设放散管,并应引出地上。放散管的出口位置应保证吹扫放散时的安全和卫生要求。

【技术要点说明】

地下室、半地下室、设备层的通风换气、安装、维修和管理等条件均较差,为保证燃气的安全运行而进行了严格规定,其中最主要的安全措施是管道本身连接的气密性和有良好的机械通风。

【实施与检查的控制】

实施单位要重点解决上述危险场所的通风换气、防火防爆等安全环节的设计和施工。检查单位着重检查上述安全环节。

7.2.30　室内燃气管道阀门的设置位置应符合下列要求:

(1) 燃气表前;

(2) 用气设备和燃烧器前;

(3) 点火器和测压点前;

(4) 放散管前。

【技术要点说明】

阀门有开关和调节流量的两个功能,本条规定的阀门主要是起开关功能的阀门,以保证管道、调压和计量设备、燃具等的安全使用和维修。

【实施与检查的控制】

实施单位应按本条规定的部位设置阀门,检查单位应按本条规定进行检查,着重检查阀门的设置位置和阀门的性能。

7.2.31　工业企业用气车间、锅炉房以及大中型用气设备的燃气管道上应设放散管;放散管管口应高出屋脊 1m 以上,并应采取防止雨雪进入管道和吹洗放散物进入房间的措施。

当建筑物位于防雷区之外时,放散管的引线应接地,接地电阻应小于 10Ω。

【技术要点说明】

锅炉房及大中型用气设备的总阀门(快速切断阀)前设置放散管,其主要目的有如下两个:

1. 用气设备首次使用或长时间停用时,用来吹扫燃气管道中空气和杂质,以免点火时出现爆燃或事故。

2. 为防用气设备的总阀门关闭不严,总阀门前的燃气可通过放散管放入大气,以免进入炉膛或烟道发生事故。

放散管在建筑物的最高点,若在防雷区之外时,容易遭到雷击而引起火灾或爆炸,所以放散管必须设接地引线,接地引线及其接地电阻应符合《爆炸危险场所电气安全规程》的规定。

【实施与检查的控制】

实施单位应根据建筑物高度,有无防雷设施,以及用气设备的规模等因素设置放散管。检查单位应检查放散管的位置、高度、出口型式、接地引线及电阻等。

7.2.32 高层建筑的燃气立管应有承重支撑和消除燃气附加压力的措施。

【技术要点说明】

高层建筑立管底部要砌一个支座支撑,防止由于立管自重和环境温度变化引起立管下沉。

室内管道输送各种燃气时因高程差产生的附加压力按本规范7.2.8公式计算。燃气的密度小于空气时,附加压力为正值;大于空气时,附加压力为负值。楼层越高附加压力的影响越大。

【实施与检查的控制】

实施单位要计算高层建筑燃气立管的自重、附加压力、温度补偿等技术条件,以确定合理的支撑措施。检查单位应检查高层建筑燃气立管的承重支撑、消除附加压力的措施和温度补偿的措施。

2.2 瓶装液化石油气

《城镇燃气设计规范》GB 50028—93(2002年版)

6.6.2 设置在室内的单瓶供应系统气瓶的布置应符合下列要求:

(1) 气瓶与燃具的净距不应小于0.5m;

(2) 气瓶与散热器的净距不应小于1m,当散热器设置隔热板时,可减少到0.5m;

(3) 气瓶不得设置在地下室、半地下室或通风不良的场所。

【技术要点说明】

单瓶供应系统的气瓶设置在室内时,其安装要求主要考虑防火的需要。

【实施与检查的控制】

实施单位按该条规定确定气瓶设置位置,检查单位按该条规定严格检查。

6.6.3 单瓶供应系统的气瓶设置在室外时,应设置在专用的小室内。

【技术要点说明】

单瓶供应系统的气瓶设置在室外时,应设置在专门的小室内是一种安全措施;解决气瓶防晒、防火问题,确保气瓶使用安全。

【实施与检查的控制】

实施单位按本条规定在室外设置气瓶专用的防晒、防火小室,检查单位按本条规定严格检查。

6.6.6 当瓶组供应系统的气瓶总容积小于1m³时,可将其设置在建筑物附属的瓶组间或专用房间内,并应符合下列要求:

(1) 建筑耐火等级应符合现行的国家标准《建筑设计防火规范》GBJ 16的不低于"二级"设计的规定。

(2) 应是通风良好,并设有直通室外的门;

(3) 与其他房间相邻的墙应为无门窗洞口的防火墙;

(4) 室温不应高于45℃,并不应低于0℃。

【技术要点说明】

瓶组供应系统适用于住宅楼、各类公共建筑用户和小型工业用户。

为节约气瓶站投资,可采用临时供气瓶组代替系统中的备用瓶组,以确保正常供气。

【实施与检查的控制】

实施单位应根据不同用户和供气量,按本条规定设置防火、防爆并通风良好的瓶组间。检查单位按本条规定严格检查。

2.3 燃气的计量

《城镇燃气设计规范》GB 50028—93(2002年版)

7.3.2 由管道供应燃气的用户,应单独设置计量装置。

【技术要点说明】

为减少浪费,合理使用燃气,搞好成本核算,各类用户按户计量是不可缺少的措施。按人收费和一表多户按户收费属不正常现象。

【实施与检查的控制】

实施单位应根据不同用户的燃气压力、最大流量和最小流量、房间温度等条件选择燃气计量设备。检查单位按规定进行检查。

7.3.3 用户计量装置的安装位置,应符合下列要求:

(2) 严禁安装在卧室、浴室、危险品和易燃物品堆存处,以及与上述情况类似的地方;

(4) 安装隔膜表的工作环境温度,当使用人工煤气和天然气时,应高于0℃;当使用液化石油气时,应高于其露点。

【技术要点说明】

1. 本条规定人员休息的卧室、环境潮湿的浴室、有危险性的生产处所严禁安装燃气计量装置,以保证使用安全。

2. 本条规定安装燃气计量装置的环境温度,湿燃气应高于0℃,液化石油气应高于露点,以保证正常使用。

【实施与检查的控制】

实施单位应根据燃气管道的敷设地点、燃气的类别等因素确定计量装置的安装位置。检查单位按规定检查。

7.3.4 燃气表的安装应满足抄表、检修、保养和安全使用的要求。当燃气表装在燃气灶具上方时,燃气表与燃气灶的水平净距不得小于30cm。

【技术要点说明】

1. 燃气表装在燃气灶具下方时(下装表),应满足抄表、检修、保养和安全使用要求。

2. 燃气表装在燃气灶具上方时(上装表),其与燃气灶具的水平距离不得小于30cm,以满足表具防火要求。

【实施与检查的控制】

实施单位应根据住宅厨房或其他房间的安装条件,灶具、热水器等燃具的位置等因素选择上装表或下装表。检查单位按规定检查燃气表的防火、通风等安全使用条件。

2.4 居民生活用气

《城镇燃气设计规范》GB 50028—93(2002年版)

7.4.1 居民生活使用的各类用气设备应采用低压燃气。

【技术要点说明】

居民住宅中的燃气灶和热水器等燃具均使用0.75～1.5Pn的低压燃气(Pn—燃具额定压力);当供应压力大于1.5Pn但小于0.01MPa的低压燃气时,应在燃气表前设置低压调压器。

【实施与检查的控制】

实施单位应严格控制住宅燃气供气压力。检查单位按规定检查。

7.4.2 居民生活用气设备严禁安装在卧室内。

【技术要点说明】

住宅卧室是人员休息场所,为保证人的生命安全,故严禁燃气灶、热水器和采暖器等用气设备的安装。

【实施与检查的控制】

实施单位应从设计、施工和安装上严格按本规定执行,检查单位按本规定严格检查。

7.4.5 燃气灶的设置应符合下列要求:

(1) 燃气灶应安装在通风良好的厨房内,利用卧室的套间或用户单独使用的走廊作厨房时,应设门并与卧室隔开;

(2) 安装燃气灶的房间净高不得低于2.2m;

(3) 燃气灶与可燃或难燃烧的墙壁之间应采取有效的防火隔热措施;

燃气灶的灶面边缘和烤箱的侧壁距木质家具的净距不应小于20cm;

燃气灶与对面墙之间应有不小于1m的通道。

【技术要点说明】

烹调用燃气灶应安装在能直接采光和通风的厨房内或非居住房间内,并设门与卧室、起居室(厅)隔开。

燃气灶的安装部位应符合通风、防火、隔热要求,并且操作、维修方便。

【实施与检查的控制】

实施单位按本条规定确定燃气灶的安装位置,保证通风、排烟、防火、隔热要求;检查单位按规定严格检查。

7.4.6 燃气热水器应安装在通风良好的房间或过道内,并应符合下列要求:

(3) 平衡式热水器可安装在浴室内;

(5) 房间净高应大于2.4m;

(6) 可燃或难燃烧的墙壁上安装热水器时,应采取有效的防火隔热措施。

【技术要点说明】

住宅浴室体积小,一般小于10m³,通风换气较差,为保证浴室内不缺氧及CO等有害物含量不超标,所以规定只允许安装燃具给排气与室内环境无关的平衡式热水器,以保证浴室内良好的卫生环境。

【实施与检查的控制】

实施单位应根据住宅厨房和浴室位置、热水器用途(洗涤、洗浴、采暖等)、给排气条件等因素选择安装燃气热水器。检查单位应按本条规定和相关的安装标准，着重检查热水器安装位置、给排气条件及防火等问题。

7.4.7 燃气采暖装置的设置应符合下列要求：

(1) 采暖装置应有熄火保护装置和排烟设施；

(2) 容积式热水采暖炉应设置在通风良好的走廊或其他非居住房间内，与对面墙之间应有不小于 1m 的通道。

(3) 采暖装置设置在可燃或难燃烧的地板上时，应采取有效的防火隔热措施。

【技术要点说明】

目前住宅中使用的燃气采暖装置主要有辐射式采暖器、热风炉和热水炉三种；采暖装置的特点是运行时间长，所以应有熄火保护装置和排烟设施。

【实施与检查的控制】

实施单位应根据连续、间歇不同的采暖特点选择采暖设备；检查单位按本规定和相关标准规定，重点检查给排气、防火等部位。

2.5 公共建筑用气

《城镇燃气设计规范》GB 50028—93(2002 年版)

7.5.1 公共建筑用气设备应安装在通风良好的专用房间内。

公共建筑用气设备不得安装在卧室和易燃、易爆物品的堆存处。

【技术要点说明】

公共建筑用气设备目前多数设置在地上专用房间内，当设置在地下室时，其安装要点与管道相同。

【实施与检查的控制】

实施单位应根据用气设备的特点和用途确定专用房间的通风换气、防火、防爆等问题。检查单位按本规定和相关标准对上述问题进行严格检查。

7.5.2 公共建筑用气设备的布置应符合下列要求：

(2) 用气设备与可燃或难燃的墙壁、地板和家具之间应采取有效的防火隔热措施。

【技术要点说明】

公共建筑用气量较大，燃具和烟道的表面温度较高，安装部位要考虑防火和隔热。

【实施与检查的控制】

实施单位设计、安装时要考虑防火、隔热要求。检查单位严格检查。

7.5.3 公共建筑用气设备的安装应符合下列要求：

(1) 大锅灶和中餐炒菜灶应有排烟设施。大锅灶的炉膛和烟道处必须设爆破门；

【技术要点说明】

饭店、食堂用的大锅灶和中餐灶用气量较大，为保证室内的卫生条件，其燃烧废气均应排出室外。

大锅灶有封闭的炉膛和烟道，烟气量较大，为保证安全，必须设爆破门。

【实施与检查的控制】

实施单位应采用换气扇、吸油烟机、排烟道等排烟设施将烟气排至室外。检查单位严格检查。

2.6 燃烧烟气的排除

《城镇燃气设计规范》GB 50028—93(2002年版)

7.7.1 燃具燃烧所产生的烟气应排出室外。

【技术要点说明】

为保证室内的卫生条件,燃具燃烧所产生的烟气必须排出室外。

【实施与检查的控制】

实施单位应根据建筑物的排烟条件和燃具的排烟要求,分别采用机械排烟和自然排烟将烟气排至室外。排至室外的烟气应避免再次吹入室内造成二次交叉污染。

检查单位应着重检查排烟设施的排烟效果,如建筑竖向烟道的倒烟、串烟问题,建筑水平排放的二次污染问题等。

7.7.2 安装生活用的直接排气式燃具的厨房,应符合燃具热负荷对厨房容积和换气次数的要求。当不能满足要求时,应设置机械排烟设施。

【技术要点说明】

燃具排烟对厨房卫生条件的影响,与燃具烟气量及其有害物含量(CO、NO_x等)、厨房容积及通风换气等因素有关。目前住宅厨房内直排式燃具为烹调用双眼灶;随着生活水平的提高,双眼灶的热流量越来越大,目前厨房的通风换气已远不能满足要求,为保证室内卫生条件,设置双眼灶的厨房内应设机械式吸油烟机或换气扇。

【实施与检查的控制】

实施单位应落实住宅厨房的自然通风换气条件,当无法保证要求的自然换气次数时,应设置机械排烟设施;检查单位着重检查排烟设施的排烟效果。

7.7.3 浴室用燃气热水器的给排气口应直接通向室外。排气系统与浴室必须有防止烟气泄漏的措施。

【技术要点说明】

本条指安装在浴室内的平衡式燃气热水器,平衡式燃气热水器的给排气口位置,应根据住宅浴室给排气条件、热水器给排气管的结构(同轴管还是独立管)等不同情况确定。给排气管一般安装在外墙,也可安装在屋顶、共用烟道等部位。

【实施与检查的控制】

实施单位对安装在浴室内的平衡式燃气热水器必须从严掌握,无给排气条件的严禁安装。检查单位着重检查浴室给排气条件是否符合要求。

7.7.4 公共建筑用厨房中的燃具上方应设排气扇或吸气罩。

【技术要点说明】

为保证公共建筑用厨房的卫生条件,中餐灶、大锅灶等用气设备产生的油烟废气应通过其上方的排气扇或吸气罩排至室外。

【实施与检查的控制】

实施单位应根据公用燃具安装部位的条件、燃具的排烟条件(有无烟道或烟罩)等因素，分别选择排气扇或吸气罩等排油烟设施。检查单位应根据不同的排烟方式，分别检查其排油烟效果。

7.7.5　用气设备的排烟设施应符合下列要求：

(1) 不得与使用固体燃料的设备共用一套排烟设施；

(2) 当多台设备合用一个总烟道时，应保证排烟时互不影响；

(3) 在容易积聚烟气的地方，应设置防爆装置；

(4) 应设有防止倒风的装置。

7.7.6　高层建筑的共用烟道，各层排烟不得互相影响。

【技术要点说明】

1. 使用固体燃料的加热设备一般没有防爆装置，停止使用时也可能有明火存在，所以它和用气设备不得共用一套排烟设施，以免运行时相互影响，或燃气泄漏后发生爆燃、爆炸事故。

2. 多台用气设备使用的共用烟道，应有防止倒烟、串烟的设施。

3. 封闭式炉膛和烟道等容易聚集烟气的部位应设防爆膜，以防止用气设备的破坏和伤人事故。

4. 烟道出口避开正压区并设置防倒风的风帽。

【实施与检查的控制】

实施单位应根据用气设备的类型及排烟方式、建筑物高度等因素选择独立烟道或共用烟道。住宅燃具用的共用烟道按结构分有：主支分隔型、变压型、逆止阀(单向阀)型、U型、倒T型等；按压力分有：负压烟道和正压烟道。

检查单位应检查燃具的类别、排烟方式与独立烟道、共用烟道的匹配是否合理正确，支烟道与燃具连接处有无倒烟、串烟和漏烟现象。

7.7.7　当用气设备的烟囱伸出室外时，其高度应符合下列要求：

(1) 当烟囱离屋脊小于1.5m时(水平距离)，应高出屋脊0.5m；

(2) 当烟囱离屋脊1.5～3.0m时(水平距离)，烟囱可与屋脊等高；

(3) 当烟囱离屋脊的距离大于3.0m时(水平距离)，烟囱应在屋脊水平线下10°的直线上；

(4) 在任何情况下，烟囱应高出屋面0.5m；

(5) 当烟囱的位置临近高层建筑时，烟囱应高出沿高层建筑物45°的阴影线；

(6) 烟囱出口应有防止雨雪进入的保护罩。

【技术要点说明】

本条为住宅和公共建筑内自然排烟的负压烟道，为保证不倒烟、不串烟和正常抽力其烟囱出口应采取的技术措施。

【实施与检查的控制】

实施单位应根据建筑物屋顶情况(平顶、坡顶)、周围环境(有无高层等)确定烟道的出口位置和高度。检查单位应按本规定对烟道出口及其周围环境进行检查。

7.7.8　用气设备排烟设施的烟道抽力应符合下列要求：

(1) 热负荷30kW以下的居民用气设备，烟道的抽力不应小于3Pa；

(2) 热负荷为 30kW 以上的公共建筑用气设备,烟道抽力不应小于 10Pa;

【技术要点说明】

本条规定的烟道抽力为烟道的剩余抽力,即烟道真空度;其值为烟气的热浮力(空气、烟气重度差乘以烟囱高度,或简便公式计算)减去烟道阻力后的差值。

【实施与检查的控制】

实施单位应根据燃具的烟气量、排烟温度、建筑物高度等已知条件,计算并设计烟道,保证烟道的正常抽力。检查单位用补偿式微压计或发烟物(香烟等),在每户燃具支烟道接口或安全排气罩出口处测定。

7.7.11 烟道排气式热水器的安全排气罩上部,应有不小于 0.25m 的垂直上升烟气导管,其直径不得小于热水器排烟口的直径。热水器的烟道上不应设置闸板。

【技术要点说明】

对于自然排烟的烟道式热水器,为保证正常运行,必须设置下面两个部件:

1. 上升烟气导管,热水器点火初期,建筑烟道没有抽力,利用该竖直导管造成的抽力,将点火初期产生的烟气排出,这是热水器点火初期排烟所必须的。

2. 安全排气罩,热水器运行过程中,烟道因风等外部条件造成倒烟时,临时性倒回的烟气或空气,从安全排气罩的四周排出,从而避免将热水器的火焰吹熄灭,避免事故的发生。烟道倒烟是暂时的,一般时间较短,从安全排气罩排出的少量烟气,可通过建筑物外窗上的风斗,自然换气排出室外。

热水器的烟道上不得设置闸板,以免闸板误关时烟气排入室内。

【实施与检查的控制】

实施单位按本条规定在自然排烟的热水器排烟出口设置安全排气罩和烟气垂直上升导管。检查单位按规定严格检查。

7.7.12 居民用气设备的烟道距难燃或非燃顶棚或墙的净距不应小于 50mm;距易燃的顶棚或墙的净距不应小于 250mm。

【技术要点说明】

为防止因排烟引起的火灾,本条规定了必要的防火安全距离。

【实施与检查的控制】

实施单位按本条要求确定燃具排烟道的安装位置,有困难时必须采取可靠的隔热措施。检查单位按防火要求进行检查。

7.7.13 有安全排气罩的用气设备不得设置烟道闸板。

无安全排气罩的用气设备,在烟道上应设置闸板,闸板上应有直径大于 15mm 的孔。

【技术要点说明】

自然排烟的家用燃气热水器烟气出口设置的安全排气罩有下面两个作用:

1. 保证烟道倒烟时燃烧器火焰的稳定性。住宅烟道倒烟时,倒回的烟气或空气从安全排气罩四周排出,避免吹向燃烧器,影响火焰稳定性。

2. 代替烟道闸板调节烟道抽力。烟道抽力增大时(冬天),从安全排气罩吸入的空气增加,烟道内的总排气量增加,阻力增大,烟气温度降低,从而使烟道抽力降低;烟道抽力降低时(夏天),与上述情况相反。

热流量较大的公用燃具烟气出口一般不设安全排气罩,烟道抽力可利用烟道闸板进行调节，停用时还可将其基本关闭。闸板上设有大于 15mm 的孔，以防止闸板误关时烟气排入室内。

【实施与检查的控制】

实施单位根据燃具类别和功能，选择安全排气罩或烟道闸板，检查单位按规定检查。

7.7.14 烟囱出口的排烟温度应高于烟气露点 15℃以上。

【技术要点说明】

烟气的露点与燃气种类和燃具过程空气系数有关，为防止烟气在烟道内结露损坏烟道，为保证烟道的抽力，烟道内一般不允许烟气结露和冷凝水产生，故规定烟囱出口的排烟温度应高于烟气露点 15℃以上。

【实施与检查的控制】

实施单位应计算烟道温降和烟气的露点，保证烟道出口温度符合本条规定。检查单位按本条规定检查。

7.7.15 烟囱出口应设置风帽或其他防倒风装置。

【技术要点说明】

烟囱出口设置风帽能防止或减轻烟道倒风，并能防止雨雪的侵入。

1. 自然排烟的烟道（负压烟道），其风帽应避开建筑物的正压区。

2. 机械排烟的烟道（正压烟道），其风帽可设在建筑物的正压区。

【实施与检查的控制】

实施单位应选择阻力小、防倒烟功能好的烟道风帽，并设在符合要求的位置。检查单位着重检查风帽的性能和安装位置。

3 采暖、通风和空调设备

3.1 一 般 规 定

《采暖通风与空气调节设计规范》GB 50019—2003

3.1.9 建筑物室内人员所需最小新风量，应符合以下规定：

1 民用建筑人员所需最小新风量按国家现行有关卫生标准确定；

2 工业建筑应保证每人不小于 30m³/h 的新风量。

【技术要点说明】

无论是工业建筑还是民用建筑，人员所需新风量都应根据室内空气的卫生要求、人员的活动和工作性质，以及在室内的停留时间等因素确定。卫生要求的最小新风量，民用建筑主要是对 CO_2 的浓度要求（可吸入颗粒物的要求可通过过滤等措施达到），工业建筑和医院等还应考虑室内空气的其他污染物和细菌总数等。

表 3-1 所示的民用建筑主要房间人员所需最小新风量参考数值，是根据国家现行标准《旅游旅馆建筑热工与空气调节节能设计标准》（GB 50189）、《公共场所卫生标准》（GB 9663～GB 9673）、《饭馆（餐厅）卫生标准》（GB 16153）、《室内空气质量标准》（GB/T 18883）和《中、小学校教室换气卫生标准》（GB/T 17226）等摘录的。对于图书馆、博物馆、美术馆、展览馆、医院和公共交通等建筑的人员所需最小新风量第 3.1.9 条未做规定，可按国家现行卫生标准中 CO_2 的容许浓度进行计算确定。设计时，尚应满足国家现行专项标准的特殊要求。工业建筑则按保证每人不小于 30m³/h 的新风量考虑。

民用建筑主要房间人员所需的最小新风量参考值［m³/(h·p)］ **表 3-1**

建筑类型			新风	依据
旅游旅馆	客房	一级	50	GB 50189—93
		二级	40	GB 50189—93
		三级	30	GB 50189—93
		四级	—	GB 50189—93
	餐厅、宴会厅、多功能厅	一级	30	GB 50189—93
		二级	25	GB 50189—93
		三级	20	GB 50189—93
		四级	15	GB 50189—93
	商业、服务	一级～二级	20	GB 50189—93
		三级～四级	10	GB 50189—93
	大堂、四季厅	一级～二级	10	GB 50189—93
		三级～四级	—	GB 50189—93
	美容理发室、康乐设施		30	GB 50189—93

续表

建筑类型			新风	依据
旅店	客房	3～5星级	30	GB 9663—1996
		1～2星级	20	GB 9663—1996
		招待所	—	GB 9663—1996
办公楼			30	GB/T 18883—2002
住宅			30	GB/T 18883—2002
学校	教室	小学	11	GB/T 17226—1998
		初中	14	GB/T 17226—1998
		高中	17	GB/T 17226—1998
饭馆(餐厅)			20	GB 16153—1996
文化娱乐场所	影剧院、音乐厅、录像厅(室)		20	GB 9664—1996
	游艺厅、舞厅(包括卡拉 OK 歌厅)		30	GB 9664—1996
	酒吧、茶座、咖啡厅		10	GB 9664—1996
体育馆			20	GB 9668—1996
商场(店)、书店			20	GB 9670—1996

【实施与检查的控制】

实施：设计阶段(可参照 5.1.10 条规定)。

检查：检查设计图纸及说明书，核对安装情况(可参照 5.1.10 条规定)。

《住宅设计规范》GB 50096—1999

6.2.2　设置集中采暖系统的普通住宅的室内采暖计算温度，不应低于表 6.2.2 的规定。

室内采暖计算温度　　表 6.2.2

用房	温度(℃)	用房	温度(℃)
卧室、起居室(厅)和卫生间	18	设采暖的楼梯间和走廊	14
厨房	15		

【技术要点说明】

这一条规定了设置集中采暖系统的普通住宅的室内采暖计算温度，目的是为了确保居住者在设置集中采暖系统时室内保持舒适的热环境温度参数。相关标准有国家标准《采暖通风与空气调节设计规范》GBJ 50019—2003 对室内采暖计算温度的规定，这是从居住者的舒适感来确定的。《采暖通风与空气调节设计规范》第 3.1.1 条规定"民用建筑的主要房间，宜采用 16～24℃"。

【实施与检查的控制】

实施：设计阶段计算采暖负荷的依据。

检查：检查设计计算书。

《民用建筑节能设计标准》JGJ 26—95

5.2.10 设计中应提出对锅炉房、热力站和建筑物入口进行参数监测与计量的要求。锅炉房总管、热力站和每个独立建筑物入口应设置供回水温度计、压力表和热表(或热水流量计)。补水系统应设置水表。锅炉房动力用电、水泵用电和照明用电应分别计量。单台锅炉容量超过 7.0 MW 的大型锅炉房,应设置计算机监控系统。

【技术要点说明】

对于设置集中采暖系统的居住小区,供热采暖系统的锅炉房、热力站和建筑物入口处应设置监测与计量仪表。即锅炉房总管、热力站和每个独立建筑物入口处设置热表或热水流量计、供回水温度计、压力表。这是供热系统量化管理和运行调节的需要,事实说明,现有锅炉房只要加强量化管理并配置必要仪表,就会使运行效率和能量利用率明显提高,因此,必要的计量仪表是量化管理的基本前提。对于大型锅炉房,采用计算机监测管理,可以逐步提高我国的供热管理水平,促进技术进步。

【实施与检查的控制】

实施:设计阶段。

检查:检查设计图纸、核对供热采暖系统的装备。

5.3.5 当系统供热面积大于或等于 5 万 m^2 时,应将 200～300mm 管径的保温厚度在表 5.3.3最小保温厚度的基础上再增加 10mm。

【技术要点说明】

该条文规定了管道保温厚度随管网供热面积增大而增大。由于管道经济保温厚度是从控制单位管长热损失的角度而制定的,但在供热量一定的前提下,随着管道长度增加,管网总热损失也将增加。从合理利用能源和保证距热源最远点的供暖质量来说,除了应控制单位管长热损失之外,还应控制管网输送时总热损失,因此提出采暖建筑面积大于或等于 5 万 m^2 时,应将 200 ～ 300mm 管径的保温厚度在表 5.3.3 最小保温厚度的基础上再增加 10mm,使输送效率提高到规定的水平。

【实施与检查的控制】

实施:设计阶段。

检查:检查设计图纸、核对供热采暖管道保温厚度。

3.2 采 暖

《采暖通风与空气调节设计规范》GB 50019—2003

4.1.8 围护结构的最小传热阻,应按下式确定:

$$R_{o\cdot min}=\frac{\alpha(t_n-t_w)}{\Delta t_y\alpha_n} \quad (4.1.8\text{-}1)$$

或

$$R_{o\cdot min}=\frac{\alpha(t_n-t_w)}{\Delta t_y}R_n \quad (4.1.8\text{-}2)$$

式中 $R_{o\cdot min}$——围护结构的最小传热阻($m^2\cdot$℃/W);

t_n——冬季室内计算温度(℃),按本规范第 3.1.1 条和第 4.2.4 条采用;

t_w——冬季围护结构室外计算温度(℃),按本规范第 4.1.9 条采用;

α——围护结构温差修正系数，按本规范表4.1.8-1采用；

Δt_y——冬季室内计算温度与围护结构内表面温度的允许温差（℃），按本规范表4.1.8-2采用；

α_n——围护结构内表面换热系数[W/(m²·℃)]，按本规范表4.1.8-3采用；

R_n——围护结构内表面换热阻(m²·℃/W)，按本规范表4.1.8-3采用。

注：1 本条不适用于窗、阳台门和天窗；

2 砖石墙体的传热阻，可比式(4.1.8-1,4.1.8-2)的计算结果小5%；

3 外门(阳台门除外)的最小传热阻，不应小于按采暖室外计算温度所确定的外墙最小传热阻的60%；

4 当相邻房间的温差大于10℃时，内围护结构的最小传热阻，亦应通过计算确定；

5 当居住建筑、医院及幼儿园等建筑物采用轻型结构时，其外墙最小传热阻，尚应符合国家现行标准《民用建筑热工设计规范》(GB 50176)及《民用建筑节能设计标准(采暖居住建筑部分)》(JGJ 26)的要求。

温差修正系数 α 表4.1.8-1

围护结构特征	α
外墙、屋顶、地面以及与室外相通的楼板等	1.00
闷顶和与室外空气相通的非采暖地下室上面的楼板等	0.90
与有外门窗的不采暖楼梯间相邻的隔墙(1～6层建筑)	0.60
与有外门窗的不采暖楼梯间相邻的隔墙(7～30层建筑)	0.50
非采暖地下室上面的楼板，外墙上有窗时	0.75
非采暖地下室上面的楼板，外墙上无窗且位于室外地坪以上时	0.60
非采暖地下室上面的楼板，外墙上无窗且位于室外地坪以下时	0.40
与有外门窗的非采暖房间相邻的隔墙	0.70
与无外门窗的非采暖房间相邻的隔墙	0.40
伸缩缝墙、沉降缝墙	0.30
防震缝墙	0.70

允许温差 Δt_y 值(℃) 表4.1.8-2

建筑物及房间类别	外墙	屋顶
居住建筑、医院和幼儿园等	6.0	4.0
办公建筑、学校和门诊部等	6.0	4.5
公共建筑(上述指明者除外)和工业企业辅助建筑物(潮湿的房间除外)	7.0	5.5
室内空气干燥的生产厂房	10.0	8.0
室内空气湿度正常的生产厂房	8.0	7.0
室内空气潮湿的公共建筑、生产厂房及辅助建筑物：		
当不允许墙和顶棚内表面结露时	t_n-t_1	$0.8(t_n-t_1)$
当仅不允许顶棚内表面结露时	7.0	$0.9(t_n-t_1)$
室内空气潮湿且具有腐蚀性介质的生产厂房	t_n-t_1	t_n-t_1
室内散热量大于23W/m³，且计算相对湿度不大于50%的生产厂房	12.0	12.0

注：1 室内空气干湿程度的区分，应根据室内温度和相对湿度按表4.1.8-4确定；

2 与室外空气相通的楼板和非采暖地下室上面的楼板，其允许温差 Δt_y 值，可采用2.5℃；

3 表中：t_n—— 同式(4.1.8-1,4.1.8-2)；

t_1—— 在室内计算温度和相对湿度状况下的露点温度(℃)。

换热系数 α_n 和换热阻值 R_n 表 4.1.8-3

围护结构内表面特征	α_n[W/(m²·℃)]	R_n(m²·℃/W)
墙、地面、表面平整或有肋状突出物的顶棚，当 $\frac{h}{s}\leqslant 0.3$ 时	8.7	0.115
有肋状突出物的顶棚，当 $\frac{h}{s}>0.3$ 时	7.6	0.132

注：表中 h——肋高(m)；s——肋间净距(m)。

室内干湿程度的区分(%) 表 4.1.8-4

类别 \ 温度(℃) 相对湿度(%)	≤12	13～24	>24
干燥	≤60	≤50	≤40
正常	61～75	51～60	41～50
较湿	>75	61～75	51～60
潮湿	—	>75	>60

【技术要点说明】

本条规定了围护结构最小传热阻的计算方法，它规定了设置全面采暖的建筑物，围护结构（包括外墙、屋顶、地面及门窗等）的传热热阻应根据技术经济比较确定，即通过对初投资、运行费用和燃料消耗等的全面分析，按经济传热阻的要求进行围护结构的建筑热工设计。这里规定了围护结构最小传热阻的计算公式，它是基于下列原则制定的：对围护结构的最小传热阻、最大传热系数及围护结构的耗热量加以限制；使围护结构内表面保持一定的温度，防止产生凝结水，同时保障人体不致因受冷表面影响而产生不舒适感。这一条是为了确保采暖建筑在采暖期间控制最高的采暖能耗，节能及环保。

建设部从20世纪80年代起组织、编制并颁布了北方（严寒、寒冷地区）《民用建筑节能设计标准》（采暖居住建筑部分）JGJ 26—95，中部《夏热冬冷地区居住建筑节能设计标准》JGJ 134—2001，以及南方《夏热冬暖地区居住建筑节能设计标准》（已报批）。在这几本居住建筑节能设计标准中，对围护结构热工性能有明确的、比上述规定更具体、详细的规定，这部分内容列在2002年版《工程建设标准强制性条文》（房屋建筑部分）第一篇第2章2.1节，请参阅。此外，国家标准《公共建筑节能设计标准》正在编制中。

【实施与检查的控制】

实施：设计阶段。

检查：检查设计计算书及图纸。

4.3.4 幼儿园的散热器必须暗装或加防护罩。

【技术要点说明】

规定本条的目的，是为了保护儿童安全健康。

【实施与检查的控制】

实施：设计阶段。

检查：检查设计图纸，核对安装情况。

4.3.11 有冻结危险的楼梯间或其他有冻结危险的场所，应由单独的立、支管供暖。散热器前不得设置调节阀。

【技术要点说明】

规定本条的目的是指对于有冻结危险的楼梯间或其他有冻结危险的场所，不应将其散热器同邻室连接，以防影响邻室的采暖效果，甚至冻裂散热器，因此，强制规定在这种情况下应由单独的立、支管供热，且不得装设调节阀门。当然，随着建筑水平和物业管理的提高及采暖区域的扩大，有的楼梯间已经无冻结危险，可谨慎处理。

【实施与检查的控制】

实施：设计阶段。

检查：检查设计图纸，核对安装情况。

4.4.11　地板辐射采暖加热管的材质和壁厚的选择，应根据工程的耐久年限、管材的性能、管材的累计使用时间以及系统的运行水温、工作压力等条件确定。

【技术要点说明】

目前我国低温热水地板辐射采暖所用的加热管主要为聚丁烯(PB)、交联聚乙烯(PE-X)、无规共聚聚丙烯(PP-R)及交联铝塑复合管(XPAP)等塑料管材。这些塑料管材的使用寿命主要取决于不同使用温度对管材的累计破坏作用。在不同的工作压力下，热作用使管壁承受环应力的能力逐渐下降，即发生管材的“蠕变”，以至不能满足使用压力要求而破坏。壁厚计算方法应按照现行国家有关塑料管的标准执行。在北京市标准《低温热水地板辐射供暖应用技术规程》DBJ/T 01—49—2000，北京市标准《新建集中采暖住宅分户热计量设计技术规程》DBJ 01—605—2000，和天津市工程建设标准《集中供热住宅计量供热设计规程》DB 29—26—2001 中有相应的规定。

【实施与检查的控制】

实施：设计阶段。

检查：检查设计图纸、设计计算书及说明书，核对安装情况。

4.5.2　采用燃气红外线辐射采暖时，必须采取相应的防火、防爆和通风换气等安全措施。

4.5.4　燃气红外线辐射器的安装高度，应根据人体舒适度确定，但不应低于3m。

4.5.9　由室内供应空气的厂房或房间，应能保证燃烧器所需要的空气量。当燃烧器所需要的空气量超过该房间每小时0.5次的换气次数时，应由室外供应空气。

【技术要点说明】

条文规定了应用燃气红外线辐射器采暖时，必须采取相应的防火、防爆和通风换气等安全措施；它的安装高度，应根据人体舒适度确定，但不应低于3m；以及允许由室内供应空气的厂房或房间，应能保证燃烧器所需要的空气量。这三条规定都是安全的需要，因为燃气红外线辐射采暖通常有炽热的表面，因此，必须采取相应的防火、防爆措施；同时，又因为其表面温度较高，如不对其安装高度加以限制，人体所感受到的辐射照度将会超过人体舒适的要求，条文规定安装高度不应低于3m；燃烧器工作时，需对其供应一定比例的空气量，并放散二氧化碳和水蒸气等燃烧产物，当燃烧不完全时，还会生成一氧化碳。为保证燃烧所需的足够空气，或将燃烧产物直接排至室内时的二氧化碳和一氧化碳稀释到允许浓度以下，避免水蒸气在围护结构内表面上凝结，必须具有一定的通风换气量。当燃烧器每小时所需的空气量超过该房间每小时0.5次换气时，应由室外供应空气，以避免房间内缺氧和燃烧器供应空气量不足而产生故障。

【实施与检查的控制】

实施：设计阶段。

检查：检查设计图纸及说明书，设计计算书，核对安装情况。

4.7.4 低温加热电缆辐射采暖和低温电热膜辐射采暖的加热元件及其表面工作温度，应符合国家现行有关产品标准规定的安全要求。

根据不同使用条件，电采暖系统应设置不同类型的温控装置。

绝热层、龙骨等配件的选用及系统的使用环境，应满足建筑防火要求。

【技术要点说明】

低温加热电缆采暖系统是由可加热电缆和感应器、恒温器等构成，通常采用地板式，将电缆埋设于混凝土中；而低温辐射电热膜采暖方式是以电热膜为发热体，大部分热量以辐射方式散入采暖区域，它是一种通电后能发热的半透明聚酯薄膜，电热膜通常布置在顶棚上，同时配以独立的温控装置。因此，这一条是从运行安全（防火）、舒适角度制定的。

【实施与检查的控制】

实施：设计阶段。

检查：检查设计图纸及说明书，核对安装情况。

4.8.17 采暖管道必须计算其热膨胀。当利用管段的自然补偿不能满足要求时，应设置补偿器。

【技术要点说明】

采暖系统的管道由于热媒温度变化而引起膨胀，不但要考虑干管的热膨胀，也要考虑立管的热膨胀。这个问题很重要，必须考虑。在可能情况下，利用管道的自然弯曲补偿是简单易行的，如这样做不能满足要求时，则应根据不同情况设置补偿器。

【实施与检查的控制】

实施：设计阶段。

检查：检查设计图纸及说明书，设计计算书，核对安装情况。

4.9.1 新建住宅热水集中采暖系统，应设置分户热计量和室温控制装置。

【技术要点说明】

建设部第76号令《民用建筑节能管理规定》（自2000年10月1日起施行），其中第五条“新建居住建筑的集中采暖系统应当使用双管系统，推行温度调节和户用热计量装置，实行供热计量收费”。这条条文是贯彻执行该管理规定，同时也符合用户对室温可控、可调的需求，提高室内热环境水平，以及根据用户经济状况确定用热量，增强用户节能意识，达到节能目的。有关分户热计量方面的规程可参考北京市标准《新建集中采暖住宅分户热计量设计技术规程》DBJ 01—605—2000，和天津市工程建设标准《集中供热住宅计量供热设计规程》DB 29—26—2001。

对于住宅建筑的底商、门厅、地下室和楼梯间等公共用房和公用空间，按76号令精神，其采暖系统和热计量装置应单独设置。

【实施与检查的控制】

实施：设计阶段。

检查：检查设计图纸及说明书，核对安装情况。

《住宅设计规范》GB 50096—1999

6.2.4 集中采暖系统中，用于总体调节和检修的设施，不应设置于套内。

【技术要点说明】

这条规定是为了在对采暖系统进行总体调节和检修时不进入套内、不扰民。例如:环路检修阀门宜设于套外公共部分,立管检修阀宜设于设备层或管沟内,采暖管沟的检查孔则不应设置在套内。

【实施与检查的控制】

实施:设计阶段。

检查:检查设计图纸及说明书,核对安装情况。

3.3 通　风

《采暖通风与空气调节设计规范》GB 50019—2003

5.1.10　凡属设有机械通风系统的房间,人员所需的新风量应满足第3.1.9条的规定;人员所在房间不设机械通风系统时,应有可开启外窗。

【技术要点说明】

如果房间有机械通风系统,则应按第3.1.9条规定确定新风量;如果房间有外窗,则可以允许不设机械通风系统,认为新风可以从外窗进入。

【实施与检查的控制】

实施:设计阶段。

检查:检查设计图纸及说明书,核对安装情况。

5.1.12　凡属下列情况之一时,应单独设置排风系统:

1　两种或两种以上的有害物质混合后能引起燃烧或爆炸时;

2　混合后能形成毒害更大或腐蚀性的混合物、化合物时;

3　混合后易使蒸气凝结并聚积粉尘时;

4　散发剧毒物质的房间和设备;

5　建筑物内设有储存易燃易爆物质的单独房间或有防火防爆要求的单独房间。

【技术要点说明】

这一条是说明排风系统的划分原则。

1. 防止不同种类和性质的有害物质混合后引起燃烧或爆炸事故。如淬火油槽与高温盐浴炉产生的气体混合后有引起燃烧的可能,盐浴炉散发的硝酸钾、硝酸钠气体与水蒸气混合时有引起爆炸的可能;

2. 避免形成毒性更大的混合物或化合物,对人体造成的危害或腐蚀设备及管道,如散发氰化物的电镀槽与酸洗槽散发的气体混合时生成氢氰酸,毒害更大;

3. 防止或减缓蒸气在风管中凝结聚积粉尘,增加风管阻力甚至堵塞风管,影响通风系统的正常运行;

4. 避免剧毒物质通过排风管道及风口窜入其他房间,如把散发铅蒸气、汞蒸气、氰化物和砷化氰等剧毒气体的排风与其他房间的排风划为同一系统,系统停止运行时,剧毒气体可能通过风管窜入其他房间。

5. 根据《建筑设计防火规范》(GB 50016)和《高层民用建筑设计防火规范》(GB 50045)的规定,建筑中存有容易起火或爆炸危险物质的房间(如放映室、药品库和用甲类液体清洗零配件的房间),所设置的排风装置应是独立的系统,以免使其中容易起火或爆炸的物质窜入其他房间,防止火灾蔓延,否则会招致严重后果。

由于建筑物种类繁多,具体情况颇为繁杂,条文中难以做出明确的规定,设计时应根据不同情况妥善处理。

【实施与检查的控制】

实施:设计阶段。

检查:检查设计图纸及说明书,核对安装情况。

5.3.3 要求空气清洁的房间,室内应保持正压。放散粉尘、有害气体或有爆炸危险物质的房间,应保持负压。

当要求空气清洁程度不同或与有异味的房间比邻且有门(孔)相通时,应使气流从较清洁的房间流向污染较严重的房间。

【技术要点说明】

在设置机械通风的民用建筑和工业建筑物中,有些比较清洁的房间,为了防止受周围环境和相邻房间的污染,室内应保持正压,一般采用送风量大于排风量来实现;反之,有些工业建筑,如电镀、酸洗和电解等车间散发有害气体,为了防止其扩散形成对周围环境和相邻房间的污染,室内应保持负压,一般采用送风量小于排风量来实现。

【实施与检查的控制】

实施:设计阶段。

检查:检查设计图纸及说明书,核对安装情况。

5.3.4 机械送风系统进风口的位置,应符合下列要求:

1 应直接设在室外空气较清洁的地点;

2 应低于排风口。

【技术要点说明】

关于机械送风系统进风口位置的规定,是根据国内外有关资料,并结合国内的实践经验制定的。其基本点为:为了使送入室内的空气免受外界环境的不良影响而保持清洁,故规定把进风口布置在室外空气较清洁的地点;为了防止排风(特别是散发有害物质的工业建筑的排风)对进风的污染,故规定进风口应设在排风口的上风侧并低于排风口,对于散发有害物质的工业建筑,其进、排风口的相互位置,当设在屋面上同一高度时,按本条第4款执行。

【实施与检查的控制】

实施:设计阶段。

检查:检查设计图纸及说明书,核对安装情况。

5.3.5 用于甲、乙类生产厂房的送风系统,可共用同一进风口,但应与丙、丁、戊类生产厂房和辅助建筑物及其他通风系统的进风口分设;对有防火防爆要求的通风系统,其进风口应设在不可能有火花溅落的安全地点,排风口应设在室外安全处。

【技术要点说明】

对进风口的布置做出规定,是为了防止互相干扰,特别是当甲、乙类物质厂房的送风系统停运时,避免其他类建筑物的送风系统把甲、乙类建筑内的易燃易爆气体吸入并送到室内。

规定进、排风口的防火防爆要求,是为了消除明火引起燃烧或爆炸危险。

【实施与检查的控制】

实施:设计阶段。

检查:检查设计图纸及说明书,核对安装情况。

5.3.6　凡属下列情况之一时,不应采用循环空气:

1　甲、乙类生产厂房,以及含有甲、乙类物质的其他厂房;

2　丙类生产厂房,如空气中含有燃烧或爆炸危险的粉尘、纤维,含尘浓度大于或等于其爆炸下限的25%时;

3　含有难闻气味以及含有危险浓度的致病细菌或病毒的房间;

4　对排除含尘空气的局部排风系统,当排风经净化后,其含尘浓度仍大于或等于工作区容许浓度的30%时。

【技术要点说明】

甲、乙类物质易挥发出可燃蒸气,可燃气体易泄漏,会形成有爆炸危险的气体混合物,随着时间的增长,火灾危险性也越来越大。许多火灾事例说明,含甲、乙类物质的空气再循环使用,不仅卫生上不许可,而且火灾危险性增大。因此,含甲、乙类物质的厂房应有良好的通风换气,室内空气应及时排至室外,不应循环使用。

含丙类物质的房间内的空气以及含有有害物质、容易起火或有爆炸危险物质的粉尘、纤维的房间内的空气,应在通风机前设过滤器,对空气进行净化,使空气中的粉尘、纤维含量低于其爆炸下限的25%,不再有燃烧爆炸的危险并符合卫生条件后,才能循环使用。

【实施与检查的控制】

实施:设计阶段。

检查:检查设计图纸及说明书,核对安装情况。

5.3.12　排除有爆炸危险的气体、蒸气和粉尘的局部排风系统,其风量应按在正常运行和事故情况下,风管内这些物质的浓度不大于爆炸下限的50%计算。

【技术要点说明】

制定本条是为了保证安全。

【实施与检查的控制】

实施:设计阶段。

检查:检查设计图纸、设计计算书及说明书。

5.3.14　建筑物全面排风系统吸风口的布置,应符合下列规定:

1　位于房间上部区域的吸风口,用于排除余热、余湿和有害气体时(含氢气时除外),吸风口上缘至顶棚平面或屋顶的距离不大于0.4m;

2　用于排除氢气与空气混合物时,吸风口上缘至顶棚平面或屋顶的距离不大于0.1m;

3　位于房间下部区域的吸风口,其下缘至地板间距不大于0.3m;

4　因建筑结构造成有爆炸危险气体排出的死角处,应设置导流设施。

【技术要点说明】

规定建筑物全面排风系统吸风口的位置,在不同情况下应有不同的设计要求,目的是为了保证有效的排除室内余热、余湿及各种有害物质。对于由于建筑结构造成的有爆炸危险气体排出的死角,例如在生产过程中产生氢气的车间,会出现由于顶棚内无法设施排风口而聚集一定浓度的氢气发生爆炸的情况。在结构允许的情况下,在结构梁上设置连通管进行导流排气，以避免事故发生。

【实施与检查的控制】

实施：设计阶段。

检查：检查设计图纸及说明书，核对安装情况。

5.4.6 事故通风的通风机，应分别在室内、外便于操作的地点设置电器开关。

【技术要点说明】

这条规定事故排风系统(包括兼作事故排风用的基本排风系统)的通风机，其开关装置应装在室内、外便于操作的地点，以便一旦发生紧急事故时，使其立即投入运行。事故排风系统其供电系统的可靠等级，应由工艺设计确定，并应符合国家现行标准《工业与民用供电系统设计规范》以及其他规范的要求。

【实施与检查的控制】

实施：设计阶段。

检查：检查设计图纸及说明书，核对安装情况。

5.6.10 净化有爆炸危险的粉尘和碎屑的除尘器、过滤器及管道等，均应设置泄爆装置。

净化有爆炸危险粉尘的干式除尘器和过滤器，应布置在系统的负压段上。

【技术要点说明】

有爆炸危险的粉尘和碎屑，包括铝粉、镁粉、硫矿粉、煤粉、木屑、人造纤维和面粉等。由于上述物质爆炸下限较低，容易在除尘器和过滤器等处形成爆炸的可能，为减轻一旦发生爆炸时的破坏力，在这种情况下，应设置泄压装置。泄压面积应根据粉尘等的危险程度通过计算确定。泄压装置的布置应考虑防止产生次生灾害的可能。

对于处理净化上述易爆粉尘所用的干式除尘器和过滤器，为缩短输送含有爆炸危险粉尘的风管长度，减少风管内积尘，减少粉尘在风机中摩擦起火的机会，避免因把干式除尘器布置在系统的正压段上引起漏风等，本条规定干式除尘器和过滤器应设置在系统的负压段上。并可以选用高效风机代替低效除尘风机。

【实施与检查的控制】

实施：设计阶段。

检查：检查设计图纸及说明书，核对安装情况。

5.7.5 在下列条件下，应采用防爆型设备：

1 直接布置在有甲、乙类物质场所中的通风、空气调节和热风采暖的设备；

2 排除有甲、乙类物质的通风设备；

3 排除含有燃烧或爆炸危险的粉尘、纤维等丙类物质，其含尘浓度高于或等于其爆炸下限的25%时的设备。

【技术要点说明】

该条文是从保证安全的角度制定的。

直接布置在有甲、乙物质产生的场所中的通风、空调和热风采暖的设备，用于排除有甲、乙类物质的通风设备以及排除含有燃烧或爆炸危险的粉尘、纤维等丙类物质，其含尘浓度高于或等于其爆炸下限的25%时的设备，由于设备内外的空气中均含有燃烧或爆炸危险性物质，遇火花即可能引起燃烧或爆炸事故，为此，本规范规定，其通风机和电动机及调节装置等均应采用防爆型的；同时，当上述设备露天布置时，通风机应采用防爆型的，电动机可采用密闭型的。

空气中含有易燃、易爆危险物质的房间中的送风、排风设备，当其布置在单独隔开的送风机室内时，由于所输送的空气比较清洁，如果在送风干管上设有止回阀门时，可避免有燃烧或爆炸危险性物质窜入送风机室，本规范规定通风机可采用普通型的。

因为甲、乙类物质场所的排风系统有可能在通风机室内泄漏，如将通风、空调和热风采暖的送风设备同排风设备布置在一起，就有可能把排风设备及风管的漏风吸入系统再次被送入有甲、乙物质的场所中，故第5.7.8条规定用于甲、乙类物质的场所的送、排风设备不应布置在同一通风机室内。

【实施与检查的控制】

实施：设计阶段。

检查：检查设计图纸及说明书，核对安装情况。

5.7.8　用于甲、乙类的场所的通风、空气调节和热风采暖的送风设备，不应与排风设备布置在同一通风机室内；

用于排除甲、乙类物质的排风设备，不应与其他系统的通风设备布置在同一通风机室内。

【技术要点说明】

该条文与5.7.5条均是从保证安全的角度制定的。

用于排除有甲、乙类物质的排风设备，不应与其他系统的通风设备布置在同一通风机室内，但可与排除有爆炸危险的局部排风的设备布置在同一通风机室内。因所排出的气体混合物均具有燃烧或爆炸危险，只是浓度大小有所不同，故其排风设备可布置在一起。

因甲、乙类工业建筑全面和局部送风、排风系统，以及其他类排除有爆炸危险物的局部排风系统的设备，不应布置在地下室、半地下室内，这主要从安全出发；一旦发生事故便于扑救。

【实施与检查的控制】

实施：设计阶段。

检查：检查设计图纸及说明书，核对安装情况。

5.8.5　输送高温气体的风管，应采取热补偿措施。

【技术要点说明】

输送高温气体的风管，必然会引起风管的热膨胀，必须采取热补偿措施。

【实施与检查的控制】

实施：设计阶段。

检查：检查设计图纸及说明书，核对安装情况。

5.8.15　可燃气体管道、可燃液体管道和电线、排水管道等，不得穿过风管的内腔，也不得沿风管的外壁敷设。可燃气体管道和可燃液体管道，不应穿过通风机室。

【技术要点说明】

可燃气体（煤气等）、可燃液体（甲、乙、丙类液体）、排风管道和电线等，由于某种原因，常引起火灾事故。为防止火势通过风管蔓延，故规定，这类管道及电线不得穿过风管的内腔，也不得沿风管的外壁敷设；可燃气体或可燃液体管道不应穿过通风机室。

【实施与检查的控制】

实施：设计阶段。

检查：检查设计图纸及说明书，核对安装情况。

《住宅设计规范》GB 50096—1999

6.4.1 厨房排油烟机的排气管通过外墙直接排至室外时，应在室外排气口设置避风和防止污染环境的构件。当排油烟机的排气管排至竖向通风道时，竖向通风道的断面应根据所担负的排气量计算确定，应采取支管无回流、竖井无泄漏的措施。

【技术要点说明】

排油烟机的排气管通过外墙直接排至室外，可节省空间并不会产生互相串烟，但不同风向时可能倒灌，且对周围环境可能有不同程度的污染；排入竖向通风道则在多台排油烟机同时运转的条件下，产生回流和泄漏的现象时有发生。排气管的两种排出方式，都尚有待深入调查、测定和改进。为保证使用效果，本条分别提出了对排气管的两种排出方式应采取技术措施的基本要求。无论采用何种方式，排油烟机均应具备油气的分离功能。这一条是从运行安全及环境来考虑的。

【实施与检查的控制】

实施：设计阶段。

检查：检查设计图纸及说明书，核对安装情况。

6.4.3 无外窗的卫生间，应设置有防回流构造的排气通风道，并预留安装排气机械的位置和条件。

【技术要点说明】

该条文是为了改善无外窗的卫生间的空气品质。由于竖向通风道自然通风的作用力，主要依靠室内外空气温差形成的热压，室外气温越低热压越大。在室内气温低于室外气温的季节（如夏季），就不能形成自然通风所需的作用力，因此需要留有安装排气机械的位置和条件。

【实施与检查的控制】

实施：设计阶段。

检查：检查设计图纸及说明书，核对安装情况。

3.4 空 调

《采暖通风与空气调节设计规范》GB 50019—2003

6.2.1 除方案设计或初步设计阶段可使用冷负荷指标进行必要的估算之外，应对空气调节区进行逐项逐时的冷负荷计算。

【技术要点说明】

近些年来，全国各地暖通工程设计过程中滥用单位冷负荷指标的现象十分普遍。估算的结果当然总是偏大，并由此造成“一大三大”的后果，即总负荷偏大，从而导致主机偏大、管道输送系统偏大、末端设备偏大。由此给国家和投资者带来巨大损失，给节能和环保带来的潜在问题也是显而易见的。因此，施工图设计时必须进行逐项逐时的冷负荷计算。

【实施与检查的控制】

实施：设计阶段。

检查：检查设计计算书及图纸。

6.2.15　空气调节区的夏季冷负荷，应按各项逐时冷负荷的综合最大值确定。

空气调节系统的夏季冷负荷，应根据所服务空气调节区的同时使用情况、空气调节系统的类型及调节方式，按各空气调节区逐时冷负荷的综合最大值或各空气调节区夏季冷负荷的累计值确定，并应计入各项有关的附加冷负荷。

【技术要点说明】

根据空调区的同时使用情况、空调系统类型及控制方式等各种情况的不同，在确定空调系统夏季冷负荷时，主要有两种不同算法：一个是取同时使用的各空调区逐时冷负荷的综合最大值，即从各空调区逐时冷负荷相加之后得出的数列中找出的最大值；一个是取同时使用的各空调区夏季冷负荷的累计值，即找出各空调区逐时冷负荷的最大值并将它们相加在一起，而不考虑它们是否同时发生。后一种方法的计算结果显然比前一种方法的结果要大。例如：当采用变风量集中式空调系统时，由于系统本身具有适应各空调区冷负荷变化的调节能力，此时即应采用各空调区逐时冷负荷的综合最大值；当末端设备没有室温控制装置时，由于系统本身不能适应各空调区冷负荷的变化，为了保证最不利情况下达到空调区的温湿度要求，即应采用各空调区夏季冷负荷的累计值。

所谓附加冷负荷，系指新风冷负荷，空气通过风机、风管的温升引起的冷负荷，冷水通过水泵、水管、水箱的温升引起的冷负荷以及空气处理过程产生冷热抵消现象引起的附加冷负荷等。

【实施与检查的控制】

实施：设计阶段。

检查：检查设计计算书及图纸。

6.6.3　空气的蒸发冷却采用江水、湖水、地下水等天然冷源时，应符合下列要求：

1　水质符合卫生要求；

2　水的温度、硬度等符合使用要求；

3　使用过后的回水予以再利用；

4　地下水使用过后的回水全部回灌并不得造成污染。

【技术要点说明】

此条为天然冷源的使用限制条件。用作天然冷源的水，涉及到室内空气品质和空气处理设备的使用效果和使用寿命。比如直接和空气接触的水有异味、不卫生会影响室内空气品质，水的硬度过高会加速传递热管的结垢。在采用地表水做天然冷源时，强调其再利用是对资源的保护。地表水的回灌可以防止地面沉降，保护环境并不得造成污染。

【实施与检查的控制】

实施：设计阶段。

检查：检查设计图纸及说明书，核对安装情况。

6.6.8　空气调节系统采用制冷剂直接膨胀式空气冷却器时，不得用氨作制冷剂。

【技术要点说明】

为防止氨制冷剂外漏时，经送风机直接将氨送至空调区，危害人体或造成其他事故，所以采用制冷剂干式蒸发空气冷却器时，不得用氨作制冷剂。

【实施与检查的控制】

实施：设计阶段。

检查：检查设计图纸及说明书，核对安装情况。

7.1.5 电动压缩式机组的总装机容量，应按本规范第 6.2.15 条计算的冷负荷选定，不另作附加。

【技术要点说明】

对装机容量问题，在 20 世纪 90 年代初曾进行过详细的调查和测试，结果表明：制冷设备装机容量普遍选大，这些大马拉小车或机组闲置的情况，浪费了冷暖设备和变配电设备和大量资金。事隔十年，对国内空调工程的总结和运转实践说明，装机容量偏大的现象虽有所好转，但在一些工程中仍有存在，主要原因是：1. 负荷计算方法不够准确；2. 不切实际地套用负荷指标；3. 设备选型的附加系数过大。

为此本条规定，冷暖设备选择应以正确的负荷计算为准。不附加设备选型系数的理由是：当前设备性能质量大大提高，冷热量均能达到产品样本所列数值。另外，管道保温材料性能好、构造完善，冷、热损失较少。

目前采用的计算方法虽然比较科学、完善，但其结果和运转实践仍有一定的偏离，一般均可补足上述较少的冷、热损失。

上述情况是针对单幢建筑的系统而言。对于管线较长的小区管网，应按具体情况确定。

【实施与检查的控制】

实施：设计阶段。

检查：检查设计计算书及图纸。

7.1.7 选择电动压缩式机组时，其制冷剂必须符合有关环保要求，采用过渡制冷剂时，其使用年限不得超过中国禁用时间表的规定。

【技术要点说明】

1991 年我国政府签署了《关于消耗臭氧层物质的蒙特利尔协议书》伦敦修正案，成为按该协议书第五条第一款行事的缔约国。我国编制的《中国消耗臭氧层物质逐步淘汰国家方案》由国务院批准。该方案规定，对臭氧层有破坏作用的 CFC-11、CFC-12 制冷剂最终禁用时间为 2010 年 1 月 1 日。对于当前广泛用于空调制冷设备的 HCFC-22 以及 HCFC-123 制冷剂，则按国际公约的规定执行。我国的禁用年限为 2040 年。

目前在中国市场上供货的合资、进口及国产压缩式机组已没有采用 CFC_S 制冷剂。HCFC-22 属过渡制冷剂，至今全球都在寻求替代物，但还没有理想的结论。压缩式冷水机组的使用年限较长，一般在 20 年以上，当选用过渡制冷剂时应考虑禁用年限。

【实施与检查的控制】

实施：设计阶段。

检查：检查设计图纸及说明书，核对安装情况。

7.3.4 水源热泵机组采用地下水为水源时，应采用闭式系统；对地下水应采取可靠的回灌措施，回灌水不得对地下水资源造成污染。

【技术要点说明】

关于采用地下水，国家早有严格的规定，除《中华人民共和国水法》、《城市地下水开发利用保护管理规定》等法规外，2000 年国务院发了《要求加强城市供水节水和水污染防治工作的通知》，要求加强地下水资源开发利用的统一管理；保护地下水资源，防止因抽水造成地面下沉，应采取人工回灌工程等。由于几十年的大范围抽取地下水，对水资源管理不规范，回灌技术差，已造成我国地下水资源严重破坏。因此，在设计时，应把回灌措施视为重点工程，这项工作不做好，有朝一日，采用地下水的水源热泵也就会在国内寿终正寝。

【实施与检查的控制】

实施：设计阶段。

检查：检查设计图纸及说明书，核对安装情况。

7.8.3　氨制冷机房，应满足下列要求：

1　机房内严禁采用明火采暖；

2　设置事故排风装置，换气次数每小时不少于12次，排风机选用防爆型。

【技术要点说明】

本条从安全角度考虑，当采用氨制冷时，机房必需考虑的内容。

【实施与检查的控制】

实施：设计阶段。

检查：检查设计图纸及说明书，核对安装情况。

8.2.9　在易燃易爆环境中，应采用气动执行器与调节水阀、风阀配套使用。

【技术要点说明】

从安全考虑，必须采用气动执行器。

【实施与检查的控制】

实施：设计阶段。

检查：检查设计图纸及说明书，核对安装情况。

8.4.8　空气调节系统的电加热器应与送风机联锁，并应设无风断电、超温断电保护装置；电加热器的金属风管应接地。

【技术要点说明】

要求电加热器与送风机联锁，是一种保护控制，可避免系统中因无风电加热器单独工作导致的火灾。为了进一步提高安全可靠性，还要求设无风断电、超温断电保护措施，例如用监视风机运行的风压差开关信号及在电加热器后面设超温断电信号与风机启停联锁等方式，来保证电加热器的安全运行。

联接电加热器的金属风管接地，可避免因漏电造成触电一类的事故。

【实施与检查的控制】

实施：设计阶段。

检查：检查设计图纸及说明书，核对安装情况。

《住宅设计规范》GB 50096—1999

6.4.5　最热月平均室外气温高于和等于25℃的地区，每套住宅内应预留安装空调设备的位置和条件。

【技术要点说明】

随着经济发展，生活水平提高，家用房间空调器应用越来越普遍。目前居住建筑中广为应用的空调(采暖)设备仍然是分体型、单冷或热泵型空调器。所以必须预留安装空调设备(特别是室外机)的位置和条件；另外，也是为了防止室外机安装位置不当使空调器能效比下降，并影响环境及小区（街区）美观和冷凝水（及融霜水）引流不当、热污染及噪声污染等问题。至于以最热月平均室外气温高于和等于25℃的地区，作为应预留安装空调设备的界限，是根据《民用建筑热工设计规范》(GB 50176)的热工分区为依据。事实上，目前住宅中安装空调器的区域已十分普遍，不应受"最热月平均室外气温高于和等于25℃的地区"的限制。至于提到的25℃划线的地区，在《民用建筑热工设计规范》(GB 50176)的热工分区指的是夏热冬冷地区与夏热冬暖地区的分界。属夏热冬暖地区的，有下列行政区首府：广州、福州、南宁、海口、香港。属夏热冬冷地区的，有下列行政区首府：长沙、武汉、南昌、合肥、杭州、南京、成都、重庆和上海。此外，寒冷地区最热月平均室外气温也有高于和等于25℃的，这有下列行政区首府：北京、天津、石家庄、郑州、济南和西安。

在上述夏季炎热的地区，安装空调器的住宅越来越普遍，住宅空调设备的形式也在不断发展。因此，住宅设计应根据地区特点和可行空调方案，综合解决好安装空调设备的供电容量、设备位置、穿墙孔洞、预埋件、电源插座、冷凝水引流、热量排放、噪声防治和方便空调器装拆等问题。

【实施与检查的控制】

实施：设计阶段。

检查：检查设计图纸及说明书，核对预留情况。

4 电气和防雷设备

4.1 供配电系统

《供配电系统设计规范》GB 50052—95

2.0.1 电力负荷应根据对供电可靠性的要求及中断供电在政治、经济上所造成损失或影响的程度进行分级,并应符合下列规定:

一、符合下列情况之一时,应为一级负荷:

1 中断供电将造成人身伤亡时。

2 中断供电将在政治、经济上造成重大损失时。例如:重大设备损坏、重大产品报废、用重要原料生产的产品大量报废、国民经济中重点企业的连续生产过程被打乱需要长时间才能恢复等。

3 中断供电将影响有重大政治、经济意义的用电单位的正常工作。例如:重要交通枢纽、重要通信枢纽、重要宾馆、经常用于国际活动的大量人员集中的公共场所等用电单位中的重要电力负荷。

在一级负荷中,当中断供电将发生中毒、爆炸和火灾等情况的负荷,以及特别重要场所的不允许中断供电的负荷,应视为特别重要的负荷。

二、符合下列情况之一时,应为二级负荷:

1 中断供电将在政治、经济上造成较大损失时。例如:主要设备损坏、大量产品报废、连续生产过程被打乱需较长时间才能恢复、重点企业大量减产等。

2 中断供电将影响重要用电单位的正常工作。例如:交通枢纽、通信枢纽等用电单位中的重要电力负荷,以及中断供电将造成大型影剧院、大型商场等较多人员集中的重要的公共场所秩序混乱。

三、不属于一级和二级负荷者应为三级负荷。

【技术要点说明】

电力负荷分级的意义,在于正确的反映各类用电设备对供电可靠性要求的界限,以便采取适当的供电措施,提高重要负荷供电的可靠性,避免造成对人民生命健康的伤害及政治经济损失。同时合理的利用资金,不会造成浪费。根据电力负荷因故障停电造成的损失和影响大小分级,可区别对待。即故障停电造成的损失或影响越大者,对供电可靠性的要求则越高。在正常情况下,要使供电系统的可靠性提高,所需要的投资往往会加大。目前,我们的国家经济实力还不雄厚,资金有限,供电系统的设计者,应根据供电对象(即电力负荷)的重要程度,按其负荷等级,采用相应的、正确的供电措施,满足日益提高的对供电质量和可靠性的要求,做到技术经济合理;提高投资的经济效益、社会效益和环境效益,加快国家的建设速度,这是国家的重要的经济政策,需要广大建设者共同努力。

由于各部门、各行业中的一级负荷、二级负荷的种类很多，本规范只能对负荷分级作原则性规定，具体划分须由国家各部委分别在各部委的行业标准中规定（目前有些部已有规定）。停电一般分为计划停电和事故停电，由于计划停电可事先通知用电部门，能采取措施避免或减少损失，事故停电则不同，它不以人的意志为转移。条文中划分负荷等级的停电损失，指的主要是事故停电的损失。

“特别重要场所的不允许中断供电的负荷”，指的是工业生产中的正常电源中断供电时处理事故所必须的应急照明、通讯系统和保证安全停产的自动控制装置等。以及民用建筑中的大型金融中心的关键计算机系统和防盗系统；大型国际比赛场馆的计时记分系统、各类特级建筑中的消防设备用电等。

【实施与检查的控制】

实施：应在设计说明中，说明供电对象的负荷等级。

检查：各级审查人员及主管部门需审查设计说明中所确定的负荷等级是否正确。不正确者应及时纠正。

2.0.2 一级负荷应由两个电源供电；当一个电源发生故障时，另一个电源不应同时受到损坏。

【技术要点说明】

因为一级负荷中断供电，将造成人身伤亡，或在政治、经济上造成重大影响或损失。如果只由一个电源供电，则难免出现故障和需要维修。必然会造成重大损失，由两个电源供电虽然要增加投资，也是必要的。规范中规定，为其供电的两个电源不能同时损坏，互不影响，才能保证在一个电源故障时，仍有另一个电源继续供电。来自两个区域降压站的两路10kV电源，是否可满足一级负荷的需要，是否要设置备用柴油发电机等自备应急电源，应结合具体情况，认真研究，并与建设单位及行业主管部门充分协商确定。

供一级负荷的两个电源根据实际需要可采用一用一备，末端互投；或者同时工作，各供一部分负荷的方式。

近年来，供电系统的运行经验证明，从电力网引接两回路电源进线加备用自投（BZT）的供电方式，不能满足一级负荷中特别重要负荷对供电可靠性及连续性的要求，有的发生全部停电事故是由电力网故障引起的，因地区大的电力网在主网的上部是连在一起的，所以，用电部门无论从电网取几回电源进线，也无法得到严格意义上的两个独立电源。因此，电力网的各种故障，可能引起全部电源进线同时失去电源，造成停电事故。当有与电网并联运行的自备发电站时，虽可利用低周解列措施，提高供电的可靠性，但运行经验证明，仍不能完全避免全部停电的事故发生。由于有内部故障或继电保护的误动作交织在一起，造成自备电站电源和电网均不能向负荷供电，低周解列装置无法完全解决这个问题。因此，正常与电网并列运行的自备电站，不应作为应急电源使用，一级负荷中特别重要负荷应由与电网不并列的、独立的应急电源供电。

工程设计中，对于其他专业提出的特别重要负荷，应仔细研究，凡能采取非电气保安措施者，应尽可能采取非电气保安措施减少特别重要负荷的负荷量（需要双重保安措施者除外）。

【实施与检查的控制】

实施：设计阶段，在设计说明中应有负荷等级的说明，在设计图中为一级负荷供电的两个电源，应是互不影响的两个电源。例如，一个或两个电源是由城市电网引来，另一个电源由用户自备(与市电不并联运行)电源引来。或者是由两个区域降压站引来的两路10kV电源,供电给两台变压器,再由两台变压器分别引来。还应注意工作电源与备用电源的电缆不应敷设在同一个线槽内,当必须敷设在一个线槽内时,应采用金属隔板隔开。在双电源切换前的两个电源不允许进入同一个中间级配电箱内,再将由该配电箱配出的各个支路引入下级双电源切换箱内进行切换。特别重要负荷应为三个电源供电,即在已有两路市电的情况下,又设置了自备电源;或一路市电和一路自备电源再加设UPS电源。

检查:检查为一级及为特别重要负荷供电的两个电源是否互不影响,配电系统是否可靠。

3.0.2　应急电源与正常电源之间必须采取防止并列运行的措施。

【技术要点说明】

应急电源与正常电源之间必须采取可靠措施防止并列运行,目的在于保证应急电源的专用性,防止正常电源系统故障时,应急电源向正常电源系统负荷送电而拖垮应急电源。对于旋转型不中断应急电源,采用平时原动机不工作,发电机挂在工作电源上作电动机运行,其原动机的启动命令必须由正常电源主开关的辅助接点发出,而不是由继电器的接点发出,因为继电器有可能误动作而造成与正常电源误并网。

具有应急蓄电池组的静止不间断电源装置,其正常电源是经整流环节变为直流才与蓄电池组并列运行的,在对蓄电池组进行浮充储能的同时经逆变环节提供交流电源,当正常电源系统故障时,利用蓄电池组直流储能放电而自动经逆变环节不间断地提供交流电源,由于整流环节的存在,蓄电池组不会向正常电源进线侧反馈,也就保证了应急电源的专用性。用柴油发电作为应急电源,采用一个"自动转换开关"进行双电源切换。这种开关是一个开关的双向切换,从机械上就保证了两个电源不可能并联,是防止并联的有效措施(此开关应采用四极开关将两个电源的相线和N线同时分开)。

【实施与检查的控制】

实施:设计阶段

检查:检查图纸,排除两个电源并联的可能性

《低压配电设计规范》GB 50054—95

2.2.2　选择导体截面,应符合下列要求:

一、线路电压损失应满足用电设备正常工作及起动时端电压的要求;

二、按敷设方式及环境条件确定的导体载流量,不应小于计算电流;

三、导体应满足动稳定与热稳定的要求;

四、导体最小截面应满足机械强度的要求,固定敷设的导线最小芯线截面应符合表2.2.2的规定。

固定敷设的导线最小芯线截面　　表2.2.2

敷设方式	最小芯线截面(mm^2)	
	铜芯	铝芯
裸导线敷设于绝缘子上	10	10
绝缘导线敷设于绝缘子上:		
室内　$L\leqslant 2m$	1.0	2.5
室外　$L\leqslant 2m$	1.5	2.5

续表

敷设方式	最小芯线截面(mm²)	
	铜芯	铝芯
室内外 $2<L\leqslant6m$	2.5	4
$2<L\leqslant16m$	4	6
$16<L\leqslant25m$	6	10
绝缘导线穿管敷设	1.0	2.5
绝缘导线槽板敷设	1.0	2.5
绝缘导线线槽敷设	0.75	2.5
塑料绝缘护套导线扎头直敷	1.0	2.5

【技术要点说明】

关于线路电压损失的要求：

因电压损失影响到用电设备端子处的电压偏差，从而影响到设备的正常运行和使用寿命。设计供电系统时，应根据用电设备对电压偏差的要求，将上级电网供给本单位受电端的电压偏差与本单位负荷变化时内部引起的电压偏差叠加进行校验。根据本规范第4.0.4条的规定，正常运行情况下设备端子处电压偏差允许值：电动机及一般照明场所均为±5%。

但是，1990年4月公布的国家标准《电能质量供电电压允许偏差》(GB 12325—90)，规定"10kV及以下三相供电电压允许偏差为额定电压的±7%。220V单相供电电压允许偏差为额定电压的+7%、−10%"。这些数值是指供电部门电网对用户供电交接点处的数值，再加上用户内部的负荷变化在供电设备及线路上造成的电压偏差，使偏差范围更大。这明显与设备制造标准有矛盾。这显然是房屋建筑(建筑电气)低压配电系统设计者需要认真对待，努力解决的一个难题。

基于上述原因，在设计10kV及以下供配电系统时，必须尽可能地采取各种措施，减小用户内部配电设备和线路上造成的电压偏差，使供电到设备处的电压偏差尽可能满足或接近用电设备的要求。

减小电压偏差的主要措施如下：

1. 合理选择配电变压器高压侧电压分接头(例如：10±2×2.5%；10+1×2.5%、−3×2.5%)。

2. 选用DYn11结线变压器，减小零序阻抗，减小三相负荷不平衡的影响。

3. 选用"阻抗电压"小的变压器，以减小变压器空载与满载之间的电压偏差。例如：选用$U_k(\%)=4$的变压器，其电压偏差，小于$U_k(\%)=6$的变压器的电压偏差。

4. 将单相负荷均匀的分配在三相上，使三相负荷平衡，以免零点电位偏移造成单相电压偏差加大。

5. 增大线路截面、减小线路电压损失。

6. 采用同芯电缆，减小线路阻抗。

7. 合理补偿无功功率。

8. 在工业中有同步电动机时，可调节同步电动机的励磁，调节它的无功功率，也可达到调节供电系统电压的目的。

9. 当变压器轻载时，切除部分变压器，既节能，又可避免变压器空载时输出电压过高。

10. 在110kV区域变电所采用适应用户负荷变化的逆调压，据有关部门的分析，大部分用户的电压质量能满足要求或得到改善。对于中小型用户，不推荐使用有载调压变压器，因为这样不仅增加投资和维护工作量，而且影响供电的可靠性。另外，还需注意，有载调压不能随时随着电网电压的波动频繁地进行调节，它不能解决由于设备启动等引起的电压波动。

11. 对特殊的重要设备，就地设稳压器。

关于"启动时端电压的要求"应理解为端电压过低会影响到设备本身的启动(例如气体放电灯，重载启动的电动机等)，当端电压低时，应采取增大供电线路的导线截面等方法，提高端电压。至于电动机启动电流对电网电压的影响，则不应以电动机的"端子电压"为标准，也不应以此决定电动机是否采用降压启动，因为降压启动会使电动机的端子电压更低。必须指出，降压启动有利有弊。虽然能减小电网电压的波动，对接在电网上的其他设备有好处，但是一般的降压启动措施会使电动机的启动力矩减小，启动时间加长，故障率提高，投资增大。

实际上，一般用电设备和家电，对电压波动的要求并不高。当电动机的容量不大于变压器容量的十分之一时，电动机启动对变电所低压母线的电压影响不大，100kW的电动机启动使1000kVA变压器低压母线上的电压波动仅为4%左右，如果供电线路不长，只有当电动机的功率达到供电变压器或柴油发电机容量的30%或15%以上，且不是一台变压器只带一台电动机时，才必须校验压降。

决定电动机是否采用降压启动，应考虑电源容量的大小，供电线路的长短，并估算电压波动的大小及其对其他设备的影响程度。

建议依所接电动机的最末一级配电装置处(被启动的电动机与相关设备的最末一级配电连接点处)的电压偏差允许值为标准。规定"由公用低压电网供电的电动机容量在11kW及以下"，"由居住小区变电所供电的电动机功率在15kW及以下者"才允许全压启动，此规定是否恰当值得商榷。随着电网容量的增大，以及照明与动力分回路或分变压器供电，为电动机采用全压启动创造了有利的条件。尽管降压启动设备的质量有所提高，价格有所下降，但毕竟要增加投资、增加故障率，仍不应随意采用降压启动。

按载流量选择导体截面：

本条第二款规定："按敷设方式及环境条件确定的导体载流量，不应小于计算电流"。必须特别注意此规定中"敷设方式和环境条件"的影响，它包含很多方面。同时，导体的载流量还必须满足过载或短路两种情况下，线路载流量与保护设备之间的配合，过载保护需满足下式要求：

$$I_B \leqslant I_n \leqslant I_z$$

$$I_2 \leqslant 1.45 I_z$$

式中 I_B——负载计算电流(A)；

I_n——保护电器过载保护整定电流(或熔断器熔芯额定电流)(A)；

I_z——导体允许长期持续电流(A)；

I_2——保证保护电器可靠动作的电流(A)。当保护电器为低压断路器时，I_2为约定时间内的约定动作电流；当为熔断器时，I_2为约定时间内的约定熔断电流。

导体应满足短路条件下动、热稳定的要求：

多芯电缆、电线不需要校验动稳定，封闭母线、开关柜内的母线，其动稳定应由封闭母线及开关柜制造厂家负责。热稳定应按本规范第 4.2.2 条规定，即：导体的热稳定校验应符合下列规定：

1. 当短路持续时间不大于 5s 时，绝缘导体的热稳定应按下式进行校验：

$$S \geqslant \frac{I}{K}\sqrt{t}$$

式中 S——绝缘导体的线芯截面(mm^2)；

I——短路电流有效值(均方根值 A)；

t——在已达到允许最高持续工作温度的导体内短路电流持续作用的时间(s)；

K——不同绝缘的计算系数。

2. 不同绝缘、不同线芯材料的 K 值，见表 3-2。

不同绝缘的 K 值 表 3-2

线芯 \ 绝缘	聚氯乙烯	丁基橡胶	乙丙橡胶	油浸纸
铜芯	115	131	143	107
铝芯	76	87	94	71

3. 短路持续时间小于 0.1s 时，应计入短路电流非周期分量的影响；大于 5s 时应计入散热的影响。

采用熔断器保护的线路，不需校验导体的热稳定。

【实施与检查的控制】

实施：在工程设计阶段选择导体截面时，必须全面满足电压损失、载流量、热稳定(有时含动稳定)、机械强度等各项要求。

检查：因为导体安全是电气安全的极其重要的部分，火灾、触电、设备损坏等都与导体的安全有关，导体截面选择又是导体选择中的重要部分，需要各级质检人员全面认真的检查，并与设计、订货、施工、维护等都有关系。

2.2.11 装置外可导电部分严禁用作 PEN 线。

2.2.12 在 TN-C 系统中，PEN 线严禁接入开关设备。

【技术要点说明】

第 2.2.11 条，为了提高配电系统安全保护的可靠性，采用国际电工委员会的标准，将配电系统分为 TN 系统、TT 系统和 IT 系统。

TN 系统——电源有直接接地点，负荷侧电气装置的外露可导电部分通过 PE 线或 PEN 线与接地点连接。

TN-C 系统是 TN 系统的一种，它的中性线直接接地，其中性线与保护线始终是合一的，称之为PEN 线。在正常工作情况下，PEN 线中会有三相不平衡电流或谐波电流流过，如果装置外可导电部分用作 PEN 线，即将它作为载流导体使用，它发热、带电，并在电气装置上产生电位差和杂散电流，易发生火花和电磁干扰，如果接触不良或断线，设备外壳上会出现危险电压，危及人的生命和设备安全。所以严禁用装置外可导电部分作为 PEN 线。

第2.2.12条是根据国际电工委员会IEC. TC64第461.2条规定的。PEN线不仅通过正常工作不平衡电流，它还作为保护线使用，如果是单相回路PEN线被开关设备单独断开，电气设备外壳上将会出现相电压(220V)，对人有致命危险，如果是三相回路的PEN线被单独断开，在三相负荷不平衡时，零点漂移，三相中每相的电压不相等，负载较轻相电压过高，负载较重相欠电压，设备外壳对地可能呈现危险电压，危及人的生命或产生火花引起火灾。

TN-S系统是TN系统的一种，它的中性线一点接地，其保护(PE)线与中性(N)线在接地点是接在一起的，但在接地点之后就严格分开，不允许再接在一起(否则PE线与N线并联，使该系统又成为TN-C系统，而不再是TN-S系统)。

因为TN-S系统的PE线只一点接地，在正常运行情况下不形成回路，PE线中无电流流过，是地电位。将它接设备外壳，可保证人身安全。当电源为TN系统时，每一栋建筑物内均“必须采用TN-S系统”见建筑物防雷规范GB 50057—94，2000年版第6.4.1条。

TN-C-S系统是TN系统的一种，它的中性点直接接地，该系统的一部分保护(PE)线与中性(N)线是合在一起的，一部分保护(PE)线与中性(N)线是分开的，此系统中有一部分是TN-C系统，存在TN-C系统的缺点。

【实施与检查的控制】

实施：设计阶段，在设计图中，一般不应采用TN-C系统。当采用TN-C配电系统时，不应采用四极开关，PEN线中不应接入连接片等能断开PEN线的设备，或加装PEN线断线保护设备等。

检查：检查图纸，核对供配电系统型式及保护措施。

3.2.1　在有人的一般场所，有危险电位的裸带电体应加遮护或置于人的伸臂范围以外。

3.2.2　标称电压超过交流25V(均方根值)容易被触及的裸带电体必须设置遮护物或外罩，其防护等级不应低于《外壳防护等级分类》GB 4208—84的IP2X级。

【技术要点说明】

防止直接电击事故有许多种保护方法，本处规定有如下三种：

一、采用加大人体与裸带电体之间距离的办法，将裸导体置于伸臂范围(即800mm)以外，以防止人无意中触及带电体。

二、采用遮护物或外罩，其防护等级不低于IP2X级。根据国标《外壳防护等级分类》GB 4208—84的规定，能防止直径大于12mm的固体异物进入防护壳内，能防止手指或类似物触及壳内带电部分或运动部件。

三、采用安全超低电压配电，根据1984年IEC 479—1的研究报告指出，危险电位可以认为是交流工频标称电压为50V(有效值)以上。我国国标GB 3805—83规定的安全电压额定值是：42V、36V、24V、12V、6V。但是其中又规定，当设备的额定电压超过24V时，还必须采取防止直接接触带电体的措施。这意味着直接接触的交流50Hz的安全电压为24V(有效值)及以下。这说明GB 3805—83规定的安全电压分两个层次，一个是防间接接触的安全电压是42V及以下。而防直接接触的安全电压是24V。因此本规范本条中规定为25V(均方根值，即有效值)是参照国际电工委员会标准IEC364—4及IEC 749—1的规定，低于交流25V(均方根值)电压的裸导体，不需防止直接电击保护。在IEC 60479—1中还指出，24V与25V以及42V与50V对人体的电击伤害属同一安全区，没有区别。

以上三种方法中采取其中任意一种都被认为是安全的。

【实施与检查的控制】

实施：在设计图中采用隔开距离、设置防护物或外罩或采用超低压供电以保安全。

检查：检查供电电压、防护等级或防护距离。

4.2.1　配电线路的短路保护，应在短路电流对导体和连接件产生的热作用和机械作用造成危害之前切断短路电流。

【技术要点说明】

本条规定是对短路保护设备选择的要求，以及它与导体的选择相配合，使配电线路在发生短路故障时不会损坏。在设计配电系统时，首先应根据计算电流选择保护断路器，再根据断路器的整定电流和动作时间来选择导体的截面。

本条一方面是对断路器的分断能力有要求，另一方面是对导体的热稳定有要求。

关于断路器的分断能力，近来有人认为，按短路电流周期分量的有效值选择断路器，不能满足接通能力和分断能力的要求，这种意见尚须验证。电路的接通不像分断那样易产生电弧，对断路器而言，接通易于分断。所以仍应依据本规范第2.1.2条的规定："验算电器在短路条件下的通断能力，应采用安装处预期短路电流周期分量有效值，当短路点附近所接电动机额定电流之和超过短路电流的1%时，应计入电动机反馈电流的影响"。再适当考虑补偿电容的影响(电动机和补偿电容使短路电流的增值之和，一般不超过短路电流的10%)。

关于使导体满足热稳定要求，应按本规范第4.2.2条的规定校验。见本导则第2.2.2条的技术要点说明三。

【实施与检查的控制】

实施：设计阶段，按断路器安装处的预期短路电流选择断路器的分断能力。并按短路电流及其持续的时间校验导体的热稳定。

检查：核查断路器的分断能力及导体热稳定要求的截面。

4.3.5　突然断电比过负载造成的损失更大的线路，其过负载保护应作用于信号而不应作用于切断电路。

【技术要点说明】

线路短时间过载并不立即引起灾害，在必要时让导体超过允许温度运行，牺牲一些使用寿命以使某些负荷供电不中断，使其过载保护作用于信号而不切断电路。例如：无备用泵的消防泵和排烟风机的过载保护的热继电器触点，不动作于切断其控制电路，而发出报警信号。同时还应注意，排烟风机和消防泵主电路中的断路器的长延时脱扣器整定值也应加大，使其达到计算电流的1.5～2倍，并按此整定值选择线、缆截面，或选用仅带短路瞬动保护的脱扣器

【实施与检查的控制】

实施：在设计图中，无备用泵的消防泵、排烟风机等消防设备，其主回路中的热继电器动作后，它的接点不使控制回路断电，而是接通声光报警回路。

检查：核查设计图纸中的说明或相应的控制电路。

4.4.4　采用接地故障保护时，在建筑物内应将下列导电体作总等电位联结：

一、PE、PEN干线；

二、电气装置接地极的接地干线；

三、建筑物内的水管、煤气管、采暖和空调管道等金属管道；

四、条件许可的建筑物金属构件等导电体。

上述导电体宜在进入建筑物处接向总等电位联结端子。等电位联结中金属管道连接处应可靠地连通导电。

【技术要点说明】

切断接地故障的保护措施因保护电器产品的质量、电器参数的选择和其使用中的变化以及施工质量、维护管理水平等原因,其动作并非完全可靠。且保护电器尚不能防止由建筑物外进入的故障电压的危害,因此 IEC 标准和一些技术先进的国家规定在采用接地保护措施时,还采取本条所规定的总等电位联结措施,以降低人体受到电击时的接触电压,提高电气安全水平。图 3-1 所示的建筑物是作了等电位联结和重复接地后的情况,图中 T 为金属管道、建筑物钢筋等组成的等电位联结,B_m 为总等电位联结端子板或接地端子板,Z_h 及 R_s 为人体阻抗及地板、鞋袜等与总等电位体之间的电阻,R_B 为变电所配电系统的接地电阻,R_A 为重复接地的电阻。由图可见人体承受的接触电压 U_c 仅为故障电流 I_d 在 a—b 段 PE 线上产生的电压降,与 R_s 的分压;b 点至电源的线路电压降不形成接触电压,所以良好的总等电位联结将明显的降低人体的接触电压。

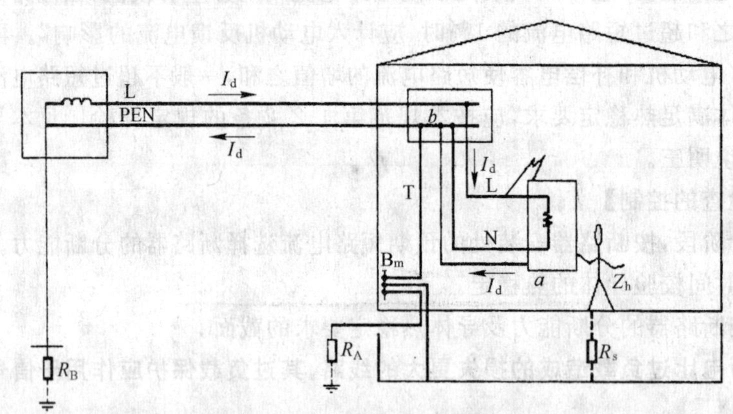

图 3-1　总等电位联结作用的分析

总等电位联结靠均衡电位来降低接触电压,它是一项重要的电气安全措施,尤其是对于高压侧采用了小电阻接地的低压配电系统更为重要。规定 TN 系统手握和移动式电气设备供电线路切断故障回路时间限值为 0.4s,是考虑了总等电位联结的作用而规定的。

在 10kV 的电源侧采用了小电阻接地之后,接地故障的高电位通过低压侧的 PE 线引到所有电气设备的外露可导电部分,使其带有很高的危险电压。此时须特别注意建筑物底层的素混凝土地面的总等电位联结的措施及其效果。

4.4.7　相线对地标称电压为 220V 的 TN 系统配电线路的接地故障保护,其切断故障回路的时间应符合下列规定:

一、配电线路或仅供给固定式电气设备用电的末端线路,不宜大于 5s;

二、供电给手握式电气设备和移动式电气设备的末端线路或插座回路,不应大于 0.4s。

【技术要点说明】

本条第一款规定切断故障电路的时间不宜大于 5s;因为固定式电气设备的外露可导电部分不是被人手握住的,发生故障触电时,易于挣脱,不易有人身电击危险。另外,电气设备和线路绝缘的热稳定能满足 5s 的要求,不会引起火灾。同时考虑躲开大电动机启动以及线路较长，故障电流较小时保护电路动作时间较长等因素。由于这一时间并不十分严格，所以采用了“不宜”一词。

供电给手握式和移动式电气设备的配电线路，其情况则不同。当发生接地故障时，人的手是握住用电设备的，因肌肉对电流的反应是不自主的紧握不放。不能迅速脱离带电体，如果长时间承受接触电压，按 IEC 标准 479—1 规定的数据将导致心室纤颤而死亡。预期接触电压与最大切断故障电源时间对应值见表 3-2。

预期接触电压与最大切断故障电源时间对应表　**表 3-2**

预期接触电压 U_0(V)	情况 1			情况 2		
	接地阻抗	通过人体电流	切断电源时间	接地阻抗	通过人体电流	切断电源时间
	Z_1(Ω)	I(mA)	t(s)	Z_2(Ω)	I(mA)	t(s)
25	—	—	—	1075	23	≥5
50	1725	29	≥5	925	54	0.47
75	1625	46	0.60	825	91	0.30
90	1600	56	0.45	780	115	0.25
110	1535	72	0.36	730	151	0.18
150	1475	102	0.27	660	227	0.10
220	1375	160	0.17	575	383	0.035
280	1370	204	0.12	570	491	0.020
350	1365	256	0.08	565	620	—
500	1360	368	0.04	560	893	—

注：情况 1 是指人体对地电阻不小于 1000Ω。
　　情况 2 是指人体对地电阻小于 1000Ω。

另外，这种设备容易发生接地故障，而且往往是在使用中，这就更增加了危险性。IEC 标准 364-41 修改文件规定，各级电压的手握式和移动式设备供电线路切断故障的允许最大时间有各级相应的数值。对于 220/380V 的电气装置为 0.4s，此值已计及了总等电位联结的作用、PE 线与相线截面 1∶3 到 1∶1 的变化以及线路电压偏移等影响。这一修改简化了设计工作。

4.4.21　为减少接地故障引起的电气火灾危险而装设的漏电电流动作保护器，其额定动作电流不应超过 0.5A。

【技术要点说明】

接地故障的电流通路内，除去配电线路的 PE 线（或 PEN 线）外，还有电器设备的金属设备外壳，布线钢管、金属线槽以及接地回路内的多个连接点，因疏于检查或难以检查，其接触电阻值往往较大，接地故障电流一般较小，常常不足以使线路的保护电器（如熔断器，低压断路器等）动作而切断故障电源。故应装设漏电电流动作保护器。

接地故障电流小，不像带电导体间的短路故障电流那么大，短路点易被熔焊，而接地故障常不熔焊，多以电弧短路的形式出现。而电弧的温度较高，2A 的电弧温度即可达 1000～2000℃，0.5A 的电弧能量已可以引燃可燃物质起火。国际电工委员会标准建议为防止电气火灾危险而装设的漏电电流动作保护器的动作电流不应大于 0.5A。

目前在《住宅设计规范》GB 50096—1999 第 6.5.2 条第 7 款规定“每幢住宅的总电源进线断路器，应具有漏电保护功能”。

【实施与检查的控制】

实施：设计阶段对有火灾危险的建筑物内或有火灾危险的场所，应装设漏电额定动作电流不超过 0.5A 的断路器。

检查：对有防火要求的配电系统，应检查是否设置有相应动作电流的漏电断路器。

4.5.6　在 TT 或 TN-S 系统中，N 线上不装设电器将 N 线断开，当需要断开 N 线时，应装设相线和 N 线一起切断的保护电器。

当装设漏电电流动作的保护电器时，应能将其所保护的回路所有带电导线断开。在 TN 系统中，当能可靠地保持 N 线为地电位时，N 线可不需断开。

在 TN-C 系统中，严禁断开 PEN 线，不得装设断开 PEN 线的任何电器。当需要在 PEN 线装设电器时，只能相应断开相线回路。

【技术要点说明】

1. 本条等效采用 IEC 标准。

2. 在 TT 或 TN-S 系统中，N 线上不应装设电器将 N 线断开，当需要断开 N 线时，应装设相线和 N 线一起切断的保护电器。即在一般情况下 TT 或 TN-S 系统的三相四线回路采用三极开关，单相回路采用单极开关，N 线不断开。当需要断开 N 线时，三相回路可采用四极断路器，单相回路可采用双极断路器，不允许单独断开 N 线，所以在 N 线上不允许采用熔断器、单极开关或连接片。

3. 当装设漏电电流动作的保护电器时，三相回路应采用四极断路器，有接触器时采用四极接触器，单相回路应采用双极断路器。

4. 在 TN-C 系统中，严禁断开 PEN 线的理由见本导则中对本规范 2.2.12 条的说明。

【实施与检查的控制】

实施：设计阶段，在 TN-C 配电系统中严禁断开 PEN 线。在 TT 或 TN-S 配电系统中，非必要时，不应装设断开 N 线的电器，更不应装设可能单独断开 N 线的电器。

检查：各级主管或审查部门，要检查在低压配电系统中，是否装设了能断开 PEN 线的电器或者装设了不符合本条规定的能断开 N 线的电器。

4.2　变　电　设　备

《10kV 及以下变电所设计规范》GB 50053—94

2.0.5　露天或半露天的变电所，不应设置在下列场所：

一、有腐蚀性气体的场所；

二、挑檐为燃烧体或难燃体和耐火等级为四级的建筑物旁；

三、附近有棉、粮及其他易燃、易爆物品集中的露天堆场；

四、容易沉积可燃粉尘、可燃纤维、灰尘或导电尘埃且严重影响变压器安全运行的场所。

【技术要点说明】

本条要求主要是从安全的角度出发的。

第一款是因为一般变压器和电气设备不适用于有腐蚀性气体的场所，如无法避开时，则应采用防腐型变压器和电气设备。

第二款是为了防止变压器发生火灾时，燃及挑檐或难燃体和耐火等级为四级的建筑物而扩大事故面，当难于满足要求时，可在建筑上采取局部的防火措施。

按《建筑设计防火规范》的规定，耐火等级为四级的建筑物承重墙和支承多层的柱和梁，其耐火极限为0.5h，非承重墙和楼板耐火极限为0.25h，其他支承单层的柱等则为燃烧体。

第三款中附近有粮、棉及其他易燃、易爆物大量集中的露天堆场，是指该露天堆场距离变压器在50m以内者。若变压器的油量在2500kg以下时，其距离可以适当减小。

第四款是因为变压器上容易沉积可燃粉尘、可燃纤维、灰尘或导电尘埃，易引起变压器瓷套管电闪络造成事故。如上海某电厂的一台露天变压器，因在其附近有一棉纺织厂，在变压器盖上积聚棉花纤维到了一定厚度，引起变压器带电体闪络，棉花纤维被点燃。

【实施与检查的控制】

实施：在变电所选址时，与甲方及各有关人员协商，避开不适合设置变电所的场所，如果确有困难，应采取相应的有效措施确保安全，例如：无法避开，腐蚀性气体时，采用防腐型变压器和防腐蚀电气设备。

检查：检查变电所设置的环境是否满足要求，如果环境未满足要求，则需进一步检查是否采取了有效的保安措施，

4.2.1　室内、外配电装置的最小电气安全净距，应符合表4.2.1的规定。

室内、外配电装置的最小电气安全净距(mm)　　表4.2.1

符号	适用范围	场所	额定电压(kV)			
			<0.5	3	6	10
	无遮拦裸带电部分至地(楼)面之间	室内	屏前2500 屏后2300	2500	2500	2500
		室外	2500	2700	2700	2700
	有IP2X防护等级遮拦的通道净高	室内	1900	1900	1900	1900
A	裸带电部分至接地部分和不同相的裸带电部分之间	室内	20	75	100	125
		室外	75	200	200	200
B	距地(楼)面2500mm以下裸带电部分的遮拦防护等级为IP2X时，裸带电部分与遮护物间水平净距	室内	100	175	200	225
		室外	175	300	300	300
	不同时停电检修的无遮拦裸导体之间的水平距离	室内	1875	1875	1900	1925
		室外	2000	2200	2200	2200
	裸带电部分至无孔固定遮拦	室内	50	105	130	155
C	裸带电部分至用钥匙或工具才能打开或拆卸的栅栏	室内	800	825	850	875
		室外	825	950	950	950
	低压母排引出线或高压引出线的套管至屋外人行通道地面	室外	3650	4000	4000	4000

注：海拔高度超过1000m时，表中符号A项数值应按每升高100m增大1%进行修正。B、C两项数值应加上A项的修正值。

【技术要点说明】

表中数据是根据国际电工委员会 IEC 标准 1982 年 364-4-41 号出版物和 1987 年 TC64 第 481 号文"防止外因引起的电击保护措施的选择"的有关规定和《工业与民用 10kV 及以下变电所设计规范》GBJ 60—83 及《低压配电装置及线路设计规范》GBJ 54—83 综合编制而成。

【实施与检查的控制】

实施:在设计与施工中均需遵守表 4.2.1 中最小电气安全净距的规定以确保安全。

检查:按表中规定的数值对设计和施工进行检查,成套设备也应符合表中最小净距的要求。

4.2.6 配电装置的长度大于 6m 时,其柜(屏)后通道应设两个出口,低压配电装置两个出口间的距离超过 15m 时,尚应增加出口。

【技术要点说明】

本条规定是为了当高压柜、低压屏内电气设备有突发性故障时,在屏后的值班巡视或维修人员能及时离开事故点。由于低压屏后面设备维护检修机会多,故规定长度超过 15m 时还应增加出口,而对高压柜则不作硬性规定。

【实施与检查的控制】

实施:设计时注意配电屏的布置,应满足本条要求。

检查:按要求检查设计与施工是否满足要求。

6.1.1 可燃油油浸电力变压器室的耐火等级应为一级。高压配电室、高压电容器室和非燃(或难燃)介质的电力变压器室的耐火等级不应低于二级。低压配电室和低压电容器室的耐火等级不应低于三级,屋顶承重构件应为二级。

6.1.2 有下列情况之一时,可燃油油浸变压器室的门应为甲级防火门:

一、变压器室位于车间内;

二、变压器室位于容易沉积可燃粉尘、可燃纤维的场所;

三、变压器室附近有粮、棉及其他易燃物大量集中的露天场所;

四、变压器室位于建筑物内;

五、变压器室下面有地下室。

6.1.5 民用主体建筑内的附设变电所和车间内变电所的可燃油油浸变压器室,应设置容量为 100%变压器油量的贮油池。

6.1.7 附设变电所、露天或半露天变电所中,油量为 1000kg 及以上的变压器,应设置容量为 100%油量的挡油设施。

6.1.8 在多层和高层主体建筑物的底层布置装有可燃性油的电气设备时,其底层外墙开口部位的上方应设置宽度不小于 1.0m 的防火挑檐。多油开关室和高压电容器室均应设有防止油品流散的设施。

【技术要点说明】

第 6.1.1 条:本条各电气室的耐火等级要求是参考《建筑设计防火规范》GBJ 16—87 第 3.2.6 条的有关规定和本规范制定者的经验制订的。

第 6.1.2 条:本条规定是为了防止当变压器发生火灾事故时,不致使变压器门因辐射散热和火焰而烧毁,致使事故蔓延扩大。

第 6.1.5 条:设贮油池是为了当民用主体建筑物内变电所和车间内变电所的变压器发

生火灾事故时，减少火灾危害和使燃烧的油在贮油池内熄灭，不致使火灾事故扩大到建筑物和车间，故应设100%变压器油量的贮油池。

贮油池的通常做法是在变压器油坑内填放厚度大于250mm的卵石层，卵石层底下设置贮油池，或者利用变压器油坑内卵石之间的缝隙。

第6.1.7条：本条规定是为了防止变压器发生火灾事故时，不致危及附近的建筑物。以变压器油1000kg来划分是原规范在部审会议期间与《建筑设计防火规范》等有关单位共同确定的，经调研和了解情况，未提出修改意见，故仍保留原条文的规定。

第6.1.8条：根据现行国家标准《建筑设计防火规范》和《高层民用建筑设计防火规范》有关条文制订。

【实施与检查的控制】

实施：在施工图设计的初期阶段，按照以上5条中的相关要求，逐条逐款提给建筑和结构专业，并写在本专业图纸的说明中备查。

检查：在各专业出图前的图纸会签时复查，各级审查主管部门均应按规定审查，不满足要求者应及时纠正。并在工程竣工验收时按规范验收。

4.3 防 雷

《建筑物防雷设计规范》GB 50057—94(2000年局部修订)

2.0.2 遇下列情况之一时，应划为第一类防雷建筑物：

一、凡制造、使用或贮存炸药、火药、起爆药、火工品等大量爆炸物质的建筑物，因电火花而引起爆炸，会造成巨大破坏和人身伤亡者。

二、具有0区或10区爆炸危险环境的建筑物。

三、具有1区爆炸危险环境的建筑物，因电火花而引起爆炸，会造成巨大破坏和人身伤亡者。

【技术要点说明】

爆炸物质：

炸药——黑索金、特屈儿、三硝基甲苯、苦味酸、硝铵炸药等；

火药——单基无烟火药、双基无烟火药、黑火药、硝化棉、硝化甘油等；

起爆药——雷汞、氮化铅等；

火工品——引信、雷管、火帽等。

第三款，原规范中有关爆炸火灾危险场所的分类名称按现在新的爆炸火灾危险环境的分区名称修改。其相应的关系见表3-3。

爆炸火灾危险环境新旧分类对应关系 **表3-3**

原分类级别	Q—1	Q—2	Q—3	G—1	G—2	H—1	H—2	H—3
新的分区名称	0区	1区	2区	10区	11区	21区	22区	23区

因为1区跨越Q—1和Q—2两个级别，因此，1区建筑物可能划为第一类防雷建筑物，也可能划为第二类防雷建筑物。其区分在于是否会造成巨大破坏和人身伤亡。例如，易燃液体泵房，当布置在地面上时，其爆炸危险环境一般为2区，则该泵房可划为第二类防雷建

筑物。但当工艺要求布置在地下或半地下时，在易燃液体的蒸汽与空气的混合物的比重重于空气，又无可靠的机械通风设施的情况下，爆炸性混合物就不易于扩散，该泵房就要划为1区爆炸危险环境。如该泵房系大型石油化工联合企业的原油泵房，当泵房遭雷击就可能会使工厂停产，造成巨大经济损失和人员伤亡，因此，这类泵房应划为第一类防雷建筑物；如该泵房系石油库的卸油泵房，平时间断操作，虽因雷电火花可能引发爆炸造成经济损失和人员伤亡，但相对来说要少得多，则这类泵房可划为第二类防雷建筑物。

【实施与检查的控制】

实施：设计阶段，在图纸的设计说明中要交待该工程的防雷类别，在防雷平面图中按本规范要求设置相应的防雷设施。

检查：检查设计说明、防雷图纸及施工情况。

2.0.3 遇下列情况之一时，应划为第二类防雷建筑物：

一、国家级重点文物保护的建筑物。

二、国家级的会堂、办公建筑物、大型展览和博览建筑物、大型火车站、国宾馆、国家级档案馆、大型城市的重要给水水泵房等特别重要的建筑物。

三、国家级计算中心、国际通讯枢纽等对国民经济有重要意义且装有大量电子设备的建筑物。

四、制造、使用或贮存爆炸物质的建筑物，且电火花不易引起爆炸或不致造成巨大破坏和人身伤亡者。

五、具有1区爆炸危险环境的建筑物，且电火花不易引起爆炸或不致造成巨大破坏和人身伤亡者。

六、具有2区或11区爆炸危险环境的建筑物。

八、预计雷击次数大于0.06次/a的部、省级办公建筑物及其他重要或人员密集的公共建筑物。

九、预计雷击次数大于0.3次/a的住宅、办公楼等一般性民用建筑物。

【技术要点说明】

本条第四款，有些爆炸物质，不易因火花而引起爆炸，但爆炸后破坏力较大，如小型炮弹库、枪弹库以及硝化棉脱水和包装等均属第二类防雷建筑物。

第五款，见本规范第2.0.2条三款说明。

第八款，预计雷击次数每年大于0.06次的部、省级办公建筑以人员密集的集会、展览、博览、体育、商业、影剧院、医院、学校等公共建筑，应划为第二类防雷建筑。对于这类建筑采用了二类防雷建筑的防雷措施后，根据IEC—TC81的有关资料，可使其每年雷击损坏概率(危险度)减小到十万分之十至十万分之五便认为达到了防护目的。

第九款，预计雷击次数每年大于0.3次的住宅、办公楼等一般性民用建筑物，应划为二类防雷建筑物，对于这类建筑采用了二类防雷建筑物的防雷措施后，同样可使其每年雷击损坏概率(危险度)小于十万分之十至十万分之五，认为达到了防护目的。

【实施与检查的控制】

实施：设计阶段，在设计说明中应说明建筑物的防雷等级，在防雷平面图中采取相应的防雷措施。

检查：检查设计说明及计算结果，检查防雷平面图。

2.0.4 遇下列情况之一时,应划为第三类防雷建筑物:

一、省级重点文物保护的建筑物及省级档案馆。

二、预计雷击次数大于或等于0.012次/a,且小于或等于0.06次/a的部、省级办公建筑物及其他重要或人员密集的公共建筑物。

三、预计雷击次数大于或等于0.06次/a,且小于或等于0.3次/a的住宅、办公楼等一般性民用建筑物。

五、根据雷击后对工业生产的影响及产生的后果,并结合当地气象、地形、地质及周围环境等因素,确定需要防雷的21区、22区、23区火灾危险环境。

六、在平均雷暴日大于15d/a的地区,高度在15m及以上的烟囱、水塔等孤立的高耸建筑物;在平均雷暴日小于或等于15d/a的地区,高度在20m以上的烟囱、水塔等孤立的高耸建筑物。

【技术要点说明】

预计雷击次数每年在0.012～0.06次之间的部、省级办公建筑及人员密集的公共建筑,应划为三类防雷建筑物。预计雷击次数小于0.012次/a的此类建筑,不需要设置防雷设施,预计年雷击次数大于0.06次/a的此类建筑,已划为二类防雷建筑物。

预计年雷击次数为0.06～0.3的住宅、办公楼等一般性民用建筑物,划为三类防雷建筑物。即预计年雷击次数小于0.06次的此类建筑,可以不设置防雷设施;年雷击次数大于0.3的此类建筑,已划为二类防雷建筑物。

【实施与检查的控制】

实施:设计阶段,在设计说明中应说明建筑物的防雷等级,在防雷平面图中采取相应的防雷措施。

检查:检查设计说明及防雷图纸

3.1.1条 各类防雷建筑物应采取防直击雷和防雷电波侵入的措施。

第一类防雷建筑物和本规范第2.0.3条四、五、六款所规定的第二类防雷建筑物尚应采取防雷电感应的措施。

【技术要点说明】

第3.1.1条 本条规定仅对制造、使用或贮存爆炸物质的建筑物和爆炸危险环境采取防雷电感应措施。其他防雷建筑物可以不防雷电感应。雷电感应可能感应出相当高的电压而发生火花放电引发事故。

在一般性建筑物内,在不带电的金属物上雷电感应所产生的火花放电,由于其能量小、时间极短,通常不会引发火灾危险。在220/380V系统的带电体上的雷电感应,由于采取防雷电波侵入和防反击的措施,此问题也跟着得到解决。

关于电子元件的过电压保护分三部分,即220/380V电源部分、信息线路、有电子元件的设备本身。信息线路的过电压保护应由信息线路设计者解决。设备本身的应由制造厂解决。电源部分又分为两部分,即建筑物的电源进线和接至有电子元件的装置的电源部分(如插座、分配电箱)。本规范仅解决电源进线部分,它与防雷电波侵入和防反击的措施一起解决。至于在装置附近的供电是否设过电压保护器,应根据设备的重要性由信息线路设计者一起解决,或由设备使用者解决或由制造厂提供。此外,设备外壳及其外接金属管线由于电气安全或屏蔽需要已作接地,这也大大地减少了雷电感应的危险性。

本规范采用的防雷方法，即防直击雷、防雷电感应和防雷电波侵入。国际电工委员会1990年版 IEC 1024—1:1990 标准建筑物防雷第一部分通则（以下简称 IEC 1024—1）的内容也包括了这些要求。有些国家和上述 IEC 的防雷标准将防雷分为外部防雷和内部防雷。所谓外部防雷就是防直击雷（不包括防止防雷装置受到直接雷击时向其他物体的反击），内部防雷包括防雷电感应、防反击以及防雷电波侵入和防生命危险。本规范的防直击雷包含防反击的内容。

【实施与检查的控制】

实施：设计阶段，对有爆炸物的建筑物和爆炸危险环境应采取防雷电感应措施。

检查：仅对有爆炸物和爆炸危险环境需防雷电感应引发事故，对一般性建筑物由于采取防雷电波侵入和防反击的措施，防雷电感应也随之得到解决。

3.1.2　装有防雷装置的建筑物，在防雷装置与其他设施和建筑物内人员无法隔离的情况下，应采取等电位连接。

【技术要点说明】

为说明等电位在防雷方面的作用和一般作法，摘译 IEC 1024—1 的有关规定如下：

3　内部防雷装置

3.1　等电位连接

3.1.1　通则

为减小需要防雷的空间内发生火灾、爆炸、生命危险，等电位是一很重要的措施。

等电位是用连接导线或过电压保护器将处在需要防雷的空间内的防雷装置、建筑物的金属构架、金属装置、外来的导体物、电气和电讯装置等连接起来。

当需要防雷的空间设有防雷装置时，处于该空间之外的金属构架可能受到雷电效应。在设计这样的防雷装置时应顾及这种效应。对处于该空间之外的金属构架可能也需要作等电位连接。当不设防雷装置但需要防从外来管线引来的雷电效应时，也应作等电位连接。

3.1.2 金属装置的等电位连接

应在以下地点做等电位连接：

a) 在地下室或在靠近地平面处。连接导线应连接到连接板（连接母线）上，连接板的构成和安装要易于接近检查。连接板应与接地装置连接。对于大型建筑物，如果连接板之间有连接，可装设多块连接板。

b) 高度超过 20m 的建筑物，在地面以上垂直每隔不大于 20m 处，连接板应与连接各引下线的水平环形导体连接。

c) 在那些满足不了安全距离的地方。

对有电气贯通钢筋网的钢筋混凝土建筑物、钢构架建筑物、有等效屏蔽作用的建筑物，建筑物内的金属装置通常不需要上述 b)款和 c)款的等电位连接。

3.1.3　外来导体的等电位连接

应尽可能在靠近进户点处对外来导体作等电位连接……

3.1.5　在通常情况下电气和通信装置的等电位连接

电气和通信装置应按 3.1.2 款的要求作等电位连接。应尽量在靠近进户点处作等电位连接。如果导体有屏蔽层或穿于金属管内，当这类屏蔽物上的电阻压降所形成的电位差不危及电缆和所连接的设备时，通常只将这类屏蔽物体作等电位连接就足够了。

线路的所有导体应作直接或非直接连接。相线应仅通过过电压保护器连接到防雷装置上，在 TN 系统中，PE 或 PEN 线应直接连到防雷装置上。

3.3 防生命危险

在需要防雷的空间内防发生生命危险的最重要措施是采用等电位连接。

等电位连接是一个系统工程，本条仅是对防雷安全而言，在一个建筑物内，还有为配电系统接地故障的等电位联结，见本导则中《低压配电设计规范》第 4.4.4 条。这两条要求的等电位连接（或联结）可以统筹兼顾一并解决。

【实施与检查的控制】

实施：在设计阶段，要有关于等电位的做法说明或绘出符合要求的等电位联结图纸。

检查：对设计、施工的等电位联结应做全面检查。

3.3.5 二类防雷建筑物利用建筑物的钢筋作为防雷装置时应符合下列规定：

三、敷设在混凝土中作为防雷装置的钢筋或圆钢，当仅一根时，其直径不应小于 10mm。被利用作为防雷装置的混凝土构件内有箍筋连接的钢筋，其截面积总和不应小于一根直径为 10mm 钢筋的截面积。

四、利用基础内钢筋网作为接地体时，在周围地面以下距地面不小于 0.5m，每根引下线所连接的钢筋表面积总和应符合下列表达式的要求：

$$S \geqslant 4.24K_c^2 \tag{3.3.5}$$

六、构件内有箍筋连接的钢筋或成网状的钢筋，其箍筋与钢筋的连接，钢筋与钢筋的连接应采用土建施工的绑扎法连接或焊接，单根钢筋或圆钢或外引预埋连接板、线与上述钢筋的连接应焊接或采用螺栓紧固的卡夹器连接。构件之间必须连接成电气通路。

【技术要点说明】

本条的主要内容如下：

二类防雷建筑物可以利用建筑物内的钢筋作为防雷装置，含接闪器、引下线、接地体。

第三款要求用作防雷装置的钢筋尺寸不能太小，最小不应小于一根直径为 10mm 的截面积。可用一根或用有箍筋连接的多根均可，用多根时只要其截面积总和不小于一根 $\phi10$ 的钢筋截面。有箍筋连接的钢筋，当流过雷击电流时，因都并联在一起，电流分流于各并联钢筋，例如屋顶女儿墙内压顶钢筋，当有三根 $\phi6$ 或两根 $\phi8$ 的钢筋，便可满足接闪器的要求，其前提是允许雷击时混凝土有一些碎片脱开以及小块防水，保温层破坏，但对屋顶结构无损害，经后期修补，无大损失。

第四款要求用作接地体的钢筋埋深不小于室外地面下 0.5m；

作为接地体的钢筋，每根引下线所接钢筋表面总面积（m^2）为：$S \geqslant 4.24K_c^2$。当引下线仅有两根（二类防雷建筑物不应少于两根）或多根不成环形时，$K_c=0.66$。当引下线为多根成环形或多根成网状时，$K_c=0.44$。

第六款对钢筋的连接要求：

有箍筋连接或成网状的钢筋，应采用土建施工的绑扎或焊接，即根据土建施工的需要，绑扎、焊接均可，不一定要采用焊接。有的施工现场提出绑扎不可靠要改用焊接，这是不可取的，焊接多花钱，还可能降低建筑物结构的机械强度。

单根钢筋或圆钢或外引预埋连接线、连接板、均应与上述钢筋焊接或采用卡接器螺栓紧固。

所有防雷构件之间必须连成电气通路。

【实施与检查的控制】

实施:在设计说明中,对用作防雷装置的建筑物钢筋及金属构件应详细说明其必备的条件。

检查:对用作防雷的建筑物的钢筋或金属构件,检查其规格是否满足本条要求。

3.3.10　二类防雷建筑物高度超过45m的钢筋混凝土结构、钢结构建筑物,尚应采用以下防侧击和等电位的保护措施:

一、钢构架和混凝土的钢筋应互相连接;

二、应利用钢柱或柱子钢筋作为防雷装置引下线;

三、应将45m及以上外墙上的栏杆、门窗等较大的金属物与防雷装置连接;

四、竖直敷设的金属管道及金属物的顶端和底端与防雷装置连接。

3.4.10　三类防雷建筑物高度超过60m的建筑物,其防侧击和等电位的保护措施应符合本规范第3.3.10条一、二、四款的规定,并应将60m及以上外墙上的栏杆、门窗等较大的金属物与防雷装置连接。

【技术要点说明】

由于高避雷针和高层建筑有遭遇侧击雷的记载,二类防雷建筑物的防雷滚球半径定为45m,建筑物高于45m的侧面应采取防侧击雷的措施。同理,高于60m的三类防雷建筑物,其高于60m的侧面也应采取防侧击措施。

由于侧击雷的极限半径小,能量小,电流小,建筑物遭雷击损坏的记载不多,所以不需专设防侧击雷的接闪器,而利用建筑物本身的窗框架、栏杆等金属物与防雷引下线相连接即可,将建筑物的钢构架、钢筋、金属管道的顶端底端均与防雷装置连接,既有利于雷电流的散流,也有利于形成等电位。

【实施与检查的控制】

实施:设计图中说明防侧击雷的做法,施工中予以实施。

检查:施工质检部门作相应的检查。

5.1.1　接闪器应由下列的一种或多种组成:

一、独立避雷针;

二、架空避雷线或架空避雷网;

三、直接装设在建筑物上的避雷针、避雷带或避雷网。

5.2.1　接闪器布置应符合表5.2.1的规定。

接闪器的布置　　**表5.2.1**

建筑物防雷类别	滚球半径 h_r(m)	避雷网网格尺寸(m)	建筑物防雷类别	滚球半径 h_r(m)	避雷网网格尺寸(m)
一类防雷建筑物	30	≤5×5 或≤6×4	三类防雷建筑物	60	≤20×20 或≤24×16
二类防雷建筑物	45	≤10×10 或≤12×8			

【技术要点说明】

第5.1.1条指出的接闪器是人工接闪器,未包括建筑物本身的金属屋顶、金属构架、金属栏杆、金属装饰物等自然接闪器。当自然接闪器的构造、尺寸及保护范围满足滚球或避雷网格尺寸的要求时，应优先采用自然接闪器。只有自然接闪器不能满足要求时，才增设人工接闪器。

第 5.2.1 条接闪器的布置是参考 IEC1024-1 防雷标准的 2.1.2 款及其表 1 并结合我国具体情况和习惯作法制定的。

避雷针的保护范围，IEC 规定可采用滚球法和保护角法，两种保护方法保护的空间是相等的，我国仅采用滚球法。

避雷线的保护范围，类似避雷针。

避雷网格和引下线形成的笼型保护空间称为法拉第保护法。

以上各种方法可根据实际需要采用其中一种或两种，或者综合各种方式的长处同时采用多种保护形式，其保护范围可相互借用，例如在屋顶已有避雷网时，再设避雷针，此时避雷针的保护范围可将避雷网作为地面来使用滚球法。

【实施与检查的控制】

实施：设计阶段按要求选择并布置接闪器

检查：审查图纸是否符合要求并由施工质检部门作相应的检查。

6.1.4　在工程的设计阶段不知道信息系统的规模和具体位置的情况下，若预计将来会有信息系统，应在设计时将建筑物的金属支撑物、金属框架或钢筋混凝土的钢筋等自然构件、金属管道、配电的保护接地系统等与防雷装置组成一个共用接地系统，并应在一些合适的地方预埋等电位连接板。

【技术要点说明】

某些建筑工程，初期未定用途，如果不预先做好，将来再做困难。

【实施与检查的控制】

实施：设计阶段：对于将来有可能有信息系统的工程，均应按本条要求，预先将建筑物内的钢筋、金属构件、金属管道、PE 线、防雷接地等作总等电位联结，并与甲方协商选择适当位置预埋等电位连接板。

检查：是否按本条要求，预先做了相应的连接与预埋。

6.4.1　当电源采用 TN 系统时，从建筑物内总配电盘(箱)开始引出的配电线路和分支线路必须采用 TN-S 系统。

【技术要点说明】

在 TN 系统中，TN-C 系统和 TN-C-S 系统，都存在 PEN 线，其 PEN 线既是 N 线又兼做保护(PE)线，一旦 PEN 线断线，设备外壳上就可能出现很高的电位，不安全。所以本条规定必须采用 TN-S 系统，使 PE 线专用，在正常情况下 PE 线中无电流，地电位，用 PE 线作为保护线才是安全的。

【实施与检查的控制】

实施：工程设计中，变电所在建筑物内时，自变压器低压侧的接地点之后 N 线与 PE 线就严格分开。低压进线的建筑物，其 PEN 线或 PE 线必须作重复接地，自接地点后 N 线与 PE 线必须严格分开。

检查：审查设计图中的配电系统是否为 TN-S 系统，如不是应及时改正。

重点检查内容

《建筑给水排水设计规范》GB 50015—2003

条 号	项 目	重点检查内容
3.2.1	总体设计要求	设计中各种防止水质污染的技术措施
3.2.3	防水质污染措施	城市给水管道是否与自备水源的供水管道直接连接
3.2.4	防水质污染措施	设计是否符合条文中措施的要求
3.2.5	防水质污染措施	设计是否符合条文中措施的要求
3.2.6	防水质污染措施	给水管道与大便器(槽)的连接方式
3.2.9	防水质污染措施	设计是否符合条文中措施的要求
3.2.10	生活水池设计要求	生活水池设计是否符合条文的要求
3.2.14	非饮用水的使用安全	非饮用水管道接出水嘴时采取的措施,设计应予以说明或注明
3.5.8	防燃防爆	有特殊原料、产品和设备的建筑内部的管道布置
3.9.1	游泳池水质要求	设计中各种防止水质污染的技术措施
3.9.3	游泳池水质要求	设计中各种防止水质污染的技术措施
3.9.4	游泳池水质要求	设计中各种防止水质污染的技术措施
3.9.9	滑道娱乐安全	水上游乐池滑道润滑水系统的循环水泵是否设有备用泵
3.9.12	池水消毒	池水循环处理设计是否含有消毒单元或消毒设备
3.9.14	瓶装氯气消毒	采用瓶装氯气消毒时的投加方式,加氯间的设计
3.9.22	防池水污染	游泳池和水上游乐池的入口处是否设置了浸脚消毒池
3.9.24	跳水池水面制波	比赛用跳水池是否设有水面制波装置
3.9.27	儿童游泳池的设计	儿童游泳池的水深,与其他年龄段所用池子合建时的分隔措施,应检查工艺专业的相关设计
4.2.6	排水系统安全	无水封卫生器具下部是否设置了存水弯
4.3.5	防燃防爆	有特殊原料、产品和设备的建筑内部的管道布置
4.3.6	厨房卫生安全	公共厨房操作间顶棚的排水管道布置或防护措施
4.3.13	间接排水要求	条文中规定的构筑物或设备是否采取了间接排水方式
4.3.19	防有害气体污染	室内排水沟与室外排水管道连接处的设计做法
4.5.9	地漏产品要求	设计中说明或注明采用地漏的水封不小于50mm,或应为国家合格产品
4.8.4	水源卫生防护	化粪池与地下水取水构筑物的间距
4.8.8	防环境污染	医院总图设计时检查是否设计了污水处理站,医院单体建筑设计时检查设计说明中其排水的外部接口条件
5.4.5	热水器的设置	设计中是否注明其带有安全装置,直排式燃气热水器设置的位置
5.4.20	防热水系统超压	膨胀管上是否装有阀门

《建筑中水设计规范》GB 50336—2002

条 号	项 目	重点检查内容
1.0.5	中水设施的设计原则	按当地政府有关部门的规定,符合建设中水设施的工程,其设计中是否含有中水设施的设计内容
1.0.10	中水设施的安全性	①设计中各种保障中水设施使用和维修安全的技术措施;②中水管道是否与生活给水管道直接连接

续表

条　号	项　　目	重点检查内容
3.1.6	中水用水安全	综合医院污水作为中水水源时的中水用途
3.1.7	中水水源	中水水源的组成情况
5.4.1	中水使用安全	中水系统的设计是否独立
5.4.7	中水使用安全	中水管道接有取水接口时采取的措施，设计应予以说明或注明
6.2.18	中水消毒	中水处理系统是否含有消毒单元或消毒设备
8.1.1	中水使用安全	中水管道是否与生活给水管道直接连接
8.1.3	防水质污染措施	设计是否符合条文中措施的要求
8.1.6	中水使用安全	设计是否符合条文中各项措施的要求

《人民防空地下室设计规范》JGB 50038—94

条　号	项　　目	重点检查内容
6.1.15	人防安全要求	给水管道穿越防护结构内侧是否设置防爆波阀门，阀门的公称压力
6.2.11	人防安全要求	透气管穿越防护结构内侧是否设置防爆波阀门，阀门的公称压力
6.2.16	人防安全要求	压力排出管穿越防护结构内侧是否设置防爆波阀门，阀门的公称压力
6.4.8	人防安全要求	油管穿越防护密闭门或防护结构内侧是否设置防爆波阀门，阀门的公称压力

《图书馆建筑设计规范》JGJ 38—99

条　号	项　　目	重点检查内容
7.1.2	图书防霉防潮	书库周围的建筑房间设置和给排水管道布置

《档案馆建筑设计规范》JGJ 25—2000

条　号	项　　目	重点检查内容
7.1.2	资料防霉防潮	库区周围的建筑房间设置和给排水管道布置

《综合医院建筑设计规范》JGJ 49—88

条　号	项　　目	重点检查内容
5.2.3	防交叉感染	条文中要求的部位是否设置了非手动开关
5.2.6	防婴儿烫伤	洗婴池热水供应是否设置了控温、稳压装置，或在设计中是否采用了专用控温稳压装置

《城镇燃气设计规范》GB 50028—93(2002年版)

条　号	项　　目	重点检查内容
6.6.2	室内气瓶布置	设置部位的防火、隔热和通风条件
6.6.3	室外气瓶设置	专用小室的防火、隔热和通风条件
6.6.6	气瓶组设置	气瓶组容积及瓶组间防火、防爆和通风措施
7.2.1	管道最高压力	各类用户室内燃气管道最高压力
7.2.3	抽气加压	抽气部位

续表

条 号	项 目	重点检查内容
7.2.4	加压设备	保护装置、工艺流程
7.2.10	引入管敷设	禁止敷设处所
7.2.11	密闭室改造	换气口和换气次数
7.2.13	引入管穿建、构筑物	套管及沉降补偿
7.2.17	管道暗设	管槽、管沟、管道井的结构
7.2.18	管道穿越	禁止穿越处所
7.2.19	管道敷设环境	潮湿性、腐蚀性处所及防腐措施
7.2.20	管道敷设位置	水平管、立管敷设要求
7.2.21	管道穿墙、楼板	套管
7.2.24	管道温度补偿	极限温度、极限变形量、补偿措施
7.2.25	管道温度条件	燃气含湿量、露点、环境温度及保温措施
7.2.28	地下室敷设	地下室、半地下室、设备层的通风
7.2.30	阀门设置	阀门设置位置和数量
7.2.31	放散管设置	放散管位置、结构和及防雷措施
7.2.32	高层立管	承重支撑和消除附加压力的措施
7.3.2	燃气计量	单独计量
7.3.3	计量装置设置	设置处所、环境温度
7.3.4	计量装置安装	安装位置及防火间距
7.4.1	燃具燃气压力	燃具前燃气压力及波动范围
7.4.2	住宅燃具	严禁安装卧室
7.4.5	燃气灶设置	设置处所的通风、防火措施
7.4.6	燃气热水器设置	热水器类型及设置处所的防火、通风措施
7.4.7	燃气采暖装置设置	采暖装置类型及设置处所的通风、防火措施
7.5.1	公用燃具安装	安装处所的通风、防火、防爆措施
7.5.2	公用燃具布置	防火、隔热措施
7.5.3	大锅灶和中餐灶	排烟设施和防爆装置
7.7.1	烟气排出	自然换气和机械换气排烟设施
7.7.2	直排式燃具换气	房间换气次数和容积热负荷
7.7.3	平衡式燃具换气	房间给排气口和防烟气泄漏措施
7.7.4	公用燃具排烟装置	公用燃具与排气扇、吸气罩的匹配
7.7.5	公用燃具烟道	公用燃具烟道结构、性能
7.7.6	高层建筑共用烟道	共用烟道结构、防倒烟、串烟功能
7.7.7	烟囱出口	烟囱出口位置和高度
7.7.8	烟道抽力	自然排烟负压烟道抽力
7.7.11	烟道排气式热水器	安全排气罩、垂直烟管的结构和性能
7.7.12	排烟道防火	烟道与顶棚或墙的安全距离
7.7.13	烟道闸板	烟道闸板设置及其结构
7.7.14	烟囱出口排烟温度	计算验证烟道温降和烟气露点
7.7.15	烟囱风帽	防倒风性能

《住宅设计规范》GB 50096—1999

条号	项目	重点检查内容
6.2.2	室内采暖计算温度	检查设计计算书
6.2.4	调节检修设施位置	检查设计图纸及说明书，核对安装情况
6.4.1	厨房排气管	检查设计图纸及说明书，核对安装情况
6.4.3	无外窗卫生间	检查设计图纸及说明书，核对安装情况
6.4.5	预留空调位置	检查设计图纸及说明书，核对预留情况

《民用建筑节能设计标准》JGJ 26—95

条号	项目	重点检查内容
5.2.10	锅炉房、热力站	检查设计图纸、核对供热采暖系统的装备
5.3.5	管道保温	检查设计图纸、核对供热采暖管道保温厚度

《采暖通风与空气调节设计规范》GB 50019—2003

条号	项目	重点检查内容
3.1.9	新风量	检查设计图纸及说明书，核对安装情况（可参照5.1.10条规定）
4.1.8	围护结构最小热阻	检查设计计算书及图纸
4.3.4	幼儿园散热器	检查设计图纸，核对安装情况
4.3.11	楼梯间散热器	检查设计图纸，核对安装情况
4.4.11	地板辐射采暖	检查设计图纸、设计计算书及说明书，核对安装情况
4.5.2	燃气辐射采暖	检查设计图纸及说明书，设计计算书，核对安装情况
4.5.4	燃气辐射采暖	检查设计图纸及说明书，设计计算书，核对安装情况
4.5.9	燃气辐射采暖	检查设计图纸及说明书，设计计算书，核对安装情况
4.7.4	低温电辐射采暖	检查设计图纸及说明书，核对安装情况
4.8.17	采暖管道热膨胀	检查设计图纸及说明书，设计计算书，核对安装情况
4.9.1	分户热计量	检查设计图纸及说明书，核对安装情况
5.1.10	新风量	检查设计图纸及说明书，核对安装情况
5.1.12	排风系统划分原则	检查设计图纸及说明书，核对安装情况
5.3.3	室内保持正压要求	检查设计图纸及说明书，核对安装情况
5.3.4	机械送风系统进风口位置	检查设计图纸及说明书，核对安装情况
5.3.5	进风口布置及进、排风口防火防爆要求	检查设计图纸及说明书，核对安装情况
5.3.6	采用循环空气的限制	检查设计图纸及说明书，核对安装情况
5.3.12	系统风量的确定	检查设计图纸、设计计算书及说明书
5.3.14	全面排风系统吸风口的布置要求	检查设计图纸及说明书，核对安装情况
5.4.6	设置事故通风的要求	检查设计图纸及说明书，核对安装情况
5.6.10	设置泄压装置和除尘器、过滤器的要求	检查设计图纸及说明书，核对安装情况

续表

条　号	项　目	重点检查内容
5.7.5	采用防爆型设备	检查设计图纸及说明书,核对安装情况
5.7.8	通风设备的选择与布置	检查设计图纸及说明书,核对安装情况
5.8.5	风管热补偿措施	检查设计图纸及说明书,核对安装情况
5.8.15	风管敷设安全事宜	检查设计图纸及说明书,核对安装情况
6.2.1	逐时冷负荷计算的要求	检查设计计算书及图纸
6.2.15	夏季冷负荷	检查设计计算书及图纸
6.6.3	天然冷源的使用限制条件	检查设计图纸及说明书,核对安装情况
6.6.8	直接膨胀式空气冷却器的制冷剂	检查设计图纸及说明书,核对安装情况
7.1.5	总装机容量	检查设计计算书及图纸
7.1.7	制冷剂的选择	检查设计图纸及说明书,核对安装情况
7.3.4	水源热泵使用水资源要求	检查设计图纸及说明书,核对安装情况
7.8.3	氨制冷机房的要求	检查设计图纸及说明书,核对安装情况
8.2.9	应使用气动执行器	检查设计图纸及说明书,核对安装情况
8.4.8	电加热器的联锁与保护	检查设计图纸及说明书,核对安装情况

《供配电系统设计规范》GB 50052—95

条　号	项　目	重点检查内容
2.0.1	负荷分级	检查设计说明中是否有负荷等级说明,确定的负荷等级是否正确
2.0.2	供一级负荷及特别重要负荷的电源	检查一级负荷是否由两个互不影响的电源供电。特别重要负荷是否除有两路市电外,还设有应急电源
3.0.2	防止应急电源与正常电源并联	检查有无防止应急电源与正常电源并联的措施

《低压配电设计规范》GB 50054—95

条　号	项　目	重点检查内容
2.2.2	导线截面的选择	检查导线截面是否满足压降,截流量,动、热稳定及机械强度的要求
2.2.11	严禁用设备外壳作PEN线	检查是否采用了TN-C配电系统,是否有正确的安全措施。是否用设备外可导电部分作为PEN线
2.2.12	严禁PEN线中接入开关设备	检查是否遵守了在TN-C系统中不应采用4极开关及在PEN线中不应有连接片等有可能单独断开PEN线的规定
3.2.1	带电体的遮护或与人的距离	检查有危险电位的带电体是否有符合要求的外罩、遮护物,或与人的距离大于800mm
3.2.2	无防护的带电体应采用25V以下的安全电压	检查是否采用了25V以下的电压,否则应有IP2X的外罩或遮护物
4.2.1	断路器的分断能力及导体的动热稳定	检查断路器的分断能力是否大于安装处的短路电流、导线截面是否满足短路故障时的动、热稳定的要求

续表

条 号	项 目	重点检查内容
4.3.5	重要设备不设过载保护	检查排烟风机、无备用的消防泵等设备的过载保护是否作用于信号、不断电
4.4.4	等电位联结	检查建筑物内应做总等电位联结的导体是否做了等电位联结
4.4.7	TN系统的220V线路切断接地故障回路的时间	检查切断配电线路故障的时间是否满足：供固定设备的末端线路不大于5s；供手握、移动设备的末端线路或插座不大于0.4s
4.4.21	为防火设漏电开关	检查有火灾危险的场所或建筑内是否设有漏电保护，漏电动作电流不大于0.5A
4.5.6	TT、TN系统中N线的断开	检查TT或TN系统中不宜有断开N线的电器；有漏电开关时N线与相线是否一定能一起断开；TN-C系统的PEN线严禁断开、或严禁单独断开

《10kV及以下变电所设计规范》GB 50053—94

条 号	项 目	重点检查内容
2.0.5	不应设置变电所的场所	检查变电所的设置环境是否满足要求，不满足要求时的保安措施
4.2.1	室内、外配电装置的最小安全净距	检查带不同电压等级的导体的安全净距是否满足规范中表4.2.1的要求
4.2.6	配电屏的布置	检查屏后通道长＞6m时是否有两个出口，低压屏长超过15m时是否增加了出口
6.1.1	变压器室、配电室的耐火等级	检查油浸变压器室；高压配电室、干式变压器室、电容器室；低压配电室的耐火等级分别不低于一、二、三级
6.1.2	变压器室的甲级防火门	检查需防止使油浸变压器室火灾蔓延的门是否为甲级防火门
6.1.5	油浸变压器室的贮油池	检查民用建筑内、车间内的油浸变压器是否设了容量为100％的贮油池
6.1.7	油浸变压器室挡油设施	检查附设、露天、半露天变电所油量≥1000kg时，是否设了100％油量的挡油设施
6.1.8	防火挑檐和防油品流散	检查多层和高层建筑底层有可燃油电气设备时，其外墙开口处上方是否设有防火挑檐。多油开关室和高压电容器室是否采取了防油品流散的措施

《建筑物防雷设计规范》GB 50057—94(2000年局部修订)

条 号	项 目	重点检查内容
2.0.2	一类防雷建筑	检查防雷类别确定的是否正确
2.0.3	二类防雷建筑	检查防雷类别确定的是否正确
2.0.4	三类防雷建筑	检查防雷类别确定的是否正确
3.1.1	防雷措施的类型	检查是否采取了相应的防直击雷、雷电波侵入和感应雷的措施
3.1.2	等电位连接	检查是否做了符合要求的等电位连接

续表

条 号	项 目	重点检查内容
3.3.5	利用建筑物钢筋作为防雷装置	检查建筑物是否合理利用其钢筋作为防雷装置，其基础水泥含水量、埋深、钢筋的截面面积和连接方法等是否满足规范要求
3.3.10	二类防雷建筑物防侧击雷	检查二类防雷建筑物高度超过 45m 的部位是否采取了防侧击雷和等电位的保护措施
3.4.10	三类防雷建筑物的防侧击雷	检查三类防雷建筑物高度超过 60m 的部位是否采取了防侧击雷和等电位的保护措施
5.1.1	防雷接闪器的类型	检查防直击雷人工接闪器的种类是否符合规定
5.2.1	防雷接闪器的布置	检查防雷接闪器的布置是否满足规范表 5.2.1 的要求
6.1.4	对预计有信息系统的建筑物预先做好等电位接地系统	检查预计有信息系统的建筑物是否预先做了等电位接地系统的预留预埋
6.4.1	建筑物内必须采用 TN-S 系统	检查当电源采用 TN 系统时建筑物内是否采用了 TN-S 系统

第四篇　勘察和地基基础

概　述

2002 年版《工程建设标准强制性条文》(房屋建筑部分)(以下简称 2002 年版《强制性条文》)第四篇“勘察和地基基础”共 5 章。第 1 章“地基勘察”有 3 节 21 条;第 2 章“地基设计”有 3 节 14 条;第 3 章“基础设计”有 3 节 16 条;第 4 章“边坡、基坑支护”不分节,有 16 条;第 5 章“地基处理”不分节,有 7 条。与 2000 年版比较,章节大体相同,条文总数由原来的 60 条增至现在的 74 条。增加了边坡工程方面的规定,进一步突出重点,突出关键,以便确保工程的质量和安全。

本篇强制性条文摘自下列规范:

《建筑地基基础设计规范》GB 50007—2002,27 条;

《岩土工程勘察规范》GB 50021—2001,16 条;

《建筑边坡工程技术规范》GB 50330—2002,7 条;

《锚杆喷射混凝土支护技术规范》GB 50086—2001,4 条;

《湿陷性黄土地区建筑规范》GBJ 25—90,5 条;

《建筑地基处理技术规范》JGJ 79—2002,4 条;

《高层建筑箱形与筏形基础技术规范》JGJ 6—99,3 条;

《建筑基坑支护技术规程》JGJ 120—99,4 条;

《建筑桩基技术规范》JGJ 94—94,2 条;

《膨胀土地区建筑技术规范》GBJ 112—87,2 条。

执行本篇强制性条文时,应特别注意以下问题:

1. 认真做好勘察工作

“先勘察、后设计、再施工”,是国家一再强调的十分重要的政策。但近年来仍有少数工程,不进行勘察就设计施工。或虽然做了勘察,但质量低劣,达不到应有的要求,造成质量事故或安全隐患。有些单位甚至伪造数据,编造虚假报告,十分危险,必须严加监管。我国地质灾害相当普遍而频繁,尤其是西部地区,应进行有针对性的、专门性的勘察,以确保工程安全。地下水位等参数是地基基础设计必备的数据,不少工程事故与地下水有关,勘察单位和主管部门应倍加注意。

2. 按变形控制设计

变形控制设计是正确的地基基础设计原则。但实际上,目前多数工程仍只考虑地基承载力,不计算地基变形。地基变形造成建筑物开裂、倾斜的事例屡见不鲜。2002 年版《强制性条文》突出了地基变形控制的设计原则,以满足建筑物使用功能的要求。突出变形控制设计原则是基于:第一,工程经验说明,因地基原因发生的结构损坏或房屋倾斜,绝大多数是由于地基变形超限;第二,高层建筑、体型复杂和荷载不均的建筑以及对变形有特殊要求的建筑日益增多;

第三,建筑物的所有权发生变化,个人购房对建筑物的质量提出了更严格的要求。根据这个精神,设计人员应当从单纯按承载力设计转到地基变形控制设计上来。

3. 加强检验和监测

由于地质条件的复杂多变,岩土特性参数的不确定性,岩土工程的设计计算不可能很精确,预测和实测之间或多或少存在差别,尤其是缺乏经验的工程。为了保证工程的安全,检验和监测是十分必要的。但目前,系统的检验和监测工作往往难以实施,这是工程屡屡发生事故的重要原因之一。2002 年版《强制性条文》在这方面大大加强,这不仅使工程的安全得到了保障,而且有利于积累科学数据,提高设计水平。参与工程项目的有关各方,包括业主、勘察、设计、施工、监理,以及政府主管部门,务必加强检验和监测工作,共同把好工程质量和安全的最后一关。

4. 抓住重点,因地制宜

勘察和地基基础设计有非常显著的地域性特点。各地的地形地质条件不同,涉及工程安全的关键性问题也各不相同,必须根据具体条件,进行综合分析,充分吸收地方经验,作出正确判断。主管部门也要抓住重点,严格把关。无论勘察设计或管理人员,都要对规范的精神和要求有系统的深刻的理解,克服片面性和表面性。此外,边坡工程和基坑工程是事故多发领域,事故发生的技术原因往往很复杂,随地质条件、地下水情况和环境条件而异,应在掌握资料、精心分析的基础上采取有针对性的有效措施,防患于未然。对于勘探点的数量、深度、取样和原位测试的数量等,2002 年版《强制性条文》规定的是最低要求,合理的勘察方案应在满足规范要求的基础上,根据工程特点和具体地质条件确定。

1 地 基 勘 察

1.1 基 本 规 定

《岩土工程勘察规范》GB 50021—2001

1.0.3 各项工程建设在设计和施工之前，必须按基本建设程序进行岩土工程勘察。岩土工程勘察应按工程建设各勘察阶段的要求，正确反映工程地质条件，查明不良地质作用和地质灾害，精心勘察、精心分析，提出资料完整、评价正确的勘察报告。

【技术要点说明】

设计施工前必须进行岩土工程勘察，这是必须遵守的工程建设程序。没有合格的勘察报告进行的设计，可能存在严重的安全隐患。

【实施与检查的控制】

主管部门应严禁没有经过审查的勘察报告就设计施工，发现虚假报告或伪劣数据，应严加惩处。设计单位如无经过审查的勘察报告，应拒绝设计，否则应负相关责任。发现勘察报告有严重问题，应及时报告。

14.3.3 岩土工程勘察报告应根据任务要求、勘察阶段、工程特点和地质条件等具体情况编写，并应包括下列内容：

1 勘察目的、任务要求和依据的技术标准；

2 拟建工程概况；

3 勘察方法和勘察工作布置；

4 场地地形、地貌、地层、地质构造、岩土性质及其均匀性；

5 各项岩土性质指标，岩土的强度参数、变形参数、地基承载力的建议值；

6 地下水埋藏情况、类型、水位及其变化；

7 土和水对建筑材料的腐蚀性；

8 可能影响工程稳定的不良地质作用的描述和对工程危害程度的评价；

9 场地稳定性和适宜性的评价。

【技术要点说明】

勘察报告是勘察工作的结晶，是工程设计的依据，故将报告内容列入 2002 年版《强制性条文》。但考虑到，地质条件千差万别，工程情况各不相同，故规定："应根据任务要求、勘察阶段、工程特点和地质条件等具体情况编写"，即应突出重点，有明确的工程针对性，对关键性的岩土工程问题应有明确的结论或建议。

【实施与检查的控制】

检查单位应对勘察报告逐项审查，通过者才能作为设计和施工的依据。

1.2 一般场地和地基

《岩土工程勘察规范》GB 50021—2001

4.1.11 详细勘察应按单体建筑物或建筑群提出详细的岩土工程资料和设计、施工所需的岩土参数;对建筑地基做出岩土工程评价,并对地基类型、基础形式、地基处理、基坑支护、工程降水和不良地质作用的防治等提出建议。主要应进行下列工作:

1 搜集附有坐标和地形的建筑总平面图,场区的地面整平标高,建筑物的性质、规模、荷载、结构特点,基础形式、埋置深度,地基允许变形等资料;

2 查明不良地质作用的类型、成因、分布范围、发展趋势和危害程度,提出整治方案的建议;

3 查明建筑范围内岩土层的类型、深度、分布、工程特性,分析和评价地基的稳定性、均匀性和承载力;

4 对需进行沉降计算的建筑物,提供地基变形计算参数,预测建筑物的变形特征;

5 查明埋藏的河道、沟浜、墓穴、防空洞、孤石等对工程不利的埋藏物;

6 查明地下水的埋藏条件,提供地下水位及其变化幅度;

7 在季节性冻土地区,提供场地土的标准冻结深度;

8 判定水和土对建筑材料的腐蚀性。

4.1.17 详细勘察的单栋高层建筑勘探点的布置,应满足对地基均匀性评价的要求,且不应少于4个;对密集的高层建筑群,勘探点可适当减少,但每栋建筑物至少应有1个控制性勘探点。

【技术要点说明】

勘察工作一般分阶段进行,详细勘察应满足施工图设计的需要,对工程质量和安全最为重要,故将本阶段的勘察要求列入2002年版《强制性条文》。现作如下说明:

1. 详细勘察报告提供的数据,进行的分析评价和所提的建议,应能满足规范要求。有时,可能由于既有建筑尚未拆除,影响个别钻孔的钻探,可能因地质条件过于复杂而有些问题尚未最后查清,允许以后补充或做施工阶段勘察。但基本情况应已查明,应不影响施工图设计的正常进行,并对遗留工作应予以说明。

2. 第4.1.11条第1款要求搜集的资料,是详勘应做的重要工作。但目前有些勘察人员不够重视,今后应予以注意。有时,搜集资料会遇到困难,如建筑总平面图上没有坐标和地形,基础形式和埋置深度尚未最后确定,荷载性质和大小尚不清楚等,但基本的资料要具备,如建筑总平面图、层数、拟采用的基础形式和埋深等,否则详勘工作难以布置。如详勘后设计数据有重要改变,业主应委托进行必要的补充勘察。

3. 控制变形是地基基础设计的重要原则,故第4.1.11条第4款规定:"对需进行沉降计算的建筑物,应提供地基变形计算参数,预测建筑物的变形特征"。所谓预测变形特征,是指预测是否可能产生过量沉降、倾斜、局部倾斜、差异沉降等问题。任务需要时,进行定量变形分析。

4. 关于水土对建筑材料腐蚀性的判定问题,《规范》第12.1.1条有规定:"当有足够经验或充分资料,认定工程场地的土或水对建筑材料不具备腐蚀性时,可不取样进行腐蚀性评价”。所谓“有足够经验或充分资料”，是指地方规范有明确规定或有经权威机构鉴定的研究成果。

5. 第4.1.17条对高层建筑勘探点布置作了专门规定。主要考虑到高层建筑荷载大，重心高，需严格控制整体倾斜。这里的勘探点包括钻探、井探和触探，但不包括物探。采用触探时应有一定数量钻探配合。

6. 第4.1.17条以及以后的第4.1.18条及第4.1.20条，只适用于土质地基，第4.1.14条已经作了交代。

【实施与检查的控制】

实施单位应严格按该两条执行。如由于客观条件不能满足，则应在勘察报告中明确交代。检查单位除以该两条为依据外，尚应注意工程特点和场地具体条件。

4.1.18 详细勘察的勘探深度自基础底面算起，应符合下列规定：

1 勘探孔深度应能控制地基主要受力层，当基础底面宽度不大于5m时，勘探孔的深度对条形基础不应小于基础底面宽度的3倍，对单独柱基不应小于1.5倍，且不应小于5m；

2 对高层建筑和需作变形计算的地基，控制性勘探孔的深度应超过地基变形计算深度；高层建筑的一般性勘探孔应达到基底下0.5～1.0倍的基础宽度，并深入稳定分布的地层；

3 对仅有地下室的建筑或高层建筑的裙房，当不能满足抗浮设计要求，需设置抗浮桩或锚杆时，勘探孔深度应满足抗拔承载力评价的要求；

4 当有大面积地面堆载或软弱下卧层时，应适当加深控制性勘探孔的深度；

5 在上述规定深度内当遇基岩或厚层碎石土等稳定地层时，勘探孔深度应根据情况进行调整。

【技术要点说明】

勘探深度不足会严重影响勘察成果的质量，影响地基基础设计工作的进行，尤其是高层建筑，需做变形计算的工程以及有软弱下卧层的地基。本条各款按各种情况分别作了规定，应严格遵守。

【实施与检查的控制】

实施单位在确定勘察方案时，应与设计单位沟通，使双方取得共识。检查单位除以该条为依据外，尚应注意工程特点和场地具体条件。

4.1.20 详细勘察采取土试样和进行原位测试应符合下列要求：

1 采取土试样和进行原位测试的勘探点数量，应根据地层结构、地基土的均匀性和设计要求确定，对地基基础设计等级为甲级的建筑物每栋不应少于3个；

2 每个场地每一主要土层的原状土试样或原位测试数据不应少于6件(组)；

3 在地基主要受力层内，对厚度大于0.5m的夹层或透镜体，应采取土试样或进行原位测试；

4 当土层性质不均匀时，应增加取土数量或原位测试工作量。

【技术要点说明】

对本条作以下说明：

1. 由于土性指标的变异性，单个指标不能代表地基土的工程特性，需一定数量的数据，通过统计分析确定其代表值，故本条第2款规定了取原状土试样或原位测试的最少数量。需要注意的是，该规定并不意味着任何情况下每个场地每个主要土层取6个土样或做6次原位测试就够。合理的数量与场地大小、土层厚薄、土性的变异系数以及场地邻近已有资料的掌握程度等因素有关，应根据具体条件确定。一般而言，取样钻孔或原位测试孔的数量不应少于总数的三分之一。某些场地宜每个勘探孔均取土试样，如湿陷性黄土地区。

2. 本条第 2 款中的原位测试的数量，主要指标准贯入试验、十字板剪切试验和旁压试验的数量。至于静力触探和动力触探，因其数据沿深度是连续的，不便计算试验的数据量，可考虑"不应少于 3 个触探孔。"

3. 无论取样或原位测试的数量，均是指保证质量前提下的数量。质量不符合规范要求的数据会误导设计，不仅无用，而且有害。

【实施与检查的控制】

实施单位应保证土试样的质量和最少数量，并应结合具体条件，取得合理的数据量。检查单位除以该条为依据外，尚应注意工程特点和场地具体条件。

4.9.1　桩基岩土工程勘察应包括下列内容：

1　查明场地各层岩土的类型、深度、分布、工程特性和变化规律；

2　当采用基岩作为桩的持力层时，应查明基岩的岩性、构造、岩面变化、风化程度，确定其坚硬程度、完整程度和基本质量等级，判定有无洞穴、临空面、破碎岩体或软弱岩层；

3　查明水文地质条件，评价地下水对桩基设计和施工的影响，判定水质对建筑材料的腐蚀性；

4　查明不良地质作用，可液化土层和特殊性岩土的分布及其对桩基的危害程度，并提出防治措施的建议；

5　评价成桩可能性，论证桩的施工条件及其对环境的影响。

【技术要点说明】

本条对桩基勘察的要求作了规定，现作以下说明：

1. 第 2 款强调，当采用基岩作为桩的持力层时，应"判定有无洞穴、临空面、破碎岩体或软弱岩层"，查明持力层下一定深度范围内这些不良地质条件，对桩的稳定性评价非常重要。具体范围与传至桩端荷载的大小，岩层的坚硬程度和完整程度，洞穴的大小，临空面的形态等因素有关，以能确保桩的稳定为准。

2. 第 5 款中"论证桩的施工条件及其对环境的影响"包括多方面的内容，例如由于挤土桩在饱和软土中的挤土效应，产生断桩、歪桩、浮桩的事故，近年来屡有发生，甚至影响邻近既有工程和市政管线的安全。

【实施与检查的控制】

对桩端可能有洞穴，临空面、破碎岩体或软弱岩层的场地，应由有经验的单位和人员承担勘察任务，选择有效方法，仔细分析论证。检查单位要严格把关。

4.8.5　当场地水文地质条件复杂，在基坑开挖过程中需要对地下水进行治理(降水或隔渗)时，应进行专门的水文地质勘察。

7.2.2　地下水位的量测应符合下列规定：

1　遇地下水时应量测水位；

2　稳定水位应在初见水位后经一定的稳定时间后量测；

3　对多层含水层的水位量测，应采取止水措施，将被测含水层与其他含水层隔开。

【技术要点说明】

地下水是岩土工程中最重要最关键的问题之一，地下水参数是工程设计和施工不可或缺的资料，与岩土工程有关的事故中，大多与地下水有关。如深基坑的排水和截水，深基础的防水和抗浮，地下水对建筑材料的腐蚀，水位升降引起建筑物的附加沉降，地下水运动引发的流砂和管涌，地下水引发地质灾害等等。但目前有些工程项目的勘察工作中，地下水部分相当薄弱，故2002年版《强制性条文》对此作了相应规定。现作如下说明：

1. 关于水位的量测

勘探深度范围内如有地下水应量测水位，这是最起码的要求。但目前仍有一些工程缺少水位数据。如泥浆钻进影响水位量测，则应采取相应措施，保证水位的量测。必要时可打专门量测水位的钻孔。

2. 关于多层地下水位的量测

第7.2.2条第3款关于多层地下水位的量测，当然是指对工程有影响的多层地下水，这在第7.1.4条第1款中已有明确说明。多层地下水的混合水位是没有意义的，为了分别量测多层地下水的各层的水位，应采取止水措施。

3. 关于专门水文地质勘察

基坑事故多数与地下水有关，故规定场地水文地质条件复杂，需对地下水专门治理时，应进行专门水文地质勘察。

【实施与检查的控制】

实施单位在制订勘察纲要，野外工作、整理资料等环节，应严格按该两条执行。检查单位除检查是否按该两条执行外，尚应根据数据之间的关系，发现问题，及时提出。

《建筑地基基础设计规范》GB 50007—2002

10.1.1 基槽(坑)开挖后，应进行基槽检验。基槽检验可用触探或其他方法，当发现与勘察报告和设计文件不一致、或遇到异常情况时，应结合地质条件提出处理意见。

【技术要点说明】

基槽检验是每个工程都必须进行的常规工作，必须坚持贯彻。当发现实际情况与勘察报告或设计文件出入较大时，应弄清原因，必要时进行补充勘察。

【实施与检查的控制】

各地应建立基槽检验的制度，由主管部门监督执行。

1.3 特殊场地和地基

《岩土工程勘察规范》GB 50021—2001

5.1.1 拟建工程场地或其附近存在对工程安全有影响的岩溶时，应进行岩溶勘察。

5.2.1 拟建工程场地或其附近存在对工程安全有影响的滑坡或有滑坡可能时，应进行专门的滑坡勘察。

5.3.1 拟建工程场地或其附近存在对工程安全有影响的危岩或崩塌时，应进行危岩和崩塌勘察。

5.4.1 拟建工程场地或其附近有发生泥石流的条件并对工程安全有影响时，应进行专门的泥石流勘察。

【技术要点说明】

地质灾害是由不良地质作用引发的，危及人身、财产、工程或环境安全的事件。我国由于特殊的气候和地质条件，加上人为因素造成生态失衡，地质灾害相当普遍而频繁。有些工程因未对地质灾害进行评估而发生严重事故，故 2002 年版《强制性条文》增加了对不良地质作用和地质灾害方面的规定。

【实施与检查的控制】

勘察单位对场地内的不良地质作用和地质灾害，应按有关规范的要求进行勘察，作出结论和建议。如场地内或场地邻近存在对工程安全有影响的不良地质作用或地质灾害，而业主未委托勘察，则应在勘察报告中予以说明。主管部门应监督业主委托相应的勘察。勘察工作必须由具有相应资质和经验的单位承担。设计单位如发现缺乏相关资料，应及时提出，取得相关资料前不得提交设计图纸。

5.7.2　在抗震设防烈度等于或大于 6 度的地区进行勘察时，应划分场地类别，划分对抗震有利、不利或危险的地段。

【技术要点说明】

有了建筑场地类别，才能确定场地的设计特征周期，确定地震影响系数。所以划分建筑场地类别是抗震设防烈度等于和大于 6 度地区必须做的工作，否则无法进行建筑抗震设计，故列入 2002 年版《强制性条文》。

划分对抗震有利、不利或危险地段，对选择场地有重要意义，故该项工作应在选择场址阶段进行，以便将建筑物尽量选在有利地段，避开不利地段，不在危险地段建造甲、乙、丙类建筑。

【实施与检查的控制】

实施单位应按规范测定波速，确定覆盖层厚度，按规范划分建筑场地类别。在选择场址阶段，应按规范划分对抗震有利、不利、危险地段。检查单位应检查勘察报告是否漏项，并根据掌握的资料进行综合分析，判断报告结论的正确性。

5.7.8　地震液化的进一步判别应在地面以下 15m 的范围内进行；对于桩基和基础埋深大于 5m 的天然地基，判别深度应加深至 20m。对判别液化而布置的勘探点不应少于 3 个，勘探孔深度应大于液化判别深度。

5.7.10　凡判别为可液化的土层，应按现行国家标准《建筑抗震设计规范》(GB 50011)的规定确定其液化指数和液化等级。

勘察报告除应阐明可液化的土层、各孔的液化指数外，尚应根据各孔液化指数综合确定场地液化等级。

【技术要点说明】

地震时砂土或粉土液化，可造成地基失效，是一种重要震害，勘察时应作出判别，以便确定是否进行地基加固和其他相关措施，保证建筑物安全。

第 5.7.10 条规定，勘察报告应阐明可液化的土层，计算各孔的液化指数，并根据各孔的液化指数综合确定场地液化等级。勘察报告阐明了可液化的土层，地基加固才能有的放矢。计算液化指数是为了确定场地液化等级，但有时由于种种原因，同一场地上各孔的液化指数不属于同一液化等级，这时就需要进行综合分析，合理确定场地液化等级。

【实施与检查的控制】

实施单位在进行液化判别、计算液化指数和确定液化等级时,方法和要求应符合规范。检查单位除按规范检查外,尚应对场地条件、测试数据进行综合分析,判断报告结论的正确性。

《膨胀土地区建筑技术规范》GBJ 112—87

2.3.1 进行膨胀土场地的评价,应查明建筑场地内膨胀土的分布及地形地貌条件,根据工程地质特征及土的自由膨胀率等指标综合评价。必要时,尚应进行土的矿物成分鉴定及其他试验。

【技术要点说明】

膨胀土对低层建筑以及道路、管线等市政工程有严重危害。判别是否为膨胀土以及确定膨胀土对工程的影响,是相当复杂的问题,除与膨胀土的矿物成分和工程特性指标有关外,还与气候特点、地形坡度、植被情况、地下水情况、建筑设计、结构设计、使用维护等多种因素有关,故本条强调应进行"综合分析",还应注意建筑经验的调查。

勘察时对膨胀土的漏判或误判,未采取专门措施,是膨胀土地区连片房屋严重破坏的重要原因。

【实施与检查的控制】

膨胀土地区的勘察,应由对膨胀土有经验的单位和人员担任。检查人员也应由对膨胀土有丰富经验的人员担任。

《湿陷性黄土地区建筑规范》GBJ 25—90

2.1.1 工程地质勘察工作应查明下列内容,并应结合建筑物的要求,对场地、地基作出评价及地基处理措施的建议。

一、黄土地层的时代、成因。

二、湿陷性黄土层的厚度。

三、湿陷系数随深度的变化。

四、湿陷类型和湿陷等级的平面分布。

五、地下水位升降的可能性和其他工程地质条件。

【技术要点说明】

黄土地区的建筑,因地基湿陷而发生的事故屡见不鲜,勘察时未全面正确查明建筑场地和地基的湿陷特性是最重要的原因。本条五款中,地层时代和成因,可定性判定黄土是否湿陷以及湿陷的严重程度;查明湿陷性黄土的厚度和湿陷系数随深度的变化,可以控制黄土湿陷性在场地空间上的分布;确定湿陷类型和湿陷等级是湿陷性黄土地区建筑设计的依据;地下水位的变化是引发黄土湿陷的重要原因。因此,这五款都是湿陷性黄土地区勘察应当查明的问题。

湿馅性黄土地区勘察时,确保土试样的质量十分重要,必须按《规范》要求取样。质量不合要求的土样,对试验成果有严重影响。

【实施与检查的控制】

实现本条的重点是控制土试样的质量,实施单位和检查单位都应特别注意。

《建筑边坡工程技术规范》GB 50330—2002

4.1.1　一级边坡工程应进行专门的岩土工程勘察；二、三级边坡工程可与主体建筑勘察一并进行，但应满足边坡勘察的深度和要求；大型的和地质环境条件复杂的边坡宜分阶段勘察；地质环境复杂的一级边坡工程尚应进行施工勘察。

【技术要点说明】

本条对不同安全等级的边坡勘察要求作了规定。二、三级边坡可与主体工程一并进行，但应满足边坡勘察的深度要求，这些是量大面广的工程；对于一级边坡，因其破坏后果很严重或是高边坡和地质条件复杂的边坡，应进行专门的岩土工程勘察，以便详细查明情况，做必要的专门研究，为边坡的设计和治理提供科学依据。

地质环境复杂的一级边坡，即使设计前作了分阶段勘察，有时仍难以将条件全部查清，为确保边坡安全和适应动态设计的需要，要求尚应进行施工勘察。

【实施与检查的控制】实施单位和检查单位都应首先正确界定边坡工程的等级，按相应等级的要求进行勘察和检查。

4.1.3　边坡工程勘察报告应包括下列内容：

1　在查明边坡工程地质和水文地质条件的基础上，确定边坡类别和可能的破坏形式；

2　提供边坡验算稳定性、变形和设计所需的计算参数值；

3　评价边坡的稳定性，并提出潜在的不稳定边坡的整治措施和监测方案的建议；

4　对需进行抗震设防的边坡应根据区划提供设防烈度或地震动参数；

5　提出边坡整治设计、施工注意事项的建议；

6　对所勘察的边坡工程是否存在滑坡(或潜在滑坡)等不良地质现象，以及开挖或构筑的适宜性做出结论；

7　对安全等级为一、二级的边坡工程尚应提出沿边坡开挖线的地质纵、横剖面图。

【技术要点说明】

勘察报告是边坡工程设计施工的依据，为了使边坡勘察报告全面系统，达到必要的深度，将勘察报告应当包括的内容列入了2002年版《强制性条文》。

【实施与检查的控制】

检查单位应对勘察报告逐项检查，通过者才能作为设计施工的依据。实施单位和检查单位都要根据工程特点和具体地质条件，突出重点，突出关键。

2 地 基 设 计

2.1 一 般 规 定

《建筑地基基础设计规范》GB 50007—2002

3.0.2 根据建筑物地基基础设计等级及长期荷载作用下地基变形对上部结构的影响程度，地基基础设计应符合下列规定：

1 所有建筑物的地基计算均应满足承载力计算的有关规定；

2 设计等级为甲级、乙级的建筑物，均应按地基变形设计；

3 表 3.0.2 所列范围内设计等级为丙级的建筑物可不作变形验算，如有下列情况之一时，仍应作变形验算：

(1) 地基承载力特征值小于 130kPa，且体型复杂的建筑；

(2) 在基础上及其附近有地面堆载或相邻基础荷载差异较大，可能引起地基产生过大的不均匀沉降时；

(3) 软弱地基上的建筑物存在偏心荷载时；

(4) 相邻建筑距离过近，可能发生倾斜时；

(5) 地基内有厚度较大或厚薄不均的填土，其自重固结未完成时。

可不作地基变形计算设计等级为丙级的建筑物范围　　表 3.0.2

地基主要受力层情况			地基承载力特征值 f_{ak}(kPa)	$60\leqslant f_{ak}<80$	$80\leqslant f_{ak}<100$	$100\leqslant f_{ak}<130$	$130\leqslant f_{ak}<160$	$160\leqslant f_{ak}<200$	$200\leqslant f_{ak}<300$
			各土层坡度(%)	≤5	≤5	≤10	≤10	≤10	≤10
建筑类型	砌体承重结构、框架结构(层数)			≤5	≤5	≤5	≤6	≤6	≤7
	单层排架结构(6m柱距)	单跨	吊车额定起重量(t)	5～10	10～15	15～20	20～30	30～50	50～100
			厂房跨度(m)	≤12	≤18	≤24	≤30	≤30	≤30
		多跨	吊车额定起重量(t)	3～5	5～10	10～15	15～20	20～30	30～75
			厂房跨度(m)	≤12	≤18	≤24	≤30	≤30	≤30
	烟囱		高度(m)	≤30	≤40	≤50	≤75		≤100
	水塔		高度(m)	≤15	≤20	≤30	≤30		≤30
			容积(m³)	≤50	50～100	100～200	200～300	300～500	500～1000

注：1 地基主要受力层系指条形基础底面下深度为 $3b$(b 为基础底面宽度)，独立基础下为 $1.5b$，且厚度均不小于 5m 的范围(二层以下一般的民用建筑除外)；

2 地基主要受力层中如有承载力特征值小于 130kPa 的土层时，表中砌体承重结构的设计，应符合本规范第七章的有关要求；

3 表中砌体承重结构和框架结构均指民用建筑，对于工业建筑可按厂房高度、荷载情况折合成与其相当的民用建筑层数；

4 表中吊车额定起重量、烟囱高度和水塔容积的数值系指最大值。

4　对经常受水平荷载作用的高层建筑、高耸结构和挡土墙等，以及建造在斜坡上或边坡附近的建筑物和构筑物，尚应验算其稳定性；

5　基坑工程应进行稳定性验算；

6　当地下水埋藏较浅，建筑地下室或地下构筑物存在上浮问题时，尚应进行抗浮验算。

【技术要点说明】

本条为房屋建筑地基基础设计应符合的基本规定。房屋建筑地基基础设计应满足承载力、变形和稳定性的要求。

变形控制设计是正确的地基基础的设计原则。实际上大多数工程项目只考虑地基承载力，很少计算变形，地基变形造成建筑物开裂倾斜的事例屡见不鲜。突出变形控制设计原则的原因是：首先，工程经验说明，因地基发生的结构损坏或房屋倾斜，绝大多数原因是由于地基变形超限，由于承载力不足的实例很少；其次，超高层建筑、体形复杂和荷载不均匀的建筑、对变形有特殊要求的建筑、原有建筑物旁新建的建筑等正日益增多，地基变形起控制作用；第三，建筑物的所有制发生变化，个人购房对建筑物的质量提出了更严格的要求。所以，设计人员应当从承载力设计转到变形控制设计上来。人为的改变地质条件，如高层建筑的邻近建造超深、超大的地下建筑，高层建筑必须进行稳定计算等。目前，由于抗浮设计考虑不周引起的工程事故很多，必须引起重视。

相关规定为：第3.0.1条建筑物地基基础设计等级确定原则；第5.3.4条长期荷载作用下地基变形对上部结构的影响程度；第3.0.4条有关承载力、变形、稳定性计算的计算原则。

【实施与检查的控制】

承载力特征值的确定比2000版严格，附录C规定按相对变形取值时，从 $s/b=0.01\sim0.02$ 规定为 $s/b=0.01\sim0.015$，附录Q规定对单桩竖向极限承载力当 $Q\text{-}s$ 曲线呈缓变型时，取桩顶总沉降量 $s=40.0$mm 的对应的荷载值。

3.0.4　地基基础设计时，所采用的荷载效应最不利组合与相应的抗力限值应按下列规定：

1　按地基承载力确定基础底面积及埋深或按单桩承载力确定桩数时，传至基础或承台底面上的荷载效应应按正常使用极限状态下荷载效应的标准组合。相应的抗力应采用地基承载力特征值或单桩承载力特征值。

2　计算地基变形时，传至基础底面上的荷载效应应按正常使用极限状态下荷载效应的准永久组合，不应计入风荷载和地震作用。相应的限值应为地基变形允许值。

3　计算挡土墙土压力、地基或斜坡稳定及滑坡推力时，荷载效应应按承载能力极限状态下荷载效应的基本组合，但其分项系数均为1.0。

4　在确定基础或桩台高度、支挡结构截面、计算基础或支挡结构内力、确定配筋和验算材料强度时，上部结构传来的荷载效应组合和相应的基底反力，应按承载能力极限状态下荷载效应的基本组合，采用相应的分项系数。

当需要验算基础裂缝宽度时，应按正常使用极限状态荷载效应标准组合。

5　基础设计安全等级、结构设计使用年限、结构重要性系数应按有关规范的规定采用，但结构重要性系数 γ_0 不应小于1.0。

【技术要点说明】

本条规定了地基基础设计时应采用的荷载组合条件和相应的抗力限值。本条系根据地基基础的特殊性与相关规范的协调条件确定的基本原则，与2000版有较大调整。

按地基承载力确定基础底面积及埋深或按单桩承载力确定桩数时应采用荷载效应的标准组合，相应的抗力应采用地基承载力特征值或单桩承载力特征值，地基承载力特征值或单桩承载力特征值的确定应符合有关规定；计算地基变形时，应采用荷载效应的准永久组合值，验算结果应符合表5.3.4的规定；计算挡土墙土压力、地基或斜坡稳定及滑坡推力时，应采用荷载效应的基本组合，分项系数取1.0，计算结果应满足设计要求；确定基础或桩台高度、支挡结构截面、计算基础或支挡结构内力、确定配筋和验算材料强度时，上部结构传来的荷载效应组合值和相应的基底反力应采用荷载效应的基本组合值，采用相应的分项系数，应能满足设计要求；基础设计材料的强度、最小配筋率、保护层厚度、材料的性能应满足基础设计安全等级和结构设计使用年限的要求，结构重要性系数应不小于1.0。

相关规定：第3.0.5条荷载效应标准组合值、基本组合值、简化基本组合设计值的计算规定；5.1节有关基础埋置深度的规定；5.2节有关承载力计算的规定；5.3节有关变形计算的规定；5.4节有关稳定性计算的规定；附录C、附录D有关浅层平板、深层平板荷载试验的规定，附录Q单桩竖向静荷载试验的规定。

【实施与检查的控制】

地基材料有其特殊性，其强度与基础宽度、埋深等有密切关系，为减少设计失误，承载力计算必须采用荷载效应标准组合值，相应的抗力采用地基承载力特征值或单桩承载力特征值；地基承载力特征值可由载荷试验或其他原位测试、公式计算，并结合工程实践试验等方法综合确定，不同设计等级的建筑物地基评价方法应符合第3.0.3条的规定；计算挡土墙土压力、地基或斜坡稳定及滑坡推力时，由于地基土材料的特殊性（既作为荷载项又作为抗力项），采用不同分项安全系数易引起设计概念混淆，分项系数必须取1.0。本次规范已提高了设计安全度，可表现在计算表述式、安全系数取值、构造措施（包括最低材料强度、最小配筋率、最小保护层厚度）等方面，应满足建筑物使用年限对材料的要求。

5.1.3 高层建筑筏形和箱形基础的埋置深度应满足地基承载力、变形和稳定性要求。位于岩石地基上的高层建筑，其基础埋深应满足抗滑要求。

【技术要点说明】

本条规定高层建筑的基础埋置深度条件。确定高层建筑筏形和箱形基础的基础埋置深度时应进行地基承载力、变形和稳定性计算，满足设计要求。位于岩石地基上的高层建筑应进行抗滑和抗倾覆验算。

相关规定：5.1节有关基础埋置深度的有关规定；5.2节有关承载力计算的有关规定；5.3节有关变形计算的有关规定；5.4节有关稳定性计算的有关规定；8.4.15条高层建筑筏形基础与裙房基础之间的构造要求。

【实施与检查的控制】

单体高层建筑在满足最小埋置深度时，可满足稳定性要求，但地基承载力、变形计算不一定满足，必须通过计算确定；主、裙楼一体结构，大底盘多塔楼高层建筑的地基承载力、变形、稳定性计算情况比较复杂，必须根据设计情况及采用的施工措施分别进行地基承载力、变形、稳定性计算；岩石地基强度高、变形小，稳定性可以满足，主要控制因素为抗滑和抗倾覆稳定性。

5.3.1 建筑物的地基变形计算值，不应大于地基变形允许值。

【技术要点说明】

本条规定了建筑物地基变形计算的控制原则。

相关要求：5.3节变形计算的有关规定；5.3.4条建筑物地基变形允许值；5.3.10条同一整体大面积基础的变形计算规定。

【实施与检查的控制】

建筑物的地基变形计算值不应超过地基变形允许值。地基变形计算应有地区经验，根据地区沉降观测统计值确定合理的沉降计算经验系数，没有地区经验值时，可采用国家规范的经验系数；在同一整体大面积基础上建有多栋高层和附属建筑时，应按上部结构、基础与地基共同作用进行变形计算。

5.3.4　建筑物的地基变形允许值，按表5.3.4规定采用。对表中未包括的建筑物，其地基变形允许值应根据上部结构对地基变形的适应能力和使用上的要求确定。

建筑物的地基变形允许值　　表5.3.4

变形特征	地基土类别	
	中、低压缩性土	高压缩性土
砌体承重结构基础的局部倾斜	0.002	0.003
工业与民用建筑相邻柱基的沉降差		
(1) 框架结构	$0.002l$	$0.003l$
(2) 砌体墙填充的边排柱	$0.0007l$	$0.001l$
(3) 当基础不均匀沉降时不产生附加应力的结构	$0.005l$	$0.005l$
单层排架结构(柱距为6m)柱基的沉降量(mm)	(120)	200
桥式吊车轨面的倾斜(按不调整轨道考虑)		
纵向	0.004	
横向	0.003	
多层和高层建筑的整体倾斜　$H_g \leqslant 24$	0.004	
$24 < H_g \leqslant 60$	0.003	
$60 < H_g \leqslant 100$	0.0025	
$H_g > 100$	0.002	
体型简单的高层建筑基础的平均沉降量(mm)	200	
高耸结构基础的倾斜　$H_g \leqslant 20$	0.008	
$20 < H_g \leqslant 50$	0.006	
$50 < H_g \leqslant 100$	0.005	
$100 < H_g \leqslant 150$	0.004	
$150 < H_g \leqslant 200$	0.003	
$200 < H_g \leqslant 250$	0.002	
高耸结构基础的沉降量(mm)　$H_g \leqslant 100$	400	
$100 < H_g \leqslant 200$	300	
$200 < H_g \leqslant 250$	200	

注：1　本表数值为建筑物地基实际最终变形允许值；

2　有括号者仅适用于中压缩性土；

3　l为相邻柱基的中心距离(mm)；H_g为自室外地面起算的建筑物高度(m)；

4　倾斜指基础倾斜方向两端点的沉降差与其距离的比值；

5　局部倾斜指砌体承重结构沿纵向6～10m内基础两点的沉降差与其距离的比值。

【技术要点说明】

本条规定了建筑物的地基变形允许值。建筑物的地基变形包括沉降量、沉降差和倾斜,应根据不同建筑物的要求控制;表 5.3.4 中未包括的建筑物,其地基变形允许值应根据上部结构对地基变形的适应能力和使用要求确定。

相关规定:第 5.3.2 条地基变形特征;第 5.3.3 条计算地基变形时应符合的规定。

【实施与检查的控制】

表 5.3.4 的数值为建筑地基实际最终变形允许值。由于建筑地基的不均匀、荷载差异、体型复杂等因素引起的地基变形,对不同结构控制值不同;对建筑上有特殊要求的以及政府主管部门有具体要求的建筑,应符合相应规定。

5.3.10 在同一整体大面积基础上建有多栋高层和低层建筑,应该按照上部结构、基础与地基的共同作用进行变形计算。

【技术要点说明】

本条规定了大底盘多塔楼和主裙楼一体结构的变形计算原则。在同一整体大面积基础上建有多栋高层和低层建筑应按照上部结构、基础和地基共同作用进行变形验算;共同作用变形计算结果应与本地区类似工程的沉降观测结果一致。

相关规定:5.3 节变形计算的有关规定;第 8.4.15 条高层建筑筏形基础与裙房基础的构造措施。

【实施与检查的控制】

在同一整体大面积基础上建有多栋高层和附属建筑,存在荷载不均匀、刚度差异大等特点,结构刚度对变形计算的影响大;第 5.3.5 条规定的分层总和法计算沉降量是对某一建筑物最大沉降量的平均值的估计,该计算结果已部分反映结构刚度对沉降计算结果的影响,但不适用于整体基础差异沉降和倾斜值的计算,而差异沉降和倾斜值的计算对同一整体大面积基础的设计是重要的。

10.2.9 下列建筑物应在施工期间及使用期间进行变形观测:

1 地基基础设计等级为甲级的建筑物;

2 复合地基或软弱地基上的设计等级为乙级的建筑物;

3 加层、扩建建筑物;

4 受邻近深基坑开挖施工影响或受场地地下水等环境因素变化影响的建筑物;

5 需要积累建筑经验或进行设计反分析的工程。

【技术要点说明】

本条为建筑物在施工期间及使用期间进行变形观测的规定。变形观测终止时间应满足有关规定。

相关规定:第 3.0.1 条地基基础设计等级;第 7.1.1 条软弱地基的规定;第 7.2.7 条复合地基设计原则。

【实施与检查的控制】

建筑物沉降观测应包括从施工开始,整个施工期间和使用期间对建筑物的沉降观测;实测资料应作为建筑物地基基础工程质量检查的依据;建筑物施工期间的观测日期和次数,应根据施工进度要求确定,直至达到沉降稳定标准为止。

2.2 山 区 地 基

《建筑地基基础设计规范》GB 50007—2002

6.1.1 山区(包括丘陵地带)地基的设计,应考虑下列因素:

1 建设场区内,在自然条件下,有无滑坡现象,有无断层破碎带;

2 施工过程中,因挖方、填方、堆载和卸载等对山坡稳定性的影响;

3 建筑地基的不均匀性;

4 岩溶、土洞的发育程度;

5 出现崩塌、泥石流等不良地质现象的可能性;

6 地面水、地下水对建筑地基和建设场区的影响。

【技术要点说明】

本条规定山区地基的设计应考虑的因素。对山区地基设计应进行岩土工程评价,评价的依据应充分并符合第1.0.2条的总原则。

相关规定:第3.0.3条地基基础设计前,应进行岩土工程勘察;第6.1.2条在山区建设时,应对场区作出必要的工程地质和水文地质评价;第6.1.3条山区建设工程总体规划要求;第6.1.4条山区建设工程对地下水、地表水应采用的措施。

【实施与检查的控制】

在山区建设时,应对场区做出必要的工程地质和水文地质评价,对建筑物有潜在威胁或直接危害的大滑坡、泥石流、崩塌、岩溶和土洞强烈发育地段,不宜作建设场地,当特殊需要必须使用这类场地时,应采取可靠的整治措施;山区建设工程的总体规划,应根据使用要求、地形地质条件合理布置,主体建筑宜设置在较好的地基上,使地基条件与上部结构的要求相适应;山区建设中,应充分利用和保护天然排水系统和山区植被,当必须改变排水系统时,应在易于导流或拦截的部位将水引出场外。在受山洪影响的地段,应采取相应的排洪措施。

6.3.1 压实填土包括分层压实和分层夯实的填土。当利用压实填土作为建筑工程的地基持力层时,在平整场地前,应根据结构类型、填料性能和现场条件等,对拟压实的填土提出质量要求。未经检验查明以及不符合质量要求的压实填土,均不得作为建筑工程的地基持力层。

【技术要点说明】

本条为利用压实填土作为建筑工程的地基持力层时的设计原则。当利用压实填土作为建筑工程的地基持力层时,应在平整场地前,根据结构类型、填料性能和现场条件,对拟压实填土的质量提出要求;压实填土的质量应符合设计要求;压实填土的地基承载力特征值的确定应通过现场原位测试结果确定;压实填土下卧层的承载力特征值应符合第5.2.7条的规定。

相关规定:第6.3.2条压实填土的填料规定;第6.3.3条压实填土的施工规定;第6.3.4条压实填土的质量控制;第6.3.5条压实填土最大干密度和最优含水量的确定方法;第6.3.6条压实填土的边坡允许值;第6.3.7条设置在斜坡上的压实填土应验算其稳定性;第6.3.8条压实填土的防水、排水措施;第6.3.9条压实填土地基承载力特征值的确定方法。

【实施与检查的控制】

压实填土的填料应符合第6.3.2条的规定;压实填土的施工应符合第6.3.3条的规定;压实填土的质量控制应符合第6.3.4条的规定;压实填土的边坡允许值应符合第6.3.6条的规定;设置在斜坡上的压实填土应符合第6.3.7条的规定;压实填土的防水、排水措施应符合第6.3.8条规定。

6.4.1 在建设场区内,由于施工或其他因素的影响有可能形成滑坡的地段,必须采取可靠的预防措施,防止产生滑坡。对具有发展趋势并威胁建筑物安全使用的滑坡,应及早整治,防止滑坡继续发展。

【技术要点说明】

本条为建筑场地滑坡防治的基本规定。根据工程地质、水文地质及施工影响等因素,分析滑坡可能发生或发展的原因;采用可靠的预防措施,防止产生滑坡;对具有发展趋势并威胁建筑物安全使用的滑坡,应进行整治,防止滑坡继续发展。

相关规定:第6.4.2条防治滑坡可采取的措施;第6.4.3条滑坡推力的计算方法。

【实施与检查的控制】

建筑场区内,在自然条件下,可能存在滑坡现象,由于施工等其他因素影响也有可能造成滑坡;排水、支挡、卸载、反压等防止滑坡的措施必须根据滑坡产生和发展的原因具体使用,必要时应综合使用,才能有效防止滑坡;对已具有发展趋势并威胁建筑物安全使用的滑坡,应进行综合分析评价,及早防治。

2.3 特殊性土地基

《湿陷性黄土地区建筑规范》GBJ 25—90

3.1.2 建筑工程的设计措施,可分为以下三种:

一、地基处理措施:消除地基的全部或部分湿陷量,或采用基础、桩基础穿透全部湿陷性土层。

二、防水措施:

1 基本防水措施:在建筑物布置、场地排水、屋面排水、地面防水、散水、排水沟、管道敷设、管道材料和接口等方面,应采取措施防止雨水或生产、生活用水的渗漏。

2 检漏防水措施:在基本防水措施的基础上,对防护范围内的地下管道,应增设检漏管沟和检漏井。

3 严格防水措施:在检漏防水措施的基础上,应提高防水地面、排水沟、检漏管沟和检漏井等设施的材料标准,如增设卷材防水层、采用钢筋混凝土排水沟等。

三、结构措施:减小建筑物的不均匀沉降,或使结构适应地基的变形。

【技术要点说明】

本条为湿陷性黄土地区建筑工程应该采用的设计措施。湿陷性黄土地区,为防止湿陷引起的结构危害,建筑工程设计应采取地基处理措施、防水措施和结构措施等设计措施,采取相应措施后,地基变形应满足长期荷载作用下结构正常使用的设计要求。

湿陷性黄土地区,建筑工程设计措施可分为地基处理措施、防水措施和结构措施。湿陷性黄土地区建筑工程设计采用地基处理措施时,应该消除全部或部分湿陷量,或采用基础、桩基础穿透全部湿陷性土层；湿陷性黄土地区建筑工程设计采用防水措施时，应选用基本防水措施、检漏防水措施和严格防水措施；湿陷性黄土地区建筑工程设计采取结构措施时，应选用减小建筑物不均匀沉降或使结构适应地基变形的措施。

相关规定：第 3.1.1 条湿陷性黄土地区建筑物分类；第 3.1.3 条不同分类建筑物的设计规定；第 3.1.4 条其他设计措施；3.4 节结构设计的有关规定。

【实施与检查的控制】

对各类建筑采取设计措施，应根据场地湿陷性类型、地基湿陷等级、地基处理后的剩余湿陷量，结合当地建筑经验和施工条件等因素确定；当地基内的总湿陷量不大于 5cm 时，各类建筑均可按非湿陷性黄土地基进行设计；在湿陷性黄土层很厚的场地上，当甲类建筑消除地基的全部湿陷量或穿透全部湿陷土层确有困难时，应采取专门措施；当场地的湿陷性黄土层厚度较薄、湿陷系数较大时，对乙类建筑和Ⅱ～Ⅳ级湿陷性黄土地基上的丙类建筑，可采取措施消除地基的全部湿陷量或穿透全部湿陷性土层。

3.4.1　当地基不处理或仅消除地基的部分湿陷量时，结构设计应根据地基湿陷等级或地基处理后的剩余湿陷量、建筑物的不均匀沉降、倾斜和构件脱离支座等不利情况，采取下列结构措施：

一、选择适宜的结构体系和基础型式。

二、加强结构的整体性与空间刚度。

三、预留适应沉降的净空。

【技术要点说明】

当地基不处理或仅消除地基的部分湿陷量时，结构设计应根据地基湿陷等级或处理后的剩余湿陷量、建筑物的不均匀沉降、倾斜和构件脱离支座等不利情况，采取相应的结构措施；选择的结构体系和基础形式应满足设计要求；结构的整体性和空间刚度应满足设计要求；预留沉降的净空应满足设计要求。

相关规定：第 3.1.2 条建筑工程的设计措施；第 3.4.2 条体型复杂建筑物的沉降缝设置；第 3.4.3 条高层建筑设计要求；第 3.4.4 条基础埋置要求；第 3.4.5 条建筑物各构件预留净空要求；第 3.4.6 条建筑物圈梁设置要求；第 3.4.7 条建筑物窗间墙宽度设计要求；第 3.4.8～3.4.10 条其他结构措施。

【实施与检查的控制】

采取的结构措施应能减少建筑物的不均匀沉降，具有足够的刚度调节变形；设计的结构体系应能适应地基的变形；相应的构造措施应能加强结构整体刚度，调整对不均匀变形的适应能力；有关措施应参考 3.4 节的其他条款。

3.6.1　地基计算应包括承载力、湿陷变形、压缩变形和稳定性计算。

【技术要点说明】

本条为湿陷性黄土地区建筑物地基计算应包括的内容。湿陷性黄土地区建筑物工程地基计算应进行承载力、湿陷变形、压缩变形和稳定性计算，计算结果应满足设计要求。

相关规定：第 3.6.2 条地基承载力基本值的确定方法；第 3.6.3 条基底面积的确定方法；第 3.6.5 条新近堆积黄土、饱和黄土等地基的压缩变形计算；第 2.3.1 条黄土的湿陷性评价方法；第 2.3.4 条和第 2.3.5 条自重湿陷量的计算方法；第 2.3.6 条总湿陷量的计算方法。

【实施与检查的控制】

地基承载力基本值的确定应符合第 3.6.2 条规定；地基变形允许值应符合《建筑地基基础设计规范》的规定；沉降计算经验系数应根据地区经验确定，无地区经验时，可采用表 3.6.5 的数值。

《膨胀土地区建筑技术规范》GBJ 112—87

3.3.1 场址选择应符合下列要求：

一、具有排水畅通或易于进行排水处理的地形条件；

二、避开地裂、冲沟发育和可能发生浅层滑坡等地段；

三、坡度小于 14°并有可能采用分级低挡土墙治理的地段；

四、地形条件比较简单、土质比较均匀、胀缩性较弱的地段；

五、尽量避开地下溶沟、溶槽发育、地下水变化剧烈的地段。

【技术要点说明】

本条为膨胀土地区建筑场址选择应符合的要求。

相关规定：第 3.1.1 条膨胀土地基设计计算原则；第 3.3.2 条建筑总平面设计应符合的条件；第 3.3.3 条、第 3.3.4 条场地排水设计要求；第 3.3.5 条场地平整要求；第 3.3.6 条场区绿化要求。

【实施与检查的控制】

建筑物总平面布置宜符合第 3.3.2 条规定；场地排水措施应满足第 3.3.3 条、第 3.3.4 条规定；场地平整后的坡度，在建筑周围 2.5m 范围内不宜小于 2%；场地内的绿化应根据气候条件、膨胀土等级结合当地经验采取相应措施。设计中应特别注意膨胀土失水收缩和胀缩变形在水分变化影响下往复循环的特点，这种特点除膨胀土本身胀缩特性外，气候变化如大量降雨、严重干旱都足以引起地基中水分的急剧变化。除气候影响外地形地貌条件、覆盖植被、热源等都是设计中必须考虑的影响土中水分变化的重要因素。

3 基 础 设 计

3.1 扩 展 基 础

《建筑地基基础设计规范》GB 50007—2002

8.2.7 扩展基础的计算，应符合下列要求：

2 对矩形截面柱的矩形基础，应验算柱与基础交接处以及基础变阶处的受冲切承载力；

3 基础底板的配筋，应按抗弯计算确定；

4 当扩展基础的混凝土强度等级小于柱的混凝土强度等级时，尚应验算柱下扩展基础顶面的局部受压承载力。

【技术要点说明】

本条为扩展基础计算的基本要求。扩展基础的基础高度应满足受冲切承载力验算要求；扩展基础底板的配筋应满足抗弯计算要求；当扩展基础的混凝土强度等级小于柱的混凝土强度等级时，柱下扩展基础顶面应满足局部受压承载力要求。

相关规定：第 8.2.1 条扩展基础的设计对象；第 8.2.2 条扩展基础的构造要求；第 8.2.3 条扩展基础钢筋的锚固要求；第 8.2.4 条现浇柱基础插筋的锚固长度要求。

【实施与检查的控制】

扩展基础的高度由受冲切承载力控制，包括柱与基础交接处和基础变阶处，并应考虑冲切破坏锥体的底面在基础短边方向落在基础底面以外的情况；基础底板的配筋，由抗弯计算控制，当计算配筋量小于构造要求时，应按构造要求配筋；扩展基础的钢筋直径、锚固长度、混凝土强度等级应满足计算要求，当计算要求小于构造要求时，应按构造要求设计。

3.2 箱 筏 基 础

《建筑地基基础设计规范》GB 50007—2002

8.4.5 梁板式筏基底板除计算正截面受弯承载力外，其厚度尚应满足受冲切承载力、受剪切承载力的要求。

8.4.13 梁板式筏基的基础梁除满足正截面受弯及斜截面受剪承载力外，尚应验算底层柱下基础梁顶面的局部受压承载力。

【技术要点说明】

本条为梁板式筏基底板和基础梁的计算要求。梁板式筏基底板设计应满足受弯、受剪、受冲切承载力要求；梁板式筏基的基础梁设计应满足受弯、受剪、局部受压承载力要求。

相关规定:第 8.4.2 条筏基的平面尺寸设计要求;第 8.4.3 条筏形基础混凝土强度等级的设计要求;第 8.4.6 条梁板式筏基基础梁的连接构造;第 8.4.10 条和第 8.4.11 条梁板式筏基内力计算、配筋要求;第 8.4.15 条高层建筑筏基与裙房间的连接构造要求;第 3.0.4 条荷载组合条件及地基反力条件。

【实施与检查的控制】

梁板式筏基底板、基础梁设计内力分析计算的可靠性直接影响到底板、基础梁的受弯、剪、冲切计算,必须注意地基反力计算方法的可靠性;梁板式筏基底板、基础梁刚度设计不同会产生不同的破坏模式,当底板刚度相对较小时,反力沿基础梁扩散的范围有限,当按反力直线分布计算筏基内力时,必须满足第 8.4.10 条的要求;内力计算应利用荷载效应基本组合值。对于基础材料受剪承载力验算,此次修订增加了对柱边和墙边 h_0 截面的计算要求。

8.4.7 平板式筏基的板厚应满足受冲切承载力的要求。

8.4.9 平板式筏板除满足受冲切承载力外,尚应验算距内筒边缘或柱边缘 h_0 处筏板的受剪承载力。

当筏板变厚度时,尚应验算变厚度处筏板的受剪承载力。

【技术要点说明】

本条为平板式筏基设计必须满足的条件。平板式筏基的板厚应满足受冲切承载力要求;平板式筏基距内筒边缘或柱边缘 h_0 处的受剪承载力应满足设计要求;平板式筏基变厚度处的受剪承载力应满足设计要求。

相关规定:第 8.4.2 条筏基的平面尺寸设计要求;第 8.4.3 条筏形基础混凝土强度等级设计要求;第 8.4.8 条平板式筏基内筒板厚设计要求;第 8.4.12 条平板式筏基内力计算要求,配筋基本要求;第 8.4.15 条高层建筑筏基与裙房的连接构造要求;第 3.0.4 条荷载组合条件及地基反力条件。

【实施与检查的控制】

内力分析的可靠性直接影响到弯、剪、冲切的计算结果,必须注意地基反力计算方法的可靠性;当按地基反力直线分布计算内力时,必须满足第 8.4.12 条的要求,否则应按弹性地基梁板分析方法计算内力;内力计算的荷载应采用荷载效应基本组合值。对于基础材料的受冲切、受剪验算等,此次修订增加 β_{hp}、β_{hs}、β_s 等参数。

《高层建筑箱形与筏形基础技术规范》JGJ 6—99

5.2.2 箱形基础的高度应满足结构承载力和刚度的要求。

【技术要点说明】

本条为箱形基础的高度设计要求。箱形基础的高度应满足结构承载力(弯、剪、冲切等要求)设计要求;箱形基础高度应满足刚度要求。

相关规定:第 5.2.1 条箱形基础墙体水平截面积的设计要求;第 5.2.6 条箱形基础的墙体设计要求;第 5.2.7 条箱形基础的计算原则;第 5.2.8 条同时考虑局部弯曲及整体弯曲作用下地基反力计算原则。

【实施与检查的控制】

箱形基础的高度与刚度有密切关系,箱形基础在满足一定刚度的条件下,可采用第 5.2.7 条和第 5.2.8 条的内力计算原则,减少不均匀沉降引起的上部结构附加应力;在满足

第5.2.1条和第5.2.6条的要求时，可以满足箱形基础刚度的要求。

5.2.4　箱形基础的底板厚度应根据实际受力情况、整体刚度及防水要求确定，底板厚度不应小于300mm。底板除计算正截面受弯承载力外，其斜截面受剪承载力应符合要求。

5.2.5　箱形基础底板应满足受冲切承载力的要求。

【技术要点说明】

本条为箱形基础底板设计要求。箱形基础底板厚度应满足正截面受弯承载力要求、斜截面受剪承载力要求；箱形基础底板厚度应满足受冲切承载力要求。

相关规定：第4.0.3条箱形基础底面的压力计算要求；第5.2.7条、第5.2.8条箱形基础内力计算原则；第5.2.6条箱形基础墙体设计要求。

【实施与检查的控制】

箱形基础底板内力分析应符合第5.2.7条和第5.2.8条的计算原则；箱形基础的高度、墙体设置应满足整体受弯刚度要求，才能使底板内力计算结果可靠，并避免整体弯曲变形引起上部结构的过大次应力。

3.3　桩　基　础

《建筑地基基础设计规范》GB 50007—2002

8.5.9　桩身混凝土强度应满足桩的承载力设计要求。

【技术要点说明】

本条为桩身混凝土强度设计要求。桩身混凝土强度是保证桩基体系正常发挥作用的前提和保证，必须保证有一定的安全度。

相关规定：第8.5.2条桩和桩基的构造要求；第8.5.3条单桩桩顶竖向力的计算要求；第8.5.4条单桩承载力的计算原则。

【实施与检查的控制】

应采用荷载效应基本组合验算桩身混凝土强度；当桩身截面积较大，按8.5.9公式验算时，f_c小于构造要求的强度时，应满足构造要求；验算不考虑钢筋的受力影响。

8.5.10　对以下建筑物的桩基应进行沉降验算：

1　地基基础设计等级为甲级的建筑物桩基；

2　体型复杂、荷载不均匀或桩端以下存在软弱土层的设计等级为乙级的建筑物桩基；

3　摩擦型桩基。

桩基础的沉降不得超过建筑物的沉降允许值，并应符合本规范表5.3.4的规定。

【技术要点说明】

本文为桩基沉降验算要求。桩基础的沉降应满足建筑物的沉降允许值要求。

相关规定：第3.0.1条地基基础设计等级的划分原则；第3.0.4条荷载组合条件和相应抗力限值；第5.3.4条建筑物的变形允许值；第8.5.11条桩基础沉降计算方法；第8.5.14条应结合地区经验进行桩、土、承台的共同作用的桩基设计。

【实施与检查的控制】

桩基础沉降计算方法的可靠性影响本条文的执行，必须有地区经验的沉降修正系数；同一整体基础建有多栋高层建筑和低层建筑的桩基，沉降计算分析应按共同作用分析结果。桩基的计算结果应满足建筑物变形的允许值要求。

8.5.18 柱下桩基独立承台应分别对柱边和桩边、变阶处和桩边联线形成的斜截面进行受剪计算。当柱边外有多排桩形成多个剪切斜截面时，尚应对每个斜截面进行验算。

【技术要点说明】

本文为柱下桩基础独立承台的斜截面受剪计算要求。

相关规定：第 8.5.2 条桩和桩基的要求；第 8.5.15 条桩基承台构造要求；第 3.0.4 条荷载组合条件和相应的抗力限值。

【实施与检查的控制】

桩基承台斜截面受剪承载力验算应在基本构造保证条件下进行；桩基承台斜截面受剪承载力验算应采用荷载效应基本组合值进行计算。

8.5.19 当承台的混凝土强度等级低于柱或桩的混凝土强度等级时，尚应验算柱下或桩上承台的局部受压承载力。

【技术要点说明】

本条为柱下或桩上承台的局部受压承载力验算要求。

相关规定：第 8.5.2 条桩和桩基的构造要求；第 8.5.15 条桩基承台的构造要求；第 8.5.3 条单桩桩的竖向力计算要求。

【实施与检查的控制】

实施与检查中应注意：柱下或桩上承台局部受压承载力验算应在满足桩或桩基承台基本构造后进行；作用于承台顶面的柱荷载和桩顶竖向力计算应符合 8.5.3 条、8.5.4 条要求。

10.1.6 人工挖孔桩终孔时，应进行桩端持力层检验。单柱单桩的大直径嵌岩桩，应视岩性检验桩底下 3*d* 或 5m 深度范围内有无空洞、破碎带、软弱夹层等不良地质条件。

【技术要点说明】

本条为人工挖孔桩桩端持力层检验的设计要求。人工挖孔桩终孔时，应进行桩端持力层检验，检验结果应符合设计要求；单柱单桩的大直径嵌岩桩应检验桩底下 3*d* 或 5m 深度范围内有无空洞、破碎带、软弱夹层等不良地质条件，检验结果应符合设计条件。

相关规定；第 8.5.2 条桩和桩基的构造要求；第 8.5.5 条单桩竖向承载力特征值的确定原则；第 10.1.8 条大直径嵌岩桩竖向承载力检验方法。

【实施与检查的控制】

人工挖孔桩应逐孔进行终孔检验，终孔验收的重点是持力层的岩土特性；单柱单桩的大直径嵌岩桩，承载力主要取决于嵌岩段岩性特征和下卧层的性状，终孔时应检验桩底下 3*d* 或 5m 深度范围内有无空洞、破碎带、软弱夹层等，并应提供岩芯抗压强度试验报告。

10.1.8 施工完成后的工程桩应进行竖向承载力检验。

【技术要点说明】

本条为工程桩竖向承载力检验要求。施工完成后，工程桩应进行竖向承载力检验，是检验能否达到设计要求，保证工程质量的基本要求。

相关规定：第 8.5.5 条单桩竖向承载力特征值的确定方法；第 8.5.9 条桩身混凝土强度的设计要求。

【实施与检查的控制】

单桩竖向承载力检验可根据建筑物的重要程度确定抽检数量及检验方法。对地基基础设计为甲级、乙级的建筑物应采用慢速维持荷载检验方法；当嵌岩桩承载力很高，受试验条件加荷设备能力的限制时，可根据终孔时桩端持力层岩性报告并结合桩身质量检验报告检验单桩承载力。

《建筑桩基技术规范》JGJ 94—94

4.1.4 桩身混凝土应符合下列要求：

4.1.4.1 混凝土强度等级，不得低于C15，水下灌注混凝土时不得低于C20，混凝土预制桩尖不得低于C30；

【技术要点说明】

本条为桩身混凝土强度等级的要求。

【实施与检查的控制】

灌注桩桩身混凝土试块数量应符合第6.2.8条要求，抗压强度应满足设计要求。

5.2.14 符合下列条件之一的桩基，当桩周土层产生的沉降超过基桩的沉降时，应考虑桩侧负摩阻力。

5.2.14.1 桩穿越较厚松散填土、自重湿陷性黄土、欠固结土层进入相对较硬土层时；

5.2.14.2 桩周存在软弱土层，邻近桩侧地面承受局部较大的长期荷载，或地面大面积堆载(包括填土)时；

5.2.14.3 由于降低地下水位，使桩周土中有效应力增大，并产生显著压缩沉降时。

【技术要点说明】

本文为桩基设计时应该考虑桩侧负摩阻力的使用条件。当桩周土层产生的沉降超过基桩的沉降时，应考虑桩侧负摩阻力对桩基承载力和变形的影响。考虑桩侧负摩阻力时，基桩承载力应满足设计要求；考虑桩侧负摩阻力的桩基沉降量应满足设计要求。

相关规定：第5.2.15条桩周土沉降产生桩侧负摩阻力的基桩承载力验算方法；第5.2.16条桩侧负摩阻力及引起的下拉荷载计算方法。

【实施与检查的控制】

桩周土可能引起桩侧负摩阻力时，应根据工程具体情况考虑负摩阻力对桩基承载力和沉降的影响；桩侧负摩阻力及其引起的下拉荷载，应根据试验确定，有地区经验时，可按地区经验计算。

4 边坡、基坑支护

《建筑地基基础设计规范》GB 50007—2002

9.1.3 基坑开挖与支护设计应包括下列内容：

1 支护体系的方案技术经济比较和选型；

2 支护结构的强度、稳定和变形计算；

3 基坑内外土体的稳定性验算；

4 基坑降水或止水帷幕设计以及围护墙的抗渗设计；

5 基坑开挖与地下水变化引起的基坑内外土体的变形及其对基础桩、邻近建筑物和周边环境的影响；

6 基坑开挖施工方法的可行性及基坑施工过程中的监测要求。

【技术要点说明】

在地基基础工程中，基坑事故最多。原因很复杂，例如：设计时对地质条件和周边环境条件考虑不周；施工时不严格按设计规定的程序进行，超载超挖；在指导思想上，认为基坑是临时性工程，尽量压低投资，简化工程措施，存在冒险心理，也是重要因素。因此，将本条列入 2002 年版《强制性条文》。

【实施和检查的控制】

实施单位和检查单位都应注意下列控制事项：

1. 充分掌握场地条件（地质、水文地质、建筑物、市政设施等）；

2. 设计计算不得漏项；

3. 对计算结果应有专人校审，必要时用不同软件互校；

4. 复杂场地、周边有重要工程设施的场地，采用新技术新工艺的支护工程，应组织专项审查。

9.1.6 土方开挖完成后应立即对基坑进行封闭，防止水浸和暴露，并应及时进行地下结构施工。基坑土方开挖应严格按设计要求进行，不得超挖。基坑周边超载，不得超过设计荷载限制条件。

【技术要点说明】

基坑开挖完成后，如不及时封闭，遭水浸或风干，可能严重影响地基土的承载能力和变形性质，故应立即封闭。超挖和周边超载，是基坑事故的常见原因，应严加防止。

【实施和检查的控制】

设计单位应将施工要求在图纸上明确标明，并向施工单位、监理单位明确交底。

9.2.8 支护结构的内支撑必须采用稳定的结构体系和连接构造，其刚度应满足变形计算要求。

【技术要点说明】

内支撑是基坑支护常用的结构形式之一，一般效果良好。但应特别注意两点：一是作用在挡土结构上的外力,情况复杂,除岩土工程特性和荷载可能不对称外,还受环境条件、施工条件、时空效应等诸多因素的影响。因此,必须采用稳定的结构体系,连结构造必须确保传力和变形协调的可靠性。二是支撑的刚度,应满足变形计算的要求。当构件长度较大时,应验算构件是否满足纵向稳定,并考虑弹性压缩对基坑位移的影响。当基坑两侧水平作用力相差悬殊时,支护结构计算模型的边界条件应与支护结构的实际位移条件相符合。

【实施和检查的控制】

检查单位应对内支撑的结构体系、连结构造、刚度进行重点检查。

《建筑基坑支护技术规程》JGJ 120—99

3.1.4　支护结构设计应考虑其结构水平变形、地下水的变化对周边环境的水平与竖向变形的影响,对于安全等级为一级和对周边环境变形有限定要求的二级建筑基坑侧壁,应根据周边环境的重要性、对变形的适应能力及土的性质等因素确定支护结构的水平变形限值。

【技术要点说明】

当基坑周边存在既有建筑物或市政设施时,基坑支护结构过大变形会危及周边工程的安全,不同的建筑物和市政设施对破坏变形有不同的限值,规范无法提出统一标准。因此,支护结构设计时,应针对不同情况提出设计限值,作为变形观测的预警标准。超过限值可能造成既有建筑物地基的附加变形,上部结构的开裂,上下水管道、电力和通讯线路破坏的事故。这些事故的后果有时非常严重,远远超过基坑本身的经济价值,并产生很坏的社会影响,故列入2002年版《强制性条文》。

【实施与检查的控制】

对于安全等级为一级和对周边环境有限定要求的二级建筑基坑,实施单位应按变形控制设计,检查单位应按变形控制检查。目前,许多支护体系还没有可靠的变形计算方法,应禁止在变形限制严格的一级或二级基坑工程中使用。对复杂支护体系应进行专门论证。

3.1.5　当场地内有地下水时,应根据场地及周边区域的工程地质条件、水文地质条件、周边环境情况和支护结构与基础型式等因素,确定地下水控制方法。当场地周围有地表水汇流、排泻或地下水管渗漏时,应对基坑采取保护措施。

8.1.4　当基坑底为隔水层且层底作用有承压水时,应进行坑底突涌验算,必要时可采取水平封底隔渗或钻孔减压措施保证坑底土层稳定。

【技术要点说明】

基坑事故多数与地下水有关,做好地下水控制对保证基坑安全有举足轻重的作用。场地存在地下水管而勘察时未予查明,水管渗漏造成的事故很多。承压水的突涌是严重的基坑事故,当有可能产生突涌的条件时,应当进行验算,并采取有效的防范措施。

【实施与检查的控制】

当场地水文地质条件复杂或有突涌可能,较难确定地下水控制方法时,实施单位应进行专项论证,检查单位应重点审查控制方法的有效性。

3.1.6　根据承载能力极限状态和正常使用极限状态的设计要求,基坑支护应按下列规定进行计算和验算:

1　基坑支护结构均应进行承载能力极限状态的计算,计算内容应包括:

1)根据基坑支护形式及其受力特点进行土体稳定性计算;

2）基坑支护结构的受压、受弯、受剪承载力计算；

3）当有锚杆或支撑时，应对其进行承载力计算和稳定性验算。

2 对于安全等级为一级及对支护结构变形有限定的二级建筑基坑侧壁，尚应对基坑周边环境及支护结构变形进行验算。

3 地下水控制计算和验算：

1）抗渗透稳定性验算；

2）基坑底突涌稳定性验算；

3）根据支护结构设计要求进行地下水位控制计算。

【技术要点说明】

本条规定了基坑支护均应进行承载能力极限状态的计算；对安全等级为一级的基坑和对支护结构变形有限定的二级基坑，应对基坑周边环境及支护结构变形进行验算；还规定了地下水控制计算和验算的内容。满足这些计算和验算可确保基坑安全，应强制执行。

【实施与检查的控制】

基坑设计的各项计算和验算，实施单位和检查单位都应逐项落实，仔细校验，必要时用不同的计算方法互校。

《锚杆喷射混凝土支护技术规范》GB 50086—2001

1.0.3 锚喷支护的设计与施工，必须做好工程的地质勘察工作，因地制宜，正确有效地加固围岩，合理利用围岩的自承能力。

【技术要点说明】

喷锚支护在于主动加固围岩，发挥围岩的自承能力，因而查明地质条件至关重要。搞清了地质条件，设计施工才能针对具体地质条件进行。有时地质条件错综复杂，不易查清，故应加强施工过程中的地质工作，为修改设计和指导施工提供信息。

【实施与检查的控制】

设计单位与勘察单位应密切沟通，对地质条件和围岩加固方案达到共识。检查单位在审查围岩加固方案时，应与勘察报告比较，认定是否符合地质条件。在施工阶段，勘察设计人员应常驻现场，核对现场条件，补充地质工作，及时根据情况修改设计。

4.1.11 对下列地质条件的锚喷支护设计，应通过试验后确定：

1 膨胀性岩体；

2 未胶结的松散岩体；

3 有严重湿陷性的黄土层；

4 大面积淋水地段；

5 能引起严重腐蚀的地段；

6 严寒地区的冻胀岩体。

【技术要点说明】

本条规定的6种地质条件，情况比较特殊，采用喷锚支护尚缺乏经验，均不属于《规范》围岩分类中的正常类型。因此，当采用喷锚支护时，应通过试验确定，以保证设计合理，工程安全。

【实施与检查的控制】

实施单位遇该6种地质条件时,应取得相关试验资料,并进行专门论证后才能设计,检查单位应对试验报告和论证文件严加审查。

4.3.1 喷射混凝土的设计强度等级不应低于C15;对于竖井及重要隧洞和斜井工程,喷射混凝土的设计强度等级不应低于C20;喷射混凝土1d龄期的抗压强度不应低于5MPa。钢纤维喷射混凝土的设计强度等级不应低于C20,其抗拉强度不应低于2MPa。

不同强度等级喷射混凝土的设计强度应按表4.3.1采用。

喷射混凝土的强度设计值(MPa) **表4.3.1**

强度种类 \ 喷射混凝土强度等级	C15	C20	C25	C30
轴心抗压	7.5	10.0	12.5	15.0
抗　拉	0.9	1.1	1.3	1.5

【技术要点说明】

喷射混凝土的强度等级是决定其力学性能和耐久性的重要指标，对支护结构的工作性能和使用效果关系重大。施工中只要遵守规范的有关规定，一般可以达到设计要求的强度等级。由于地下工程要求喷射混凝土施工后，具有较高的支护抗力，特别在软弱围岩中，喷射混凝土的早期强度至关重要。故规定，添加速凝剂的条件下，1d龄期的抗压强度不应低于5MPa。

【实施和检查的控制】

实施单位应严格按此规定执行,检查单位对该条应专项检查。

4.3.3 喷射混凝土支护的厚度,最小不应低于50mm,最大不宜超过200mm。

【技术要点说明】

喷射混凝土的收缩较大，喷层中的骨料少，调查表明，厚度小于50mm时容易发生收缩开裂。同时，喷层过薄也不足以抵抗岩块的移动，以致出现局部开裂剥落。故规定，喷射混凝土的厚度不应小于50mm。此外，喷锚支护应有一定的柔性，喷层过厚，特别在软弱围岩中的初期支护，会产生过大的形变压力，导致喷层破坏。故规定，喷层厚度不应大于200mm。

【实施与检查的控制】

实施单位应严格按此规定执行,检查单位对该条应专项检查。

《建筑边坡工程技术规范》GB 50330—2002

3.2.2 破坏后果很严重、严重的下列建筑边坡工程,其安全等级应定为一级:

1 由外倾软弱结构面控制的边坡工程;

2 危岩、滑坡地段的边坡工程;

3 边坡塌滑区内或边坡塌方影响区内有重要建(构)筑物的边坡工程。

破坏后果不严重的上述边坡工程的安全等级可定为二级。

【技术要点说明】

一般边坡的安全等级应按第3.3.1条确定。本条范围的边坡，即由外倾结构面控制的边坡和危岩滑坡地段的边坡，因稳定性差或地质条件复杂，工程中发生事故概率高，破坏后果严重，因此，上述边坡的安全等级应适当提高。本条对于突出重点，有重要意义。

【实施与检查的控制】

实施单位对上述类型的建筑边坡工程，应按本条规定划分等级，检查单位应审查划分是否正确。

3.3.3 永久性边坡的设计使用年限应不低于受其影响相邻建筑的使用年限。

【技术要点说明】

本条规定永久性边坡的设计使用年限应不低于受其影响的相邻建筑的使用年限，这是显而易见的。建筑边坡设计区别于其他边坡设计的主要特点是，应考虑对相邻建筑的影响。保证相邻建筑的安全使用。此外，永久性边坡设计时，应考虑边坡抗震的要求，保证不致因地震破坏而危及相邻建筑的安全。考虑地震作用的原则，在第3.3.4条作了规定。

【实施与检查的控制】

实施单位应按本条确定永久性边坡的设计使用年限，检查单位应检查是否不低于受其影响的相邻建筑的使用年限。

3.3.6 边坡支护结构设计时应进行下列计算和验算：

1 支护结构的强度计算：立柱、面板、挡墙及其基础的抗压、抗弯、抗剪及局部抗压承载力以及锚杆杆体的抗拉承载力等均应满足现行相应标准的要求；

2 锚杆锚固体的抗拔承载力和立柱与挡墙基础的地基承载力计算；

3 支护结构整体或局部稳定性验算。

【技术要点说明】

本条规定了边坡支护结构设计应进行计算和验算的内容。现作两点说明：

1. 由于地质条件的复杂性和计算参数的不确定性，计算和验算的可靠性是有限的，尤其是变形计算。故在利用公式计算的同时，还需运用工程经验、工程类比、变形观测，动态设计等方法综合考虑，对变形综合控制，以确保边坡安全。

2. 地下水的存在和运动，对边坡的稳定性有重要影响。尤其是当边坡荷载较大，土质较软，地下水发育时，应进行地下水控制验算、坡底隆起稳定性验算、渗流稳定性验算。

【实施与检查的控制】

实施单位应按本条进行计算和验算，不得漏项，并应运用工程经验、变形监测、动态设计，对变形综合控制。检查单位除了检查验算和计算外，尚应注意对工程经验、变形监测、动态设计的检查。

3.4.2 一级边坡工程应采用动态设计法。

【技术要点说明】

动态设计是边坡支护设计的重要原则。当地质条件和岩土特性参数难以准确确定，设计理论和方法带有类比性和经验性时，根据施工反馈的信息和监控资料完善设计，是一种准确、安全、符合科学规律的设计方法。安全等级为一级的边坡，因其破坏后果的严重性和地质条件的复杂性，尤应采用动态设计。

【实施与检查的控制】

对一级边坡，实施单位应进行动态设计，检查单位应对动态设计全过程检查。

3.4.9 下列边坡工程的设计及施工应进行专门论证：

1 超过本规范适用范围的建筑边坡工程；

2　地质和环境条件很复杂、稳定性极差的边坡工程；

3　边坡邻近有重要建(构)筑物、地质条件复杂、破坏后果很严重的边坡工程；

4　已发生过严重事故的边坡工程；

5　采用新结构、新技术的一、二级边坡工程。

【技术要点说明】

对于超过规范适用范围的边坡；地质和环境条件很复杂，稳定性极差的边坡；边坡邻近有重要建筑，地质条件复杂，破坏后果很严重的边坡；已经发生过严重事故的边坡；以及采用新结构、新技术的边坡，这些边坡的设计难度较大，容易因设计或施工失误而发生事故，故应采用专家会诊方式进行专门论证。

【实施与检查的控制】

实施单位遇本条指出的5种情况时，应要求进行专门论证，检查单位应检查论证结果。

5 地 基 处 理

《建筑地基处理技术规范》JGJ 79—2002

3.0.5　按地基变形设计或应作变形验算且需进行地基处理的建筑物或构筑物，应对处理后的地基进行变形验算。

【技术要点说明】

本条为地基处理后的工程应进行变形验算的规定。

相关规定：第1.0.4条经处理后的地基计算时，尚应符合国家标准《建筑地基基础设计规范》GB 50007—2002的规定。

【实施与检查的控制】

变形验算应符合国家标准《建筑地基基础设计规范》GB 50007—2002的有关规定；沉降计算经验系数应根据地区经验确定。

3.0.6　受较大水平荷载或位于斜坡上的建筑物及构筑物，当建造在处理后的地基上时，应进行地基稳定性验算。

【技术要点说明】

本条为处理后的地基进行稳定性计算的基本规定。

相关规定：第1.0.4条经处理后的地基计算时，尚应符合国家标准《建筑地基基础设计规范》GB 50007—2002的有关规定。

【实施与检查的控制】

地基稳定性验算应符合国家标准《建筑地基基础设计规范》GB 50007—2002的有关规定；地基稳定性验算的计算参数应通过试验确定。

6.1.2　强夯置换法在设计前必须通过现场试验确定其适用性和处理效果。

【技术要点说明】

本条为强夯置换法设计前必须进行适用性和处理效果现场试验的规定。强夯置换法设计前通过试验确定其适用性和处理效果是保证该项处理有效性必须进行的工作。

相关规定：第6.1.1条强夯置换法地基处理的适用范围；第6.4.3条强夯置换法地基竣工验收要求。

【实施与检查的控制】

强夯置换法适用于高饱和度的粉土与软塑～流塑的黏性土等地基上对变形控制要求不严的工程。强夯置换法目前已用于公路、机场、房屋建筑、油罐地基等工程，一般效果良好，个别工程因设计、施工不当，加固后出现下沉较大或墩体与墩间土下沉不等的情况。

11.1.2　水泥土搅拌法用于处理泥炭土、有机质土、塑性指数 I_p 大于25的黏土、地下水具有腐蚀性时以及无工程经验的地区，必须通过现场试验确定其适用性。

【技术要点说明】

本条为水泥土搅拌法必须通过现场试验确定其适用性的规定。现场试验的方法应符合有关规定。

相关规定:11.1.1条水泥土搅拌法的适用范围;11.4节水泥土搅拌法的质量检验。

【实施与检查的控制】

水泥固化剂一般适用于正常固结的淤泥与淤泥质土(避免产生负摩阻力)、黏性土、粉土、素填土、饱和黄土、粉砂、以及中粗砂、砾砂等地基加固,土中含水量偏低或存在流动地下水,应注意水泥固化剂的作用,以及防止未硬化而遭地下水冲掉;在某些地区的地下水中含有硫酸盐,对水泥具有结晶性侵蚀,会出现开裂、崩解而丧失强度;有机质含量过高会阻碍水泥水化反应;采用干法加固砂土应进行粒径分析,特别注意土的粉粒含量及对加固料有害的土中离子种类及数量,如 SO_4^{2-}、Cl^- 等。

《湿陷性黄土地区建筑规范》GBJ 25—90

4.1.2 湿陷性黄土地基的处理,应符合下列要求:

一、对甲类建筑应消除地基的全部湿陷量或穿透全部湿陷性土层。

二、对乙、丙类建筑应消除地基的部分湿陷量。

【技术要点说明】

本条为湿陷性黄土地基的处理应符合的基本要求。

相关规定:第3.1.1条甲、乙、丙、丁类建筑的划分原则;第3.1.2条对乙、丙类建筑工程的设计措施;第3.1.3条各类建筑采取设计措施应符合的基本规定;第4.1.3条甲类建筑消除地基的全部湿陷量的规定;第4.1.4条乙类建筑消除地基的部分湿陷量的规定;第4.1.5条丙类建筑消除地基的部分湿陷量的规定。

【实施与检查的控制】

甲类建筑消除地基全部湿陷量应符合4.1.3条的规定;乙类建筑消除地基部分湿陷量的最小处理厚度应符合第4.1.4条的要求;丙类建筑消除地基部分湿陷量的最小处理厚度应符合第4.1.5条的要求;处理后的地基还应采取的结构措施应符合第3.1.3条、第3.1.4条的规定;处理后的地基计算应符合第3.6.1~3.6.5条要求。

《建筑地基基础设计规范》GB 50007—2002

7.2.7 复合地基设计应满足建筑物承载力和变形要求。对于地基土为欠固结土、膨胀土、湿陷性黄土、可液化土等特殊土时,设计时要综合考虑土体的特殊性质,选用适当的增强体和施工工艺。

【技术要点说明】

本条为复合地基设计的基本要求。复合地基必须是部分土体被增强或被置换而形成的由地基土和增强体共同承担荷载的人工地基。

相关规定:第1.0.3条对于湿陷性黄土、膨胀土等地基基础设计尚应符合现行有关标准、规范的规定;第2.1.10条复合地基术语解释;第7.2.8条复合地基承载力特征值的确定方法。

【实施与检查的控制】

在建筑物使用期间发生水浸和地下水位降低等情况时,必须保证复合地基共同承担荷载的基本要求。复合地基的承载力的变形计算方法应按地区经验,无地区经验,可参考《建筑地基基础设计规范》的方法进行。复合地基的承载力和变形验算应符合 5.2 节承载力计算方法和 5.3 节变形计算的基本要求。

7.2.8 复合地基承载力特征值应通过现场复合地基载荷试验确定，或采用增强体的载荷试验结果和其周边土的承载力特征值结合经验确定。

【技术要点说明】

本条为复合地基承载力特征值的确定原则。复合地基承载力特征值必须通过现场试验确定。复合地基增强体和采用的施工工艺应满足第 7.2.7 条要求。

相关规定：第 2.1.3 条复合地基承载力特征值的基本定义；第 2.1.10 条复合地基的基本定义；第 7.2.7 条复合地基设计的基本要求。

【实施与检查的控制】

复合地基承载力特征值必须通过现场试验确定；如采用增强体的载荷试验结果和其周边土的承载力特征值结合经验确定，经验必须具有地区代表性；复合地基承载力特征值的试验应在增强体和周边土性质满足复合地基条件下进行，并符合建筑物使用期间的工程地质、水文地质条件。实施与检查时应注意检验的条件与工程实际使用情况的差异确定合理的检验方法。

重点检查内容

《岩土工程勘察规范》GB 50021—2001

条　号	项　目	重点检查内容
1.0.3	是否做了勘察	应按工程建设程序，在设计施工前进行了勘察
14.3.3	勘察报告内容	内容应完整，资料应齐全，结论应正确
4.1.11	详勘要求	地质条件、地下水位及其变化、对建筑材料的腐蚀性等，应已经查明；地基稳定性、均匀性、承载力的评价是否正确；需变形计算时，应提供正确的变形参数
4.1.17	高层建筑勘探点	数量应满足要求
4.1.18	勘探深度	深度应满足要求
4.1.20	取样和原位测试	数量应满足要求
4.8.5	专门水文地质勘察	水文地质条件复杂，需对地下水进行专门治理时，应进行专门水文地质勘察
4.9.1	桩基勘察	应按要求查明桩基的地质和水文地质条件，对成桩可能性、施工条件及环境影响应进行了正确评价
7.2.2	地下水位	应按规定量测水位；存在对工程有影响的多层地下水时，应按要求分层量测
5.1.1	岩溶	存在对工程安全有影响的岩溶时，进行岩溶勘察
5.2.1	滑坡	存在对工程安全有影响的滑坡时，进行滑坡勘察
5.3.1	危岩塌陷	存在对工程安全有影响的危岩塌陷时，进行危岩塌陷勘察
5.4.1	泥石流	存在对工程安全有影响的泥石流时，进行泥石流勘察
5.7.2	划分场地类别和地段	抗震设防烈度为6度或大于6度时，划分场地类别；选择场址时，划分对抗震有利、不利或危险地段
5.7.8	液化判别	应满足液化判别的深度要求
5.7.10	场地液化	阐明液化土层，各孔液化指数，确定场地液化等级

《建筑地基基础设计规范》GB 50007—2002

条　号	项　目	重点检查内容
10.1.1	基槽检验	应按要求进行检验
3.0.2	地基承载力计算	应按3.0.4条及第5章的要求进行地基承载力计算
	变形设计	设计等级为甲级、乙级的建筑物应按变形控制设计
	变形验算	3.0.2条第三款要求的设计等级为丙级的建筑物应进行变形验算
	稳定计算	经常受水平荷载作用的高层建筑，高耸构筑物和挡土墙、建造在斜坡上或边坡附近的建筑物和构筑物，应验算其稳定性
	抗浮验算	建筑物或地下构筑物存在上浮问题时，应进行抗浮验算

续表

条　号	项　目	重点检查内容
3.0.4	地基承载力计算	荷载效应及相应的抗力取值
	地基变形计算	荷载效应及相应的限值
	稳定计算	荷载效应的分项系数取值为1.0
	基础设计	荷载效应及分项系数取值
	结构重要性系数	结构重要性系数不应小于1.0
5.1.3	基础埋深	应满足设计要求
5.3.4	地基变形允许值	建筑物地基变形计算值应不大于地基变形允许值
5.3.10	共同作用变形计算	同一整体大面积基础上建有多栋高层和低层建筑，应按共同作用进行变形计算
10.2.9	变形观测	应按本条要求进行建筑物沉降观测
6.1.1	山区地基设计	应考虑滑坡，断层破碎，挖填方，不均匀地基，岩溶垌，崩塌，泥石流，地下水影响
6.3.1	压实填土地基设计	填土质量标准和检验要求
6.4.1	滑坡防治	滑坡防治应满足建筑物安全使用要求
8.2.7	扩展基础	应按本条要求进行受冲切承载力、抗弯、局部受压承载力计算
8.4.5	梁板式筏基	底板是否满足正截面受弯承载力，厚度应满足受冲切承载力、受剪承载力要求
8.4.7	平板式筏基	板厚应满足受冲切承载力要求
8.4.9	平板式筏基	应验算距内筒边缘或柱边缘 h_0 处抗剪承载力要求。当筏板变厚度时，应验算变厚度处筏板的受剪承载力
8.4.13	梁板式筏基	基础梁应满足正截面受弯承载力和斜截面受剪承载力要求，基础梁顶面的局部受压承载力应满足要求
8.5.9	桩身混凝土强度	应满足承载力设计要求
8.5.10	桩基沉降验算	应按本条要求进行桩基沉降验算
8.5.18	柱下桩基础承台斜截面验算	斜截面计算满足要求
8.5.19	柱下和桩上承台的局部受压承载力	局部受压承载力验算满足要求
10.1.6	人工挖孔桩桩端持力层检验	应进行桩端持力层检验
10.1.8	竖向承载力检验	施工完成后的工程应进行竖向承载力检验
9.1.3	基坑设计内容	支护体系；结构强度、稳定和变形；土体稳定性；地下水控制；对基础桩、周边工程及环境的影响
9.1.6	施工要求	防止坑底水浸和暴露；不得超挖；周边荷载不得超限
9.2.8	内支撑	应稳定，刚度应满足要求
7.2.7	复合地基设计	复合地基设计应满足建筑物承载力和变形要求。对特殊土地基应综合考虑土体的特殊性质，选用适当的增强体和施工工艺
7.2.8	复合地基承载力设计	复合地基承载力特征值应通过现场复合地基载荷试验确定或采用增强体的载荷试验结果和其周边土的承载力特征值结合经验确定

《膨胀土地区建筑技术规范》GBJ 112—87

条 号	项 目	重点检查内容
2.3.1	膨胀土勘察	膨胀土的分布，地形地貌，场地条件综合评价
3.3.1	场地选择	场地选择应满足膨胀土地基的要求

《湿陷性黄土地区建筑规范》GBJ 25—90

条 号	项 目	重点检查内容
2.1.1	黄土勘察	时代成因，湿陷性土厚度，湿陷系数，湿陷类型，湿陷等级，地下水
3.1.2	建筑工程设计措施	湿陷性黄土地区建筑工程设计应按要求选用地基处理措施、防水措施和结构措施
3.4.1	地基不处理和仅清除部分湿陷量的结构措施	应根据地基湿陷等级或地基处理后的剩余湿陷量，建筑物不均匀沉降、倾斜等采取结构措施
3.6.1	地基计算	应进行承载力、湿陷变形、压缩变形和稳定性计算
4.1.2	湿陷性黄土地基处理	甲类建筑应全部消除湿陷量，乙、丙类建筑应部分消除湿陷量

《建筑边坡工程技术规范》GB 50330—2002

条 号	项 目	重点检查内容
4.1.1	勘察要求	分别按一级、二级和三级、地质条件复杂的一级边坡进行检查
4.1.3	边坡勘察报告	按条文要求检查勘察报告内容
3.2.2	边坡等级	应按本条规定，正确划分建筑边坡等级
3.3.3	永久边坡使用年限	永久性边坡的设计使用年限，应不低于受其影响的相邻建筑使用年限
3.3.6	计算和验算	支护结构强度计算；锚固抗拔承载力计算；立柱和挡墙基础承载力计算；整体和局部稳定性验算
3.4.2	动态设计	一级边坡应采用动态设计
3.4.9	专门论证	本条规定的边坡应进行专门论证

《高层建筑箱形与筏形基础技术规范》JGJ 6—99

条 号	项 目	重点检查内容
5.2.2	箱形基础高度	应满足结构承载力和刚度要求
5.2.4	箱形基础底板厚度	不少于300mm，满足受弯、受剪承载力要求
5.2.5	箱形基础底板	应满足受冲切承载力要求

《建筑桩基技术规范》JGJ 94—94

条 号	项 目	重点检查内容
4.1.4	桩身混凝土强度等级	应进行桩身混凝土强度设计，桩身混凝土强度不得小于C20
5.2.14	桩侧负摩阻力	应进行桩侧负摩阻力验算

《建筑基坑支护技术规程》JGJ 120—99

条 号	项 目	重点检查内容
3.1.4	基坑变形影响	结构水平变形和地下水变化对周边环境的影响；支护结构水平变形限值
3.1.5	地下水的控制	地下水控制方法；地表水汇流、排泻及水管渗漏时的保护措施
3.1.6	计算和验算	承载能力极限状态计算；一级及对变形限定的二级基坑进行变形验算；地下水控制计算和验算
8.1.4	突涌验算	可能产生突涌时应进行验算；保证稳定的相应措施

《锚杆喷射混凝土支护技术规范》GB 50086—2001

条 号	项 目	重点检查内容
1.0.3	勘察工作	应按本条要求做好勘察
4.1.11	通过试验	存在本条所列条件时，采用喷锚支护应通过试验后确定
4.3.1	混凝土强度等级	喷射混凝土强度等级应满足要求
4.3.3	混凝土厚度	喷射混凝土支护厚度应满足要求

《建筑地基处理技术规范》JGJ 79—2002

条 号	项 目	重点检查内容
3.0.5	处理地基变形验算	处理后的地基应进行变形验算
3.0.6	处理地基的稳定性验算	处理后的地基应进行稳定性验算
6.1.2	强夯置换法设计	应通过现场试验确定适用性和处理效果
11.1.2	水泥土搅拌法设计	应通过现场试验确定其适用性

第五篇 结构设计

概述

2002年版《工程建设标准强制性条文》(房屋建筑部分)第五篇“结构设计”与2000年版比较,仍分为6章,但节和条文的数目稍有减少,涉及的规范标准也有所调整(规程减少三本,新增加二本)。主要反映近年技术发展引起规范标准的变化,以及进一步突出重点、简化内容以确保安全的原则。表5-1为两个版本强制性条文的对比;表5-2为引用标准规范的名称及强制性条文数量。

2002年版强制性条文与2000年版的对比 **表5-1**

版本时间	章的数量	节的数量	条的数量	引用标准规范的数量
2000年	6	17	214	18
2002年	6	14	169	17

2002年版强制性条文引用标准规范情况 **表5-2**

序号	标准规范名称	编号	强制性条文数量
1	砌体结构设计规范	GB 50003—2001	17
2	木结构设计规范	GB 50005—2003	21
3	建筑结构荷载规范	GB 50009—2001	13
4	混凝土结构设计规范	GB 50010—2002	10
5	钢结构设计规范	GB 50017—2003	14
6	冷弯薄壁型钢结构技术规范	GB 50018—2002	10
7	建筑结构可靠度设计统一标准	GB 50068—2001	2
8	高层建筑混凝土结构技术规程	JGJ 3—2002	19
9	轻骨料混凝土结构设计规程	JGJ 12—99	5
10	冷拔钢丝预应力混凝土构件设计与施工规程	JGJ 19—92	1
11	冷轧带肋钢筋混凝土结构技术规程	JGJ 95—2003	3
12	高层民用建筑钢结构技术规程	JGJ 99—98	9
13	玻璃幕墙工程技术规范	JGJ 102—2003	16
14	建筑玻璃应用技术规程	JGJ 113—2003	7
15	钢筋焊接网混凝土结构技术规程	JGJ 114—2003	3
16	冷轧扭钢筋混凝土构件技术规程	JGJ 115—97	8
17	金属与石材幕墙工程技术规范	JGJ 133—2001	11
总计		17	169

注:表中强制性条文数量不包括与其他篇中的条文等效而在其他篇中列出的条文。

理解本《实施导则》和执行强制性条文时应特别注意安全问题。结构的安全性取决于作用在结构中引起的效应 S 和结构本身所具有的抗力 R。结构设计的目的是实现抗力不小于效应，即 $\gamma_0 S \leqslant R$，式中 γ_0 为结构重要性系数。

为保证结构安全有足够的可靠度，所选择的强制性条文大体可分为以下五类：

一、设计原则

设计原则包括结构的安全等级、使用年限、使用条件、荷载的确定、不同受力工况的选择、设计分项系数的确定等。从保证结构的安全而言，这部分内容带有根本的性质，因而十分重要。

二、材料强度

用以承载受力的结构，其抗力很大程度上取决于材料的强度。材料强度有标准值和设计值两类，分别用于不同工况下结构抗力的计算。强度标准值具有95%保证率的概率意义；而强度设计值则是为了在承载力设计时保证可靠度，对标准值除以材料分项系数所得的数值。设计和审核时应特别注意设计文件中材料强度取值是否正确，因为近期有些规范修订对材料强度数值作了一些调整，故必须加以核实。

三、设计计算

所有设计规范的计算都是前述基本公式在不同结构形式、不同受力工况下的具体体现。作为强制性条文，这是结构安全的定量保证。设计和检查时应特别注意这些计算的前提条件。除计算程序的力学模型、计算假定和程序编制可能出错外，如果不深入了解计算公式的含义和背景，以及适用的条件和范围，生搬硬套地乱用，也可能出错。因此，设计计算应该作为实施和检查的重点。

四、构造措施

结构的安全往往并不完全取决于计算和验算，构造措施在保证安全和使用功能方面往往起到计算难以达到的重要作用。构造措施通常来自概念设计、试验研究、工程经验，甚至是事故的教训。在设计中不应只重视计算而轻视构造问题。凡列举出有关构造措施的强制性条文，必须严格遵守。

五、特殊要求

结构形式多样，影响其安全的因素也很多。有时根据结构或构件的具体情况，往往还会提出一些特殊的要求。例如混凝土结构中的锚固问题；钢结构中的螺栓、焊缝；砌体中的圈梁、构造柱；木结构中的防腐、防火；围护结构中的密封问题等。由于涉及安全和基本功能，故也必须强制执行。设计和审核时也不能掉以轻心。

1 基 本 规 定

1.1 结 构 安 全 等 级

《建筑结构可靠度设计统一标准》GB 50068—2001

1.0.5 结构的设计使用年限应按表1.0.5采用。

设计使用年限分类　　表1.0.5

类别	设计使用年限(年)	示　例	类别	设计使用年限(年)	示　例
1	5	临时性结构	3	50	普通房屋和构筑物
2	25	易于替换的结构构件	4	100	纪念性建筑和特别重要的建筑结构

【技术要点说明】

结构的设计使用年限首次在我国建筑结构乃至工程结构标准规范中规定,具有重要意义。其参照的主要依据是最新版国际标准 ISO 2394:1998《结构可靠性总原则》(General principles on reliability for structures)。结构的设计使用年限是指设计规定的结构或结构构件不需进行大修即可按其预定目的使用的时期,即房屋建筑在正常设计、正常施工、正常使用和包括必要的检测、防护及维修在内的正常维护下所应达到的使用年限。在设计使用年限内,结构应具有设计规定的可靠度。在达到设计规定的设计使用年限后,结构或结构构件的可靠度可能会降低,但从技术上讲,并不意味着其已完全失去继续使用的安全保障。结构或结构构件能否继续安全使用,宜进行可靠度鉴定,在采取相应措施后,仍可使用。设计使用年限是国务院《建设工程质量管理条例》对房屋建筑的地基基础工程和主体结构工程提出的“合理使用年限”的具体化。

结构的设计使用年限应按本条要求确定;若建设单位提出更高要求,也可按建设单位的要求确定。

与结构的设计使用年限相应的具体技术措施在有关的结构设计规范中作出规定。

【实施与检查的控制】

审查设计图纸是否标明结构的设计使用年限并根据有关的结构设计规范的规定采取了相应的技术措施。

1.0.8 建筑结构设计时,应根据结构破坏可能产生的后果(危及人的生命、造成经济损失、产生社会影响等)的严重性,采用不同的安全等级。建筑结构安全等级的划分应符合表1.0.8的要求。

建筑结构的安全等级 表 1.0.8

安全等级	破坏后果	建筑物类型
一级	很严重	重要的房屋
二级	严　重	一般的房屋
三级	不严重	次要的房屋

注：1 对特殊的建筑物，其安全等级应根据具体情况另行确定；
2 地基基础设计安全等级及按抗震要求设计时建筑结构的安全等级，尚应符合国家现行有关规范的规定。

＊《混凝土结构设计规范》GB 50010—2002 中第 3.2.1 条与本条等效。

【技术要点说明】

按建筑结构破坏后果的严重性统一划分为三个安全等级。其中，大量的一般建筑物列入中间等级；重要的建筑物提高一级；次要的建筑物降低一级。至于重要建筑物与次要建筑物的划分，则应根据建筑结构的破坏后果，即危及人的生命、造成经济损失、产生社会影响等的严重程度确定。

【实施与检查的控制】

审查设计图纸是否标明结构的安全等级并根据有关规范的规定采取了相应的技术措施。

1.2 结构荷载与组合

《建筑结构荷载规范》GB 50009—2001

1.0.5 本规范采用的设计基准期为 50 年。

【技术要点说明】

荷载的标准值是根据荷载在规定时域内的最大值的定义来确定的，尤其是对可变荷载。从 2001 年开始，荷载规范定义该规定时域为设计基准期，并采用 50 年为标准。

该条文是规定或确定可变荷载标准值时必须遵守的原则。在一般设计中，当荷载标准值在规范中有据可查时，该条文并无约束作用，但是在荷载标准值需要业主自行确定的情况下，必需注意到该条文所规定的含义。

这里必须强调关于荷载的设计基准期与结构的设计使用年限间的关系。前者是为确定荷载标准值的前提条件，它是出于荷载标准化的要求而统一规定的；而后者是根据结构的性质和业主的要求来确定的，因此两者之间并没有限定性的联系。结构设计时，对不同的设计使用年限，一般情况下不应改变荷载标准值的设计基准期，除非业主另有要求。

【实施与检查的控制】

一般情况下，当直接按荷载规范采用荷载标准值时，不必顾及荷载设计基准期的规定。只有当荷载标准值需要业主自行确定时，应提供荷载在 50 年内不会超过标准值的依据，并在设计技术文件或结构施工图中注明。

3.1.2 建筑结构设计时，对不同荷载应采用不同的代表值。

对永久荷载应采用标准值作为代表值。

对可变荷载应根据设计要求采用标准值、组合值、频遇值或准永久值作为代表值。

对偶然荷载应按建筑结构使用的特点确定其代表值。

【技术要点说明】

在结构设计时，对在不同情况下的荷载应采用不同的代表值，尤其是对可变荷载，其代表值有标准值、组合值、频遇值和准永久值之分，应注意其含义的不同，使用时不要混淆。

当对承载能力极限状态按基本组合的结构设计时，荷载的代表值取标准值或组合值；当对正常使用极限状态进行设计时，原则上可根据正常使用的实际含义，考虑采用不同性质的组合。规范提供了三种组合，即标准组合、频遇组合和准永久组合。此时，除了标准值和组合值外，有时还需要采用荷载的频遇值和准永久值为设计代表值。鉴于目前在按正常使用极限状态的设计方面，由于缺乏新的调查研究资料，因此目前也只能沿用以往的设计经验，由各结构设计规范，根据各自的实际情况作出规定。

【实施与检查的控制】

要求对结构上的荷载校核其代表值的取值是否正确。对可变荷载而言，注意其不同代表值间，按高低排列的次序应为：标准值≥组合值≥频遇值≥准永久值。

3.2.3 对于基本组合，荷载效应组合的设计值 S 应从下列组合值中取最不利值确定：

1）由可变荷载效应控制的组合：

$$S=\gamma_G S_{Gk}+\gamma_{Q1} S_{Q1k}+\sum_{i=2}^{n}\gamma_{Qi}\psi_{ci}S_{Qik} \qquad (3.2.3\text{-}1)$$

式中 γ_G——永久荷载的分项系数，应按第 3.2.5 条采用；

γ_{Qi}——第 i 个可变荷载的分项系数，其中 γ_{Q1} 为可变荷载 Q_1 的分项系数，应按第 3.2.5 条采用；

S_{Gk}——按永久荷载标准值 G_k 计算的荷载效应值；

S_{Qik}——按可变荷载标准值 Q_{ik} 计算的荷载效应值，其中 S_{Q1k} 为诸可变荷载效应中起控制作用者；

ψ_{ci}——可变荷载 Q_i 的组合值系数，应分别按各章的规定采用；

n——参与组合的可变荷载数。

2）由永久荷载效应控制的组合：

$$S=\gamma_G S_{Gk}+\sum_{i=1}^{n}\gamma_{Qi}\psi_{ci}S_{Qik} \qquad (3.2.3\text{-}2)$$

注：1 基本组合中的设计值仅适用于荷载与荷载效应为线性的情况。

2 当对 S_{Q1k} 无法明显判断时，轮次以各可变荷载效应为 S_{Q1k}，选其中最不利的荷载效应组合。

3. 当考虑以竖向的永久荷载效应控制的组合时，参与组合的可变荷载仅限于竖向荷载。

3.2.5 基本组合的荷载分项系数，应按下列规定采用：

1. 永久荷载的分项系数：

1）当其效应对结构不利时

— 对由可变荷载效应控制的组合，应取 1.2；

— 对由永久荷载效应控制的组合，应取 1.35；

2）当其效应对结构有利时

— 一般情况下应取 1.0；

— 对结构的倾覆、滑移或漂浮验算，应取 0.9。

2. 可变荷载的分项系数：

— 一般情况下应取 1.4；

— 对标准值大于 $4kN/m^2$ 的工业房屋楼面结构的活荷载应取 1.3。

注：对于某些特殊情况，可按建筑结构有关设计规范的规定确定。

【技术要点说明】

当结构按承载能力极限状态设计时，无论是持久还是短暂的设计状况，都要采用荷载的基本组合进行设计计算。基本组合的目的在于保证结构在各种可能出现的荷载组合情况下，通过结构构件的截面计算，都能使它的承载力保持在目标的可靠度水平上。第 3.2.3 条提供的组合规则是根据在结构上有可能出现的荷载种类，规定了必须考虑的多种组合，并从这些组合中再挑出其中最不利的那一组合来设计构件的截面。条文中将需要考虑的组合分成两类：

第一类是由可变荷载效应控制的组合。当有多个可变荷载时，一般不能很容易判断哪个可变荷载效应起控制作用。此时应轮次以各可变荷载效应为 S_{Q1k}，也即假设各可变荷载都有可能作为组合中的主导荷载与其他伴随荷载进行组合。主导荷载应以其标准值为代表值，而伴随的可变荷载应以其组合值为代表值。当伴随荷载的荷载效应对结构不利时，也即其效应的符号与主导荷载效应的符号相同时，此时对伴随的永久荷载，其荷载分项系数取 1.2，对伴随的可变荷载一般取 1.4，但对标准值大于 $4kN/m^2$ 的工业楼面结构的活荷载取 1.3。当伴随荷载的效应对结构有利时，也即其荷载效应的符号与主导荷载效应的符号相反时，此时对伴随的永久荷载，其荷载分项系数一般情况下应取 1.0，对伴随的可变荷载就不予组合。

第二类是由永久荷载效应控制的组合，也就是将永久荷载作为主导荷载来考虑。此时的永久荷载分项系数应取 1.35，而所有其他可变荷载都将作为伴随荷载采用组合值为代表值。同时应注意，当其荷载效应的符号与主导荷载效应的符号相反时，在组合中就不予考虑。

对结构的稳定性验算，包括结构的倾覆、滑移或漂浮。鉴于目前还难以对永久荷载的分项系数给以统一规定，因此对这类问题，均应按各结构设计规范的具体规定执行。例如在砌体结构的设计规范中，对有利作用的永久荷载，取分项系数为 0.8；不利作用的取 1.2；对地基或斜坡的稳定性验算时，仍采用单一的稳定性系数给以控制，此时，对所有荷载的分项系数取 1.0。

除非是简单的梁板结构，对于大部分建筑结构在基本组合中的组合运算都只能在按规范条文提供的规则的前提下，通过计算机程序来完成。

【实施与检查的控制】

无论是实施或检查单位，首先应检查所采用的结构设计应用程序，通过程序提供的技术条件进行核对，以确定设计所采用的程序中有关荷载效应的组合部分是否符合要求。其次要核对对应于各项荷载的标准值和组合值系数的取值是否正确。

4.1.1 民用建筑楼面均布活荷载的标准值及其组合值、频遇值和准永久值系数，应按表 4.1.1的规定采用。

民用建筑楼面均布活荷载标准值及其组合值、频遇值和准永久值系数　　表 4.1.1

项次	类　　别	标准值 (kN/m^2)	组合值系数 ψ_c	频遇值系数 ψ_f	准永久值系数 ψ_q
1	(1) 住宅、宿舍、旅馆、办公楼、医院病房、托儿所、幼儿园	2.0	0.7	0.5	0.4
	(2) 教室、试验室、阅览室、会议室、医院门诊室			0.6	0.5
2	食堂、餐厅、一般资料档案室	2.5	0.7	0.6	0.5

续表

项次	类　　别	标准值 (kN/m²)	组合值系数 ψ_c	频遇值系数 ψ_f	准永久值系数 ψ_q
3	(1)礼堂、剧场、影院、有固定座位的看台	3.0	0.7	0.5	0.3
	(2)公共洗衣房	3.0	0.7	0.6	0.5
4	(1) 商店、展览厅、车站、港口、机场大厅及其旅客等候室	3.5	0.7	0.6	0.5
	(2)无固定座位的看台	3.5	0.7	0.5	0.3
5	(1) 健身房、演出舞台	4.0	0.7	0.6	0.5
	(2)舞厅	4.0	0.7	0.6	0.3
6	(1)书库、档案库、储藏室	5.0	0.9	0.9	0.8
	(2)密集柜书库	12.0			
7	通风机房、电梯机房	7.0	0.9	0.9	0.8
8	汽车通道及停车库:				
	(1) 单向板楼盖(板跨不小于 2m)				
	客车	4.0	0.7	0.7	0.6
	消防车	35.0	0.7	0.7	0.6
	(2) 双向板楼盖和无梁楼盖(柱网尺寸不小于6m×6m)				
	客车	2.5	0.7	0.7	0.6
	消防车	20.0	0.7	0.7	0.6
9	厨房: (1) 一般的	2.0	0.7	0.6	0.5
	(2) 餐厅的	4.0	0.7	0.7	0.7
10	浴室、厕所、盥洗室:				
	(1) 第 1 项中的民用建筑	2.0	0.7	0.5	0.4
	(2) 其他民用建筑	2.5	0.7	0.6	0.5
11	走廊、门厅、楼梯:				
	(1) 宿舍、旅馆、医院病房托儿所、幼儿园、住宅	2.0	0.7	0.5	0.4
	(2) 办公楼、教室、餐厅,医院门诊部	2.5	0.7	0.6	0.5
	(3) 消防疏散楼梯,其他民用建筑	3.5	0.7	0.5	0.3
12	阳台 :				
	(1) 一般情况	2.5	0.7	0.6	0.5
	(2) 当人群有可能密集时	3.5			

注: 1　本表所给各项活荷载适用于一般使用条件,当使用荷载较大或情况特殊时,应按实际情况采用。

2　第 6 项书库活荷载当书架高度大于 2m 时,书库活荷载尚应按每米书架高度不小于 2.5kN/m² 确定。

3　第 8 项中的客车活荷载只适用于停放载人少于 9 人的客车;消防车活荷载是适用于满载总重为 300kN 的大型车辆;当不符合本表的要求时,应将车轮的局部荷载按结构效应的等效原则,换算为等效均布荷载。

4　第 11 项楼梯活荷载,对预制楼梯踏步平板,尚应按 1.5kN 集中荷载验算。

5　本表各项荷载不包括隔墙自重和二次装修荷载。对固定隔墙的自重应按恒荷载考虑,当隔墙位置可灵活自由布置时,非固定隔墙的自重可取每延米长墙重(kN/m)的 1/3 作为楼面活荷载的附加值(kN/m²)计入,附加值不小于 1.0kN/m²。

4.1.2　设计楼面梁、墙、柱及基础时,表 4.1.1 中的楼面活荷载标准值在下列情况下应乘以规定的折减系数。

1. 设计楼面梁时的折减系数：

1）第1(1)项当楼面梁从属面积超过25m² 时，应取0.9；

2）第1(2)～7项当楼面梁从属面积超过50m² 时应取0.9；

3）第8项对单向板楼盖的次梁和槽形板的纵肋应取0.8；

对单向板楼盖的主梁应取0.6；

对双向板楼盖的梁应取0.8；

4）第9～12项应采用与所属房屋类别相同的折减系数。

2. 设计墙、柱和基础时的折减系数

1）第1(1)项应按表4.1.2规定采用；

2）第1(2)～7项应采用与其楼面梁相同的折减系数；

3）第8项对单向板楼盖应取0.5；

对双向板楼盖和无梁楼盖应取0.8

4）第9～12项应采用与所属房屋类别相同的折减系数。

注：楼面梁的从属面积应按梁两侧各延伸二分之一梁间距的范围内的实际面积确定。

活荷载按楼层的折减系数　　表4.1.2

墙、柱、基础计算截面以上的层数	1	2～3	4～5	6～8	9～20	>20
计算截面以上各楼层活荷载总和的折减系数	1.00 (0.90)	0.85	0.70	0.65	0.60	0.55

注：当楼面梁的从属面积超过25m² 时，应采用括号内的系数。

【技术要点说明】

表4.1.1中民用建筑楼面均布活荷载的标准值是指在设计中采用的最小荷载值，适用于一般使用条件。当实际使用荷载较大或情况特殊时，还应按实际情况采用更大的荷载标准值。同时注意在任何情况下的楼面均布活荷载的标准值不低于2.0 kN/m²。

设计中涉及楼面的使用条件，当它与表4.1.1中的类别不完全相同时，可根据使用的实际情况，与表中前7个项次进行类比，经估计判断后选用，但当有特别重的设备时应另行考虑。

表中办公楼的荷载标准值，是指一般办公室的荷载。作为办公楼，还应考虑会议室、档案室和资料室等的不同要求，因此应在2.0～2.5 kN/m²范围内采用。

对于房屋的走廊、门厅和楼梯，活荷载一般取2.0～2.5 kN/m²。但对其他公用建筑以及当人流有可能拥挤的消防疏散楼梯，活荷载应提高到3.5 kN/m²。

在设计楼面梁、墙、柱及基础时，应考虑楼面活荷载按从属面积或楼层的折减，但也容许在偏于安全的前提下，对折减作合理的简化。

【实施与检查的控制】

仔细核对设计中采用的楼面活荷载标准值是否符合建筑设计的功能要求，还应取得业主的承诺并在设计文件中注明。

4.3.1　房屋建筑的屋面，其水平投影面上的屋面均布活荷载，应按表4.3.1采用。

屋面均布活荷载，不应与雪荷载同时组合。

屋面均布活荷载　　表 4.3.1

项　次	类　　别	标准值 (kN/m²)	组合值系数 ψ_c	频遇值系数 ψ_f	准永久值系数 ψ_q
1	不上人的屋面	0.5	0.7	0.5	0
2	上人的屋面	2.0	0.7	0.5	0.4
3	屋顶花园	3.0	0.7	0.6	0.5

注：1　不上人的屋面，当施工或维修荷载较大时，应按实际情况采用；对不同结构应按有关设计规范的规定，将标准值作 0.2kN/m² 的增减。

2　上人的屋面，当兼作其他用途时，应按相应楼面活荷载采用。

3　对于因屋面排水不畅、堵塞等引起的积水荷载，应采取构造措施加以防止；必要时，应按积水的可能深度确定屋面活荷载。

4　屋顶花园活荷载不包括花圃土石等材料自重。

【技术要点说明】

屋面均布活荷载包括不上人的屋面和上人的屋面两类。对不上人的屋面，主要考虑施工或维修阶段的施工荷载。但当施工荷载较大时，应按实际情况采用，或在施工过程中采取减载或卸载措施。该荷载标准值一般规定为 0.5 kN/m²，但也可根据其他有关设计规范的规定，对某些结构的屋面活荷载作相应的调整。

对上人的屋面，其活荷载应根据其用途作相应的规定，但不得小于 2.0 kN/m²。屋顶花园的活荷载一般按 3.0 kN/m² 采用，但其中没有包括花圃土石材料的自重在内，必须按实际情况另行估计。

屋面均布活荷载不应与屋面的雪荷载同时考虑。

【实施与检查的控制】

仔细核对设计中采用的屋面活荷载标准值是否符合建筑设计的功能要求，还应取得业主的承诺并在设计文件中注明。

4.5.1　设计屋面板、檩条、钢筋混凝土挑檐、雨篷和预制小梁时，施工或检修集中荷载（人和小工具的自重）应取 1.0kN，并在最不利位置处进行验算。

注：1　对于轻型构件或较宽构件，当施工荷载超过上述荷载时，应按实际情况验算，或采用加垫板、支撑等临时设施承受。

2　当计算挑檐、雨篷承载力时，应沿板宽每隔 1.0m 取一个集中荷载；在验算挑檐、雨篷倾覆时，应沿板宽每隔 2.5～3.0m 取一个集中荷载。

【技术要点说明】

按集中荷载验算屋面板、檩条、挑檐、雨篷和预制小梁等屋面构件时，不同时考虑与屋面均布活荷载或雪荷载的组合。

【实施与检查的控制】

仔细核对设计中采用的集中荷载是否符合条文规定的要求。

4.5.2　楼梯、看台、阳台和上人屋面等的栏杆顶部水平荷载，应按下列规定采用：

1　住宅、宿舍、办公楼、旅馆、医院、托儿所、幼儿园，应取 0.5kN/m；

2　学校、食堂、剧场、电影院、车站、礼堂、展览馆或体育场，应取 1.0kN/m。

【技术要点说明】

栏杆的水平均布线荷载均应考虑它作用在构件最不利的位置上。

【实施与检查的控制】

仔细核对设计中采用的栏杆的水平均布线荷载是否符合条文规定的要求。

6.1.1 屋面水平投影面上的雪荷载标准值，应按下式计算：

$$s_k = \mu_r s_0 \tag{6.1.1}$$

式中 s_k——雪荷载标准值(kN/m^2)；

μ_r——屋面积雪分布系数；

s_0——基本雪压(kN/m^2)。

6.1.2 基本雪压应按50年一遇的雪压采用。

对雪荷载敏感的结构，基本雪压应适当提高，并应由有关的结构设计规范具体规定。

【技术要点说明】

屋面积雪分布系数是考虑屋面雪荷载与根据当地标准地面上确定的基本雪压的差别而加以修正的系数。该系数一般可按《建筑结构荷载规范》提供的参数采用；当有根据时，也可采用其他参数。

基本雪压应按《建筑结构荷载规范》GB 50009—2001附录D.4提供的50年一遇的雪压采用。

【实施与检查的控制】

仔细核对设计中采用的基本雪压和雪荷载标准值是否符合规定的要求，其中对基本雪压还应取得业主的承诺并在设计文件中注明。

7.1.1 垂直于建筑物表面上的风荷载标准值，应按下述公式计算：

1 当计算主要承重结构时

$$w_k = \beta_z \mu_s \mu_z w_0 \tag{7.1.1-1}$$

式中 w_k——风荷载标准值(kN/m^2)；

β_z——高度 z 处的风振系数；

μ_s——风荷载体型系数；

μ_z——风压高度变化系数；

w_0——基本风压(kN/m^2)。

2 当计算围护结构时

$$w_k = \beta_{gz} \mu_s \mu_z w_0 \tag{7.1.1-2}$$

式中 β_{gz}——高度 z 处的阵风系数。

7.1.2 基本风压应按50年一遇的风压采用，但不得小于0.3kN/m^2。

对于高层建筑、高耸结构以及对风荷载比较敏感的其他结构，基本风压应适当提高，并应由有关的结构设计规范具体规定。

【技术要点说明】

计算主要承重结构时的风荷载，除根据当地按标准条件确定的基本风压外，还要考虑由于迎风面前沿地面粗糙度不同而形成沿高度平均风压不同的风压高度变化系数；考虑由于房屋对气流干扰的效应随房屋体型而异的风荷载体型系数；以及结构在风压脉动的影响下，考虑结构动力响应(包括结构与脉动风的谐振和与结构尺度有关的影响因素)的风振系数。

计算围护结构时的风荷载，风荷载公式中的风荷载体型系数应考虑部分墙面的风压会高于整个面积上的平均风压的实际情况，而采用相应的局部风压体型系数。阵风系数与风振系数是有所不同的，它是将随时间的10min平均风压，在不同高度上换算为瞬时风压，在围护结构设计时，该系数主要是为高层建筑的幕墙结构，尤其是玻璃幕墙结构的设计所必需采用的。

以上系数一般都可根据规定的应用范围，按《建筑结构荷载规范》提供的设计参数采用，当有根据时，也可采用其他参数。

基本风压应按《建筑结构荷载规范》GB 50009—2001 附录 D.4 提供的 50 年一遇的风压采用。

【实施与检查的控制】

仔细核对设计中采用的基本风压和风荷载标准值是否符合规定的要求，其中对基本风压还应取得业主的承诺并在设计文件中注明。

2 混凝土结构设计

2.1 钢筋混凝土结构

一、设计的基本原则

《混凝土结构设计规范》GB 50010—2002

3.1.8 未经技术鉴定或设计许可，不得改变结构的用途和使用环境。

【技术要点说明】

房屋建筑的安全取决于结构设计、施工质量和使用维护。前二者已有规范加以保证，而后者相对薄弱。在计划经济时代，房屋的用途相对稳定。而在市场经济发展的今天，房屋作为商品经常发生归属关系的转移，因而用途就有可能变化。当结构的用途和使用环境变化时，原设计的安全储备和耐久性有可能不足，从而影响人民生命财产的安全。近年，由此引起的安全事故和耐久性问题有增加的趋势。从而反证了不能随意改变结构用途和使用环境的必要性。

因此，当结构用途和使用环境有变化时，必须经技术鉴定或设计复核，确认可以保证安全和耐久性后方能实行。不得在未经技术鉴定或设计许可的情况下任意改变结构用途和使用环境。在房屋建筑的归属关系发生变化并改变结构用途和使用环境时，尤其容易发生违反本条的情况，应予以特别注意。

【实施与检查的控制】

当建筑物改变结构的用途以及使用环境时，有可能引起结构上荷载和作用效应的增加（结构内力增加和变形的增加），或使用环境变化有可能引起结构的耐久性降低，应防止因此而产生的安全度问题。建筑物产权单位应请有资质的单位鉴定，或请设计单位进行设计核算，采取必要的措施。

检查有关的技术鉴定文件或设计文件，如无这些必要的文件而擅自改变结构用途和使用环境，则为违反强制性条文。

6.1.1 预应力混凝土结构构件，除应根据使用条件进行承载力计算及变形、抗裂、裂缝宽度和应力验算外，尚应按具体情况对制作、运输及安装等施工阶段进行验算。

对承载能力极限状态，当预应力效应对结构有利时，预应力分项系数应取 1.0；不利时应取 1.2。对正常使用极限状态，预应力分项系数应取 1.0。

【技术要点说明】

预应力混凝土结构利用钢筋的高强度，将其预先张拉到较高的应力，放张后对混凝土造成很大的预压应力，从而大大提高构件的抗裂性能和刚度。但是，由于经预拉的钢筋应力已较高，与使用荷载下增加的应力叠加后，总应力有可能已接近预应力筋的抗拉强度，故应力增长裕量已相对不大，对构件延性有所影响。因此，对预应力混凝土构件的设计提出更严格的要求。

首先，构件在投入使用前的施工阶段，由于施加预应力而已进入受力状态，因此除按一般设计规定进行计算和验算以外，还必须考虑制作、运输、安装等工况进行验算。如果由于疏忽而漏掉这部分计算，则可能会对构件在施工阶段和以后使用阶段的受力性能和安全问题造成不利影响。

其次，在施工阶段施加的预应力，对混凝土构件而言，既增强了其抗力，同时又作为一种外加的作用（荷载）在结构构件中引起效应（如局部承压、裂缝、反拱变形等）。这种双重性使设计时必须考虑预应力分项系数的不同取值。规范规定，在承载力极限状态设计时预应力效应（包括次弯矩，次剪力）有利时取分项系数 1.0，不利时取 1.2。而对正常使用极限状态则统取 1.0。

由于预应力混凝土结构构件抗力的特殊性，故对施工阶段的验算及预应力分项系数提出严格的强制性要求。

【实施与检查的控制】

除常规的设计外，预应力混凝土构件还须进行施工阶段验算。对制作、运输、安装等受力情况下的不利工况进行设计验算。此外在设计时，施加的预应力值作为效应考虑，对承载能力极限状态，预应力分项系数不利时取 1.2，有利时取 1.0；对正常使用极限状态取 1.0。

检查设计文件，是否有施工阶段的验算，以及不同的极限状态计算时是否已按规定乘以正确的预应力分项系数。

《冷拔钢丝预应力混凝土构件设计与施工规程》JGJ 19—92

1.0.3 对于直接承受动荷载作用的构件，在无可靠试验或实践经验时，不宜采用冷拔钢丝预应力混凝土构件。

处于侵蚀环境或高温下的结构，不得采用冷拔钢丝预应力混凝土构件。

【技术要点说明】

冷拔钢丝属于冷加工钢筋，其强度虽有较大提高但是延性却显著降低。

强制性条文对冷拔钢丝作为预应力钢筋应用的条件作了严格的限制。并以强制性条文形式作出明确规定，其内容主要表现在以下三个方面。

1. 直接承受动荷载的构件中慎用。冷拔钢丝的表面光滑，与混凝土之间的粘结锚固作用比较薄弱，在动力荷载的反复作用下容易发生锚固破坏，导致构件丧失承载力。因此，冷拔钢丝一般不用于直接承受动力荷载作用的构件中作受力钢筋。如需应用，则必须有可靠的试验或实践经验。

2. 侵蚀性环境中不得采用冷拔钢丝。冷拔钢丝一般直径较小，对锈蚀引起的承载基圆面积减小比较敏感。此外，由于冷加工引起的内部残余应力和预应力引起的钢丝腐蚀加快，其遭受锈蚀后的耐久性问题比一般钢筋要严重得多，因此禁止在侵蚀性环境中应用。

3. 高温环境中不得采用冷拔钢丝。冷拔钢筋的强度得自冷加工带来的金相组织改变，而高温环境引起的“回火”作用可能使强度降低，从而带来承载力不足的问题。

【实施与检查的控制】

设计和检查时对涉及有以冷拔钢丝作预应力钢筋的构件时，应特别注意其是否在直接承受动荷载；或处于高温或侵蚀性环境下应用。如有此类情况，对动载情况视其是否有试验验证或实践经验。如果没有足够的理由而在上述情况下采用冷拔钢丝作预应力钢筋，则是违反了强制性条文。

二、材料设计强度

《混凝土结构设计规范》GB 50010—2002

4.1.3 混凝土轴心抗压、轴心抗拉强度标准值 f_{ck}、f_{tk} 应按表 4.1.3 采用。

混凝土强度标准值（N/mm²） 表 4.1.3

强度种类	混凝土强度等级													
	C15	C20	C25	C30	C35	C40	C45	C50	C55	C60	C65	C70	C75	C80
f_{ck}	10.0	13.4	16.7	20.1	23.4	26.8	29.6	32.4	35.5	38.5	41.5	44.5	47.4	50.2
f_{tk}	1.27	1.54	1.78	2.01	2.20	2.39	2.51	2.64	2.74	2.85	2.93	2.99	3.05	3.11

4.1.4 混凝土轴心抗压、轴心抗拉强度设计值 f_c、f_t 应按表 4.1.4 采用。

混凝土强度设计值（N/mm²） 表 4.1.4

强度种类	混凝土强度等级													
	C15	C20	C25	C30	C35	C40	C45	C50	C55	C60	C65	C70	C75	C80
f_c	7.2	9.6	11.9	14.3	16.7	19.1	21.1	23.1	25.3	27.5	29.7	31.8	33.8	35.9
f_t	0.91	1.10	1.27	1.43	1.57	1.71	1.80	1.89	1.96	2.04	2.09	2.14	2.18	2.22

注：1 计算现浇钢筋混凝土轴心受压及偏心受压构件时，如截面的长边或直径小于 300mm，则表中混凝土的强度设计值应乘以系数 0.8；
2 离心混凝土的强度设计值应按专门标准取用。

【技术要点说明】

混凝土结构的安全很大程度上取决于混凝土的强度。混凝土的强度与其原材料及施工条件有关。施工验收规范通过一定的评定验收方法，保证其立方体抗压强度具有 95% 的保证率，并以此分等定级。实际设计时，须用到混凝土的轴心抗压强度和轴心抗拉强度的标准值及设计值，其与确定强度等级的立方体抗压强度还有些差别。综合考虑各种因素，轴心抗压强度标准值 f_{ck} 与立方体抗压强度标准值 $f_{cu,k}$ 之间有如下折算关系：

$$f_{ck}=0.88\alpha_{c1}\alpha_{c2}f_{cu,k}$$

式中 0.88 为试件混凝土强度与实际结构混凝土强度差别引起的修正系数；$\alpha_{c1}=0.76\sim0.8$ 为棱柱强度与立方强度之比值；$\alpha_{c2}=1.0\sim0.87$，为高强混凝土的脆性折减系数。

对于轴心抗拉强度标准值 f_{tk}，折算关系如下：

$$f_{tk}=0.88\times0.395f_{cu,k}^{0.55}(1-1.645\delta)^{0.45}\alpha_{c2}$$

式中系数 0.395 及指数 0.45 是抗拉强度与立方强度之间折算关系，是经统计分析后确定的；δ 为立方体抗压强度统计的离散系数，括号项反映了离散程度的影响。δ 的取值由统计调查而得，如表 5-3 所示。

混凝土立方体强度变异系数的统计调查结果 表 5-3

$f_{cu,k}$	C15	C20	C25	C30	C35	C40	C45	C50	C55	C60～C80
δ	0.21	0.18	0.16	0.14	0.13	0.12	0.12	0.11	0.11	0.10

混凝土轴心抗压强度标准值 f_{ck} 及轴心抗拉强度标准值 f_{tk} 一般用于正常使用极限状态的验算。当进行承载载能力极限状态计算时，混凝土的强度设计值应有更高的可靠度，故应将其标准值再除以材料分项系数 γ_c。原规范材料分项系数 $\gamma_c=1.35$。本次修订出于适当提高安全储备的考虑，取为 $\gamma_c=1.40$。因此，按下式计算所得的混凝土强度设计值（轴心抗压强度设计值 f_c 和轴心抗拉强度设计值 f_t）均较原规范降低了4%左右。

$$f_c = f_{ck}/\gamma_c$$

$$f_t = f_{tk}/\gamma_c$$

在强制性条文中，列表给出了不同强度等级混凝土的强度标准值和设计值，应严格选择应用，避免出错。与原规范比较，本次修订有以下三点不同，应用时须特别注意。

1. 取消了C10及以下的低强混凝土，增加了C65～C80的高强混凝土强度等级；

2. 取消了弯曲抗压强度（f_{cmk}，f_{cm}），只剩下轴心抗压（f_{ck}，f_c）和轴心抗拉（f_{tk}，f_t）两种强度。

3. 材料分项系数 γ_c 由1.35提高为1.40，强度设计值（f_c、f_t）普遍降低4%。

【实施与检查的控制】

设计时应根据混凝土的强度等级正确地选择相应的标准值和设计值，不能出现差错。检查和核实设计文件中的有关取值是否符合要求。

4.2.2 钢筋的强度标准值应具有不小于95%的保证率。

热轧钢筋的强度标准值系根据屈服强度确定，用 f_{yk} 表示。预应力钢绞线、钢丝和热处理钢筋的强度标准值系根据极限抗拉强度确定，用 f_{ptk} 表示。

普通钢筋的强度标准值应按表4.2.2-1采用；预应力钢筋的强度标准值应按表4.2.2-2采用。

普通钢筋强度标准值（N/mm²） 表4.2.2-1

种类		符号	d (mm)	f_{yk}
热轧钢筋	HPB235(Q235)	Φ	8～20	235
	HRB335(20MnSi)	Φ	6～50	335
	HRB400(20MnSiV、20MnSiNb、20MnTi)	Φ	6～50	400
	RRB400(K20MnSi)	$Φ^R$	8～40	400

注：1 热轧钢筋直径 d 系指公称直径；

2 当采用直径大于40mm的钢筋时，应有可靠的工程经验。

预应力钢筋强度标准值（N/mm²） 表4.2.2-2

种类		符号	d(mm)	f_{ptk}
钢绞线	1×3	$Φ^S$	8.6、10.8	1860、1720、1570
			12.9	1720、1570
	1×7		9.5、11.1、12.7	1860
			15.2	1860、1720
消除应力钢丝	光面螺旋肋	$Φ^R$ $Φ^H$	4、5	1770、1670、1570
			6	1670、1570
			7、8、9	1570
	刻痕	$Φ^I$	5、7	1570

续表

种类		符号	d(mm)	f_{ptk}
热处理钢筋	40Si2Mn	ϕ^{HT}	6	1470
	48Si2Mn		8.2	
	45Si2Cr		10	

注：1 钢绞线直径 d 系指钢绞线外接圆直径，即现行国家标准《预应力混凝土用钢绞线》GB/T 5224 中的公称直径 D_g，钢丝和热处理钢筋的直径 d 均指公称直径；

2 消除应力光面钢丝直径 d 为 4～9mm，消除应力螺旋肋钢丝直径 d 为 4～8mm。

4.2.3 普通钢筋的抗拉强度设计值 f_y 及抗压强度设计值 f'_y 应按表 4.2.3-1 采用；预应力钢筋的抗拉强度设计值 f_{py} 及抗压强度设计值 f'_{py} 应按表 4.2.3-2 采用。

当构件中配有不同种类的钢筋时，每种钢筋应采用各自的强度设计值。

普通钢筋强度设计值（N/mm²） 表 4.2.3-1

种类		符号	f_y	f'_y
热轧钢筋	HPB 235（Q235）	ϕ	210	210
	HRB 335（20MnSi）	ϕ	300	300
	HRB 400（20MnSiV、20MnSiNb、20MnTi）	ϕ	360	360
	RRB 400（K20MnSi）	ϕ^R	360	360

注：在钢筋混凝土结构中，轴心受拉和小偏心受拉构件的钢筋抗拉强度设计值大于 300N/mm² 时，仍应按 300N/mm² 取用。

预应力钢筋强度设计值（N/mm²） 表 4.2.3-2

种类		符号	f_{ptk}	f_{py}	f'_{py}
钢绞线	1×3	ϕ^S	1860	1320	390
			1720	1220	
			1570	1110	
	1×7		1860	1320	390
			1720	1220	
消除应力钢丝	光面螺旋肋	ϕ^P ϕ^H	1770	1250	410
			1670	1180	
			1570	1110	
	刻痕	ϕ^I	1570	1110	410
热处理钢筋	40Si2Mn	ϕ^{HT}	1470	1040	400
	48Si2Mn				
	45Si2Cr				

注：当预应力钢绞线、钢丝的强度标准值不符合表 4.2.2-2 的规定时，其强度设计值应进行换算。

【技术要点说明】

混凝土结构中主要受力钢筋对结构的承载力起着决定性的作用。钢筋作为原材料由冶金企业生产，并由国家产品标准决定其牌号及力学性能（强度、伸长率等）。根据混凝土结构设计的需要，选择了其中某些牌号的钢筋品种和规格。由于钢筋在混凝土结构中使用方式的不同，分为普通钢筋和预应力钢筋两类，分别用于普通结构和预应力结构。在每一类中，又根据强度,制作工艺或外形的不同而进一步分级以供设计者选择。

热轧钢筋的强度标准值系根据屈服强度确定,用 f_{yk}表示,材料分项系数 $\gamma_s=1.10$。预应力钢绞线、钢丝和热处理钢筋的强度标准值系根据极限抗拉强度确定,用 f_{ptk}表示,本规范采用的条件屈服点为极限抗拉强度的 0.85 倍,材料分项系数 $\gamma_s=1.20$。普通钢筋和预应力钢筋钢筋的强度标准值都具有不小于 95%的保证率。

钢筋的强度设计值根据受力情况分为抗拉和抗压两种。普通钢筋的抗压强度设计值(f'_y)与抗拉相同;预应力钢筋的抗压强度设计值(f'_{py})则根据工程中的实际受力情况,远低于其抗拉强度。

在强制性条文的表中给出了各种钢筋的强度标准值及设计值,以及可供选择的直径及设计时的表达符号。在设计中应严格选择应用。由于钢筋强度对混凝土结构安全有重大的影响,故作为重要的关键条款列为强制性条文。与原规范比较,有以下四点不同,应用时须特别注意。

1. 各种冷加工钢筋(冷拉、冷拔、冷轧、冷扭)没有列入本规范,而由相应的行业标准管理。

2. 钢筋的材料分项系数统一取值。HRB335(原Ⅱ)级钢筋的设计强度由 310N/mm² 降为 300N/mm²。预应力钢丝、钢绞线的强度值则较原规范稍有提高。

3. 未列入规范表中强度标准值的预应力钢丝、钢绞线,其强度设计值可按表注规定进行等比例换算后采用,这就扩大了可供选择的钢筋范围。

4. 钢绞线的公称直径与公称面积之间并不存在一般钢筋 $A_s=\frac{\pi d^2}{4}$ 的关系,而应查附录 B 中表 B.2 及表 B.3 的有关规定确定。设计时应特别小心,避免出错。

【实施与检查的控制】

设计时应根据所选择的钢筋种类正确地确定其强度的标准值与设计值。尤其注意 HRB335(原Ⅱ级)钢筋的强度设计值已变化;而钢绞线的公称面积不能直接利用直径计算而应按规定查表取值。检查时,应核实设计文件中的有关取值,不得有误。

《冷轧带肋钢筋混凝土结构技术规程》JGJ 95—2003

3.1.3　冷轧带肋钢筋的强度标准值应具有不小于 95%的保证率。

冷轧带肋钢筋的强度标准值系根据极限抗拉强度确定,用 f_{stk}或 f_{ptk}表示。

冷轧带肋钢筋的强度标准值 f_{stk}或 f_{ptk}应按表 3.1.3 采用。

冷轧带肋钢筋强度标准值(N/mm²)　　**表 3.1.3**

钢筋级别	符号	钢筋直径(mm)	f_{stk}或 f_{ptk}
CRB550	ϕ^R	5、6、7、8、9、10、11、12	550
CRB650		5、6	650
CRB800		5	800
CRB970		5	970
CRB1170		5	1170

3.1.4　冷轧带肋钢筋的抗拉强度设计值 f_y 或 f_{py}及抗压强度设计值 f'_y 或 f'_{py}应按表3.1.4

采用。

冷轧带肋钢筋强度设计值(N/mm²) 表 3.1.4

钢筋级别	符号	f_y 或 f_{py}	f'_y 或 f'_{py}
CRB550	ϕ^R	360	360
CRB650		430	380
CRB800		530	380
CRB970		650	380
CRB1170		780	380

注：在钢筋混凝土结构中，轴心受拉和小偏心受拉构件的冷轧带肋钢筋抗拉强度设计值大于 300 N/mm² 时，应按 300 N/mm² 取用。

【技术要点说明】

冷轧带肋钢筋属于冷加工钢筋，强度提高但延性损失、伸长率降低，且是通过对母材二次冷轧加工而生产的，其质量稳定性不如规模生产的钢筋。因此，材料分项系数取值较大 $\gamma_s=1.50$。第 3.1.3 条给出了冷轧带肋钢筋的强度标准值，是具有 95%保证率的分位值。第 3.1.4 条为其除分项系数以后的强度设计值。在注中对受拉构件进一步限制强度。对受压强度则与普通钢筋一样限值较低，为 360、380 N/mm²。

【实施与检查的控制】

设计时应根据选择冷轧带肋钢筋的级别按表 3.1.3 和表 3.1.4 确定强度标准值与设计值。应注意的是材料分项系数 γ_s 尽管统取 1.50，但表中的强度设计值系取整值，不能自行计算确定。此外应注意抗压强度设计值较低，与强度标准值并不成比例。检查时，应按表 3.1.3，表 3.1.4 核实设计文件中的有关取值，不得有误。

《冷轧扭钢筋混凝土构件技术规程》JGJ 115—97

3.2.4 冷轧扭钢筋的强度标准值、设计值应按表 3.2.4 采用

冷轧扭钢筋的强度标准值、设计值 (N/mm²) 表 3.2.4

抗拉强度标准值 f_{stk}	抗拉强度设计值 f_y	抗压强度设计值 f'_y
≥580	360	360

【技术要点说明】

冷轧扭钢筋也是冷加工钢筋，经轧扭加工后强度提高，但延性损失，伸长率降低，容易在伸长变形不太大时钢筋拉断而引起构件脆性破坏。因此，对其强度的设计值不能取值过高，以避免在高应力状态下发生脆断。冷轧扭钢筋的外形逐次改进，有Ⅰ型(矩形)、Ⅱ型(菱形)，均只能作非预应力钢筋，且不论那种类型，均统一取强度标准值及设计值。

冷轧扭钢筋的强度标准值(f_{stk})具有 95%的保证率，其数值为 580N/mm²；抗拉强度和抗压强度的设计值(f_y、f'_y)为标准值除以材料分项系数 γ_s 的结果，统取为 360N/mm²。冷轧扭钢筋作为非预应力钢筋应用时，强度设计参数与其他冷加工钢筋相同，只是强度标准值偏大(580N/mm²)，但设计值一致。

另一应注意的问题是冷轧扭钢筋以轧扭前的母材直径作公称直径，直径与截面积之间不存在$\frac{\pi}{4}d^2$ 的关系。因此，冷轧扭钢筋设计时，不仅强度设计参数取值不能出错，截面面积应按有关规程查得，不得有误。

【实施与检查的控制】

设计时应正确选择冷轧扭钢筋的强度标准值与设计值，应注意其标准值虽偏高但设计值与其他冷加工钢筋一样。此外，由于以轧前直径作公称直径，其公称面积应通过查表确定，并不存在 $A=\frac{\pi d^2}{4}$ 的关系。检查时核实有关设计数据，必须符合上述要求，否则认为违反强制性条文。

《钢筋焊接网混凝土结构技术规程》JGJ 114—2003

3.1.4　焊接网钢筋的强度标准值应具有不小于95%的保证率。

冷轧带肋钢筋及冷拔光面钢筋的强度标准值系根据极限抗拉强度确定，用 f_{stk} 表示。热轧带肋钢筋的强度标准值系根据屈服强度确定，用 f_{yk} 表示。

焊接网钢筋的强度标准值 f_{stk} 和 f_{yk} 应按表3.1.4采用。

焊接网钢筋强度标准值（N/mm²）　　表3.1.4

焊接网钢筋	符号	钢筋直径(mm)	f_{stk} 或 f_{yk}
冷轧带肋钢筋 CRB550	ϕ^R	5、6、7、8、9、10、11、12	550
热轧带肋钢筋 HRB400	ϕ	6、8、10、12、14、16	400
冷拔光面钢筋 CPB550	ϕ^{cp}	5、6、7、8、9、10、11、12	550

3.1.5　焊接网钢筋的抗拉强度设计值 f_y 和抗压强度设计值 f'_y 应按表3.1.5采用。

焊接网钢筋强度设计值（N/mm²）　　表3.1.5

焊接网钢筋	符号	f_y	f'_y
冷轧带肋钢筋 CRB550	ϕ^R	360	360
热轧带肋钢筋 HRB400	ϕ	360	360
冷拔光面钢筋 CPB550	ϕ^{cp}	360	360

注：在钢筋混凝土结构中，轴心受拉和小偏心受拉构件的钢筋抗拉强度设计值大于300 N/mm² 时，仍应按300 N/mm² 取用。

【技术要点说明】

钢筋焊接成网片以后，焊接网钢筋强度的标准值与构成网片的原钢筋相同，具有95%的保证率。热轧钢筋为其屈服强度；冷加工钢筋没有屈服强度而根据抗拉强度确定。强度设计值为标准值除以材料分项系数而得，热轧钢筋 $\gamma_s=1.10$，冷加工钢筋 $\gamma_s=1.5\sim1.7$。

【实施与检查的控制】

设计时应根据网片钢筋的种类分别选择其强度标准值和强度设计值。应注意的是，因为材料分项系数的不同，设计值不是按比例计算的结果，应由表3.1.5取值。在受拉构件中其强度设计值应按表3.1.5的注取值。检查、复核时应特别注意。

三、基本构造措施

《混凝土结构设计规范》GB 50010—2002

9.2.1　纵向受力的普通钢筋及预应力钢筋，其混凝土保护层厚度（钢筋外边缘至混凝土表面的距离）不应小于钢筋的公称直径，且应符合表 9.2.1 的规定。

纵向受力钢筋的混凝土保护层最小厚度（mm）　　　　表 9.2.1

环境类别		板、墙、壳			梁			柱		
		≤C20	C25～C45	≥C50	≤C20	C25～C45	≥C50	≤C20	C25～C45	≥C50
一		20	15	15	30	25	25	30	30	30
二	a	—	20	20	—	30	30	—	30	30
	b	—	25	20	—	35	30	—	35	30
三		—	30	25	—	40	35	—	40	35

注：基础中纵向受力钢筋的混凝土保护层厚度不应小于 40mm；当无垫层时不应小于 70mm。

【技术要点说明】

混凝土结构中钢筋并不外露而被包裹在混凝土中，由纵向钢筋外边缘到混凝土表面的最小距离为保护层厚度。混凝土保护层的作用是锚固住受力钢筋，使其在荷载作用下能够与混凝土共同受力，并将这种力传给握裹层混凝土。保护层的另一作用是使受力钢筋免遭锈蚀，使钢筋在混凝土的碱性环境中免受酸性介质或其他腐蚀性介质的侵蚀，并具有相当的耐久性，从而确保应有的设计使用年限。在一般情况下为 50 年；当设计使用年限为 100 年时，保护层厚度还应增加 40%。

调查研究表明，我国混凝土结构中受力钢筋的混凝土结构保护层普遍偏薄，因而影响了受力钢筋的粘结锚固。特别在钢筋强度逐渐提高的今天，矛盾更为突出。同时，过薄的保护层不能保证结构的耐久性和应有的设计使用年限，从而不利于结构的长久安全，有时甚至酿成事故。但是，过大的保护层厚度会加大截面尺寸，增加结构自重，或者降低截面的有效高度，削弱混凝土构件的抗力，从而影响结构性能。因此，应综合考虑锚固、耐久性及有效高度三个因素，在保证锚固和耐久性的条件下，尽可能减小混凝土的保护层厚度。而本强制性条文则给出了一般情况下，相应于 50 年设计使用年限的纵向受力钢筋混凝土保护层厚度的最低限度取值——保护层的最小厚度。

纵向受力钢筋（普通钢筋及预应力钢筋）的混凝土保护层厚度（钢筋外边缘到混凝土表面的距离）不应小于钢筋的公称直径 d；且应符合规范第 9.2.1 条及注的要求，即不小于表及注要求的数值。前者是受力钢筋粘结锚固的规定；而后者则是耐久性的要求。“最小”二字则反映了尽量保持有效高度的意图。表 9.2.1 的注则是我国长期设计经验的总结，对基础中的纵向受力钢筋的保护厚度作出了统一的规定。

【实施与检查的控制】

设计时应先确定结构构件的环境类别、构件类型和混凝土强度等级，再根据相应的保护层最小厚度确定其实际保护层数值，使其不小于最小值且不小于钢筋的公称直径。检查时应审核设计图纸中的图示及说明，确定纵向受力钢筋的实际混凝土保护层厚度数值，并与上述规定比较，不符合者为违反强制性条文规定。

9.5.1　钢筋混凝土结构构件中纵向受力钢筋的配筋百分率不应小于表 9.5.1 规定的数值。

钢筋混凝土结构构件中纵向受力钢筋的最小配筋百分率(%)　　表 9.5.1

受力类型		最小配筋百分率
受压构件	全部纵向钢筋	0.6
	一侧纵向钢筋	0.2
受弯构件、偏心受拉、轴心受拉构件一侧的受拉钢筋		0.2 和 $45f_t/f_y$ 中的较大值

注：1　受压构件全部纵向钢筋最小配筋百分率，当采用 HRB400 级、RRB400 级钢筋时，应按表中规定减小 0.1；当混凝土强度等级为 C60 及以上时，应按表中规定增大 0.1；

2　偏心受拉构件中的受压钢筋，应按受压构件一侧纵向钢筋考虑；

3　受压构件的全部纵向钢筋和一侧纵向钢筋的配筋率以及轴心受拉构件和小偏心受拉构件一侧受拉钢筋的配筋率应按构件的全截面面积计算；受弯构件、大偏心受拉构件一侧受拉钢筋的配筋率应按全截面面积扣除受压翼缘面积 $(b'_f-b)h'_f$ 后的截面面积计算；

4　当钢筋沿构件截面周边布置时，"一侧纵向钢筋"系指沿受力方向两个对边中的一边布置的纵向钢筋。

【技术要点说明】

在脆性的混凝土中配置延性的钢筋以后，混凝土结构的承载力、延性显著提高。但当配筋数量少到一定限度以后，结构性能将发生质的变化——与无筋的素混凝土结构相差无几，从而成为脆性材料的结构。因此，混凝土结构设计时，对配置钢筋的数量有一个起码的保证结构安全所必须的最低限度要求——这就是纵向受力钢筋的最小配筋率。由于历史的原因，我国混凝土结构的最小配筋率曾经较低。本次规范修订实现了纵向受力钢筋最小配筋率的适度提高，并使其更为合理。同时还将其列入强制性条文，以保证混凝土结构应有的安全储备。

纵向受拉钢筋(包括轴心受拉构件、偏心受拉构件、受弯构件、偏压构件中的钢筋)，按一侧钢筋计算最小配筋率。设计规范以"截面开裂后，构件不致立即失效(裂而不断)"为原则确定其数值。因此与混凝土和钢筋的强度级别有关，表现为配筋特征值——f_t/f_y 的影响。其中，f_t 为混凝土的抗拉强度设计值，f_y 为钢筋的抗拉强度设计值。修订规范将原纵向受力钢筋的最小配筋率作了适当提高，同时又提出了配筋特征值的要求，实现了双控。这一方面加大了安全裕量；同时也是为克服高强混凝土脆性的不利影响；并有利于推广和采用较高强的 HRB400 级钢筋以适当降低最小配筋率。

纵向受压钢筋包括轴压、偏压构件中一侧或全部的受力钢筋。规定受压钢筋最小配筋率的目的是当受压混凝土破坏时不致具有突然压溃的脆性，改善构件的延性；同时与抗震中对受压构件柱的最小配筋构造要求相衔接。对受压构件一侧纵向受力钢筋的最小配筋百分率，维持原规定的要求；但对全截面的纵向受力钢筋的最小配筋率则作了适当提高。在注 1 中，对于下列两种情况则作适当增减：对 C60 级及以上的高强混凝土，由于混凝土脆性增大而应增加配筋；而当采用高强的 HRB400 级钢筋时，则因钢筋强度较高可以减少配筋。仍然间接反映了配筋特征值 f_t/f_y 的影响，以保证结构应有的延性。

【实施与检查的控制】

设计时，对配筋较少的结构构件应注意最小配筋率问题。对受弯构件、偏心受拉构件，轴心受拉构件、偏心受压构件中一侧的受拉钢筋，其最小配筋百分率(%)为 0.2 及 $45f_t/f_y$ 中的较大值，其中 f_t 为混凝土抗拉强度设计值，f_y 为钢筋的抗拉强度设计值。对受压构件，其一侧纵向受力钢筋(包括偏心受拉构件中的受压钢筋)的最小配筋百分率(%)为 0.2；

其全部纵向受力钢筋的最小配筋百分率(%)为0.6。但当采用HRB400级,RRB400级钢筋时可减少0.1;当混凝土强度等级为C60及以上时应增加0.1。

检查时应审核设计图纸中的图示及说明,首先确定构件的受力类型及一侧或全部纵向受力钢筋的数量及截面面积。同时按规范的规定计算截面面积并求出实际构件的纵向受力钢筋配筋百分率。然后根据混凝土的强度等级及钢筋的强度级别计算配筋特征值(f_t/f_y),同时按表9.5.1确定构件的最小配筋百分率。实际的配筋率应满足上述双控的要求。

当计算所得的实际构件的纵向受力钢筋配筋百分率大于或等于相应的最小配筋百分率时,该设计符合要求;当其小于规定的最小配筋百分率时,则认为不符合强制性条文的规定。

《轻骨料混凝土结构设计规程》JGJ 12—99

7.1.2 受力钢筋的轻骨料混凝土保护层最小厚度(从钢筋的外边缘算起)应符合表7.1.2的规定,且不应小于受力钢筋的直径 *d*。

板、墙、壳中分布钢筋的保护层厚度不应小于10mm;梁、柱中箍筋和构造钢筋的保护层厚度不应小于15mm。

轻骨料混凝土保护层最小厚度(mm) **表7.1.2**

环境条件	构件类别	轻骨料混凝土强度等级		
		≤CL20	CL25及CL30	≥CL35
室内正常环境	板、墙、壳	20	15	
	梁、柱	30	25	
露天或室内高湿度环境	板、墙、壳	35	25	20
	梁、柱	45	35	30

注:1 处于室内正常环境由工厂生产的预制构件,当轻骨料混凝土强度等级不低于CL20时,其保护层厚度按表中规定减少5mm,但预制构件中的预应力钢筋的保护层厚度不应小于15mm;处于露天或室内高湿度环境的预制构件,当表面另做水泥砂浆抹面层且有保证措施时,保护层厚度按表中室内正常环境中构件的数值采用;
2 预制钢筋轻骨料混凝土受弯构件,钢筋端头的保护层厚度为15mm,预制的肋形板,其主肋的保护层厚度按梁考虑;
3 处于露天或室内高湿度环境中的结构,其轻骨料混凝土强度等级不低于CL25,当非主要承重构件的轻骨料混凝土强度等级采用CL20时,其保护层厚度按表中CL25的规定值取用;
4 要求使用年限较长的重要建筑物和受沿海环境侵蚀的建筑物的承重结构,当处于露天或室内高湿度环境时,其保护层厚度应适当增加。

【技术要点说明】

轻骨料混凝土中同样存在着受力钢筋保护层的问题。影响保护层厚度的因素同样是混凝土对钢筋的粘结锚固作用;保护钢筋免遭锈蚀的碱性混凝土层的厚度;以及扣除保护层厚度影响的截面有效高度的数值。

从受力钢筋的握裹力而言,保护层厚度(钢筋外边缘到混凝土表面的距离)不应小于钢筋的公称直径。从耐久性的要求而言,保护层厚度不应小于表7.1.2中的数值。与普通混凝土结构设计规范GB 50010—2002要求不同的是,轻骨料混凝土的强度等级相对不高,因此强度等级的分级数值不同;按室内正常环境和露天或室内高湿度环境区分环境条件而未按环境类别划分。另外应注意的问题是,表的注中提出了对不同条件下保护层厚度调整的方法。主要是预制构件和处于较不利环境条件下轻骨料混凝土结构构件中受力钢筋混凝土保护层厚度数值的增减以及对强度等级的限定。其原因均为对轻骨料混凝土结构耐久性的要求。

【实施与检查的控制】

设计时应根据条文的规定确定混凝土保护层的厚度，应注意轻骨料混凝土的相应规定与一般混凝土不同，同时还有对不同情况下的修正，应遵照执行。

实际工程中应重点审查图纸中对混凝土保护层厚度的图示及说明，核算其是否符合该构件类型、环境条件及混凝土强度等级下对保护层厚度的要求。务必使其符合强制性条文的规定。

7.1.3　当计算中充分利用纵向受拉钢筋强度时，其锚固长度 l_a 不应小于表 7.1.3 规定的数值。

纵向受拉钢筋的最小锚固长度 l_a(mm)　　表 7.1.3

钢筋类型		轻骨料混凝土强度等级			
		CL15	CL20	CL25	≥CL30
Ⅰ级钢筋		45d	35d	30d	25d
月牙纹	Ⅱ级钢筋	55d	45d	40d	35d
	Ⅲ级钢筋	—	50d	45d	40d
	冷轧带肋钢筋	—	45d	40d	35d
冷拔低碳钢丝		300			

注：1. 当月牙纹钢筋直径 d>25mm 时，其锚固长度应按表中数值增加 5d 采用；

3. 纵向受拉的Ⅰ、Ⅱ、Ⅲ级钢筋的锚固长度不应小于 250mm；纵向受拉的冷轧带肋钢筋的锚固长度不应小于 200mm。

【技术要点说明】

混凝土结构中钢筋能够受力是由于它与混凝土之间的粘结锚固作用。如果锚固失效，则钢筋无法承载受力，混凝土结构将丧失承载能力并由此而引起结构解体、塌垮等灾害性后果。因此，保证受力钢筋的锚固是混凝土结构设计的重要内容。钢筋与混凝土之间的粘结锚固作用取决于混凝土的强度，保护层的厚度，钢筋的外形和锚固区域的配箍约束。锚固设计的最重要参数是确定在不同条件下的锚固长度。

考虑轻骨料混凝土的锚固长度时，偏安全地取钢筋的拉拔力为其抗拉强度设计值；保护层厚度取按构造措施要求的最小值；同时保证锚固区域有不少于构造要求的配箍作为侧向约束。通过试验研究及分析，可以确定不同类型钢筋在不同强度等级的轻骨料混凝土中的最小锚固长度。并按我国的设计施工习惯以 5d 为间隔制表表达。

应该说明的是，表中Ⅰ级钢筋现应表达为 HPB235 级光圆钢筋，其除满足锚固长度的要求外，还应在钢筋未端设置弯钩，以机械锚固的形式加强其锚固抗力。Ⅱ、Ⅲ级钢筋则表达为 HRB335 级、HRB400 级以及 RRB400 级热轧带肋钢筋或余热处理钢筋。由于其有较强的咬合作用，故只要满足规定的锚固长度，则其末端无须再加弯钩或其他机械锚固措施。

表中注 1 要求，当锚固钢筋的直径 d 较粗（大于 25mm）时，应增加锚固长度 5d。这是因为热轧带肋钢筋随直径加大，肋高相对降低，锚固性能受到影响。故对粗变形钢筋锚固长度应适当加长。

表中注 3 表明，锚固长度虽以相对值表达而与钢筋直径 d 有关，但仍应有一个最低限度的绝对值长度。其数值对不同种类的钢筋而言为 200～250mm 不等，确定实际锚固长度时必须满足此要求。对于细直径钢筋，这个值往往起控制作用。

【实施与检查的控制】

在实际工程的设计和图纸校审时，应重点注意受力钢筋的锚固长度。实际结构中受力钢筋的锚固长度必须满足本条中最小锚固长度的要求，以使结构承载受力时不会因受力钢筋的锚固破坏而发生影响安全的事故。

《冷轧带肋钢筋混凝土结构技术规程》JGJ 95—2003

6.1.5 钢筋混凝土结构受弯构件中纵向受拉钢筋的最小配筋率，不应小于 0.2% 和 $(45f_t/f_y)$% 两者中的较大者。

注：受弯构件受拉钢筋的配筋率应按全截面面积扣除受压翼缘面积 $(b'_f-b)h'_f$ 后的截面面积计算。

【技术要点说明】

冷轧带肋钢筋混凝土结构受弯构件中纵向受拉钢筋最小配筋率与普通混凝土结构的最小配筋率一样，也是出于对构件结构性能(承载力、延性)的要求而提出。规程第 6.1.5 条给出了受拉冷轧带肋钢筋的最小配筋率的确定方法，与普通钢筋的原理和方法相同，不再赘述。由于冷轧带肋钢筋一般并不用作受压钢筋，因此未提出受压时的最小配筋率要求。

【实施与检查的控制】

在设计与审核图纸时，对以冷轧带肋钢筋作受拉钢筋的受弯构件，应检查其实际配筋率是否不低于 0.2% 和 $(45f_t/f_y)$%。如有不符合，应改正，提高钢筋配置量或采取其他有效措施。

《冷轧扭钢筋混凝土构件技术规程》JGJ 115—97

7.2.1 当计算中充分利用纵向受拉冷轧扭钢筋强度时，其最小锚固长度应符合表 7.2.1 的规定。

纵向受拉冷轧扭钢筋的最小锚固长度 l_a(mm) 表 7.2.1

混凝土强度等级	C20	C25	≥C30
最小锚固长度	45d	40d	35d

【技术要点说明】

冷轧扭钢筋作为混凝土构件中的受力钢筋，同样存在着锚固问题。不同的是冷轧扭钢筋不靠横肋与混凝土咬合齿之间的咬合作用锚固，而以自身螺旋状钢筋的倾斜侧面维持与混凝土咬合齿的连续挤压作用来满足锚固要求。同样地，为保证在承载力极限状态下纵向受力钢筋能够充分发挥其强度而不发生锚固破坏，设计时应保证其必要的锚固长度。作为强制性条文，提出了最小锚固长度的要求。

应该说明的是，冷轧扭钢筋的锚固长度仍以其公称直径 d 表达。冷轧扭钢筋的公称直径以轧制前母材的直径表达，考虑轧制引起的截面积减小(面缩率对所有冷加工钢筋均存在)故其数值偏大。冷轧扭钢筋的公称直径 d 和截面积 A_s 之间并不存在 $\frac{\pi}{4}d^2$ 的关系。因此,以公称直径表达的锚固长度相对较长,也是偏于安全的。

【实施与检查的控制】

本条以表格形式给出了纵向受力冷轧扭钢筋的最小锚固长度。在工程设计和图纸审校时应重点注意实际结构中锚固长度是否足够。应满足强制性条文的要求,以保证结构安全。

7.2.2　冷轧扭钢筋不得采用焊接接头,钢筋网和钢筋骨架均应采用绑扎。

【技术要点说明】

冷加工钢筋的高强度是由加工外力造成金相组织改变而取得的。当受热时,由于"回火"的作用,容易丧失这种强度。因此,一般情况下冷加工钢筋不考虑焊接。当然,对于点焊等浅度焊接,产生热量不太大的情况也不绝对禁止,例如用点焊形式做成的焊接网片。

《冷轧扭钢筋混凝土构件技术规程》JG J115—97 中仅列入冷轧扭Ⅰ型和Ⅱ型钢筋。由于截面形式是矩形或菱形的,因此不可能靠点焊使被焊钢筋充分接触。由此确定了其无法进行点焊加工,也不可能实现被焊接钢筋之间的通畅传力。因此列为强制条文,对其焊接连接加以限制,除点焊以外,其余焊接形式是禁止使用的。但是,强制性条文仅限制无法点焊的Ⅰ型(矩形)和Ⅱ型(菱形)冷轧扭钢筋。

【实施与检查的控制】

设计时如采用冷轧扭钢筋Ⅰ型(矩形截面)或Ⅱ型(菱形截面)时必须用绑扎而不得用焊接接头。检查时也同样应核实,冷轧扭Ⅰ型(矩形截面)和Ⅱ型(菱形截面)是否有焊接接头,如有则违反了强制性条文。

7.2.4　纵向受拉冷轧扭钢筋搭接长度不应小于最小锚固长度 l_a 的 1.2 倍,且不应小于 300mm。

【技术要点说明】

钢筋定尺供货,长度有限,在尺度很大的工程结构中必须互相连接才能应用。此外,钢筋加工的余料要再加以利用,也存在钢筋间连接的问题。对冷轧扭钢筋而言,最主要的连接形式是搭接。搭接应视为锚固的一种形式。两根相背受力的钢筋在同一混凝土区段锚固,分别将所受的力传给该区域的混凝土,就实现了两根钢筋之间力的传递。因此,钢筋搭接传力的机理,从本质上来说就是锚固。

但是,搭接比锚固处于更不利的受力状态。这是因为搭接钢筋之间的握裹层混凝土遭受很大的剪力和局部挤压力,往往发生局部破碎,握裹作用降低,因此锚固强度减小。为使受力钢筋充分发挥其强度,亦即搭接接头能够传递不小于钢筋强度的应力值,搭接长度应大于锚固长度。经试验研究及分析,搭接长度不应小于锚固长度的 1.2 倍。当然,作为构造需要,还应有一个绝对值的要求,即还不应小于 300mm。

【实施与检查的控制】

冷轧扭钢筋用作纵向受拉钢筋时其搭接长度应大于锚固长度 20%,且绝对值不应小于 300mm,设计时务必遵守。检查时也应核实是否满足上述要求。不符合者为违反强制性条文。

7.2.5　冷轧扭钢筋在搭接长度范围内,其箍筋的间距不应大于钢筋标志直径 d 的 5 倍,且不应大于 100mm。

【技术要点说明】

搭接钢筋受力时，由于形成咬合作用的推挤力是斜向作用的，因此，两根受力钢筋之间存在着分离的趋势，往往发生沿搭接钢筋拼缝处的纵向劈裂裂缝。如果没有箍筋的围箍约束，这种分离趋势和劈裂裂缝将导致两根搭接钢筋分离，造成两根受力钢筋之间力传递的中断。导致脆性破坏和结构解体。

因此，对于搭接钢筋之间的传力，不仅应该保证搭接长度，还应该确保其在搭接区域内的侧向围箍约束，使传力钢筋不致因缺乏约束而分离。为此，应对搭接长度范围内的配箍要求作出明确规定。经试验研究及分析，起码的配箍间距是 $5d$，d 为冷轧扭钢筋的公称直径，且其绝对值应不大于100mm。

【实施与检查的控制】在工程设计和图纸审校时，应特别注意搭接区域是否配箍以及箍筋的间距是否较密，不得大于 $5d$ 且不大于100mm以保证强制性条文得到切实的执行。

《钢筋焊接网混凝土结构技术规程》JGJ 114—2003

5.1.2 钢筋焊接网混凝土结构构件中纵向受拉钢筋的最小配筋率，不应小于0.2%和 $(45f_t/f_y)$%两者中的较大值。

注：受弯构件受拉钢筋的配筋率应按全截面面积扣除受压翼缘面积 $(b'_f-b)h'_f$ 后的截面面积计算。

【技术要点说明】

作为受力钢筋，钢筋焊接网片同样存在最小配筋率的问题。为了保证网片配筋的结构构件的结构性能（承载力、延性），其最小配筋率与相应的普通混凝土结构相同，作受拉钢筋时为0.2%和 $(45f_t/f_y)$%双控。网片一般不作受压钢筋使用，故未提出受压时的最小配筋率要求。

【实施与检查的控制】

设计审核图纸时，对以钢筋焊接网片作受拉钢筋的混凝土结构构件，应检查其实际钢筋是否符合最小配筋率的要求，并以此作为是否符合最小配筋率要求的根据。

四、构件的构造要求

《混凝土结构设计规范》GB 50010—2002

10.9.3 受力预埋件的锚筋应采用HPB235级、HRB335级或HRB400级钢筋，严禁采用冷加工钢筋。

【技术要点说明】

在混凝土结构中，预埋件一般不作为承载受力构件，而往往只是作为承受局部荷载的附件，或者作为预制装配式结构中实现构件连接的手段。其可能承受局部的弯矩、剪力、轴力或扭矩等作用，但一般荷载效应的数值并不大。预埋件由锚板和锚筋构成。锚板实现与相邻构件连接或传递荷载，因而直接承受内力（弯矩、剪力、轴力、扭矩等）；而锚筋则是承受这些效应引起的力，并传递给预埋件底部的混凝土结构。作为承受荷载效应的锚筋，如其性能有缺陷而引起钢筋断裂、脱焊等后果，则锚板将无法承载受力而造成结构解体，或重物坠落等严重安全事故。因此，必须对锚筋提出更为严格的要求。

冷加工钢筋（冷拉、冷拔、冷轧、冷扭）虽然因加工而获得了较高的强度，但其延性（伸长率）却大幅度降低，容易在变形不大时脆断，故作为锚筋受力是危险的。另外，还应考虑锚筋与锚板焊接时热效应引起冷加工钢筋材性的变化——锚筋强度的降低。因此，本条规定，严禁采用冷加工钢筋作受力预埋件的锚筋。

热轧光圆钢筋 HPB235 级钢筋，以及热轧带肋钢筋 HRB335、HRB400 级钢筋的延性很好，且热稳定性也很好。用作受力预埋件的锚筋是合适的，应作为首选的锚筋种类。这里未提及余热处理的 RRB400 级钢筋，这是因为其强度是通过淬水后的余热处理而获得，但焊接热效应可能降低其强度，因此也不推荐采用。

【实施与检查的控制】

在工程设计及图纸审查中，对所有预埋件的锚筋所采用的钢种应作重点校核。应严禁采用各类冷加工（冷拉、冷拔、冷轧、冷扭）钢筋而应采用热轧钢筋，以保证结构的安全。如有不符，则为违反强制性条文。

10.9.8　预制构件的吊环应采用 HPB235 级钢筋制作，严禁使用冷加工钢筋。吊环埋入混凝土的深度不应小于 30*d*，并应焊接或绑扎在钢筋骨架上。在构件的自重标准值作用下，每个吊环按 2 个截面计算的吊环应力不应大于 50N/mm²；当在一个构件上设有 4 个吊环时，设计时应仅取 3 个吊环进行计算。

《冷轧扭钢筋混凝土构件技术规程》JGJ 115—97

7.2.6　严禁采用冷轧扭钢筋制作预制构件的吊环。

【技术要点说明】

在混凝土结构中，吊环多在施工阶段作为吊装的承力点；有时在结构形成以后承受悬挂荷载，起到与预埋件类似的作用。吊环虽非重要的承载部件，但其没有任何多余约束，一旦断裂失效即会引起构件坠落或悬挂荷载坠落，从而可能引起严重的安全事故。

吊环的构造由露出混凝土面的环和伸入混凝土中的两段锚筋构成。影响其安全的因素有三个：吊环的钢种，钢筋的直径，吊环的锚固长度。由于外露于构件表面以外的吊环在施工和使用过程中，有可能发生碰撞，弯折等不利的受力状态。因此吊环的钢筋必须具有较好的延性，以避免脆断。规范规定，吊环应采用热轧光圆的 HPB235 级钢筋，而严禁采用延性较差的冷加工钢筋。理由同前，不再赘述。

HPB235 级钢筋的延性虽然最好，但强度不高。因此，对吊环钢筋的直径须经更严格的计算。在设计规范中，这种钢筋的抗拉强度设计值为 210N/mm²，但在吊环设计时却限定取 50N/mm²。这是我国的工程实践经验的取值，它考虑了构件的自重荷载分项系数；吊装时吸附作用引起的超载影响；吊装时的动力作用；吊装钢丝绳角度对吊环受力的影响等因素。

在计算荷载效应时，荷载取构件自重标准值。每个吊环按两根钢筋的截面计算应力。当一个构件上有 4 个吊环时，设计只考虑有 3 个吊环受力。这是因为由于吊装钢丝绳不一定能够实现均匀受力，有可能某一吊环虚挂而未受力，因此偏安全地考虑由剩下 3 个吊环承载。

吊环钢筋的锚固对于安全更是十分重要。规范规定一律取钢筋直径的 30 倍（30*d*），这对于强度并不高的 HPB235 级钢筋已经足够。此外，规范还要求锚筋应焊接在构件的钢筋骨架上或与其绑扎连接，以便共同受力并增加锚固作用。

吊环虽在混凝土结构中不是关键的受力构件，但一旦出问题即可能发生重物坠落等严重后果，因此列为强制性条文。

【实施与检查的控制】

要求在工程设计和图纸审核时落实上述对吊环的要求，共计三项：采用 HPB235 级钢筋，而严禁采用冷加工钢筋，包括冷轧扭钢筋；锚筋的锚固长度为 $30d$ 且与基层钢筋连接；钢筋直径按三个吊环受力，采用允许应力 50 N/mm² 控制。凡不符合者，应视为违反强制性条文。

《轻骨料混凝土结构设计规程》JGJ 12—99

8.1.3 简支板的下部纵向受力钢筋应伸入支座，其锚固长度 l_{as} 不应小于 $6d$。当采用焊接网配筋时，其末端至少应有一根横向钢筋配置在支座边缘内；如不能符合要求时，应在受力钢筋末端制成弯钩或加焊附加的横向锚固钢筋。

注：当 $V>0.06\,f_cbh_0$ 时，配置在支座边缘内的横向锚固钢筋不应少于二根，其直径不应小于纵向受力钢筋直径的一半。

《冷轧扭钢筋混凝土构件技术规程》JGJ 115—2003

7.4.5 简支板的下部纵向冷轧扭钢筋应伸入支座，其锚固长度 l_a 不应小于钢筋标志直径 d 的 10 倍。

【技术要点说明】

钢筋的锚固长度对其承载受力时能否发挥应有的强度起着决定性的作用。但对于简支构件，则应作特殊考虑。简支构件在支座附近弯矩很小，相应的钢筋应力也很小。故可以不按钢筋充分发挥强度的情况确定其锚固长度。但简支构件没有任何多余约束，如果支座处受力钢筋丧失锚固即可能使结构解体，引起坠落等恶性安全事故。因此，对于简支构件的支座锚固长度应另行作出规定。

对于轻骨料混凝土简支板，其下部纵向受力钢筋伸入支座的锚固长度不应小于 $6d$。当采用焊接网片时，伸入板边的未端应至少有一根横向钢筋以利锚固受力。如不能满足，伸入支座的纵向钢筋应在未端加弯钩或加焊附加横向钢筋。当剪力较大时（$V>0.06bh_0f_c$），由于支座边有可能发生弯剪裂缝而增加应力，支座内的横向钢筋应不少于二根，直径不应小于纵向锚筋的一半，以确保纵向受力钢筋在支座中的可靠锚固。

冷轧扭钢筋不作预应力钢筋，因此锚固问题比较简单，伸入简支板支座的锚固长度不小于钢筋直径的 10 倍（$10d$）即可。

上述简支板类构件纵向受力钢筋的支座锚固长度，虽表达形式不一，但实质都是一样的。即在支座附近钢筋处于低应力的条件下，仍应保持一定的锚固长度，以防止万一失锚可能引起的坠落等影响结构安全的破坏形态。

【实施与检查的控制】

设计时所有的简支板类构件应严格保证其支座锚固长度符合规范要求。检查时也重点核查简支板支座的锚固长度。务必符合规范要求，以保证结构安全。

《轻骨料混凝土结构设计规程》JGJ 12—99

8.2.2 钢筋轻骨料混凝土简支梁的下部纵向受力钢筋伸入梁的支座范围内的锚固长度 l_{as} 应符合下列条件：

（1）当 $V\leqslant 0.06\,f_cbh_0$ 时 $l_{as}\geqslant 10d$

(2) 当 $V>0.06\ f_c bh_0$ 时

变形钢筋 $l_{as}\geqslant 15d$

光面钢筋 $l_{as}\geqslant 15d$

如纵向受力钢筋伸入梁的支座范围内的锚固长度不符合上述规定时，应采取在钢筋上加焊横向锚固钢筋、锚固钢板，或将钢筋端部焊接在梁端的预埋件上等有效锚固措施。

如焊接骨架中采用光面钢筋作为纵向受力钢筋时，则在锚固长度 l_{as} 内应加焊横向钢筋：当 $V\leqslant 0.06\ f_c bh_0$ 时，至少一根，当 $V>0.06\ f_c bh_0$ 时，至少二根；横向钢筋直径不应小于纵向受力钢筋直径的一半；同时，加焊在最外边的横向钢筋，应靠近纵向钢筋的末端。

注：轻骨料混凝土强度等级小于或等于 CL25 的简支梁，在距支座边 1.5h 范围内作用有集中荷载（包括作用有多种荷载、且其中集中荷载对支座截面所产生的剪力占总剪力值的 75%以上的情况），且 $V>0.06\ f_c bh_0$ 时，对变形钢筋采用附加锚固措施，或取锚固长度 $l_{as}\geqslant 20d$。

《冷轧扭钢筋混凝土构件技术规程》JGJ 115—97

7.5.2　简支梁的下部纵向受拉冷轧扭钢筋伸入梁支座范围内的锚固长度 l_{as} 应符合下列规定：

当 $V\leqslant 0.07\ f_c bh_0$ 时 $l_{as}\geqslant 10d$

当 $V>0.07\ f_c bh_0$ 时 $l_{as}\geqslant 15d$

当计算中充分利用钢筋强度时，尚应符合本规程表 7.2.1 的规定。

【技术要点说明】

混凝土结构中，简支梁同样存在着纵向受力钢筋在支座处锚固的问题。其既要考虑简支支座处弯矩很小的特点；又应考虑简支构件没有多余约束，一旦失锚将导致结构解体、构件坠落的严重后果。此外，作为承载受力构件的梁，其抗剪承载力问题要比板类构件严重得多，尤其在支座跨边，因剪力相对很大，容易导致斜裂缝。由于斜裂缝的出现，处于斜裂缝下端的支座边截面，可能要承受斜裂缝顶端靠近跨中处的荷载效应。这种弯矩图上截面受力与实际弯矩值的错位，称为斜弯现象。其使处于支座边的纵向受力钢筋应力大大地增加了，因此支座锚固长度应适当延长。

对轻骨料混凝土结构的简支梁而言，当剪力相对较小（$V\leqslant 0.06bh_0 f_c$）时，不考虑斜弯的影响，纵向受力钢筋伸入支座的长度可取 $10d$。否则，当剪力较大（$V>0.06bh_0 f_c$）时，锚固长度为 $15d$。当混凝土强度等级较低（CL25 及以下）且有集中荷载作用于跨边时，锚固长度还应增加为 $20d$ 或采取其他附加锚固措施。当采用光面钢筋的焊接骨架时，应在锚固长度内加焊横筋，剪力较小时 1 根；剪力较大时 2 根，直径不小于纵筋的一半，外边的横筋应焊接在纵向钢筋的末端。

冷轧扭钢筋配筋的简支梁，下部纵向受力钢筋的支座锚固长度应同样作特殊考虑。当剪力较小时（$V\leqslant 0.07bh_0 f_c$）支座锚固长度取为 $10d$；当剪力较大时（$V>0.07bh_0 f_c$）取 $15d$。如由于某些特殊需要，计算时充分利用支座处钢筋的强度时，则其锚固长度按第 7.2.1 条的锚固长度要求确定。

简支梁支座处的纵向受力钢筋的支座锚固长度确定原则与简支板基本相似。但由于梁的荷载较大，尤其剪力较大。斜裂缝出现以后斜弯现象的影响也不容忽略，故提出更为严格的要求。

【实施与检查的控制】

设计与检查时，遇有简支梁构件，则应严格保证其支座处纵向受力钢筋的锚固长度，务必符合规范的要求，以确保结构安全。

《轻骨料混凝土结构设计规程》JGJ 12—99

8.2.4 在采用绑扎骨架的钢筋轻骨料混凝土梁中，当设置弯起钢筋时，弯起钢筋的弯终点外应留有锚固长度，其长度在受拉区不应小于25*d*，在受压区不应小于15*d*；对光面钢筋在末端尚应设置弯钩。位于梁底层两侧的钢筋不应弯起。

【技术要点说明】

钢筋混凝土梁中除了简支支座处有锚固问题以外，弯起钢筋也有锚固问题，这里包括光面钢筋末端的构造要求；梁底层钢筋在支座的锚固；弯起钢筋切断时应有的锚固长度等。

在绑扎骨架的轻骨料混凝土梁中应满足以下锚固要求：

1. 光面的HPB235(Ⅰ)级钢筋因锚固性能较差，其末端必须有弯钩，以机械锚固作用保证钢筋的受力。

2. 梁底层两侧的纵向钢筋不得弯起切断，必须伸入支座锚固，以维持结构的整体性。即使是连续梁、固端梁支座处承受负弯矩，梁底角筋的锚固也必须保证。

3. 弯起钢筋主要是承受斜截面剪力的，但弯终点以外还必须保留有一定的锚固长度，以使弯起部分受力。该锚固长度在受拉区为25*d*，在受压区为15*d*，比普通混凝土结构的要求稍大。

同样，锚固是钢筋受力的基础，因此对梁中不同情况下的锚固问题提出了要求。尤其是轻骨料混凝土，因其混凝土握裹力稍差，因此有必要更严格，故作为强制性条文提出。

【实施与检查的控制】

轻骨料混凝土结构设计与检查时应重点注意三个锚固问题：HPB235(Ⅰ)级钢筋末端的弯钩问题；梁底钢筋通长问题；弯筋弯折终点以外的锚固长度问题。务必符合规范要求以保证结构安全。

2.2 高层建筑混凝土结构

《高层建筑混凝土结构技术规程》JGJ 3—2002

3.2.2 基本风压应按照现行国家标准《建筑结构荷载规范》GB 50009的规定采用。对于特别重要或对风荷载比较敏感的高层建筑，其基本风压应按100年重现期的风压值采用。

【技术要点说明】

风荷载是高层建筑结构承受的一种重要水平荷载。现行国家标准《建筑结构荷载规范》GB 50009—2001规定了水平风荷载的计算方法，即将平均风压乘以风振系数。建筑物某一点的平均风压是将当地的基本风压考虑建筑物体型和计算点高度的不同，分别乘以体型系数和高度系数得到的；风振系数则综合考虑了建筑物对风荷载的动力响应。

基本风压值是根据各地气象台站多年的气象观测资料，取当地50年一遇、离地10m高度处的10min平均年最大风速并按照贝努利公式换算得到的。基本风压的重现期由以往的30年改为目前的50年，适当的提高了风荷载的取值。对高层建筑结构设计而言，基本风压取值的变化相对不大，因为在《钢筋混凝土高层建筑结构设计与施工规程》JG J3—91 中规定，对一般高层建筑的基本风压应乘以 1.1 的增大系数，对于特别重要的高层建筑的基本风压应乘以 1.2 的增大系数。1.1 的增大系数大致相当于把风荷载的重现期由 30 年提高到 50 年；1.2 的增大系数大致相当于把风荷载的重现期由 30 年提高到 100 年。

由于基本风压的重现期由以往的 30 年改为目前的 50 年，所以按照本条的规定，对于一般高层建筑的风荷载计算，风压值直接取《建筑结构荷载规范》GB 50009—2001 规定的基本风压，而不需再乘以 1.1 的增大系数。但对于特别重要的高层建筑或对风荷载比较敏感的高层建筑，应按《建筑结构荷载规范》GB 50009—2001 规定的 100 年重现期风压值计算风荷载。当没有 100 年一遇的风压资料时，也可近似将 50 年重现期的基本风压值乘以增大系数 1.1 采用。任何情况下，基本风压取值不得小于 $0.3kN/m^2$。

什么是特别重要的高层建筑，目前尚无统一的、明确的定义，一般可根据《建筑结构可靠度设计统一标准》GB 50068—2001 中规定的设计使用年限和安全等级确定。设计使用年限为 100 年的或安全等级为一级的高层建筑可认为是特别重要的高层建筑。

对风荷载是否比较敏感，主要与高层建筑的自振特性有关，如结构的自振频率和振型等，目前还没有实用的划分标准。对于前几阶振型频率比较密集、振型比较复杂的高层建筑结构，高振型影响不可忽视，仅采用考虑第一振型影响的风振系数来估计风荷载的动力作用，有时不能全面反映建筑物对风荷载的动力响应，可能偏于不安全，因此应适当地提高风压取值。为了便于条文的执行，一般情况下，房屋高度大于 60m 的高层建筑可按 100 年一遇的风压值计算风荷载；对于房屋高度不超过 60m 的高层建筑，其基本风压是否提高，可由设计人员根据实际情况确定。

当房屋建设地点的基本风压值在《建筑结构荷载规范》全国基本风压图上没有给出时，基本风压值可根据当地年最大风速资料，按基本风压定义，通过统计分析确定；也可按《建筑结构荷载规范》GB 50009—2001 附录 D 中全国基本风压分布图（附图 D.5.3）近似确定。

对于围护结构，其重要性与主体结构相比要低些，可仍取 50 年重现期的基本风压值。

【实施与检查的控制】

工程设计人员和施工图审查人员，应根据高层建筑的实际情况，选择风荷载计算时所采用的基本风压值，并检查其正确性。

4.7.1　高层建筑结构构件承载力应按下列公式验算：

无地震作用组合　$\gamma_0 S \leqslant R$　(4.7.1-1)

有地震作用组合　$S \leqslant R/\gamma_{RE}$　(4.7.2-2)

式中　γ_0——结构重要性系数，对安全等级为一级或设计使用年限为 100 年及以上的结构构件，不应小于 1.1；对安全等级为二级或设计使用年限为 50 年的结构构件，不应小于 1.0；

S——作用效应组合的设计值，应符合本规程第 5.6.1～5.6.4 条的规定；

R——构件承载力设计值；

γ_{RE}——构件承载力抗震调整系数。

【技术要点说明】

本条是高层建筑结构构件承载能力极限状态设计的原则规定，符合《建筑结构可靠度设计统一标准》GB 50068—2001 和《建筑抗震设计规范》GB 50011—2001 的有关要求。结构构件荷载效应和作用效应组合的设计值 S，应按照本节第 5.6.1～5.6.4 条的规定进行计算，对抗震设计的高层建筑结构，尚应按照现行国家标准、行业标准的有关规定对组合内力进行放大、调整；构件承载力设计值 R 应根据构件的受力状态（轴心受拉、轴心受压、受弯、受剪、受扭、偏心受拉、偏心受压、受剪扭、受压剪扭等），按现行有关标准的规定计算；构件承载力抗震调整系数 γ_{RE} 应根据不同材料的构件和构件的不同受力状态，按表 4.7.1-1～4.7.1-3 取用；结构重要性系数 γ_0 取值按本条规定采用。

承载力抗震调整系数 γ_{RE} 表 4.7.1-1

构件类别	梁	轴压比小于 0.15 的柱	轴压比不小于 0.15 的柱	剪力墙		各类构件	节点
受力状态	受弯	偏压	偏压	偏压	局部承压	受剪、偏拉	受剪
γ_{RE}	0.75	0.75	0.80	0.85	1.0	0.85	0.85

型钢混凝土构件承载力抗震调整系数 γ_{RE} 表 4.7.1-2

正截面承载力计算				斜截面承载力计算	连接
梁	柱	剪力墙	支撑	各类构件及节点	焊缝及高强螺栓
0.75	0.80	0.85	0.85	0.85	0.90

注：轴压比小于 0.15 的偏心受压柱，其承载力抗震调整系数应取 0.75。

钢构件承载力抗震调整系数 γ_{RE} 表 4.7.1-3

钢梁	钢柱	钢支撑	节点及连接螺栓	连接焊缝
0.75	0.75	0.80	0.85	0.9

下面两点应引起注意：

1. 对于非抗震设防的地区，只需本条满足式(4.7.1-1)的要求；对于抗震设防的地区，应同时满足式(4.7.1-1)和式(4.7.1-2)的要求。

2. 结构重要性系数 γ_0 的取值，对高层建筑不得小于 1.0；对安全等级为二级或设计使用年限为 50 年的结构构件，不应小于 1.0（过去只要求取 1.0）；对安全等级为一级或设计使用年限为 100 年的结构构件，不应小于 1.1（过去只要求取 1.1）。

【实施与检查的控制】

构件承载力设计都应符合本条的规定。结构重要性系数应在结构设计总说明中表示，使用结构设计软件时应正确输入。对抗震设计的结构，有关结构设计软件在进行不同受力状态的构件承载力验算时，应保证构件承载力抗震调整系数 γ_{RE} 取值的正确性。设计人员手工验算构件承载力时，应注意结构重要性系数和构件承载力抗震调整系数取值正确。

5.4.4 高层建筑结构的稳定应符合下列规定：

1 剪力墙结构、框架-剪力墙结构、筒体结构应符合下式要求：

$$EJ_d \geqslant 1.4H^2 \sum_{i=1}^{n} G_i \tag{5.4.4-1}$$

2 框架结构应符合下式要求：

$$D_i \geqslant 10 \sum_{j=i}^{n} G_j / h_i \qquad (i=1,2,\cdots,n) \tag{5.4.4-2}$$

【技术要点说明】

高层建筑结构的整体稳定性是最基本的结构设计要求，必须保证。在水平力作用下，带有剪力墙或筒体的高层建筑结构的变形形态为弯剪型，框架结构的变形形态为剪切型。计算分析表明，对混凝土结构，随着结构刚度的降低，重力荷载在水平作用产生的侧移效应上引起的二阶效应（重力 P-Δ 效应）呈非线性增长，有时会影响到结构的整体稳定性。因此，应对结构的弹性刚度和重力荷载作用的关系加以限制。本条公式中各符号的含义如下：

EJ_d——结构一个主轴方向的弹性等效侧向刚度，可按倒三角形分布荷载作用下结构顶点位移相等的原则，将结构的侧向刚度折算为竖向悬臂受弯构件的等效侧向刚度；

H——房屋高度；

G_i、G_j——分别为第 i、j 楼层重力荷载设计值；

h_i——第 i 楼层层高；

D_i——第 i 楼层的弹性等效侧向刚度，可取该层剪力与层间位移的比值；

n——结构计算总层数。

研究表明，高层建筑混凝土结构仅在竖向重力荷载作用下产生整体失稳的可能性很小。高层建筑结构的稳定设计主要是控制在风荷载或水平地震作用下，重力荷载产生的二阶效应不致过大，以免引起结构的失稳倒塌。结构的刚度和重力荷载之比（简称刚重比）$EJ_d/\left(H^2\sum_{i=1}^{n}G_i\right)$ 或 $D_ih_i/\sum_{i=1}^{n}G_j$，是影响重力 $P-\Delta$ 效应的主要参数。如结构的刚重比满足本条公式(5.4.4-1)或(5.4.4-2)的规定，则重力 $P-\Delta$ 效应可控制在20%之内，结构的稳定具有适宜的安全储备。若结构的刚重比进一步减小，则重力 $P-\Delta$ 效应将会呈非线性关系急剧增长，直至引起结构的整体失稳。因此，高层建筑结构的整体稳定应满足本条的规定，不应再放松要求。如不满足本条的规定，应调整、增大结构的侧向刚度。

计算分析表明，对于绝大多数混凝土高层建筑结构，当结构的承载力和位移等能够满足国家现行的有关规范、规程的规定时，能够满足本条稳定要求。当结构的设计风荷载或水平地震作用较小，例如计算的楼层剪重比（楼层剪力与其上各层重力荷载代表值之和的比值）小于0.02时，结构刚度虽能满足水平位移限值要求，但有可能不满足本条规定的稳定要求。

结构的弹性等效侧向刚度 EJ_d，可近似按倒三角形分布荷载作用下结构顶点位移相等的原则，将结构的侧向刚度折算为竖向悬臂受弯构件的等效侧向刚度。假定倒三角形分布荷载的最大值为 q，在该荷载作用下结构顶点的弹性水平位移平均值为 u，房屋高度为 H，则结构的弹性等效侧向刚度 EJ_d 可按下式计算：

$$EJ_d=\frac{11qH^4}{120u}$$

【实施与检查的控制】

有关结构设计软件应具备结构整体稳定验算功能。设计和审查人员应检查高层建筑结构设计是否满足整体稳定要求。

5.6.1　无地震作用效应组合时，荷载效应组合的设计值应按下式确定：

$$S=\gamma_G S_{Gk}+\psi_Q\gamma_Q S_{Qk}+\psi_w\gamma_w S_{wk} \tag{5.6.1}$$

式中　S——荷载效应组合的设计值；

γ_G——永久荷载分项系数；

γ_Q——楼面活荷载分项系数；

γ_w——风荷载的分项系数；

S_{Gk}——永久荷载效应标准值；

S_{Qk}——楼面活荷载效应标准值；

S_{wk}——风荷载效应标准值；

ψ_Q、ψ_w——分别为楼面活荷载组合值系数和风荷载组合值系数，当永久荷载效应起控制作用时应分别取0.7和0.0；当可变荷载效应起控制作用时应分别取1.0和0.6或0.7和1.0。

注：对书库、档案库、储藏室、通风机房和电梯机房，本条楼面活荷载组合值系数取0.7的场合应取为0.9。

5.6.2　无地震作用效应组合时，荷载分项系数应按下列规定采用：

1　承载力计算时：

1）永久荷载的分项系数 γ_G：当其效应对结构不利时，对由可变荷载效应控制的组合应取1.2，对由永久荷载效应控制的组合应取1.35；当其效应对结构有利时，应取1.0；

2）楼面活荷载的分项系数 γ_Q：一般情况下应取1.4；

3）风荷载的分项系数 γ_w 应取1.4。

2　位移计算时，本规程公式(5.6.1)中各分项系数均应取1.0。

5.6.3　有地震作用效应组合时，荷载效应和地震作用效应组合的设计值应按下式确定：

$$S=\gamma_G S_{GE}+\gamma_{Eh}S_{Ehk}+\gamma_{Ev}S_{Evk}+\psi_w\gamma_w S_{wk} \tag{5.6.3}$$

式中　S——荷载效应和地震作用效应组合的设计值；

S_{GE}——重力荷载代表值的效应；

S_{Ehk}——水平地震作用标准值的效应，尚应乘以相应的增大系数或调整系数；

S_{Evk}——竖向地震作用标准值的效应，尚应乘以相应的增大系数或调整系数；

γ_G——重力荷载分项系数；

γ_w——风荷载分项系数；

γ_{Eh}——水平地震作用分项系数；

γ_{Ev}——竖向地震作用分项系数；

ψ_w——风荷载的组合值系数，应取0.2。

5.6.4　有地震作用效应组合时，荷载效应和地震作用效应的分项系数应按下列规定采用：

1　承载力计算时，分项系数应按表5.6.4采用。当重力荷载效应对结构承载力有利时，表5.6.4中 γ_G 不应大于1.0；

2　位移计算时，本规程公式(5.6.3)中各分项系数均应取1.0。

有地震作用效应组合时荷载和作用分项系数　　表5.6.4

所考虑的组合	γ_G	γ_{Eh}	γ_{ev}	γ_w	说　明
重力荷载及水平地震作用	1.2	1.3	—	—	
重力荷载及竖向地震作用	1.2	—	1.3	—	9度抗震设计时考虑；水平长悬臂结构8度、9度抗震设计时考虑

续表

所考虑的组合	γ_G	γ_{Eh}	γ_{ev}	γ_w	说　明
重力荷载、水平地震及竖向地震作用	1.2	1.3	0.5	—	9度抗震设计时考虑；水平长悬臂结构8度、9度抗震设计时考虑
重力荷载、水平地震作用及风荷载	1.2	1.3	—	1.4	60m以上的高层建筑考虑
重力荷载、水平地震作用、竖向地震作用及风荷载	1.2	1.3	0.5	1.4	60m以上的高层建筑，9度抗震设计时考虑；水平长悬臂结构8度、9度抗震设计时考虑

注：表中"—"号表示组合中不考虑该项荷载或作用效应。

【技术要点说明】

第5.6.1～5.6.4条表达了高层建筑结构荷载效应和地震作用效应组合的具体要求，是根据现行国家标准《建筑结构荷载规范》GB 50009第3.2节和《建筑抗震设计规范》GB 50011第5.4节的有关规定，结合高层建筑的自身特点制定的。重点应把握以下几点：

1. 对承载能力极限状态设计，采用荷载效应和地震作用效应的基本组合；对正常使用极限状态，水平位移计算采用荷载效应和地震作用效应的标准组合。两者主要差异是对荷载或作用分项系数的取值，对标准组合不考虑分项系数（即规定取1.0）；对基本组合，按不同情况各分项系数取值不同。

2. 无地震作用效应组合时，增加了永久荷载效应控制的组合工况；此外可变荷载效应尚应乘以组合值系数。这是与《钢筋混凝土高层建筑结构设计与施工规程》JG J3—91的重要区别，使用时应引起足够重视。当永久荷载效应起控制作用时，永久荷载分项系数取1.35（而不是1.2），对承受永久荷载为主的构件，适当地提高了安全度，且更加合理。

同时需要注意，当永久荷载效应起控制作用时，可变荷载仅考虑楼面活荷载效应参与组合，组合值系数取0.7或0.9，风荷载效应不参与组合（组合值系数取0.0）；无地震作用效应组合且可变荷载效应起控制作用（永久荷载分项系数取1.2）的场合，当风荷载作为主要可变荷载、楼面活荷载作为次要可变荷载时，其组合值系数分别取1.0、0.7；对书库、档案库、储藏室、通风机房和电梯机房等楼面活荷载较大且相对固定的情况，其楼面活荷载组合值系数应由0.7改为0.9。当楼面活荷载作为主要可变荷载、风荷载作为次要可变荷载时，其组合值系数分别取1.0和0.6。由此，公式（5.6.1）至少可做出17种组合，即

$$S=1.35S_{Gk}+0.7\times1.4S_{Qk}$$

$$S=1.2S_{Gk}+1.0\times1.4S_{Qk}\pm0.6\times1.4S_{wk}$$

$$S=1.2S_{Gk}\pm1.0\times1.4S_{wk}+0.7\times1.4S_{Qk}$$

$$S=1.0S_{Gk}+1.0\times1.4S_{QK}\pm0.6\times1.4S_{wk}$$

$$S=1.0S_{Gk}+1.0\times1.4S_{wk}+0.7\times1.4S_{Qk}$$

3. 有地震作用效应组合中，当本规程有规定时，地震作用效应标准值应首先乘以相应的调整系数，然后再进行效应组合。例如，框架一剪力墙结构、筒体结构、混合结构中框架柱、框支结构中的框支柱剪力调整；框支柱地震轴力增大；带转换层结构转换构件的地震内力增大；结构薄弱层楼层剪力放大；地震作用下可能的楼层剪重比调整（满足最小地震剪力系数要求）等。

表5.6.4中,对于60m以上的高层建筑结构,应考虑风荷载效应参与组合,但组合值系数取0.2,与《钢筋混凝土高层建筑结构设计与施工规程》JGJ 3—91保持一致。实际上,在什么情况下风荷载效应参与地震作用效应组合,主要取决于风荷载作用效应的大小以及风荷载与地震作用同时存在的概率。一般当风荷载效应与地震作用效应相当时,就应考虑风荷载效应参与组合,但风荷载组合值系数取0.2。为了便于操作,本规程对这一问题作了简化,即60m以上的高层建筑考虑风荷载效应的20%参与地震作用效应组合。

依据公式(5.6.3)和表5.6.4的规定,有地震作用效应的组合数是很多的,具体的组合数与房屋高度、抗震设防烈度和是否长悬臂结构有关,也与是否考虑质量偶然偏心计算地震作用有关。因此,单从荷载效应和地震作用效应组合上看,本规程的组合数比以往有所增加,会造成截面设计计算花费更多的时间,好在目前结构设计软件的应用已经相当普及,计算机运算速度也非常快。

4. 对非抗震设计的高层建筑结构,应按第5.6.1条的规定进行荷载效应的组合;对抗震设计的高层建筑结构,应同时按第5.6.1条和第5.6.3条的规定进行荷载效应和地震作用效应的组合。抗震设计时,除四级抗震等级的结构构件外,按第5.6.2条计算的组合内力设计值,尚应按本规程的有关规定进行内力调整后再进行构件截面设计,例如规程规定的强柱弱梁、强剪弱弯和其他有关组合内力的增大系数等。同一构件的不同截面或不同设计要求,可能对应不同的组合工况,应分别进行验算。

【实施与检查的控制】

有关结构设计软件应经过考核和验证是否具备完整的荷载效应和地震作用效应组合功能。设计和审查人员,应检查结构设计中各项分项系数以及组合值系数取值的正确性;注意检查抗震设计的房屋,是否同时进行了无地震作用效应的组合。

6.3.2　框架梁设计应符合下列要求:

1　抗震设计时,计入受压钢筋作用的梁端截面混凝土受压区高度与有效高度之比值,一级不应大于0.25,二、三级不应大于0.35;

2　纵向受拉钢筋的最小配筋百分率ρ_{min}(%),非抗震设计时,不应小于0.2和$45f_t/f_y$二者的较大值;抗震设计时,不应小于表6.3.2-1规定的数值;

梁纵向受拉钢筋最小配筋百分率ρ_{min}(%)　　表6.3.2-1

抗震等级	位　置	
	支座(取较大值)	跨中(取较大值)
一级	0.40和$80f_t/f_y$	0.30和$65f_t/f_y$
二级	0.30和$65f_t/f_y$	0.25和$55f_t/f_y$
三、四级	0.25和$55f_t/f_y$	0.20和$45f_t/f_y$

3　抗震设计时,梁端纵向受拉钢筋的配筋率不应大于2.5%;

4　抗震设计时,梁端截面的底面和顶面纵向钢筋截面面积的比值,除按计算确定外,一级不应小于0.5,二、三级不应小于0.3;

5　抗震设计时,梁端箍筋的加密区长度、箍筋最大间距和最小直径应符合表6.3.2-2的要求;当梁端纵向钢筋配筋率大于2%时,表中箍筋最小直径应增大2mm。

梁端箍筋加密区的长度、箍筋最大间距和最小直径　　表6.3.2-2

抗震等级	加密区长度(取较大值)(mm)	箍筋最大间距(取最小值)(mm)	箍筋最小直径(mm)
一	$2.0h_b$,500	$h_b/4$,$6d$,100	10
二	$1.5h_b$,500	$h_b/4$,$8d$,100	8
三	$1.5h_b$,500	$h_b/4$,$8d$,150	8
四	$1.5h_b$,500	$h_b/4$,$8d$,150	6

注：d为纵向钢筋直径，h_b为梁截面高度。

6.4.3　柱纵向钢筋和箍筋配置应符合下列要求：

1　柱全部纵向钢筋的配筋率，不应小于表6.4.3-1的规定值，且柱截面每一侧纵向钢筋配筋率不应小于0.2%；抗震设计时，对Ⅳ类场地上较高的高层建筑，表中数值应增加0.1；

柱纵向钢筋最小配筋百分率(%)　　表6.4.3-1

柱类型	抗震等级				非抗震
	一级	二级	三级	四级	
中柱、边柱	1.0	0.8	0.7	0.6	0.6
角柱	1.2	1.0	0.9	0.8	0.6
框支柱	1.2	1.0	—	—	0.8

注：1　当混凝土强度等级大于C60时，表中的数值应增加0.1；

2　当采用HRB400、RRB400级钢筋时，表中数值应允许减小0.1。

2　抗震设计时，柱箍筋在规定的范围内应加密，加密区的箍筋间距和直径，应符合下列要求：

1）一般情况下，箍筋的最大间距和最小直径，应按表6.4.3-2采用；

柱端箍筋加密区的构造要求　　表6.4.3-2

抗震等级	箍筋最大间距(mm)	箍筋最小直径(mm)
一级	$6d$和100的较小值	10
二级	$8d$和100的较小值	8
三级	$8d$和150(柱根100)的较小值	8
四级	$8d$和150(柱根100)的较小值	6(柱根8)

注：1　d为柱纵向钢筋直径(mm)；

2　柱根指框架柱底部嵌固部位。

2）二级框架柱箍筋直径不小于10mm、肢距不大于200mm时，除柱根外最大间距应允许采用150mm；三级框架柱的截面尺寸不大于400mm时，箍筋最小直径应允许采用6mm；四级框架柱的剪跨比不大于2或柱中全部纵向钢筋的配筋率大于3%时，箍筋直径不应小于8mm；

3）剪跨比不大于2的柱，箍筋间距不应大于100mm，一级时尚不应大于6倍的纵向钢筋直径。

【技术要点说明】

第6.3.2条和第6.4.3条分别规定了框架梁和框架柱最基本的设计要求，包含了非抗震设计和抗震设计的规定，与现行国家标准《混凝土结构设计规范》GB 50010—2002第9.5.1条、第11.3.6条、第11.4.12条和《建筑抗震设计规范》GB 50011—2001第6.3.3条、第6.3.8条的相关规定是一致的。

1. 抗震设计中，要求框架梁端的纵向受压与受拉钢筋的比例A'_s/A_s不小于0.5（一级）或0.3（二、三级），与上一版规范的规定相同，主要考虑在较强地震作用下，梁端截面会出现比多遇地震作用更大的正弯矩，因此截面下部实际配筋不应过小，避免下部钢筋过早屈服甚至拉断，改善梁端塑性铰区的延性。

2. 梁的纵向钢筋最小配筋率要求中，实行双控，增加了与配筋特征值（f_t/f_y）相关的表达形式，即最小配筋率与混凝土抗拉强度设计值和钢筋抗拉强度设计值挂钩，随混凝土强度等级提高而增大，随钢筋强度提高而降低，这与推广应用HRB400和RRB400级钢筋的要求相一致，也更加合理。最小配筋率是混凝土构件成为钢筋混凝土构件的必要条件，可使构件具有一定延性，避免截面一旦出现裂缝，因受拉钢筋过少而迅速屈服，造成脆性破坏。

抗震设计时，梁端具有更高的延性要求，因此，梁截面的纵向钢筋最小配筋率（表6.3.2-1）随抗震等级提高而适当增大。

3. 限制梁的纵向受拉钢筋最大配筋率是保证钢筋混凝土梁具有必要的延性，避免发生受压区混凝土压碎而受拉区钢筋尚未屈服的"超筋破坏"。

非抗震设计时，通过控制截面受压区高度x不大于$\xi_b h_0$（$\xi_b = x_b/h_0$为截面界限相对受压区高度）达到这一要求。当截面受压区高度x等于$\xi_b h_0$时，梁对应的纵向受拉钢筋配筋率即为截面的最大配筋率，其值与混凝土强度等级和钢筋级别有关。例如，对单筋矩形截面梁，由现行国家标准《混凝土结构设计规范》GB 50010—2002第7.2.1-2和7.2.1-3式，可推出截面受拉钢筋最大配筋率为$\rho_{s,\max} = \alpha_1 \xi_b f_c/f_y$，若混凝土为C30、钢筋为HRB400（或HRB335），则该值为2.06%（或2.62%）。

抗震设计时，梁端截面具有更高的延性要求，因此，梁端截面最大配筋率除满足第6.3.2条第1款更严格的混凝土截面相对受压区高度要求外，还应满足第6.3.2条第3款不大于2.5%的要求。

抗震设计时，因为梁端有箍筋加密区，箍筋间距较密，这对于发挥受压钢筋的作用，起了很好的保证。所以在验算梁截面受压区高度要求时，可以计入受压区的实际配筋，则受压区高度x不大于$0.25h_0$（一级）或$0.35h_0$（二、三级）的条件比较容易满足。

4. 第6.4.3条对框架柱的纵向钢筋配筋率作了适当提高，以改善钢筋混凝土柱的延性，适当提高柱子的安全度。同时，对C60以上的高强混凝土，为控制混凝土的脆性而适当提高纵向钢筋的最小配筋率；对采用HRB400和RRB400级钢筋的情况，允许把最小配筋率降低0.1%采用。

5. 框架柱加密区范围内箍筋的配置要求基本与原规程相同，但对二级抗震等级框架柱箍筋间距给出了适当放宽的条件。对剪跨比不大于2的柱，各抗震等级的箍筋间距要求均不应大于100mm，四级时尚不允许采用直径6mm的钢筋做箍筋；四级抗震等级的柱，当纵向钢筋配筋率大于3%时，箍筋直径应采用8mm（而不是6mm），加强对钢筋和混凝土的约束。新规范用剪跨比概念代替原来的短柱概念，使框架柱的设计和构造更加合理。

条文中的"柱根"是指框架柱的底部嵌固部位，该部位是箍筋加密区范围，箍筋间距和箍筋直径应从严要求，以提高其延性。

【实施与检查的控制】

有关结构设计软件应准确反映构件最小配筋率及加密区箍筋直径和箍筋间距的规定。设计和审查人员，应注意检查框架梁和框架柱纵向钢筋最小配筋率、截面受压区高度、抗震设计时框架梁梁端纵向钢筋最大配筋率和顶、底截面的配筋比例，以及箍筋加密区范围、箍筋直径、箍筋间距等，是否符合强制性条文的规定。

7.2.18　剪力墙分布钢筋的配置应符合下列要求：

1　一般剪力墙竖向和水平分布筋的配筋率，一、二、三级抗震设计时均不应小于0.25%，四级抗震设计和非抗震设计时均不应小于0.20%；

2　一般剪力墙竖向和水平分布钢筋间距均不应大于300mm；分布钢筋直径均不应小于8mm。

【技术要点说明】

为了防止混凝土墙体在受弯裂缝出现后立即达到极限抗弯承载力，墙体配置的竖向分布钢筋应大于或等于最小配筋百分率要求；同时为了防止斜裂缝出现后发生脆性的剪拉破坏，规定了墙体水平分布钢筋的最小配筋百分率。另外，配置必要的水平和竖向分布钢筋，也是避免墙体因温度变化、混凝土收缩而开裂的构造要求。

本条所说的"一般剪力墙"不包括部分框支剪力墙的底部加强部位，后者比全部落地剪力墙更为重要，其分布钢筋最小配筋率不应小于0.3%；也不包括特一级剪力墙，后者专门用于抗震设计的B级高度高层建筑或复杂高层建筑中剪力墙的设计，其一般部位水平和竖向分布钢筋的配筋率不应小于0.35%，剪力墙底部加强部位的不应小于0.4%。

与《钢筋混凝土高层建筑结构设计与施工规程》JGJ 3—91相比，本条对一般剪力墙的分布钢筋最小配筋率的规定作了简化，取消了原规程规定的0.15%的配筋率要求，适当地提高了安全度。

本条还规定了剪力墙分布钢筋的最大间距和最小直径，是对最小配筋率要求的补充，保证剪力墙具备基本的抗弯承载力、抗剪承载力和延性。

【实施与检查的控制】

有关结构设计软件应准确反映剪力墙分布钢筋最小配筋率规定。设计和审查人员，应注意执行和检查不同剪力墙的分布钢筋配筋率、钢筋直径和间距等，是否符合本条的规定。

7.2.26　连梁配筋(图7.2.26)应满足下列要求：

1　连梁顶面、底面纵向受力钢筋伸入墙内的锚固长度，抗震设计时不应小于l_{aE}，非抗震设计时不应小于l_a，且不应小于600mm；

2　抗震设计时，沿连梁全长箍筋的构造应按本规程第6.3.2条框架梁梁端加密区箍筋的构造要求采用；非抗震设计时，沿连梁全长的箍筋直径不应小于6mm，间距不应大于150mm；

3　顶层连梁纵向钢筋伸入墙体的长度范围内，应配置间距不大于150mm的构造箍筋，箍筋直径应与该连梁的箍筋直径相同；

4　墙体水平分布钢筋应作为连梁的腰筋在连梁范围内拉通连续配置；当连梁截面高度大于700mm时，其两侧面沿梁高范围设置的纵向构造钢筋（腰筋）的直径不应小于10mm，间距不应大于200mm；对跨高比不大于2.5的连梁，梁两侧的纵向构造钢筋（腰筋）的面积配筋率不应小于0.3%。

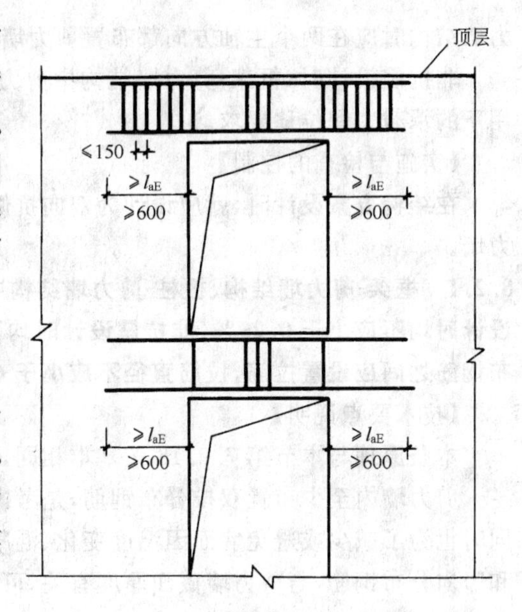

图7.2.26　连梁配筋构造示意

注：非抗震设计时图中l_{aE}应取l_a。

【技术要点说明】

一般情况下，剪力墙连梁的跨高比都较小，在水平荷载作用下，容易出现剪切斜裂缝。为防止斜裂缝出现后的剪切脆性破坏，除了减小连梁的名义剪应力外，本条规定了在构造上的一些特殊要求，例如纵向钢筋的锚固、箍筋和腰筋配置等。

1. 在水平荷载作用下，连梁承受较大的弯矩和剪力作用。一般情况下，由于连梁在重力荷载作用下的弯矩较小，在水平地震或风荷载作用下的弯矩较大且变号，因此，连梁的纵向钢筋在截面顶、底配置相同，伸入墙体的长度应满足本条的规定，保证充分锚固。

2. 因为连梁承受较大的剪力且跨高比一般较小，所以其箍筋应全长加密，抗震设计时的构造要求应与框架梁梁端加密区的箍筋构造要求相同，包括箍筋直径、箍筋间距等；非抗震设计时，箍筋直径不应小于6mm、间距不应大于150mm；顶层连梁的箍筋尚应在纵向钢筋的锚固范围内布置，这部分箍筋的间距不应小于150mm、箍筋直径与连梁的箍筋相同。

3. 一般连梁的跨高比较小，除竖向箍筋外，应保证腰筋的配置。腰筋对连梁的抗剪性能和抵抗温度应力、混凝土收缩应力有积极作用。通常可把剪力墙的水平分布钢筋在连梁范围内拉通配置；对截面高度大于700mm连梁，腰筋尚应符合直径不小于10mm、间距不大于200mm的规定；对跨高比不大于2.5的连梁，尚应保证腰筋的配筋率不小于0.3%。腰筋配筋率计算时，应采用连梁两侧全部腰筋的截面面积。

4. 本条所说的连梁，一般指跨高比小于5的连梁；对于跨高比不小于5的连梁，宜按照框架梁的要求进行设计（参见《高层建筑混凝土结构技术规程》JGJ 3—2002第7.1.8条）。

【实施与检查的控制】

注意执行和检查剪力墙连梁的纵向钢筋锚固、箍筋和腰筋配置是否符合本条的规定。

8.1.5　框架-剪力墙结构应设计成双向抗侧力体系。抗震设计时，结构两主轴方向均应布置剪力墙。

【技术要点说明】

框架-剪力墙结构中，剪力墙是主要的抗侧力构件。如果仅在一个主轴方向布置剪力墙，将会造成两个主轴方向的抗侧刚度相差悬殊，无剪力墙的一个方向刚度不足且带有纯框架的性质，与有剪力墙的另一方向不协调。尤其对抗震设计的结构，两个方向刚度和承载力相差悬殊，容易形成抗震薄弱环节，且不符合多道设防的概念设计原则。所以，采用框架-剪力墙结构时应在两个主轴方向都布置剪力墙，形成双向抗侧力体系。

非抗震设计时，框架-剪力墙结构中剪力墙的数量和布置，应使结构满足在水平荷载作用下的承载力和位移要求。

【实施与检查的控制】

在结构方案设计时，就应设计为双向抗侧力体系。抗震设计时，必须在两个方向布置剪力墙。

8.2.1 框架-剪力墙结构、板柱-剪力墙结构中，剪力墙竖向和水平分布钢筋的配筋率，抗震设计时均不应小于0.25%，非抗震设计时均不应小于0.20%，并应至少双排布置。各排分布钢筋之间应设置拉筋，拉筋直径不应小于6mm，间距不应大于600mm。

【技术要点说明】

本条原理与本节第7.2.18条基本相同，不再重复。

剪力墙内至少布置双排分布钢筋，是考虑到高层建筑中的剪力墙截面较厚、受力较大，同时也为了减少或避免墙面因温度变化、混凝土收缩等产生裂缝。墙体内布置多少排水平和竖向分布钢筋，与剪力墙截面厚度有关，可参照本规程第7.2.3条的规定执行。

【实施与检查的控制】

设计和审查人员，应注意执行和检查剪力墙的分布钢筋配筋率、拉筋直径和间距等，是否符合本条的规定。

9.2.4 框架-核心筒结构的周边柱间必须设置框架梁。

【技术要点说明】

框架-核心筒结构在高层建筑中应用广泛，是由核心筒和外围的稀柱框架（包括框架柱和框架梁）组成的高层建筑结构，其平面和竖向结构布置比较简单、规则，具有较好的抗侧刚度和承载力，因此规程规定了其较大的适用高度。有时因为建筑需要，外框架和核心筒之间采用板厚较大的无梁楼盖结构（尤以部分预应力混凝土楼盖为多），以减小结构占用的空间，降低楼层高度。计算分析和实践证明，无周边框架的纯无梁楼盖会影响框架-核心筒结构的整体刚度（尤其是整体抗扭刚度）和空间整体性，从而降低结构的抗震性能。另外，纯板柱节点的抗震性能较差，在地震中屡有破坏实例。因此，本规程中规定的板柱-剪力墙结构的适用高度和抗震措施都是比较严格的。为了保证框架-核心筒结构的空间整体性能和良好的抗震性能，必须在各层楼盖的周边（即框架柱间）设置框架梁，并按照框架梁的有关要求进行设计。

【实施与检查的控制】

检查在框架-核心筒结构中，外围周边框架柱间是否设置了框架梁。

9.3.7 外框筒梁和内筒连梁的构造配筋应符合下列要求：

1 非抗震设计时，箍筋直径不应小于8mm；抗震设计时，箍筋直径不应小于10mm；

2 非抗震设计时，箍筋间距不应大于150mm；抗震设计时，箍筋间距沿梁长不变，且不应大于100mm，当梁内设置交叉暗撑时，箍筋间距不应大于150mm；

3 框筒梁上、下纵向钢筋的直径均不应小于16mm，腰筋的直径不应小于10mm，腰筋间距不应大于200mm。

【技术要点说明】

本条包含两种梁：一种是筒中筒结构外围的框筒梁，有时也称为框筒裙梁；一种是内筒的连梁。这两种梁的特点都是跨高比较小，在水平地震作用下，框筒梁和内筒连梁的端部反复承受较大的正、负弯矩和剪力，是筒体结构重要的受力构件，应采取比其他类型结构构件更严格的措施。一般的弯起钢筋无法承担正、负剪力作用，必须要加强箍筋和腰筋配置或在梁内设置交叉暗撑。当梁内设置交叉暗撑时，因为全部剪力由暗撑承担，此时箍筋的间距可由 100mm 放宽至 150mm。由于梁跨高比较小，箍筋间距沿梁长不变。

框筒梁内上、下纵向钢筋的直径不应小于 16mm。为了避免混凝土收缩以及温差等间接作用导致梁腹部过早出现裂缝，当梁的截面高度大于 450mm 时，梁的两侧应配置腰筋，其直径不应小于 10mm，间距不应大于 200mm。内筒连梁腰筋的设置，尚应符合本节第 7.2.26 条的有关规定。

【实施与检查的控制】

检查外围框筒梁和内筒连梁的设计是否符合本条要求。

10.2.8 框支梁设计应符合下列要求：

1 梁上、下部纵向钢筋的最小配筋率，非抗震设计时分别不应小于 0.30%；抗震设计时，特一、一和二级分别不应小于 0.60%、0.50%和 0.40%；

2 偏心受拉的框支梁，其支座上部纵向钢筋至少应有 50%沿梁全长贯通，下部纵向钢筋应全部直通到柱内；沿梁高应配置间距不大于 200mm、直径不小于 16mm 的腰筋；

3 框支梁支座处（离柱边 1.5 梁截面高度范围内）箍筋应加密，加密区箍筋直径不应小于 10mm，间距不应大于 100mm。加密区箍筋最小面积配筋率，非抗震设计时不应小于 $0.9 f_t/f_{yv}$；抗震设计时，特一、一和二级分别不应小于 $1.3f_t/f_{yv}$、$1.2f_t/f_{yv}$ 和 $1.1f_t/f_{yv}$。

【技术要点说明】

框支梁是部分框支剪力墙结构中应用最多的水平转换构件，分析和试验结果说明，框支梁受力复杂，在竖向荷载和水平荷载作用下，框支梁多数情况下为偏心受拉构件，且承受很大的剪力和弯矩，对承受偏心布置墙体的框支梁或主次梁方案的主梁，还同时承受较大的扭矩。因此框支梁应适当提高安全度，除了对计算内力适当放大外，其配筋构造要求也应比一般框架梁更严格。

1. 框支梁纵向钢筋最小配筋率，不分支座和跨中部位，一律比普通框架梁的要求提高。对偏心受拉的框支梁，梁顶面负弯矩配筋的截断应引起注意，应根据偏心受拉构件计算确定钢筋的截断位置和截断量，作为构造要求，梁顶面负弯矩配筋的截断量不应超过全部负弯矩配筋的 50%；因框支梁截面较高，为抵抗轴向拉力和温度变化、混凝土收缩等非荷载效应的影响，还应根据计算结果沿梁高配置腰筋，作为构造要求，腰筋直径不应小于 16mm、间距不应大于 200mm。

框支梁纵向钢筋设计时，尚应符合本节第 6.3.2 条第 1.3.4 款关于普通框架梁的有关要求。

2. 框支梁的支座附近剪力较大，箍筋应加密配置。框支梁的截面尺寸往往较大，纵向钢筋也较多，为了保证箍筋对混凝土和纵向钢筋的可靠约束，改善其延性，加密区箍筋直径、间距和面积配筋率应符合本条的规定，比普通框架梁有较大提高。

3. 部分框支剪力墙结构转换层的位置设置在 3 层及 3 层以上时，框支梁的的抗震等级宜按本规程表 4.8.2、表 4.8.3 的规定提高一级采用，已经为特一级时可不再提高。

【实施与检查的控制】

认真分析和判断框支梁的受力特征，检查控制其纵向钢筋、腰筋、箍筋的配置量是否符合本条的最低要求。

10.2.11 框支柱设计应符合下列要求：

1 柱内全部纵向钢筋配筋率应符合本规程第6.4.3条的规定；

2 抗震设计时，框支柱箍筋应采用复合螺旋箍或井字复合箍，箍筋直径不应小于10mm，箍筋间距不应大于100mm和6倍纵向钢筋直径的较小值，并应沿柱全高加密；

3 抗震设计时，一、二级柱加密区的配箍特征值应比本规程表6.4.7规定的数值增加0.02，且柱箍筋体积配箍率不应小于1.5%。

【技术要点说明】

框支柱的地位和作用与框支梁同样重要，其破坏后果的严重性远大于普通框架柱。框支柱的受力性能与普通框架柱是相同的，大多数为偏心受压构件。振动台试验和计算分析表明，随着地震作用的增大，尤其是罕遇地震作用时，随着落地剪力墙的开裂，框支柱的受力会比多遇地震作用时增大许多，甚至导致框支柱的开裂和破坏。因此，除了对框支柱的计算内力适当增大外，本条对其纵向钢筋和箍筋的配置提出了更严格的构造要求，以提高其承载力和延性。

1. 纵向钢筋的总配筋率比普通柱提高了0.2%，特一级、一级和二级分别为1.6%、1.2%和1.0%，非抗震设计时为0.8%。

2. 抗震设计时，箍筋应全高加密配置；作为构造设计，箍筋应采用复合螺旋箍或井字复合箍等约束能力较好的形式，其配箍特征值应按框支柱的实际轴压比大小比普通柱增加0.02，且箍筋直径不应小于10mm、间距不应大于100mm和6倍纵向钢筋直径的较小值、体积配箍率不应小于1.5%。

3. 部分框支剪力墙结构转换层的位置设置在3层及3层以上时，框支柱的的抗震等级宜按本规程表4.8.2、表4.8.3的规定提高一级采用，已经为特一级时可不再提高。

本条的框支柱和本节第10.2.8条的框支梁，当采用HRB335级钢筋设计的配筋量较多、钢筋布置较密时，宜改用HRB400等较高强度设计值的钢筋，以保证混凝土的浇筑质量。

【实施与检查的控制】

检查控制框支柱的纵向钢筋、箍筋的配置量是否符合本条的构造要求。

10.2.15 部分框支剪力墙结构，剪力墙底部加强部位墙体的水平和竖向分布钢筋最小配筋率，抗震设计时不应小于0.3%，非抗震设计时不应小于0.25%；抗震设计时钢筋间距不应大于200mm，钢筋直径不应小于8mm。

【技术要点说明】

本条的原理与本节第7.2.18条基本相同。因为部分框支剪力墙结构剪力墙底部加强部位的墙体比一般剪力墙承受更大的剪力和弯矩，罕遇地震作用下更容易开裂和破坏，且破坏后果更严重。因此，为提高底部加强部位剪力墙的承载力和延性，剪力墙底部加强部位墙体水平和竖向分布钢筋最小配筋率的要求比本规程第7.2.18条中规定的数值再提高0.05%，分布钢筋的间距也由300mm调整到200mm。还需注意：

1. 部分框支剪力墙结构的剪力墙底部加强部位，既包含了落地剪力墙，也包含了框支梁上的不落地剪力墙。试验和计算分析表明，框支梁上的不落地剪力墙，在底部2层范围内有应力集中现象，容易发生破坏。因此，本规程第10.2.4条规定，部分框支剪力墙结构剪力墙底部加强部位的高度，可取框支层加上框支层以上两层的高度及墙肢总高度的1/8二者的较大值。

2. 对非抗震设计的框支剪力墙结构，也规定了剪力墙底部加强部位的加强措施。

【实施与检查的控制】

检查控制部分框支剪力墙结构中，剪力墙底部加强部位墙体的水平和竖向分布钢筋配置是否符合本条的构造要求。

10.4.4 错层处框架柱的截面高度不应小于600mm，混凝土强度等级不应低于C30，抗震等级应提高一级采用，箍筋应全柱段加密。

【技术要点说明】

错层结构属于竖向布置不规则的结构；错层附近的竖向抗侧力构件受力复杂，容易形成多处应力集中部位；错层结构的楼板有时会受到较大的削弱；框架结构错层更为不利，往往形成许多短柱与长柱沿竖向交替存在的不规则体系。因此，对错层结构应按本规程第10.1.3条的规定限制房屋高度，并需符合本规程提出的各项有关要求。

试验和计算分析表明，错层结构在错层处的构件（包括框架和剪力墙）受力复杂，应采取加强措施。本条即是对错层处框架柱截面高度、混凝土强度等级、抗震等级和箍筋等的最低要求，以提高错层处框架柱的承载力和变形能力，必须严格执行。

错层处框架柱的截面高度，是指垂直于错层部位的柱截面尺寸。当然，实际需要的柱截面尺寸应根据计算分析确定，这里给出的仅是最低要求。错层处框架柱的抗震等级应提高一级采用、箍筋应全柱段加密，是针对抗震设计的错层结构而言的。

【实施与检查的控制】

错层结构中，检查控制错层处框架柱的截面尺寸、混凝土强度等级、抗震等级、箍筋配置是否符合本条的构造要求。

3 钢结构设计

3.1 普通钢结构

《钢结构设计规范》GB 50017—2003

1.0.5 在钢结构设计文件中，应注明建筑结构的设计使用年限、钢材牌号，连接材料的型号（或钢号）和对钢材所要求的力学性能、化学成分及其他的附加保证项目。此外，还应注明所要求的焊缝形式、焊缝质量等级、端面刨平顶紧部位及对施工的要求。

【技术要点说明】

钢结构设计文件中应注明的这些内容与保证工程质量密切相关，因此将本条确定为强制性条文。

建筑钢结构采用的钢材牌号、连接材料的型号（对焊丝、焊剂、焊条等）或钢号（对普通螺栓或高强度螺栓）应与有关材料的现行国家标准或其他技术标准相符。至于对钢材力学性能和化学成分的要求，凡我国国家标准中各牌号钢材已有的基本保证项目可以不再列出，其他附加保证项目和协议要求的项目则必须在设计文件有关材料说明中加以明确。

由于在建筑钢结构中经常会采用到国外进口钢材，今后还可能用到其他尚未列入我国技术标准的新的钢材种类，对这类材料，则必须详细列出对有关钢材性能的各项基本要求及保证项目，以便按此进行检验。

由于焊缝的承载能力除了取决于焊条的型号和焊缝的尺寸以外，还与焊缝的形式及焊缝的质量等级有关，因此必须在设计文件中详细注明。在设计中对焊缝质量等级的选用，可以根据构件的重要性和受力情况参照本规范第7.1.1条确定。

我国《钢结构设计规范》GB 50017—2003规定的钢材强度设计指标中，钢材在压力作用下的强度设计值分为抗压强度和端面承压强度两类。由于端面承压强度是验算构件极小区域的压应力，其强度设计值允许超过材料的屈服点而接近其最低极限强度，因此钢材的端面承压强度远远高于一般抗压强度，但此强度设计值只有在构件之间的接触面为刨平顶紧时才能达到。

【实施与检查的控制】

实施单位应严格按照设计文件中对材料的说明及要求选择主材材料牌号及连接材料的型号（或钢号）。当采用国外进口钢材以及其他尚未列入我国技术标准的新的钢材种类时，必须进行检验。现行国家标准《钢结构设计规范》GB 50017—2003目前只推荐了Q235、Q345、Q390和Q420四种钢材，钢材的强度标准值采用屈服强度平均值减去1.645倍标准差。按照现行国家标准《建筑结构可靠度设计统一标准》GB 50068—2001的规定，一般设计使用年限为50年的钢结构构件，其承载能力极限状态的可靠指标不应小于3.2。根据确定内力设计值时采用的荷载分项系数等，经统计分析，确定了承载力计算的最优抗力分项系

数 γ_R 为：

对 Q235 钢， $\gamma_R=1.087$

对 Q345、Q390、Q420 钢， $\gamma_R=1.111$

当对国外进口钢材以及其他尚未列入我国技术标准的新的钢材种类进行检验时，所取试件的数量及尺寸应符合相应实验标准的要求，当材性试验所测得的数据满足以下统计参数的要求，且尺寸的误差标准不低于我国相应钢材的标准时，即可采用规范规定的钢材抗力分项系数 γ_R：

(1) 试验所得屈服点平均值乘以试验影响系数与钢材标准屈服点之比满足：

$$\frac{\mu_{fy}\cdot\gamma_{k0}}{f_y}\geqslant 1.09\quad(\text{对 Q235 类钢})\text{或 }1.11(\text{对 Q345 类钢})$$

式中 μ_{fy}——试验所得屈服点的平均值；

γ_{k0}——试验影响系数，对 Q235 类钢可取为 0.9；对 Q345 类钢可取为 0.93；

f_y——钢材标准中屈服点的规定值。

(2) 变异系数 δ_{KM} 满足：

$$\delta_{KM}=\sqrt{(\delta_{k0})^2+\left(\frac{\sigma_{fy}}{\mu_{fy}}\right)^2}\leqslant 0.066$$

式中 δ_{k0}——参数，可取为 0.011；

δ_{fy}——屈服点试验值的标准差。

检查单位应对结构计算书及设计说明中与本条有关的内容逐项审查。

3.1.2 承重结构应按下列承载能力极限状态和正常使用极限状态进行设计：

1 承载能力极限状态包括：构件和连接的强度破坏、疲劳破坏和因过度变形而不适于继续承载，结构和构件丧失稳定，结构转变为机动体系和结构倾覆。

2 正常使用极限状态包括：影响结构、构件和非结构构件正常使用或外观的变形，影响正常使用的振动，影响正常使用或耐久性能的局部损坏（包括混凝土裂缝）。

【技术要点说明】

承载能力极限状态和正常使用极限状态是结构或构件设计及计算的准则，本规范根据现行国家标准《建筑结构可靠度设计统一标准》GB 50068—2001 的规定，结合钢结构的特点分别对两种极限状态的内容作了具体说明。

在承载能力极限状态的设计中，有关构件和连接的强度、稳定以及疲劳计算等在第 4、5、6、7 等章均有具体的条文规定。对钢结构而言，构件的稳定性既有构件丧失整体稳定，也包括组成板件的局部失稳。而整个结构体系的稳定性，除了对框架结构和排架结构体系已通过框架柱或排架柱的计算长度在规范条文中有所反映外，其余结构形式均未有具体的条文规定，因此，在对其他形式的结构进行整体稳定分析时，应结合具体工程特点予以考虑。

任何钢构件的任一部位都不允许有裂缝，所以没有关于裂缝宽度控制的规定。

在正常使用极限状态的设计中，有关混凝土裂缝的计算主要用于钢与混凝土的组合结构。

【实施与检查的控制】

承重结构的承载能力极限状态和正常使用极限状态设计，涉及到本规范的大部分章节。设计单位和检查单位应结合具体构件及连接，参照各章的规定及要求执行与检查。

3.1.3 设计钢结构时，应根据结构破坏可能产生的后果，采用不同的安全等级。

一般工业与民用建筑钢结构的安全等级可取为二级，其他特殊建筑钢结构的安全等级应根据具体情况另行确定。

【技术要点说明】

关于建筑钢结构安全等级的划分，按照现行国家标准《建筑结构可靠度设计统一标准》GB 50068—2001 的规定，对破坏后果很严重的重要的房屋，安全等级为一级；对破坏后果严重的一般的房屋，安全等级为二级。由于《建筑结构可靠度设计统一标准》GB 50068—2001 是对各设计规范的统一指导，不可能针对各种结构规范给出具体建议。本规范根据对我国已建成的建筑物采用概率统计方法分析的结果，一般工业与民用建筑钢结构，按照《建筑结构可靠度设计统一标准》GB 50068—2001 的分级标准，安全等级多为二级，故规定可取为二级。

除一般工业与民用建筑以外的特殊钢结构，其安全等级应根据具体情况另行确定。如跨度等于或大于 60m 的大跨度结构（如大会堂、体育馆、飞机库等大跨度屋盖承重结构），因属于破坏后果很严重的重要的房屋，则宜取为一级。

需要提起注意的是，由于本规范定位为非抗震设计，故所有条文均是针对不考虑抗震的情况而制定。当按抗震要求设计时，不再划分安全等级，而应按现行国家标准《建筑抗震设防分类标准》GB 50223 的规定来确定建筑物的抗震设防类别。

【实施与检查的控制】对建筑钢结构安全等级的划分，原则上应遵守《建筑结构可靠度设计统一标准》GB 50068—2001 的规定。设计单位应注意对特殊建筑根据具体情况确定合理的安全等级。

3.1.4　按承载能力极限状态设计钢结构时，应考虑荷载效应的基本组合，必要时尚应考虑荷载效应的偶然组合。

按正常使用极限状态设计钢结构时，应考虑荷载效应的标准组合，对钢与混凝土组合梁，尚应考虑准永久组合。

【技术要点说明】

本条为钢结构设计时荷载效应的组合原则，是根据《建筑结构可靠度设计统一标准》GB 50068—2001 的规定并结合钢结构的特点制定的。

钢结构设计规范对结构或构件承载能力的计算一般采用应力表达式，内力设计值即荷载效应组合的设计值。根据现行国家标准《建筑结构荷载规范》GB 50009—2001 第 3.2.3 条，当按承载能力极限状态设计钢结构时，对于基本组合，内力设计值应从由可变荷载效应控制的组合和由永久荷载效应控制的组合中取最不利值考虑。对荷载效应的偶然组合，本规范参照《建筑结构可靠度设计统一标准》GB 50068—2001 只作出了原则性的规定，具体的设计表达式及各项系数应符合专门规范的规定。

当钢结构按塑性设计或按二阶弹性分析框架时，不能应用叠加原理，因而必须先进行荷载组合再进行分析，并考虑荷载的基本组合。

对于正常使用极限状态，按《建筑结构可靠度设计统一标准》GB 50068—2001 的规定，要求分别采用荷载的标准组合、频遇组合和准永久组合进行设计，并使变形等不超过相应的规定值。钢结构设计一般只考虑荷载效应的标准组合，当有可靠依据或有实践经验时，亦可考虑荷载效应的频遇组合。但是，对钢与混凝土组合梁的变形计算，由于需要考虑混凝土在长期荷载作用下的徐变影响，当按正常使用极限状态设计时，除应考虑荷载的标准组合外，尚应考虑荷载的准永久组合。

钢结构在正常使用极限状态下的设计主要应计算结构或构件的变形(如框架结构的水平位移、梁的挠度等)或控制杆件(拉杆、压杆和压弯杆)的长细比,它们的控制值都是根据实践经验确定的,如何使用概率设计方法尚待研究,所以计算结构和构件的变形时,采用荷载标准值,不考虑荷载分项系数和动力系数。

【实施与检查的控制】

本条的实施,应结合钢结构的特点。钢结构由于自重较小,一般是由基本组合中的可变荷载效应组合控制设计,其他只有当采用大型钢筋混凝土屋面板或有积灰的屋盖结构以及特殊情况才有可能由永久荷载效应控制设计。

钢结构中杆件(拉杆、压杆和压弯杆)的长细比限值因为仅与其受力状态(拉或压)以及截面特性等有关,因而不考虑荷载组合。

3.1.5 计算结构或构件的强度、稳定性以及连接的强度时,应采用荷载设计值(荷载标准值乘以荷载分项系数);计算疲劳时,应采用荷载标准值。

【技术要点说明】

根据《建筑结构可靠度设计统一标准》GB 50068—2001,结构或构件的强度和稳定属于承载能力极限状态,规范采用了以"概率理论为基础的极限状态设计法",在设计表达式中均考虑了荷载分项系数,故应采用荷载设计值(荷载标准值乘以荷载分项系数)进行计算。

钢结构的连接方法主要为焊缝连接、普通螺栓连接和高强度螺栓连接(分摩擦型和承压型两种)。虽然连接的强度设计值统计数据有限,尚无法按可靠度进行分析,但在修订《钢结构设计规范》GBJ 17—88 时,已将其容许应力用校准的方法转化为以概率为基础的极限状态设计表达式(包括各种抗力分项系数)。即连接的强度设计值已根据过去采用容许应力法计算时的各种容许应力值换算得出,故应采用荷载设计值进行计算。

由于现阶段对疲劳计算的可靠度理论问题尚未解决,疲劳的极限状态设计方法目前还处于研究阶段,所以钢结构的疲劳强度计算不能像静力强度和稳定计算那样采用以"概率理论为基础的极限状态设计法",而只能沿用传统的按弹性状态计算的"容许应力幅"的设计方法,即将过去以应力比概念为基础的疲劳设计改为以应力幅为准的疲劳强度设计。容许应力幅[$\Delta\sigma$]是根据国内外对各类构件和连接形式所做的试验结果并考虑一定的保证率(一般为 97.7%)而得出的下限值。设计时应保证连接或连接附近的主体金属在荷载标准值作用下的应力幅(即最大应力减最小应力)不超过容许应力幅[$\Delta\sigma$]。另一方面,疲劳计算中采用的计算数据大部分是根据实测应力或通过疲劳试验所得,已包含了荷载的动力影响,故进行疲劳计算时,亦不再乘动力系数,应采用荷载标准值。

【实施与检查的控制】

本条的实施与检查,除疲劳设计以外,应参照现行国家标准《建筑结构荷载规范》GB 50009—2001 和《建筑结构可靠度设计统一标准》GB 50068—2001 的要求执行。

3.2.1 设计钢结构时,荷载的标准值、荷载分项系数、荷载组合值系数、动力荷载的动力系数等,应按现行国家标准《建筑结构荷载规范》GB 50009 的规定采用。

结构的重要性系数 γ_0 应按现行国家标准《建筑结构可靠度设计统一标准》GB 50068 的规定采用,其中对设计使用年限为 25 年的结构构件,γ_0 不应小于 0.95。

注:对支承轻屋面的构件或结构(檩条、屋架、框架等),当仅有一个可变荷载且受荷水平投影面积超过

$60m^2$ 时，屋面均布活荷载标准值应取为 $0.3kN/m^2$。

【技术要点说明】

本规范采用以概率理论为基础的极限状态设计法并以应力形式表达的分项系数设计表达式进行设计计算，有关可靠度分析的基础是现行国家标准《建筑结构荷载规范》GB 50009—2001 的内容以及现有的可统计资料，根据在此基础上所作的分析，本规范所涉及的钢结构基本构件的设计目标安全度总体上符合《建筑结构可靠度设计统一标准》GB 50068—2001 的要求。因此，在进行钢结构设计时，荷载的标准值、荷载分项系数、荷载组合值系数、动力荷载的动力系数等，应按现行国家标准《建筑结构荷载规范》GB 50009—2001 的规定采用。

结构的重要性系数 γ_0 应按结构构件的安全等级、设计使用年限并考虑工程经验确定。一般工业与民用建筑钢结构的安全等级为二级，当设计使用年限为 50 年时取 $\gamma_0=1.0$。《建筑结构可靠度设计统一标准》GB 50068—2001 第 7.0.3 条注明"对设计使用年限为 25 年的结构构件，各类材料结构设计规范可根据各自情况确定结构重要性系数 γ_0 的取值"。本规范认为对设计使用年限为 25 年的结构构件，其可靠度可适当降低，同时根据使用年限 5 年时 $\gamma_0=0.9$ 的取值，规定使用年限为 25 年时重要性系数按经验取为 0.95。

现行国家标准《建筑结构荷载规范》GB 50009—2001 将不上人屋面的均布活荷载标准值统一规定为 $0.5kN/m^2$，但注明"对不同结构应按有关设计规范的规定，将标准值作 0.2 kN/m^2 的增减"。本规范参考了美国荷载规范 AISC 7—93 的规定，在本条注明对支承轻屋面的构件或结构，当仅有一个可变荷载且受荷水平投影面积超过 $60m^2$ 时，屋面均布活荷载标准值取为 0.3 kN/m^2。这个取值仅适用于只有一个可变荷载参与组合的情况，是因为当有两个及两个以上可变荷载参与最不利荷载组合时，除第一个可变荷载外的荷载效应值要乘以小于 1 的组合值系数，如果取屋面均布活荷载标准值为 0.3 kN/m^2，则使其安全度较原规范有所降低，故此时屋面均布活荷载标准值仍应取为 0.5 kN/m^2。

【实施与检查的控制】

本条的实施与检查，原则上应参照现行国家标准《建筑结构荷载规范》GB 50009—2001 和《建筑结构可靠度设计统一标准》GB 50068—2001 的要求，但应注意，本规范结合钢结构的特点，对轻屋面有特殊规定。

3.3.3　承重结构采用的钢材应具有抗拉强度、伸长率、屈服强度和硫、磷含量的合格保证，对焊接结构尚应具有碳含量的合格保证。

焊接承重结构以及重要的非焊接承重结构采用的钢材还应具有冷弯试验的合格保证。

【技术要点说明】

本条是对用于承重的建筑钢结构及其构件采用的钢材材质及力学性能的基本要求，应在设计文件中提出。

1. 抗拉强度

钢材的抗拉强度作为材料的基本强度指标，既是衡量钢材抵抗拉断的性能指标，又直接反映了钢材内部组织的优劣，同时也与疲劳强度有着比较密切的关系。

2. 伸长率

钢材的伸长率是衡量钢材塑性性能的指标，代表了材料抵抗断裂的能力。承重结构采用的钢材，均要求材料具有良好的塑性应变的能力。所以钢材除了应具有较高的强度外，尚应要求具有足够的伸长率。

3. 屈服强度(或屈服点)

钢材的屈服强度(或屈服点)是衡量结构的承载能力和确定强度设计值的重要指标。普通碳素结构钢和低合金结构钢在受力达到屈服强度(或屈服点)以后,应变急剧增长,从而可能使结构构件的变形过大以致不能继续使用。所以钢材的强度设计值一般都是以钢材屈服强度(或屈服点)为依据而确定的。

对于一般非承重构件或由构造要求决定的构件,只要保证钢材的抗拉强度和伸长率即能满足要求;对于承重的结构则必须具有抗拉强度、伸长率、屈服强度(或屈服点)三项合格保证。

4. 硫、磷含量

硫和磷是钢中的有害杂质,对钢材的力学性能(如塑性、韧性、可焊性、疲劳强度等)和焊接接头的裂纹敏感性都有较大影响。

硫能生成易于熔化的硫化铁,当热加工或焊接的温度达到 800～1200℃时,可能出现裂纹,称为热脆。硫化铁能形成夹杂物,不仅促使钢材起层,还会引起应力集中,降低钢材的塑性和冲击韧性。硫又是钢中偏析最严重的杂质之一,钢结构中使用的钢材,一般硫的含量不应超过 0.045%。

磷是以固溶体的形式溶解于铁素体中,固溶体很脆,加之磷的偏析比硫更严重,形成的富磷区促使钢材在低温下变脆,称为冷脆。尽管磷可提高钢材的强度和抗锈性,但也会降低钢的塑性、韧性及可焊性,因此,钢中磷的含量一般不应超过 0.045%。

5. 碳含量

在碳素结构钢中,碳含量直接影响钢材的强度、塑性、韧性和可焊性等。碳含量增加,钢的强度提高,而塑性、韧性和疲劳强度下降,同时恶化钢的可焊性和抗腐蚀性。因此,钢结构中采用的碳素结构钢,对含碳量要加以限制,一般不应超过 0.22%,在焊接结构中还应低于 0.20%。按照现行国家标准的规定,Q235－A 级钢的含碳量不作为交货条件,即对含碳量不保证。由于 Q235－A 级钢不能保证其含碳量,因此本条规定“对焊接结构尚应具有碳含量的合格保证”即意味着在主要焊接结构中不能用 Q235－A 级钢来代替 Q235－B。

6. 冷弯试验

钢材的冷弯性能由冷弯试验确定,冷弯试验值是检验钢材弯曲变形能力和塑性性能的指标之一,同时也是衡量钢材质量的一个综合性指标。通过冷弯试验也可以检验钢材颗粒组织、结晶情况和非金属夹杂物分布等缺陷。

钢结构在制作、安装过程中要进行冷加工,尤其是焊接结构焊后有进行变形的调直等工序,这些都需要钢材有较好的冷弯性能,因此,冷弯试验在一定程度上也是鉴定材料焊接性能的一个指标。本条要求焊接承重结构采用的钢材应具有冷弯试验的合格保证,就是为了保证用于承重结构的钢材具有良好的焊接性能。

对非焊接的重要承重结构,如吊车梁、吊车桁架、有振动设备或有大吨位吊车的工业厂房屋架和托架、大跨度重型桁架等,也都要求所采用的钢材应具有冷弯试验合格的保证。

【实施与检查的控制】

实施单位应保证所有进场的主材及连接材料均具有合格质量保证书,并应按照《钢结构工程施工质量验收规范》GB 50205—2001 的规定进行复检。进场材料的质量保证书及复检结果应逐项检查，严格控制材料的各项力学指标及化学成分等达到合格质量标准。

3.4.1　钢材的强度设计值，应根据钢材厚度或直径按表3.4.1-1采用。钢铸件的强度设计值应按表3.4.1-2采用，连接的强度设计值应按表3.4.1-3至表3.4.1-5采用。

钢材的强度设计值（N/mm²）　　表3.4.1-1

钢材		抗拉、抗压和抗弯	抗剪	端面承压（刨平顶紧）
牌号	厚度或直径（mm）	f	f_v	f_{ce}
Q235钢	≤16	215	125	325
	＞16～40	205	120	
	＞40～60	200	115	
	＞60～100	190	110	
Q345钢	≤16	310	180	400
	＞16～35	295	170	
	＞35～50	265	155	
	＞50～100	250	145	
Q390钢	≤16	350	205	415
	＞16～35	335	190	
	＞35～50	315	180	
	＞50～100	295	170	
Q420钢	≤16	380	220	440
	＞16～35	360	210	
	＞35～50	340	195	
	＞50～100	325	185	

注：表中厚度系指计算点的钢材厚度，对轴心受拉和轴心受压构件系指截面中较厚板件的厚度。

钢铸件的强度设计值（N/mm²）　　表3.4.1-2

钢号	抗拉、抗压和抗弯 f	抗剪 f_v	端面承压（刨平顶紧） f_{ce}
ZG200—400	155	90	260
ZG230—450	180	105	290
ZG270—500	210	120	325
ZG310—570	240	140	370

焊缝的强度设计值（N/mm²）　　表3.4.1-3

焊接方法和焊条型号	构件钢材		对接焊缝				角焊缝
	牌号	厚度或直径（mm）	抗压 f_c^w	焊缝质量为下列等级时，抗拉 f_t^w		抗剪 f_v^w	抗拉、抗压和抗剪 f_f^w
				一级、二级	三级		
自动焊、半自动焊和E43型焊条的手工焊	Q235钢	≤16	215	215	185	125	160
		＞16～40	205	205	175	120	
		＞40～60	200	200	170	115	
		＞60～100	190	190	160	110	
自动焊、半自动焊和E50型焊条的手工焊	Q345钢	≤16	310	310	265	180	200
		＞16～35	295	295	250	170	
		＞35～50	265	265	225	155	
		＞50～100	250	250	210	145	

续表

焊接方法和焊条型号	构件钢材		对接焊缝				角焊缝
	牌号	厚度或直径(mm)	抗压 f_c^w	焊缝质量为下列等级时，抗拉 f_t^w		抗剪 f_v^w	抗拉、抗压和抗剪 f_f^w
				一级、二级	三级		
自动焊、半自动焊和E55型焊条的手工焊	Q390钢	≤16	350	350	300	205	220
		>16～35	335	335	285	190	
		>35～50	315	315	270	180	
		>50～100	295	295	250	170	
	Q420钢	≤16	380	380	320	220	220
		>16～35	360	360	305	210	
		>35～50	340	340	290	195	
		>50～100	325	325	275	185	

注：1 自动焊和半自动焊所采用的焊丝和焊剂，应保证其熔敷金属的力学性能不低于现行国家标准《埋弧焊用碳钢焊丝和焊剂》GB/T 5293和《低合金钢埋弧焊用焊剂》GB/T 12470中相关的规定。

2 焊缝质量等级应符合现行国家标准《钢结构工程施工质量验收规范》GB 50205的规定。其中厚度小于8mm钢材的对接焊缝，不应采用超声波探伤确定焊缝质量等级。

3 对接焊缝在受压区强度设计值取 f_c^w，抗弯受拉区强度设计值取 f_t^w。

4 同表3.4.1-1注。

螺栓连接的强度设计值(N/mm²) 表3.4.1-4

螺栓的性能等级、锚栓和构件钢材的牌号		普通螺栓						锚栓	承压型连接高强度螺栓		
		C级螺栓			A级、B级螺栓						
		抗拉 f_t^b	抗剪 f_v^b	承压 f_c^b	抗拉 f_t^b	抗剪 f_v^b	承压 f_c^b	抗拉 f_t^a	抗拉 f_t^b	抗剪 f_v^b	承压 f_c^b
普通螺栓	4.6级、4.8级	170	140	—	—	—	—	—	—	—	—
	5.6级	—	—	—	210	190	—	—	—	—	—
	8.8级	—	—	—	400	320	—	—	—	—	—
锚栓	Q235钢	—	—	—	—	—	—	140	—	—	—
	Q345钢	—	—	—	—	—	—	180	—	—	—
承压型连接高强度螺栓	8.8级	—	—	—	—	—	—	—	400	250	—
	10.9级	—	—	—	—	—	—	—	500	310	—
构件	Q235钢	—	—	305	—	—	405	—	—	—	470
	Q345钢	—	—	385	—	—	530	—	—	—	590
	Q390钢	—	—	400	—	—	530	—	—	—	615
	Q420钢	—	—	425	—	—	560	—	—	—	655

注：1 A级螺栓用于 $d \leq 24mm$ 和 $l \leq 10d$ 或 $l \leq 150mm$(按较小值)的螺栓；B级螺栓用于 $d > 24mm$ 或 $l > 10d$ 或 $l > 150mm$(按较小值)的螺栓。d 为公称直径，l 为螺杆公称长度。

2 A、B级螺栓孔的精度和孔壁表面粗糙度，C级螺栓孔的允许偏差和孔壁表面粗糙度，均应符合现行国家标准《钢结构工程施工质量验收规范》GB 50205的要求。

铆钉连接的强度设计值(N/mm²) 表3.4.1-5

铆钉钢号和构件钢材牌号		抗拉(钉头拉脱) f_t^r	抗剪 f_v^r		承压 f_c^r	
			Ⅰ类孔	Ⅱ类孔	Ⅰ类孔	Ⅱ类孔
铆钉	BL2或BL3	120	185	155	—	—

续表

铆钉钢号和构件钢材牌号		抗拉(钉头拉脱) f_c^r	抗剪 f_v^r		承压 f_c^r	
			Ⅰ类孔	Ⅱ类孔	Ⅰ类孔	Ⅱ类孔
构件	Q235 钢	—	—	—	450	365
	Q345 钢	—	—	—	565	460
	Q390 钢	—	—	—	590	480

注：1 属于下列情况者为Ⅰ类孔；

1）在装配好的构件上按设计孔径钻成的孔；

2）在单个零件和构件上按设计孔径分别用钻模钻成的孔；

3）在单个零件上先钻成或冲成较小的孔径，然后在装配好的构件上再扩钻至设计孔径的孔。

2 在单个零件上一次冲成或不用钻模钻成设计孔径的孔属于Ⅱ类孔。

【技术要点说明】

本条有关设计指标的规定是钢结构构件及其连接设计与计算的依据。

1. 钢材的强度设计值

钢材的设计强度与钢材的厚度有关，薄钢材辊轧次数多，轧制的压缩比大，而厚度大的钢材压缩比小，所以厚度大的钢材不但强度小，其塑性、冲击韧性和焊接性能也都较薄钢材差。设计时，应注意根据规范规定的分组原则选择不同的强度设计值。

规范给出的钢材抗拉、抗压和抗弯强度设计值 f 等于最低屈服点除以抗力分项系数，而抗剪强度设计值 f_v 取等于 $f/\sqrt{3}$，这是均质材料按能量强度理论得到的。对钢材的端面承压（刨平顶紧）强度设计值，由于是验算构件极短部分的压应力，其强度设计值允许超过材料的屈服点。因为现行国家标准规定的钢材的最低极限强度不随钢材厚度而变，所以端面承压强度设计值与厚度无关。根据修正以后的抗力分项系数，钢材强度设计值取为：

Q235 钢：$f=f_y/1.087$，$f_v=f/\sqrt{3}$，$f_{ce}=f_u/1.15$

Q345、Q390、Q420 钢：$f=f_y/1.111$，$f_v=f/\sqrt{3}$，$f_{ce}=f_u/1.175$

钢材厚度或直径分组系根据现行国家标准《碳素结构钢》GB 700 和《低合金高强度结构钢》GB/T 1591 的分组原则。原《钢结构设计规范》GBJ 17—88 对碳素钢最大厚度取 $t=50$mm，对低合金钢最大厚度取 $t=36$mm。由于厚板使用日益广泛，新修订的《钢结构设计规范》GB 50017—2003 将厚度增加到 100mm，但是，由于对我国国产厚钢板力学性能的统计资料并不充分，在工程中应注意对厚度大于 50mm（对普通碳素钢）或 36mm（对低合金钢）钢材力学性能的复检，复检所得统计参数应能满足第 1.0.5 条的要求。

2. 连接的强度设计值

连接的强度设计值主要根据过去采用容许应力法计算时的各种容许应力换算而得，其中角焊缝和承压型高强度螺栓有一定数量的试验数据，强度设计值是根据这些试验数据并参考国外规定确定的。经可靠度分析，所有连接的可靠度均大致等于或略高于构件的可靠度。

(1)焊缝的强度设计值中，对接焊缝只有抗拉和抗压的取值，抗弯强度分别按抗弯中的受压部分取抗压强度设计值，受拉部分取抗拉强度设计值采用。焊缝金属为焊条熔敷金属与钢材金属的混合体，其强度一般高于钢材的强度，但焊缝质量对强度有很大影响，规范规定：焊缝质量为一、二级时，对接焊缝的抗拉强度设计值与母材相等，三级时取为母材抗拉强度的0.85倍。另外,E50型焊条熔敷金属的 $f_u^w=490N/mm^2$,正好等于Q390钢的最小 f_u 值。但基于熔敷金属强度要略高于基本金属的原则,故规定Q390钢采用E55型焊条。Q420钢的 $f_{u,min}=520N/mm^2$,亦采用E55型焊条。

对于质量等级为一、二级的对接焊缝,按照现行国家标准《钢焊缝手工超声波探伤方法和探伤结果分级》GB 11345—89的规定,仅适用于厚度不小于8mm的钢材。根据钢结构施工单位的经验,亦认为厚度小于8mm的钢材,其对接焊缝用超声波检验的结果不大可靠,而应采用X射线探伤。否则,对 $t<8mm$ 钢材的对接焊缝,其强度设计值只能按三级焊缝采用。

(2) 普通螺栓中的A级和B级螺栓的强度等级分为5.6级和8.8级两种,其抗拉和抗剪强度设计值是参照前苏联81规范取用的,可用于一个或多个螺栓。根据现行国家标准《六角头螺栓——A级和B级》GB 5782—86,A级螺栓用于 $d\leqslant 24mm$ 和杆长 $l\leqslant 10d$ 或150mm的情况;B级螺栓用于 d 和 l 均大于上述值的情况。C级螺栓的抗拉和抗剪强度设计值也是参照前苏联81规范取用的。

(3) 高强度螺栓连接有承压型和摩擦型之分,由于采用的设计准则不同,其承载力计算亦不相同。高强度螺栓的连接形式应与连接计算模型保持一致。

【实施与检查的控制】

实施单位对焊缝金属材料的选取应与主体金属相适应,当不同材料的钢材进行连接时,应按照《钢结构设计规范》GB 50017—2003第8章第8.2.1条的规定选取焊条型号。

所有进场材料复检所得材性试验数据及经可靠度分析后得到的强度指标不能低于本条的要求。

3.4.2 计算下列情况的结构构件或连接时,第3.4.1条规定的强度设计值应乘以相应的折减系数。

1 单面连接的单角钢:

1) 按轴心受力计算强度和连接乘以系数 0.85

2) 按轴心受压计算稳定性

等边角钢乘以系数 $0.6+0.0015\lambda$,但不大于1.0

短边相连的不等边角钢乘以系数 $0.5+0.0025\lambda$,但不大于1.0

长边相连的不等边角钢乘以系数 0.70

λ 为长细比,对中间无连系的单角钢压杆,应按最小回转半径计算,当 $\lambda<20$ 时,取 $\lambda=20$

2 无垫板的单面施焊对接焊缝乘以系数 0.85

3 施工条件较差的高空安装焊缝和铆钉连接乘以系数 0.90

4 沉头和半沉头铆钉连接乘以系数 0.80

注:当几种情况同时存在时,其折减系数应连乘。

【技术要点说明】

第3.4.1条所规定的强度设计值是结构处于正常工作情况下求得的,对一些工作情况处于不利的结构构件或连接,其强度设计值有所降低。所以本条规定,在某些特殊情况下钢材的强度设计值应乘以相应的折减系数:

1. 单面连接的单角钢

单面连接的单角钢承受轴心拉力或轴心压力时实际的受力状态为偏心受力,当按轴心受力进行构件的强度和连接设计时，应乘以折减系数(η=0.85)以考虑弯曲和扭转效应的影响。

单面连接的单角钢受压时属于双向压弯构件。为计算简便起见，习惯上将其稳定承载力作为轴心受压构件来计算，并采用折减系数以考虑双向压弯的影响。规范规定的单面连接的受压单角钢稳定性计算折减系数，是近年来根据开口薄壁杆件几何非线性理论，应用有限单元法，并考虑残余应力、初弯曲等初始缺陷的影响，对其进行弹塑性阶段的稳定分析而得到的。这一理论分析方法已得到一系列实验结果的验证。

2. 无垫板的单面施焊对接焊缝

一般对接焊缝都要求两面施焊或单面施焊后再补焊根，若受条件限制只能单面施焊，则应将坡口处留出足够的间隙并加垫板(对圆管的环形对接焊缝则加垫环)才容易保证焊满焊件的全厚度。当单面施焊不加垫板时，焊缝不容易焊满，质量将不能保证，因此无垫板的单面施焊对接焊缝，其强度设计值应乘以折减系数0.85。

3. 施工条件较差的高空安装焊缝和铆钉连接

当安装的连接部位离开地面或楼面较高，而施工时又没有临时的平台或吊框设施等时，施工条件较差，焊缝和铆钉连接的质量难以保证，故其强度设计值需乘以折减系数0.90。

4. 沉头和半沉头铆钉连接

沉头和半沉头铆钉与半圆头铆钉相比，其承载力较低。特别是其抵抗钉头拉脱时的承载力较低，即使铆钉连接仅受剪力也经常由于钉头拉脱引起破坏，所以不论抗剪和抗拉的沉头和半沉头铆钉，其强度设计值要乘以折减系数0.80。

【实施与检查的控制】

本条应与第3.4.1条配合使用，在提取结构、构件或连接的力学模型时，对本条所列情况下的设计计算应乘以相应的折减系数。有关强度折减系数的取值，由于第1和第4项规定属于设计问题，比较容易在设计阶段确定。但第2和第3项因与制作和安装时的施工工艺有关，在设计阶段有时候不太好掌握，因而需要设计人员在设计文件中加以明确，或对施工和安装的工艺提出具体的要求。实施单位则应按照设计文件的要求，编制制作和安装方案。

8.1.4　结构应根据其形式、组成和荷载的不同情况，设置可靠的支撑系统。在建筑物每一个温度区段或分期建设的区段中，应分别设置独立的空间稳定的支撑系统。

【技术要点说明】

钢结构一般是单一材料做成的结构，应力和变形的计算方法与材料力学方法基本一致，因而其力学模型的建立以及结构或构件的设计计算相对容易掌握。但钢结构的构造较为复杂，而结构构造又是实现设计思想的重要保证，设计者应给予充分重视。本条以及第8章中的第8.3.6条、第8.9.3条及第8.9.5条都是有关钢结构的一些构造要求，由于这些构造措施对保证整个结构体系的安全极为重要，故将其确定为强制性条文。

对一般承重构件由平面结构体系组成的钢结构，如工业与民用建筑中的屋架、桥架、平面框架等，必须设置一定的支撑系统。支撑系统的作用是保证结构的空间工作，提高结构的整体刚度，保证结构安装时的稳定。支撑系统同时还起着承担和传递结构体系的水平力、防止杆件产生过大的振动、避免压杆的侧向失稳等作用。

本条仅是对支撑系统设置的原则性规定，由于具体工程情况十分复杂，受一些不同条件的限制，支撑系统的设置并无一定之规，设计时应根据结构及其荷载的不同情况分别考虑。

【实施与检查的控制】

检查单位应针对工程特点，对结构布置、结构体系等进行重点审查。

8.3.6 对直接承受动力荷载的普通螺栓受拉连接应采用双螺帽或其他能防止螺帽松动的有效措施。

【技术要点说明】

受拉连接的螺栓需要传递构件连接节点处的拉力，由于普通螺栓在安装时一般不用施加预拉力，在动力荷载作用下，起固定作用的螺帽容易产生松动。本条文是为防止构件间连接螺栓的松动而规定的措施。本条的适用条件明确为普通螺栓的受拉连接且承受动力荷载时，对一般静力荷载作用的情况可以不受此限。普通螺栓防止松动的措施不一定仅限于采用双螺帽，具体构造可以任意选择。

在目前钢结构工程的施工中，除用双螺帽外，也可用加弹簧垫圈或将螺帽和螺杆直接焊牢的方法。

【实施与检查的控制】

实施单位应按照设计文件的要求，对有关部位的螺栓选择合理的防松动措施。检查单位应对节点连接处进行重点检查。

8.9.3 柱脚在地面以下的部分应采用强度等级较低的混凝土包裹（保护层厚度不应小于50mm），并应使包裹的混凝土高出地面不小于150mm。当柱脚底面在地面以上时，柱脚底面应高出地面不小于100mm。

【技术要点说明】

本条规定是根据对我国钢结构使用情况的调查制定的，在调研中发现，凡埋入土中的钢柱，其埋入部分的混凝土保护层未伸出地面者或柱脚底面与地面的标高相同时，因柱身（或柱脚）与地面（或土壤）接触部位的四周易积聚水分和尘土等杂物，致使该部位锈蚀严重，故本条规定钢柱埋入土中部分的混凝土保护层或柱脚底板均应高出地面一定距离，规范规定的具体数据是根据国内外的实践经验确定的。但本条是针对一般钢结构条件制定的，应用本条构造要求时，也应注意适用条件，因在对我国钢结构使用情况的调研中也发现，有的化工厂埋入土中的钢柱，虽然包裹了混凝土，但因电离子极化作用，锈蚀仍很严重。说明对于土壤中有侵蚀性介质作用的情况，柱脚不宜埋入地下。

【实施与检查的控制】

实施单位应严格按该条执行。

8.9.5 受高温作用的结构，应根据不同情况采取下列防护措施：

1 当结构可能受到炽热熔化金属的侵害时，应采用砖或耐热材料做成的隔热层加以保护；

2 当结构的表面长期受辐射热达150℃以上或在短时间内可能受到火焰作用时，应采取有效的防护措施（如加隔热层或水套等）。

【技术要点说明】

一般钢材的力学性能随温度的变动而有所变化，总的趋势是：温度升高，钢材强度降低，应变增大；而温度降低，钢材强度会略有提高，但塑性和韧性却会降低而使材料变脆。钢材工作温度在200℃以内时强度基本不变，温度在250℃左右产生蓝脆现象，超过300℃以后屈服点及抗拉强度开始显著下降，达到600℃时强度基本消失。另外，钢材长期处于150～200℃时将出现低温回火现象，加剧其时效硬化，若和塑性变形同时作用，将更加快时效硬化速度。所以本条规定：当结构表面长期受辐射热达150℃以上时，应采取防护措施。从国内有些研究院对各种热车间的实测资料来看，高炉出铁场和转炉车间的屋架下弦、吊车梁底部和柱子表面及均热炉车间钢锭车道旁的柱子等，温度都有可能达到150℃以上，有必要用悬吊金属板或隔热层加以保护，甚至在个别温度很高的情况时，需要采用更为有效的防护措施（如用水冷板等）。

熔化金属的喷溅在结构表面的聚结和烧灼，将影响结构的正常使用寿命，所以应予保护。另外在出铁口、出钢口或注锭口等附近的结构，在生产发生事故时，很可能受到熔化金属的烧灼，如不加保护就很容易被烧断而造成重大事故，所以要用隔热层加以保护。

【实施与检查的控制】

受高温作用的钢结构的隔热保护，有很多防护措施可供使用，实施单位应根据具体使用环境选择有效的隔热措施。检查单位应以该条为依据，注意检查防护措施的有效性。

9.1.3　按塑性设计时，钢材的力学性能应满足强屈比 $f_u/f_y \geqslant 1.2$，伸长率 $\delta_5 \geqslant 15\%$，相应于抗拉强度 f_u 的应变 ε_u 不小于20倍屈服点应变 ε_y。

【技术要点说明】

本条是当采用塑性设计时对钢材基本力学性能的要求。

钢结构的塑性设计是在超静定结构中利用材料的塑性性能，以结构在荷载作用下某些受力最大的截面陆续出现塑性铰直至最终形成机构作为承载能力的极限状态，采用塑性设计可以充分发挥材料的潜力。

用于钢结构塑性设计的钢材必须具有良好的塑性性能，以保证截面达到塑性弯矩以及在塑性铰弯矩形成后还具有充分发展塑性变形的能力。因此，规范规定用于塑性设计的钢材必须保证其伸长率 $\delta_5 \geqslant 15\%$，对应于抗拉强度 f_u 的应变 ε_u 不小于20倍屈服点应变 ε_y。

为了达到形成机构的极限状态，用于塑性设计的钢材除了应具有足够的强度和良好的塑性变形能力以外，还必须具有较高的应变硬化性能。因此，规范对钢材的强屈比 f_u/f_y 做出了最低限值的规定，即规定强屈比 $f_u/f_y \geqslant 1.2$。注意有些低合金高强度结构钢可能达不到此项要求，因此不能用于塑性设计的结构。

本条与第3.3.3条配合使用，对于按塑性设计的钢结构采用的钢材，其材料性能除应满足第3.3.3条的基本要求外，在设计文件中应强调本条对钢材力学性能的特殊要求。

【实施与检查的控制】

设计说明中应有对材料基本力学性能的明确要求。实施单位除需供货单位提供必要的材料质量保证书外，还应严格对进场材料的复检，复检结果应能满足本条对材料性能的基本要求。

3.2　薄壁型钢结构

《冷弯薄壁型钢结构技术规范》GB 50018—2002

3.0.6　在冷弯薄壁型钢结构设计图纸和材料订货文件中，应注明所采用的钢材的牌号和质量等级、供货条件等以及连接材料的型号（或钢材的牌号）。必要时尚应注明对钢材所要求

的机械性能和化学成分的附加保证项目。

【技术要点说明】

在冷弯薄壁型钢结构设计图纸中以及钢材订货文件中应注明的这些内容都与保证工程质量密切相关。

钢材(带钢或钢板)是组成冷弯薄壁型钢结构的主体材料。所采用的钢材的牌号和质量等级、连接材料的型号均应与有关材料的现行国家标准或其他技术标准相符。对我国标准中各牌号钢材的基本保证项目中的化学成分与力学性能可不再列出,只提附加保证项目。在设计图纸和材料订货文件中,不仅应注明钢材牌号,尚应注明其质量等级,否则在某些情况下会造成危及工程质量的不良后果。例如国标《碳素结构钢》GB 700—88 中"A级钢的含碳量可以不作交货条件",当设计焊接结构时,就不得采用Q235A级钢。

至于尚未列入国家标准的新的钢材品种以及进口钢材,则必须详细列出有关钢材性能的各项基本要求及保证项目,以便按此进行检验。

【实施与检查的控制】

在制订和检查设计文件及材料订货文件时,所列钢材牌号、质量等级、供货条件以及连接材料的型号均应与相关现行国家标准的规定相符。对于未列入国家标准的钢材品种以及进口钢材,则应在设计文件及材料订货文件中按我国相关现行国家标准的规定,注明对钢材机械性能和化学成分的附加保证项目的要求,并以此作为检验的依据。

4.1.3 设计冷弯薄壁型钢结构时的重要性系数γ应根据结构的安全等级、设计使用年限确定。

一般工业与民用建筑冷弯薄壁型钢结构的安全等级取为二级,设计使用年限为50年时,其重要性系数不应小于1.0;设计使用年限为25年时,其重要性系数不应小于0.95。特殊建筑冷弯薄壁型钢结构安全等级、设计使用年限另行确定。

【技术要点说明】

结构重要性系数是根据现行国家标准《建筑结构可靠度设计统一标准》的规定,分别按结构的安全等级或设计使用年限并考虑工程经验确定的。但《建筑结构可靠度设计统一标准》仅对各种结构设计规范规定了统一的原则,而不能针对各种结构设计规范给出具体的建议。通过总结我国二十多年来已建成的冷弯薄壁型钢结构建筑物的实践经验并采用概率分析,确定一般工业与民用建筑冷弯薄壁型钢结构,按照《建筑结构可靠度设计统一标准》的分级标准,安全等级取为二级,其设计使用年限为50年,故γ_0应不小于1.0。对于设计使用年限为25年的结构和易于替换的构件,如作为围护结构的压型钢板,其γ_0取为不小于0.95。

特殊建筑冷弯薄壁型钢结构的安全等级、设计使用年限则应结合具体情况另行确定。

【实施与检查的控制】

对冷弯薄壁型钢结构的重要性系数中安全等级的划分,及设计使用年限的确定,原则上均应遵守《建筑结构可靠度设计统一标准》的规定,并在设计文件中注明建筑物的安全等级及设计使用年限。此外,根据设计规范的分工,本规范所有条文均未考虑抗震设计,当进行抗震设计时,不再划分安全等级,而应按现行国家标准《建筑抗震设防分类标准》GB 50223—95的规定来确定建筑物的抗震设防类别。

4.1.7 设计刚架、屋架、檩条和墙梁时,应考虑由于风吸力作用引起构件内力变化的不利影响,此时永久荷载的荷载分项系数应取1.0。

【技术要点说明】

近年屋面及外墙面采用轻质材料(如压型钢板等)的建筑日趋普遍。在设计刚架、屋架、檩条及墙梁时,在风荷载较大的地区(风荷载大于恒载),应考虑由于风吸力的作用引起结构构件的内力出现反号的情况(即受拉杆变成受压杆)。如不加以考虑,势必造成重大的工程事故,故本条列为强制性条文以引起重视。此时,永久荷载(围护结构与结构自重等)产生的内力将与风荷载产生的内力符号相反,永久荷载起减载作用,对结构的承载能力是有利的。按照《建筑结构可靠度设计统一标准》的规定,当永久荷载起有利作用时,其永久荷载的荷载分项系数为1.0。

【实施与检查的控制】

本条的实施与检查,应根据冷弯薄壁型钢结构自重轻,其围护结构(压型钢板等)也轻的特点,在风荷载较大的地区,永久荷载小于风荷载时考虑可能出现的内力变化情况,其承载能力设计应按照《建筑结构可靠度设计统一标准》的有关规定执行。

4.2.1 钢材的强度设计值应按表4.2.1采用。

钢材的强度设计值(N/mm^2) 表4.2.1

钢材牌号	抗拉、抗压和抗弯 f	抗剪 f_v	端面承压(磨平顶紧) f_{ce}
Q235钢	205	120	310
Q345钢	300	175	400

4.2.4 焊缝的强度设计值应按表4.2.4采用。

焊缝的强度设计值(N/mm^2) 表4.2.4

构件钢材牌号	对接焊缝			角焊缝
	抗压 f_c^w	抗拉 f_t^w	抗剪 f_v^w	抗压、抗拉和抗剪 f_f^w
Q235钢	205	175	120	140
Q345钢	300	255	175	195

注:1. 当Q235钢与Q345钢对接焊接时,焊缝的强度设计值应按表4.2.4中Q235钢栏的数值采用;
2. 经X射线检查符合一、二级焊缝质量标准的对接焊缝的抗拉强度设计值采用抗压强度设计值。

4.2.5 C级普通螺栓连接的强度设计值应按表4.2.5采用。

C级普通螺栓连接的强度设计值(N/mm^2) 表4.2.5

类别	性能等级	构件钢材的牌号	
	4.6级、4.8级	Q235钢	Q345钢
抗拉 f_t^b	165	—	—
抗剪 f_v^b	125	—	—
承压 f_c^b	—	290	370

【技术要点说明】

这三条是《冷弯薄壁型钢结构技术规范》所推荐的钢材及其连接材料的设计指标的规定，现分述如下。

1. 钢材的强度设计值

本规范根据《建筑结构可靠度设计统一标准》所规定的准则，采用多个分项系数的极限状态设计表达式来进行设计，其中永久荷载和可变荷载分项系数由《建筑结构可靠度设计统一标准》统一规定，而抗力分项系数与影响冷弯薄壁型钢结构构件承载能力的材料强度变异性、构件几何特性变异性、计算模式不定性等有关，经过分析优化得到各类冷弯薄壁型钢结构构件的加权平均的抗力分项系数 $\gamma_R=1.165$(Q235 钢与 Q345 钢采用同一系数)。本规范给出的钢材的抗拉、抗压和抗弯强度设计值 f，是以最低的屈服强度作为材料强度的标准值 f_y(对 Q235 钢 $f_y=235\text{N/mm}^2$，对 Q345 钢 $f_y=345\text{N/mm}^2$)除以抗力分项系数得来的。由于历史原因，冷弯薄壁型钢结构的安全度比普通钢结构高，为了协调两本钢结构规范的安全度，列入本规范表 4.2.1 中的 f 值作了适当的调整，而抗剪强度设计值 f_v 取等于 $f/\sqrt{3}$，这是均质材料按能量强度理论得到的。对钢材的端面承压(磨平顶紧)的强度设计值 f_{ce}，由于统计资料不足，是根据原规范 GBJ 18—87 换算而得。由于钢材的端面承压强度是验算构件极短部分的压应力，其强度设计值允许超过材料的屈服强度。故对 Q235 钢、Q345 钢分别取其最低极限强度除以 1.22、1.175(或乘以 0.82、0.85)即：

Q235 钢　　$f_{ce}=f_u/1.22=0.82f_u$

Q345 钢　　$f_{ce}=f_u/1.175=0.85f_u$

2. 连接的强度设计值

连接的强度设计值系按原规范 GBJ 18—87 的规定经换算而得，但根据近几年来有关单位的研究成果作了适当的调整。

(1) 表 4.2.4 焊缝的强度设计值中对接焊缝抗压、抗拉和抗剪的强度设计值分别为：

$$f_c^w=f \qquad f_t^w=0.85f \qquad f_v^w=0.58f$$

角焊缝的抗压、抗拉和抗剪强度设计值均取相同的值，即：

Q235 钢　　$f_f^w=0.373f_u^f=f_u^f/2.679$

Q345 钢　　$f_f^w=0.415f_u^f=f_u^f/2.41$

此外，当 Q235 钢和 Q345 钢相对接焊接时，其强度设计值应按表中 Q235 钢栏的数值采用；经 x 射线检查符合一、二级焊缝质量标准的对接焊缝的抗拉强度设计值与母材相等，故可采用抗压强度设计值。

(2) 表 4.2.5 C 级普通螺栓连接的强度设计值中 C 级普通螺栓分 4.6 级和 4.8 级，抗拉强度设计值 $f_t^b=0.44f_u^b=f_u^b/2.273$，抗剪强度设计值 $f_v^b=0.33f_u^b=f_u^b/3.03$，而 C 级普通螺栓承压的强度设计值为 f_c^b，对 Q235 钢 $f_c^b=0.76f_u^b=f_u^b/1.316$，对 Q345 钢 $f_c^b=0.79f_u^b=f_u^b/1.27$。

【实施与检查的控制】

这三条有关设计指标的规定是冷弯薄壁型钢结构构件与连接进行承载能力极限状态设计的基本数据，是保证结构构件安全可靠的重要依据，但应注意：

1. 钢材的强度设计值是以钢材最低的屈服强度作为材料强度的标准值的，我们在收集钢材强度的数据时，往往发现标明 3 号钢(Q235 钢)的厚度为 2.0 mm 左右的卷板或钢带其屈服强度大部分在 210 N/mm² 左右，加以钢板的负公差对薄板的不利影响，所以应对此严加控制，以保证质量。

2. 焊缝金属材料的选取应与主体金属相适应，即 Q235 钢应采用 E43 型焊条，而 Q345 钢应采用 E50 型焊条。当 Q235 钢和 Q345 钢对接焊接时，则应采用与 Q235 钢相适应的 E43 型焊条与焊丝。

4.2.3　经退火、焊接和热镀锌等热处理的冷弯薄壁型钢构件不得采用考虑冷弯效应的强度设计值。

【技术要点说明】

冷弯型钢系由钢板或带钢经冷加工（冷弯、冷压等）成型的，由于冷作硬化的影响，冷弯型钢的屈服强度将较母材有较大的提高（通常可提高 10%～50%），提高的幅度与材质、截面形状、尺寸及成型工艺等项因素有关。为了节约钢材，本规范提出了计算全截面有效的受拉、受压或受弯构件时考虑强度设计值提高的计算公式。但经过退火、焊接和热镀锌等热处理的冷弯型钢结构构件其冷弯效应已不复存在，如果仍采用考虑冷弯效应的强度设计值，势必带来严重的效果，故此条列入强制性条文，以引起重视，保证质量。

【实施与检查的控制】

有些单位为了片面节省钢材，在设计时找规范中的有利的条文，而忽视施工必须配合设计等内容，以致发生质量事故。为此，设计冷弯薄壁型钢时若利用考虑冷弯效应强度设计值，应在设计、计算书等文件中明确交代，并对施工提出相应的要求，以便施工单位遵照执行，工程监理单位进行全面检查及监督。

4.2.7　计算下列情况的结构构件和连接时，本规范 4.2.1 至 4.2.6 条规定的强度设计值，应乘以下列相应的折减系数。

1. 平面格构式檩条的端部主要受压腹杆：　0.85；

2. 单面连接的单角钢杆件：

(1) 按轴心受力计算强度和连接　0.85；

(2) 按轴心受压计算稳定性　$0.6+0.0014\lambda$；

注：对中间无联系的单角钢压杆，λ 为按最小回转半径计算的杆件长细比。

3. 无垫板的单面对接焊缝：　0.85；

4. 施工条件较差的高空安装焊缝：　0.90；

5. 两构件的连接采用搭接或其间填有垫板的连接以及单盖板的不对称连接：0.90。

上述几种情况同时存在时，其折减系数应连乘。

【技术要点说明】

本规范第 4.2.1 条～4.2.6 条所规定的强度设计值是根据结构处于正常工作情况下得出的，对一些处于不利工作情况下的结构构件或连接，其强度设计值应进行折减，即乘以小于 1.0 的折减系数，以保证安全。

1. 平面格构式檩条的端部主要受压腹杆

大量的平面格构式檩条的试验结果表明，如端部主要受压腹杆采用圆钢时，在施工时因不易对中而产生偏心。当按轴心受压构件计算时，经常发生工程事故，故本规范规定在计算上采用折减系数 0.85 以考虑偏心的影响，在构造上要求端部腹杆采用型钢等措施。

2. 单面连接的单角钢杆件

单角钢单面连接时，在构件及连接处均产生了偏心，为计算简便起见，一般计算时仍按轴心受力考虑，故其强度设计值应乘以折减系数0.85以考虑偏心的影响。构件强度和连接的计算的折减系数是由试验确定的；构件稳定性计算的折减系数则按开口薄壁构件的弯扭屈曲并考虑端部的嵌固作用，对其进行弹塑性阶段的稳定分析而得到的。这一理论分析得到了一系列实验结果的验证，表明其具有足够的精确度。折减系数为 $0.6+0.0014\lambda$（λ 为按最小回转半径计算的杆件长细比）。

3. 无垫板的单面对接连接

一般对接焊缝都要求双面施焊或单面施焊后再补焊根，若受条件限制只能单面施焊，则应在连接处留出足够间隙并加垫板才能保证焊满焊件的全厚度。如单面施焊不加垫板，焊缝质量难以保证，故其强度设计值应乘以折减系数 0.85。

4. 施工条件较差的高空安装焊缝

当安装的连接部位离开地面或楼面较高，而施工时又没有临时操作平台或吊框设施等时，其施工条件较差，焊缝连接的质量难以保证，故其强度设计值应乘以折减系数 0.90。

5. 两构件的连接采用搭接或其间填有垫板的连接以及单盖板的不对称连接的传力都存在偏心，而设计时为简便起见，均不计算偏心，故将连接的强度设计值乘以折减系数 0.90。

此外，以上几种不利工作情况同时存在时，折减系数应予连乘。

【实施与检查的控制】

本条应与第 4.2.1 条～4.2.6 条配合使用，但具体实施与检查都存在一定的难度。其中第 1 项和第 2 项的规定是属于设计方面的，比较容易在设计阶段确定其取值；但第 3 项至第 5 项因与制作和安装时的施工工艺有关，在设计阶段不好掌握。因而需要设计人员在设计文件中预先加以明确，或在施工交底时向施工单位及监理单位提出具体要求，以保证工程质量。

9.2.2 屋盖应设置支撑体系。当支撑采用圆钢时，必须具有拉紧装置。

【技术要点说明】

由屋架、檩条和屋面瓦材等构件组成的有檩屋盖是几何可变体系。为了使屋架具有足够的承载能力，保证屋盖结构的整体空间刚度，应根据结构布置情况和受力特点设置各种支撑体系，将平面屋架连接起来，形成一个整体刚度较好的屋盖结构空间体系，以便承担或传递水平力，避免压杆的侧向失稳，保证屋盖在安装、使用时的稳定。本条仅是屋盖应设置支撑体系原则性规定，设计时应根据结构跨度及其不同的荷载情况分别考虑布置支撑体系。此外，当设计采用圆钢支撑体系时，应设置法兰螺栓等拉紧装置，否则就是形同虚设。

【实施与检查的控制】

冷弯薄壁型钢屋盖支撑体系的布置，因为具体工程情况十分复杂，以及受一些不同条件的限制，无法定出具体的规定，设计者应根据具体情况分别考虑。但屋盖的横向支撑、垂直支撑及系杆等可靠的支撑体系应设在同一开间内，使这一开间形成稳定的空间体系，必要时尚应设置纵向水平支撑，以便保证结构的整体稳定性。

10.2.3 门式刚架房屋应设置支撑体系。在每个温度区段或分期建设的区段，应设置横梁上弦横向水平支撑及柱间支撑；刚架转折处（即边柱柱顶和屋脊）及多跨房屋相应位置的中间柱顶，应沿房屋全长设置刚性系杆。

【技术要点说明】

门式刚架基本上是作为平面刚架工作的，其平面外刚度较差，所以设置刚架的支撑体系是极为重要的。它能使平面刚架与支撑一起组成几何不变的空间稳定体系，提高整体刚度，保证刚架平面外的稳定性，承担并传递纵向水平力，以及保证安装时的整体性和稳定性。本条分别对刚架支撑体系作了一些具体规定，以保证安全。

【实施与检查的控制】

一般来说，门式刚架的支撑体系因具体工程情况的复杂性及不同条件的限制，尚不能作出统一规定。除条文中所具体规定的温度区段应设置刚架横梁上弦横向水平支撑、柱间支撑及柱顶刚性系杆外，尚应根据具体情况设置纵向水平支撑等。横向水平支撑、柱间支撑及系杆等应设在同一开间内，使该开间形成稳定的空间体系。

3.3 高层建筑钢结构

《高层民用建筑钢结构技术规程》JGJ 99—98

7.2.14 当进行组合梁的钢梁翼缘与混凝土翼板的纵向界面受剪承载力的计算时，应分别取包络连接件的纵向界面和混凝土翼板纵向界面。

【技术要点说明】

楼板与组合梁间可能受到纵向力作用，为了防止楼板相对于组合梁出现纵向剪切破坏，需作此验算。在组合梁有效宽度内，该剪力按栓钉的受剪承载力能提供的总剪力计算，由界面的钢筋承受。

【实施与检查的控制】根据组合梁处楼板上下层横向钢筋的布置（间距和直径），先分别算出界面上横向钢筋的面积，再根据包络面所受剪力验算横向钢筋是否满足抗剪要求。验算应按本条规定的公式进行。

7.4.6 组合板的总厚度不应小于90mm，压型钢板顶面以上的混凝土厚度不应小于50mm。

【技术要点说明】

上述规定仅适用于承载要求。对于大多数房屋，除承载要求外，还应满足隔声要求和防颤要求。此时，楼板厚度应适当加大。鉴于板肋下面是空的，而板型各异，此时按折算厚度不应小于120mm，压型钢板顶面以上的混凝土厚度不应小于70mm。

【实施与检查的控制】

折算厚度是折算为实体混凝土板时的厚度，经计算确定后，可通过测量进行检查（不少于三点），宜在初凝前用探针检查。

8.3.6 框架梁与柱刚性连接时，应在梁翼缘的对应位置设置柱的水平加劲肋（或隔板）。对于抗震设防的结构，水平加劲肋应与梁翼缘等厚。对非抗震设防的结构，水平加劲肋应能传递梁翼缘的集中力，其厚度不得小于梁翼缘厚度的1/2，并应符合板件宽厚比限值。水平加劲肋的中心线应与梁翼缘的中心线对准。

【技术要点说明】

柱的水平加劲肋与对应的梁翼缘等厚，北岭地震和阪神地震都表明，这对抗震是十分重要的。《建筑抗震设计规范》GB 50011—2001 的第8.3.4条3款规定，该加劲肋不得小于梁翼缘厚度，强调了上述规定的重要性。日本建设省1997年公布的节点设计手册 SCSS-H97 规定，应使柱上下加劲肋的外侧分别与梁上下翼缘外侧对齐，以便操作。我国钢结构制作也有加劲肋与梁翼缘不易对准的问题,此经验对我国同样适用,可参考采用。

【实施与检查的控制】

对抗震设防的结构,应按本条及《建筑抗震设计规范》GB 50011—2001 的规定执行。对非抗震设计防的结构,应按本条的规定执行。设计和制作时,应使柱上下加劲肋的外侧分别与梁上下翼缘外侧对齐。

8.4.2 箱形焊接柱,其角部的组装焊缝应为部分熔透的V形或U形坡口焊缝。焊缝厚度不应小于板厚的1/3,抗震设防时不应小于板厚的1/2(图 8.4.2-1*a*)。当梁与柱刚性连接时,在框架梁的上、下600mm范围内,应采用全熔透焊缝(图 8.4.2-1*b*)。

十字形柱应由钢板或两个H型钢焊接而成(图 8.4.2-2);组装的焊缝均应采用部分熔透的K形坡口焊缝,每边焊接深度不应小于1/3板厚。

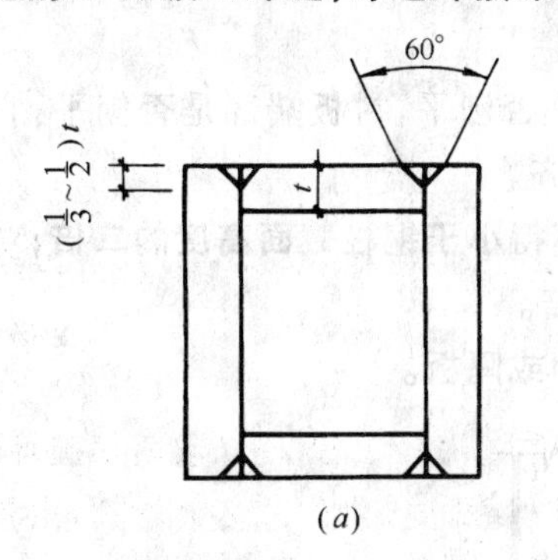

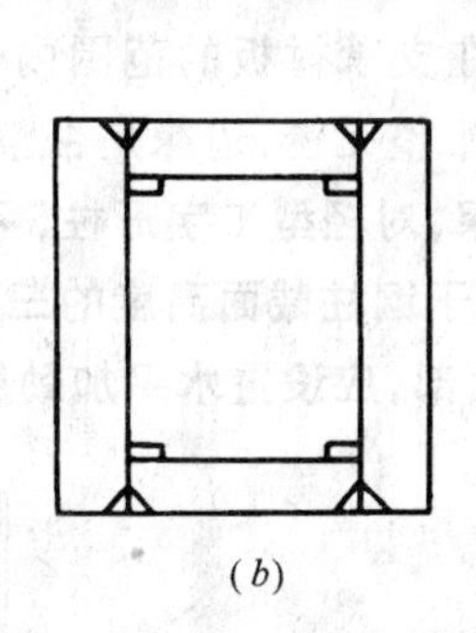

图 8.4.2-1 箱形组合柱的角部组装焊缝

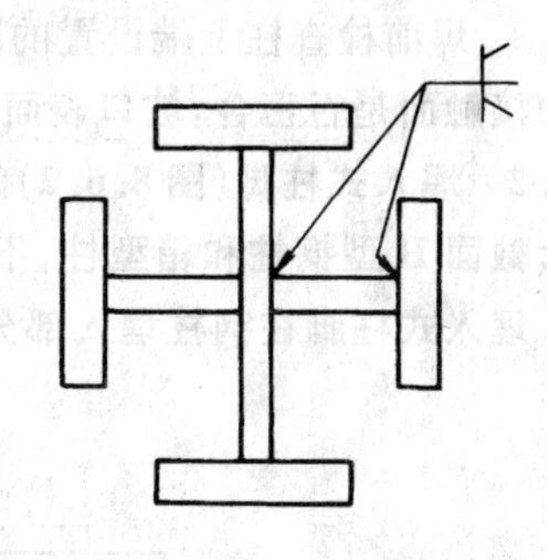

图 8.4.2-2 十字形组合柱的组装焊缝

【技术要点说明】

1. 箱形柱角部焊缝采用V形或U形,是防止焊接出现层状撕裂。在建筑钢结构中,仅用V形坡口焊缝,U形坡口因加工不便,并未采用。层状撕裂与所用钢材的材质、坡口形状和焊接工艺有关,V形坡口有利于避免层状撕裂。

2. 在大震时,梁柱连接节点及其附近区域将进入塑性区。为了使节点区此时保持整体性,在框架梁上、下600mm的整个节点区内,要求采用全熔透焊缝。《建筑抗震设计规范》GB 50011—2001 改为框架梁上下500mm的节点范围,并无实质改变。

【实施与检查的控制】

1. 当箱形柱壁板采用Z向钢,且操作实践表明单边V形坡口焊缝不出现层状撕裂时,允许制造厂经过焊接评定合格后采用。

2. 关于框架节点区采用全熔透焊缝,应按《建筑抗震设计规范》GB 50011 第8.3.6条的规定执行。该规定同样适用于十字形柱,原条文未写清楚,现在此说明。

8.4.6 箱形柱在工地的接头应全部采用坡口焊接的形式。

下节箱形柱的上端应设置隔板,并应与柱口齐平。其边缘应与柱口截面一起刨平。在上节箱形柱安装单元的下部附近,尚应设置上柱隔板。柱在工地接头的上下侧各100mm范围内,截面组装焊缝应采用坡口全熔透焊缝。

【技术要点说明】

1. 框架柱的拼接,应保证柱安装单元间能100%地传力。螺栓连接在螺栓与钉孔间有间隙，只有焊接才能保证连接构件间充分传力。部分熔透焊缝受拉时存在应力集中，对连接受拉很不利，在地震作用下，柱拼接可能受到拉力，故应采用坡口全熔透焊缝。

2. 柱两端设置隔板，是为了防止箱形柱在运输、安装、焊接时扭转变形，不能省略。

3. 因为全熔透焊缝要在内侧设置衬板，而衬板是支承在柱截面以外的。为了保证焊缝质量，衬板端部与支承面应紧密接触，对柱上端设置的隔板在支承衬板的范围内，表面应刨平。

4. 柱在工地接头两侧各 100mm 范围内，柱身组装焊缝要求采用全熔透焊缝，是为了保证拼接处全熔透焊缝的整体性。

【实施与检查的控制】

1. 检查框架柱拼接是否采用了全熔透焊缝。

2. 检查箱形柱两端是否按规定位置设置隔板。

3. 焊前检查柱上端设置的隔板在支承衬板的范围内是否刨平，衬板端部是否刨平，它们的接触面是否密合，坡口表面是否平整无锈，边缘是否整齐。

8.6.2　埋入式柱脚（图 8.6.2）的埋深，对轻型工字形柱，不得小于钢柱截面高度的二倍；对于大截面 H 型钢柱和箱型柱，不得小于钢柱截面高度的三倍。

埋入式柱脚在钢柱埋入部分的顶部，应设置水平加劲肋或隔板。

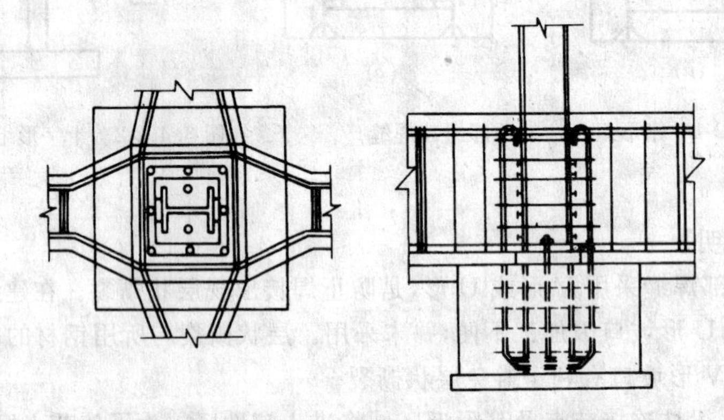

图 8.6.2　埋入式柱脚

【技术要点说明】

埋入式柱脚通过钢柱翼缘对混凝土基础梁的承压力传递弯矩，压力点集中在埋入部分的上部和下部，为防止钢柱腹板压坏，在基础梁的顶部应设置加劲肋（对工形柱）或隔板（对箱形柱）。埋入式柱脚的埋深，参考日本的有关规定拟定。根据日本新规定，埋深不得小于钢柱截面高度的二倍。

【实施与检查的控制】

1. 埋入式柱脚的埋深不得小于钢柱截面宽度的二倍（或三倍）。

2. 加劲肋或隔板的位置，应位于基础梁高度范围内的上端，不应位于基础梁以外。

8.7.1　抗剪支撑节点设计应符合下列要求：

二、除偏心支撑外，支撑的重心线应通过梁与柱轴线的交点，当受条件限制有不大于支撑杆件宽度的偏心时，节点设计应计入偏心造成的附加弯矩的影响。

三、柱和梁在与支撑翼缘的连接处，应设置加劲肋。支撑翼缘与箱形柱连接时，在柱壁

板的相应位置应设置隔板；耗能梁段与支撑连接的一端和耗能梁段内，应设置加劲肋。

【技术要点说明】

1. 中心支撑由于构造原因无法使支撑轴线通过梁柱轴线交点时，在连接点处将产生偏心弯矩。当偏心距不大于支撑杆件宽度时，其效应在结构分析时可不计入，仅在节点设计时考虑，这是参考美国规范拟定的。当支撑构件的连接偏置，偏心距超过支撑杆件的宽度时，其偏心影响应在结构分析时计入。

2. 当中心支撑截面宽度较大时，支撑翼缘与框架构件相交处，将对梁柱构件产生作用力。为了避免框架构件局部压坏，应在相交处的框架构件上设置加劲肋或隔板。加劲肋或隔板及其连接，应按支撑内力垂直于框架构件的分量进行设计。

【实施与检查的控制】

1. 检查中心支撑偏心连接时，偏心距是否超过支撑宽度。当不超过时，支撑的连接设计是否考虑了偏心的影响。

2. 检查当支撑翼缘宽度较大，与框架构件相交时，是否在相交的构件上按上述要求设置加劲肋或隔板。

3. 偏心支撑耗能梁段端部和梁段内加劲肋的设置，应按《建筑抗震设计规范》GB 50011—2001 的第 8.5.3～第 8.5.5 条有关规定执行。

8.7.6 耗能梁段加劲肋应在三边与梁用角焊缝连接。其与腹板连接焊缝的承载力不应低于 $A_{at}f$，与翼缘连接焊缝的承载力不应低于 $A_{at}f/4$。此处，$A_{at}=b_{at}t_{at}$，b_{at} 为加劲肋的宽度，t_{at} 为加劲肋的厚度。

【技术要点说明】

耗能梁段是偏心支撑中的耗能元件，通过自身的屈服耗能，使其他构件免遭破坏。它的设计要求在屈服时不失稳，能充分发挥塑性承载能力。如果它的腹板或翼缘失稳了，耗能梁段将失去承载力，故对其加劲肋的构造要求特别严格。耗能梁段一般为剪切型，其屈服承载力由剪力控制，因此，腹板的稳定尤其重要。本规定是参考美国早期的设计规定拟定的。

【实施与检查的控制】

耗能梁段加劲肋的角焊缝焊角，不得小于按条文规定的承载力计算求得的值。

8.7.7 耗能梁段两端上下翼缘，应设置水平侧向支撑。与耗能梁段同跨的框架梁上下翼缘，也应设置水平侧向支撑。

【技术要点说明】

耗能梁段是偏心支撑的耗能元件，它通过自身的屈服耗能，使其他构件免遭破坏。为此，除了要保证它的腹板稳定外，还应保证它的翼缘稳定。当梁上翼缘通过栓钉与楼板相连，其承载力符合 GB 50011—2001 第 8.5.6 条的要求时，可不另设侧向支撑。但对梁下翼缘，仍需按规定设置侧向支撑。

【实施与检查的控制】

《建筑抗震设计规范》GB 50011—2001 已另有规定，应按该规范第 8.5.5 条和第 8.5.6 条的要求执行。

4 砌体结构设计

《砌体结构设计规范》GB 50003—2001

3.1.1 块体和砂浆的强度等级,应按下列规定采用:

1 烧结普通砖、烧结多孔砖等的强度等级:MU30、MU25、MU20、MU15 和 MU10;

2 蒸压灰砂砖、蒸压粉煤灰砖的强度等级:MU25、MU20、MU15 和 MU10;

3 砌块的强度等级:MU20、MU15、MU10、MU7.5 和 MU5;

4 石材的强度等级:MU100、MU80、MU60、MU50、MU40、MU30 和 MU20;

5 砂浆的强度等级:M15、M10、M7.5、M5 和 M2.5。

注:1 确定蒸压粉煤灰砖和掺有粉煤灰 15%以上的混凝土砌块的强度等级时,其抗压强度应乘以自然碳化系数,当无自然碳化系数时,应取人工碳化系数的 1.15 倍;

2 确定砂浆强度等级时应采用同类块体为砂浆强度试块底模。

【技术要点说明】

砌体是由多种块体和砂浆组成的,块体和砂浆的强度等级是砌体结构设计的基本依据、结构规定的可靠度和耐久性的根本保证。根据新型砌体材料的特点和我国近年来工程应用中反映出的一些涉及耐久性、安全或正常使用中比较敏感的裂缝等问题,以及新型墙材的产业政策要求,本条明确规定了砌体结构应采用的块体和砂浆类别或应用范围和相应的强度等级,并作为 2002 版的砌体结构设计的强制性条文,这是对 2000 版相应强制性条文的补充。

1. 各种材料的烧结砖(含多孔砖)均和烧结黏土砖具有相同或相似的物理力学性能,除烧结黏土砖受国家政策限制外,均属应推广应用的节土或环保砌体材料;

2. 条文中的烧结普通砖系指国家标准《烧结普通砖》GB/T 5101—1998 规定的砖,烧结多孔砖是指国家标准《烧结多孔砖》GB 13544—2000 规定的孔洞率不小于 25%的承重多孔砖,且勿标注为"空心砖",这极易与非承重的空心砖相混淆,导致严重的后果。目前我国多孔砖的最大孔洞率均不大于 30%。试验表明,当多孔砖的孔洞率大于 30%后其砌体的脆性破坏较实心砖加剧,为此规范规定此时的砌体强度应乘以折减系数 0.9,见表 3.2.1-1 的注;

3. 非烧结类的砖,原《砌体结构设计规范》(GBJ 3—88)统称为非烧结硅酸盐砖,包括各种材料的蒸压和蒸养的块材。以往的工程实践表明,蒸养块材的耐久性较蒸压块材的差,如耐候性较差,有的遇水强度降低,或称软化;或遇水冻融后强度降低超标;对掺加粉煤灰或炉渣较多的块材,有较严重的表面碳化现象;有的则因蒸养条件下砌体中的材料组分反应不充分,在使用周期存在着继续反应而引起材料强度降低或失效的可能性。为此《砌体结构设计规范》(GB 50003—2001),在本条第 2 款中明确了应采用蒸压灰砂砖和蒸压粉煤灰砖两种材料,取消了原规范非烧结硅酸盐砖的笼统的提法。随着蒸养生产工艺和配料的改进和提高,当有充分的试验数据和工程经验时,经主管部门组织审查、认定后,也应允许采用。但必须持慎重态度。这两种块材执行的标准分别为《蒸压灰砂砖》GB 11945—1999 和《粉煤灰砖》JC 239—91。

4. 本条中的蒸压类砖和烧结类砖相比具有下列特点，应用中应引起重视：

(1) 块体表面光滑，或覆有浮灰因而与普通砂浆的黏结力较烧结砖的偏低，导致砌体的抗剪强度约低30%，但砌体的抗压强度则与烧结砖的相似。见表3.2.1-1/2及表3.2.2。为提高这种砌体的抗剪强度，使之与烧结砖砌体具有类似的应用范围，一是采用高黏结的专用砂浆，二是要采取更强的构造措施，见本规范第10.1.8条的规定；

(2) 块体的干燥收缩较烧结类砖的大得多，约在0.3～0.6mm/m范围，其砌体的干缩率比烧结砖砌体高出1～2倍(见本规范表3.2.5-2)。这为这类材料砌体结构设计的裂缝控制提出了较高的要求，设计时除应对产品的含水率和出釜至上墙砌筑的时间控制外，尚应采取更加适合的防止或减轻砌体干缩和温度差异变形引起墙体裂缝的措施。见本规范第6.3节的有关规定；

(3) 蒸压粉煤灰砖和掺有15%以上粉煤灰的混凝土砌块仍存在着表面碳化的可能性，按产品标准其自然碳化系数不应小于0.8，但对某一产品很难获得其自然碳化系数，而通常采用试验得到的人工碳化系数来取代。根据以往的经验、试验数据，允许对人工碳化系数提高15%，且不应大于1，以此对块体的强度等级进行折减；

(4) 根据耐久性要求，蒸压灰砂砖、蒸压粉煤灰砖不得用于长期受热200℃以上、受急冷急热和有酸性介质侵蚀的建筑部位，MU15和MU15以上的蒸压灰砂砖可用于基础及其他建筑部位，蒸压粉煤灰砖用于基础或用于受冻融和干湿交替作用的建筑部位必须使用一等砖。

5. 本条的砌块包括混凝土和轻骨料混凝土砌块，其强度等级是根据产品标准《普通混凝土小型空心砌块》GB 8239—1997和《轻集料混凝土小型空心砌块》GB/T 15229—2002规定的孔洞率25%～50%的标准块形或主规格砌块确定的，但对非标准块形，如U形块或半凹槽块、侧壁开孔的清扫口砌块并未给出相应的强度等级的确定方法。在非等强条件设计的情况下，这些非标准块形由于壁或肋的部分削弱可能成为砌体中强度的薄弱环节和安全隐患，因此在块型，包括砌块局部尺寸的选择和确定非标准块形强度等级时，应引起足够的重视：

(1) 不应采用受力机理不好的砌块，如L形砌块和190mm厚长度大于190mm的U形砌块；

(2) 砌块的局部尺寸，对承重砌块其壁和肋的厚度分别不应小于30mm和25mm，中肋的一端的厚度宜为边肋的1.5倍，或采用局部加腋满足该要求；对自承重砌块，壁和肋厚度分别不应小于25mm和20mm；

(3) 砌块的端部局部突出长度不宜大于5mm。当超出该值后应采取下列措施之一：

① 砌体的抗压强度乘以上下肋错位引起的强度降低系数，可按上下非接触考虑，取折减系数为0.75，此时的砌体水平灰缝饱满度可按仅两个外壁计算；

② 当充分利用砌体的抗压强度，而又不允许折减时，可在砌体的这些部位浇注灌孔混凝土，其强度等级应符合第3.2.1条4款的规定；

(4) 砌块的强度等级是按砌块标准规定的高度190mm确定的，当砌块的高度低于该数值时应采取下列措施之一：

① 不宜在受力较大的砌体部位同时采用不同高度的砌块；

② 无法避免时，应对块高较低的块体处的砌体抗压强度乘以抗压强度折减系数 γ_a，γ_a 应按试验确定，或采用与该部位附近砌体等强的混凝土代替。当无试验数据时，对块高 90mm 的砌块砌体，可取 $\gamma_a=0.7$；

(5) 非标准砌块的强度等级应由与标准规格的砌块加工成相应形状的对比试验确定。

6. 本条 5 款的砂浆强度等级，除规定了应采用的强度等级范围外，设计施工时尚应注意以下几点：

(1) 根据块材类别和砌体所处位置选择适合的砂浆，对地面以下或防潮层以下及潮湿房屋的墙体应采用水泥砂浆(见本规范第 6.2.2 条)；

(2) 砂浆的强度等级不宜大于块体的强度等级(见本规范 3.2 节)；

(3) 确定砂浆强度等级时应采用同类块体为砂浆强度试块底模。

对蒸压灰砂砖、蒸压粉煤灰砖、混凝土砌块等较烧结类块体吸水(湿)速率低的材料，当其底模采用烧结块材时，砂浆试块的强度要比采用同类块材作底模时要高出 10%左右，这是偏于不安全的。但允许采用不吸水的钢制底模，这是偏于安全的，国外多采用这种方法。

7. 混凝土砌块必须采用专用配套材料：砌块用砂浆和灌孔混凝土，并分别用 Mb××和 Cb××表示，以区别于普通砂浆(M××)和普通混凝土(C××)。本款为第 3.2.1 条的内容，为便于说明而前置。

混凝土砌块采用专用配套材料，是新规范和原规范(GBJ 3—88)在砌块砌筑和灌孔用材的显著区别和重要突破。砌块专用砂浆和灌孔混凝土均属于高性能材料。采用砌块专用材料能从根本上改善砌块砌体的灰缝饱满度，材料间的黏结和整体受力工作性能，提高砌体的抗剪、抗压强度，不仅能解决多层砌块房屋采用普通材料普遍存在的灰缝不饱满、抗剪强度低、易产生裂缝等问题，也是我国砌块建筑由多层发展到高层的重要依据。因此对砌块建筑设计，不论多层还是高层，均应采用砌块专用砂浆和混凝土，而不允许采用普通砂浆和混凝土。砌块专用砂浆、混凝土的材料和其性能要求应按国家建材标准《混凝土小型空心砌块砂浆》JC 860—2000、《混凝土小型空心砌块灌孔混凝土》JC 861—2000 的规定执行。

【实施与检查的控制】

1. 设计采用的砌体材料必须属于或符合本规范涉及的上述砌体材料国家标准的应用范围内或技术性能要求的材料，即选择采用"达标"的材料，检查排除"非达标"、"低标"和"无标"材料；

2. 砌体材料的最低强度等级不应低于本条规定的下限值：砖、砌块、石材、普通砂浆和砌块用砂浆分别为 MU10、MU5、MU20、M2.5 和 Mb5；

3. 混凝土砌块，无论多层还是高层必须采用专用砂浆和灌孔混凝土，并用 Mb××和 Cb××标示，以区别普通砂浆 M××，其性能应符合设计和 JC 860/861—2000 的规定；

4. 施工时用于确定蒸压灰砂砖、蒸压粉煤灰砖、混凝土砌块砌体的砂浆强度等级试件的底模，应采用同类块体。砂浆强度试块允许采用钢底模。

3.2.1　龄期为 28d 的以毛截面计算的各类砌体抗压强度设计值，当施工质量控制等级为 B 级时，应根据块体和砂浆的强度等级分别按下列规定采用：

1　烧结普通砖和烧结多孔砖砌体的抗压强度设计值，应按表 3.2.1-1 采用。

烧结普通砖和烧结多孔砖砌体的抗压强度设计值(MPa)　表 3.2.1-1

砖强度等级	砂浆强度等级					砂浆强度
	M15	M10	M7.5	M5	M2.5	0
MU30	3.94	3.27	2.93	2.59	2.26	1.15
MU25	3.60	2.98	2.68	2.37	2.06	1.05
MU20	3.22	2.67	2.39	2.12	1.84	0.94
MU15	2.79	2.31	2.07	1.83	1.60	0.82
MU10	—	1.89	1.69	1.50	1.30	0.67

注：当烧结多孔砖的孔洞率大于30%时，表中数值应乘以0.9。

2 蒸压灰砂砖和蒸压粉煤灰砖砌体的抗压强度设计值，应按表3.2.1-2采用。

蒸压灰砂砖和蒸压粉煤灰砖砌体的抗压强度设计值(MPa)　表 3.2.1-2

砖强度等级	砂浆强度等级				砂浆强度
	M15	M10	M7.5	M5	0
MU25	3.60	2.98	2.68	2.37	1.05
MU20	3.22	2.67	2.39	2.12	0.94
MU15	2.79	2.31	2.07	1.83	0.82
MU10	—	1.89	1.69	1.50	0.67

3 单排孔混凝土和轻骨料混凝土砌块砌体的抗压强度设计值，应按表3.2.1-3采用。

单排孔混凝土和轻骨料混凝土砌块砌体的抗压强度设计值(MPa)　表 3.2.1-3

砌块强度等级	砂浆强度等级				砂浆强度
	Mb 15	Mb 10	Mb 7.5	Mb 5	0
MU20	5.68	4.95	4.44	3.94	2.33
MU15	4.61	4.02	3.61	3.20	1.89
MU10	—	2.79	2.50	2.22	1.31
MU7.5	—	—	1.93	1.71	1.01
MU5	—	—	—	1.19	0.70

注：1 对错孔砌筑的砌体，应按表中数值乘以0.8；

2 对独立柱或厚度为双排组砌的砌块砌体，应按表中数值乘以0.7；

3 对T形截面砌体，应按表中数值乘以0.85；

4 表中轻骨料混凝土砌块为煤矸石和水泥煤渣混凝土砌块。

4 砌块砌体的灌孔混凝土强度等级不应低于Cb20，也不应低于1.5倍的块体强度等级。单排孔混凝土砌块对孔砌筑时，灌孔砌体的抗压强度设计值 f_g，应按下列公式计算：

$$f_g = f + 0.6\alpha f_c \tag{3.2.1-1}$$

$$\alpha = \delta\rho \tag{3.2.1-2}$$

式中 f_g——灌孔砌体的抗压强度设计值，并不应大于未灌孔砌体抗压强度设计值的2倍；

f——未灌孔砌体的抗压强度设计值，应按表3.2.1-3采用；

f_c——灌孔混凝土的轴心抗压强度设计值；

α——砌块砌体中灌孔混凝土面积和砌体毛面积的比值；

δ——混凝土砌块的孔洞率；

ρ——混凝土砌块砌体的灌孔率，系截面灌孔混凝土面积和截面孔洞面积的比值，ρ 不应小于33%。

注：灌孔混凝土的强度等级Cb××等同于对应的混凝土强度等级C××的强度指标。

5 孔洞率不大于35%的双排孔或多排孔轻骨料混凝土砌块砌体的抗压强度设计值，应按表3.2.1-5采用。

轻骨料混凝土砌块砌体的抗压强度设计值(MPa) 表3.2.1-5

砌块强度等级	砂浆强度等级			砂浆强度
	Mb 10	Mb 7.5	Mb 5	0
MU10	3.08	2.76	2.45	1.44
MU7.5	—	2.13	1.88	1.12
MU5	—	—	1.31	0.78

注：1 表中的砌块为火山渣、浮石和陶粒轻骨料混凝土砌块；

2 对厚度方向为双排组砌的轻骨料混凝土砌块砌体的抗压强度设计值，应按表中数值乘以0.8。

6 块体高度为180～350mm的毛料石砌体的抗压强度设计值，应按表3.2.1-6采用。

毛料石砌体的抗压强度设计值(MPa) 表3.2.1-6

毛料石强度等级	砂浆强度等级			砂浆强度
	M7.5	M5	M2.5	0
MU100	5.42	4.80	4.18	2.13
MU80	4.85	4.29	3.73	1.91
MU60	4.20	3.71	3.23	1.65
MU50	3.83	3.39	2.95	1.51
MU40	3.43	3.04	2.64	1.35
MU30	2.97	2.63	2.29	1.17
MU20	2.42	2.15	1.87	0.95

注：对下列各类料石砌体，应按表中数值分别乘以系数：

细料石砌体 1.5；

半细料石砌体 1.3；

粗料石砌体 1.2；

干砌勾缝石砌体 0.8。

7 毛石砌体的抗压强度设计值，应按表3.2.1-7采用。

毛石砌体的抗压强度设计值(MPa)　　表 3.2.1-7

毛石强度等级	砂浆强度等级			砂浆强度
	M7.5	M5	M2.5	0
MU100	1.27	1.12	0.98	0.34
MU80	1.13	1.00	0.87	0.30
MU60	0.98	0.87	0.76	0.26
MU50	0.90	0.80	0.69	0.23
MU40	0.80	0.71	0.62	0.21
MU30	0.69	0.61	0.53	0.18
MU20	0.56	0.51	0.44	0.15

*《多孔砖砌体结构技术规范》JGJ 137—2001(2002 年局部修订)中第 3.0.2 条与本条等效。

3.2.2　龄期为 28d 的以毛截面计算的各类砌体的轴心抗拉强度设计值、弯曲抗拉强度设计值和抗剪强度设计值,当施工质量控制等级为 B 级时,应按表 3.2.2 采用。

沿砌体灰缝截面破坏时砌体的轴心抗拉强度设计值、
弯曲抗拉强度设计值和抗剪强度设计值(MPa)　　表 3.2.2

强度类别	破坏特征及砌体种类		砂浆强度等级			
			≥M10	M7.5	M5	M2.5
轴心抗拉	沿齿缝	烧结普通砖、烧结多孔砖	0.19	0.16	0.13	0.09
		蒸压灰砂砖,蒸压粉煤灰砖	0.12	0.10	0.08	0.06
		混凝土砌块	0.09	0.08	0.07	
		毛石	0.08	0.07	0.06	0.04
弯曲抗拉	沿齿缝	烧结普通砖、烧结多孔砖	0.33	0.29	0.23	0.17
		蒸压灰砂砖,蒸压粉煤灰砖	0.24	0.20	0.16	0.12
		混凝土砌块	0.11	0.09	0.08	
		毛石	0.13	0.11	0.09	0.07
	沿通缝	烧结普通砖、烧结多孔砖	0.17	0.14	0.11	0.08
		蒸压灰砂砖,蒸压粉煤灰砖	0.12	0.10	0.08	0.06
		混凝土砌块	0.08	0.06	0.05	
抗剪	烧结普通砖、烧结多孔砖		0.17	0.14	0.11	0.08
	蒸压灰砂砖,蒸压粉煤灰砖		0.12	0.10	0.08	0.06
	混凝土和轻骨料混凝土砌块		0.09	0.08	0.06	
	毛石		0.21	0.19	0.16	0.11

注:1　对于用形状规则的块体砌筑的砌体,当搭接长度与块体高度的比值小于 1 时,其轴心抗拉强度设计值 f_t 和弯曲抗拉强度设计值 f_{tm} 应按表中数值乘以搭接长度与块体高度比值后采用;

2　对孔洞率不大于 35% 的双排孔或多排孔轻骨料混凝土砌块砌体的抗剪强度设计值,应按表中混凝土砌块砌体抗剪强度设计值乘以 1.1;

3　对蒸压灰砂砖、蒸压粉煤灰砖砌体,当有可靠的试验数据时,表中强度设计值,允许作适当调整;

4　对烧结页岩砖、烧结煤矸石砖、烧结粉煤灰砖砌体,当有可靠的试验数据时,表中强度设计值,允许作适当调整。

单排孔混凝土砌块对孔砌筑时，灌孔砌体的抗剪强度设计值 f_{vg}，应按下列公式计算：

$$f_{vg}=0.2f_g^{0.55} \quad (3.2.2)$$

式中　f_g——灌孔砌体的抗压强度设计值（MPa）。

*《多孔砖砌体结构技术规范》JGJ 137—2001（2002 年局部修订）中第 3.0.3 条与本条等效。

3.2.3　下列情况的各类砌体，其砌体强度设计值应乘以调整系数 γ_a：

1　有吊车房屋砌体，跨度不小于 9m 的梁下烧结普通砖砌体，跨度不小于 7.2m 的梁下烧结多孔砖、蒸压灰砂砖、蒸压粉煤灰砖砌体、混凝土和轻骨料混凝土砌块砌体，γ_a 为 0.9；

2　对无筋砌体构件，其截面面积小于 $0.3m^2$ 时，γ_a 为其截面面积加 0.7。对配筋砌体构件，当其中砌体截面面积小于 $0.2m^2$ 时，γ_a 为其截面面积加 0.8。构件截面面积以 m^2 计；

3　当砌体用水泥砂浆砌筑时，对第 3.2.1 条各表中的数值，γ_a 为 0.9；对第 3.2.2 条表 3.2.2 中数值，γ_a 为 0.8；对配筋砌体构件，当其中的砌体采用水泥砂浆砌筑时，仅对砌体的强度设计值乘以调整系数 γ_a；

4　当施工质量控制等级为 C 级时，γ_a 为 0.89；

5　当验算施工中房屋的构件时，γ_a 为 1.1。

注：配筋砌体不得采用 C 级。

*《多孔砖砌体结构技术规范》JGJ 137—2001（2002 年局部修订）中第 3.0.4 条与本条等效。

【技术要点说明】

砌体的计算指标，是根据 3.1 的规定，采用标准试验统计方法和规范确定的可靠度最低水准确定的最终设计计算指标。是砌体结构设计的基本计算参数，其中的第 3.2.1～3.2.2 条是砌体结构构件承载力计算必须采用的强度设计值，因而被列为强制性条文。当需要时，各类砌体的强度平均值、标准值，应按本规范附录 B 的规定采用。

由于砌体材料的多样性，砌体强度不仅受到块体、砂浆（含混凝土）的影响，还受施工砌筑或浇注工艺或程序的较大影响，以及其他方面的影响，这也是砌体强度构成的特点。因此执行本节的强制性条文时，应注意控制以下几点：

1. 施工质量控制等级

本规范的砌体强度指标与《砌体工程施工质量验收规范》GB 50203—2002 中的砌体施工质量控制等级直接挂钩，是我国砌体设计和施工规范相互关系量化的首次体现。其实际的内涵是在不同的施工控制水平下，砌体结构的安全度不应该降低，它反映了施工技术、管理水平和材料消耗水平的关系。是砌体设计和施工规范在编制思想上的突破和与国际标准接轨的尝试，是个新的概念和规定，其主要内容包括：

(1) 施工质量控制等级分 A、B、C 三个等级，其对应的砌体材料分项系数 γ_f 分别为 1.5、1.6和 1.8；

(2) 砌体规范第 3.2.1 及 3.2.2 条的强度指标是按 B 级给出的，它反映了我国砌体施工管理的一般水平；当采用 A 级或 C 级时，应对表 3.2.1 和表 3.2.2 中的数据分别乘以 1.05和 0.89；

2. 砌块砌体强度

(1) 应对高强砌块砌体材料的砌体强度进行修正，主要原因是原计算值较试验值偏高；当≥MU20时，主要用于大开间或大荷载及高层配筋砌块结构；

(2) 砌块灌孔砌体应满足下列条件：

① 灌孔率 $\rho \geqslant 33\%$，即砌块墙体中每三个孔至少有一个灌混凝土，系配筋墙体灌孔混凝土的最低限值；

② 灌孔混凝土的强度等级不应低于 Cb20，也不应低于 1.5 倍的块体强度等级。系根据砌体中块体和灌孔混凝土两个起主导作用的材料强度等级的匹配试验得到的，使块体和混凝土基本符合等强要求，而原规范对此未作规定；

③ 灌孔砌体与非灌孔砌体的抗压强度比值不应大于 2，即 $f_g \leqslant 2f$，既安全、经济又比原规范 $f_g = f\dfrac{0.8}{1-\delta} \leqslant 1.5f$ 更合理。

3. 砌体强度的调整

(1) 砌体的强度受到材料类别、外观尺寸（包括同类块体的外表面粗糙度）以及组砌方式等多种因素的影响，设计时应注意根据第 3.2.1～3.2.2 条中各表注要求对砌体强度进行调整；

(2) 规范第 3.2.3 条规定的对各类砌体强度的调整，主要考虑了以下几个方面的因素：

① 对支承较大跨越构件的墙、柱的砌体强度进行适当折减以考虑荷载或变形较大时对结构构件的承载力可能产生的不利影响，避免成为结构中的薄弱环节，而使整个砌体结构具有较均衡的安全度；

② 小截面效应对砌体强度的不利影响；

③ 砂浆类别对砌体强度的影响。因水泥砂浆和易性、保水性较差，铺砌不易均匀，因而比同级混合砂浆的砌体强度低，但根据我国的试验数值，该调整系数对砌体抗压和抗剪强度，从原规范的 0.85 和 0.75 分别改为 0.9 和 0.8；

④ 施工质量控制等级的影响；

(3) 砌体强度的调整应为对无筋砌体和配筋砖砌体中无筋砌体部分的强度的调整；对配筋砌块砌体按全截面计算；当砌体结构构件符合本条中的全部或部分需要进行强度调整的情况时，应取诸调整系数（γ_a）的乘积。

【实施与检查的控制】

1. 应根据工程条件选择适合的施工质量控制等级，并在工程图中标明，当采用 A 级或 C 级时应征得业主的同意，配筋砌体不允许采用 C 级；检查施工质量控制等级及采用的砌体强度指标是否对应，尤其对非 B 级的情况；

2. 采用高于表 3.2.1-3 所列材料时，砌块砌体强度应根据试验确定或按表 B.1.1 的规定取值；灌孔砌体组成材料应匹配并控制最小灌孔率（$\rho \geqslant 33\%$）；

3. 因砌体强度设计值的调整项目多，易出错或遗漏，因此应对设计者或程序设计加以强调，又是设计检查的重点之一。

5.1.1 受压构件的承载力应按下式计算：

$$N \leqslant \varphi f A \tag{5.1.1}$$

式中 N——轴向力设计值；

φ——高厚比 β 和轴向力的偏心距 e 对受压构件承载力的影响系数；

f——砌体的抗压强度设计值；

A——截面面积，对各类砌体均应按毛截面计算。

注：1　对矩形截面构件，当轴向力偏心方向的截面边长大于另一方向的边长时，除按偏心受压计算外，还应对较小边长方向，按轴心受压进行验算；

2　受压构件承载力的影响系数，应按本规范附录D的规定采用；

3　对带壁柱墙，当考虑翼缘宽度时，应按本规范第4.2.8条采用。

*《多孔砖砌体结构技术规范》JGJ 137—2001(2002年局部修订)中第4.2.1条与本条等效。

【技术要点说明】

无筋砌体抗压强度比抗拉、弯曲抗拉和抗剪强度高得多，因而主要用于以受压为主的墙和柱，是砌体结构房屋最主要的竖向承重结构构件。本条和原规范4.1.1条相比，公式的表达方式相同，但影响系数φ的内涵有较大的变化：

1. 受压构件包括单、双偏压构件，而原规范仅有单偏压构件；

2. 轴向力的偏心距e的取值范围比原规范更严了：

(1) 轴向力的偏心距e按内力设计值计算，比原规范按内力标准值计算不仅更合理也提高了结构的可靠度；

(2) 轴向力偏心距e，对单向偏心受压不应大于$0.6y$；对双偏心受压，考虑到其比单向偏压受力更不利而规定不应超过$0.5e_y$或$0.5e_x$。既有于无筋砌体构件承载力的发挥，又提高了砌体结构的抗裂能力。当超出该限值和截面尺寸受限时，可采用配筋砌体构件，如组合砖砌体或配筋砌块结构构件。

3. 与本条相关的计算内容应包括：

(1) 构件的内力和偏心距e；

① 按第4.2节的有关规定确定砌体房屋的静力计算方案、内力计算简图和内力设计值N、M和相应的偏心距e，并应按第4.1.5条的规定进行最不利组合；

② 对刚性方案，本层的竖向荷载应考虑墙、柱的实际偏心距影响，梁支承于墙上时，梁端支承压力N_l到墙内边的距离应取有效支承长度a_0的0.4倍，由上面楼层传来的荷载N_u，可视作作用于上一楼层的墙、柱的截面重心处；

③ 当梁跨大于9m的墙承重的多层房屋，除按上述方法计算外，尚应按4.2.5条4款的规定考虑梁端约束弯矩的影响。

(2) 高厚比验算

① 应根据构件所属房屋的静力计算方案，按第5.1.3条或第5.1.4条的规定确定构件的计算高度H_0；

② 根据砌体材料类别和截面形式按第5.1.2条确定构件的高厚比β，并按第6.1.1条验算构件的高厚比。

(3) 按附录D或按表D.0.1～3确定影响系数φ；

(4) 按第3.2.3条的规定对构件的砌体强度进行调整。

【实施与检查的控制】

砌体结构房屋主要受力构件(墙和柱)的承载力计算往往被误认为很简单，而出现不应该的计算错误(包括计算程序)，或缺乏经验与依据的粗略估算，甚至不作计算。这是造成这种结构构件失效(如承载力不足引起的裂缝、局部失稳乃至倒塌)的重要原因之一。因此为保证砌体结构的安全,首先应合理选择计算单元,特别对薄弱或危险的部分,按本条的规定进行承载力计算(包括计算程序),并使相关的计算参数,如偏心距、高厚比等控制在规定的安全范围之内,并应提供计算书或经主管部门鉴定的计算程序的结果供审查。

5.2.4 梁端支承处砌体的局部受压承载力应按下列公式计算:

$$\psi N_0 + N_l \leqslant \eta\gamma f A_l \tag{5.2.4-1}$$

$$\psi = 1.5 - 0.5\frac{A_0}{A_l} \tag{5.2.4-2}$$

$$N_0 = \sigma_0 A_l \tag{5.2.4-3}$$

$$A_l = a_0 b \tag{5.2.4-4}$$

$$a_0 = 10\sqrt{\frac{h_c}{f}} \tag{5.2.4-5}$$

式中 ψ——上部荷载的折减系数,当 A_0/A_l 大于等于 3 时,应取 ψ 等于 0;

N_0——局部受压面积内上部轴向力设计值(N);

N_l——梁端支承压力设计值(N);

σ_0——上部平均压应力设计值(N/mm^2);

η——梁端底面压应力图形的完整系数,应取 0.7,对于过梁和墙梁应取 1.0;

a_0——梁端有效支承长度(mm),当 a_0 大于 a 时,应取 a_0 等于 a;

a——梁端实际支承长度(mm);

b——梁的截面宽度(mm);

h_c——梁的截面高度(mm);

f——砌体的抗压强度设计值(MPa)。

【技术要点说明】

梁端支承处砌体的局部受压承载力计算,是受压构件承载力计算的重要内容之一。本条和原规范第 4.2.4 条相比较取消了梁端有效支承长度 a_0 的精确公式 $a_0=38\sqrt{\frac{N_l}{bf\text{tg}\theta}}$。这主要是因为 a_0 的简化公式(5.2.4-5),虽然是由精确公式在常用跨度梁的条件下演变而来,但二者仍存在着一定的误差,容易在应用中引起争端,为此只保留了该简化公式。计算表明,在常用跨度梁情况下,简化公式与精确公式的误差约在 15%左右,不致影响局部受压的安全度。

局压承载力公式中最重要的参数为 γ(局部抗压强度提高系数),是根据不同支承条件(图 5.2.2)经试验统计得到的,γ 限值是为防止可能出现的砌体劈裂破坏;未灌孔砌块砌体孔间内壁薄,在局压荷载下内壁压酥提前破坏,局压承载低于实心砖砌体的,故不计算其强度提高。

【实施与检查的控制】

1. 检查局压计算书中局压支承条件是否与规范第 5.2.2 条的规定相符,尤其对未灌孔空心砌体应按第 5.2.2 条 2. 5)的规定执行;

2. 选择薄弱和不利部位进行验算;对荷载较大的梁(局压承载力不足)和第 6.2.4 条和第 6.2.5 条规定的梁下应设置垫块或垫梁,并按第 5.2.5 条或第 5.2.6 条的规定进行承载力计算。试验和工程实践表明,垫块或垫梁下砌体的局压可靠度很大,是防止大荷载和大跨度梁下砌体出现局压破坏的最有效的结构措施，也是设计审查的重点。

6.1.1　墙、柱的高厚比应按下式验算：

$$\beta=\frac{H_0}{h}\leqslant\mu_1\mu_2[\beta] \tag{6.1.1}$$

式中　H_0——墙、柱的计算高度；

h——墙厚或矩形柱与 H_0 相对应的边长；

μ_1——自承重墙允许高厚比的修正系数；

μ_2——有门窗洞口墙允许高厚比的修正系数；

$[\beta]$——墙、柱的允许高厚比。

注：1　墙、柱的计算高度应按第 5.1.3 条采用；墙、柱的允许高厚比应按表 6-1-1 采用；

2　当与墙连接的相邻两横墙间的距离 $s\leqslant\mu_1\mu_2[\beta]h$ 时，墙的高度可不受本条限制；

3　变截面柱的高厚比可按上、下截面分别验算，其计算高度可按 5.1.4 的规定采用。验算上柱的高厚比时，墙、柱的允许高厚比可按表 6.1.1 的数值乘以 1.3 后采用。

【技术要点说明】

高厚比系指砌体墙、柱的计算高度 H_0 与墙厚或柱短边长(h)或折算厚度(h_T)的比值。砌体墙、柱的允许高厚比$[\beta]$主要是根据墙、柱在正常使用和施工条件下的稳定性要求，由经验确定的允许限值。它与承载力计算无关。因此墙、柱的高厚比验算是保证砌体结构构件稳定性和满足结构正常使用要求的重要措施之一，又是墙、柱承载力计算的前提和必要条件。由于墙、柱高厚比验算时参数的确定交叉和繁复，易引起差错，该项验算程序及要点如下：

1. 根据房屋的静力计算方案和砌体材料类别按第 5.1.3 条和第 5.1.2 条确定构件的计算高度 H_0 和高厚比修正系数 γ_β 及高厚比 β；按表 5.1.3 确定带壁柱墙计算高度 H_0 时，s 应取相邻横墙间的距离，墙、柱的允许高厚比应符合表第 6.1.1 条的规定。

2. 带壁柱墙

(1) 带壁柱墙高厚比验算，其翼墙宽度 b_f 按第 4.2.8 条确定；

(2) 壁柱间墙高厚比验算，其墙高 H 均按刚性方案计算；

(3) 符合 6.1.2 条 3 款要求的圈梁可视为壁柱间墙的不动铰支点。

3. 带构造柱墙(新增内容)

墙中设置构造柱可提高墙体使用阶段的稳定性和刚度。因此当墙的高厚比较大时，可在墙体中设置钢筋混凝土构造柱。

(1) 构造柱的截面尺寸和间距：

① 截面沿墙长方向的边长不应小于 180mm，沿墙厚方向不应小于墙厚；当利用构造柱作壁柱时，其截面高度不宜小于 1/30 柱高；

② 构造柱的混凝土不应低于 C15，主筋不应少于 4ϕ12；

③ 构造柱的间距不宜大于 4m。

(2) 高厚比验算

① 按第 6.1.2 条 2 款的规定确定允许高厚比提高系数 μ_c，并按式(6.1.1)验算带构造柱墙的高厚比；

② 当构造柱沿墙厚方向的边长≥1/30 柱高时，可按带壁柱墙验算高厚比；

③ 构造柱对墙体允许高厚比的提高仅适用于正常使用阶段；

④ 构造柱应与墙和横向支承结构有可靠的连接。

【实施与检查的控制】

首先判别和选择不利部位，按上述程序验算墙、柱的高厚比，并在允许高厚比范围之内。对大高厚比的构件，如层高及开间大或空旷房屋的承重及自承重构件应提供计算简图和相应的连接措施。

6.2.1 五层及五层以上房屋的墙，以及受振动或层高大于6m的墙、柱所用材料的最低强度等级，应符合下列要求：

1 砖采用MU10；

2 砌块采用MU7.5；

3 石材采用MU30；

4 砂浆采用M5。

注：对安全等级为一级或设计使用年限大于50年的房屋，墙、柱所用材料的最低强度等级应至少提高一级。

6.2.2 地面以下或防潮层以下的砌体，潮湿房间的墙，所用材料的最低强度等级应符合表6.2.2的要求。

地面以下或防潮层以下的砌体、潮湿房间墙所用材料的最低强度等级　　表6.2.2

基土的潮湿程度	烧结普通砖、蒸压灰砂砖		混凝土砌块	石材	水泥砂浆
	严寒地区	一般地区			
稍潮湿的	MU10	MU10	MU7.5	MU30	M5
很潮湿的	MU15	MU10	MU7.5	MU30	M7.5
含水饱和的	MU20	MU15	MU10	MU40	M10

注：1 在冻胀地区，地面以下或防潮层以下的砌体，当采用多孔砖时，其孔洞应用水泥砂浆灌实。当采用混凝土砌块砌体时，其孔洞应采用强度等级不低于Cb20的混凝土灌实。

2 对安全等级为一级或设计使用年限大于50年的房屋，表中材料强度等级应至少提高一级。

【技术要点说明】

这两条系保证砌体结构各部分具有较均恒的耐久性等级的措施，因此对处于受力较大或不利环境条件下的砌体材料，规定了比一般条件下较高的材料等级低限，对使用年限大于50年的砌体结构，其材料耐久性等级应更高。这两条和原规范的相应条文的要求相比虽然高了一些，但限于国情，提高幅度不大，这和新规范适当提高砌体结构可靠度的幅度是一致的。因此应鼓励设计时采用比上述条文规定更高的强度等级，这对提高结构的耐久性和可靠度、促进砌体材料向高强发展都是有利的。另外，为防止处于冻胀环境条件下多孔块体可能出现的冻害和耐久性的降低，应采取相应的措施（表6.2.2注1）。

【实施与检查的控制】

检查工程设计的层数、用途或使用环境和设计说明中选择的砌体材料的强度等级。

6.2.10 砌块砌体应分皮错缝搭砌，上下皮搭砌长度不得小于90mm。当搭砌长度不满足上述要求时，应在水平灰缝内设置不少于2ϕ4的焊接钢筋网片（横向钢筋的间距不应大于200mm），网片每端均应超过该垂直缝，其长度不得小于300mm。

【技术要点说明】

与整浇的混凝土结构不同，砌体是由块体和砂浆组砌而成的，砌体中块体必要的搭接长度是保证砌体强度的关键，反之砌体的整体性差，受荷后会过早地出现解体破坏。按砌体基本力学试验方法标准规定，砌体的基本抗压强度试件，其搭接长度为1/2标准块长（对砌块为190mm），它反映了砌体施工中最普遍的组砌方式，而出现搭长为1/4　标准块长（对砌块为90mm）的情况在砌体中占的数量很少，考虑到基本试件比实际墙体的边界条件更不利，因此从总体上讲能保证砌体强度的发挥。如不能满足上述的最小搭接长度，采用本条规定的灰缝钢筋网片能起到类似的作用，包括抗裂约束作用。当承受较大的竖向荷载时，该部位的拉结网片的竖向间距不应大于200mm。

砌块砌体结构房屋的组砌搭接要求，应通过砌块设计时的墙体排列图来保证，也是砌块结构标准通用图和施工规范应包括的重要内容。

【实施与检查的控制】

检查工程或标准设计的砌块墙体排块图。

6.2.11　砌块墙与后砌隔墙交接处，应沿墙高每400mm在水平灰缝内设置不少于2ϕ4、横筋间距不应大于200mm的焊接钢筋网片（图6.2.11）。

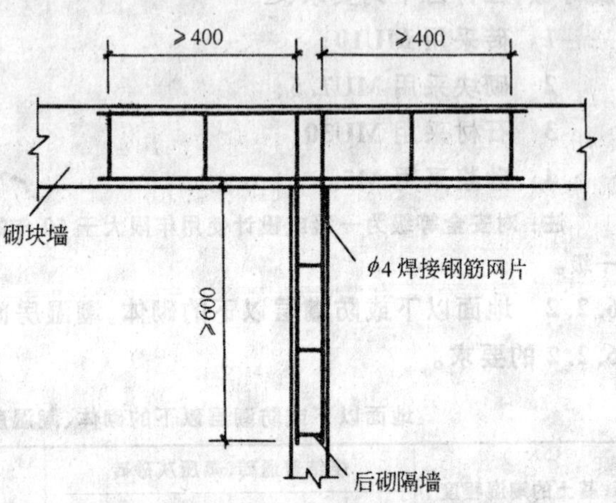

图6.2.11　砌块墙与后砌隔墙交接处钢筋网片

【技术要点说明】

砌块墙与后砌隔墙的连接是保证后砌隔墙稳定性的主要措施。砌块后砌隔墙大多采用90mm非承重砌块砌筑，因其墙厚薄，相应高厚比很大，墙体自身的稳定性成为主要矛盾。由于后砌隔墙是按自承重墙设计的，容易忽略它可能要承受来自侧向的推力、撞击或冲击荷载以及地震作用，这可能成为后砌隔墙失稳或倒塌的主要原因，而一旦出现隔墙倒塌也会对生命财产造成一定的损失。本条的连接方式属柔性连接，除便于承重砌块墙体的排块设计外，对调节较长砌块隔墙的变形（砌体干缩或地震作用）有一定的作用。但对较长的隔墙（如超过4m）除本条的连接外，尚应考虑其他增加稳定和防裂的措施。该拉结网片应在设计时预留或预埋，砌块建筑标准通用图的墙体连接措施也应包括本内容。

【实施与检查的控制】

检查设计及采用的标准通用图是否按该条文的规定执行，包括后砌隔墙的连接构造节点或说明。

7.1.2　车间、仓库、食堂等空旷的单层房屋应按下列规定设置圈梁：

1　砖砌体房屋，檐口标高为5～8m时，应在檐口标高处设置圈梁一道，檐口标高大于8m时，应增加设置数量；

2　砌块及料石砌体房屋，檐口标高为4～5m时，应在檐口标高处设置圈梁一道，檐口标高大于5m时，应增加设置数量。

对有吊车或较大振动设备的单层工业房屋，除在檐口或窗顶标高处设置现浇钢筋混凝土圈梁外，尚应增加设置数量。

7.1.3 宿舍、办公楼等多层砌体民用房屋，且层数为3～4层时，应在底层、檐口标高处设置圈梁一道。当层数超过4层时，至少应在所有纵横墙上隔层设置。

多层砌体工业房屋，应每层设置现浇钢筋混凝土圈梁。

设置墙梁的多层砌体房屋应在托梁、墙梁顶面和檐口标高处设置现浇钢筋混凝土圈梁，其他楼层处应在所有纵横墙上每层设置。

【技术要点说明】

砌体结构也常称作砖(砌块)混结构，即由砌体墙、柱和混凝土楼(屋)盖梁板组成的结构。混凝土圈梁成为这两类受力结构构件的连接或结合点，是砌体结构重要的组成部分。按规定设置圈梁是增强砌体结构整体性和稳定性的结构构造措施。随着我国建筑产业化、商品化和高强砌体材料的发展，以及使用要求的不断提高(指高质量、高可靠度和更高的砌体房屋)，圈梁在砌体结构房屋的作用就更重要了。另外它对提高砌体房屋墙体的抗裂性能和偶然荷载或作用(如煤气爆炸冲击作用)下的局部抗倒塌能力也均有一定的作用。

新规范中的圈梁的设置要求较原规范相应的条文加严了。表现在：

1. 为加强整体性，只允许采用现浇混凝土圈梁，不允许采用钢筋砖圈梁或预制混凝土圈梁；

2. 圈梁设置的数量加大，截面配筋增大，并补充了现浇楼盖圈梁的构造；

3. 圈梁混凝土强度等级不应低于C15，宜采用C20或楼屋盖混凝土的强度等级。

【实施与检查的控制】

认真检查圈梁布置及节点构造，特别对因门窗洞口截断的附加圈梁、相交墙处圈梁的连接、圈梁与大开间房屋屋架大梁的连接、圈梁兼作过梁时的计算和构造等。

7.3.2 采用烧结普通砖、烧结多孔砖、混凝土砌块砌体和配筋砌体的墙梁设计应符合表7.3.2的规定。墙梁计算高度范围内每跨允许设置一个洞口；洞口边至支座中心的距离 a_i，距边支座不应小于 $0.15l_{0i}$，距中支座不应小于 $0.07l_{0i}$。对多层房屋的墙梁，各层洞口应设置在相同位置，并应上、下对齐。

墙梁的一般规定　　表7.3.2

墙梁类别	墙体总高度(m)	跨度(m)	墙高 h_w/l_{0i}	托梁高 h_b/l_{0i}	洞宽 b_h/l_{0i}	洞高 h_h
承重墙梁	≤18	≤9	≥0.4	≥1/10	≤0.3	$\leq 5h_w/6$ 且 $h_w-h_h\geq 0.4$m
自承重墙梁	≤18	≤12	≥1/3	≥1/15	≤0.8	

注：1 墙体总高度指托梁顶面到檐口的高度，带阁楼的坡屋面应算到山尖墙1/2高度处；

2 对自承重墙梁，洞口至边支座中心的距离不应小于 $0.1l_{0i}$，门窗洞上口至墙顶的距离不应小于0.5m；

3 h_w——墙体计算高度；

h_b——托梁截面高度；

l_{0i}——墙梁计算跨度；

b_h——洞口宽度；

h_h——洞口高度，对窗洞取洞顶至托梁顶面距离。

【技术要点说明】

墙梁是由混凝土托梁和托梁上计算高度范围内的砌体墙体组成的组合受力构件，墙梁包括简支墙梁、连续墙梁和框支墙梁，可划分为承重和自承重墙梁。和原规范相比不仅构成了较完善的墙梁结构体系，扩大了适用范围，简化了计算，还根据统一标准要求较大地提高了墙梁结构的可靠度，使墙梁结构更加安全可靠，比按其他方法设计的墙梁更合理、安全和较显著的技术经济效果。墙梁属于深受弯构件或深梁，但由于其组成材料不同，按深梁理论计算十分复杂。本规范根据试验和理论计算分析将墙梁按"拉杆拱"受力机制进行简化计算。其中托梁为拱的拉杆，托梁上计算高度范围内的墙体为拱体，对无洞和跨中墙体开洞的墙梁为单拱受力机制，此时托梁为小偏拉构件；对偏开洞口（一侧或两侧）墙梁为大拱套小拱受力机制，洞边墙体就成为跨越该洞的大拱体的组成部分，是墙梁组合作用的最关键之处；小拱在洞口另一侧形成的"拱脚"效应加大了托梁的弯矩，使托梁变为大偏拉构件。此外墙梁的组合作用尚受到跨度、跨高比、翼墙等因素的影响。因此为确保墙梁较好地发挥组合作用和墙梁结构的安全及便于设计应用，提出了本条墙梁的一般规定。设计执行中应注意控制的要点：

1. 允许采用的四种砌体，其中配筋砌体（配筋砌块和构造柱组合墙）与托梁的整体作用最好，当跨度、荷载较大或开洞较大时宜优先采用；

2. 偏开洞墙梁洞距 a_i 必须满足该限值要求，否则不应采用本规范规定的墙梁设计方法；

3. 洞高（h_h）和洞宽比（b_h/l_0）限值，是为了保证墙体整体性和拱体压区必需的高度。当超出上述规定时会使墙体压区过早破坏，因此也不适用于本方法；

4. 托梁高跨比控制在1/10～1/6，但不宜大于1/6，过大的高跨比不利于墙梁组合作用的发挥。

【实施与检查的控制】

应全面按本条的规定执行，特别是按表7.3.2逐项检查墙梁的控制参数。不满足本控制参数（如洞距 a_i、洞高 h_h 和洞宽比 b_h/l_0）时，不应采用本节组合墙梁的设计方法。

7.3.12 墙梁应符合下列构造要求：

1 材料

1）托梁的混凝土强度等级不应低于C30；

2）纵向钢筋应采用HRB335、HRB400或RRB400级钢筋；

3）承重墙梁的块体强度等级不应低于MU10，计算高度范围内墙体的砂浆强度等级不应低于M10。

2 墙体

1）框支墙梁的上部砌体房屋，以及设有承重的简支墙梁或连续墙梁的房屋，应满足刚性方案房屋的要求；

3）墙梁洞口上方应设置混凝土过梁，其支承长度不应小于240mm；洞口范围内不应施加集中荷载；

4）承重墙梁的支座处应设置落地翼墙，翼墙宽度不应小于墙体厚度的3倍，并应与墙梁墙体同时砌筑。当不能设置翼墙时，应设置落地且上、下贯通的构造柱；

5）当墙梁墙体在靠近支座1/3跨度范围内开洞时，支座处应设置落地且上、下贯通的构造柱，并应与每层圈梁连接；

3 托梁

1）有墙梁的房屋的托梁两边各一个开间及相邻开间处应采用现浇混凝土楼盖，楼板厚

度不应小于120mm,当楼板厚度大于150mm时,应采用双层双向钢筋网,楼板上应少开洞,洞口尺寸大于800mm时应设洞口边梁;

2)托梁每跨底部的纵向受力钢筋应通长设置,不得在跨中段弯起或截断。钢筋接长应采用机械连接或焊接;

3)墙梁的托梁跨中截面纵向受力钢筋总配筋率不应小于0.6%;

4)托梁距边支座边 $l_0/4$ 范围内,上部纵向钢筋面积不应小于跨中下部纵向钢筋面积的1/3。连续墙梁或多跨框支墙梁的托梁中支座上部附加纵向钢筋从支座边算起每边延伸不应小于 $l_0/4$;

5)承重墙梁的托梁在砌体墙、柱上的支承长度不应小于350mm。纵向受力钢筋伸入支座应符合受拉钢筋的锚固要求;

6)当托梁高度 $h_b \geqslant 500$mm时,应沿梁高设置通长水平腰筋,直径不应小于12mm,间距不应大于200mm;

7)墙梁偏开洞口的宽度及两侧各一个梁高 h_b 范围内直至靠近洞口的支座边的托梁箍筋直径不应小于8mm,间距不应大于100mm(图7.3.12)。

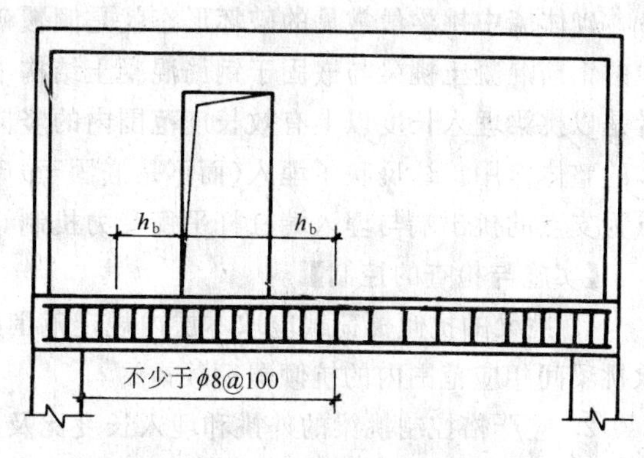

图7.3.12 偏开洞时托梁箍筋加密区

【技术要点说明】

本条是根据墙梁结构的受力特点,经大量计算分析和总结工程实践经验,对7.3.2~7.3.11条墙梁设计原则提出必须满足的最低构造措施要求。承重墙梁是由托梁、墙体、翼墙或构造柱和顶梁组成的约束组合受力结构,缺一不可。其中翼墙或构造柱加顶梁形成约束砌体,在竖向荷载作用下可将墙梁顶面30%~50%的楼层荷载传至翼墙或构造柱,从而有效地避免托梁支座上部砌体的局压破坏和提高抗剪能力,同时在水平荷载或水平地震作用下,墙体开裂仍能维持墙梁的组合作用。因此在计算的基础上这些措施对保证墙梁的组合作用和墙梁房屋的整体稳定性和墙梁构件相应的安全性具有十分重要的作用,必须认真执行。

【实施与检查的控制】

1. 多层墙梁房屋应布置为刚性方案房屋,不应采用刚弹性或弹性方案房屋(见4.2.1、4.2.2及4.2.5条);

2. 承重墙梁必须按规定设置翼墙,当受条件限制时应用混凝土构造柱代替,翼墙或构件柱应与混凝土顶梁连成整体;

3. 多层墙梁房屋的托梁支座承受很大的集中荷载,是关键的传力构件,必须满足局部承压和必需的支承长度。对砌体墙、柱不应小于350mm,并应根据5.2.5条的规定设置垫块或垫梁;当为框架柱时,柱截面不应小于400mm×400mm;

4. 托梁顶面为结构的转换或过渡层,必须采用现浇混凝土楼盖,不允许采用其他楼盖;

5. 托梁是墙梁的最重要的组成部分,根据其重要性和受力特点(偏心受拉),其构造是按框支梁的要求确定的。其中的托梁跨中截面受力钢筋的最小含钢率0.6%(包括0.2%的上部载面受压钢筋)适用于承重和自承重墙梁的托梁;

6. 翼墙和腹墙必须同时砌筑，不允许留槎或分别砌筑。

7. 墙梁托梁上方墙体的洞口施工，应按本条规定先设置混凝土过梁后再砌以上砌体，不允许先起拱后放置混凝土过梁。洞口过梁上方不允许设置施工集中荷载。

7.4.1 砌体墙中钢筋混凝土挑梁的抗倾覆应按下列公式进行验算：

$$M_{0v} \leqslant M_r \tag{7.4.1}$$

式中 M_{0v}——挑梁的荷载设计值对计算倾覆点产生的倾覆力矩；

M_r——挑梁的抗倾覆力矩设计值。

【技术要点说明】

砌体墙中挑梁最常见的破坏形态就是倾覆破坏，对无筋砌体更是如此。埋入无筋砌体中的钢筋混凝土挑梁与嵌固于钢筋混凝土结构中的挑梁在抗倾覆设计计算上是不同的。前者是以挑梁埋入长度以上有效长度范围内的竖向荷载或压重作为抗倾覆荷载的，不考虑砌体的整体作用。这反映了埋入（而不是嵌固于）砌体中的这种构件的受力特点：以挑梁倾覆点为支点的挑出端与埋入端杠杆平衡受力机制。

【实施与检查的控制】

1. 挑梁的抗倾覆荷载应取本层内规定范围内的荷载。对非层层设置挑梁的情况，允许取挑梁间相应范围内的抗倾覆荷载；

2. 应严格控制挑梁的外挑和埋入长度比及柔性挑梁受力钢筋的配置要求；

3. 对跨度较大或荷载较大的挑梁应按第 7.4.4 条进行局压验算，并采取措施，如设垫梁或构造柱，对混凝土砌块建筑应按第 6.2.13 条的规定将挑梁下的砌块灌实；

4. 挑梁宜与楼层或墙体中的圈梁整体连接，以提高结构的整体性和砌体抗裂能力；

5. 对单面走廊或单侧大阳台多层砌体房屋，尚应考虑挑梁对房屋可能引起的倾斜或不均匀沉降（特别对软弱地基土）、使房屋产生斜裂缝或墙体开裂等不利影响。

9.2.2 轴心受压配筋砌块砌体剪力墙、柱，当配有箍筋或水平分布钢筋时，其正截面受压承载力应按下列公式计算：

$$N \leqslant \varphi_{0g}(f_g A + 0.8 f'_y A'_s) \tag{9.2.2-1}$$

$$\varphi_{0g} = \frac{1}{1 + 0.001\beta^2} \tag{9.2.2-2}$$

式中 N——轴向力设计值；

f_g——灌孔砌体的抗压强度设计值，应按第 3.2.1 条第 4 款采用；

f'_y——钢筋的抗压强度设计值；

A——构件的毛截面面积；

A'_s——全部竖向钢筋的截面面积；

φ_{0g}——轴心受压构件的稳定系数；

β——构件的高厚比。

注：1 无箍筋或水平分布钢筋时，仍应按式(9.2.2)计算，但应使 $f'_y A'_s = 0$；

2 配筋砌块砌体构件的计算高度 H_0 可取层高。

【技术要点说明】

配筋砌块砌体剪力墙、柱是在无筋砌体基础上通过设置钢筋和灌注混凝土而成的结构构件，因而与一般砌体（包括非灌孔砌体）的稳定性不同。根据欧拉公式和灌芯砌体受压应力一应变关系，考虑简化并与一般砌体的稳定系数相一致，给出了本条的公式，该稳定系数与钢筋混凝土构件的稳定系数很接近但稍低。另外，考虑到配筋砌块构件的组砌和配筋特点，对该条承载力公式中的钢筋项作了折减并加了注。

1. 对 190mm 厚的砌块墙或剪力墙(其长边不应小于 800mm)，一般将竖向钢筋设置在孔洞的中心，考虑到竖向配筋量较少，在未配置箍筋或水平钢筋时，为偏于安全计算取 $f'_y A'_s = 0$；

2. 砌块柱的截面及配筋应按第 9.4.14 条的规定执行。但这种柱受到块型、横向钢筋间距、直径的影响，因此这种柱一般宜用于受力较小的构件；

3. 对截面面积 A 小于 $0.2m^2$ 的配筋砌块砌体构件，应按第 3.2.3 条的规定对砌体强度 f_g 乘以调整系数 γ_a，此时该截面面积按全截面计算，即不扣除纵向钢筋的面积。

配筋砌块砌体结构是本规范新增的一个较完整的结构体系，包括各种受力构件及相应的设计计算方法，本条的轴心受压构件仅为其中的一个特例作为强制性条文，其他受力构件的设计可参见本规范的有关章节条文内容。

【实施与检查的控制】

应根据结构布置合理选择计算单元，特别对薄弱或危险部位按本条规定进行承载力计算，检查结构计算书。

5 木结构设计

5.1 一 般 规 定

《木结构设计规范》GB 50005—2003

3.1.2 普通木结构构件设计时，应根据构件的主要用途按表 3.1.2 的要求选用相应的材质等级。

普通木结构构件的材质等级　　表 3.1.2

项　次	主 要 用 途	材 质 等 级
1	受拉或拉弯构件	Ⅰ$_a$
2	受弯或压弯构件	Ⅱ$_a$
3	受压构件及次要受弯构件（如吊顶小龙骨等）	Ⅲ$_a$

3.1.8 胶合木结构构件设计时，应根据构件的主要用途和部位，按表 3.1.8 的要求选用相应的材质等级。

胶合木结构构件的木材材质等级　　表 3.1.8

项次	主 要 用 途	材质等级	木材等级配置图
1	受拉或拉弯构件	Ⅰ$_b$	Ⅰ$_b$
2	受压构件（不包括桁架上弦和拱）	Ⅲ$_b$	Ⅲ$_b$
3	桁架上弦或拱，高度不大于 500mm 的胶合梁 (1) 构件上、下边缘各 0.1h 区域，且不少于两层板 (2) 其余部分	 Ⅱ$_b$ Ⅲ$_b$	Ⅲ$_b$ Ⅱ$_b$ Ⅱ$_b$ 0.1h h 0.1h
4	高度大于 500mm 的胶合梁 (1) 梁的受拉边缘 0.1h 区域，且不少于两层板 (2) 距受拉边缘 0.1h～0.2h 区域 (3) 受压边缘 0.1h 区域，且不少于两层板 (4) 其余部分	 Ⅰ$_b$ Ⅱ$_b$ Ⅱ$_b$ Ⅲ$_b$	Ⅲ$_b$ Ⅱ$_b$ Ⅱ$_b$ Ⅰ$_b$ 0.1h 0.1h h 0.1h
5	侧立腹板工字梁 (1) 受拉翼缘板 (2) 受压翼缘板 (3) 腹板	 Ⅰ$_b$ Ⅱ$_b$ Ⅲ$_b$	Ⅲ$_b$ Ⅱ$_b$ Ⅰ$_b$

3.1.11 轻型木结构构件设计时，应根据构件的用途按表 3.1.11 要求选用相应的材质等级。

轻型木结构用规格材的材质等级　　表 3.1.11

项次	主要用途	材质等级
1	用于对强度、刚度和外观有较高要求的构件	$Ⅰ_c$
2		$Ⅱ_c$
3	用于对强度、刚度有较高要求而对外观只有一般要求的构件	$Ⅲ_c$
4	用于对强度、刚度有较高要求而对外观无要求的普通构件	$Ⅳ_c$
5	用于墙骨柱	$Ⅴ_c$
6	除上述用途外的构件	$Ⅵ_c$
7		$Ⅶ_c$

【技术要点说明】

承重结构用木材，分为原木、锯材（方木、板材、规格材）和胶合材。原木、板材、方木适用于普通木结构，胶合材适用于胶合木结构，规格材适用于轻型木结构。

1. 木材是一种天然材料，其物理力学性质具有显著的各向异性。顺纹强度高，横纹强度低，且木材的缺陷对各类木构件的强度影响甚大。根据历年来的试验研究成果，制订了按承重结构的受力性能将材质分为三级的材质标准。

由于木材缺陷对方木、板材和原木构件力学性质的影响是不同的，因此，承重结构用材的材质标准，按方木、板材、原木分别制订。普通木结构承重结构用木材的材质标准见本规范附录 A。

试验研究表明：木材缺陷对受拉构件强度的影响最大，对受压构件强度影响相对较小，对受弯构件的强度影响介于受拉和受压之间。据此，本规范规定：受拉及拉弯构件应选用Ⅰ级材；受弯或压弯构件应选用Ⅱ级材；受压构件选用Ⅲ级材。

2. 胶合木构件的木材材质等级分为三级。根据多年使用经验和胶合木构件可使用胶合材胶粘组合的特点，设计时，不仅应根据木构件的主要用途，还应根据其部位选用相应的等级。胶合木构件的材质标准的可靠性，曾按随机取样的原则，做了 30 根构件破坏试验，其结果表明，按现行材质标准选材所制成的胶合构件，能够满足承重结构可靠度的要求。同时较为符合我国木材的材质状况，可以提高低等级木材在承重结构中的利用率。

3. 承重结构用木材，首次增加了“规格材”，以适应轻型木结构在我国的推广。

轻型木结构是一种将工厂生产的尺寸规格化的木构件（规格材）按不大于 600mm 的中心间距密置而成的结构形式。结构的承载力是通过主要结构构件（骨架构件）和次要结构构件（墙面板、楼面板和层面板）共同作用确定的。轻型木结构亦称“平台式框架结构”，这是因为施工时，每层楼面作为一个平台，上一层结构的施工作业可在该平台上完成。

轻型木结构用规格材主要根据用途分类。分类越细越经济，但过细又给生产和施工带来不便。我国规格材定为七等，并规定了每等的材质标准。与传统方法一样采用目测法分等，与之相关的设计值，应通过对不同树种、不同等级规格材的足尺试验确定。

【实施与检查的控制】

1. 表 3.1.2，表 3.1.8，表 3.1.11 的材质等级是按承重构件的主要用途确定的。设计人员设计时，应根据构件的用途，明确每根承重构件的材质等级。施工人员根据每根构件的等级，分别从工厂进料（规格材）或在现场制作（方木、板材、原木）。工厂进料的每根构件，均应有等级标识，标识包括树种、强度等级及分等的机构名称等。监督检查人员，应检查等级是否符合要求。

2. 用于普通木结构的原木、方木、板材和胶合结构构件在我国采用目测法分级，分级时选材标准见本规范附录 A，轻型木结构用规格材用目测分级和机械分级两种方法进行，用目测分级的选材标准见本 规范附录 A。机械分级的材质标准，本规范未作规定，将另行制定专门标准。

3.《木结构设计规范》GBJ 5—2003 附录 A 的规定，已由《木结构工程施工质量验收规范》GB 50206—2002 予以引用，应注意的是：这二本规范规定的材质标准不得用一般商品材的等级标准代替。

3.1.13　制作构件时，木材含水率应符合下列要求：

1　现场制作的原木或方木结构不应大于 25%；

2　板材和规格材不应大于 20%；

3　受拉构件的连接板不应大于 18%；

4　作为连接件不应大于 15%；

5　层板胶合木结构不应大于 15%，且同一构件各层木板间的含水率差别不应大于 5%。

【技术要点说明】

采用高含水木材制作构件时，木材的开裂和干缩将对构件和结构产生不利影响。例如：当裂缝与连接处的受剪面贴近甚至重合时，将降低结构的安全度，甚至导致破坏。对于我国常用的齿连接，试验表明，即使裂缝未与受剪面重合，也会降低结构的承载能力。严重的水平裂缝还将使受弯构件承载能力降低。另外高含水率引起的木材干缩会导致结构的连接松弛，从而产生过大的变形。因此，在制作木结构时，应严格控制木材的含水率。

本规范根据历年的研究、国外标准的规定和使用经验制定了在制作各种构件时，木材的含水率限值。

【实施与检查控制】

对于现场制作的普通木结构

(1) 木结构若采用较干的木材制作，在相当程度上减小了因木材干缩而造成的松弛变形和裂缝的危害，对保证工程质量作用很大。因此，原则上应要求木材经过干燥。考虑到普通木结构用材的截面尺寸较大，只有气干法较为切实可行，故只能要求尽量提前备料，使木材在合理堆放和不受曝晒的条件下逐渐风干。根据调查，这一工序即使时间很短，也能收到一定的效果。

(2) 原木和方木的含水率沿截面内外分布很不均匀。原西南建筑科学研究所对 30 余根云南松木材的实测表明，在料棚气干的条件下，当木材表层 20mm 深处的含水率降到 16.2%～19.6%时。其截面平均含水率仍为 24.7%～27.3%。但应说明的是，上述试验是以 120mm×160mm 中等规格的方木进行测定的。若木材截面很大，按上述关系估计其平均含水率就会偏低很多；这是因为大截面的木材内部水分很难蒸发之故。例如，中国林业科学研究院曾经测得：当大截面原木的表层含水率已降低到 12%以下，其内部含水率仍高达

40%以上。但这个问题并不影响使用这条补充规定,因为对大截面木材来说,内部干燥总归很慢,关键的是只要表层干到一定程度,便能收到控制含水率的效果。

(3) 使用含水率>25%的木材制作原木或方木结构时,即直接使用湿材的情况,只能在确认受条件限制不得不用湿材时,方可使用,但要符合第3.1.14条的规定,减轻湿材的危害。湿材对结构的危害主要是:在结构的关键部位,可能引起危险性的裂缝、促使木材腐朽、易遭虫蛀、使节点松动和结构变形增大等。针对这几方面问题,规范采取了下列措施:

① 防止裂缝的危害方面:除首先推荐采用钢木结构外,在选材上加严了斜纹的限值,以减少斜裂缝的危害;要求受剪面避开髓心,以免裂缝与受剪面重合;在制材上,要求尽可能采用"破心下料"的方法,以保证方木的重要受力部位不受干缩裂缝的危害;在构造上,对齿连接的受剪面长度和螺栓连接的端距均予以适当加大,以减小木材开裂的影响等。

② 减小构件变形和节点松动方面,将木材的弹性模量和横纹承压的计算指标予以适当降低,以减小湿材干缩变形的影响,并要求桁架受拉腹杆采用圆钢,以便于调整。此外,还根据湿材在使用过程中容易出现的问题,在检查和维护方面作了具体的规定。

③ 防腐防虫方面,给出防潮、通风构造示意图。

对上述的"破心下料"制作方法作如下说明:

因为含髓心的方木,其截面上的年轮层大部分完整,内外含水率梯度又很大,以致干缩时,弦向变形受到径向约束,边材的变形受到心材约束,从而使内应力过大,造成木材严重开裂。为了解除这种约束,可沿髓心剖开原木,然后再锯成方材,就能使木材干缩时变形较为自由,明显减小了开裂程度。原西南建筑科学研究院进行的近百根木材的试验和三个试点工程,完全证明了其防裂效果。但"破心下料"也有其局限性,要求原木的径级至少在320mm以上,才能锯出屋架规格的方木,同时制材要在髓心位置下锯,对制材速度稍有影响。因此规范建议仅用于受裂缝危害最大的桁架受拉下弦,尽量减小采用"破心下料"构件的数量,以便于推广。

以上措施,即使是使用干材、半干材时,也是适用的。

(4) 规格材及层板胶合材均系工厂生产,应严格执行标准对含水率的要求,在进行出厂检验和施工现场验收时,含水率均系重要的检验指标,应予以特别重视,不合格者严禁使用。

3.3.1 承重结构用胶,应保证其胶合强度不低于木材顺纹抗剪和横纹抗拉的强度。胶连接的耐水性和耐久性,应与结构的用途和使用年限相适应,并应符合环境保护的要求。

【技术要点说明】

胶合结构的承载能力首先取决于胶的强度及其耐久性。因此,对胶的质量要有严格的要求:

1. 应保证胶缝的强度不低于木材顺纹抗剪和横纹抗拉的强度。

因为不论在荷载作用下或由于木材胀缩引起的内力,胶缝主要是受剪应力和垂直于胶缝方向的正应力作用。一般说来,胶缝对压应力的作用总是能够胜任的。因此,关键在于保证胶缝的抗剪和抗拉强度。当胶缝的强度不低于木材顺纹抗剪和横纹抗拉强度时,就意味着胶连接的破坏基本上沿着木材部分发生,这也就保证了胶连接的可靠性;

2. 应保证胶缝工作的耐久性

胶缝的耐久性取决于它的耐应力作用能力以及抗老化能力和抗生物侵蚀能力。因此,主要要求胶的耐久性应与结构的用途和使用年限相适应。此外,所有胶种还必须符合有关卫生和环境保护的规定。

【实施与检查的控制】

我国市场的结构用胶品种多，质量参差不齐，同时，为了防止使用变质的胶，故应对每批胶进行胶结能力检验，合格后方可使用。

对于新的胶种，在使用前必须以主管机关审定合格的独立验证试验报告为依据，通过试点工程试用后，方可逐步推广应用。

4.2.1　普通木结构用木材的设计指标应按下列规定采用：

1　普通木结构用木材，其树种的强度等级应按表 4.2.1-1 和表 4.2.1-2 采用；

针叶树种木材适用的强度等级　表 4.2.1-1

强度等级	组别	适用树种
TC17	A	柏木　长叶松　湿地松　粗皮落叶松
	B	东北落叶松　欧洲赤松　欧洲落叶松
TC15	A	铁杉　油杉　太平洋海岸黄柏　花旗松—落叶松　西部铁杉　南方松
	B	鱼鳞云杉　西南云杉　南亚松
TC13	A	油松　新疆落叶松　云南松　马尾松　扭叶松　北美落叶松　海岸松
	B	红皮云杉　丽江云杉　樟子松　红松　西加云杉　俄罗斯红松　欧洲云杉　北美山地云杉　北美短叶松
TC11	A	西北云杉　新疆云杉　北美黄松　云杉—松—冷杉　铁—冷杉　东部铁杉　杉木
	B	冷杉　速生杉木　速生马尾松　新西兰辐射松

阔叶树种木材适用的强度等级　表 4.2.1-2

强度等级	适用树种
TB20	青冈　椆木　门格里斯木　卡普木　沉水稍克隆　绿心木　紫心木　李叶豆　塔特布木
TB17	栎木　达荷玛木　萨佩莱木　苦油树　毛罗藤黄
TB15	锥栗(栲木)　桦木　黄梅兰蒂　梅萨瓦木　水曲柳　红劳罗木
TB13	深红梅兰蒂　浅红梅兰蒂　白梅兰蒂　巴西红厚壳木
TB11	大叶椴　小叶椴

2　在正常情况下，木材的强度设计值及弹性模量，应按表 4.2.1-3 采用；在不同的使用条件下，木材的强度设计值和弹性模量尚应乘以表 4.2.1-4 规定的调整系数；对于不同的设计使用年限，木材的强度设计值和弹性模量尚应乘以表 4.2.1-5 规定的调整系数。

木材的强度设计值和弹性模量(N/mm^2)　表 4.2.1-3

强度等级	组别	抗弯 f_m	顺纹抗压及承压 f_c	顺纹抗拉 f_t	顺纹抗剪 f_v	横纹承压 $f_{c,90}$ 全表面	横纹承压 $f_{c,90}$ 局部表面和齿面	横纹承压 $f_{c,90}$ 拉力螺栓垫板下	弹性模量 E
TC17	A	17	16	10	1.7	2.3	3.5	4.6	10000
	B		15	9.5	1.6				

续表

强度等级	组别	抗弯 f_m	顺纹抗压及承压 f_c	顺纹抗拉 f_t	顺纹抗剪 f_v	横纹承压 $f_{c,90}$			弹性模量 E
						全表面	局部表面和齿面	拉力螺栓垫板下	
TC15	A	15	13	9.0	1.6	2.1	3.1	4.2	10000
	B		12	9.0	1.5				
TC13	A	13	12	8.5	1.5	1.9	2.9	3.8	10000
	B		10	8.0	1.4				9000
TC11	A	11	10	7.5	1.4	1.8	2.7	3.6	9000
	B		10	7.0	1.2				
TB20	—	20	18	12	2.8	4.2	6.3	8.4	12000
TB17	—	17	16	11	2.4	3.8	5.7	7.6	11000
TB15	—	15	14	10	2.0	3.1	4.7	6.2	10000
TB13	—	13	12	9.0	1.4	2.4	3.6	4.8	8000
TB11	—	11	10	8.0	1.3	2.1	3.2	4.1	7000

注：计算木构件端部(如接头处)的拉力螺栓垫板时，木材横纹承压强度设计值应按"局部表面和齿面"一栏的数值采用。

不同使用条件下木材强度设计值和弹性模量的调整系数　　表 4.2.1-4

使用条件	调整系数	
	强度设计值	弹性模量
露天环境	0.9	0.85
长期生产性高温环境，木材表面温度达 40～50℃	0.8	0.8
按恒荷载验算时	0.8	0.8
用于木构筑物时	0.9	1.0
施工和维修时的短暂情况	1.2	1.0

注：1　当仅有恒荷载或恒荷载产生的内力超过全部荷载所产生的内力的 80%时，应单独以恒荷载进行验算；
　　2　当若干条件同时出现时，表列各系数应连乘。

不同设计使用年限时木材强度设计值和弹性模量的调整系数　　表 4.2.1-5

设计使用年限	调整系数	
	强度设计值	弹性模量
5 年	1.1	1.1
25 年	1.05	1.05
50 年	1.0	1.0
100 年及以上	0.9	0.9

【技术要点说明】

木材分为针叶树材和阔叶树材两类。优质的针叶树材树干长直、纹理平顺、材质均匀、木材较软而易加工，一般干燥较易而少开裂和变形，耐磨性又较强，适于作结构用材。我国过去在建筑中常用的优质针叶树种有：红松、杉木、云杉、冷杉等。后在广泛研究基础上又扩大使用了一些蕴藏量相对较大，但有某些缺点的针叶树种，如云南松、落叶松和马尾松。但对我国来讲，解决我国森林资源不足的根本途径，在于扩大速生树种（速生杉木、速生马尾松等）的研究、培植和使用。在《木结构设计规范》GBJ 5—2003 的表 4.2.1-1 列出了可以选用的树种。

重要的木制连接件，要求变形很小且强度高，只有采用细密、直纹、无节和无其他缺陷的耐腐硬质阔叶材，才能满足安全要求。在表 4.2.1-2 中列出了可以选用的树种。

本规范采用的木材名称，除部分不便归类的木材仍采用原树种名称外，对同属而材性又相近的树种作了归类，并给予相应的木材名称，木材归类说明见本规范附录 G。

我国每年从国外进口相当数量的木材，其中大部分用于工程建设。考虑到今后一段时期，木材进口量还可能增加，故在本规范中增加了进口木材树种。考虑到这方面的用途，对材料的质量与耐久性的要求较高，而目前木材的进口渠道多，质量相差悬殊，若不加强技术管理，容易使工程遭受不应有的经济损失，甚至发生质量、安全事故。因此，有必要对进口木材选材及设计指标的确定，作出统一的规定，以确保工程的安全、质量与经济效益。

本规范和原规范一样只保留荷载分项系数，而将抗力分项系数隐含在强度设计值内。因此，本章所给出的木材强度设计值，应等于木材的强度标准值除以抗力分项系数。但因对不同树种的木材，尚需按规范所划分的强度等级，并参照长期工程实践经验，进行合理的归类，故实际给出的木材强度设计值是经过调整后的数值，与直接按上述方法算得的数值略有不同。现将新规范在木材分级及其设计指标的确定上所作的考虑扼要介绍如下：

一、木材的强度设计值

确定每一树种强度及弹性模量的设计值的原始数据是按国家标准《木材物理力学试验方法》(GB 1927—1943—91)试验确定的，由上述试验方法所取得的数据是清材小试件试验数据且含水率为 12%。我国主要树种的数据由中国林业科学研究院提出。迄今共提出了 283 个主要树种的木材物理性质统计参数，发表在“中国主要树种木材物理力学性质”一书。

由规范组在此基础上确认了 80 种建筑上常用的树种。根据木材性质和试验数据以及使用的经验，在广泛征求意见的基础上，归类为 24 个树种(组合)，列入设计规范。

对同一树种有多个产地试验数据的情况，有关统计参数采用加权平均值作为该树种的代表值。其权，按每个产地的木材蓄积量确定。

1. 清材小试件强度标准值 f_k 的确定

(1) 材料强度的概率分布函数，经假设检验（检验的显著性水平率 $\alpha=0.05$），确定为正态分布。

(2) 清材小试件强度的标准值 f_k 取概率分布的 0.05 分位值

$$f_k=m_f-1.645\sigma_f \tag{1}$$

2. 设计值 f_x 的确定

$$f=(K_p \cdot K_A \cdot K_Q \cdot f_k)/\gamma_R \tag{2}$$

式中　γ_R——抗力分项系数

顺纹受拉 $\gamma_R=1.95$　顺纹受弯 $\gamma_R=1.60$；

顺纹受压 $\gamma_R=1.45$　顺纹受剪 $\gamma_R=1.50$；

K_p——方程精确性影响系数；

K_A——尺寸误差影响系数；

K_Q——构件材料强度析减系数：

$$K_Q = K_{Q1} K_{Q2} K_{Q3} K_{Q4} \tag{3}$$

K_{Q1}——天然缺陷影响系数；

K_{Q2}——干燥缺陷影响系数；

K_{Q3}——长期受荷强度析减系数；

K_{Q4}——尺寸影响系数。

各参数值汇总于表 5-4。

参数汇总表 **表 5-4**

受力种类	压	拉	弯	剪
K_{Q1}	0.8	0.66	0.75	
K_{Q2}		0.9	0.85	0.82
K_{Q3}	0.72	0.72	0.72	0.72
K_{Q4}		0.75	0.89	0.90
K_A	0.96	0.96	0.94	0.96
K_P		1	1	0.97

3. 分级

(1) 本规范结构构件承载能力极限状态(对应安全等级二级的)可靠指标(目标可靠指标)。

拉、剪 $\beta_0 \geqslant 3.7$

压、弯 $\beta_0 \geqslant 3.2$

应使归入每一强度等级的树种木材，其各项受力性质的可靠指标 β 等于或接近于本规范采用的目标可靠指标 β_0。所指“接近”的含义是指该树种木材算得的可靠指标 β 后满足下列界限的要求。

$$\beta_0 - 0.25 \leqslant \beta \leqslant \beta_0 + 0.25$$

(2) 对自然缺陷较多的树种木材，如落叶松、云南松和马尾松等，不能单纯按其可靠性指标进行分级，需根据主要使用地区的意见进行调整，以使其设计指标的取值，与工程实践经验相一致。

另外，有关本条的规定还需说明以下 3 点：

1. 由于本规范已考虑了干燥缺陷对木材强度的影响，因而表 4.2.1-3 所给出的设计指标，除横纹承压强度设计值和弹性模量须按木构件制作时的含水率予以区别对待外，其他各项指标对气干材和湿材同样适用，而不必另乘其他折减系数。但应指出的是，本规范做出这一规定还有一个基本假设，即湿材制作的构件能在结构未受到全部设计荷载作用之前就已达到气干状态。对于这一假设，只要设计能满足结构的通风要求，是不难实现的。

2. 对于使用落叶松湿材，本条增加：“其抗弯和顺纹抗压强度设计值宜降低 10%”一款，是根据各地使用经验不一致而作出的补充规定。为此，在用词上也作了相应的考虑，以表示不强求统一的意思。

3. 对于截面短边尺寸 $b \geqslant 150$mm 方木的受弯以及直接使用原木的受弯和顺纹受压，曾根据有关地区的实践经验和当时的设计指标取值的基准，作出了其容许应力可提高 15%的规定。前次修订规范，对强度设计值的取值，改以目标可靠指标为依据，其基准也作了相应的变动。根据重新核算结果。$b \geqslant 150$mm 的方木以提高 10%较恰当。

二、木材的弹性模量

通过调查研究，总结了下列几点：

1. 178 种国产木材的试验数据表明，木材的弹性模量 E 值不仅与树种有关，而且差异之大不容忽视，以东北落叶松与杨木为例，前者高达 12800N/mm^2，而后者仅为 7500 N/mm^2。

2. 英、美、澳、北欧等国的设计规范，对于木材的 E 值一向按不同树种分别给出。

3. 我国南方地区从长期使用原木檩条的观察中发现，其实际挠度比方木和半圆木为小。原建筑工程部建筑科学研究院的试验数据和湖南省建筑设计院的实测结果证实了这一观察结果。分析认为是由于原木的纤维基本完整，在相同的受力条件下，其变形较小的缘故。

4. 原建筑工程部建筑科学研究院对 10 根木梁在荷载作用下，随其木材含水率由饱和降至气干状态所作的挠度实测表明，湿材构件因其初始含水率高、弹性模量低而增大的变形部分，在木材干燥后不能得到恢复。因此，在确定使用湿材作构件的弹性模量时，应考虑含水率的影响，才能保证木构件在使用中的正常工作，这一结论已为四川、云南、新疆等地的调查数据所证实。

据此，对弹性模量的取值原则作了下列规定：

1. 区别树种确定其设计值；

2. 原木的弹性模量允许比方木提高 15%；

3. 考虑到湿材的变形较大，其弹性模量宜比正常取值降低 10%。

【实施与检查控制】

1. 设计人员应首先了解可供该项工程使用的树种名称和树种资源状况，选择适用于承重构件的树种，并在本规范附录 G 中查找其归类。用归类后的木材名称，即本规范采用的木材名称进行设计。施工监督机构，应检查进场的木材树种是否与设计规定的树种相符。

2. 木材强度及弹性模量的设计指标，不仅与树种有关，还与使用条件和使用年限有关。设计时应针对不同使用条件和不同使用年限，对设计值乘以不同的调整系数。

4.2.9　受压构件的长细比，不应超过表 4.2.9 规定的长细比限值。

受压构件长细比限值　　表 4.2.9

项　次	构　件　类　别	长细比限值[λ]
1	结构的主要构件(包括桁架的弦杆、支座处的竖杆或斜杆以及承重柱等)	120
2	一般构件	150
3	支撑	200

【技术要点说明】

受压构件容许长细比的规定，主要是从构造上采取控制措施，以避免单纯依靠计算，可能在极端的情况下,其取值与工程实践经验有偏离,致使造成刚度不足之隐患。本规范规定的长细比限值,是根据方木和原木构件的工作特性及其固有缺陷确定的。因此,仅适用于这类传统结构,而不适用于欧美型式的板结构,至于本规范推荐使用的规格材,由于其受压构件的设计计算,已通过规格化作了专门的考虑,故不要求这种构件执行本条规定。

【实施与检查的控制】

1. 受压构件的长细比与构造有关。例如屋架上弦。如果檩条未与上弦锚固,上弦的侧向稳定,其长细比应用整个上弦的长度进行计算。而如果每个节点处的檩条均与上弦锚固。其长细比仅用二个节点之间的长度计算,其长细比将会大大缩小。大跨度木结构,由于主要受力构件长细比处理不当,曾经发生过事故。因此,特别强调下列部位的檩条应与桁架锚固:

(1) 支撑的节点处;

(2) 为保证桁架侧向稳定所需的支承点处;

(3) 屋架的脊节点处。

檩条的锚固可根据房屋跨度、支撑方式及使用条件选用螺栓、卡板、暗销或其他可靠方法。

2. 支撑构件长细比往往容易被设计人员忽视,尤其剪刀撑的撑杆,设计的随意性很大。有的事故就是因为支撑构件长细比过大,在自重下已明显下垂,无法起到支撑的作用而造成。

5.2 构 造 要 求

《木结构设计规范》GB 50005—2003

7.1.5 杆系结构中的木构件,当有对称削弱时,其净截面面积不应小于构件毛截面面积的50%;当有不对称削弱时,其净截面面积不应小于构件毛截面面积的60%。

在受弯构件的受拉边,不得打孔或开设缺口。

【技术要点说明】

木材的特点之一是可加工性好,可加工各种连接形式。为便于连接,经常用开设缺口和打孔的方法。

根据规范编制组所做的大量试验表明,当构件截面所开的缺口过大时,净截面的应力集中十分显著,而当缺口不对称时,净截面的受力还更加不均匀,其结果导致承载力有较大下降。因此,对构件刻槽开口的尺寸作了限制,以避免构件发生过早的不正常破坏。

【实施与检查的控制】

按本规范规定的削弱面积进行设计,如果仍然无法满足连接的计算,只有改变连接的形式,而不能突破本条对削弱面积的控制。检查时,若发现削弱的面积有超过控制值的情况发生,不能以没有发生破坏为由,不予整改。因为木结构随着使用时间的增长,疵病的影响将会逐渐增强,这些开口处极易劈裂,再加上应力高度集中,极易造成连接的破坏。

7.2.4 抗震设防烈度为8度和9度地区屋面木基层抗震设计,应符合下列规定:

1 采用斜放檩条并设置密铺屋面板,檐口瓦应与挂瓦条扎牢;

2 檩条必须与屋架连牢,双脊檩应相互拉结,上弦节点处的檩条应与屋架上弦用螺栓

连接；

3　支承在山墙上的檩条，其搁置长度不应小于120mm，节点处檩条应与山墙卧梁用螺栓锚固。

7.5.1　应采取有效措施保证结构在施工和使用期间的空间稳定，防止桁架侧倾，保证受压弦杆的侧向稳定，承担和传递纵向水平力。

7.5.10　地震区的木结构房屋的屋架与柱连接处应设置斜撑，当斜撑采用木夹板时，与木柱及屋架上、下弦应采用螺栓连接；木柱柱顶应设暗榫插入屋架下弦并用U形扁钢连接(图7.5.10)。

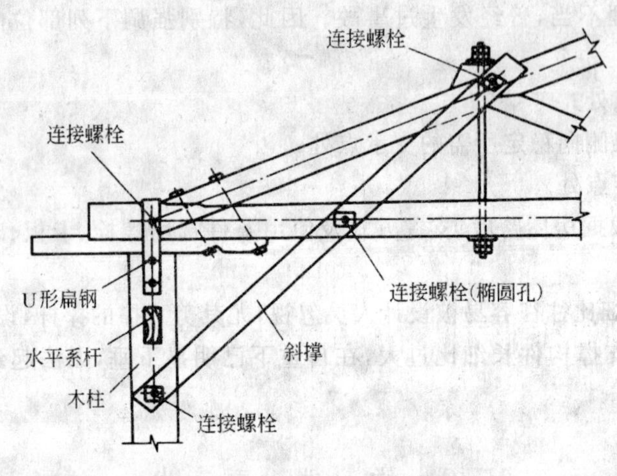

图7.5.10　木构架端部斜撑连接

【技术要点说明】

规范对保证木屋盖空间稳定所作的规定，是在总结工程实践、试验实测结果以及综合分析各方面意见的基础上制订的。从试验研究和理论分析结果来看，这些规定比较符合实际情况。

1. 关于屋面刚度的作用

(1) 实践和试验证明，不同构造方式的屋面有不同的刚度。普通单层密铺屋板有相当大的刚度，即使是楞摊瓦屋面也有一定的刚度。例如，原规范编制组曾对一楞摊瓦屋面房屋进行了刚度试验。该房屋采用跨度为15m的原木屋架，下弦标高4m，屋架间距3.9mm，240mm山墙(三根490mm×490mm壁柱)，稀铺屋面板(空隙约60%)。当卸去垂直支撑后(无其他支撑)，在房屋端部屋架节点的檩条上加纵向水平荷载。当每个节点水平荷载达2.8kN时，屋架节点的瞬时水平变位为：端起第1榀屋架为6.5mm；第6榀为4.9mm；第12榀为4.4mm。这说明楞摊瓦屋面也有一定的刚度，并且能将屋面的纵向水平力传递相当远的距离。

由于屋面刚度对保证上弦出平面稳定、传递屋面的纵向水平力都起相当大的作用，因此，在8度、9度区应采用刚度最大的密铺屋面板。

(2) 檩条与屋架上弦的连接，各地做法不同，多数地区采用钉连接。有的地区当屋架跨度较大时，则将节点檩条用螺栓锚固。

檩条锚固方法，除考虑是否需要承受风吸力外，还应考虑屋盖所采用的支撑形式。当采用垂直支撑时，由于每榀屋架均与支撑有联系，檩条的锚固一般采用钉连接即能满足要求；

当有振动影响或在较大跨度房屋中采用上弦横向支撑时，支撑节点处的檩条应采用螺栓、暗销或卡板等锚固；在8度和9度区，必须采用螺栓连接；以加强屋面的整体性。

2. 关于支撑的作用

支撑是保证平面结构空间稳定的一项措施，各种支撑的作用和效果因支撑的形式、构造和外力特点而异。根据试验实测和工程实践经验表明：

(1) 垂直支撑能有效地防止屋架的侧倾，并有助于保持屋盖的整体性，因而也有助于保证屋盖刚度可靠地发挥作用，而不致遭到不应有的削弱。

(2) 上弦横向支撑在参与支撑工作的檩条与屋架有可靠锚固的条件下，能起着空间桁架的作用。

(3) 下弦横向支撑对承受下弦平面的纵向水平力比较直接有效。

综上所述，说明任何一种支撑系统都不是保证屋盖空间稳定的惟一措施，但在"各得其所"的条件下，又都是重要而有效的措施。因此，在工程实践中，应从房屋的具体构造情况出发，考虑各种支撑的受力特点，合理地加以选用。而在复杂的情况下，还应把不同支撑系统配合起来使用，使之共同发挥各自应有的作用。

例如，在一般房屋中，屋盖的纵向水平力主要是房屋两端的风力和屋架上弦出平面而产生的水平力。根据试验实测，后一种水平力，其数值不大，而且力的方向又不是一致的。因此在风力不大的情况下，需要支撑承担的纵向水平力亦不大，采用上弦横向支撑或垂直支撑均能达到保证屋盖空间稳定的要求，但若为圆钢下弦的钢木屋架，则以选用上弦横向支撑，较容易解决构造问题。

若房屋跨度较大，或有较大的风力和振动影响时，则以选用上弦横向支撑和垂直支撑共同工作为好。对"跨度较大"的理解，有的认为指跨度大于或等于15m的房屋，有的认为若屋面荷载很大，跨度为12m的房屋就应算"跨度较大"。在执行中各地可根据本地区经验确定。

3. 第7.5.10条是强调加强房屋的整体性的构造措施。

【实施与检查的控制】

1. 大量调查表明，普通木结构在施工和使用过程中，极易出现桁架侧倾和上弦杆失稳事故，因此强调在设计时要保证结构在施工和使用期间空间稳定。设计时应注意7.5.1条强调的内容，只有通过系统执行7.5节的规定，才能有保证地得以实现。与此同时，还应遵守其他构造规定，如长细比、锚固等，均不可疏漏。

2. 震区调查表面在8度9度的广大农村和林区，采用普通木结构的震害较其他结构轻，如果在屋面木基层和房屋整体性的构造上能按本规范规定予以加强，将会收到更佳的效果。

7.6.3 当桁架跨度不小于9m时，桁架支座应采用螺栓与墙、柱锚固。当采用木柱时，木柱柱脚与基础应采用螺栓锚固。

【技术要点说明】

就一般情况而言，木桁架支座均应用螺栓与墙、柱锚固，但在调查中发现有若干地区，仅在桁架跨度较大的情况下，才加以锚固，故本规范规定为9m及其以上的桁架必须锚固，至于9m以下的桁架是否需要用螺栓锚固，则由各地根据经验处理。

【实施与检查的控制】

锚固的方法很多，实施和检查时一定要强调必须用螺栓锚固。特别是木柱，不论跨度大小均应用螺栓将其柱脚与基础锚固。

8.1.2　层板胶合木构件应采用经应力分级标定的木板制作。各层木板的木纹应与构件长度方向一致。

【技术要点说明】

本条对胶合木构件的制作要求做了规定。制作胶合木构件所用的木板应打印有应力等级的标记，并应按本规范表3.1.8的标准根据构件不同的受力要求和用途选材。为了防止错用横纹的木板，故要求各层木板的木纹应与构件长度方向一致。

【实施与检查的控制】

检查时特别注意：制作胶合木构件所用的木板应有应力分级的打印标记，标记的内容至少有：树种名称、强度等级和确定等级的机构名称。还应注意确定等级的机构的资格，是否已经过有关主管部门认证认可。

8.2.2　设计受弯、拉弯或压弯胶合木构件时，本规范表4.2.1-3的抗弯强度设计值应乘以表8.2.2的修正系数，工字形和T形截面的胶合木构件，其抗弯强度设计值除按表8.2.2乘以修正系数外，尚应乘以截面形状修正系数0.9。

胶合木构件抗弯强度设计值修正系数　　　　**表8.2.2**

宽度(mm)	截面高度 h(mm)						
	<150	150～500	600	700	800	1000	≥1200
$b<150$	1.0	1.0	0.95	0.90	0.85	0.80	0.75
$b\geq150$	1.0	1.15	1.05	1.0	0.90	0.85	0.80

【技术要点说明】

本表的修正系数，是参照原苏联建筑法规 СНиП Ⅱ-В.4 的取值确定的，但在纳入我国规范前，曾由规范编制组组织有关单位进行过验证性试验。其结果表明，采用表列系数进行修正，较符合我国材质状况。

截面修正系数取0.9，是根据本规范构造要求确定的，即腹板厚度不应小于80mm，且不应小于翼边缘板宽度的一半，若不符合这一规定，不仅该修正系数不能引用此值，而且将由于腹板过薄而造成胶合构件受力不安全。

【实施与检查的控制】

表8.2.2不仅是针对截面大小而言，并且是以矩形截面为准。故当截面形状不同时，尚应乘以截面形状的修正系数。

5.3　防腐、防虫和防火

《木结构设计规范》GB 50005—2003

10.2.1　木结构建筑构件的燃烧性能和耐火极限不应低于表10.2.1的规定。

木结构建筑中构件的燃烧性能和耐火极限　　表 10.2.1

构件名称	耐火极限(h)
防火墙	不燃烧体 3.00
承重墙、分户墙、楼梯和电梯井墙体	难燃烧体 1.00
非承重外墙、疏散走道两侧的隔墙	难燃烧体 1.00
分室隔墙	难燃烧体 0.50
多层承重柱	难燃烧体 1.00
单层承重柱	难燃烧体 1.00
梁	难燃烧体 1.00
楼盖	难燃烧体 1.00
屋顶承重构件	难燃烧体 1.00
疏散楼梯	难燃烧体 0.50
室内吊顶	难燃烧体 0.25

注：1　屋顶表层应采用不可燃材料；

2　当同一座木结构建筑由不同高度组成，较低部分的屋顶承重构件必须是难燃烧体，耐火极限不应小于 1.00h。

【技术要点说明】

木材是可燃材料，但是如果通过加大构件截面尺寸，利用木材燃烧时产生的炭化效应，或者当构件截面较小时，通过在木构件外包覆防火材料，可达到规定的构件燃烧性能和耐火极限的要求。本条是对木结构采用外包覆防火材料时的规定。

在制定构件的燃烧性能和耐火极限时，编审单位一致认为：当采用现在表 10.2.1 中的规定，同时满足其他有关面积、层数和防火间距等要求时，木结构的防火设计是合理和安全的。针对表 10.2.1 的规定，本规范在附录 R 中给出了相应构件的燃烧性能和耐火极限。

木结构建筑火灾发生之后的明显特点之一是容易产生飞火，古今实例颇多，仅以我国 2002 年海南木结构别墅群火灾为例，燃烧过程中不断有燃烧着的木块飞向四周，引起草地起火，连续烧毁 40 多栋。为此，专门提出屋顶表层需采用不燃材料。

为了与我国现有的《建筑设计防火规范》中的有关规定相协调，本条规定的木结构建筑构件的燃烧性能和耐火极限的要求，介于《建筑设计防火规范》中规定的建筑物耐火极限的三级和四级之间。

表 10.2.1 中表注 2 是指当一座木结构建筑有不同的高度的时候，考虑到较低的部分发生火灾时，火焰会向紧贴较高部分的外墙蔓延，尤其当外墙上有无防火保护的门窗洞口，所以要求此时较低部分的屋面盖的耐火等级不得低于 1.00h。

【实施与检查的控制】

木材是适用于居住建筑的最佳材料，但又是可燃材料。因此，为保证房屋的安全，必须对其防火设计是否符合规范的要求进行检查。首先应严格检查的就是该木结构建筑构件的燃烧性能和耐火极限是否符合《建筑材料难燃烧性试验方法》GB 8625 的规定。

10.3.1　木结构建筑不应超过三层。不同层数建筑最大允许长度和防火分区面积不应超过表 10.3.1 的规定。

木结构建筑的层数、长度和面积　　表 10.3.1

层　数	最大允许长度(m)	每层最大允许面积(m^2)
单　层	100	1200
两　层	80	900
三　层	60	600

注：安装有自动喷水灭火系统的木结构建筑，每层楼最大允许长度、面积应允许在表 10.3.1 的基础上扩大一倍，局部设置时，应按局部面积计算。

10.4.1　木结构建筑之间、木结构建筑与其他耐火等级的建筑之间的防火间距不应小于表 10.4.1 的规定。

木结构建筑的防火间距(m)　　表 10.4.1

建筑种类	一、二级建筑	三级建筑	木结构建筑	四级建筑
木结构建筑	8.00	9.00	10.00	11.00

注：防火间距应按相邻建筑外墙的最近距离计算，当外墙有突出的可燃构件时，应从突出部分的外缘算起。

【技术要点说明】

1. 尽管本章中没有对木结构建筑划分耐火等级，但根据表中规定的构件的燃烧性能和耐火极限，结合《建筑设计防火规范》中对燃烧性能和耐火的规定，可以发现，满足表 10.2.1 规定的木结构建筑物的耐火极限介于三级和四级之间。《建筑设计防火规范》规定，四级耐火等级的建筑只允许建两层，其针对的主要对象是我国传统的木结构建筑。现在，在重新修订编制的《木结构设计规范》有关防火条文的保证下，构件耐火性能优于四级的木结构建筑建三层是安全的。

2. 表中的具体面积与层数的关系，是在借鉴国外的规范数据基础上，并对我国《建筑设计防火规范》中的有关条文进行分析比较后作出的相应规定。

3. 木结构之间以及木结构与其他结构耐火等级的建筑之间的防火间距，是根据木结构的耐火等级，并考虑与《建筑设计防火规范》中表 5.2.1"民用建筑的防火间距"的规定互相协调，在经济、合理和安全的前提下，根据我国的具体情况规定的。

【实施与检查的控制】

以往的传统承重木结构用于居住建筑时，防火能力是极差的，除了少数防火墙外，基本没有其他防火能力，因此极易火烧连营。本规范对木结构建筑则有很多的防火规定，其构件的耐火性能远优于传统木结构。国外三层、四层木结构建筑很多，因为我国初次使用，经验不足，故规定不应超过三层，且防火间距亦比美国、加拿大规范要求更为严格。所有设计人员均应严格执行此规定。

10.4.2　两座木结构建筑之间、木结构建筑与其他结构建筑之间的外墙均无任何门窗洞口时，其防火间距不应小于 4.00m。

10.4.3　两座木结构之间、木结构建筑与其他耐火等级的建筑之间，外墙的门窗洞口面积之和不超过该外墙面积的 10%时，其防火间距不应小于表 10.4.3 的规定。

外墙开口率小于10%时的防火间距(m) 表10.4.3

建筑种类	一、二、三级建筑	木结构建筑	四级建筑
木结构建筑	5.00	6.00	7.00

【技术要点说明】

第10.4.2条，第10.4.3条这两条规定参考了2000年美国的《国际建筑规范》(IBC)以及1995年《加拿大国家建筑规范》中的有关要求，并综合考虑消防车道宽度的要求。

火灾试验证明，发生火灾的建筑对相邻建筑的影响与该火灾建筑物外墙的耐火极限和外墙上的门窗开孔率有直接关系。目前在我国，根据对木结构层数以及面积的限定条件，目前的木结构建筑主要限定在居住建筑和小型公共建筑中，所以比较美国规范中的有关规定，现规范对于防火间距的要求是合理安全的。

2000年美国的《国际建筑规范》(IBC)中规定了有防火保护的木结构建筑外墙的耐火极限，建筑物类型以及和防火间距之间的关系如表5-5所示：

表5-5

防火间距(m)	耐火极限(h)		
	火灾危险性高的建筑(H类)	火灾危险性中等的厂房(F-1类)，商业类建筑(M类主要包括商店，超市等)和火灾危险性中等的仓库(S-1)	其他类型建筑，包括火灾危险性低的厂房，仓库，居住和其他商业建筑
0～3	3	2	1
3～6	2	1	1
6～12	1	1	1
>12	1	0	0

另外，根据外墙上门窗开孔率的大小IBC给出了开孔率大小和防火间距之间的关系。如表5-6所示：

表5-6

开孔分类	防火间距 a(m)							
	$0<a\leqslant 2$	$2<a\leqslant 3$	$3<a\leqslant 6$	$6<a\leqslant 9$	$9<a\leqslant 12$	$12<a\leqslant 15$	$15<a\leqslant 18$	$a\leqslant 18$
无防火保护	不允许开孔	不允许开孔	10%	15%	25%	45%	70%	不限制
有防火保护	不允许开孔	15%	25%	45%	75%	不限制	不限制	不限制

如果相邻建筑的外墙无洞口，并且外墙能满足1h的耐火极限，防火间距可减少至4m。

考虑到有些建筑防火间距不足，完全不开门窗比较困难，允许每一面外墙开孔率不超过10%时，其防火间距可减少至6.0m，但要求外墙的耐火极限不小于1h，同时每面外墙的围护材料必须是难燃材料。

【实施与检查的控制】

本条仅给出防火间距为4m时，木结构建筑与相邻建筑的外墙应无窗口；防火间距为6m时，木结构建筑与相邻建筑的外墙，其门窗洞口面积应不超过外墙面积10%的规定。

11.0.1 木结构中的下列部位应采取防潮和通风措施：

1 在桁架和大梁的支座下应设置防潮层；

2 在木柱下应设置柱墩，严禁将木柱直接埋入土中；

3 桁架、大梁的支座节点或其他承重木构件不得封闭在墙、保温层或通风不良的环境中（图 11.0.1-1 和图 11.0.1-2）；

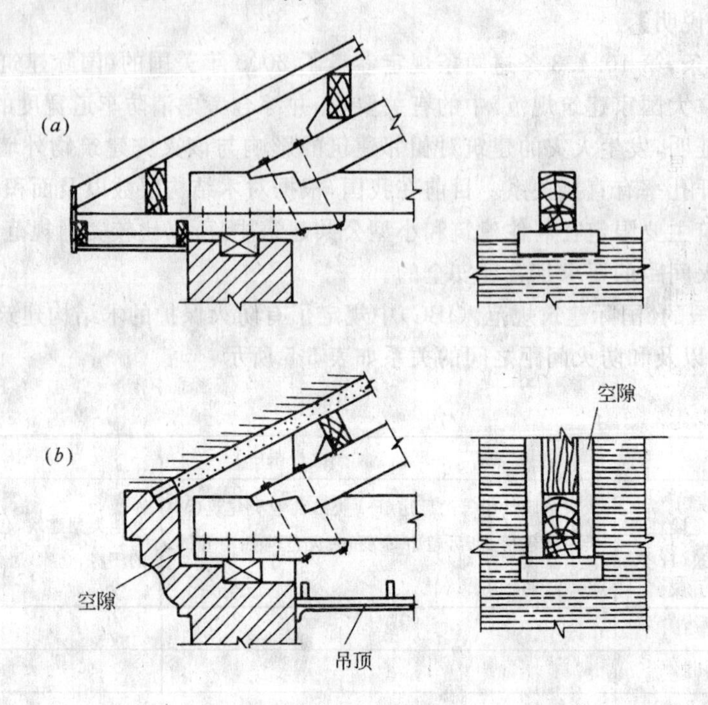

图 11.0.1-1 外排水屋盖支座节点通风构造示意

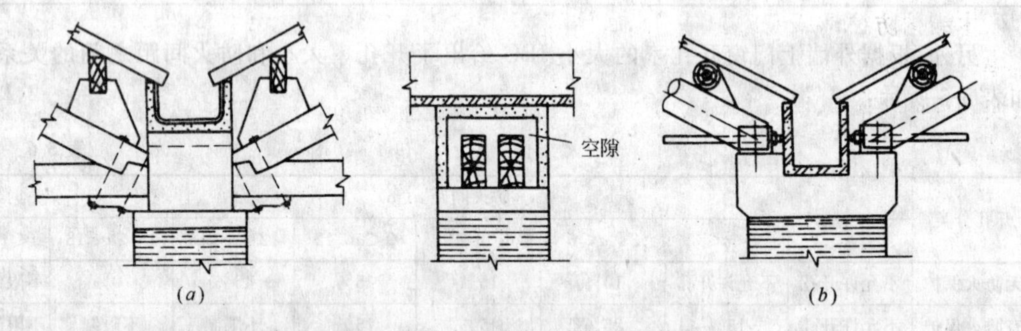

图 11.0.1-2 内排水屋盖支座节点通风构造示意

4 处于房屋隐蔽部分的木结构，应设通风孔洞；

5 露天结构在构造上应避免任何部分有积水的可能，并应在构件之间留有空隙（连接部位除外）；

6 当室内外温差很大时，房屋的围护结构（包括保温吊顶），应采取有效的保温和隔气措施。

11.0.3 下列情况，除从结构上采取通风防潮措施外，尚应进行药剂处理。

1 露天结构；

2 内排水桁架的支座节点处；

3 檩条、搁栅、柱等木构件直接与砌体、混凝土接触部位；

4 白蚁容易繁殖的潮湿环境中使用的木构件；

5 承重结构中使用马尾松、云南松、湿地松、桦木以及新利用树种中易腐朽或易遭虫害的木材。

【技术要点说明】

调查情况表明，木结构的破坏多数是由于腐朽和虫蛀引起的，因此，木结构工程的防腐、防虫，是一个十分重要的课题，应当引起人们的高度重视。

木材的腐朽是由于木腐菌的破坏所致。一般木腐菌生存的一个重要条件是木材含水率大于20%。各地调查说明，凡是将结构封闭起来或者经常受潮的木结构（例如长期的生产性受潮或经常的雨水受潮等），都很容易发生腐朽，有的甚至发生倒塌事故。木结构若处于干燥的环境中，木材含水率小于20%，则不致发生腐朽。因此，防止木结构腐朽，首先应采取构造措施。

木结构构造上的防腐措施主要是通风和防潮，根据工程实践经验和11.0.1条作出了有关构造措施的规定，并提供了图11.0.1-1和图11.0.1-2的木屋盖支座节点通风的构造示意图供参考使用。

只有在采取了构造措施后还有可能遭受腐朽的结构和部位，才需要使用防腐剂进行处理。第11.0.3条提出了除从构造上采取通风防潮措施外，尚应采用药剂处理的各种情况，常用的药剂配方及处理方法，按现行《木结构施工质量验收规范》GB 50206—2002规定执行。

这里应指出的是，通过构造上的通风、防潮，使木结构经常保护干燥，在很多情况下对虫害能起到一定的抑制作用，但还是应与药剂配合使用，才得以取得更好的防虫效果。

【实施与检查的控制】

木结构防护是一项重要的工作，木材是一种极易受到腐朽、虫蛀的材料，它引起的破坏概率远大于结构承重的破坏概率。设计人员往往忽视防护的构造，而偏重于药物，这种理念被实践证明是有误的，但构造防护亦不能代替必要的药物防护，药物防护是重要的和不可忽视的。

6 围 护 结 构

6.1 玻璃幕墙结构

《玻璃幕墙工程技术规范》JGJ 102—2003

3.1.4 隐框和半隐框玻璃幕墙，其玻璃与铝型材的粘结必须采用中性硅酮结构密封胶；全玻幕墙和点支承幕墙采用镀膜玻璃时，不应采用酸性硅酮结构密封胶粘结。

3.1.5 硅酮结构密封胶和硅酮建筑密封胶必须在有效期内使用。

3.6.2 硅酮结构密封胶使用前，应经国家认可的检测机构进行与其相接触材料的相容性和剥离黏结性试验，并应对邵氏硬度、标准状态拉伸黏结性能进行复验。检验不合格的产品不得使用。进口硅酮结构密封胶应具有商检报告。

5.6.2 硅酮结构密封胶应根据不同的受力情况进行承载力极限状态验算。在风荷载、水平地震作用下，硅酮结构密封胶的拉应力或剪应力设计值不应大于其强度设计值 f_1，f_1 应取 0.2N/mm²；在永久荷载作用下，硅酮结构密封胶的拉应力或剪应力设计值不应大于其强度设计值 f_2，f_2 应取 0.01N/mm²。

7.4.1 采用胶缝传力的全玻幕墙，其胶缝必须采用硅酮结构密封胶。

9.1.4 除全玻幕墙外，不应在现场打注硅酮结构密封胶。

【技术要点说明】

密封胶是玻璃幕墙工程中应用最多的黏结密封材料，一般包括建筑密封胶、结构密封胶、防火密封胶(剂)等。硅酮密封胶的主要成分为聚硅氧烷，由于紫外线不易破坏其硅氧键，因而硅酮密封胶具有良好的抗紫外线性能，是目前普遍使用的、高性能的粘结密封材料。为了保证幕墙的水密性、气密性、结构安全性和合理的使用年限，对密封胶的性能、使用部位、使用方法等，必须有严格的要求。

由于我国幕墙工程量的不断增大和硅酮结构密封胶在幕墙工程中重要性，在 20 世纪 90 年代，我国先后制订了硅酮密封胶的产品标准和检验标准；同时，原国家经贸委等六部委专门发文，对硅酮结构密封胶的进口、生产、销售、工程应用等环节作了相应的行政规定，并成立了硅酮结构密封胶工作领导小组。通过这些技术法规和行政法规的贯彻执行，使我国幕墙工程中硅酮结构密封胶的应用，逐步走上了规范化管理的轨道。

1. 规范第 3.1.4 条和第 7.4.1 条指明了幕墙中必须使用硅酮结构密封胶的部位：隐框和半隐框幕墙的玻璃与铝合金框之间，全玻幕墙的面板与玻璃肋之间。此外，当幕墙面板为中空玻璃时，两层玻璃之间受力的二道密封也应采用硅酮结构密封胶粘结(如隐框、半隐框幕墙以及点支承幕墙的中空玻璃等)。结构胶缝是幕墙结构的重要组成部分，在荷载或地震作用下，其面板承受的荷载和地震作用要通过胶缝传递到金属框架或玻璃肋上去，胶缝会产生较大的拉、压应力或剪应力,胶缝的破坏将导致玻璃的破坏或脱落。因此,这些部位都应采用硅酮结构密封胶粘结。硅酮结构密封胶的粘结方法、胶缝宽度和厚度应符合本规范的有关规定。

玻璃幕墙的骨架主要是铝合金型材,当它与酸性硅酮结构密封胶接触时,会使结构胶与铝合金表面发生粘结破坏;镀膜玻璃表面的镀膜层含有金属化合物,会与酸性硅酮结构密封胶发生反应,造成粘结性能下降或破坏。因此,框支承幕墙工程中隐框玻璃的粘结必须使用中性硅酮结构密封胶。

全玻幕墙、点支承玻璃幕墙采用非镀膜玻璃时,可采用酸性硅酮结构密封胶。

2. 规范第 3.1.5 条强调密封胶必须在有效期内使用。硅酮结构密封胶是隐框、半隐框幕墙以及玻璃肋支承的全玻幕墙的主要受力材料,如使用过期产品,会因结构胶性能下降导致粘结强度等性能降低,产生很大的安全隐患。硅酮建筑密封胶是幕墙系统密封性能的有效保证,过期产品的耐候性能和伸缩性能下降,表面易产生裂纹,影响密封性能。因此,硅酮结构密封胶和硅酮建筑密封胶必须在有效期内使用。

3. 规范第 3.6.2 条强调硅酮结构密封胶必须经过法定机构检验合格,方可在幕墙工程中使用。硅酮结构密封胶在使用前,应进行与玻璃、金属框架、间隔条、密封垫、定位块和其他密封胶的相容性试验,相容性试验合格后才能使用。如果结构胶与其他相接触的材料不相容,将会导致结构胶的粘结强度和其他粘结性能的下降或丧失,留下很大的安全隐患。

如果玻璃幕墙中使用的硅酮结构胶和与之接触的建筑密封胶(耐候胶)生产工艺不同,相互接触后,有可能产生不相容,这将导致结构胶粘结性及粘结强度下降,也会导致耐候胶位移能力下降,使密封胶出现内聚或粘结破坏,影响密封效果。一般情况下,同一厂家(牌号)的密封胶的相容性较好,因此使用硅酮结构胶和耐候胶时,可优先选用同一厂家的产品。当然,无论是否为同一牌号的密封胶,最终都应以法定检验结果为准。

为了保证结构胶的性能符合标准要求,防止假冒伪劣产品进入工地,还应对结构胶的部分性能进行复验。复验在材料进场后就应进行,并且应由具有相应资质的检测机构完成。复验合格的产品方可在幕墙工程中使用。

4. 规范第 5.6.2 条规定了硅酮结构密封胶的强度设计值和承载力计算要求。硅酮结构密封胶缝应进行受拉和受剪承载能力极限状态验算,习惯上采用应力表达式。计算应力设计值时,应根据受力状态,考虑作用效应的基本组合。具体的计算方法应符合本规范第 5.6.3～5.6.5 条的规定。

现行国家标准《建筑用硅酮结构密封胶》GB 16776 中,规定了硅酮结构密封胶的拉伸强度值不低于 0.6N/m^2。在风荷载或地震等可变作用下,硅酮结构密封胶的总安全系数取不小于 4,套用概率极限状态设计方法,风荷载分项系数取 1.4,地震作用分项系数取 1.3,则其强度设计值 f_1 约为 0.21～0.195N/m^2,本规范取为 0.2N/m^2,此时材料分项系数约为 3.0。在永久荷载(重力荷载)作用下,硅酮结构密封胶处于长期受力状态,应具有更高的安全度,所以其强度设计值 f_2 取为风荷载作用下强度设计值的 1/20,即 0.01N/m^2。

5. 规范第 9.1.4 条对硅酮结构密封胶的施工环境进行规定。为了保证硅酮结构密封胶缝的施工质量,规定应在洁净、通风、温湿度适宜的室内进行注胶。因全玻璃幕墙玻璃板块较大,多数情况下只能在现场完成装配,因此,当玻璃与玻璃之间采用硅酮结构胶粘结固定时,允许在现场注胶,但现场应保持通风无尘,且注胶前要特别注意清洁注胶面,并避免清洁后、打胶前的二次污染;现场还应采取防风措施,避免在结构胶固化过程中受到玻璃板块变形的影响。

【实施与检查的控制】

设计单位应在设计图纸中注明采用硅酮结构密封胶的部位、胶的种类,并在计算书中列示结构胶的计算过程;施工图审查时,应检查结构胶使用部位、胶种、结构计算是否正确;施工管理和监督部门,应对硅酮结构密封胶的性能检测报告或商检报告、结构胶施工方法等进行检查复核,并对硅酮结构密封胶和硅酮建筑密封胶的使用有效期进行核实,确认各项要求符合规范规定。

4.4.4　人员流动密度大、青少年或幼儿活动的公共场所以及使用中容易受到撞击的部位,其玻璃幕墙应采用安全玻璃;对使用中容易受到撞击的部位,尚应设置明显的警示标志。

【技术要点说明】

人员流动密度大、青少年或幼儿活动的公共场所的玻璃幕墙工程,容易遭到挤压或撞击,且破坏后果严重;其他建筑中,正常活动可能撞击到的幕墙部位亦容易造成玻璃破坏和可能的严重后果。为保证人员安全,这些情况下的玻璃幕墙应采用安全玻璃。对使用中容易受到撞击的玻璃幕墙,还应设置明显的警示标志,以免因误撞造成危害。

幕墙工程中使用的安全玻璃,一般指钢化玻璃和夹层玻璃(也称夹胶玻璃),半钢化玻璃不属于安全玻璃。对大尺寸幕墙玻璃,有时会因为生产、加工设备能力的限制,无法采用安全玻璃,此时,应具有充分的依据,确保工程安全。

【实施与检查的控制】

设计部门应根据规范要求,与业主确定必须采用安全玻璃的部位;质量监督部门应检查这些部位以及所使用的玻璃是否为安全玻璃,是否按规定设置警示标志。

5.1.6　幕墙结构构件应按下列规定验算承载力和挠度:

1　无地震作用效应组合时,承载力应符合下式要求:

$$\gamma_0 S \leqslant R \tag{5.1.6-1}$$

2　有地震作用效应组合时,承载力应符合下式要求:

$$S_E \leqslant R/\gamma_{RE} \tag{5.1.6-2}$$

式中　S——荷载效应按基本组合的设计值;

S_E——地震作用效应和其他荷载效应按基本组合的设计值;

R——构件抗力设计值;

γ_0——结构构件重要性系数,应取不小于1.0;

γ_{RE}——结构构件承载力抗震调整系数,应取1.0。

3　挠度应符合下式要求:

$$d_f \leqslant d_{f,lim} \tag{5.1.6-3}$$

式中　d_f——构件在风荷载标准值或永久荷载标准值作用下产生的挠度值;

$d_{f,lim}$——构件挠度限值。

4　双向受弯的杆件,两个方向的挠度应分别符合本条第3款的规定。

【技术要点说明】

玻璃幕墙是建筑的外围护结构,是建筑的一部分,既是工程结构,也是一种建筑产品(我国有专门的建筑幕墙产品标准)。构成玻璃幕墙的材料很多,主要有钢材、铝材、玻璃、建筑密封胶、结构胶、橡胶制品、保温隔热材料和防火材料等，需要进行结构设计的包括钢材、铝材、玻璃、结构胶等。普通钢材(如钢型材、钢板、钢筋、普通钢绞线等)已有比较充分的研究成果；而不锈钢型材和板材、不锈钢绞线等，目前尚没有成熟的、基于概率理论的力学性能研究成果。对于铝材、玻璃、结构胶等，基于概率理论的力学性能研究成果更少。目前，幕墙设计一般由幕墙厂商完成，长期以来沿用机械和航空行业采用的容许应力设计方法。因此，在幕墙结构设计中，采用完全意义上的概率极限状态设计方法，目前还有一定难度。本规范结构设计方面的规定，是在过去普遍采用的容许应力设计方法的基础上，将不同材料构件的安全系数按照我国现行的、结构设计方面的国家标准套改的，以求表达形式上与概率极限状态设计方法相近。

1. 玻璃幕墙承受永久荷载(自重荷载)、风荷载、地震作用和温度作用，会产生多种内力(应力)和变形，情况比较复杂。本规范要求分别进行永久荷载、风荷载、地震作用效应计算；温度作用的影响，通过构造设计加以考虑。承载能力极限状态设计时，应考虑作用效应的基本组合；正常使用极限状态设计时，作用的分项系数均取1.0，挠度限值取值应符合本规范的有关规定。本条给出的承载力设计表达式具有通用意义，作用效应设计值 S 或 S_E 可以是内力或应力，抗力设计值 R 可以是构件的承载力设计值或材料强度设计值。本条的通用表达式，主要依据现行国家标准《建筑结构可靠度设计统一标准》GB 50068 和《建筑抗震设计规范》GB 50011。

2. 关于玻璃幕墙的设计使用年限。由于幕墙的材料很多，而且不同材料的使用保证期限不同，如结构胶一般只能得到保证10～20年的质保书，有些材料实际使用年限可达50年甚至更久，有些材料没有明确的界定。同时，除了预埋件之外，幕墙的其他部件是相对容易维修或更换的；幕墙还会因建筑功能、美观等方面的要求加以改建。因此，要给幕墙工程本身规定设计使用年限是比较困难的，目前幕墙行业中尚无统一意见，但一般可考虑为不低于25年。

幕墙构件的结构重要性系数 γ_0，与设计使用年限和安全等级有关。除预埋件之外，其余幕墙构件的安全等级不会超过二级，设计使用年限可考虑为不低于25年。同时，考虑到幕墙大多用于大型公共建筑，正常使用中不允许发生破坏，安全等级不宜过低。因此，本规范规定，幕墙结构构件的重要性系数 γ_0 取1.0，相当于安全等级为二级时的取值。对于有特殊要求的玻璃幕墙，其结构重要性系数允许取大于1.0的值。

3. 关于幕墙构件承载力抗震调整系数 γ_{RE}。地震作用属于可变作用，且遭遇的概率相对较小，当构件计算的地震作用效应起主导作用时，其承载力可适当提高。但是，幕墙结构计算中，地震效应相对风荷载效应是比较小的，通常不起控制作用，如果按照《建筑抗震设计规范》GB 50011 的规定，采用小于1.0的构件承载力抗震调整系数 γ_{RE} 对构件抗震承载力予以放大，对幕墙结构设计是偏于不安全的。所以，本规范规定，幕墙构件的承载力抗震调整系数 γ_{RE} 取1.0。

4. 幕墙面板玻璃及金属构件(如横梁、立柱)不便于采用内力设计表达式，所以在本规范的相关条文中直接采用与钢结构设计相似的应力表达形式；预埋件设计时，则采用内力表达形式。采用应力设计表达式时，计算应力所采用的内力(如弯矩、轴力、剪力等)，应采用作用效应的基本组合。

5. 本规范仅考虑与水平面夹角大于75度、小于或等于90度的斜玻璃幕墙或竖向玻璃幕墙，且抗震设防烈度不大于8度，同时玻璃幕墙结构比较轻巧，重力荷载效应和地震作用效应所占比例一般不大。对多数玻璃幕墙构件的挠度或变形，主要是风荷载起控制作用；对横梁而言，还要考虑重力荷载作用下的挠度。因此，本规范规定应分别验算风荷载或重力荷载作用下幕墙构件的挠度，并满足相应的挠度限值。幕墙构件挠度计算时，作用分项系数应取1.0。幕墙结构中各种构件的挠度限值，应符合本规范有关条文的规定。

【实施与检查的控制】

检查设计计算书和设计施工图中下列内容是否符合本条要求：作用取值和作用效应组合、结构重要性系数 γ_0 和构件承载力抗震调整系数 γ_{RE} 取值、作用分项系数取值、各类构件的承载能力和挠度计算。

5.5.1　主体结构或结构构件，应能够承受幕墙传递的荷载和作用。连接件与主体结构的锚固承载力设计值应大于连接件本身的承载力设计值。

【技术要点说明】

幕墙结构通过连接件与主体结构连接，连接件锚固于主体结构。因此，幕墙的连接与锚固必须可靠，其承载力必须通过计算或实物试验予以确认，并要留有余地，防止偶然因素产生突然破坏。连接件与主体结构的锚固承载力应大于连接件本身的承载力，任何情况不允许发生锚固破坏。

通常，幕墙的立柱应直接与主体结构连接，以保持幕墙的承载力和侧向稳定性。有时由于主体结构平面的复杂性，使某些立柱与主体有较大的距离，难以直接在其上连接，这时，可在幕墙立柱和主体之间设置可靠的连接桁架或钢伸臂。当幕墙的立柱采用铝合金型材时，铝合金与钢材的热膨胀系数不同，温度变形有差异，铝合金立柱与钢桁架、钢伸臂连接后会产生温度应力。设计中应考虑温度应力的影响，或者使连接有相对位移能力，减少温度应力。

安装幕墙的主体结构必须具备承受幕墙传递的各种作用（如重力、风荷载、地震作用、张拉索杆体系的预拉力等）的能力，主体结构设计时应充分加以考虑。

主体结构为混凝土结构时，其混凝土强度等级直接关系到锚固件的可靠性能，除加强混凝土施工的工程质量管理外，对混凝土的最低强度等级也应加以要求。为了保证与主体结构的连接可靠性，连接部位主体结构混凝土强度等级不应低于C20。砌体结构平面外承载能力低、锚固性能差，难以直接进行连接，所以宜增设混凝土结构或钢结构连接构件。轻质隔墙承载力、变形能力、锚固性能均较差，不应作为幕墙的支承结构考虑。

【实施与检查的控制】

对幕墙工程，检查主体结构设计时是否考虑了幕墙传递的各种作用；检查预埋件、锚栓和连接件的承载力计算是否正确。对后加锚栓，还应检查其试验报告。

6.2.1　横梁截面主要受力部位的厚度，应符合下列要求：

1　截面自由挑出部位（图6.2.1*a*）和双侧加劲部位（图6.2.1*b*）的宽厚比 b_0/t 应符合表6.2.1的要求；

横梁截面宽厚比 b_0/t 限值　　**表6.2.1**

截面部位	铝型材				钢型材	
	6063-T5 6061-T4	6063A-T5	6063-T6 6063A-T6	6061-T6	Q235	Q345
自由挑出	17	15	13	12	15	12
双侧加劲	50	45	40	35	40	33

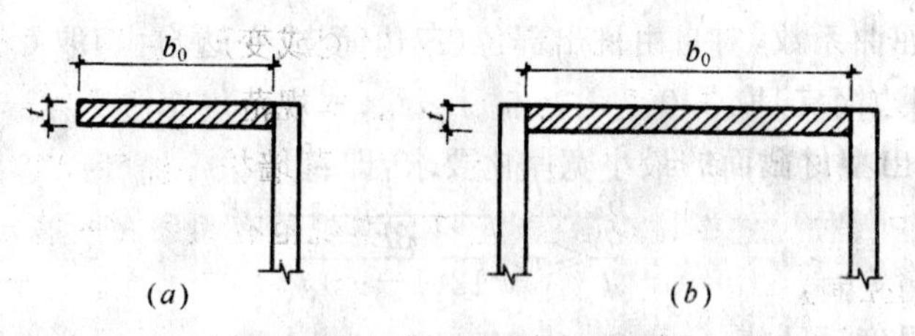

图 6.2.1 横梁的截面部位示意

2 当横梁跨度不大于 1.2m 时，铝合金型材截面主要受力部位的厚度不应小于 2.0mm；当横梁跨度大于 1.2m 时，其截面主要受力部位的厚度不应小于 2.5mm。型材孔壁与螺钉之间直接采用螺纹受力连接时，其局部截面厚度不应小于螺钉的公称直径；

3 钢型材截面主要受力部位的厚度不应小于 2.5mm。

【技术要点说明】

玻璃幕墙的横梁截面一般不大，其壁厚较薄，除应满足承载力和变形要求外，还必须满足基本构造要求，以利于施工质量和正常受力安全。受弯薄壁金属梁的截面存在局部稳定问题，为防止产生压应力区的局部屈曲，通常可用下列方法之一加以控制：

1. 规定最小壁厚 t_{min} 和规定最大宽厚比；

2. 对抗压强度设计值或允许应力予以降低。

本规范中，玻璃幕墙的横梁与立柱设计，均采用第一种控制方法。

1. 最小壁厚

我国现行国家标准《冷弯薄壁型钢结构技术规范》GB 50018 规定薄壁型钢受力构件壁厚不宜小于 2mm。我国现行国家标准《铝合金建筑型材》GB/T 5237 规定用于幕墙的铝型材最小壁厚为 3mm。

通常横梁跨度较小，相应的应力也较小，因此本条规定小跨度（跨度不大于 1.2m）的铝型材横梁截面最小厚度为 2.0mm，其余情况下截面受力部分厚度不小于 2.5mm。

为了保证直接受力螺纹连接的可靠性，防止自攻螺钉拉脱，受力连接时，在采用螺纹直接连接的局部，铝型材厚度不应小于螺钉的公称直径。

钢材防腐蚀能力较低，横梁型钢的壁厚不应小于 2.5mm，并且本规范明确必要时可以预留腐蚀厚度。

2. 最大宽厚比

型材杆件相邻两纵边之间的平板部分称为板件。一纵边与其他板件相连接，另一纵边为自由的板件，称为截面的自由挑出部位；两纵边均与其他板件相连接的板件，称为截面的双侧加劲部位。板件的宽厚比不应超过一定限值，以保证截面受压时保持局部稳定性。截面中不符合宽厚比限值的部分，在计算截面特性时不予考虑。

弹性薄板在均匀受压下的稳定临界应力可由下式计算：

$$\sigma_{cr}=\beta\frac{\pi^2Et^2}{12(1-\nu^2)b_0^2}$$

式中 E——弹性模量；

t——截面厚度；

ν——泊松比；

b_0——截面宽度；

β——弹性屈曲系数，对自由挑出部位（三边简支、一边自由）取 0.425，对双侧加劲部位（四边简支）取 4.0。

由上式可推导出型材截面的最小宽厚比要求，即：

$$\frac{b_0}{t} \leqslant \pi \sqrt{\frac{\beta E}{12(1-\nu^2)f}}$$

式中　f——型材强度设计值。

本条表 6.2.1 即由上式计算、整理得出。

本条最小壁厚绝对值要求，比原规范 JGJ 102—96 稍有放松，主要是因为横梁受力大小与跨度密切相关，且总体受力不大，有些情况是由挠度控制。实践证明，过去的规定，对某些场合是偏严格的。当然，这里仅仅是横梁型材壁厚的最小构造规定，实际工程中必须满足承载力和变形计算要求。

【实施与检查的控制】

检查横梁型材壁厚是否满足本条的最低要求。

6.3.1　立柱截面主要受力部位的厚度，应符合下列要求：

1　铝型材截面开口部位的厚度不应小于 3.0mm，闭口部位的厚度不应小于 2.5mm；型材孔壁与螺钉之间直接采用螺纹受力连接时，其局部厚度尚不应小于螺钉的公称直径；

2　钢型材截面主要受力部位的厚度不应小于 3.0mm；

3　对偏心受压立柱，其截面宽厚比应符合本规范第 6.2.1 条的相应规定。

【技术要点说明】

立柱通常是偏心受拉构件。但是，一般工程中立柱的跨度相对较大，整体受力较大，因此，立柱型材壁厚的最小构造要求比横梁严格，基本保持了原规范 JGJ 102—96 的规定，但更细致、具体。

铝型材立柱截面主要受力部分厚度的最小值，主要参照现行国家标准《铝合金建筑型材》GB/T 5237 中关于幕墙用型材最小厚度为 3mm 的规定。对于闭口箱形截面，由于有较好的抵抗局部失稳的性能，因此允许采用最小壁厚为 2.5mm 的型材。

钢型材的耐腐蚀性较弱，最小壁厚取为 3.0mm。

偏心受压的立柱很少，因其受力较为不利，本规范规定立柱一般不设计成受压构件。当遇到立柱受压情况时，需要考虑局部稳定的要求，对截面的宽厚比加以控制，可参照本节第 6.2.1 条的规定执行。

【实施与检查的控制】

检查立柱型材壁厚是否满足本条的最低要求，特别注意螺纹连接部位。

7.1.6　全玻幕墙的板面不得与其他刚性材料直接接触。板面与装修面或结构面之间的空隙不应小于 8mm，且应采用密封胶密封。

【技术要点说明】

所有幕墙玻璃的表面均应与周围结构面和装饰面留有足够的空隙，以适应玻璃的温度变形和其他受力变形，防止玻璃因为变形受到接触物的限制而破裂。作为构造要求，对普通玻璃幕墙，这个间隙要求不小于 5mm（本规范第 4.3.10 条）。

全玻幕墙玻璃面板的面积一般比框支承幕墙的大，面板通常是对边简支于玻璃肋上，在相同尺寸下，风荷载和地震作用产生的弯矩和挠度都比框支承幕墙四边简支玻璃板大，所以与周围结构面或装饰面的空隙要比普通幕墙更大一些。嵌缝密封胶应根据是否受力胶缝、是否镀膜玻璃等采用合适的产品。

【实施与检查的控制】

检查全玻幕墙玻璃面板与周围接触面的最小间隙是否满足本条要求。

7.3.1 全玻幕墙玻璃肋的截面厚度不应小于12mm,截面高度不应小于100mm。

【技术要点说明】

全玻幕墙的玻璃肋类似楼盖结构的支承梁,玻璃面板将所承受的风荷载、地震作用传到玻璃肋上,玻璃肋是比玻璃面板更重要的受力构件。因此玻璃肋截面尺寸不应过小,以保证其必要的刚度和承载能力。

【实施与检查的控制】

检查全玻幕墙玻璃肋的截面厚度和高度是否满足本条要求。

8.1.2 采用浮头式连接件的幕墙玻璃厚度不应小于6mm;采用沉头式连接件的幕墙玻璃厚度不应小于8mm。

安装连接件的夹层玻璃和中空玻璃,其单片厚度也应符合上述要求。

【技术要点说明】

本条是对点支承玻璃幕墙的特别要求。一般情况下,点支承玻璃幕墙采用四点支承装置,玻璃在支承部位应力集中明显,受力比框支承玻璃复杂得多。因此,点支承玻璃的厚度应具有比普通幕墙玻璃更严格的基本构造要求。

【实施与检查的控制】

检查点支承玻璃幕墙中,玻璃厚度是否满足本条要求。

8.1.3 玻璃之间的空隙宽度不应小于10mm,且应采用硅酮建筑密封胶嵌缝。

【技术要点说明】

本条是对点支承玻璃幕墙的更严要求。玻璃之间的缝宽要满足幕墙在温度变化和主体结构侧移时玻璃互不相碰的要求;同时在胶缝受拉时,其自身拉伸变形也要满足温度变化和主体结构侧向位移使胶缝变宽的要求。因此胶缝宽度不宜过小。本规范第4.3.9条对一般幕墙有相似规定,但用词为“不宜小于10mm”。

一般点支承幕墙均有气密和水密要求,因此应采用硅酮建筑密封胶进行填缝和密封。个别无密封要求的装饰性点支承玻璃,可以不打密封胶。

【实施与检查的控制】

检查点支承玻璃幕墙中,玻璃之间的空隙宽度是否满足本条要求。

10.7.4 当高层建筑的玻璃幕墙安装与主体结构施工交叉作业时,在主体结构的施工层下方应设置防护网;在距离地面约3m高度处,应设置挑出宽度不小于6m的水平防护网。

【技术要点说明】

玻璃幕墙的安装施工,经常与主体结构施工、设备安装或室内装修等交叉进行。为了保证幕墙施工安全,应在主体结构施工层下方(即幕墙施工层的上方)设置安全防护网进行施工保护。

在距离地面约3m高度处,设置挑出宽度不小于6m的水平防护网,用以保护地面行人、车辆等的安全性。这一要求与一般土建施工是一致的。

【实施与检查的控制】

检查是否按本条规定设置安全防护网。

6.2　玻璃屋顶结构

《建筑玻璃应用技术规程》JGJ 113—2003

6.3.1　安装在易于受到人体或物体碰撞部位的建筑玻璃，如落地窗、玻璃门、玻璃隔断等，应采取保护措施。

6.3.2　保护措施应视易发生碰撞的建筑玻璃所处的具体部位不同，分别采取警示（在视线高度设醒目标志）或防碰撞设施（设置护栏）等。对于碰撞后可能发生高处人体或玻璃坠落的情况，必须采用可靠的护栏。

【技术要点说明】

玻璃属透明脆性材料，容易被人视若无物而发生误撞，造成对人体的伤害，严重者可能洞穿玻璃发生坠落事故。虽然易于受到人体或物体碰撞部位的建筑玻璃在《建筑玻璃应用技术规程》中已要求采用安全玻璃，但是安全玻璃的安全性是相对于普通玻璃而言，对于在强力作用下可能发生的玻璃破坏乃至洞穿还应有更直接有效的保护措施。

设置警示标志是一种简单的保护措施，提醒人此处有透明玻璃存在，避免发生碰撞；设置护栏则可以隔断人体与玻璃发生误撞，在玻璃两侧地面等高时护栏不做防碰撞要求；在玻璃两侧地面不等高、有可能发生撞坏护栏和玻璃造成坠落危险时，则必须在设计中对护栏进行结构计算，采用可靠的护栏，以确保安全。

【实施与检查的控制】

检查设计文件中是否提出保护措施，其类别、位置和做法是否符合要求；工程验收时应检查保护措施的落实情况，警示标志必须是醒目的，并且能够长时期存在。

8.2.2　两边支承的屋面玻璃，应支撑在玻璃的长边。

【技术要点说明】

玻璃是典型的脆性材料，其抗拉强度和抗冲击强度较低，用于屋面时破坏几率较大，为防止玻璃坠落，提高玻璃屋面的安全性，要求在玻璃的长边进行支承，以减小跨距（减小支承跨度，从而减小其截面应力和挠度）。

【实施与检查的控制】

设计和施工验收时检查是否符合本条要求。

8.2.3　屋面玻璃必须使用安全玻璃。

【技术要点说明】

屋面玻璃下方多为人群活动场所，防止玻璃破坏后坠落伤人是基本的安全要求，安全玻璃可以起到减少坠落可能性和减轻坠落对人伤害的作用。

安全玻璃包括钢化玻璃（含单片防火玻璃）和夹层玻璃，必须使用符合现行国家标准的安全玻璃产品，并要有产品合格证和进场复验记录。

【实施与检查的控制】

检查屋面玻璃是否采用合格的安全玻璃。

8.2.4　当屋面玻璃最高点离地面大于5m时，必须使用夹层玻璃。

【技术要点说明】

由于钢化玻璃破坏后形成无尖锐棱角的小碎片，在距地面不超过5m时，在重力作用下其碎片落在人体不会造成严重伤害；但是过高的坠落行程使碎片可能产生较大的伤害性。夹层玻璃在较大概率上可保证玻璃破坏后保持整体不坠落，所以在屋面玻璃距地面5m以上时必须使用夹层玻璃。

夹层玻璃必须符合现行国家标准的质量规定，并要有产品合格证和进场复验记录。

【实施与检查的控制】

检查当屋面玻璃最高点离地面大于5m时，是否采用夹层玻璃。

8.2.6 对承受活荷载的屋面玻璃，活荷载的设计应符合下列规定：

1 对上人的屋面玻璃，应按下列最不利情况，分别计算：

1）玻璃板中心点直径为150mm的区域内，应能承受垂直于玻璃为1.8kN的活荷载。

2）居住建筑，应能承受1.5kPa的均布活荷载；对非居住建筑，应能承受3kPa的均布活荷载。

2 对不上人的屋面玻璃，设计应符合下列规定：

1）与水平面夹角小于30°的屋面玻璃，在玻璃板中心点直径为150mm的区域内，应能承受垂直于玻璃为1.1kN的活荷载。

2）与水平面夹角不小于30°的屋面玻璃，在玻璃板中心直径为150mm的区域内，应能承受垂直于玻璃为0.5kN的活荷载。

【技术要点说明】

屋面玻璃分为上人与不上人两种，即使不上人的玻璃因安装、清洁、维护也要承受活荷载，所以必须进行活荷载计算。本条第一款的两项内容必须同时满足。

【实施与检查的控制】

检查屋面玻璃是否按规定进行结构设计。

8.2.8 用于屋面的夹层玻璃，夹层胶片厚度不应小于0.76mm。

【技术要点说明】

夹层胶片常用规格为0.38mm、0.76mm、1.52mm三种，0.38mm胶片过薄会造成夹层玻璃的强度下降而影响屋面玻璃的安全性。

夹层玻璃必须符合现行国家标准的质量规定，并要有产品合格证和进场复验记录。

【实施与检查的控制】

检查夹层玻璃的胶片厚度是否符合规定。

6.3 金属与石材幕墙

《金属与石材幕墙工程技术规范》JGJ 133—2001

3.2.2 花岗石板材的弯曲强度应经法定检测机构检测确定，其弯曲强度不应小于8.0MPa。

【技术要点说明】

为保证石材幕墙的使用安全，对作为幕墙的花岗石板材的弯曲强度，应经法定检测机构检测确定，其数值不应小于8.0MPa。这是由于花岗石板材为天然脆性材料，它的材质均匀性差，弯曲强度离散性大，在其形成、开采、加工过程中难免发生一些内部细小的损伤，很难被人们发现。据国家石材协会提供的有关国内花岗石板材的弯曲强度检测数据表明，国内的花岗石板材的弯曲强度从几兆帕到几十兆帕范围内变化；若弯曲强度不加检测，幕墙的石板设计就无法进行。其次，作为石材幕墙虽然不承受主体结构的荷载，但它要承受自重、风、地震和温度等荷载和作用对它的影响。我国是多地震国家，设防烈度 6 度以上地区占国土面积 70%以上，绝大多数的大、中城市都要考虑抗震设防，为了满足强度计算的要求，石板的厚度既不能太薄也不能太厚，一般要求在 25mm 以上。石板厚度增大，每平方米石板的重量增加，这对抗震不利；石板厚度减薄，对石板材质要求更高，不易选择合适的石材。在确定石材幕墙的花岗石板材的色泽，样式和产地后，应首先按现行国家标准取样封存，经法定检测机构按石材性能试验方法的国家现行标准，对石板的主要性能如：吸水率、弯曲强度、冻融循环性、耐酸性进行检验，检验合格后方使用。花岗石板材的弯曲强度小于 8.0MPa 不得用于石材幕墙。弯曲强度符合要求，但吸水率、冻融循环性和耐酸性不符合要求的花岗石板材也不得用于石材幕墙。石板设计计算时，石板的安全系数应为 3.0。

【实施与检查的控制】

实施单位应严格按该条文执行。检查单位应对石材检测报告进行认真检查，同时检查结构计算书中有关石板设计计算部分。

3.5.2　同一幕墙工程应采用同一品牌的单组分或双组分的硅酮结构密封胶，并应有保质年限的质量证书。用于石材幕墙的硅酮结构密封胶还应有证明无污染的试验报告。

3.5.3　同一幕墙工程应采用同一品牌的硅酮结构密封胶和硅酮耐候密封胶配套使用。

【技术要点说明】

硅酮结构密封胶是隐框、半隐框玻璃幕墙及复合式安装石材幕墙的结构受力的胶粘剂，是关系隐框、半隐框及复合式安装幕墙安全使用的关键材料之一，为保证幕墙工程的质量，保证幕墙工程的安全，同一幕墙工程应采用同一品牌的单组分或双组分的硅酮结构密封胶，不能在同一幕墙工程中，同时采用不同厂家、不同品牌的硅酮结构密封胶，更不能在同一幕墙工程中既使用国产硅酮结构密封胶又使用国外的硅酮结构密封胶。因为这样做既不利于生产也不利于管理，一旦出现质量问题，既难查清产生质量的原因，也难以判别是谁的责任。其次，这样做也无法进行统一的相容性试验。

硅酮耐候密封胶的性能应符合现行行业标准《幕墙玻璃接缝用密封胶》JC/T 882 的规定。硅酮耐候密封胶是幕墙（空缝安装幕墙除外）的雨水渗漏性和空气渗透性好坏的重要材料之一。因此，在同一幕墙工程应采用同一品牌的硅酮结构密封胶和硅酮耐候密封胶配套使用，不得采用不同品牌、不同国别的硅酮耐候和硅酮结构密封胶。

硅酮结构密封胶必须有产品合格证、使用有效期、法定检测机构检测的性能检测合格报告和与接触材料相容性检测合格报告及保质年限质量证书，才能使用，否则不得进行幕墙构件的组装工作。同时用于石材幕墙的硅酮结构密封胶还应有无污染的试验报告。

硅酮耐候密封胶的施工方法要符合现行行业标准《玻璃幕墙工程技术规范》JGJ 102 的规定。同时，要根据硅酮耐候密封胶的变位承受能力决定胶缝宽度。

【实施与检查的控制】

实施单位应严格按该两条文执行，检查单位应对硅酮结构密封胶和硅酮耐候密封胶的性能及相容性检测报告进行认真检查，同时应检查硅酮候密封胶的施工记录。

4.2.3　幕墙构架的立柱与横梁在风荷载标准值作用下，钢型材的相对挠度不应大于 $l/300$

(l为立柱或横梁两支点间的跨度),绝对挠度不应大于15mm;铝合金型材的相对挠度不应大于l/180,绝对挠度不应大于20mm。

【技术要点说明】

这是保持幕墙在标准风荷载作用下,正常使用功能,不发生任何损坏的能力,因此,在结构计算必须同时计算立柱和横梁在标准风荷载下的相对挠度和绝对挠度,同时满足相对挠度和绝对挠度规定值缺一不可。大型或较大型幕墙工程(或建设方要求做幕墙的风压变形性、雨水渗漏性和空气渗透性试验的幕墙工程),应做上述"三性"试验,并应满足设计要求的上述"三项"性能指标。在幕墙招标时,幕墙建设方(即甲方),应根据建筑物所在的地理、气候条件及建筑物的使用功能,提出对幕墙的风压变形性、雨水渗漏性、空气渗透性及其他性能的要求。幕墙加工制作、安装施工单位(即乙方);根据甲方的要求进行幕墙的设计、结构计算、加工制作、性能检测和安装施工。中、小型幕墙工程未要求做"三性"检测的幕墙,幕墙加工制作、安装施工单位应根据幕墙产品标准的规定,向甲方提供"三性"检测合格的有效型式检测报告。

【实施与检查的控制】

实施单位应严格按该项条文执行。检查单位应对结构计算书中有关立柱与横梁的相对挠度和绝对挠度进行检查并要符合要求;同时检查幕墙"三项物理性能"检测报告或有效的"三性"型式检测报告应符合设计要求。

4.2.4 幕墙在风荷载标准值除以阵风系数后的风荷载值作用下,不应发生雨水渗漏。其雨水渗漏性能应符合设计要求。

【技术要点说明】

幕墙的雨水渗漏性关系到幕墙的使用功能和寿命,是十分重要的。幕墙的雨水渗漏性能要求,是根据建筑物所在地的气候条件,建筑物的重要性和功能要求来决定的。幕墙的雨水渗漏性能分为五级,不是所有幕墙的雨水渗漏性能都要达到Ⅰ级;但是也不是只要达到分级标准的要求就算合格,而是要求幕墙的雨水渗漏性能符合设计要求。幕墙设计时要根据甲方对幕墙性能的要求,进行幕墙雨水性能的设计,并依据幕墙设计施工图,进行幕墙构件的加工制作,安装施工。幕墙工程验收时应根据《幕墙规范》要求,进行现场淋水试验,如发现漏水时,安装施工单位应及时修补,直至幕墙不发生漏水方可进行验收,并提出现场淋水试验报告。其方法同JG 3035—96的规定。

【实施与检查的控制】

实施单位应严格按该条文执行。检查单位应认真检查设计施工图、加工制作记录、安装施工记录以及工程验收时现场淋水试验报告。

5.5.2 钢销式石材幕墙可在非抗震设计或6度、7度抗震设计幕墙中应用,幕墙高度不宜大于20m,石板面积不宜大于1.0m²。钢销和连接板应采用不锈钢。连接板截面尺寸不宜小于40mm×4mm。钢销与孔的要求应符合本规范第6.3.2条的规定。

【技术要点说明】

钢销式石材幕墙是靠钢销将石板连接固定在幕墙的框架上,这种连接不能满足石板可装可拆的要求,同时,这种连接为薄弱连接,一方面钢销直径仅为5mm或6mm,截面面积很小;另一方面钢销将荷载集中传递到孔洞边缘的石材上,受力很不利,因此,对钢销式石材幕墙在应用范围加以限制,是非常必要的,否则其安全隐患是很大的。具体说明如下:

1. 控制钢销式石材幕墙的应用范围为非抗震设计或6度、7度抗震设计幕墙中应用，幕墙高度在20m以下，石板面积1.0m² 以下。

2. 钢销和连接钢板应采用不锈钢，且连接板尺寸不小于40mm×4mm。

3. 钢销与石板的连接固定，应采用粘结拉伸强度比石板弯曲强度大的环氧树脂型结构胶连接固定；不得采用硅酮结构密封胶连接固定。

4. 采取可靠的措施，使幕墙的每块石板处于独立的状态，即使石板与石板不发生相互受力，不发生力的传递，特别是垂直方向力的传递，以免发生拱抬挤压现象，造成石材幕墙损坏的安全隐患。

5. 安装施工监理人员要逐板检查是否石板的孔洞中已连接固定了钢销，石板是否有损坏；安装施工中监理人员也应随时检查石板的安装质量。

6. 石板采用上下边各两个孔洞的连接(即四点连接，不允许六点连接)。

【实施与检查的控制】

实施单位应严格按该条文执行。检查单位应认真检查石板的加工制作记录、安装施工记录。

5.6.6　横梁应通过角码、螺钉或螺栓与立柱连接，角码应能承受横梁的剪力。螺钉直径不得小于4mm，每处连接螺钉数量不应少于3个，螺栓不应少于2个。横梁不应少于2个。横梁与立柱之间应有一定的相对位移能力。

【技术要点说明】

幕墙的横梁应通过角码、螺钉或螺栓与立柱连接，角码、螺钉或螺栓应经计算使其能承受横梁的剪力，能可靠地传递地震力、风力。但是为防止主体结构水平力产生的位移使幕墙构件损坏，连接既要牢固又要使横梁与立柱之间有一定相对位移能力。如立柱、横梁为铝合金型材，则角码也应是铝合金，螺钉或螺栓应是不锈钢；如钢型材的立柱和横梁，角码也采用钢角码，立柱、横梁、角码、螺钉或螺栓都要采用热镀锌处理。为保持横梁与立柱之间有一定相对位移能力，立柱与横梁不能紧密接触，立柱与横梁之间留有1mm以上缝隙。缝隙要用氯丁橡胶片填塞饱满、平整，这样既防止冷凝水和清洗水流入型材孔腔内，使型材发生锈蚀，又可防止因热胀冷缩发生的摩擦杂声。

钢横梁与立柱连接一般应采用螺栓或螺钉连接；若采用焊接连接时，应遵守下列原则，轴线内的钢横梁可采用焊接连接，轴线间横梁应采用螺栓或螺钉与立柱连接，使幕墙有一定的相对位移能力。

【实施与检查的控制】

实施单位应严格按该条文执行。检查单位认真检查横梁、立柱的安装施工记录。

5.7.2　上下立柱之间应有不小于15mm的缝隙，并应采用芯柱连接。芯柱总长度不应小于400mm。芯柱与立柱应紧密接触。芯柱与立柱之间应采用不锈钢螺栓固定。

【技术要点说明】

幕墙在平面内要有一定的活动能力，以适应主体结构的侧移。立柱每层设置活动接头，可以使立柱上下有活动的可能，从而满足幕墙在自身平面内变形能力。另外，活动接头的间隙，还要考虑立柱的温度变形，立柱安装施工误差和主体结构柱子承受竖向荷载后的轴向压变形对立柱的影响的需要，因此，上下立柱之间留有不小于15mm的间隙，并应采用芯柱连接。具体说明如下：

1. 铝合金型材立柱要采用铝合金芯柱连接；钢型材立柱采用钢芯柱连接。

2. 为保持立柱力的正常传递，芯柱要符合下列要求：

(1) 芯柱的总长度不应小于400mm；

(2) 芯柱的惯性矩不应小于立柱的惯性矩；

(3) 芯柱与立柱应紧密接触。

3. 芯柱与立柱之间应采用直径不应小于10mm不锈钢螺栓固定，且每处不得少于2个不锈钢螺栓。

4. 立柱与立柱之间的间隙应采用硅酮耐候密封胶嵌填饱满，平顺。

【实施与检查的控制】

实施单位应严格按该条文执行。检查单位应认真检查立柱、芯柱的加工制作记录和安装施工记录。

5.7.11 立柱应采用螺栓与角码连接，并再通过角码与预埋件或钢构件连接。螺栓直径不应小于10mm，连接螺栓应进行承载力计算。立柱与角码采用不同金属材料时应采用绝缘垫片分隔。

【技术要点说明】

建筑幕墙是由面板和金属框架等组成，其变形能力是很小的，在地震和风力作用下，将会产生侧移，由于幕墙构件不能承受过大的位移，只能通过弹性连接来避免主体结构过大侧移的影响。例如当层高为3.5m，$\Delta u_p/h$ 为1/70时，层间最大位移可达50mm，显然，各幕墙构件承受如此大的剪切变形，幕墙构件必然会损坏。幕墙构件与立柱、横梁的连接要能可靠地传递地震力、风力和幕墙构件的自重。同时，为防止主体结构水平力产生的位移使幕墙构件损坏，连接又要有一定的适用位移能力，使得幕墙构件与立柱、横梁之间有活动的余地。因此，立柱应采用螺栓与角码连接，预埋件要采用有槽带螺栓的预埋件，目前国内较多数幕墙公司采用改进型有槽带螺栓的预埋件和哈缝槽。具体说明如下：

1. 为保证立柱能通螺栓、角码与预埋件连接，预埋件应在主体结构混凝土施工时埋入。因此，需要采用幕墙工程的建筑物，最好主体结构施工开始后到主体结构施工出地面这段时间内，完成幕墙的招投标工作。

2. 螺栓要进行承载力计算，螺栓直径不应小于10mm。为保证立柱的可靠连接，确保幕墙的安全使用，此处，采用了双控措施，即要计算螺栓的承载力，当计算需要直径大于10mm螺栓时，则采用计算后的螺栓，当计算小于直径10mm时也应采用直径为10mm的螺栓。

3. 螺栓垫板要有防滑措施。

4. 立柱与角码采用不同金属材料时要采用绝缘垫片分隔。

【实施与检查的控制】

实施单位应严格按该条文执行。检查单位应认真检查预埋件及立柱的安装施工记录外，尚应注意工程特点和工程具体条件。

6.1.3 用硅酮结构密封胶粘结固定构件时，注胶应在温度15℃以上30℃以下、相对湿度50%以上、且洁净、通风的室内进行，胶的宽度、厚度应符合设计要求。

【技术要点说明】

为保证硅酮结构密封胶粘结固定幕墙构件的质量，确保隐框、半隐框幕墙的安全，硅酮结构密封胶的注胶和注胶后的幕墙构件的养护需要在一定的环境下，才能保证注胶质量和硅酮结构密封胶粘结固化质量。

单组分硅酮结构密封胶是靠吸收空气水分进行固化，因此其固化速度是缓慢的，1d约1mm左右；若注胶宽度为21mm(注胶厚度在6mm以上)，则需21d左右才能完全固化；双组分硅酮结构密封胶虽然有固化剂起固化作用，但也在有一定的养护条件和时间(约4～10d)，才能保证硅酮结构密封胶固化完全和固化质量。因此，硅酮结构密封胶要在温度为15～30℃，相对湿度50%以上，且洁净，通风的室内进行注胶，并且在相同的条件养护至完全固化后，才可搬动运到安装施工现场。为保证硅酮结构密封胶的注胶质量，具体说明如下：

1. 幕墙公司要有能保持温度在15～30℃，相对湿度在50%以上，洁净、通风的注胶和养护车间。

2. 幕墙公司要有一个相对固定、热练掌握注胶技术的注胶队伍，并配备相应管理、质检人员及注胶机和质检设备等。

3. 注胶过程及构件养护期要进行下列试验，保证注胶质量及构件养护质量。

① 双组分硅酮结构密封胶应进行以下试验：蝶式试验、时间拉断试验、固化时间试验、剥离试验、构件硅酮结构密封胶黏结撕裂试验。

② 单组分硅酮结构密封胶应进行以下试验：固化时间试验、剥离试验、构件硅酮结构密封胶黏结撕裂试验。

4. 幕墙构件硅酮结构密封胶粘结撕裂试验不合格的产品不得出厂。

5. 硅酮结构密封胶严禁在露天和现场上墙后在墙上注胶。

6. 硅酮结构密封胶应注胶均匀、饱满、平整。

7. 硅酮结构密封胶的注胶的宽度和厚度应符合设计要求。设计时应对硅酮结构密封胶的粘结宽度和厚度进行计算。硅酮结构密封胶粘结宽度应同时计算标准风荷载作用下和玻璃自重(中空玻璃应为双层玻璃的自重)作用下的粘结宽度，取其较大值，不得只进行一种计算。

【实施与检查的控制】

实施单位应严格按该条文执行。检查单位应认真检查结构计算书中硅酮密结构封胶宽度及厚度的计算；硅酮结构密封胶注胶记录及试验记录；出厂检验报告及出厂合格证。

6.3.2　钢销式安装的石板加工应符合下列规定：

1　钢销的孔位应根据石板的大小而定。孔位距离边端不得小于石板厚度的3倍，也不得大于180mm；钢销间距不宜大于600mm；边长不大于1.0m时每边应设两个钢销，边长大于1.0m时应采用复合连接；

2　石板的钢销孔的深度宜为22～33mm，孔的直径宜为7mm或8mm，钢销直径宜为5mm或6mm，钢销长度宜为20～30mm；

3　石板的钢销孔处不得有损坏或崩裂现象，孔径内应光滑、洁净。

【技术要点说明】

钢销式石材幕墙的连接为薄弱连接，为保证钢销式连接的合理可靠，确保其使用安全，对钢销式安装的石板加工制作做相应的规定是十分必要的。对于短边尺寸太小的石板，除应符合钢销数量每边不得小于2个，钢销石板边端距离应大于石板厚度的3倍外，两个钢销间距也应大于石板厚度的3倍以上，如上述条件不能符合时，则不能采用钢销式安装石材幕墙，应采取其他安装形式。边长不大于1.0m时每边设两个钢销，边长大于1.0m时，不能采用每边只设两个钢销的单一安装方法，更不能采用每边再增设一个钢销（即六点）的安装方法，要采用复合连接，即采用每边设两个钢销，石板背面用铝合金型材及硅酮结构密封胶粘结牢固，通过连接件连接到横梁上。石板钢销孔的深度和直径要符合设计要求；钢销的直径和长度也要符合设计要求。石板孔的加工要在工厂车间的专用机械上进行，不得在施工现场采用手电钻加工。钢销与石板的连接固定，要采用粘接拉伸强度大于石板的弯曲强度的环氧树脂型结构胶，在工厂车间内进行黏结固化，待结构胶完全固化后，方可运至施工现场安装。

【实施与检查的控制】

实施单位应严格按该条文执行。检查单位应认真检查石板的加工制作记录和安装施工记录，必要时可到工地实地抽查石板的安装施工情况。

重点检查内容

《建筑结构可靠度设计统一标准》GB 50068—2001

条　　号	项　　目	重点检查内容
1.0.5	设计使用年限	设计总说明和计算书
1.0.8	结构安全等级	设计总说明和计算书

《建筑结构荷载规范》GB 50009—2001

条　　号	项　　目	重点检查内容
1.0.5	设计基准期	当采用的荷载标准值与规范一致时，不必检查
3.1.2	荷载代表值	检查可变荷载的代表值，避免混淆
3.2.3	基本组合规则	检查设计采用程序的技术条件是否与规则相符
3.2.5	荷载分项系数	检查荷载分项系数取值
4.1.1	楼面活荷载	检查楼面活荷载的取值
4.1.2	楼面活荷载的折减	检查楼面活荷载的折减系数
4.3.1	屋面活荷载	检查屋面活荷载的取值
4.5.1	屋面构件集中荷载	检查屋面构件集中荷载的取值
4.5.2	栏杆水平荷载	检查栏杆水平荷载的取值
6.1.1	雪荷载标准值	检查雪荷载的取值
6.1.2	基本雪压	检查基本雪压的取值
7.1.1	风荷载标准值	检查风荷载的取值
7.1.2	基本风压	检查基本风压的取值

《混凝土结构设计规范》GB 50010—2002

条　　号	项　　目	重点检查内容
3.1.8	使用条件	结构用途或环境改变时应作技术鉴定或设计复核
4.1.3	混凝土标准强度	复核设计时所用的强度标准值
4.1.4	混凝土设计强度	复核设计时所用的强度设计值
4.2.2	钢筋标准强度	复核设计时所用的强度标准值
4.2.3	钢筋设计强度	复核设计时所用的强度设计值
6.1.1	预应力	施工阶段验算及预应力分项系数取值
9.2.1	受力钢筋的混凝土保护层厚度	与环境、构件类型及混凝土强度等级有关的保护层厚度
9.5.1	最小配筋率	受力钢筋最小配筋百分率的双控要求
10.9.3	预埋件	锚筋禁用冷加工钢筋
10.9.8	吊环	钢筋种类、锚固长度、直径及连接要求

《轻骨料混凝土结构设计规程》JGJ 12—99

条　号	项　目	重点检查内容
7.1.2	受力钢筋的混凝土保护层厚度	与环境、构件类型及强度等级有关的保护层厚度
7.1.3	锚固长度	受力钢筋的锚固长度
8.1.3	简支板支座锚固	简支板下部钢筋的支座锚固长度及锚固措施
8.2.2	简支梁支座锚固	简支梁下部钢筋的支座锚固长度及锚固措施
8.2.4	弯筋锚固	弯起钢筋的锚固长度及锚固要求

《冷拔钢丝预应力混凝土构件设计与施工规程》JGJ 19—92

条　号	项　目	重点检查内容
1.0.3	限制使用范围	腐蚀、高温环境中不得使用；动荷载下应有可靠试验、实践

《冷轧带肋钢筋混凝土结构技术规程》JGJ 95—2003

条　号	项　目	重点检查内容
3.1.3	钢筋标准强度	复核设计时所用的强度标准值
3.1.4	钢筋设计强度	复核设计时所用的强度设计值
6.1.5	最小配筋率	受力钢筋的最小配筋百分率要求

《冷轧扭钢筋混凝土构件技术规程》JGJ 115—97

条　号	项　目	重点检查内容
3.2.4	钢筋设计参数	复核设计时所用的钢筋强度标准值、设计值
7.2.1	锚固长度	受力钢筋的锚固长度
7.2.2	焊接限制	不得采用焊接连接
7.2.4	搭接长度	受力钢筋的搭接长度
7.2.5	搭接范围的配箍	搭接长度范围内箍筋构造要求
7.2.6	吊环	不得制作吊环
7.4.5	简支板支座锚固	简支板下部钢筋的支座锚固长度
7.5.2	简支梁支座锚固	简支梁下部钢筋的支座锚固长度

《钢筋焊接网混凝土结构技术规程》JGJ 114—2003

条　号	项　目	重点检查内容
3.1.4	钢筋标准强度	复核设计时所用的强度标准值
3.1.5	钢筋设计强度	复核设计时所用的强度设计值
5.1.2	最小配筋率	受拉钢筋的最小配筋百分率

《高层建筑混凝土结构技术规程》JGJ 3—2002

条 号	项 目	重点检查内容
3.2.2	基本风压	检查结构计算书和结构设计总说明中，基本风压是否按规定的50年或100年重现期取值
4.7.1	结构重要性系数	检查结构计算书和结构设计总说明中，设计使用年限、结构安全等级、结构重要性系数的取值
5.4.4	结构整体稳定性	结构计算书中是否有结构整体稳定计算，是否满足规程要求
5.6.1 5.6.2 5.6.3 5.6.4	作用效应组合	按是否抗震设计，分别检查荷载效应或荷载效应和地震作用效应组合是否完备，荷载分项系数、地震作用分项系数以及组合值系数取值是否正确
6.3.2	框架梁纵向钢筋和箍筋	框架梁纵向钢筋最小配筋率、抗震设计时梁端纵向钢筋最大配筋率和截面受压区高度、框架梁箍筋加密区的范围、箍筋间距、箍筋直径等是否符合要求
6.4.3	框架柱纵向钢筋和箍筋	框架柱全截面及单侧纵向钢筋最小配筋率、框架柱箍筋加密区范围内箍筋间距、箍筋直径等是否符合要求
7.2.18	剪力墙分布钢筋	剪力墙水平和竖向分布钢筋的钢筋直径、间距和最小配筋率是否符合要求
7.2.26	连梁纵向钢筋、腰筋和箍筋	连梁纵向钢筋的锚固长度、箍筋直径和间距、腰筋的直径、间距和配筋率等是否符合本条要求
8.1.5	框架-剪力墙结构布置	抗震设计时是否双向布置有剪力墙
8.2.1	框架-剪力墙中剪力墙分布钢筋	剪力墙分布钢筋是否至少双排布置；各排分布钢筋之间的拉筋直径和间距、分布钢筋的配筋率等是否符合本条要求
9.2.4	框架-核心筒结构	框架-核心筒结构外周框架柱间是否设置有框架梁
9.3.7	筒体结构外框筒梁和内筒连梁	外框筒梁和内筒连梁的箍筋直径和间距是否符合要求；外框筒梁的纵向钢筋直径、腰筋直径和间距是否符合本条要求
10.2.8	框支梁	框支梁纵向钢筋面积配筋率，梁箍筋加密区范围、直径、间距和面积配筋率，偏心受拉梁上部纵向钢筋截断，梁腰筋直径和间距等，是否符合本条要求
10.2.11	框支柱	框支柱纵向钢筋配筋率，箍筋加密范围、箍筋形式、间距、直径、配箍特征值和体积配箍率等是否符合要求
10.2.15	部分框支剪力墙结构剪力墙底部加强部位分布钢筋	剪力墙底部加强部位水平和竖向分布钢筋直径、间距、配筋率是否符合要求
10.4.4	错层结构错层处框架柱	柱截面高度、混凝土强度等级、抗震等级、箍筋加密区范围等是否符合要求

《钢结构设计规范》GB 50017—2003

条　号	项　目	重点检查内容
1.0.5	设计依据	施工图、结构设计总说明
3.1.2	设计方法	结构、构件及连接的设计计算书
3.1.3	结构的安全等级	结构、构件及连接计算时结构重要性系数的取值
3.1.4	荷载组合原则	结构、构件及连接计算时最不利荷载的组合
3.1.5	荷载取值	结构、构件及连接计算时的荷载计算方法
3.2.1	有关设计参数	结构、构件及连接的设计计算书中各荷载系数、重要性系数等的取值
3.3.3	对钢材材料的要求	设计说明、施工资料及材料试验报告
3.4.1	材料设计指标的取值	设计计算书中所取钢材及连接的强度设计值
3.4.2	设计强度折减系数	设计计算书中所取主材及连接材料的强度设计值
8.1.4	支撑设置	结构平面布置图是否合理，各方向力的传递途径
8.3.6	普通螺栓受拉连接的防松动措施	钢结构连接节点施工详图及构造措施
8.9.3	钢柱柱脚的保护	钢柱脚节点施工详图及构造措施
8.9.5	隔热措施	钢结构施工图中对结构或构件的防护措施及构造
9.1.3	塑性设计的钢材性能	钢结构设计说明、材料质量合格证明文件及材料试验报告

《冷弯薄壁型钢结构技术规范》GB 50018—2002

条　号	项　目	重点检查内容
3.0.6	材料质量要求	在结构设计图纸和材料订货文件中的钢材牌号、质量等级、供货条件及连接材料的型号
4.1.3	结构重要性系数	设计文件中的结构安全等级、设计使用年限及重要性系数取值
4.1.7	风吸力作用	风吸力作用的影响，永久荷载的荷载分项系数取值
4.2.1 4.2.4 4.2.5	材料强度设计值	计算书中钢材、焊缝、螺栓连接的强度设计值
4.2.3	冷弯效应	利用考虑冷弯效应的强度设计值时，应说明中构件不得进行热处理等
4.2.7	强度折减系数	结构构件和连接计算中采用的强度折减系数
9.2.2	屋盖支撑体系	结构设计图纸中屋盖支撑体系的布置图及构造
10.2.3	刚架支撑体系	结构设计图纸中刚架支撑体系的布置图及构造

《高层民用建筑钢结构技术规程》JGJ 99—98

条　号	项　目	重点检查内容
7.2.14	组合梁纵向界面	现场混凝土浇筑前复验界面钢筋
7.4.6	组合板总厚度	板的厚度
8.3.6	梁与柱连接处柱的水平加劲肋	图纸和现场检验报告
8.4.2	箱形柱和十字形柱焊缝要求	箱形柱角部焊缝，箱形柱和十字形柱的全熔透焊缝

续表

条　号	项　目	重点检查内容
8.4.6	箱形柱工地接头	施焊前尺寸及外观检查，焊缝应符合二级
8.6.2	埋入式柱脚	检查钢柱加劲肋位置和柱脚埋深
8.7.1	支撑连接	连接存在偏心时是否考虑了偏心弯矩
8.7.6	耗能梁段腹板加劲肋	检查是否符合 GB 50011—2001 第 8.5.3 条规定
8.7.7	耗能梁段翼缘水平侧向支撑	检查是否符合 GB 50011—2001 第 8.5.5 和 8.5.6 条规定

《砌体结构设计规范》GB 50003—2001

条　号	项　目	重点检查内容
3.1.1	材料强度等级	材料检验报告及设计说明
3.2.1 3.2.2	砌体计算指标	设计说明中的砌体施工质量控制等级及砌体材料类别，灌孔砌体的灌孔率
3.2.3	砌体强度的调整	结构计算书或程序中砌体强度的调整系数 γ_a 取值
5.1.1	受压构件承载力计算	结构计算书或程序计算结果，包括界限偏心距及允许高厚比控制
5.2.4	梁端砌体局压承载力计算	结构计算书或程序计算结果及梁垫或垫梁的设置情况
6.1.1	墙、柱高厚比验算	大层高及大开间或空旷房屋的承重及自承重构件
6.2.1 6.2.2	最低强度等级	设计说明及材料检验报告
6.2.10	砌块砌体错缝搭砌	墙体排块图或施工砌筑要求
6.2.11	砌块墙与后砌隔墙的连接	砌块建筑中墙体的连接构造或说明
7.1.2 7.1.3	圈梁设置	设计中的圈梁布置及连接构造
7.3.2	墙梁的一般规定	表 7.3.2 中的参数，尤其为洞距 a_i 及洞高 h_h
7.3.12	墙梁的构造要求	材料、截面及施工要求说明
7.4.1	挑梁抗倾覆	挑梁埋长与挑长比及连接构造
9.2.2	轴压承载力计算	截面参数及配筋

《木结构设计规范》GB 50005—2003

条　号	项　目	重点检查内容
3.1.2	方木、板材、原木	主要用途与相应的材质等级
3.1.8	胶合构件	主要用途、部位与相应的材质等级
3.1.11	规格材	主要用途与相应材质等级
3.1.13	木材含水率	构件制作时的含水率
3.3.1	结构用胶	胶的品种及其强度、耐久性的合格证明
4.2.1	设计指标	树种、强度等级及调整系数
4.2.9	长细比	受压构件长细比限值
7.1.5	截面削弱	削弱面积的限值

续表

条号	项目	重点检查内容
7.2.4	木基层抗震设计	檩条支承长度和拉结措施
7.5.1	空间稳定	防止桁架侧倾、保证受压弦杆侧向稳定的措施
7.5.10	地震区屋架与柱连接	连接的措施
7.6.3	桁架支座连接	连接的措施
8.1.2	层板胶合木构件	各层木板的木纹方向
8.2.2	胶合构件设计值	截面大小和形状的修正系数
10.2.1	构件防火	燃烧性能、耐火极限
10.3.1	木结构建筑层数	建筑层数、长度、每层面积的限值
10.4.1 10.4.2 10.4.3	防火间距	各种情况的防火间距的限值
11.0.1	构造防潮	规定的部位构造防潮通风措施
11.0.3	药物防虫、防腐	规定的部位是否进行药物处理

《玻璃幕墙工程技术规范》JGJ 102—2003

条号	项目	检查内容
3.1.4	硅酮结构密封胶	隐框和半隐框幕墙的玻璃与铝合金框之间的胶缝是否采用中性硅酮结构密封胶；全玻幕墙的面板与玻璃肋之间的受力胶缝是否采用硅酮结构密封胶，对镀膜玻璃是否采用中性硅酮结构密封胶
3.1.5	硅酮结构胶和硅酮建筑密封胶	是否在产品有效期内使用
3.6.2	硅酮结构密封胶	是否有合格的相容性、剥离黏结性等检验报告，进口产品是否有商检报告
4.4.4	安全玻璃和警示标志	公共建筑的玻璃幕墙、容易受到撞击的玻璃幕墙是否采用安全玻璃，对后者是否设置明显的警示标志
5.1.6	承载力和挠度验算	是否进行了构件承载力和挠度验算，结果是否符合要求
5.5.1	连接件和锚固件承载力，主体结构承载力	连接件和锚固件是否进行承载力验算并符合要求；主体结构是否具有承受幕墙传递荷载、地震作用的能力
5.6.2	硅酮结构密封胶	强度设计值取值是否正确；是否按要求进行了承载力验算
6.2.1 6.3.1	幕墙横梁和立柱	检查横梁和立柱型材壁厚是否满足规定的最低要求
7.1.6	全玻幕墙与接触面的空隙	检查全玻幕墙玻璃与周围结构面、装饰面的间隙是否不小于 8mm，并采用密封胶密封
7.3.1	全玻幕墙玻璃肋	检查全玻幕墙玻璃肋截面尺寸是否满足本条的最低要求
7.4.1	全玻幕墙胶缝	全玻幕墙传力胶缝是否采用硅酮结构密封胶
8.1.2	点支承玻璃	点支承玻璃的厚度是否满足本条规定的最低要求
8.1.3	点支承玻璃之间的空隙	点支承玻璃面板之间的空隙是否满足规定的最小值要求，有密封要求时是否采用硅酮建筑密封胶嵌缝

续表

条号	项目	重点检查内容
9.1.4	硅酮结构密封胶施工	检查除全玻幕墙外,硅酮结构密封胶是否现场打注
10.7.4	安全防护网	检查幕墙安装施工时是否按规定设置安全防护网

《建筑玻璃应用技术规程》JGJ 113—2003

条号	项目	重点检查内容
6.3.1	保护措施	设计是否有适合的保护措施,施工验收检查落实情况
6.3.2	警示标志、护栏	玻璃两侧地面等高时应有明显警示标志或护栏,玻璃两侧地面不等高时应有能承受人体撞击的可靠护栏
8.2.2	屋面玻璃支承型式	玻璃设计是否为长边支承
8.2.3	安全玻璃	产品合格证和进场复验
8.2.4	夹层玻璃	产品合格证和进场复验
8.2.6	活荷载设计	设计计算书中计算是否正确
8.2.8	夹层玻璃	产品合格证,进场检查夹层玻璃的胶片层厚度

《金属与石材幕墙工程技术规范》JGJ 133—2001

条号	项目	重点检查内容
3.2.2	材料质量	石材检测报告和计算书
3.5.2 3.5.3	材料质量	性能和相容性检测报告和施工记录
4.2.3	立柱、横梁挠度	计算书挠度计算、"三性"检测或型式检测报告
4.2.4	雨水渗漏性	设计图、加工制作和安装记录、淋水实验报告
5.5.2	钢销石材幕墙应用	石板计算、加工制作和安装施工记录
5.6.6	立柱、横梁安装	横梁、立柱的安装施工记录
5.7.2	立柱与芯柱连接	立柱、芯柱的加工制作和安装记录
5.7.11	立柱与预埋件连接	预埋件及立柱的安装施工记录
6.1.3	硅酮结构密封胶的注胶	计算书中胶粘结宽度、厚度计算、注胶记录试验报告、出厂检验报告
6.3.2	钢销石板的加工	加工制作记录和安装施工记录

第六篇　房屋抗震设计

概　述

2002 年版《工程建设标准强制性条文》(房屋建筑部分)第六篇“房屋抗震设计”是保证房屋建筑抗震设计质量必须遵守的最主要规定，共有 7 章。第 1 章“抗震设防依据和分类”不分节，有 4 条，还有等效条文 2 条；第 2 章“基本规定”有 4 节 19 条，还有等效条文 3 条；第 3 章“混凝土结构抗震设计”不分节，有 15 条，还有等效条文 6 条；第 4 章“多层砌体结构抗震设计”有 3 节 15 条，还有等效条文 3 条以及属于“砌体结构设计”的 2 条；第 5 章“钢结构抗震设计”不分节，有 11 条；第 6 章“混合承重结构抗震设计”有 2 节 7 条；第 7 章“房屋隔震和减震”有 2 节 5 条。这些强制性条文摘自 3 本国家标准和 5 本行业标准，其中：

《建筑抗震设计规范》GB 50011—2001 有 52 条；

《砌体结构设计规范》GB 50003—2001(2002 年局部修订)有 1 条；

《混凝土结构设计规范》GB 50010—2002 有等效条文 6 条；

《高层建筑混凝土结构技术规程》JGJ 3—2002 有 8 条，等效条文 5 条；

《高层民用建筑钢结构技术规程》JGJ 99—1998 有 5 条；

《多孔砖砌体结构技术规范》JGJ 137—2001(2002 年局部修订)有 6 条，等效条文 3 条；

《型钢混凝土组合结构技术规程》JGJ 138—2001 有 3 条；

《网架结构设计与施工规程》JGJ 7—1991 有 1 条。

与 2000 年版比较，2002 年版增加了第 7 章，保留了多数条文，新增关于隔震结构、筒体结构、型钢混凝土结构、多层钢结构和配筋混凝土小砌块结构的相关强制性要求；条文总数由原来的 86 条减少为 76 条，还有对应的等效条文 14 条；针对执行中出现的问题，进一步突出重点、突出关键。

执行房屋建筑抗震设计强制性条文时，需要注意：

强烈地震属于自然灾害。房屋建筑的抗震设计，是在现有技术和经济水平的前提下，处理地震风险与结构安全的关系，减轻房屋的地震损坏和破坏，但不能完全避免损坏和破坏。通常用“三水准”抗震设防目标表示，即所谓“小震不坏、中震可修、大震不倒”：

当遭受相当于本地区 50 年一遇的地震(设计规范称为多遇地震，重现期与设计基准期相同)影响时，房屋一般不受损坏或不需修理仍可继续照常使用；

当遭受相当于本地区 475 年一遇的地震(设计规范称为抗震设防烈度地震)影响时，房屋可能损坏，经一般修理或不需修理仍可继续照常使用；

当遭受相当于本地区 1600～2400 年一遇的地震(设计规范称为预估的罕遇地震)影响时，房屋不致倒塌或发生危及生命的严重破坏。

衡量强烈地震后房屋建筑“不坏、可修、不倒”等破坏程度，按建设部(90)建抗字第 377 号文《建筑地震破坏等级划分标准》的有关规定(表 6-1)划分：

建筑地震破坏等级划分　　表 6-1

名称	破坏描述	继续使用的可能性
基本完好（含完好）	承重构件完好；个别非承重构件轻微损坏；附属构件有不同程度破坏	一般不需修理即可继续使用
轻微损坏	个别承重构件轻微裂缝，个别非承重构件明显破坏；附属构件有不同程度破坏	不需修理或需稍加修理，仍可继续使用
中等破坏	多数承重构件轻微裂缝，部分明显裂缝；个别非承重构件严重破坏	需一般修理，采取安全措施后可适当使用
严重破坏	多数承重构件严重破坏或部分倒塌	应排险大修，局部拆除
倒　塌	多数承重构件倒塌	需拆除

注：个别指5%以下，部分指30%以下，多数指超过50%。

纳入本篇的强制性条文，体现了达到上述抗震设防目标所需的质量控制重点，有关的责任方在实施、检查和监督时，必须注意与规范、规程的相关条文一起系统掌握，全面理解强制性条文的准确内涵。这些重点是：

1. 房屋的抗震设防依据正确，设防标准不得降低。

抗震设防烈度不低于6度的地区，所有房屋建筑都必须进行抗震设防，重点是抗震设防烈度和建筑抗震设防分类应符合抗震防灾的要求。纳入的强制性条文有5条，要求岩土工程师、建筑师、结构工程师和施工监理人员都必须遵守。

2. 房屋地基基础在强烈地震下保持稳定并能承受上部结构传来的荷载。

按照“先勘察，后设计，再施工”的工程建设程序，突出房屋抗震对勘察质量的控制要求，重点是正确评价建设场地条件、控制砂土和粉土液化危害和防止边坡地震滑移。纳入的强制性条文有5条，主要由岩土工程师予以保证。

3. 房屋的建筑布置和结构选型不出现地震作用下的安全隐患。

根据近来国内外的震害经验，强调各类房屋均不应采用危及抗震安全的严重不规则的建筑设计方案，重点是控制房屋各种几何尺寸、刚度和承载力不连续性的程度并采取相应措施。纳入的强制性条文有12条，主要由注册建筑师和注册结构工程师协同予以保证。

4. 正确确定房屋结构承受的地震作用效应和结构构件的抗震承载能力。

针对当前抗震设计计算的情况，除了正确选择计算模型和软件的应用外，重点是控制结构构件具有足够的抗震承载力。纳入的强制性条文有17条，主要由注册结构工程师予以保证。

5. 房屋的抗震措施和细部构造能够有效地提高结构整体性和变形能力，与结构抗震承载力密切配合，实现强烈地震下结构不倒塌或不发生危及生命的严重破坏的目标。

按照适度提高房屋建筑抗震安全性的要求，对材料强度和各类结构关键的细部抗震构造要求均有所调整，重点是控制混凝土结构的抗震等级和构件最小配筋、砌体结构的高度（层数）和整体连接、钢结构构件长细比和板件宽厚比、底框房屋转换构件等涉及抗震安全的关键技术要求。纳入的强制性条文有37条，主要由注册结构工程师和工程施工、监理人员协同予以保证。

1 抗震设防依据和分类

本章的强制性条文，包括抗震设防依据、抗震设防分类和抗震设防标准等三个方面的强制性要求。

一、房屋抗震设防依据

《建筑抗震设计规范》GB 50011—2001

1.0.2 抗震设防烈度为6度及以上地区的建筑，必须进行抗震设计。

1.0.4 抗震设防烈度必须按国家规定的权限审批、颁发的文件(图件)确定。

【技术要点说明】

为减轻和防御地震对房屋建筑的破坏，要求在抗震设防区的所有新建房屋都必须进行抗震设计，并且"抗震设防烈度必须按国家规定的权限审批、颁发的文件(图件)确定"。这是房屋抗震设计的最基本的、至关重要的要求。

1. 主要内容

抗震设防区，指地震基本烈度(50年设计基准期内超越概率10%的地震烈度)不低于6度的地区和其他法定文件确定的今后可能发生破坏性地震的地区。

房屋建筑的抗震设防烈度是作为一个地区(不是某个工程项目的小区)所有建筑抗震设防依据的地震烈度。所谓"按国家规定的权限审批、颁发的文件(图件)确定"，指《建筑抗震设计规范》GB 50011—2001在第1.0.5条及其条文说明提出的"双轨制"：一般情况，抗震设防依据采用地震基本烈度(或设计基本地震加速度对应的烈度)表示；已编制抗震设防区划的城市，抗震设防依据采用经批准的抗震设防烈度或设计地震动参数(如地面运动加速度峰值、反应谱值、地震影响系数曲线和地震加速度时程曲线)表示。

2. 相关规定，主要指《建筑抗震设计规范》GB 50011—2001的下列条款：

第3.2.2条给出了抗震设防烈度与设计基本地震加速度的关系，即：加速度0.05g为6度设防，加速度0.10g和0.15g为7度设防，加速度0.20g和0.30g为8度设防，加速度0.40g为9度设防，加速度＞0.40g为高于9度设防，其抗震设计应专门研究。

为使用方便，规范在附录A给出了县级及以上的城镇中心地区(如城关地区)的抗震设防烈度、设计基本地震加速度和设计地震分组；附录A中未列出的县级城镇属于地震基本烈度小于6度的地区，除非在批准的城市抗震设防区划中有规定，不要求考虑抗震设防。

【实施与检查的控制】

在设计总说明中，应明确其抗震设防烈度；在结构计算书中，设计地震分组应准确(一般情况下，设计地震第一组允许省略)。

城镇中心地区以外的乡镇和村镇，《建筑抗震设计规范》GB 50011—2001第3.2节的条文说明给出了按《中国地震动参数区划图(2001)》确定设防依据的方法：

1.《中国地震动参数区划图(2001)》的A1图给出的是"地震动峰值加速度"，地震基本烈度需按其附录D由地震动峰值加速度查到；抗震设防烈度一般按地震基本烈度采用。

2. 设计基本地震加速度可直接按区划图A1的“地震动峰值加速度”采用。然后，由《建筑抗震设计规范》GB 50011—2001表3.2.2确定对应的抗震设防烈度。当设计基本地震加速度为0.15g和0.30g时，设防烈度应加注设计基本地震加速度，即分别写为7度(0.15g)和8度(0.30g)。

3. 设计地震分组，是原抗震规范“设计近、远震”的发展，在《中国地震动参数区划图(2001)》特征周期分区(B1图)的基础上加以调整后确定。即：

设计地震第一组为原抗震规范“设计近震”的大部分区域，取区划图B1中位于0.35s和0.40s的所有区域；

设计地震第二组为原抗震规范“设计近震”的小部分区域，取区划图B1中位于0.45s且不属于第三组的大部分区域；

设计地震第三组基本上为原抗震规范“设计远震”的区域，取区划图B1中位于0.45s区域且属于由区划图A1的峰值加速度按其衰减规律确定的下列影响区域：

(1) 区划图A1的峰值加速度0.2g衰减至0.05g的影响区域；

(2) 区划图A1的峰值加速度≥0.3g衰减至0.1g及以下的影响区域；

(3) 区划图B1为0.45s同时区划图A1的峰值加速度≥0.4g衰减至0.2g及以下的影响区域。

按设防依据的“双轨制”，当采用抗震设防区划的设计地震动参数时，需要以按规定的权限批准的文件作为依据，应允许与抗震规范规定的一般情况的相应参数不同。

二、抗震设防分类

《建筑抗震设计规范》GB 50011—2001

3.1.1　建筑应根据其使用功能的重要性分为甲类、乙类、丙类、丁类四个抗震设防类别。甲类建筑应属于重大建筑工程和地震时可能发生严重次生灾害的建筑，乙类建筑应属于地震时使用功能不能中断或需尽快恢复的建筑，丙类建筑应属于除甲、乙、丁类以外的一般建筑，丁类建筑应属于抗震次要建筑。

【技术要点说明】

房屋建筑划分为不同的设防类别，并提出不同的设计要求，包括地震作用计算的取值水准和所采取的抗震措施，是在现有技术和经济条件下合理使用建设资金、减轻地震灾害的重要对策之一。

1. 主要内容

房屋建筑按其遭受地震破坏后的经济损失、社会影响程度及在抗震救灾中的作用等因素综合影响的大小，划分为甲、乙、丙、丁四个设防类别，这些因素是：

(1) 社会影响(包括环境影响、人员伤亡、政治影响等)和直接、间接经济损失的大小；

(2) 城市的大小和地位，行业的特点，工矿企业的规模；

(3) 建筑使用功能失效后，对全局影响的大小；包括对国际、国内、地区的影响，对生产、生活的影响，对抗震救灾的影响，导致次生灾害的可能等等；

(4) 建筑使用功能恢复的难易程度；

(5) 建筑各部分的重要性有显著不同时，可局部划分抗震设防类别；一个建筑群或一个规模大的建筑中，若不同部分在使用功能上的重要性有显著差异，则可调整某一区段及其相邻部分的设防类别。

(6) 不同行业间的相同建筑，当所处的地位及遭受破坏后的后果和影响不同时，抗震设防类别可不同；由于不同行业之间对规模、影响范围的具体定义尚缺少定量的比较指标，行业之间的设防类别只能在相对合理的情况下协调。

(7) 对于设计使用年限为100年的建筑，直接采用对应于重现期100年的地震作用，或利用抗震设防类别与设计使用年限50年区别对待，对此，尚需专门研究。

四个抗震设防类别的定义是：

甲类抗震设防的房屋，按上述因素综合分析后，应属于《防震减灾法》所指的重大建筑工程和可能发生严重次生灾害的建筑，其遭受地震破坏后有严重的社会、经济影响。

乙类抗震设防的房屋，按上述因素综合分析后，应属于地震中使用功能不能中断或需尽快恢复的房屋，其遭受地震破坏后对社会有较大影响，对国民经济有明显的损失。

丙类抗震设防的房屋，按上述因素综合分析后，属于量大面广的地震破坏后对社会、经济有一般影响的建筑。

丁类抗震设防的房屋，按上述因素综合分析后，应属于地震破坏后对社会、经济仅有轻微影响的建筑，通常指一般的仓库类、无次生灾害、非人员居住的建筑。

2. 相关规定，主要指抗震设防类别的具体划分，由《建筑抗震设防分类标准》GB 50223给出示例。其中，1995年版该分类标准第9.0.3条、第10.0.3条和第6.0.3条有关乙类建筑的房屋示例如下：

城市防灾建筑中：大、中城市和工矿企业的三级医院的住院、医技、门诊部建筑；
县、县级市二级医院的住院、医技、门诊部建筑；
县级以上急救中心的指挥、通信、运输系统建筑；
县级以上独立的采、供血机构的建筑；
50万人口以上城市的动力系统建筑；
消防车库。

民用建筑中：存放国家一、二级重要珍贵文物的博物馆；
大型影剧院、大型体育馆、大型零售商场等公共建筑。

这里，城市的大小按市区人口多少划分，通常，50万以上为大城市，20万以上不足50万为中等城市。医院的级别，按卫生行政主管部门的规定，三级医院指床位不少于500个且每床建筑面积不少于60m²，二级医院指床位不少于100个且每床建筑面积不少于45m²。大型影剧院，按《剧场建筑设计规范》JGJ 57—2000的规定，指观众席位不少于1200个；大型体育馆，按体育行政主管部门和《体育建筑设计规范》JGJ 31—2003的规定，指观众座位不少于6000个；大型零售商场，按《商店建筑设计规范》JGJ 48—1988等的规定，指同时满足固定资产5000万元以上、年营业额1.5亿元以上且建筑面积10000m²以上、营业面积5000m²以上人流密集的多层商业建筑，不包括仓储式、单层的大商场。城市动力系统建筑指承担城市抗震救灾的供电、供热、供水、供气等建筑，如热电站、主要变配电室、泵站、加压站、煤气站、油库等。目前，《建筑抗震设防分类标准》GB 50223正在修订，上述规模的部分界限今后可能有所调整。

【实施与检查的控制】

1. 考虑到一般的房屋建筑均应达到“小震不坏、中震可修、大震不倒”的抗震设防目标，在我国当前的经济条件下，地震作用和抗震措施同时提高要求的甲类建筑控制在极小的范围，即《防震减灾法》规定的重大建筑工程和可能发生严重次生灾害的建筑；防倒塌能力提高的乙类建筑也控制在较小的范围内；有条件的投资方可以采取更高要求的设防标准。

2. 建筑各部分的重要性有显著不同时，可局部划分抗震设防类别；对于商住楼和综合楼，在主楼与裙房相连时，有可能出现主楼为丙类设防而人流密集的多层裙房区段为乙类设防的房屋建筑。

三、抗震设防标准

《建筑抗震设计规范》GB 50011—2001

3.1.3　各抗震设防类别建筑的抗震设防标准，应符合下列要求：

1　甲类建筑，地震作用应高于本地区抗震设防烈度的要求，其值应按批准的地震安全性评价结果确定；抗震措施，当抗震设防烈度为6～8度时，应符合本地区抗震设防烈度提高一度的要求，当为9度时，应符合比9度抗震设防更高的要求。

2　乙类建筑，地震作用应符合本地区抗震设防烈度的要求；抗震措施，一般情况下，当抗震设防烈度为6～8度时，应符合本地区抗震设防烈度提高一度的要求，当为9度时，应符合比9度抗震设防更高的要求；地基基础的抗震措施，应符合有关规定。

对较小的乙类建筑，当其结构改用抗震性能较好的结构类型时，应允许仍按本地区抗震设防烈度的要求采取抗震措施。

3　丙类建筑，地震作用和抗震措施均应符合本地区抗震设防烈度的要求。

4　丁类建筑，一般情况下，地震作用仍应符合本地区抗震设防烈度的要求；抗震措施应允许比本地区抗震设防烈度的要求适当降低，但抗震设防烈度为6度时不应降低。

*《高层建筑混凝土结构技术规程》JGJ 3—2002 第3.3.1、第4.8.1条与本条等效。

3.3.2　建筑场地为Ⅰ类时，甲、乙类建筑应允许仍按本地区抗震设防烈度的要求采取抗震构造措施；丙类建筑应允许按本地区抗震设防烈度降低一度的要求采取抗震构造措施，但抗震设防烈度为6度时仍应按本地区抗震设防烈度的要求采取抗震构造措施。

【技术要点说明】

房屋的抗震设防标准不同，抗震安全性和所需的建设投资也不同。一旦设防标准偏低，其后果严重。

1. 主要内容

房屋的抗震设防标准是衡量抗震设防要求高低的尺度，由《建筑抗震设计规范》GB 50011—2001第2.1.2条给出定义，具体指抗震设计中地震作用取值标准和抗震措施的采用标准，它取决于当地的抗震设防烈度和建筑的抗震设防分类，可分为一般情况和例外两大类：

一般情况，建筑结构的地震作用，甲类建筑按地震安全性评价的结果确定，其余各类建筑均按当地的设防烈度确定；建筑结构的抗震措施，丙类建筑按当地设防烈度的要求，甲、乙类建筑按提高一度的要求，丁类建筑按适当降低而不按降低一度的要求。

例外的情况，即抗震规范有关条款另有规定的情况，上述设防标准允许有部分的调整。

2. 相关规定，指《建筑抗震设计规范》GB 50011—2001下列条款对设防标准的调整：

(1) 第 3.1.3 条 1、2 款给出，9 度设防的甲、乙类建筑，其抗震措施为高于 9 度，而不是提高一度。

(2) 第 3.1.3 条 2 款给出规模较小的乙类建筑设防标准的局部调整。较小的乙类建筑，如工矿企业的变电所、空压站、水泵房以及城市供水水源的泵房等，当改用抗震性能较好的结构类型时，例如由砌体结构改为钢筋混凝土结构，则抗震措施不必提高，允许仍按当地抗震设防烈度的要求采取抗震措施。

(3) 第 3.3.2 条和第 3.3.3 条给出某些场地条件下抗震设防标准的局部调整。根据震害经验，对Ⅰ类场地，除 6 度设防外均允许降低一度采取抗震措施中的抗震构造措施；对Ⅲ、Ⅳ类场地，当设计基本地震加速度为 $0.15g$ 和 $0.30g$ 时，宜(不是应)提高 0.5 度(即分别按 8 度和 9 度)采取抗震措施中的抗震构造措施。

(4) 第 4.3.6 条给出地基抗液化措施方面的规定：确定是否液化及液化等级与设防烈度有关而与设防类别无关；但对同样的液化等级，抗液化措施随设防类别提高而提高，只是具体的规定不采用提高一度或降低一度的方法处理。

(5) 第 6.1.1 条给出混凝土结构抗震措施之一(最大适用高度)的局部调整：乙类建筑的最大适用高度与丙类建筑相同，不按提高一度的规定采用。

【实施与检查的控制】

1. 甲类房屋建筑地震作用计算取值标准的掌握。

甲类房屋建筑，应按高于当地抗震设防烈度取值，其值应按批准的地震安全性评价的结果确定。这意味着，提高的幅度应经专门研究，并需要按规定的权限审批。限于当前的技术水平，有时按地震安全性评价结果所提供的参数计算的地震作用小于按设防烈度和规范方法计算的结果，则仍需比按规范方法的计算结果有所提高。条件许可时，专门研究可包括基于建筑地震破坏损失和投资关系的优化原则确定的方法。

在设防烈度为 6 度的地区，除有具体规定的房屋外，规范不要求进行地震作用计算。但是，对甲类房屋建筑，按全面提高抗震设防的要求，则需进行高于 6 度的地震作用计算。

2. 抗震措施和抗震构造措施要求高低的掌握。

各类房屋建筑的抗震设计中，地震作用计算和抗震措施是两个不可分割的有机组成部分。确定了地震作用取值、抗力计算和抗震措施，则确定了抗震设计的全部内容。由于地震动的不确定性和复杂性，在现有的技术水平和经济条件下，抗震措施不仅是对地震作用计算的重要补充，也是抗震设计中不可缺少和替代的组成部分。对不同设防类别的建筑采取不同的抗震措施，体现了在抗震安全性上区别对待的原则。

《建筑抗震设计规范》GB 50011—2001 第 2.1.9 条和第 2.1.10 条给出抗震措施和抗震构造措施的定义。"抗震措施"是除了地震作用计算和构件抗力计算以外的抗震设计内容，包括建筑总体布置、结构选型、地基抗液化措施、考虑概念设计对地震作用效应(内力和变形等)的调整，以及各种抗震构造措施；"抗震构造措施"是指根据抗震概念设计的原则，一般不需计算而对结构和非结构各部分所采取的细部构造。因此，抗震措施的提高和降低，包括规范各章中除地震作用计算和抗力计算的所有规定；而抗震构造措施只是抗震措施的一部分，其提高和降低的规定仅涉及到抗震设防标准的部分调整问题。

各类房屋建筑抗震措施的提高和降低与场地条件无关，但在Ⅰ类场地及 $0.15g$ 和 $0.30g$ 的Ⅲ、Ⅳ类场地条件下，抗震措施中的抗震构造措施需要局部调整。表 6-2 汇总了相关的抗震构造调整要求，供参考：

乙、丙、丁类建筑的抗震措施和抗震构造措施　　**表 6-2**

类别	设防烈度	6		7		7(0.15g)	8		8(0.30g)	9	
	场地类别	Ⅰ	Ⅱ～Ⅳ	Ⅰ	Ⅱ～Ⅳ	Ⅲ、Ⅳ	Ⅰ	Ⅱ～Ⅳ	Ⅲ、Ⅳ	Ⅰ	Ⅱ～Ⅳ
乙类	抗震措施	6	6	8	8	8	9	9	9	9^{*}	9^{*}
	抗震构造措施	6	6	7	8	8^{*}	8	9	9^{*}	9	9^{*}
丙类	抗震措施	6	6	7	7	7	8	8	8	9	9
	抗震构造措施	6	6	6	7	8	7	8	9	8	9
丁类	抗震措施	6	6	7^{-}	7^{-}	7^{-}	8^{-}	8^{-}	8^{-}	9^{-}	9^{-}
	抗震构造措施	6	6	6	7^{-}	7	7	8^{-}	8	8	9^{-}

注：8^{*}、9^{*} 表示比 8、9 度更高的要求；

7^{-}表示比 7 度适当降低的要求；8^{-}表示比 8 度适当降低的要求；9^{-}表示比 9 度适当降低的要求。

2 基本规定

2.1 场地和地基

在确定房屋建筑的抗震设防依据和设防标准之后，按照“先勘察、后设计”的原则，岩土工程勘察不仅是为房屋设计提供依据，也是把好房屋抗震质量的第一道关口，对地基基础的安全和投资有重要影响，而且对上部结构的地震作用大小、抗震构造措施和抗震投资有明显的影响。本节强制性条文的内容，包括场地勘察、地基液化判别和地基基础设计等三方面的强制性要求。

一、场地勘察的抗震质量控制

《建筑抗震设计规范》GB 50011—2001

3.3.1 选择建筑场地时，应根据工程需要，掌握地震活动情况、工程地质和地震地质的有关资料，对抗震有利、不利和危险地段作出综合评价。对不利地段，应提出避开要求；当无法避开时应采取有效措施。不应在危险地段建造甲、乙、丙类建筑。

4.1.6 建筑的场地类别，应根据土层等效剪切波速和场地覆盖层厚度按表 4.1.6 划分为四类。当有可靠的剪切波速和覆盖层厚度且其值处于表 4.1.6 所列场地类别的分界线附近时，应允许按插值方法确定地震作用计算所用的设计特征周期。

各类建筑场地的覆盖层厚度(m)　　表 4.1.6

等效剪切波速(m/s)	场地类别			
	Ⅰ	Ⅱ	Ⅲ	Ⅳ
$v_{se}>500$	0			
$500\geqslant v_{se}>250$	<5	≥5		
$250\geqslant v_{se}>140$	<3	3~50	>50	
$v_{se}\leqslant 140$	<3	3~15	>15~80	>80

4.1.9 场地岩土工程勘察，应根据实际需要划分对建筑有利、不利和危险的地段，提供建筑的场地类别和岩土地震稳定性(如滑坡、崩塌、液化和震陷特性等)评价，对需要采用时程分析法补充计算的建筑，尚应根据设计要求提供土层剖面、场地覆盖层厚度和有关的动力参数。

【技术要点说明】

地震造成建筑的破坏，除地震动直接引起的结构破坏外，还有场地的原因，诸如：地基不均匀沉陷，砂性土(饱和砂土和饱和粉土)液化，滑坡，地表错动和地裂，局部地形地貌的放大作用等。为了减轻场地造成的地震灾害、保证勘察质量能满足抗震设计的需要，提出了场地选择、场地类别划分和岩土工程勘察报告的强制性要求。

1. 主要内容

在抗震设计中，场地指具有相似的反应谱特征的房屋群体所在地，不仅仅是房屋基础下的地基土，其范围相当于厂区、居民点和自然村，在平坦地区面积一般不小于 1km²。

2002 年版强制性条文抗震设计篇中对工程勘察的强制性要求，是在一般的岩土工程勘察要求基础上补充了抗震设计所必需包含的内容，规范第 4.1.9 条要求，供抗震设计用的勘察工作内容和深度，应根据场地的实际情况和工程需要决定，主要包括场地地段划分、确定场地类别、液化判别和处理、不利地段的岩土稳定性评价，以及对需要用时程分析方法的工程提供覆盖层范围内各土层的动力参数等。

其中，选择有利于抗震的建筑场地，是减轻场地引起的地震灾害的第一道工序，规范第 3.3.1 条规定选择建筑场地时，应对建筑场地的有利、不利和危险地段做出综合评价，选择有利地段，避开不利地段；当无法避开不利地段时应采取适当的抗震措施；不应在危险地段建造甲、乙、丙类建筑。

鉴于场地类别是房屋抗震设计的重要参数，规范第 4.1.6 条规定依据覆盖土层厚度和代表土层软硬程度的土层等效剪切波速，将建筑的场地类别划分为四类。波速很大或覆盖层很薄的场地划为Ⅰ类，波速很低且覆盖层很厚的场地划为Ⅳ类；处于二者之间的相应划分为Ⅱ类和Ⅲ类。

2. 相关规定，主要指《建筑抗震设计规范》GB 50011—2001 的下列条款：

(1) 第 4.1.1 条给出划分建筑场地有利、不利和危险地段的依据。即，有利地段为稳定基岩，坚硬土，开阔、平坦、密实、均匀的中硬土等；不利地段为软弱土，液化土，条状突出的山嘴，高耸孤立的山丘，非岩质的陡坡，河岸和边坡的边缘，平面分布上成因、岩性、状态明显不均匀的土层(如故河道、疏松的断层破碎带、暗埋的塘浜沟谷和半填半挖地基)等；危险地段为地震时可能发生滑坡、崩塌、地陷、地裂、泥石流等及发震断裂带上可能发生地表位错的部位。

(2) 关于场地类别划分，第 4.1.3 条给出对剪切波速测试孔的最少数量要求：对初步勘察阶段，大面积的同一地质单元不少于三个；对密集的高层建筑，每幢建筑不少于一个；第 4.1.5 条给出土层等效剪切波速确定方法：取 20m 深度和场地覆盖层厚度较小值范围内各土层中剪切波速以传播时间为权的平均值；第 4.1.4 条给出场地覆盖层厚度定义：从地面至剪切波速大于 500m/s 的基岩或坚硬土层或假想基岩的距离，扣除剪切波速大于 500m/s 的硬夹层。

(3) 液化的判别和处理，详见本节后面对第 4.3.2 条的说明；需要应用时程分析法进行补充计算的建筑，按照第 5.1.2 条确定；岩土稳定性评价，可参照第 4.1.7 条、第 4.3.11 条。

【实施与检查的控制】

1. 勘察内容应根据实际的土层情况确定：有些地段，既不属于有利地段，也不属于不利地段，而属于一般地段，不需要划分有利或不利；不存在饱和砂土和饱和粉土时，不判别液化，若判别结果为不考虑液化，也不属于不利地段；无法避开的不利地段，要在详细查明地质、地貌、地形条件的基础上，提供滑坡、崩塌、软土震陷等岩土稳定性评价。

2. 场地地段的划分，是在选择建筑场地的勘察阶段进行的，要根据地震活动情况和工程地质资料进行综合评价。对软弱土、液化土等不利地段，要按抗震规范的相关规定提出相应的措施。

3. 场地类别划分，不要误为“场地土类别”划分，要依据场地覆盖层厚度和场地土层软硬程度这两个因素。其中，土层软硬程度不再采用原抗震规范的“场地土类型”这个提法，一律采用“土层的等效剪切波速”值反映。考虑到场地是一个较大范围的区域，对于多层砌体结构，场地类别与抗震设计无直接关系，可略放宽场地类别划分的要求：在一个小区，应有满足最少数量且深度达到 20m 的钻孔；对深基础和桩基，均不改变其场地类别，必要时可通过考虑地基基础与上部结构共同工作的分析结果，适当减小计算的地震作用。

4. 计算等效剪切波速时，土层的分界处应有波速测试值，波速测试孔的土层剖面应能代表整个场地；覆盖层厚度和等效剪切波速都不是严格的数值，有±15%的误差属正常范围，当上述两个因素距相邻两类场地的分界处属于上述误差范围时，允许勘察报告说明该场地界于两类场地之间，以便设计人员通过插入法确定设计特征周期。

5. 确定“假想基岩”的条件是下列二者之一：其一，该土层以下的剪切波速均大于 500m/s；其二，相邻土层剪切波速比大于 2.5，且同时满足土层剪切波速大于 400m/s 和埋深大于 5m 的条件。因此，剪切波速大于 500m/s 的透镜体应属于覆盖层的范围；而剪切波速大于 500m/s 的火山岩硬夹层应从覆盖层厚度中扣除。

6. 提供覆盖层范围内各土层的动力参数，包括不同变形状态下的动变形模量和阻尼比，是为了在采用时程分析法计算时形成场址的人工地震波，设计单位无此要求时可不做。

二、地基液化的判别和处理的质量控制

《建筑抗震设计规范》GB 50011—2001

4.3.2 存在饱和砂土和饱和粉土(不含黄土)的地基，除 6 度设防外，应进行液化判别；存在液化土层的地基，应根据建筑的抗震设防类别、地基的液化等级，结合具体情况采取相应的措施。

【技术要点说明】

地震时由于砂性土(包括饱和砂土和饱和粉土)液化而导致震害的事例不少，需要引起重视。

1. 主要内容

地基和场地是相互联系又有明显差别的两个概念。“地基”是指直接承受基础和上部结构重力的地表下一定深度范围内的土壤或岩石，只是场地的一个组成部分。作为强制性条文，本条较全面地规定了减少地基液化危害的对策：首先，液化判别的范围为，除 6 度设防外存在饱和砂土和饱和粉土的土层；其次，一旦属于液化土，应确定地基的液化等级；最后，根据液化等级和建筑抗震设防分类，选择合适的处理措施，包括地基处理和对上部结构采取加强整体性的相应措施等。

2. 相关规定，主要指《建筑抗震设计规范》GB 50011—2001 的下列条款：

(1) 液化判别分两步：初步判别和标准贯入判别，若初步判别为可不考虑液化影响，则不必进行标准贯入判别。初步判别要依据地质年代、上覆非液化土层厚度和地下水位，第 4.3.3 条给出了相关规定；标准贯入判别要依据未经杆长修正的标准贯入锤击数，第 4.3.4 条给出了相关规定。

(2) 液化等级的确定，应依据各液化土层的深度、厚度及标准贯入锤击数，第 4.3.5 条给出了先计算液化指数再确定液化等级的方法。

(3) 第 4.3.6 条给出平坦场地的抗液化措施分类，共有全部消除液化沉陷、部分消除液化沉陷、地基和上部结构处理三种方法，有时也可不采取措施。三种抗液化措施的具体要求，分别在规范第4.3.7条、第4.3.8条和第4.3.9条给出。

(4) 液化面倾斜的地基，当处于故河道、现代河滨或海滨时，规范第4.3.10条给出了抗液化措施。

【实施与检查的控制】

1. 凡初判法认定为不液化或不考虑液化影响，不能再用标准贯入法判别，否则可能出现混乱。用于液化判别的黏粒含量，因沿用20世纪70年代的试验数据，需要采用六偏磷酸钠作分散剂测定，采用其他方法时应按规定换算。

2. 液化判别的标准贯入数据，每个土层至少应有6个数据。深基础和桩基的液化判别深度应为20m。

3. 计算地基液化指数时，需对每个钻孔逐一计算，然后对整个地基综合评价。

4. 采取抗液化工程措施的基本原则是根据液化的可能危害程度区别对待，尽量减少工程量。对基础和上部结构的综合治理，可同时采用多项措施。对较平坦均匀场地的土层，液化的危害主要是不均匀沉陷和开裂；对倾斜场地，土层液化的后果往往是大面积土体滑动导致建筑破坏，二者危害的性质不同，抗液化措施也不同。规范仅对故河道等倾斜场地的液化侧向扩展和液化流滑提出处理措施。

5. 液化判别、液化等级不按抗震设防类别区分，但同样的液化等级，不同设防类别的建筑有不同的抗液化措施。因此，乙类建筑仍按本地区设防烈度的要求进行液化判别并确定液化等级，再相应采取抗液化措施。

6. 震害资料表明，6度时液化对房屋建筑的震害比较轻微。因此，6度设防的一般建筑不考虑液化影响，仅对不均匀沉陷敏感的乙类建筑需要考虑液化影响，对甲类建筑则需要专门研究。

三、地基基础设计的抗震质量控制

《建筑抗震设计规范》GB 50011—2001

4.2.2　天然地基基础抗震验算时，应采用地震作用效应标准组合，且地基抗震承载力应取地基承载力特征值乘以地基抗震承载力调整系数计算。

4.4.5　液化土中桩的配筋范围，应自桩顶至液化深度以下符合全部消除液化沉陷所要求的深度，其纵向钢筋应与桩顶部相同，箍筋应加密。

【技术要点说明】

地基土在有限次循环动力作用下的动强度，一般比静强度略高，同时地震作用下的结构可靠度容许比静载下有所降低，因此，在地基抗震验算时，除了按《建筑地基基础设计规范》GB 50007—2002的规定进行作用效应组合外，对其承载力也应有所调整。为确保液化地基上桩基的抗震质量，还对桩基配筋构造提出强制性要求。

1. 主要内容

地基抗震验算时，包括天然地基和桩基，其地震作用效应组合应采用标准组合，即，重力荷载代表值和地震作用效应的分项系数均取1.0。

地基的抗震承载力，按《建筑地基基础设计规范》GB 50007—2002采用承载力特征值表示，应对静力设计的承载力特征值加以修正，乘以天然地基和桩基的抗震承载力特征值调整系数。

液化土中的桩基，桩的配筋范围应超过液化土的深度，其纵向钢筋应与桩顶相同，箍筋应加密。

2. 相关规定，主要指《建筑抗震设计规范》GB 50011—2001 的下列条款：

(1) 第 4.2.3 条给出天然地基抗震承载力特征值的调整系数，静力设计的特征值越大，调整系数越大，但不超过 1.5。

(2) 第 4.4.2 条给出非液化土中桩基的抗震承载力特征值的调整：竖向和横向均提高 25%。

(3) 第 4.4.3 条给出液化土中桩周摩阻力和水平抗力的折减，依据实际标准贯入锤击数与液化临界标准贯入锤击数的比值，取 1/3～2/3 的折减系数。

(4) 液化土中桩基超过液化深度的配筋范围，按规范第 4.3.7 条给出的全部消除液化沉陷时对桩端伸入稳定土层的最小长度采用。

【实施与检查的控制】

1. 抗震承载力是在静力设计的承载力特征值基础上进行调整，而静力设计的承载力特征值应按《建筑地基基础设计规范》GB50007—2002 做基础深度和宽度的修正，因此，不可先做抗震调整后再进行深度和宽度修正。

2. 地基基础的抗震验算一般采用所谓"拟静力法"，即将施加于基础上的地震作用当作静力，然后验算这种条件下的承载力和稳定性。天然地基抗震验算公式与《建筑地基基础设计规范》GB 50007—2002 相同，平均压力和最大压力的计算均应取标准组合。

3. 基础构件的验算，包括天然地基的基础高度、桩基承台、桩身等，仍采用地震作用效应基本组合进行构件的抗震截面验算。

4. 地基基础的有关设计参数应与勘察成果相符；基础选型应与岩土工程勘察成果协调。

5. 液化地基中，桩的配筋范围应符合规定。

2.2 建筑布置和结构选型

《建筑抗震设计规范》GB 50011—2001

3.4.1 建筑设计应符合抗震概念设计的要求，不应采用严重不规则的设计方案。

3.5.2 结构体系应符合下列各项要求：

1 应具有明确的计算简图和合理的地震作用传递途径。

2 应避免因部分结构或构件破坏而导致整个结构丧失抗震能力或对重力荷载的承载能力。

3 应具备必要的抗震承载力，良好的变形能力和消耗地震能量的能力。

4 对可能出现的薄弱部位，应采取措施提高抗震能力。

3.7.1 非结构构件，包括建筑非结构构件和建筑附属机电设备，自身及其与结构主体的连接，应进行抗震设计。

【技术要点说明】

根据宏观震害经验，在同一次地震中，体型复杂的房屋比体型规则的房屋容易破坏，甚至倒塌。由于结构所受地震作用的不确定性和复杂性，单纯依赖计算分析很难有效地控制结构的整体抗震安全性，必须同时做好概念设计。合理的建筑布置和正确的结构选型是抗震设计的重要概念。

1. 主要内容

第 3.4.1 条强调，建筑设计不应采用严重不规则的建筑方案。这里，规则的建筑结构体现在体型(平面和立面的形状)简单,抗侧力体系的刚度和承载力上下变化连续、均匀,平面布置基本对称,即在平面、竖向图形或抗侧力体系上,没有明显的、实质的不连续(突变)。严重不规则,指体型复杂,多项实质性的突变指标或界限超过规定或某一项大大超过规定,具有严重的抗震薄弱环节,可能导致地震破坏的严重后果者,意味着该建筑方案在现有经济技术条件下,存在明显的地震安全隐患。

第3.5.2条强调,结构体系应受力明确、传力合理、具备必要的承载力和良好延性。要防止局部的加强导致整个结构刚度和强度不协调;有意识地控制薄弱层,使之有足够的变形能力又不发生薄弱层(部位)转移,是提高结构整体抗震能力的有效手段。结构设计应尽可能在建筑方案的基础上采取措施避免薄弱部位的地震破坏导致整个结构的倒塌;一旦不改变建筑方案无法在现有经济技术条件下采取措施防止倒塌,则应根据第3.4.1条的规定,明确要求对建筑方案进行调整。

第3.7.1条要求,非结构构件(指自身强度很低或与主体结构连接强度低的构件,包括建筑构件和建筑附属机电设备)自身及其连接需要进行抗震设计,以避免非结构构件的地震破坏影响人身安全和使用功能。

2. 相关规定,主要指《建筑抗震设计规范》GB 50011—2001的下列条款:

(1) 第3.4.2条给出对混凝土结构和钢结构规则性的一些主要定量界限,共六个方面:

扭转不规则,指按刚性楼盖计算时,楼层抗侧力构件的最大位移(包括最大层间位移)与平均位移的比值较大;

平面尺寸凹凸不规则,指平面轮廓线的凹凸较大;

局部楼板不连续,指除楼梯间外的楼板开洞面积较大,或含较大的错层;

侧向刚度不规则,指结构楼层的侧向刚度、尺寸沿竖向突变;

竖向构件不连续,指抗侧力的墙、柱、支撑等不直接落地;

竖向承载力突变,指相邻层的层间受剪承载力突变。

(2) 第3.4.3条给出对混凝土结构和钢结构不规则性的一些上限要求。

(3) 第3.4.4条提醒,砌体结构等的规则性要遵守有关章节的专门规定:如本篇后面提到的规范第7.1.5条~7.1.7条对多层砌体房屋的专门规定,规范第7.1.8条对底部框架砖房的专门规定,规范第10.1.2条~10.1.6条对单层空旷房屋的专门规定。其中,对于多层砌体房屋的建筑结构布置,需要注意以下几点:

① 砌体抗震墙体不得随意外挑或缩进,这类墙体应通过合理的传力途径将其地震力向下传递到基础,还要防止竖向刚度和承载力的突变。

② 纵横向墙体的布置,不要导致两个方向的刚度有显著的差异。《建筑抗震设计规范》GB 50011—2001第3.5.3条有相应的要求。

③ 窗间墙的局部尺寸不能过小,个别很小的不承担地震力的小墙垛,要采取措施使其损坏后不丧失对重力荷载的承载能力;墙体洞口的位置离开纵横墙交界处要有足够的尺寸,不应影响纵横墙的整体连接。

④ 不要随意将承载力不足的砌体墙改为钢筋混凝土墙,在一个结构单元采用不同材料的抗震墙体,由于材料弹性模量、变形能力等的不同,承担的水平地震作用不同,如设计不当,地震时容易被各个击破。这种结构布置超出现行抗震规范、规程的适用范围,应按《建筑工程勘察设计管理条例》第29条规定执行。当然,在2002年版强制性条文规定的最大横墙

间距范围内，可以设置少量的符合钢筋混凝土结构构件要求（从基础、截面尺寸、配筋和保护层厚度等均符合要求）的受力柱承担重力荷载，但整个结构在两个方向的地震剪力仍全部由砌体墙承担。

(4) 设置防震缝是减少房屋平面不规则和竖向不规则的一种手段，规范第 3.4.5 条、第 3.4.6 条给出了相关要求。

(5) 第 3.5.1 条给出结构体系选择的相关要求：根据建筑的重要性、设防烈度、房屋高度、场地、地基、基础、材料和施工等因素，经技术、经济分析比较综合确定；第 3.5.3 条还给出了结构体系宜遵守的要求。

(6) 第 3.7.2 条提醒，非结构构件的抗震设计应由相关专业的设计人员完成，而不是一概由结构专业完成。对于设备和管线，抗震设计内容主要指锚固和连接。对砌体填充墙，规范第 13.3.3 条给出了相关的设计要求。

【实施与检查的控制】

1. 所谓规则，包含了对建筑平、立面外形，抗侧力构件布置、质量分布，直至承载力分布等诸多因素的综合要求，很难一一用若干个简化的定量指标划分，规范第 3.4.2 条只给出基本界限。

2. 设防烈度不同，规范所列举的不规则建筑方案的界限相同，但设计要求有所不同。烈度越高，不仅仅是需要采取的措施增加，体现各种概念设计的调整系数也要加大。

3. 规范第 3.4.3 条给出的是混凝土结构、钢结构不规则的上限；竖向不规则的上限，还应包括各类结构规定的相邻层上下刚度比限值。不同的结构类型，由于可采取的措施不同，不规则的定量指标也不尽相同。对砌体结构而言属于严重不规则的建筑方案，若改用混凝土结构，则可能通过采取有效的抗震措施使之转化为非严重不规则的方案。例如，较大错层的多层砌体房屋，其总层数比没有错层时多一倍，则房屋的总层数可能超过砌体房屋层数的强制性限值，不能采用砌体结构；改为混凝土结构，只对房屋总高度有最大适用高度的控制。对属于严重不规则的普通钢筋混凝土结构，改为钢结构，也可能通过采取措施将严重不规则转化为一般不规则或特别不规则。

4. 对于不落地构件通过次梁转换的问题，应慎重对待。少量的次梁转换，设计时对不落地构件（混凝土墙、砖抗震墙、柱、支撑等）的地震作用如何通过次梁传递到主梁又传递到落地竖向构件要有明确的计算，并采取相应的加强措施，方可视为有明确的计算简图和合理的传递途径。

5. 结构薄弱层和薄弱部位的判别、验算及加强措施，应针对具体情况正确处理，使其确实有效。

6. 一个体型不规则的房屋，要达到国家标准规定的抗震设防目标，在设计、施工、监理方面都需要投入较多的力量，需要较高的投资，有时可能是不切实际的。因此，严重不规则的建筑方案应予以修改、调整。一般的不规则建筑方案，可按规范第 3.4.3 条的规定进行抗震设计；同时有多项明显不规则或仅某项不规则接近上限的建筑方案，只要不属于严重不规则，结构设计人员应采取比第 3.4.3 条要求更加有效的措施。其中，对于高层建筑，应按建设部第 111 号令的要求，在初步设计阶段，由建设单位向工程所在地的省级建设行政主管部门提出超限建造的申请，经专家委员会审查通过后方可进行施工图设计。

2.3 结 构 材 料

《建筑抗震设计规范》GB 50011—2001

3.9.1 抗震结构对材料和施工质量的特别要求,应在设计文件上注明。

3.9.2 结构材料性能指标,应符合下列最低要求:

1 砌体结构材料应符合下列规定:

1) 烧结普通黏土砖和烧结多孔黏土砖的强度等级不应低于 MU10,其砌筑砂浆强度等级不应低于 M5;

2) 混凝土小型空心砌块的强度等级不应低于 MU7.5,其砌筑砂浆强度等级不应低于 M7.5。

2 混凝土结构材料应符合下列规定:

1) 混凝土的强度等级,框支梁、框支柱及抗震等级为一级的框架梁、柱、节点核芯区,不应低于 C30;构造柱、芯柱、圈梁及其他各类构件不应低于 C20;

2) 抗震等级为一、二级的框架结构,其纵向受力钢筋采用普通钢筋时,钢筋的抗拉强度实测值与屈服强度实测值的比值不应小于 1.25;且钢筋的屈服强度实测值与强度标准值的比值不应大于 1.3。

3 钢结构的钢材应符合下列规定:

1) 钢材的抗拉强度实测值与屈服强度实测值的比值不应小于 1.2;

2) 钢材应有明显的屈服台阶,且伸长率应大于 20%;

3) 钢材应有良好的可焊性和合格的冲击韧性。

【技术要点说明】

抗震结构对材料选用的质量控制要求,主要是高强轻质并减少材料的脆性。

1. 主要内容

第 3.9.1 条规定,抗震结构对材料和施工质量的特别要求,设计人员应在设计文件上注明。

第 3.9.2 条规定,施工和监理人员应使结构材料性能达到抗震结构所需的最低强度指标、屈强比、延伸率、可焊性和冲击韧性。

2. 相关规定,主要指《建筑抗震设计规范》GB 50011—2001 的下列条款:

抗震结构对材料性能的其他要求,在第 3.9.3 条、第 3.9.5 条给出。

抗震结构对施工技术的特别要求,在第 3.9.4 条、第 3.9.6 条给出,包括纵向钢筋替换、构造柱施工顺序等。

【实施与检查的控制】

1. 第 3.9.1 条的规定,是针对设计人员的,要求在结构设计总说明中特别注明的,主要是材料的最低强度等级、某些特别的施工顺序和纵向受力钢筋等强替换规定,对于材料自身应具有的性能,只要明确要求符合相关产品标准即可。

2. 严格控制各类砌体块材、砌筑砂浆、混凝土的最低强度等级。考虑到我国各地经济发展不平衡,抗震规范对材料强度等级的最低要求是较低的,若施工中不能达到,作为质量事故对待。

3. 控制钢筋的实际抗拉强度、屈服强度和强度标准值之间的关系,避免超强过多,有助于混凝土结构强柱弱梁、强剪弱弯要求的实现。2002 年版强制性条文规定的性能指标,按新的冶金部产品标准作了调整,此前生产的产品,允许仍按 2000 年版的指标控制。

4. 严格控制结构用钢材的实际抗拉强度与屈服强度的关系及延伸率。冲击韧性是抗震结构的要求，采用国外钢材时，也应符合我国国家标准的要求。我国国家产品标准中，A级钢对冲击韧性不要求或不保证，故不宜采用。第3.9.5条对钢板厚度方向截面收缩率的要求，是为了防止焊接及受拉时厚钢板产生层状撕裂。

2.4 地震作用和结构抗震验算

结构所受的地震作用，是由地震地面运动引起的一种动态间接作用，按国家标准《建筑结构设计术语和符号标准》(GB/T 50083—1997)的规定，间接作用不再称为"荷载"。本节强制性条文的内容，包括地震作用计算和结构抗震验算两方面的强制性要求。

一、地震作用计算的质量控制

《建筑抗震设计规范》GB 50011—2001

5.1.1 各类建筑结构的地震作用，应符合下列规定：

1 一般情况下，应允许在建筑结构的两个主轴方向分别计算水平地震作用并进行抗震验算，各方向的水平地震作用应由该方向抗侧力构件承担。

2 有斜交抗侧力构件的结构，当相交角度大于15°时，应分别计算各抗侧力构件方向的水平地震作用。

3 质量和刚度分布明显不对称的结构，应计入双向水平地震作用下的扭转影响；其他情况，应允许采用调整地震作用效应的方法计入扭转影响。

4 8、9度时的大跨度和长悬臂结构及9度时的高层建筑，应计算竖向地震作用。

注：8、9度时采用隔震设计的建筑结构，应按有关规定计算竖向地震作用。

*《高层建筑混凝土结构技术规程》JGJ 3—2002第3.3.2条与本条等效。

5.1.3 计算地震作用时，建筑的重力荷载代表值应取结构和构配件自重标准值和各可变荷载组合值之和。各可变荷载的组合值系数，应按表5.1.3采用。

组合值系数　表5.1.3

可变荷载种类		组合值系数
雪荷载		0.5
屋面活荷载		不计入
按实际情况计算的楼面活荷载		1.0
按等效均布荷载计算的楼面活荷载	藏书库、档案库	0.8
	其他民用建筑	0.5

5.1.4 建筑结构的地震影响系数应根据烈度、场地类别、设计地震分组和结构自振周期以及阻尼比确定。其水平地震影响系数最大值应按表5.1.4-1采用；特征周期应根据场地类别和设计地震分组按表5.1.4-2采用，计算8、9度罕遇地震作用时，特征周期应增加0.05s。

注：1 周期大于6.0s的建筑结构所采用的地震影响系数应专门研究。

2 已编制抗震设防区划的城市，应允许按批准的设计地震动参数采用相应的地震影响系数。

水平地震影响系数最大值　表 5.1.4-1

地震影响	6 度	7 度	8 度	9 度
多遇地震	0.04	0.08(0.12)	0.16(0.24)	0.32
罕遇地震	—	0.50(0.72)	0.90(1.20)	1.40

注：括号中数值分别用于设计基本地震加速度为 0.15g 和 0.30g 的地区。

特征周期值(s)　表 5.1.4-2

设计地震分组	场地类别			
	Ⅰ	Ⅱ	Ⅲ	Ⅳ
第一组	0.25	0.35	0.45	0.65
第二组	0.30	0.40	0.55	0.75
第三组	0.35	0.45	0.65	0.90

5.2.5　抗震验算时，结构任一楼层的水平地震剪力应符合下式要求：

$$V_{Eki} > \lambda \sum_{j=i}^{n} G_j \qquad (5.2.5)$$

式中　V_{Eki}——第 i 层对应于水平地震作用标准值的楼层剪力；

λ——剪力系数，不应小于表 5.2.5 规定的楼层最小地震剪力系数值，对竖向不规则结构的薄弱层，尚应乘以 1.15 的增大系数；

G_j——第 j 层的重力荷载代表值。

楼层最小地震剪力系数值　表 5.2.5

类　别	7 度	8 度	9 度
扭转效应明显或基本周期小于 3.5s 的结构	0.016 (0.024)	0.032 (0.048)	0.064
基本周期大于 5.0s 的结构	0.012 (0.018)	0.024 (0.032)	0.040

注：1　基本周期介于 3.5s 和 5s 之间的结构，可插入取值；

2　括号内数值分别用于设计基本地震加速度为 0.15g 和 0.30g 的地区。

*《高层建筑混凝土结构技术规程》JGJ 3—2002 第 3.3.13 条与本条等效。

【技术要点说明】

静力设计中，各类结构的荷载取值是一个十分重要的设计参数；同样，在抗震设计中，正确的地震作用取值也是十分重要的。

1. 主要内容

第 5.1.1 条规定了各类结构应考虑的地震作用方向，强调有斜向抗侧力构件时应计算斜向地震作用；明显不对称结构应计算双向水平地震作用的扭转地震效应，其余结构用调整地震作用效应系数的方法考虑扭转地震效应；大跨度和长悬臂结构应计算竖向地震作用。

第 5.1.3 条规定了各类结构计算地震作用时结构重力荷载代表值的取值，即结构及其构件自重和竖向可变荷载(活荷载、雪荷载等)的组合。

第 5.1.4 条规定了不同设防烈度、设计地震分组和场地类别的地震影响系数的基本设计参数——最大值和设计特征周期。

第 5.2.5 条规定了所有结构，包括钢结构、混合结构、隔震减震结构等高柔结构的最小楼层地震剪力控制值，对刚度突变的软弱层等薄弱层，最小楼层地震剪力还需再适当增大。

2. 相关规定，主要指《建筑抗震设计规范》GB 50011—2001 的下列条款：

(1) 第 5.1.1 条、第 5.1.2 条等给出了各类结构抗震设计计算方法，可用图 6-1 表示。

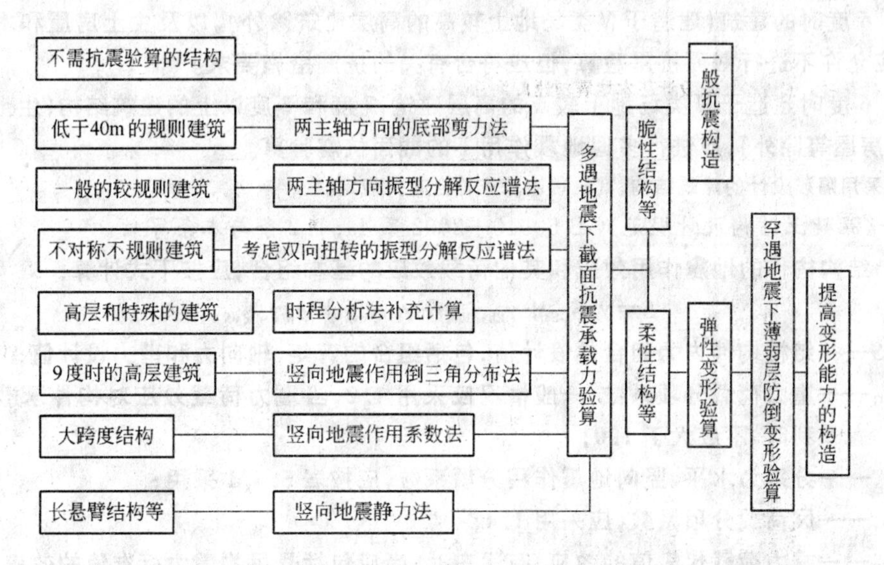

图 6-1　建筑结构抗震设计计算方法汇总

(2) 第 5.1.5 条给出了不同阻尼比的地震影响系数，包括各种阻尼对最大值、曲线下降段衰减指数和倾斜下降段斜率的调整。

(3) 第 8.2.2 条给出了多层和高层钢结构房屋的阻尼比。

(4) 第 5.2.3 条 1 款给出规则结构估计扭转影响的地震作用效应调整方法。

此外，对混凝土结构的框支梁等转换构件，《高层建筑混凝土结构技术规程》JGJ 3—2002 第 10.2.6 条明确要求，8 度时应计算竖向地震作用。

【实施与检查的控制】

1. 斜向地震作用计算时，不能因其总地震作用比正交方向小而忽视，应主要检查斜向抗侧力构件的内力和配筋。平面轮廓规则或基本对称的结构，不要求用扭转耦连模型计算双向扭转地震作用效应，允许用调整地震作用效应的方法计入扭转效应。

2. 凡国家标准和各行业标准无明确规定的结构，其阻尼比均按 0.05 取值。

3. 以抗震设防区划为设计依据的建筑工程，地震影响系数最大值和设计特征周期按经过批准的设防区划结果取值。设防烈度为 8 度和 9 度时，进行罕遇地震计算的设计特征周期增加 0.05s，以反映大震级地震动的频谱特性与中小震级的不同。

4. 当按地震影响系数计算的结构总地震剪力小于规定值时，表示该结构刚度较小，所受的地震作用主要不是地震加速度引起的，而是地面运动速度和位移引起的，一般可修改计算的周期折减系数和地震作用调整系数，以近似考虑地震地面运动的速度和位移的作用；当小于规定值较多时，宜调整结构总体布置增大刚度，使地震剪力不小于规定值。

5. 长悬臂构件计算竖向地震作用的长度界限，一般按 9 度 1.5m、8 度 2m 控制。

二、结构抗震验算的质量控制

《建筑抗震设计规范》GB 50011—2001

5.1.6　结构抗震验算，应符合下列规定：

1　6度时的建筑（建造于Ⅳ类场地上较高的高层建筑除外），以及生土房屋和木结构房屋等，应允许不进行截面抗震验算，但应符合有关的抗震措施要求。

2　6度时建造于Ⅳ类场地上较高的高层建筑，7度和7度以上的建筑结构（生土房屋和木结构房屋等除外），应进行多遇地震作用下的截面抗震验算。

注：采用隔震设计的建筑结构，其抗震验算应符合有关规定。

*《混凝土结构设计规范》GB 50010—2002第11.1.2条与本条等效。

5.4.1　结构构件的地震作用效应和其他荷载效应的基本组合，应按下式计算：

$$S=\gamma_G S_{GE}+\gamma_{Eh}S_{Ehk}+\gamma_{Ev}S_{Evk}+\psi_w\gamma_w S_{wk} \quad (5.4.1)$$

式中　S——结构构件内力组合的设计值，包括组合的弯矩、轴向力和剪力设计值；

γ_G——重力荷载分项系数，一般情况应采用1.2，当重力荷载效应对构件承载能力有利时，不应大于1.0；

γ_{Eh}、γ_{Ev}——分别为水平、竖向地震作用分项系数，应按表5.4.1采用；

γ_w——风荷载分项系数，应采用1.4；

S_{GE}——重力荷载代表值的效应，有吊车时，尚应包括悬吊物重力标准值的效应；

S_{Ehk}——水平地震作用标准值的效应，尚应乘以相应的增大系数或调整系数；

S_{Evk}——竖向地震作用标准值的效应，尚应乘以相应的增大系数或调整系数；

S_{wk}——风荷载标准值的效应；

ψ_w——风荷载组合值系数，一般结构取0.0，风荷载起控制作用的高层建筑应采用0.2。

地震作用分项系数　　表5.4.1

地震作用	γ_{Eh}	γ_{Ev}
仅计算水平地震作用	1.3	0.0
仅计算竖向地震作用	0.0	1.3
同时计算水平与竖向地震作用	1.3	0.5

5.4.2　结构构件的截面抗震验算，应采用下列设计表达式：

$$S\leqslant R/\gamma_{RE} \quad (5.4.2)$$

式中　γ_{RE}——承载力抗震调整系数，除另有规定外，应按表5.4.2采用；

R——结构构件承载力设计值。

承载力抗震调整系数　　表5.4.2

材料	结构构件	受力状态	γ_{RE}
钢	柱，梁		0.75
	支撑		0.80
	节点板件，连接螺栓		0.85
	连接焊缝		0.90
砌体	两端均有构造柱、芯柱的抗震墙	受剪	0.9
	其他抗震墙	受剪	1.0

续表

材料	结构构件	受力状态	γ_{RE}
混凝土	梁	受弯	0.75
	轴压比小于0.15的柱	偏压	0.75
	轴压比不小于0.15的柱	偏压	0.80
	抗震墙	偏压	0.85
	各类构件	受剪、偏拉	0.85

《网架结构设计与施工规程》JGJ 7—1991

3.4.1 在抗震设防烈度为8度或9度的地区，网架屋盖结构应进行竖向抗震验算。

注：本条列于2002年版强制性条文的6-5-2页"钢结构抗震设计"，因属于抗震验算，在此一并说明。

【技术要点说明】

从根本上说，建筑结构的抗震验算应该是在强烈地震下弹塑性变形能力和承载力极限状态的验算。由于经济和技术方面的原因，强烈地震下结构构件的安全性主要取决于承受变形的能力，而不仅仅是承载力。结构构件所需的变形能力与结构构件所具有的最大承载力也是有密切联系的，而且是随结构类型和构件在结构中所处部位的不同而不同的。砌体结构的变形能力较小，实现大震不倒需要有相对较高的承载力；而变形能力较好的钢结构，所需的承载力则可能较低些。房屋结构的抗震验算，与非抗震设计的明显差异，主要表现在验算范围、作用效应组合和承载力计算三个方面。

1. 主要内容

第5.1.6条规定了不需验算和需要进行抗震承载力验算的范围。

第5.4.1条规定了结构构件地震作用效应的基本组合。其中，竖向可变荷载并入自重中，不单独出现；也不需计算永久荷载效应为主的不利组合。

第5.4.2条规定了结构构件抗震承载力验算的设计表达式，不出现重要性系数，但突出了抗震设计时承载力的调整。

根据国家标准抗震设计规范对大跨度结构计算竖向地震作用的要求，网架规程第3.4.1条具体规定了网架结构竖向抗震验算的要求。

2. 相关规定，主要指《建筑抗震设计规范》GB 50011—2001的下列条款：

第9.1.6条和9.3.5条分别给出单层混凝土柱和砖柱厂房(单层排架结构)的不验算范围。

第5.4.3条给出了仅考虑竖向地震作用时抗震承载力验算表达式的调整。

【实施与检查的控制】

1. 6度设防时一般不计算，当规范、规程中有具体规定时仍应计算。对于一些体型复杂的结构，为了按规范第3.4.3条要求确定所需采取的加强措施，有时也要计算。

2. 地震作用效应的基本组合中，不存在永久荷载效应为主的不利情况，因此，不引入《建筑结构可靠度设计统一标准》GB 50068—2001中以永久荷载效应为主的基本组合。

3. 地震作用效应基本组合中，含有考虑抗震概念设计等的各种效应调整系数。如用周期折减系数来反映某些难以准确计算的构件刚度的影响；出屋面小建筑地震剪力的增大；楼层地震剪力在抗侧力构件之间考虑楼盖平面内变形和多道防线的分配；交叉支撑中拉压杆的内力调整；刚度突变的软弱层地震剪力调整；竖向不连续构件传递给水平转换构件的地震内力调整等等。混凝土结构抗震措施中规定的内力调整，如强柱弱梁和强剪弱弯的内力调整，是在基本组合后进行调整，也属于考虑抗震概念设计的效应调整。

4. 对电算结果的分析认可是十分重要的；对关键的抗震薄弱部位和构件，抗震承载力必须满足要求，必要时应采用手算复核，避免电算结果因计算模型不完全符合实际而造成安全隐患。

5. 抗震结构的变形验算是一个重要的设计内容，限于条件，目前暂不作为强制性要求。

3 混凝土结构抗震设计

为使混凝土结构房屋达到抗震设防的总目标，除了按第二章基本规定选择有利地段、正确划分场地类别、采取经济适用的抗液化措施、正确确定地震作用效应和构件抗震承载力外，需要重点掌握的是：按不同的结构类型和房屋高度区别对待；处理好结构构件的选型和构件本身的延性要求；通过内力调整实现抗震概念设计要求；对于框架结构等，还需通过变形验算防止倒塌。本章强制性条文的内容，分为钢筋混凝土结构、高层建筑混凝土结构和型钢混凝土组合结构等三个部分。

一、钢筋混凝土结构

钢筋混凝土结构抗震设计的强制性要求，主要是正确确定抗震等级以及满足框架梁、框架柱和抗震墙的关键配筋构造要求。

<u>《建筑抗震设计规范》GB 50011—2001</u>

6.1.2 钢筋混凝土房屋应根据烈度、结构类型和房屋高度采用不同的抗震等级，并应符合相应的计算和构造措施要求。丙类建筑的抗震等级应按表6.1.2确定。

现浇钢筋混凝土房屋的抗震等级　　表6.1.2

结构类型			烈度						
			6		7		8		9
框架结构	高度(m)		≤30	>30	≤30	>30	≤30	>30	≤25
	框架		四	三	三	二	二	一	一
	剧场、体育馆等大跨度公共建筑		三		二		一		一
框架-抗震墙结构	高度(m)		≤60	>60	≤60	>60	≤60	>60	≤50
	框架		四	三	三	二	二	一	一
	抗震墙		三		二		一		一
抗震墙结构	高度(m)		≤80	>80	≤80	>80	≤80	>80	≤60
	抗震墙		四	三	三	二	二	一	一
部分框支抗震墙结构	抗震墙		三	二	二		一		
	框支层框架		二		二	一	一		
筒体结构	框架-核心筒	框架	三		二		一		一
		核心筒	二		二		一		一
	筒中筒	外筒	三		二		一		一
		内筒	三		二		一		一
板柱-抗震墙	板柱的柱		三		二		一		
	抗震墙		二		二		二		

注：1　建筑场地为Ⅰ类时，除6度外，可按表内降低一度所对应的抗震等级采取抗震构造措施，但相应的计算要求不应降低；
2　接近或等于高度分界时，应允许结合房屋不规则程度及场地、地基条件确定抗震等级；
3　部分框支抗震墙结构中，抗震墙加强部位以上的一般部位，应允许按抗震墙结构确定其抗震等级。

＊《混凝土结构设计规范》GB 50010—2002 第 11.1.4 条与本条等效。

＊《高层建筑混凝土结构技术规程》JGJ 3—2002 第 4.8.2 条与本条等效。

【技术要点说明】

混凝土结构的抗震等级不同，不仅计算时相应的内力调整系数不同，对配筋、配箍、轴压比、剪压比的构造要求也有所不同，体现了不同延性要求和区别对待的设计原则。

1. 主要内容

影响混凝土结构房屋抗震等级划分的因素，共有抗震设防烈度、抗震设防类别、结构类型、房屋高度等四个，此外，某些场地类别还要适当调整构造措施的抗震等级。这些因素的影响程度有所不同：

设防烈度是基本因素，同样高度和设防类别的房屋，其抗震等级随烈度的高低而不同。

不同结构类型，其主要抗侧力部件不同，该部件的抗震等级也不同：框架-抗震墙结构中的框架，与框架结构中的框架，抗震等级可能不同；框架-抗震墙结构中的抗震墙，其抗震等级也可能与抗震墙结构中的抗震墙不同。在板柱-抗震墙结构中的框架，其抗震等级与表 6.1.2 中"板柱的柱"相同。

对于设防类别为乙类的建筑，除了本篇第 1 章提到的建筑规模较小的房屋外，要按提高一度确定其抗震等级。

对于Ⅰ类场地，除 6 度设防外，丙类建筑要按设防烈度确定的抗震等级进行内力调整，并按降低一度确定的抗震等级采取抗震构造措施；乙类建筑要按提高一度确定的抗震等级进行内力调整，并按设防烈度确定的抗震等级采取抗震构造措施。对于Ⅳ类场地，同样的抗震等级，构造要求有部分提高，如框架柱轴压比和纵向钢筋总配筋量的要求有所提高。

划分抗震等级的高度分界比较粗略，在高度分界值附近，抗震等级允许酌情调整。规范未明确规定各类结构的高度下限，因此，对层数很少的抗震墙结构，其变形特征接近剪切型，与高度较高的抗震墙结构的设计方法和构造要求有所不同，其抗震等级也允许有所调整。

2. 相关规定，主要指《建筑抗震设计规范》GB 50011—2001 第 6.1.3 条给出的关于抗震等级的部分调整方法：

(1) 当钢筋混凝土结构中的抗震墙数量较少，从而墙体承担的地震倾覆力矩少于结构总地震倾覆力矩的 50%，框架部分承担的地震倾覆力矩大于 50%，该结构的变形特征接近于框架结构，即框架部分也是主要的抗侧力构件，需按框架结构体系的抗震等级采用。此时，房屋的最大适用高度可比框架结构适当放宽，依据墙体数量的多少，一般不超过 20%。

(2) 裙房的抗震等级：与主楼不分缝时，应不低于主楼；与主楼用防震缝分开时，按各自的结构类型、高度和抗震设防类别确定。

(3) 地下一层的抗震等级：通常同地上一层；地下二层或仅有地下结构而无地上结构，可根据具体情况采用三级或四级，9 度时宜专门研究。

【实施与检查的控制】

1. 结构设计总说明和计算书中，混凝土结构的抗震等级应明确无误。

2. 处于Ⅰ类场地的情况，要注意区分内力调整的抗震等级和构造措施的抗震等级。对设计基本地震加速度为 0.15g 和 0.30g 且处于Ⅲ、Ⅳ类场地的混凝土结构，按规范第3.3.3条规定提高"半度"确定其抗震构造措施时，只需要提高构造措施的抗震等级。

3. 主楼与裙房不论是否分缝，主楼在裙房顶对应的楼层及相邻上下楼层（共三个楼层）

的构造措施应适当加强，但不要求各项措施均提高一个抗震等级。

4. 乙类建筑提高一度查上述表 6.1.2 确定抗震等级时，当房屋高度大于表中规定的高度时，则其抗震措施要高于规定，是否按提高一个抗震等级的各项要求，专门研究。

《建筑抗震设计规范》GB 50011—2001

6.3.3 梁的钢筋配置，应符合下列各项要求：

1 梁端纵向受拉钢筋的配筋率不应大于 2.5%，且计入受压钢筋的梁端混凝土受压区高度和有效高度之比，一级不应大于 0.25，二、三级不应大于 0.35。

2 梁端截面的底面和顶面纵向钢筋配筋量的比值，除按计算确定外，一级不应小于 0.5，二、三级不应小于 0.3。

3 梁端箍筋加密区的长度、箍筋最大间距和最小直径应按表 6.3.3 采用，当梁端纵向受拉钢筋配筋率大于 2% 时，表中箍筋最小直径数值应增大 2mm。

梁端箍筋加密区的长度、箍筋的最大间距和最小直径　　表 6.3.3

抗震等级	加密区长度（采用较大值）(mm)	箍筋最大间距（采用最小值）(mm)	箍筋最小直径（mm）
一	$2h_b$, 500	$h_b/4$, $6d$, 100	10
二	$1.5h_b$, 500	$h_b/4$, $8d$, 100	8
三	$1.5h_b$, 500	$h_b/4$, $8d$, 150	8
四	$1.5h_b$, 500	$h_b/4$, $8d$, 150	6

注：d 为纵向钢筋直径，h_b 为梁截面高度。

* 《混凝土结构设计规范》GB 50010—2002 第 11.3.1、第 11.3.6 条与本条等效。

6.3.8 柱的钢筋配置，应符合下列各项要求：

1 柱纵向钢筋的最小总配筋率应按表 6.3.8-1 采用，同时每一侧配筋率不应小于 0.2%；对建造于 IV 类场地且较高的高层建筑，表中的数值应增加 0.1。

柱截面纵向钢筋的最小总配筋率（百分率）　　表 6.3.8-1

类别	抗震等级			
	一	二	三	四
中柱和边柱	1.0	0.8	0.7	0.6
角柱、框支柱	1.2	1.0	0.9	0.8

注：采用 HRB400 级热轧钢筋时应允许减少 0.1，混凝土强度等级高于 C60 时应增加 0.1。

2 柱箍筋在规定的范围内应加密，加密区的箍筋间距和直径，应符合下列要求：

1）一般情况下，箍筋的最大间距和最小直径，应按表 6.3.8-2 采用；

柱箍筋加密区的箍筋最大间距和最小直径　　表 6.3.8-2

抗震等级	箍筋最大间距（采用较小值，mm）	箍筋最小直径（mm）
一	$6d$,100	10
二	$8d$,100	8
三	$8d$,150（柱根 100）	8
四	$8d$,150（柱根 100）	6（柱根 8）

注：d 为柱纵筋最小直径；柱根指框架底层柱的嵌固部位。

2）二级框架柱的箍筋直径不小于10mm且箍筋肢距不大于200mm时，除柱根外最大间距应允许采用150mm；三级框架柱的截面尺寸不大于400mm时，箍筋最小直径应允许采用6mm；四级框架柱剪跨比不大于2时，箍筋直径不应小于8mm。

3）框支柱和剪跨比不大于2的柱，箍筋间距不应大于100mm。

＊《混凝土结构设计规范》GB 50010—2002第11.4.12条与本条等效。

【技术要点说明】

框架结构在强烈地震中因变形较大而破坏甚至倒塌的例子不少。抗震设计时，对框架的梁、柱布置、构件截面尺寸、纵向钢筋和箍筋的配置，节点核芯区构造，提出了一系列配套的要求。强制性条文纳入了梁钢筋控制和柱钢筋控制的最低要求。

1. 主要内容

框架梁需要严格控制受压区高度、梁端底面和顶面纵向钢筋的比值及加密梁端箍筋。其目的是增加梁端的塑性转动量，从而提高梁的变形能力。当梁的纵向受拉钢筋配筋率超过2%时，为使混凝土压溃前受压钢筋不致压屈，箍筋的要求相应提高。

框架柱需要严格控制最小纵向钢筋配筋率、加密区箍筋直径和间距。其目的是适当提高柱正截面承载力并加强柱的约束，从而提高框架柱的变形能力。

2. 相关规定，主要指《建筑抗震设计规范》GB 50011—2001的下列条款：

关于框架梁，第6.3.4条给出框架梁纵向钢筋的其他配置要求；第6.3.5条给出了框架梁箍筋的其他配置要求。

关于框架柱，第6.3.9条给出了框架柱纵向钢筋的其他配置要求；第6.3.10～6.3.13条给出了框架柱箍筋的其他配置要求，包括箍筋加密区范围、肢距和体积配箍率等，第6.3.7条给出了框架柱的轴压比控制值；第6.2.3条还给出了框架结构底层柱纵向钢筋按上下端不利情况配置的要求。

【实施与检查的控制】

1. 计算梁端受弯承载力时，宜考虑梁端受压钢筋的作用；计算梁端受压区高度时，宜计入受压钢筋的有利影响。

2. 按冶金部的现行产品标准，HPB235级钢筋的最小直径为8mm，这里所规定的最小直径是最低要求。

3. 楼板中非抗侧力的次梁不受本条限制。

4. 计算框架柱总纵向钢筋配筋率时，应计入同一横截面内的全部钢筋截面面积，且受拉钢筋的配筋率尚应满足静力设计的最低要求。

5. 采用HRB400级钢筋和混凝土强度等级高于C60时，框架柱的总纵向钢筋配筋率的最低要求有所调整。

《建筑抗震设计规范》GB 50011—2001

6.4.3　抗震墙竖向、横向分布钢筋的配筋，应符合下列要求：

1　一、二、三级抗震墙的竖向和横向分布钢筋最小配筋率均不应小于0.25%；四级抗震墙不应小于0.20%；钢筋最大间距不应大于300mm，最小直径不应小于8mm。

2　部分框支抗震墙结构的抗震墙底部加强部位，纵向及横向分布钢筋配筋率均不应小于0.3%，钢筋间距不应大于200mm。

＊《混凝土结构设计规范》GB 50010—2002第11.7.11条与本条等效。

【技术要点说明】

抗震墙，包括抗震墙结构、框架-抗震墙结构、板柱-抗震墙结构及筒体结构中的抗震墙，是这些结构体系的主要抗侧力构件。现行抗震设计规范对墙体开洞布置、加强部位控制、墙体厚度、分布钢筋和边缘构件设置等做了规定。在强制性条文中，除了纳入了关于墙体分布钢筋数量控制的最低要求外，还在“结构设计篇”中纳入关于墙体连梁的箍筋构造和纵向钢筋锚固的抗震要求。

1. 主要内容

一般的抗震墙，其竖向和横向的分布钢筋，要满足最小配筋率、最小直径和最大间距的最低要求。

对框支结构，抗震墙的底部加强部位受力很大，其分布钢筋应高于一般抗震墙的要求。通过在这些部位增加竖向钢筋和横向的分布钢筋，提高墙体开裂后的变形能力，以避免脆性剪切破坏，改善整个结构的抗震性能。

对墙体的连梁，抗震设计时要求连梁全长按框架梁端的要求加密箍筋，连梁顶面和底面纵向钢筋在墙体内的锚固长度应比非抗震设计有所增加。

2. 相关规定，主要指《建筑抗震设计规范》GB 50011—2001 的下列条款：

第 6.1.10 条给出了抗震墙底部加强部位的范围：一般取抗震墙总高的 1/8 和二层的较大值，且不大于 15m；对框支结构，尚应至少取至框支层以上二层。

第 6.4.6 条给出了抗震墙边缘构件按其重力荷载代表值作用下的轴压比进行分类并分别设计的要求；第 6.4.7 条给出了抗震墙约束边缘构件钢筋配置的要求；第 6.4.8 条给出了抗震墙构造边缘构件钢筋配置的要求。

【实施与检查的控制】

1. 一般抗震墙分布钢筋的最低要求，不区分底部加强部位和一般部位。

2. 对于部分框支结构的抗震墙，其分布钢筋的最低要求，应区分底部加强部位和一般部位。

3. 抗震墙分布钢筋的强制性要求，不论钢筋强度等级如何，均应严格遵守。

二、高层建筑混凝土结构

高层建筑的抗震要求要高于多层建筑，除了上述强制性规定外，抗震设计篇纳入了行业标准《高层建筑混凝土结构技术规程》JGJ 3—2002 的有关规定，包括超过国家标准《建筑抗震设计规范》GB50011—2001 第 6 章最大适用高度时的抗震等级以及对结构周期计算、复杂结构的关键构造要求等。

《高层建筑混凝土结构技术规程》JGJ 3—2002

4.8.3 抗震设计时，B 级高度丙类建筑钢筋混凝土结构的抗震等级应按表 4.8.3 确定。

B 级高度的高层建筑结构抗震等级 **表 4.8.3**

结构类型		烈度		
		6 度	7 度	8 度
框架-剪力墙	框架	二	一	一
	剪力墙	二	一	特一

续表

结构类型		烈度		
		6度	7度	8度
剪力墙	剪力墙	二	一	一
框支剪力墙	非底部加强部位剪力墙	二	一	一
	底部加强部位剪力墙	一	一	特一
	框支框架	一	特一	特一
框架-核心筒	框架	二	一	一
	筒体	二	一	特一
筒中筒	外筒	二	一	特一
	内筒	二	一	特一

注：底部带转换层的筒体结构，其框支框架和底部加强部位筒体的抗震等级应按表中框支剪力墙结构的规定采用

11.2.19　钢-混凝土混合结构房屋抗震设计时，钢筋混凝土筒体及型钢混凝土框架的抗震等级应按表11.2.19确定，并应符合相应的计算和构造措施。

钢-混凝土混合结构抗震等级　　表11.2.19

结构类型		6		7		8		9
钢框架-钢筋混凝土筒体	高度(m)	≤150	>150	≤130	>130	≤100	>100	≤70
	钢筋混凝土筒体	二	一	一	特一	一	特一	特一
型钢混凝土框架-钢筋混凝土筒体	钢筋混凝土筒体	二	二	二	一	一	特一	特一
	型钢混凝土框架	三	二	二	一	一	一	一

【技术要点说明】

这里规定了房屋高度超过《建筑抗震设计规范》GB 50011—2001第6章规定的最大适用高度时和采用混合结构时的抗震等级。其中的“特一级”指比“一级”更高的构造要求，相关规定在《高层建筑混凝土结构技术规程》JGJ 3—2002第4.9.2条给出。

其他说明见本章《建筑抗震设计规范》GB 50011—2001第6.1.2条的说明，不再重复。

【实施与检查的控制】

同本章《建筑抗震设计规范》GB 50011—2001第6.1.2条的对应内容。

3.3.16　计算各振型地震影响系数所采用的结构自振周期应考虑非承重墙体的刚度影响予以折减。

6.1.6　框架结构按抗震设计时，不应采用部分由砌体墙承重之混合形式。框架结构中的楼、电梯间及局部出屋顶的电梯机房、楼梯间、水箱间等，应采用框架承重，不应采用砌体墙承重。

【技术要点说明】

1. 主要内容

高层建筑计算结构周期时考虑非承重墙体的刚度影响，可使计算周期比较符合实际，避免计算的地震力偏小而不安全。

高层框架结构不应采用部分砌体墙承重的混合承重体系，包括出屋面楼、电梯间和水箱间，均不应采用砌体承重。可避免因两种刚度、变形能力等抗震性能不同的结构构件在同一结构单元内混合承重而导致地震破坏。

2. 相关规定，主要指《高层建筑混凝土结构技术规程》JGJ 3—2002 的下列条款：

规程第 3.3.17 条给出了考虑非承重砖填充墙刚度影响的计算方法；

规程第 6.1.7 条给出了框架结构在电梯间设置混凝土抗震墙的计算和构造措施要求。

此外，在强制性条文的"结构设计"篇中，还有规程第 8.1.5 条对框剪结构墙体布置、第 8.2.1 条对框剪结构墙体分布筋的强制性要求。

【实施与检查的控制】

1. 非承重墙体对结构刚度的影响是十分复杂的，影响因素较多，周期折减只是一种简化处理方法，允许设计人员根据具体情况选择适当的折减值。

2. 框架结构中，不得出现砌体墙和混凝土结构混合承重的情况。混凝土电梯筒非对称布置时，应考虑其不利影响，采取减少电梯筒刚度的措施；有时也可采用砌体填充墙。当布置少量混凝土抗震墙，其框架部分承受的地震倾覆力矩大于结构总地震倾覆力矩的 50% 时，结构分析计算应考虑该抗震墙与框架协同工作，但仍按框架结构确定框架的抗震等级。

10.1.2　9 度抗震设计时不应采用带转换层的结构、带加强层的结构、错层结构和连体结构。

10.3.3　抗震设计时，带加强层高层建筑结构应符合下列构造要求：

1　加强层及其相邻层的框架柱和核心筒剪力墙的抗震等级应提高一级采用，一级提高至特一级，若原抗震等级为特一级则不再提高；

2　加强层及其上、下相邻一层的框架柱，箍筋应全柱段加密，轴压比限值应按本规程表 6.4.2 规定的数值减小 0.05 采用。

10.5.2　8 度抗震设计时，连体结构的连接体应考虑竖向地震的影响。

10.5.5　抗震设计时，连接体及与连接体相邻的结构构件的抗震等级应提高一级采用，一级提高至特一级，若原抗震等级为特一级则不再提高。

【技术要点说明】

对带转换层、带加强层、错层和连体结构等复杂类型的结构，2002 年版强制性条文专门作了严格的要求。

1. 主要内容

9 度设防时不应采用带转换层、带加强层、错层和连体结构等复杂结构，因目前缺乏研究和工程经验。

在框架-核心筒结构中采用加强层时，主要加强措施是：提高该部位框架柱和核心筒抗震墙的抗震等级，柱在该区段全高加密箍筋并从严控制柱轴压比。以避免在加强层附近形成抗震薄弱层，导致地震破坏。

采用连体结构时，主要加强措施是：提高连接体本身及主体结构中与连接体相连部位的抗震等级，提高强度和延性，减少地震破坏，8 度时就需计算竖向地震。

2. 相关规定，主要指《高层建筑混凝土结构技术规程》JGJ 3—2002 的下列条款：

第 6.4.2 条给出框架柱轴压比的规定值。

第 10.3.2 条给出带加强层高层建筑的结构的布置和薄弱部位的设计要求。

第 10.5.1、10.5.3 条给出连体高层建筑的结构布置和薄弱部位的设计要求。

此外，在"结构设计篇"中，还纳入《高层建筑混凝土结构技术规程》JGJ 3—2002 中关于抗震设计的下列强制性要求：第 9.3.7 条关于抗震设计的外框筒和内筒的连梁箍筋最小直径和最大间距的强制性要求；第 10.2.8 条对抗震框支梁的纵向钢筋最小配筋率、支座处箍筋最小直径、最大间距和最小面积配箍率的强制性要求，第 10.2.11 条对框支柱的箍筋最小直径、最大间距和最小体积配箍率的强制性要求，以及第 10.4.4 条关于错层处框架柱的抗震等级和箍筋的加强要求。

【实施与检查的控制】

1. 结构加强层的加强部位指加强层及其相邻上下层，强制性的提高要求仅针对柱和墙体，对梁不需提高要求。

2. 连接体的加强部位指连接体本身及其支座处的相关结构。滑动连接的连廊等连体结构与上述的连体结构要求有所不同，需特别注意滑动的可靠性和支座的容许位移量。

三、型钢混凝土组合结构

《型钢混凝土组合结构技术规程》JGJ 138—2001

4.2.6　型钢混凝土组合结构构件的抗震设计，应根据设防烈度、结构类型、房屋高度按表 4.2.6 采用不同的抗震等级，并应符合相应的计算和抗震构造要求。

型钢混凝土组合结构的抗震等级　　表 4.2.6

<table>
<tr><th colspan="3" rowspan="2">结构体系与类型</th><th colspan="9">设防烈度</th></tr>
<tr><th colspan="2">6</th><th colspan="2">7</th><th colspan="3">8</th><th colspan="2">9</th></tr>
<tr><td rowspan="2">框架结构</td><td colspan="2">房屋高度 (m)</td><td>≤25</td><td>>25</td><td>≤35</td><td>>35</td><td>≤35</td><td colspan="2">>35</td><td colspan="2">≤25</td></tr>
<tr><td colspan="2">框架</td><td>四</td><td>三</td><td>三</td><td>二</td><td>二</td><td colspan="2">一</td><td colspan="2">一</td></tr>
<tr><td rowspan="3">框架-剪力墙结构</td><td colspan="2">房屋高度(m)</td><td>≤50</td><td>>50</td><td>≤60</td><td>>60</td><td><50</td><td>50～80</td><td>>80</td><td>≤25</td><td>>25</td></tr>
<tr><td colspan="2">框架</td><td>四</td><td>三</td><td>三</td><td>二</td><td>三</td><td>二</td><td>一</td><td>二</td><td>一</td></tr>
<tr><td colspan="2">剪力墙</td><td>三</td><td>三</td><td>二</td><td>二</td><td>二</td><td>一</td><td>一</td><td>一</td><td>一</td></tr>
<tr><td rowspan="4">剪力墙结构</td><td colspan="2">房屋高度 (m)</td><td>≤60</td><td>>60</td><td>≤80</td><td>>80</td><td><35</td><td>35～80</td><td>>80</td><td>≤25</td><td>>25</td></tr>
<tr><td colspan="2">一般剪力墙</td><td>四</td><td>三</td><td>三</td><td>二</td><td>二</td><td>二</td><td>一</td><td>二</td><td>一</td></tr>
<tr><td colspan="2">框支落地剪力墙底部加强部位</td><td>三</td><td>二</td><td>二</td><td>二</td><td>一</td><td>一</td><td>一</td><td colspan="2" rowspan="2">不应采用</td></tr>
<tr><td colspan="2">框支层框架</td><td>三</td><td>二</td><td>二</td><td>一</td><td>一</td><td>一</td><td>一</td></tr>
<tr><td rowspan="4">筒体结构</td><td rowspan="2">框架-核心筒体</td><td>框架</td><td colspan="2">三</td><td colspan="2">二</td><td colspan="3">一</td><td colspan="2">一</td></tr>
<tr><td>核心筒体</td><td colspan="2">二</td><td colspan="2">二</td><td colspan="3">一</td><td colspan="2">一</td></tr>
<tr><td rowspan="2">筒中筒</td><td>框架外筒</td><td colspan="2">三</td><td colspan="2">二</td><td colspan="3">一</td><td colspan="2">一</td></tr>
<tr><td>内筒</td><td colspan="2">二</td><td colspan="2">二</td><td colspan="3">一</td><td colspan="2">一</td></tr>
</table>

注：1　框架-剪力墙结构中，当剪力墙部分承受的地震倾覆力矩不大于结构总地震倾覆力矩的 50%时，其框架部分应按框架结构的抗震等级采用；

2　部分框支剪力墙结构当采用型钢混凝土结构时，对 8 度设防烈度，其房屋高度不应超过 100m；

3　有框支层的剪力墙结构，除落地剪力墙底部加强部位外，均按一般剪力墙结构的抗震等级取用。

【技术要点说明】

型钢混凝土组合结构技术规程中的抗震等级系按照《建筑抗震设计规范》GBJ 11—89的规定划分的，与《建筑抗震设计规范》GB 50011—2001 有所不同，其局部修订时，将与2001 年版抗震规范协调，强制性条文的内容也将按局部修订重新修改。

其他说明见本章《建筑抗震设计规范》GB 50011—2001 第 6.1.2 条的说明，不再重复。

【实施与检查的控制】

同本章《建筑抗震设计规范》GB 50011—2001 第 6.1.2 条的对应内容。

5.4.5　考虑地震作用组合的型钢混凝土框架梁，梁端应设置箍筋加密区，其加密区长度、箍筋最大间距和箍筋最小直径应满足表 5.4.5 要求。

梁端箍筋加密区的构造要求　　表 5.4.5

抗震等级	箍筋加密区长度	箍筋最大间距 (mm)	箍筋最小直径 (mm)
一级	2h	100	12
二级	1.5h	100	10
三级	1.5h	150	10
四级	1.5h	150	8

注：表中 h 为型钢混凝土梁的梁高。

6.2.1　考虑地震作用组合的型钢混凝土框架柱，柱端箍筋加密区长度、箍筋最大间距和最小直径应按表 6.2.1 的规定采用。

框架柱端箍筋加密区的构造要求　　表 6.2.1

<table>
<tr><th>抗震等级</th><th>箍筋加密区长度</th><th>箍筋最大间距</th><th>箍筋最小直径</th></tr>
<tr><td>一级</td><td rowspan="4">取矩形截面长边尺寸(或圆形截面直径)、层间柱净高的 1/6 和 500mm 三者中的最大值</td><td>取纵向钢筋直径的 6 倍、100mm 二者中的较小值</td><td>ϕ10</td></tr>
<tr><td>二级</td><td>取纵向钢筋直径的 8 倍、100mm 二者中的较小值</td><td>ϕ8</td></tr>
<tr><td>三级</td><td rowspan="2">取纵向钢筋直径的 8 倍、150mm 二者中的较小值</td><td>ϕ8</td></tr>
<tr><td>四级</td><td>ϕ6</td></tr>
</table>

注：1　对二级抗震等级的框架柱，当箍筋最小直径不小于 ϕ10 时，其箍筋最大间距可取 150mm。

2　剪跨比不大于 2 的框架柱、框支柱和一级抗震等级角柱应沿全长加密箍筋，箍筋间距均不应大于 100mm。

【技术要点说明】

型钢混凝土组合构件是在混凝土中配置扎制或焊接钢材和钢筋组成的结构构件，主要用于提高结构构件的承载力和变形能力。

1. 主要内容

对应于钢筋混凝土框架梁的强制性要求，组合框架梁的箍筋加密范围、直径和间距也要满足最低要求。

对应于钢筋混凝土框架柱的强制性要求，组合框架柱的箍筋加密范围、直径和间距也要满足最低要求。

2. 相关规定

普通钢筋混凝土梁柱箍筋加密范围、直径和间距的要求，见本章第一部分的相应内容。

【实施与检查的控制】

型钢混凝土构件中，配置有结构钢材和箍筋，对组合梁箍筋的要求，在满足配箍率的情况下，箍筋肢距略比钢筋混凝土梁放松，但强制性要求的内容，除箍筋间距外与普通钢筋混凝土梁相同。对组合柱的箍筋要求同普通钢筋混凝土柱。

4 多层砌体结构抗震设计

4.1 一 般 规 定

考虑到现阶段的砌体房屋多数属于无筋砌体结构范畴，且用于住宅、办公楼、教学楼和医院等，楼内人员较集中，一旦结构在地震中破坏，伤亡损失严重，因此，为了使多层砌体房屋能够实现规定的抗震设防目标，除了本篇第一、二章规定的要求外，需要严格控制的是：限制砌体房屋的使用高度，选择合理的承重结构体系，重视墙段抗震承载力验算；并在各类砌体结构的相关强制性条文中分别规定设置必要的约束构件，加强整体性连接和局部易损部位的连接构造。

一、严格控制多层砌体房屋的层数和总高度

《建筑抗震设计规范》GB 50011—2001

7.1.2 多层房屋的层数和高度应符合下列要求：

1 一般情况下，房屋的层数和总高度不应超过表 7.1.2 的规定。

房屋的层数和总高度限值(m) 表 7.1.2

房屋类别		最小厚度(mm)	烈度							
			6		7		8		9	
			高度	层数	高度	层数	高度	层数	高度	层数
多层砌体	普通砖	240	24	8	21	7	18	6	12	4
	多孔砖	240	21	7	21	7	18	6	12	4
	多孔砖	190	21	7	18	6	15	5	—	—
	小砌块	190	21	7	21	7	18	6	—	—
底部框架-抗震墙		240	22	7	22	7	19	6	—	—
多排柱内框架		240	16	5	16	5	13	4	—	—

注：1 房屋的总高度指室外地面到主要屋面板板顶或檐口的高度，半地下室从地下室室内地面算起，全地下室和嵌固条件好的半地下室应允许从室外地面算起；对带阁楼的坡屋面应算到山尖墙的 1/2 高度处；

2 室内外高差大于 0.6m 时，房屋总高度应允许比表中数据适当增加，但不应多于 1m；

3 本表的小砌块砌体房屋不包括配筋混凝土小型空心砌块砌体房屋。

2 对医院、教学楼等及横墙较少的多层砌体房屋，总高度应比表 7.1.2 的规定降低 3m，层数相应减少一层；各层横墙很少的多层砌体房屋，还应根据具体情况再适当降低总高度和减少层数。

注：横墙较少指同一层内开间大于 4.20m 的房间占该层总面积的 40%以上。

3 横墙较少的多层砖砌体住宅楼，当按规定采取加强措施并满足抗震承载力要求时，

其高度和层数应允许仍按表 7.1.2 的规定采用。

*《多孔砖砌体结构技术规范》JGJ 137—2001(2002 年局部修订)第 5.1.4 条与本条等效。

【技术要点说明】

国外对地震区砌体结构房屋的高度限制较严，有的甚至规定不允许使用无筋砌体结构。我国历次地震的宏观调查资料表明，不配筋砖结构房屋的高度越高，层数越多，则震害越重，倒塌的比例也越大。震害经验还表明，控制无筋砌体结构房屋的高度和层数是一种既经济又有效的重要抗震措施。因此，对各类砌体房屋的层数和总高度做了严格限制。

1. 主要内容

作为砌体抗震墙的墙体最小厚度，普通黏土砖墙为 240mm，多孔黏土砖和混凝土小砌块墙体为 190mm。普通黏土砖砌筑的 180mm 厚的墙体，自《建筑抗震设计规范》GBJ 11—89 发布以来，在新建工程的设计中不作为砖抗震墙看待。

对于一般的多层黏土砖砌体房屋，当设防烈度为 6、7、8、9 度时，房屋的层数分别不应超过八、七、六、四层，房屋的总高度分别不应大于 24、21、18、12m；对于横墙较少的房屋，层数相应减少一层，总高度相应降低 3m；对于各层横墙很少的房屋，还需再减少层数和降低总高度。对于 240 规格的多孔砖和 190 规格的混凝土小砌块房屋，除 6 度设防为七层 21m 外，同黏土砖砌体房屋。对于 190 规格的多孔砖房屋，则 6～8 度比黏土砖房屋减少一层降低 3m。9 度时，混凝土小砌块和 190 规格多孔砖均不适用。

对于底部框架砖房和多排柱内框架房屋等混合承重结构的房屋，其最大高度和层数也给予明确的限制。

2. 相关规定，主要指《建筑抗震设计规范》GB 50011—2001 的下列条款：

(1) 配筋混凝土小砌块房屋的最大高度，在规范附录 F 给出，不受规范第 7.1.2 条的约束。

(2) 横墙较少的住宅楼，采取加强措施允许不减少层数和高度，其加强措施由规范第 7.3.14条给出，包括墙体布置、楼板设置、增设构造柱、加大圈梁及增加钢筋等多项措施。

【实施与检查的控制】

1. 采用层数和总高度双控，当房屋的层高较大时，房屋的层数要相应减少。

2. 总高度一般从室外地面计算至房屋的檐口，平屋顶时不计入超出屋面的女儿墙高度，不计入局部突出屋面楼梯间等的高度；高度限值以米计算，小数位四舍五入，室内外高差大于 0.6m 时总高度允许多 1.0m。控制层数和总高度的计算方法，与结构抗震分析时层数和计算高度的取法不同。有半地下室时，按地面下的嵌固条件区别对待：例如，半地下室的顶板高出地面不多，地下窗井墙为每道内横墙的延伸而形成了扩大的基础底盘，且周围土体的约束作用显著，此时，半地下室不计入层数，总高度仍可从室外地面算起。

3. 阁楼层的高度和层数如何计算，应具体分析。一般的阁楼层应当作一层计算，房屋高度计算到山尖墙的一半；当阁楼的平面面积较小，或仅供储藏少量物品、无固定楼梯的阁楼，符合《建筑抗震设计规范》GB 50011—2001 第 5.2.4 条关于突出屋面屋顶间的有关要求时，可不计入层数和高度。

4. 多层砌体房屋的层数和总高度控制要求，与墙体的材料种类、居住条件、城市发展规划等因素有关，除遵守本节所述的规定外，还应符合 2002 年版强制性条文第一篇“建筑设计”中对居住建筑、办公楼超过一定的层数和楼面离地高度时必须设置电梯的强制性规定。

5. 对横墙较少的住宅楼，仅当同时满足规范第 7.3.14 条的各项规定，其高度和层数才允许同一般的多层砌体房屋。横墙较少的其他房屋，不允许采用这个办法来增加层数和高度。

6. 横墙很少的砌体房屋，一般指整幢房屋中均为开间很大的会议室或开间很大的办公等用房。此类建筑结构的抗侧力构件——砌体抗震墙甚少，有的墙体间距接近规范第7.1.5条规定的最大横墙间距，动力特性与普通的多层砌体房屋不同。因此，要求根据工程的具体情况再适当降低高度和层数。

7. 砌体房屋有较大错层时，其层数应按两倍计算。不超过圈梁或大梁高度的错层，结构计算时可作为一个楼层看待，但这类圈梁和大梁应考虑两侧楼板高差导致的扭转，设置相应的抗扭钢筋，还要注意符合无障碍设计的相关强制性要求。

8. 建造砌体房屋时，不可为追求近期经济效益而超高。当特殊情况需要建造超高砖房时，应严格遵照建设部(95)建抗办字第 47 号文《关于砖房超高建造若干问题的通知》，按规定的程序审批。

二、正确选择多层砌体房屋的承重体系

《建筑抗震设计规范》GB 50011—2001

7.1.5 房屋抗震横墙的间距，不应超过表 7.1.5 的要求：

房屋抗震横墙最大间距(m) 表 7.1.5

房屋类别		烈度			
		6	7	8	9
多层砌体	现浇或装配整体式钢筋混凝土楼、屋盖	18	18	15	11
	装配式钢筋混凝土楼、屋盖	15	15	11	7
	木楼、屋盖	11	11	7	4
底部框架-抗震墙	上部各层	同多层砌体房屋			—
	底层或底部两层	21	18	15	—
多排柱内框架		25	21	18	—

注：1 多层砌体房屋的顶层，最大横墙间距应允许适当放宽；
2 表中木楼、屋盖的规定，不适用于小砌块砌体房屋。

【技术要点说明】

为防止砌体房屋在强烈地震中倒塌，按照抗震概念设计的要求布置墙体，比其他类型的结构更为重要。这一点需要注册建筑师和注册结构工程师的密切配合。

本篇第 2.2 节提到，《建筑抗震设计规范》GB 50011—2001 第 3.4.1 条规定，不应采用严重不规则的砌体建筑方案；第 3.5.2 条规定，应有合理的地震作用传递途径；这里，进一步提出对抗震横墙最大间距的规定，以使楼盖具有传递水平地震作用所需的刚度。

【实施与检查的控制】

抗震横墙间距的实质指承担地震剪力的墙体间距。对于一般的、矩形平面的砌体房屋，纵向墙体的间距不致过大，故仅对横向墙体作出规定；对于塔式房屋，两个方向均应作为抗震横墙对待。

三、认真进行房屋墙体受剪承载力的验算

《建筑抗震设计规范》GB 50011—2001

7.2.7　各类砌体沿阶梯形截面破坏的抗震抗剪强度设计值，应按下式确定：

$$f_{vE}=\zeta_N f_v \tag{7.2.7}$$

式中　f_{vE}——砌体沿阶梯形截面破坏的抗震抗剪强度设计值；

f_v——非抗震设计的砌体抗剪强度设计值；

ζ_N——砌体抗震抗剪强度的正应力影响系数，应按表 7.2.7 采用。

砌体强度的正应力影响系数　　表 7.2.7

砌体类别	σ_0/f_v							
	0.0	1.0	3.0	5.0	7.0	10.0	15.0	20.0
普通砖，多孔砖	0.80	1.00	1.28	1.50	1.70	1.95	2.32	
小砌块		1.25	1.75	2.25	2.60	3.10	3.95	4.80

注：σ_0 为对应于重力荷载代表值的砌体截面平均压应力。

＊《多孔砖砌体结构设计规范》JGJ 137—2001（2002 年局部修订）第 5.2.10 条与本条等效。

【技术要点说明】

砌体房屋层数不多，其刚度沿高度分布一般较均匀且以剪切变形为主，故抗震计算分析时通常采用底部剪力法做简化计算。

1. 主要内容

由于在地震作用下砌体材料的强度指标与静力条件下不同，专门纳入了关于砌体沿阶梯形截面破坏的抗震抗剪强度设计值的规定，与“结构设计篇”第 4 节中关于砌体材料计算指标的有关强制性条文相对应，需要配套使用。

2. 相关规定，主要指《建筑抗震设计规范》GB 50011—2001 的下列条款：

第 7.2.2 条给出了对墙段进行抗震验算的最小范围，第 7.2.3 条给出了墙段划分方法。

第 7.2.8 条给出了砌体墙体进行抗震承载力验算的具体公式。

第 7.2.9 条给出了水平配筋砌体墙体进行抗震承载力验算的具体公式。

第 7.2.10 条给出了混凝土小型砌块墙体进行抗震承载力验算的具体公式。

【实施与检查的控制】

1. 一般情况，砖砌体承载力验算仅考虑墙体两端构造柱的约束作用，当砖砌体抗震承载力不足时，可同时考虑水平配筋、墙体中部的构造柱参与工作，但其截面尺寸和配筋应符合规范第 7.2.8 条、第 7.2.9 条的规定，不得任意扩大。

2. 砌体结构墙体的抗震验算，应以墙段为单位，不应以墙片为单位。

3. 墙体中留洞、留槽、预埋管道等使墙体削弱，遇到连续开洞的情况，必要时应验算削弱后墙体的抗震承载力。

4.2　普通黏土砖、多孔黏土砖房屋

砖房抗震设计中，对高度、层数的严格控制、建筑结构布置和抗震承载力验算的强制性

要求，已在本章4.1节明确。本节的重点是配套的抗震构造措施，最主要是设置钢筋混凝土构造柱和圈梁形成对砖砌体的约束，提高墙体的延性，并采取措施加强房屋的整体性连接，以防止房屋在强烈地震中倒塌。此外，还纳入关于190规格的多孔砖砌体的补充规定。

一、黏土砖房屋必要的钢筋混凝土构造柱

《建筑抗震设计规范》GB 50011—2001

7.3.1　多层普通砖、多孔砖房，应按下列要求设置现浇钢筋混凝土构造柱（以下简称构造柱）：

1　构造柱设置部位，一般情况下应符合表7.3.1的要求。

2　外廊式和单面走廊式的多层房屋，应根据房屋增加一层后的层数，按表7.3.1的要求设置构造柱，且单面走廊两侧的纵墙均应按外墙处理。

3　教学楼、医院等横墙较少的房屋，应根据房屋增加一层后的层数，按表7.3.1的要求设置构造柱；当教学楼、医院等横墙较少的房屋为外廊式或单面走廊式时，应按2款要求设置构造柱，但6度不超过四层、7度不超过三层和8度不超过二层时，应按增加二层后的层数对待。

砖房构造柱设置要求　表7.3.1

<table>
<tr><th colspan="4">房屋层数</th><th colspan="2" rowspan="2">设置部位</th></tr>
<tr><th>6度</th><th>7度</th><th>8度</th><th>9度</th></tr>
<tr><td>四、五</td><td>三、四</td><td>二、三</td><td></td><td rowspan="3">外墙四角，错层部位横墙与外纵墙交接处，大房间内外墙交接处，较大洞口两侧</td><td>7、8度时，楼、电梯间的四角；
隔15m或单元横墙与外纵墙交接处</td></tr>
<tr><td>六、七</td><td>五</td><td>四</td><td>二</td><td>隔开间横墙（轴线）与外墙交接处，山墙与内纵墙交接处；
7～9度时，楼、电梯间的四角</td></tr>
<tr><td>八</td><td>六、七</td><td>五、六</td><td>三、四</td><td>内墙（轴线）与外墙交接处，
内墙的局部较小墙垛处；
7～9度时，楼、电梯间的四角；
9度时内纵墙与横墙（轴线）交接处</td></tr>
</table>

【技术要点说明】

根据地震经验和大量的试验研究成果，设置钢筋混凝土构造柱是防止砖房倒塌的十分有效的途径。

1. 主要内容

研究表明，构造柱可提高砌体抗剪能力约10%～30%，其提高的幅度与墙体高宽比、正应力大小和开洞情况有关。构造柱的作用主要是对墙体形成约束，以显著提高其变形能力，构造柱应设置在震害可能较重、连接构造薄弱和易于应力集中的部位，这样做效果较好。构造柱截面不必很大，但要与圈梁等水平的钢筋混凝土构件组成对墙体的分割包围才能充分发挥其约束作用。总的说来，构造柱应根据房屋用途、结构部位、设防烈度和该部位承担地震剪力的大小来设置。

2. 相关规定，主要指《建筑抗震设计规范》GB 50011—2001第7.3.2条对构造柱的具体构造所给出的较为详细的要求，包括构造柱最小截面、配筋，构造柱与墙体和圈梁的连接，构造柱不单独设置基础等规定。

【实施与检查的控制】

1. 构造柱与混凝土结构的受力柱不同，其截面尺寸、材料强度等级、保护层厚度、纵筋配筋量、箍筋、基础均与框架柱有所不同，因此，不要把构造柱作为混凝土结构受力柱看待。

2. 当房屋层数较少时，如少于表 7.3.1 中规定的最小层数，是否设置构造柱，规范不作要求。当房屋层数、高度接近或达到第 7.1.2 条的上限时，构造柱的数量和分布需适当增加。

3. 大房间尺寸，参照抗震规范第 7.3.7 条所述，以长度 7.2m 控制。

4. 大洞口尺寸，对内横墙和内纵墙，一般按不小于 2m 控制；对外纵墙，当内外墙交接处已设置构造柱时，可有所放松，避免在一个不大的墙段内设置三根构造柱，施工时难以先砌墙后浇构造柱。

二、设置钢筋混凝土圈梁加强楼盖整体性

《建筑抗震设计规范》GB 50011—2001

7.3.3 多层普通砖、多孔砖房屋的现浇钢筋混凝土圈梁设置应符合下列要求

1 装配式钢筋混凝土楼、屋盖或木楼、屋盖的砖房，横墙承重时应按表 7.3.3 的要求设置圈梁；纵墙承重时每层均应设置圈梁，且抗震横墙上的圈梁间距应比表内要求适当加密。

2 现浇或装配整体式钢筋混凝土楼、屋盖与墙体有可靠连接的房屋，应允许不另设圈梁，但楼板沿墙体周边应加强配筋并应与相应的构造柱钢筋可靠连接。

砖房现浇钢筋混凝土圈梁设置要求 表 7.3.3

墙类	烈度		
	6、7	8	9
外墙和内纵墙	屋盖处及每层楼盖处	屋盖处及每层楼盖处	屋盖处及每层楼盖处
内横墙	同上；屋盖处间距不应大于7m；楼盖处间距不应大于15m；构造柱对应部位	同上；屋盖处沿所有横墙，且间距不应大于7m；楼盖处间距不应大于7m；构造柱对应部位	同上；各层所有横墙

*《多孔砖砌体结构设计规范》JGJ 137—2001(2002 年局部修订)第 5.3.5 条与本条等效。

【技术要点说明】

震害表明，抗震圈梁能增加预制楼盖的整体性，是提高房屋抗震能力的有效措施。

1. 主要内容

圈梁要与构造柱一起形成对墙体的约束，按不同的设防烈度规定了圈梁的最大间距，并要求在内外墙交接处设置了构造柱的横墙上也应设置圈梁，以形成约束。

2. 相关规定，主要指《建筑抗震设计规范》GB 50011—2001 第 7.3.4 条对圈梁的具体构造所给出的较为详细的要求，包括圈梁的截面、配筋和彼此连接形成封闭系统等规定。

【实施与检查的控制】

1. 历次的震害资料表明，现浇楼盖有良好的整体性，不需要另设圈梁，仅要求楼板沿纵横墙体的周边加强配筋，类似于暗圈梁，并通过钢筋与相应构造柱可靠连接。楼梯间在楼盖标高处无现浇板的外墙体中，需采取局部设置圈梁等措施与上述暗圈梁形成封闭系统。

2. 纵墙承重的砌体房屋，圈梁的最大间距应比横墙承重或纵横墙共同承重的体系减小。

3. 在所要求的圈梁间距范围内无横墙时，应利用梁或板缝中的配筋替代圈梁。

三、加强楼盖、屋盖与墙体的连接

《建筑抗震设计规范》GB 50011—2001

7.3.5 多层普通砖、多孔砖房屋的楼、屋盖应符合下列要求:

1 现浇钢筋混凝土楼板或屋面板伸进纵、横墙内的长度,均不应小于120mm。

2 装配式钢筋混凝土楼板或屋面板,当圈梁未设在板的同一标高时,板端伸进外墙的长度不应小于120mm,伸进内墙的长度不应小于100mm,在梁上不应小于80mm。

3 当板的跨度大于4.8m并与外墙平行时,靠外墙的预制板侧边应与墙或圈梁拉结。

4 房屋端部大房间的楼盖,8度时房屋的屋盖和9度时房屋的楼、屋盖,当圈梁设在板底时,钢筋混凝土预制板应相互拉结,并应与梁、墙或圈梁拉结。

【技术要点说明】

砌体结构中,楼、屋盖与墙体的连接是加强房屋整体性的关键之一。

根据现浇板和预制板的特点,分别规定各自的支承长度;对大跨度和大房间的预制板楼盖,还提出专门的加强要求。

【实施与检查的控制】

楼盖的支承长度应满足规定,拉结措施应可靠。

预制板的支承长度,参考标准图的做法,可适当计入板端外伸钢筋相互可靠拉结后的现浇部分。

四、多孔砖砌体房屋抗震设计的补充规定

《多孔砖砌体结构技术规范》JGJ 137—2001(2002年局部修订)

5.1.5 多层房屋抗震横墙的最大间距,不应超过表5.1.5的规定:

抗震横墙的最大间距(m) 表5.1.5

楼(屋)盖类别	6度	7度	8度	9度
现浇及装配整体式钢筋混凝土	18	18	15	11
装配式钢筋混凝土	15	15	11	7
木	11	11	7	4

注:1 厚度为190mm的抗震横墙,最大间距应为表中数值减3m;
2 9度区表中数值,不适用于厚度为190mm的抗震横墙。

【技术要点说明】

这里是关于多孔砖砌体房屋的补充,要求190规格的多孔砖砌体房屋,最大横墙间距应比240规格的砖砌体减少3m。其他说明见本章《建筑抗震设计规范》GB 50011—2001第7.1.5条的说明。

【实施与检查的控制】

同本章《建筑抗震设计规范》GB 50011—2001第7.1.5条的对应内容。

5.3.1 多孔砖房屋设置现浇钢筋混凝土构造柱应符合表5.3.1的规定。

墙厚不小于 240mm 时多孔砖房屋构造柱设置　　表 5.3.1-1

<table>
<tr><th colspan="4">房屋层数</th><th colspan="2" rowspan="2">设置部位</th></tr>
<tr><th>6度</th><th>7度</th><th>8度</th><th>9度</th></tr>
<tr><td>四、五</td><td>三、四</td><td>二、三</td><td></td><td rowspan="3">外墙四角，错层部位横墙与外纵墙交接处，大房间内外墙交接处，较大洞口两侧</td><td>7、8 度时，楼、电梯间的四角；隔 15m 或单元横墙与外纵墙交接处</td></tr>
<tr><td>六、七</td><td>五</td><td>四</td><td>二</td><td>隔开间横墙（轴线）与外墙交接处，山墙与内纵墙交接处；7～9 度时，楼、电梯间的四角</td></tr>
<tr><td></td><td>六、七</td><td>五、六</td><td>三、四</td><td>内墙（轴线）与外墙交接处，内墙的局部较小墙垛处；7～9 度时，楼、电梯间的四角；9 度时内纵墙与横墙（轴线）交接处</td></tr>
</table>

墙厚 190mm 时多孔砖房屋构造柱设置　　表 5.3.1-2

<table>
<tr><th colspan="3">房屋层数</th><th colspan="2" rowspan="2">设置部位</th></tr>
<tr><th>6度</th><th>7度</th><th>8度</th></tr>
<tr><td>四</td><td>三、四</td><td>二、三</td><td rowspan="3">外墙四角，错层部位横墙与外纵墙交接处，大房间内外墙交接处，较大洞口两侧</td><td>7、8 度时，楼、电梯间的四角；隔 15m 或单元横墙与外纵墙交接处</td></tr>
<tr><td>五、六</td><td>五</td><td>四</td><td>隔开间横墙（轴线）与外墙交接处，山墙与内纵墙交接处；7～9 度时，楼、电梯间的四角</td></tr>
<tr><td>七</td><td>六</td><td>五</td><td>内墙（轴线）与外墙交接处，内墙的局部较小墙垛处；7～9 度时，楼、电梯间的四角；9 度时内纵墙与横墙（轴线）交接处</td></tr>
</table>

【技术要点说明】

这里是关于多孔砖砌体房屋的补充规定，对 190 规格的多孔砖砌体房屋的构造柱设置要求，6 度时略高于 240 规格的砖砌体房屋。其他说明见本节《建筑抗震设计规范》GB 50011—2001 第 7.3.1 条的说明。

【实施与检查的控制】

同本节《建筑抗震设计规范》GB 50011—2001 第 7.3.1 条的对应内容。

5.3.6　现浇混凝土圈梁构造应符合下列规定：

1　圈梁应闭合，遇有洞口应上下搭接。圈梁应与预制板设在同一标高处或紧靠板底；

2　当圈梁在规定的间距内无横墙时，应利用梁或板缝中设置钢筋混凝土现浇带替代圈梁。

【技术要点说明】

这里是关于多孔砖砌体房屋圈梁构造的补充规定。其他说明见本节《建筑抗震设计规范》GB 50011—2001 第 7.3.3 条的说明。

【实施与检查的控制】

同本节《建筑抗震设计规范》GB 50011—2001 第 7.3.3 条的对应内容。

5.3.7　多孔砖房屋的楼、屋盖应符合下列规定：

1　现浇钢筋混凝土楼板或屋面板，伸进外墙的长度不应小于 120mm，伸进不小于

240mm 厚内墙的长度不应小于 120mm，伸进 190mm 厚内墙的长度不应小于 90mm；

2 装配式钢筋混凝土楼板或屋面板，当圈梁未设在板的同一标高时，板伸进外墙的长度不应小于 120mm，伸进不小于 240mm 厚内墙的长度不应小于 100mm，伸进 190mm 厚内墙的长度不应小于 80mm；板在梁上的支承长度不应小于 80mm；

3 当板的跨度大于 4.8m 并与外墙平行时，靠外墙的预制板侧边应与墙或圈梁拉结；

4 房屋端部大房间的楼盖，8 度时房屋的屋盖和 9 度时房屋的楼、屋盖，当圈梁设在板底时，钢筋混凝土预制板应相互拉结，并应与梁、墙或圈梁拉结。

【技术要点说明】

这里是关于多孔砖砌体房屋整体性连接的补充规定。对于 190 规格的多孔砖砌体房屋，在内墙上的支承长度允许稍有减小。其他说明见本节《建筑抗震设计规范》GB 50011—2001 第 7.3.5 条的说明。

【实施与检查的控制】

同本节《建筑抗震设计规范》GB 50011—2001 第 7.3.5 条的对应内容。

5.3.4 后砌的非承重砌体隔墙，应沿墙高每隔 500mm 配置 2 根 ϕ6 钢筋与承重墙或柱拉结，每边伸入墙内不应小于 500mm；设防烈度为 8 度和 9 度区，长度大于 5m 的后砌隔墙，墙顶尚应与楼板或梁拉结。

5.3.10 楼梯间应符合下列规定：

1 装配式楼梯段应与平台板的梁可靠连接；不应采用墙中悬挑式踏步或踏步竖肋插入墙体的楼梯，不应采用无筋砖砌栏板；

2 在 8 度和 9 度区，顶层楼梯间横墙和外墙应沿墙高每隔 500mm 设 2 根 ϕ6 通长钢筋。

【技术要点说明】

为了减轻多孔砖砌体房屋地震破坏造成的人员伤亡，除了对主要结构构件的安全性进行控制外，对于容易局部倒塌而伤人的部位也要适当控制，包括：

第 5.3.4 条提出对后砌隔墙两侧和墙顶的拉结要求。

第 5.3.10 条提出对楼梯间梯段的构造和 8、9 度时顶层楼梯间墙体的水平拉结筋要求。

【实施与检查的控制】

隔墙两侧和顶部应按规定设置拉结措施并应可靠。隔墙在洞边的尺寸小于 500mm 时，拉结钢筋的长度不得小于洞边尺寸。

楼梯梯段和栏板的构造应与墙体有可靠连接，8、9 度设防时顶层墙体的水平配筋不得省略。

五、多孔砖砌体房屋结构设计的补充规定

本节 2002 年版的强制性条文中，关于多孔砖砌体房屋的下列强制性条文属于“结构设计篇”第 4 章“砌体结构设计”的范畴：

《多孔砖砌体结构技术规范》JGJ 137—2001(2002 年局部修订)

4.4.1 跨度大于 6m 的屋架和跨度大于 4.8m 的梁，其支承面处应设置混凝土或钢筋混凝土垫块；当墙中设有圈梁时，垫块与圈梁应浇成整体。

【技术要点说明】

多孔砖比普通黏土砖在竖向荷载下容易劈裂，其局部抗压强度提高系数往往小于普通黏土砖，因此，特别强调跨度较大的屋架和大梁直接支承在多孔砖砌体上的局部受压承载力问题，从构造上要求设置混凝土或钢筋混凝土垫块；当支承面处有圈梁时，垫块与圈梁整浇可取得更好的受力效果。

【实施与检查的控制】

大跨度的屋架和大梁，不得直接支承于多孔砖砌体上。垫块的大小，按“结构设计”篇《砌体结构设计规范》GB 50003—2001(2002 年局部修订)第 5.2.4 条规定的砌体局部受压承载力验算后确定。

4.5.1　多孔砖砌筑的住宅、宿舍、办公楼等民用房屋，当层数在四层及以下时，墙厚为 190m 时，应在底层和檐口标高处各设置圈梁一道，墙厚不小于 240mm 时，应在檐口标高处设置圈梁一道；当层数超过四层时，除顶层必须设置圈梁外，至少应隔层设置。

【技术要点说明】

“结构设计篇”第 4 章“砌体结构设计”中《砌体结构设计规范》GB 50003—2001(2002 年局部修订)第 7.1.3 条对圈梁作了规定，本条是关于 190mm 规格多孔砖砌体的补充。其他说明同上述强制性条文的说明。

【实施与检查的控制】

同“结构设计篇”第 4 章“砌体结构设计”中《砌体结构设计规范》GB 50003—2001(2002 年局部修订)第 7.1.3 条的对应内容。

4.3　混凝土小型空心砌块房屋

《建筑抗震设计规范》GB 50011—2001

7.4.1　小砌块房屋应按表 7.4.1 的要求设置钢筋混凝土芯柱，对医院、教学楼等横墙较少的房屋，应根据房屋增加一层后的层数，按表 7.4.1 的要求设置芯柱。

小砌块房屋芯柱设置要求　　表 7.4.1

房屋层数			设置部位	设置数量
6 度	7 度	8 度		
四、五	三、四	二、三	外墙转角，楼梯间四角； 大房间内外墙交接处； 隔 15m 或单元横墙与外纵墙交接处	外墙转角，灌实 3 个孔； 内外墙交接处，灌实 4 个孔
六	五	四	外墙转角，楼梯间四角； 大房间内外墙交接处； 山墙与内纵墙交接处； 隔开间横墙(轴线)与外纵墙交接处	
七	六	五	外墙转角，楼梯间四角； 各内墙(轴线)与外纵墙交接处； 8 度时，内纵墙与横墙(轴线)交接处和洞口两侧	外墙转角，灌实 5 个孔； 内外墙交接处，灌实 4 个孔； 内墙交接处，灌实 4～5 个孔； 洞口两侧各灌实 1 个孔
	七	六	同上； 横墙内芯柱间距不宜大于 2m	外墙转角，灌实 7 个孔； 内外墙交接处，灌实 5 个孔； 内墙交接处，灌实 4～5 个孔； 洞口两侧各灌实 1 个孔

注：外墙转角、内外墙交接处、楼电梯间四角等部位，应允许采用钢筋混凝土构造柱替代部分芯柱。

7.4.4　小砌块房屋的现浇钢筋混凝土圈梁应按表 7.4.4 的要求设置，圈梁宽度不应小于 190mm，配筋不应少于 4ϕ12，箍筋间距不应大于 200mm。

小砌块房屋现浇钢筋混凝土圈梁设置要求　　表 7.4.4

墙　类	烈　度	
	6、7	8
外墙和内纵墙	屋盖处及每层楼盖处	屋盖处及每层楼盖处
内横墙	同上；屋盖处沿所有横墙；楼盖处间距不应大于 7m；构造柱对应部位	同上；各层所有横墙

【技术要点说明】

混凝土小型砌块作为墙体改革的材料，大力推广应用是很有必要的。为提高混凝土小型砌块房屋的抗震安全性，不仅纳入关于高度、层数限制和建筑结构布置的强制性要求，还纳入关于多层小砌块房屋设置芯柱和圈梁的要求。

1. 主要内容

小砌块房屋芯柱的作用类似于砖房的构造柱，规范的要求也有一定的对应关系；混凝土小砌块房屋的圈梁要求，与砖房相比则针对砌块的特点有所调整。

2. 相关规定，主要指《建筑抗震设计规范》GB 50011—2001 的下列条款：

第 7.4.2 条给出了芯柱的构造，包括截面尺寸、配筋、基础等。

第 7.4.3 条给出了替代芯柱的构造柱的具体构造。

【实施与检查的控制】

1. 芯柱的数量和配筋，随着设防烈度和房屋高度的增加而增加，为提高承载力而设置的芯柱，应均匀分布。

2. 2002 年版的强制性条文，允许在外墙转角、内外墙交接处、楼电梯间四角等位置，用构造柱代替芯柱，但此时构造柱的构造与砖砌体房屋的构造柱有所不同。

《砌体结构设计规范》GB 50003—2001（2002 年局部修订）

10.4.11　配筋砌块砌体剪力墙的水平和竖向分布钢筋应符合表 10.4.11-1 和 10.4.11-2 的要求；剪力墙底部加强区的高度不应小于房屋高度的 1/6，且不应小于两层的高度。

剪力墙水平分布钢筋的配筋构造　　表 10.4.11-1

抗震等级	最小配筋率（%）		最大间距（mm）	最小直径（mm）
	一般部位	加强部位		
一	0.13	0.13	400	ϕ8
二	0.11	0.13	600	ϕ8
三	0.10	0.11	600	ϕ6
四	0.07	0.10	600	ϕ6

剪力墙竖向分布钢筋的配筋构造　　表 10.4.11-2

抗震等级	最小配筋率(%)		最大间距(mm)	最小直径(mm)
	一般部位	加强部位		
一	0.13	0.13	400	ϕ12
二	0.11	0.13	600	ϕ12
三	0.10	0.11	600	ϕ12
四	0.07	0.10	600	ϕ12

【技术要点说明】

配筋小砌块剪力墙属于装配整体式混凝土剪力墙，其墙体分布钢筋的规格要受到孔洞和灰缝的限制，钢筋的接头为搭接或非接触搭接。根据国外的经验，墙体的最小竖向和水平分布钢筋要求，只能相当于现浇钢筋混凝土剪力墙的一半，两个方向最小含钢率之和不应小于 0.2%，这是对保证配筋砌块墙体最小延性和抗裂的要求，在高烈度区还要有所提高。本条规定，除抗震等级四级外，大体为我国现浇钢筋混凝土剪力墙分布筋要求的一半，并对加强部位和一般部位有所区分。

考虑到小砌块墙体中钢筋连接的特点，在《建筑抗震设计规范》GB 50011—2001 附录 F.3.4 条专门规定了不同于钢筋混凝土构件的水平和竖向分布钢筋的搭接和锚固长度要求。

【实施与检查的控制】

配筋小砌块房屋是一种装配整体式混凝土墙的结构体系，其块体主要指砌块外形尺寸为 390mm×190mm×190mm、空心率为 50%左右的单排孔混凝土空心砌块，砌块的肋部开有约 100mm×100mm 的槽口以便放置水平钢筋，使用其他规格的混凝土小型空心砌块时应慎重。这里仅对墙体的分布筋做了规定，建筑方案和结构布置仍应符合本篇 2.2 节的强制性要求，最大适用高度等不作为强制性要求。

5 钢结构抗震设计

钢结构房屋的结构体系,有框架体系、框架-中心支撑体系、框架-偏心支撑体系和各类筒体体系。其抗震设计除应符合本篇第一、二章的强制性要求外,根据钢结构的特点,在结构选型、地震作用取值、地震作用效应调整、抗震承载能力验算、构件抗震构造措施等方面,有一些不同于混凝土结构、砌体结构的专门要求。本章的内容不包括薄壁型钢结构,分为一般规定和高层民用建筑钢结构两部分。

一、一般规定

《建筑抗震设计规范》GB 50011—2001

8.1.3 钢结构房屋应根据烈度、结构类型和房屋高度,采用不同的地震作用效应调整系数,并采取不同的抗震构造措施。

【技术要点说明】

多层和高层钢结构的建筑布局和结构选型,应符合本篇 2.2 节的有关要求。这里是区别于混凝土结构的一些基本要求:

1. 主要内容

混凝土结构要求按设防烈度、结构类型和房屋高度采取不同的抗震等级,分别符合相应的内力增大系数和抗震构造要求。类似地,对钢结构,明确要求按烈度、结构类型和房屋高度,采用不同的地震作用效应调整系数和不同的抗震构造措施。

2. 相关规定,主要指《建筑抗震设计规范》GB 50011—2001 第 8.1.4~8.1.9 条给出的有关建筑布局和结构选型的规定,包括规则性、结构体系、楼盖、地下室等的要求,不同的设防烈度,结构体系的选择有不同的要求。

钢结构的抗震构造要求,如构件长细比和板件宽厚比要求,随结构层数不同而提出不同的强制性要求,均以 12 层为界划分,见后面所述。

【实施与检查的控制】

1. 抗震设防烈度不同,房屋高度不同,应采用不同的钢结构类型。

2. 钢结构的各项构造,不仅与抗震设防烈度有关,还应注意以 12 层为界有所不同。

8.3.6 梁与柱刚性连接时,柱在梁翼缘上下各 500mm 的节点范围内,柱翼缘与柱腹板间或箱形柱壁板间的连接焊缝,应采用坡口全熔透焊缝。

【技术要点说明】

钢结构构件是在工厂预制的,在现场通过装配形成完整的空间结构,连接节点的构造对控制钢结构的空间性能具有关键的作用。对于焊接组装柱,一般区段采用部分熔透的焊缝,强调在节点上下区段采用坡口全熔透焊缝,以保证柱端塑性铰区段的安全和节点连接满足受力特性的要求。

【实施与检查的控制】

注意坡口焊缝的形式和尺寸，以及焊缝熔透的程度和施焊的质量。

8.3.1　框架柱的长细比，应符合下列规定：

1　不超过12层的钢框架柱的长细比，6～8度时不应大于$120\sqrt{235/f_{ay}}$，9度时不应大于$100\sqrt{235/f_{ay}}$。

2　超过12层的钢框架柱的长细比，应符合表8.3.1的规定：

超过12层框架的柱长细比限值　　表8.3.1

烈度	6度	7度	8度	9度
长细比	120	80	60	60

注：表列数值适用于Q235钢，采用其他牌号钢材时，应乘以$\sqrt{235/f_{ay}}$

8.4.2　中心支撑杆件的长细比和板件宽厚比应符合下列规定：

1　支撑杆件的长细比，不宜大于表8.4.2-1的限值：

2　支撑杆件的板件宽厚比，不应大于表8.4.2-2规定的限值。采用节点板连接时，应注意节点板的强度和稳定。

钢结构中心支撑杆件长细比限值　　表8.4.2-1

类型		6、7度	8度	9度
不超过12层	按压杆设计	150	120	120
	按拉杆设计	200	150	150
超过12层		120	90	60

注：表列数值适用于Q235钢，采用其他牌号钢材应乘以$\sqrt{235/f_{ay}}$。

钢结构中心支撑板件宽厚比限值　　表8.4.2-2

板件名称	不超过12层			超过12层			
	7度	8度	9度	6度	7度	8度	9度
翼缘外伸部分	13	11	9	9	8	8	7
工字形截面腹板	33	30	27	25	23	23	21
箱形截面腹板	31	28	25	23	21	21	19
圆管外径与壁厚比				42	40	40	38

注：表列数值适用于Q235钢，采用其他牌号钢材应乘以$\sqrt{235/f_{ay}}$。

【技术要点说明】

《建筑抗震设计规范》GB 50011—2001第3.5.4条中明确规定，钢结构构件应合理控制尺寸，防止整个构件和局部失稳。即，控制钢结构构件的长细比和板件的宽厚比，是钢结构构件基本的抗震构造措施。

不同烈度、不同层数下钢框架柱的长细比限制，中心支撑斜杆的长细比和板件宽厚比限制，以及《高层民用建筑钢结构技术规程》JGJ 99—1998第6.1.6条、第6.3.4条分别规定的不同烈度下钢框架梁、柱板件宽厚比限制。这些规定，均为了保证钢结构构件在地震作用下有足够的整体稳定和局部稳定性。

【实施与检查的控制】

柱和支撑斜杆的长细比计算，应符合钢结构规范的定义。

框架柱板件宽厚比限值，是在满足强柱弱梁前提下的规定，不满足强柱弱梁要求时，宽厚比限值需有所加严。

箱形截面支撑两腹板间翼缘的宽厚比，也按表 8.4.2.2-2 对腹板的要求控制。

8.5.1　偏心支撑框架消能梁段的钢材屈服强度不应大于 345MPa。消能梁段及与消能梁段同一跨内的非消能梁段，其板件的宽厚比不应大于表 8.5.1 规定的限值。

偏心支撑框架梁板件宽厚比限值　　表 8.5.1

板件名称		宽厚比限值
翼缘外伸部分		8
腹板	当 $N/Af \leqslant 0.14$ 时	$90[1-1.65N/(Af)]$
	当 $N/Af > 0.14$ 时	$33[2.3-N/(Af)]$

注：表列数值适用于 Q235 钢，当材料为其他牌号钢材时，应乘以 $\sqrt{235/f_{ay}}$

【技术要点说明】

研究表明，偏心支撑系统具有弹性阶段刚度接近于中心支撑框架，弹塑性阶段可保护支撑使之避免过早屈服的特点，是一种抗震性能良好的结构体系。

偏心支撑的设计原则是强柱、强支撑和弱消能梁段，即在大震下消能梁段先屈服形成塑性铰，且具有稳定的滞回性能，即使消能梁段进入应变硬化阶段，同一跨的支撑斜杆、柱和其余梁段仍可能保持弹性受力状态。因此，偏心支撑的每根斜杆只能在一端与消能梁段连接。若两端均与消能梁段相连，则可能一端的消能梁段屈服，另一端的消能梁段不屈服，使后者不能发挥应有的消能作用。

关于消能梁段翼缘板和腹板的材料强度和宽厚比要求，以及本章高层民用建筑钢结构部分提出的关于消能梁段屈服形式的规定，对于保证消能梁段确实起到保护整个钢结构在强烈地震下具有足够的塑性变形能力，是十分关键的。

【实施与检查的控制】

按《建筑抗震设计规范》GB 50011—2001 第 8.1.5 条的规定，偏心支撑主要用于高烈度的高层建筑，板件宽厚比控制较严；当低烈度的高层建筑采用偏心支撑时，翼缘外伸部分的要求可酌情放宽。

梁的上翼缘可利用楼板作为侧向支承，但下翼缘需要设置侧向支撑，避免地震时下翼缘压屈。

二、高层民用建筑钢结构

《高层民用建筑钢结构技术规范》JGJ 99—1998

5.3.3　第一阶段抗震设计中，框架-支撑（剪力墙板）体系中总框架任一楼层所承担的地震剪力，不得小于结构底部总剪力的 25%。

6.4.5　在多遇地震效应组合作用下，人字形支撑、V 形支撑、十字交叉支撑和单斜杆支撑的斜杆内力应乘以增大系数。

【技术要点说明】

1. 主要内容

钢结构地震作用效应的调整，是抗震措施的重要内容之一。除了阻尼比的调整外，主要是框架支撑体系中框架部分应承担的最小地震剪力的规定，以及关于人字形支撑、V形支撑、十字交叉支撑和单斜杆支撑的内力调整规定，以体现多道设防等抗震概念设计。

2. 相关规定，主要指《建筑抗震设计规范》GB 50011—2001的下列条款：

第8.2.2条给出了不同层数阻尼比的取值。

第8.2.3条给出了人字形支撑、V形支撑的内力增大系数值、偏心支撑的斜杆和同跨的梁柱内力、转换层下部楼层框架柱内力的调整系数值。

第8.2节还给出关于强柱弱梁、强节点弱构件在钢结构的具体验算规定。

【实施与检查的控制】

1. GB 50011—2001抗震规范仅规定了多层和高层钢结构的阻尼比，对单层钢结构，其阻尼比仍按5%取值。

2. 在框架支撑结构体系中，框架部分承担的地震剪力需要考虑多道设防加以调整，一般按照去掉支撑后的纯框架计算的地震剪力与整个框架支撑体系的地震剪力之比确定。

3. 强节点弱构件的验算，应注意满足弹性设计的要求。

4.《高层民用建筑钢结构技术规程》JGJ 99—1998中关于内力调整系数取值的规定，按行业标准与国家标准内容协调的要求，凡与《建筑抗震设计规范》GB 50011—2001不同者，应该按2001年版规范的规定取值。今后，规程在修订中，将与2001年版规范协调，强制性条文的内容也将重新修改。

6.1.6 按7度及以上抗震设防的高层建筑，其抗侧力框架的梁中可能出现塑性铰的区段，板件宽厚比不应超过表6.1.6的限值。

框架梁板件宽厚比限值 **表6.1.6**

板件	7度及以上	6度和非抗震设防
工字形梁和箱形梁翼缘悬伸部分 b/t	9	11
工字形梁和箱形梁腹板 h_0/t_w	$72-100N/Af$	$85-120N/Af$
箱形梁翼缘在两腹板之间的部分 b_0/t	20	28

注：1 表中，N为梁的轴向力，A为梁的截面面积，f为梁的钢材强度设计值；

2 表列数值适用于$f_y=225\text{N/mm}^2$的Q235钢，当钢材为其他牌号时，应乘以$\sqrt{235/f_y}$。

6.3.4 按7度及以上抗震设防的框架柱板件宽厚比，不应超过表6.3.4的规定。

框架柱板件宽厚比 **表6.3.4**

板件	7度	8度或9度
工字形柱翼缘悬伸部分	11	10
工字形柱腹板	43	43
箱形柱壁板	37	33

注：表列数值适用于$f_y=225\text{N/mm}^2$的Q235钢，当钢材为其他牌号时，应乘以$\sqrt{235/f_y}$。

【技术要点说明】

板件宽厚比对高层钢结构构件的局部稳定是十分重要的，作为国家标准的补充，予以规定。

【实施与检查的控制】

框架梁在塑性铰区段需要较大的转动能力，要求板件宽厚比满足塑性设计要求。框架柱板件宽厚比限值，是在满足强柱弱梁前提下的规定，比对梁的要求放松。

6.5.4　耗能梁段与柱连接时，不应设计成弯曲屈服型。

【技术要点说明】

这里补充了关于偏心支撑系统的强制性要求，提出消能梁段屈服形式的规定，与宽厚比的规定一起，对于保证消能梁段确实起到保护支撑提高整个钢结构在强烈地震下具有足够的塑性变形能力，有较好的效果。

【实施与检查的控制】

消能梁段屈服形式分为剪切屈服型和弯曲屈服型：

净长 $a \leqslant 1.6M_p/V_p$ 属剪切屈服型，不仅弹性刚度接近中心支撑，而且对地震能量的消能能力和滞回性能均较好，最好是 $a \leqslant 1.3M_p/V_p$。

净长 $a > 1.6M_p/V_p$ 属弯曲屈服型，对地震能量的消能性能不佳。

此外，在“结构设计篇”还纳入规程第 8.3.6 条关于刚性连接的框架柱在梁翼缘对应位置设置水平加劲肋或隔板的强制性要求。

6 混合承重结构抗震设计

6.1 底层框架和多层内框架房屋

底层框架砖房和多层内框架砖房均属不同材料的结构构件混合承重的房屋，总体上属于不规则建筑结构体系，存在许多对抗震不利的因素，在抗震设计时必须严格控制下列技术要点，才不致造成安全隐患。

一、严格控制房屋总高度和层数

本篇4.1节中纳入了《建筑抗震设计规范》GB 50011—2001第7.1.2条的有关规定。底层框架和多层多排柱内框架房屋属于砖砌体为主要抗侧力构件的房屋，同样需要严格控制房屋的总高度和层数。

底层框架砖房的总高度和层数限制，主要参考多层砖房并考虑了近年来底层框架砖房抗震试验和震害经验。从结构布置、托墙梁到过渡层均采取合理有效的加强措施后，房屋的总高度和层数可以同多层砖房；但日本阪神地震和台湾大地震中，上刚下柔的房屋震害十分严重，对9度设防应专门研究。

底层内框架房屋的震害较重，海城和唐山地震后，1978年颁发的抗震设计规范已明确规定不能采用。目前，多层的单排柱到顶的内框架房屋基本上不采用；多层的多排柱到顶的内框架房屋，虽然仍可采用，因房屋的刚度和整体性较差，故在应用范围和高度上应加以严格限制，以策安全。

二、建筑规则性和结构布置的严格控制

《建筑抗震设计规范》GB 50011—2001

7.1.8 底部框架-抗震墙房屋的结构布置，应符合下列要求：

1 上部的砌体抗震墙与底部的框架梁或抗震墙应对齐或基本对齐。

2 房屋的底部，应沿纵横两方向设置一定数量的抗震墙，并应均匀对称布置或基本均匀对称布置。6、7度且总层数不超过五层的底层框架-抗震墙房屋，应允许采用嵌砌于框架之间的砌体抗震墙，但应计入砌体墙对框架的附加轴力和附加剪力；其余情况应采用钢筋混凝土抗震墙。

3 底层框架-抗震墙房屋的纵横两个方向，第二层与底层侧向刚度的比值，6、7度时不应大于2.5，8度时不应大于2.0，且均不应小于1.0。

4 底部两层框架-抗震墙房屋的纵横两个方向，底层与底部第二层侧向刚度应接近，第三层与底部第二层侧向刚度的比值，6、7度时不应大于2.0，8度时不应大于1.5，且均不应小于1.0。

5 底部框架-抗震墙房屋的抗震墙应设置条形基础、筏式基础或桩基。

7.5.3 底部框架-抗震墙房屋的楼盖应符合下列要求：

1 过渡层的底板应采用现浇钢筋混凝土板，板厚不应小于 120mm；并应少开洞、开小洞，当洞口尺寸大于 800mm 时，洞口周边应设置边梁。

2 其他楼层，采用装配式钢筋混凝土楼板时均应设现浇圈梁，采用现浇钢筋混凝土楼板时应允许不另设圈梁，但楼板沿墙体周边应加强配筋并应与相应的构造柱可靠连接。

【技术要点说明】

底部框架房屋的建筑布置需要严格控制横墙间距（见本篇 4.1 节）、控制侧移刚度比等结构布置并加强底部框架顶板平面内的刚性。

1. 主要内容

(1) 底部应沿纵、横两方向均匀对称或基本均匀对称布置一定数量的抗震墙，且过渡层与底部侧移刚度的比值，根据底部框架-抗震墙的层数和设防烈度的不同，分别予以控制。这个规定体现了抗震规范概念设计的要求，尽量减少因上下层刚度突变而导致底部应力集中和变形集中，同时不使抗震薄弱层转移到上部的砌体层。

(2) 上部的砌体抗震墙与底部的框架梁或抗震墙应对齐或基本对齐。这个规定体现了抗震规范概念设计的要求，尽量减少地震作用转换的次数，使之有明确、合理的传递途径。

(3) 底部框架-抗震墙结构的顶板应现浇，加厚和减少开洞，以保证地震作用能通过楼板传递到落地的抗震墙。

(4) 落地的抗震墙，一般应采用钢筋混凝土墙，仅在低烈度设防且房屋层数较少时才允许采用砖抗震墙。落地抗震墙，不论混凝土抗震墙还是砖抗震墙，均应设置条形基础等刚度较好的基础。

2. 相关规定

底部框架砖房上部各层的建筑结构布置，其要求仍与多层砖房相同，见本篇 4.1 节，同样不应采用严重不规则的建筑设计方案。

【实施与检查的控制】

1. 两方向均应布置抗震墙，不可采用底层纯框架。底层的墙体一般采用混凝土抗震墙，可充分发挥钢筋混凝土结构的延性，并使墙体数量减少，便于建筑布置；烈度低且层数少时也可采用砖抗震墙。

2. 墙体对称布置是指在底层平面内每个方向墙体的刚度基本均匀，避免或减少扭转的不利影响，可通过墙体长度、厚度、洞口连梁等的调整来实现。

3. 侧移刚度应在纵、横两个方向分别计算。底部的侧移刚度包括底部的框架、混凝土抗震墙和砖抗震墙的侧移刚度。

4. 上部楼层中不落地的砖抗震墙，一般要由两端设置框架柱的托墙梁（框架主梁）支承，使地震作用有很明确的传递途径；少量采用次梁转换的砖抗震墙，要按本篇 2.2 节所述明确其地震作用传递途径；其余不落地的上部砖墙，应改为非抗震的隔墙，尽量用轻质材料。

5. 底部的侧移刚度不得大于上部，使地震时大部分变形由延性较好的钢筋混凝土结构承担，并避免薄弱层转移。

三、重视底部框架的地震内力调整

《建筑抗震设计规范》GB 50011—2001

7.2.4 底部框架-抗震墙房屋的地震作用效应，应按下列规定调整：

1 对底层框架-抗震墙房屋，底层的纵向和横向地震剪力设计值均应乘以增大系数，其值应允许根据第二层与底层侧向刚度比值的大小在1.2～1.5范围内选用。

2 对底部两层框架-抗震墙房屋，底层和第二层的纵向和横向地震剪力设计值亦均应乘以增大系数，其值应允许根据侧向刚度比在1.2～1.5范围内选用。

3 底层或底部两层的纵向和横向地震剪力设计值应全部由该方向的抗震墙承担，并按各抗震墙侧向刚度比例分配。

【技术要点说明】

由于底部框架砖房属于竖向不规则结构，当采用底部剪力法做简化计算，应进行一系列的内力调整，使之较符合实际。规范3.4.3条要求对刚度小的软弱层加大地震剪力。这里纳入了对底部框架房屋的具体规定。

1. 主要内容

底部框架-抗震墙房屋刚度小的底部，地震剪力应适当加大，其值根据上下的刚度比确定，刚度比越大，增大越多。同时，增大后的地震剪力应全部由该方向的抗震墙承担。

2. 相关规定，主要指《建筑抗震设计规范》GB 50011—2001的下列条款：

规范第7.2.5条给出了增大后的底部地震剪力按考虑二道设防进行分配的原则：由框架承担一部分；同时，还应考虑由地震倾覆力矩引起的框架柱附加轴向力。

规范第3.4.3条给出了不落地抗震墙传递给水平转换构件（框架梁等）的地震内力需乘以适当的增大系数的要求。

【实施与检查的控制】

即使底部框架砖房整体计算时上下侧向刚度比接近，考虑不落地砖抗震墙的轴线仍为上刚下柔，底部的地震剪力仍需加大。

四、采取防止底部框架砖房倒塌的构造措施

《建筑抗震设计规范》GB 50011—2001

7.5.4 底部框架-抗震墙房屋的钢筋混凝土托墙梁，其截面和构造应符合下列要求：

1 梁的截面宽度不应小于300mm，梁的截面高度不应小于跨度的1/10。

2 箍筋的直径不应小于8mm，间距不应大于200mm；梁端在1.5倍梁高且不小于1/5梁净跨范围内，以及上部墙体的洞口处和洞口两侧各500mm且不小于梁高的范围内，箍筋间距不应大于100mm。

3 沿梁高应设腰筋，数量不应少于2ϕ14，间距不应大于200mm。

4 梁的主筋和腰筋应按受拉钢筋的要求锚固在柱内，且支座上部的纵向钢筋在柱内的锚固长度应符合钢筋混凝土框支梁的有关要求。

【技术要点说明】

对上部的砌体结构，除了按本章4.2节的要求采取构造柱、圈梁等一整套防倒塌的措施外，特别要加强底部和过渡楼层的构造措施，尤其是托墙梁的设计。

1. 主要内容

明确规定了托墙梁的截面高度、宽度、箍筋和腰筋构造，以及托墙梁主筋和腰筋的锚固。

2. 相关规定，主要指《建筑抗震设计规范》GB 50011—2001 的下列条款：

(1) 第 7.2.5 条给出了托墙梁抗震计算简图的原则要求：当托墙梁的两端均有框架柱时，托墙梁的主筋可按砌体规范考虑墙梁与上部砖墙共同工作计算，但需采用考虑上部墙体在地震下开裂的有关修正系数。

(2) 除了保证托墙梁的安全外，尚应加强底部的混凝土墙、砖抗震墙、框架柱，以及相邻过渡楼层的构造。规范在第 7.5.1 条、第 7.5.5～7.5.7 条给出了相关要求。

(3) 第 7.1.10 条给出了底部框架和抗震墙的抗震等级。

此外，关于托墙梁上部纵向钢筋锚固的规定，可参见《高层建筑混凝土结构技术规程》JGJ 3—2002 第 10.2.9 条 6 款，最上排钢筋伸入梁底面以下的长度不小于 l_{aE}，内排钢筋锚入柱内的长度不小于 l_{aE}。

【实施与检查的控制】

1. 托墙梁的构造，可基本参照钢筋混凝土深梁的要求，必须设置腰筋。

2. 底部框架梁柱的抗震构造和内力调整，按抗震等级所对应的框架结构的各项要求执行，其中，对支承托墙梁的框架柱上端，不要求满足强柱弱梁，参照混凝土结构对框支柱的要求，直接增大柱上端的弯矩即可。

6.2 单层空旷房屋

单层空旷房屋指由较空旷的单层大厅和附属房屋组成的公共建筑，如影剧院、俱乐部、礼堂、食堂等。这里主要列出了单层空旷房屋抗震设计中有别于其他结构类型的强制性要求，而对屋盖选型、构造措施、非承重隔墙及对各种结构类型的附属房屋的要求，均见本篇相关章节的规定。

一、选择大厅的结构体系

《建筑抗震设计规范》GB 50011—2001

10.1.3 单层空旷房屋大厅，支承屋盖的承重结构，在下列情况下不应采用砖柱：

1 9 度时与 8 度Ⅲ、Ⅳ类场地的建筑

2 大厅内设有挑台。

3 8 度Ⅰ、Ⅱ类场地和 7 度Ⅲ、Ⅳ类场地，大厅跨度大于 15m 或柱顶高度大于 6m。

4 7 度Ⅰ、Ⅱ类场地和 6 度Ⅲ、Ⅳ类场地，大厅跨度大于 18m 或柱顶高度大于 8m。

【技术要点说明】

大厅中人员密集，抗震要求较高，需要采取措施提高支承屋盖的结构构件的抗震安全性。

1. 主要内容

凡有挑台，或高度较高、跨度较大，或烈度较高，其支承屋盖的结构，不应采用砖柱，应采用钢筋混凝土结构或组合结构，以提高其抗震性能。

2. 相关规定，主要指《建筑抗震设计规范》GB 50011—2001 的下列条款：

(1) 第 10.1.4～10.1.6 条给出了加强大厅安全的其他规定，包括设置组合砖柱、前厅设置钢筋混凝土柱，以及前厅与大厅之间、大厅与舞台之间设置一定数量钢筋混凝土墙的要求。

(2) 单层空旷房屋是由一组不同类型的结构组成的建筑，其观众厅与前后厅之间及观众厅与两侧厅之间，一般不设防震缝，但需加强连接。规范第10.1.2条、第10.3.5条给出了加强连接的有关规定。

【实施与检查的控制】

观众大厅的承重结构选型必须正确。

观众厅与前后厅之间及观众厅与两侧厅之间，一般不设缝而震害较轻；个别设缝的反而破坏较重。此时，需按抗震概念设计，使整组建筑形成相互支持和联系良好的空间结构体系，以防止和减轻地震破坏。

二、控制易损部位

《建筑抗震设计规范》GB 50011—2001

10.2.5 8度和9度时，高大山墙的壁柱应进行平面外的截面抗震验算。

10.3.3 前厅与大厅，大厅与舞台间轴线上横墙，应符合下列要求：

1 应在横墙两端，纵向梁支点及大洞口两侧设置钢筋混凝土框架柱或构造柱。

2 嵌砌在框架柱间的横墙应有部分设计成抗震等级为二级的钢筋混凝土抗震墙。

3 舞台口的柱和梁应采用钢筋混凝土结构，舞台口大梁上承重砌体墙应设置间距不大于4m的立柱和间距不大于3m的圈梁，立柱、圈梁的截面尺寸、配筋及与周围砌体的拉结应符合多层砌体房屋要求。

4 9度时，舞台口大梁上的砖墙不应承重。

【技术要点说明】

单层空旷房屋的高大山墙和舞台口均属于地震时易倒塌的部位，需要特别加强。

1. 主要内容

(1) 为减少破坏，高烈度时高大山墙应进行出平面的抗震验算。

(2) 加强前厅与大厅、大厅与舞台之间的墙体，以及舞台口墙体与大厅屋盖体系的拉结。用钢筋混凝土墙、混凝土立柱和圈梁加强自身的整体性和稳定性。

2. 相关规定，主要指《建筑抗震设计规范》GB 50011—2001第10.3.7条、第10.3.8条给出的加强山墙和舞台后墙设置卧梁、构造柱等的相关要求。

【实施与检查的控制】

1. 高大山墙的抗震验算，主要是山墙壁柱的验算，即壁柱在水平地震力作用下的偏心距超过规定值时，应设置组合壁柱，并验算其偏心受压的承载力。

2. 舞台口大梁上部需支承舞台上的屋架，受力复杂，而且舞台口两侧墙体为一端自由的高大悬墙，若在舞台口处不能形成一个门架式的抗震横墙，在地震作用下破坏较多。因此，舞台口墙体要加强与大厅屋盖体系的拉结，用钢筋混凝土墙体、立柱和水平圈梁来加强自身的整体性和稳定性。同时，混凝土墙体的设计要满足对抗震等级二级的要求。

7 房屋隔震和减震

7.1 一 般 规 定

《建筑抗震设计规范》GB 50011—2001

3.8.1 隔震与消能减震设计,应主要应用于使用功能有特殊要求的建筑及抗震设防烈度为8、9度的建筑。

12.1.2 建筑结构的隔震设计和消能减震设计,应根据建筑抗震设防类别、抗震设防烈度、场地条件、建筑结构方案和建筑使用要求,与采用抗震设计的设计方案进行技术、经济可行性的对比分析后,确定其设计方案。

12.1.5 隔震和消能减震设计时,隔震部件和消能减震部件应符合下列要求:

1 隔震部件和消能减震部件的耐久性和设计参数应由试验确定。

2 设置隔震部件和消能减震部件的部位,除按计算确定外,应采取便于检查和替换的措施。

3 设计文件上应注明对隔震部件和消能减震部件性能要求,安装前应对工程中所用的各种类型和规格的原型部件进行抽样检测,每种类型和每一规格的数量不应少于3个,抽样检测的合格率应为100%。

【技术要点说明】

隔震和消能减震是建筑结构减轻地震灾害的一种新技术。

隔震体系通过延长结构的自振周期能够减少结构的水平地震作用,已被国外强震记录所证实,可消除或有效地减轻结构和非结构的地震损坏,提高建筑物及其内部设施和人员在地震中的安全性,增加了震后建筑物继续使用的可能性。

采用消能减震的方案,通过消能器增加结构阻尼来减少高层建筑结构在风作用下的位移是公认的事实,对减少结构水平和竖向的地震反应也是有效的。

为确保这种新技术的设计质量,纳入了关于房屋隔震减震设计的适用范围、方案确定和隔震减震元件性能的基本要求。

1. 主要内容

采用隔震、减震设计的房屋,当前主要适用于使用功能有特殊要求和高烈度设防地区。

采用隔震、减震方案,应进行方案比较,对建筑的抗震设防类别、抗震设防烈度、场地条件、使用功能、建筑布置和结构方案,从安全和经济两个方面进行综合分析比较,论证其合理性和可行性,避免效果不佳或投资增加过多。

论证橡胶垫隔震设计的可行性时,需注意以下几点:

(1) 隔震技术对低层和多层建筑比较合适。国外经验表明,不隔震时基本周期小于1.0s的建筑结构效果最佳;对于高层建筑效果不大。

(2) 根据橡胶隔震支座抗拉性能差的特点，需限制风荷载等非地震作用的水平荷载，结构的变形特点需符合剪切变形为主的要求，以利于结构的整体稳定性。对高宽比大的结构，需进行整体倾覆验算，防止支座在罕遇地震下压屈或出现拉应力。

(3) 国外对隔震工程的许多考察发现：硬土场地较适合于隔震房屋；软弱场地滤掉了地震波的中高频分量，延长结构的周期将增大而不是减小其地震反应，墨西哥地震就是一个典型的例子。

(4) 隔震层的防火措施和穿越隔震层的配管、配线，有相应的专门要求。

房屋隔震、减震所采用的基本元件，性能应确保耐久性和设计参数的合格率，设计应有检查和替换措施。

2. 相关规定，主要指《建筑抗震设计规范》GB 50011—2001 的下列条款：

第 3.8.2 条给出了隔震减震设计有别于一般抗震设计的设防目标。

第 12.2.3 条和第 12.2.4 条给出了对隔震部件的性能参数要求和检验要求。

第 12.3.6 条和第 12.3.9 条给出了对减震部件的性能参数要求和检验要求。

【实施与检查的控制】

1. 当前，按照积极稳妥推广抗震新技术的方针，由于隔震减震设计的设防目标要略高于一般的抗震设计，对隔震减震技术的应用范围需适当控制。隔震减震方案的论证，应有技术可行性和经济条件的比较。要掌握增加投资提高安全的原则，防止投资增加反而不安全。例如，一般的抗震设计，设防目标是"小震不坏，大震不倒"；而采用隔震设计，需要论证能否达到在遭遇重现期大于 50 年的地震影响，如 100 年或更长年限的地震影响时不受损坏的目标，以及罕遇地震下隔震元件不失效、上部结构不倒塌的目标。

2. 隔震减震部件的性能参数是涉及隔震减震效果的重要设计参数，橡胶隔震支座的有效刚度与振动周期有关，动静刚度差别大，为保证隔震的有效性，需要采用相应于隔振体系基本周期的动刚度进行计算，产品应提供有关的性能参数。检验应严格把关，要求现场抽样检验 100%合格。特别要求检验隔震支座的平均压应力设计值是否满足规定。

3. 隔震减震部件性能的保持和维护十分重要，除了产品自身性能保证外，在规定的结构设计使用年限内，使用时对隔震减震部件还要有检查和替换制度的保证。这一点，在结构设计说明中应特别予以注明。

7.2 隔　震　房　屋

《建筑抗震设计规范》GB 50011—2001

12.2.1　隔震设计应根据预期的水平向减震系数和位移控制要求，选择适当的隔震支座(含阻尼器)及为抵抗地基微震动与风荷载提供初刚度的部件组成结构的隔震层。

隔震支座应进行竖向承载力的验算和罕遇地震下水平位移的验算。

隔震层以上结构的水平地震作用应根据水平向减震系数确定；其竖向地震作用标准值，8 度和 9 度时分别不应小于隔震层以上结构总重力荷载代表值的 20%和 40%。

12.2.9　隔震层以下结构(包括地下室)的地震作用和抗震验算，应采用罕遇地震下隔震支座底部的竖向力、水平力和力矩进行计算。

隔震建筑地基基础的抗震验算和地基处理仍应按本地区抗震设防烈度进行，甲、乙类建

筑的抗液化措施应按提高一个液化等级确定，直至全部消除液化沉陷。

【技术要点说明】

房屋隔震是通过隔震层的大变形来减少其上部结构的地震作用，从而减轻地震破坏。隔震设计需解决的主要问题是：隔震层位置的确定，隔震元件的数量、规格和布置，隔震层在罕遇地震下的承载力和变形控制，隔震层不隔离竖向地震作用的影响，上部结构的水平向减震系数及其与隔震层的连接构造等。

1. 主要内容

上部结构隔震设计的最主要内容和验算要求包括：控制指标（水平向减震系数和水平位移值）、隔震层的组成、隔震支座验算内容、上部结构的水平和竖向地震作用的取值等。

对隔震层以下的结构部分，主要设计要求是：应按罕遇地震进行设计和验算，并适当提高抗液化措施，以保证隔震设计能在罕遇地震下发挥隔震效果。

2. 相关规定，主要指《建筑抗震设计规范》GB 50011—2001 的下列条款：

第 12.2.2 条给出了带有隔震层的多层结构计算模型：底部有柔软刚度的弹簧和等效黏滞阻尼器的剪切型结构模型。

第 12.2.5 条给出隔震层以上结构地震作用计算方法：水平地震作用按水平向减震系数确定，8、9 度时考虑相应的竖向地震作用。

第 12.2.4 条给出隔震支座布置方法、隔震层罕遇地震下稳定验算等。

第 12.2.6 条给出隔震支座罕遇地震下水平位移验算方法。

第 4.3.6 条给出了不同液化等级的抗液化措施。

【实施与检查的控制】

1. 隔震后整个体系的自振周期不能过长；水平向隔震系数的确定，应确保隔震后上部结构的水平地震剪力不小于《建筑抗震设计规范》GB 50011—2001 第 5.2.5 条关于最小地震剪力的强制性要求。

2. 注意橡胶隔震支座不隔离竖向地震的不利影响。

3. 隔震层应在罕遇地震下保持稳定，计算平均压应力设计值时，应取相应分项系数：一般情况，压应力设计值需取永久荷载分项系数 1.2、活荷载分项系数 1.4 及永久荷载分项系数 1.35、活荷载分项系数 1.0 二者的不利情况；需要验算倾覆时，水平地震作用的分项系数为 1.3；需要验算竖向地震作用时，竖向地震作用的分项系数取 1.3。

4. 隔震支座的位移控制，不仅要考虑平均位移和偶然偏心引起的扭转位移，在罕遇地震下还要考虑重力二阶效应产生的附加位移。该位移值不得超过隔震元件的最大允许位移。

5. 隔震层以下的结构（基础或地下室）在罕遇地震作用下的验算，需取隔震后各个隔震支座底部在罕遇地震时向下传递的内力进行验算，而不是隔震前罕遇地震作用的结构底部各构件传递的内力。

重点检查内容

《建筑抗震设计规范》GB 50011—2001

条号	项　　目	重点检查内容
1.0.2	设计依据	设计总说明所列举的规范
1.0.4	设防依据	设计总说明和计算书的设防烈度(含必要的设计基本地震加速度)和设计地震分组(第一组可省略)
3.1.1	设防分类	设计总说明的设防分类
3.1.3	设防标准	建筑的房屋高度、抗液化措施、内力调整和构造措施
3.3.1	地段划分	不利地段勘察工作的深度和评价结论
3.3.2	Ⅰ类场地的构造	抗震构造措施，包括混凝土结构构造措施的抗震等级
3.4.1	规则性	不规则建筑设计方案的论证和调整
3.5.2	结构体系	复杂的传递途径是否有准确的计算和相应的措施。
3.7.1	非结构	隔墙等的连接构造
3.8.1	隔震建筑	采用隔震设计的使用要求和设防烈度
3.9.1	材料和施工要求	设计总说明中的特别内容
3.9.2	材料强度	施工纪录和强度试验报告
4.1.6	场地划分	勘察报告的场地类别评定依据
4.1.9	勘察内容	勘察报告的项目和评价依据
4.2.2	地基验算	计算书中的分项系数和承载力特征值
4.3.2	液化判别	勘察报告的液化判别依据、液化指数和处理措施
4.4.5	桩基配筋	液化土中桩的配筋范围和配筋量
5.1.1	地震作用方向	计算的模型和项目
5.1.3	重力荷载代表值	计算的组合系数
5.1.4	地震影响系数	计算书的烈度、设计地震分组、阻尼比和场地类别
5.1.6	抗震验算范围	计算的原始参数和构件验算内容
5.2.5	最小地震剪力	计算结果的楼层剪力系数
5.4.1	地震基本组合	计算的分项系数
5.4.2	抗震验算表达式	关键部位的构件抗震承载力
6.1.2	混凝土结构抗震等级	设计总说明和计算书的抗震等级
6.3.3	框架梁的配筋	梁端受压区高度、纵筋比、箍筋加密范围和配箍情况
6.3.8	框架柱的配筋	柱纵筋配筋率、加密区的配箍情况
6.4.3	抗震墙的配筋	墙体竖向和水平分布筋直径、间距和配筋率
7.1.2	砌体总高度	各类砌体房屋的层数和高度
7.1.5	横墙间距	各层横墙的最大间距
7.1.8	底框结构布置	纵横两方向上下刚度比和抗侧力构件轴线对齐情况
7.2.4	底框剪力	底部的地震剪力增大情况及次梁托墙的计算情况

续表

条号	项　目	重点检查内容
7.2.7	砌体材料强度	计算书中,砌体的抗剪强度设计值的调整
7.3.1	构造柱设置	构造柱的数量和位置
7.3.3	砖房圈梁设置	砖房圈梁拉通间距,现浇楼板的板边配筋
7.3.5	楼盖与墙体连接	楼盖支承长度和拉结措施
7.4.1	芯柱设置	小砌块房屋芯柱、构造柱的数量和位置
7.4.4	砌块房屋圈梁设置	小砌块房屋圈梁拉通间距和圈梁配筋
7.5.3	底框的楼盖	底框顶板的类型、厚度和开洞情况
7.5.4	底框托墙梁	托墙梁的截面和配筋情况
8.1.3	钢结构选型	烈度、结构类型、层数不同时的区别对待
8.3.1	钢柱构造	杆件的长细比
8.3.6	梁柱节点	组合柱节点区段的焊缝型式和焊透程度
8.4.2	支撑构造	杆件的长细比和板件的宽厚比
8.5.1	消能梁段	消能梁段板件的宽厚比
10.1.3	空旷大厅	承重结构选型
10.2.5	山墙壁柱	出平面承载力
10.3.3	大厅前后横墙	墙体的结构材料、抗震等级和构造柱设置
12.1.2	隔震方案	可行性论证
12.1.5	隔震减震部件	自身性能参数检验和设计说明中对维护、替换的要求
12.2.1	隔震设计控制	水平向减震系数、隔震层位移和稳定性
12.2.9	下部控制	基础、地下室在罕遇地震下的承载力及抗液化措施

《砌体结构设计规范》GB 50003—2001(2002年局部修订)

条号	项　目	重点检查内容
10.4.11	配筋砌块墙体	分布钢筋间距、直径和配筋率

《高层建筑混凝土结构技术规程》JGJ 3—2002

条号	项　目	重点检查内容
3.3.16	周期调整	计算书的周期调整系数
4.8.3	抗震等级	B级高度混凝土结构的设计总说明和计算书的抗震等级
6.1.6	框架选型	砌体和混凝土结构混合承重问题
10.1.2	复杂结构	9度设防的建筑方案和结构布置
10.3.3	加强层	墙和柱的抗震等级,以及柱轴压比、配箍情况
10.5.2	连体结构	8度设防的竖向地震作用组合系数取值
10.5.5	连体结构	连接体和相邻结构局部部位的内力调整和构造措施
11.2.19	混合结构	设计总说明和计算书的抗震等级

《网架结构设计与施工规程》JGJ 7—1991

条号	项　目	重点检查内容
3.4.1	竖向地震	8、9度设防的网架屋盖的计算内容

《高层民用建筑钢结构技术规程》JGJ 99—1998

条号	项　目	重点检查内容
5.3.3	地震剪力分配	钢框架-支撑结构中,框架部分承担的地震剪力
6.1.6	梁塑性铰区段	梁塑性铰区段的板件宽厚比
6.3.4	柱板件	柱板件的宽厚比
6.4.5	内力调整	人字形支撑、V形支撑、十字交叉支撑和单斜杆支撑的内力
6.5.4	消能梁段	屈服类型

《多孔砖砌体结构技术规范》JGJ 137—2001(2002年局部修订)

条号	项　目	重点检查内容
4.4.1	梁垫	多孔砖墙体在大跨度屋架和大梁支承面处的垫块设置
4.5.1	圈梁	190规格多孔砖房屋圈梁的数量和位置
5.1.5	横墙间距	190规格多孔砖房屋的最大横墙间距
5.3.1	构造柱设置	190规格多孔砖房屋的构造柱数量和位置
5.3.4	后砌隔墙	隔墙两侧和顶部的拉结措施
5.3.6	圈梁构造	圈梁标高和闭合措施
5.3.7	楼屋盖连接	190规格多孔砖房屋的楼盖支承长度
5.3.10	楼梯间	楼梯梯段的构造,8、9度设防时顶层墙体的水平拉结筋

《型钢混凝土组合结构技术规程》JGJ 138—2001

条号	项　目	重点检查内容
4.2.6	抗震等级	设计总说明和计算书的抗震等级
5.4.5	梁箍筋	组合梁箍筋加密范围、间距和直径
6.2.1	柱箍筋	组合柱箍筋加密范围、间距和直径

第七篇　结构鉴定和加固

概　述

2002 年版《工程建设标准强制性条文》(房屋建筑部分)第七篇“结构鉴定和加固”是保证房屋建筑结构鉴定和加固质量必须遵守的最主要规定，共有 3 章。第 1 章“结构安全性鉴定”有 7 节 22 条，第 2 章“房屋抗震鉴定”有 7 节 27 条，第 3 章“结构加固”有 7 节 43 条。与 2000 年版相比，章节编排相同，条文总数由 95 条经删除、增补，调整为 92 条。这些强制性条文摘自 3 本国家标准和 2 本行业标准，其中：

《民用建筑可靠性鉴定标准》GB 50292—1999 有 18 条；

《古建筑木结构维护与加固技术规范》GB 50165—1992 有 18 条；

《建筑抗震鉴定标准》GB 50023—1995 有 24 条；

《建筑抗震加固技术规程》JGJ 116—1998 有 23 条；

《既有建筑地基基础加固技术规范》JGJ 123—2000 有 9 条。

自从 2000 年版《工程建设标准强制性条文》(房屋建筑部分)第七篇“结构鉴定和加固”发布实施以来，在结构鉴定与加固的标准规范管理工作中，很明显地感受到这两年的咨询、询问数量正呈逐渐上升的趋势，而且统计数字也表明，大家所提出的咨询问题中有 57%以上与强制性条文有关。这是因为很多工程技术人员迫切需要深入了解强制性条文与未被摘编的条文之间的实质性关系，以及如何正确处理这些关系，才能更准确地实施强制性条文。这充分说明了强制性条文正在广泛的基层中发挥着越来越强的确保结构鉴定和加固工程安全、质量的作用。

本次修订，咨询委员会结构鉴定与加固组详细地讨论、研究和处理了 2000 年版条文的缺陷和问题，使本篇的内容有了一定程度的充实提高，其技术要点如下：

1. 从当前加固改造工程安全的热点问题出发，有针对性地增强了防范与控制力度。

如众所周知，在建筑物加固改造领域中，近几年安全问题比较突出的是房屋平移(移位)、加层和纠倾不当所造成的工程事故，以及开挖深基坑不当所引起的对邻近建筑物的破坏。为此，2002 年版在《既有建筑地基基础加固技术规范》中摘编的 9 条强制性条文中，有 7 条均属加强对上述安全问题的防范与控制的内容。这些条文与 2000 年版所选的两条配合使用，基本上消除了 2000 年版在这方面存在的薄弱环节。

2. 从建筑物安全鉴定的需要出发，完善了与安全密切相关的强制性条文，使 2002 年版的强制性条文更具有完整性和严密性。

例如，在这两年实施过程中反映最强烈的两条摘录有欠缺的强制性条文：一是混凝土构件危险性裂缝鉴定标准不全的问题，另一是容易引起执行者误解的框架梁抗震构造问题，均已得到了系统的补充与完善，从而不仅有助于执行者对强制性条文的正确理解与掌握，而且更有助于强制性条文的全面而有效地实施。

3. 删除了不应采取强制措施的技术内容，使2002年版条文不仅更简炼，而且更能体现强制性条文的原则性与实用性。

在2000年版本中，经审定删除的条文共有14条。咨询委员会结构鉴定加固组成员一致认为，删去这些条文不仅对强制性条文所应起的作用毫无影响，而且将使新版本更实用而且有说服力。以这次删去的古建筑木构件干缩裂缝的评定、修补条文为例，便可看出所做的修订是合理的。因为所删的两条条文尽管是文物部门力求普遍贯彻执行的，但它毕竟所涉及的只是外观质量问题，并非安全问题，因此，只需由技术标准作出规定即可。

4. 订正了非强制性质的用词、用语，不仅提高了强制性条文的严肃性与严密性，而且更有助于仲裁与事故处理工作的顺利进行。

实施本篇强制性条文时，需要注意以下几点：

1. 现代建筑结构安全性鉴定分为构件鉴定、子单元鉴定和鉴定单元鉴定三个层次，在2002年版强制性条文中仅纳入构件安全性鉴定这个最低层次的内容。

2. 现代建筑的安全性鉴定属于可靠性鉴定，不同于古建筑的鉴定，也不同于建筑结构的抗震鉴定：

现代建筑安全性鉴定的要求按现行规范的可靠度水平执行，允许可靠指标降低0.25，当降低0.5时则需要进行构件加固。

古建筑木结构的安全性鉴定是供维修管理和经费排队之用，即使可靠性类别较高，仍需对检查发现的残损点进行维修。

现有建筑抗震鉴定则是对未进行抗震设计或设防烈度偏低的建筑，根据综合抗震能力的评定来决定是否需要进行抗震加固，抗震鉴定的设防目标略低于新建建筑工程抗震设计规范的设防目标；按照当前的抗震减灾政策，继续保持《工业与民用建筑抗震鉴定标准》TJ23－1977所规定的房屋抗震鉴定的设防水准，即取“设防烈度地震影响下不倒塌伤人或砸坏重要生产设备，经修理后仍可继续使用”作为鉴定的设防目标。这意味着：

(1) 在遭遇到相当设防烈度的地震影响时，现有建筑的鉴定目标是“经修理后仍可继续使用”，也就是只要能修复即达到设防目标；而新建建筑的设防目标是“经一般修理或不经修理可继续使用”。两者对修理程度的要求有明显不同。

(2) 不要求现有建筑在遭遇到高于设防烈度的罕遇地震影响时不倒塌，仅要求其主体结构在设防烈度地震影响下不倒塌伤人，但对人流出入口的女儿墙等可能导致伤人或砸坏重要生产设备的非结构构件，仍要求防止倒塌。

3. 不论安全性不合格的构件加固设计，还是综合抗震能力不足的结构抗震加固，地基基础承载能力不足的加固设计，以及古建筑的维修加固设计，均应以相应的鉴定结果为依据；由于加固施工的技术难度较大，并需要某些不同于新建工程的技术，应由具备相应资质的人员和单位施工。

1 结构安全性鉴定

1.1 一 般 规 定

《民用建筑可靠性鉴定标准》GB 50292—1999

4.1.3 结构构件安全性鉴定采用的检测数据,应符合下列要求:

1 检测方法应按国家现行有关标准采用。当需采用不止一种检测方法同时进行测试时,应事先约定综合确定检测值的规则,不得事后随意处理。

3 当怀疑检测数据有异常值时,其判断和处理应符合国家现行有关标准的规定,不得随意舍弃数据。

【技术要点说明】

民用建筑在使用过程中,不仅需要经常性的管理和维护,经过若干年后,还需要及时修缮,才能全面完成设计所预定的功能。部分民用建筑,因设计、施工、使用不当而需要加固,或因用途变更而需要改造,或因使用环境变化而需要处理等等。此时,首先必须对建筑的安全性等方面存在的问题有全面的了解,才能做出安全、合理、经济、可行的方案。

建筑结构的安全性鉴定,应按《民用建筑可靠性鉴定标准》GB 50292—1999 第 3.2.1 条规定的工作程序进行,其具体工作内容在第 3.2.2~3.2.3 条给出,可根据实际需要选定,包括访问、查档、验算、检验和现场检查实测等。鉴定的基本方法是,根据分级模式的评定程序,将复杂的结构体系分成若干个相对简单的若干层次,然后分层分项进行检查,逐层逐步进行综合,以取得满足实用要求的可靠性鉴定结论。

按《民用建筑可靠性鉴定标准》GB 50292—1999 第 3.2.5 条规定,安全性鉴定包括地基基础、上部承重结构和维护系统承重部分三个内容,并分为构件、子单元和鉴定单元三个层次,每个层次按可靠程度分为四个安全等级。在 2002 年版《强制性条文》中,仅纳入第一层次结构构件安全性鉴定的关键要求。第二和第三层次的鉴定,应符合《民用建筑可靠性鉴定标准》GB 50292—1999 的相应规定。

结构构件安全性鉴定是最基本的鉴定,本条规定是为了保证检测数据的有效性、严肃性和可信性。

为了保证建筑物安全性鉴定具有工程处理所要求的准确性,不论选用的是传统经验鉴定法、实用鉴定法、概率极限状态鉴定法、概念鉴定法或是验证荷载鉴定法,国内外有关标准规范均规定:应以现场调查检测结果为依据进行鉴定,即使是 20 世纪 90 年代以来才广泛应用的计算分析鉴定法也不例外。如美国《房屋建筑混凝土结构规范》(ACI 318M)“已有结构物承载能力鉴定”这一章中虽然反复强调:“在很多情况下(受弯构件除外),计算分析可能是惟一现实的鉴定方法”,但该规范还是十分明确地规定,这些计算分析所需的参数,“必须在彻底进行现场调查实测的基础上予以确定”。由此可见,国内外对安全性鉴定中现场调查检测工作重要性的认识是十分一致的。尽管如此，这并不意味着现场检测已经不成问题，因为对每一现场检测项目而言，可供选择的方法或技术往往有若干个，而且均属国标或行标。在这种情况下，若选用了不止一种方法（这是允许的）对同一项目进行测试，而又不规定如何处理其数据，则有可能干扰鉴定所作的结论。

【实施与检查的控制】

1. 当需采用不止一种检测方法对同一项目进行测试时，应事先约定综合确定检测值的规定。这既有技术上的要求，也有执法上的需要。因为不论每种方法如何准确，其互相之间的差异必然存在。为了使最后结果的表达具有惟一性和有效性，必须按一定的规则进行综合处理，但由于可供选择的规则也不只一种，如加权规则、外推规则、最小值规则等等，不仅需要根据问题的性质进行选择，而且所选的规则还需事先得到各当事方的共同确认，才能形成事后不致引起争议的有效检测值。值得指出的是，当检测值处于界限值附近，而所涉及的又是工程事故问题，这一认定程序尤为重要。因为有些责任方往往利用不同检测方法存在差异做文章，以保护自身利益，而这样做的结果却使仲裁机构或司法部门无法作出裁定。

2. 当怀疑检测数据有异常值时，其判断和处理应符合国家现行有关标准的规定。强制性条文之所以纳入这条要求，是因为被怀疑为异常值的检测数据并不一定就是坏值，而且很可能蕴含着某种未知的信息。因此，对怀疑值的处理应持十分慎重的态度。然而，少数检测人员和单位存在着随意舍弃数据的现象，致使检测结果不能正确反映客观事实。如果这些数据还出自法定检测单位，则不仅危害更大，而且已属于违法行为。因此，必须通过强制性条文加以约束，以保证检测结果的可信性。这里需要指出的是，上述的异常值判断与处理标准也有若干种，在建筑工程中由于很多问题服从正态分布假设，因而若无特殊情况，应按国家标准《正态样本异常值的判断和处理》GB 4883 进行检验。当然，为了避免事后的争议，也应在鉴定前得到各当事方的共同确认。

4.1.6　当检查一种构件的材料由于与时间有关的环境效应或其他系统性因素引起的性能退化时，允许采用随机抽样的方法，在该种构件中确定 5～10 个构件作为检测对象，并按现行的检测方法标准测定其材料强度或其他力学性能。

注：1 当构件总数少于 5 个时，应逐个进行检测。

【技术要点说明】

本条是作为与第 4.1.3 条的配套规定而提出的。因为在结构的可靠性鉴定选定了检测方法及其综合处理规则后，必须进而通过合理的抽样，才能保证检测结果具有所必需的最低精确度要求。但目前在抽样问题上，存在着两种需要纠正的情况，一是抽样的随意性很大，二是少数标准的内容陈旧，规定欠科学。为此，借鉴了国际标准和欧洲标准的有关规定，从置信度的概念出发，按照平均值误差曲线的变化规律确定了最低抽样数量要求。另外，需要指出的是，本条所给出的抽样数之所以不是一个单值，而是一个幅度，是因为有些现行检测方法标准所规定抽样数量为 6 个或 7 个；有些标准还采取了双控的规定；有些标准还规定了仲裁试验的抽样数量为 10 个（即加倍）等等。至于每一个构件需取多少个测点才能定出该构件材料强度的推定值，应遵守各种检测方法标准的规定。

【实施与检查的控制】

1. 本规则仅适用于与时间因素有关的性能退化问题的检测，不适用于因火灾、爆炸、局部高温、局部腐蚀以及人为损伤的构件取样。

2. 对“一种构件”应按《民用建筑可靠性鉴定标准》GB 50292—1999 附录 D 对构件划分的定义理解，即仅指一个鉴定单元中、同类材料、同种结构型式的全部构件而言。

3. 本规定的抽样数量为最小样本容量。若委托方要求多抽若干个构件也是允许的，但不应采用在建工程所引用的“连续批”概念增加样本容量，因为已有建筑物的抽样特性不同于在建工程，况且大量的抽样在已有建筑物中也难以实现。所以宜遵循测得多不如测得精的原则，通过提高检测质量，达到检测目的。

《古建筑木结构维护与加固技术规范》GB 50165—1992

4.1.4　古建筑的可靠性鉴定，应按下列规定分为四类：

Ⅰ类建筑　承重结构中原有的残损点均已得到正确处理，尚未发现新的残损点或残损征兆。

Ⅱ类建筑　承重结构中原先已修补加固的残损点，有个别需要重新处理；新近发现的若干残损迹象需要进一步观察和处理，但不影响建筑物的安全和使用。

Ⅲ类建筑　承重结构中关键部位的残损点或其组合已影响结构安全和正常使用，有必要采取加固或修理措施，但尚不致立即发生危险。

Ⅳ类建筑　承重结构的局部或整体已处于危险状态，随时可能发生意外事故，必须立即采取抢修措施。

【技术要点说明】

为了科学地鉴定古建筑的可靠性，只要经古建专家论证认同，便可借用现代仪器和手段进行检测，但却不允许进而引用现代建筑的鉴定标准对古建筑的可靠性作出评价。因为古建筑的安全性概念及其等级的划分标准均与现代建筑结构完全不同，不论以定性或定量指标(界限值)来衡量，两者差别均较悬殊，不能随意套用。因此，为区别起见，在古建筑维护与加固规范中，还特意将现代建筑鉴定的分级改为分类。

古建筑木结构的残损点，按《古建筑木结构维护与加固技术规范》GB 50165—1992 第 4.1.3 条的规定，泛指承重体系中，已处于不能正常受力、不能正常工作或濒临破坏状态的某一构件、节点或部位。

【实施与检查的控制】

1. 古建筑可靠性的四个类别，是根据其结构的总体情况和便于采取相应的保护与维修对策来划分的。因此，主要是作为实施技术管理、制订维修规划和进行经费排队的依据，而不是作为处理具体残损问题的依据。基于这一前提，实施中应注意：即使按本条所评的可靠性类别较高，也应对检测中所发现的残损点一一加以处理，以免酿成损毁文物的事故。

2. 古建筑可靠性评定采用的虽是四个类别的划分，但实际上蕴含着 7 个等级的概念(见表 7-1)。这样不仅易于调整评定过程中的不同意见，而且还能使有限的维护与加固资金得到更合理、更突出重点的分配和使用。

古建筑可靠性分类的直观概念　　**表 7-1**

承重体系工作状态	正常		基本正常		有问题		有严重问题
可靠性类别	Ⅰ		Ⅱ		Ⅲ		Ⅳ
评定过程意见调整	Ⅰ	Ⅰ*	Ⅱ	Ⅱ*	Ⅲ	Ⅲ*	Ⅳ

续表

承重体系工作状态	正　常		基　本　正　常		有　问　题		有严重问题
处理意见	正常保养	同左，但有个别部位需加强保养	加强保养	同左，但有个别部位需采取措施	需采取措施	同左，但有个别部位需立即采取措施	须立即采取措施

1.2　混凝土结构构件

《民用建筑可靠性鉴定标准》GB 50292—1999

4.2.1　混凝土结构构件的安全性鉴定，应按承载能力、构造以及不适于继续承载的位移（或变形）和裂缝等四个检查项目，分别评定每一受检构件的等级，并取其中最较低一级作为该构件安全性等级。

【技术要点说明】

混凝土结构构件安全性鉴定应检查的项目，是在《建筑结构可靠度设计统一标准》GB50068—2001第3.0.2条1款定义的承载能力极限状态基础上，结合国内外有关标准和工程经验确定的。构件安全性检查项目分为两类：一是承载能力验算项目，二是承载状态调查实测项目；每一检查项目是构件承载能力极限状态的标志之一，均涉及构件的安全性；各项检查结果综合分析，不论构件有多少个属于安全的项目，只要有一个项目达到可靠性鉴定标准规定的失效状态的标志，则构件的承载是不安全的。因此，当遇到四个项目所评的等级不一致时，必须根据最小值原则，取其中最低一级作为该构件的安全性等级。

【实施与检查的控制】

前段时间，在实施本条规定过程中，有些单位未多加考虑便在这四个项目之外另增其他项目。这从原则上说应当是允许的，但问题在于新增项目不仅应是独立的，而且还应有确定的评级界限，才能用于安全性鉴定；否则所得到的结论很难为有关当事方所共同接受。其实在另增新项目问题上，对此应先做细致的分析工作，从中往往会发现拟增的新项目可以被上述四个项目之一所概括，只要参与综合分析，则能得到完整的鉴定结论；当然，在一些特定的情况下，拟增的新项目也可能确是独立的，只是缺乏相应的实用界限值。

4.2.2　当混凝土结构构件的安全性按承载能力评定时，应分别评定每一验算项目的等级，然后取其中最低一级作为该构件承载能力的安全性等级。

4.2.3　当混凝土结构构件的安全性按构造评定时，应分别评定两个检查项目的等级，然后取其中较低一级作为该构件构造的安全性等级。

【技术要点说明】

为了按正确的程序进行结构构件的安全性鉴定，首先应查清承重结构的设计情况。亦即：应通过验算分析确定结构构件的承载力；同时，应通过现场检测及核对图纸评定结构构造的安全性。其主要内容如下：

1. 混凝土结构构件承载能力验算项目，按《混凝土结构设计规范》GB 50010—2002的规定，可能包括正截面受弯、受压、受拉承载力，斜截面承载力，扭曲截面承载力，受冲切承载力，局部受压承载力以及疲劳验算等。安全性按承载力验算结果的分级标准，列于《民用建筑可靠性鉴定标准》GB 50292—1999 表 4.2.2，是根据《建筑结构可靠度设计统一标准》GB 50068—2001 的可靠性分析原理和本可靠性鉴定标准统一制定的分级原则确定的：

a_u 级指符合规范目标可靠指标 β 的要求，各项承载力验算表征为 $R/\gamma_0 S \geq 1.0$；

b_u 级指可靠指标 β 减少 0.25，各项承载力验算表征为 $1 > R/\gamma_0 S \geq 0.95$；

c_u 级指可靠指标 β 下降 0.5，各项承载力验算表征为 $0.95 > R/\gamma_0 S \geq 0.90$；

d_u 级指可靠指标 β 下降超过 0.5，各项承载力验算表征为 $R/\gamma_0 S < 0.90$。

这个鉴定分级的优点是能与《建筑结构可靠度设计统一标准》GB 50068—2001 规定的质量界限挂钩，并与设计采用的目标可靠指标接轨。

验算构件承载力时，有关的分析方法、计算模型、荷载和作用的取值、作用效应组合、构件的材料强度、结构或构件的几何参数等，在《民用建筑可靠性鉴定标准》GB 50292—1999 第4.1.2 条给出了详细的规定。

2. 混凝土结构构件安全性按构造评定，属于"承载状态实测调查"，其检查项目和评级标准见《民用建筑可靠性鉴定标准》GB 50292—1999 表 4.2.3，包括连接（节点）构造和受力预埋件两项，是根据《混凝土结构设计规范》GB 50010—2002 的规定，并参照《工业厂房可靠性鉴定标准》GBJ 144—1990 确定的。之所以在验算结构构件承载力的同时，还要检验构造的安全性，是因为大量的工程鉴定经验表明，即使结构构件的承载力验算结果符合鉴定的安全性要求，但若上述两项构造不当，其所造成的问题仍然可导致构件或其连接的工作恶化，以致最终危及结构承载的安全。因此，有必要设置此检查项目，对结构构造的安全性进行检查与评定。

【实施与检查的控制】

1. 在承重结构中除了梁、板、排架之外，其他结构构件是很难进行现场试验的。在这种情况下，验算分析将是惟一可行的鉴定方法。为了使鉴定结果可靠、可信，国内外标准规范均要求验算分析应在彻底的现场调查与检测的基础上进行。这一点极为重要，必须引起鉴定人员的高度注意。

2. 在结构构造安全性等级评定标准（表 4.2.3）中，仅划出 b_u 级与 c_u 级之间的界限，而未划 a_u 级与 b_u 级以及 c_u 级与 d_u 级之间的界限。其所以作这样的处理，是因为构造问题比较复杂，而又经常遇到设计、施工图纸资料多已缺失，且检查实测只能探明其部分细节的情况。此时，必需结合其实际工作状态进行分析判断，才能较有把握的确定其安全性等级。因此，应由鉴定人员根据现场观测到的实际情况适当调整评级的尺度。

4.2.4 当混凝土结构构件的安全性按不适于继续承载的位移或变形评定时，应遵守下列规定：

1 对桁架（屋架、托架）的挠度，当其实测值大于其计算跨度的 1/400 时，应按本标准第 4.2.2 条验算其承载能力。验算时，应考虑由位移产生的附加应力的影响，并按下列原则评级。

（1）若验算结果不低于 b_u 级，仍可定为 b_u 级，但应附加观察使用一段时间的限制。

（2）若验算结果低于 b_u 级，应根据其实际严重程度定为 c_u 级或 d_u 级。

2 对其他受弯构件的挠度或施工偏差造成的侧向弯曲，应按规定评级。

【技术要点说明】

混凝土结构构件不适于继续承载的位移或变形检验，也属于"承载状态实测调查"。从现场检测得到的构件的位移值（或变形值，以下同），其大小要受到作用（荷载）、几何参数、配筋率、材料性能、构造缺陷、施工偏差和测试误差等多方面因素的影响。在已有建筑物中，这些影响不仅复杂，而且很难用已知的方法加以分离。因此，一般需以总位移的实测值为依据来评估该构件的承载状态。这也就更增加了安全性分级标准的难度。为了解决这个问题，经组织专家研究，一致认为应按下列规定进行鉴定：

1. 对容易判断的情况和工程鉴定经验积累较多的若干种构件，如一般的受弯构件，采用按检测值与界限值的比较结果直接评定方法；界限值见《民用建筑可靠性鉴定标准》GB 50292—1999 表 4.2.4。

2. 对受力和构造较为复杂的构件，或实测只能取得部分数据的情况，如屋架、框架柱等，应采用检测与计算分析相结合的评定方法，这也是目前许多国家所采用的方法，其要点是：

(1) 给出估计有可能影响承载，但需经计算分析核实的位移界限，作为验算的起点。

(2) 要求对位移实测值超过该界限的构件进行承载能力验算。验算时，应计入附加位移的影响，然后按验算评级原则进行评定等级。

这个规定的优点在于，验算起点的界限较易划分，而又不过多地增加计算工作量（仅部分需做验算），但却能提高鉴定结果的可信性。

《民用建筑可靠性鉴定标准》GB 50292—1999 第 4.2.4 条 3 款，给出了柱顶水平位移（或倾斜，下同）的评级要求，验算的起点见该鉴定标准表 6.3.5。其中，将水平位移划分为"与整个结构有关"和"只是孤立事件"这两种情况，主要是因为考虑到当属于前者情况时，被鉴定柱所在的上部承重结构有显著的侧向水平位移，在这种情况下，对柱的承载能力的验算，需采用该结构考虑附加位移作用算得的内力；但若属于后者情况，则仍可采用正常的设计内力，仅需在截面验算中，考虑位移所引起的附加弯矩即可。

【实施与检查的控制】

1. 在表 4.2.4 中，对 $l_0 \leqslant 9$m 受弯构件规定的挠度限值采用双控的方式，主要是为了避免在接近 $l_0 = 9$m 处算得的界限值出现突变。因为若无 45mm 的限值，将使 $l_0 = 9$m 和 $l_0 = 9.01$m 的挠度界限值分别为 60mm 和 45.05mm。这显然很不协调，其后果是容易引起各有关方面对鉴定结论的争议。因此，作了必要的处理，以利于标准的执行。

2. 挠度和位移的检测值，往往是施工、使用和维护多种因素的综合反映，需由鉴定人员根据现场观测到的实际工作状态进行分析判断，才能较有把握地确定其安全性等级。

4.2.5　当混凝土结构构件出现表 4.2.5 所列的受力裂缝时，应视为不适于继续承载的裂缝，并应根据其实际严重程度定为 c_u 级或 d_u 级。

混凝土构件不适于继续承载的裂缝宽度的评定　　表 4.2.5

检查项目	环境	构件类别		c_u 级或 d_u 级
受力主筋处的弯曲（含一般弯剪）裂缝和轴拉裂缝宽度(mm)	正常湿度环境	钢筋混凝土	主要构件	>0.50
			一般构件	>0.70
		预应力混凝土	主要构件	>0.20(0.30)
			一般构件	>0.30(0.50)
	高湿度环境	钢筋混凝土	任何构件	>0.40
		预应力混凝土		>0.10(0.20)
剪切裂缝(mm)	任何湿度环境	钢筋混凝土或预应力混凝土		出现裂缝

注：1　表中的剪切裂缝系指斜拉裂缝，以及集中荷载靠近支座处出现的或深梁中出现的斜压裂缝。

2　高湿度环境系指露天环境，开敞式房屋易遭飘雨部位，经常受蒸汽或冷凝水作用的场所（如厨房、浴室、寒冷地区不保暖屋盖等）以及与土壤直接接触的部件等；

3　表中括号内的限值适用于冷拉Ⅱ、Ⅲ、Ⅳ级钢筋的预应力混凝土构件；

4　对板的裂缝宽度以表面量测值为准。

4.2.6 当混凝土结构构件出现下列情况的非受力裂缝时，也应视为不适于继续承载的裂缝，并应根据其实际严重程度定为 c_u 级或 d_u 级。

1 因主筋锈蚀产生的沿主筋方向的裂缝，其裂缝宽度已大于1mm。

2 因温度、收缩等作用产生的裂缝，其宽度已比本标准表4.2.5规定的弯曲裂缝宽度值超出50%，且分析表明已显著影响结构的受力。

注：当混凝土结构构件同时存在受力和非受力裂缝时，应按本标准第4.2.5条及第4.2.6条分别评定其等级，并取其中较低一级作为该构件的裂缝等级。

4.2.7 当混凝土结构构件出现下列情况之一时，不论其裂缝宽度大小，应直接定为 d_u 级：

1 受压区混凝土有压坏迹象；

2 因主筋锈蚀导致构件掉角以及混凝土保护层严重脱落。

【技术要点说明】

按照钢筋混凝土结构学的原理，其结构构件本身是允许带裂缝工作的，只是开裂的部位与裂缝的宽度应受到控制。然而，在实际工程中，由于种种原因，如温度、地基不均匀沉降、结构计算简图偏差、材料质量问题、施工不当、不正常的使用条件等等的影响，仍然会在承重构件中出现超出控制范围的开裂。这些开裂往往对结构的安全性和耐久性造成不利的影响，故成为已有建筑物安全性鉴定的一个重要的必检项目，用以查明是否属于不适于继续承载的裂缝。为此，综合国内外有关标准、检验手册、指南的规定，给出了裂缝宽度的界限值，作为检测与评定的标准。

1. 对钢筋混凝土构件出现的受弯或轴拉裂缝，不同标准规定对裂缝危险宽度的界限值基本一致，主要构件为0.50～0.70mm，次要构件为0.60～1.0mm。此时，若裂缝的间距为100mm，则该处钢筋拉应变约为 5×10^{-3}～10×10^{-3}，已接近或达到设计规范规定的钢筋极限拉应变 10×10^{-3}。这表明结构构件的安全性正显著降低，受检构件应评为 c_u 级或 d_u 级。

2. 对预应力构件出现的受弯或轴拉裂缝，不同标准规定的裂缝危险宽度界限值为0.2～0.3mm。此时，预应力筋的预应力损失已相当大，构件的安全性显著降低，受检构件应评为 b_u 级与 c_u 级。

3. 表4.2.5中的剪切裂缝专指斜拉裂缝、剪压裂缝和斜压裂缝。这些裂缝，对结构安全的危害极大，其破坏属于无预兆的脆性破坏。因此，不能以裂缝宽度的大小来确定其界限值，而应规定一经发现剪切裂缝，不论其宽度大小，均应判为危险性裂缝。这是国内外有关标准的共识。

4. 第4.2.7条指出的两种特别严重的开裂情况，均表明该构件安全性的可靠度已严重丧失，应直接判为 d_u 级，以便于及时处理。

5. 长期积累的数据和大量的案例表明：严重的非受力裂缝，在达到第4.2.6条规定的界限值时，也将显著影响结构构件的承载。因此，应作为危险性裂缝看待，对该构件进行分析或运用工程经验进行判断，以确定是否将该裂缝视为不适于继续承载的裂缝。

【实施与检查的控制】

1. 应区别《民用建筑可靠性鉴定标准》GB 50292—1999第4.2节和第5.2节规定的裂缝检测与评定标准。因为第4.2.5、4.2.6、4.2.7条这三条为安全性鉴定时的裂缝规定，第

5.2.4 条为正常使用性鉴定时的裂缝规定，两者不能混淆。前者涉及的是结构构件的安全，其鉴定的结果是要不要进行加固的问题；而后者涉及的是结构构件功能的适用性与耐久性，其鉴定的结果是要不要进行封闭或修补的问题。

2. 当最大裂缝宽度达到上述规定时，需要结合出现裂缝的部位和裂缝的走向、长度、数量和间距等判断裂缝的严重程度，从而确定构件的安全等级。

3. 当出现受压区混凝土压碎或混凝土保护层严重脱落时，需当即仔细查明钢筋锈蚀程度和混凝土破坏范围，对濒临破坏的构件采取应急措施。

1.3　钢结构构件

《民用建筑可靠性鉴定标准》GB 50292—1999

4.3.2　当钢结构构件（含连接）的安全性按承载能力评定时，应分别评定每一验算项目的等级，然后取其中最低一级作为该构件承载能力的安全性等级。

【技术要点说明】

为了鉴定已有建筑物中钢结构的安全性，检查的项目也有承载能力、构造和不适于继续承载的位移（或变形）等三项，见《民用建筑可靠性鉴定标准》GB 50292—1999 第 4.3.1 条。其中，连接构造的安全性评定和不适于继续承载的位移评定，参见第 4.3.3 条和第 4.2.4 条。钢结构构件安全性鉴定最关键的是查明其实际的强度和稳定性是否符合现行规范的要求，而这必须以彻底的现场调查为基础，通过正确的验算分析来完成。考虑到钢材的性能较为稳定，只要掌握了材性、缺陷、损伤和几何特性等参数，弄清了其结构构造特点（若发现有裂纹和锐角切口，应另行评定），其后所做的验算分析，便很能说明问题。因而仅选 4.3.2 条为强制性条文。

钢结构构件承载能力验算的项目，按《钢结构设计规范》GB 50017—2003 的规定，可包括抗弯强度、抗剪强度、拉弯和压弯强度、轴心受拉和受压强度、整体稳定、局部稳定，连接强度以及疲劳验算等。安全性按承载力验算结果的分级标准，列于《民用建筑可靠性鉴定标准》GB 50292—1999 表 4.3.2，其取值原则与混凝土结构构件完全相同。

【实施与检查的控制】

主要把握三点：一是应进行彻底的现场调查；二是应以调查结果为依据进行验算和分析，且在验算中考虑次应力并计入锈蚀、局部损伤与缺陷、构造偏心以及施工偏差等的影响；三是应特别注意钢结构平面内外的稳定性，应充分考虑各种不利因素的实际影响，不能在计算分析中被疏漏，因为钢结构对稳定问题十分敏感。

1.4　砌体结构构件

《民用建筑可靠性鉴定标准》GB 50292—1999

4.4.2　当砌体结构的安全性按承载能力评定时，应分别评定每一验算项目的等级，然后取其中最低一级作为该构件承载能力的安全性等级。

4.4.3　当砌体结构构件的安全性按构造评定时，应分别评定两个检查项目的等级，然后取

其中较低一级作为该构件构造的安全性等级。

【技术要点说明】

砌体结构构件的承载力验算项目，按《砌体结构设计规范》GB 50003—2001(2002 年局部修订)的规定，可包括受压承载力、局部受压、轴心受拉、受弯、受剪承载力等项目。构件安全性按承载力验算结果的分级标准，列于《民用建筑可靠性鉴定标准》GB 50292—1999 表 4.4.2，其取值原则与混凝土结构构件完全相同。

砌体结构构件的安全性按构造评定的两个项目是墙、柱高厚比和连接、砌筑方式，不包括构件支承长度。安全性按构造检查结果的分级标准，列于《民用建筑可靠性鉴定标准》GB 50292—1999 表 4.4.3，仅规定 b_u 级与 c_u 级的分界。

其他说明参见本章《民用建筑可靠性鉴定标准》GB 50292—1999 第 4.2.2 及 4.2.3 的技术要点说明。

【实施与检查的控制】

1. 同本章《民用建筑可靠性鉴定标准》GB 50292—1999 第 4.2.2～4.2.3 条第 1 点；

2. 同本章《民用建筑可靠性鉴定标准》GB 50292—1999 第 4.2.2～4.2.3 条第 2 点，但表 4.2.3 改为表 4.4.3；

3. 当砌体材料的最低强度等级不符合《砌体结构设计规范》GBJ 50003—2001 的要求时，如低于六层房屋的烧结砖的强度等级低于 MU7.5，六层及六层以上房屋的烧结砖强度等级低于 MU10，砂浆强度等级低于 M2.5 等，即使承载能力验算结果高于 c_u 级，也应定为 c_u 级。

4. 砌体结构中，因墙体局部承压问题引发的倒塌案例不少，在承载力验算时需要重视，避免遗漏。

5. 当砌体高厚比过大时，将很容易诱发墙、柱产生意外的破坏。故对砌体高厚比的要求，一直作为保证墙、柱安全承载的主要构造措施而被列入设计规范。但许多试算和试验结果也表明，砌体的高厚比虽是影响墙、柱安全的因素之一，但其敏感性不如其他因素，因此在量化指标的界定上，以超过《砌体结构设计规范》GBJ 50003—2001 表 5.1.1 限值的 10%作为安全性评定时划分 b_u 级和 c_u 级的界限。

4.4.5 当砌体结构的承重构件出现下列受力裂缝时，应视为不适于继续承载的裂缝，并应根据其严重程度评为 c_u 级或 d_u 级：

1 桁架、主梁支座下的墙、柱的端部或中部，出现沿块材断裂(贯通)的竖向裂缝。

注：块材指砖或砌块。

2 空旷房屋承重外墙的变截面处，出现水平裂缝或斜向裂缝。

3 砌体过梁的跨中或支座出现裂缝；或虽未出现肉眼可见的裂缝，但发现其跨度范围内有集中荷载。

4 筒拱、双曲筒拱、扁壳等的拱面、壳面，出现沿拱顶母线或对角线的裂缝。

5 拱、壳支座附近或支承的墙体上出现沿块材断裂的斜裂缝。

6 其他明显的受压、受弯或受剪裂缝。

4.4.6 当砌体结构、构件出现下列非受力裂缝时，应视为不适于继续承载的裂缝，并应根据其实际严重程度评为 c_u 级或 d_u 级：

1 纵横墙连接处出现通长的竖向裂缝。

2 墙身裂缝严重,且最大裂缝宽度已大于 5mm。

3 柱已出现宽度大于 1.5mm 的裂缝,或有断裂、错位迹象。

4 其他显著影响结构整体性的裂缝。

注:非受力裂缝系指由温度、收缩、变形或地基不均匀沉降等引起的裂缝。

【技术要点说明】

为了鉴定砌体结构的安全性,必须将裂缝列为重要的检测内容,因为砌体属脆性材料,对裂缝非常敏感,它不仅能反映砌体的损伤和结构整体性的下降,而且严重的裂缝还是砌体破坏的前兆。为此,明确规定了不适于继续承载裂缝的检查与评定标准。

1. 考虑到砌体结构的特性,当它承载能力严重不足时,相应部位便会出现受力性裂缝。这种裂缝即使很小,也具有同样的危害性。因此,本标准作出了凡是检查出受力性裂缝,便应根据其严重程度直接评为 c_u 级或 d_u 级的规定。

2. 砌体构件过大的非受力性裂缝(也称变形裂缝),虽然是由于温度、收缩、变形以及地基不均匀沉降等因素引起的,但它的存在却破坏了砌体结构的整体性,恶化了砌体构件的承载条件,且最终将由于裂缝宽度过大而危及构件承载的安全。因此,本条具体给出了这类裂缝的限值,它是根据我国 9 个省、自治区、直辖市的调查资料,并参照德、日等国的有关文献,经专家论证后确定的。

【实施与检查的控制】

在现场检查中,应注意捕捉受力裂缝的特征:一是先出现第一条沿着构件受力方向的裂缝,然后才继续出现若干条与之平行的裂缝;二是受力裂缝必定同时贯穿块材和灰缝,而不会仅沿着灰缝发展,为了进一步证实有上述特征的裂缝确是受力裂缝,还可进行构件承载力验算,其结果应发现砌体构件的承载力不满足要求。

1.5 木结构构件

《民用建筑可靠性鉴定标准》GB 50292—1999

4.5.2 当木结构构件及其连接的安全性按承载能力评定时,应分别评定每一验算项目的等级,并取其中最低一级作为构件承载能力的安全性等级

4.5.3 当木结构构件的安全性按构造评定时,应分别评定两个检查项目的等级,并取其中较低一级作为该构件构造的安全性等级。

【技术要点说明】

1. 木结构构件的承载能力验算项目,按《木结构设计规范》GB 50005—2003 的规定,可包括轴心受拉、轴心受压,受弯、拉弯、压弯承载力,轴心受压稳定性,以及齿连接承压、受剪承载力等项目。构件安全性按承载力验算结果的分级标准,列于《民用建筑可靠性鉴定标准》GB 50292—1999 表 4.5.2,其取值原则与混凝土结构构件完全相同。

2. 木结构构件按构造进行安全性评定的两个项目,是连接构造方式和屋架起拱值,构件支承长度检查结果不参与评定。需要强调,木结构构造合理与否,是衡量该结构能否安全工作的关键一环。很多工程事故的实例表明,木结构构造不当是引起这类结构垮塌的主要原因之一。特别是当防潮通风措施没有考虑或不起作用时,几乎都会迅速引起木材腐朽而导致结构破坏,因此必须作为检查监督的一个重要项目来对待。

3. 其他说明参见本章《民用建筑可靠性鉴定标准》GB 50292—1999 第4.2.2条及第4.2.3条的技术要点说明。

【实施与检查的控制】

1. 木结构受力最薄弱的部位是它的连接部位，故应根据节点构造方式及其实际存在的缺陷，重点验算连接的承载力。因为若无特殊情况，一般破坏多从连接开始。

2. 木结构构造的检测，应重点检查屋架端节点、内排水天沟、木柱的柱脚以及其他容易受潮的部位和通风不良的部位，因为正是这些部位最易导致木材的腐朽与虫蛀。

4.5.5　当木结构构件具有下列斜率(ρ)的斜纹理或斜裂缝时，应根据其严重程度定为 c_u 级或 d_u 级。

对受拉构件及拉弯构件　　$\rho>10\%$

对受弯构件及偏压构件　　$\rho>15\%$

对受压构件　　$\rho>20\%$

【技术要点说明】

试验数据(表7-2)表明，随着木纹倾斜角度的增大，木材的强度将很快下降，如果伴有裂缝，则强度将更低，破坏也将更大。为确保木结构的安全使用，在承重构件安全性鉴定中，应考虑斜纹及斜裂缝对其承载能力的严重影响。条文规定的评级标准，系以试验和调查分析结果为基础确定的。

斜纹对木材强度影响的试验结果汇总　　**表7-2**

斜纹的斜率(%)	木材强度(%)		
	横向受弯	顺纹受压	顺纹受拉
0	100	100	100
7	89～93	96～98	66～76
10	76～87	90～94	61～72
15	71～84	80～90	53～60
20	65～75	73～82	38～46
25	60～70	71～75	29～40

【实施与检查的控制】

应重点检查使用易开裂树种或高含水率木材制作的木结构。检查时，即使尚未开裂，也应根据斜纹理超过斜率限值而直接评为 c_u 级或 d_u 级构件。因为这种品质的木材，其斜裂缝的出现只是迟早的事。检测人员绝不能因木材尚未开裂而放松要求。

1.6　古建筑木结构

《古建筑木结构维护与加固技术规范》GB 50165—1992

4.1.7　木构架整体性的检查及评定，应按表4.1.7进行。

【技术要点说明】

古建筑木结构的安全性鉴定，需要考虑的检查项目虽然很多，也都很重要，但从检查监督角度出发，需要把握的重点则是其木构架的整体性状态。因为中国式木结构古建筑能较好地保存至今，一般均有以下几个共同的特点：①树种耐腐、耐蛀，选材考究而截面粗大；②

构造通风良好，不易受潮湿影响；③地基基础坚实，场地排水良好。

木构架整体性的检查及评定　　表 4.1.7

项次	检查项目	检查内容	残损点评定界限	
			抬梁式	穿斗式
1	整体倾斜	(1)沿构架平面的倾斜量 Δ_1	$\Delta_1 > H_0/120$ 或 $\Delta_1 > 120$mm	$\Delta_1 > H_0/100$ 或 $\Delta_1 > 150$mm
		(2)垂直构架平面的倾斜量 Δ_2	$\Delta_2 > H_0/240$ 或 $\Delta_2 > 60$mm	$\Delta_2 > H_0/200$ 或 $\Delta_2 > 75$mm
2	局部倾斜	柱头与柱脚的相对位移 Δ	$\Delta > H/90$	$\Delta > H/75$
3	构架间的连系	纵向连枋及其连系构件现状	已残或连接已松动	
4	梁、柱间的连系（包括柱、枋间、柱、檩间的连系）	拉结情况及榫卯现状	无拉结，榫头拔出口卯口的长度超过榫头长度的	
			2/5	1/2
5	榫卯完好程度	材质	榫卯已腐朽、虫蛀	
		其他损坏	已劈裂或断裂	
		横纹压缩变形	压缩量超过 4mm	

注：表中 H_0 为木构架总高，H 为柱高。

在这种情况下，只要结构的整体性不出问题，就不会出现坍塌问题。很多古建筑维修的实践，也充分证明了这一点。

【实施与检查的控制】

1. 木材腐朽、虫蛀对承重结构危害极大，在可靠性鉴定中应给予充分重视，特别是在梁、柱连接部位，若有仍在发展的腐朽、虫蛀迹象，应将该连接部位视为正在恶化的残损点进行处理。

2. 梁枋、柱连接的榫头拔出卯口到一定程度，就会改变该节点的受力状态，并使之趋于恶化。因此，在一般危房鉴定中，把榫头拔出卯口的长度超过榫头全长的 1/2 时视为危险点。这里从残损点概念出发，将界限值划在榫头全长的 2/5 处。

4.1.18　古建筑木构架出现下列情况之一时，其可靠性鉴定，应根据实际情况判为Ⅲ类或Ⅳ类建筑：

一、主要承重构件，如大梁、檐柱、金柱等有破坏迹象，并将引起其他构件的连锁破坏。

二、大梁与承重柱的连接节点的传力已处于危险状态。

三、多处出现严重的残损点，且分布有规律，或集中出现。

四、在虫害严重地区，发现木构架多处有新的蛀孔，或未见蛀孔，但发现有蛀虫成群活动。

4.1.19　在承重体系可靠性鉴定中，出现下列情况，应判为Ⅳ类建筑：

一、多榀木构架出现严重的残损点，其组合可能导致建筑物，或其中某区段的坍塌。

二、建筑物已朝某一方向倾斜，且观测记录表明，其发展速度正在加快。

【技术要点说明】

以上两条所描述的古建筑处境，表明该构架体系已濒临危险状态，此时，已无需进行常规的可靠性鉴定，而应直接根据其实际情况评为Ⅲ类或Ⅳ类建筑，这样处理有利于争取时间，及时进行抢险，以确保文物的安全。

此外，按《古建筑木结构维护与加固技术规范》GB 50165—1992 第 4.1.19 条三款的规定，当古建筑的重点保护部位发现严重的残损点或异常征兆时，其可靠性也应判为Ⅳ类建筑。

【实施与检查的控制】

实施本规定时，应区别对待已处于稳定状态的残损点与情况正在恶化的残损点。因为前者只要没有其他残损点引起的组合效应，一般是不会在短期内危及承重结构安全的。而后者可能引发的问题却指日可待。因此，在安全性检测评定中，应对其是否有危险性作出正确的判断，不能一概而论。

1.7　地基基础

《民用建筑可靠性鉴定标准》GB 50292—1999

6.2.10　当在深厚淤泥、淤泥质土、饱和黏性土、饱和粉细砂或其他软弱地层中开挖深基坑时，应对毗邻的已有建筑物（含道路、管线）采取防护措施，并设测点对基坑支护结构和已有建筑物进行监测。若遇到下列可能影响建筑物安全的情况之一时，应立即报警。若情况比较严重，应立即停止施工，并对基坑支护结构和已有建筑物采取应急措施：

1　基坑支护结构（或其后面土体）的最大水平位移已大于基坑开挖深度的1/200(1/300)，或其水平位移速率已连续三日大于3mm/d(2mm/d)。

2　基坑支护结构的支撑（或锚杆）体系中有个别构件出现应力骤增、压屈、断裂、松弛或拔出的迹象。

3　建筑物的不均匀沉降（差异沉降）已大于现行建筑地基基础设计规范规定的允许沉降差，或建筑物的倾斜速率已连续三日大于0.0001H/d（H为建筑物承重结构高度）。

注：2　若毗邻的已有建筑物为人群密集场所或文物、历史、纪念性建筑，或地处交通要道，或有重要管线，或有地下设施需要严加保护时，应按括号内的限值采用。

【技术要点说明】

地基基础的安全性鉴定，直接涉及整个房屋的安全。其评定方法需依据现场的实际情况和技术条件选用，在《民用建筑可靠性鉴定标准》GB 50292—1999 第 6.2.2 条给出了原则规定。

考虑到在软弱的地基土层中开挖深基坑，若支护结构设计、施工不当，将对毗邻的已有建筑物造成危害，并容易引发事后极难处理的与居民的纠纷。为此，根据国内有关地区总结的经验，并参照国外的有关资料，以保护已有建筑物的安全和正常使用功能为目标，制定了宏观监控标志及其数量界限，专供报警使用。

在《民用建筑可靠性鉴定标准》GB 50292—1999 第 6.2.10 条 4～6 款，还对基坑毗邻的已有砌体墙或地面出现的裂缝提出加强监控的界限值以及周围土体出现剪切破坏的迹象等危险状态时加强监控的要求。

【实施与检查的控制】

1. 本条专为保护基坑周边已有建筑物的安全而设置，仅供报警使用，故本条的规定不能作为设计支护结构的依据。设计所考虑的问题远比监控全面、严格。

2. 全国各地软弱地基的具体情况有相当的差异，这里提供的监控界限值和监控项目，经当地建设行政主管部门批准后，允许适当调整界限值和补充监控项目。

3. 近年来，出现了数起因地下空洞、地基浸水、地下工程暗挖施工造成房屋倒塌的严重事故，对类似情况的房屋建筑地基基础的安全性评定应引起重视。

2 房屋抗震鉴定

2.1 抗震鉴定设防依据

《建筑抗震鉴定标准》GB 50023—1995

1.0.3 现有建筑应根据其重要性和使用要求分为四类，其抗震验算和构造鉴定应符合下列要求：

甲类建筑，抗震验算和构造均应按专门规定采用；

乙类建筑，抗震验算，可按抗震设防烈度的要求采用；抗震构造，除9度外可按提高一度的要求采用；

丙类建筑，抗震验算和构造均应按抗震设防烈度的要求采用。

【技术要点说明】

在我国，1974年以前建造的房屋一般未考虑抗震设防，1974～1978年建造的房屋，一般按降低一度的要求进行抗震设防。因此，一旦遭遇到相当于该地区设防烈度的地震影响时，这些现有房屋建筑的抗震安全性就可能存在问题，需要进行抗震鉴定和相应的加固。

现有建筑的抗震鉴定所依据的抗震设防烈度和建筑抗震设防类别的划分，均与新建建筑相同，不重复列入强制性条文。但抗震鉴定在设防标准方面，考虑到需要抗震鉴定的现有房屋建筑数量很多，加固的范围和加固技术的难度较大，从减轻地震灾害的总目标出发，按国家制定的抗震防灾政策，抗震鉴定的抗震构造要求与新建建筑有所不同，为明确二者的区别，将其列入强制性条文。

现有建筑抗震鉴定与加固时，甲类建筑的抗震验算和构造要求需要专门研究，不同于新建建筑抗震措施提高一度的规定。乙类建筑的抗震构造，9度时不提高，不同于新建建筑适当提高的规定。其他方面的要求，与新建建筑相同，可参见本导则第六篇关于《建筑抗震设计规范》GB 50011—2001第3.1.3条的技术要点说明。

【实施与检查的控制】

抗震鉴定意见书中，应明确抗震鉴定的设防烈度、房屋的抗震设防类别。由于"现有建筑"抗震安全性的评估不同于新建建筑的抗震设计，在本条的实施中，应注意以下问题：

1. 对新建建筑，抗震安全性评估属于判断房屋的设计和施工是否符合抗震设计及施工规范要求的质量要求；对现有建筑，抗震安全性评估是从抗震承载力和抗震构造两方面的综合来判断结构实际具有的抗御地震灾害的能力。

2. 必须明确应进行抗震鉴定的"现有建筑"分为两类：第一类是使用年限在设计基准期内，但按原规定未考虑抗震设防的建筑；第二类是虽已进行抗震设防，但现行的地震区划图设防烈度提高后又使之不符合相应设防要求的建筑。

3. 总体上说，建筑抗震鉴定时对结构抗震性能的衡量标准要低于按设计规范进行质量检验的要求。因此,切不可按鉴定的要求来衡量新建工程,从而把不合格的新建工程评为合格工程。

4. 对现有建筑进行装修和改善使用功能的改造时,若不增加房屋层数,应按鉴定标准的要求进行抗震鉴定,并确定结构改造的可能性;若进行加层改造,一般说来,加层的要求应高于现有建筑鉴定而接近或达到新建工程的要求,此时可以采用综合抗震能力鉴定的原则,但不能直接套用抗震鉴定标准的具体要求。

2.2 一 般 规 定

《建筑抗震鉴定标准》GB 50023—1995

3.0.1 现有建筑的抗震鉴定应包括下列内容及要求:

3.0.1.1 搜集建筑的勘探报告、施工图纸、竣工图纸和工程验收文件等原始资料;当资料不全时,应进行必要的补充实测。

3.0.1.2 调查建筑现状与原始资料相符合的程度、施工质量和维护状况,发现相关的非抗震缺陷。

3.0.1.3 根据各类建筑结构的特点、结构布置、构造和抗震承载力等因素,采用相应的逐级鉴定方法,进行综合抗震能力分析。

3.0.1.4 对现有建筑整体抗震性能做出评价,对不符合抗震鉴定要求的建筑提出相应的抗震减灾对策和处理意见。

【技术要点说明】

抗震鉴定系对现有建筑物是否存在不利于抗震的构造缺陷和各种损伤进行系统的“诊断”,因而必须对其需要包括的基本内容、步骤、要求和鉴定结论作出统一的规定,并要求强制执行,才能达到规范抗震鉴定工作,提高鉴定工作质量,确保鉴定结论的可靠性。

1. 关于建筑现状的调查,主要有三个内容:其一,建筑的使用状况与原设计或竣工时有无不同;其二,建筑存在的缺陷是否仍属于“现状良好”的范围,需从结构受力的角度,检查结构的使用与原设计有无明显的变化;其三,检测结构材料的实际强度等级。

2. “现状良好”是对现有建筑现状调查的重要概念,涉及施工质量和维修情况。它是介于完好无损和有局部损伤需要补强、修复二者之间的一种概念。抗震鉴定时要求建筑的现状良好,即建筑外观不存在危及安全的缺陷,现存的质量缺陷属于正常维修范围之内。

3. 以往的抗震鉴定及加固,偏重于对单个构件、部件的鉴定,而缺乏对总体抗震性能的判断,只要某部位不符合抗震要求,就认为该部位需要加固处理,因而不仅增加了房屋的加固量,甚至在加固后还形成了新薄弱环节,致使结构的抗震安全性仍无保证。例如,天津市某三层框架厂房,在 1976 年 7 月唐山地震后加固时缺乏整体观点,局部加固后使底层形成新的明显的薄弱层,以致在同年 11 月的宁河地震中倒塌。因此,要强调对整个结构总体上所具有抗震能力的判断。综合抗震能力的定义,见《建筑抗震鉴定标准》GB 50023—1995 第 2.1.2 条;逐级鉴定方法,见第 3.0.3 条。

4. 在抗震鉴定中,将构件分成具有整体影响和仅有局部影响两大类予以区别对待。前者以组成主体结构的主要承重构件及其连接为主,不符合抗震要求时有可能引起连锁反应,对结构综合抗震能力的影响较大,采用“体系影响系数”来表示;后者指次要构件、非承重构件、附属构件和非必需的承重构件(如悬挑阳台、过街楼、出屋面小楼等),不符合抗震要求时只影响结构的局部,有时只需结合维修加固处理,采用"局部影响系数"来表示。

5. 对建筑结构抗震鉴定的结果,按《建筑抗震鉴定标准》GB 50023—1995 第 3.0.7 条统一规定为五个等级:合格、维修、加固、改造和更新。要求根据建筑的实际情况,结合使用要求、城市规划和加固难易等因素的分析,通过技术经济比较,提出综合的抗震减灾对策。

(1) 合格:指符合抗震要求,即现有建筑所具有的整体抗震能力可达到标准规定的设防目标,不需进行加固。

(2) 维修:指结合维修处理。适用于仅有少数次要部位局部不符合抗震要求的情况。例如,房屋上仅有无锚固的女儿墙超高,可在屋面防水层、保温层翻修时一并处理,但需采取临时性防灾措施。

(3) 加固:指有加固价值的建筑。大致包括:①无地震作用时能正常使用;②建筑虽已存在质量问题,但能通过加固使其达到抗震要求;③建筑因使用年久或其他原因(如腐蚀等),抗侧力体系的承载力降低,但楼盖或支撑系统尚可利用;④建筑各局部缺陷虽多,但易于加固或能够加固。

(4) 改造:指改变使用功能。包括:将生产车间、公共建筑改为不引起次生灾害的仓库,将使用荷载大的多层房屋改为使用荷载小的次要房屋等。

改变使用功能后的建筑,仍应采取适当的加固措施,以达到该类建筑的抗震要求。

(5) 更新:指无加固价值而仍有使用需要的建筑,或计划近期拆迁的不符合抗震要求的建筑,需采取应急措施。例如:在单层房屋内设防护支架;将烟囱、水塔周围划为危险区;拆除建筑上的装饰物、危险物及卸载等。

【实施与检查的控制】

抗震鉴定是一项技术要求较高的工作,应注意以下几点:

1. 抗震鉴定必须对工程的设计、施工及现状进行全面的调查。结构构件实际达到的材料强度指标必须由现场实测得到,不得直接采用原设计指标。

2. 鉴定后必须形成完整的抗震鉴定技术文件,作为加固决策依据。对不符合抗震要求的工程,必须对存在的缺陷作出原因分析,提出相应的处理意见,包括加固方案和应急减灾措施等。该加固方案应确实可行,成为加固设计的依据。

3. 现有房屋建筑是否符合抗震鉴定的要求,必须以综合抗震能力作为衡量指标。即从抗震构造和抗震承载力两个侧面进行综合。当结构现有抗震承载力较高时,除了保证结构整体性所需的构造外,延性方面的构造鉴定要求可稍低些;反之,当结构现有的抗震承载力较低,则可用较高的延性构造要求予以弥补。

3.0.4 现有建筑宏观控制和构造鉴定的基本内容及要求,应符合下列规定:

3.0.4.2 当建筑的平、立面,质量、刚度分布和墙体等抗侧力构件的布置在平面内明显不对称时,应进行地震扭转效应不利影响的分析;当结构竖向构件上下不连续或刚度沿高度分布突变时,应找出薄弱部位并按相应的要求鉴定。

3.0.4.3 检查结构体系,应找出其破坏会导致整个体系丧失抗震力或丧失对重力的承载能力的部件或构件;当房屋有错层或不同类型结构体系相连时,应提高其相应部位的抗震鉴定要求。

【技术要点说明】

房屋的抗震鉴定，一般分为两级。第一级以宏观控制和构造鉴定为主进行整体抗震能力的综合评定，第二级以抗震验算为主结合构造影响进行整体抗震能力的综合评定。

抗震鉴定时宏观控制的概念性要求，主要概括为房屋高度、建筑平立面布置、抗侧力构件（如墙体等）布置、结构体系、构件变形能力、连接的可靠性、非结构的影响和场地、地基等方面，见《建筑抗震鉴定标准》GB 50023—1995 第 3.0.4 条的各款。其中最关键的是对规则性和结构体系的鉴定要求，故选为强制性条文。

规则性与复杂性的划分，包含沿高度方面和沿平面方面诸多因素的综合要求，与新建建筑抗震设计的划分方法相同，详细内容可参见本导则第六篇关于《建筑抗震设计规范》GB 50011—2001 第 3.4.1 条和第 3.5.2 条的技术要点说明。

抗震鉴定对结构体系合理性的要求，除了结构布置的规则性判别外，还有下列内容：

（1）竖向构件上下不连续，如抽柱、抽梁或抗震墙不落地等，使地震作用的传递途径发生变化，则需提高有关部位的鉴定要求。

（2）要注意部分结构或构件破坏导致整个体系丧失抗震能力或丧失承担重力荷载的可能性。

（3）当同一房屋单元不同的结构类型相连，如部分为框架，部分为砌体，而框架梁直接支承在砌体结构上。由于各部分动力特性不一致，相连部分受力复杂，要考虑相互间的不利影响。

（4）房屋端部有楼梯间、过街楼、或砌体房屋有通长悬挑阳台，要考虑局部地震作用效应增大的不利影响。

【实施与检查的控制】

1. 关于规则性。现有建筑的“规则性”是客观存在的，抗震鉴定遇到不规则、复杂的建筑，则需要采用专门的手段来判断抗震安全性，并注意提高相关部位的鉴定要求。明显不对称时应进行地震扭转效应的不利分析；竖向分布有突变时应找出薄弱部位。

2. 关于结构体系的合理性。抗震鉴定时，检查现有建筑的结构体系是否合理，可对其抗震性能的优劣有初步的判断。

4.1.2　8、9 度时，建筑场地为条状突出山嘴、高耸孤立山丘、非岩石陡坡、河岸和边坡的边缘等不利地段，应对其地震稳定性、地基滑移及对建筑的可能危害进行评估。

4.1.3　在河岸或海边的乙类建筑，当液化层面向河心或海边倾斜时，应判明液化后土体滑动与开裂的危险。

【技术要点说明】

房屋建筑的地震震害表明，液化、软土震陷、不均匀地基的差异沉降等，一般不会导致建筑的坍塌或丧失使用价值，而且地基基础的鉴定和处理的难度较大。因此，现有房屋抗震鉴定时，要求对场地和地基基础进行鉴定的范围较小，纳入强制性条文的内容更少。

1. 当设防烈度为 8 度和 9 度，且建筑场地为条状突出山嘴、高耸孤立山丘、非岩石陡坡、河岸和边坡的边缘等不利地段时，地震下可能因岩土失稳造成灾害，如滑坡、崩塌、地裂、地陷等，其波及面广，对建筑物危害的严重性也往往较重，需要重视。

2. 当存在饱和砂性土时，若一旦查明属于倾斜液化土层（1°～5°），在地震时可能产生大面积的土体滑动（侧向扩展）；在现代河道、古河道或海滨地区，通常宽度达 50～100m 或更大，其长度达数百米，甚至 2～3km，易造成一系列地裂缝或地面的永久性水平、垂直位移，其上的建筑与生命线工程或拉断或倒塌，破坏很大。

3. 在《建筑抗震鉴定标准》GB 50023—1995 第 4.0.1 条给出了需要进行场地鉴定的范围。

【实施与检查的控制】

1. 不利地段上场地震害的评估，只在 8、9 度抗震设防时才需要进行。

2. 倾斜液化面的危害评估，强调了对乙类建筑的要求。

2.3 砌体房屋

《建筑抗震鉴定标准》GB 50023—1995

5.2.1 现有房屋的结构体系应符合下列规定：

5.2.1.2 房屋的平、立面和墙体布置宜符合下列规则性的要求；

(1) 质量和刚度沿高度分布比较规则均匀，立面高度变化不超过一层，同一楼层的楼板标高相差不大于 500mm；

(2) 楼层的质心和计算刚心基本重合或接近。

5.2.2 承重墙体的砖、砌块和砂浆实际达到的强度等级，应符合下列要求：

5.2.2.2 墙体的砌筑砂浆强度等级，6 度时或 7 度时三层及以下的砖砌体不应低于 M0.4。

5.2.3 现有房屋的整体性连接构造，应符合下列规定：

5.2.3.1 纵横墙交接处应有可靠连接。

5.2.3.2 楼、屋盖的连接应符合下列要求：

(2) 木屋架不应为无下弦的人字屋架，隔开间应有一道竖向支撑或有木望板和木龙骨顶棚；当不符合时应采取加固或其他相应措施。

5.2.3.3 圈梁的布置和构造应符合下列要求：

(1) 现浇和装配整体式钢筋混凝土楼、屋盖可无圈梁；

(2) 装配式混凝土楼、屋盖(或木屋盖)砖房的圈梁布置和配筋，不应少于表 5.2.3-2 的规定；纵墙承重房屋的圈梁布置要求应相应提高；空斗墙、空心墙和 180mm 厚砖墙的房屋，外墙每层应有圈梁；

(3) 装配式混凝土楼、屋盖的砌块房屋，每层均应有圈梁；内墙上圈梁的水平间距，7、8 度时分别不宜大于表 5.2.3-2 中 8、9 度时的相应规定；

(5) 屋盖处的圈梁应现浇。

圈梁的布置和构造要求 **表 5.2.3-2**

位置和配筋量		7 度	8 度	9 度
屋盖	外墙	除层数为二层的预制板或有木望板、木龙骨吊顶外，均应有	均应有	均应有
	内墙	同外墙，且纵横墙上圈梁的水平间距分别不应大于 8m 和 16m	纵横墙上圈梁的水平间距分别不应大于 8m 和 12m	纵横墙上圈梁的水平间距均不应大于 8 m

续表

位置和配筋量		7 度	8 度	9 度
楼盖	外墙	横墙间距大于 8m 或层数超过四层时应隔层有	横墙间距大于 8m 时每层应有；横墙间距不大于 8m，层数超过三层时，应隔层有	层数超过二层，且横墙间距大于 4m 时，每层均应有
	内墙	横墙间距不大于 8m 或层数超过四层时，应隔层有且圈梁的水平间距不应大于 16m	同外墙，且圈梁的水平间距不应大于 12m	同外墙，且圈梁的水平间距不应大于 8m

注：6 度时，同非抗震要求。

5.2.4　房屋中易引起局部倒塌的部件及其连接，应分别符合下列规定：

5.2.4.2　非结构构件的构造应符合下列要求，当不符合时位于出入口或临街处应加固或采取相应措施：

(2) 无拉结女儿墙和门脸等装饰物，当砌筑砂浆的强度等级不低于 M2.5 且厚度为 240mm 时，其突出屋面的高度，对整体性不良或非刚性结构的房屋不应大于 0.5m。

(3) 出屋面小烟囱在出入口或临街处应有防倒塌措施；

(4) 钢筋混凝土挑檐、雨罩等悬挑构件应有足够的稳定性。

5.2.4.3　悬挑楼层、通长阳台，或房屋尽端有局部悬挑阳台、楼梯间、过街楼的支撑墙体，或与独立承重砖柱相邻的承重墙体，应提高有关墙体承载能力的要求。

【技术要点说明】

砌体房屋的抗震性能比钢筋混凝土房屋差，在强烈地震中破坏严重，但也从中积累了极丰富的震害资料，为抗震鉴定与加固提供了充分的依据。

多层砌体房屋的抗震能力主要取决于墙体的抗震承载力，即取决于两个主轴方向上分别计算的墙体（包括承重墙和自承重墙）截面面积和墙体的平均正压力。由于砌体墙本身是脆性的，多层砌体房屋的变形能力，主要取决于结构体系的合理性和房屋的整体性连接，包括墙体与墙体的连接、楼盖与墙体的连接等，承重墙体的局部尺寸也有一定的影响。

根据 6～11 度区总数 7000 多幢的多层砖房震害的统计分析，当最弱墙段的抗震强度安全系数不小于开裂临界值时，房屋基本完好；当最弱墙段的抗震强度安全系数小于开裂临界值，但最弱楼层各墙段的平均抗震强度安全系数不小于开裂临界值时，房屋为轻微损坏；当最弱楼层各墙段的平均抗震强度安全系数小于开裂临界值，但大于开裂临界值的 60%时，房屋为中等破坏；当多数楼层各墙段的平均抗震强度安全系数小于开裂临界值，但均大于倒塌临界值时，房屋为严重破坏；最弱墙段的抗震强度安全系数小于倒塌临界值时，则局部倒塌；最弱楼层承重墙的平均抗震强度安全系数小于倒塌临界值时，房屋全毁。

因此，考虑到现有多层砖砌体房屋在一个地区、一个时期内具有建筑风格、平面布置、材料性能大致相同的特点，可以根据震害经验，引入"砖房综合抗震能力"的概念，将承重墙体、次要墙体、附属构件、楼盖和屋盖整体性及各种连接的鉴定要求归纳起来，形成分级鉴定的实用方法。从结构体系、整体性连接、局部构造和抗震承载力等方面，运用"筛选"的方法，进行分级鉴定。

这个筛选的中心思想是：先选出抗震构造较好同时墙体抗震承载力高的房屋，视为综合抗震能力高的房屋；再选出抗震构造较好而墙体抗震承载力较高的房屋，视为综合抗震能力稍次的房屋；然后选出抗震构造略有缺陷但墙体抗震承载力尚高的房屋，视为综合抗震能力次的房屋；最后选出仅局部构造有缺陷但该部位墙体的抗震承载力很高的房屋，视为综合抗震能力仍满足鉴定要求的房屋。上述鉴定共分两级，其基本内容和鉴定步骤参见图7-1：

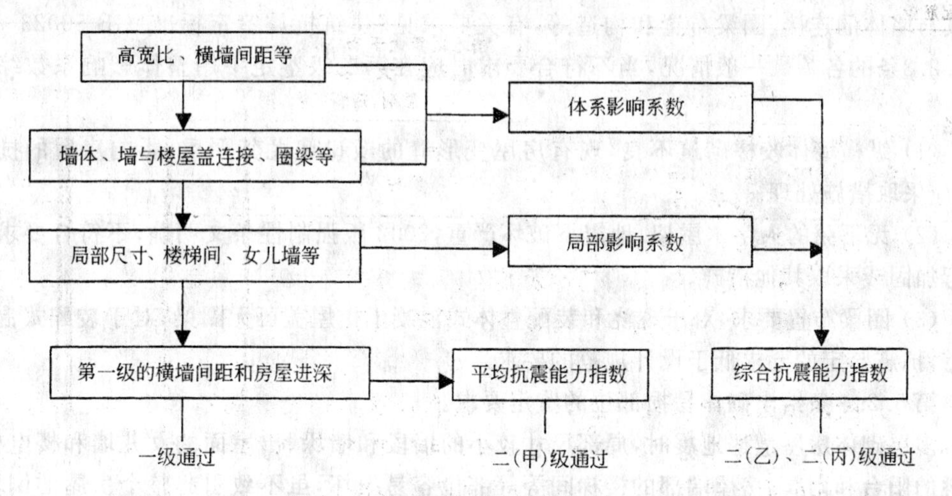

图 7-1 多层砌体房屋两级鉴定框图

多层砌体房屋第一级鉴定的重点是筛选出抗震构造较好同时墙体抗震承载力高的房屋。对于不同的抗震设防烈度，构造较好和承载力高的衡量尺度是不同的，但鉴定的内容均包括结构体系、结构连接的整体性、易损部位的构造以及纵横向墙体等四个部分。2002 年版强制性条文分别纳入相关的要求：

第 5.2.1 条给出了结构体系的鉴定要求。

第一级鉴定的结构体系评定包括两个内容：按第 5.2.1 条第 1 款检查刚性体系和按第 2 款检查规则性。

对符合刚性体系的多层砌体房屋，先检查整体性连接和易引起局部倒塌部位，当二者均符合要求时，可直接按房屋的宽度、横墙间距和砌筑砂浆强度等级，查表判断是否满足抗震要求，不再进行墙体面积率的计算。整体性连接、易局部倒塌部位或查表不满足时，一般需经过第二级鉴定才能判断是否满足抗震要求。对非刚性体系的多层砌体房屋，只检查整体性连接和易局部倒塌部位，并需进行第二级鉴定。

刚性体系是抗震鉴定中可采用简化方法进行抗震承载力验算的前提。它不同于静力设计的刚性方案；其最大横墙间距的规定也比抗震设计规范的要求严格。现有的多层砌体房屋，其抗震横墙的间距、楼盖和屋盖平面内的刚度以及房屋的高宽比，多数可满足刚性体系的要求。鉴定时重点是墙体对称布置和错层判断。

第 5.2.2 条给出材料实际强度测定要求。

砌体的承载力取决于砌筑质量和材料实际达到的强度，而不是原设计的材料强度。

砌体材料强度的测定方法，可分为原位法和取样法两大类。应分别按有关的检测标准进行检测。抗震鉴定时，通常采用原位测量法。材料实际强度抽查的构件数量，可按《民用建筑可靠性鉴定标准》GB 50292—1999 第 4.1.6 条的要求执行。

检测时，还可采用观察、手捏的方法初步判别砂浆强度；M0，手捏无强度；M0.4，手捏强度低；M1，能捏碎；M2.5，不易捏碎。并且，尚需根据砌筑质量，如砂浆不饱满、干砖上墙或砂浆冻结等，将测值适当调整。

第 5.2.3 条给出墙体、楼屋盖、圈梁的整体性连接的鉴定要求。

根据震害经验的总结，多层砌体房屋的整体性主要取决于纵横墙交接处的连接、楼屋盖及其与墙体的连接、圈梁布置和构造等，有关要求见《建筑抗震鉴定标准》GB 50023—1995 第5.2.3条的各款。一般情况，当不符合要求时应在第二级鉴定中用整体影响系数综合处理。

(1) 纵横墙体咬槎砌筑不良，现有房屋变形缝的敞口墙尤其严重，影响房屋的抗震安全，应采取措施处理。

(2) 无下弦的人字木屋架，地震下破坏严重，2002 版强制性条文明确，不符合要求时应进行加固或采取其他措施。

(3) 圈梁布置要求，对于现浇和装配整体式混凝土楼屋盖可无圈梁；对于装配式混凝土楼盖，抗震鉴定的要求低于设计规范的要求。

第 5.2.4 条给出砌体易损部位的鉴定要求。

多层砌体房屋遭遇地震时，局部尺寸较小的墙段和墙垛、出屋面的女儿墙和楼电梯间、悬挑的阳台和雨篷、房屋端部的楼梯间等等部位容易损坏，虽不致引起整个房屋的倒塌，但可能造成人员伤亡或局部破坏。抗震鉴定的要求见《建筑抗震鉴定标准》GB 50023—1995 第 5.2.4 条各款。这些局部构造不符合抗震鉴定要求时，一般在第二级鉴定时采用局部影响系数综合处理。

【实施与检查的控制】

1. 应处理好第一级鉴定与第二级鉴定的关系。第一级鉴定通过的现有房屋，可不再进行第二级鉴定。

2. 材料实际强度的数值，不得采用原设计强度。

3. 钢筋混凝土构造柱与圈梁形成对砖墙的分割和包围，既增加砖墙的延性又增加房屋的整体性。但考虑到现有的多层砌体房屋大多无钢筋混凝土构造柱，故抗震鉴定时对构造柱不做要求。

4. 当第一级各项鉴定要求中，仅局部构造不符合要求时，可不经第二级鉴定而直接要求结合日常维修予以处理。

5.3.1 多层砌体房屋采用综合抗震能力指数的方法进行第二级鉴定时，应根据房屋不符合第一级鉴定的具体情况，分别采用楼层平均抗震能力指数方法、楼层综合抗震能力指数方法和墙段综合抗震能力指数方法。

楼层平均抗震能力指数、楼层综合抗震能力指数和墙段综合抗震能力指数应按房屋的纵横两个方向分别计算。当最弱楼层平均抗震能力指数、最弱楼层综合抗震能力指数或最弱墙段综合抗震能力指数大于(或)等于 1.0 时，可评定为满足抗震鉴定要求；当小于 1.0 时，应对房屋采取加固或其他相应措施。

【技术要点说明】

多层砖砌体房屋的第二级鉴定分四种方法：平均抗震能力指数法、综合抗震能力指数法、墙段抗震能力指数法和设计规范方法，分别适用于不同的情况，见《建筑抗震鉴定标准》GB 50023—1995 第 5.3 节。

多层砖房的抗震计算，设计规范要求采用底部剪力法计算地震作用及其效应，并验算不利墙段的受剪承载力。抗震鉴定时，抗震承载力验算一般采用两个主轴方向的墙体面积率指数计算，并按具体情况分别为最弱楼层的面积率指数和最弱墙段的面积率指数进行验算。综合抗震能力的分析，系利用墙体面积率与体系影响系数、局部影响系数的乘积——综合抗震能力指数来衡量。

1. 平均抗震能力指数法

平均抗震能力指数法适用于刚性体系且整体性连接及易局部倒塌部位满足第一级鉴定要求而房屋宽度或横墙间距略大的砌体房屋。它又称为二(甲)级鉴定。高宽比、横墙间距符合刚性体系要求，即实测的结构基本振型符合剪切变形为主的特征，若其墙体连接、楼盖支承长度、圈梁设置等整体性连接良好，房屋局部尺寸、楼梯间、出屋面小屋、女儿墙、隔墙等易引起局部倒塌部位的构造均符合基本要求时，根据大量的计算分析，可直接按《建筑抗震鉴定标准》GB 50023—1995 表 5.2.5 所列纵横两方向横墙间距 L、房屋宽度 B 和砌筑砂浆强度等级来判断。当 L 和 B 符合要求时则通过第一级鉴定；当横墙间距或房屋宽度不符合时，可采用平均抗震能力指数进行第二级鉴定。平均抗震能力指数 β_i 按下式计算：

$$\beta_i = A_i / (A_{bi}\xi_{oi}\lambda) \quad (7.2.3\text{-}1)$$

式中 A_i、A_{bi}——i 层纵向或横向砌体抗震墙在半层高处净截面的总面积和楼层建筑面积；

ξ_{oi}——i 层纵向或横向砌体抗震墙的基准面积率；

λ——烈度影响系数，7、8、9 度分别取 1.0、1.5 和 2.5。

只要平均抗震能力指数 β_i 大于 1.0，则第二级鉴定通过。

2. 楼层综合抗震能力指数和墙段综合抗震能力指数

楼层综合抗震能力指数法适用于非刚性体系以及刚性体系中整体性连接及易局部倒塌部位不满足第一级鉴定要求的砌体房屋。它又称为二(乙)级鉴定。

墙段抗震能力指数法适用于综合抗震能力指数不满足要求，但仅横墙间距过大或易局部倒塌部位不满足第一级鉴定要求的砌体房屋。它又称为二(丙)级鉴定。

综合抗震能力指数由体系影响系数、局部影响系数和平均或墙段抗震能力指数的乘积得到：

$$\beta_{ci} = \psi_1\psi_2\beta_i$$

或

$$\beta_{cij} = \psi_1\psi_2\beta_{ij} \quad (7.2.3\text{-}2)$$

其中的体系影响系数和局部影响系数见《建筑抗震鉴定标准》GB 50023—1995 第 5.3.3 条 2、3 款。例如，高宽比、抗震横墙间距和平立面不规则超过第一级鉴定的结构体系要求时，体系影响系数 ψ_1 取 0.75～0.90；楼盖构件支承长度和圈梁设置等不符合第一级鉴定的整体性连接要求时，体系影响系数 ψ_1 取 0.70～0.90；墙体的局部尺寸和楼梯间等易引起局部倒塌部位的构造不符合第一级的要求时，局部影响系数 ψ_2 取 0.70～0.95。

【实施与检查的控制】

1. 对墙体面积率较高的多层砖房，虽然有些构造不符合第一级鉴定的要求，但只要楼层综合抗震能力指数 β_{ci} 符合要求，或最弱墙体的综合抗震能力指数 β_{cij} 符合要求，则该砌体房屋仍可不加固。

2. 墙体面积率验算是墙体抗震承载力验算的简化方法，有一定适用范围，超出该范围时应采用设计规范的方法验算。

2.4 钢筋混凝土房屋

《建筑抗震鉴定标准》GB 50023—1995

6.1.5 当砌体结构与框架结构相连或依托于框架结构时,应加大砌体结构所承担的地震作用,再进行抗震鉴定;对框架结构的鉴定,应计入两种不同性质的结构相连导致的不利影响。砖女儿墙、门脸等非结构构件和突出屋面的小房间,应符合规定。

6.2.1 现有房屋的结构体系应符合下列规定:

6.2.1.1 框架结构,8、9度时不应为铰接节点。当不符合时应加固。

6.2.2 梁、柱、墙实际达到的混凝土强度等级,8、9度时不应低于C18。

6.2.3 6度和7度Ⅰ、Ⅱ类场地时,框架应符合非抗震设计要求,其中,梁纵向钢筋在柱内的锚固长度,Ⅰ级钢不宜小于纵向钢筋直径的25倍,Ⅱ级钢不宜小于纵向钢筋直径的30倍,混凝土强度等级为C13时,锚固长度应相应增加纵向钢筋直径的5倍;7度Ⅲ、Ⅳ类场地和8、9度,梁、柱、墙的构造尚应符合下列规定:

6.2.3.2 梁、柱的箍筋应符合下列要求:

(1) 在柱的上、下端,柱净高各1/6的范围内,7度Ⅲ、Ⅳ类场地和8度时,箍筋直径不应小于$\phi 6$,间距不应大于200mm;9度时,箍筋直径不应小于$\phi 8$,间距不应大于150mm;

(2) 在梁的两端,梁高各一倍范围内的箍筋间距,8度时不应大于200mm,9度时不应大于150mm;

(3) 净高与截面高度之比不大于4的柱,包括因嵌砌黏土砖填充墙形成的短柱,沿柱全高范围内的箍筋直径不应小于$\phi 8$,箍筋间距,8度时不应大于150mm,9度时不应大于100mm。

6.2.4 框架结构利用山墙承重时,山墙应有钢筋混凝土壁柱与框架梁可靠连接,当不符合时,8、9度应加固。

【技术要点说明】

我国现有的未考虑设防的钢筋混凝土房屋,普遍是10层以下现浇或装配整体式的框架结构。其震害调查的总结表明:6、7度时主体结构基本完好;损坏以女儿墙和填充墙为主,8、9度时,主体结构有破坏,但不规则结构震害加重。据此,对钢筋混凝土房屋的抗震鉴定,也引入"综合抗震能力"的概念,采用将结构体系、整体性、构件承载力和局部构造等方面的鉴定要求归纳起来,进行综合评估的分级鉴定方法。

钢筋混凝土房屋的分级鉴定,一般分为两级,可按下列框图所示的鉴定程序进行(图7-2):

钢筋混凝土框架结构房屋的第一级抗震鉴定,包括结构体系、材料强度、配筋构造和连接构造四个项目。第一级鉴定强调了梁、柱的连接形式,混合承重体系的连接构造和填充墙与主体结构的连接构造。7度Ⅲ、Ⅳ类场地和8、9度时,增加了规则性要求和配筋构造要求。详见《建筑抗震鉴定标准》GB 50023—1995第6.2节。

1. 结构体系的鉴定主要包括节点连接方式和规则性的判别。2002年版强制性条文纳入《建筑抗震鉴定标准》GB 50023—1995第6.2.1条和第6.1.5条的规定。对于房屋的规则性判别基本同设计规范,鉴定的要求已在本章2.2节中列出。针对现有建筑的情况,强调连接方

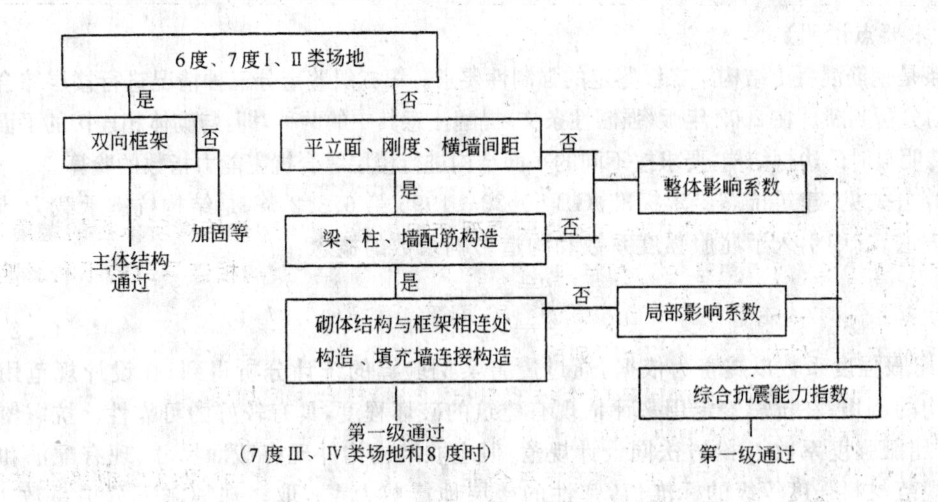

图7-2　多层钢筋混凝土房屋的两级鉴定

式和砌体混合承重的鉴定要求。不符合要求时在第二级鉴定中用体系影响系数综合评定。

(1) 连接方式主要指刚接和铰接，以及梁端底面纵筋的锚固。未考虑抗震设防的框架结构，往往按横向框架纵向连系梁进行设计，梁端底面的纵筋不符合锚固长度的要求。

(2) 当框架结构与砌体结构毗邻且共同承重时，砌体部分因侧移刚度大而分担了框架的一部分地震作用，受力状态与单一的砌体结构不同；框架部分也因二者侧移的协调而在连接部位形成附加内力。抗震鉴定时要作为不规则结构对待。

2. 混凝土结构构件实际达到的材料强度偏低，则抗震承载力不足，2002年版强制性条文纳入了标准第6.2.2条对第一级鉴定的最低要求。

3. 整体性连接构造的鉴定分两种情况检查。第一种情况，6度和7度Ⅰ、Ⅱ类场地时，只判断是否满足非抗震设计要求。第二种情况，7度Ⅲ、Ⅳ类场地和8、9度时，要检查纵筋、箍筋、轴压比等。但由于纵筋和轴压比均可在第二级抗震鉴定时进一步判定，仅对梁、柱，包括短柱的箍筋构造提出强制性要求。

4. 局部易损部位的判断。框架结构与砌体山墙混合承重时，强调山墙应有钢筋混凝土壁柱与框架梁可靠连接，以防止破坏。不符合要求时在第二级鉴定中采用局部影响系数综合评定。

【实施与检查的控制】

1. 符合第一级鉴定的各项要求时，不需要进行第二级鉴定。

2. 纵向钢筋的锚固长度只需满足20世纪70年代设计规范的要求即可。

3. 框架结构混凝土实际达到的强度等级必须由实测得到，不能采用原设计值。

4. 鉴定时，仅对梁端、柱端箍筋设置提出要求，对梁端和柱端的箍筋是否加密不做要求。

6.3.1　钢筋混凝土房屋，应分别采用下列平面结构的楼层综合抗震能力指数进行第二级鉴定。

6.3.1.2　框架结构与承重砌体结构相连时，除符合上述要求外，尚应取连接处的平面结构；

6.3.1.3　有明显扭转时，尚应取考虑扭转影响的边榀结构。

【技术要点说明】

本条是钢筋混凝土结构第二级鉴定的强制性要求。第二级鉴定分三种情况进行楼层综合抗震能力的分析判断。在2002年版《强制性条文》提醒注意其中的两种，即：与砌体相连接的平面结构及扭转明显时的边框结构，要求按不同的平面结构进行楼层综合抗震能力指数的验算。

验算公式见《建筑抗震鉴定标准》GB 50023—1995第6.3.2条，是结构抗震承载力计算的简化方法，其中引入了屈服强度系数和构造影响系数的概念：

$$\beta=\psi_1\psi_2\xi_y$$
$$\xi_y=V_y/V_e \tag{7.2.4}$$

1. 屈服强度系数以震害为依据，通过震害实例验算的统计分析得到；在设计规范用来控制结构的倒塌；在抗震鉴定用来评估现有建筑的破坏程度，具有较好的可靠性。抗震鉴定时，计算屈服强度系数 ξ_y 的方法同设计规范，但应取结构构件现有截面尺寸、现有配筋和对应于原规范材料强度等级的标准值，弹性的楼层地震剪力 V_e，取多遇地震下分项系数1.0计算；由于现有框架结构多为“强梁弱柱”型框架，计算公式可有所简化，见《建筑抗震鉴定标准》GB 50023—1995附录B。

2. 在第二级鉴定中，对材料强度等级和纵向钢筋不作要求；其他构造要求用结构构造的体系影响系数和局部影响系数来体现。

3. 体系影响系数的取值，按《建筑抗震鉴定标准》GB 50023—1995第6.3.2条2款的要求，要综合考虑多个因素确定。当部分构造符合第一级鉴定要求而部分构造仅符合非抗震设计要求时，可在0.8～1.0之间取值；结构损伤包括因建造年代甚早、混凝土碳化而造成的钢筋锈蚀，损伤和倾斜的修复，通常宜考虑新旧部分不能完全共同发挥作用而取小于1.0的影响系数。

4. 局部影响系数的取值，按《建筑抗震鉴定标准》GB 50023—1995第6.3.2条3款的要求，在三项系数选定后采用最小值。

【实施与检查的控制】

1. 计算结构楼层现有承载力时，结构构件截面尺寸、配筋和材料强度均应采用实测的数据，不能直接套用设计图纸的数据。

2. 考虑到现行设计规范中混凝土材料强度的设计取值方法改变，需采用对应于20世纪70年代规范所用材料强度等级C13、C18、C23、C28等的新取值。

3. 体系影响系数仅与规则性、箍筋构造和轴压比等有关。在给定的取值范围内，不符合的程度大或有若干项不符合时取较小值；对不同烈度，鉴定要求相同的项目，烈度高者，该项影响系数取较小值。

4. 局部影响系数仅用于有关的平面框架，即与承重砌体结构相连的平面框架、有填充墙的平面框架或楼屋盖长宽比超过规定时位于中部的平面框架。

2.5　内框架和底层框架房屋

《建筑抗震鉴定标准》GB 50023—1995

7.2.1　现有房屋的结构体系应符合下列规定：

7.2.1.1　抗震横墙的最大间距应符合表7.2.1的规定，超过时应采取相应措施。

抗震横墙的最大间距(m)　　表 7.2.1

房屋类型	6 度	7 度	8 度	9 度
底层框架砖房的底层	25	21	19	15
底层内框架砖房的底层	18	18	15	11
多排柱内框架砖房	30	30	30	20
单排柱内框架砖房	18	18	15	11

7.2.1.2　底层框架、底层内框架砖房的底层,在纵横两个方向均应有砖或钢筋混凝土抗震墙,且应控制每个方向第二层与底层侧移刚度的比值。

7.2.2　底层框架、底层内框架砖房的底层和多层内框架砖房的砖抗震墙,厚度不应小于240mm,砖实际达到的强度等级不应低于 MU7.5;砌筑砂浆实际达到的强度等级,6、7 度时不应低于 M2.5,8、9 度时不应低于 M5。

7.2.3　现有房屋的整体性连接构造应符合下列规定:

7.2.3.1　底层框架和底层内框架砖房的底层,8、9 度时应为现浇或装配整体式混凝土楼盖;6、7 度时装配式楼盖应有圈梁。当不符合时应采取相应措施。

7.2.3.2　多层内框架砖房的圈梁,应符合本标准第 5.2.3.3 款的规定;采用装配式混凝土楼、屋盖时,尚应符合下列要求:

(1) 顶层应有圈梁;

(2) 6 度时和 7 度不超过三层时,隔层应有圈梁;

(3) 7 度超过三层和 8、9 度时,各层均应有圈梁。

7.2.3.3　内框架砖房大梁在外墙上的支承长度不应小于 240mm,且应与垫块或圈梁相连。

【技术要点说明】

内框架砌体房屋指内部为框架承重外部为砖墙承重的房屋,包括内部为单排柱到顶、多排柱到顶的多层内框架房屋以及仅底层内框架而上部各层为砖墙的底层内框架房屋。

底层框架砌体房屋指底层为框架(包括填充墙框架等)、框架-抗震墙结构承重而上部各层为砖墙承重的多层房屋。

根据震害调查的经验总结,内框架和底层框架砖房的震害特征与多层砌体房屋、多层钢筋混凝土房屋不同。抗震鉴定标准在砌体结构和混凝土结构两级鉴定要求的基础上,增加了相应的内容。对这两类混合承重结构,可将砌体结构和混凝土结构的鉴定方法合并使用,也提出了两级鉴定的要求:

1. 第一级抗震鉴定要求

(1) 结构体系鉴定要控制侧移刚度和横墙最大间距。针对内框架和底层框架砖房的结构特点,体系鉴定要检查底层框架、底层内框架砌体房屋的二层与底层侧移刚度比,以减少地震时的变形集中,减轻地震破坏。

抗震墙横墙最大间距,基本上与设计规范相同。当为装配式钢筋混凝土楼、屋盖时,其要求略有放宽,但不能用于木楼盖的情况。

(2) 墙体在内框架和底层框架结构中是第一道抗震防线,墙体实际达到的材料强度等级不能过低,这是第一级鉴定中简化抗震承载力验算的前提。

(3) 整体性连接要求比多层砌体房屋要求严格。针对此两类结构的特点,强调了楼盖的整体性、圈梁布置、大梁与外墙的连接。

在多层砌体房屋,大梁与墙体的连接属于局部易损部位,按局部影响处理。但对于内框架,支承大梁的外墙是混合框架的组成部分,一旦大梁与外墙的连接破坏,则整个结构的安全大受影响,属于整体性影响。

2. 第二级抗震鉴定要求

内框架和底层框架砖房的第二级抗震鉴定,直接借用多层砌体房屋和框架结构的方法,使抗震鉴定标准的鉴定方法比较协调。一般情况下,采用综合抗震能力指数的方法,可使抗震承载力验算有所简化,还可考虑构造对抗震承载力的影响。2002 年版《强制性条文》中不重复纳入规定,有关要求可参见本章《建筑抗震鉴定标准》GB 50023—1995 第 5.3.1 和 6.3.1条的技术要点说明。

【实施与检查的控制】

1. 符合第一级鉴定的各项要求时,不需要进行第二级鉴定。

2. 对底层框架、底层内框架砌体房屋,应严格控制二层与底层侧移刚度比。

3. 圈梁设置要求,以及楼面梁与外墙的连接要求,均比多层砖房严格。其他方面,可参见本章第 2.3 和 2.4 节的实施与检查的控制。

2.6　空　旷　房　屋

《建筑抗震鉴定标准》GB 50023—1995

9.2.1　房屋现有的结构布置和构件型式,应符合下列规定:

9.2.1.4　承重山墙厚度不宜小于 240mm,开洞的水平截面面积不应超过山墙截面总面积的 50%。

9.2.1.5　7 度时Ⅲ、Ⅳ类场地和 8、9 度时,纵向边柱列应有与柱等高且整体砌筑的砖墙。

9.2.1.7　8、9 度时附属房屋与大厅相连,二者之间应有圈梁连接。

9.2.2　8、9 度时,墙柱(砖垛)的竖向配筋分别不应少于 4ϕ10、4ϕ12。

9.2.3　房屋现有的整体性连接构造应符合下列规定:

9.2.3.3　屋架或大梁,8、9 度时尚应通过螺栓或焊接等与垫块连接;支承屋架(梁)的砖柱(墙垛)顶部应有混凝土垫块。

9.2.3.4　独立砖柱应在两个方向均有可靠连接;8 度且房屋高度大于 8m 或 9 度且房屋高度大于 6m 时,在外墙转角及抗震内墙与外墙交接处,沿墙高每隔 10 皮砖应有 2ϕ6 拉结钢筋。

9.2.3.7　8、9 度时,支承舞台口大梁的墙体应有保证稳定的措施。

9.2.4　房屋易损部位及其连接的构造,应符合下列规定:

9.2.4.2　8、9 度时,舞台口横墙顶部卧梁应与构造柱、圈梁、屋盖等构件有可靠连接。

9.2.4.3　悬吊重物应有锚固和可靠的防护措施。

【技术要点说明】

建筑抗震鉴定标准中的空旷房屋,仅就单层而言。其抗震鉴定的逐级筛选方法与多层砌体结构、混凝土结构略有不同，采用与单层钢筋混凝土柱厂房相同形式的分级鉴定方法。按结构布置、构件型式、材料强度、整体性连接和易损部位构造等宏观控制和构造进行鉴定，必要时尚应进行抗震承载力验算。鉴定的基本程序如图 7-3 所示：

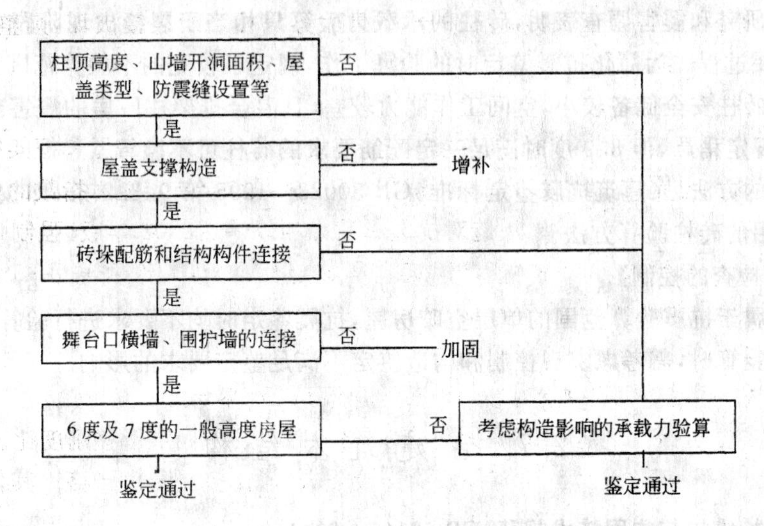

图 7-3 单层空旷房屋的分级鉴定程序

单层空旷房屋的震害特征不同于一般的墙体较多的多层砌体房屋。根据其震害规律，《建筑抗震鉴定标准》GB 50023—1995 第 9.2 节中提出了有关单层空旷房屋宏观控制和结构构造的抗震鉴定要求。其中，纳入 2002 年版强制性条文的要求是：

1. 结构布置的鉴定。对于单层空旷房屋的大厅，横向抗震要利用山墙的空间作用，纵向抗震不能设置支撑，要依靠与柱等高且整体砌筑的砖墙形成墙垛。

大厅与周围的附属房屋不设防震缝时震害较轻，但需要利用圈梁加强相互连接。

2. 墙垛合理构造。砖柱是空旷房屋的主要承重构件。唐山地震中，不配筋的砖柱，8 度区在窗台下多有剪切破坏，9 度区大多数倒塌。在 1978 年版的抗震设计规范中就已明确要求：即使按计算不需要配筋，也应按构造要求配置竖向钢筋。因此，除了墙垛需与柱整体砌筑外，8、9 度时，还应有竖向配筋。

3. 整体性连接的鉴定。为了确保安全，应着重检查屋架或大梁与砖墙垛的连接、独立砖柱是否在两个方向均有可靠连接，以及支承舞台口大梁的墙体稳定性。

4. 易损部位的鉴定。空旷房屋的舞台口横墙和悬挂重物部位，地震时容易损坏导致伤人，需要判明其连接的可靠性。

【实施与检查的控制】

1. 符合宏观控制和结构构造鉴定的各项要求时，不需要进行抗震承载力的鉴定。

2. 鉴定时应区分不同烈度下的薄弱部位，然后针对薄弱部位进行相应的抗震鉴定。

9.3.1 下列单层空旷房屋的砖柱(墙垛)应进行抗震承载力验算：

(1) 7 度Ⅰ、Ⅱ类场地，单跨或等高多跨且高度超过 7m 的无筋砖墙垛、高度超过 5m 的等截面无筋独立砖柱和混合排架房屋中高度超过 5m 的无筋砖柱；

(2) 7 度Ⅲ、Ⅳ类场地的无筋砖柱(墙垛)；

(3) 8 度时每侧纵筋少于 $3\phi10$ 的砖柱(墙垛)；

(4) 9 度时每侧纵筋少于 3ϕ12 的砖柱(墙垛)和重屋盖房屋的配筋砖柱。

【技术要点说明】

本条规定了单层空旷房屋需要进行抗震承载力鉴定的范围。

1. 试验研究和震害调查表明,砖柱的承载力验算只相当于裂缝出现阶段,到房屋倒塌还有一个发展过程。为简化抗震鉴定时的验算工作,规定了较宽的不验算范围。

2. 独立砖柱安全储备较小,空间工作能力较差,且混合排架柱厂房的震害经验不多,故验算范围的规定稍严,但 8、9 度时满足一定配筋要求的砖柱可不验算。

3. 验算的方法见《建筑抗震鉴定标准》GB 50023—1995 第 9.3.2 条,即按新建工程抗震设计时采用的砖柱验算方法。

【实施与检查的控制】

1. 凡不属于抗震验算范围的单层空旷房屋,抗震鉴定时均不要求进行验算。

2. 抗震验算时,需考虑宏观控制和构造鉴定不满足鉴定要求的影响。

2.7　古建筑木结构

《古建筑木结构维护与加固技术规范》GB 50165—92

4.2.1　古建筑木结构的抗震鉴定应遵守下列规定:

一、抗震设防烈度为 6 度及 6 度以上的建筑,均应进行抗震构造鉴定。

二、凡属表 4.2.1 规定范围的建筑,尚应对其主要承重结构进行截面抗震验算。

古建筑需作截面抗震验算的范围　　　表 4.2.1

烈度 / 建筑场地类别	6度		7度		8度	9度
	近震	远震	近震	远震		
一般古建筑	—	—	—	—	Ⅲ、Ⅳ类场地	所有场地
结构特殊古建筑 300 年以上古建筑	—	—	Ⅳ类场地	Ⅲ、Ⅳ类场地	所有场地	
500 年以上古建筑	Ⅳ类场地	Ⅲ、Ⅳ类场地	Ⅲ、Ⅳ类场地		所有场地	

三、对于下列情况,当有可能计算承重柱的最大侧偏位移时,尚宜进行抗震变形验算:

1. 8 度Ⅲ、Ⅳ类场地及 9 度时,基本自振周期 $T_1 \geqslant 1s$ 的单层建筑。

2. 8 度及 9 度时,500 年以上的建筑,或高度大于 15m 的多层建筑。

四、对抗震设防烈度为 10 度地区的古建筑,其抗震鉴定应组织有关专家专门研究,并应按有关专门规定执行。

【技术要点说明】

中国式木构架古建筑,由于它具有一套完整的设计方法和作为国家珍贵文物保护的历史和艺术价值,因而对于它的抗震鉴定需要另行提出专门的要求;与此同时,根据《中华人民共和国文物保护法》规定的保护原则，这些专门要求必须全面强制执行。

本条规定了古建筑木结构抗震鉴定的基本要求：

1. 我国古建筑木构架是根据传统模式与模数设计的，其可靠性在很大程度上要依赖各种成功的构造经验来保证。在这种情况下，其构造现状是否完整、完好，对评估木构架及其相关工程的抗震能力至为重要。为此，鉴定的原则是以构造鉴定为主，并辅以必要的验算，以提高判断的准确性。

2. 根据6、7度区古建筑震害资料所作的分析表明，有很大一部分古建筑可不必进行抗震验算，仅按残损点等构造鉴定即可评估其抗震安全性，表4.2.1对此作了具体的划定。

3. 实践经验表明，由于多数古建筑的承重结构是在低水平的应力状态下工作，因此，很难凭直观的构造性鉴定，完全查清其内在的、只有在强震作用下才会暴露出来的结构缺陷和各种残损的组合效应。吸取台湾和日本强烈地震中一些古建筑倒塌的教训，为了解决这个问题，要求高烈度时对结构进行必要的抗震验算，包括可能的侧移验算。

4. 建筑场地的划分，按《建筑抗震设计规范》GB 50011—2001 第4.1.6条执行。鉴于2001版的设计规范不再保留设计近、远震的概念，改为设计地震分组的概念，在本技术规范尚未修订前，可将设计地震第一、第二组作为近震看待，设计地震第三组作为远震看待，详见本实施导则第6.1节的有关内容。

【实施与检查的控制】

1. 古建筑木结构抗震鉴定的要求与现有建筑木结构的鉴定要求不同，其构造鉴定侧重于残损点，而且在高烈度时尚需进行抗震验算。

2. 古建筑木结构的抗震验算，应以构造鉴定所取得的实测与检验数据为依据，才能准确暴露各种结构缺陷的影响。

4.2.2 古建筑木结构及其相关工程的抗震构造鉴定，应遵守下列规定：

一、对抗震设防烈度为6度和7度的建筑，应按规定进行鉴定。凡有残损点的构件和连接，其可靠性应被判为不符合抗震构造要求。

二、对抗震设防烈度为8度和9度的建筑，除应按本条第一款鉴定外，尚应按表4.2.2的要求进行鉴定。

设防烈度为8度和9度的建筑抗震构造鉴定要求　　表4.2.2

项次	检查对象	检查项目	检查内容	鉴定合格标准
1	木柱	柱脚与柱础抵承状况	柱脚底面与柱础间实际抵承面积与柱脚处柱的原截面面积之比 ρ_c	$\rho_c \geqslant 3/4$
		柱础错位	柱与柱础之间错位置与柱径(或柱截面)沿错位方向的尺寸之比 ρ_d	$\rho_d \leqslant 1/10$
2	梁枋	挠度	竖向挠度最大值 ω_1 或 ω'	当 $h/l > 1/14$ 时 $\omega_1 \leqslant l^2/2500h$
				当 $h/l \leqslant 1/14$ 时 $\omega_1 \leqslant l/180$
				对于300年以上的梁枋，若无其他残损，可按 $\omega' \leqslant \omega_1 + h/50$ 评定

续表

项次	检查对象	检查项目	检查内容	鉴定合格标准
3	柱与梁枋的连接	榫卯连接完好程度	榫头拔出卯口的长度	不应超过榫长的 1/4
		柱与梁枋拉结情况	拉结件种类及拉结方法	应有可靠的铁件拉结，且铁件无严重锈蚀
4	斗　栱	斗栱构件	完好程度	无腐朽、劈裂、残缺
		斗栱榫卯	完好程度	无腐朽、松动、断裂或残缺
5	木构架整体性	整体倾斜	(1) 构架平面内倾斜量 Δ_1	$\Delta_1 \leqslant H_0/150$，且 $\Delta_1 \leqslant 100\text{mm}$
			(2) 构架平面外倾斜量 Δ_2	$\Delta_2 \leqslant H_0/300$，且 $\Delta_2 \leqslant 50\text{mm}$
		局部倾斜	柱头与柱脚相对位移量 Δ（不含侧脚值）	$\Delta \leqslant H/100$，且 $\Delta \leqslant 80\text{mm}$
		构架间的连系	纵向连系构件的连接情况	连接应牢固
		加强空间刚度的措施	(1)构架间的纵向连系	应有可靠的支撑或有效的替代措施
			(2)梁下各柱的纵、横向连系	应有可靠的支撑或有效的替代措施
6	屋　顶	椽　条	拉结情况	脊檩处，两坡椽条应有防止下滑的措施
		檩　条	锚固情况	檩条应有防止外滚和檩端脱榫的措施
		大梁以上各层梁	与瓜柱，驼峰连系情况	应有可靠的榫接，必要时应加隐蔽式铁件锚固
		角　梁	抗倾覆能力	应有充分的抗倾覆连接件连接
		屋顶饰件及檐口瓦	系固情况	应有可靠的系固措施
7	檐　墙	墙身倾斜	倾斜量	$\Delta \leqslant B/10$
		墙体构造	(1)墙脚酥碱处理情况	应予修补
			(2)填心砌筑墙体的拉结情况	每 3m^2 墙面应至少有一拉结件

注：表中 B 为墙厚，若墙厚上下不等，按平均值采用。

4.2.3 古建筑木结构抗震能力的验算应遵守下列规定：

一、在截面抗震验算中，结构总水平地震作用的标准值，应按下式计算：

$$F_{EK} = 0.72\alpha_1 G_{eq} \tag{4.2.3}$$

式中 α_1——相应于结构基本自振周期 T_1 的水平地震影响系数；

G_{eq}——结构等效总重力荷载。对坡顶房屋取 $1.15G_E$；对平顶房屋取 $1.0G_E$；对多层房屋取 $0.8G_E$，G_E 为房屋总重力荷载代表值。

对单层坡顶房屋，F_{EK} 作用于大梁中心位置。

三、木构架承载力的抗震调整系数 γ_{RE} 可取 0.8。

四、计算木构架的水平抗力,应考虑梁柱节点连接的有限刚度。

五、在抗震变形验算中,木构架的位移角限值[θ_p]可取 1/30。对 800 年以上或其他特别重要的古建筑,其位移角限值专门研究确定。

【技术要点说明】

这里规定了古建筑木构架构造鉴定的内容和抗震验算的方法。这些规定的可靠性与可信性,均在一些国家级文物建筑中得到了较为吻合的验证。与此同时,对一些数量界限的取值,除了根据调查实测资料进行校核外,还做了不少模型的拟动力试验和伪静力试验进行检验。

1. 对 6 度和 7 度区古建筑抗震构造鉴定的具体标准,按《古建筑木结构维护与加固技术规范》GB 50165—1992 第 4.1 节关于可靠性鉴定的要求进行鉴定即可,虽然该节的要求属于非抗震的,但由于出自对文物保护的考虑,其评定界限的划分,比一般建筑物的相应标准为严。其偏严程度足以保证 6 度和 7 度区的抗震要求。故不再另订标准。

2. 对 8 度和 9 度区古建筑抗震构造鉴定的具体标准,则根据当遭遇该烈度地震影响时,只允许发生可以修复的局部损坏的原则,给出补充鉴定要求。其目的是在柱、梁枋、斗栱、屋盖、檐墙等主要构件本身的强度和刚度都得到保证的前提下,进一步提高它们之间连接的可靠性和结构的整体性,以增强木构架的抗震能力。至于具体的鉴定界限值,则是根据历史上古建筑受震残迹所作的分析和专家经验确定的。

3. 关于古建筑木结构地震作用的计算,需要说明以下四点:

(1)《建筑抗震设计规范》GB 50011—2001 第 5.2.1 条给出了按底部剪力法计算结构总水平地震作用标准值 F_{EK} 的计算式,但该式不包括木结构在内。因此,需按古建筑木构架的特性,采用乘以系数的方法修正 F_{EK}。根据计算,该系数变化在 0.703～0.719 之间,统一取 0.72。

(2) 考虑到古建筑构造的特点,对结构等效总重力荷载 G_{eq} 的计算,补充了单层坡顶房屋的规定。这是按功能等效原理,将重力荷载代表值等效作用于大梁中心确定的。至于平顶房屋和多层房屋,则完全可按《建筑抗震设计规范》GB 50011—2001 第 5.2.1 条的规定计算。

(3) 由于古建筑木构架不能作为弹性系统计算其基本自振周期,故建议按实测值采用。但在实际工作中,往往会遇到实测有困难的情况,所以在《古建筑木结构维护与加固技术规范》GB 50165—1992 附录二中给出了根据实测结果回归得到的经验公式。当需按该式计算木构架的基本自振周期时,其构造条件应符合该附录的规定。

(4) 对 8 度和 9 度区的抗震变形验算,木构架位移角限值[θ_p]为 1/30。这是根据若干古建筑的残留变形经过分析确定的。但由于可供调查实测这一数据的古建筑不多,难以概括全面,故规定对于特别重要的古建筑,其[θ_p]值还应专门研究确定。

【实施与检查的控制】

1. 古建筑木结构残损点的鉴定,按本篇 1.6 节有关的实施与检查的控制执行。6、7 度时只要有残损点,则该构件的抗震构造不符合要求;8、9 度的抗震鉴定要求比残损点的界限加严。

2. 古建筑木结构的抗震鉴定，不采用现有建筑“综合抗震能力”的鉴定方法，而是逐个构件、逐项的抗震构造和抗震承载力、变形的鉴定。一旦不符合鉴定要求，该构件需要进行加固或采取防震措施。

3. 注意区分古建筑木结构可靠性鉴定和抗震鉴定要求的不同。

3 结 构 加 固

3.1 抗震加固规定

《建筑抗震加固技术规程》JGJ 116—1998

3.0.1 现有建筑抗震加固前，应进行抗震鉴定。抗震加固设计应符合下列要求：

3.0.1.1 加固方案应根据抗震鉴定结果综合确定，可包括整体房屋加固、区段加固或构件加固；

3.0.1.2 加固方法应便于施工，并应减少对生产、生活的影响。

【技术要点说明】

现有建筑抗震加固是减轻建筑地震灾害的积极而有效的措施。房屋的抗震加固，指的是使现有房屋建筑达到规定的抗震设防安全要求所进行的设计和施工。这些现有房屋在正常使用状态下一般是安全的。这里，规定的抗震设防安全要求，即《建筑抗震鉴定标准》GB 50023—1995 总则所规定的设防目标。因此，现有建筑的抗震加固应以抗震鉴定为依据，具体表现为：

1. 抗震鉴定是抗震加固的前提，鉴定与加固应前后连续，才能确保抗震加固取得最佳的效果。

2. 现有建筑不符合抗震鉴定的要求时，根据《建筑抗震鉴定标准》GB 50023—1995 第 3.0.7 条的规定，应采取"维修、加固、改造或更新"等抗震减灾对策。其中，凡是需要加固的，不论是整体加固、区段加固还是构件加固，其设计与设计施工均应遵守《建筑抗震加固技术规程》JGJ 116—1998 的有关规定。

3. 抗震加固所依据的抗震设防烈度、加固的设防目标、考虑建筑使用功能重要性的抗震设防分类和相应的设防标准，均应遵守《建筑抗震鉴定标准》GB 50023—1995 的规定。

4. 衡量抗震加固是否达到规定的目标，也应以《建筑抗震鉴定标准》GB 50023—1995 的相关规定为依据，即以综合抗震能力是否提高为目标对加固的效果进行检查、验算和评定。

抗震加固不仅设计技术难度较大，而且施工条件较差。表现为：要使抗震加固能确实提高现有建筑的抗震能力，要针对现有建筑存在的问题，提出具体加固方案，例如：

1. 对不符合抗震鉴定要求的建筑进行抗震加固，一般采用提高承载力、提高变形能力或既提高承载力又提高变形能力的方法，需针对房屋存在的缺陷，对可选择的加固方法逐一进行分析，以提高结构综合抗震能力为目标予以确定。

2. 需要提高承载力同时提高结构刚度，则以扩大原构件截面、新增部分构件为基本方法；需要提高承载力而不提高刚度，则以外包钢构套、粘钢或碳纤维加固为基本方法；需要提高结构变形能力，则以增加连接构件、外包钢构套等为基本方法。

3. 当原结构的结构体系明显不合理时，若条件许可，应采用增设构件的方法予以改善；否则，需要采取同时提高承载力和变形能力的方法，以使其综合抗震能力能满足抗震鉴定的要求。

4. 当结构的整体性连接不符合要求时，应采取提高变形能力的方法。

5. 当局部构件的构造不符合要求时，应采取不使薄弱部位转移的局部处理方法；或通过结构体系的改变，使地震作用由增设的构件承担，从而保护局部构件。

为减少加固施工对生活、工作在现有房屋内的人们的环境影响，还需采取专门对策。例如，在房屋内部加固和外部加固的效果相当时，应采用外部加固；干作业与湿作业相比，造价高、施工进度快且影响面小，有条件时尽量采用；需要在房屋内部湿作业加固时，选择集中加固的方案，也可减少对内部环境的影响。

【实施与检查的控制】

1. 加固设计的说明中，应写明所依据的抗震鉴定报告。

2. 应核实该加固设计是否与抗震鉴定结论所提出的加固方案相协调。若这方面存在问题，应加以纠正。若现有建筑的抗震鉴定完成后未及时进行抗震加固，尚应在加固设计前对建筑的现状进行一次复查。

3. 当房屋不仅需要抗震加固，也需进行安全性加固或改造、装修时，两者应结合进行，一并处理，以免加固后再维修改造，造成建筑物不应有的损伤和浪费。

4. 加固设计方案应体现减少施工对居住、工作环境影响的要求。

3.0.2　抗震加固的结构布置和连接构造应符合下列要求：

3.0.2.1　加固的总体布局，应优先采用增强结构整体抗震性能的方案，应有利于消除不利抗震的因素，改善构件的受力状况。

3.0.2.2　加固或新增构件的布置，应避免局部加强导致结构刚度或强度突变。

3.0.2.4　增设的构件与原有构件之间应有可靠连接，增设的抗震墙、柱等竖向构件应有可靠的基础。

3.0.2.5　女儿墙、门脸、出屋顶烟囱等易倒塌伤人的非结构构件，不符合鉴定要求保留时应加固。

【技术要点说明】

与新建建筑抗震设计相同，现有房屋建筑的抗震加固也应考虑概念设计。抗震加固的概念设计，主要包括：加固结构体系、新旧构件连接、抗震分析中的内力和承载力调整、加固材料和加固施工的特殊要求等方面。

抗震加固的结构布置和连接构造的概念设计，直接关系到加固后建筑的整体综合抗震能力是否能得到应有的提高。《建筑抗震加固技术规程》JGJ 118—1998 第 3.0.2 条对结构布置和连接构造的概念设计要求做了明确规定。主要内容是：

1. 减少扭转效应。增设构件或加强原有构件，均应考虑整个结构产生扭转效应的可能，应使加固后结构的重量和刚度分布比较均匀对称。虽然现有建筑的体型难以改变，但若结合加固、维修和改造，将不利于抗震的建筑平面分割成规则的单元，仍然是有可能的。

2. 改善受力状态。加固设计要防止结构构件的脆性破坏。框架结构加固后要防止或消除不利于抗震的强梁弱柱受力状态。

3. 加强连接部位和薄弱部位的抗震构造。应考虑不同结构类型的连接处，房屋平、立面局部突出部位等处，地震反应加大。加固时要采取相应的加固构造措施。

4. 考虑场地影响。针对建筑和场地条件的具体情况，加固后的结构应能形成地震反应较小的结构体系，避免加固后地震作用的增大超过结构抗震能力的提高。

5. 避免新增构件导致刚度和强度突变。加固设计要复核原结构的薄弱部位，采取适当的加强措施，并防止薄弱部位的转移。

6. 确保新旧构件连接的可靠性。应综合选用增加新旧构件表面粘结力、增设拉结措施和锚固措施等。

7. 新增的竖向构件，如抗震墙、柱所新设置的基础，其设计应考虑新增构件与原有构件的差异沉降。对上下不连续的构件，加固时应消除其不连续性或减少不连续程度。

【实施与检查的控制】

1. 加固方案的结构布置，应针对原结构存在的缺陷，弄清使结构达到规定抗震设防要求的关键，尽可能消除原结构不规则、不合理、局部薄弱层等不利因素。

2. 防止局部加固增加结构的不规则性，应从整体结构综合抗震能力的提高入手。

3. 新旧构件连接的细部构造，不能损伤原有构件且应能确保连接的可靠性。

4. 当非结构构件的构造不符合要求时，至少对可能倒塌伤人的部位进行处理。

3.0.3 抗震加固时的结构抗震验算，应符合下列要求：

3.0.3.1 当抗震设防烈度为6度时，可不进行抗震验算。

3.0.3.2 采用楼层综合抗震能力指数进行验算，加固后楼层综合抗震能力指数不应小于1.0。

3.0.3.4 加固后结构的分析和构件承载力计算，尚应符合下列要求：

(1) 结构的计算简图，应根据加固后的荷载、地震作用和实际受力状况确定；当加固后结构刚度和重力荷载代表值的变化分别不超过原来的10%和5%时，可不计入地震作用变化的影响；

(2) 结构构件的计算截面面积，应采用实际有效的截面面积；

(3) 结构构件承载力验算时，应计入实际荷载偏心、结构构件变形等造成的附加内力，并应计入加固后的实际受力程度、新增部分的应变滞后和新旧部分协同工作的程度对承载力的影响。

【技术要点说明】

现有建筑抗震加固的设计计算，与新建建筑的设计计算不完全相同，有自身的某些特点，这里纳入了《建筑抗震加固技术规程》JGJ 116—1998 第3.0.3条的一些基本的要求，主要内容是：

1. 在下列情况下，加固的抗震验算要求有所放宽：6度时，可不进行抗震验算；对局部抗震加固的结构，当加固后结构刚度不超过加固前的10%或者重力荷载的变化不超过5%时，可不再进行整个结构的抗震分析。

2. 应采用符合加固后结构实际情况的计算图式与计算参数，包括实际截面构件尺寸、钢筋有效截面、实际荷载偏心和构件实际挠度产生的附加内力等，对新增构件的抗震承载力，需考虑应变滞后的二次受力影响。

3. 抗震验算优先采用与抗震鉴定相同的简化方法时，如楼层综合抗震能力指数不小于1.0。这些方法不仅便捷、有足够精度，而且能较好地解释现有建筑的震害。

此外，当抗震验算采用与新建建筑设计相同的方法时，需采用“抗震加固的承载力调整系数”，以示区别。

【实施与检查的控制】

1. 加固设计的计算书，应明确给出计算模型和计算参数中，与新建建筑不同的部分。

2. 注意《建筑抗震加固技术规程》JGJ 116—1998 所提供的简化方法的适用范围。

3. 采用设计规范的验算方法时，应明确内力调整的差别和构件承载力计算上的不同。

3.0.4 抗震加固所用的材料应符合下列要求：

3.0.4.1 黏土砖的强度等级不应低于 MU7.5；混凝土小型空心砌块的强度等级不应低于 MU5；砌体的砂浆强度等级不应低于 M2.5。

3.0.4.2 钢筋混凝土的混凝土的强度等级不应低于 C20。

3.0.4.4 加固所用材料的强度等级不应低于原构件材料的强度等级。

3.0.5 抗震加固的施工应符合下列要求：

3.0.5.1 施工时应采取避免或减少损伤原结构的措施。

3.0.5.2 施工中发现原结构或相关工程隐蔽部位的构造有严重缺陷时，应暂停施工。

3.0.5.3 当可能出现倾斜、开裂或倒塌等不安全因素时，施工前应采取安全措施。

【技术要点说明】

加固设计审查通过后，加固材料的质量与施工的安全，便成为直接关系抗震加固工程安全和质量的要害所在。针对加固的特殊性，在材料和施工方面的最低要求是：

1. 加固所用砂浆强度和混凝土强度一般比原结构材料强度提高一级，但强度过高并不能发挥预期效果。

2. 采取有效措施，避免损伤原构件。

3. 原图纸的尺寸只是名义尺寸，加固施工前要复核实际尺寸，作相应调整。

4. 注意发现原结构存在的隐患，及时采取补救措施。

5. 努力减少施工对生产、生活的影响，并采取措施防止施工的安全事故。

【实施与检查的控制】

1. 结构加固设计说明中，应明确加固材料强度和加固施工的注意事项。对于加固所用的特殊材料应明确材料性能，对特殊的加固工法应要求由具有相应资质的专业队伍施工。

2. 施工监理中，应要求复核原构件尺寸，注意不得损伤原构件的主筋等关键性要求，地下部位的施工应注意保护原有管线以及采取安全预防措施。

3.2 砌体房屋

《建筑抗震加固技术规程》JGJ 116—1998

5.1.2 房屋的抗震加固应符合下列要求：

5.1.2.1 加固后的楼层综合抗震能力指数不应小于 1.0，当超过下一楼层综合抗震能力指数的 20%时，同时增强下一楼层的抗震能力。

5.1.2.2 自承重墙体加固后的抗震能力不应超过同一楼层中承重墙体加固后的抗震能力。

5.1.2.3 对非刚性结构体系的房屋，选用抗震加固方案时应特别慎重，当采用加固柱或墙垛，增设支撑或支架等非刚性结构体系的加固措施时，应控制层间位移和提高其变形能力。

5.1.3 加固后的楼层和墙段的综合抗震能力指数计算时，加固增强系数、体系影响系数和局部影响系数，应根据房屋加固后的状况取值。

【技术要点说明】

在砖砌体和砌块砌体房屋的加固中，正确选择加固体系和计算综合抗震能力是最基本的要求。

对于不符合抗震鉴定要求的砌体房屋，往往采用加固墙体来提高房屋的整体抗震能力，但需注意防止在抗震加固中出现局部的抗震承载力突变而形成薄弱层。因此，相邻上层的综合抗震能力指数不得大于本层的20%。

加固设计一般采用综合抗震能力指数的方法。此法与抗震鉴定时类似，计算公式列于《建筑抗震加固技术规程》JGJ 116—1998 第5.1.3条，即

$$\beta_s = \eta\psi_1\psi_2\beta_0 \tag{7.3.2-1}$$

式中 β_s——加固后楼层或墙段的综合抗震能力指数；

β_0——楼层或墙段加固前的抗震能力指数，即抗震鉴定时所得到的综合抗震能力指数；

η——加固增强系数；

ψ_1，ψ_2——体系影响系数和局部影响系数。

可见，与鉴定不同的是，要按不同的加固方法考虑相应的加固增强系数 η，并按加固后的情况取体系影响系数 ψ_1 和局部影响系数 ψ_2。例如：

1. 墙段加固的增强系数，对面层加固，根据原墙体的厚度和砂浆强度等级、加固面层的厚度和钢筋网等，取1.1～3.1；对板墙加固，根据原墙体的砂浆强度等级，取1.8～2.5；对外加柱加固，根据外加柱和洞口情况，取1.1～1.3。

2. 增设抗震墙后横墙间距已小于鉴定标准对刚性楼盖的规定值时，取 $\psi_1=1.0$；增设外加柱和拉杆、圈梁后，整体连接的影响系数取 $\psi_1=1.0$。

3. 采用面层、板墙加固或增设窗框，外加柱的窗间墙，其局部尺寸的影响系数取 $\psi_2=1.0$；采用面层、板墙加固或增设支柱后，大梁支承长度的影响系数取 $\psi_2=1.0$。

【实施与检查的控制】

2002年版《强制性条文》第5.1.2条第1款的规定，与1998年版的规程相比，在用词上作了修改，使条文具有强制性质。因此，实施时应以本强制性条文为准，不再执行1998年版规程略带弹性的规定，以确保加固工程的安全。

多层砌体房屋的抗震加固和抗震鉴定一样，采用综合抗震能力指数作为衡量抗震能力的指标，不同的是加固增强系数、整体影响系数和局部影响系数的取值方法。其计算书应明确这些系数的取值。

5.3.1 采用水泥砂浆面层和钢筋网砂浆面层加固墙体时应符合下列要求：

5.3.1.1 面层的材料和构造应符合下列要求：

(2)钢筋外保护层厚度不应小于10mm，钢筋网片与墙面的空隙不小于5mm

(4) 单面加面层的钢筋网应采用 φ6 的 L 形锚筋固定在墙体上；双面加面层的钢筋网应采用 φ6 的 S 形穿墙筋连接；L 形锚筋、S 形穿墙筋呈梅花状布置；

(5) 钢筋网四周应与楼板或大梁、柱或墙体连接。

5.3.1.2　面层加固后，有关构件支承长度的影响系数应作相应改变。

5.3.2　采用现浇钢筋混凝土板墙加固墙体时应符合下列要求：

5.3.2.1　板墙的材料和构造应符合下列要求：

(4) 板墙应与楼、屋盖可靠连接，当每隔 1m 设置穿过楼板与竖向筋等面积的短筋时，其两端应分别锚入上下层的板墙内，且锚固长度不应小于 40 倍短筋直径；

(5) 板墙应与两端的原有墙体可靠连接；

(6) 单面板墙采用 L 形锚筋与原砌体墙连接；双面板墙采用 S 形穿墙筋与原墙体连接；锚筋在砌体内的锚固深度不小于 120mm；锚筋、穿墙筋呈梅花状布置；

(7) 板墙应有基础。

5.3.2.2　板墙加固后，有关构件支承长度的影响系数应作相应改变。

5.3.5　当外加钢筋混凝土柱加固房屋时，应符合下列要求：

5.3.5.1　外加柱的设置应符合下列要求：

(1) 外加柱应在房屋四角、楼梯间和不规则平面的转角处设置，并可根据房屋的现状在内外墙交接处隔开间或每开间设置；

(2) 外加柱应由底层设起，并应沿房屋高度贯通，不得错位；

(3) 外加柱应与圈梁或钢拉杆连成闭合系统；外加柱必须与现浇钢筋混凝土楼、屋盖或原有圈梁可靠连接；

(5) 内廊房屋的内廊在外加柱的轴线处无连系梁时，应在内廊两侧的内纵墙加柱，或在内廊的楼、屋盖板下增设现浇钢筋混凝土梁或组合钢梁；钢筋混凝土梁两端应与原有的梁板可靠连接。

5.3.5.2　外加柱的材料和构造应符合下列要求：

(4) 外加柱应与墙体可靠连接，在室外地坪标高和外墙基础的大方角处应设销键，压浆锚杆或锚筋与墙体连接；

(5) 外加柱应做基础，当埋深与外墙基础不同时，不得小于冻结深度。

5.3.5.3　加固后，墙体连接的构造影响系数和有关墙垛局部尺寸的影响系数应取 1.0。

5.3.6　当增设圈梁、钢拉杆加固房屋时，应符合下列要求：

5.3.6.1　增设的圈梁在阳台、楼梯间等圈梁标高变换处，应有局部加强措施；变形缝两侧的圈梁应分别闭合；

5.3.6.2　增设的圈梁应与墙体可靠连接；

5.3.6.3　加固后，圈梁布置和构造的体系影响系数应取 1.0。

5.3.6.4　代替内墙圈梁的钢拉杆应符合下列要求：

(1) 当每开间均有横墙时应至少隔开间采用 2 根直径为 12mm 的钢筋，多开间有横墙时在横墙两侧的钢拉杆直径不应小于 14mm；

(2) 沿内纵墙端部布置的钢拉长度不得小于两开间；沿横墙布置的钢拉杆两端应锚入外加柱、圈梁内或与原墙体锚固，但不得直接锚固在外廊柱头上；单面走廊的钢拉杆在走廊

两侧墙体上都应锚固;

(4) 钢拉杆在原墙体锚固时,应采用钢垫板,拉杆端部应加焊相应的螺栓。

【技术要点说明】

根据我国工程加固实践的总结,《建筑抗震加固技术规程》JGJ 116—1998 第 5.2 节列举了砌体房屋抗震承载力不足、房屋整体性不良、局部易倒塌部位连接不牢时以及房屋有明显扭转效应时可供选择的多种有效加固方法,以便按房屋的实际情况单独或综合采用。这些方法包括:拆砌或增设墙体、裂缝修补和灌浆、钢筋网砂浆面层或现浇钢筋混凝土板墙加固、外加钢筋混凝土构造柱、圈梁、拉杆系统加固、包角或镶边加固等等。每一种加固方法都有其技术要点。这里纳入了常用的几种加固方法的关键要求:

第 5.3.1 条给出了钢筋网砂浆面层加固墙体的构造和计算。为使面层加固有效,要注意原墙体的砌筑砂浆强度不高于 M2.5,强调了以下几点:①钢筋网的保护层及钢筋距墙面空隙;②钢筋网与墙面的锚固;③钢筋网与周边原有结构构件的连接。

第 5.3.2 条给出了钢筋混凝土板墙加固墙体的构造和计算。为使板墙加固有效,要注意混凝土强度不宜过高,厚度不过大,并强调了以下几点:①板墙与原有楼板、周边结构构件应采用短筋、拉结钢筋可靠连接;②板墙的钢筋应与原墙体充分锚固;③板墙应有基础,条件允许时基础埋深同原有基础。

第 5.3.5 条、5.3.6 条给出外加柱一圈梁一拉杆加固的基本构造和计算。利用外加钢筋混凝土柱、圈梁和替代内墙圈梁的拉杆,在水平和竖向将多层砌体结构的墙段加以分割和包围,形成对墙段的约束,能有效提高抗倒塌能力。这种加固方法已经受过地震的考验。为使约束系统的加固有效,强调了以下几点:①外加柱设置的位置应合理,还应与圈梁或钢拉杆组成封闭系统;②外加柱、圈梁应通过设置拉结钢筋和销键、胀管螺栓、压浆锚杆或锚筋与墙体连接;③外加柱应有足够深度的基础;④圈梁遇阳台、楼梯间、变形缝时,应妥善处理;⑤拉杆应按照替代内墙圈梁的要求设置,并满足与墙体锚固的规定,使拉杆能保持张紧状态,有效发挥作用。

【实施与检查的控制】

1. 注意不同加固方法的适用范围和特点,尽可能采用结合实际情况且加固效果好的技术。

2. 钢筋网砂浆面层加固墙体只适用于原砌筑砂浆强度等级不高于 M2.5,注意钢筋网与原有墙面、周边构件的拉接筋应检验合格才能进行下一道工序的施工。钢筋网的保护层厚度应满足规定,提高耐久性,避免钢筋锈蚀后丧失加固效果。面层加固可根据综合抗震能力指数的控制,只在某一层进行,不需要自上而下延伸至基础。

3. 现浇钢筋混凝土板墙加固墙体应有基础,可单面加固也可双面加固,与原有墙面、周边构件的锚拉钢筋应检验合格。

4. 外加钢筋混凝土柱-圈梁-拉杆系统加固房屋应形成对墙段的约束。外加柱应沿房屋全高贯通,不得错位;外加柱的钢筋混凝土销键适用于砂浆强度等级低于 M2.5 的墙体,砂浆强度等级为 M2.5 及以上时,可采用其他连接措施;在北方有季节性冻土的地区,外加柱埋深不得小于冻结深度;圈梁应连续闭合,内墙圈梁可用满足锚固要求的保持张紧的拉杆替代;钢筋网砂浆面层和钢筋混凝土板墙中的集中配筋,也可替代该位置的圈梁。

3.3　钢筋混凝土房屋

《建筑抗震加固技术规程》JGJ 116—1998

6.1.2　房屋的抗震加固应符合下列要求：

6.1.2.1　加固后楼层综合抗震能力指数不应小于1.0，且当超过下一楼层综合抗震能力指数的20%时应同时增强下一楼层的抗震能力。

6.1.2.2　抗震加固时可根据房屋的实际情况，分别采用主要提高框架抗震承载力、主要增强框架变形能力或改变结构体系而不加固框架的方案。

6.1.2.3　加固后的框架应避免形成短柱、短梁或强梁弱柱。

6.1.3　加固后楼层综合抗震能力指数计算时，楼层屈服强度系数、体系影响系数和局部影响系数，应根据加固后的实际情况计算和取值。

【技术要点说明】

钢筋混凝土房屋抗震加固时，体系选择和综合抗震能力计算是基本要求，主要内容是：

1. 应从提高房屋的整体抗震能力出发，防止因加固不当而形成楼层刚度、承载力分布不均匀或形成短柱、短梁、强梁弱柱等新的薄弱环节。

2. 在加固的总体决策上，应从房屋的实际情况出发，侧重于提高承载力或提高变形能力，或二者兼有。必要时，也可采用增设墙体、改变结构体系的集中加固，而不必每根梁柱普遍加固。

3. 与砌体结构类似，加固的抗震验算，也可采用与抗震鉴定同样的简化方法。此时，混凝土结构综合抗震能力应按加固后的结构状况，确定地震作用、楼层屈服强度系数、体系影响系数和局部影响系数的取值。

混凝土结构的加固设计计算还可按《建筑抗震加固技术规程》JGJ 116—1998 第 6.1.4 条的规定，采用设计规范的抗震分析计算方法，此时，除了承载力抗震调整系数应采用该规程抗震加固的承载力调整系数替换外，尚应注意其中的地震作用效应应按抗震等级四级的钢筋混凝土结构考虑，剪力增大系数取 1.0，新增构件的抗震承载力应考虑应变滞后和新旧构件协同工作程度的影响。

【实施与检查的控制】

2002 年版强制性条文 6.1.2 条第 1 款的规定，与 1998 年版的规程相比，在用词上作了修改，使条文具有强制性质，因此，实施时应以本强制性条文为准，不再执行 1998 年版规程略带弹性的规定，以确保加固工程的安全。

加固结构体系的确定，应符合抗震鉴定结论所提出的方案。

当改变原框架结构体系时，应注意计算模型是否符合实际，计算书中，整体影响系数和局部影响系数的取值方法应明确。

6.3.1　增设钢筋混凝土抗震墙或翼墙加固房屋时，应符合下列要求：

6.3.1.2　抗震墙或翼墙墙体的材料和构造应符合下列要求：

(2) 墙厚不宜小于140mm；竖向和横向分布钢筋的最小配筋率，均不应小于0.15%。

6.3.1.3　增设抗震墙后按框架-抗震墙结构进行抗震分析，增设的混凝土和钢筋的强度均应乘以折减系数0.85。加固后抗震墙之间楼、屋盖长宽比的局部影响系数应作相应改变。

6.3.2 当用钢构套加固框架时，应符合下列要求：

6.3.2.1 钢构套加固梁时，角钢两端应与柱连接。

6.3.2.2 钢构套加固柱时，角钢到楼板处应凿洞穿过上下焊接；顶层的角钢应与屋面板可靠连接，底层的角钢应与基础锚固。

6.3.2.3 钢构套的构造应符合下列要求：

(1) 钢缀板间距不应大于单肢角钢的截面回转半径的40倍，且不应大于400mm；

(2) 钢构套与梁柱混凝土之间应采用结构胶粘结。

6.3.2.4 加固后，梁柱的抗震验算应符合下列要求：

(1) 梁加固后，角钢可按纵向钢筋，钢缀板可按箍筋进行计算，其材料强度应乘以折减系数0.8。

(3) 柱加固后的现有正截面受弯承载力，角钢作为纵向钢筋计算，材料强度应乘以折减系数0.7。

(4) 柱加固后的现有斜截面受剪承载力，钢缀板作为箍筋计算，材料强度应乘以折减系数0.7。

6.3.3 当采用钢筋混凝土套加固梁柱时，应符合下列要求：

6.3.3.2 钢筋混凝土套的材料和构造应符合下列要求：

(2) 柱套的纵向钢筋遇到楼板时，应凿洞穿过上下连接，其根部应伸入基础并满足锚固要求，其顶部应在屋面板处封顶锚固；梁套的纵向钢筋应与柱可靠连接；

6.3.3.3 加固后的梁柱可作为整体构件进行抗震验算，但新增的混凝土和钢筋的强度应乘以折减系数0.85。加固后，梁柱箍筋、轴压比等的体系影响系数取1.0。

【技术要点说明】

根据我国工程加固实践的总结，《建筑抗震加固技术规程》JGJ 116—1998 第6.2节列举了混凝土结构可采用的加固方法，如钢构套、钢筋混凝土套或粘贴钢板加固梁柱，增设抗震墙或翼墙改变结构体系，以及用细石混凝土、结构胶修复裂缝，增设拉筋、钢夹套加强墙体与框架梁柱连接等方法。每一种加固方法都有其技术要点。这里纳入了常用的几种较为经济的加固方法的关键技术要求：

第6.3.1条给出了增设墙体加固的构造和计算要求。增设抗震墙可避免对全部梁柱进行普遍加固，一般按框架-抗震墙结构进行抗震加固设计。为使增设墙体的加固有效，强调了以下几点：①墙体最小厚度；②墙体的最小竖向和横向分布筋；③考虑新增构件的应力滞后，抗震承载力验算时，新增混凝土和钢筋的强度，均应乘以折减系数。

第6.3.2条给出了设置钢构套加固的构造和计算要求。钢构套对原结构的刚度影响较小，可避免结构地震反应的加大。为使钢构套的加固有效，强调了以下几点：①钢构套构件两端的锚固；②钢构套缀板的间距；③考虑新增构件的应力滞后，其材料强度应乘以折减系数。

第6.3.3条给出了设置混凝土套加固的构造和计算要求。加固后刚度有一定增加，结构地震作用有所增大，但可作为整体构件计算，承载力和延性的提高比刚度的增加要大。为使混凝土套的加固有效，强调了以下几点：①混凝土套的纵向钢筋要与其两端的原结构构件，如楼盖、屋盖、基础和柱等可靠连接；②应考虑新增部分的应力滞后，作为整体构件验算承载力，新增的混凝土和钢筋的强度，均应乘以折减系数。

【实施与检查的控制】

1. 注意各种加固方法的适用范围和特点：如增设墙体将改变结构体系；钢构套和钢筋混凝土套加固，均能保证结构的整体性能，并提高延性。

2. 增设墙体时，应保持或改善原结构布置的规则性。

3. 细部的连接构造中，所有的锚筋、拉结筋均应按规定检验合格。

4. 加固设计计算书中，应明确给出承载力验算时考虑应力滞后的各种折减系数。

3.4 内框架和底层框架房屋

《建筑抗震加固技术规程》JGJ 116—1998

7.1.2 内框架和底层框架砖房的抗震加固应符合下列要求：

7.1.2.1 加固后楼层综合抗震能力指数不应小于1.0，且当大于下一楼层综合抗震能力指数的20%时，应同时增强下一楼层的抗震能力。

7.1.2.2 加固后的框架不得形成短柱或强梁弱柱。

7.1.3 加固后楼层综合抗震能力指数计算时楼层屈服强度系数、体系影响系数和局部影响系数，应根据加固后的实际情况计算和取值。

【技术要点说明】

内框架和底层框架房屋均是混合承重结构，其加固设计的基本要求与多层砌体房屋、多层钢筋混凝土房屋相同。2002年版《强制性条文》中，同样纳入了加固体系和加固计算的基本要求：

1. 应协调相关楼层之间的综合抗震能力，使之尽可能相近。

2. 不得因加固而形成新的薄弱环节。

3. 抗震验算所采用的计算模型和参数，应按加固后的实际情况取值。例如，墙体采用钢筋混凝土板墙加固，承载力增强系数、楼盖支承长度的体系影响系数等均可按本章3.2节对砌体墙加固的相关规定取值；增设横墙后，原横墙间距的影响系数相应改变；壁柱加固后，外纵墙局部尺寸、大梁与墙体连接的有关影响系数也可能相应变化。

【实施与检查的控制】

2002年版《强制性条文》第7.1.2条第1款的规定，与《建筑抗震加固技术规程》JGJ 116—1998相比，在用词上作了修改，使条文具有强制性质，因此，实施时应以本强制性条文为准，不再执行1998版规程略带弹性的规定，以确保加固工程的安全。

1. 内框架和底层框架房屋的加固设计，通常采用综合抗震能力指数方法，应确保不出现新的抗震薄弱层和薄弱部位。

2. 加固计算模型应符合实际，综合抗震能力指数的计算书中，应明确楼层屈服强度、墙段加固增强系数、体系影响系数和局部影响系数。

7.3.2 增设钢筋混凝土壁柱加固内框架房屋的砖柱（墙垛）时应符合下列要求：

7.3.2.1 壁柱应从底层设起，沿砖柱（墙垛）全高贯通。

7.3.2.2 壁柱的材料和构造应符合下列要求：

（2）壁柱的截面面积不应小于36000mm²，内壁柱的截面宽度应大于相连的梁宽；

（3）壁柱的纵向钢筋不应少于4ϕ12，箍筋在楼、屋盖标高上下各500mm范围内，箍筋间

距不应大于 100mm；内外壁柱间沿柱高度每隔 600mm，应拉通一道箍筋；

(4) 壁柱在楼、屋盖处应与圈梁或楼、屋盖拉结；

(6) 壁柱应做基础，埋深与外墙基础不同时，不得小于冻结深度。

7.3.3　增设钢筋混凝土现浇层加固楼盖时，现浇层的厚度不应小于 40mm，钢筋直径不应小于 6mm，其间距不应大于 300mm。

【技术要点说明】

根据我国工程加固实践的总结，《建筑抗震加固技术规程》JGJ 116—1998 第 7.2 节列举了内框架砌体房屋和底层框架砖房的加固方法。例如，除在房屋内部采取侧重提高承载力或增强整体性的加固方案外，实践证明，在房屋外部增设附属结构，既可达到加固的目的，又可不影响原有的使用功能。通常可选择钢筋混凝土板墙、增设砖抗震墙、钢筋混凝土抗震墙、钢筋混凝土壁柱、钢构套、混凝土构套等加固方法，以及设置楼面现浇层、圈梁、外加柱和托梁等加强整体性的加固方法。由于增设钢筋混凝土板墙和抗震墙以及钢构套、混凝土构套等加固的技术要点，在本章 3.2 节的砌体结构部分和本章 3.3 节钢筋混凝土结构部分已有明确规定，这里主要纳入关于增设混凝土壁柱和楼盖面层加固的关键技术要求：

第 7.3.2 条给出了增设混凝土壁柱的构造和计算要求。壁柱加固主要适用于纵向抗震能力不足，或者横墙间距过大需考虑楼盖平面内变形导致砌体柱（墙垛）承载力不足的加固方法。可采用外壁柱、内壁柱或内外侧同时设置，当需要保持外立面原貌时，应采用内壁柱。壁柱需与砖柱（墙垛）形成组合构件，按组合构件计算刚度并进行验算，考虑应力滞后的影响，其混凝土和钢筋的强度应乘以折减系数。为使壁柱的加固有效，强调了以下几点：①壁柱应从底层设起，沿砖柱（墙垛）全高贯通；②壁柱应满足最小截面和最小纵筋、箍筋设置要求；③壁柱应在楼屋盖处与原结构拉结，并应有基础。

在第 7.3.2 条第 3 款中，还提供了不同于设计规范的墙体有效侧移刚度的取值方法、横墙间距超过设计规范规定值时加固砖柱（墙垛）受力的计算方法。

第 7.3.3 条给出了楼盖面层加固的构造要求。增设钢筋混凝土现浇层加固楼盖，可使底层框架房屋满足抗震鉴定对楼盖整体性的要求。为确保现浇面层的加固有效，强调了以下几点：①现浇层的最小厚度不得过小；②现浇层的最小分布钢筋应满足构造要求。

【实施与检查的控制】

1. 增设混凝土壁柱加固与外加构造柱的作用有所不同，其截面应严格控制，其构造应能与砖柱（墙垛）形成组合构件。

2. 楼盖面层加固的细部构造，要确实加强原预制楼盖的整体性。

3. 关于混凝土板墙、新增抗震墙、钢构套、混凝土构套加固的实施与检查控制，同本章 3.2 节和 3.3 节的对应内容。

3.5　空　旷　房　屋

《建筑抗震加固技术规程》JGJ 116—1998

9.1.2　单层砖柱厂房和空旷房屋抗震加固时，加固方案应有利于砖柱（墙垛）抗震承载力的提高、屋盖整体性的加强和结构布置上不利因素的消除。

【技术要点说明】

单层空旷房屋指影剧院、礼堂、餐厅等空间较大的公共建筑，往往是由中央大厅和周围附属的不同结构类型房屋组成的以砌体承重为主的建筑。这种建筑的使用功能要求较高，加固难度较大，需要针对存在的抗震问题，从结构体系上予以改善。2002 年版《强制性条文》纳入了关于加固体系选择的部分规定。其主要内容是：

1. 大厅的抗震能力主要取决于砖柱（墙垛），要防止加固后砖柱刚度增大导致地震作用显著增加，而砖柱加固后的抗震承载力仍然不足。例如，正确选择钢筋砂浆面层的材料强度、厚度和配筋，使面层形成的组合砖柱，刚度增加小于承载力的增加，达到预期的效果。

2. 为减少大厅砖柱的地震作用，要充分利用两端墙体形成空间工作体系，加固方案应有利于屋盖整体性的加强。

3. 单层空旷房屋的空间布置高低起落，平面布置复杂，毗邻的建筑之间通常不设防震缝，抗震上不利因素较多，在加固设计的方案选择时，应有利于不利因素的消除。例如，采用轻质墙替换砌体隔墙、山墙山尖或将隔墙与承重构件间改为柔性连接等，可减少结构布置上对抗震的不利因素。

此外，《建筑抗震加固技术规程》JGJ 116—1998 第 9.1.4 条要求，大厅的混合排架结构、附属房屋的加固，应分别符合相应结构类型的要求。

【实施与检查的控制】

单层空旷房屋的各部分，可分别按各自的结构类型进行加固设计的检查，但应注意各部分彼此连接部位的加强措施。

9.3.2　增设钢筋混凝土壁柱或钢筋混凝土套加固砖柱（墙垛）时，应符合下列要求：

9.3.2.1　采用钢筋混凝土壁柱加固砖墙时，应在砖墙两面相对位置设置，同时内外壁柱间应采用钢筋混凝土腹杆拉结。采用钢筋混凝土套加固砖柱（墙垛）时，应在砖柱（墙垛）周围增设钢筋混凝土套。当钢筋混凝土套遇到墙时，应设钢筋混凝土腹杆拉结。

9.3.2.2　壁柱和钢筋混凝土套的材料及构造应符合下列要求：

(2) 壁柱应在柱两侧对称布置；

(3) 纵向钢筋配筋率不应小于 0.2%，保护层厚度不应小于 25mm，钢筋与原砌体表面的净距不应小于 5mm；钢筋的上端应与柱顶的垫块连接，下端应锚固在基础内；

(4) 箍筋的直径不应小于纵向钢筋直径的 0.2 倍，间距不应大于 400mm 且不应大于纵向钢筋直径的 20 倍，在距柱顶和柱脚的 500mm 范围内，其间距应加密；当柱一侧的纵向钢筋多于 4 根时，应设置复合箍筋或拉结筋；

(6) 壁柱或套应设基础。基础的横截面面积不得小于壁柱截面面积的一倍，并应与原基础可靠连接。

9.3.2.3　采用壁柱或套加固后，可按组合砖柱进行抗震验算，但增设的混凝土和钢筋的强度应乘以折减系数 0.85。

9.3.3　增设钢构套加固砖柱（墙垛），应符合下列要求：

9.3.3.1　钢构套的材料和构造应符合下列要求：

(1) 纵向角钢应紧贴砖砌体，下端应伸入刚性地坪下 200mm，上端应与柱顶垫块连接。

(2) 横向缀板或系杆的间距不应大于纵向单肢角钢的最小截面回转半径的 40 倍，在柱上下端和变截面处，间距应加密。

【技术要点说明】

根据我国工程加固实践的总结,《建筑抗震加固技术规程》JGJ 116—1998 第 9.2 节列举了单层空旷房屋的加固方法,包括砖柱采用钢筋砂浆面层、混凝土构套、钢构套加固,房屋整体性连接采用增设支撑、支托、圈梁加固,高大墙体采用增设扶壁柱加固等。每种加固方法均有其技术要点。这里纳入了混凝土壁柱加固和砖垛钢构套加固的关键技术要求:

第 9.3.2 条给出了增设混凝土壁柱加固的构造和计算要求。采用壁柱和混凝土套加固,其承载力、延性和耐久性均优于钢筋砂浆面层加固。壁柱加固要有效,应能与砖墙共同工作形成组合构件,规程中给出了示意图,强调了以下几点:①控制最小配筋率和配箍及钢筋与砖墙表面的距离;②加强壁柱纵向钢筋在上下端与原结构连接件的连接;③壁柱应设置基础,并控制基础的截面;④按组合截面计算承载力时,应考虑应力滞后,将混凝土和钢筋的强度乘以折减系数。

第 9.3.3 条给出了增设钢构套加固砖垛的构造要求。钢构套加固,着重于提高延性和抗倒塌能力,但承载力提高不多,适合于 7 度和承载力差距在 30%以内时采用,一般不做抗震验算。为确保钢构套加固能有效控制砖柱的整体变形,纵向角钢、缀板和拉杆的截面应使构件本身有足够的刚度和承载力,强调了以下几点:①钢构套角钢的上下端应有可靠连接;②钢构套缀板在柱上下端和柱变截面处,间距应加密。

【实施与检查的控制】

1. 注意不同加固方法的使用范围和特点。

2. 增设混凝土壁柱加固的细部构造应确保壁柱与砖墙形成组合构件;加固计算书中,应明确考虑应力滞后的折减。

3. 钢构套加固砖垛的细部构造应对砖垛形成有效的约束,但不要求计算加固后的承载力。

3.6 古建筑木结构

《古建筑木结构维护与加固技术规范》GB 50165—1992

5.5.2 古建筑木结构的构造不符合抗震鉴定要求时,除应按所发现的问题逐项进行加固外,尚应遵守下列规定:

一、对体型高大、内部空旷或结构特殊的古建筑木结构,均应采取整体加固措施。

二、对截面抗震验算不合格的结构构件,应采取有效的减载、加固和必要的防震措施。

三、对抗震变形验算不合格的部位,应加设支顶等提高其刚度。若有困难,也应加临时支顶,但应与其他部位刚度相当。

【技术要点说明】

本条规定了古建筑木结构抗震加固的三种基本情况,尽可能体现"不改变文物原状"的加固原则:

1. 对体型高大、内部空旷或结构特殊的古建筑木结构,即使其现状处于良好状态,也应采取必要的整体加固措施,是因为这类结构往往由于建造时用料很大、施工精心、维护正常,且未经历过设防烈度地震的考验,才使人至今尚未觉察到其结构构造的缺陷,但很可能在大震来临时,将暴露出它在抗侧力和整体性上的弱点。为此,要求对这些虽属完好的建筑也要进行整体加固。

2. 迄今为止尚无成熟的古建筑抗震加固方法。在一般情况下，还只能对抗震鉴定不合格的古建筑结构采取加设临时支顶和支撑的办法进行处理。这些临时性的措施虽然有碍外观，但却很有效，而且还是可逆的，便于一旦有了好的加固方法时予以拆卸、复原，不会损坏文物。

【实施与检查的控制】

1. 古建筑木结构抗震加固，遵守建筑抗震加固的基本规定，在加固之前也应进行抗震鉴定，依据鉴定结果采取有效措施。

2. 强调“不改变文物原状”，即完整保存原来的建筑形制、原来的建筑结构体系、原来的建筑材料和原来的工艺技术。在检查和监督时应严格从上述四方面进行考核，避免加固不当造成对文物的破坏。

6.3.3 修复或更换承重构件的木材，其材质要求应与原件相同。

6.3.4 用作承重构件或小木作工程的木材，使用前应经干燥处理，含水率应符合下列规定：

一、原木或方木构件，包括梁枋、柱、檩、椽等，不应大于20%；

为便于测定原木和方木的含水率，可采用按表层检测的方法，但其表层20mm深处的含水率不应大于16%。

二、板材、斗栱及各种小木作，不应大于当地的木材平衡含水率。

6.3.5 修复古建筑木结构构件使用的胶粘剂，应保证胶缝强度不低于被胶合木材的顺纹抗剪和横纹抗拉强度。胶粘剂的耐水性及耐久性，应与木构件的用途和使用年限相适应。

【技术要点说明】

年代久远的古建筑木结构，当部分构件因严重损坏而必须进行更换时，当然最好采用与原构件树种相同的木材，但这往往是难以实现的。原因是几百年来自然条件的不断变迁，特别是在人为毁损的影响下，森林状态及木材资源都发生了巨大的变化。有的当时蓄积量很大的常用树种，至今已非常稀少，至于直径大的木材更不常见，因而目前古建筑木构件的更换，除采用国产其他树种的木材代替外，进口木材的使用数量也日益增多。为此，根据常用树种木材的基本性能和国家标准《木结构设计规范》GB 50005—2003 对承重木材强度等级的确定方法，对可用于古建筑修复和更换的国产木材和进口材进行了分级；与此同时，还列出了可供古建筑选用的树种木材名称及其材质标准，以使古建筑加固修复用材能基本上满足“材质与原件相同”的要求。见《古建筑木结构维护与加固技术规范》GB 50165—1992 表 6.3.3。

另外，上述供替换的木材，虽然在材质上满足了使用要求，但若不规定它在加工前必须经过干燥处理，仍然会在使用过程中发生开裂和变形，从而或是影响结构的安全，或是降低木构件表面彩饰的质量和寿命，故作出必须对施工时含水率进行控制的规定。

至于对古建筑用胶所提出的要求，也是为了保证木构架胶接部位的安全与耐久性，不致于在前后两次大修之间因出现胶粘失效而造成结构的损坏。

【实施与检查的控制】

1. 从古建筑木构中更换下来的残件不能随意舍弃；应在细心卸下后，立即保存起来，供研究历史和修复技术使用。

2. 若替换承重构件用的木材为湿材，应经自然干燥后使用，只有板材、小方之类的木材才能采用人工烘干法进行干燥。

3. 在当前市场供应的胶粘剂中，只有间苯二酚树脂胶和改性环氧树脂胶能满足古建筑使用的要求，若采用其他新胶种，应进行系统的验证性试验。

6.4.1 古建筑木结构在维修、加固中，如有下列情况之一应进行结构验算：

一、有过度变形或产生局部破坏现象的构件和节点。

二、维修、加固后荷载、受力条件有改变的结构和节点。

三、重要承重结构的加固方案。

四、需由构架本身承受水平荷载的无墙木构架建筑。

6.4.2 验算古建筑木结构时，其木材设计强度和弹性模量应符合下列规定：

一、应乘以结构重要性系数0.9；有特殊要求者另定。

二、对外观已显著变形或木质已老化的构件，尚应乘以表6.4.2考虑荷载长期作用和木质老化影响的调整系数。

三、对仅以恒载作用验算的构件，尚应乘以调整系数。

考虑长期荷载作用和木质老化的调整系数　　表6.4.2

建筑物修建距今的时间(年)	调整系数		
	顺纹抗压设计强度	抗弯和顺纹抗剪设计强度	强性模量和横纹承压设计强度
100	0.95	0.90	0.90
300	0.85	0.80	0.85
≥500	0.75	0.70	0.75

6.4.3 梁、柱构件应验算其承载能力，并应遵守下列规定：

一、当梁过度弯曲时，梁的有效跨度应按支座与梁的实际接触情况确定，并应考虑支座传力偏心对支承构件受力的影响。

二、柱应按两端铰接计算，计算长度取侧向支承间的距离，对截面尺寸有变化的柱可按中间截面尺寸验算稳定。

三、若原有构件已部分缺损或腐朽，应按剩余的截面进行验算。

【技术要点说明】

1. 根据工程实践经验，一般古建筑木结构实际应力很低，除6.4.1条规定的四种情况外，无需验算。

2. 对承受弯曲荷载效应且年代久远的原件，若发现有问题，应验算其受弯承载力。若验算结果能满足安全使用的要求，则可放松对它变形的限制。亦即：在这种情况下，只要其变形不影响继续使用，就不需要加固。

3. 木构件的承载力验算方法，应注意古建筑木结构与新建木结构的不同，强调计算模型符合实际和构件截面按实测值采用，弹性模量和强度设计值均应调整。

【实施与检查的控制】

1. 在规定的验算范围内，加固设计必须进行构件验算。

2. 木材的弹性模量和材料强度设计值，除了按《木结构设计规范》GB 50005—2003的规定乘以调整系数外，尚应考虑古建筑的特点适当调整。

3. 计算模型应符合实际，构件尺寸应采用实测值。

6.5.7　对木构架进行整体加固，应符合下列要求：

一、加固方案不得改变原来的受力体系。

二、对原来结构和构造的固有缺陷，应采取有效措施予以消除，对所增设的连接件应设法加以隐蔽。

三、对本应拆换的梁枋、柱，当其文物价值较高而必须保留时，可另加支柱，但另加的支柱应能易于识别。

四、对任何整体加固措施，木构架中原有的连接件，包括椽、檩和构架间的连接件，应全部保留。若有短缺时，应重新补齐。

五、加固所用材料的耐久性，不应低于原有结构材料的耐久性。

6.6.3　对柱的受力裂缝和继续开展的斜裂缝，必须进行强度验算，然后根据具体情况采取加固措施或更换新柱。

6.7.3　当梁枋构件的挠度超过规定的限值或发现有断裂迹象时，应按下列方法进行处理：

一、在梁枋下面支顶立柱。

二、更换构件。

三、若条件允许，可在梁枋内埋设型钢或其他加固件。

6.7.4　对梁枋脱榫的维修，应根据其发生的原因，采用下列修复方法：

二、梁枋完整，仅因榫头腐朽、断裂而脱榫时，应先将破损部分剔除干净，并在梁枋端部开卯口，经防腐处理后，用新制的硬木榫头嵌入卯口内。嵌接时，榫头与原构件用耐水性胶粘剂粘牢并用螺栓固紧。榫头的截面尺寸及其与原构件嵌接的长度，应按计算确定。并应在嵌接长度内用玻璃钢箍或两道铁箍箍紧。

【技术要点说明】

历史经验已证明，损害古建筑的因素虽然很多，但最为严重的却是加固不当所造成的对文物的破坏。我国有很多著名的古建筑，由于采用了钢筋混凝土替代木材，使得其珍贵的文物价值完全丧失，以至沦为仿古建筑。为了汲取这些教训，在《古建筑木结构维护与加固技术规范》GB 50165—1992 第 6.5～6.9 节给出的一系列加固方法和技术，均本着“不改变文物现状”的要求，采用以下四个基本原则：①不干预或尽可能少干预原件；②一时无法加固的，先支顶、保护起来；③尽可能采用“可逆”材料或技术；④现代材料仅用于修补，而不得用于替代原来的材料。

2002 年版强制性条文，分别纳入关于整体加固、木柱裂缝加固、梁枋加固的强制性要求。

1. 木构架的整体维修与加固，分为落架大修、打牮拨正、修整加固三类。其中，修整加固适用于木构架变形较小、构件位移不大的工程。按第 6.5.7 条的强制性要求，整体加固方案不得改变原来受力体系，其目的在于避免加固过程中产生意外的不利于木构架受力的副作用。为此，应保持构架中原有各节点近似铰接的构造与传力方式，例如：不能将它们加固成刚接节点；也不能将柱脚与其基础之间连接成固定端等等。

2. 木柱的裂缝有干缩裂缝、纵向受力裂缝和斜裂缝，按第 6.6.3 条的强制性要求，受力裂缝和斜裂缝加固前，应进行强度验算，然后决定加固或更换。《古建筑木结构维护与加固技术规范》GB 50165—1992 第 6.6.1 条 3 款给出了木柱裂缝的加固方法，第 6.6.6 条给出了木柱更换的方法。

3. 承重的梁枋构件的挠度超过《古建筑木结构维护与加固技术规范》GB 50165—1992 表 4.1.6 和表 4.2.2 的规定值时，或出现断裂迹象，该构件属于不能正常受力或濒临破坏状态，应按第 6.7.3 条的强制性要求进行加固处理或更换。

4. 梁枋脱榫超过《古建筑木结构维护与加固技术规范》GB 50165—1992 表 4.1.7 的规定值时，属于残损点，也应按第 6.7.4 条要求处理。

【实施与检查的控制】

1. 木构架的整体加固，不得改变梁枋与木柱以及柱脚的连接形式。

2. 即使木构架的可靠性类别较高，也应对构件检测中所发现的上述残损点逐一加以处理，以免酿成损毁文物的事故。

3.7 地 基 基 础

《既有建筑地基基础加固技术规范》JGJ 123—2000

3.0.1 既有建筑地基和基础加固前，应先对地基和基础进行鉴定，方可进行加固设计和施工。既有建筑地基和基础的鉴定、加固设计和施工，应由具有相应资质的单位和有经验的专业技术人员承担。

【技术要点说明】

本条主要强调两点：一是既有建筑地基基础的加固，应以其安全性鉴定结果为依据；二是加固的设计和施工应由有资质的专业单位和人员承担。这是因为与新建工程相比，既有建筑地基基础的加固是一项技术较为复杂的工程，所以必须强调执行上述两项基本要求，以确保工程的质量和安全，故列为强制性条文。

在《既有建筑地基基础加固技术规范》JGJ 123—2000 第 4.1 节中，给出了既有建筑地基鉴定的要求；在第 4.2 节中给出了既有建筑基础鉴定的要求：

1. 地基的安全性鉴定，应能确切反映既有建筑地基土的现状。为此，必须进行现场检验，检验时应根据加固的目的和要求、建筑物的重要性、搜集的资料和调查的情况等来考虑并确定检验孔的位置、数量和检验方法。若条件许可，检验孔位应尽量靠近基础。对于直接增层或增加荷载的建筑，有条件时尚应取基础下的原状土进行室内试验，或在基础下进行载荷试验，以获得经既有建筑荷载压密后的地基承载力和变形模量值。

2. 既有建筑基础的安全性鉴定，应包括搜集资料和进行现场调查。现场调查是检查基础必不可少的步骤，因为对既有建筑来说，有的因建造时间久远，原始资料不全；有的受环境影响，有不同程度的损坏。只有通过开挖探坑，将基础暴露出来，才能对基础的现状有全面的了解。

3. 既有建筑地基基础鉴定、加固设计和施工，一般来说，是一项现场情况复杂、技术要求高的工程，尤其是施工难度大、现场条件差，不安全因素多、风险大，特别要强调鉴定、设计和施工人员应具备较高的素质。

【实施与检查的控制】

1. 对既有建筑地基进行评价，不仅要根据地基检验结果，还应结合当地经验，这样才能使作出的评价符合实际情况。

2. 对既有建筑基础的评价，主要是根据检验结果，通过验算确定基础承载力和变形是否满足设计要求，如不满足应提出建议采用何种方法进行基础加固。

3. 既有建筑地基基础的鉴定、加固设计，应按规定的程序进行校核、审定和审批。

4. 根据鉴定结果选择地基基础加固方案，应考虑加固的技术难度，确定应至少由哪一级资质的单位来承担。

3.0.5　对地基基础加固的建筑，应在施工期间进行沉降观测，对重要的或对沉降有严格限制的建筑，尚应在加固后继续进行沉降观测，直至沉降稳定为止。对邻近建筑和地下管线应同时进行监测。

【技术要点说明】

对既有建筑进行地基基础加固时，沉降观测是一项必须要做的工作，它不仅是施工过程中进行监测的重要手段，而且是对地基基础加固效果进行评价和工程验收的重要依据。因此，应强制执行。

【实施与检查的控制】

考虑到地基基础加固过程中容易引起对周围土体的扰动。因此，在布置沉降观测点时，尚应将邻近建筑和地下管线考虑在内，一并进行监测。

5.1.4　对建造在斜坡上或毗邻深基坑的既有建筑，应验算地基稳定性。

7.2.4　对在地下工程施工影响区范围内的通讯电缆、高压、易燃和易爆管道等对地层变形极其敏感的重要管线，除采取一般性预防措施外，尚应将其暴露并挂起。

7.4.3　当基坑周边邻近既有建筑为桩基础或新建建筑采用打入桩基础时，为保护邻近既有建筑的安全，新建基坑支护结构外边缘与邻近既有建筑的距离不应小于基坑开挖深度的1.2～1.5倍。当无法满足最小安全距离时，应采用隔振沟或钢筋混凝土地下连续墙或其他有效的基坑支护结构形式。

8.1.1　当既有建筑直接增层时，应先对既有建筑结构进行鉴定。

9.1.5　纠倾或移位过程必须设置现场监测系统，记录纠倾或移位变位、绘制时程曲线，当出现异常情况时，应及时调整纠倾或移位设计和施工方案。

9.2.10　浸水纠倾应符合下列规定：

4. 浸水纠倾前，应设置严密的监测系统及必要的防护措施。

9.3.2　顶升纠倾的设计应符合下列规定：

1. 顶升必须通过上部钢筋混凝土顶升梁与下部基础梁组成一对上、下受力梁系，受力梁系平面上应连续闭合且应通过承载力及变形等验算。

【技术要点说明】

既有建筑地基基础的加固和纠倾的方法有多种，按《既有建筑地基基础加固技术规范》JGJ 123—2000的规定，可包括基础补强注浆加固法、加大基础底面积法、加深基础法、锚杆静压桩法、树根桩法、坑式静压桩法、石灰桩法、注浆加固法等等，以及迫降纠倾法、顶升纠倾法等，应根据地基基础鉴定的具体结果确定。

前一段时间里，在地基基础加固方面的工程质量安全事故接连不断，几乎成了热门的工程纠纷话题，从而引起了工程建设管理部门的重视，并出台了不少管理规定。现针对主要的加固方法，选择上述强制性规定，以确保在各种环境和施工条件下既有建筑的安全，并使管理有据可依。

1. 在深基坑支护工程中，为避免毗邻深基坑的既有建筑因地基不稳定而破坏，要求验算既有建筑地基的稳定性。稳定性验算方法可参见《建筑地基基础设计规范》GB 50007—2002 第5.4节。

2. 近年来，在市政系统的地下工程施工工法中，盾构法、顶管法、地下连续墙、沉井法、沉桩法等都会扰动周围土体，引起地层的位移和变形。地下管线之类的公共设施可能因此丧失使用功能，特别是旧城中地下管线往往十分复杂，在地下工程施工中极易引起事故，特别要求对重要管线采取专门的预防措施。

3. 当基坑周边邻近既有建筑为桩基础时，由于基坑开挖，使坑周土体有朝坑内侧向挤出的趋势，导致既有建筑桩周土体松动，桩侧摩阻力下降而发生倾斜或开裂；当新建建筑采用打入桩基础时，由于基坑内打桩施工振动的影响，易引起饱和粉细砂或饱和粉土层的液化，从而影响邻近既有建筑的基础。因此，新建基坑支护结构外边缘与邻近既有建筑间应保持足够的距离或采取相应的预防措施。

4. 既有建筑采用直接增层改造扩建时，基础的荷载加大，需要进行地基基础的承载力验算。按《既有建筑地基基础加固技术规范》JGJ 123—2000 第8.2节规定通过经验法或试验法确定既有建筑地基基础的承载力，不满足要求时应进行相应的加固。

5. 纠倾加固已被广泛应用于多层既有建筑的纠倾。既有建筑的移位是旧城改造中应用逐渐增多的技术。纠倾和移位过程都必须严格监测和采取必要的防护措施。监测项目应根据不同结构类型和所采用的方法选择，如结构的应力应变测试、土压力测试、沉降及倾斜观测、裂缝监测等，通过监测所反馈的信息来指导施工。

6. 迫降纠倾的设计方法，见《既有建筑地基基础加固技术规范》JGJ 123—2000 第9.2.2条；顶升纠倾的设计方法，见第9.3.2条。

【实施与检查的控制】

1. 在深厚淤泥、淤泥质土、饱和黏性土以及饱和粉细砂等欠固结土的地层中开挖深基坑，极易发生事故，必须充分重视，并做好事故的预防措施。当基坑周边邻近的既有建筑为桩基础，以及新建建筑采用打入桩基础时，对既有建筑基础的影响是不可忽略的，应采取预防措施。

2. 既有建筑的增层改造的类型较多，可分为地上增层、室内增层和地下增层，地上增层又分为直接增层、外扩整体增层与外套结构增层。各类增层方式，都涉及到对原地基的评价和新老基础协调工作问题。设计时，应慎重对待，妥善处理。

3. 既有建筑倾斜的原因，多数是地基基础设计、施工质量问题造成的，迫降纠倾和顶升纠倾都有各自的适用范围，也有多种施工方法，应根据具体情况选用。

4. 既有建筑增层、纠倾或移位过程中，必须设置严密的监测系统及必要的防护措施。

重点检查内容

《民用建筑可靠性鉴定标准》GB 50292—1999

条　号	项　目	重点检查内容
4.1.3	检测规则	数据处理方法的约定
4.1.6	抽样规则	现场抽样数量和分布
4.2.1	混凝土构件检查项目	检查项目和评级
4.2.2	混凝土构件承载力	关键部位构件承载力计算值和评级
4.2.3	混凝土构件构造	关键部位构件连接构造的描述和评级
4.2.4	混凝土构件变形	关键部位构件位移和变形值及评级
4.2.5	混凝土构件受力裂缝	关键部位构件裂缝性质、宽度和评级
4.2.6	混凝土构件非受力裂缝	关键部位构件裂缝性质、宽度和评级
4.2.7	混凝土构件 d_u 级宏观判断	宏观判断的描述
4.3.2	钢构件承载力	关键部位构件承载力计算值和评级
4.4.2	砌体构件承载力	关键部位构件承载力计算值和评级
4.4.3	砌体构件构造	关键部位构件连接构造的描述和评级
4.4.5	砌体构件受力裂缝	关键部位构件裂缝性质、宽度和评级
4.4.6	砌体构件非受力裂缝	关键部位构件裂缝性质、宽度和评级
4.5.2	木构件承载力	关键部位构件承载力计算值和评级
4.5.3	木构件构造	关键部位构件连接构造的描述和评级
4.5.5	木构件裂缝	关键部位构件裂缝宽度和评级
6.2.10	基坑安全监控	监测点布置、观测值，报警控制系统

《古建筑木结构维护与加固技术规范》GB 50165—1992

条　号	项　目	重点检查内容
4.1.4	鉴定分类	鉴定报告的可靠性结论
4.1.7	木构架整体性检查	检查内容和残损点评定
4.1.18	木构架宏观评定	检查内容、承重构件和连接破损程度及残损点评定
4.1.19	承重体系安全评定	对木构架残损点和倾斜程度的描述及评定
4.2.1	古建筑抗震鉴定原则	鉴定报告内容，构造、承载力和变形验算内容
4.2.2	古建筑抗震构造鉴定	关键部位构造鉴定的内容和评定
4.2.3	古建筑抗震验算	计算书的计算参数，计算模型和主要计算结果
5.5.2	古建筑抗震加固方案	针对不合格情况判断加固对策的合理性
6.3.3	加固木构件的材质	修复和更换的木构件的材质

续表

条 号	项 目	重点检查内容
6.3.4	承重构件材料性能	木材的含水率
6.3.5	木构件胶粘剂性能	胶粘剂的强度、耐水性和耐久性
6.4.1	木结构加固验算	结构验算范围
6.4.2	木材强度设计取值	计算书中材料强度的折减
6.4.3	梁柱承载力验算	计算书中关键木构件的计算跨度、计算简图和构件计算截面
6.5.7	木构件整体加固原则	受力体系，新增构件的隐蔽和标示，连接件是否补齐，材料耐久性
6.6.3	柱受力裂缝的处理	验算内容和相应措施
6.7.3	梁枋过度变形的处理	处理方法
6.7.4	梁枋脱榫维修	发生脱榫的原因和修复方法

《建筑抗震鉴定标准》GB 50023—1995

条 号	项 目	重点检查内容
1.0.3	鉴定的设防标准	建筑抗震设防分类，设防烈度和主要构造要求
3.0.1	鉴定报告完整性	鉴定的项目、现场调查内容、鉴定结论
3.0.4	宏观控制和构造鉴定	不规则结构的薄弱部位、可能导致整个结构丧失承载力的构件
4.1.2	不利地段危害鉴定	8、9度时，不利地段对现有建筑的危害评估
4.1.3	倾斜液化面危害鉴定	判明土体滑动和开裂危险性
5.2.1	砌体结构体系鉴定	平立面和墙体布置的规则性
5.2.2	砌体材料实际强度	现场检测的数据及其整理
5.2.3	砌体结构整体性鉴定	墙体交接处构造，木屋盖的形式，圈梁布置
5.2.4	砌体易损部位鉴定	女儿墙、出屋面烟囱、挑檐和雨罩的连接构造
5.3.1	砌体结构第二级鉴定	计算综合抗震能力的影响系数
6.1.5	混凝土结构不利布置检查	框架和砖墙混合承重问题，出屋面非结构构件的布置
6.2.1	框架体系鉴定	梁柱连接方式
6.2.2	框架材料实际强度	现场检测的数据及其整理
6.2.3	梁柱构造鉴定	梁柱箍筋构造和纵筋锚固
6.2.4	承重墙体鉴定	承重山墙的壁柱
6.3.1	框架第二级鉴定	典型平面框架的选择，计算综合抗震能力的影响系数
7.2.1	混合框架体系鉴定	抗震横墙最大间距，侧移刚度比
7.2.2	混合框架材料实际强度	现场检测的数据及其整理
7.2.3	混合框架房屋整体性鉴定	楼盖形式，圈梁设置，大梁支承部位的构造
9.2.1	空旷房屋体系鉴定	山墙厚度和洞口，纵向柱列结构类型，圈梁设置
9.2.2	竖向构件配筋检查	8、9度时墙、柱、砖垛的配筋
9.2.3	空旷房屋整体性鉴定	屋架支座、舞台口大梁支座的构造，独立砖柱和内外墙连接构造
9.2.4	空旷房屋易损部位鉴定	舞台口墙顶构造，悬吊重物的构造
9.3.1	空旷房屋第二级鉴定	计算综合抗震能力的影响系数

《建筑抗震加固技术规程》JGJ 116—1998

条　号	项　目	重点检查内容
3.0.1	加固程序和原则	检查先鉴定再加固的程序，加固方案实施的可行性
3.0.2	加固布置和构造	总体布局的规则性、合理性，新旧构件连接和非结构构件处理
3.0.3	加固验算	计算简图、所考虑的影响因素及验算结果
3.0.4	加固材料强度	设计和施工的最低材料强度等级
3.0.5	加固施工要求	结构加固总说明是否明确加固的特殊要求
5.1.2	砌体结构加固原则	不同楼层综合抗震承载能力的彼此关系，非刚性体系的加固方案
5.1.3	砌体加固验算	加固计算书中，各种影响系数是否正确
5.3.1	面层加固技术要点	面层加固的构造说明和计算的影响系数
5.3.2	板墙加固技术要点	板墙基础、加固的构造说明和计算的影响系数
5.3.5	构造柱加固技术要点	外加构造柱的布置、基础和计算的影响系数
5.3.6	圈梁加固技术要点	圈梁、钢拉杆的布置、连接和计算的影响系数
6.1.2	混凝土结构加固原则	不同楼层综合抗震承载能力的彼此关系，加固方案的合理性
6.1.3	混凝土结构加固验算	加固计算书中，各种影响系数是否正确
6.3.1	增设墙体加固要点	墙厚、配筋，计算书的强度折减和影响系数
6.3.2	钢构套加固要点	角钢端部连接、缀板构造和材料强度折减
6.3.3	混凝土套加固要点	纵向钢筋的连接和材料强度折减
7.1.2	内框架结构加固原则	不同楼层综合抗震承载能力的彼此关系，加固方案的合理性
7.1.3	内框架结构加固验算	加固计算书中，各种影响系数是否正确
7.3.2	增设壁柱加固要点	壁柱截面、配筋、连接和基础
7.3.3	楼板增设现浇层加固	厚度和配筋
9.1.2	单层房屋加固原则	加固方案的合理性
9.3.2	组合砖柱加固要点	布置、配筋、基础，材料强度折减
9.3.3	钢构砖柱加固要点	角钢端部连接、缀板构造

《既有建筑地基基础加固技术规范》JGJ 123—2000

条　号	项　目	重点检查内容
3.0.1	加固程序	检查先鉴定再加固设计与施工的程序、承担项目的单位和人员的资质
3.0.5	沉降观测	测点布置和观测时间
5.1.4	地基稳定验算	斜坡和深基坑的毗邻建筑的地基是否稳定
7.2.4	地下管道预防措施	通讯、高压、易燃易爆和对地层变形极其敏感的地下管道是否暴露挂起
7.4.3	基坑支护安全	既有建筑为桩基或新建建筑为打入桩，基坑的安全距离和安全措施
8.1.1	增层程序	直接增层时，是否先鉴定再设计与施工
9.1.5	纠倾移位监测	现场监测系统及其运行
9.2.10	浸水纠倾防护	现场监测系统及防护措施
9.3.2	顶升纠倾验算	顶升所用上下受力梁系的承载力和变形

第八篇 施 工 质 量

概 述

本篇主要叙述施工及验收阶段与质量有关的各项强制性要求。施工质量验收是工程建设过程中必不可缺的重要环节。如果对工程建设全过程作宏观划分，施工质量验收通常与勘察、设计等阶段相对应，是工程建设中的重要阶段。

正是由于这个原因，本篇与其他各篇之间有紧密联系，但也有显著区别。其联系体现在与勘察、设计、防火、抗震等要求密不可分，是上述环节各项要求的延续与具体实施；其区别则在于施工环节有自己独立的要求，涉及材料质量、验收标准等的规定是其他各篇没有的。本篇将强制性要求的重点定位于质量验收、材料性能检验、关键工艺控制、施工对设计要求的符合性等方面，这类规定，其他各篇均不涉及。了解第八篇与其他各篇之间的这些异同，对于深入理解第八篇的地位与内容是有益的。

本篇内容按照建筑工程的部位和专业划分，共十章。在总则中，首先阐明了工程验收的各项基本要求，然后分别叙述了施工质量各方面的强制性规定。后九章的内容依次是：地基基础、混凝土工程、钢结构工程、砌体工程、木结构工程、防水工程、装饰装修工程、建筑设备工程和智能建筑工程。

与 2000 年版强制性条文相比，本篇主要修订内容可以归纳为以下 4 点：

1. 范围的调整。本篇将施工质量单独成篇，把关于施工安全的内容从原第八篇中分离出去，另外组成第九篇。这样调整的结果，使两者的重要性、完整性均得到提高。

2. 章节结构的调整。本篇章节结构，系按照建筑施工中分部（子分部）工程的划分，以质量验收为主线编制。在更新各章条文的同时，调整了原第八篇的顺序与内容，增加了第一章总则，使各章条文的系统性和条理性有所改善。

3. 内容的充实与调整。本篇遵循系列验收标准改革中“验评分离、强化验收、完善手段、过程控制”的 16 字方针，以对验收的强制性规定为主，同时纳入一定数量对施工工艺或关键技术环节的强制性要求。无论是质量验收还是过程控制，主要控制的对象均是涉及安全、环保、健康、防火、抗震等的重要环节。

内容的调整，还表现在本篇在 2000 年版基础上，补充了以往未纳入的装饰装修、幕墙、模板以及智能建筑工程等内容。通过调整，使《强制性条文》对质量验收的要求更为完善，重点更为突出，可以更好地达到“强化验收”的目的。

4. 条款数量减少。随着内容的调整，本篇条款数量也有所变化。在强化对安全、健康、环保等社会公众利益强制性规定的同时，力求减少强制性条款的数量，缩小强制范围，以达到便于执行和监督的目的。

1 总 则

《建筑工程施工质量验收统一标准》GB 50300—2001

3.0.3 建筑工程施工质量应按下列要求进行验收:

1 建筑工程施工质量应符合本标准和相关专业验收规范的规定。

2 建筑工程施工应符合工程勘察、设计文件的要求。

3 参加工程施工质量验收的各方人员应具备规定的资格。

4 工程质量的验收均应在施工单位自行检查评定的基础上进行。

5 隐蔽工程在隐蔽前应由施工单位通知有关单位进行验收,并应形成验收文件。

6 涉及结构安全的试块、试件以及有关材料,应按规定进行见证取样检测。

7 检验批的质量应按主控项目和一般项目验收。

8 对涉及结构安全和使用功能的重要分部工程应进行抽样检测。

9 承担见证取样检测及有关结构安全检测的单位应具有相应资质。

10 工程的观感质量应由验收人员通过现场检查,并应共同确认。

为了搞好建筑工程质量的验收,建筑工程质量验收规范从编写到应用,对一些重要环节和事项提出要求,以保证工程质量验收工作的质量。所以,这一条是对建筑工程质量验收全过程提出的要求,包括各专业质量验收规范,其要求体现在各程序及过程之中,是保证建筑工程施工质量的重要基础。

这一条是对整个建筑工程施工质量验收而设立的,在贯彻落实中统一标准本身应执行,各专业规范也应执行。在一定意义上,本条本身就是一个贯彻落实建筑工程施工质量验收规范,保证建筑工程施工质量验收质量的措施。同时,为保证本条的贯彻落实,提出一些相应的措施。

对本条文规定10款内容,下面分别予以叙述。

(一)建筑工程施工质量应符合本标准和相关专业验收规范的规定。

【技术要点说明】

本款有三个层次的问题。一是一个建筑工程施工质量验收由统一标准和相关专业的质量验收规范共同来完成,统一标准规定了各专业标准的统一要求,同时,规定了单位工程的验收内容,就是说单位(子单位)工程的质量综合验收由统一标准来完成。检验批、分项、子分部、分部工程由各专业质量验收规范分别完成。这个验收规范体系是一个整体。二是建筑工程施工质量验收质量指标是一个对象,只有一个标准。施工单位应采取必要的措施,保证施工的工程质量达到这个标准。监理单位应按这个标准来验收工程,不应降低标准。三是这个规范体系只是质量验收的标准,不规定完成任务的施工方法,这些方法要靠施工单位自行制订,尽管质量指标是一个,但完成这个指标的方法可能是多种多样的,施工单位可结合实际情况自行研究确定。

【实施与检查的控制】

本款的落实措施重点强调这是一个系列标准,一个单位工程的质量验收,是由统一标准和相关专业验收规范共同来完成的，在统一标准第一章总则中已明确了，第1.0.2条、第1.0.3条都说明了这个原则。在各专业验收规范的第一章总则中，都做出了明确规定。这是保证这个系列规范统一协调的基础。同时，其落实措施最具体的是推出检验批、分项工程、分部(子分部)工程、单位(子单位)工程的整套验收记录表格，来具体落实统一标准和各专业验收规范共同验收工程质量的目的。

实施就是按系列表格进行具体验收，检查各工程项目的各检验批、分项、分部(子分部)及单位(子单位)工程项目验收的表格、内容、程序等是否按规定进行。保证各项目的验收都符合有关系列标准的要求。只要按制订的表格逐步验收，即可判定是正确的。

(二) 建筑工程施工应符合工程勘察、设计文件的要求。

【技术要点说明】

本款是本系列质量验收规范的一条基本规定，包括两个方面的含义。一是施工依据设计文件进行，按图施工是施工的常规。勘察是对设计及施工需要的工程地质提供地质资料及现场资料情况的，是设计的主要基础资料之一。设计文件是将工程项目的要求，经济合理地将工程项目形成设计文件，设计符合有关技术法规和技术标准的要求，经过施工图设计文件审查。施工符合设计文件的要求是确保建设项目质量的基本要求，是施工必须遵守的。二是工程勘察还应为工程场地及施工现场场地条件提供地质资料，在进行施工总平面规划时，应充分考虑工程环境及施工现场环境。对地基基础施工方案的制订以及判定桩基施工过程的控制效果等是否合理，工程勘察报告将起到重要作用。所以，施工应充分研究工程勘察文件，并符合相应的要求。

【实施与检查的控制】

实施措施要做到三点：

1. 按照《建设工程质量管理条例》落实质量责任制，按图施工是施工企业的重要原则，必须先做好自身的工作，尽到自己的责任。

2. 制订有修改设计文件的制度和程序，施工中不得随意改变设计文件。如必须改时，应按程序由原设计单位进行修改，并出正式手续。

3. 在制订施工组织设计时，必须首先阅读工程勘察报告，根据其对施工现场提供的地质评价和建议，对工程现场环境有全面的了解，进行施工现场的总平面设计，制订地基开挖措施等有关技术措施，以保证工程施工的顺利进行。

实施措施的落实是搞好控制的基础，实施结果由检查来证实，检查也应从两个方面进行。一是检查施工过程中，没有按设计图纸施工的部位及项目是否都有正式的设计变更修改文件。二是检查在制订"施工组织设计"时是否了解了工程勘察报告，其排水、布局等方面，是否符合工程勘察的结论及建议，也要检查施工组织设计的落实情况。

对受力部位及构件需要修改的都有正式的设计变更文件；施工组织设计的内容及地基基础工程施工方案体现了工程勘察的结论及建议，施工组织设计应经审查批准，并在现场施工进行了落实，即为正确。

(三) 参加工程质量验收的各方人员应具备规定的资格。

【技术要点说明】

本款是为保证工程质量验收质量的有效措施。因为验收规范的落实必须由掌握验收规范的人员来执行，没有一定的工程技术理论和工程实践经验的人来掌握验收规范，验收规范再好也是没有用的。所以,本条规定验收人员应具备规定的资格。检验批、分项工程质量的验收应为监理单位的专业监理工程师,施工单位的则为专业质量检查员、项目技术负责人;分部(子分部)工程质量的验收应为监理单位的总监理工程师,勘察、设计单位的单位项目负责人,分包单位、总包单位的项目经理;单位(子单位)工程质量的验收应为建设单位的单位项目负责人监理单位的总监理工程师、施工单位的单位项目负责人、设计单位的单位项目负责人。单位(子单位)工程质量控制资料核查与单位(子单位)工程安全和功能检验资料核查和主要功能抽查,应为监理单位的总监理工程师组织;单位(子单位)工程观感质量检查应由总监理工程师组织相关专业监理工程师和施工单位(含分包单位)项目经理等参加。施工单位自行检查评定人员的资格,以及按规定由建设单位自行管理的工程项目,其验收人员的资格,由当地建设行政主管理部门规定,并按其执行。

由于各地的情况不同,工程的内容、复杂程度不同,对专业质量检查员、项目技术负责人、项目经理人员等,不能规定死,非要求什么技术职称才行,这里只提一个原则要求,具体由各地建设行政主管部门去规定。但有一点一定要引起重视,施工单位的质量检查员是掌握企业标准和国家标准的具体人员,是施工单位的质量把关人员,要给他充分的权力,给他充分的独立执法的职能。各施工单位以及各地都应重视质量检查员的培训和选用,这个岗位一定要持证上岗。

【实施与检查的控制】

其落实措施是当地建设主管部门用文件做出规定;根据工程的具体情况和本地区的人才情况,在保证工程质量的前提下,规定出相应的施工单位的项目经理、项目技术负责人、质量检查员的资格;监理人员的资格国家及各地已有规定,应按专业持证上岗;在没有委托监理的项目中,建设单位的验收人员应具有相应的资格。当地工程质量监督机构应按规定对其进行检查。

由各地工程质量监督机构按照当地规定,对施工单位工程质量的检查评定人员进行检查,核对其资格;检查核对监理人员的资格、专业及证书。对没有委托监理的应按规定检查其自行管理的能力,要基本相当于该项目的监理单位的资质。

施工单位的质量检查员、项目经理及项目技术负责人、单位(项目)负责人,监理单位的监理工程师、总监理工程师及建设单位的相当人员,这些主要的有关人员符合当地建设行政主管部门的规定即判定为正确。

(四)工程质量的验收均应在施工单位自行检查评定的基础上进行。

【技术要点说明】

本款有三个含义。一是分清责任,施工单位应对检验批、分项、分部(子分部)、单位(子单位)工程按操作依据的标准(企业标准)等进行自行检查评定,待检验批、分项、分部(子分部)、单位(子单位)工程符合要求后,再交给监理工程师、总监理工程师进行验收,以突出施工单位对施工工程的质量负责;二是施工单位必须制订自己的操作规范,来培训工人,体现企业的技术、质量水平,应按不低于国家验收规范质量指标的企业标准来操作和自行检查评定,监理或总监理工程师应按国家验收规范验收,监理人员要对验收的工程质量负责;三是验收应形成资料,资料由施工单位先进行检查和填写合格后由质量检查人员签字,然后由监理单位的监理工程师和总监理工程师复查验收并签字认可。

【实施与检查的控制】

本款的落实措施包括三个方面:

1. 施工单位应有不低于国家标准的具体的操作规程，并按其进行培训、交底和具体操作，达到施工单位规定的质量目标，在检验批、分项、分部（子分部）、单位（子单位）工程的交付验收前，必须自行检查评定，达到企业施工技术标准规定的质量指标（不低于国家质量验收规范），才能交监理（或建设单位）进行验收。

2. 施工单位必须制订有不低于国家质量验收规范的操作依据——企业标准。企业标准是经企业法人或企业负责人批准，有批准人签字、批准日期、执行日期、标准名称及编号，在企业标准体系中能查到。按其培训操作人员、进行技术交底和质量检查评定，是保证工程质量通过验收的基础。

3. 当地建设行政主管部门有健全的监督检查制度，对施工单位不经自行组织检查评定合格，或不经检查评定，不执行企业标准和国家施工质量验收规范，将不合格的工程（含检验批、分项、分部（子分部）、单位（子单位）工程）交出验收的，要进行处罚或给予不良行为记录处置。

同时，对监理单位（建设单位）不按国家工程质量验收规范验收，将达不到合格的工程通过验收，要对监理（建设）单位进行处罚或给予不良行为记录处置。同时，对达到国家施工质量验收规范而不验收的行为也要给予处罚。

检查中重点注意两个方面。一是施工单位的操作依据及其执行情况的技术管理制度，施工单位质量控制措施的落实情况，自行检查的程序是否落实；二是检查监理单位是否是在施工单位自行检查评定合格的基础上进行验收。在检验批、分项、分部（子分部）、单位（子单位）工程等验收表上签字认可。

各项验收记录表各方按程序签认了，即判定为正确。

（五）隐蔽工程在隐蔽前应由施工单位通知有关单位进行验收，并形成验收文件。

【技术要点说明】

这款也是程序规定。施工单位应对隐蔽工程先进行检查，符合要求后通知建设单位、监理单位、勘察、设计单位和质量监督机构等参加验收，地基基础工程还应通知勘察单位参加验收。对质量控制有把握时，也可按工程进度先通知，然后进行检查，或与有关人员一起检查认可。施工单位先填好验收表格，并填上自检的数据、质量情况等，然后再由监理工程师验收并签字认可，形成文件。监理可以旁站检查，也可抽查检验，这些应在监理方案中明确。

【实施与检查的控制】

本款的落实措施重点是施工单位要建立隐蔽工程验收制度，在施工组织设计中，对隐蔽验收的主要部位及项目应列出计划，与监理工程师进行商量后确定下来。这样做的好处：一是落实隐蔽验收的工作量及资料数量；二是使监理等有关方面心中有数，到了一定的部位就可主动安排时间，施工单位一通知，就能马上到位；三是督促了施工单位在必要的部位要按计划进行隐蔽验收。通知可提前一定的时间，但也应是自行验收合格后，再请监理工程师验收。

本款的检查应在审查施工组织设计时就进行检查，检查有没有隐蔽工程验收计划，并应由监理单位来证实。监理单位也应该明确重要部位、重要工序的隐蔽工程的验收，并应与施工单位协商一致，列出自己的计划。

有计划，各验收部位监理能及时到场验收，并形成隐蔽工程验收文件，有按规定的各方的签认，即为正确。

(六) 涉及结构安全的试块、试件以及有关材料，应按规定进行见证取样检测。

【技术要点说明】

本款是为了加强工程结构安全的监督管理，保证建筑工程质量检测工作的科学性、公正性和准确性。建设部以建建[2000]211 号文"关于印发《房屋建筑工程和市政基础设施工程实施见证取样和送检的规定》的通知"，通知对其检测范围、数量、程序都做了具体规定。在建筑工程质量验收中，应按其规定执行。鉴于检测会增加工程造价，如果超出这个范围，其他项目进行见证取样检测的，应在承包合同中做出规定，并明确费用承担方。施工单位应在施工组织设计中具体落实。

文件规定的范围、数量如下：

1. 范围：下列试块、试件和材料必须实施见证取样和送检：

(1) 用于承重结构的混凝土试块；

(2) 用于承重墙体的砌筑砂浆试块；

(3) 用于承重结构的钢筋及连接接头试件；

(4) 用于承重墙的砖和混凝土小型砌块；

(5) 用于拌制混凝土和砌筑砂浆的水泥；

(6) 用于承重结构的混凝土中使用的外加剂；

(7) 地下、屋面、厕浴间使用的防水材料；

(8) 国家规定必须实行见证取样和送检的其他试块、试件和材料。

2. 数量：见证取样和送检的比例不得低于有关技术标准中规定应取样数量的 30%。

【实施与检查的控制】

本款实施检查控制的措施是：

1. 按建建[2000]211 号文确定该工程的材料种类和所需见证取样的项目及数量。注意项目不应超出 211 号文的规定，数量也要按规定取样数量的 30%。

2. 按规定确定见证人员，见证人员应为建设单位或监理单位具备建筑施工试验知识的专业技术人员担任，并通知施工单位、检测单位和监督机构等。

3. 见证人应在试件或包装上做好标识、封志，标明工程名称、取样日期、样品名称、数量及见证人签名。

4. 见证及取样人员应对见证试样的代表性和真实性负责。见证人员应作见证记录，并归入施工技术档案。

5. 检测单位应按委托单，检查试样上的标识和封套，确认无误后，再进行检测。检测应符合有关规定和技术标准，检测报告应科学、真实、准确。检测报告除按正常报告签章外，还应加盖见证取样检测的专用章。

6. 定期检查其结果，并与施工单位质量控制试块的评定结果比较，及时发现问题及时纠正。

检查有关措施的落实情况包括：人员确定正确；有见证取样送检的制度，并能落实执行；试验报告内容及程序等正确；有定期试验结果对比资料等。

以上检查条款基本做到，即为正确。

(七) 检验批的质量应按主控项目和一般项目验收。

【技术要点说明】

这里包括两个方面的含义。一是验收规范的内容不全是检验批验收的内容,除了检验批的主控项目、一般项目外,还有总则、术语及符号、基本规定、一般规定等,对其施工工艺、过程控制、验收组织、程序、要求等的辅助规定。除了黑体字的强制性条文应作为强制执行检查内容外,其他条文不作为验收内容。二是检验批的验收内容,只按列为主控项目、一般项目的条款来验收,只要这些条款达到规定后,检验批就应通过验收,不能随意扩大内容范围和提高质量标准。如需要扩大内容范围和提高质量标准时,可在承包合同中约定,并明确增加费用及扩大部分的验收标准和验收的人员等事项。

这些要求既是对执行验收的人员做出的规定,也是对各专业验收规范编写时的要求。

【实施与检查的控制】

本款的落实措施应当按照《建筑工程施工质量统一标准》GB 50300—2001 附录 D 检验批质量验收记录规定的格式,制订每个检验批表,每个表的内容可以采用由规范组制订的检验批验收表,推荐使用。

检查检验批验收的内容是否与各个专业规范规定的内容一致。

检查使用推荐的表格,或其内容与推荐表格的内容一致,并达到各项指标的要求,即为正确。

(八) 对涉及结构安全和使用功能的重要分部工程应进行抽样检测。

【技术要点说明】

本款是这次验收规范修订的重大突破。以往工程完工后,通常是不进行检测的,按设计文件要求施工完成就可以了,多是过程中的检查。但是,有些工序完成后很可能改变了前道工序原来的质量情况,如钢筋位置、绑扎完钢筋检查,位置都是符合要求的,但将混凝土浇筑完,钢筋的位置是否保持原样,就不好判定了,就需要验证检测;还有混凝土强度的实体检测、防水效果检测、管道强度及畅通的检测等,都需要验证性的检测。这样对正确评价工程质量很有帮助。这些项目在分部(子分部)工程中给出,可以由施工、监理、建设单位等一起抽样检测,也可以由施工方进行,请有关方面的人员参加。监理、建设单位等也可自己进行验证性抽测。但抽测范围、项目应严格控制,以免增加工程费用。

【实施与检查的控制】

抽测的项目已在各专业验收规范分部(子分部)工程中列出来了,为保证其抽样及时,应尽量在分部(子分部)工程中抽测,不要等到单位工程验收时才检测。为保证其规范性,施工单位应在施工开始就制订施工质量检验制度,将检测项目、检测时间、使用的方法标准、检测单位等说明,提高检测的计划性,保证检测工作及时进行。

对照抽测项目,检查施工单位制定的施工质量检验制度中抽样检测的内容。

按规定的项目检测,都有检测计划,并都进行了检测,结果符合要求,即为正确。

(九) 承担见证取样检测及有关结构安全检测的单位应具有相应资质。

【技术要点说明】

本款是保证见证取样检测、结构安全和使用功能抽样检测的数据可靠和结果的可比性,以及检测的规范性,确保检测的准确。检测单位应有相应的资质,操作人员应有上岗证,有必要的管理制度和检测程序及审核制度,有相应的检测方法标准,设备、仪器应通过计量认可，在有效期内，保持良好的精度状态。

相应资质是指经过管理部门确认其是该项检测任务的单位，具有相应设备及条件，人员经过培训有上岗证，有相应的管理制度，并通过计量部门的认可。不一定是当地的检测中心等，应考虑就近，以减少交通费用及时间。

【实施与检查的控制】

本款落实措施是在开工前制定施工质量检测制度，针对检测项目，应对检测单位进行资质查对，符合检测项目资质的检测单位才能承担其检测任务。符合要求后，再确定下来，给予检测委托书。

检测单位由当地县级以上建设主管部门发的资质证书，人员上岗证。施工单位制定的有针对性的施工质量检测项目计划和制度，以及检测结果的规范性和可比性。

先验收检测单位的资格，符合要求的，才能进行检测，并注明资质的文件，检测结果符合有关规范、标准的规定，即为正确。

(十) 工程的观感质量应由验收人员通过现场检查，并应共同确认。

【技术要点说明】

这次验收规范为了强调完善手段和确保结构质量，对观感质量放到比较次要位置，但不是不要观感质量。一是观感质量还得兼顾，二是完工后的现场综合检查很必要，可以对工程的整体效果有一个核实，宏观性对工程整体进行一次全面验收检查，其内容也不仅局限于外观方面，如对缺损的局部，提出进一步完善修改，对一些可操作的部件，进行试用，能开启的进行开启检查等，以及对总体的效果进行评价等。但由于这项工作受人为及评价人情绪的影响较大，对不影响安全、功能的装饰等外观质量，只评出好、一般、差。而且规定并不影响工程质量的验收。好、一般都可通过验收；但对差的评价，能修的就修，不能修的就协商解决。评为好、一般、差的标准，原则就是各分项工程的主控项目及一般项目中的有关标准，由验收人员综合考虑。故提出"通过现场检查，并应共同确认"。现场检查，房屋四周尽量走到，室内重要部位及有代表性房间尽量看到，有关设备能运行的尽可能要运行。验收人员以监理单位为主，由总监理工程师组织，不少于3个有关专业的监理工程师参加，并有施工单位的项目经理，技术、质量部门的人员及分包单位项目经理及有关技术、质量人员参加，经过现场检查，在听取各方面的意见后，由总监理工程师为主导和监理工程师共同确定观感质量的好、一般、差。

这样做既能将工程的质量进行一次宏观全面评价，又不影响工程的结构安全和使用功能的评价，突出了重点，兼顾了一般。

【实施与检查的控制】

这款的落实措施是由总监理工程师负责，在监理计划中写明。

工程开工前或施工过程中，检查监理计划及执行情况，并在竣工验收的监督中作为一项主要内容，在监督报告中给予评价，是否执行监理计划。

到现场检查并按程序进行，并由总监理工程师组织检查，基本符合验收规范即为正确。

5.0.4　单位(子单位)工程质量验收合格应符合下列规定：

1　单位(子单位)工程所含分部(子分部)工程的质量均应验收合格。

2　质量控制资料应完整。

3　单位(子单位)工程所含分部工程有关安全和功能的检测资料应完整。

4　主要功能项目的抽查结果应符合相关专业质量验收规范的规定。

5　观感质量验收应符合要求。

【技术要点说明】

本条列为强制性标准条文的目的，是为了强调一下单位工程验收是交给用户前的最后一次验收。

单位工程的质量验收是建筑产品交给用户前的最后一道手续，其质量验收是最后一道把关，对其进行资料、功能、外观等全面检查是应该的，是保护用户权益的必要手续。

单位(子单位)工程质量验收是统一标准两项内容中的一个，这部分内容只在统一标准中有，其他专业质量验收规范中没有。这部分内容是单位(子单位)工程的质量验收，是工程质量验收的最后一道把关，是对工程质量的一次总体综合评价，所以，标准规定为强制性条文，列为工程质量管理的一道重要程序。

参与建设的各方责任主体和有关单位及人员，应该重视这项工作，认真做好单位(子单位)工程质量的竣工验收，把好工程质量关。

单位(子单位)工程质量验收，总体上讲还是一个统计性的审核和综合性的评价，是通过核查分部(子分部)工程验收质量控制资料、有关安全、功能检测资料，进行主要功能项目的复核及抽测，以及总体工程观感质量的现场实物质量验收。

本条规定了一个单位工程质量验收的五个方面的内容，下边逐条给予说明：

1. 单位(子单位)工程所含分部(子分部)工程的质量均应验收合格，这是个基本条件，贯彻了过程控制的原则，逐步由检验批、分项到分部(子分部)、单位(子单位)工程的验收，突出了工程质量的特点及工程质量的控制。

这项工作，总承包单位应事前进行认真准备，将所有分部、子分部工程质量验收的记录表，及时进行收集整理，并列出目次表，依序将其装订成册。在核查及整理过程中，应注意以下三点：

(1) 核查各分部工程中所含的子分部工程是否齐全。

(2) 核查各分部、子分部工程质量验收记录表的质量评价是否完善，有分部、子分部工程质量的综合评价，有质量控制资料的评价，有地基与基础及主体结构和设备安装分部(子分部)工程规定的有关安全及功能的检测和抽测项目的检测记录，以及分部(子分部)工程观感质量的评价等。

(3) 核查分部(子分部)工程质量验收记录表的验收人员是否是规定的有相应资质的技术人员，并进行了评价和签认。

2. 质量控制资料应完整。

总承包单位应将各分部(子分部)工程应有的质量控制资料进行核查，图纸会审及变更记录，定位测量放线记录，施工操作依据、原材料、构配件等质量证书，按规定进行检验的检测报告，隐蔽工程验收记录，施工中有关施工试验、测试、检验等，以及抽样检测项目的检测报告等，由总监理工程师进行核查确认，可按单位工程所包含的分部(子分部)分别核查，也可综合抽查。其目的是强调建筑结构、设备性能、使用功能方面主要技术性能的检验，能说明工程质量是安全的，使用功能是有保证的。

3. 单位(子单位)工程所含分部工程有关安全和功能的检测资料应完整。单位工程有关安全、功能的检测按《建筑工程施工质量验收统一标准》的规定，其检测项目尽可能在分项、子分部、分部工程中完成，在单位工程验收时，就检查其资料是否完整，包括检测项目、检测程序、检验方法和检验报告的结果都达到规范规定的要求。

4. 主要功能项目的抽查结果应符合相关专业质量验收规范的规定。一些抽查检测项目，不能在分部(子分部)进行检测的，只有到单位工程中检测，有的也只有到单位工程检测才有意义。

通常，主要功能抽测项目应为有关项目最终的综合性的使用功能，如室内环境检测、屋面淋水检测、照明全负荷试验检测、智能建筑系统运行等。只有最终抽测项目效果不佳，或其他原因，必须进行中间过程有关项目的检测时，要与有关单位共同制订检测方案，并要制订成品保护措施，采取完善的保护措施后进行。总之，主要功能抽测项目的进行，不要损坏建筑成品。

5. 观感质量验收应符合要求。

观感质量评价是工程的一项重要评价工作，可全面评价一个分部(子分部)、单位工程的外观及使用功能质量，促进施工过程的管理、成品保护，提高社会效益和环境效益。观感质量检查绝不是单纯的外观检查，而是实地对工程的一个全面检查，核实质量控制资料，核查分项、分部工程验收的正确性，以及在分部工程中不能检查的项目进行检查等。如工程完工，绝大部分的安全可靠性能和使用功能已达到要求，查看不应出现的裂缝的情况，地面空鼓、起砂、墙面空鼓粗糙、门窗开关不灵、关闭不严格等项目的质量缺陷，就说明在分项、分部工程验收时，掌握标准不严。分项分部无法测定和不便测定的项目，在单位工程观感评价中，给予核查。如建筑物的全高垂直度、上下窗口位置偏移及一些线角顺直等项目，只有在单位工程质量最终检查时，才能了解得更确切。

【实施与检查的控制】

实施与检查的通常措施是：

1. 单位(子单位)工程所含分部(子分部)工程的质量均应验收合格。措施是做好检验批及分项工程的验收工作，是分部(子分部)通过验收的基础。同时，检查分部(子分部)工程验收的程序，签认人员的意见签认完整。具体是每个分部(子分部)所含的分项工程的质量验收合格、质量控制资料能达到完整、观感质量符合规定、抽测项目检查结果符合有关规定。

2. 质量控制资料应完整。措施是按子分部工程逐项核查，以反映该子分部工程质量状况，其结果达到验收规范的规定。

3. 单位(子单位)工程所含分部工程有关安全和功能的检测资料应完整。措施是：

这项指标是这次验收规范修订中，新增加的一项内容。目的是确保工程的安全和使用功能。在分部、子分部工程提出了一些检测项目，在分部、子分部工程检查和验收时，应进行检测来保证和验证工程的综合质量和最终质量。这种检测(检验)应由施工单位来检测，检测过程中可请监理工程师或建设单位有关负责人参加，检测工作达到要求后，并形成检测记录签字认可。

4. 主要功能项目的抽查结果应符合相关专业质量验收规范的规定。措施:这项抽查检测多数还是复查性的和验证性的。主要功能抽测项目已在各分部、子分部工程中列出，有的是在分部、子分部完成后进行检测，有的还要待相关分部、子分部工程完成后才能检测，有的则需要待单位工程全部完成后进行检验。

5. 观感质量应符合要求，措施是进行现场检查，按照检验批主控项目，一般项目的有关观感检查的内容,宏观进行检查,检查各项目的验收是否符合有关规定的内容、程序,其质量指标是否达到规定的要求,并结合当地质量水平,按好、一般、差给出评价。

需在单位工程抽查检测的项目,其结果符合有关专业验收规范的规定,则判定为符合要求。对观感质量判定,只要是总监理工程组织进行现场检查,并做出结论的,则判定为符合要求。

5.0.7　通过返修或加固处理仍不能满足安全使用要求的分部工程、单位(子单位)工程,严禁验收。

【技术要点说明】

本条规定是确保使用安全的基本要求。在实际中,总还是有极少数、个别的工程,质量达不到验收规范的规定,就是进行返工或加固补强也难达到保证安全的要求,或是加固代价太大,不值得,或是建设单位不同意。这样的工程必须拆掉重建,不能保留。为了保证人民群众的生命财产安全、社会安定,政府工程建设主管部门必须严把这个关,这样的工程不能允许流向社会。同时,对造成这些劣质工程的责任主体,要给予严格的处罚。

这种情况是在对工程质量进行鉴定之后,加固补强技术方案制订之前,就能进行判断的情况。对于质量问题严重,使用加固补强效果不好,或是费用太大不值得加固处理,以及加固处理后仍不能达到保证安全、功能的情况,应坚决拆掉。

【实施与检查的控制】

这种情况必须是用检测手段取得有关数据,特别要处理好检测手段的科学性、可靠性,检测机构要有相应的资质,人员要有相应的资格,持证上岗。召开专家论证会,来确定是否有加固补强的意义,如能采取措施使工程发挥作用的,尽可能挽救。否则,必须坚决拆除。

该工程是否经过检测、召开专家会进行论证,专家人员要有必要的权威性,有论证的结论,就说明是符合程序的。

按专家论证会的结论进行处理,就是符合要求的。

6.0.3　单位工程完工后,施工单位应自行组织有关人员进行检查评定,并向建设单位提交工程验收报告。

【技术要点说明】

单位工程完工后,施工单位应自行组织有关人员进行检查评定,并向建设单位提交工程验收报告。这是一条程序性的条文,体现了分清质量责任的原则。作为强制性条文,将这项工作强化,以促进施工企业的质量管理工作。

这条规定是体现施工单位对承担施工的工程质量负责的条文,施工单位应自行检查达到合格,才能交给监理单位(建设单位)验收。施工单位应进行的程序,用强制性标准条文规定下来,便于对施工行为的检查和考核。这也有利于分清质量责任,严格建设程序。

【实施与检查的控制】

施工企业的领导层及各部门,必须建立凡出厂的产品应达到国家标准的要求,才算完成了一个生产单位的基本任务,这是一个企业立业之本,所以在生产中必须制订有效措施,确保工程质量。在工程完工之后,用数据、事实来证明自己企业的成果。请用户来给自己的产品质量评价,不断改进或提高自己的质量水平和服务水平。

控制的措施就是要制订好自己企业的企业标准,来保证满足国家验收规范的要求。施工中提高管理和操作水平，达到一次验收合格、一次成优，不仅创出新的质量水平，也会创出好的经济效益。

检查企业标准的建立和管理是否落实，质量检查评定制度是否明确，并检查其检查是否认真按标准按程序正确进行。

工程完工后，施工单位能及时组织自行检查评定，坚持标准进行自我验收，又能及时向建设单位提交验收报告的，即判定为符合要求。

6.0.4　建设单位收到工程验收报告后，应由建设单位(项目)负责人组织施工(含分包单位)、设计、监理等单位(项目)负责人进行单位(子单位)工程验收。

【技术要点说明】

这条也是一个程序性条文，也是明确建设单位的质量责任，以维护建设单位的利益和国家利益，在工程投入使用前，进行一次综合验收，以确保工程的使用安全和合法性。

这条规定是体现建设单位对建设项目质量负责的条文。建设单位应组织有关人员按设计、施工合同要求，全面检查工程质量，做出验收与不验收的决定。这是建设单位应进行的程序，用强制性标准条文规定下来，便于对建设单位的质量行为进行检查。也是建设单位对工程的一次全面评价检查，对工程项目进行总结的一个重要部分。

【实施与检查的控制】

建设单位应制订工程管理制度，将工程竣工验收作为一项重要内容，要求监理单位协助做好有关技术工作和具体事项。按规定，在接到施工单位提交的工程质量验收报告后，在规定时间内，组织竣工验收。在实际工作中，不一定等施工单位的报告，可同时进行准备竣工验收事项，报告只是一个程序而已。按验收程序及工程质量验收规范的规定，逐项进行检查、评价。技术工作应由监理单位提供有关资料。在综合验收的基础上，最后给出通过或不通过的综合验收结论。

检查建设单位是否按程序组织验收，以及验收的标准是否适当，是否走过场等。

对不进行竣工验收、不按程序、不按验收规范规定进行验收，或将不合格项目验收为合格等都是违法的。否则，判定为符合规范规定。

6.0.7　单位工程质量验收合格后，建设单位应在规定时间内将工程竣工验收报告和有关文件，报建设行政管理部门备案。

【技术要点说明】

单位工程质量验收合格后，建设单位应在规定的时间内，向建设行政主管部门备案。

这是一条程序性的条文，列为强制性条文，是为了提高建设单位的责任心，体现社会主义市场经济下，政府对人民负责，督促建设单位搞好工程建设、符合国家工程质量验收规范的要求。工程是一个特殊的产品，社会性很强，其质量不好，会危及社会安全和稳定。也是政府规定建设单位应尽工程质量责任主体的最后一道重要程序，以确保工程的使用安全。

这条是程序性的规定，是体现建设单位对工程项目负责的条文。一个工程有开始，有结束，是完整的。体现了一个工程建设过程的全面完成，是法律、法规规定工程启用的必要条件，也便于对建设单位质量行为的检查，是确保工程质量安全的一个重要程序。

【实施与检查的控制】

措施是建设单位应遵守国家建设法规，尽到一个建设质量责任主体的职责，主动制定有关规定，及时整理资料，在规定期限内向建设行政主管部门申请备案。在实际运行中，备案资料应边验收就边准备就绪。

检查其是否平时做好有关竣工备案的各项准备工作，及时向政府申请备案。

在规定时限内不向建设行政主管部门申请备案，或资料不全经整改备案单位不予验收的，以及边备案就开始使用的，更严重的不备案就使用的，都是违法的，应判定为不符合规范规定。

2 地 基 基 础

2.1 基 本 规 定

《建筑地基基础工程施工质量验收规范》GB 50202—2002

4.1.5 对灰土地基、砂和砂石地基、土工合成材料地基、粉煤灰地基、强夯地基、注浆地基、预压地基，其竣工后的结果（地基强度或承载力）必须达到设计要求的标准。检验数量，每单位工程不应少于3点，1000m² 以上工程，每100m² 至少应有1点，3000m² 以上工程，每300m² 至少有1点。每一独立基础下至少应有1点，基槽每20延米应有1点。

4.1.6 对水泥土搅拌桩复合地基、高压喷射注浆桩复合地基、砂桩地基、振冲桩复合地基、土和灰土挤密桩复合地基、水泥粉煤灰碎石桩复合地基及夯实水泥土桩复合地基，其承载力检验，数量为总数的0.5%～1%，但不应少于3处。有单桩强度检验要求时，数量为总数的0.5%～1%，但不应少于3根。

【技术要点说明】

《建筑地基基础工程施工质量验收规范》GB 50202—2002对各种地基处理方法作了归纳，将其分为两类。第一类是单一地基，也称为均质地基，包括灰土地基、砂和砂石地基、土工合成材料地基、粉煤灰地基、强夯地基、注浆地基、预压地基。第二类是复合地基，包括水泥土搅拌桩复合地基、高压喷射注浆桩复合地基、砂桩地基、振冲桩复合地基、土和灰土挤密桩复合地基、水泥粉煤灰碎石桩复合地基及夯实水泥土桩复合地基。

在上述归纳分类基础上，本节分别对七种单一地基和七种复合地基验收，提出了两项基本要求。第一，地基处理完成后，其地基强度或承载力必须达到设计要求的标准。第二，抽样检验数量应分别符合两类不同地基处理各自的规定。

第4.1.5条是指人工地基中的均质地基。这类地基种类很多，规范所列出的地基种类，是目前国内常用的。其他种类的地基可参照规范中类似的内容。处理后的地基质量好坏，最终都由其强度或承载力来体现，这两个指标能满足要求，被处理的地基便能发挥应有的功能。为此，将该要求列为强制性条文。由于各地、各设计单位的习惯、经验等，对地基处理后，要求的指标及该指标应达到的标准均不一样，有的用标贯、静力触探、十字板剪切强度，有的就用承载力或固结度、变形要求等。对此，本条用何指标，不予规定，可按设计要求而定。

地基处理工程规模有大小，条文内规定的数量是基本要求，不得少于此数。“1000m² 以上工程，每100m²……至少有1点。”这句话，意指大型人工地基（1000m² 以上）取10点就可以了。设计如有更高的要求，仍应按设计规定执行。“单位工程”的含意，在《建筑工程施工质量验收统一标准》GB 50300—2001已有明确规定。

第4.1.6条是指复合地基。这类地基的种类也很多，规范中放入的复合地基，相对而言应用较普遍，其他种类的复合地基可参照相关类型的地基。作为复合地基施工后的最终评价应是复合地基承载力，可采用单桩复合地基载荷试验或多桩复合地基载荷试验检验承载力，单桩复合地基承载力的检验数量为桩总量的0.5%～1%，且不应少于3处。如同时采用多桩复合地基承载力检验，其数量计入上述总数量中。有时对复合地基中的桩体，设计要求做强度检验，此时抽检的数量为桩总数的0.5%～1%，且不应少于3根。

【实施与检查的控制】

1. 施工单位应具备相应的资质、完整的质量保证体系和质量检验制度。

地基处理工程的施工是特殊性专业施工，专业性强，施工单位应具备相应的资质。要求参加施工的单位，具有相应专业的施工业绩、专用设备及具备专业管理水平的技术人员。只有这样，才能按专业要求施工，施工过程中有完整的质量保证体系及质量检验制度，从而使工程质量符合验收要求。

2. 地基处理施工要有针对性强，切实可行的施工组织设计。

针对性强是指抓住工程的关键工序，重点突出，围绕质量目标有较严密的措施予以保证。这与面面俱到，但什么也抓不住的施工组织设计不一样。后者看来很全面，但起不到指导施工、保证工程验收质量的目的。

切实可行是结合工程实际，一本施工组织设计不是放到哪里都能用的，各工程均有其自身的特殊条件与要求。施工组织设计就是要根据这些条件与要求，结合自身的认识与条件，制订出一套严密的施工质量保证措施，这才是切实可行的。

3. 监理要有监理规划及监理细则，监理人员应具备一定的专业资质。

监理规划类似施工组织设计，是对整个工程的监理工作起指导作用的。为发挥规划的作用，替工程把好关，规划同施工组织设计一样，应有针对性，抓住关键部位，认真把关。

地基工程施工质量监理人员，必须具有专业知识且应从事相关专业工作相当的时间和持有监理工程师证的人员。一个毫无专业资质的监理人员，是不可能在施工中发现问题，也无法去监督施工操作的正确与否。

4. 加强施工过程的监控。

一项工程的最终施工成果，是工程各施工阶段质量好坏的反映，如果施工过程中的各环节没有严格把关，其最终成果也不会达到验收要求，应做到施工全过程的监控，工程质量才能得到保证。

规范中已列出各类地基在施工过程中检查的项目，这些项目虽是一般项目，但应认真抽检，按规定的数量及相应的标准，随时发现问题予以整改。这些项目不严格检查，听任施工人员随便应付，必埋下工程的隐患，最终达不到验收要求。

对第4.1.5条的检查。因人工地基中均质地基的种类较多，施工工艺、设备都不一样，加之各地区惯用的检查手段与要求也不尽相同。条文不强调一定要用地基强度还是地基承载力，应根据设计要求的内容与标准进行检验。检验数量应按条文规定的要求执行。如用十字板剪切强度、标准贯入试验、静力触探、动力触探或载荷试验等方法检验时，其操作要求应符合《建筑地基处理技术规范》、《岩土工程勘测规范》等相关的技术规范。也即取样或数据的获取，数值的统计分析，最终检测数值的确定都应按这些规范或规程要求进行。承压板的尺寸如设计有特殊要求应按设计规定执行。

检验数量已有规定，但具体操作时应尽量分布均匀，以具有广泛的代表性。实际在确定某一位置时，应根据施工过程中的情况，有下述情况之一的应重点检验：

(1) 对施工质量有怀疑的地点；

(2) 原材料有变化的场所；

(3) 气象条件较差时进行施工的地段；

(4) 下有暗浜、沟渠或地质条件较差的区域；

(5) 其他有必要检验的地方。

所有检验应在设计规定的间歇期后进行。

对第 4.1.6 条的检查。是采用单桩复合地基载荷试验还是多桩复合地基载荷试验检验承载力，应根据设计要求而定。条文中规定的数量包括了单桩和多桩复合地基承载力的检验数量。如一个单位工程既做了单桩复合地基承载力检验又做了多桩复合地基承载力检验，则两者总数应满足规定要求。承压板的尺寸按设计要求确定。承载力检验的方法及承载力的确定应按《建筑地基处理技术规范》规定执行。

选择检验的位置应有代表性，第 4.1.5 条中指明的重点检验部位，本条也适用。所有检验应在设计规定的间歇期后进行。

对第 4.1.5 条及第 4.1.6 条，施工单位执行与否以及执行程度如何的判定，主要看条文规定的检验数量及标准是否每个都能满足规范和设计的要求。如果都满足了，又无其他异常情况，应判定为工程满足验收要求。如果检验中有不满足设计要求的，应根据实际达到数值，经设计单位核算，如可满足结构安全和使用功能，可予以验收。如经核算不能满足，则应返工，并重新进行检验，如检验结果满足设计要求，可予以验收。如进行补充加固处理也能满足设计要求，则可按技术处理方案和协商文件进行验收。经返工或补充加固处理仍不能满足要求的，不应验收。

2.2 特 殊 性 土

《湿陷性黄土地区建筑规范》GBJ 25—90

5.1.1 建筑物及其附属工程的施工，应根据湿陷性黄土的特性和设计要求，合理安排施工程序，防止施工用水和场地雨水流入建筑物地基引起湿陷。

5.4.5 当发现地基湿陷使建筑物产生裂缝时，应暂时停止施工，切断有关水源，查明浸水的原因和范围，对建筑物的沉降和裂缝加强观测，并绘图记录，经处理后方可继续施工。

《膨胀土地区建筑技术规范》GBJ 112—87

4.1.3 施工用水应妥善管理，防止管网漏水。临时水池、洗料场、淋灰池、防洪沟及搅拌站等至建筑物外墙的距离，不应小于 10m。临时性生活设施至建筑物外墙的距离，应大于 15m，并应做好排水设施，防止施工用水流入基坑(槽)。

【技术要点说明】

我国许多地区的建设场址为特殊性土。条文中所称特殊性土，主要指湿陷性黄土和膨胀土。湿陷性黄土的主要特征是：当干燥时具有较高的强度和承载力，当受水浸泡时，强度和承载力急剧下降，甚至在土的自重压力下土体结构就会迅速破坏而发生显著下沉。膨胀土的主要特征是：土中黏粒成分主要由亲水性矿物组成，同时具有吸水膨胀和失水收缩两种变形特性的黏性土。湿陷性黄土和膨胀土两者的土成分和结构不完全相同，但两者均具有遇水会发生严重破坏的特点。

强制性条文对上述特殊性土建筑场地施工，主要从对水的控制入手，从《湿陷性黄土地区建筑规范》GBJ 25—90 和《膨胀土地区建筑技术规范》GBJ 112—87 中引用了三条规定。

条文首先要求建筑物及其附属工程的施工，应做好对施工用水和场地雨水的预防控制。规定在特殊性土场址施工，应根据土的特性和设计要求，合理安排施工程序，防止施工用水和场地雨水流入建筑物地基引起湿陷。

为了管好水源，预防场地土遇水破坏，条文规定了施工用水管理应遵循的原则。表述为：对施工用水，应妥善管理，防止管网漏水。对施工现场的雨、雪水，应做好排水设施，防止流入基坑内。

上述规定虽然是从《湿陷性黄土地区建筑规范》GBJ 25—90 和《膨胀土地区建筑技术规范》GBJ 112—87 两本规范中分别引用的，但执行中，凡遇到特殊性土建筑场地，都应执行。其执行效果，应以规定的措施是否落实到位，以及场地土是否出现受水浸泡破坏为标准加以判断。

【实施与检查的控制】

1. 施工前应完成场区土方、挡土墙、护坡、防洪沟及排水沟等工程，使排水畅通，边坡稳定；

2. 一般情况下，应符合“先地下后地上”的施工程序。对体型复杂的建筑，先施工深、重、高的部分，后施工浅、轻、低的部分，防止由于施工程序不当，导致建筑物产生局部倾斜和裂缝；

3. 敷设管道时，先施工排水管道，并保证其畅通，防止施工用水管网漏水；

4. 对用水量较大的施工及生活设施如临时水池、洗料场、淋灰池、防洪沟及搅拌站等应与建筑物外墙保持一定的距离；

5. 建筑物如发生因地基湿陷而产生沉降或裂缝时，应尽快切断浸水水源，以防事故进一步发展，且要加强对建筑物的沉降观测和裂缝观测，观察湿陷变形情况及发展趋势。对观测结果进行分析，以确定湿陷类型、湿陷等级、影响程度并采取有效的补救措施。

检查：

1. 场地内排水线路能否保证雨水迅速排至场外；

2. 建筑物施工顺序的安排是否合理；对非正常程序的施工，需做专门的施工组织设计；

3. 防止施工用水浸入地基的措施是否有效；

4. 沉降观测所采用的水准仪精度、测量方法、水准基点和观测点的埋设方法和裂缝观测方法等是否符合要求；

5. 根据沉降观测和裂缝观测资料，分析湿陷变形已趋向稳定还是仍在继续发展，据此判断所采取的补救措施是否有效。

判定：

1. 对湿陷性黄土地区建筑施工现场，根据湿陷性黄土的特性和设计要求，检查场地防洪，排水设施和建筑物施工程序，能防止施工用水和场地雨水流入建筑物地基的为合格，否则应采取有效措施加以改进；

2. 对正在施工的建筑物由于地基湿陷产生裂缝时，经采取处理措施后，裂缝停止发展且沉降已趋向稳定的，认为处理措施有效。否则，应采取其他有效的补救措施；

3. 对膨胀土地区建筑工地，经检查其临时施工用水设施及生活设施至建筑物外墙的距离满足本条文规定的最小距离，并有有效的排水设施，能防止施工用水流入基坑(槽)的为合格，否则，应采取有效措施加以改进。

2.3 桩 基 础

《建筑地基基础工程施工质量验收规范》GB 50202—2002

5.1.3 打(压)入桩(预制混凝土方桩、先张法预应力管桩、钢桩)的桩位偏差，必须符合表5.1.3的规定。斜桩倾斜度的偏差不得大于倾斜角正切值的15%(倾斜角系桩的纵向中心线与铅垂线间夹角)。

预制桩(钢桩)桩位的允许偏差(mm) 表 5.1.3

项	项 目	允许偏差(mm)
1	盖有基础梁的桩： (1) 垂直基础梁的中心线 (2) 沿基础梁的中心线	 100+0.01H 150+0.01H
2	桩数为1～3根桩基中的桩	100
3	桩数为4～16根桩基中的桩	1/3桩径或边长
4	桩数大于16根桩基中的桩： (1) 最外边的桩 (2) 中间桩	 1/3桩径或边长 1/2桩径或边长

注：H为施工现场地面标高与桩顶设计标高的距离。

5.1.4 灌注桩的桩位偏差必须符合表5.1.4的规定，桩顶标高至少要比设计标高高出0.5m，桩底清孔质量按不同的成桩工艺有不同的要求，应按本章的各节要求执行。每浇注50m^{3}必须有1组试件，小于50m^{3}的桩，每根桩必须有1组试件。

灌注桩的平面位置和垂直度的允许偏差 表 5.1.4

序号	成孔方法		桩径允许偏差(mm)	垂直度允许偏差(%)	桩位允许偏差(mm)	
					1～3根、单排桩基垂直于中心线方向和群桩基础的边桩	条形桩基沿中心线方向和群桩基础的中间桩
1	泥浆护壁钻孔桩	$D \leqslant 1000$mm	±50	<1	D/6，且不大于100	D/4，且不大于150
		$D > 1000$mm	±50		100+0.01H	150+0.01H
2	套管成孔灌注桩	$D \leqslant 500$mm	−20	<1	70	150
		$D > 500$mm			100	150
3	干成孔灌注桩		−20	<1	70	150
4	人工挖孔桩	混凝土护壁	+50	<0.5	50	150
		钢套管护壁	+50	<1	100	200

注：1 桩径允许偏差的负值是指个别断面。
2 采用复打、反插法施工的桩，其桩径允许偏差不受上表限制。
3 H为施工现场地面标高与桩顶设计标高的距离，D为设计桩径。

5.1.5 工程桩应进行承载力检验。对于地基基础设计等级为甲级或地质条件复杂，成桩质量可靠性低的灌注桩，应采用静载荷试验的方法进行检验，检验桩数不应少于总桩数的1%，且不应少于3根，当总桩数少于50根时，应不少于2根。

【技术要点说明】

第5.1.3条是针对预制打（压）入桩的成桩质量的。桩位偏差控制是桩基工程质量控制的最基本内容之一。实际施工时，因成桩顺序不当，测量控制桩走位，轴线放样错误或成桩工艺、设备不完善，造成成桩的最终桩位偏差过大的事例不少，由此导致承台面积扩大，桩群形心与荷载重心错位，或增加桩量，原桩报废。为此，作为强制性要求，必须确保桩位的偏差，控制在允许偏差范围之内。条文中对桩数较多的群桩中的边桩与中心桩提出了不同的要求。与原规范比，对桩数多的群桩，适当提高了标准。

第5.1.4条是针对混凝土灌注桩的。成桩偏位控制的要求理由同1。鉴于混凝土灌注桩质量是工程界普遍关注的问题，因为比预制打（压）入桩更容易产生质量事故。条文对灌注桩的工艺控制及混凝土试件的要求都作了具体规定。对灌注桩工艺质量的要求较多，但因设备、工艺、检测手段等，不同的施工单位均有差异，很难统一。条文就清孔的质量作了规定，是基于泥浆护壁灌注桩，常出现孔底沉渣过厚，清孔质量不佳的通病，而且清孔质量对成桩质量影响很大，往往造成桩基沉降过大，桩身混凝土质量降低，承载力不足等。

灌注桩的试件强度，是检验桩体材料质量的主要手段之一，必须具备供检验的试件。各地区情况不一样，如设计或合同技术条款有其他要求，则应满足这种要求。小于50m^{3}的桩每根桩要做一组试件，是指单柱单桩或每个承台下的桩需确保有一组试件。

“桩顶标高比设计标高高出0.5m”，是指泥浆护壁的灌注桩，其他类型的灌注桩可按常规做法控制桩顶标高。

第5.1.5条对工程桩进行单桩承载力检验，是桩基工程质量验收的重要内容之一。《建筑地基基础设计规范》、《建筑基桩检测技术规范》都作了规定。但是究竟采用单桩静载检验，还是采用高应变动测检验以及检验的数量等，因建筑物的设计等级、地质条件的复杂程度和桩型的不同而异，具体由设计单位根据有关规范和工程的具体条件在设计文件中作出规定。

【实施与检查的控制】

1. 第4.1.5条措施中的1、2、3、4均适用于本条。

2. 对灌注桩施工，必须强调质量监理人员的跟踪监督，尤其在进行清孔、灌注混凝土时，更要检查其作业情况，随时纠正，才能保证灌注桩的质量。

检查：

1. 第5.1.3条的桩位偏差，是桩基中各基桩的最终偏位状况的检查，应在基坑或承台开挖后进行。在其他条文中曾提及中间验收，如果两者结果差别很大，特别是中间验收时的偏位均满足规范要求，而开挖后不满足规范要求，就应分析原因，是否因开挖方式或打桩顺序不当所致。对较长的送桩（或称替打桩）要涉及1%垂直度的影响，这部分偏位是允许的。但不管如何，桩位偏差应以开挖后的结果为依据，并应对每根桩进行检查。

2. 混凝土灌注桩的桩位偏差检查与预制打（压）桩相同，但因泥浆护壁灌注桩都是将灌注高度超出设计桩顶高度50cm以上，这部分不良混凝土应予凿除后再检查。对清孔质量，摩擦桩及端承桩有不同要求，应由专人采用专用仪器或工具进行检查。不排斥用传统工具

（如重锤），但鼓励应用先进、可靠的电子仪器进行检测。每根桩均应作清孔检查并作好记录。灌注桩的混凝土试件应作见证检查，并置于与实体桩相同的条件下养护。灌注桩的直径应在混凝土浇注前用测径仪检测，灌注方量仅作参考，不能作为桩径估算依据。

3. 对于工程桩的承载力检验、数量及检验方式未作强制规定。对于甲级或地质条件复杂，成桩质量可靠性低的桩，按设计或检测规范，应采用静载试验方法进行检验，数量可按总桩数的1%，且不少于3根。总桩数少于50根时，不少于2根。由于各地区的经验、地质条件不一，对土质均匀，总桩数又很多时，数量可由设计酌情确定。

当采用工程桩作为试验桩时，试验结果可作为工程桩承载力检验结果。

对工程桩承载力检验，应在桩身完整性检验的基础上进行，尤其对施工中发现异常情况的桩，如打入桩贯入度过大，灌注桩发生二次开灌，个别断面积小于80%等，这些桩应先作低应变动测检验，如仍不能作出评价结论，再进行承载力检验，如静载检验无条件进行，可改作高应变动测。

判定：

1. 上述3点强制性条文，经过检查如都能满足要求，又无其他异常情况，应予以验收。

2. 桩位偏移过大，应由设计单位核算，如能满足结构的使用功能及安全要求可予以验收。

3. 清孔不能满足要求，应禁止下道工序进行，到真正满足为止，方可浇注混凝土。

4. 灌注桩试件强度不能满足要求时，应由设计单位作校核，如得到设计单位的认可，则予以验收。如试件数量不足，应用桩身钻孔取样弥补。

5. 承载力抽查不合要求，应由设计、监理、施工等多方协商，用可行的方法扩大检查数量，根据结果分析后再作判定结论，或由设计根据实测结果作核算，如能满足结构使用功能与安全要求，可予以验收。前述措施都不能满足要求，则应采取补桩或其他措施，经设计复核，如能满足结构使用功能与安全要求，可按技术处理方案和协商文件验收。

如采取上述措施后，仍不能满足要求，则不予验收。

2.4　边坡、基坑支护

《建筑地基基础工程施工质量验收规范》GB 50202—2002

7.1.3　土方开挖的顺序、方法必须与设计工况相一致，并遵循“开槽支撑，先撑后挖，分层开挖，严禁超挖”的原则。

7.1.7　基坑（槽）、管沟土方工程验收必须确保支护结构安全和周围环境安全为前提。当设计有指标时，以设计要求为依据，如无设计指标时应按表7.1.7的规定执行。

基坑变形的监控值（cm）　　表7.1.7

基坑类别	围护结构墙顶位移监控值	围护结构墙体最大位移监控值	地面最大沉降监控值
一级基坑	3	5	3
二级基坑	6	8	6

续表

基坑类别	围护结构墙顶位移监控值	围护结构墙体最大位移监控值	地面最大沉降监控值
三级基坑	8	10	10

注：1 符合下列情况之一，为一级基坑：
(1) 重要工程或支护结构做主体结构的一部分；
(2) 开挖深度大于10m；
(3) 与临近建筑物，重要设施的距离在开挖深度以内的基坑；
(4) 基坑范围内有历史文物、近代优秀建筑、重要管线等需严加保护的基坑。
2 三级基坑为开挖深度小于7m，且周围环境无特别要求时的基坑。
3 除一级和三级外的基坑属二级基坑。
4 当周围已有的设施有特殊要求时，尚应符合这些要求。

【技术要点说明】

1. 基坑工程属临时性工程，是为主体结构工程服务的。设置强制性条文是针对近年来基坑工程的坍塌事故屡有发生，而且常常是多人伤亡的重大安全事故，并危及周围设施，为杜绝类似事故的发生，规定了基坑土方开挖的原则和变形控制值。

2. 土方工程工作面大，开挖阶段并未开始建筑物本身的施工，似乎施工工艺比较简单，故其施工安全往往不被人们重视。土方工程出现的事故主要表现为坍塌，严重时不仅造成边坡或坑壁破坏，还会危及人身生命安全，以及造成邻近建筑物破坏。防止坍塌的主要措施是正确掌握土方开挖的顺序、方法。条文规定，土方开挖的顺序、方法必须与设计工况相一致，并规定应该遵循“开槽支撑，先撑后挖，分层开挖，严禁超挖”的原则。

3. 如何确保基坑支护结构安全，同时又使周围环境得到保护，这与支护结构的安全度、周围设施的可靠度紧密相关。只有设计人员对结构的设计标准、安全程度最有底，而且设计支护结构时，无疑对周围环境条件会作调查研究，因此执行设计指定的支护结构变形标准是应该的。但有时设计也无规定，则以表7.1.7规定的标准控制。该表对有支撑系统(一道或多道)的基坑较适用。

【实施与检查的控制】

1. 基坑的支护结构施工必须保证质量，因支护结构绝大部分为本规范第5章及第7章所提及的结构，因此对第5章、第7章各节内容，应在施工中严格控制质量要求；

2. 建立有效、及时的施工监测体系，包括采用先进的仪器，强化监测人员的责任等。

检查：

条文的检查监督主要依靠质量监理人员的跟踪施工，检查基坑土方是否严格按设计工况施工，“开槽支撑，先撑后挖，分层开挖，严禁超挖”的原则是否得以贯彻。

对需控制的指标，施工前设置好观测点，随时检查这些观测点的数据，必要时需设置预警值，一旦达到此数值即报警，并采取应急措施予以控制。

判定：

判定合格与否，按基坑变形是否满足要求以及周围环境能否得到保护为度。由于周围环境的保护与基坑支护的结构的变形无固定关系，有可能基坑变形较大，但不影响主体结构施工，而周围环境变形仍在控制范围内，也应对基坑开挖予以验收。

如基坑的支护结构是主体结构的一部分，则支护结构的变形，应以是否影响主体结构的功能为度，如没有影响则也应予以验收。

《建筑基坑支护技术规程》JGJ 120—1999

3.7.2　基坑边界周围地面应设排水沟，对坡顶、坡面、坡脚采取降排水措施。

【技术要点说明】

基坑开挖应按支护结构设计、降排水要求等确定开挖方案，制订开挖方案时容易忽略的是地表水对基坑的影响，许多基坑的意外破坏都是由于对水处理不当所造成。地表水对基坑的影响往往没有在设计中定量计算，地表水的影响主要是由降雨引起的，在基坑周围地面可以采用设置排水沟的做法，对于坡顶、坡面、坡脚应根据实际采用切实可行的降水或排水方法，保证基坑安全。

【实施与检查的控制】

制定施工组织设计时考虑排水系统。对支护结构设计中并未包括降雨时对基坑的保护措施，这种保护措施应在基坑工程施工中，根据季节、施工工期等有针对的考虑，在施工组织设计中必须考虑到这一重要因素。靠边坡自身稳定的基坑，土钉墙作围护的基坑，需经历雨季时，尤应认真对待。

本条内容的检查一是针对施工组织设计的检查，确认其是否已在施工组织设计中反映，二是检查实际施工时是否按要求执行。

如果没有按施工组织设计要求做好排水措施，应进行处理，并判定为不符合强制性条文的规定。

3.7.3　基坑周边严禁超堆荷载。

【技术要点说明】

基坑周边严禁超堆荷载并不意味基坑周边不允许堆载，本条的重要点在于“超”堆。基坑周边的允许堆载是在设计计算时已明确确定的，施工人员应当十分了解设计时基坑周边的允许堆载量，在规定的允许堆载之外，不得有任何“超”堆，“超”堆荷载的结果可能造成支护结构的局部或整体破坏。对桩基已施工完的基坑，严重时还会引起桩基的位移。

【实施与检查的控制】

基坑开挖施工过程中各种情况变化较大，如拉土汽车、地面作为挖土转运站、堆放模板和钢筋等重物等情况都能造成地面超载，因此在基坑开挖过程中可考虑派专人对地面超载进行检查监控，保证在各种状况下的地面荷载限定在设计规定允许荷载范围内。

首先检查施工组织设计中对各道施工工序实施过程可能产生的地面荷载是否超过支护结构设计规定的地面荷载，其次在实际施工过程中抽查是否有超载行为。

在施工组织设计中检查出有超载或在实际施工过程中发现有超载均判定为不符合强制性条文的规定。

3.7.5　基坑开挖过程中，应采取措施防止碰撞支护结构、工程桩或扰动基底原状土。

【技术要点说明】

基坑土方开挖施工过程中稍不注意均可能出现本条所述三种情况。支护桩碰撞后可能对支护桩某一部位造成创伤，使其不能达到设计要求而出现局部破坏或失稳；工程桩或基底土受损均有可能使桩基或地基承载力达不到原设计要求，使建筑物产生过大或较大差异沉降。或者桩头受损，影响桩的正常工作。

【实施与检查的控制】

1. 挖土机不可紧贴支护桩边挖土，支护桩桩周土应由人工修整，保证支护桩不受碰撞；

2. 挖土至基础工程桩时，基础桩桩周土严禁使用挖土机；

3. 挖土机的挖土标高应在基底土以上一定距离，以确保基底土不受扰动，再依靠人工挖除的基底土，达到要求的标高。

在施工组织设计中设有判定防止破坏支护桩、工程桩或基底土的措施，在实施中出现碰撞支护桩、工程桩或挖土标高深于基底土时，即可判定为不符合强制性条文的规定。

《建筑边坡工程技术规范》GB 50330—2002

15.1.2 对土石方开挖后不稳定或欠稳定的边坡，应根据边坡的地质特征和可能发生的破坏等情况，采取自上而下、分段跳槽、及时支护的逆作法或部分逆作法施工。严禁无序大开挖、大爆破作业。

【技术要点说明】

本条包含两层含义，首先是指在土石方开挖施工过程中严禁无序大开挖、大面积爆破作业，以保证土石方施工过程中的边坡稳定性；另一层含义是指土石方开挖后，由于各种原因，可能造成不稳定或欠稳定边坡必须对其进行支护时，支护方法应针对边坡的地质特征，岩(土)体结构情况及发生破坏的可能性状，制定行之有效的支护措施。其措施应与土石方开挖顺序相结合，自上而下有利于减小未开挖部分的受力，最大限度地保证了土石方开挖部分下部岩(土)体的原有自然平衡状态，但却可能影响开挖部分上部岩(土)体的受力平衡，因此必须采用分段跳槽开挖。跳槽开挖辅以及时支护对于保证开挖部分上部岩(土)体的平衡是极为重要的。

【实施与检查的控制】

1. 边坡工程施工单位应具备相应的资质

土石方工程施工是边坡结构施工的重要部分，也是边坡结构成败的关键。根据建设部专业承包企业资质管理规定，要求参与施工单位具有土石方工程专业承包资质。该资质共分为三级：一级企业可以承担各类土石方工程的施工；二级企业可承担单项合同额不超过企业注册资本金5倍且60万m^3级以下的土石方工程的施工；三级企业可承担单项工程合同额不超过企业注册资本金5倍且15万m^3及以下的土石方工程施工。按专业要求施工，保证一定数量的技术人员，施工过程中按强制性条文要求，制定完整的质量保证体系。

2. 制定结合工程实际切实可行的施工组织设计

施工组织设计是指导施工的重要技术文件，由于边坡工程的复杂性，要结合实际工程地质、支护方式，有针对性地抓住工程的质量控制关键点，如采用自上而下、分级跳槽等措施如何在本工程的具体实施。

相对于其他工程施工而言，边坡工程更具有其自身的特殊条件与要求，施工组织设计就是要根据本工程的特有条件和要求，采取相应措施，制定出切实可行的施工组织设计。

3. 选择安全的开挖方案

对土石方开挖后不稳定的边坡无序大开挖、大爆破造成事故的工程事例太多。采用“自上而下、分段跳槽、及时支护”的逆施工法是成功经验的总结，应根据边坡的稳定条件选择安全的开挖方案。

边坡工程施工组织设计和方案是前提，应当首先检查施工组织设计中是否包含了这些内容，方案是否安全可靠，施工中是否具有可操作性，是否进行技术审查。其次检查在施工过程中，方案的落实情况。

边坡工程施工组织设计和方案，如不合理，应进行修改，如存在安全隐患根据检查结果，进行处理，并判定为不符合强制性标准的规定。如果没有严格按照边坡工程施工组织设计和方案进行，应立即进行整改或停工整顿，不进行改正，应判定为不符合强制性条文的规定。

15.1.6 一级边坡工程施工应采用信息施工法。

【技术要点说明】

一级边坡工程是指破坏后果严重和位于地质条件较为复杂地段的边坡。一级边坡属于高风险工程。所谓信息施工法，即在边坡工程的整个施工过程中，进行全面观测，及时给设计与施工组织者反馈信息，必要时做出设计修改或改变施工措施以应付任何与原设计条件不同而可能造成的危害。

边坡工程是十分复杂的施工工程，很多问题设计是无法事先全面周全考虑，也难免会有地质条件与勘察报告不相吻合之处，因此，为保证边坡工程安全施工，信息施工要求显得尤为重要。信息施工法是将动态设计、施工、监测及信息反馈融为一体的现代化施工法。信息施工法是动态设计法的延伸，也是动态设计法的需要，是一种客观、求实的工作方法。地质情况复杂、稳定性差的边坡工程，施工期的稳定安全控制更为重要和困难。建立监测网和信息反馈可达到控制施工安全，完善设计，是边坡工程经验总结和发展起来的先进施工方法，应当给予大力推广。

【实施与检查的控制】

信息施工法的基本原则应贯穿于施工组织设计和现场施工的全过程，使监控网、信息反馈系统与动态设计和施工活动有机结合在一起，不断将现场水文地质变化情况、边坡的变形情况、临近建筑物或设施的变化情况等反馈到设计和施工单位，以调整设计与施工参数，指导设计与施工。

信息施工法可根据其特殊情况或设计要求，将监控网的监测范围延伸至相邻建筑（构筑）物或周边环境，及时反馈信息，以便对边坡工程的整体或局部稳定作出准确判断，必要时采取应急措施，保障施工质量和顺利施工。

边坡工程施工中的每一次土石方开挖都会产生整个岩（土）体的新一轮应力分布，这种新的应力分布可能会对某部分岩（土）体造成应力集中而产生局部破坏。加强施工过程的监控，必须针对本工程的实际情况，分析每开挖阶段的最不利部位，在整体监控的前提下，强调局部控制。

监控项目可根据实际工程地质和支护结构情况有针对性地对变形与应力进行有效监测，随时发现问题予以调整。

对于信息施工所需控制的指标，事先应检查其设置观测点，并预定报警值，随时检查观测值。

施工组织设计和方案如无信息施工内容应判定为不符合强制性标准的要求，对信息施工措施不实施，或实施过程中对有关安全的控制指标没有达到要求，应判定为不符合强制性条文的要求。

15.4.1 岩石边坡开挖采用爆破法施工时，应采取有效措施避免爆破对边坡和坡顶建（构）筑物的震害。

【技术要点说明】

在岩石边坡开挖中大量采用爆破法施工，爆破所产生的冲击力无论是对边坡本身或坡顶的建（构）筑物或多或少会产生影响。因此，采取有效措施尽可能避免对边坡造成不良效应,尽最大可能减少对建(构)筑物的危害是爆破设计时应注意的问题。

【实施与检查的控制】

周边建筑物密集时,爆破前应对周边建筑原有变形及裂缝等情况作好详细勘察记录。必要时可以拍照、录像或震动监测。爆破法施工所用炸药应按国家有关规定申报用炸药量,并由专人负责保管,严格出入库制度。爆破用药量的确定应有足够的论证依据,确保安全施工。

边坡工程爆破法施工组织设计和方案应当首先检查施工组织设计中是否包含了这些内容,方案是否安全可靠,施工中是否具有可操作性,是否进行技术审查。其次在爆破前必须检查各项要求的落实情况。

边坡工程爆破法施工组织设计和方案,如不合理,应进行修改后实施,如不修正应判定为不符合强制性标准的规定。如果没有严格按照爆破法施工组织设计和方案应立即进行改正,如不改正应判定为不符合强制性条文的规定。

2.5 地 基 处 理

《建筑地基处理技术规范》JGJ 79—2002

4.4.2 垫层的施工质量检验必须分层进行。应在每层的压实系数符合设计要求后,铺填上层土。

【技术要点说明】

垫层通常用于换填法施工。主要工艺过程是根据设计要求,挖去地表浅层软弱土层或不均匀土层后,回填均匀一致的材料,通过夯击或碾压等方式形成符合要求的地基垫层。

具体是选择压实还是选择碾实,应根据不同的换填材料和工程规模确定。如粉质黏土、灰土宜采用平碾,中小型工程也可采用蛙式夯、柴油夯,砂石等宜采用振动碾或振动压实机,等等。

无论选择哪种施工机械,其夯实或碾压的有效影响深度都是有限的,所以垫层施工必须分层进行。垫层的施工质量也必须分层进行检验。对每层的压实系数检验符合设计要求后,才能铺填上层土。对垫层施工后的检验指标,不局限于压实系数,当地惯用的其他土力学指标如干密度等,只要设计认可或规定,亦可采用。

【实施与检查的控制】

垫层施工,主要应控制好以下几点:

1. 根据不同的换填材料选择适宜的施工机械。

2. 选择适宜的施工参数。垫层的施工参数,主要指材料含水率、虚铺厚度、碾压或夯实遍数、碾压机械行驶速度等。垫层的施工参数应根据不同的换填材料、不同的施工机械以及设计要求合理选择。

3. 碾压遍数和碾压机械行驶速度对碾实效果和施工效率影响很大,应根据换填材料和碾压机械的性能,并结合同类换填材料施工经验确定。

4. 控制换填材料的含水率。

夯实效果除与夯实机械有关外,还与换填材料的含水率密切有关。应选择换填材料的最优含水量 ω_{op} 作为施工控制含水量。对于粉质黏土和灰土,现场可控制在最优含水量 ω_{op} ±2%的范围内;当使用振动碾压时,可适当放宽下限范围值,即控制在最优含水量 ω_{op} 的 −6%～+2%范围内。最优含水量可通过轻型击实试验求得。在缺乏试验资料时,可也可近似取0.6倍液限值；或按照经验采用塑限 $\omega_p \pm 2\%$ 的范围值作为施工含水量的控制值。粉煤灰垫层不应采用浸水饱和施工法，其施工含水量应控制在最优含水量 $\omega_{op} \pm 4\%$ 的范围内。若土料温度过高或过低，应分别予以晾晒、翻松、掺加吸水材料或洒水湿润的调整土料的含水量。对于砂石料则可根据施工方法不同按经验控制适宜的施工含水量，即当用平板式振动器时可取15%～20%；当用平碾或蛙式夯时可取8%～12%；当用插入式振动器时宜为饱和。对于碎石及卵石应充分浇水湿透后夯压。

5. 施工前应针对实际换填材料和施工机械作试验，取得试验数据后作出必要调整再行施工。施工中应取样试验，如果达不到设计要求，应针对问题找出原因，调整施工参数。

对粉质黏土、灰土、粉煤灰和砂石垫层的施工质量检验可用环刀法、贯入仪、静力触探、轻型动力触探或标准贯人试验检验。对砂石、矿渣垫层可用重型动力触探检验。并均应通过现场试验以设计压实系数所对应的贯入度为标准检验垫层的施工质量。压实系数也可采用环刀法、灌砂法、灌水法或其他方法检验。检查应分层进行，数量为每50～100m² 应不少于1个点，基槽每10～20m应不少于1个点，每个独立柱基下应不少于1个点。

施工如能分层进行，每层都按规定数量进行检验，并达到设计标准，可判为合格。

5.4.2　预压法竣工验收检验应符合下列规定：

1　排水竖井处理深度范围内和竖井底面以下受压土层，经预压所完成的竖向变形和平均固结度应满足设计要求。

2　应对预压的地基土进行原位十字板剪切试验和室内土工试验。

【技术要点说明】

预压法是对地基进行堆载或真空预压使地基土固结的地基处理方法。预压法处理地基的目的，是使地基的变形在预压期间大部或基本完成，使建筑物在使用期间不致产生不利的沉降和沉降差。另外，加速地基土的抗剪强度的增长，从而提高地基的承载力和稳定性。因此预压地基设计时应根据所计算的建筑物最终沉降量并对照建筑物使用期间的允许变形值确定预压期间应完成的变形量，然后按照工期要求，选择排水竖井的直径、间距、深度和排列方式，确定预压荷载大小和加载历时，使在预定工期内通过预压完成设计所要求完成的变形量使卸载后的残余变形满足建筑物允许变形要求。由于预压法主要用于处理软土地基，因此常采用原位十字板剪切试验进行检验。如设计有其他要求，应满足设计要求。

【实施与检查的控制】

1. 塑料排水带的性能指标必须符合设计要求，如设计没作规定，可参照GB 50202—2002的附录B。塑料排水带在现场应妥加保护，防止阳光照射、破损或污染，破损或污染的塑料排水带不得在工程中使用。

2. 砂井的灌砂量，应按井孔的体积和砂在中密状态时的干密度计算，其实际灌砂量不得小于计算值的95%。灌入砂袋中的砂宜用干砂，并应灌制密实。

3. 塑料排水带和袋装砂井施工时，宜配置能检测其深度的设备。

4. 塑料排水带施工所用套管应保证插入地基中的带子不扭曲。塑料排水带需接长时，应采用滤膜内芯带平搭接的连接方法，搭接长度宜大于200mm。袋装砂井施工所用套管内径宜略大于砂井直径。

5. 塑料排水带和袋装砂井施工时，平面井距偏差不应大于井径，垂直度偏差不应大于1.5%，深度不得小于设计要求。塑料排水带和袋装砂井砂袋埋入砂垫层中的长度不应小于

500mm。

6. 加载预压工程，在加载过程中应进行竖向变形、边桩水平位移及孔隙水压力等项目的监测，并根据监测资料控制加载速率。对竖井地基，最大竖向变形量每天不应超过15mm，对天然地基，最大竖向变形量每天不应超过 10mm；边桩水平位移每天不应超过5mm。

7. 对真空预压工程除应进行地基变形、孔隙水压力的监测外，尚应进行膜下真空度和地下水位的量测。

8. 塑料排水带必须在现场随机抽样送经实验室进行性能指标的测试，其性能指标包括纵向过水量、复合体抗拉强度、滤膜抗拉强度、滤膜渗透系数和等效孔径等。

9. 对不同来源的砂井和砂垫层砂料，必须取样进行颗粒分析和渗透性试验。

每次加载前应检查前级荷载时的变形情况，只有达到稳定及设计要求后，方可施加下一级荷载。应在预压区内选择代表性地点预留孔位，在加载不同阶段进行原位十字板剪切试验和取土进行室内土工试验。设计如有特殊要求，如现场载荷试验等，尚应满足这些要求。检验数量可参照 GB 50202—2002 第 4.1.5 条。

检查结果如都能满足要求则可判为合格。如与要求有差距，则应将结果交设计复核，如能满足结构安全与使用功能，也可判为合格。

6.3.5 当强夯施工所产生的振动对邻近建筑物或设备会产生有害的影响时，应设置监测点，并采取挖隔振沟等防振或隔振措施。

【技术要点说明】

强夯法是反复将夯锤提到高处使其自由落下，给地基以冲击和振动能量，将地基土夯实的地基处理方法。

强夯施工过程中，在夯锤落地的瞬间，一部分动能转换为冲击波，从夯点以波的形式向外传播，并引起地表振动。因此离夯点距离较近或对振动有特殊要求的建筑物和精密仪器设备等，当强夯振动有可能对其产生有害影响时，应设置振动监测点，并采取隔振或防振措施。

强夯施工引起地表振动的强度与强夯夯击能大小、夯点距建筑物远近和土的类别等因素有关，因此，在考虑强夯施工所产生的振动对邻近建筑物或设备是否会产生有害的影响时，应根据上述诸因素并结合建筑物或设备对振动有无特殊要求等情况综合考虑。必要时应设置振动监测点和采取隔振或防振措施。

【实施与检查的控制】

施工前，应分析振动实测资料，判断强夯振动有无可能对邻近建筑物或设备产生有害的影响。如经分析，振动影响很强烈，则应采取隔振措施后方可施工。施工时应设置好监测点，随时掌握监测对象的动态，发现异常情况应停止施工，确有有效措施后方可恢复施工。

施工中，应观察强夯产生的振动对邻近建筑物或设备的影响，检查有无出现裂缝或使用上的问题。随时将监测结果通总监及施工组织者。

经过施工后的检查，如邻近建筑物或设备没有影响，仍能正常使用，应判为合格。

6.4.3 强夯处理后的地基竣工验收时，承载力检验应采用原位测试和室内土工试验。强夯置换后的地基竣工验收时，承载力检验除应采用单墩载荷试验检验外，尚应采用动力触探等有效手段查明置换墩着底情况及承载力与密度随深度的变化，对饱和粉土地基允许采用单

墩复合地基载荷试验代替单墩载荷试验。

【技术要点说明】

经强夯法处理后的地基属于人工地基中的均质地基，因此其承载力检验方法与天然地基同类土相同，应采用原位测试和室内土工试验。

强夯置换法是将重锤提到高处使其自由落下形成夯坑，并不断夯击坑内回填的砂石、钢渣等硬粒料，使其形成密实的墩体的地基处理方法。强夯置换后的地基承载力检验应采用单墩载荷试验（即不考虑墩间土承担荷载），但对饱和粉土地基允许采用单墩复合地基载荷试验（考虑墩间土承担荷载）。此外，为了查明置换墩着底情况及承载力与密度随深度的变化，尚应采用动力触探等检验。

【实施与检查的控制】

1. 开夯前应检查夯锤质量和落距、搭接范围、夯击遍数等参数，施工中必须严格执行，以确保单击夯击能量符合设计要求。若夯锤使用过久，往往因底面磨损而使质量减少，落距末达设计要求，将影响单击夯击能。

2. 在每一遍夯击前，应对夯点放线进行复核，夯完后检查夯坑位置，发现偏差或漏夯应及时纠正。

3. 当被夯土层地下水位较高或被夯土层属饱和软黏土，需采取有效措施降低地下水位，排除坑底积水以及避免出现“橡皮土”而不能有效夯击的现象。

按设计要求检查每个夯点的夯击次数和每击的夯沉量。对强夯置换尚应检查置换深度。

由于强夯施工的特殊性，施工中所采用的各项参数和施工步骤是否符合设计要求，在施工结束后往往很难进行检查，所以要求在施工过程中对各项参数和施工情况进行详细检查。施工过程中的各项测试数据和施工记录，不符合设计要求时应补夯或采取其他有效措施。强夯置换施工中，采用超重型或重型圆锥动力触探检查置换墩着底情况。经强夯处理的地基，其强度随着时间增长而逐步恢复和提高，因此质量检验应在施工结束间隔一定时间后方能进行。其间隔时间根据土的性质而定。对于碎石土和砂土地基，其间隔时间可取7～14d；粉土和黏性土地基可取14～28d。强夯置换地基间隔时间可取28d。

在经过一定时间后所进行的地基质量检验，如果能满足设计要求，则可判为合格。

7.4.4 振冲处理后的地基竣工验收时，承载力检验应采用复合地基载荷试验。

【技术要点说明】

振冲法是在振冲器水平振动和高压水的共同作用下，使疏松的砂土层振密，或在软弱土层中成孔，然后回填碎石等粗粒料形成桩柱，并和原地基土组成复合地基的地基处理方法。

由于振冲法处理后的地基是按复合地基进行设计的，因此其承载力检验应采用复合地基载荷试验。

【实施与检查的控制】

1. 为保证振冲桩的质量，施工时要严格控制密实电流、填料量和留振时间，三者均应符合设计要求。当使用30kW振冲器时，密实电流一般为45～55A；55kW振冲器密实电流一般为75～85A；75kW振冲器密实电流一般为80～95A。

2. 桩体施工完毕后应将顶部预留的松散桩体挖除，如无预留的松散桩体，应将松散桩头压实，随后铺设垫层。

3. 采用复合地基载荷试验检验承载力，应符合下列要求：

(1) 复合地基载荷试验承压板应具有足够刚度。

(2) 单桩复合地基载荷试验的承压板用圆形或方形，面积为一根桩承担的处理面积；多桩复合地基载荷试验的承压板用方形或矩形，其尺寸按实际桩数所承担的处理面积确定。

(3) 承压板底面标高应与桩顶设计标高相适应。承压板底面下宜铺设粗砂或中砂垫层，垫层厚度取 50～100mm，桩身强度高时宜取大值。试验标高处的试坑长度和宽度，应不小于承压板尺寸的 3 倍。基准梁的支点应设在试坑之外。

(4) 试验前应采取措施，防止试验场地地基土含水量变化或地基土扰动。

(5) 加载等级可分为 8～12 级。最大加载压力不应小于设计要求压力值的 2 倍。

(6) 复合地基承载力特征值按下列方法确定：

① 当压力—沉降曲线上极限荷载能确定，而其值不小于对应比例界限的 2 倍时，可取比例界限；当其值小于对应比例界限的 2 倍时，可取极限荷载的一半；

② 按相对变形值确定：即在压力—沉降曲线上取 s/b 或 s/d 等于规定值所对应的压力（s 为载荷试验承压板的沉降量；b 和 d 分别为承压板宽度和直径，当其值大于 2m 时，按 2m 计算）。按相对变形值确定的承载力特征值不应大于最大加载压力的一半。

4. 振冲桩复合地基按相对变形值确定承载力特征值时，当以黏性土为主的地基，可取 s/b 或 s/d 等于 0.015 所对应的压力；当以粉土或砂土为主的地基，可取 s/b 或 s/d 等于 0.01 所对应的压力。

施工中应检查密实电流、供水压力、供水量、填料量、孔底留振时间、振冲点位置等参数。振冲施工结束后，除砂土地基外，应间隔一定时间后方可进行质量检验。对粉质黏土地基间隔时间可取 21～28d，对粉土地基可取 14～21d。检验可用单桩载荷试验，每 200～400 根取 1 根作试验，总数不少于 3 根。对大型、重要或地质条件复杂的工程，宜用复合地基载荷试验作检验，数量按处理面积大小取 3～4 组。

如承载力检验结果满足要求，可判为合格。承载力不够，但经设计复核后可满足结构安全及使用功能，也可判为合格。

8.4.4 砂石桩地基竣工验收时，承载力检验应采用复合地基载荷试验。

【技术要点说明】

砂石桩法是采用振动、冲击或水冲等方式在地基中成孔后，再将碎石、砂或砂石挤压入已成的孔中，形成砂石所构成的密实桩体，并和原桩周土组成复合地基的地基处理方法。砂石桩处理后的地基是按复合地基进行设计的，因此其承载力检验应采用复合地基载荷试验。

【实施与检查的控制】

砂石桩施工应选用能顺利出料和有效挤压桩孔内砂石料的桩尖结构。当采用活瓣桩靴时，对砂土和粉土地基宜选用尖锥型；对黏性土地基宜选用平底型；一次性桩尖可采用混凝土锥形桩尖。

施工前应进行成桩工艺和成桩挤密试验。当成桩质量不能满足设计要求时，应调整设计与施工有关参数后，重新进行试验或改变设计。

施工顺序：对砂性土应从外围或两侧向中间进行；对黏性土宜从中间向外围或隔排施工。

砂石桩桩顶部施工时，由于上覆压力较小，因而对桩体的约束力较小，桩顶形成一个松散层，施工后应将基底标高下的松散层挖除或夯压密实，随后铺设并压实砂石垫层。

砂石桩复合地基按相对变形值确定承载力特征值时，对以黏性土为主的地基，可取 s/b 或 s/d 等于 0.015 所对应的压力，对以粉土或砂土为主的地基，可取 s/b 或 s/d 等于 0.01 所对应的压力。

应在施工期间及施工结束后，检查砂石桩的施工记录。对沉管法施工，尚应检查套管往复挤压振动次数与时间、套管升降幅度和速度、每次填砂石料量等项施工记录。

由于在制桩过程中原状土的结构受到不同程度的扰动，强度会有所降低，饱和土地基在桩周围一定范围内，土的孔隙水压力上升。待休置一段时间后，孔隙水压力会消散，强度会逐渐恢复，恢复期的长短是根据土的性质而定。原则上应在孔压消散后进行检验。对饱和黏性土地基间隔时间不宜少于 28d；对粉土、砂土和杂填土地基，不宜少于 7d。

桩间土质量的检测位置应在等边三角形或正方形的中心，检测指标由设计确定，数量为桩孔总数的 2%。对大型、重要、地质条件复杂的工程，应按附录 A 有关规定进行复合地基的载荷试验。

检查结果如都满足要求可判合格，检查结果如有占检测总数的 10%不满足要求，应采取加桩或其他措施补救，经设计认可后，可判合格。

9.4.2　水泥粉煤灰碎石桩地基竣工验收时，承载力检验应采用复合地基载荷试验。

【技术要点说明】

水泥粉煤灰碎石桩法是由水泥、粉煤灰、碎石、石屑或砂等混合料加水拌合形成的高黏结强度桩，由桩、桩间土和褥垫层一起组成复合地基的地基处理方法。水泥粉煤灰碎石桩地基是按复合地基进行设计的，因此其承载力检验应采用复合地基载荷试验。

【实施与检查的控制】

1. 施工中桩顶标高应高出设计桩顶标高不少于 0.5m，留有保护桩长。这是因为：

(1) 桩顶一般由于混合料自重压力较小或由于浮浆的影响，接近桩顶一段桩体强度较差；

(2) 已打桩尚未结硬时，施打新桩可能导致已打桩受振动挤压，混合料上涌使桩径缩小。增大混合料的高度即增加了自重压力，可提高抵抗周围土挤压的能力。

2. 清土和截桩时，如采用机械、人工联合清运，应避免机械设备超挖，并应预留至少 50cm 用人工清除，避免造成桩头断裂和扰动桩间土层。

3. 长螺旋钻孔、管内泵压混合料成桩施工在钻至设计深度后，应准确掌握提拔钻杆时间，混合料泵送量应同拔管速度相配合，以保证管内有一定高度的混合料，遇到饱和砂土或饱和粉土层，不得停泵待料；沉管灌注成桩施工拔管速度应按均匀线速度控制，拔管线速度应控制在 1.0～1.5m/min 左右，如遇淤泥或淤泥质土，拔管速度可适当放慢。

检查：

1. 应检查施工记录、混合料坍落度、桩数、桩位偏差、垫层厚度、夯填度和桩体试块抗压强度等。

2. 水泥粉煤灰碎石桩复合地基按相对变形值确定承载力特征时，当以卵石、圆砾、密实粗中砂为主的地基，可取 s/b 或 s/d 等于 0.008 所对应的压力，当以黏性土、粉土为主的地基，可取 s/b 或 s/d 等于 0.01 所对应的压力。

3. 成桩过程中，抽样做混合料试块，每台机械一天应做一组(3 块)试块(边长为 150mm 的立方体)，标准养护 28d，测定其抗压强度。

4. 复合地基检测应在桩体强度满足试验荷载条件时进行，一般宜在施工结束 2～4 周后检测。

5. 复合地基承载力宜用单桩或多桩复合地基载荷试验确定，复合地基载荷试验方法宜符合本规范附录 A 的规定，试验数量不应少于 3 个试验点。

6. 对高层建筑或重要建筑，可抽取总桩数的 10%进行低应变动力检测，检验桩身结构完整性。

判定：

对水泥粉煤灰碎石桩地基，经检验其复合地基承载力符合设计要求，可判为合格。若未满足设计要求，应分析原因，采取补桩或其他措施后，经设计复核认可，也可判为合格。

10.4.2 夯实水泥土桩地基竣工验收时，承载力检验应采用单桩复合地基载荷试验。对重要或大型工程，尚应进行多桩复合地基载荷试验。

【技术要点说明】

夯实水泥土桩是将水泥和土按设计的比例拌合均匀，在孔内夯实至设计要求的密实度而形成的加固体，并与桩间土组成复合地基的地基处理方法。夯实水泥土桩地基是按复合地基进行设计的，因此，其承载力检验应采用复合地基载荷试验。

【实施与检查的控制】

1. 混合料含水量是决定桩体夯实密度的重要因素，在现场施工时应严格控制。用机械夯实时，因锤重、夯实功大，宜采用土料最佳含水量 ω_{op}－(1%～2%)，人工夯实时宜采用土料最佳含水量 ω_{op}＋(1%～2%)，均应由现场试验确定。

2. 各种成孔工艺均可能使孔底存在部分扰动和虚土，因此夯填混合料前应将孔底土夯实，有利于发挥桩端阻力，提高复合地基承载力。

3. 雨期或冬期施工时，应采取防雨、防冻措施，防止土料和水泥受雨水淋湿或冻结。

检查：

1. 夯实水泥土桩复合地基按相对变形值确定承载力特征时，当以卵石、圆砾、密实粗中砂为主的地基，可取 s/b 或 s/d 等于 0.008 所对应的压力；当以黏性土、粉土为主的地基，可取 s/b 或 s/d 等于 0.01 所对应的压力。

2. 施工过程中，应有专人监测成孔及回填夯实的质量，并作好施工记录。对夯实水泥土桩的成桩质量，应及时进行抽样检验，数量不应少于桩孔总数的 2%。如发现地基土质与勘察资料不符时，应查明情况，采取有效处理措施。

3. 施工结束后，应采用单桩复合地基载荷试验进行检验。对重要或大型工程，必要时尚应适行多桩复合地基载荷试验检验。

判定：

载荷试验如满足设计要求，可判合格。如不满足要求，可采取补救措施，经设计复核认可后，也可判为合格。

11.3.15 水泥土搅拌法(干法)喷粉施工机械必须配置经国家计量部门确认的具有能瞬时检测并记录出粉量的粉体计量装置及搅拌深度自动记录仪。

【技术要点说明】

水泥土搅拌法是以水泥作为固化剂的主剂。通过特别的深层搅拌机械，将固化剂和地基土强制搅拌，使软土硬结成具有整体性、水稳定性和一定强度的桩体的地基处理方法。水泥土搅拌法分为湿法和干法两种。由于水泥掺入量与水泥土搅拌桩的桩身强度密切相关，因此水泥土搅拌法（干法）喷粉施工机械必须配置经国家计量部门确认的粉体计量装置及深度记录仪，严格监控各桩段的水泥掺入量，确保施工质量。

【实施与检查的控制】

施工企业进入施工现场的喷粉施工机械必须配有符合上述要求的粉体计量装置及深度记录仪，在进入施工现场后结合试验桩的施工，应进一步考察该装置的性能及监测结果的准确性，确保水泥土搅拌桩的施工质量。

地下水位较高，土层含水量较大的地层，不宜用干法施工。

监理单位和建设单位对进入现场的施工机械，必须逐台检查配置的粉体计量装置和深度记录仪及其相关的技术鉴定文件、资料等。

经施工现场考核证明粉体计量装置和深度记录仪性能良好、计量准确，可允许该机械投入施工，否则不允许投入施工。

11.4.3　竖向承载水泥土搅拌桩地基竣工验收时，承载力检验应采用复合地基载荷试验和单桩载荷试验。

【技术要点说明】

竖向承载水泥土搅拌桩地基是按复合地基进行设计的，因此其复合地基承载力检验应采用复合地基载荷试验，并用单桩载荷试验校核单桩承载力。

【实施与检查的控制】

1. 湿法施工前应确定灰浆泵输浆量、灰浆经输浆管到达搅拌机喷浆口的时间和起吊设备提升速度等施工参数，并根据设计要求通过工艺性成桩试验确定施工工艺。

2. 干法施工前应仔细检查搅拌机械、供粉泵、送气（粉）管路、接头和阀门的密封性、可靠性。送气（粉）管路的长度不宜大于60m。

3. 干法搅拌头每旋转一周，其提升高度不得超过16mm。搅拌头的直径应定期复核检查，其磨耗量不得大于10mm。

. 施工过程中必须随时检查施工记录和计量记录，并对照规定的施工工艺对每根桩进行质量评定。检查重点是：水泥用量、桩长、搅拌头转数和提升速度、复搅次数和复搅深度、停浆处理方法等。

成桩28d后可在桩头截取试块或用双管单动取样器钻取芯样（$\phi>100$mm）作无侧限抗压强度试验。检查量为总桩数的1%，且不少于3根。

竖向承载的水泥土搅拌桩应采用单桩或多桩复合地基载荷试验检验其承载力。载荷试验宜在成桩28d后进行，每个场地不宜少于三个点。复合地基载荷试验方法宜符合本规范附录A的规定。竖向承载水泥土搅拌桩复合地基按相对变形值确定承载力特征值时，可取s/b或s/d等于0.006所对应的压力。

对竖向承载水泥土搅拌桩地基，经检验其复合地基承载力符合设计要求的，认为施工质量合格。若未满足设计要求的，应分析原因，采取补桩或其他措施后，重新进行检验。

12.4.5　竖向承载旋喷桩地基竣工验收时，承载力检验应采用复合地基载荷试验和单桩载荷试验。

【技术要点说明】

旋喷桩法是用高压水泥浆通过钻杆由水平方向的喷嘴喷出，形成喷射流，以此切割土体并与土拌和形成水泥土加固体的地基处理方法。竖向承载旋喷桩地基是按复合地基进行设计的，因此,其复合地基承载力检验应采用复合地基载荷试验,并用单桩载荷试验校核单桩承载力。

【实施与检查的控制】

1. 施工中应严格按照施工参数和材料用量施工,并如实做好各项记录。

2. 在高压喷射注浆过程中出现压力骤然下降、上升或冒浆异常时,应查明原因并及时采取措施。

3. 喷射孔与高压注浆泵的距离不宜大于 50m。喷射管分段提升的搭接长度不得小于 100mm。

检查:

1. 竖向承载旋喷桩复合地基按相对变形值确定承载力特征值时,可取 s/b 或 s/d 等于 0.006 所对应的压力。

2. 高压喷射注浆处理地基的强度离散性大,在软弱黏性土中,强度增长速度较慢。检验时间应在喷射注浆后 28d 进行。

3. 高压喷射注浆可采用开挖检查、取芯、标准贯入、静力触探、载荷试验或压水试验等方法进行检验。

4. 检验点应布置在下列部位:建筑荷载大的部位;桩位和帷幕中心线上;施工中出现异常情况的部位;地质情况复杂,可能对高压喷射注浆质量产生影响的部位。

5. 检验点的数量为施工孔数的 1%～5%,对不足 20 个孔的工程至少应检验 2 个点。

判定:

按设计要求检查的项目,如都满足要求,可判为合格。不合格的项目,补喷后符合要求或经设计复核认可,也可判为合格。

13.4.3 石灰桩地基竣工验收时,承载力检验应采用复合地基载荷试验。

【技术要点说明】

石灰桩法是由生石灰与粉煤灰等掺合料拌合均匀,在孔内分层夯实形成竖向增强体,并与桩间土组成复合地基的地基处理方法。石灰桩地基是按复合地基进行设计的,因此,其复合地基承载力检验应采用复合地基载荷试验。

【实施与检查的控制】

1. 应根据施工工艺制定相应的技术保证措施。施工中应及时作好施工记录,监督成桩质量,进行施工阶段的质量检测等。

2. 进入场地的生石灰应有防水、防雨、防风、防火措施,宜做到随进随用。

3. 石灰桩身密实度是质量控制的重要指标,桩身密实度的控制一般根据施工工艺的不同凭经验控制。无经验的地区应进行成桩工艺试验。成桩 7～10d 后用轻型动力触探进行对比检测,确定适合的工艺。

4. 生石灰块的膨胀率大于生石灰粉,同时生石灰粉易污染环境。为了使生石灰与掺合料反应充分,应将块状生石灰粉碎,其粒径 30～50mm 为佳,最大不宜超过 70mm。

石灰桩复合地基按相对变形值确定承载力特征值时,可取 s/b 或 s/d 等于 0.012 所对应的压力。

石灰桩质量检验宜在施工 28d 后进行。

石灰桩复合地基质量检验宜采用单桩复合地基载荷试验或多桩复合地基载荷试验。试验方法应符合本规范附录 A 的规定。载荷试验的数量宜为地基处理面积每 250m² 左右布置一个点，每一单体工程不得少于三点。

判定：

按规定的检查项目如都满足要求可判合格。否则应采取补救措施，经设计认可后，也可判为合格。

14.4.3　灰土挤密桩和土挤密桩地基竣工验收时，承载力检验应采用复合地基载荷试验。

【技术要点说明】

灰土挤密桩法和土挤密桩法是利用横向挤压成孔设备成孔，使桩间土得以挤密。用灰土或素土填入桩孔内分层夯实形成灰土桩或土桩，并与桩间土组成复合地基的地基处理方法。灰土挤密桩和土挤密桩地基是按复合地基进行设计的，因此，其复合地基承载力检验应采用复合地基载荷试验。

【实施与检查的控制】

1. 施工过程中，应有专人监理成孔及回填夯实的质量，并做好施工记录。如发现地基土质与勘察资料不符，应立即停止施工，待查明情况或采取有效措施处理后，方可继续施工。

2. 灰土和土料受雨水淋湿或冻结，容易出现"橡皮土"，且不易夯实。当雨季或冬季选用灰土挤密桩或土挤密桩处理地基时，应采取防雨或防冻措施，保护灰土或土料不受雨水淋湿或冻结，以确保施工质量。

3. 施工灰土挤密桩或土挤密桩时，在成孔或拔管过程中，对桩孔（或桩顶）上部土层有一定的松动作用，因此施工前应根据选用的成孔设备和施工方法，在基底设计标高以上预留一定厚度的松动土层，待成孔和桩孔回填夯实结束后，将其挖除或按设计规定进行处理。

4. 整片地基处理，施工顺序宜从中间向四周扩展，大型工程可分区施工，局部处理宜从四周向中间，间隔1～2孔进行。

检查：

1. 灰土挤密桩复合地基按相对变形值确定承载力特征值时，可取 s/b 或 s/d 等于0.008所对应的压力；土挤密桩复合地基可取 s/b 或 s/d 等于0.012所对应的压力。

2. 成桩后，应及时抽样检验灰土挤密桩或土挤密桩处理地基的质量。对一般工程，主要应检查施工记录，检测全部处理深度由桩体和桩间土的干密度，并将其分别换算为平均压实系数 λ 和平均挤密系数 η。对重要工程，除检测上述内容外，还应测定全部处理深度内桩间上的压缩性和湿陷性。

判定：

按规定的检查项目如都满足要求可判合格。否则应采取补救措施，经设计认可后，也可判为合格。

15.4.3　柱锤冲扩桩地基竣工验收时，承载力检验应采用复合地基载荷试验。

【技术要点说明】

柱锤冲扩桩法是反复将柱状重锤提到高处使其自由落下冲击成孔，然后分层填料夯实形成扩大桩体，与桩间土组成复合地基的地基处理方法。柱锤冲扩桩地基是按复合地基进行设计的，因此，其复合地基承载力检验应采用复合地基载荷试验。

【实施与检查的控制】

1. 柱锤的质量、锤长、落距、分层填料量、分层夯实度、夯击次数、总填料量等应根据试验或按当地经验确定。每个桩孔应夯填至桩顶设计标高以上至少0.5m，其上部桩孔宜用原槽土夯封。施工中应作好记录,并对发现的问题及时进行处理。

2. 成孔和填料夯实的施工顺序,宜间隔进行。

检查:

1. 施工过程中应随时检查施工记录及现场施工情况,并对照预定的施工工艺标准,对每根桩进行质量评定。对质量有怀疑的工程桩,应用重型动力触探进行自检。

2. 柱锤冲扩桩复合地基按相对变形值确定承载力特征值时,可取 s/b 或 s/d 等于 0.012 所对应的压力。

3. 采用柱锤冲扩桩法处理的地基,其承载力是随着时间增长而逐步提高的,因此要求在施工结束后休止 7～14d 再进行检验。对非饱和土和粉土,休止时间可适当缩短。

4. 基槽开挖后,应检查桩位、桩径、桩数、桩顶密实度及槽底土质情况。检验的重点是桩顶密实度及槽底土质情况。由于柱锤冲扩桩法施工工艺的特点是冲孔后自下而上成桩,即由下往上对地基进行处理,由于顶部上覆压力小,容易造成桩顶及槽底土质松动,而这部分又是直接持力层,因此应加强对桩顶特别是槽底以下 lm 厚范围内土质的检验,检验方法可采用轻型动力触探。

判定:

如各检查项目都满足要求,可判合格。如发现漏桩、桩位偏差过大、桩头及槽底土质松软等质量问题,应采取补救措施,经设计认可,也可判为合格。

16.4.2 单液硅化法处理后的地基竣工验收时,承载力及其均匀性应采用动力触探或其他原位测试检验。

【技术要点说明】

单液硅化法是采用硅酸钠溶液注入地基土层中,使土粒之间及其表面形成硅酸凝胶薄膜,增强了土颗粒间的联结,赋予土耐水性、稳固性和不湿陷性,并提高土的抗压和抗剪强度的地基处理方法。对单液硅化法处理后的地基主要是检验其承载力和均匀性,检验方法应采用动力触探或其他原位测试。

【实施与检查的控制】

1. 施工中应经常检查各灌注孔的加固深度、注入土中的溶液量、溶液的浓度和有无沉淀现象。

2. 全部溶液注入土中后,所有灌注孔宜用 2:8 灰土分层回填夯实,防止地面水、生产或生活用水浸入地基土内。

3. 当采用单液硅化法加固既有建(构)筑物或设备基础的地基时,在灌注溶液过程中,应进行沉降观测。当发现建(构)筑物和设备基础的沉降突然增大或出现异常情况时,应立即停止灌注溶液,待查明原因并采取有效措施处理后,再继续灌注。

检查:

1. 单液硅化法溶液灌注完毕,应在 7～10d 后对加固的地基土进行检验。采用动力触探或其他原位测试检验。

2. 地基加固结束后,尚应对建(构)筑物或设备基础进行沉降观测,观测时间不应少于半年。沉降观测结果,可作为评定地基加固质量和效果好坏的重要依据之一。

判定:

地基加固结束后,如果既有建筑物或设备基础的沉降很小并很快稳定,说明地基加固的质量和效果较好,可判合格。反之,应补孔再灌,满足要求后,方可判为合格。

3　混凝土结构工程

3.1　基 本 规 定

《混凝土结构工程施工质量验收规范》GB 50204—2002

5.1.1　当钢筋的品种、级别或规格需作变更时，应办理设计变更文件。

【技术要点说明】

在施工过程中，当现场缺乏设计所要求的钢筋品种、级别或规格时，可进行钢筋代换。钢筋代换可以是不同规格钢筋之间的代换，也可以是不同品种、不同级别钢筋之间的代换。一般情况下，只要钢筋代换以后其受拉承载力设计值不降低就可以了。但是，在抗拉力不变的情况下，应力变化可能引起伸长变形的差异，而规格不同可能引起裂缝宽度和耐久性的变化，因此，钢筋代换应经设计方面校核而加以确认，而不能由施工单位自行变更。规范为此专门规定，为了保证对设计意图的理解不产生偏差，确保满足原结构设计的要求，当需要作钢筋代换时，应由设计单位决定，并办理设计变更文件。

【实施与检查的控制】

当需要作钢筋代换时，必须由设计单位经计算校核，出具书面洽商或设计变更通知书，并按代换以后的设计要求施工和验收。

检查设计变更文件及钢筋工程验收文件。

以有无设计变更文件以及设计变更文件和验收文件是否一致作为判定依据。

7.2.2　混凝土中掺用外加剂的质量及应用技术应符合现行国家标准《混凝土外加剂》GB 8076、《混凝土外加剂应用技术规范》GB 50119 等和有关环境保护的规定。

预应力混凝土结构中，严禁使用含氯化物的外加剂。钢筋混凝土结构中，当使用含氯化物的外加剂时，混凝土中氯化物的总含量应符合现行国家标准《混凝土质量控制标准》GB 50164的规定。

【技术要点说明】

混凝土外加剂种类较多，均有相应的质量标准，使用时其质量及应用技术应符合国家现行标准《混凝土外加剂》GB 8076、《混凝土外加剂应用技术规范》GB 50119、《混凝土速凝剂》JC 472、《混凝土泵送剂》JC 473、《混凝土防水剂》JC 474、《混凝土防冻剂》JC 475、《混凝土膨胀剂》JC 476 等的规定。外加剂的检验项目、方法、批量和合格指标应符合相应标准的规定。鉴于某些外加剂（如尿素）长期分解可能造成环境污染，故使用外加剂应符合有关环境保护的规定。

若外加剂中含有氯化物，可能引起混凝土结构中钢筋的锈蚀，故应严格控制。预应力筋张拉锚固后处于高应力状态，对锈蚀非常敏感，故预应力混凝土结构中严禁使用含氯化物的外加剂。对钢筋混凝土结构，可适当放宽，但混凝土中氯化物的总含量应按现行国家标准

《混凝土质量控制标准》GB 50164 的规定加以控制。

【实施与检查的控制】

按进场的批次和产品的抽样检验方案确定检查数量，与前 5.2.1 条相同。

检查产品合格证和出厂检验报告，必要时检查进场复验报告。

以有无产品合格证和出厂检验报告以及是否全部合格作为判定依据。对初次采用的外加剂，要有进场复验报告并合格；对长期采用同一牌号的情况，可不再对进场复验提出要求。

3.2 模 板 工 程

《混凝土结构工程施工质量验收规范》GB 50204—2002

4.1.1 模板及其支架应根据工程结构形式、荷载大小、地基土类别、施工设备和材料供应等条件进行设计。模板及其支架应具有足够的承载能力、刚度和稳定性，能可靠地承受浇筑混凝土的重量、侧压力以及施工荷载。

【技术要点说明】

本条提出了对模板及其支架的基本要求，并要求通过模板设计来保证模板有足够的承载能力、刚度和稳定性。这是保证模板及其支架的安全并对混凝土成型质量起重要作用的项目。在模板设计中，应充分考虑施工荷载对模板的影响。同时，也不能忽视模板的刚度和整体稳定性要求。多年的工程实践证明，正确、合理的设计对保证模板工程的安全是必需的。不通过认真设计而仅根据经验估算确定模板方案，可能成为事故发生的原因。

【实施与检查的控制】

模板及其支架的设计应考虑工程结构形式、环境和气象（如温差、风、雪等）、荷载大小、地基土类别、施工设备和材料供应等条件。对各种不同条件，都应有相应的应对措施，具体操作时可参照有关标准的规定。

施工技术方案中应有模板设计的有关内容。对重复多次使用的模板系统，不一定对每个工程都进行设计计算，但必须有相应的文件资料，并进行必要的复核。

以有无模板设计文件资料以及模板在施工过程中是否具有足够的承载能力、刚度、稳定性作为判定依据。

4.1.3 模板及其支架拆除的顺序及安全措施应按施工技术方案执行。

【技术要点说明】

模板及其支架拆除的顺序及相应的施工安全措施对避免重大工程事故非常重要，在制订施工技术方案时应考虑周全。在方案中给出上述要求时，不应简单地抄袭有关作业条款，而应结合工程的特点和具体的施工机具等条件，做出可供操作的具体规定。

【实施与检查的控制】

模板及其支架拆除时，混凝土结构可能尚未形成设计要求的受力体系，必要时应加设临时支撑。后浇带模板的拆除及支顶易被忽视而造成结构缺陷，应特别注意。

施工技术方案中应规定模板及其支架拆除的顺序及安全措施。应检查施工技术方案中的有关内容，并检查其落实情况，如对施工人员的操作安全教育等。

以施工技术方案中有无模板拆除顺序和安全措施的规定以及执行情况作为判定依据。

《建筑工程大模板技术规程》JGJ 31—2003

3.0.2　组成大模板各系统之间的连接必须安全可靠。

【技术要点说明】

大模板是一组可以拼装拆卸的模板，应有专门的设计与计算分析。各系统组件之间多以螺栓、销轴等互相连接而成为稳定、结实的可靠受力体系，以便在混凝土浇筑施工时承载受力。因此，组成大模板的各系统组件之间的连接（螺栓、销轴等）必须完好、可靠，以保证大模板系统的安全。

【实施与检查的控制】

大模板各系统组件之间的螺栓、销轴等必须完好，灵活，能够承载受力。每次施工前拼装及施工后拆卸清洗时均应认真检查，有问题应及时修复。

观察检查大模板各系统组件之间的连接件（螺栓、销轴等）。视其是否有变形、磨损、损坏、不灵活等缺陷，是否符合模板设计图纸中要求的状态。

符合要求的为合格，有缺陷的应及时修理，有严重缺陷的应及时更换、大修，否则为违反强制性条文。

3.0.4　大模板的支撑系统应能保持大模板竖向放置的安全可靠和在风荷载作用下的自身稳定性。地脚调整螺栓长度应满足调节模板安装垂直度和调整自稳角的需要；地脚调整装置应便于调整、转动灵活。

【技术要点说明】

大模板在平时应竖向放置且具有一定的稳定性；在使用时能通过调整保证其应有的垂直度，这是其应有的最重要功能。对于前者靠自身重量及支撑系统通过调整自稳角保持平衡和稳定，并且在风荷载作用下也不会倾覆。对于后者，则通过调节地脚螺栓的长度来调整模板板面的垂直度。因此，地脚螺栓的长度应能保证调节垂直度和自稳角的需要，并且地脚调整装置应灵活、方便使用。

【实施与检查的控制】

地脚调整装置，包括调节螺栓应长度足够，转动灵活，每次施工前及施工后均应检查清理，保持模板设计要求的良好状态，有问题时及时修理。

观察检查地脚调整装置的状态，视其是否有影响使用功能的严重缺陷，是否符合设计要求的模板应有的状态。

符合要求者为合格，有小缺陷时应修理；有大的严重缺陷应及时更换、大修，否则认为不符合强制性条文要求。

3.0.5　大模板钢吊环应采用Q235A材料制作并应具有足够的安全储备，严禁使用冷加工钢筋。焊接式钢吊环应合理选择焊条型号，焊缝长度和焊缝高度应符合设计要求；装配式吊环与大模板采用螺栓连接时必须采用双螺母。

【技术要点说明】

吊环的功能是在施工安装模板时吊装挂钩所用，其将支持大模板的全部重量，同时还可能承受其他一些意外作用（吊装冲击、风力、碰撞等）。万一出问题，将造成模板坠落，引起安全问题。因此必须保持其承载受力的可靠。采取的措施有以下几种：

吊环材料应采用延性最好的Q235A钢材，严禁采用延性差的冷加工钢筋；

吊环设计时应留有足够的安全储备，防止意外作用下的失效；

当用焊接连接时，焊条选择应合理，焊缝长度和高度应符合设计要求。

当用螺栓连接时，必须用双螺母备紧，以策安全。

【实施与检查的控制】

大模板制作时所用吊环的钢材、连接方式、连接质量必须与模板设计文件相符合。

检查模板吊环的钢种、直径、焊缝和螺栓连接，是否符合设计要求。

符合设计要求者为合格，否则为不符合强制性条文要求。

4.2.1.3　大模板的重量必须满足现场起重设备能力的要求。

【技术要点说明】

大模板体系组装以后自重较大，应考虑施工现场的起重能力。在大模板系统的配板设计时，应计算其自重，满足施工现场起重设备能力的要求。切勿图省事而超载使用，以免造成倾覆等安全事故。

【实施与检查的控制】

配板设计时计算其重量，不应超过工地起重设备的起重能力。

检查大模板体系的配板重量，并与施工现场的起重设备能力相比较。

模板重量小于起重能力为符合要求，反之则为违反强制性条文。

6.1.6　吊装大模板时应设专人指挥，模板起吊应平稳，不得偏斜和大幅度摆动。操作人员必须站在安全可靠处，严禁人员随同大模板一同起吊。

【技术要点说明】

大模板体系重量大，面积也大，一旦倾覆将引起严重的安全问题，在吊装、运输时尤其应加以注意。吊运时专人指挥，统一信号。吊装时平稳运行，不能偏斜和大幅度摆动以免碰撞。操作人员应站在安全可靠处，尽量不在其可能倾覆、下坠的范围内，尤其不能随其一起吊运，以免发生危及生命的意外安全事故。

【实施与检查的控制】

吊运大模板时指定专人统一指挥，平稳运行，操作人员应站在安全处，尤其不能随模板一起吊运。应制定有关操作规程。

检查是否有操作规程及安全措施，且符合上述要求。实际吊装运输施工时，观察不得有违反上述规定的行为。

有有效的措施（操作规程或规定）并能落实执行者为符合要求。否则为不符合强制性条文要求。

6.1.7　吊装大模板必须采用带卡环吊钩。当风力超过5级时应停止吊装作业。

【技术要点说明】

大模板重量大且面积也大，且常处于垂直状态，容易受风并引起摆动、坠落、倾覆等问题而引发安全事故。因此采取以下两个措施：

吊装时必须用卡环吊钩，防止采用一般弯钩可能引起的脱钩意外；

大风天气（5级以上风力）应停止吊装、运输作业。

【实施与检查的控制】

吊具必须使用卡环吊钩；5级以上大风天气停止作业。应有操作规程或制度加以落实。

检查施工单位是否有相应的规章制度并认真执行。观察吊装卡具是否卡环吊钩。

符合上述要求为合格；否则为不符合强制性条文要求。

6.5.1 大模板的拆除应符合下列规定：

6 起吊大模板前应先检查模板与混凝土结构之间所有对拉螺栓、连接件是否全部拆除，必须在确认模板和混凝土结构之间无任何连接后方可起吊大模板，移动模板时不得碰撞墙体。

【技术要点说明】

作为浇筑混凝土时起成型作用的大模板，在混凝土成型并具有一定强度以后将拆除。拆除时应注意以下两个问题：

首先模板与混凝土之间的所有联系和约束必须统统解除。否则起吊时模板无法脱离，会拉坏、撕裂混凝土结构，甚至造成起吊设备倾覆。因此起吊大模板前应认真检查所有的连接（包括对拉螺栓、连接件等）是否均已脱离，无任何接触。确认无任何连接后方可起吊。

其次，拆模、起吊而移动模板时，不得碰撞墙体。由于大模板体积庞大，重量也很大，与强度不很高的混凝土碰撞，会造成结构构件缺棱掉角、裂缝破碎等外观缺陷，甚至因受撞击力的作用而发生结构性缺陷。

【实施与检查的控制】

拆除时应认真操作，所有模板与浇筑混凝土之间的连接必须全部解除，如对拉螺栓、连接件等应全部拆除。起吊前必须再检查一遍新拆除的混凝土表面，确认与模板无任何联系后方可起吊。拆模和起吊时应禁止粗暴的野蛮操作，防止力度过大碰撞混凝土结构而造成外观缺陷。为此，应制订相应的操作规程或技术措施。

检查有无操作规程或技术措施，其中拆模、起吊中是否规定了相应的内容，并且认真地执行了。观察拆除后的混凝土结构中是否有碰撞、拉裂等损伤的痕迹。

有相应的规章制度并认真落实执行，且拆除后结构表面无损伤者为合格。否则认为不符合强制性条文的要求。

6.5.2 大模板的堆放应符合下列要求：

1 大模板现场堆放区应在起重机的有效工作范围之内，堆放场地必须坚实平整，不得堆放在松土、冻土或凹凸不平的场地上。

2 大模板堆放时，有支撑架的大模板必须满足自稳角要求，当不能满足要求时，必须另外采取措施，确保模板位置的稳定。没有支撑架的大模板应存放在专用的插放支架上，不得倚靠在其他物体上，防止模板下脚滑移倾倒。

3 大模板在地面堆放时，应采取两块大模板板面对板面相对放置的方法，且应在模板中间留置不小于600mm的操作间距；当长时期堆放时，应将模板连接成整体。

【技术要点说明】

大模板体积和重量都很大，而且受风面积也大，因此容易倾覆而发生意外伤亡事故。此外，大模板的板面平整光洁至关重要，因为它直接影响施工浇筑混凝土后，结构的尺寸形状及外观质量，因此必须妥善保护。本条提出了大模板堆放时的要求如下：

场地位置必须在起吊设备有效工作范围内，这是施工起吊的起码要求。

场地平整结实，因为松软或不平的场地上堆放容易引起模板倾覆。

堆放时满足自稳角要求；无支撑的模板应放在专用插放支架上；不得倚靠在其他物体上，防止下脚滑移而发生倾倒。这些都是防止倾覆的措施。

地面堆放时应板面相对以保护模板表面平整。长期不用的须连成整体以求稳定；施工时堆放模板的板面间应留出一定空间，以便操作。

【实施与检查的控制】

制订有关的操作规程或施工技术措施，并在施工时认真执行，模板堆置场地应在施工组织设计中单独留出，并平整结实。施工中模板的堆置状态必须符合上述要求。

检查施工组织设计和施工技术方案或操作规程，其中应对上述有关内容作出规定。现场实际堆放状态应与此完全符合。

符合上述要求者为合格；否则认为不符合强制性条文要求。

3.3 钢 筋 工 程

《混凝土结构工程施工质量验收规范》GB 50204—2002

5.2.1 钢筋进场时，应按现行国家标准《钢筋混凝土用热轧带肋钢筋》GB 1499 等的规定抽取试件作力学性能检验，其质量必须符合有关标准的规定。

【技术要点说明】

钢筋对混凝土结构构件的承载力至关重要，对其质量应从严要求。普通钢筋应符合现行国家标准《钢筋混凝土用热轧带肋钢筋》GB 1499、《钢筋混凝土用热轧光圆钢筋》GB 13013和《钢筋混凝土用余热处理钢筋》GB 13014 的要求。钢筋进场时，应检查产品合格证和出厂检验报告，并按规定进行抽样检验，其检验方法和合格指标应符合相应标准的规定。本条的目的是通过复验确认钢筋为合格产品，并防止名实不符或混料错批。

【实施与检查的控制】

按进场的批次和产品的抽样检验方案确定检查数量。若有关标准中对进场检验数量作了具体规定，应遵照执行；若有关标准中只有对产品出厂检验数量的规定，则在进场检验时，检查数量可按下列情况确定：

(1) 当一次进场的数量大于该产品的出厂检验批量时，应划分为若干个出厂检验批量，然后按出厂检验的抽样方案执行；

(2) 当一次进场的数量小于或等于该产品的出厂检验批量时，应作为一个检验批量，然后按出厂检验的抽样方案执行；

(3) 对连续进场的同批钢筋，当有可靠依据时，可按一次进场的钢筋处理。

检查产品合格证、出厂检验报告和进场复验报告。产品合格证、出厂检验报告是对产品质量的证明资料，应列出产品的主要性能指标。有时，产品合格证、出厂检验报告可以合并提供，但主要项目、内容应基本齐全。进场复验报告是进场抽样检验的结果，并作为判定材料能否在工程中应用的依据。

以有无产品合格证、出厂检验报告和进场复验报告以及是否全部合格作为判定依据。

5.2.2 对有抗震设防要求的框架结构，其纵向受力钢筋的强度应满足设计要求；当设计无具体要求时，对一、二级抗震等级，检验所得的强度实测值应符合下列规定：

1 钢筋的抗拉强度实测值与屈服强度实测值的比值不应小于 1.25；

2 钢筋的屈服强度实测值与强度标准值的比值不应大于 1.3。

【技术要点说明】

根据现行国家标准《混凝土结构设计规范》GB 50010 的规定，按一、二级抗震等级设计的框架结构中的纵向受力钢筋应具有必要的延性，其强度实测值应满足本条强屈比及超强比的要求。设置本条是为了保证在地震作用下，结构某些部位出现塑性铰以后，钢筋具有足够的变形能力。钢筋的强度标准值应按《混凝土结构设计规范》GB 50010 取值。

【实施与检查的控制】

按进场的批次和产品的抽样检验方案确定检查数量，与第 5.2.1 条相同。

检查同第 5.2.1 条，但应计算出厂检验报告和进场复验报告中的实测强屈比和实测超强比，分别不应小于 1.25 和不应大于 1.3，核实是否符合要求。

用于一、二级抗震等级框架结构的纵向受力钢筋，每批均有出场检验报告及进场复验报告，且均符合设计或上述强屈比和超强比的要求，则判为合格；否则不合格。

5.5.1　钢筋安装时，受力钢筋的品种、级别、规格和数量必须符合设计要求。

【技术要点说明】

对施工的最基本要求就是实现设计的意图。因此，钢筋安装施工时，作为混凝土结构中起关键承载作用的受力钢筋，其品种、级别、规格、数量及其他有关质量指标必须符合设计要求。这里的设计要求是指含施工设计图纸在内的各种设计文件（包括设计变更文件）的要求。

【实施与检查的控制】

检查应在钢筋绑扎安装时进行，并在浇筑混凝土之前的隐蔽工程验收时加以确认。

用观察的方法对钢筋品种、规格（直径）、数量等进行检查，要求全数目测检查，必要时可进行抽查，用钢尺量测加以核实。

与设计要求相符者为合格，否则为不合格。

《钢筋焊接及验收规程》JGJ 18—2003

1.0.3　从事钢筋焊接施工的焊工必须持有焊工考试合格证，才能上岗操作。

【技术要点说明】

钢筋的焊接质量很大程度上取决于焊工的施工操作水平，因此对焊工提出了资质的要求。我国已经实行了焊工考级的制度，焊工通过考试而取得合格证是其具有必要操作水平的标志。因此，必须持证（有效的合格证）才能上岗施焊，这是从人员素质上保证焊接施工质量的必要条件。

【实施与检查的控制】

对焊工进行必要的培训和考试，使实际施工时焊接人员有一定的理论知识、操作技能和熟练程度。以便保证必要的焊接施工质量。

核实施工现场对钢筋连接施焊的操作人员，并检查其合格证。

有有效的焊工合格证件为符合要求，否则认为是不符合强制性条文要求。

3.0.5　凡施焊的各种钢筋、钢板均应有质量证明书；焊条、焊剂应有产品合格证。

【技术要点说明】

焊接质量受材料影响极大，被焊材料钢筋和钢板均应有质量证明书。这不仅是为保证钢材是合格的，而且也可知钢材的品种、规格、成分，这对于合理科学地选择焊接材料有很大关系。同样，作为焊接材料的焊条和焊剂应有产品合格证，这同样是为了保证其质量合格，且适应与被焊接材料的结合。

【实施与检查的控制】

钢筋、钢板、焊条、焊剂在购买时应有质量证明书和产品合格证并妥善保存。

在施工或检查时，校核被焊的钢筋、钢板及施焊材料焊条、焊剂是否与设计与施工的要求符合。

符合要求者为合格，如没有质量证明书及产品合格证或与设计施工图上的要求不符合，则为不符合强制性条文。

4.1.3 在工程开工正式焊接之前，参与该项施焊的焊工应进行现场条件下的焊接工艺试验，并经试验合格后，方可正式生产。试验结果应符合质量检验与验收时的要求。

【技术要点说明】

焊接质量除取决于材料质量和焊工水平以外，还需要确定最佳的焊接参数。而这必须适应工程现场条件，并在正式焊接前确定。每种牌号、每种规格的钢筋应至少进行与实际施工现场相同条件下的一组或几组试件，并通过试验调整焊接参数，改进焊接工艺，达到合格质量。进行试验和检验后确定最佳的焊接工艺参数，这是保证焊接质量的必不可少的步骤。

【实施与检查的控制】

每种焊接方法、每种牌号、每种规格的钢筋都必须进行施焊的试验检验，并完整记录试焊时工艺参数和焊后力学性能试验的结果。

检查正式焊接施工前有无试焊调整的记录以及焊后试件力学性能试验的记录。

有试焊和试验记录，资料完整且试验检验结论为合格，则符合要求。如资料残缺或试验检验未通过而仍然施工，则违反强制性条文。

5.1.7 钢筋闪光对焊接头、电弧焊接头、电渣压力焊接头、气压焊接头拉伸试验结果均应符合下列要求：

1 3个热轧钢筋接头试件的抗拉强度均不得小于该牌号钢筋规定的抗拉强度；RRB400钢筋接头试件的抗拉强度均不得小于570N/mm²；

2 至少应有2个试件断于焊缝之外，并应呈延性断裂。

当达到上述2项要求时，应评定该批接头为抗拉强度合格。

当试验结果有2个试件抗拉强度小于钢筋规定的抗拉强度，或3个试件均在焊缝或热影响区发生脆性断裂时，则一次判定该批接头为不合格品。

当试验结果有1个试件的抗拉强度小于规定值，或2个试件在焊缝或热影响区发生脆性断裂，其抗拉强度均小于钢筋规定抗拉强度的1.10倍时，应进行复验。

复验时，应再切取6个试件。复验结果，当仍有1个试件的抗拉强度小于规定值，或有3个试件断于焊缝或热影响区，呈脆性断裂，其抗拉强度小于钢筋规定抗拉强度的1.10倍时，应判定该批接头为不合格品。

注：当接头试件虽断于焊缝或热影响区，呈脆性断裂，但其抗拉强度大于或等于钢筋规定抗拉强度的1.10倍时，可按断于焊缝或热影响区之外，呈延性断裂同等对待。

【技术要点说明】

本条对纵向受力钢筋4种焊接接头的力学性能提出了质量要求。用3个一组的拉伸试验来检验焊接连接的强度和延性，以保证钢筋焊接接头的承载力和延性的破坏状态。同时为了避免抽样偶然性带来的风险，给出了复验的条件及复验的合格条件。主要内容如下：

（1）试验合格条件

承载力由抗拉强度试验结果判定，不得小于规定的钢筋抗拉强度；对余热处理的RRB400级钢筋接头，则提出更高的强度要求。

延性由断裂位置及状态判定，应至少有2个试件断于焊缝或热影响区以外，且为延性断裂。当在抗拉强度达到1.10倍规定值后，脆断于焊缝或热影响区时，仍按延性断裂考虑。

(2) 试验不合格

有2个试件抗拉强度达不到要求；

或3个试件均脆断于焊缝或热影响区。

(3) 复验条件

有1个试件抗拉强度达不到要求；

或2个试件脆断于焊缝或热影响区，且其抗拉强度小于规定强度的1.10倍。

(4) 复验后仍不合格的情况

再取6个试件试验，仍有1个或1个以上试件抗拉强度小于规定值；

或6个试件中有3个或3个以上试件脆断于焊缝或热影响区(如强度达到1.10倍规定值时，不算脆性断裂)。

【实施与检查的控制】

按规定的数量抽取焊接接头进行单向拉伸试验，测定其抗拉强度并观察其破坏形态及断裂位置。

检查抽检试件的试验报告，核对其是否符合上述合格条件或符合复验条件且复验后仍为合格。

试验检验资料齐全且符合合格条件或复验后的合格条件，则符合要求。资料残缺或不符合合格条件而加以验收，则为违反强制性条文。

5.1.8　闪光对焊接头、气压焊接头进行弯曲试验时，应将受压面的金属毛刺和镦粗凸起部分消除，且应与钢筋的外表齐平。

弯曲试验可在万能试验机、手动或电动液压弯曲试验器上进行，焊缝应处于弯曲中心点，弯心直径和弯曲角应符合表5.1.8的规定。

接头弯曲试验指标　　表5.1.8

钢筋牌号	弯心直径	弯曲角(°)	钢筋牌号	弯心直径	弯曲角(°)
HPB235	2*d*	90	HRB400、RRB400	5*d*	90
HRB335	4*d*	90	HRB500	7*d*	90

注：1　*d* 为钢筋直径(mm)；

2　直径大于25mm的钢筋焊接接头，弯心直径应增加1倍钢筋直径。

当试验结果，弯至90°，有2个或3个试件外侧(含焊缝和热影响区)未发生破裂，应评定该批接头弯曲试验合格。

当3个试件均发生破裂，则一次判定该批接头为不合格品。

当有2个试件发生破裂，应进行复验。

复验时，应再切取6个试件。复验结果，当有3个试件发生破裂时，应判定该批接头为不合格品。

注：当试件外侧横向裂纹宽度达到0.5mm时，应认定已经破裂。

【技术要点说明】

焊接接头的弯曲性能反映了其延性(变形性能)及焊接质量，还与钢筋施工时的加工适应性有关。本条规定了闪光对焊和气压焊接头弯曲试验的要求。用3个一组试件的弯曲试验来判定其合格与否。主要内容如下：

1. 试件预处理

试验前应将受压面的毛刺和凸起消除并与钢筋外表面齐平，以便试验。

2. 弯曲试验指标

本条对弯曲试验装置、焊缝位置、弯心直径、弯曲角度提出了要求。

3. 合格条件

弯至90°时有2～3个试件外侧（焊缝和热影响区）未破裂（裂纹宽度达到0.5mm）。

4. 不合格情况

3个试件均破裂。

5. 复验条件

有2个试件发生破裂。

6. 复验后仍不合格情况

再取6个试件试验，仍有3个或3个以上试件破裂。

【实施与检查的控制】

按规定的数量抽取焊接接头进行弯曲试验，并观察、判断破裂试件数量。

检查抽检试件的弯曲试验报告，核对其是否符合上述合格条件，或符合复验条件且复验后仍为合格。

试验检验资料齐全，且符合合格条件或复验后合格条件，则符合要求。资料残缺或不符合合格条件而加以验收，则违反强制性条文。

《钢筋机械连接通用技术规程》JGJ 107—2003

3.0.5 Ⅰ级、Ⅱ级、Ⅲ级接头的抗拉强度应符合表3.0.5的规定。

接头的抗拉强度 **表3.0.5**

接头等级	Ⅰ级	Ⅱ级	Ⅲ级
抗拉强度	$f^0_{mst} \geq f^0_{st}$ 或 $\geq 1.10 f_{uk}$	$f^0_{mst} \geq f_{uk}$	$f^0_{mst} \geq 1.35 f_{yk}$

注：f^0_{mst}——接头试件实际抗拉强度；

f^0_{st}——接头试件中钢筋抗拉强度实测值；

f_{uk}——钢筋抗拉强度标准值；

f_{yk}——钢筋屈服强度标准值。

【技术要点说明】

受力钢筋通过接头传递内力，接头质量对于结构构件的承载受力性能有重大影响。根据传力性能的不同，将机械连接接头分级（Ⅰ、Ⅱ、Ⅲ级）。不同级别的接头用于不同构件的不同部位和受力条件。决定接头等级最重要的依据是接头的抗拉强度。本条给出了不同等级必须达到的抗拉强度值。其中包括型式检验时已经受高应力和大变形反复拉压循环后的抗拉强度，以及工地检验的抗拉强度。

【实施与检查的控制】

钢筋连接接头在工程应用前必须进行型式检验，确定其级别。同时在施工时还必须抽检一定数量的试件做拉伸试验。其抗拉强度均应符合本条的要求。

检查型式检验报告及工地抽检试验报告。核对其是否符合相应级别对接头抗拉强度的要求。

试验资料齐全,且符合相应级别对抗拉强度的要求者为合格。如资料残缺或型式检验、工地抽样检验的结果不符合相应级别的要求,则为违反强制性条文。

6.0.5　对接头的每一验收批,必须在工程结构中随机截取3个接头试件作抗拉强度试验,按设计要求的接头等级进行评定。

当3个接头试件的抗拉强度均符合本规程表3.0.5中相应等级的要求时,该验收批评为合格。

如有1个试件的强度不符合要求,应再取6个试件进行复检。复检中如仍有1个试件的强度不符合要求,则该验收批评为不合格。

【技术要点说明】

型式检验为送样检验,一般都能合格。而在施工现场结构中的抽样检验,才比较真实地反映了接头的真正质量。本条规定了在施工现场进行抽样检验的方法,主要内容如下:

1. 抽样数量

按实际施工接头的数量划分检验批,每个检验批在工程结构中随机截取3个试件。

2. 检验指标和合格条件

进行单向抗拉强度试验,测得3个试件抗拉强度均符合上述第3.0.5条的要求时,验收批合格。

3. 复验条件

3个试件中有1个试件不符合要求。

4. 复验后的不合格情况

再抽取6个试件试验,如仍有一个试件强度不满足要求,则该批接头不合格。

【实施与检查的控制】

在施工现场按检验批抽样检验,按要求的级别检验其强度。如不符合,是否已按降级的级别满足要求。

检查工地抽样检验的试验报告,核对其是否符合相应的级别(包括降级后的级别),是否符合设计的要求。

试验资料齐全,且符合相应级别对抗拉强度的要求者为合格。如资料残缺或试验结果与工程采用的级别不符合,则违反强制性条文。

3.4　预应力工程

《混凝土结构工程施工质量验收规范》GB 50204—2002

6.2.1　预应力筋进场时,应按现行国家标准《预应力混凝土用钢绞线》GB/T 5224等的规定抽取试件作力学性能检验,其质量必须符合有关标准的规定。

【技术要点说明】

常用的预应力筋有钢丝、钢绞线、热处理钢筋,其质量应符合相应的现行国家标准《预应力混凝土用钢丝》GB/T 5223、《预应力混凝土用钢绞线》GB/T 5224、《预应力混凝土用热处理钢筋》GB 4463 的要求。预应力筋是预应力分项工程中最重要的原材料之一,要求厂家除了提供产品合格证外,还应提供反映预应力筋主要性能的出厂检验报告,两者也可合并提供,但主要项目、内容应基本齐全。进场时应根据进场批次和产品的抽样检验方案确定检验批,进行进场复验。进场复验可仅做主要的力学性能试验。

【实施与检查的控制】

按进场的批次和产品的抽样检验方案确定检查数量,与前 5.2.1 条相同。

检查产品合格证、出厂检验报告和进场复验报告。

以有无产品合格证、出厂检验报告和进场复验报告以及是否完全合格作为判定依据。

6.3.1 预应力筋安装时,其品种、级别、规格、数量必须符合设计要求。

对预应力混凝土结构而言,起关键承载作用的是预应力钢筋。本条的【技术要点说明】、【实施与检查的控制】等要求与上述 5.5.1 条对非预应力钢筋的要求基本相同,此处不再重复。

6.4.4 张拉过程中应避免预应力筋断裂或滑脱;当发生断裂或滑脱时,必须符合下列规定:

1 对后张法预应力结构构件,断裂或滑脱的数量严禁超过同一截面预应力筋总根数的3%,且每束钢丝不得超过一根;对多跨双向连续板,其同一截面应按每跨计算;

2 对先张法预应力构件,在浇筑混凝土前发生断裂或滑脱的预应力筋必须予以更换。

【技术要点说明】

与普通钢筋不同的是,预应力筋安装后还要进行张拉以便在混凝土结构中建立起受力所必须的预压应力值。一般预应力钢筋的张拉应力为 $0.65 \sim 0.75 f_{ptk}$,即其抗拉强度标准值的 65%~75%。这种高应力值距预应力筋的抗拉强度已经不远。考虑到预应力筋材质的不均匀性,强度有可能偏低,施工误差有可能使实际预应力值偏高(超张拉),外界温度降低引起的收缩也可能使预应力筋应力值升高等因素,预应力筋有可能在张拉时或张拉后断裂。此外,预应力筋在张拉时可能滑脱,其原因可能是锚夹具夹不住张紧后的预应力筋,也可能是镦头与卡具(梳筋槽)之间摩阻力不足而滑脱,当然其他由于设备、器具和施工工艺中的缺陷也可能引起预应力筋滑脱而失锚。从预应力效果的角度而言,因滑脱而失锚的预应力筋与断裂相差无几。通常预应力筋张拉以后工作应力均超过 1000N/mm^2,而滑脱的预应力筋应力起点为零,即使承载受力后按非预应力筋计算,其工作应力一般也不超过 $200 \sim 300\text{N/mm}^2$,与设计要求相比相差较大。因此,滑脱的预应力筋也应视为与断裂差不多。预应力筋的断裂和滑脱对混凝土构件结构性能(特别是承载力和抗裂性能)有显著影响,故必须严加控制。

【实施与检查的控制】

对于先张法构件,由于是在未浇筑混凝土的情况下张拉的,如发现预应力筋断裂、滑脱,可以通过更换预应力筋重新张拉予以补救,因此在浇筑混凝土前发生断裂或滑脱的预应力筋必须予以更换。对后张法构件,难以在张拉后更换预应力筋,因此限制断裂和滑脱的数量不得超过同一截面预应力筋总根数的 3%,且每束钢丝不得超过一根。对多跨双向连续板,同一截面按每跨计算;对简支构件,按跨内全部钢筋计算。

全数观察检查,对怀疑滑脱的钢筋摇动检查。

检查张拉记录,符合规定者为合格,否则为不合格。

9.1.1 预制构件应进行结构性能检验。结构性能检验不合格的预制构件不得用于混凝土

结构。

【技术要点说明】

装配式结构的结构性能主要取决于预制构件的结构性能和连接质量。因此,必须按规范的规定对预制构件进行结构性能检验,合格后方能用于工程。

结构性能检验的内容非常多,难以在一条条文中容纳。强制性条文只提出进行结构性能检验的要求,即构件检验批在未经结构性能检验确定其结构性能合格之前不能用于混凝土结构。当然,结构性能检验不合格的构件也不能用于混凝土结构。

我国目前很多构件厂不做结构性能检验,或者不能正确地按规范要求进行结构性能试验检验。对于前者是不允许的,而对于后者则需要提高试验检验水平。做不做结构性能试验检验是原则问题,而结构性能试验检验是否规范、准确则是方法问题。强制性条文所要求的是禁止前一种行为,而对于后者可以通过学习培训来达到正确进行试验检验的目的。

【实施与检查的控制】

按规范的规定进行结构性能检验,结构性能检验的规定在《混凝土结构工程施工质量验收规范》GB 50204—2002 第 9.3 节中表达,主要内容为:检验批的划分及抽样检验数量;结构性能检验的项目;减免结构性能检验项目的情况;结构性能检验指标的确定方法;复试抽样检验方案及二次抽样检验指标。结构性能检验的试验方法在该规范附录 C 中表达,主要内容为:试验检验条件;试件支承方式;试验荷载布置;加载方法及荷载等效折算;荷载分级及持荷时间;检验荷载的确定方法;挠度检验值的确定方法;裂缝出现及裂缝宽度的确定方法;试验安全问题;结构性能试验报告。

核对各类型构件的出厂批量及相应的结构性能检验报告。

构件出厂批量与检验报告吻合且结构性能检验合格者符合要求,否则不符合要求。

《预应力筋用锚具、夹具和连接器应用技术规程》JGJ 85—2002

3.0.2 在预应力筋强度等级已确定的条件下,预应力筋-锚具组装件的静载锚固性能试验结果,应同时满足锚具效率系数(η_a)等于或大于 0.95 和预应力筋总应变(ε_{apu})等于或大于 2.0%两项要求。

3.0.3 锚具的静载锚固性能,应由预应力筋-锚具组装件静载试验测定的锚具效率系数(η_a)和达到实测极限拉力时组装件受力长度的总应变(ε_{apu})确定。锚具效率系数(η_a)应按下式计算:

$$\eta_a=\frac{F_{apu}}{\eta_p \cdot F_{pm}} \tag{3.0.3}$$

式中 F_{apu}——预应力筋-锚具组装件的实测极限拉力;

F_{pm}——预应力筋的实际平均极限抗拉力。由预应力钢材试件实测破断荷载平均值计算得出;

η_p——预应力筋的效率系数。η_p 应按下列规定取用:预应力筋-锚具组装件中预应力钢材为 1 至 5 根时,$\eta_p=1$;6 至 12 根时,$\eta_p=0.99$;13 至 19 根时,$\eta_p=0.98$;20 根以上时,$\eta_p=0.97$。

当预应力筋-锚具(或连接器)组装件达到实测极限拉力(F_{apu})时,应由预应力筋的断裂,而不应由锚具(或连接器)的破坏导致试验的终结。预应力筋拉应力未超过 $0.8f_{ptk}$ 时,锚具

主要受力零件应在弹性阶段工作,脆性零件不得断裂。

【技术要点说明】

预应力锚具、夹具和连接器的作用是承载受力或传递预应力筋的预应力,而这个性能是由预应力筋和锚具组成的组装件的静载锚固性能试验来加以确定的。其应满足以下两个要求。

1. 锚具效率系数 η_a

锚具效率系数不应小于0.95。公式(3.0.3)给出了通过试验测定 η_a 值的方法。由试验时实测的组装件极限拉力 F_{apu};预应力钢筋实测极限拉力平均值 F_{pm};以及预应力筋的效率系数 η_p 计算。η_p 值与组装件中预应力筋的数量有关,见下表所示。

预应力筋的效率系数 η_p

预应力筋数量(根)	1~5	6~12	13~19	≥20
预应力筋效率系数(η_p)	1.0	0.99	0.98	0.97

2. 变形性能和破坏形态

达到极限拉力值时,组装件的总应变 ε_{apu} 应不小于2%,且破坏应由预应力筋断裂而非锚具(或连接器)崩裂而发生。锚具受力时变形是正常的,但在预应力筋拉应力未超过其强度的80%时($0.8f_{pkt}$),变形应处在弹性阶段,不应发生脆性的断裂破坏。上述要求实际是对预应力筋—锚具组装件延性的要求,表现为变形性能和破坏形态的控制。

【实施与检查的控制】

锚具、夹具、连接器进场验收时应进行静载锚固性能试验。按规定抽样检验,由试验测定预应力筋—锚具组装件的锚具效率系数 η_a 及预应力筋总应变 ε_{apu},并观察其破坏形态,视其是否满足上述要求。

检查锚具、夹具、连接器进场时的试验报告及验收文件。核对其是否满足了对锚具效率系数 η_a 以及总应变 ε_{apu} 的要求,并且破坏状态正常。

试验检验及验收资料齐全,且符合本规程所提出的性能要求为合格。如资料残缺或试验结果不符合上述要求而继续在工程中使用,则为违反强制性条文。

《混凝土外加剂应用技术规范》GB 50119—2003

7.2.2　含亚硝酸盐、碳酸盐的防冻剂严禁用于预应力混凝土结构。

【技术要点说明】

预应力结构中的预应力钢筋在张拉和承载受力以后处于高应力状态下,在一定条件下会发生腐蚀加快的现象,称为应力腐蚀。亚硝酸盐和碳酸盐等用作防冻剂时,就容易在混凝土结构中引起预应力钢筋的应力腐蚀。国际RILEM组织就曾规定硝酸盐、碳酸盐不适用于高强钢筋的预应力结构的冬季施工。因此作为强制性条文提出。

【实施与检查的控制】

预应力结构冬期施工时,不得使用含有亚硝酸盐和碳酸盐的防冻剂。在施工技术措施和混凝土试配和应用时均应不考虑使用上述两种无机盐类的防冻剂。

检查施工技术措施及施工记录。预应力结构冬期施工时所使用的防冻剂不得含有亚硝酸盐及碳酸盐。检查施工时的配合比资料及混凝土生产记录,加以核实。

符合上述要求者为合格。如发现实际冬期施工时，预应力混凝土结构施工采用了含上述两种有害成分的防冻剂，则为违反强制性条文的规定。

3.5　混凝土工程

《混凝土结构工程施工质量验收规范》GB 50204—2002

7.2.1　水泥进场时应对其品种、级别、包装或散装仓号、出厂日期等进行检查，并应对其强度、安定性及其他必要的性能指标进行复验，其质量必须符合现行国家标准《硅酸盐水泥、普通硅酸盐水泥》GB 175 等的规定。

当在使用中对水泥质量有怀疑或水泥出厂超过三个月（快硬硅酸盐水泥超过一个月）时，应进行复验，并按复验结果使用。

钢筋混凝土结构、预应力混凝土结构中，严禁使用含氯化物的水泥。

【技术要点说明】

水泥进场时，应根据产品合格证检查其品种、级别等，并按有关规定存放。强度、安定性等是水泥的重要性能指标，进场时应作复验，其质量应符合现行国家标准《硅酸盐水泥、普通硅酸盐水泥》GB 175、《矿渣硅酸盐水泥、火山灰质硅酸盐水泥及粉煤灰硅酸盐水泥》GB 1344、《复合硅酸盐水泥》GB 12958 等的要求。当设计有要求、合同有约定或出现其他异常情况时，可根据情况对其他性能指标进行复验。水泥是混凝土的重要组成成分，且在混凝土中用量大，若其中含有氯化物，可能引起混凝土结构中钢筋的锈蚀，故应严格加以控制。

【实施与检查的控制】

按同一生产厂家、同一等级、同一品种、同一批号且连续进场的水泥，袋装不超过 200t 为一批，散装不超过 500t 为一批，每批抽样不少于一次进行检查。

检查产品合格证、出厂检验报告和进场复验报告。

以有无产品合格证、出厂检验报告和进场复验报告并是否全部合格作为判定依据。其中，氯离子含量的有无在出厂检验报告中必须予以明示，一般情况下进场复验可不作要求。

7.4.1　混凝土的强度等级必须符合设计要求。用于检查结构构件混凝土强度的试件，应在混凝土的浇筑地点随机抽取。取样与试件留置应符合下列规定：

1　每拌制 100 盘且不超过 100m^3 的同配合比的混凝土，取样不得少于一次；

2　每工作班拌制的同一配合比的混凝土不足 100 盘时，取样不得少于一次；

3　当一次连续浇筑超过 1000m^3 时，同一配合比的混凝土每 200m^3 取样不得少于一次；

4　每一楼层、同一配合比的混凝土，取样不得少于一次；

5　每次取样应至少留置一组标准养护试件，同条件养护试件的留置组数应根据实际需要确定。

【技术要点说明】

由于混凝土强度等级直接影响结构安全，故本条规定混凝土的强度等级必须满足设计要求。判定混凝土强度的基本依据是标准养护试件的抗压强度试验结果。本条针对不同的混凝土生产量，规定了用于检查结构构件混凝土强度的试件的取样与留置要求。混凝土的组成材料以及配合比设计、搅拌、运输、浇筑、振捣、养护等施工工艺都对其最终质量有很大的影响，因此，对混凝土必须进行试验检查，以保证其应有的力学性能。混凝土质量的检验应用标准养护混凝土试件的立方体抗压强度试验结果，根据《混凝土强度检验评定标准》GBJ 107 来判定合格与否。实际操作中，不按规定预留试件，不按规定标准养护试件或同条件养护试件，甚至弄虚作假伪造试件及强度试验报告的事情时有发生。因此，将对混凝土强度试件的取样规定列为强制性条文，加强其执行力度。

【实施与检查的控制】

试件应在混凝土浇筑地点随机抽取，这是为了真实反映结构混凝土的实际质量。取样与试件留置基本沿袭了《混凝土强度检验评定标准》GBJ 107 的规定，但结合混凝土结构现场施工的特点，又补充规定了“当一次连续浇筑超过 1000 m^3 时，同一配合比的混凝土每 200 m^3 取样不得少于一次”和“每一楼层、同一配合比的混凝土，取样不得少于一次”。每次取样应至少留置一组标准养护试件。应指出的是，同条件养护试件的留置组数，除应考虑用于确定施工期间结构构件的混凝土强度外，还应考虑用于结构实体混凝土强度的检验，增加必要的用于结构混凝土强度检验的混凝土试件组数。

检查施工记录及试件强度试验报告。

施工记录与试件强度试验报告相符且强度符合要求为合格，否则为不合格。

8.2.1 现浇结构的外观质量不应有严重缺陷。

8.3.1 现浇结构不应有影响结构性能和使用功能的尺寸偏差。混凝土设备基础不应有影响结构性能和设备安装的尺寸偏差。

【技术要点说明】

外观质量的严重缺陷通常会影响到结构性能、使用功能或耐久性。对已经出现的严重缺陷，应由施工单位根据缺陷的具体情况提出技术处理方案，经监理（建设）单位认可后进行处理，并重新检查验收。

过大的尺寸偏差可能影响结构构件的受力性能、使用功能，也可能影响设备在基础上的安装和使用。验收时，应根据现浇结构、混凝土设备基础尺寸偏差的具体情况，由监理（建设）单位、施工单位等各方共同确定尺寸偏差对结构性能和安装使用功能的影响程度。对超过尺寸允许偏差且影响结构性能和安装、使用功能的部位，应由施工单位根据尺寸偏差的具体情况提出技术处理方案，经监理（建设）单位认可后进行处理，并重新检查验收。

上述规定是针对现浇结构的，但在装配式结构的检查验收中被援引，故也适用于装配式结构。强制条文的要求并不能避免出现外观质量严重缺陷或过大尺寸偏差，但出现这种情况后应妥善处理，其目的仍是确保结构的质量与安全。

在执行这两条规定时，主要难度是确定外观质量缺陷的影响程度，以及根据对结构受力性能、使用功能、设备安装使用的影响程度而确定尺寸偏差的限值。实际操作时，应由施工单位与监理（建设）单位协商并取得同意后，提出方案并进行处理。如认为对结构性能有重大影响，必要时还应征得设计单位的同意。

【实施与检查的控制】

在结构拆模以后，应对实体结构进行全数观察检查，记录其外观质量和尺寸偏差的实际状态。对于外观质量的一般缺陷应及时进行修复处理。对一般的尺寸偏差，只要其合格点率符合要求，可通过验收。但对外观质量的严重缺陷和过大的尺寸偏差，则应由施工单位提出技术处理方案并经监理（建设）单位认可后方能进行处理。处理后，应重新检查验收。有关缺陷情况的记录、修复处理的技术方案以及修复后再检查验收的结果均应存档备案。

检查有关缺陷情况的记录和技术处理方案。对经处理的部位，应重新检查验收。

核对拆模后的检查记录、技术处理方案及处理后的验收记录，互相吻合者为合格，如有矛盾则不合格。

《普通混凝土配合比设计规程》JGJ 55—2000

7.1.4　进行抗渗混凝土配合比设计时，尚应增加抗渗性能试验。

【技术要点说明】

抗渗混凝土的配合比设计，应通过必要的抗渗性能试验检验后才能用于工程。抗渗性能是影响有抗渗要求混凝土使用功能的重要指标，同时也影响混凝土结构耐久性及安全性。因此，对有抗渗要求的混凝土应进行配合比设计，并在试配时进行抗渗性能试验。

【实施与检查的控制】

按《普通混凝土长期性能和耐久性能试验方法》GBJ 82—1985 的要求，宜取最大水灰比做 6 个试件进行混凝土抗渗试验。对掺有引气剂的混凝土还应进行含气量试验。按规程及有关的试验方法进行加压试验，取 6 个试件中 4 个未出现渗水时的最大水压值。抗渗混凝土试配时所取的抗渗等级应比设计要求提高，以保证所确定的配合比在验收时有足够的保证率。

检查有关的抗渗性能试验报告。

以试验报告中的指标是否符合设计要求作为判定的依据。

7.2.3　进行抗冻混凝土配合比设计时，尚应增加抗冻融性能试验。

【技术要点说明】

抗冻混凝土的配合比设计通过必要的抗冻融性能试验检验后，方可用于工程。混凝土的抗冻融性能是影响混凝土结构耐久性及安全性的重要指标，因此对于在寒冷地区的混凝土结构就提出了抗冻混凝土试配时进行抗冻融性能试验检验的要求。

【实施与检查的控制】

按《普通混凝土长期性能和耐久性能试验方法》GBJ 82—1985 的要求取三个试件，按规定的条件进行冻融循环试验，由其重量损失和动弹性模量下降到一定程度时的冻融循环次数换算成相应指标进行检验。

检查有关的抗冻融性能试验报告。

以试验报告中的指标是否符合设计要求作为判定的依据。

《普通混凝土用砂质量标准及检验方法》JGJ 52—1992

3.0.7　对重要工程混凝土使用的砂，应采用化学法和砂浆长度法进行骨料的碱活性检验。

【技术要点说明】

混凝土中骨料碱含量过高时，若环境中遇水作用容易体积膨胀而引起裂缝，影响混凝土结构的耐久性和安全性。因此，对用于重要工程混凝土中的砂应进行碱活性检验。检验结果可用以判断砂料在混凝土中是否有潜在危害。当有潜在危害时，应采取相应的措施以避免发生碱—骨料反应引起工程事故。

【实施与检查的控制】

在《普通混凝土用砂质量标准及检验方法》JGJ 52 中，规定了对砂的碱活性进行试验检验的化学方法以及砂浆长度方法，应按规定执行，进行试验检验。

检查有关碱活性的试验报告。

以试验报告中的结论(是否有潜在危害)作为判断的依据。

3.0.8 采用海砂配制混凝土时，其氯离子含量应符合下列规定：

3.0.8.2 对钢筋混凝土，海砂中氯离子含量不应大于0.06%(以干砂重的百分率计，下同)；

3.0.8.3 对预应力混凝土若必须使用海砂时，则应经淡水冲洗，其氯离子含量不得大于0.02%。

【技术要点说明】

我国海砂分布很广，蕴藏量很大。海砂一般属于中砂，颗粒坚硬、级配好、含泥量少，在沿海地区使用越来越广泛。为了避免海砂中氯离子对混凝土中钢筋造成腐蚀，应根据混凝土的不同使用要求，对海砂中的氯离子含量加以控制。标准中规定的氯离子控制指标(对于钢筋混凝土，为砂重的0.06%；对于预应力混凝土，为砂重的0.02%)，从标准执行20余年的情况来看，基本适应我国实际工程的使用情况。

【实施与检查的控制】

按进场的批次和产品的抽样检验方案确定检查数量，与第5.2.1条相同。海砂要用淡水冲洗后方可使用。要选好冲洗设备，并保证成品砂中各部位都冲洗干净。

检查产品合格证和出厂检验报告，必要时检查进场复验报告。

以有无产品合格证、出厂检验报告和进场复验报告以及是否全部合格作为判定依据。

《普通混凝土用碎石和卵石质量标准及检验方法》JGJ 53—1992

3.0.8 对重要工程的混凝土所使用的碎石或卵石应进行碱活性检验。

【技术要点说明】

混凝土所使用的碎石或卵石中碱含量过高时，若环境中有水，遇水作用容易体积膨胀而引起裂缝。近年我国水泥碱含量增加，因碱－骨料反应而引起的混凝土破坏增多，因而影响了混凝土结构的耐久性和长久安全。因此，对用于重要工程混凝土中的碎石或卵石应进行碱活性检验。检验结果可用以判断碎石或卵石在混凝土中是否有潜在危害。当有潜在危害时，应根据有关规范的规定，采取相应的措施。

【实施与检查的控制】

在《普通混凝土用碎石和卵石质量标准及检验方法》JGJ 53中，规定了对碎石及卵石的碱活性进行试验检验的岩相方法、化学方法、砂浆长度方法以及岩石柱方法，应按规定执行，进行试验检验。

检查有关碱活性的试验报告。

以试验报告中的结论(是否有潜在危害)作为判断的依据。

《混凝土外加剂应用技术规范》GB 50119—2003

2.1.2 严禁使用对人体产生危害、对环境产生污染的外加剂。

【技术要点说明】

在配制外加剂时，除考虑满足混凝土性能的要求以外，更应考虑对人体健康及环境影响的问题。实践中发现某些材料配制的外加剂在混凝土施工或在建筑物使用过程中，会对人体产生危害或对环境产生污染。

外加剂的组成材料中有些是工业副产品或工业废料，其中有的可能是有毒的；或者在混凝土的碱性环境中会发生化学反应而产生危害人体健康或污染环境的物质。如某些早强剂、防冻剂中含有有毒的重铬酸盐、亚硝酸盐；含尿素的防冻剂在混凝土中会产生氨气，在使用过程中造成持续的影响。

为保护人民的健康和环境质量，对外加剂的质量必须严加控制，严禁使用对人体有害，对环境造成污染的外加剂。

【实施与检查的控制】

制造外加剂的厂家必须严格控制外加剂的成分，严禁生产含有影响人体健康和造成环境污染的外加剂。使用外加剂的施工单位必须谨慎采购和使用外加剂，严禁使用无正式生产许可和合格证明的，可能导致不良后果的外加剂。一旦发现则应立即停止使用并追查责任。

外加剂必须有生产许可证明及产品合格证。使用前必须有试配，确认无害后方可使用。工程应用时，必须有记录，明确所采用外加剂的品种和质量。通过检查上述有关的文件落实规范的有关要求。

符合前述要求的为合格。如不符合前述要求，在工程中使用影响人体健康，造成环境污染的外加剂，则为违反强制性条文。

6.2.3　下列结构中严禁采用含有氯盐配制的早强剂及早强减水剂：

1　预应力混凝土结构；

2　相对湿度大于80%环境中使用的结构、处于水位变化部位的结构、露天结构及经常受水淋、受水流冲刷的结构；

3　大体积混凝土；

4　直接接触酸、碱或其他侵蚀性介质的结构；

5　经常处于温度为60℃以上的结构，需经蒸养的钢筋混凝土预制构件；

6　有装饰要求的混凝土，特别是要求色彩一致的或是表面有金属装饰的混凝土；

7　薄壁混凝土结构，中级和重级工作制吊车的梁、屋架、落锤及锻锤混凝土基础等结构；

8　使用冷拉钢筋或冷拔低碳钢丝的结构；

9　骨料具有碱活性的混凝土结构。

6.2.4　在下列混凝土结构中严禁采用含有强电解质无机盐类的早强剂及早强减水剂：

1　与镀锌钢材或铝铁相接触部位的结构，以及有外露钢筋预埋铁件而无防护措施的结构；

2　使用直流电源的结构以及距高压直流电源100m以内的结构。

【技术要点说明】

早强剂及早强减水剂中往往含有强电介质无机盐类，尤其是氯盐。其会导致钢筋及金属的电化学反应而引起腐蚀。并且由于其在化学反应中起催化剂的作用而并不因发生反应而被消耗掉。因此即使是微量的氯盐，也可能引起钢筋或其他金属持续而长久的腐蚀。最终降低结构的承载力而影响安全和正常使用。

条文中列出了严禁采用含氯盐和含强电介质无机盐类早强剂及早强减水剂的范围。大体分为几类：

重要的结构：如预应力结构、吊车梁、屋架、动力基础等。

较薄弱的结构：如薄壁结构、冷加工钢筋配筋的结构、含碱骨料的结构等。

处于不利环境中的结构：相对湿度大的环境、水位变动区、露天结构、水流冲刷的结构、侵蚀性介质中的结构、高温环境、蒸养构件、直流电源影响的环境。

大体积混凝土结构：这是由于早强促使水化热集中释放，容易造成内外温差过大而裂缝。

外露金属而有装饰效果要求的结构：腐蚀会影响外观效果。

条文通过限制使用范围来避免由于钢筋和金属腐蚀而引起的耐久性问题。

【实施与检查的控制】

对含有氯盐或强电介质无机盐类的早强剂及早强减水剂，应严格控制其应用范围。对条文规定的范围的混凝土结构中，严禁使用。

检查施工技术措施及施工记录。上述十一类混凝土结构施工时所用混凝土的配合比资料及混凝土生产记录。

如发现在上述结构的实际施工中使用了含氯盐及强电介质无机盐类的早强剂或早强减水剂，则为违反了强制性条文的规定。

《轻骨料混凝土技术规程》JGJ 51—2002

5.1.5　在轻骨料混凝土配合比中加入化学外加剂或矿物掺合料时，其品种、掺量和对水泥的适应性，必须通过试验确定。

【技术要点说明】

轻骨料混凝土与普通混凝土一样，其配合比及外加剂、掺合料的应用应通过试配试验加以确定。并且，由于采用了各种型式的轻骨料，外加剂和掺合料的影响更为显著。化学外加剂和矿物掺合料的品种很多，性能差异也很大，其品种对水泥的适应性和掺入量对混凝土性能的影响比普通混凝土更甚。因此，为保证轻骨料混凝土的施工质量，提出强制性条文的要求。

【实施与检查的控制】

对每个品种、强度等级的轻骨料混凝土，均应有配合比设计及试配试验。其中应包括外加剂和掺合料品种和掺入量影响的分析，并由试验结果确定其合理的配合比。

检查配合比设计和试配的试验报告，其中应包括有关外加剂和掺合料品种、掺入量的内容。

配合比设计和试配的试验报告中有相应部分内容，且在施工中实际执行，即为符合要求。

5.3.6　计算出的轻骨料混凝土配合比必须通过试配予以调整。

【技术要点说明】

规程给出了配合比设计的一般方法。经计算确定的理论配合比还必须通过试验加以验证，并调整成实际工程采用的配合比。因为理论值与实际工程的具体情况总有差别。通过试验试配调整，才能真正在施工现场条件下保证轻骨料混凝土应有的质量。

【实施与检查的控制】

在经计算得出轻骨料混凝土的理论配合比以后，还应进行试配加以调整。最后优化选定最佳的配合比。

检查配合比设计及试验试配的资料，以及调整后最终确定的实际施工配合比的技术资料。

资料齐全，有配合比设计及试配试验及调整配合比的资料且实际执行为符合要求。否则为不符合强制性条文的要求。

6.2.3　轻骨料混凝土拌合物必须采用强制式搅拌机搅拌。

【技术要点说明】

混凝土搅拌机有自落式和强制式两种，但对于轻骨料混凝土自落式搅拌机不适用。因为骨料较轻，影响搅拌效果，不容易搅拌均匀，会严重影响混凝土拌合物的均匀性，因而有损于混凝土的性能。对此早已有明文规定，在此更以强制性条文的形式提出要求，规定轻骨料混凝土必须采用强制式搅拌机搅拌。

【实施与检查的控制】

检查轻骨料混凝土的生产单位，视其是否有强制式搅拌机，并且查看生产记录，所有轻骨料混凝土是否均用强制式搅拌机搅拌。

符合上述要求为合格，否则为不符合强制性条文要求。

4 钢结构工程

《钢结构工程施工质量验收规范》GB 50205—2001

4.2.1 钢材、钢铸件的品种、规格、性能等应符合现行国家产品标准和设计要求。进口钢材产品的质量应符合设计和合同规定标准的要求。

【技术要点说明】

钢材是组成钢结构的主体材料，直接影响着结构的安全使用。随着大跨度空间钢结构发展，钢铸件在钢结构中的应用也逐渐增加。因此，对钢材、钢铸件的品种、规格、性能提出明确要求，并加以强制的规定是完全必要的，体现了从源头上控制工程质量的精神。另外，对进口钢材，各生产国的产品标准不尽相同，所以规定对进口钢材应按设计和供货合同规定的标准进行验收。

【实施与检查的控制】

1. 钢结构常用的钢材、钢铸件应按现行国家产品标准进行核准验收，主要有关标准计有:《普通碳素钢》GB/T 700、《低合金高强度结构钢》GB/T 1591、《一般工程用铸造碳钢件》GB/T 11352、《厚度方向性能钢板》GB/T 5313、《焊接结构用耐候钢》GB/T 4172、《热轧工字钢》GB/T 706、《热轧槽钢》GB/T 707、《热轧等边角钢》GB/T 9787、《热轧不等边角钢》GB/T 9788、《热轧圆钢、方钢》GB/T 702、《热轧钢板和钢带》GB/T 709、《花纹钢板》GB/T 3277、《无缝钢管》GB/T 8162、《螺旋焊钢管》GB/T 9711、《电焊钢管(直缝管)》GB/T 13793、《热轧H型钢和剖分T型钢》GB/T 11263、《高层建筑结构用钢板》YB 4104、《通用冷弯开口型钢》GB/T 6723、《彩色涂层钢板及钢带》GB/T 12754、《连续热镀锌薄钢板和钢带》GB/T 2518、《建筑用压型钢板》GB/T 12755 等。

2. 当质量合格证明文件出现下列三种情况，以及按现行《钢结构工程施工质量验收规范》GB50205 的规定(第4.2.2条)需要抽样复检时，应检查复验检验报告。

· 质量合格证明文件为复印件，有伪造的嫌疑；

· 质量合格证明文件不全，如缺少合格证、材质单等；

· 质量合格证明文件的内容少于设计要求的项目，如屈服强度、抗拉强度、冷弯性能、冲击韧性、化学成分等主要指标。

3. 材料抽样复试应有计量认证，检测资质的单位进行。

4. 抽样实行见证取样制度。

检查:

检查所有钢材、钢铸件质量合格证明文件、中文标志及检验报告等文件资料及其合法、有效、完整性。对进口钢材，国家进出口质量检验部门的复验商检报告可以视为检验报告，当商检报告中的检验项目内容不能涵盖设计和合同要求的项目时，应对没有涵盖的项目进行抽样复验；对进口钢材，其主要的质量合格证明文件及检验报告应至少要有合法有效的中文资料。

1. 国产钢材、钢铸件的质量合格证明文件，及检验报告合法、有效，且内容符合现行国家产品标准和设计要求的，应予以验收。

2. 进口钢材、钢铸件的质量合格证明文件、中文标志及检验报告合法、有效，且其内容符合设计和购货合同规定标准要求的，应予以验收。

3. 凡不符合上述第1、2项规定时，必须经有资质的检测单位检测鉴定或原设计单位核算认可，否则不得验收和使用。

4. 使用无质量合格证明文件的钢材和钢铸件视为违反强制性条文的行为。

4.3.1　焊接材料的品种、规格、性能等应符合现行国家产品标准和设计要求。

【技术要点说明】

焊接连接是钢结构的重要连接型式之一，其连接质量直接关系结构的安全使用。焊接材料对焊接施工质量影响重大，因此焊接材料的品种、规格、性能除应按设计要求选用外，同时应符合相应的国家现行产品标准的要求。

【实施与检查的控制】

1. 钢结构中常用的焊接材料应按现行国家产品标准进行核准验收。附主要有关规程：《碳钢焊条》GB/T 5117、《低合金钢焊条》GB/T 5118、《碳钢药芯焊丝》GB/T 10045、《低合金钢药芯焊丝》GB/T 17493、《熔化焊用钢丝》GB/T 14957、《气体保护电弧焊用碳钢、低合金钢焊丝》GB/T 8110、《碳素钢埋弧焊用焊剂》GB/T 5293、《低合金钢埋弧焊用焊剂》GB/T 12470、《氩气》GB/T 4842、《焊接用二氧化碳》HG/T 2537、《圆柱头焊钉》GB/T 10433等。

当质量合格证明文件出现下列三种情况，以及按现行《钢结构工程施工质量验收规范》GB 50205的规定(第4.3.2条)需要抽样复检时，应检查复验检验报告。

- 质量合格证明文件为复印件，有伪造的嫌疑；
- 质量合格证明文件不全，如缺少合格证、材质单等；
- 质量合格证明文件的内容少于设计要求的项目，如强度、化学成分等主要指标。

2. 焊接材料的检验应到有资质的检测单位，并实行见证取样制度。

检查：

检查所有焊接材料质量合格证明文件、中文标志及检验报告等文件资料及其合法、有效、完整性。

1. 质量合格证明文件、中文标志及检验报告合法、有效，且内容符合现行国家产品标准和设计要求的，应予以验收。

2. 凡不符合上述第1项规定时，必须经有资质的检测单位检测鉴定或原设计单位核算认可，否则不得验收和使用。

3. 使用无质量合格证明文件的焊接材料视为违反强制性条文的行为。

4.4.1　钢结构连接用高强度大六角头螺栓连接副、扭剪型高强度螺栓连接副、钢网架用高强度螺栓、普通螺栓、铆钉、自攻钉、拉铆钉、射钉、锚栓(机械型和化学试剂型)、地脚锚栓等紧固标准件及螺母、垫圈等标准配件，其品种、规格、性能等应符合现行国家产品标准和设计要求。高强度大六角头螺栓连接副和扭剪型高强度螺栓连接副出厂时应分别随箱带有扭矩系数和紧固轴力(预拉力)的检验报告。

【技术要点说明】

紧固件连接是钢结构连接的主要型式，特别是高强度螺栓连接，更是钢结构连接最重要的型式之一。高强度大六角头螺栓连接副的扭矩系数和扭剪型高强度螺栓连接副的紧固轴力(预拉力)是影响高强度螺栓连接质量非常重要的因素,也是施工的重要依据,因此要求生产厂家在出厂前要进行检验,且出具检验报告,施工单位应在使用前及产品质量保证期内及时抽样复验。

【实施与检查的控制】

1. 钢结构中常用的紧固件应按现行国家产品标准进行核准验收。附主要有关标准:《六角头螺栓》GB/T 5782、《六角头螺栓 C级》GB/T 5780、《钢结构用高强度大六角头螺栓、大六角螺母、垫圈与技术条件》GB/T 1228~1231、《钢结构用扭剪型高强度螺栓连接副》GB/T 3632~3633等。

2. 验收高强度螺栓连接副出厂质量合格证明文件应按以下主要内容进行:①材料、炉号、化学成分;②规格、数量;③机械性能;④出厂日期和批号;⑤扭矩系数或紧固轴力(预拉力)出厂检验报告(平均值、标准偏差及测试环境温度)。

3. 连接紧固件如没有国家产品标准的,应采用进口国的产品的产品标准或生产厂家的企业标准验收。

4. 连接紧固件检验应到有检测资质的单位。

检查:

检查所有钢结构连接紧固件质量合格证明文件、中文标志及检验报告等文件资料及其合法、有效、完整性。对于进口的紧固件或按国外标准生产的紧固件,其主要的质量合格证明文件和检验报告至少应有合法、有效的中文文件:

1. 质量合格证明文件、中文标志及检验报告合法、有效,且其内容符合现行产品标准和设计要求的,应予以验收。

2. 凡不符合上述第1项规定时,必须经有资质的检测单位检测鉴定或原设计单位核算认可,否则不得验收和使用。

3. 使用无质量合格证明文件的钢结构连接紧固件视为违反强制性条文行为。

5.2.2 焊工必须经考试合格并取得合格证书。持证焊工必须在其考试合格项目及其认可范围内施焊。

【技术要点说明】

从事钢结构焊接施工的焊工,包括手工操作焊工和机械操作焊工,作为特殊专业工种,其操作技能和资格对焊接质量起到保证作用,直接影响钢结构的安全可靠性。

【实施与检查的控制】

1. 对从事钢结构焊接的焊工应检查其合格证书,合格证书应含下列内容:

(1) 基本情况:姓名、性别、年龄、编号、工作单位、焊工钢印号、发证日期、有效期及考试委员会公章和焊工照片;

(2) 理论知识考试成绩表;

(3) 操作技能考试成绩表;

(4) 本证书授予操作范围:焊接方法、接头类别(板对接、角接、管件)、钢材类别、焊材类别、厚度管径范围、焊接位置、单(双)面焊等;

(5) 工作质量记录,至少每半年记载一次;

(6) 免试证明;

(7) 注意事项。

2. 焊工合格证书有效期为3年，有效期满准予免试的焊工合格证书有效期延长不得超过3年，且不得连续免试。

检查：

检查焊工合格证书及其认可范围，有效期及合法、真伪性。

1. 从事钢结构焊接的所有焊工均应持有合法、有效的焊工合格证书，且在其考试合格项目及其认可范围内的，应予以上岗操作。

2. 凡不符合上述第1项规定时，必须经原发证机构进行补考、重考、免试确认，否则不得上岗操作。

3. 使用无证焊工进行钢结构施焊视为违反强制性条文的行为。

5.2.4　设计要求全焊透的一、二级焊缝应采用超声波探伤进行内部缺陷的检验，超声波探伤不能对缺陷作出判断时，应采用射线探伤，其内部缺陷分级及探伤方法应符合现行国家标准《钢焊缝手工超声波探伤方法和探伤结果分级法》GB 11345或《钢熔化焊对接接头射线照相和质量分级》GB 3323的规定。

焊接球节点网架焊缝、螺栓球节点网架焊缝及圆管T、K、Y形节点相关线焊缝，其内部缺陷分级及探伤方法应分别符合国家现行标准的规定。

一级、二级焊缝的质量等级及缺陷分级应符合表5.2.4的规定。

一、二级焊缝质量等级及缺陷分级　　表5.2.4

焊缝质量等级		一　级	二　级
内部缺陷超声波探伤	评定等级	Ⅱ	Ⅲ
	检验等级	B级	B级
	探伤比例	100%	20%
内部缺陷射线探伤	评定等级	Ⅱ	Ⅲ
	检验等级	AB级	AB级
	探伤比例	100%	20%

注：探伤比例的计数方法应按以下原则确定：(1)对工厂制作焊缝，应按每条焊缝计算百分比，且探伤长度应不小于200mm，当焊缝长度不足200mm时，应对整条焊缝进行探伤；(2)对现场安装焊缝，应按同一类型、同一施焊条件的焊缝条数计算百分比，探伤长度应不小于200mm，并应不少于1条焊缝。

【技术要点说明】

焊接连接是目前钢结构中应用最广泛的连接型式之一，因而焊缝质量是影响结构构件强度和安全性能的关键因素。国家标准《钢结构设计规范》GB 50017中明确规定，应根据结构重要性、荷载特性、焊缝形式、工作环境以及应力状态等情况分别选用不同质量等级的焊缝—有一级、二级、三级之分，与现行的焊缝内部缺陷探伤分级相呼应，这样从设计到施工形成相贯的整体。钢结构焊缝内部缺陷的无损检测一般可用超声波探伤和射线探伤。射线探伤具有直观性、可追溯性好的优点，但操作程序复杂、检测周期长、成本高，且对裂纹、未熔合等危害性缺陷的检出率低。超声波探伤则正好相反，操作程序简单、快速、成本低，且对裂纹、未熔合的检测灵敏度高，因此在进行焊缝内部缺陷无损检测时，优先采用超声波探伤，只有当超声波探伤不能对缺陷作出判断时，可以采用射线探伤。

随着大跨度空间钢结构的广泛应用，钢管的相贯连接焊缝和钢网架的管球连接焊缝比起平板焊缝具有其特殊复杂性，因此对于钢结构中的特殊类型焊缝采用专门的行业标准进行内部缺陷分级及探伤。

【实施与检查的控制】

1. 施工技术人员应了解设计意图，并对不同构件焊缝向操作人员进行交底。设计对不同构件的焊缝质量等级要求分别为：

(1) 在需要进行疲劳计算的构件中，凡对接焊缝均应焊透，其质量等级为：横向对接焊缝或轴向受力的T形对接与角接组合焊缝受拉时应为一级，受压时应为二级；纵向对接焊缝应为二级。

(2) 不需要进行疲劳计算的构件中，凡要求与母材等强的对接焊缝应予焊透，其质量等级当受拉时应不低于二级，受压时宜为二级。

(3) 重级工作制(A6～A8级)和起重量 $Q \geqslant 50t$ 的中级工作制(A4、A5级)吊车梁的腹板与上翼缘之间以及吊车桁架上弦杆与节点板之间的T形接头焊缝均要求焊透，焊缝形式一般为对接与角接的组合焊缝，其质量等级不应低于二级。

(4) 腹板与翼缘之间不要求焊透的T形接头焊缝可采用角焊缝或部分焊透的对接与角接组合焊缝，其质量等级为：对吊车梁构件为三级，但外观缺陷宜符合二级；对一般结构件可采用三级。

2. 正确运用钢结构焊缝内部缺陷无损探伤检验标准及其适用范围：

(1)《钢焊缝手工超声波探伤方法和探伤结果分级》GB 11345

适用范围：适用于母材厚度不小于8mm铁素体类钢焊缝，不适用于铸钢及奥氏体不锈钢焊缝；不适用于外径小于159mm的钢管对接焊接，内径小于等于200mm的管座角焊缝及外径小于250mm和内外径之比小于80%的纵向焊缝。

(2)《钢熔化焊对接接头射线照相和质量分级》GB 3323

适用范围：适用于母材厚度2～200mm的钢熔化焊对接焊缝。

(3)《焊接球节点钢网架焊缝超声波探伤及质量分级法》JG/T 3034.1

适用范围：适用于母材厚度4～25mm、球径不小于120mm、管径不小于76mm普通碳素钢和低合金钢焊接空心球、球管焊缝及钢管对接焊缝。

(4)《螺栓球节点钢网架焊缝超声波探伤及质量分级法》JG/T 3034.2

适用范围：适用于母材厚度3.5～25mm、管径不小于48mm普通碳素钢和低合金钢杆件与锥头或封板焊缝以及钢管对接焊缝。

(5)《建筑钢结构焊接技术规程》JGJ 81中有关圆管T、Y、K节点焊缝的超声波探伤方法及缺陷分级的适用范围：适用于支管管径≥150mm、壁厚≥6mm，板厚外径之比在13%以下的圆钢管分支节点焊缝。

3. 无损探伤人员应按考核合格项目及权限从事焊缝无损检测，无损检测报告签发人员必须有相应探伤方法的Ⅱ级或Ⅱ级以上资格证书。

检查：

一、二级焊缝均应检查其内部缺陷探伤记录。检查一、二级焊缝的内部缺陷探伤比例及探伤记录的合法、有效和完整性。焊缝内部存在超标缺陷时应进行返修，同一焊缝的同一部位返修不宜超过两次。返修焊缝应有返修施工记录及返修前后的无损检测报告(探伤记录)。

1. 所有一、二级焊缝均按探伤比例进行内部缺陷的探伤，且探伤记录（报告）合法、有效、完整的，应予以验收。

2. 凡不符合上述第1项要求时，施工单位应采取重新检验、补充检验等措施直至满足要求为止，否则不得验收。

3. 一、二级焊缝未经内部缺陷检验或无探伤记录，视为违反强制性条文行为。

6.3.1　钢结构制作和安装单位应按本规范附录B的规定分别进行高强度螺栓连接摩擦面的抗滑移系数试验和复验，现场处理的构件摩擦面应单独进行摩擦面抗滑移系数试验，其结果应符合设计要求。

【技术要点说明】

抗滑移系数是高强度螺栓连接的主要设计参数之一，直接影响连接的承载力，因此连接摩擦面无论由制造厂处理还是由现场处理，均应进行抗滑移系数测试，测得的抗滑移系数值应符合设计要求。条文中"本规范附录B"是指现行国标《钢结构工程施工质量验收规范》GB 50205中附录B—B.0.5高强度螺栓连接摩擦面的抗滑移系数检验的内容。

【实施与检查的控制】

1. 确保抗滑移系数试件型式和数量符合下列要求：

(1) 抗滑移系数试件采用双摩擦面的二栓拼接接头，试件连接板与所代表的钢结构构件应为同一材质、同批制作，采用同一摩擦面处理工艺有相同的表面状态。

(2) 由制造厂进行摩擦面处理的试件应同时准备两套试件（每套三组件），供制造厂试验和安装单位复验，由现场进行摩擦面处理的试件可以准备一套三组试件，由安装单位进行试验。

2. 摩擦面处理的主要方法及抗滑移系数值按表8-1执行。

表 8-1

摩擦面处理方法	连接钢板的钢号		
	Q235	Q345、Q390	Q420
喷砂（丸）	0.45	0.50	0.50
喷砂（丸）后涂无机富锌漆	0.35	0.40	0.40
喷砂（丸）后生赤锈	0.45	0.50	0.50
钢丝刷清除浮锈或未经处理的干净轧制表面	0.30	0.35	0.40

检查：

按分部（分子部）工程划分规定的工程量每2000t为一批，不足2000t的可视为一批，对同一种摩擦面处理工艺每批进行一次试验和复验。检查摩擦面抗滑移系数试验报告和复验报告的合法、有效性，及试验结果是否满足设计要求。

注意事项：

1. 采用有压力传感器或贴有电阻应变片对高强度螺栓预拉力进行实测的试件，其每套三组试件的抗滑移系数试验值均应大于或等于设计值。

2. 对高强度螺栓预拉力不进行实测，而取用同批高强度螺栓复验预拉力平均值进行计算时，其每套三组试件的抗滑移系数试验值的平均值应大于或等于设计值，且最小值不得低于设计值的95%。

3. 检验报告应加盖必要的印章，如“见证试验章”、“CMA”章及证明检测单位资质的专用章。

判定：

1. 摩擦面抗滑移系数试验报告、复验报告合法、有效，且试验结果符合设计要求的，应予以验收。

2. 凡不符合上述第1项规定时，施工单位应采取调整摩擦面处理工艺等措施进行重新试验直至达到设计要求，或经原设计单位核算认可，否则不得验收。

3. 未经抗滑移系数试验，不得进行摩擦型高强度螺栓连接的安装，否则视为违反强制性条文行为。

8.3.1 吊车梁和吊车桁架不应下挠。

【技术要点说明】

为了确保吊车轨道的安装和吊车的正常运行，吊车梁和吊车桁架在安装就位后略有起拱，至少不应有下挠，否则在吊车负荷运行时，吊车梁不可避免出现较大的下挠，影响吊车的正常运行。吊车梁和吊车桁架在工厂组装焊接完后，在检验其拱度或下挠时，应与安装原位的支承状况基本相同，以便检测或消除梁自重对拱度或挠度的影响。

【实施与检查的控制】

1. 吊车梁和吊车桁架跨度在18m及以上时，设计一般要求起拱。当设计要求起拱时，在组装时应按设计要求起拱量进行起拱。

2. 当设计没有起拱要求时，在组装时，应考虑由于焊接变形、自重等对挠度的影响，进行适量的起拱，以保证在构件直立，两端支承状态下不下挠，但上拱度不应大于10mm。

检查：

所有吊车梁和吊车桁架均应进行下挠度检查。检查时将吊车梁和吊车桁架直立，在两端支承，用水准仪或钢尺实测。

1. 吊车梁和吊车桁架组装焊接完后，在两端支承状况下，不应下挠，且起拱应符合设计要求，当设计不要求起拱时，跨中最大起拱不超过10mm时，应予以验收。

2. 凡不符合上述第1项规定时，施工单位应返工并重新检验，否则不得验收。

3. 使用未经挠度检验的吊车梁和吊车桁架，视为违反强制性条文行为。

10.3.4 单层钢结构主体结构的整体垂直度和整体平面弯曲的允许偏差应符合表10.3.4的规定。

整体垂直度和整体平面弯曲的允许偏差(mm) 表10.3.4

项目	允许偏差	图例
主体结构的整体垂直度	$H/1000$，且不大于25.0	（图：Δ，H）

续表

项 目	允 许 偏 差	图 例
主体结构的整体平面弯曲	L/1500 且不大于 25.0	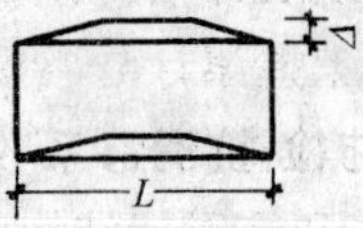

【技术要点说明】

单层钢结构作为主体结构，其整体垂直度和整体平面弯曲，直接影响着建筑结构的安全和建筑装饰围护体系的施工质量。单层钢结构的整体垂直度实际上相当于结构柱的垂直度，因此要求垂直度控制在 $H/1000$，且不应大于 25.0mm，这与钢柱垂直度和压杆侧弯相吻合。

【实施与检查的控制】

单层钢结构主体结构的整体垂直度和整体平面弯曲是分阶段逐步形成的，因此在安装的整个过程中，对每一榀结构都要进行控制，并随时校正和调整，只有严格进行过程控制，才能确保在结构安装就位，形成独立的空间刚度单元后的整体尺寸。

检查：

对主要立面全部检查，对每个所检查的立面，除两列角柱外，尚应至少选取一列中间柱。采用经纬仪、全站仪等仪器实测。

整体垂直度和平面弯曲应是所检查立面上的最大值，且应在结构形成空间刚度单元并连接固定后进行检测。

判定：

1. 单层钢结构主体结构主要立面的整体垂直度和平面弯曲值均在允许偏差范围内，应予以验收。

2. 凡有不符合上述第 1 项规定时，施工单位应返工或经原设计单位核算认可，否则不得验收。

3. 整体垂直度和整体平面弯曲检验不合格或未经检验的单层钢结构投入使用的，视为违反强制性条文行为。

11.3.5 多层及高层钢结构主体结构的整体垂直度和整体平面弯曲的允许偏差应符合表 11.3.5 的规定。

整体垂直度和整体平面弯曲的允许偏差(mm) 表 11.3.5

项 目	允 许 偏 差	图 例
主体结构的整体垂直度	(H/2500+10.0)且不大于 50.0	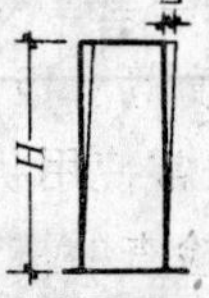
主体结构的整体平面弯曲	L/1500 且不大于 25.0	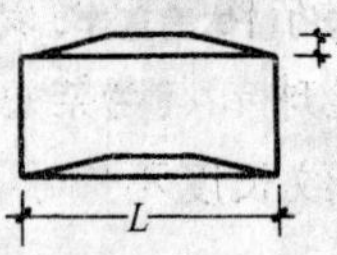

【技术要点说明】

多层和高层钢结构作为主体结构，其整体垂直度和整体平面弯曲，直接影响着建筑结构的安全和建筑装饰围护体系的施工质量。对多层和高层钢结构整体轮廓尺寸进行控制，可以避免局部偏差累计导致整体偏差失控的情况发生。

【实施与检查的控制】

1. 多层和高层钢结构的整体垂直度和整体平面弯曲是分楼层分阶段逐步形成的，因此在安装的整个过程中，每一楼层、每一榀结构都要进行过程控制，并随时校正和调整。

2. 多层和高层钢结构的多节柱，每节(层)柱的垂直度应控制在允许偏差内，且各节柱垂直度偏移方面不应一致。

3. 安装钢柱时，每节柱的定位轴线应从地面控制轴线直接引上，不得从下层柱的轴线引上。

检查：

对主要立面全部检查。对每个所检查的立面，除两列角柱外，尚应至少选取一列中间柱。采用激光经纬仪、全站仪等仪器测量。

注意事项：

1. 整体垂直度和平面弯曲应是所检查立面上的最大值，且应在结构形成空间刚度单元并连接固定后进行检测。

2. 对于整体垂直度也可以根据各节柱的垂直度允许偏差累计(代数和)计算；对于整体平面弯曲，可按产生的允许偏差累计(代数和)计算。

判定：

1. 多层和高层钢结构主要立面的整体垂直度和平面弯曲值均在允许偏差范围内，应予以验收。

2. 凡有不符合上述第1项规定时，施工单位应返工，或经原设计单位核算认可，否则不得验收。

3. 整体垂直度和整体平面弯曲检验不合格或未经检验的多层和高层钢结构投入使用的，视为违反强制性条文行为。

12.3.4 钢网架结构总拼完成后及屋面工程完成后应分别测量其挠度值，且所测的挠度值不应超过相应设计值的1.15倍。

【技术要点说明】

钢网架作为一个多次超静定结构，其变形即挠度是衡量结构承载力和正常使用的重要指标。网架结构理论计算挠度与网架结构安装后的实际挠度有一定的差异，这除了网架结构的计算模型与其实际的情况存在差异之外，还与网架结构的连接节点实际零部件的加工精度、安装精度等有极为密切的关系。钢网架结构总拼完成及屋面工程完成是指网架在自重作用下和正常使用状态下两个工况。

【实施与检查的控制】

1. 网架结构挠度的设计值应由设计单位根据实际的标准荷载值计算并提出。

2. 螺栓球节点网架总拼完成后，高强度螺栓与球节点应紧固连接，高强度螺栓拧入螺栓球内的螺纹长度不应小于$1.0d$(d为螺栓直径)，连接处不应出现有间隙、松动等未拧紧情况。

3. 跨度较大(大于等于 24m)的钢网架结构，应当适当起拱。

检查：

跨度 24m 及以下钢网架结构测量下弦中央一点；跨度 24m 以上钢网架结构测量下弦中央一点及各向下弦跨度的四等分点。采用钢尺和水准仪等实测。

注意事项：

1. 挠度测量点应与设计计算点一致。

2. 设计标准荷载应取屋面板系统的实际重量。

判定：

1. 钢网架结构总拼完成后及屋面工程完成后，分别检测其挠度值，且所测的挠度值不超过相应设计值的 1.15 倍时，应予以验收。

2. 凡不符合上述第 1 项规定时，施工单位应返工，或由有资质的检测单位检测鉴定，或原设计单位核算认可，否则不得验收。

3. 挠度检验不合格或未经检验的钢网架结构，投入使用的，视为违反强制性条文行为。

14.2.2　涂料、涂装遍数、涂层厚度均应符合设计要求。当设计对涂层厚度无要求时，涂层干漆膜总厚度：室外应为 150μm，室内应为 125μm，其允许偏差为 −25μm。每遍涂层干漆膜厚度的允许偏差为 −5μm。

【技术要点说明】

钢材容易锈蚀是其主要缺陷之一，钢结构的腐蚀是长期使用过程中不可避免的一种自然现象，由腐蚀引起的经济损失在国民经济中占有一定的比例，因此防止结构过早腐蚀，提高其使用寿命，是设计、施工、使用单位的共同使命。在钢结构表面涂装防腐涂层，是目前防止腐蚀的主要手段，过去施工单位往往对涂装工程重视不够，给钢结构的应用带来负面影响，因此对涂料、涂装遍数、涂层厚度进行强制性要求是必要的。

【实施与检查的控制】

1. 钢结构防腐涂层一般分底漆、中间漆、面漆，油漆的种类、型号、颜色应由设计确定。油漆的配制应按其说明书的规定进行，不得随意添加稀释剂，且当天配制当天使用。

2. 除锈后的金属表面与涂装底漆的间隔时间不应超过 6h，涂层与涂层之间的间隔时间，应以先涂装的涂层达到表干后再进行上一层的涂装为标准，一般涂层的间隔时间不少于 4h。

3. 涂装时的环境温度和相对湿度应符合涂料产品说明书的要求，当产品说明书无要求时，环境温度宜在 5～38℃之间，相对湿度不应大于 85%。涂装时构件表面不应有结露；涂装后 4h 内应保护免受雨淋。

检查：

涂料、涂装遍数全数检查，涂层厚度按构件数抽查 10%，且同一类涂层的构件不应少于 3 件。涂层厚度用干漆膜测厚仪实测。

注意事项：

1. 由于每种涂料(油漆)安全干透的时间不同，从几小时到几十个小时，甚至若干天后才能彻底干透，如果测量每层厚度，涂装的时间就很长，工程上不现实，因此只检测涂层总厚度。当涂装由制造厂和安装单位分别承担时，才进行单层干漆膜厚度的检测。

2. 每个构件检测5处，每处的数值为3个相距50mm测点涂层干漆膜厚度的平均值。每处3个测点的平均值应不小于标准涂层厚度的90%，且在允许偏差范围内；3点中的最小值应不小于标准涂层厚度的80%。

3. 标准涂层厚度是指设计要求的涂层厚度值；当设计无要求时，室外应为150μm，室内应为125μm。

判定：

1. 涂料、涂装遍数及涂层厚度的抽测结果均符合设计要求及本条文对涂层厚度的要求时，应予以验收。

2. 凡不符合上述第1项规定时，施工单位应采取返工修补等措施，满足上述第1项的要求，否则不得验收。

3. 涂料、涂装遍数及涂层厚度未经检验或检验不合格的钢结构不得使用，否则视为违反强制性条文行为。

14.3.3 薄涂型防火涂料的涂层厚度应符合有关耐火极限的设计要求。厚涂型防火涂料涂层的厚度，80%及以上面积应符合有关耐火极限的设计要求，且最薄处厚度不应低于设计要求的85%。

【技术要点说明】

钢结构的耐火性能差是其主要缺陷之一，钢结构表面喷涂防火涂料是提高其耐火极限时间的主要方法。因此为确保钢结构的安全使用，对钢结构表面的防火涂料的涂层厚度进行强制性要求是必要的。薄涂型防火涂料和厚涂型防火涂料不论在防火工作机理还是在施工方法方面存在着较大的差异，因此对涂层厚度的要求也不相同。

【实施与检查的控制】

1. 薄涂型防火涂料的底涂层(或主涂层)宜采用重力式喷枪喷涂，其压力宜为0.4MPa；面涂层装饰涂料可刷涂、喷涂或滚涂。

2. 双组分装薄涂型的涂料，现场调配应按说明书的规定进行，单组分装的薄涂型涂料应充分搅拌均匀。

3. 厚涂型防火涂料宜采用压送式喷涂机喷涂，空气压力宜为0.4～0.6MPa，喷枪口直径宜为6～10mm。

4. 厚涂型涂料配料时应严格按配合比加料或加稀释剂，并使稠度适宜，当班使用的涂料应当班配制。

5. 防火涂料施工应分遍喷涂，必须在前一遍基本干燥或固化后，再喷涂后一遍。

检查：

按同一类防火涂料涂层构件数抽查10%，且均不应少于3件。采用测针(厚度测量仪)和钢尺等进行实测。防火涂料涂层厚度测量应按《钢结构工程施工质量验收规范》GB 50205—2001中附录F进行。

判定：

1. 防火涂料的涂层厚度抽查结果均符合有关耐火极限的设计要求及本条文的规定时，应予以验收。

2. 凡不符合上述第1项规定时，施工单位应通过返工修补等措施，满足上述第1项的要求，否则不得验收。

3．防火涂料涂层厚度未经检验或检验不合格的钢结构不得使用，否则视为违反强制性条文行为。

《建筑钢结构焊接技术规程》JGJ 81—2002

3.0.1　建筑钢结构用钢材及焊接填充材料的选用应符合设计图的要求，并应具有钢厂和焊接材料厂出具的质量证明书或检验报告；其化学成分、力学性能和其他质量要求必须符合国家现行标准规定。当采用其他钢材和焊接材料替代设计选用的材料时，必须经原设计单位同意。

【技术要点说明】

钢材是组成钢结构的基本材料，钢材的力学性能是设计师进行结构设计计算，确定其使用规格的主要依据。焊接连接是钢结构的重要连接形式之一，焊接材料除其性能必须与结构钢材的力学性能相匹配以外，其产品质量还影响焊缝的质量和性能，两者直接影响着结构的安全性。因此，对工程使用的钢材及焊接填充材料提出明确和强制性的规定是完全必要的。在施工时往往会遇到少量或个别原设计选用的材料品种、规格由于供货等原因而需要变更或替代的情况，鉴于材料选用对结构安全性的重大影响，也必须经原设计单位同意，而施工图设计单位或制作、安装单位无权擅自确定。

【实施与检查的控制】

要求所有进厂或进场的钢材和焊接材料都必须有生产厂家出具的质量证明书和产品合格证原件。如从经销商处购入材料时不能提供质量证明书原件时，应由经销商在复印件上加盖说明原件保存地点的印章，确保所使用的钢材和焊接材料的检验资料具有可追溯性。

检查所有钢材和焊接材料的质量保证书的完整性、有效性和合法性，并检查钢材及焊材表面（或包装物表面）打印或刻印的产品标识与随带的质量证明文件是否相符。

质量证明书的内容完整，即所提供证明的产品规格明确，成分、性能项目齐全，全部项目实测值符合该产品现行国家标准的规定，则该质量证明文件判为完整。

质量证明书的出具厂家明确无误，并有质检专职人员及质检负责人签名（盖章）和加盖质检专用章。复印件则盖有说明其原件保存地点的印章，则该质量证明文件判为合法有效。使用无完整、合法、有效质量证明文件的钢材和焊接材料则视为违反强制性条文。

4.4.2　严禁在调质钢上采用塞焊和槽焊焊缝。

【技术要点说明】

调质钢是通过淬火＋回火热处理以保证其力学性能的钢材，而塞焊和槽焊是热输入非常集中的焊接方法，在调质钢上进行塞焊和槽焊可能使钢材热影响区局部退火，从而导致接头力学性能下降而可能达不到钢材性能标准及设计要求。

【实施与检查的控制】

使用调质钢的工程施工详图中不应有塞焊及槽焊连接形式。

检查施工图。在调质钢上进行塞焊和槽焊应判为违反强制性条文。

5.1.1　凡符合以下情况之一者，应在钢结构构件制作及安装施工之前进行焊接工艺评定：

1　国内首次应用于钢结构工程的钢材（包括钢材牌号与标准相符但微合金强化元素的类别不同和供货状态不同，或国外钢号国内生产）；

2　国内首次应用于钢结构工程的焊接材料；

3 设计规定的钢材类别、焊接材料、焊接方法、接头形式、焊接位置、焊后热处理制度以及施工单位所采用的焊接工艺参数、预热后热措施等各种参数的组合条件为施工企业首次采用。

【技术要点说明】

焊接连接接头的质量与力学性能取决于钢材品种及规格、焊接工艺方法及参数、焊接材料品种及规格、接头形式、焊接位置、焊后热处理状态等多种因素的组合，钢结构工程构件的制作和安装焊接一旦完成，通常情况下不可能在实际构件上取样进行接头性能检验，只有在施工前模拟实际焊接施工工艺进行焊接，对焊接试件进行检验，取得指导施工的参数组合，并根据评定结果将其评定报告作为工程焊接接头和构件质量的鉴证性文件资料。因此焊接工艺评定对于钢结构焊接工程的质量保证是非常重要的。

应进行焊接工艺评定的三种情况：

1. 我国钢材国家标准按照屈服强度及质量等级分类(牌号)，但国内外各钢厂生产的钢材其成分中微合金强化元素的种类和含量以及碳当量不完全相同，而这种差别对焊接性能有较大的影响并直接决定焊接结构的安全性，因此规定首次应用于钢结构工程的钢材应进行焊接工艺评定作为强制性条文是有必要的。

2. 焊接材料作为钢结构焊接连接的关键材料，对接头质量、力学性能和结构安全性有着重大影响，强调首次应用的焊接材料应进行焊接工艺评定，并作为强制性条文也是有必要的。

3. 鉴于目前国内建筑钢结构已有了成熟应用的建筑钢材、焊接材料、焊接工艺和节点形式的设计组合，应该可以保证获得设计要求和规范规定的接头性能，但是许多钢结构制作、安装企业建立伊始，缺乏焊接专业技术和实践经验，强调对施工企业首次采用的钢材类别、焊接材料、焊接方法、工艺参数、节点形式、焊接位置、焊后热处理制度的组合条件，要求进行焊接工艺评定并作为强制性条文是完全有必要的。

【实施与检查的控制】

要求施工及各监督方在施工准备阶段便详细阅读图纸，分析工程结构特点及节点种类，选择其中主要受力构件或具有代表性的典型节点形式和其他组合条件制订焊接工艺评定方案，按照方案选用该工程所使用的钢材加工试件，并按本规程的相关规定进行焊接工艺评定试验。

检查工程所进行的焊接工艺评定文件资料，包括焊接工艺评定项目、试验指导书、试验记录、试样检测报告及工艺评定结果报告都必须符合本规程的规定。同时检查评定结果的适用和覆盖范围(包括钢材及焊材类别、焊接工艺方法、施焊位置、接头形式及试件厚度)是否符合该工程的实际情况及本规程的要求。

如果施工企业提供以往其他工程的同等条件的焊接工艺评定资料时，监督部门应检查该工艺评定对现承担工程的适用性和覆盖范围是否符合现建工程的要求。

凡发现以下情况之一，则视为违反强制性条文：

1. 无焊接工艺评定报告；

2. 焊接工艺评定项目不能代表和涵盖工程典型节点；

3. 焊接工艺评定试件的板厚适用和覆盖范围不能满足本工程的要求；

4. 焊接工艺评定结果不符合本规程的规定。

7.1.5　抽样检查的焊缝数如不合格率小于2%时,该批验收应定为合格;不合格率大于5%时,该批验收不合格;不合格率为2%～5%时,应加倍抽检,且必须在原不合格部位两侧的焊缝延长线各增加一处,如在所有抽检焊缝中不合格率不大于3%时,该批验收应定为合格,大于3%时,该批验收应定为不合格。当批量验收不合格时,应对该批余下焊缝的全数进行检查。当检查出一处裂纹缺陷时,应加倍抽查;如在加倍抽检焊缝中未检查出其他裂纹缺陷时,该批验收应定为合格,当检查出多处裂纹缺陷或加倍抽查又发现裂纹缺陷时,应对该批余下焊缝的全数进行检查。

【技术要点说明】

对于抽样检查的焊缝应采取随机取样的方法,样本的合格率可以在一定程度上反映出检查批的合格率和质量,如样本的合格率小于2%时,定该检验批为合格,但并不意味着该批实际全部合格,相反的却意含着该批中可能有一定的不合格率,因此规定不合格率在2%～5%时应加倍抽检是有必要的,并且应指定抽检的样本位置应邻近原不合格部位。再进一步规定所有抽检焊缝中不合格率不大于3%时,该批应定为合格。一次检查的不合格率大于5%或二次检查的所有不合格率大于3%时,该检验批为不合格。检验批被判定为不合格时应全数检查,以保证将不合格品控制在一定的比例内。

焊缝中的裂纹缺陷由于在荷载下有可能扩展并导致结构的最终破坏,在动载作用下裂纹扩展更为迅速。因而焊接裂纹被视为焊接结构大敌,检查出裂纹缺陷时作加倍或完全扩检是非常必要的。

【实施与检查的控制】

组织施工、质检人员熟悉本规程条文,按本规程要求制订检验批划分及抽样检查执行方案,了解抽检结果不合格率的计算方法及相应扩检要求。

检查无损检测记录、报告,检查抽检不合格率、加倍检验部位及其检查结果或全部扩检的结果报告。如出现下列情况之一,视为违反强制性条文,且该检验批不得予以验收:

1. 抽检结果不合格率达到本规程的规定值,却未按规定扩检要求进行检验。

2. 所检查出的不合格焊缝未经返修补焊,或返修后无检验合格报告,且未经有资质的检测单位检测鉴定或原设计单位核算认可能够满足结构安全和使用功能。

7.3.3　设计要求全焊透的焊缝,其内部缺陷的检验应符合下列要求:

1　一级焊缝应进行100%的检验,其合格等级应为现行国家标准《钢焊缝手工超声波探伤方法及质量分级法》(GB 11345) B级检验的Ⅱ级及Ⅱ级以上;

2　二级焊缝应进行抽检,抽检比例应不小于20%,其合格等级应为现行国家标准《钢焊缝手工超声波探伤方法及质量分级法》(GB 11345)B级检验的Ⅲ级及Ⅲ级以上。

【技术要点说明】

焊接连接是钢结构的主要连接形式,焊缝质量则是影响钢结构承载能力和使用安全性的关键因素,应由设计人员按照《钢结构设计规范》GB 50017的规定,根据构件的荷载性质(直接承受疲劳或静载)、受力特点(拉或压)决定其焊缝的质量等级为一级或二级或三级。由施工检验人员按《钢结构工程施工质量验收规范》GB 50205—2001及《钢焊缝手工超声波探伤方法及质量分级法》GB 11345规定的与焊缝质量的质量等级相对应的检验等级和评定等级进行合格评定。

【实施与检查的控制】

加强焊工操作技能培训,严格执行焊接工艺技术规程、切实落实三检制度、保证质保体系正常运行,以提高焊缝的质量并保持质量稳定。

检查焊缝超声波检验方案和检验报告中的检验百分比、检验等级和评定等级是否与设计文件要求的焊缝质量等级相符合。

焊缝的超声波检验百分比、检验等级、评定等级与设计文件要求的焊缝质量等级不符合则视为违反强制性条文。

5 砌体工程

《砌体工程施工质量验收规范》GB 50203—2002

4.0.1 水泥进场使用前，应分批对其强度、安定性进行复验。检验批应以同一生产厂家、同一编号为一批。

当在使用中对水泥质量有怀疑或水泥出厂超过三个月(快硬硅酸盐水泥超过一个月)时，应复查试验，并按其结果使用。

不同品种的水泥，不得混合使用。

【技术要点说明】

根据《建设工程质量管理条例》规定，对建筑材料必须进行检验；未经检验或者检验不合格的，不得使用。由于水泥是砌筑砂浆的重要胶结材料，其强度、安定性是水泥的重要性能指标，因此，水泥进场使用前，应分批对其强度、安定性进行复验。

施工中，由于水泥在现场的堆放管理不善，有可能出现混乱或存放时间过久，受潮、受湿后导致水泥强度降低和其他性能改变，故作出了"当在使用中对水泥质量有怀疑或水泥出厂超过三个月(快硬硅酸盐水泥超过一个月)时，应复查试验，并按其结果使用"的规定。

由于各种水泥成分不一，性能存在差异，当不同品种水泥混合使用后，往往会发生材性变化或强度降低现象，引起工程质量问题，因此规定不同品种的水泥，不得混合使用。

【实施与检查的控制】

1. 在施工现场，水泥应按品种、等级、出厂日期分别堆放，并采取防雨、防潮措施、保持干燥。

2. 施工单位应对每批进场水泥的强度、安定性进行复验，并按建设部建建(2000)211号"关于印发《房屋建筑工程和市政基础设施工程实行见证取样和送检的规定》的通知"要求进行见证取样和送检。

3. 使用中如发现水泥有结聚等不正常现象时，应进行复验，并重新进行砌筑砂浆配合比设计。

4. 施工单位现场质量管理人员和班组长应注意避免水泥混用现象。

检查：

1. 水泥强度、安定性复验报告单。

2. 水泥强度降低时砌筑砂浆的配合比设计资料。

3. 经常了解施工现场水泥使用状况。

判定：

1. 对安定性不合格的水泥，不得在砌筑砂浆中使用。

2. 施工中所用水泥，强度等级应按复验结果使用。

3. 不同品种的水泥，不得混合使用。

4.0.8 凡在砂浆中掺入有机塑化剂、早强剂、缓凝剂、防冻剂等，应经检验和试配符合要求后，方可使用。有机塑化剂应有砌体强度的型式检验报告。

【技术要点说明】

在砌体工程施工过程中，根据需要有时在砌筑砂浆中掺入早强剂、缓凝剂、防冻剂等，由于这些外加剂产品比较多，在性能上存在差异，为确保砌筑砂浆的质量，应对这些外加剂进行检验和砌筑砂浆试配，在符合要求后予以使用。

《砌筑砂浆配合比设计规程》JGJ 98—2000 对砂浆的稠度和分层度两项技术指标做了明确的规定。为满足砌筑砂浆稠度和分层度的技术条件，除了使用水泥混合砂浆以外，可在水泥砂浆中掺用有机塑化剂。目前，市场上出售的有机塑化剂种类较多，由于其作用机理各异，故针对其适用性，除了应进行材料本身性能（如对砌筑砂浆密度、稠度、分层度、抗压强度、抗冻性等）检测之外，尚应针对砌体强度进行检验，应有完整的型式检验报告。例如，在水泥砂浆中掺入微沫剂后，经搅拌，在砂粒四周形成微小而稳定的空气泡，从而起到润滑和改善砂浆性能的作用。但是，经国内、外的试验表明，掺用微沫剂的水泥砂浆对砌体抗压强度将产生不利影响，其强度降低 10%；而对砌体的抗剪强度不产生不利影响。

【实施与检查的控制】

1. 施工单位应对在砌筑砂浆中使用的有机塑化剂、早强剂、缓凝剂、防冻剂等应进行检验和砂浆试配。

2. 施工单位购入有机塑化剂时，应索取包括砌体强度检验在内的完整的型式检验报告。

检查：

1. 掺用的有机塑化剂、早强剂、缓凝剂、防冻剂等的性能检验和砂浆试配报告单。

2. 有机塑化剂生产厂家提供的，包括砌体强度检验在内的完整的型式检验报告（技术性能应经鉴定，产品的投产鉴定应获当地建设行政主管部门批准）。

判定：

1. 掺用有机塑化剂、早强剂、缓凝剂、防冻剂等的砌筑砂浆的性能，应经检验合格。

2. 有机塑化剂应有生产厂家提供的包括砌体强度检验在内的完整的型式检验报告。

《砌筑砂浆配合比设计规程》JGJ 98—2000

3.0.3 掺加料应符合下列规定：

1 严禁使用脱水硬化的石灰膏。

【技术要点说明】

为改善砂浆的和易性可掺加塑化材料。石灰膏是施工中常用的一种塑化材料，它是生石灰经过熟化，用网滤渣后，储存在石灰池内，沉淀 7d 以上的潮湿的膏状材料。脱水硬化的石灰膏不但起不到塑化作用，还会降低砂浆强度，故规定严禁使用。

【实施与检查的控制】

1. 现场的石灰膏应存放在灰池中妥善保管，防止曝晒、风干结硬，并应经常浇水保持湿润。

2. 施工单位现场质量管理人员和班组长应注意避免使用脱水硬化的石灰膏。

检查：

1. 了解施工现场石灰膏在灰池中的存放状态。

2. 经常检查施工现场砂浆搅拌时石灰膏的质量。

判定：

砂浆拌制时，脱水硬化的石灰膏不符合规范要求，严禁使用。

4.0.3　砌筑砂浆稠度、分层度、试配抗压强度必须同时符合要求。

【技术要点说明】

砌筑砂浆配合比设计中，试配抗压强度十分重要，它直接关系施工现场砂浆试块强度的验收和砌体的质量，故应符合设计要求。此外，在砌体工程施工中，为确保砌体的砌筑质量，应控制砂浆的用水量，使其具有合适的流动性，砂浆应满足相应的稠度规定；为使砂浆的稠度有较好的稳定性，砌筑砂浆的分层度应满足规范规定。因此，砌筑砂浆稠度、分层度、试配抗压强度必须同时符合要求。

【实施与检查的控制】

1. 砌筑砂浆应进行配合比设计及试配。

2. 砌筑砂浆在配合比设计和试配中，应满足规范规定的稠度、分层度的要求，同时满足抗压强度的设计要求。

3. 施工现场拌制砌筑砂浆时，应严格按照配合比进行各类材料的计量。

检查：

1. 砌筑砂浆试配报告单。

2. 施工现场拌制砌筑砂浆时各类材料的重量计量情况。

判定：

1. 无砌筑砂浆试配报告单，不得进行施工现场砌筑砂浆拌制。

2. 施工现场拌制砂浆时，不按试配报告单配料，判为不符合要求。

4.0.5　砌筑砂浆的分层度不得大于30mm。

【技术要点说明】

砌筑砂浆的分层度是衡量砂浆经砂浆运输、停放保水能力降低的性能指标，即分层度越大，砂浆失水越快，其施工性能越差。因此，为保证砌体灰缝饱满度、块材与砂浆间的粘结和砌体强度，砌筑砂浆的分层度不得大于30mm。

【实施与检查的控制】

1. 砌筑砂浆应进行配合比设计及试配。

2. 砌筑砂浆在配合比设计和试配中，分层度应满足不大于30mm的规定。

3. 施工现场拌制砌筑砂浆时，应严格按照配合比进行各类材料的计量。

检查：

1. 砌筑砂浆试配报告单。

2. 施工现场拌制砌筑砂浆时各类材料的重量计量情况。

判定：

1. 无砌筑砂浆试配报告单，不得进行施工场砌筑砂浆拌制。

2. 施工现场拌制砂浆时，不按配合比计量，判为不符合要求。

《砌体工程施工质量验收规范》GB 50203—2002

5.2.1 砖和砂浆的强度等级必须符合设计要求。

【技术要点说明】

在砖砌体工程中，砖和砂浆是组成砌体的两种重要材料。根据我国现行国家标准《砌体结构设计规范》GB 50003—2001 规定，砌体强度设计值主要取决于块材和砂浆的强度等级和施工质量控制等级，因此，为保证砖砌体的受力性能和施工质量，砖和砂浆的强度等级必须符合设计要求。

【实施与检查的控制】

1. 各验收批砖（烧结普通砖 15 万块、多孔砖 5 万块、灰砂砖及粉煤灰砖 10 万块各为一验收批）抽一组进行强度检验。

2. 砂浆应经试配。

3. 同一类型、强度等级的砌筑砂浆，每一砌体检验批且不超过 $250m^3$ 砌体施工中，对每台搅拌机应至少进行一次砂浆强度抽检。

检查：

1. 砖强度试验报告单。

2. 砂浆试配报告单。

3. 砂浆强度试验报告单。

判定：

1. 砖和砂浆的强度等级必须符合设计要求。

2. 砂浆试块强度偏低时，应对相应的砌体部位采用现场检验方法对砂浆和砌体强度进行原位检测或取样检测，再视其检测结果，依照现行国家标准《建筑工程施工质量验收统一标准》GB 50300—2001 进行验收。即当砌体中砂浆强度或砌体强度能够达到设计要求的检验批，应予以验收；当砌体中砂浆或砌体强度达不到设计要求，但经原设计单位核算认可能够满足结构安全的检验批，可予以验收；当砌体中砂浆或砌体强度不满足结构安全的检验批，应返工重做或加固处理，再进行验收。

5.2.3 砖砌体的转角处和交接处应同时砌筑，严禁无可靠措施的内外墙分砌施工。对不能同时砌筑而又必须留置的临时间断处应砌成斜槎，斜槎水平投影长度不应小于高度的 2/3。

【技术要点说明】

砖砌体房屋在地震作用下的震害特点是破坏率高。统计表明，当遭遇 6 度、7 度地震时，多层砖房就有破坏的可能；遭遇 8 度、9 度地震时，将发生明显的破坏，甚至倒塌；遭遇到 11 度地震时，几乎全部倒塌。震害调查还表明，多层砖房的转角部位和内外墙交接部位的破坏是一种典型的震害。

试验研究表明，纵横墙同时砌筑的整体性最好；留置斜槎时，墙体的整体性有所降低，承受水平荷载能力较同时砌筑墙体的低 7%左右；留直槎并设拉结钢筋的墙体和只留直槎不设拉结钢筋的墙体，其承受水平荷载能力分别较同时砌筑墙体的低 15%和 28%。

综上所述，为不降低砖砌体转角处和交接处墙体的整体性和承受水平荷载能力，减轻房屋的震害，对其砌筑做了相应的规定。

【实施与检查的控制】

1. 施工单位应对质量管理人员和操作工人加强规范的学习，并认真执行。

2. 施工中加强自检，杜绝违背规范要求的做法。

检查：

1. 检验批质量验收记录。

2. 在对砌体工程的观感质量进行检查时，对砌体的转角处和纵横墙交接处全面观察检查。

判定：

1. 对抗震设防烈度为8度及以上地区的房屋，砌体的转角处和交接处应同时砌筑，或斜槎连接。

2. 对非抗震设防及抗震设防烈度为6度、7度地区，除转角处外，可留直槎，但直槎必须做成凸槎，并按现行国家标准《砌体工程施工质量验收规范》GB 50203—2002第5.2.4条的规定加设拉结钢筋。

6.1.2 施工时所用的小砌块的产品龄期不应小于28d。

【技术要点说明】

工程实践表明，混凝土小砌块有许多优点，但也存在墙面裂缝较普通的突出问题。究其裂缝原因，除小砌块生产过程中可能产生的微细裂纹和因地基不均匀沉降、温度应力等因素外，小砌块砌体的收缩应力作用也是一个重要原因。

根据现行国家标准《砌体结构设计规范》GB 50003—2001的规定，普通混凝土小砌块砌体和轻骨料混凝土小砌块砌体的收缩率(系指达到收缩允许标准的块体砌筑28d的砌体收缩率)分别为－0.2和－0.3mm/m；烧结黏土砖砌体的收缩率为－0.1mm/m。可以看出，普通混凝土小砌块砌体和轻骨料混凝土小砌块砌体的收缩率为烧结黏土砖砌体的2倍和3倍。砌体的收缩变形加大，将导致收缩应力增加，随之使砌体更易出现裂缝。

混凝土的收缩与使用材料、混凝土配合比、构件的形状和尺寸、养护条件、混凝土的龄期、外加剂等有关。一般而言，混凝土的收缩率为－0.4～－0.6mm/m。试验表明，混凝土龄期越短，收缩变化越明显；龄期越长，收缩变化越缓慢。在龄期一个月时，其收缩变形可完成最终收缩变形的50%～60%。因此，对施工时所用的小砌块的产品龄期作一个限制(不小于28d)是必要的，这对减少或消除混凝土小砌块房屋的墙面裂缝是有效的。

【实施与检查的控制】

小砌块进入施工现场时，施工单位应仔细了解小砌块的生产日期。坚持先检验小砌块的强度等级(产品龄期28d的强度检验)后砌筑施工的程序。

检查小砌块强度试验报告中的产品龄期及产品合格证的生产日期。

施工时所用小砌块的产品龄期应等于或大于28d时方可砌筑墙体。

6.1.7 承重墙体严禁使用断裂小砌块。

【技术要点说明】

这里所称“断裂小砌块”是指折断和裂纹比较严重(裂纹延伸的投影尺寸累计大于30mm)的小砌块。承重墙体严禁使用断裂小砌块的规定，对保证墙体的受力性能和控制墙体裂缝是一项重要措施。

【实施与检查的控制】

施工单位应对质量管理人员和操作工人加强规范的学习，并认真执行。施工中加强自检，砌筑承重墙时应剔除折断和裂纹超标的小砌块。

施工中随时在现场观察检查。在对砌体的观感质量进行检查时，注意对上墙小砌块裂纹状态的观察检查。对已上墙的断裂小砌块应予拆换重新砌筑。

6.1.9 小砌块应底面朝上反砌于墙上。

【技术要点说明】

本条规定中的“反砌”即表示小砌块壁(肋)较厚(宽)的一面朝上砌筑。由于小砌块采用竖向抽芯工艺生产，因此，就决定了小砌块底面壁(肋)较厚(宽)。为使小砌块砌体水平灰缝砂浆饱满和保证砌体的受力性能，同时也为了保持小砌块砌体施工工艺和小砌块砌体强度试验方法的一致性，故规定了"反砌"原则。

【实施与检查的控制】

1. 施工单位应对质量管理人员和操作工人加强规范的学习，并认真执行。

2. 施工中加强自检。

施工中随时在现场观察检查。小砌块"反砌"于墙上方符合规范要求。

6.2.1 小砌块和砂浆的强度等级必须符合设计要求。

【技术要点说明】

混凝土小砌块砌体工程中，小砌块和砂浆的强度等级是否符合设计要求，是其砌体结构性能能否满足设计及使用要求的关键。因此，为保证混凝土小砌块砌体的施工质量，小砌块和砂浆的强度等级必须符合设计要求。

【实施与检查的控制】

1. 各验收批小砌块(每一生产厂家，按每1万块小砌块为一批)至少抽一组；用于多层以上建筑基础和底层的小砌块至少抽2组进行强度检验。

2. 砂浆应进行试配。

3. 同一类型、强度等级的砌筑砂浆，每一砌体检验批且不超过250m^3砌体施工中，对每台搅拌机应至少进行一次砂浆强度抽检。

检查：

1. 小砌块强度试验报告单。

2. 砂浆试配报告单。

3. 砂浆强度试验报告单。

判定：

1. 小砌块和砂浆的强度等级必须符合设计要求。

2. 对砂浆试块强度偏低时，应对其相应的砌体部位依照现行国家标准《建筑工程施工质量验收统一标准》GB 50300—2001进行处理和验收。

6.2.3 墙体转角处和纵横墙交接处应同时砌筑。临时间断处应砌成斜槎，斜槎水平投影长度不应小于高度的2/3。

【技术要点说明】

砌体结构中的墙体转角处和纵横墙交接处是受力(特别是在地震作用下)的薄弱部位。因此，在混凝土小砌块砌体施工时，房屋转角处和纵横墙交接处也应和砖砌体房屋一样同时砌筑。混凝土小砌块砌体施工中的临时间断处也应砌成斜槎。

【实施与检查的控制】

1. 施工单位应对质量管理人员和操作工人加强规范的学习，并认真执行。

2. 施工中加强自检，杜绝违背规范要求的做法。

检查：

1. 检验批质量验收记录。

2. 在对砌体工程观感质量进行检查时，对砌体的转角处和纵横墙交接处全面观察检查。

判定：

无论是否抗震设防地区，混凝土小砌块砌体房屋的转角处和纵横墙交接处均不得采用留置直槎的砌筑方法。

7.1.9　挡土墙的泄水孔当设计无规定时，施工应符合下列规定：

1　泄水孔应均匀设置，在每米高度上间隔 2m 左右设置一个泄水孔；

2　泄水孔与土体间铺设长宽各为 300mm、厚 200mm 的卵石或碎石作疏水层。

【技术要点说明】

在挡土墙中，为使其墙后的积水（渗入的地表水或地下水）易于排出，不增加挡土墙的土压力，保证结构安全，应在挡土墙墙身设置排水孔。对在施工场地周围砌筑的石砌体挡土墙，由于一般不属于房屋设计内容，设计单位不会专门对此进行设计，因此，施工单位应按照本条之规定设置挡土墙的泄水孔。

【实施与检查的控制】

1. 施工单位应对质量管理人员和操作工人加强规范的学习，并认真执行。

2. 施工中加强自检，杜绝违背规范要求的做法。

施工过程中随时进行观察检查。不符合要求的应返工。

7.2.1　石材及砂浆强度等级必须符合设计要求。

【技术要点说明】

在石材砌体结构中，石材及砌筑砂浆的强度等级直接关系着砌体结构的力学性能，故必须符合设计要求，以满足结构的设计及使用要求。

【实施与检查的控制】

1. 对同产地的石材应进行强度等级检验。

2. 砂浆应进行试配。

3. 同一类型、强度等级的砌筑砂浆，每一砌体检验批且不超过 250m^3 的砌体施工中，对每台搅拌机应至少进行一次砂浆强度抽检。

检查：

1. 石材强度试验报告单。

2. 砂浆试配报告单。

3. 砂浆强度试验报告单。

判定：

1. 石材和砂浆强度等级必须符合设计要求。

2. 砂浆试块强度偏低时，应对其相应的砌体部位依照现行国家标准《建筑工程施工质量验收统一标准》GB 50300—2001 进行处理和验收。

8.2.1 钢筋的品种、规格和数量应符合设计要求。

【技术要点说明】

在配筋砌体中，钢筋和水泥、块材及各种外加剂同属主要材料。对钢筋而言，除应遵守现行国家标准《混凝土结构工程施工质量验收规范》GB 50204—2002 有关条文规定外，在砌体工程施工中，钢筋的品种、规格和数量应符合设计要求。

【实施与检查的控制】

1. 采购钢筋时，应避免不合格钢筋混入。钢筋进场后，应首先进行外观检查。

2. 按钢筋进场的批次，以重量不大于 60t 的同品种、同规格钢筋为一批进行钢筋机械性能复验。并按建设部建建(2000)211 号《关于印发《房屋建筑工程和市政基础设施工程实行见证取样和送检的规定》的通知》要求进行见证取样的送检。

3. 施工中依照设计图纸要求，在检查批质量验收时，把好钢筋隐蔽工程验收质量关。

检查：

1. 钢筋的产品合格证、出厂检验报告和进场复验报告单。

2. 对照施工图检查已安装好的钢筋的品种、规格、位置及数量。

3. 钢筋隐蔽工程验收记录。

判定：

1. 钢筋的品种、规格位置和数量位置应符合设计要求。

2. 不合格的钢筋不得使用，并说明如何处理的。

3. 钢筋品种、规格位置和数量如不符合设计要求，应予拆换、补足，或通过设计人同意进行补强处理。

8.2.2 构造柱、芯柱、组合砌体构件、配筋砌体剪力墙构件的混凝土或砂浆的强度等级应符合设计要求。

【技术要点说明】

配筋砌体结构是由配置钢筋的砌体作为建筑物主要受力构件的结构，是网状配筋砌体柱、水平配筋砌体墙、砖砌体和钢筋混凝土面层或钢筋砂浆面层组合砌体墙(柱)、砖砌体和钢筋混凝土构造柱(芯柱)组合墙以及配筋砌块砌体剪力墙结构的统称。

由于配筋砌体结构中混凝土及砂浆的强度不仅直接影响钢筋的粘结与锚固性能，而且还关系配筋砌体结构的力学性能，因此做了本条规定。

【实施与检查的控制】

1. 应按设计要求的强度等级进行混凝土及砂浆试配。

2. 对每一检验批砌体，应进行混凝土及砂浆的强度等级检验。

检查：

1. 混凝土及砂浆试配报告单。

2. 混凝土及砂浆强度试验报告单。

判定：

1. 混凝土及砂浆强度等级应符合设计要求。

2. 混凝土及砂浆强度检验应按照现行国家标准《建筑工程施工质量验收统一标准》GB 50300—2001 进行验收。即当砌体中的混凝土及砂浆强度能够达到设计要求的检验批，应予以验收；当砌体中的混凝土及砂浆强度达不到设计要求，但经原设计单位核算认可能够满足结构安全的检验批，可予以验收；当砌体中混凝土和砂浆强度不满足安全的检验批，应返工重做或加固处理，再进行验收。

10.0.4 冬期施工所用材料应符合下列规定：

1 石灰膏、电石膏等应防止受冻，如遭冻结，应经融化后使用；

2 拌制砂浆用砂，不得含有冰块和大于 10mm 的冻结块；

3 砌体用砖或其他块材不得遭水浸冻。

【技术要点说明】

石灰膏、电石膏等处于冻结状态下很难在砂浆中拌合均匀，这不仅起不到改善砂浆和易性的作用，还会降低砂浆强度。

砂浆用砂有一定的含水率，在冬期施工中有可能冻结成一定直径的砂块，且可能混有冰块，从而影响砂浆的均匀性和强度。

常温下，砖或其他块材表面的污物的清除比较容易，但当其遭受水浸冰后，块材表面的污物较难清除干净，会直接影响块材与砂浆间的粘结，进而降低砌体的整体性和强度。

综上所述，为保证冬期施工中砌体的施工质量，对冬期施工所用材料做了有关规定。

【实施与检查的控制】

1. 拌制砂浆用砂，应过筛或加热。

2. 石灰膏、电石膏应覆盖保温材料，以免冻结，如遭冻结，应经融化后使用。

3. 块材堆放中应防止雨雪直接飘落在块材上。

现场观察检查，着重检查施工单位制定的冬期施工措施的落实情况。

6 木结构工程

《木结构工程施工质量验收规范》GB 50206—2002

5.2.2 胶缝应检验完整性，并应按照表 5.2.2-1 规定胶缝脱胶试验方法进行。

对于每个树种、胶种、工艺过程至少应检验 5 个全截面试件。脱胶面积与试验方法及循环次数有关，每个试件的脱胶面积所占的百分率应小于表 5.2.2-2 所列限值。

胶缝脱胶试验方法　　表 5.2.2-1

使用条件类别[1]	1		2		3
胶的型号[2]	Ⅰ	Ⅱ	Ⅰ	Ⅱ	Ⅰ
试验方法	A	C	A	C	A

注：1　层板胶合木的使用条件根据气候环境分为 3 类：

1 类——空气温度达到 20℃，相对湿度每年有 2～3 周超过 65%，大部分软质树种木材的平均平衡含水率不超过 12%；

2 类——空气温度达到 20℃，相对湿度每年有 2～3 周超过 85%，大部分软质树种木材的平均平衡含水率不超过 20%；

3 类——导致木材平均平衡含水率超过 20%的气候环境，或木材处于室外无遮盖的环境中。

2　胶的型号有Ⅰ型和Ⅱ型两种：

Ⅰ型——可用于各类使用条件下的结构构件（当选用间苯二酚树脂胶或酚醛间苯二酚树脂胶时，结构构件温度应低于 85℃）。

Ⅱ型——只能用于 1 类或 2 类使用条件，结构构件温度应经常低于 50℃（可选用三聚氰胺脲醛树脂胶）。

胶缝脱胶率（%）　　表 5.2.2-2

试验方法	胶的类型	循环次数		
		1	2	3
A	Ⅰ	—	5	10
C	Ⅱ	10	—	—

【技术要点说明】

层板胶合木的质量取决于下列 3 个条件：

1. 层板的木材质量：按构件受力的性质和截面上的应力分布分别规定材质标准。

2. 层板加大截面的胶合质量：层板之间的胶合面称为胶缝。根据使用环境的温、湿度分别规定胶种的型号，保证胶缝耐久完整。

3. 层板接长的胶合指形接头质量：用指形铣刀切削层板端头，涂胶后相互插入连接的接头称为指接。根据层板受力的大小，选择合理的铣刀几何图形，保证足够的传力效能。

这 3 个条件中首要的是胶缝的完整性。因为只要胶缝保持耐久的完整性，即使层板局部缺陷稍超过限值或个别指接传力效能稍低，相邻层板通过胶缝能起补偿作用。

综合上述分析，在强制性条文中规定检测胶缝脱胶率。

【实施与检查的控制】

应由有资质的检测单位进行胶缝脱胶试验:首先核查检测单位的资质。然后根据试验结果求得的脱胶率与表 5.2.2-2 规定的限值对照。当试验求得的脱胶率符合表 5.2.2-2 规定即可判定这批胶合木构件质量合格;若试验求得的脱胶率超过表 5.2.2-2 的规定,则应判定这批胶合木构件质量不合格。

6.2.1　规格材的应力等级检验应满足下列要求:

1. 对于每个树种、应力等级、规格尺寸至少应随机抽取 15 个足尺试件进行侧立受弯试验,测定抗弯强度。

2. 根据全部试验数据统计分析后求得的抗弯强度设计值应符合规定。

【技术要点说明】

轻型木结构的主要承重构件都采用不同截面尺寸的规格材,而以侧立受弯构件为主。因此分别按采用的树种、不同的应力等级和截面尺寸,随机抽样测定抗弯强度。

我国《木结构设计规范》GB 50005 采用进口规格材强度设计指标是按北美规格材足尺试件试验数据换算得来的,因此决定采用足尺试件测定抗弯强度。

【实施与检查的控制】

应由有资质的检测单位进行规格材侧立受弯试验。首先核查检测单位的资质,测试后将求得的抗弯强度设计值与《木结构设计规范》GB 50005 的规定值对照。当试验求得的抗弯强度设计值大于或等于《木结构设计规范》GB 50005 的规定值,即应判定这种规格材质质量合格;若试验求得的抗弯强度设计值低于规定值,则应判定这种规格材不合格。

7.2.1　木结构防腐的构造措施应符合设计要求。

【技术要点说明】

木腐菌生长需要同时具备氧气、适宜的温度和木材的平均平衡含水率≥20%等三个要素,前二者同样是人类生存的要素,无法排除。因此为了防止木材腐朽,可以从建筑构造上采取措施,使木结构各个部位经常处于通风良好的条件下,即使一时受潮(例如雨水渗漏等等),也能及时风干,保持木材含水率低于 20%而不致腐朽。在《木结构设计规范》GB 50005 中规定的防腐构造措施皆基于这一基本原理。

【实施与检查的控制】

应当指出,凡是需要采取防腐构造措施的部位,皆处于隐蔽或通风不良的环境中(例如木桁架支座节点、保温吊顶的主梁)。因此必须在制订施工组织设计时,列出有关的防腐构造措施,一一标明在哪一道工序交接时进行检查,并作出隐蔽工程记录,经监理工程师(建设单位技术负责人)签字认可。

首先核查施工组织设计是否已列出木结构防腐构造措施,在哪个工序交接时检查。然后根据有关的隐蔽工程记录与施工图对照。

当隐蔽工程记录中关于防腐构造措施的记载符合施工图的要求,即可判定这项构造措施质量合格。若防腐构造措施未达到施工图的要求,则必须返修后,再次进行验收。

7.2.2　木构件防护剂的保持量和透入度应符合下列规定。

1　根据设计文件的要求,需要防护剂加压处理的木构件,包括锯材、层板胶合木、结构复合木材及结构胶合板制作的构件。

2　木麻黄、马尾松、云南松、桦木、湿地松、辐射松、杨木等易腐或易虫蛀木材制作的构

件。

3 在设计文件中规定与地面接触或埋入混凝土、砌体中及处于通风不良而经常潮湿的木构件。

【技术要点说明】

当木构件经常处于潮湿环境中，木材的平均平衡含水率高于20%，必定发生腐朽；我国南方位于亚热带和热带，适宜于蛀蚀木材的白蚁、家天牛繁殖，特别是一些易腐和易虫蛀的树种。在上述这几种情况下，为了保证木结构不遭腐朽和蛀蚀，必须将木构件用防护剂处理。

防护剂处理有3种方法：

1. 浸渍法：包括常温浸渍法、冷热槽法和加压处理法。为了确保木构件中的防护剂达到规定的保持量或透入度，必须采用加压处理法。常温浸渍和冷热槽法只能用于腐朽和虫害轻微的使用环境中。

2. 喷洒法。

3. 涂刷法。

后两种处理方法只能用于已经用防护剂加压处理的木构件因钻孔、开槽而暴露未吸收药剂的部位。

【实施与检查的控制】

应由有资质的检测单位测定木材防护剂保持量和透入度。首先核查检测单位的资质，然后根据设计文件指定的防护剂和木结构的使用环境，分别按锯材、层板胶合木、结构复合木材及结构胶合板必须达到的防护剂最低保持量和透入度（或边材吸收率）与测定结果对照。当试验测定的防护剂保持量或透入度符合规定，即可判定这批木构件防护剂加压处理合格；若试验测定的防护剂保持量或透入度低于规定，则应判定这批木构件防护剂加压处理不合格。

7.2.3 木结构防火的构造措施，应符合设计文件的要求。

【技术要点说明】

木材为可燃材料，在下列几种情况下都有着火燃烧的危险：

(1) 直接的火源；

(2) 采暖或炊事的烟囱（含电烤炉）的烘烤；

(3) 采暖管道的烘烤；

(4) 电线（因局部短路，急骤升温）。

在《木结构设计规范》GB 50005中规定的防火构造措施皆为了在上述情况下防止木构件表面温度升高而着火。

【实施与检查的控制】

凡是需采取防火构造措施的部位，都应在施工组织设计中单独标出，并指定专人负责，逐项记录，经监理工程师（建设单位技术负责人）签字认可。

首先核查每项防火构造措施单独的施工记录，然后逐项与施工图对照。

当每项防火构造措施的施工记录符合施工图的要求，即可判定这项防火构造措施质量合格。若防火构造措施未达到施工图的要求，则必须返修后，再次进行验收。

7 防 水 工 程

7.1 屋面工程防水

《屋面工程质量验收规范》GB 50207—2002

3.0.6 屋面工程所采用的防水、保温隔热材料应有产品合格证书和性能检测报告，材料的品种、规格、性能等应符合现行国家产品标准和设计要求。

【技术要点说明】

为确保屋面工程质量，工程上使用的防水、保温隔热材料应有质量证明文件，并经具备相应资质的试验检测单位进行检测。材料进场后，施工单位应抽样复验；抽样数量、检验项目和检验方法，应符合本规范附录 A、附录 B 的规定。

【实施与检查的控制】

1. 检查进场防水、保温隔热材料的质量证明文件和试验检测单位认证证书。

质量证明文件通常指材料的质量合格证和性能检测报告。由于屋面工程质量的重要性，施工单位除了认真检查所用材料的产品合格和性能检测报告出厂质量证明文件外，该材料还必须经具有省、自治区、直辖市标准化管理部门和建设行政主管部门共同审查认可的试验检测单位检验认证。

2. 针对目前建筑材料市场尚不规范的情况，对进场防水、保温隔热材料应进行抽样复验，防止质量证明文件造假，严格控制材料质量。进场防水、保温隔热材料经抽样复验不合格，应责令其清退出场，绝不能使用到工程上。

3. 对进场防水材料抽样复验，本规范附录 A 和附录 B 是依据有关防水材料的产品标准，并结合屋面工程要求作出具体规定。施工现场取样的方法和数量，应按照上述规定随机抽取。为了使取得试样具有较好的代表性和真实性，应当按建设部"房屋建筑工程和市政基础设施工程实行见证取样和送检的规定"对防水材料实行监理工程师见证取样。

检查：

1. 质量检验报告应符合以下要求：

(1) 有材料试验检测单位的计量合格标志；

(2) 有检验(试验)、审核、(技术)负责人三级人员签字；

(3) 产品出厂检验项目齐全，结论明确，并注明产品执行技术标准号、产品注册号、生产许可证号；

(4) 其他内容为：产品名称、规格、型号、制造厂、生产日期、出厂日期、产品有效期、出厂编号、代表数量、检验(测)值、标准值、质量等级等。

2. 现场抽样复验报告应符合以下要求：

(1) 有材料试验检测单位的计量合格标志；

(2) 有检验(试验)、审核、(技术)负责人三级人员签字；

(3) 填写现行的材料检验(测)标准和产品标准；检验项目齐全，结论明确；

(4) 材料名称、规格、型号、数量、质量等级与现场材料相符。

3. 对建筑防水工程材料的质量检测，应执行见证取样送样的规定。

判定：

1. 防水材料的品种、规格、性能应符合现行国家产品标准和设计要求。需对设计文件作变更的材料，应及时会同设计单位办理变更手续。

2. 进场材料的见证取样复验应提前进行，试验检测合格后方可开始施工。

3. 建设(监理)单位见证人员和施工单位现场取样人，应对试样的代表性和真实性负有法定责任。未注明见证单位和见证人的材料性能检测报告，不得作为质量控制资料和竣工验收资料，应由质量监督部门指定法定试验检测单位对该材料重新检测。

4. 屋面工程中不合格的材料不得在屋面工程中使用。对使用不合格材料造成屋面工程施工质量问题的，应按情节轻重责成有关单位进行返工、返修处理。

4.1.8 屋面(含天沟、檐沟)找平层的排水坡度，必须符合设计要求。

【技术要点说明】

屋面排水系统设计应确定屋面排水路线和排水坡度，并根据当地百年的最大雨量计算屋面全部汇水面积，设计天沟位置、截面、坡度、水落口数量以及沟底标高。如果屋面长期积水，容易使防水层过早老化与腐烂。因此，必须重视屋面基层找坡的质量，确保屋面排水通畅。

【实施与检查的控制】

1. 平缓屋面因基层找坡不当，表面凹凸不平，在低洼处容易形成局部积水。特别是天沟、檐沟及水落口等集中排水部位，由于设计坡度很小、施工操作困难，在大雨或暴雨时积水尤为严重。屋面积水虽在短时间内不会造成渗漏，但若长期不处理会加速防水层老化，导致屋面渗漏水，缩短防水层合理使用年限。

平屋面应采用结构找坡或材料找坡。当屋面结构层不起坡时，需设找坡层。平屋面采用结构找坡不应小于3%，采用材料找坡宜为2%；天沟、檐沟纵向找坡不应小于1%。

2. 考虑上述对天沟、檐沟的坡度要求，一般水落口离天沟、檐沟分水线不宜超过20m，沟底水落差不得超过200mm。

3. 水落口是屋面排水的总出口，水落口杯安装位置不正确，会造成积水、溢水、漏水等现象。为了准确控制水落口杯埋设标高和保证坡度要求，水落口杯的标高应设置在沟底的最低处。同时，水落口设置的标高应考虑到增加附加层和柔性密封层厚度及加大排水坡度等具体情况。

检查：

1. 有组织排水的屋面，应根据设计文件确定屋面排水路线和排水坡度。保温层及找平层施工前，应按屋面排水路线将屋面汇水面积划出分水线，排水坡度应符合设计要求。屋面基层施工时，应随时用水平仪(水平尺)、拉线和尺量检查找坡是否正确，检查数量按找平层面积每 $100m^2$ 抽查一处，每处 $10m^2$，且不得少于3处。

2. 由于天沟、檐沟纵向找坡较小，施工时必须拉线找准坡度。同时，天沟、檐沟排水不得流经变形缝和防火墙。

3. 天沟、檐沟的基层找坡时，必须保证水落口杯的埋设标高。水落口杯的标高应比天沟找平层低 30mm，水落口周围直径 500mm 范围内的坡度应大于 5%。

判定：

1. 屋面坡度应符合设计要求和本规范对屋面找平层施工的规定；天沟、檐沟、水落口等应设置合理，不得有堵塞，排水系统必须通畅。

2. 平屋面应优先考虑结构找坡，坡度必须在结构施工前就找准。材料找坡应在结构层平面上，用轻质材料或保温材料铺垫出要求的排水坡度；经检查表面平整度超差，遇有低洼或坡度不足时，应经修补合格后方可继续下道工序施工。

3. 水落口杯高出沟底时，应凿掉重新安装，并按规定抹成杯形的洼坑。

4.2.9　保温层的含水率必须符合设计要求。

【技术要点说明】

屋面可采用松散材料、板状材料或整体现浇（喷）保温层。保温层应干燥，封闭式保温层的含水率应相当于该材料在当地自然风干状态下平衡含水率。屋面保温材料的干湿程度与导热系数关系很大，限制保温层的含水率是保证工程质量的重要环节，保温层含水率必须符合设计要求。

【实施与检查的控制】

1. 整体保温层不得使用水泥膨胀珍珠岩或水泥膨胀蛭石。根据屋面使用情况调查，现浇水泥膨胀珍珠岩或水泥膨胀蛭石施工时用水量往往较大，水分未经蒸发随即做找平层，不但影响保温效果，而且使得卷材容易出现空鼓，故目前已予淘汰这种做法。整体现浇（喷）保温层应采用现浇沥青膨胀珍珠岩、沥青膨胀蛭石或现喷硬质聚氨酯泡沫塑料。

2. 屋面保温应采用吸水率低、表观密度或堆积密度和导热系数较小的材料。保温材料的干湿程度与导热系数关系很大，对正在施工或施工完的保温层应采取防雨、防潮措施，防止保温层内部含水率增加而影响保温效果。

3. 限制保温层的含水率是保证屋面工程质量的重要环节。经过多年施工实践和调研归纳，封闭式保温层的含水率应相当于该材料在当地自然风干状态下的平衡含水率。

4. 在铺设好的保温层上抹找平砂浆时，应用喷壶洒水，不得用胶管浇水。待保温层干燥至允许含水率之后再作防水层。

检查：

1. 由于膨胀珍珠岩、膨胀蛭石等松散保温材料的吸水率极高，在材料运输和保管过程中会吸收大量水分，致使该种材料含水率往往超过所在地区大气环境的相对湿度，所以保温材料应采取防雨、防潮措施，做到分类堆放、防止混杂。材料含水率通常采用烘干称量法检测，按屋面保温层面积每 $100m^2$ 抽查一处，每处抽查面积 $10m^2$，且不得少于 3 处。

2. 当屋面保温层干燥确有困难时，施工单位应与设计单位商量采用排汽屋面。排汽屋面的排汽道应纵横贯通，并同与大气连通的排汽管相通；排汽管可设在檐口下或屋面排汽道交叉处，排汽管应做防水处理。施工时，应确保排汽道和排汽管以及排汽管壁上的孔不被堵塞。

3. 屋面保温层施工完毕应立即做找平层。当保温层施工途中下雨、下雪时，应采取遮盖措施。

判定：

1. 淘汰整体现浇水泥膨胀珍珠岩(蛭石)保温层。在保温层干燥确实有困难时,宜采用排汽屋面做法。

2. 保温层的含水率必须符合设计要求,保温层含水率应为抽样检测值的算术平均值。

3. 对保温功能不良的屋面工程,应在干燥季节返修防水层,待保温层干燥后再作新的防水层,或将防水层局部揭开另设排汽道或排汽管。

4.3.16 卷材防水层不得有渗漏或积水现象。

【技术要点说明】

屋面工程竣工后不得有渗漏或积水现象。检验屋面有无积水、渗漏以及排水系统是否通畅,可在雨后或持续淋水 2h 以后进行。有可能作蓄水检验的屋面,其蓄水时间不应少于 24h。

【实施与检查的控制】

1. 卷材铺贴方向应符合下列规定:

(1) 屋面坡度小于 3%时,卷材宜平行屋脊铺贴;

(2) 屋面坡度为 3%～15%时,卷材可平行或垂直屋脊铺贴;

(3) 屋面坡度大于 15%或屋面受震动时,沥青防水卷材应垂直屋脊铺贴;高聚物改性沥青防水卷材和合成高分子防水卷材可平行或垂直屋脊铺贴;

(4) 上下层卷材不得相互垂直铺贴。

2. 卷材搭接方法、宽度和要求应符合下列规定:

(1) 铺贴卷材应采用搭接法,上下层及相邻两幅卷材的搭接缝应错开。平行于屋脊的搭接缝应顺流水方向搭接;垂直于屋脊的搭接缝应顺年最大频率风向搭接;

(2) 各种卷材搭接宽度应符合表 8-2 的要求;

卷材搭接宽度(mm) **表 8-2**

卷材种类 \ 铺贴方法		短边搭接		长边搭接	
		满粘法	空铺、点粘、条粘法	满粘法	空铺、点粘、条粘法
沥青防水卷材		100	150	70	100
高聚物改性沥青防水卷材		80	100	80	100
合成高分子防水卷材	胶粘剂	80	100	80	100
	胶粘带	50	60	50	60
	单缝焊	60,有效焊接宽度不小于 25			
	双缝焊	80,有效焊接宽度 10×2+空腔宽			

(3) 高聚物改性沥青防水卷材和合成高分子防水卷材的接缝口,宜用材性相容的密封材料封严。

3. 卷材防水屋面细部构造的施工应符合下列规定:

(1) 天沟、檐沟

① 天沟、檐沟应增铺附加层;

② 天沟、檐沟与屋面交接处的附加层宜空铺,空铺的宽度不应小于 200mm;

③ 卷材防水层应由沟底翻上至沟外檐顶部,卷材收头应用压条钉压固定,并用密封材

料封口；

④ 高低跨内排水天沟与立墙交接处，应采取能适应变形的密封处理。

(2) 檐口

① 铺贴檐口 800mm 范围内的卷材应采取满粘法；

② 卷材收头应压入凹槽，采用金属压条钉压，并用密封材料封口；

③ 檐口下端应抹出鹰嘴和滴水槽。

(3) 女儿墙泛水

① 铺贴泛水处的卷材应采取满粘法；

② 砖墙卷材收头可直接铺压在女儿墙压顶下压顶应做防水处理，也可压入砖墙凹槽内固定密封，凹槽距屋面找平层不应小于 250mm，凹槽上部的墙体应做防水处理；

③ 混凝土墙卷材收头应采用金属压条钉压，并用密封材料封口。

(4) 水落口

① 水落口杯上口的标高应设置在沟底的最低处；

② 防水层贴入水落口杯内不应小于 50mm；

③ 水落口周围直径 500mm 范围内坡度不应小于 5%，并应用防水涂料或密封材料涂封；

④ 水落口杯与基层接触处应留宽 20mm、深 20mm 凹槽，并嵌填密封材料。

(5) 变形缝

① 变形缝的泛水高度不应小于 250mm；

② 防水层应铺贴到变形缝两侧砌体的上部；

③ 变形缝内应填充聚苯乙烯泡沫塑料，上部填放衬垫材料，并用卷材封盖；

④ 变形缝顶部应加扣混凝土或金属盖板，混凝土盖板的接缝应用密封材料嵌填。

(6) 伸出屋面管道

① 管道根部直径 500mm 范围内，砂浆找平层应抹出高度不小于 30mm 的圆锥台；

② 管道周围与找平层或细石混凝土防水层之间，应预留 20mm×20mm 的凹槽，并用密封材料嵌填严密；

③ 管道根部四周应增设附加层，宽度和高度均不应小于 300mm；

④ 管道上的防水层收头处应用金属箍紧固，并用密封材料封严。

检查：

1. 根据屋面防水层的要求和当地的温度变化条件，选择耐热度和柔性相适应的卷材，其材质应符合国家现行技术标准要求。所选用的基层处理剂、接缝胶粘剂、密封材料等配套材料，应与铺贴的卷材材性相容。检查材料出厂合格证、质量检验报告和现场监理(建设)单位见证取样复验报告。

2. 卷材铺贴方向和搭接方法应符合规定，其搭接宽度应正确，接缝应严密，不得有皱折、鼓泡和翘边等缺陷。按工序、层次进行观察和尺量检查。检查数量按卷材铺贴面积每 $100m^2$ 抽查一处，每处 $10m^2$，且不得少于 3 处。

3. 卷材防水屋面的细部构造应符合设计要求和本规范规定。观察检查和检查隐蔽工程验收记录。检查数量应为全数检查。

判定：

检查屋面有无渗漏以及排水系统是否通畅，可在雨后或持续淋水2h以后进行。有可能作蓄水检验的屋面，其蓄水时间不应少于24h。检验后应填写安全和功能检验(检测)报告。

屋面工程不得有渗漏或积水现象。如有发生则判定为不合格不予验收，应责成有关单位予以返工、返修处理，达到合格标准后再次进行检查验收。

5.3.10 涂膜防水层不得有渗漏或积水现象。

【技术要点说明】

参见本规范第4.3.16条的内容。

【实施与检查的控制】

1. 防水涂膜的施工应符合下列规定：

(1) 涂膜应根据防水涂料的品种分层分遍涂布，不得一次涂成；

(2) 应待先涂的涂层干燥成膜后，方可涂布后一遍涂料；

(3) 需铺设胎体增强材料时，屋面坡度小于15%时可平行屋脊铺设，屋面坡度大于15%时应垂直于屋脊铺设；

(4) 胎体长边搭接宽度不应小于50mm，短边搭接宽度不应小于70mm；

(5) 采用二层胎体增强材料时，上下层不得互相垂直铺设，搭接缝应错开，其间距不应小于幅宽的1/3。

2. 按设计要求选用符合技术标准的防水涂料，涂膜厚度应符合表8-3的规定。

涂 膜 厚 度 **表8-3**

屋面防水等级	设 防 道 数	高聚物改性沥青防水涂料	合成高分子防水涂料
Ⅰ级	三道或三道以上设防	—	不应小于1.5mm
Ⅱ级	二道设防	不应小于3mm	不应小于1.5mm
Ⅲ级	一道设防	不应小于3mm	不应小于2mm
Ⅳ级	一道设防	不应小于2m	—

3. 天沟、檐沟与屋面交接处应空铺附加层，空铺的宽度宜为200～300mm；泛水处的涂膜防水层宜直接涂刷至女儿墙的压顶下；天沟、檐沟、檐口及泛水处，涂膜防水层的收头应用防水涂料多遍涂刷或用密封材料封严。

检查：

1. 防水涂料的材质应符合国家现行技术标准要求。检查材料出厂合格证、质量检验报告和现场监理(建设)单位见证取样复验报告。

2. 涂膜防水层不应有裂纹、皱折、流淌、鼓泡、露胎体等现象。外观检查。

涂膜防水层的平均厚度应符合设计要求，最小厚度不应小于设计厚度的80%。用针测法或取样量测检查。检查数量按涂膜面积每100m^{2}抽查一处，每处10m^2，且不得少于3处。

3. 涂膜防水屋面的细部构造应符合设计要求和本规范规定。观察检查和检查隐蔽工程验收记录。检查数量应为全数检查。

判定：

参见本规范第4.3.16条的内容。

6.1.8 细石混凝土防水层不得有渗漏或积水现象。

【技术要点说明】

细石混凝土防水层适用于防水等级为Ⅰ～Ⅲ级的屋面防水。由于所用材料表观密度大、抗拉强度低、极限拉应变小，易受干湿变形、温度变形及结构变位等影响而产生裂缝，导致屋面渗漏。因此，对于屋面防水等级为Ⅱ级以上的重要建筑，应采用细石混凝土刚性防水层与卷材或涂膜柔性防水层复合，做二道及二道以上防水设防。

【实施与检查的控制】

1. 混凝土水灰比不应大于0.55，每立方米混凝土的水泥用量不得少于330kg；砂率宜为35%～40%；灰砂比宜为1∶2～1∶2.5，粗骨料含泥量不应大于1%，细骨料含泥量不应大于2%。

2. 细石混凝土防水层的分格缝，应设在屋面板的支承端、屋面转折处、防水层与突出屋面结构的交接处，其纵横间距不宜大于6m，分格缝内应嵌填密封材料。

3. 细石混凝土防水层的厚度不应小于40mm，并应配置双向钢筋网片。钢筋网片在分格处应断开，其保护层厚度不应小于10mm。

4. 细石混凝土防水层与立墙、突出屋面结构及突出屋面管道等交接处，均应做柔性密封处理；细石混凝土防水层与基层间宜设置隔离层。

5. 每个分格板块的混凝土应一次浇筑完成，严禁留施工缝。分格缝嵌缝密封处理应符合本规范有关密封材料嵌缝的规定。

检查：

1. 细石混凝土防水层一般为平屋面或小坡度屋面，排水坡度应符合设计要求。检验方法为雨后或淋水、蓄水检查。

2. 混凝土配合比应符合规范有关规定，有条件时应积极采用补偿收缩混凝土，以减少刚性屋面的收缩裂缝。检查材料出厂合格证、质量检验报告、计量措施和现场抽样复验报告。

3. 混凝土防水层的厚度应均匀一致，浇筑时应振捣密实、压实、抹平，收尾后应随即二次抹光。抹压时不得在表面洒水、加水泥浆或撒干水泥。观察检查，检查数量按防水层面积每100m^{2}抽查一处，每处10m^2，且不得少于3处。

4. 混凝土浇筑12～24h后应及时进行养护，养护时间不得少于14d。养护方法可采用洒水湿润养护，也可覆盖塑料膜、喷涂养护剂等，但必须保证混凝土处于充分的湿润状态。混凝土养护初期，屋面不得上人踩踏。

5. 细石混凝土防水层的细部构造应符合设计要求和本规范规定，观察检查和检查隐蔽工程验收记录。检查数量应为全数检查。

判定：

1. 参见本规范第4.3.16条的内容。

2. 细石混凝土防水层发现裂缝后，应查明屋面开裂的原因。如属于结构裂缝和温度裂缝，应在裂缝位置处将混凝土凿开形成分格缝，然后按规定嵌填密封材料。

6.2.7 密封材料嵌填必须密实、连续、饱满、粘结牢固，无气泡、开裂、脱落等缺陷。

【技术要点说明】

刚性防水屋面分格缝以及天沟、檐沟、泛水、变形缝等细部构造，均应采用密封材料嵌填。屋面密封防水处理应与卷材或涂膜防水屋面、刚性防水屋面和金属板材防水屋面配套使用。

密封材料的嵌填，过去往往不被重视，其质量优劣直接影响到屋面防水的总体效果。为此，要求施工单位应在嵌缝工序施工前，切实加强工序质量管理，编制针对性的质量保证措施，确保屋面密封防水处理的质量。

【实施与检查的控制】

1. 密封防水部位的基层质量应符合下列要求：

(1) 基层应牢固，表面应平整、密实，不得有蜂窝、麻面、起皮和起砂现象；

(2) 嵌填密封材料的基层应干净、干燥。

2. 密封防水处理连接部位的基层，应涂刷与密封材料相配套的基层处理剂；

3. 接缝处的密封材料底部应填放背衬材料，外露的密封材料上应设置保护层，其宽度不应小于 200mm。

4. 密封材料嵌填后不得碰损及污染，固化前不得踩踏。

检查：

1. 密封材料的质量必须符合设计要求和本规范规定。检查出厂合格证、质量检验报告和监理(建设)单位见证取样复验报告。采用改性石油沥青密封材料时，应注意Ⅰ类与Ⅱ类产品的区分，即：Ⅰ类耐热度为 70℃，低温柔性为－20℃，适合北方地区使用；Ⅱ类耐热度为 80℃，低温柔性为－10℃，适合南方地区。

2. 屋面接缝密封防水，应按表 8-4 要求的密封材料嵌填部位检查。检查数量按接缝密封防水每 50m 抽查一处，每处 5m，且不得少于 3 处。

屋面接缝密封防水检查 表 8-4

<table>
<tr><th>类 别</th><th>密封材料嵌填部位</th><th>类 别</th><th>密封材料嵌填部位</th></tr>
<tr><td>卷材屋面</td><td>找平层分格缝内；
屋面板端缝内；
高聚物改性沥青卷材、合成高分子卷材封边</td><td>金属板材屋面</td><td>相邻两块板搭接缝内</td></tr>
<tr><td>涂膜屋面</td><td>找平层分格缝内；
屋面板端缝内；
非保温屋面的板纵缝内</td><td rowspan="2">细部构造</td><td rowspan="2">泛水、檐口和伸出屋面管道处的卷材、涂膜收头；
屋面板侧面与女儿墙接缝；
天沟、檐沟与墙、板交接处；
管道根周围与找平层交接处；
管道根处的卷材、涂膜附加层的管道壁交接部位；
水落口杯周围与找平层、混凝土交接处</td></tr>
<tr><td>刚性屋面</td><td>屋面板端缝内；
防水层与女儿墙、山墙、突出屋面结构的交接处；
刚性防水层分格缝内；
防水层与天沟、檐沟、伸出屋面管道交接处</td></tr>
</table>

3. 背衬材料应填塞在接缝处的密封材料底部。背衬材料应选择与密封材料不粘结或粘结力弱的材料。

4. 屋面密封防水的接缝宽度不应大于 40mm，且不应小于 10mm；接缝深度应取接缝宽度的 0.5～0.7 倍。

判定：

1. 屋面接缝密封防水应按表 8-4 重点检查密封材料嵌填部位，对基层处理不当、接缝不满、粘结不牢等情况，应分析原因、采取有效治理方法去解决。

2. 采用改性石油沥青密封材料嵌填时，应按热灌法或冷嵌法有关要求进行施工。采用合成高分子密封材料嵌填时，对出现凹陷、漏嵌填、孔洞、气泡等缺陷，应在密封材料表干前进行修整，不得破坏成膜固化后的密封材料。

3. 屋面竣工后，如发现密封材料嵌填有开裂或脱落等现象，可视为密封材料柔性和耐热度选择不适当，经与设计单位商量，根据屋面构造特点和使用条件的不同，重新选择密封材料进行嵌填。

7.1.5　平瓦必须铺置牢固。地震设防地区或坡度大于50%的屋面，应采取固定加强措施。

【技术要点说明】

平瓦屋面的坡度一般大于20%，由于瓦与瓦相互搭接、瓦榫落槽，在屋面坡度较大以及遇到大风或地震时，瓦易被刮起或脱落，故必须采取措施将瓦与屋面基层固定牢固。

【实施与检查的控制】

1. 平瓦屋面挂瓦次序应由下到上，从左至右。瓦脚应挂在挂瓦条上，与相邻的左边和下边两块瓦应落槽密实；靠近屋脊处的第一排瓦应用砂浆窝牢。

2. 当屋面坡度大于50%时，每隔一排瓦需用20号镀锌钢丝穿过瓦鼻小孔，绑在下一排挂瓦条上。在大风、地震设防地区，须将檐口处一排或两排瓦绑牢。

3. 平瓦屋面脊瓦与平瓦的搭接每边不应小于40mm。屋脊的接头口应顺主导风向，斜脊的接头口应顺排水坡向；脊瓦底部应垫塞平稳，坐浆饱满。

检查：

1. 挂瓦条应分档均匀，铺钉平整、牢固，瓦面应搭接严密，脊瓦应搭盖正确，封固严密。观察或手扳检查。检查数量按平瓦屋面面积每100m^2抽查一处，每处10m^2，且不得少于3处。

2. 平瓦及其脊瓦的质量应符合现行产品标准，检查出厂合格证或质量检验报告。平瓦的瓦爪与瓦槽的尺寸应配合适当，同一批平瓦及其脊瓦至少应抽查一次。

3. 运输时应轻拿轻放，不得抛扔、碰撞；进入现场后应堆垛整齐，防止质量不合格的平瓦在工程上使用。

判定：

1. 平瓦应铺成整齐的行列，彼此紧密搭接，并应瓦榫落槽，瓦脚挂牢；

2. 地震设防地区或坡度大于50%屋面，应采取固定加强措施。

7.3.6　金属板材的连接和密封处理必须符合设计要求，不得有渗漏现象。

【技术要点说明】

金属板材屋面适用于防水等级为Ⅰ～Ⅲ级的屋面。铺设压型钢板屋面时，相邻两块板应顺年最大频率风向搭接；上下两排板的搭接长度，应根据板型和屋面坡长确定；接缝内应用密封材料嵌填严密。

【实施与检查的控制】

1. 压型钢板应根据板型和设计的配板图铺设。铺设时，压型钢板应采用带防水垫圈的镀锌螺栓（螺钉）固定，固定点应设在波峰上。所有外露的螺栓（螺钉），均应涂抹密封材料保护。

2. 压型钢板的长边搭接应顺主导风向铺设，两板间应放置通长密封条；螺栓拧紧后，两板的搭接口处应用密封材料封严。

3. 檐口应采用异型镀锌钢板的堵头封檐板，山墙应采用异型镀锌钢板的包角板和固定支架封严。

检查：

1. 金属板材屋面的排水坡度应符合设计要求。压型钢板应安装平整，固定方法正确，密封完好。观察和尺量检查。检查数量按屋面面积每 100m² 抽查一处，每处 10m²，且不得少于 3 处。

2. 金属板材屋面的有关尺寸应符合下列要求：

(1) 压型钢板的横向搭接不小于一个波，纵向搭接不小于 200mm；

(2) 压型钢板挑出墙面的长度不小于 200mm；

(3) 压型钢板伸入檐沟内的长度不小于 150mm；

(4) 压型钢板与泛水的搭接宽度不小于 200mm。

判定：

1. 金属板材屋面的有关搭伸尺寸应符合设计要求和规范的规定。

2. 金属板材的连接和密封处理，经雨后或淋水检查，不得有渗漏现象。

8.1.4 架空隔热制品的质量必须符合设计要求，严禁有断裂和露筋等缺陷。

【技术要点说明】

架空屋面是采用隔热制品覆盖在屋面防水层上，并架设一定高度的空间，利用空气流动加快散热起到隔热作用。架空隔热制品的质量必须符合设计要求。如使用有断裂和露筋等缺陷的制品，日长月久后会使隔热层受到破坏，对隔热效果带来不良影响。

【实施与检查的控制】

1. 架空隔热制品的质量必须符合设计要求。严禁有断裂和露筋等缺陷，黏土砖或混凝土板的强度，应满足设计要求和本规范规定。

非上人屋面的黏土砖强度等级不应小于 MU7.5；上人屋面的黏土砖强度等级不应小于 MU10。当采用混凝土板时，其强度等级不应小于 C20，板内宜加放钢丝网片。

2. 架空隔热制品运输时应轻拿轻放，不得抛扔、碰撞；进入现场后应堆垛整齐，防止质量不合格的制品在工程中使用。

3. 架空隔热制品的铺设应平整、稳固，缝隙勾填应密实，并按设计要求留变形缝。

检查：

1. 检查制品出厂合格证或试验报告；材料进场后，对同一批至少应抽一次作外观质量检验，要求外观规则、尺寸一致，无缺棱掉角，无裂缝。

2. 架空隔热制品铺设时，严禁使用有断裂和露筋等缺陷的隔热制品。观察检查。检查数量按隔热屋面面积每 100m² 抽查一处，每处 10m²，且不得少于 3 处。

3. 架空隔热制品与山墙或女儿墙的距离应符合设计要求；设计无要求时，架空板与山墙或女儿墙的距离不得小于 250mm。观察和尺量检查。

判定：

已铺架空屋面当发现有断裂和露筋等缺陷的架空隔热制品时，应及时给予调换，以保证屋面的隔热效果。

9.0.11 天沟、檐沟、檐口、水落口、泛水、变形缝和伸出屋面管道的防水构造，必须符合设计要求。

【技术要点说明】

屋面渗漏是当前房屋建筑中最为突出的质量问题之一。天沟、檐沟、檐口、水落口、泛水、变形缝和伸出屋面管道的防水构造，又是屋面工程最容易出现渗漏的薄弱环节。因此，治理屋面渗漏应遵守“材料是基础，设计是前提，施工是关键，管理维护要加强”的原则，确保防水工程质量。

【实施与检查的控制】

1. 天沟、檐沟卷材防水层应由沟底翻至沟外檐顶部，用水泥钉固定；卷材或涂膜防水层收头，应用密封材料封口严密；沟内应增设卷材或带胎体增强材料的涂膜附加层，并在沟内侧翻至屋面交接处应空铺 200mm；细石混凝土防水层与天沟、檐沟的交接处应留凹槽，并应用密封材料封严。

2. 无组织排水檐口 800mm 范围内卷材应采取满粘法；檐口卷材防水层的收头，应将卷材压入凹槽，采用金属压条钉压，收头部位应用密封材料封口严密；涂膜防水层收头，应用防水涂料多遍涂刷或用密封材料封严；檐口下部应做滴水槽和鹰嘴。

3. 水落口杯的标高应比天沟底找平层低 30mm；水落口周围直径 500mm 范围内的坡度不应小于 5%，并采用防水涂料或密封材料涂封，其厚度不应小于 2mm；水落口杯与基层接触处应留宽 20mm、深 20mm 凹槽，并嵌填密封材料。

4. 铺贴泛水处的卷材应采取满粘法；泛水应根据女儿墙和墙体材料确定收头密封形式；泛水处涂膜防水层宜直接涂刷至女儿墙的压顶下，收头处理应用防水涂料多遍涂刷封严。压顶应做防水处理。

5. 变形缝的泛水高度不应小于 250mm；防水层应铺贴到变形缝两侧砌体的上部；细石混凝土防水层与变形缝两侧墙体交接处应留设宽度为 30mm 的缝隙，并应用密封材料嵌填；泛水处应增设卷材或带胎体增强材料的涂膜附加层。收头做法应同上述防水处理措施。

6. 伸出屋面管道根部直径 50mm 范围内，找平层应抹成高度不小于 30mm 圆锥台；管道与找平层间应留凹槽，并嵌填密封材料，防水层收头处应用金属箍紧固，并用密封材料封严。

检查：

1. 根据屋面防水设计中的节点构造详图，检查屋面工程施工方案和技术交底记录。有关屋面防水构造的做法应符合设计要求和本规范的规定。

2. 有关密封防水处理部位、卷材或涂膜防水层的附加层，以及天沟、檐构、檐口、水落口、泛水和变形缝等防水构造的验收，应进行外观检查和检查隐蔽工程验收记录。细部构造应全数检查。

3. 屋面工程完工后，检查屋面防水构造有无渗漏现象，应进行淋水或蓄水试验，并填写安全和功能检验(检测)报告。

判定：

1. 天沟、檐沟不得有积水和倒坡现象。

2. 檐口处防水层的收头处理应符合设计要求；檐口下应做鹰嘴和滴水槽。

3. 水落口杯上口的标高应在沟底最低处；水落口杯周围应嵌填密封材料。

4. 泛水处应增设附加层；防水层收头应固定、密封。

5. 变形缝的做法应符合设计要求，并用卷材封盖；盖板安装应牢固，接缝要用密封材料嵌填。

6. 伸出屋面管道根部应做成圆锥台；管道上防水层的收头处用金属箍紧固，并用密封材料封严。

7.2 地下工程防水

《地下防水工程质量验收规范》GB 50208—2002

3.0.6 地下防水工程所使用的防水材料，应有产品的合格证书和性能检测报告，材料的品种、规格、性能等应符合现行国家产品标准和设计要求。不合格的材料不得在工程中使用。

【技术要点说明】

地下防水工程所使用的防水材料，必须经过各级法定检测单位进行抽样检验，并出具产品质量检验报告。对进入现场的材料还应按本规范附录A和附录B规定，由监理(建设)单位见证取样并送至有资质的试验室进行试验，如发现不合格的材料进入现场，应责令其清退出场，决不允许使用到工程上。

地下工程因长期经受地下水的浸泡，其环境条件与屋面工程有较大差别，故本规范对选用的防水材料还提出了耐水性、耐久性、耐腐蚀和耐菌性等方面的要求。

【实施与检查的控制】

参见《屋面工程质量验收规范》(GB 50207—2002)第3.0.6条的内容。

4.1.8 防水混凝土的抗压强度和抗渗压力必须符合设计要求。

【技术要点说明】

防水混凝土是根据工程设计所需强度等级和抗渗等级要求配制的。通过调整混凝土配合比，减少孔隙率，增加各原材料界面间密实性或使混凝土产生补偿收缩作用，从而使混凝土具有一定抗裂、防渗能力，使其满足抗渗等级大于0.6MPa的不透水性混凝土，用于地下工程可兼起结构物的承重、围护、防水三重作用。因此，本规范规定要求防水混凝土的抗压强度和抗渗压力必须符合设计要求。

【实施与检查的控制】

1. 防水混凝土同普通混凝土在配合比选择上有所不同，即表现为水灰比限制在0.55以内，水泥用量稍高，一般不得小于300kg/m^3；砂率较大，宜为35%～45%；灰砂比也较高，宜为1∶2～1∶2.5。考虑到施工现场与试验室条件的差别，试验要求的抗渗水压值应比设计要求提高0.2MPa。

2. 混凝土原材料必须符合质量要求。水泥应符合国家标准，水泥品种应按设计要求选用，其强度等级不应低于32.5级，不得使用过期或受潮结块水泥；限制砂子含泥量在3%以内，石子含泥量在1%以内；外加剂的技术性能应符合国家或行业标准一等品及以上质量要求。

3. 混凝土拌制和浇筑过程控制应符合下列规定：

(1) 拌制混凝土所用材料的品种、规格和用量，每工作班检查不应少于两次。每盘混凝土各组成材料计量结果的偏差应符合表8-5的规定。

材料计量结果允许偏差 **表8-5**

混凝土组成材料	每盘计量(%)	累计计量(%)	混凝土组成材料	每盘计量(%)	累计计量(%)
水泥、掺合料	±2	±1	水、外加剂	±2	±1
粗、细骨料	±3	±2			

注：累计计量仅适用于微机控制计量的搅拌站。

(2) 混凝土在浇筑地点的坍落度，每工作班至少检查两次。混凝土实测的坍落度与要求坍落度之间的偏差应符合表 8-6 的规定。

混凝土坍落度允许偏差　　**表 8-6**

要求坍落度(mm)	允许偏差(mm)	要求坍落度(mm)	允许偏差(mm)
≤40	±10	≥100	±20
50～90	±15		

4. 防水混凝土抗压和抗渗试件，一般应在浇筑地点制作，留置试件的数量应符合规范有关规定。为检验预拌混凝土质量，预拌混凝土站亦应留置一定数量的试块进行抗压、抗渗试验。混凝土抗压、抗渗试件的试验结果评定，应采用标准条件下养护。

检查：

1. 防水混凝土的原材料、配合比及坍落度，必须符合设计要求。检查出厂合格证、质量检验报告、计量措施和现场监理(建设)单位见证取样复试报告。

2. 检查防水混凝土抗压、抗渗试验报告。作为防水混凝土，首先必须满足设计抗渗等级，同时适应强度要求。防水混凝土应按规定取样做抗渗试验，检验时的抗渗压力应不低于设计抗渗等级的要求。

3. 防水混凝土拌合物在运输后如出现离析，必须进行二次搅拌。当坍落度损失不能满足施工要求时，应加入原水灰比的水泥浆或二次掺加减水剂进行搅拌，严禁直接加水。

判定：

1. 防水混凝土抗渗性能试验，应符合现行《普通混凝土长期性能和耐久性能试验方法》GBJ 82 的有关规定。

抗渗试件每组 6 块。按规定将标准养护 28d 后的抗渗试块置于混凝土渗透仪上，施以规定的压力和加压程序。防水混凝土抗渗压力值，是以 6 个试块中有 4 个试块所能承受的最大水压表示。

2. 试配时要求的抗渗水压值应比设计值提高 0.2MPa，试验抗渗压力应不低于试配抗渗等级的要求，否则应予调整配合比。

3. 经现场检查，防水混凝土抗压和抗渗试件应按规定留置，试验资料齐全、正确，检验结果应符合设计要求。

4.1.9　防水混凝土的变形缝、施工缝、后浇带、穿墙管道、埋设件等设置和构造，均须符合设计要求，严禁有渗漏。

【技术要点说明】

1. 变形缝应考虑工程结构的沉降、伸缩的可变性，并保证其在变化中的密闭性，不产生渗漏水现象。变形缝处混凝土结构的厚度不应小于 300mm，变形缝的宽度宜为 20～30mm，全埋式地下防水工程的变形缝应为环状，半地下防水工程的变形缝应为 U 字形，U 字形变形缝的设计高度应超过室外地坪 150mm 以上。

2. 防水混凝土的施工应不留或少留施工缝，底板的混凝土应连续浇筑。墙体上不得留垂直施工缝，垂直施工缝应与变形缝相结合。最低水平施工缝距底板面应不小于 300mm，距墙孔洞边缘应不小于 300mm，并避免设在墙板承受变形弯矩或剪力最大的部位。

3. 后浇带是一种混凝土刚性接缝，适用于不宜设置柔性变形缝以及后期变形趋于稳定的结构。后浇带应采用补偿收缩混凝土，其强度等级不得低于两侧混凝土。

4. 穿墙管道应在浇筑混凝土前预埋。当结构变形或管道伸缩量较小时，穿墙管可采用主管直接埋入混凝土内的固定式防水法；当结构变形或管道伸缩量较大或有更换要求时，应采用套管式防水法。穿墙管线较多时，宜采用相对集中的封口钢板式防水法。

5. 埋设件端部或预留孔（槽）底部的混凝土厚度不得低于 250mm；当厚度小于 250mm 时，应采取局部加厚或加焊止水钢板。

【实施与检查的控制】

1. 变形缝的防水施工应符合下列规定：

(1) 止水带宽度和材质的物理性能均应符合设计要求，且无裂缝和气泡；接头应采用热接，不得叠接，接缝平整、牢固，不得有裂口和脱胶现象；

(2) 中埋式止水带中心线应和变形缝中心线重合，止水带不得穿孔或用铁钉固定；

(3) 变形缝设置中埋式止水带时，混凝土浇筑前应校正止水带位置，表面清理干净，止水带损坏处应修补；顶、底板止水带的下侧混凝土应振捣密实，边墙止水带内外侧混凝土应均匀，保证止水带位置正确、平直，无卷曲现象；

(4) 变形缝处增设的卷材或涂料防水层，应按设计要求施工。

2. 施工缝的防水施工应符合下列规定：

(1) 水平施工缝浇筑混凝土前，应将其表面浮浆和杂物清除干净，铺水泥砂浆或涂刷混凝土界面处理剂并及时浇筑混凝土；

(2) 垂直施工缝浇筑混凝土前，应将其表面清理干净，涂刷混凝土界面处理剂并及时浇筑混凝土；

(3) 施工缝采用遇水膨胀橡胶腻子止水条时，应将止水条牢固地安装在缝表面预留槽内；

(4) 施工缝采用中埋止水带时，应确保止水带位置正确，固定牢靠。

3. 后浇带的防水施工应符合下列规定：

(1) 后浇带应在其两侧混凝土龄期达到 42d 后再施工；

(2) 后浇带的接缝处理应符合上述有关施工缝的防水施工规定；

(3) 后浇带应采用补偿收缩混凝土，其强度等级不得低于两侧混凝土；

(4) 后浇带混凝土养护时间不得少于 28d。

4. 穿墙管道的防水施工应符合以下规定：

(1) 穿墙管止水环与主管或翼环与套管应连续满焊，并做好防腐处理；

(2) 穿墙管处防水层施工前，应将套管内表面清理干净；

(3) 套管内管道安装完毕后，应在两管间嵌入内衬填料，端部用密封材料填缝。柔性穿墙时，穿墙内侧应用法兰压紧；

(4) 穿墙管外侧防水层应铺设严密，不留接槎；增铺附加层时，应按设计要求施工。

5. 埋设件的防水施工应符合下列规定：

(1) 埋设件端部或预留孔（槽）底部的混凝土厚度不得小于 250mm；当厚度小于 250mm 时，必须局部加厚或采用其他防水措施；

(2) 预留地坑、孔洞、沟槽内的防水层，应与孔（槽）外的结构防水层保持连续；

(3) 固定模板用的螺栓必须穿过混凝土结构时，螺栓或套管应满焊止水环或翼环；采用工具式螺栓或螺栓加堵头做法，拆模后应采取加强防水措施将留下的凹槽封堵密实。

检查：

1. 防水混凝土结构的变形缝、施工缝、后浇带等细部构造，应采用止水带、遇水膨胀橡胶腻子止水条等高分子防水材料和接缝密封材料。所用防水材料必须符合国家现行产品标准和设计要求。检查出厂合格证、质量检验报告和现场监理（建设）单位见证取样复试报告。

2. 防水混凝土结构细部构造必须符合设计要求，细部构造防水施工应符合本规范有关规定。观察检查和检查隐蔽工程验收记录。检查数量应为全数检查。

3. 地下防水工程验收时，应检查地下工程有无渗漏现象，渗漏水量调查与量测方法应按本规范附录C执行。检查后应填写安全和性能检验（检测）报告。

判定：

实践证明，绝大多数防水混凝土工程的质量是良好的，少量工程由于选用防水材料不合理，设计构造处理不当，施工质量不好或地基沉陷、地震灾害等原因，造成不同程度的渗漏水。渗漏水现象常易发生在施工缝、裂缝、蜂窝麻面、埋设件、穿墙管道孔变形缝等部位。地下防水工程应按工程设计的防水等级标准表8-7进行验收。地下工程防水，如不符合上述规定，则判定为不合格不予验收，并责成有关单位予以返工、返修处理，达到合格标准后再次进行检查验收。

地下工程防水等级标准　　**表 8-7**

防水等级	标　　准
1　级	不允许渗水，结构表面无湿渍
2　级	不允许漏水，结构表现可有少量湿渍 湿渍总面积不大于总防水面积的1‰，单个湿渍面积不大于0.1m²，任意100 m²防水面积不超过一处
3　级	有少量漏水点，不得有线流和漏泥砂 单个湿渍面积不大于0.3 m²，单个漏水点的漏水量不大于2.5L/d，任意100 m²防水面积不超过7处
4　级	有漏水点，不得有线流和漏泥砂 整个工程平均漏水量不大于2L/m²·d，任意100 m²防水面积平均漏水量不大于4 L/m²·d

4.2.8　水泥砂浆防水层各层之间必须结合牢固，无空鼓现象。

【技术要点说明】

水泥砂浆防水层属刚性防水。水泥砂浆防水层应与基层粘结牢固并连成一体，共同承受外力及压力水的作用。水泥砂浆防水层宜采用多层抹压法施工，水泥砂浆防水层各层之间应紧密贴合，与基层之间必须结合牢固，无空鼓现象。

【实施与检查的控制】

1. 水泥砂浆防水层所用的材料应符合下列规定：

(1) 水泥品种应按设计要求选用，其强度等级不应低于32.5级，不得使用过期或受潮结块水泥；

(2) 砂宜采用中砂，粒径3mm以下，含泥量不得大于1%，硫化物和硫酸盐含量不得大于1%；

(3) 水应采用不含有害物质的洁净水；

(4) 聚合物乳液的外观质量，无颗粒、异物和凝固物；

(5) 外加剂的技术性能应符合国家或行业标准一等品及以上的质量要求。

2. 水泥砂浆防水层的基层质量应符合下列要求：

(1) 水泥砂浆铺抹前，基层的混凝土和砌筑砂浆强度应不低于设计值的80%；

(2) 基层表面应坚实、平整、粗糙、洁净，并充分湿润，无积水；

(3) 基层表面的孔洞、缝隙应用与防水层相同的砂浆填塞抹平。

3. 水泥砂浆防水层施工应符合下列要求：

(1) 分层铺抹或喷涂，铺抹时应压实、抹平和表面压光；

(2) 防水层各层应紧密结合，每层宜连续施工。必须留施工缝时应采用阶梯坡形槎，但离开阴阳角处不得小于200mm；

(3) 防水层的阴阳角处应做成圆弧形；

(4) 水泥砂浆终凝后应及时进行养护，养护温度不宜低于5℃并保持湿润，养护时间不得少于14d。

检查：

1. 水泥砂浆防水层的原材料及配合比必须符合设计要求。检查出厂合格证、质量检验报告、计量措施和现场抽样试验报告。

2. 水泥砂浆防水层施工缝需留阶梯坡形槎，留槎位置应正确，接槎按层次顺序操作，层层搭接紧密。观察检查和检查隐蔽工程验收记录。检查数量按防水层面积每100m^2抽查一处，每处10m^2，且不得少于3处。

3. 水泥砂浆防水层各层应紧密贴合，与基层之间必须粘结牢固，无空鼓现象。观察检查和用小锤轻击检查。检查数量按防水层面积每100m^2抽查一处，每处10m^2，且不得少于3处。

判定：

1. 对单个空鼓面积不大于0.01m^2且无裂缝者，一般可不作修补；局部单个空鼓面积大于0.01m^2或虽面积不大但裂缝显著者，应予返修。

2. 对已经出现大面积空鼓的严重缺陷，应由施工单位提出技术处理方案，并经监理(建设)单位认可后处理。

3. 对水泥砂浆防水层经处理的部位，应重新检查验收。

4.5.5 塑料板的搭接缝必须采用热风焊接，不得有渗漏。

【技术要点说明】

在隧道复合式衬砌内铺设塑料板，塑料板的搭接缝必须采用热风焊枪进行焊接。施工时应使接缝焊接牢固、封闭严密，不得出现漏焊、跳焊、焊焦或焊接不牢等现象。焊缝的检查一般是在双焊缝间空腔内进行充气检查。

【实施与检查的控制】

1. 两幅塑料板的搭接宽度不应小于100mm。

2. 塑料板搭接缝焊接前，应将其表面浮浆和杂物清理干净。

3. 塑料板搭接缝采用热风焊接施工时，封闭应严密，不得有焊焦、焊穿、漏焊或焊接不牢现象。

4. 搭接缝宜采用双条焊缝，单条焊缝的有效焊接宽度不应小于10mm。

检查：

1. 塑料板及配套材料必须符合设计要求。检查出厂合格证、质量检验报告和现场抽样试验报告。

2. 塑料板施焊前，应先做焊接试件拉力试验，确定焊接工艺参数后方可进行焊接。

3. 塑料板防水层施工质量。检查数量应按铺设面积每100m² 抽查一处，每处10m²，且不得少于3处，每处各检查2点。

4. 塑料板搭接缝焊缝检验，采用双焊缝间空腔内充气检查。检查数量按焊缝抽查5%，每条焊缝为一处，且不得少于3处。

判定：

充气法检查焊缝时，空气压力达到0.25MPa，保持15min压力下降在10%内，说明焊缝合格。如压力下降过快，可用肥皂水涂在焊缝上，有气泡的地方应重新补焊，直到不漏气为止。

5.1.10 喷射混凝土抗压强度、抗渗压力及锚杆抗拔力必须符合设计要求。

【技术要点说明】

锚喷混凝土适用于地下工程的支护结构以及复合式衬砌的初期支护。检验喷射混凝土强度通常作抗压试件或采用回弹仪测试换算其抗压强度值；喷射混凝土的抗渗等级不应小于S6；锚杆的锚固力与安装施工工艺操作有关，锚杆安装后应进行抗拔试验。

【实施与检查的控制】

1. 喷射混凝土所用原材料应符合以下规定：

(1) 水泥优先选用普通硅酸盐水泥，其强度等级不应低于32.5级；

(2) 细骨料采用中砂或粗砂，细度模数应大于2.5，使用时的含水率宜为5%～7%；

(3) 粗骨料卵石或碎石粒径不应大于15mm；使用碱性速凝剂时，不得使用活性二氧化硅石料；

(4) 水采用不含有害物质的洁净水；

(5) 速凝剂初凝时间不应超过5min，终凝时间不应超过10min。

2. 混合料应符合下列规定：

(1) 水泥与砂石质量比宜为1∶4～4.5，砂率宜为45%～55%，水灰比不得大于0.45，速凝剂掺量应通过试验确定；

(2) 原材料称量允许偏差：水泥和速凝剂±2%，砂、石±3%；

(3) 运输和存放中严防受潮，混合料应随拌随用，存放时间不应超过20min。

3. 喷射混凝土终凝2h后应养护，养护时间不得少于14d；当气温低于5℃时，不得喷水养护。

4. 锚喷混凝土试件制作组数应符合下列规定：

(1) 抗压强度试件

区间或小于区间断面的结构，每20延米拱和墙各取一组，车站各取两组；

(2) 抗渗试件

区间结构每40延米取一组，车站每20延米取一组；

(3) 锚杆抗拔力试件

同一批锚杆每100根取一组，每组3根，不足100根也取3根。

检查：

1. 喷射混凝土所用原材料及钢筋网、锚杆必须符合设计要求。检查出厂合格证、质量检验报告和现场抽样试验报告。

2. 混合料配合比应由试验确定，原材料计量必须准确，检查混凝土施工配合比及计量措施。

3. 检查喷射混凝土抗压、抗渗试验报告以及锚杆抗拔力试验报告。喷射混凝土抗压强度、抗渗压力必须符合设计要求；同一批锚杆抗拔力试件的平均值不得小于设计锚固力，且同一批锚杆抗拔力试件的最低值不应小于设计锚固力的90%。

判定：

由于喷射混凝土抗压、抗渗试块与实际情况差别甚远，故在执行该条文时还必须对喷射混凝土质量进行外观检查。当发现喷射混凝土表面有裂缝、脱落、露筋、渗漏水等情况时，应予凿除喷层重喷或进行整治。

喷射混凝土施工的工程结构，应按设计的防水等级标准（见表8-7）进行验收。有关渗漏水量测方法应按本规范附录C执行。

6.1.8 反滤层的砂、石粒径和含泥量必须符合设计要求。

【技术要点说明】

在工程中常采用渗排水、盲沟排水来控制地下水和渗流，以减少对地下建筑物的危害。反滤层（含滤水层和渗水层）是工程降排水设施的重要环节，应正确做好反滤层的颗粒分级和层次排列，以达到地下水流畅而土壤中的细颗粒不被流失。

【实施与检查的控制】

1. 渗排水层的材料应符合下列规定：

(1) 砂滤水层宜采用中、粗砂；

(2) 地下水中游离碳酸含量过大时，不得采用碳酸钙石料；

(3) 碎石或砾石渗水层粒径分别为5～15mm及20～40mm；

(4) 砂、石应洁净，不得有杂质。

2. 反滤层的材料应符合下列规定：

(1) 滤水层（贴天然土）：塑性指数$I_p \leqslant 3$（砂性土）时，采用0.1～2mm粒径砂子；$I_p > 3$（黏性土）时，采用2～5mm粒径砂子；

(2) 渗水层：塑性指数$I_p \leqslant 3$（砂性土）时，采用1～7mm粒径卵石；$I_p > 3$（黏性土）时，采用5～10mm粒径卵石；

(3) 砂石含泥量不得大于2%。

3. 渗排水层施工时每层应轻振压实，要求分层厚度及密实均匀一致，与基坑周围接触处均应设粗砂滤水层。

4. 铺设盲沟滤水层要保持厚度和密实度均匀一致；注意勿使污物、泥土混入滤水层；铺设应按构造层次分明，靠近土的四周应为粗砂滤水层，再向内四周为小石子滤水层，中间为石子滤水层。必要时，可在盲沟沟壁处铺设土工布。

检查：

1. 反滤层的砂、石粒径和含泥量必须符合设计要求。检查砂、石试验报告。

2. 检查滤水层的厚度和密实度是否均匀一致。检查隐蔽工程验收记录。

判定：

1. 反滤层的砂、石必须洁净，含泥量不得大于 2%；必要时，应采取冲洗方法，使砂石含泥量符合规定要求。

2. 滤水层的砂、石粒径组成和层次必须符合设计要求。

3. 排水系统必须保证通畅。由于滤水层被混入污物、泥土或集水管、盲沟坡度不正确，造成排水不畅应予及时处理。

8 装饰装修工程

《建筑地面工程施工质量验收规范》GB 50209—2002

3.0.3 建筑地面工程采用的材料应按设计要求和本规范的规定选用，并应符合国家标准的规定；进场材料应有中文质量合格证明文件、规格、型号及性能检测报告，对重要材料应有复验报告。

【技术要点说明】

影响工程质量的因素很多，根据全面质量管理的观点，主要是五大因素：人、机、料、法、环，而材料对工程质量的影响是非常大的；对建筑地面而言，由于其类型品种繁多，加上面层牵涉到的材料也是各式各样，因此严格控制材料质量，对确保建筑地面整体质量极为重要。如，大理石、花岗石等天然石材的放射性比活度、涂料、胶粘剂中游离甲醛和有机挥发物(TVOC)含量、木地板的含水率等是否超标(限量)，以及其规格、尺寸是否符合设计要求，有否色差、翘曲、变形，又如，水泥、砂、石子等原材料是否符合规定，水泥的强度、出厂日期是否符合要求，砂、石含泥量是否超标等等。以上的材料各项指标没有控制好，会造成建筑地面出现质量缺陷和问题，严重的会对人体健康和安全使用构成危害，因此，材料对建筑地面工程质量的影响是直接的。

通常情况下，建筑地面所采用的材料应由设计确定，并应符合《建筑地面设计规范》GB 50037—96 和本规范的规定；同时，其产品还应符合国家有关标准的要求。

所有进入施工现场的建筑地面材料应该有相应的出厂合格证明及性能检测报告；对一些重要材料，如水泥、大理石、花岗石、涂料、胶粘剂、木材等还应该进行复验。

所谓重要材料，应视工程而定。在以往的一些工程中，由于施工单位轻视了建筑地面的施工，出现了诸如过期水泥、安定性不合格的水泥用于工程中，造成质量事故，因此，在建筑地面工程中，水泥就是重要材料；而对不发火(防爆的)要求的水泥类面层施工，其水泥、石子、砂的选用就比较高，除了水泥外，石子就成为重要材料；对木地板面层来说，木工板、复合地板中的甲醛、苯的含量就应该进行复验，以防止这些有害物质超标。

必须严格控制建筑材料的有害物质含量是极其重要的，目前与建筑材料有害物质限量有关的国家标准有 11 项，具体标准名称见《建筑装饰装修工程质量验收规范》GB 50210—2001 第 3.2.3 条。

【实施与检查的控制】

1. 首先应确定建筑地面材料有无设计要求，无设计要求的，应提请设计单位进行设计；设计没有要求的，应按设计规范和本规范的要求；其次建筑地面材料所涉及的产品应符合国家标准；对于没有国家标准的新材料、新产品，应当由拟采用单位提请建设单位组织专题技术论证，报批准标准的建设行政主管部门审定；

2. 施工单位应对进场材料(包括建设单位提供的)的合格证明文件及检测报告进行检查，对没有产品出厂合格证明文件的，应由厂家提供完善；

3. 对一些重要材料，应根据其工程的特性、部位、使用量多少加以确定，如水泥、防水材料、大理石、花岗石等材料应按照其产品标准进行复测；对不合格的材料不得使用；

4. 建筑地面工程的材料，须经建设单位、监理单位认可签证后方能使用。

检查：

1. 建筑地面工程所选用的材料有无设计要求；

2. 查阅相关建筑地面材料有无合格证明文件和性能检测报告，其真实性如何；

3. 重要材料的复验报告是否符合本规范的规定及国家材料的要求；检查数量：可按该产品标准规定的数量进行检查或抽检。如对其他材料有疑问的，应进行复检。

判定：

当出现下述情况之一时，视为违反强制性条文。

1. 产品质量达不到国家标准规定的；

2. 采用的材料不按设计要求和规范规定的；

3. 检查、抽查、复查中为不合格的材料在工程中使用的；

4. 重要材料应做复验而未做的。

3.0.6　厕浴间和有防滑要求的建筑地面的板块材料应符合设计要求。

【技术要点说明】

厕浴间和有防滑要求的建筑地面，首先在设计上必须确定采用防滑材料；其次，只要是经常有水的地面就应该考虑选用防滑的材料。有防滑要求的建筑地面除了浴室以外，还有诸如开水房、门厅、外走廊等，如果这些建筑地面未采用防滑材料，用户或使用者有可能在卫生间或桑拿浴室不慎滑倒，还有的行人在门厅的踏步上或坡道上(因雨水、冰雪)滑跌倒，引起人身伤害，而诉讼法律，造成民事纠纷。

【实施与检查的控制】

1. 设计单位在施工图设计中必须对厕浴间和有防滑要求的建筑地面的板块材料提出要求；

2. 施工图设计的审查机构应对此进行审查；

3. 建设单位、监理单位和施工企业在图纸会审时，应确定厕浴间和有防滑要求的建筑地面的板块材料的性能、型号、品种、规格，必要时对进场的防滑材料进行检验，确认无误后方可施工；

4. 施工企业在施工前可在样板间进行试铺，采取泼水后着光底鞋行走的办法进行检验。

5. 如果厕浴间和有防滑要求的建筑地面的板块材料在设计和施工时均没有考虑，建设单位应对涉及到的防滑地段的面层，在使用中必须采取防滑措施。

检查：

1. 检查施工图设计中对厕浴间和有防滑要求的建筑地面的板块材料有无要求；

2. 施工前应对重点部位、地段加以确认，对板块材料的防滑性能进行确认；

3. 实地检查。

检查方法：泼水后着光底鞋行走检查，以不滑倒为标准。

检查数量：可全数检查或抽检。

判定：

当出现下述情况之一时，视为违反强制性条文。

1. 设计单位在设计中未对厕浴间和有防滑要求的建筑地面的板块材料提出要求的；

2. 施工单位未按设计要求选用材料进行施工的。

3.0.15 厕浴间、厨房和有排水(或其他液体)要求的建筑地面面层与相连接各类面层的标高差应符合设计要求。

【技术要点说明】

一般情况下，厕浴间、厨房和有排水(或其他液体)要求的建筑地面面层与其相连接各类面层应有一定的标高差，通常为15～20mm，这主要是防止厕浴间、厨房和有排水(或其他液体)要求的建筑地面面层的水可能浸入到其他面层上，造成其他面层(特别是木竹类面层)因浸水而损坏。有时由于停水，厕浴间、厨房的水龙头忘关了，通水后，由于没有标高差和坡度，也会造成积水外溢，将直接影响到其他面层。

【实施与检查的控制】

1. 施工图设计中应考虑到厕浴间、厨房和有排水(或其他液体)要求的建筑地面面层与其相连接各类面层之间有一定的标高差，这应在楼板结构层现浇时设置，或在其面层(包括各构造层)施工时设置；

2. 施工图设计的审查机构应对此进行审查；

3. 建设单位、监理单位和施工单位在图纸会审时，应对此项提出要求；

4. 如果设计和施工均没有考虑到厕浴间、厨房和有排水(或其他液体)要求的建筑地面面层与相连接各类面层之间的标高差，建设单位应该在使用中采取挡水的措施。

检查：

1. 施工图设计中有无对厕浴间、厨房和有排水(或其他液体)要求的建筑地面面层与相连接各类面层之间的标高差提出要求；

2. 施工单位是否按照设计要求进行施工；

3. 实地检查。

检查方法：观感检查，或用尺量。

检查数量：可全数检查或抽检。

判定：

当出现下述情况之一时，视为违反强制性条文。

1. 设计单位未对厕浴间、厨房和有排水(或其他液体)要求的建筑地面面层与相连接各类面层之间的标高差提出要求的；

2. 施工单位未按设计规定的要求进行施工的。

4.9.3 有防水要求的建筑地面工程，铺设前必须对立管、套管和地漏与楼板节点之间进行密封处理；排水坡度应符合设计要求。

【技术要点说明】

有防水要求的建筑地面工程，一般是指厕浴间、盥洗间、厨房或阳台。厕浴间、盥洗间、厨房的给、排水管道比较多，又涉及到土建和安装两个专业的施工，给、排水管及地漏穿过楼板处如果施工中配合不好、节点处理不当，往往会发生渗水现象；同时在住宅工程使用后，由于业主在装饰装修时随意变更给、排水管道的位置，破坏了隔离层，加上对节点处又没有认真处理好，渗漏现象极为普遍，严重时往往会造成邻居间的矛盾，诉讼法律。

有防水要求的建筑地面工程，在设计上必须有排水坡度的要求。因为坡度过小会造成排水不畅，甚至积水、倒返水现象。

【实施与检查的控制】

1. 施工单位在施工有防水要求的建筑地面工程时，立管、套管和地漏与楼板节点之间必须进行密封处理的施工做法，目前仍可参照原国家标准《建筑地面工程施工及验收规范》(GB 50209—95)第5.0.5条的规定进行，或按照企业工法施工，通常具体做法是：在铺设找平层前，应对立管、套管和地漏与楼板节点之间进行密封处理，并在管四周留出深8～10mm的沟槽，采用防水涂料或密封胶裹住管口周边。施工完毕后，在立管及地漏周围应作蓄水检验，蓄水深度为20～30mm，24h内无渗漏为合格，并做记录；

2. 排水坡度应按照设计要求施工。

检查：

1. 立管、套管和地漏与楼板节点之间是否密封处理；

2. 排水坡度是否按照设计要求施工。

3. 实地检查。

检查方法：查阅蓄水检验记录，泼水检查，或坡度尺检查，有无渗漏和倒返水现象。

检查数量：可全数检查或抽检。

判定：

当出现下述情况之一时，视为违反强制性条文。

1. 工程竣工交付后，立管、套管和地漏与楼板节点之间有渗漏；

2. 有防水要求的建筑地面工程出现倒返水现象。

3. 因业主装饰装修造成的管道或地漏渗漏及建筑地面倒返水现象，应由自己负责。

4.10.8　厕浴间和有防水要求的建筑地面必须设置防水隔离层。楼层结构必须采用现浇混凝土或整块预制混凝土板，混凝土强度等级不应小于C20；楼板四周除门洞外，应做混凝土翻边，其高度不应小于120mm。施工时结构层标高和预留孔洞位置应准确，严禁乱凿洞。

【技术要点说明】

厕浴间和有防水要求的建筑地面出现渗漏是建筑工程中常见的质量通病之一，规范中规定"厕浴间和有防水要求的建筑地面必须设置防水隔离层"这一条文的设置，主要是从防止楼板渗漏的角度来考虑的。厕浴间和有防水要求的建筑地面长期处在潮湿、有水的环境中，如果不设置防水隔离层，极易产生渗漏现象。本条又规定："楼层结构必须采用现浇混凝土或整块预制混凝土板，混凝土强度等级不应小于C20；楼板四周除门洞外，应做混凝土翻边，其高度不应小于120mm。"主要是考虑在施工过程中针对楼板与墙体之间的缝隙和砌块缝间可能产生渗漏的控制。对"施工结构层标高和预留孔洞位置应准确，严禁乱凿洞。"的规定有三层意思：一是厕浴间和有防水要求的建筑地面与室内地面应有标高差，防止水浸入到室内地坪上；二是厕浴间和有防水要求的建筑地面的立管的预留洞口应准确，防止由于预留洞口不准确、造成乱凿洞的行为、破坏防水隔离层、从而引起渗漏；三是如果预留孔洞位置有误，或有变更，需要重新凿洞，必须征得设计和监理的同意，并采取可靠的措施后方能施工。

【实施与检查的控制】

1. 施工单位在厕浴间和有防水要求的建筑地面施工前，应认真审查图纸，编制施工方案，选择符合规定的防水材料，对地坪的标高、预留孔洞的位置要进行复核，对厕浴间和有防水要求的建筑地面的楼板四周(除门洞外)，应浇筑混凝土翻边，其高度不应小于120mm。

对涉及到层高和当地砌块模数的因素，其翻边高度可相应增加，具体翻边高度由施工企业和监理单位根据实际情况确定；

2. 铺设防水隔离层时，在管道穿过楼板面四周防水材料应向上铺涂，在靠近墙面处，并超过套管的上口，并应高出面层200～300mm，或按设计要求。施工完毕后，在厕浴间和有防水要求的建筑地面上作蓄水检验，蓄水深度为20～30mm，24h内无渗漏为合格，并做检验记录。

3. 施工中，确因使用功能要求变更，而影响预留孔洞的位置时，须经监理单位认可同意后才能变更，并应做好记录。

检查：

1. 施工图设计中应对厕浴间和有防水要求的建筑地面设置防水隔离层；

2. 施工单位应按设计要求进行施工；

3. 实地检查。

检查方法：查阅蓄水检验记录，泼水检查和钢尺检查，翻边高度是否符合要求，检查有无渗漏和倒泛水现象。

检查数量：可全数检查或抽检。

判定：

当出现下述情况之一时，视为违反强制性条文。

1. 工程竣工交付后，厕浴间和有防水要求的建筑地面工程有严重渗漏；

2. 未能按照规定做成混凝土翻边，或其高度达不到要求的；

3. 工程竣工交付使用后，因业主装饰装修造成的渗漏，应由自己负责。

4.10.10 防水隔离层严禁渗漏，坡向应正确、排水通畅。

【技术要点说明】

1. 防水隔离层通常是指厕浴间、厨房和有排水（或其他液体）要求的建筑地面而设置的。防水隔离层必须做到不渗漏，其排水坡度、方向应准确，地漏排水应畅快。

2. 工程在验收前，防水隔离层出现渗漏，应由施工单位进行返修处理，直至无渗漏为止。

【实施与检查的控制】

1. 防水隔离层的施工应严格按照国家标准《建筑地面工程质量验收规范》的要求进行施工和验收；

2. 选用的防水材料，其产品应符合国家标准的规定，并有出厂合格证明文件和检测、复验报告；

3. 铺设防水隔离层时，其下一层的表面应平整、洁净和干燥，并不得有空鼓、裂缝和起砂现象；防水卷材铺设应粘实、平整，不得有皱折、空鼓、翘边和封口不严等缺陷；

4. 防水隔离层施工完毕后，应作蓄水检验，蓄水深度为20～30mm，24h内无渗漏为合格，并做检验记录；

5. 其他施工方法同第4.9.3条、第4.10.8条中有关要求。

检查：

1. 防水材料是否符合规定，有无出厂合格证明文件和检测、复验报告；

2. 防水隔离层是否按照国家标准《建筑地面工程质量验收规范》的要求施工；

3. 实地检查。

检查方法：查阅蓄水检验记录，泼水检查，或坡度尺检查，有无渗漏和倒返水现象。

检查数量：可全数检查或抽检。

判定：

当出现下述情况之一时，视为违反强制性条文。

1. 采用不符合国家标准规定的防水材料；

2. 防水隔离层严重渗漏；

3. 坡向不正确，有倒泛水现象。

5.7.4　不发火(防爆的)面层采用的碎石应选用大理石、白云石或其他石料加工而成，并以金属或石料撞击时不发生火花为合格；砂应质地坚硬、表面粗糙，其粒径宜为0.15～5mm，含泥量不应大于3%，有机物含量不应大于0.5%；水泥应采用普通硅酸盐水泥，其强度等级不应小于32.5；面层分格的嵌条应采用不发生火花的材料配制。配制时应随时检查，不得混入金属或其他易发生火花的杂质。

【技术要点说明】

此条是针对有不发火(防爆的)要求的水泥类特殊面层施工提出的。如汽油库、弹药库、烟花生产厂房、仓库等，这类建筑地面如果按照常规的水泥类建筑地面来施工，就会留下极大的隐患。因生产、操作活动时，部件之间磨擦，或重物撞击建筑地面后，会产生火花，极易引起爆炸事故。

不发火(防爆的)面层因其特殊性，必须严格按照本条文进行选料和配制，必须按照不发火(防爆的)面层的设计进行施工和材料试验。

【实施与检查的控制】

1. 不发火(防爆的)面层对原材料的要求比较高，因此，应按规范中的规定选择砂、石、水泥等原材料，配制时，应严格检查，防止混入金属或其他易发生火花的杂质；

2. 不发火(防爆的)面层采用的石料应在金刚砂轮上作磨擦试验，试验时应符合国家标准《建筑地面工程施工质量验收规范》(GB 50209—2002)附录A的规定，并做好记录。

检查：

1. 选用的不发火(防爆的)面层的原材料是否符合本规范的规定；

2. 对其原材料应进行复验，特别是石料的试验，应符合国家标准《建筑地面工程施工质量验收规范》(GB 50209—2002)附录A的规定；

3. 实地检查。

检查方法：查阅材质合格证明文件和材料试验报告。

检查数量：全数检查。

判定：

当出现下述情况之一时，视为违反强制性条文。

1. 没有按照本规范的规定，进行设计的；

2. 没有按照本规范的规定，进行原材料试验的；

3. 采用不合格的材料进行施工的。

《建筑装饰装修工程质量验收规范》GB 50210—2001

3.1.1　建筑装饰装修工程必须进行设计，并出具完整的施工图设计文件。

【技术要点说明】

本条规定是为了制约目前建筑装饰装修工程存在的设计深度不够，甚至不进行设计的现象。其中包含两方面的要求，一是所有的建筑装饰装修工程必须首先进行设计，禁止无设计施工或边设计边施工；二是设计单位出具的设计文件内容应完整，深度应符合指导施工的要求。本条规定既是对设计单位的要求，也是对建设、监理、施工等各方提出的要求。

按照《建设工程质量管理条例》的有关规定，设计文件应当符合国家规定的设计深度要求并注明工程的合理使用年限。设计单位在设计文件中选用的建筑材料、建筑构配件和设备应当注明规格、型号、性能等技术指标，其质量要求必须符合国家规定的标准。建设单位应当将施工图设计文件报县级以上人民政府建设行政主管部门或者其他有关部门审查，未经审查批准的，不得使用。设计单位应当就审查合格的施工图设计文件向施工单位做出详细说明。

虽然有上述规定，但在实际执行中，仍有相当多的装饰装修工程存在着重视装饰效果，轻视质量安全的问题。有些工程只做方案设计，没有进行深入的扩初设计和施工图设计；有些工程仅用几张效果图指导施工；少数工程甚至不做设计。由于设计深度不够或不做设计，致使许多应当由设计确定并承担责任的重要内容实际上是由施工单位自行处理的。施工过程中在装饰装修材料的选择、细部构造的处理等方面存在的随意性，导致装饰装修工程所涉及的结构安全、防火、卫生、环保等国家标准得不到很好的贯彻执行，给工程带来许多安全隐患。由于设计深度不够，还导致对工程质量进行监督时缺少设计依据；当工程质量或装饰效果达不到建设单位预期要求时，常常发生质量责任纠纷。

因此，建筑装饰装修工程必须进行设计并应经过审查，其设计深度应能指导施工，以满足国家标准中有关结构安全、防火、卫生、环保等方面的要求，同时满足装饰效果的要求。

【实施与检查的控制】

1. 首先要把设计单位和施工单位的质量责任划分清楚。设计单位要对设计文件的质量负责，施工单位要对施工质量负责。当设计单位授权施工单位进行施工图细部节点设计时，应有授权文件；设计单位只作口头授权时，施工单位应主动要求提供书面授权。

2. 在建筑装饰装修工程施工前，建设单位应委托有资质的设计单位进行设计。

3. 施工图设计文件应按规定程序报审。

检查：

1. 建筑装饰装修工程是否进行了设计。

2. 设计单位是否具备规定的资质等级。

3. 施工图设计文件是否按有关规定进行了审查。

4. 施工图设计文件是否经注册执业人员签字。

5. 施工图设计文件的设计深度是否满足施工要求。

判定：

当出现下述情况之一时，视为违反强制性条文。

1. 建筑装饰装修工程未进行设计。

2. 设计单位不具备规定的资质等级。

3. 施工图设计文件未按有关规定进行审查。

4. 只有效果图或简图，无施工图设计文件。

3.1.5 建筑装饰装修工程设计必须保证建筑物的结构安全和主要使用功能。当涉及主体和承重结构改动或增加荷载时，必须由原结构设计单位或具备相应资质的设计单位核查有

关原始资料,对既有建筑结构的安全性进行核验、确认。

【技术要点说明】

工程设计首先要保证结构的安全,装饰装修设计属于工程设计的范畴,因此,装饰装修设计应在保证结构安全的前提下满足使用功能和装饰效果的要求。本条规定建筑装饰装修设计必须首先满足结构安全和主要使用功能的需要,这是对设计单位的基本要求。同时也规定了改动建筑主体和承重结构,或增加荷载时,必须经有资质的设计单位核验、认可,目的是为了保证建筑物的使用安全。《建设工程质量管理条例》规定:涉及建筑主体和承重结构变动的装修工程,建设单位应当在施工前委托原设计单位或者具有相应资质等级的设计单位提出设计方案;没有设计方案的,不得施工。房屋建筑使用者在装修过程中,不得擅自变动房屋建筑主体和承重结构。

在装饰装修工程设计中,尤其是既有建筑的装饰装修设计,常常由于建筑使用功能的变化而需要对主体结构或承重结构作些改动,如使用石材一类的材料做地面、墙面等部位的装饰装修,从而给建筑结构增加了荷载。对于这种情况,必须由原结构设计单位或具备相应资质的设计单位对建筑物结构的安全性进行核验,避免给主体结构造成安全隐患。

【实施与检查的控制】

1. 建设单位应对工程的质量和安全负责。建设单位应充分认识到结构安全的重要性,使用功能和装饰效果应服从结构安全的需要,绝对不可一味追求外观豪华,造成安全隐患。

2. 设计单位应对设计文件负责。设计单位应充分认识到结构安全的重要性,对既有建筑物的装饰装修工程进行设计之前,应根据建筑物主体结构的实际情况进行充分的勘查、核验。

3. 施工单位应对施工质量负责,在进行主体结构或承重结构改动或增加荷载施工时,如没有具备相应资质设计单位的确认文件,应拒绝施工。

检查:

1. 设计单位是不是原设计单位,或具备相应资质的设计单位。

2. 有无结构安全性的核验、确认文件。

3. 有无涉及主体和承重结构改动或增加荷载的施工图设计文件。

4. 施工图设计文件是否按有关规定进行了审查。

判定:

当出现下述情况之一时,视为违反强制性条文。

1. 设计单位既不是原设计单位,也不具备相应的资质。

2. 无结构安全性的核验、确认文件。

3. 施工图设计文件未经注册执业人员审核。

3.2.3　建筑装饰装修工程所用材料应符合国家有关建筑装饰装修材料有害物质限量标准的规定。

【技术要点说明】

装饰装修材料所含有害物质对室内环境造成污染的问题,已经引起全社会的关注,要解决这个问题,必须严格控制装饰装修材料的有害物质含量。目前与装饰装修材料有害物质限量有关的国家标准有以下11项:

1. 室内装饰装修材料人造板及其制品中甲醛释放限量 GB 18580—2001

2. 室内装饰装修材料溶剂型木器涂料中有害物质限量 GB 18581—2001

3. 室内装饰装修材料内墙涂料中有害物质限量 GB 18582—2001

4. 室内装饰装修材料胶粘剂中有害物质限量 GB 18583—2001

5. 室内装饰装修材料木家具中有害物质限量 GB 18584—2001

6. 室内装饰装修材料壁纸中有害物质限量 GB 18585—2001

7. 室内装饰装修材料聚氯乙烯卷材地板中有害物质限量 GB 18586—2001

8. 室内装饰装修材料地毯、地毯衬垫及地毯胶粘剂有害物质释放限量 GB 18587—2001

9. 建筑材料放射性核素限量 GB 6566—2001

10. 混凝土外加剂中释放氨的限量 GB 1858—2001

11. 民用建筑工程室内环境污染控制规范 GB 50325—2001(第3章)

按照《建设工程质量管理条例》的规定，施工单位必须按照工程设计要求、施工技术标准和合同约定，对建筑材料、建筑构配件、设备和商品混凝土进行检验，检验应当有书面记录和专人签字；未经检验和检验不合格的，不得使用。建筑装饰装修工程所用材料除了应符合产品标准的性能要求外，尚应符合上述标准有关有害物质限量的要求。

【实施与检查的控制】

1. 设计单位应掌握国家标准关于有害物质限量的技术要求，避免采用有害物质含量超标的装饰装修材料；同时还应考虑即使材料合格，但单位空间用量太大而产生的累积效应。

2. 施工单位应尽量选择有害物质含量低的材料品牌，并应要求供货方提供材料的合格检测报告。

3.《建筑装饰装修工程质量验收规范》GB 50210－2001 规定进行有害物质含量复验的材料及项目包括人造木板的甲醛含量、室内用花岗岩的放射性，施工单位应在进场材料中抽取样品，并送有资质的检测单位进行复验。复验不合格的材料不得用于工程。合格的复验报告原件应存档。

4. 如对供货方提供的检测报告的真实性有怀疑，应进行见证检测。

检查：

1. 国家标准对室内装饰装修材料的有害物质限量做出规定的，应检查有无规定项目的合格检测报告。

2. 检查有无人造木板的甲醛含量复验合格报告。

3. 检查有无室内用花岗岩的放射性复验合格报告。

判定：

当施工单位采用了不合格的室内装饰装修材料，造成室内环境污染超标，并且未采取有效的处理措施时，视为违反强制性条文。

3.2.9 建筑装饰装修工程所使用的材料应按设计要求进行防火、防腐和防虫处理。

【技术要点说明】

建筑装饰装修工程采用的材料种类非常多，其中许多材料属于可燃物，如木制品和纺织品；也有一些属于易腐材料，如木材、金属；还有一些木材属于易蛀树种。本条规定装饰装修工程采用的材料应按设计要求进行防火、防腐和防虫处理，其中大部分处理过程是在施工现场进行的，施工单位应严格按规定步骤处理并保证处理效果。如果处理过程是材料进场前由生产单位进行的，进场时应进行验收。

据消防部门统计，大多数火灾的发生与电器故障有关，而火灾迅速蔓延的主要原因则是采用了较多的可燃装饰装修材料。为了防止和减少建筑物火灾的危害，设计单位进行建筑装饰装修工程设计时，应按照《建筑内部装修设计防火规范》GB 50222 及有关规定对材料的燃烧性能提出要求。需要进行防火、防腐和防虫处理才能达到使用要求的材料，设计单位应做出具体说明，施工单位应按照设计提出的要求对材料进行处理。目前，在实际执行中存在着设计单位不按规定提出处理要求和施工单位不按设计要求进行处理的现象，如果装饰装修材料达不到《建筑内部装修设计防火规范》GB 50222 的规定，可能会造成火灾隐患；易腐、易蛀材料不进行有效处理，也会影响到建筑物的合理使用年限，因此必须引起重视。

【实施与检查的控制】

1. 设计单位应按照《建筑内部装修设计防火规范》GB 50222 及有关规定对材料的燃烧性能提出要求，需要进行防火、防腐和防虫处理的材料应做出具体说明。

2. 施工单位应认识到防火、防腐、防虫处理的重要性，严格按设计要求对材料进行处理。

3. 监理工作应到位，保证各项处理措施得到落实，防止发生减少处理步骤、偷工减料的现象。

检查：

1. 观察是否使用了易燃、易腐、易蛀材料。

2. 检查设计有无关于防火、防腐和防虫处理的要求。

3. 检查施工记录。

判定：

当出现下述情况之一时，视为违反强制性条文。

1. 设计单位未按有关标准规定和合同要求提出防火、防腐和防虫处理方案。

2. 施工单位未按设计文件的要求进行防火、防腐和防虫处理。

3.3.4　建筑装饰装修工程施工中，严禁违反设计文件擅自改动建筑主体、承重结构或主要使用功能，严禁未经设计确认和有关部门批准擅自拆改水、暖、电、燃气、通讯等配套设施。

【技术要点说明】

本条规定是针对施工中擅自拆改的现象制定的，其中包含两方面的要求，一是严禁违反设计文件擅自改动建筑主体、承重结构或主要使用功能，二是严禁未经设计确认和有关部门批准擅自拆改水、暖、电、燃气、通讯等配套设施。《建设工程质量管理条例》规定：施工单位必须按照工程设计图纸和施工技术标准施工，不得擅自修改设计，不得偷工减料。设计文件是施工单位施工操作的依据，正常情况下不应出现上述现象。但在实际执行中，尤其是既有建筑的装饰装修中，由于使用功能的变化或装饰效果的需要而对线路、设施进行改动时，经常发生施工单位未与设计单位洽商，擅自修改设计或不按设计要求施工的现象。当涉及建筑主体和承重结构时，可能造成安全隐患；当涉及拆改水、暖、电、燃气、通讯等线路、设施时，既可能损害使用功能，也可能引起安全事故。

【实施与检查的控制】

1. 施工单位应认识到擅自拆改的严重后果，杜绝擅自拆改的行为。即使建设单位提出此类要求，也应经过设计单位提供相关设计修改文件。

2. 所有涉及建筑主体、承重结构或水、暖、电、燃气、通讯等的改动，应按施工图或设计变更要求进行，并应与正式施工一样进行质量控制与验收。

检查：

1. 通过实地观察或检查施工记录，了解有无改动建筑主体、承重结构或主要使用功能的现象。如有拆改，应检查设计单位有无相关设计内容。

2. 通过实地观察或检查施工记录，了解有无拆改水、暖、电、燃气、通讯等配套设施的现象。如有拆改，应检查设计单位有无相关设计内容，是否经过有关部门的批准。

判定：

当出现下述情况之一时，视为违反强制性条文。

1. 在无设计文件情况下，施工单位擅自改动建筑主体、承重结构或主要使用功能。

2. 在无设计文件情况下，施工单位擅自拆改水、暖、电、燃气、通讯等配套设施，其中不包括施工单位对室内照明电线和电话线进行的简单改装。

3. 拆改燃气设备及管道时，无有关部门的批准文件。

3.3.5 施工单位应遵守有关环境保护的法律法规，并应采取有效措施控制施工现场的各种粉尘、废气、废弃物、噪声、震动等对周围环境造成的污染和危害。

【技术要点说明】

保护环境是国家的基本政策，近年来中央和地方政府制定了一系列有关环境保护的法律、法规、规章，如《环境噪声污染防治法》、《大气污染防治法》等。其中涉及建筑施工的章节条款，施工单位应给予足够重视，在施工过程中应严格遵守。客观上，建筑施工易产生多种污染源，尤其是既有建筑的装饰装修，多数情况下是局部施工，建筑物仍在正常使用，如何减少对周围环境造成的污染和干扰显得更为重要。由于建筑施工造成的污染事故和扰民纠纷屡见不鲜，施工单位应积极采取有效措施对施工造成的各种污染加以控制。

【实施与检查的控制】

1. 施工单位应积极开展文明施工教育，增强员工的环保意识，自觉维护施工环境。

2. 施工单位应制定环境保护施工方案，切实采取有效措施，控制各种粉尘、废气、建筑垃圾对周围环境造成的污染以及噪声、震动等产生的危害。

检查：

1. 对施工现场易挥发、易扬尘材料的保管及废弃物的处理进行抽查，观察有无污染环境的现象。

2. 根据量测或感觉判断施工噪声和震动是否得到有效控制。

判定：

当出现下述情况之一时，视为违反强制性条文。

1. 施工现场的粉尘、废气、废弃物、噪声、震动等对周围环境造成严重的污染和危害。

2. 在接到投诉并确认不符合有关环保规定的情况下，未采取有效的控制措施。

4.1.12 外墙和顶棚的抹灰层与基层之间及各抹灰层之间必须粘结牢固。

【技术要点说明】

抹灰工程质量的关键是粘结牢固。如果粘结不牢，出现开裂、空鼓、脱落等质量问题，不仅会降低对墙体的保护作用，影响装饰效果，还可能造成安全隐患。外墙抹灰位置较高，顶棚抹灰则直接处于人员活动空间的上方，万一脱落会造成严重的人身安全事故。北京市为解决混凝土顶棚抹灰层脱落问题，规定混凝土顶棚不得抹灰，用腻子找平即可，取得了良好的效果。本条虽然没有规定顶棚不得抹灰，但要求必须粘结牢固，不允许出现脱落现象。

【实施与检查的控制】

1. 抹灰前，基层表面的尘埃、疏松物、脱模剂和油渍应清理干净。

2. 表面光滑的基层，抹灰前应做毛化处理。

3. 不同材料基体交接处表面的抹灰层容易开裂，应采取加强措施。

4. 基层表面的含水率应适宜。如基层表面干燥，砂浆中的水分很快被基层吸收，将会影响砂浆的粘结力。

5. 一次抹灰不应过厚，干缩率较大会影响抹灰层与基层粘结牢固。

检查：

1. 观察抹灰层有无裂缝、脱落现象。

2. 轻击检查抹灰层有无空鼓现象。

3. 检查有无水泥的复验合格报告。

4. 检查隐蔽工程验收记录和施工记录。

判定：

当出现下述情况之一时，视为违反强制性条文。

1. 外墙抹灰层或顶棚抹灰层脱落造成人身伤亡事故或重大财产损失。

2. 外墙抹灰层或顶棚抹灰层大面积裂缝、空鼓、脱落，导致在合理使用期内全面返工。

5.1.11　建筑外门窗的安装必须牢固。在砌体上安装门窗严禁用射钉固定。

【技术要点说明】

本条规定的“建筑外门窗的安装必须牢固”，其中包含框、扇和玻璃的安装。门窗安装是否牢固既影响使用功能又涉及安全，尤其是外墙门窗，对安全性的要求更为重要。因此，无论采用何种方法固定，建筑外墙门窗的框、扇和玻璃均必须确保安装牢固。当然，内墙门窗安装也必须牢固，考虑到与人身安全相关的程度不同，《建筑装饰装修工程质量验收规范》GB 50210—2001 将内墙门窗安装牢固的要求列入主控项目而非强制性条文。砌体结构的砌块及砌筑砂浆强度较低，受冲击容易破碎，故规定在砌体上安装门窗时严禁用射钉固定。

【实施与检查的控制】

1. 预埋件的数量、位置、埋设方式、与框的连接方式必须符合设计要求。

2. 建筑外门窗为推拉门窗时，推拉门窗扇必须有防脱落措施。

3. 建筑外门窗为组合窗时，拼樘料的规格、尺寸应符合设计规定，材料质量应严格要求。

检查：

1. 检查门窗安装的外观质量、固定点的数量和间距是否符合规范和设计规定。

2. 进行开启、关闭检查，观察安装是否牢固。

3. 检查推拉门窗扇是否有防脱落措施。检查方法除观察外，还应试验其防脱落能力，如将扇置于不同位置，用手向上抬举，试验其是否脱落。

4. 查阅隐蔽工程验收记录和施工记录，检查安装在砌体上的门窗是否采用了射钉固定。

判定：

当出现下述情况之一时，视为违反强制性条文。

1. 在正常使用情况下，建筑外门窗的框、扇或玻璃脱落导致人身伤亡事故或重大财产损失。

2. 在砌体上安装门窗采用射钉固定。

6.1.12 重型灯具、电扇及其他重型设备严禁安装在吊顶工程的龙骨上。

【技术要点说明】

吊顶工程在考虑龙骨承载能力的前提下，允许将一些轻型设备如小型灯具、烟感器、喷淋头、风口篦子等安装在吊顶龙骨上。但如果把大型吊灯、电扇或一些重型构件也固定在龙骨上，则可能会造成脱落伤人事故，故本条规定严禁安装在吊顶工程的龙骨上。吊顶是一个由吊杆、龙骨、饰面板组成的整体，受力相互影响，因此，即使加大龙骨断面，也不得将大型吊灯、电扇或重型构件安装在龙骨上，而应经过计算安装在主体结构上。

【实施与检查的控制】

1. 设计单位不得将重型灯具、电扇及其他重型设备设计安装在龙骨上。

2. 施工单位不得将重型灯具、电扇及其他重型设备安装在龙骨上。

检查：

1. 观察顶棚有无重型灯具、电扇或其他重型设备。

2. 检查重型灯具、电扇或其他重型设备的安装施工图纸。

3. 检查隐蔽工程验收记录和施工记录。

判定：

当出现下述情况之一时，视为违反强制性条文。

1. 由于重型灯具、电扇或其他重型设备固定在龙骨上导致脱落伤人或重大财产损失。

2. 检查时发现重型灯具、电扇或其他重型设备安装在龙骨上。

8.2.4 饰面板安装工程的预埋件(或后置埋件)、连接件的数量、规格、位置、连接方法和防腐处理必须符合设计要求。后置埋件的现场拉拔强度必须符合设计要求。饰面板安装必须牢固。

【技术要点说明】

装饰装修工程在内外墙体上安装饰面板是较普通的一种做法。预埋件或后置埋件是饰面板安装的重要受力构件，饰面板的固定连接方法是直接保证其安装是否牢固的重要施工构造工艺；对金属材料的防腐处理是关系到其耐久性的重要处理工序，上述各项要求都直接关系到饰面板安装的安全，因此，必须符合设计要求。后置埋件安装质量的影响因素比较多，其材质、数量、位置、安装方法和承载力都是重要的检验项目，其中拉拔强度是评判其承载力是否符合设计要求的关键检测项目，故应现场测试确认。

【实施与检查的控制】

1.《建筑装饰装修工程质量验收规范》GB 50210—2001 涉及饰面板安装的分项工程有四个：饰面板安装、玻璃幕墙、金属幕墙、石材幕墙，在检查执行强制性条文情况时应首先确认是否正确选择了分项工程。

2. 饰面板工程的预埋件、后置埋件、连接件的施工必须按施工技术方案施工，其数量、规格、位置、安装方法和承载力必须符合设计要求。

3. 后置埋件必须进行现场拉拔强度检测，检测数量、部位应由施工方与监理方商定，检测结果必须符合设计要求。

检查：

1. 观察饰面板有无脱落。

2. 检查后置埋件的现场拉拔强度检测报告。

3. 检查隐蔽工程验收记录。

判定：

当出现下述情况之一时，视为违反强制性条文。

1. 在正常使用情况下，饰面板脱落导致人身伤亡事故或重大财产损失。

2. 预埋件、后置埋件、连接件的数量、规格、位置、连接方法和防腐处理不符合设计要求。

3. 不做后置埋件的现场拉拔强度检测或检测结果不符合设计要求而不进行纠正处理。

8.3.4　饰面砖粘贴必须牢固。

【技术要点说明】

采用饰面砖装饰内外墙面是一种非常普遍的做法，外墙饰面砖脱落曾导致多起人身伤亡事故，故本条规定饰面砖必须粘贴牢固。《外墙饰面砖工程施工及验收规程》JGJ 126—2000 中第 6.0.6 条第 3 款规定："外墙饰面砖工程，应进行粘结强度检验，其取样数量、检验方法、检验结果判定均应符合现行行业标准《建筑工程饰面砖粘结强度检验标准》JGJ 110 的规定。"由于《建筑工程饰面砖粘结强度检验标准》JGJ 110—97 规定的方法为破坏性检验，破损饰面砖不易复原，且检验操作有一定难度。故《建筑装饰装修工程质量验收规范》GB 50210—2001 第 8.1.7 条规定"外墙饰面砖粘贴前和施工过程中，均应在相同基层上做样板件，并对样板件的饰面砖粘结强度进行检验"。制作样板件时监理应在场，应在相同的环境条件下，在相同的基层上，由同一批施工人员采用相同的施工工艺进行粘贴，养护条件也应一致，以便反映饰面砖工程的实际质量状况。

【实施与检查的控制】

1. 在贯彻本条文时应结合《外墙饰面砖工程施工及验收规程》JGJ 126 中有关设计、材料和施工的要求。

2. 位于寒冷地区的外墙饰面砖工程，应严格控制饰面砖的吸水率。饰面砖坯体中存在的水在冻结时会导致饰面砖脱落，对工程质量有较大的影响，此前发生人身伤亡事故的饰面砖工程都位于北方寒冷地区，必须引起足够的重视。按照《建筑装饰装修工程质量验收规范》GB 50210—2001 第 8.1.3 条的规定，在寒冷地区和严寒地区，应对外墙陶瓷面砖的吸水率和抗冻性进行复验，复验不合格的产品严禁用于外墙。

3. 严格控制用于粘贴饰面砖的水泥的质量。用于粘贴饰面砖的水泥的规格应符合《外墙饰面砖工程施工及验收规程》JGJ 126 的规定。按照《建筑装饰装修工程质量验收规范》GB 50210—2001 第 8.1.3 条的规定，应对粘贴用水泥的凝结时间、安定性和抗压强度进行复验，复验不合格的产品严禁用于粘贴饰面砖。按照建建(2000)211 号文，用于拌制混凝土和砌筑砂浆的水泥必须实施见证取样和送检，该规定适用于粘贴饰面砖的水泥。

检查：

1. 观察饰面砖有无脱落。

2. 敲击检查饰面砖有无空鼓。

3. 检查有无水泥、面砖的复验合格报告。

判定：

当出现下述情况之一时，视为违反强制性条文。

1. 正常使用情况下，饰面砖脱落导致人身伤亡事故或重大财产损失。

2. 外墙饰面砖大面积脱落，导致在合理使用期内全面返工。

9.1.8 隐框、半隐框幕墙所采用的结构粘结材料必须是中性硅酮结构密封胶，其性能必须符合《建筑用硅酮结构密封胶》(GB 16776)的规定；硅酮结构密封胶必须在有效期内使用。

【技术要点说明】

硅酮结构密封胶是幕墙工程重要的粘结密封材料，其性能直接关系到建筑幕墙的使用安全，故必须使用通过认可的合格产品。硅酮结构密封胶的有效期比较短，储存时间较长或储存温度过高均会影响硅酮结构密封胶的粘结性能，因此必须在有效期内使用。

为保证隐框、半隐框幕墙工程的使用安全，我国于1997年成立了国家经贸委硅酮结构密封胶工作领导小组，对结构胶的生产、进口、销售及检测工作进行了严格管理。目前通过认可的国内生产企业有8个，国外生产企业有4个，共有25个品牌的结构胶产品。国家指定的检测机构有三家，分别在北京、苏州和成都。《建筑用硅酮结构密封胶》GB 16776是强制性标准，对结构胶的物理性能和相容性试验做出了规定。在贯彻本条文时应了解该标准的技术要求和获得认可的结构胶产品情况。对产品质量有疑问时，应送国家指定的检测机构进行检测。

【实施与检查的控制】

1. 供货商应提供结构胶生产企业和产品牌号获得认可的文件以及年检合格的证明。进口结构胶应提供商检合格证。

2. 供货商应提供针对该工程的相容性试验报告和质量保证书。10m以上临街建筑应送国家指定检测机构进行相容性试验。

3. 结构胶必须在有效期内使用。最好不要使用快要过期的产品。

4. 结构胶的储存温度应低于27℃。

检查：

1. 所使用的结构胶产品是否通过了国家认可，年检是否合格。

2. 10m以上临街建筑的相容性试验报告是否由国家指定的检测机构提供。

3. 进口结构胶是否具有商检合格证。

4. 查阅施工记录，检查是否在有效期内打胶。

判定：

当出现下述情况之一时，视为违反强制性条文。

1. 使用非国家经贸委认可的硅酮结构密封胶。

2. 使用超过有效期的结构胶。

3. 由于上述原因导致幕墙构件脱落。

4. 由于上述原因导致大面积返工。

9.1.13 主体结构与幕墙连接的各种预埋件，其数量、规格、位置和防腐处理必须符合设计要求。

【技术要点说明】

本条是对幕墙工程预埋件的要求。预埋件是安装幕墙面板的重要受力构件，直接关系到幕墙的使用安全，故本条从数量、规格、位置和防腐处理等四个方面提出要求。目前幕墙工程预埋件存在的问题较多，有的是由于主体结构施工时埋设位置不准确造成一部分预埋件不能使用，有的是因为设计方案变更造成一部分预埋件废弃，很多工程的预埋件只能用上一半。因此，应在主体结构施工之前确定幕墙设计方案，并尽量避免由于设计方案变更而造成预埋件废弃。当需要采用后置埋件或需要补充后置埋件时，应按设计要求设置，并进行现场拉拔强度检测。

【实施与检查的控制】

在贯彻本条文时应结合《玻璃幕墙工程技术规范》JGJ 102 和《金属与石材幕墙工程技术规范》JGJ 133 中有关设计、材料和施工的要求。

检查：

1. 检查预埋件设计文件。

2. 检查预埋件安装施工验收记录。

判定：

当出现下述情况之一时，视为违反强制性条文。

1. 预埋件的数量、规格、位置、连接方法和防腐处理不符合设计要求。

2. 由于预埋件的数量、规格、位置、连接方法和防腐处理不符合设计要求而导致幕墙面板脱落。

9.1.14 幕墙的全属框架与主体结构预埋件的连接、立柱与横梁的连接及幕墙面板的安装必须符合设计要求，安装必须牢固。

【技术要点说明】

幕墙安装的构造连接节点是关系到工程质量和人身安全的重要部位，故每一个连接节点均应保证安装牢固可靠。

【实施与检查的控制】

1. 在贯彻本条文时应结合《玻璃幕墙工程技术规范》JGJ 102 和《金属与石材幕墙工程技术规范》JGJ 133 中有关设计、材料和施工的要求。

2. 《建筑装饰装修工程质量验收规范》GB 50210—2001 涉及饰面板安装的分项工程有四个：饰面板安装、玻璃幕墙、金属幕墙、石材幕墙，在检查执行强制性条文情况时应首先确认是否正确选择了分项工程。

3. 饰面板工程的预埋件、后置埋件、连接件的施工必须按施工技术方案施工，其数量、规格、位置、安装方法和承载力必须符合设计要求。

4. 后置埋件必须进行现场拉拔强度检测，检测数量、部位应由施工方与监理方商定，检测结果必须符合设计要求。

检查：

1. 观察幕墙面板有无脱落。

2. 检查幕墙设计单位的资质证书及相关设计文件。

3. 检查幕墙施工单位的资质证书及隐蔽工程验收记录。

4. 检查后置埋件现场拉拔强度的检测报告，

判定：

出现下述情况之一时，视为违反强制性条文。

1. 幕墙面板脱落。

2. 金属框架与主体结构预埋件的连接、立柱与横梁的连接及幕墙板的安装不符合设计要求。

12.5.6 护栏高度、栏杆间距、安装位置必须符合设计要求。护栏安装必须牢固。

【技术要点说明】

护栏的高度、栏杆的间距及安装质量涉及人身安全。曾发生多起由于护栏高度不够造成人员坠落或栏杆间距过大造成儿童坠落的恶性事故,因此,应充分强调护栏质量的重要性,保证设计和施工质量。

【实施与检查的控制】

1. 设计单位在设计护栏时应严格执行有关规范,不能为了美观而遗留安全隐患。

2. 施工单位应严格按设计文件施工,任何变更均应经过设计单位书面认可。

检查:

1. 对照图纸检查护栏高度、栏杆间距和安装位置。

2. 检查隐蔽工程验收记录。

3. 手推检查是否牢固。

判定:

当出现下述情况之一时,视为违反强制性条文。

1. 在正常使用情况下,护栏倒伏或脱落。

2. 护栏高度、栏杆间距、安装位置不符合设计要求造成重大安全隐患。

3. 护栏高度、栏杆间距、安装位置不符合设计要求造成人身伤亡事故。

《金属与石材幕墙工程技术规范》JGJ 133—2001

6.5.1 金属与石材幕墙构件应按同一种类构件的5%进行抽样检查,且每种构件不得少于5件。当有一个构件抽检不符合上述规定时,应加倍抽样复验,全部合格后方可出厂。

6.5.2 构件出厂时,应附有构件合格证书。

【技术要点说明】

幕墙构件的质量直接关系到幕墙的使用安全,故出厂时应严格把关。同一种类的构件最少要抽查5%,构件生产单位应根据生产实际情况确定抽查数量,目的是保证所有构件的质量。构件出厂时,应附有构件合格证书。

【实施与检查的控制】

1. 幕墙构件制作单位应制定完整详细的构件质量标准和抽样检查制度。

2. 幕墙构件制作单位应指定专门人员进行抽样检查。

3. 抽样检查应有详细记录。

检查:

1. 检查是否制定了构件质量标准和抽样检查制度。

2. 检查构件的抽样检查记录。

判定:

当出现下述情况之一时,视为违反强制性条文。

1. 未制定构件质量标准和抽样检查制度。

2. 无抽样检查记录。

7.2.4　金属、石材幕墙与主体结构连接的预埋件，应在主体结构施工时按设计要求埋设。预埋件应牢固，位置准确，预埋件的位置误差应按设计要求进行复查。当设计无明确要求时，预埋件的标高偏差不应大于10mm，预埋件位置差不应大于20mm。

【技术要点说明】

本条是对幕墙工程预埋件的要求，共有三点：一是应在主体结构施工时按设计要求埋设；二是预埋件应牢固；三是预埋件的位置应准确。预埋件是安装幕墙面板的重要受力构件，为了保证幕墙施工质量，必须对预埋件的位置进行复查，其误差不得超过设计规定，设计无规定时不得超过本条规定。

【实施与检查的控制】

1. 在主体施工之前应确定幕墙设计方案，并尽量避免由于设计方案变更造成的预埋件废弃。

2. 主体结构施工时应注意预埋件的埋设位置。

3. 幕墙施工单位应对预埋件的位置进行复查，测量预埋件的位置差，并做记录。

检查：

1. 检查幕墙设计单位的资质证书及相关设计文件。

2. 检查幕墙施工单位的资质证书。

3. 检查预埋件复查记录。

判定：

当出现下述情况之一时，视为违反强制性条文。

1. 预埋件的数量、规格、位置不符合设计要求。

2. 未对预埋件进行复查。

7.3.4　金属板与石板安装应符合下列规定：

1　应对横竖连接件进行检查、测量、调整；

2　金属板、石板安装时，左右、上下的偏差不应大于1.5mm；

3　金属板、石板空缝安装时，必须有防水措施，并应有符合设计要求的排水出口；

4　填充硅酮耐候密封胶时，金属板、石板缝的宽度、厚度应根据硅酮耐候密封胶的技术参数，经计算后确定。

【技术要点说明】

本条是对幕墙工程安装质量的要求，共有四款。第1、2款是对面板安装质量的要求；第3、4款是对板缝处理的要求。为了保证幕墙施工质量，施工单位应严格按设计进行安装并保证安装质量。

【实施与检查的控制】

1. 施工单位安装面板的质量和对板缝的处理，应达到本条规定的要求。

2. 施工单位应按本条规定进行自查，并做记录。

检查：

1. 在条件允许的情况下，对施工过程进行现场检查。

2. 检查施工记录和自查记录。

判定：

当出现下述情况之一时，视为违反强制性条文。

1. 幕墙面板的安装质量和对板缝的处理未达到本条规定的要求。

2. 由于幕墙面板的安装质量和对板缝的处理未达到本条规定，导致全面返工。

7.3.10 幕墙安装施工应对下列项目进行验收：

1 主体结构与立柱、立柱与横梁连接节点安装及防腐处理；

2 幕墙的防火、保温安装；

3 幕墙的伸缩缝、沉降缝、防震缝及阴阳角的安装；

4 幕墙的防雷节点的安装；

5 幕墙的封口安装。

【技术要点说明】

本条规定了幕墙安装施工阶段应验收的项目，其中1至4款为隐蔽工程验收项目。按本条规定进行验收时，各项指标应符合《金属与石材幕墙工程技术规范》JGJ 133—2001的规定，同时应满足《建筑装饰装修工程质量验收规范》GB 50210—2001的相关要求。

【实施与检查的控制】

当合同约定按JGJ 133—2001对金属幕墙和石材幕墙的安装施工进行验收时，监理方应按本条规定进行验收，并形成验收记录。

检查：

检查安装施工阶段的验收记录。

判定：

当出现下述情况之一时，视为违反强制性条文。

1. 无按本条规定进行验收的记录。

2. 验收项目不完整。

9 建筑设备工程

9.1 给水排水及采暖工程

《建筑给水排水及采暖工程施工质量验收规范》GB 50242—2002

3.3.3 地下室或地下构筑物外墙有管道穿过的，应采取防水措施。对有严格防水要求的建筑物，必须采用柔性防水套管。

【技术要点说明】

强调了地下室的外墙有管道穿过时，应有防水措施，其目的是防止室外地下水位高或雨季地表水顺墙面通过管孔渗入室内。防水措施常见的有两种，一种是柔性防水套管，另一种为刚性防水套管。

【实施与检查的控制】

按设计要求选择防水套管，制作套管时要按标准图选择材料，制作和安装时焊接是质量的要点，焊缝高度不得低于母材表面，焊缝与母材应圆滑过渡。焊缝及热影响区表面应无裂纹，未熔合、未焊透、弧坑和气孔等缺陷。密封材料填塞应密实，接头均匀，法兰紧固松紧适度并做好防腐。

检验方法：观察检查。

检验数量：全部。

检查中应对照图纸，然后观察检查。检查是否符合图纸标出的位置；符合柔性和刚性防水套管；制作、安装方法正确；焊缝符合要求。

3.3.16 各种承压管道系统和设备应做水压试验，非承压管道系统和设备应做灌水试验。

【技术要点说明】

承压管道系统和设备的水压试验是为了检查其系统和设备组合安装后的严密性及承压能力，确保运行安全，达到使用功能。避免在保温和隐蔽之后再发现渗、漏，造成不必要的损失。减少投入使用后的维修难度和维修工作量。

非承压管道系统和设备的灌水试验是为了检查其管道系统和设备组合安装后的严密性、通水能力和静置设备的满水防渗、漏能力。

该条综合了建筑室内给水、排水、热水供应，室内采暖和室外给水、排水、供热管网，建筑中水及游泳池，供热锅炉及辅助设备各章的相同内容。为了统一标准，规范检验方法，便于使用者掌握，所以提出当设计未注明时，试验压力均为工作压力的1.5倍，但不能小于0.6MPa，其他特殊的试验压力值执行具体条款的要求。灌水（满水）试验确定了满水观察的时间。

【实施与检查的控制】

水压试验和灌水（满水）试验要有批准的试验方案，对高层建筑要分区、分段试验，合格后再按系统整体试验，试验人员应持证上岗，各负其责，熟悉工作范围，掌握试验标准。

1. 试验管道系统和设备的中间控制阀门应全部开启。

2. 试验管道系统和设备注水时应先开启高处排气阀门排气，并由下向上，或由回水向供水管道系统注水，待水注满后，关闭进水阀门，稳定半小时后继续向系统注水，以排气阀门出水无气泡为准，关闭排气阀。

3. 向管道系统和设备加压，启动加压泵加压，先缓慢升压至工作压力，停泵检查，观察各部位无渗、漏，压力不降后，再升压至试验压力停泵稳压，按批准的试验方案进行全面检查，在确认管道系统和设备试验合格后，降至工作压力，再做较长时间的检查，确认全系统各部位仍无渗、漏，则管道系统的严密性和承压能力试验合格。经现场参加试验验收的各方同意后，将工作压力逐渐降至零，填写试验记录。

4. 灌水（满水）试验应注意管道和设备试验的位差，管道的封堵，阀门的启闭。

检验方法：各种管道系统水压试验，都是在试验压力下观测 10min，压力降不应大于 0.02～0.05MPa，然后降到工作压力进行检查，压力应保持不变，不渗、不漏。设备试验则是在试验压力下 10min 内压力不降，不渗、不漏。静置设备灌水（满水）试验应在灌水（满水）后，静置 24h，观察四周及底部是否渗、漏，水位应不降且无渗、漏为合格。

管道系统和设备水压试验及灌水试验，达不到验收标准时，应查找原因及时返修、整改，继续按程序进行试验直至合格。

4.1.2　给水管道必须采用与管材相适应的管件。生活给水系统所涉及的材料必须达到饮用水卫生标准。

【技术要点说明】

目前市场上可供选择的给水系统管材种类繁多，而每种管材均有自己的专用管道配件及连接方法。为保证工程质量，确保使用安全，故强调给水管道必须采用与管材相适应的管件。生活给水系统所涉及到的材料，如生活蓄水池（箱）的内壁防水涂层；箱体材料及组装水箱的密封垫片；接管及密封填料，法兰垫片，接管用的密封橡胶圈，麻丝、铅油、生料带等材料。为防止生活饮用水在储存和输送过程中受到二次污染，确保使用安全，也强调了给水系统所涉及的材料必须达到饮用水卫生标准。

【实施与检查的控制】

进场的给水系统管材、管件应按设计要求选用，具有企业标准和产品合格证。进场验收记录，应记录有关技术指标、企业标准代号、厂家名称或商标、生产批号、出厂日期及检验代号。

管材、管件和生活给水系统所涉及的材料都应检查、登记，责任人应签字，不合格的管材、管件和材料不能入库，更不能安装。若有疑议可以进行见证取样检测。

对照标准检查管材和管件，不符合要求不得使用，生活给水所涉及的材料若见证取样检测不合格不得使用。

4.2.3　生活给水系统管道在交付使用前必须冲洗和消毒，并经有关部门取样检验，符合国家《生活饮用水标准》方可使用。

【技术要点说明】

为保证使用安全，水质不受污染，给水管道系统在交付使用之前，需要用洁净的水加压冲洗，并需消毒处理，主要使给水管道畅通，清除滞留或掉入管道内的杂质与污物，是避免供水后造成管道堵塞和对水质污染所采取的必要措施。

【实施与检查的控制】

1. 冲洗和消毒的准备。给水管道系统水压试验已合格；给水管道系统各环路阀门启闭灵活、可靠，不允许需要的设备与吹洗系统隔开；临时供水装置运转应正常，增压水泵性能符合要求，扬程不超过工作压力，流速不低于工作流速；吹洗水排出时有排放条件；在冲洗前将系统内孔板、喷嘴、滤网、节流阀、水表等全部卸下，待冲洗后复位。

2. 先冲洗底部干管后冲洗水平干管、立管、支管，由给水入口装置控制阀的前面接上临时水源，向系统供水；关闭其他立支管控制阀门，只开启干管末端最底层的阀门，由底层放水并引至排水系统；启动增压水泵向系统加压，由专人观察出水口水质水量情况，且应符合下列规定：

出水口处管径截面不得小于被冲洗管径截面的3/5，即出水口管径只能比冲洗管的管径小1号，如果出水口管径截面大，出水流速低，则冲洗无力；如果出水口的管径截面过小，出水流速过大，则不便于观察和排出杂质、污物；

出水口流速，如设计无规定，应不小于1.5m/s。底层主干管冲洗合格后，按工艺顺序冲洗其他各干、立、支管，直至全系统管道冲洗完毕为止。冲洗后，如实填写记录，然后将拆下的部件仪表及器具件复位。检查验收人员签字。

3. 质量标准：观察各冲洗环路出水口处的水质应无杂质、无沉积物，与入口处水质相比无异样为合格。

4. 安全注意事项：冲洗后应将管道中的水泄空，以免积水而冻坏管道。

检验方法：检查卫生检疫部门提供的检测报告。

在系统水压试验合格后与交付使用前进行管道系统的冲洗试验，并认真填写管道系统冲洗试验记录，责任人签字、存档备查，防止以水压试验后的泄水代替管道系统的冲洗试验，防止不填或不认真填写冲洗试验记录表，不签字，不存档，出现问题不易查找。

启闭阀门察看水质，查验检测报告，对照《生活饮用水标准》，不合格不得使用，返工直至合格。

4.3.1　室内消火栓系统安装完成后应取屋顶层（或水箱间内）试验消火栓和首层取二处消火栓做试射试验，达到设计要求为合格。

【技术要点说明】

室内消火栓系统在竣工后均应做消火栓试射试验，以检验其使用效果，但又不能逐个试射，故取有代表性的三处：屋顶（北方一般在屋顶水箱间内）试验消火栓和首层取两处消火栓试射。屋顶试验用消火栓试射可测消火栓出水流量和压力（充实水柱）；首层取两处消火栓试射，可检验两股充实水柱同时喷射到达最远点的能力。

【实施与检查的控制】

1. 试射工艺流程：选定消火栓→开启消防泵加压→控制指定部位试射→认定试射结果→试射结束，恢复原样。

2. 在消防系统竣工平面图上确定首层试射消火栓（任意两个相邻的消火栓），找到其应到达最远点的房间或部位；屋顶检查、试验用消火栓去屋顶的门或窗口均已打开，压力表确认工作正常。

3. 将屋顶检查试验用消火栓箱打开，按下消防泵启动按钮，取下消防水龙带迅速接好栓口和水枪，打开消火栓阀门，拉到平屋顶上，水平向上倾角30°～45°试射，同时观察压力表读数是否满足设计要求，观察射出的密集水栓长度是否满足要求并做好记录；在首层按同样步骤将两支水枪拉到要测试的房间或部位，按水平向上30°或45°倾角试射，观察其能否两股水栓（密集、不散花）同时到达，并做好记录。

4. 关闭消防水泵，将消火栓水枪、水龙带等恢复原状。及时排水，清理现场。

检验方法：实地试射检查。

1. 试射现场一定要有人看守，屋顶应向院内、无人停留处试射；首层要选定未装修，无任何设备、物资的部位试射，找好排水出路（附近有无地漏、向外出口等）；

2. 屋顶消火栓压力表应经校验，指针转动灵活，正确；首层消火栓栓口压力不低于0.5MPa；

3. 握水枪人员要经过培训，能正确使用水枪；能正确判断充实水柱长度，认真记录。

试射消火栓选择必须正确，充实水栓必须达到设计要求。

5.2.1 隐蔽或埋地的排水管道在隐蔽前必须做灌水试验，其灌水高度应不低于底层卫生器具的上边缘或底层地面高度。

【技术要点说明】

隐蔽或埋地的排水管道在隐蔽前做灌水试验，主要是防止管道本身及管道接口渗漏。灌水高度不低于底层卫生器具的上边缘或底层地面高度，主要是由施工程序确定的：安装室内排水管道一般均采取先地下后地上的施工方法；按工艺要求，铺完排水管后，经试验、检查无质量问题，为保护管道不被砸碰和不影响土建及其他工序，必须将土回填。如果先隐蔽，等一层主管做完后再做灌水试验，一旦有问题，就不好查找是哪段管道或接口漏水了。

【实施与检查的控制】

1. 施工准备

①暗装或埋地的排水管道已分段或全部施工完毕，接口已达到强度。管道标高、坐标经复核已符合设计；②管道及接口均未隐蔽，有防腐或保温要求的管道尚未施工，管外壁及接口处均保持干燥；③对高层建筑及系统复杂的工程业已制定分区、分段、分层试验的技术组织措施。

2. 施工工艺流程：封闭排出管口→向管道内灌水→检查管道接口→认定试验结果

(1)封闭排出管口：①标高低于各层地面的所有排水管管口均用短管接至地面标高以上。②通向室外的排出管管口，用大于或等于管径的橡胶囊封堵严密，然后向管道内灌水；上层立管管道灌水时，用橡胶囊堵从底层立管检查口放入，将管道堵严，从管道上部灌水。向上逐层灌水，依此类推。③高层建筑需分区、分段、分层试验。④向胶囊充气，观察压力表，当上升到0.07MPa时停止，高层不超过0.12MPa。

(2)向管道内灌水：①用胶管从便于检查的管口向管内灌水，一般选择出户管离地面近的管口灌水。高层排水系统做灌水试验，可以从检查口向管道内注水。边灌水边观察卫生设备水位，直到符合规定水位为止。②灌水高度及水面位置控制：大小便冲洗槽，水泥洗涤池（槽）、水泥畜洗池等灌水量应不低于池（槽）的上边缘；地漏灌水时水面高于地表面5mm以上，便于观察地面水排除情况，地漏边缘不得渗水。③从灌水开始应设专人检查监视出户排水管口，地下清扫口等易漏水部位，如堵盖不严或高层建筑灌水中胶囊封堵不严，管道漏水时应立即停止向管内灌水，进行整修，待管口堵严，胶囊封闭严密，管道修复，达到强度后再重新进行灌水试验。④达到灌水标准,停止灌水后,应详细记录水面位置和停灌时间。

(3)检查和做灌水试验记录:①停止灌水 15min 后如液面有下降但未发现管道及接口有渗漏的情况时,再次向管道灌水,使管内水面恢复到停止灌水时的水面位置,第二次记录好时间。②施工人员、施工技术质量管理人员、建设单位和监理单位有关人员在第二次灌水 5min 以后,对管内水面共同检查,水面位置没有下降为合格,应立即填好排水管道灌水试验记录,有关检查人员签字盖章。③检查中发现水面下降为不合格,应对管道及各接口、堵口全面复查、修复、排除渗漏因素后重新按上述方法进行灌水试验,直至合格时止。④高层建筑排水管道灌水试验应分区、分段、分层地进行,试验过程中依次做好各个部分的灌水记录。⑤灌水试验合格后,从室外排水口放净管道内积水,把灌水试验临时接出的短管全部拆除,各管口恢复原标高。拆管时严禁污物落入管中。

3. 成品保护:①灌水合格后应立即对管道进行防腐、防漏处理,及时进行管道隐蔽。暂不能隐蔽的,应采取有效防护措施,防止管道损坏而重做灌水试验。②地下埋设管道灌水试验合格,进行覆土回填前,对低于回填土面高度的管口,应做出明显标志,而且要由人工回填≥300mm 厚土层,压实后再进行大面积回填作业。③用木塞、草绳、牛皮纸、塑料等临时封堵管口时,应确保封堵物不能深入管内,既要牢固严密,又要在起封时简单方便且不得损坏管口。

4. 安全注意事项:

(1) 下管沟检查管道及接口前,应先检查沟壁是否牢固可靠,是否有塌方危险;

(2) 应尽量避免在管沟两边行走、脚踩和停留;

(3) 使用电气设备时应有电气专业人员接通电路或拆除,不可违章操作。

检验方法:满水 15min 水面下降后,再灌满观察 5min 液面不下降,管道及接口无渗漏为合格。

1. 灌水试验必须及时,严禁在管道全部暴露下进行。

2. 严格控制灌水高度和灌水时间,高度应不低于底层地面,时间为满水 15min 后再次补充灌满水,5min 后液面不下降为合格。

3. 灌水检查有关人员必须全部参加,灌水合格后要及时、认真填好灌水试验记录,存档备查。

必须坚持不灌水和灌水试验不合格不得隐蔽,严禁进行下道工序施工。

8.2.1 管道安装坡度,当设计未注明时,应符合下列规定:

1 气、水同向流动的热水采暖管道和汽、水同向流动的蒸汽管道及凝结水管道,坡度应为 3‰,不得小于 2‰;

2 气、水逆向流动的热水采暖管道和汽、水逆向流动的蒸汽管道,坡度不应小于 5‰;

3 散热器支管的坡度应为 1%。坡向应利于排气和泄水。

【技术要点说明】

管道安装的坡度和坡向是确保采暖热水干管的顺利排气和蒸汽干管的顺利排除凝结水的重要措施,也是实现设计意图的重要环节。

散热器支管的安装坡度是关系到散热器能否正常散热和维修时能否方便泄水的问题。由于一些设计常发生漏标管道坡度和坡向的情况,为方便施工操作和验收,本规范做了一般的坡向和最小坡度的规定。

在采暖系统中，管道内介质的流通由于受到管道内“气塞”或“水塞”的阻碍，造成部分热用户达不到采暖效果，甚至冻坏管道和散热器。因此将此条规定列为强制性条文。

【实施与检查的控制】

1. 管道支架的安装：预埋管道支、吊架时要按设计要求的坡向和坡度敷设，可先确定水平管道两端的标高，中间的支、吊架的标高由该两点拉直线的办法确定。

一般采暖水平干管的支、吊架的最大间距应按规范的规定安装，间距过大会使管道产生过大弯曲，形成局部倒坡。

2. 水平干管安装：安装前管道应当调直，安装时可用水平尺检验每一管段的坡向及坡度，变径管的安装应按图 8-1 操作。

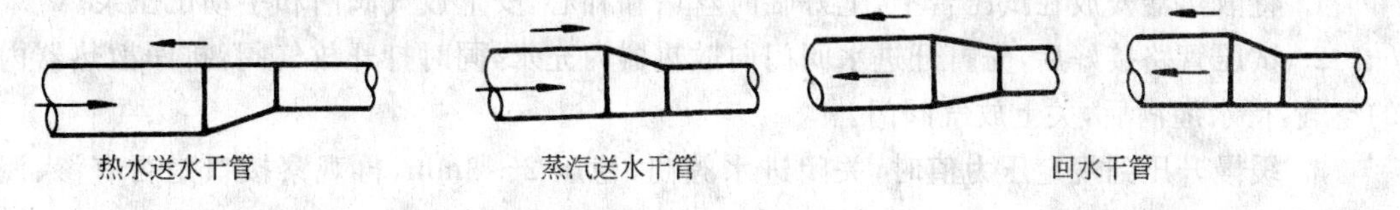

图 8-1 变径干管安装

水平安装的方形及 Ω 型膨胀补偿器应水平安装，其所在平面应与管道坡度一致。

3. 立管下料：先将立管上各类管件的尺寸和安装位置标注在事先画好的加工草图上，量出立管所在楼层的管段长度，再减去散热器支管的坡度值、管件长度与立管拧进管件丝头长的差额尺寸，若立管与干管为焊接时再加长 10～20mm，即为立管加工尺寸。双立管或跨越管的三通或四通甩头标高应准确，立管下料过长会造成散热器支管倒坡。

4. 散热器安装：散热器安装的标高应准确，托勾应当牢固并紧托散热器，支管托勾安装应正确，如图 8-2(*a*) 所示安装为不正确，立管有可能受到外力作用下沉，产生支管倒坡。应按图 8-2(*b*)进行安装。

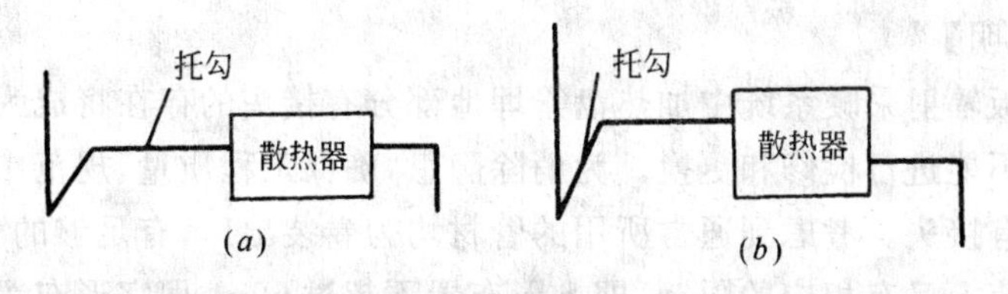

图 8-2 支管托勾安装

散热器灯叉弯安装时，灯叉弯所在的平面应水平。

5. 成品保护：安装完成的水平干管管道及散热器等不允许用做跳板或蹬高的支架，防止造成管道弯曲和散热器下沉，产生管道或支管倒坡。

检查方法：观察和用水平尺(水平仪)，拉线和尺量检查。

管道坡向和坡度的检查，应在工程验收时进行。

检查数量：按直线长度 50m 抽查 2 段；有分隔墙的，以隔墙为分段数，抽查 5%，不少于 5 段；散热器支管抽查散热器组数的 10%，不少于 10 处。

坡度偏差应不超过设计或规范规定值的 1/3，负偏差超过 1/3 的必须返工，正偏差超过 1/3 的在不影响美观的情况下可以使用，坡向相反的必须返工处理。

8.3.1 散热器组对后，以及整组出厂的散热器在安装之前应作水压试验。试验压力如设计

无要求时应为工作压力的 1.5 倍，且不小于 0.6MPa。

【技术要点说明】

散热器在安装前作水压试验，其目的是防止安装后因组对不严、散热器本身质量或整组出厂的散热器在运输、搬运过程中的损坏等因素而出现渗、漏问题而返工，造成人工浪费以及污染、破坏室内的装饰成果。

散热器的试验压力只应与工作压力有关，而不论其材质及构造形式如何，都应满足工作压力的要求，本规范删除了以往常规的以材质和构造形式分类确定试验压力的规定，统一以工作压力的 1.5 倍作为试验压力。

【实施与检查的控制】

1. 将散热器安放在试压台上，上好临时丝堵和补心，安上放气阀门和手动试压泵。

2. 试压管路接好后，先打开进水阀门向散热器内充水，同时打开放气阀，排净散热器内的空气，待水灌满后，关上放气阀门。

3. 缓慢升压到规定压力值时，关闭进水阀门，稳压 2～3min，再观察接口是否有渗、漏现象，压力表值是否下降。

4. 如有渗、漏时，将水放净进行返修，返修后应重新进行水压试验，直至合格。

5. 散热器搬、抬时不应平放，而应立起，不得将铁管或铁棍插入散热器的丝口内搬运，避免破坏丝扣。

检验方法：试验时间为 2～3min，压力不降且不渗、不漏。

散热器的水压试验应在散热器组对后或安装前在工程监理或业主专业人员的监督下进行。水压试验数量应是 100％的检查，合格后填写试验记录。

通过水压试验发现渗、漏的，属于现场组对的应返修，返修后重新试验，属于整组出厂的应由厂家负责返修或退换。

8.5.1 地面下敷设的盘管埋地部分不应有接头。

【技术要点说明】

低温热水地板辐射采暖系统中加热盘管埋地部分有接头的存在将成为渗、漏的隐患，而地面装饰以后又不能进行检修和更换。为消除隐患，确保工程质量，规范中强制规定加热盘管埋地部分不应有接头。考虑到通常所用的管材均为卷装出厂，有足够的长度，且盘管设置的长度在设计规范上又有相应的限制，即 S 形布置不超过 60m，回字形布置不超过 120m，因此合理的布置是可以避免留有接头的，在实际上是可行的。

【实施与检查的控制】

1. 在系统分环路布置上应合理，材料采购上选择合适的长度来避免接头。

2. 安装过程中应做好成品保护。避免损坏管材，如有损坏应整根更换管材，不得用粘补或打卡箍等办法补救。

3. 出地面处的管道应加设大于管道二个规格管径的套管保护，套管的弯曲半径应符合要求，一般为套管管径的 8 倍。

埋地盘管进行水压试验时和隐蔽前，应由监理工程师或业主专业人员认真观察，逐个环路检查。

检查中发现有接头，粘补或打卡箍等情况应责令施工单位进行更换，并重新进行水压试验后才能隐蔽。

8.5.2 盘管隐蔽前必须进行水压试验，试验压力为工作压力的1.5倍，且不小于0.6MPa。

【技术要点说明】

低温热水地板辐射采暖系统的加热盘管埋地隐蔽以后如出现问题很难进行维修和更换，因此必须在隐蔽前做好耐压强度和严密性的试验，试压合格后方可进行隐蔽。

加热盘管的材质目前有交联铝塑复合管(XPAP)、聚丁烯管(PB)、交联聚乙稀管(PE—X)、及无规共聚聚丙烯管(PP—R)等。这些管材的物理力学性能均大大高于使用压力的要求，在常温下的蠕变点都在10MPa以上，有的可达16.5MPa。从实际出发试验压力统一规定为工作压力的1.5倍，且不小于0.6MPa。水压试验要检验的关键问题是严密性，因此稳压的时间高于钢管管道的时间，为1h，并且要求无渗、漏。规范在综合了近几年的实践基础上作了统一规定。

【实施与检查的控制】

1. 水压试验之前，应对试压管道和构件采取安全有效的固定和保护措施。冬季进行水压试验时，应采取可靠的防冻措施。

2. 水压试验时，经分水器缓慢注水，同时应将管道内空气排尽。充满水后进行水密性检查。

3. 采用手压泵缓慢升压，升压时间一般不得少于15min。

4. 升压至试验压力后停止加压，稳压1h，观察有无渗、漏现象。

检验方法：稳压1h内压力降不大于0.05MPa，且不渗不漏。

加热盘管的水压试验应在工程监理或业主单位专业人员的全过程监督之下进行。为确保工程质量，达到万无一失，在浇捣混凝土填充层之前和混凝土填充层养护期满之后应分别进行一次水压试验，或在混凝土填充层浇捣和养护期间保持管道内压力不变。

在水压试验中，如果压力降过大应查找原因，原因不明时应更换管材；如出现渗、漏现象，不得用粘补或打卡箍等方式进行处理，应更换整根管道。

8.6.1 采暖系统安装完毕，管道保温之前应进行水压试验。试验压力应符合设计要求。当设计未注明时，应符合下列规定：

1 蒸汽、热水采暖系统，应以系统顶点工作压力加0.1MPa做水压试验，同时在系统顶点的试验压力不小于0.3MPa；

2 高温热水采暖系统，试验压力应为系统顶点工作压力加0.4MPa；

3 使用塑料管及复合管的热水采暖系统，应为系统顶点工作压力加0.2MPa作水压试验，同时在系统顶点的试验压力不小于0.4MPa。

【技术要点说明】

为检查系统整体的承压能力和严密性，避免采暖系统在投入使用后出现问题，减少维修的难度和工作量，采暖系统在安装完毕后、保温之前应进行水压试验。试验压力应以设计的要求为依据，当设计不明确时，应以本条规定为依据。

对高温热水采暖系统，为防止系统中一旦出现汽化现象时管道内压力急剧增大造成爆管事故，所以试验压力要求较热水和蒸汽采暖系统有所增大。由于本规范的适用范围是130℃以下的高温热水，因此在系统顶点的试验压力定为工作压力加0.4MPa。

塑料管及复合管的物理力学性能与承压能力与所输送的热媒温度成反比例，而水压试验一般是在常温下进行，因此规定的试验压力标准要高于钢管管材的标准。稳压时间较长是因为塑料管及复合管的可塑性较钢管大一些，需要较长时间观察才能真实反映出系统的压降和渗、漏情况。

【实施与检查的控制】

1. 根据水源的位置和工程系统的情况，制定出试压程序和技术措施。较大的系统可分环路系统分别试验。

2. 在试压管路的加压泵端和系统的末端均应安装量程为试验压力 1.5～2 倍、精度为 2.5 级的压力表。

3. 根据全系统或分系统试压的实际情况，检查各类阀门的开、关状态。试压管路阀门应全部打开，试验段与非试验段连接处阀门应予以隔断。

4. 系统顶点工作压力的确定：

高温水系统应为系统顶点处的高温水温度加 20℃后的温度下相应的饱和压力；

蒸汽系统应为系统顶点处的工作压力的饱和蒸汽压力；

热水系统应为系统入口处供水管的工作压力。

实际的试验压力应为顶点的试验压力＋试压泵所处的位置与顶点的标高差的静水压力。

5. 打开水压试验管路的上水阀门向系统中注水，同时开启系统上各高点处的排气阀，使管道及采暖设备内的空气排尽。待水注满后，关闭排气阀和进水阀。

6. 打开连接加压泵的阀门，用电动或手压泵向系统加压，一般应分 2～3 次升至试验压力。在此过程中，每加至一定压力数值时，应停下来对系统进行全面检查，无异常现象时方可继续加压。

7. 系统低点压力如果大于散热器所能承受的最大试验压力时，则可分层进行水压试验。

8. 在试验过程中如发现渗、漏情况应做好记号，便于返修。

9. 冬季试验时，试压合格后应及时将水放尽，必要时采用压缩空气或氧气将低点处存水吹尽。

使用钢管及复合管系统应在试验压力下 10min 内压力降不大于 0.02MPa，降至工作压力后检查，不渗、不漏，检查期间压力应不降；

使用塑料管系统应在试验压力下 1h 内压力降不大于 0.05MPa，然后降至工作压力的 1.15 倍稳压 2h，压力降不大于 0.03MPa，同时各连接处不渗、不漏。

采暖系统的水压试验应在管道防腐、保温之前进行，在工程监理或业主单位专业人员的全过程监督下进行，合格后应填写试压记录。

系统水压试验应分系统全数检查。

系统水压试验结果达不到验收标准的应立即补修，按前述方法再次试验，直至合格。

虽经水压试验合格，但由于其他原因实行散热器二次摘挂的采暖系统应重新进行试验。

8.6.3 系统冲洗完毕应充水、加热，进行试运行和调试。

【技术要点说明】

室内采暖系统安装、冲洗完成后应进行通热（送水、送汽）试运行和调试，以检验设计和安装的成果是否达到设计要求，能否满足用户的采暖需要。当客观条件达不到通热要求时，可延期进行。

【实施与检查的控制】

1. 确定能正常可靠供应的热源，制定调试人员分工和处理紧急情况的各项措施，备好返修、排水、通讯及照明等器具。

2. 调试人员按责任分工，分别检查采暖系统中的泄水阀门是否关闭，导、立、支管上阀门是否打开。

3. 向系统内充入经过软化处理的热介质，打开系统最高点的放风阀门，缓慢开启用户入口的阀门，同时应反复启闭系统的最高点放风阀门，直至系统中空气排净为止。

在热水采暖系统中，充水前应先关闭用户入口处的总供水阀门，开启循环管和总回水管的阀门，由回水总干管送热水，以利系统排除空气。待系统的最高点充满水后再打开总供水阀门，关闭循环管阀门，使系统正常循环。

4. 在巡查中如发现问题，先查明原因应在最小的范围内关闭供、回水阀门，及时处理和返修，修好后随即开启阀门。

5. 系统正常运行后，如发现热度不均，应调整各个分路、立管和支管上的阀门，使其基本达到平衡。

6. 冬季室内温度在5℃以下进行通热时，应采取临时防冻措施方可进行。

检验方法：观察、测量室温应满足设计要求。

采暖系统试运行和调试应由业主、监理公司及设计人员共同检查。

通过24h的正常运行后，测定采暖房间的室温，工业建筑物内允许同设计温度相差2℃。

民用建筑物允许相差+2℃，-1℃。

对用户入口处的热工况和参数应作24h运行状况的检查。

在调试中如存在由于设计原因造成的热力失衡情况时，应由设计单位确认并负责限期整改；因施工单位安装不当导致的热力失衡情况应立即返工纠正，达到要求后方能交工验收。

9.2.7 给水管道在竣工后，必须对管道进行冲洗，饮用水管道还要在冲洗后进行消毒，满足饮用水卫生要求。

【技术要点说明】

管道在安装过程中，易存留尘土，铁锈，砂粒，焊渣等，这些污物不从管中清除，必然污染管内水质，管道安装完毕后，必须对管道进行冲洗。

各种管材在运输，堆放、安装过程中，表面会被污染，从而滋生大量细菌，冲洗可以带走大部分，但不能全部将其消灭。另外塑料管为高分子化合物，盛水后，如UPVC塑料管中所含的氯乙烯单体会进入水中，饮用后，会影响健康。故条文要求饮用水管道还要在冲洗后进行消毒，经过24h的消毒浸泡，细菌会被杀死，氯乙烯单体等有害物，大部分可随消毒水排掉，经再冲洗，以使饮用水卫生、安全。

【实施与检查的控制】

1. 冲洗

(1) 冲洗水应选用洁净水。

(2) 冲洗时单间应选在试压结束后，水表尚未安装之前，(如水表已安完，冲洗水应通过旁通管排掉,不得通过水表)。

(3) 作好排放地点的选择,排放地点宜选在各栋楼的入口处,管网较大时多选几处管道低点,并加装泄放阀门做排放用,使冲洗和消毒不存在死角。

泄放阀门应能保证污水顺利排出。

(4) 冲洗水的水源和水压应充足,管网中最大管径处的冲洗速度宜为 1.5m/s,同时应多设几处排水地点。检查时应对接头处观察检查,并观察进水浊度与冲洗水出口处的排水浊度,二者相同时为止。

2. 消毒

消毒用水排出后,还应用净水冲洗,待将消毒用水冲洗排出后,取样送检。

检验方法:观察冲洗水的浊度,查看卫生监督部门提供的检验报告。

1. 管道的冲洗必须在投入使用前进行。所有排水地点应 100%检查,各排水地点都排出清水为合格。

检查应在监理工程师和建设单位代表参加监督下进行,合格后应在冲洗记录上签字。

2. 饮用水管道在冲洗后消毒,室外管网可以与室内管道及生活饮用水池等一起消毒,也可单独进行。消毒过程中必须有监理工程师和建设单位代表参加。

饮用水由监理工程师或建设单位代表负责随机取样送检,以当地卫生监督部门出具的检验报告为准,判定是否合格。

1. 冲洗达不到要求,应继续冲洗,直到合格为止。

2. 饮用水检验报告存在不合格项目,应重新进行消毒,直到合格为止。

10.2.1　排水管道的坡度必须符合设计要求,严禁无坡或倒坡。

【技术要点说明】

污水在室外排水管道中流动是靠水在管中的前后压差来实现,如在管中没有落差,相对位能为零,不能流动。污水不流动,大量的污物会沉积下来,堆积在管内,堵塞管道,使排水系统不能工作。系统中如存在倒坡,倒坡处便会变成死水区,堵塞会更快。故条文要求排水管道的坡度必须符合设计要求,严禁无坡或倒坡。

【实施与检查的控制】

1. 施工放线前首先了解管线起点和终点的标高是否符合设计要求。施工放线人员放线后,现场技术人员和监理工程师应对标高,坐标进行复测。

2. 用机械挖沟不应直接挖到沟底标高,应预留 10cm,用人工清挖到设计要求的沟底标高。

3. 下管前要对沟基进行检查,不得使管道及管道支墩铺设在冻土和未经处理的松土上。

检验方法:用水准仪,拉线和尺量检查。

1. 排水埋地管道的定位测量,应在测量后填写定位测量记录,并由监理工程师和建设单位负责人签字。

2. 对管道坡度要进行检查。按管网直线段长度每 100m 抽查 3 处,整个系统不少于 5 处,用水准仪(水平尺)拉线和尺量检查。

排水管道无坡或倒坡;坡度小于设计要求坡度值时应返工,直到满足设计要求达到的坡度值。

11.3.3 室外供热管道冲洗完毕应通水、加热，进行试运行和调试。当不具备加热条件时，应延期进行。

【技术要点说明】

室外供热管道在试压完成后应进行冲洗，使管道在安装过程中带进的杂质、污物从管中清除，从而保证水在管道中循环的畅通，通水、加热和试运行是让管网在充满水的情况下，升温循环，从而检验系统的运行能力，检验热水在管网中循环的效果，是否存在循环死角等；调试是通过调节各入口处的调节阀、平衡阀，满足各建筑物对温度和压力的要求。通过调试检验室外供热管网满足使用功能的能力，检验设计是否合理，安装是否存在问题，所以调试工作是一项非常重要的工作，有时需要反复多次进行调试。

调试是一项系统工程，只有各方面条件都具备时，才能进行，如其他条件都具备，只有热源解决不了，调试工作就无法进行。但通热试运行和调试工作又必须做，所以本条文规定允许延期进行。

【实施与检查的控制】

1. 供热管网在调试前应进行冲洗。

(1) 供热管网的水冲洗。供水管道和回水管道可分别利用带压生活、生产用水进行冲洗，水出口处流出的水和入口处水一样的洁净时为合格，若条件具备，可将供回水管道与锅炉房连网，接通循环泵，再进行循环冲洗，循环冲洗 20～30min，关闭循环泵，打开除污器排污阀，将循环污水排出，再反复灌水循环冲洗直至从除污器排水口排出的水与入口水相同为止。

(2) 蒸汽管网的吹洗。蒸汽管道可利用压力不小于 0.07MPa 的蒸汽进行吹洗，吹洗会产生凝结水，故排污泄水口(排放蒸汽口)要设在蒸汽管坡向的末端，管道再垂直升高处(即蒸汽管道的翻身处)的下部。吹洗时应关掉该处疏水器前的进口阀门，防止污水从疏水器通过。直至排污泄水口(排放蒸汽口)排出清洁蒸汽为止。凝结水管可用蒸汽吹洗，也可用生活、生产用水冲洗。

2. 供热管网应灌水、通热正常后方可进行调试。

(1) 供热管道的灌水和通热。向供热管道灌水应是经过处理的软化水，灌水时应排净管道中的空气，水注满后再对水进行升温加热，同时开启循环泵，使供水温度逐渐升高达到设计温度为准。

(2) 蒸汽管道的供汽通热。对蒸汽管道供汽最好和室内供汽系统同时配合进行，确保安全和节省能源。供汽时开启阀门应缓慢，同时由专人观察伸缩器、阀门、支架、三通等处的变化情况，防止由于管道线膨胀过大拉断管道及接口，避免产生水击。

3. 供热管网的调试应遵循的事项。

(1) 供热管网在调试前必须编制调试方案。

(2) 调试时各处设置的压力表和温度计的数量和精度必须满足设计的要求，压力表应在规定的检测使用期限内。

(3) 调试可分二步，第一步是使用建筑物的进水总管和回水总管的温度、压力基本接近，第二步是调整使每个建筑物内的分系统和每组散热器(用热设备)表面温度基本一致。

调试方法按调试方案进行，可以从最不利环路开始，也可从靠近锅炉房一侧开始，最终结果应一样。

(4) 调试时做好保温、封闭工作，防止管道系统冻坏。

测量各建筑物热力入口处供、回水温度及压力。

① 系统调试工作应由建设单位主持，监理工程师参加。

② 入户处温度和压力根据温度计和压力表指示判定是否符合要求，室内采暖系统散热器（用热设备）是否符合要求用仪器仪表进行判定。

要求各用热设备温度均衡，不存在过冷、过热情况。

合格后填写调试记录，参与各方签字。

调试达不到设计要求，应及时查找原因，重新进行调试，直至合格为止。

13.2.6　锅炉的汽、水系统安装完毕后，必须进行水压试验。水压试验的压力应符合表13.2.6的规定。

水压试验压力规定　　表13.2.6

项　次	设备名称	工作压力 P(MPa)	试验压力(MPa)
1	锅炉本体	$P<0.59$	$1.5P$ 但不小于0.2
		$0.59 \leqslant P \leqslant 1.18$	$P+0.3$
		$P>1.18$	$1.25P$
2	可分式省煤器	P	$1.25P+0.5$
3	非承压锅炉	大气压力	0.2

注：1. 工作压力 P 对蒸汽锅炉指锅筒工作压力，对热水锅炉指锅炉额定出水压力；
2. 铸铁锅炉水压试验同热水锅炉；
3. 非承压锅炉水压试验压力为0.2MPa，试验期间压力应保持不变。

【技术要点说明】

通过水压试验来检验锅炉本体和省煤器的耐压强度和严密性，确保运行时的安全性。

非承压锅炉虽然运行中不承受介质的工作压力，但也应对其进行严密性检验，防止渗、漏现象发生和确保锅炉使用寿命。其水压试验标准是参照承压锅炉工作压力小于0.59MPa，试验压力为1.5倍工作压力，但不小于0.2MPa的规定而定为0.2MPa。

规定中的工作压力是指锅炉和省煤器的出厂额定工作压力，而非供热系统运行的工作压力，目的是检验锅炉和省煤器制造的质量，并确保锅炉在供热系统工作压力变化时的安全性和可靠性。

【实施与检查的控制】

由于省煤器与锅炉的工作压力不同，试验压力要求不同，应分别进行水压试验，有时也可以串联在一起进行。串联在一起进行水压试验时，应在灌满水后将省煤器至锅炉的上水阀关闭，试压泵接至省煤器一侧，先升压至省煤器的试验压力进行检查，试压合格后再打开上水阀门，压力降至锅炉试验压力一起进行试压检验。

1. 水压试验前应做好如下准备工作：

(1) 将锅筒、集箱内部清洗干净后封闭人孔、手孔；

(2) 检查锅炉本体及阀门、法兰、盲板有无漏加垫片、漏装螺栓或未拧紧现象，并将锅炉本体上所有阀门处于关闭状态；

(3) 安全阀、水位表及温度计不应与锅炉一起进行水压试验，其阀座、管座应用盲板或丝堵封闭。如需要可在其中的一个阀座或管座上安装放气管和放气阀；

(4) 安装临时上水试压管道和试压泵。试压时至少要安装两支精度为2.5级、量程为试验压力1.5～2倍的压力表；

(5) 水压试验时室内环境温度应高于5℃，在低于5℃进行水压试验时，必须有可靠的防冻措施。

2. 水压试验程序及质量控制：

(1) 开启所有的放气阀门、临时上水管道阀门和试压压力表连通阀门；

(2) 向锅炉或省煤器内灌水，待最高点放气管见水无气后关闭放气阀和上水阀门，进行全面检查有无渗、漏和结露现象。如有结露现象应采用温水或等待锅炉内水温升至环境温度时再进行下一步骤；

(3) 用试压泵缓慢升压到设备工作压力的20%时，应停压全面检查。如发现法兰、人孔、手孔垫片有渗、漏时可以进行紧固。继续升压至工作压力时再停泵进行检查，对查出的渗、漏处应作记录，不能带压返修，有轻微的渗、漏时也可继续升压，至试验压力后停泵。在试验压力下保持10min，然后降至工作压力进行检查，检查期间压力不变。升压和降压的速度应控制在0.2～0.3MPa/min；

(4) 金属表面或焊缝的渗、漏应在泄压后清除缺陷再进行补焊，并重新做水压试验。

检验方法：

1. 在试验压力下10min内压力降不超过0.02MPa；然后降至工作压力进行检查，压力不降、不渗、不漏；

2. 观察检查，不得有残余变形，受压元件金属壁和焊缝上不得有水珠和水雾。

水压试验的时间应在锅炉及省煤器安装就位，本体管道及阀门(上水阀门、排污阀、主汽阀或出水阀)安装完后进行。在北方地区冬季施工时可在烘炉之前，并试压结束后应立即烘炉的条件下进行。

水压试验时应有技术监督部门检验人员，监理工程师和业主单位主管人员在场，共同查看试验过程和结果，并应共同签署试验记录。

当出现水压试验不符合规定时，应查清原因，由负责方及时进行返修或更换部件及材料，返修后应重新进行水压试验。

在同一部位的焊口返修不得超过三次。

13.4.1 锅炉和省煤器安全阀的定压和调整应符合表13.4.1的规定。锅炉上装有两个安全阀时，其中的一个按表中较高值定压，另一个按较低值定压。装有一个安全阀时，应按较低值定压。

安全阀定压规定 **表13.4.1**

项次	工作设备	安全阀开启压力(MPa)
1	蒸汽锅炉	工作压力+0.02MPa
		工作压力+0.04MPa
2	热水锅炉	1.12倍工作压力，但不少于工作压力+0.07MPa
		1.14倍工作压力，但不少于工作压力+0.10MPa
3	省煤器	1.1倍工作压力

【技术要点说明】

为保证锅炉安全运行，确实发挥安全阀的保护功能，必须把锅炉各部位安全阀定压和调整到规定的动作压力，即一旦锅炉因为某种原因超压到一定程度时，安全阀会自动打开，此压力称为安全阀的动作压力。对蒸汽锅炉而言，动作压力分为开启压力、起座压力和回座压力。热水锅炉上的安全阀只有开启压力和回座压力两种。

本规范参考了国家现行的蒸汽锅炉和热水锅炉安全技术监察规程的要求只规定了安全阀的开启压力。在实际操作中，安全阀的回座压差一般应为开启压力的4%～7%，最大不超过10%。本条所指的工作压力是锅炉和省煤器在供热系统中正常运行时的压力。

【实施与检查的控制】

安全阀开启压力的定压工作是由国家技术监督部门专业人员进行的，是属于冷态定压。

安全阀开启压力的试验和调整工作应在现场热状态下进行，是对冷态定压的校核过程。具体操作如下：

1. 蒸汽锅炉通过逐渐加强燃烧的措施慢慢提高锅炉的蒸汽压力。当锅炉开始升压时，应检查安全阀的阀芯与阀座有无粘住、卡紧现象。随着蒸汽压力升高安全阀阀芯开始启动并少量排汽，这时的相应压力为开启压力；当关闭锅炉上全部出汽阀门，启动全部安全阀后锅炉压力应停止上升，如继续上升并超过开启压力的1.1倍时，表明安全阀排汽总截面积不够，应马上采取降压措施，如打开出汽阀、压炉减弱燃烧等。当降低压力，阀芯下落在阀座上时所对应的压力为回座压力。对锅炉的开启压力，起座压力和回座压力都应记录下来并存入锅炉技术档案。

2. 热水锅炉应在锅炉水温达到设计温度时关闭出水阀门，利用补水泵进行升压试验安全阀的开启压力和回座压力。也可采用开启循环水泵，逐渐关小出水阀门的方式试验安全阀的开启压力和回座压力。

3. 省煤器安全阀的开启压力试验可在水压试验的同时进行。

4. 如果压力升至安全阀的开启压力时安全阀并未动作，可作手动试验，如手动试验仍不见效，应立即采取降压措施，防止超压事故，及时找出原因，清除故障后再进行试验。

检查方法：检查定压合格证书。

安全阀的定压日期到投入使用时一般不得超过半年，试验和调整应在锅炉48h带负荷试运行时先行进行，合格后再投入试运行。

安全阀定压试验和调整时应有技术监督部门、施工单位、工程监理单位及业主单位的专业人员参加，共同观看试验过程及结果。并共同签署试验调整记录。

锅炉及省煤器上每一个安全阀都应经过专门机构进行定压，并经过热状态下的试验和调整。

检查定压合格证书，应符合规定要求。

在安全阀开启压力试验和调整中如出现安全阀排汽总截面不够大时，应在停炉后由设计者确定更换安全阀口径以增大排汽量；如开启压力不符合规定时应由技术监督部门进行调整；如因安装原因造成的启动受卡或回座不灵活等问题，则应在现场排除障碍。

上述三种情况在处理后均应重新进行试验调试，直到符合要求为止。

13.4.4　锅炉的高、低水位报警器和超温、超压报警器及联锁保护装置必须按设计要求安装齐全和有效。

【技术要点说明】

锅筒中的水位是蒸汽锅炉运行的主要参数之一，维持水位在一定范围内是锅炉正常安全运行必要条件，因为水位过高或过低都会造成重大运行事故，有时甚至引起爆炸。

热水锅炉超温将会产生汽化现象，使锅筒和管道内压力急剧增加。

无论是蒸汽锅炉还是热水锅炉，严重的超压都将会给锅炉及供热系统中设备和管道造成损害。

锅炉上安装高、低水位报警器、超温、超压报警器及联锁保护装置，就是为了及时、准确地警示操作人员采取紧急处理措施，同时通过联锁保护装置采取一些最基本的措施自动调节锅炉运行状态，消除事故在初起阶段。

为了在安装时给予足够的重视，将此内容列为强制性条文。

【实施与检查的控制】

1. 报警系统：

带有报警信号接点的仪表，应按工艺要求的参数值进行整定，并在相应的方向上（上升或下降）进行不少于三次闭合试验，其接点动作误差应不超过允许基本误差；

施加模拟信号，当达到整定值时，信号系统应发出音响和闪光信号或平光信号；按下解除按钮、消除音响，信号灯平时常亮；取下模拟信号，灯光消失；按下检查按钮，发出音响和闪光信号或平光信号。

2. 联锁系统：

带有控制接点的仪表和电气设备，应按工艺要求的参数值进行整定，并在相应的方向上（上升或下降）进行不少于三次闭合试验，其接点动作误差应不超过允许基本误差。

联锁系统应进行分项和整套联动的试验，其动作应正确、可靠。

检验方法：查看试验记录。

锅炉的高、低水位报警器、超温、超压报警器及联锁保护装置的调校检验应在锅炉48h试运行初，安全阀热状态下调试的同时进行。调试合格后应填写记录，作为交工资料存档。

对全部的分项系统和整套联动系统应逐一调试检查。

查看调试记录，应符合规定要求。

调整后仍达不到要求的系统，查清原因后降温、降压进行返工处理。直到符合要求为止。

13.5.3　锅炉在烘炉、煮炉合格后，应进行48h的带负荷连续试运行，同时应进行安全阀的热状态定压检验和调整。

【技术要点说明】

为了真实地检验锅炉设备的制造、工艺的设计及安装施工的质量情况，并尽可能地减少投入正式运行中的隐患，规范规定了锅炉在烘炉、煮炉合格后，应进行48h的带负荷连续试运行。

在调研中反映，在以往的实践中有的以冷态单车试运转代替；有的以投入正式运行的初始阶段代替；有的在有条件情况下不是满负荷运行。上述作法都是不正确。单车试运转一般的运行时间都比较短，且是在冷状态下的；投入正式运行的初始阶段，一般的供热负荷比较小，运行参数也较低。因此，不能真实、全面地反映出整个系统的缺陷和问题，同时也不利于安全阀定压、各种报警器和联锁保护装置的检验和调整。

由于受客观一些条件的限制，有时新建的锅炉在试运行时可能无处输送汽、水介质，实际使用的压力与流量均低于设计指标，本条没有强制规定满负荷，只规定带负荷，主要是有可操作性，但并不排除在有条件的系统应进行满负荷试运行。连续 48h 的运行既可以完成各种检验和调试，又可以允分地反映出整装锅炉的制造、安装和运行的质量情况，还可以便于使用单位全面了解和掌握锅炉和供热系统的性能及操作。

【实施与检查的控制】

1. 锅炉机组试运行前对于单机试车和烘炉、煮炉中发现的问题或故障应全部排除，采暖用户的使用系统应全部完工。由使用单位具有上岗证的司炉工、电工及化验员等进行操作，安装单位负责指导、检查和维修工作；

2. 升火运转时炉膛温升不宜太快，一般从点火到正常燃烧的时间不得少于 3h；

3. 当蒸汽锅炉压力升至 0.05～0.4MPa 或热水锅炉达到工作压力时，对锅炉范围的法兰、人孔、手孔和其他连接螺栓进行一次紧固，消除渗、漏隐患；

4. 先手动运行，待各部分机械及仪表正常运行和显示后再进行自动运行，在自动运行期间应设专人对各控制点进行监视；

5. 试运行中应同时进行安全阀开启压力、自动报警器及联锁保护装置的热状态检验和调整；

6. 开启热用户的供汽、供热水阀门时应缓慢进行，并随时保持与热用户的通讯联系；

7. 试运行中发生的主、辅机运转缺陷及各系统不协调等问题应予以消除，锅炉及全部辅助设备运行正常满足设计要求为合格。

检验方法：检查烘炉、煮炉及试运行全过程。

由于受客观条件的限制，锅炉机组的 48h 带负荷试运行一般应在交工前或投入使用前进行，具备条件的可在煮炉检查合格后进行。

试运行过程中应注意查看设备油箱的油位、轴承温升、运行电流、设备振动等情况是否正常；检查热膨胀下的各部位变化状况；检查炉排及输煤机皮带是否跑偏；查看运行中各系统是否协调等，并作好记录。

锅炉及全部辅助设备试运行正常满足设计要求为止。

试运行中反映出的缺陷或故障，应查清原因，分清制造厂、设计院及安装单位的责任，由责任单位或共同协商解决后达到设计要求。安装单位还应负责两个采暖期的保修责任。

13.6.1　热交换器应以最大工作压力的 1.5 倍作水压试验，蒸汽部分应不低于蒸汽供汽压力加 0.3MPa；热水部分应不低于 0.4MPa。

【技术要点说明】

热交换器是换热站的主要设备。热交换器虽然出厂已经试压，但在吊装、运输和保存等环节都有可能造成损坏，所以在进入现场实施安装之前应由安装单位进行水压试验复查，以确认设备的承压能力和严密性。试压方法与其他设备的试压方法相同，试验压力保持的时间增加到 10min，是考虑到与其他主要设备的水压试验检验方法的一致性和对检验标准的提高要求。

【实施与检查的控制】

热交换器属容器，试验比较方便，主要应注意设备出入口阀门及检查孔封闭严密，升压要缓慢，检查要仔细。

检验方法：

热交换器的水压试验应在设备进场后或安装前进行。应有监理工程师和业主单位主管人员在场，共同察看试验过程和结果，并共同签署试验记录。

每台热交换器都应单独进行试验。

在试验压力下，保持10min压力不降为合格。

出现水压试验不符合规定时，由采购单位负责交涉制造厂家进行处理。不合格的设备不能安装。

9.2 燃气工程

《家用燃气燃烧器具安装及验收规程》CJJ 12—1999

3.1.4 自然排气的烟道上严禁安装强制排气式燃具和机械换气设备。

【技术要点说明】

本条规定自然排气的烟道只能专用，因为这种烟道长、阻力大，所以不能连接强排式燃具和排油烟机、排气扇等机械换气设备，否则将破坏烟道的负压条件，使烟气和燃气的不完全燃烧气体等，不能通过烟道外排而进入其他房间造成污染和事故。

【实施与检查的控制】

严格按设计图纸施工，确保自然排气的烟道畅通。施工中不留安装强排式燃具和排油烟机、排气扇等机械换气设备的洞口，也不安装这些设备，同时在房屋使用说明书中，应明确指出自然排气的烟道上严禁安装强制排气式燃具和机械换气设备。

检查方法：观察检查。

检查数量：抽查20%，不少于10处。

对照设计图纸检查自然排气的烟道上是否有洞口或强排式燃具和排油烟机、排气扇等机械换气设备。查看房屋使用说明书中，是否明确指出了自然排气的烟道上严禁安装强制排气式燃具和机械换气设备。

下列情况之一属违反强制性条文：留有安装强排式燃具和排油烟机、排气扇等机械换气设备的洞口；或安装这些设备；或虽未留洞口也未安装设备，但在房屋使用说明书中，未明确指出自然排气的烟道上严禁安装强制排气式燃具和机械换气设备。

5.0.4 燃具安装部位应符合下列要求：

1 安装燃具的地面、墙壁应能承受荷重。

2 燃具不应安装在有易燃物堆存的地方。

3 直排式和半密闭式燃具不应安装在有腐蚀性气体和灰尘多的地方。

4 燃具不应装在对其他燃气设备或电气设备有影响的地方。

5 安装时应考虑满流、安全阀动作及冷凝水的影响，地面应做防水处理或设排水管。

6 燃具安装应考虑检修的方便；排气筒、给排气筒应在易安装和检修处安装。

【技术要点说明】

1. 燃具是较重的家用器具，所以应考虑地面和墙壁的承重能力，以防安装后产生脱落或倾斜。

2. 有化学试剂、汽油等易燃易爆物的地方，严禁安装燃具。

3. 腐蚀性气体易损坏燃具，灰尘易堵塞燃具换热器，造成不完全燃烧；如果安装地点灰尘较多，应考虑使用密闭式燃具或安装到室外。

4. 燃具安装后不应对燃气表、燃气管或电气设备产生影响，主要指辐射热和烟气的影响。

5. 浴盆水加热器不能被水浸，否则会影响寿命，如果燃烧器进水，会产生不完全燃烧。地面排水口的位置和大小应注意选择。

6. 燃具安装不仅要考虑防火要求，而且要给使用、检修留有必要的空间。

【实施与检查的控制】

安装前检查施工现场，对安装燃具的地面、墙壁是否能承受燃具等荷重进行校核。对燃具安装的环境应掌握，周围不得有易燃物堆存的地方。对直排式和半密闭式燃具的安装环境应避免灰尘和腐蚀性气体。燃具安装不应对其他燃气设备或电气设备产生影响。安装时应考虑满流、安全阀动作及冷凝水的影响，地面应做防水处理或安装排水设施。燃具安装的位置应便于检修，供、排气筒的安装位置也应便于检修和安装。

检查方法：观察检查。

检查数量：抽查 20%，不少于 10 处。

对照设计图纸，检查燃具安装的环境是否符合设计要求。对安装燃具的地面、墙壁承受燃具等荷重情况检查校核记录。燃具安装的环境周围不得有易燃物堆存的地方。检查直排式和半密闭式燃具的安装环境是否避免了灰尘和腐蚀性气体。检查燃具安装对其他燃气设备或电气设备是否会产生影响。安装时是否考虑了满流、安全阀动作及冷凝水的影响。地面是否做了防水处理或安装了排水设施。燃具安装的位置是否便于检修，供、排气筒的安装位置是否便于检修，安装位置是否正确。

安装燃具的周围环境必须符合设计要求，地面、墙壁应能承受燃具等荷重，并便于检修和安装。不符合条件的应修改使之达到要求，否则不得通过验收。

5.0.8　室内燃具的安装应符合下列要求：

1　安装时应考虑人的动作、门的开闭、窗帘、家具等对燃具的影响。

2　安装时应考虑门等部位对燃具的遮挡。

3　直排式和半密闭式热水器不应装在无防护装置的灶、烤箱等燃具的上方。

4　室外用燃具不应安装在室内。

【技术要点说明】

1. 非密闭式热水器在灶具上方时，灶具产生的烟气、油烟等会被热水器吸入，产生不完全燃烧。

2. 室外燃具一般热流量大，无专用的给、排气管道极易发生事故，所以室外用燃具不应安装在室内。

【实施与检查的控制】

室内燃具安装的位置应符合设计要求，应考虑人的动作、门的开闭、窗帘、家具等对燃具的影响。并应考虑门等部位对燃具的遮挡。直排式和半密闭式热水器应装在有专用的给、排气管道的位置，避免安装在无防护装置的灶、烤箱等燃具的上方。室外用燃具不应安装在室内。

检查方法：观察检查。

检查数量：抽查 20%，不少于 10 处。

室内燃具安装的位置是否符合设计要求，是否考虑了人的动作、门的开闭、窗帘、家具等对燃具的影响。是否考虑了门等部位对燃具的遮挡。灶、烤箱等燃具的上方是否安装了直排式或半密闭式热水器，是否有专用的给、排气管道或安装了防护装置。室外用燃具是否安装在室内。

下列情况之一属违反强制性条文：室内燃具安装的位置不符合设计要求，没有考虑人的动作、门的开闭、窗帘、家具等对燃具的影响。门等部位对燃具有遮挡。灶、烤箱等燃具的上方安装了直排式或半密闭式热水器。室外用燃具安装在室内。

5.0.9 室外燃具的安装应符合下列要求：

1 室内用燃具安装在室外时，应采取防风、雨的措施，不得影响燃具的正常燃烧。

2 在靠近公共走廊处安装燃具时，应有防火、防落下物、防投弃物等措施。

3 室外燃具的排气筒不得穿过室内。

4 两侧有居室的外走廊，或两端封闭的外走廊，严禁安装室外用燃具。

【技术要点说明】

1. 自然排气式燃具在敞开走廊、阳台上的隔间内安装时，隔间应严密。

2. 燃具在敞开走廊上安装时，不能靠近楼梯和影响邻居，其距离应大于1m。

3. 室外燃具的排气筒不能再进入室内，只能延长伸向室外。

4. 两端有居室的外走廊或两端封闭的外走廊使用燃具时，烟气容易滞留，影响人身安全。

【实施与检查的控制】

室外燃具的安装应按设计要求布置，在靠近公共走廊处安装燃具时，应有防火、防物品下落、防投弃物等措施。室外燃具的排气筒不得穿过室内，只能延长伸向室外。两侧有居室的外走廊或两端封闭的外走廊，严禁安装室外用燃具。若室内用燃具安装在室外时，应采取防风、雨的措施，不得影响燃具的正常燃烧。

检查方法：观察检查。

检查数量：抽查20%，不少于10处。

按设计要求对室外燃具的布置进行检查，在靠近公共走廊处安装的燃具，是否有防火、防物品下落、防投弃物等措施。室外燃具的排气筒是否穿过了室内。两侧有居室的外走廊或两端封闭的外走廊，是否安装了室外用燃具。室内用燃具安装在室外，是否采取了防风、雨的措施，避免影响燃具的正常燃烧。

下列情况之一属违反强制性条文：在靠近公共走廊处安装燃具时，没有防火、防物品下落、防投弃物等措施。室外燃具的排气筒穿过了室内，没有伸向室外。两侧有居室的外走廊或两端封闭的外走廊，安装了室外用燃具。室内用燃具安装在室外时，没有采取防风、雨的措施，影响了燃具的正常燃烧。

9.3 通风和空调工程

《通风与空调工程施工质量验收规范》GB 50243—2002

4.2.3 防火风管的本体、框架与固定材料、密封垫料必须为不燃材料，其耐火等级应符合设计的规定。

【技术要点说明】

防火风管是指采用不燃、耐火材料制成，能满足一定耐火极限的风管。本条文规定防火风管应能抵抗建筑物局部起火，在一定时限内仍能维持正常功能。建筑物内某些系统风管需要具有一定的防火能力，这是近几年来通过建筑物火灾发生后的经验教训而得来的。它们主要是应用于建筑物内与救生、安全保障有关的正压送风、空调与通风等系统。根据建筑物的耐火等级与不同的应用场合，其耐火极限可分为 0.5h、1h、2h 等。本强制性条文执行的技术依据文件，为设计图纸和条文规定的内容，如防火风管的本体、框架与固定、密封垫料等不仅必须为不燃材料，而且其耐火性能还应满足设计所规定的耐火等级(极限)。

【实施与检查的控制】

为了保证工程施工的防火风管能符合设计规定的防火性能，真正起到安全保障作用，施工前我们必须对防火风管材料的耐火性能进行严格的检查和核对，其依据是材料质量保证书和试验报告，同时对外观质量进行目测检查，相符后再进行加工制作。其二是要求对风管施工的质量，应依照设计图和本规范的规定进行质量把关。

检查时，应按材料与风管加工批数量抽查 10%，并不少于 5 件。主要是核对材料质量保证书和试验报告，同时对外观质量进行目测检查。风管安装过程中，应检查风管板材与风管框架的连接是否平整、牢固、板与板之间缝隙的密封填料封堵，是否完整和严密。风管安装完毕后，还应作一次全面的检查。

当防火风管的钢支架是置于风管外侧的，其表面必须有与风管相同耐火等级的防护措施。

防火风管的材质，其防火性能应符合设计和条文的规定，不合格的必须进行返工。

4.2.4　复合材料风管的覆面材料必须为不燃材料，内层的绝热材料应为不燃或难燃 B_1 级，且对人体无害的材料。

【技术要点说明】

复合材料风管是指采用不燃材料面层复合绝热材料板制成的风管。现在常用的复合材料风管的板材，一般由外表为金属铝箔或其他面层、内侧为绝热材料组成。用这种材料制作的风管，具有重量轻、导热系数小、施工操作方便等的特点，有较大的应用推广前景。为了保障复合材料风管在房屋建筑工程的安全使用，规范规定其复面的材料必须为不燃材料，内部面层的绝热材料应为不燃或难燃 B_1 级，且对人体无危害的材料。这个规定体现了国家标准对风管新材料应用、推广的严肃科学态度和对防火、安全使用性能的重视。它与民用建筑防火、建筑装修等国家标准对建筑物内部装修材料使用有关的规定与要求相一致。

【实施与检查的控制】

为了保证工程施工的复合材料风管，能符合建筑防火和本条文的规定，施工前我们必须对复合材料风管的耐火性能进行严格的检查和核对，其依据主要是产品的合格证书、质量保证书和绝热材料耐燃性能等试验报告。同时，我们应对其外观质量进行目测检查，相符后方准许进行加工制作。

对于采用不燃绝热材料的复合材料风管，可根据产品提供的合格证书，一次验收通过。

对于采用难燃绝热材料的复合材料风管，为了防止难燃 B_2 级及易燃的绝热材料混淆于其中，造成对工程安全使用功能的危害，还应在现场对板材中的绝热材料进行点燃试验的抽检。如在抽检样本中发现有去掉火源后，绝热材料仍自燃不熄或数秒内不熄灭的，则应对其的难燃性能提出质疑，暂停使用于工程。然后，取样送有资质的验证单位进行检验，合格后才允许使用。

检查时，应按材料与风管加工批核对材料质量保证书和试验报告，并按数量抽查10%，不得少于5件，进行点燃后的自熄试验。

复合材料风管材料性能质量监督、验收的最关键点是风管的材质，其难燃性能符合设计的规定为合格。不合格的材料不得使用于工程。

5.2.4 防爆风阀的制作材料必须符合设计规定，不得自行替换。

【技术要点说明】

防爆风阀指的是使用在易燃、易爆系统和场所的风量调节阀门。其材料使用不当，在系统运行时如因摩擦、静电、自燃起火或由于化学反应等引起的火种，会造成严重的后果，故规范规定其材料必须符合设计的规定，不得自行任意替换。

【实施与检查的控制】

对于防爆风阀的施工，我们首先应对加工阀门的各种材料及部件，如阀体、叶片、连杆、轴与轴套等，按照设计图逐项对所使用的材料进行核对，相符后方可进行加工制作。如果发生有需要替换的，则必须征得设计的同意，并应有相应的书面签证。

检查时，对于防爆风阀的制作材料的验收，应按加工批实行全数检查，主要核对风阀所使用材料的品种和型号与设计图规定的相符性。

防爆风阀制作的质量验收的关键，是风阀的用材，其品种和型号必须符合设计规定。

5.2.7 防排烟系统柔性短管的制作材料，必须为不燃材料。

【技术要点说明】

当建筑物火灾发生后，其局部环境的空气温度会急剧升高。因此，当防排烟系统运行时，它的管内和管外空气温度都可能比较高，如使用普通可燃或难燃材料制作柔性短管，在高温的烘烤下，极易造成破损或被引燃，使系统功能失效。为了防止此类情况的发生，本条文规定防排烟系统的柔性短管，必须用不燃材料制成。如复合铝箔玻璃布、三防布（防火、防水、防霉）等材料。

【实施与检查的控制】

对于防排烟系统的柔性短管，施工前我们必须对所使用的材料进行严格的检查和核对，其依据是材料质量保证书和试验报告，同时对外观质量进行目测检查和点燃试验，相符后再进行加工制作。

检查时，对于防排烟系统柔性短管制作材料的验收，实行全数检查，主要是核对材料的质量保证书和试验报告。

防排烟系统的柔性短管验收关键是柔性短管的用材，必须为不燃材料。如有材料不相符的，应判定为不合格，限令整改，再次检查，直至合格。

6.2.1 在风管穿过需要封闭的防火、防爆的墙体或楼板时，应设预埋管或防护套管，其钢板厚度不应小于1.6mm。风管与防护套管之间，应用不燃且对人体无危害的柔性材料封堵。

【技术要点说明】

防火、防爆的墙体或楼板是建筑物防灾难扩散的安全防护结构，当风管穿越时不得破坏其相应的性能。规范规定在风管穿越时，墙体或楼板上必须设置预埋管或防护套管，并规定钢板的厚度不应小于1.6mm，是为了保证其有相应的结构强度和可靠性能。对于较大的或特殊结构的墙体，为了满足其相应的强度需要，钢板的厚度可予以增厚。所谓风管预埋管，指的是直接埋设的、作为系统风管一部分的穿越墙体或楼板的结构风管。所谓风管的防护套管,指的是有绝热要求的风管在穿越防火、防爆的墙体或楼板的部位时,为风管绝热层外设的防护性套管。风管与防护套管之间的绝热填充材料,也必须满足防火隔断墙体或楼板性能的要求,故规范规定必须应用不燃,且对人体无危害的柔性材料封堵。

【实施与检查的控制】

本条文讲述了三项要求。①指明必须采用预埋管或防护套管的位置。②规定了预埋管或防护套管的最小厚度。③规定了防护套管与风管间隙的部位必须用不燃,且对人体无危害的柔性材料封堵。执行本条文时,也应按这三项要求进行落实。

首先,对预埋管或防护套管的埋设,应按设计图纸进行核对,规格和数量应正确;加工的规格和材料的厚度必须符合设计和本条文的规定;

其次,对于在墙体或楼板中进行埋设的预埋管或防护套管,其位置和规格应符合设计图的规定,不能发生规格的错误和严重错位等问题。

第三,对防护套管处的风管安装之后,其缝隙间必须用不燃的绝热材料进行封堵,且封堵严密。当风管系统本体采用的绝热材料,不是不燃材料时,其穿越部位及其两侧 500mm 范围风管,也必须采用不燃绝热材料进行替代。

检查时,可按有设计图规定的穿越防火、防爆的墙体和楼板的风管系统或实际的留孔数量,抽取 20%进行抽检,并不少于 1 个系统。主要是核对预埋管或防护套管的数量、钢材的厚度是否符合设计和本条文的规定。在检查中如发现有不相符合的,则应进行加倍抽检,直至全数合格。

判定时,应核对预埋管或防护套管应在设计规定的墙体和楼板处进行埋设,不得有遗漏。其钢板厚度不得小于设计和本条文的规定。对于防护套管处的封堵材料必须为不燃的绝热材料,并封堵密实为合格。如有与以上规定不相符的,必须整改。

6.2.2 风管安装必须符合下列规定:

1 风管内严禁其他管线穿越;

2 输送含有易燃、易爆气体或安装在易燃、易爆环境的风管系统应有良好的接地,通过生活区或其他辅助生产房间时必须严密,并不得设置接口;

3 室外立管的固定拉索严禁拉在避雷针或避雷网上。

【技术要点说明】

风管内严禁其他管线穿越是为保证风管和管线的安全使用而规定的。无论是电、水或气体管线,只要是不相关的,均得遵守。

对于输送含有易燃、易爆气体或安装在易燃、易爆环境的风管系统,为了防止静电引起意外事故的发生,必须有良好的接地。当此类风管通过生活区或其他辅助生产房间时,为了避免易燃、易爆气体的扩散,故规定风管必须严密,并不得设置接口。就是排风系统的负压风管段,也同样要遵守这个规定。

风管系统的室外立管,包括处于建筑物屋顶和沿墙安装超过屋顶一定高度的,应采取相应的抗风措施。当无其他固定结构时,宜采用拉索进行固定。当拉索与避雷针或避雷网相连接,在雷电来临时,可能使风管系统成为带电体和导电体,危及整个设备系统的安全使用。为了保证风管系统的安全使用,故规范规定,不得把拉索拉(固定)在防雷电的避雷针或避雷网上。

【实施与检查的控制】

有关风管内严禁其他管线的穿越规定的执行，首先是审查图纸，然后是注意工程施工过程中管线比较集中，有交叉跨越的部位，正确处理好各类管线之间安装空间和走向等的矛盾。

有关输送含有易燃、易爆气体或安装在易燃、易爆环境的风管系统，首先是在施工前按设计图纸把系统划分清楚，然后作为需要重点关心的施工系统和部位，严格按图施工，尤其是控制系统风管的接口。同时，还对所加工的风管的严密性引起足够的重视。当风管系统安装完毕后，再进行一次检查。

对于室外立管的拉索固定（浪风），不得连接在避雷针或避雷网上规定，主要是从提高操作工人的技术素质和加强施工技术管理两方面来解决。为了保持整体的平衡，室外立管的拉索（浪风），至少应为3根或以上，且必须分布在大于180°的空间范围内。由于室外风管大多位于建筑物的顶部，故觅取拉索合理的固定点有一定的难度。在工程实际施工过程中，操作人员有时会将拉索的一端绑扎在避雷网（带）上，这是不允许的。这样做可能会使风管系统成为雷电的载体，从而引发一系列的安全问题。因此，不能贪图方便随意拉在避雷针或避雷网上。另外，在工程施工过程与验收时，施工管理和监理人员应进行再一次的检查，以保证条文的执行。

检查时，应依据工程设计图纸相应的数量抽查20%，并不少于1个系统，到实地进行核对、观察检查。其中输送含有易燃、易爆气体或安装在易燃、易爆环境的风管系统应列为必查对象。在检查中如发现有不相符合的，则应进行加倍抽检，直至全数合格。

判定时，应核对风管安装的三项要求的执行情况，均不得违反。以符合条文规定为合格。如发现有与以上规定不相符的，必须整改。

6.2.3　输送空气温度高于80℃的风管，应按设计规定采取防护措施。

【技术要点说明】

输送空气温度高于80℃风管的外表面，由于高温很容易造成对人员的伤害，同时也易影响周围遇高温易老化的材料，如电线的绝缘层等。故必须按设计规定做好防护措施。

【实施与检查的控制】

应按设计图纸进行核对，一是搞清楚系统的编号、二是落实好安装位置，不应遗留忘记。因为在工程施工的过程中风管系统尚未运行，对于高温系统的风管容易疏忽，从而忘却对其外表绝热措施的施工。因此，在工程施工过程与验收时，施工管理和监理人员应进行再次检查。

检查时，应按照设计图纸的系统数量抽查20%，并不少于1个系统。对系统的风管进行观察检查，是否进行了相应的绝热隔离措施。

另外，还应该核实所施工的绝热材料，应符合系统设计使用温度的要求。

判定时，应以符合条文规定为合格。如果需要采取绝热措施的系统没有进行绝热隔离措施的应返工。同时，对于绝热材料的性能、厚度和施工质量，不符合的应进行返修。

7.2.2　通风机传动装置的外露部位以及直通大气的进、出口，必须装设防护罩（网）或采取其他安全设施。

【技术要点说明】

通风机传动装置的外露部位，在风机运行时，都处于高速旋转之中，它们都可能对人体造成伤害。同时，也可能由于外来对象的侵入，而造成设备的损坏，因此，必须加设防护罩。防护罩通常可分为皮带防护罩和联轴器防护罩两种。防护罩的主要功能是应能有效地阻挡人体的手、脚与其他部位，以及其他物体在随意条件下进入被防护的运动设备的旋转部位。

对于不连接风管或其他设备直通大气的通风机的进、出风口，它是个敞开的空洞。当风机静止时，敞开的洞口易使杂物与小动物侵入风机壳体，风机启动运转时，造成设备的损坏。当风机运转后，风机的进风口处具有较大的负压(吸力)，当人和金属、固体物体经过时，可能被吸入至风机，造成人身的伤害和设备损坏，故规范规定必须设置防护网。

【实施与检查的控制】

首先按照设计图纸查对有哪些系统的风机，是采用皮带或联轴器连接的，需要设置防护罩。在施工任务下达的时候，随同设备安装一起落实。其二是在风机设备单机试运转的时候，再一次检查设备的防护罩是否已经安装完好。没有配装的，不得进行设备的单机试运转。

对于通风与空调机组等设备的内置风机，如有可供人员进出检查门的，也应按本条文的规定执行。

检查时，应按照设计图纸查对相应系统的风机，实行全数检查。可采用作为专项或随同风机试运转时的检验项，对现场安装的风机进行实物检查。首先检查是否有防护罩(网)，其次是检查防护罩(网)与罩壳，应有一定的强度，能达到安全使用。

通风机传动装置的外露部位以及直通大气的进、出(风)口处，已经设有防护罩(网)或其他防护措施的，认为符合规范的规定。没有防护罩(网)或合格的其他防护措施的，必须进行整改。

7.2.7　静电空气过滤器金属外壳接地必须良好。

【技术要点说明】

静电空气过滤器是利用高压静电电场对空气中的微小浮尘，能进行有效清除的空气处理装置(设备)。当设备运行时，设备带有高压电，为了防止意外事故的伤害，其外壳必须进行可靠的接地。

【实施与检查的控制】

在设备安装施工的工艺中，应规定接地的内容和要求，并进行落实。

检查时，应按总数抽查 20%，并不少于 1 台。检查外壳是否接地，连接是否正确和可靠。

判定时，以接地连接点的连接紧密、可靠、接地电阻小于 4Ω 为合格。

7.2.8　电加热器的安装必须符合下列规定：

1　电加热器与钢构架间的绝热层必须为不燃材料，接线柱外露的应加设安全防护罩；

2　电加热器的金属外壳接地必须良好；

3　连接电加热器的风管的法兰垫片，应采用耐热不燃材料。

【技术要点说明】

电加热器运行后，一是存在有对人体可能产生伤害的高压电，二是可能引起产生火种的高温。对于电的伤害，规定对接线柱外露的应加设防护罩，对其金属外壳的接地必须良好。对于高温火种的防止，规定对电加热器与钢结构间的绝热层和连接电加热器的风管的法兰垫片，均必须为耐热不燃的材料。

电加热器在风管系统内的安装，一般都采用间接安装的方法。即预先将电加热器组合成一个独立的结构，然后固定在风管上。我们这里说的钢构架，是指将电加热管或丝组合成一个完整的结构。因为与电加热器组合在一起，所以规定其材质必须为耐热的不燃材料，其中的隔热绝缘材料一般宜采用石棉水泥板。

【实施与检查的控制】

风管系统电加热器的安装，在组装的过程中加强对材料的管理和验收，保证所有的材料均应为不燃材料，其二对电加热器安装的接地和绝缘应进行核实。

检查时，应按总数抽查20%，并不少于1台。核对安装的材料，观察检查接地的连接质量或进行接地电阻的测定。

判定时，应以电加热器的金属外壳接地的连接可靠、接地电阻小于4Ω及法兰的垫料符合设计规定性能要求的不燃材料为合格。

8.2.6 燃油管道系统必须设置可靠的防静电接地装置，其管道法兰应采用镀锌螺栓连接或在法兰处用铜导线进行跨接，且接合良好。

【技术要点说明】

燃油管道系统的静电火花，可能会造成很大的危害，必须杜绝。本条文就是针对这个问题而作出规定的。管道系统的防静电接地装置，包括整个系统的接地电阻和管道系统管段间的可靠连接两个方面。前者强调的是整个系统的接地应可靠，后者强调的是法兰处的连接电阻应尽量小，以构成一个可靠的完整系统。

【实施与检查的控制】

为了保证管道法兰之间跨接的可靠，我们可以采用镀锌螺栓连接或采用铜导线进行跨接。

当采用镀锌螺栓连接时，应强调法兰与镀锌螺栓的连接处无锈蚀和污垢、镀锌螺栓的镀锌层应光洁平整，螺母应紧固、接合良好。

当采用用铜导线进行跨接时，导线宜大于或等于$4mm^2$，连接处应紧固、接合良好。

为了使整个系统管道的连接和接地质量达到规定的要求，施工完毕后，应作一次自检。然后，交监理验收合格后才准许进油。

检查时，应全数检查。检查方法一般采用观察法兰处连接的紧密程度，也可用手和扳手试拧连接螺栓，以验证连接的质量。对于接地电阻的检查，可采用摇表或专用的电阻测试仪器进行实测。

判定时，以管道法兰处的镀锌螺栓或用铜导线跨接的连接紧密、表面无可见的锈蚀；系统接地的连接可靠、接地电阻小于4Ω为合格。

8.2.7 燃气系统管道与机组的连接不得使用非金属软管。燃气管道的吹扫和压力试验应为压缩空气或氮气，严禁用水。当燃气供气管道压力大于0.005MPa时，焊缝的无损检测的执行标准应按设计规定。当设计无规定，且采用超声波探伤时，应全数检测，以质量不低于Ⅱ级为合格。

【技术要点说明】

制冷机组采用燃气作为能源，在最近数年得到了较大的发展，同时，也对工程施工的工艺和质量检验提出了要求。城市燃气管道向用户供气可分为低压和中压两个类别，供气压力小于等于0.005MPa的为低压，大于0.005MPa小于等于0.4MPa的为中压管道。低压燃气管的施工质量要求比较低，以常规燃气管道的规定施工。中压燃气管道的施工规定不得应用螺纹连接，并对管道的连接规定为焊接连接，其焊缝还要进行无损探伤的检测等。通常空调用的燃气制冷设备，由于制冷量大，所需的燃气耗用量也大。因此，采用低压供气，常难以满足供应量的需要，故大部分采用中压供气。当接入管道属于中压燃气管道时，为了保障使用的安全，其管道的施工质量必须符合本条文的规定。如对管道焊缝的焊接质量，应按设计的规定进行无损检测的验证。当设计无规定，且采用超声波探伤时，应全数检测，以质量不低于Ⅱ级为合格。燃气管道的管道焊缝的焊接质量，采用无损检测的方法来进行质量的验证，要求是比较高的。但是，必须这样做，尤其对燃气类的管道，因为它们一旦泄漏燃烧、爆炸将对建筑和人员造成严重危害。

燃气管道与设备的连接，从使用安全的角度出发，规定不得采用非金属软管。主要是从非金属软性材料的强度、抗利器损害和较易产生老化等综合因素而决定的。这样做可以防范意外隐患事故的发生。

在压力不大于 0.4MPa，燃气管道工程中，钢管道的吹扫与试验介质应采用干燥的压缩空气或氮气，严禁用水。这是为了保证管道气密性试验的真实性。

【实施与检查的控制】

用于管道与设备连接的软管，应以工程施工材料的采购、安装和验收等节点实行工序把关的方法，实施质量的控制。对于管路系统的压力试验，应从施工任务下达、系统试压方案的批准、交底及实施等过程进行控制，主要是杜绝误操作。

对于管道焊接的质量控制，首先挑选合格的焊工，按照压力管道焊接施工的要求进行现场管道的焊接施工。对管道焊接后的焊缝，按照国家标准 GB 50236 的要求，先进行外观的检查，然后，按设计图纸的规定要求进行无损探伤的检测。当设计无规定，且采用射线探伤不太妥当时，可以采用超声波探伤检测。但是，焊缝的质量等级为不低于Ⅱ级。

检查时，必须按系统数量实施全数检查。检查内容包括：对燃气管道与机组的连接的软管组成材料进行核准；认真复查管道焊缝的外观质量、查阅无损探伤检测质量记录或报告，并以验证无损探伤检测合格的报告为主。

判定时，以符合设计和条文规定为合格。如发现软管材料不符合规定的，必须进行调换；如发现焊缝质量达不到设计和本规范规定要求的，应进行重焊并达到要求，对于同一位置的焊接接口，且只能补焊二次；如用水进行压力试验的，应对管道系统进行全面的清洁处理，必要时应拆下管道，经清理后重新安装。

11.2.1　通风与空调工程安装完毕，必须进行系统的测定和调整（简称调试）。系统调试应包括下列项目：

1　设备单机试运转及调试；

2　系统无生产负荷下的联合试运转及调试。

【技术要点说明】

通风与空调工程完工后，不经过系统的测定和调试，不可能达到预期的系统正常运行的目标。因此，规范规定必须进行系统的测定和调整（简称调试）。它包括设备的单机试运转和调试、无生产负荷下的联合试运转和调试两大内容。其中系统无生产负荷下的联合试运转和调试，还可分为子分部系统的联合试运转和调试及整个分部工程综合性系统的平衡与调整。

单机的试运转和调试，是工程施工完毕后使系统运行起来的先决条件，是一个较容易执行的项目。无生产负荷下的联合试运转和调试，是将工程系统的运行状态调整到设计规定工况下的工艺过程和成果。由于它受到室内外环境、建筑结构特性、系统设置、设备质量、运行状态、工程质量、调试人员技术水平和调试仪器等诸多条件的影响和制约，是一项技术性较强、很难不折不扣地执行的工作。但是，它又是非常重要、必须完成好的工程施工任务。因此，规范规定通风与空调工程完工后，必须进行系统的测定和调整(简称调试)。

【实施与检查的控制】

通风与空调工程系统的调试是工程施工中一个重要内容之一，施工、监理和业主各方都应对此引起足够的重视。在工程施工进入后期阶段后，就应该对整个工程的调试作出筹划，商讨一些施工、监理和业主相关各方、各专业、工种之间，如供电、吊顶人孔、室内设备保护、调试初步计划沟通和协调内容要求等。这样可以保证工程系统调试工作的正常进行。系统调试是通风与空调工程施工中的一个工艺过程，施工企业应列入它的施工计划之内，监理单位也应作为监理的一项主要控制的内容。因此，规定通风与空调工程没有经过系统调试的工程不得竣工。

检查时，应复查、验证系统调试报告数据的相符性和可靠性。对工程系统调试的检查，一般可采取观察、旁站和查阅调试报告或记录的方法，也可以采用抽查测试验证的方法。

判定时，以工程已经进行了系统的调试，其调试报告数据真实可靠的为合格。如有弄虚作假的应予以处罚，并重新调试。

11.2.4 防排烟系统联合试运行与调试的结果，(风量及正压)，必须符合设计与消防的规定。

【技术要点说明】

通风与空调工程中的防排烟系统是建筑内的安全保障救生系统，为了保证建筑物的安全，规范规定它们的联合试运转和调试后的结果，必须符合设计和消防的验收规定。这个条文的执行主要是针对防排烟系统功能而言的。在实际工程施工中，系统不能满足设计与消防规定的可能性是存在的，其原因可分为两种。一是设计的原因，二是施工的原因，施工原因还可分为施工质量与调试质量，或两者都有。但是，对工程而言则只有一个规定，必须合格。也就是说如果在调试时，发现系统功能无法满足要求，必须找出原因并解决问题后，才能交付竣工。

【实施与检查的控制】

防排烟系统的联合试运行的调试，一般应分为两步进行。首先对排烟系统、正压送风等系统进行单个系统风量的测定和平衡，合格后，再进行综合的平衡和调整。在调试过程中，除应采取正确的调试方法外，还应注意相关建筑门窗的启、闭状态及排烟、送排风口的控制，使它符合设计的工况条件。

另外，加强对防排烟系统中风口与阀门产品及安装质量的验收非常重要。

检查时，应按总数抽查 10%，不少于 2 个楼层。对防排烟系统调试的检查，主要是复查、验证防排烟系统调试报告数据的相符性和可靠性。一般可以采取观察、旁站、查阅调试记录的方法，也可以采用抽查测试验证的方法。

判定时，以符合设计与消防的有关规定为合格。如不符合，则必须查明原因进行整改，直至合格。

9.4 电 气 工 程

《建筑电气工程施工质量验收规范》GB 50303—2002

3.1.7 接地(PE)或接零(PEN)支线必须单独与接地(PE)或接零(PEN)干线相连接,不得串联连接。

【技术要点说明】

中性线(N)和保护线(PE),是两种作用的接地导体。PEN是保护线(PE)与中性线(N)两者的组合。

TN系统:TN电力系统有一个直接接地点,装置的外露可导电部分用保护线与该点连接。按照中性线与保护线的组合情况,公认的TN系统有以下三种型式:

TN-S系统:整个系统的中性线与保护线是分开的;

TN-C-S系统:系统中有一部分中性线与保护线是合一的;

TN-C系统:整个系统的中性线与保护线是合一的。

TT系统:TT电力系统有一个直接接地点,装置的外露可导电部分接至电气上与电力系统的接地点无关的接地极。

IT系统:IT电力系统的带电部分与大地间不直接连接,而电气装置的外露可导电部分则是接地的。

电气设备或导管等可接近裸露导体的接地(PE)或接零(PEN)是防止因绝缘损坏或其他原因发生电击伤害的主要手段,还可以在TN-C-S、TN-S系统低压供电系统中迅速正确切断故障电路,避免人身伤害和火灾事故发生。

施工设计时,干线是依据整个单位工程使用寿命和功能来布置选择的,它的连接通常具有不可拆卸性,例如采用熔焊连接,只有在整个供电系统进行技术改造,干线包括(分支)干线才有可能更动敷设位置或相互连接处的位置,所以说干线间是经常处于良好的电气导通状态。而支线是指由干线引向某个电气设备、器具(如电动机、单相三孔插座等)以及其他需接地(PE)或接零(PEN)单独个体的接地线,通常用可拆卸的螺栓连接。而这些设备、器具以及其他单独个体,在使用中往往由于维修、更换、移位等种种原因需临时或永久性拆除,若它们的接地支线彼此间是相互串联连接的,不是单独从干线引向每个设备、器具以及其他单独个体的,只要拆除中间一件,则与干线相连方向相反的另一侧所有电气设备、器具以及其他单独个体将全部失却电击保护,这显然是不允许的,要严禁发生,所以支线不能串联连接,包括通过同一个接线端子或设备、器具以及其他单独个体本体的串联连接。

【实施与检查的控制】

根据以上解释,明确干线和支线的区分,无论明敷或暗敷的干线,尽可能采用焊接连接,若局部采用螺栓连接,除紧固件齐全拧紧外,可采用机械手段点铆使其不易拆卸或用色点标示引起注意不能拆卸。支线坚持从干线引出,引至设备、器具以及其他单独个体。至于接地线截面积大小和型号在施工设计文件上是明确的。

检查方法:如为暗敷的查阅隐蔽工程验收记录或敷设时旁站检查;如为明敷的可目视检查,同时可查验设备、器具以及其他单独个体的接地端子和本体是否有2根(含2根)以上的接地线,如有的话,则有可能存在串联现象,拆除后用仪表测量邻近的设备、器具以及其他单独个体的接地导通状态加以验证。

首先确认该接地线的类别是干线还是支线，支线的连接符合本条规定为合格，否则应返工重做，重新进行验收。

在建筑物技术层等电气设备集中的场所，有可能选用矩形钢或铜母线做接地线，在其上钻孔后，不开断地将多个电气设备的接地螺栓与钢或铜母线接地线直接连接，中间无接地支线，电气设备移位或维修拆卸也不使钢或铜母线接地线中断电气连通，这样的接地连接不能视作违反本条文规定。同样情况在住宅或公用建筑中每一插座(灯具)回路的接地(PE)或接零(PEN)线的敷设，只要接地线在插座盒内不经剪断与插座连接，可以视作非串联连接。当然末端插座(灯具)的接地线是要剪断的。

3.1.8 高压的电气设备和布线系统及继电保护系统的交接试验，必须符合现行国家标准《电气装置安装工程电气设备交接试验标准》GB 50150 的规定。

【技术要点说明】

高低压的定义见本规范第 3.1.3 条。在建筑电气工程中高压设备主要是变压器和高压成套开关柜，高压布线系统主要是高压母线和电缆，而继电保护系统虽然其工作电压属低压范畴，但控制和保护着高压的电气设备和布线系统运行，实现安全、可靠、稳定的目的。要注意由于技术进步设备制造技术标准更新、进口设备的引进，交接试验标准也会随着进行修订完善。这条强制性条文属原则性通用的基本规定，涵盖有关分项工程高压的电气设备和布线系统及继电保护系统的交接试验。

电力是商品，与其他商品一样有着生产(各类发电厂)、流通(输配电网)和消费(各用电用户)三个环节，但电力消费过程的安全与其他商品有明显差异，即电力消费过程中的安全事故会危及流通和生产环节。建筑电气工程属于用电工程处于消费环节，也是高压电网电力供应的高压终端，如不妥善进行交接试验以鉴别其使用的安全性和可靠性，运行中发生事故会导致电网解列或局部解列，使大面积区域停电，造成不可预计的影响和经济损失。同时，也会使其所供电的建筑物失去使用功能或局部失去使用功能。因而必须强制执行，按标准做交接试验。

【实施与检查的控制】

依据施工设计文件和设备型号规格及制造厂规定，按交接试验标准编制试验方案或作业指导书，其中与供电电网接口的继电保护整定参数值和计量结线部分，要取得工程所在地供电部门书面确认。方案或作业指导书经批准后执行，试验结果合格，试验单位出具书面报告，变配电室的高压部分具备受电条件。

查阅交接试验报告，按试验方案或作业指导书核对试验项目有无漏项，试验结果是否符合规定。或在确认试验方案、作业指导书前提下，交接试验时旁站检查。

坚持先试验后通电、先验收后投运原则。验收时发现试验漏项要补做，发现试验结果不符合规定要返工或调换设备或部分元器件，直至试验合格为止。

由于特殊情况，例如供货不能同时到齐，工程急需部分先行投运等，同一变配电室可分阶段交接试验和验收通电。

凡不经交接试验和验收强行通电投运的行为，按违反强制性条文规定的有关文件进行处理。

4.1.3 变压器中性点应与接地装置引出干线直接连接，接地装置的接地电阻值必须符合设

计要求。

【技术要点说明】

变压器中性点即变压器低压侧三相四线输出的中性点(N)端子,为了用电安全,建筑电气工程设计选用中性点(N)端子接地的系统。架空线路杆上变压器用作中心点接地的接地装置,通常是单独设置的,自地下人工接地体引出的接地干线不经中间连接,(接地干线本体由于材质、规格变换,本体间的连接是可以的。)直接引至变压器的中性点(N)端子,即不通过杆上变压器配电箱内的任何端子过渡,是防止变压器配电箱内的设备局部维修或更换时,变压器中性点失去接地钳位,也是为了满足变压器中性点(N)端子最大可能处于零电位的需要。接地装置的接地电阻值,由接地体形状、敷设位置和数量以及埋入处土壤的理化性质等因素决定,施工设计时已做考虑,但施工后必须对接地装置的接地电阻值进行验证。

为提高供电质量,确保用电安全,使变压器可靠运行,在 TN-S、TN-C-S 低压供电系统中,发生漏电事故时,尽最大可能降低跨步电压值和接触电压值。

【实施与检查的控制】

按施工设计文件埋设接地装置,隐蔽后检测接地电阻值,并做好记录,引出干线以最近距离经固定后与变压器中性点(N)端子连接。

查阅接地装置隐蔽记录、接地电阻值测试记录或实测,目视检查接地装置引出干线敷设固定和与变压器中性点(N)端子连接情况。

直接连接是指接地引出干线不经其他电气设备跳接或不经其他电气设备的端子过渡后再与变压器中性点(N)端子连接。

发现接地引出线与变压器中心点(N)端子不直接连接,应返工重做,重新进行验收。接地装置的接地电阻值若大于设计要求值,应通知施工设计单位,经同意添加接地体或采取换土等技术措施,直至接地电阻值符合设计要求为止。

7.1.1 电动机、电加热器及电动执行机构的可接近裸露导体必须接地(PE)或接零(PEN)。

【技术要点说明】

建筑电气工程中低压 380/220V 供电的电动机、电加热器及电动执行机构等用电设备和器具的可接近裸露导体必须接地(PE)或接零(PEN),至于属接地(PE)或还是属接零(PEN)以及接地支线的截面积大小和规格型号由施工设计文件加以说明。在使用安全电压(36V 及以下)或建筑智能化工程的相关类似用电设备时,其可接近裸露导体是否需接地(PE),由相关施工设计文件加以说明。

建筑电气工程的低压电动机、电加热器及电动执行机构等低压用电设备和器具是动力工程中分布面广,应用量大,且为维护操作人员日常接触的设备和器具,若发生漏电事故,存在着较大的电击伤害人身的潜在危险性,正因为如此,施工设计文件必须规定其可接近裸露导体要接地(PE)或接零(PEN),以迅速切断故障电路,降低接触电压,防止人身伤害事故发生。

【实施与检查的控制】

合格的电动机、电加热器及电动执行机构等低压用电设备和器具,其可接近裸露导体(外壳)都有带标识的专用接地螺栓,施工中要将接地干线或专用支线敷设至其附近,按施工设计文件要求选用电线作接地(PE)或接零(PEN)连通,施工要确保连接的可靠,螺栓拧紧,防松零件齐全。

查阅施工安装记录对接地(PE)或接零(PEN)状况的描述,目视检查电动机、电加热器及电动执行机构的专用接地螺栓处连接状况。必要时用万用表等仪表做连接导通状况的测试。

按设计文件选用PE或PEN连通,符合设计要求的为合格。经检查不符本条规定的,进行整改返工重做,数量超过10处以上的要重新组织验收。

8.1.3 柴油发电机馈电线路连接后,两端的相序必须与原供电系统的相序一致。

【技术要点说明】

柴油发电机的馈电线路是指由柴油发电机至配电室低压侧柴油发电机馈电进线盘到低压母线间的线路,包括柴油发电机随带的出线开关柜间的馈电线路在内。原供电系统是指由市电供电的低压系统。相序一致是指三相对应且交流变化规律一致。

建筑电气工程中尤其是大型重要的建筑电气工程,即使市电供给的可靠性日益提高,为安全计配有自备发电机组是一种趋势。有的自备发电机的装机容量比市电供电容量1/5还要多。自备柴油发电机虽不加入与市电的并列运行,但当市电中断,其所供的重要负荷均由自备柴油发电机承担继续维持供电,以保持建筑物的安全性能和局部不可停止的使用功能,如消防系统、智能化控制系统、安全监控系统、通讯和人员撤离系统等。若自备柴油发电机的供电与原供电系统的相序不一致,不仅会使建筑电气工程中用电设备造成大面积失去功能或损坏,而且可能导致原该维持供电的重要负荷瘫痪而无法运作。这个规定虽然在电工原理上是常识,但必须引起高度重视。

【实施与检查的控制】

在柴油发电机空载试运行完成,馈电线路敷设完成且绝缘测试合格,再启动柴油发电机做核对馈电线路的相序试验,并在馈电线路(电线或电缆)的端部做好标识,明显区分A相、B相、C相、中性线N、保护线PE。以确保接线正确和维修拆卸后再接线不发生错误。

查阅相序核对记录或相序核对时旁站检查。查验每段馈电线路端部标识是否齐全。

相序必须保持一致,否则柴油发电机不准送电。不经相序核对和检查验收将柴油发电机强行送电的行为,按违反强制性条文规定的有关文件进行处理。

9.1.4 不间断电源输出端的中性线(N极),必须与由接地装置直接引来的接地干线相连接,做重复接地。

【技术要点说明】

不间断电源(UPS)是建筑电气工程中另一种供电装置,当市电供电中断时,它能瞬时或不间断地继续满足供电需要。虽然它的输出端的中性线(N极)与输入端的中性线(N极)有着电气上的连通,为防止输入端及其来电侧意外发生中性线开断,在输出端做重复接地可确保不间断电源输出端中性线(N极)零电位的钳位作用。

建筑电气工程中不间断电源(UPS)供电的负荷均为重要的不可中止供电的负荷,有的连瞬时间断也不允许,例如建筑物内的主计算机、通讯机房、安全监控主机、消防报警系统等,且这些设备大多为电子设备,对供电质量要求高,尤其是电压的稳定性和过电压敏感性强、抗过电压的能力脆弱,若不做重复接地,既对三相四线供电的中心点漂移遏制不利,又当市电供电侧中性线意外断开时,会引起相电压升高,导致由其供电的重要设备损坏,使建筑物的使用功能破坏,造成较大的经济损失。故重复接地不能忽视,必须执行。

【实施与检查的控制】

施工准备阶段阅读施工设计文件时，要注意有无引向不间断电源(UPS)机房的接地干线，这干线由接地装置直接引来。施工中正确确认不间断电源输出端中性线(N极)，使其与接地干线连接紧固可靠。

查阅接地干线安装记录或隐蔽工程记录，目视检查连接状况或用适配扳手拧动连接紧固程度。

查阅接地干线安装记录，接地干线安装牢固为合格。如未做重复接地，要进行整改，补做重复接地。在整改验收没有完成前，不间断电源不能投入运行。

11.1.1　绝缘子的底座、套管的法兰、保护网(罩)及母线支架等可接近裸露导体应接地(PE)或接零(PEN)可靠。不应作为接地(PE)或接零(PEN)的接续导体。

【技术要点说明】

在建筑电气工程中，大型公用建筑的变配电室和供电工程采用封闭母线和成套高低压柜配置，执行本条文的概率较小，要执行的话只是局部。但中小型建筑的变配电室由于配置简单执行本条文的概率较大。不做接续导体，是指不能从绝缘子的底座、套管的法兰、保护网(罩)及母线支架再引出接地支线与其他需接地(PE)或接零(PEN)的相同或不相同的单独个体做接地连接，本质上防止了接地支线间的串联连接。

这些部件的接地(PE)或接零(PEN)目的是为了防止绝缘损坏造成电击伤害现象发生，同时也可以使故障电路得到迅速切断排除。不能做接续导体的理由与第3.1.7条的解释相同，是在检修或移位时，不致其他单独个体失却接地(PE)或接零(PEN)保护。

【实施与检查的控制】

依据施工设计文件，将接地干线引至这些部件附近，待这些部件安装定位，再做每个部件的接地连接。

查阅安装记录、目视接地连接状况。

按措施连接符合设计要求为合格。如不符本条规定，要返工重做，重新组织验收。

12.1.1　金属电缆桥架及其支架和引入或引出的金属电缆导管必须接地(PE)或接零(PEN)可靠，且必须符合下列规定：

1　金属电缆桥架及其支架全长应不少于两处与接地(PE)或接零(PEN)干线相连接；

2　非镀锌电缆桥架间连接板的两端跨接铜芯接地线，接地线最小允许截面积不小于 $4mm^2$；

3　镀锌电缆桥架间连接板的两端不跨接接地线，但连接板两端不少于两个有防松螺帽或防松垫圈的连接固定螺栓。

【技术要点说明】

金属电缆桥架是以敷设电缆为主的线路保护壳，和金属导管一样是电气线路的可接近裸露导体，需接地(PE)或接零(PEN)可靠。通常施工设计文件会指定其与接地干线的连接点，本规范规定的是全长的连接点不少于2处，如桥架为树枝状分布，且末端与始端相距较长，则应有施工设计文件标明具体连接位置。非镀锌电缆桥架是指钢板制成涂以油漆或其他涂层防腐的电缆桥架，镀锌电缆桥架也是钢板制成经镀锌防腐处理的电缆桥架。接地线最小允许截面积的规定是基于机械强度考虑，防止拧动连接时发生断裂现象，理论上讲，施工设计文件中应对接地线的截面积进行计算确定。

电缆桥架内敷设的电缆主要是工程中供电干线，影响面大分布面广，存在着如线路漏电而引起触电概率大范围大的潜在危险性。接地(PE)或接零(PEN)要可靠的理由如同前述。

【实施与检查的控制】

依据施工设计文件要求,将接地干线引至施工设计文件标明的与桥架连接处附近,待桥架安装完成电缆敷设前做接地连接。镀锌和非镀锌桥架连接板两端跨接处理区别对待,但均需保持良好电气导通状态。

查阅安装记录,依据施工设计文件核对电缆桥架与接地干线连接点的位置及目视检查连接状态,用仪表抽查非镀锌金属电缆桥架连接处的导通状况,目视检查镀锌电缆桥架连接板两端螺栓紧固状态,在电缆敷设前抽查桥架底部内侧带有的接地母线与桥架的连接状况。

如施工设计文件标明,在电缆桥架底部内侧,沿全线敷设一支铜排或镀锌扁钢制成的接地(PE)或接零(PEN)保护线,且与每段桥架有数个电气连通点,则桥架的连接板两端就没有必要做接地跨接处理则符合设计要求。

如应做接地跨接处理,不符本条规定者,应返工重做,重新组织验收。

13.1.1　金属电缆支架、电缆导管必须接地(PE)或接零(PEN)可靠。

【技术要点说明】

建筑电气工程中供电干线如为在电缆沟内和电缆竖井内敷设的电缆,采用支架和导管是与采用电缆桥架敷设不同的另外一种敷设方式。金属支架和导管均为可接近裸露导体,所以必须接地(PE)或接零(PEN)可靠。

【实施与检查的控制】

电缆沟内支架通常与接地分支干线做熔焊连接,非镀锌的电缆厚壁钢导管与接地支线或分支干线连接也可用熔焊连接,但镀锌的和薄壁的电缆钢导管与接地支线或分支干线连接需用抱箍连接,不得熔焊连接。凡进行熔焊连接的焊工,应经培训合格。

查阅安装记录,目视检查熔焊焊缝质量,查验焊工合格证。目视检查抱箍连接处接触状况,必要时做电气导通测试。

符合本条规定,已安装接地(PE)或接零(PEN)为合格,否则应返工重做。但要注意若管内在试验压力下,保持10min压力不降。已穿入电缆,补焊接地线有一定风险,要采取措施,防止因熔焊连接损坏电缆的绝缘护层或导致引发火灾事故。

14.1.2　金属导管严禁对口熔焊连接;镀锌和壁厚小于等于2mm的钢导管不得套管熔焊连接。

【技术要点说明】

建筑电气工程中除直埋在土壤中和防爆场所外,电线电缆的钢导管选用薄壁的较多,从发展趋势看,选用镀锌薄壁的倾向在迅速增长,连接的新工艺也被推广应用。但不管壁厚壁薄,均不能对口熔焊连接,只有厚壁的非镀锌的钢导管可以用套管熔焊连接。

考虑到技术经济原因,规定钢导管严禁采用对口熔焊连接。熔焊连接在技术上会产生导管烧穿,内壁结瘤形成毛刺或刀口,使穿入电线电缆时损坏电线电缆的绝缘护层,管壁烧穿现象易产生小孔,使埋入现浇混凝土中的钢导管渗入水泥浆水而堵塞,这种现象显然是不允许发生的。熔焊连接在经济上也不可取,若要确保熔焊连接后焊缝符合焊接规范要求内壁光滑平整,则要使用高素质焊工采用气体保护焊方法,进行焊缝破坏性抽验,这样会导致施工工序增多、施工效率低下、建设成本上升,可以认为在经济上是不合算的。何况现在已有不少薄壁钢导管连接的工艺问世，如螺纹连接、紧定连接、卡套连接等，既技术上可行，又经济上价廉。这条规定是不允许安全风险太大的熔焊连接工艺的应用。

设计采用镀锌钢导管保护电线电缆，理由不外乎抗锈蚀性能好使用寿命长，施工中不应破坏锌保护层，这保护层不仅指导管壁外表面还包括导管壁内表面，如采用熔焊连接必然会破坏镀锌钢导管壁内外表面的锌保护层，外表面尚可用刷油漆补救，而内表面则很难采取有效的补救办法，同时熔焊连接表面粗糙，电化腐蚀作用会加快。所以镀锌钢导管采用熔焊连接工艺是违背了施工设计选用镀锌材料的初衷。若施工设计既采用镀锌材料，又允许熔焊连接，其推理上必然相悖。

【实施与检查的控制】

制定工艺规程，杜绝钢导管对口熔焊和镀锌钢导管熔焊现象。采用已被认可的工艺标准。导管连接时目视检查，必要时测量导管壁的厚度。

如违反本条规定为个别现象，要返工重做，重新检验验收。如违反本条规定在同一单位工程为普遍现象，应按违反强制性条文规定的有关文件处理，同时经有资质检测单位依据环境条件，预期使用寿命和功能作出评估，确定是否可以协商验收。

15.1.1　三相或单相的交流单芯电缆，不得单独穿于钢导管内。

【技术要点说明】

交流供电线路采用单芯电缆，不论是三相供电的四支或五支单芯电缆（TN-S、或TN-C-S系统），还是单相供电的两支或三支单芯电缆，若用钢导管做保护管或局部一段保护管，每支单芯电缆是不能单独穿管保护的，要整个回路穿入同一钢导管内，即三相的四支或五支、单相的两支或三支穿在同一钢导管内。说得严谨一点，钢导管是指可导磁的钢导管。

选用单芯电缆做捆绑式交流供电干线，其芯线截面积和通过的计算电流必然很大，在目前已很难选择合适的多芯电缆替代。若每支单芯电缆单独用钢导管保护，无论全部或局部，单芯电缆外部套上了一个铁磁闭合回路，当电缆通电运行时，由于互感作用引起钢管发生强烈的涡流效应，不仅使电能损失严重，三相电压不平衡程度增大，钢导管产生的高温迅速使电缆绝缘保护层老化破坏，更为严重的是会引发火灾事故，造成严重的后果，所以必须引起高度重视。

【实施与检查的控制】

认真阅读施工设计文件，防止交流单芯电缆敷设过程中在其外表面沿圆周形成铁磁闭合回路现象的发生。

隐蔽工程查阅隐蔽工程记录，隐蔽时旁站。明敷的查阅安装记录和目视检查。

出现违反本条规定的现象，必须纠正，否则工程不予验收。

19.1.2　花灯吊钩圆钢直径不应小于灯具挂销直径，且不应小于6mm。大型花灯的固定及悬吊装置，应按灯具重量的2倍做过载试验。

【技术要点说明】

花灯是指较重的装饰灯具，一般悬吊固定，本规范仅规定悬吊用吊钩的最小直径，具体采用多大规格，应根据灯具重量由施工设计文件说明，但不能小于ϕ6mm 材料为常用的Q235。大型花灯的重量大，有的达上百公斤以上，还有的因造型结构复杂特殊，需操作人员在灯具上进行布置安装，因此这样的灯具固定及悬吊装置由施工设计文件出图，施工中要预埋有关部件。为检验灯具安装前灯具的固定及悬吊装置的可靠性和预埋的牢固程度，要做过载试验，或按灯具制造厂提供的相关资料为依据。

花灯一类装饰灯具在人们公共活动场所的正上方，如各类厅堂的中央位置，就是民用住宅一般也是安装在客厅、餐厅的正中间，如固定不可靠牢固，坠落伤人的概率较高，况且擦拭修理时操作人员会使灯具受到附加力，轻度地震、大风吹拂摆动均会使悬吊装置受到动载荷。为灯具使用中不危及人体安全，规定吊钩最小直径和做过载试验是必要的。

【实施与检查的控制】

对施工设计文件或灯具随带的说明文件中，有指定安装用吊钩的、一般重量较小的可用手拉弹簧称检测，吊钩不应变形。对施工设计文件有预埋部件图样的大重型灯具固定及悬吊装置，要以灯具全重的2倍做悬吊过载试验，时间15min，装置无异常。请注意试验时过载悬吊用重物高度不要太高，一般离地20cm为宜。

查阅试验记录或试验时旁站。必要时作抽测试验。

不做试验不得安装灯具，未做试验已装上灯具要拆下灯具重作试验。试验不合格，返工重做预埋件要做加固补救技术措施，直至合格为止。

19.1.6 当灯具距地面高度小于2.4m时，灯具的可接近裸露导体必须接地(PE)或接零(PEN)可靠，并应有专用接地螺栓，且有标识。

【技术要点说明】

距地面高度2.4m是人的平均伸臂范围，意思是人站在地面上可以触摸到灯具的范围。可接近裸露导体指灯具的外壳、罩子、转臂的金属部件等，正常工作时不带电，故障时有可能带电。如灯具除灯头内导电零部件为金属部件外，其余部分均为绝缘材料制成，也就不存在灯具的可接近裸露导体，当然也就没必要接地(PE)或接零(PEN)。

建筑电气工程中有大量的电气器具，灯具是其中之一，分布面广与人们日常生活关系密切，也是经常接触的潜在触电危险概率较大的用电器具，在伸臂范围内有着较大的伤害人身可能性，这种伤害是人们无意中遭受到的。超过2.4m高度，人们不会去无意触摸灯具，仅在检修需要时，借助凳子梯子去检修而触摸灯具，检修人员是专职人员，遵守安全规程和有专用测试工具可以保障检修人员防止触电危险，即使灯具故障漏电，电击伤害的概率甚小。故在2.4m(含2.4m)高度以下的灯具可接近裸露导体接地(PE)或接零(PEN)要可靠以保广大用电人群的安全。

【实施与检查的控制】

认真阅读施工设计文件，掌握灯具安装位置和高度，检查灯具可接近裸露导体上专用接地螺栓的符合性，注意不开断接地线，使接地支线间不发生串联连接现象。

核对施工设计文件和测量灯具安装高度，查阅安装记录，目视检查接地状况，必要时对可接近裸露导体的接地做电气导通抽测。

如违反本条规定为个别现象要返工重做，重新检验验收。如违反本条规定在同一单位工程为普遍现象，应按违反强制性条文规定的有关文件处理。同时责成返工重做，重新组织检验和验收，直至符合规定为止。

21.1.3 建筑物景观照明灯具安装应符合下列规定：

1 每套灯具的导电部分对地绝缘电阻值大于2 MΩ；

2 在人行道等人员来往密集场所安装的落地式灯具，无围栏防护，安装高度距地面2.5m以上；

3　金属构架和灯具的可接近裸露导体及金属软管的接地(PE)或接零(PEN)可靠,且有标识。

【技术要点说明】

景观照明灯具是符合本规范术语部分"景观照明"定义的灯具。其安装高度有高有低,其中一部分易与人们相接触,如安装在屋顶(可上人的屋顶)女儿墙上的、人行道上的、庭院落地布置的,还有通过钢索或构架间接接触的,如建筑物立面轮廓用钢索固定安装的灯具和各类落地支架上的反射灯具等。对灯具绝缘电阻的测定可在安装前进行,包括导电部分不同极性间(相线和零线间),导电部分每极与地间(相线和零线与灯具外壳或其固定件间)。人员往来密集场所安装的规定是对设计要求的补充。这些灯具接地(PE)或接零(PEN)要有专用接地螺栓,且有标识,是对制造要求的补充。

由于景观照明灯具大多装于室外易受潮湿,且较多的易于人们无意间触摸,有的灯具表面温度较高容易灼伤人体,为此除规定加强安装前绝缘测定外。还规定了防护措施和防电击措施,目的是使这些潜在危险性较大的灯具能安全正常运行。

【实施与检查的控制】

区别灯具性质是否属于景观照明灯具,注意安装场所及其防护措施,正确选用带有专用接地螺栓的灯具。

查阅绝缘测试记录或抽测,查阅安装记录或实测安装高度。目视检查接地状况或对接地电气导通抽测。

灯具导电部分对地绝缘电阻值大于 2MΩ,采用 PE. PEN 线接地的为合格。违反本条规定,返工重做,重新组织验收。

22.1.2　插座接线应符合下列规定:

1　单相两孔插座,面对插座的右孔或上孔与相线连接,左孔或下孔与零线连接;单相三孔插座,面对插座的右孔与相线连接,左孔与零线连接;

2　单相三孔、三相四孔及三相五孔插座的接地(PE)或接零(PEN)线接在上孔。插座的接地端子不与零线端子连接。同一场所的三相插座,接线的相序一致。

3　接地(PE)或接零(PEN)线在插座间不串联连接。

【技术要点说明】

本条是对插座和电线接线位置按每根电线功能做出的规定,符合国际上的统一规定。无论供电系统为 TN-S 还是 TN-C-S,接至插座的接地线必须单独敷设,不与零线混同。由于插座有并列多个安装的情况,为防止接地支线串联连接,进一步明确在插座间接地线的连接必须遵守本规范 3.1.7 的规定。

建筑电气工程中存在着面广量大使用多的插座,插座是连接可移动电气器具和设备使之受电运行或工作的,而电气器具和设备的可接近裸露导体均需通过插座获得接地(PE)或接零(PEN)保护,其所附的电源线的插头接线位置是否合格或者说是否符合制造标准,正是以插头插入插座后得到与本规范规定相一致的电气功能接续来判定的,如 PE 线得到正确的连通,相线接入电气器具设备所附控制开关的电源侧。零线接至规定位置。若插座不按本规范接线,必然会失去保护控制功能,还会造成普遍的触电事故。同一场所三相插座相序一致,使有相序要求的电气器具设备能正常使用,保持功能不致损坏。

【实施与检查的控制】

插座接线前已判定接入电线的性质,PE线、相线、中性线区分清楚,三相的电线已鉴别相序。加强自检互检,纠正错接。

查阅安装记录,用专用检验器或仪表抽测接线正确性,在本规范第28章分部(子分部)工程验收中28.0.4-1所述重要的或大面积活动场所全部检测,其他场所可以抽测。

如违反本条规定为个别现象要返工重做,重新检验验收。如违反本条规定在同一单位工程为普遍现象,应按违反强制性条文规定的有关文件处理。同时责成返工重做,重新组织检验和验收,直至符合规定为止。

24.1.2　测试接地装置的接地电阻值必须符合设计要求。

【技术要点说明】

建筑电气工程由于对接地装置的使用功能不同,不管是利用建筑物基础钢筋的自然接地装置,还是专门埋设的人为接地装置,或两者相连的联合接地装置,施工设计文件均要指明接地装置的接地电阻值,施工完成后只能低于设计要求值,不能高于设计要求值。

接地装置的接地电阻值是关系到建筑物防雷安全、建筑电气装置安全及功能、建筑智能化工程及其他弱电工程的功能和使用安全,也涉及在建筑物周围和在建筑物内活动的人们在特殊情况下的安全(如雷电荷泄放、电气故障等)。所以施工设计时必须根据建筑物的类别和内部配置的建筑设备等具体情况,经选定或计算,确定接地装置的构成形式及其最大允许接地电阻值,以满足功能和安全要求。施工结束必须测定以鉴别是否符合设计要求,不符合要进行处理直至符合要求。使用单位要在建筑物投入使用后,按规定期限定时检测接地电阻值,以监控其变异情况。

【实施与检查的控制】

接地装置施工中做好隐蔽工程记录,施工完成进行检测,检测方法按所使用的仪器仪表说明执行。在施工设计文件中或经现场决定对有接地装置安装的建筑物外墙要设置不少于2个接地电阻值检测点。

查阅接地装置接地电阻值测试记录或实测。

必须达到施工设计规定要求为合格。按图施工后达不到规定要求,应通知施工设计单位,采取技术措施,直到符合要求为止。否则为违反强制性条文。

9.5　电　　梯

《电梯工程施工质量验收规范》GB 50310—2002

4.2.3　井道必须符合下列规定:

1　当底坑底面下有人员能到达的空间存在,且对重(或平衡重)上未设有安全钳装置时,对重缓冲器必须能安装在(或平衡重运行区域的下边必须)一直延伸到坚固地面上的实心桩墩上。

【技术要点说明】

本款是指底坑底面下有人员能到达的空间存在及对重(或平衡重)上未设有安全钳装置这2个条件同时存在时,对底坑土建结构的要求。底坑底面下有人员能到达的空间是指地下室、地下停车库、存储间等任何可以供人员进入的空间。当有人员能达到底坑底面下,无论对重(或平衡重)是否装设有安全钳装置,底坑地面至少应按 5 000N/m² 载荷进行土建结构设计、施工。对曳引式电梯本款主要是考虑电梯发生故障时轿厢上行速度失控或曳引钢丝绳断裂时对重撞击缓冲器,对强制式电梯、液压电梯本款主要是考虑悬挂钢丝绳断裂时平衡重撞击底坑地面,如果对重缓冲器没有安装在(或平衡重运行区域的下边不是)一直延伸到坚固地面上的实心桩墩上,则可能会导致底坑地面塌陷,此时底坑下方若有人员滞留,势必造成人员伤亡。

如果是采用隔墙、隔障等措施使此空间不存在,支撑对重缓冲器的底坑地面应能承受对重撞击缓冲器时所产生的力,以防止底坑地面塌陷,轿厢撞击井道顶,引发安全事故。

【实施与检查的控制】

当对重(或平衡重)上未设有安全钳装置时,如果因为建筑物功能需要(如设有地下停车库、地下室等),在底坑之下存在人员能够到达的空间,则曳引式电梯的对重缓冲器必须能安装在一直延伸到坚固地面上的实心桩墩上,强制式电梯、液压电梯的平衡重运行区域下边必须一直延伸到坚固地面上的实心桩墩上,且底坑的底面至少应按 5 000N/m² 载荷进行土建结构设计、施工,实心桩墩的结构和材料应能足以承受对重(平衡重)撞击时所产生的冲击力,支撑实心桩墩的地面也应具有足够的强度,以防在桩墩受到撞击时被压进支撑它的地面导致对重(平衡重)对人员造成伤害。

在土建交接检验时,不仅要检查与井道底坑相关部分的建筑物土建施工图、施工记录,而且要到建筑物现场检查底坑下方是否存在能够供人员进入的空间。如果此空间存在,则应核查土建施工图是否要求底坑的底面至少能承受 5 000N/m² 载荷;如果此空间存在且对重(或平衡重)上未设有安全钳装置,则应设有上述的实心桩墩,检查建筑物土建施工图所要求实心桩墩及支撑实心桩墩的地面的强度是否能承受电梯土建布置图所提供的冲击力,还应观察或用线锤、钢卷尺测量实心桩墩位置是否在对重缓冲器(平衡重运行区域)的下边。

检查方法:目测观察,线锤,钢卷尺测量。

任何一项不满足要求,则该款判定为不合格。土建施工单位必须对不符合规定的部分及时补救,补救的部位应再次重新验收。没有验收合格前电梯安装单位严禁进行施工。

另外,土建施工单位也可以采用以下方法补救:对底坑底面下的空间采取隔墙、隔障等防护措施,使人员不能到达此空间。隔墙、隔障等防护措施应是永久的、不可移动的,应从此空间地面起向上延伸至底坑底面不小于 2.5m 的高度,如果此空间的高度小于 2.5m,则应延伸至底坑底面(即:将此空间封闭)。如采用由建筑材料砌成的隔墙,则应符合《砌体工程施工质量验收规范》GB 50203 相应规定;如采用隔障,隔障栏杆的横杆间距应小于 380mm(最底部横杆与地面间隙为 10～20mm)、立柱间距应小于 1000mm;横杆应采用不小于 25mm×4mm 扁钢或不小于 ϕ16mm 圆钢;立柱应采用不小于 50mm×50mm×4mm 角钢或不小于 ϕ33.5mm 钢管,并且采用大于等于 1mm 厚的钢板自下至上封闭,如果采用网孔型封闭,则应符合 GB 12665.1—1997 中 4.5.1 的规定,横杆、立柱、网孔型板、钢板之间宜采用焊接,也可采用螺栓联接,立柱必须与建筑物牢固连接,顶部横杆承受水平方向的垂直载荷不应小于 500N/m,另外所有表面应除锈及采用防腐涂装。如果采用此方法补救,则验收时应观察或用线锤、钢卷尺测量隔墙、隔障是否在底坑的下面;隔墙、隔障是否固定;观察或用钢卷尺测量隔障的高度、结构是否满足上述要求;支撑对重缓冲器的底坑地面的强度应满足电梯土建布置图要求。

2 电梯安装之前，所有层门预留孔必须设有高度不小于 1.2m 的安全保护围封，并应保证有足够的强度；

【技术要点说明】

本款是为了防止电梯安装前，建筑物内施工人员从层门预留孔无意中跌入井道发生伤亡事故，土建施工中往往容易疏忽在层门预留孔安装安全围封，本款规定正是为了杜绝施工人员在层门预留孔附近施工时的安全隐患。安全保护围封应从层门预留孔底面起向上延伸至不小于 1.2m 的高度，应采用木质及金属材料制作，且应采用可拆除结构，为了防止其他人员将其移走或翻倒，它应与建筑物连结。保护围封的上杆任何处，应能承受向井道内任何方向的 1000N 的力，目的是施工人员意外依靠安全保护围封时，能有效地阻止其坠入井道内。

【实施与检查的控制】

为了防止建筑物内施工人员从层门预留孔跌入井道，在井道土建施工过程中，就应安装本款要求的安全保护围封。电梯安装工程施工人员在没有安装该层层门前，不得拆除该层安全保护围封。安全保护围封应采用黄色或装有提醒人们注意的警示性标语。

安全保护围封的杆件材料规格及连接、结构、强度要求宜符合《建筑施工高处作业安全技术规范》JGJ 80 第三章的相应规定。

在土建交接检验时，检查人员应逐层检验安全保护围封；观察或用钢卷尺测量围封的高度应从该层地面起延伸 1.2m 以上，如采用栏杆或网孔型结构，栏杆之间的间隙或网孔应满足上述要求；应不能意外移动围封。安全保护围封的强度，检查人员可试推围封上杆并观察其变形情况，感官判断是否具有足够的强度，应注意做此检查时必须采取防护措施，防止检查人员坠入井道，检查人员也可根据围封与建筑物的连接结构，在地面上用砝码按《建筑施工高处作业安全技术规范》JGJ 80 的规定做模拟加力试验，上杆强度应满足《建筑施工高处作业安全技术规范》JGJ 80 的要求。观察安全保护围封是否采用黄色或装有提醒人们注意的警示性标语。

检查方法：目测观察，钢卷尺测量，砝码。

任何一层层门预留孔的安全保护围封在检查中不满足要求，则该款判定为不合格。土建施工单位必须对不符合规定的部分及时补救，补救的部位应再次重新验收。没有验收合格前电梯安装单位严禁进行施工。在电梯安装工程中，施工人员没有安装该层层门前，不得拆除该层安全保护围封。

3 当相邻两层门地坎间的距离大于 11m 时，其间必须设置井道安全门，井道安全门严禁向井道内开启，且必须装有安全门处于关闭时电梯才能运行的电气安全装置。当相邻轿厢间有相互救援用轿厢安全门时，可不执行本款。

【技术要点说明】

井道安全门或轿厢安全门的作用是电梯发生故障轿厢停在两个层站之间时，可通过它们救援被困在轿厢中的乘客。当相邻轿厢间没有设置能够相互援救的轿厢安全门时，只能通过层门或井道安全门来援救乘客，如相邻的两层门地坎间之间的距离大于 11m 时，不利于救援人员的操作及紧急情况的处理，救援时间的延长会引起轿内乘客恐慌或引发意外事故，因此这种情况下要求设置井道安全门，以保证安全援救。

井道安全门和轿厢安全门的高度不应小于 1.8m，宽度不应小于 0.35m；将 300N 的力以垂直于安全门表面的方向均匀分布在 $5cm^2$ 的圆形面积（或方形）上，安全门应无永久变形且弹性变形不应大于15mm。井道安全门还应满足如下要求：

(1) 应装设用钥匙开启的锁。当安全门开启后，应不用钥匙就能将其关闭和锁住。即使在锁住的情况下，不用钥匙，应能从井道内部将其打开。只有经过批准的人员(检修、救援人员)才能在井道外用钥匙将安全门开启。

(2) 不应向井道内开启。因为如果安全门的开启方向是朝向井道内，当电梯发生故障利用井道安全门救援时，轿厢停在安全门附近，轿厢部件会阻挡安全门开启，它将形同虚设；向井道内开启时，操作人员开启门时容易造成坠入井道；如果验证安全门关闭状态的电气安全开关发生故障时，向井道内开启，安全门会凸入到电梯的运行空间，与电梯运行部件发生碰撞，造成事故。

(3) 应装有安全门处于关闭时电梯才能运行的电气安全装置。此电气安全装置应符合GB 7588中14.1.2的规定，其位置必须是在安全门打开后才能触及到。电梯安装施工人员应将该电气安全装置串联在电梯安全回路中，当安全门处于开启或没有完全关闭时，电梯应不能启动，运动中的电梯应停止运行。目的是为了防止人员在井道安全门附近与电梯运动部件发生挤压、剪切及坠入井道等伤亡事故。

(4) 安全门设置的位置应有利于安全的援救乘客。在井道外安全门附近不应有影响其开启的障碍物，且从安全门出来应很容易踏到楼面。

【实施与检查的控制】

当相邻轿厢间没有设置能够相互援救的轿厢安全门或为单一电梯时，建筑物土建设计应尽量避免电梯相邻的两层门地坎间的距离大于11m，以避免设置安全门。如果因建筑物功能需要相邻的两层门地坎间的距离大于11m，安全门应优先设置在从它出来很容易踏到楼面的位置上。

首先应检查土建施工图和施工记录，并逐一观察、测量相邻的两层门地坎间的距离，如大于11m且需要设井道安全门时，应检查安全门的尺寸、强度、开启方向、钥匙开启的锁设置的位置是否满足上述要求。开、关安全门观察上述要求的电气安全装置的位置是否正确、是否可靠地动作，这里的动作只是指电气安全装置自身的闭合与断开(注：若电气安全装置由电梯制造商家提供，此项可在安装完毕后检查，检查前须先将电梯停止)。

检查仪器：观察，线锤，钢卷尺，砝码。

检查中任何一项不满足要求，则该款判定为不合格。土建施工单位必须对不符合规定的部分及时补救，补救的部位应再次重新验收。

4.5.2　层门强迫关门装置必须动作正常。

【技术要点说明】

层门安装完成后，已开启的层门在开启方向上如没有外力作用，强迫关门装置应能使层门自行关闭，防止人员误坠入井道发生伤亡事故。

层门强迫关门装置是否动作正常，不仅仅取决于层门强迫关门装置自身的安装与调整，层门其他部件(如门头、门导轨、门吊板、门靴、地坎等)的安装施工质量对此装置的正常动作也具有一定的影响，如这些部件发生刮、卡现象，则势必影响其功能实现，因此它的动作是层门系统施工质量的综合体现。

【实施与检查的控制】

强迫关门装置一般有重锤式、弹簧式(卷簧、拉簧或压簧)两种结构形式，应按安装说明书中的要求安装、调整。重锤式应注意调整重锤与其导向装置的相对位置，使重锤在导向装置内（上）能自由滑动，不得有卡住现象；调整悬挂重锤的绳的长度，在层门开关行程范围内，重锤不得脱离导向装置，且不应撞击层门其他部件（如门头组件及重锤行程限位件）；悬挂重锤的绳与门头之间及与重锤之间应可靠连接，除人为拆下外，不得相互脱开；防止断绳后重锤落入井道的装置（行程限位件）的连接应可靠且位置正确。弹簧式应注意调整弹簧位置与长度，使弹簧在伸长（压缩）过程，不得有卡住现象；在层门开关行程范围内，弹簧不应碰撞层门上的金属部件；弹簧端部固定应牢固，除人为拆下外，不得与连接部位相互脱开。

值得注意的是：强迫关门装置只是层门系统一部分，层门系统其他部件的安装施工质量对其正常动作非常重要，因此在施工中应注意层门系统每个工序的施工质量，以确保达到本条的规定。

应检验每层层门的强迫关门装置的动作情况。检查人员将层门打开到 1/3 行程、1/2 行程、全行程处将外力取消，层门均应自行关闭。在门开关过程中，观察重锤式的重锤是否在导向装置内（上）是否撞击层门其他部件（如门头组件及重锤行程限位件）；观察弹簧式的弹簧运动时是否有卡住现象、是否碰撞层门上金属部件；观察和利用扳手、螺丝刀等工具检验强迫关门装置连接部位是否牢靠。

检查方法：观察，用扳手、螺丝刀等工具检验。

任何一层在检查中任一项不满足要求，则该条判定为不合格。安装单位必须对不符合规定的部分及时调整，不合格的层门强迫关门装置应再次重新验收。

4.5.4　层门锁钩必须动作灵活，在证实锁紧的电气安全装置动作之前，锁紧元件的最小啮合长度为 7mm。

【技术要点说明】

层门锁钩动作灵活其一是指除外力作用的情况外，锁钩应能从任何位置回到设计要求的锁紧位置；其二是指轿门门刀带动门锁或用三角钥匙开锁时，锁钩组件应实现开锁动作且在设计要求的运动范围内应没有卡阻现象。证实门锁锁紧的电气安全装置动作前，锁紧元件之间应达到了最小的 7mm 啮合尺寸（如图 8-3），反之当用门刀或三角钥匙开门锁时，锁紧元件之间脱离啮合之前，电气安全装置应已动作。

图 8-3　锁紧元件示例

【实施与检查的控制】

门锁锁钩锁紧元件啮合深度（≥7mm）、门锁滚轮与轿门地坎的间隙（≥5mm），证实锁紧的电气安全装置动作顺序、轿门门刀与门锁的相互位置、三角钥匙开门组件与门锁运动部件的相互位置的安装、调整应按安装说明书中的要求进行，调整完毕后应及时的安装门锁防护。

检验人员站在轿顶或轿内使电梯检修运行，逐层停在容易观察、测量门锁的位置。用手打开门锁钩并将层门扒开后，往打开的方向转动锁钩，观察锁钩回位是否灵活，将扒门的手松开，观察、测量证实锁紧的电气安全装置动作前，锁紧元件是否已达到最小啮合长度7mm；让门刀带动门锁开、关门，观察锁钩动作是否灵活。

检查方法：观察，用游标卡尺、钢板尺测量。

任何一层层门锁钩、锁紧元件在检查中任一项不满足要求，则该条判定为不合格。安装单位必须对不符合规定的部分及时调整，不合格的层门锁钩、锁紧元件应重新验收。

4.8.1 限速器动作速度整定封记必须完好，且无拆动痕迹。

【技术要点说明】

限速器是电梯安全部件，其动作速度应根据电梯额定速度在生产厂出厂前完成调整、测试后，加上封记，安装施工时不允许再进行调整，封记可采用铅封或漆封。本条为了保证限速器出厂整定状态，防止其他人员调整限速器、改变动作速度，造成安全钳误动作或达到动作速度不动作，导致人员伤亡事故。

另外有的限速器上对其功能有影响的紧固件或连接件的调整部位，生产厂出厂前完成调整、测试后，出于同样目的也会加封记，这些封记也应完好。

【实施与检查的控制】

为了防止破坏限速器部件和封记，在现场搬运过程中，应避免与其他硬物相撞；在现场储存阶段，不应将其包装护套打开，也不应露天存放。采用漆封时，漆的颜色宜采用红色，以便警示和寻找。

根据限速器型式试验证书及安装说明书，找到限速器上的每个整定封记(可能多处)部位，观察封记是否完好。

检查方法：观察。

在检查中任一封记不满足要求，则该条判定为不合格。不符合该条规定的限速器严禁安装，安装单位应及时地与电梯供应商联系再次标定，且应重新验收。

4.8.2 当安全钳可调节时，整定封记应完好，且无拆动痕迹。

【技术要点说明】

本款为了防止其他人员调整安全钳、改变其额定速度、总容许质量，导致其失去应有作用，造成人员伤亡事故。安全钳是电梯安全部件，如是可调节的，其标定有以下两种情况：第一种情况是绝大多数电梯制造商，安全钳额定速度和总容许质量应根据电梯主参数在出厂前完成调整、测试后，加上封记，安装施工时不允许再进行调整，封记可采用铅封或漆封。有的生产厂完成调整、测试后根据安全钳结构特点采用定位销锁定，也是防止安装施工时再进行调整；第二种情况是个别电梯制造商，安全钳额定速度和总容许质量由电梯制造商授权人员根据电梯主参数和调试说明书在安装现场完成调整后，加上封记，此后不允许再进行调整，封记可采用铅封或漆封。

【实施与检查的控制】

【技术要点说明】中第一种情况，为了防止破坏安全钳部件和封记，在现场搬运过程中，应避免与其他硬物相撞；在现场储存阶段，不应将其包装护套打开，也不应露天存放；第二种情况，为了安装和调试人员的安全，在限速器、安全钳安装完成后，就应要求电梯制造商授权人员进行标定，同样，为了防止破坏安全钳部件，应避免与其他硬物相撞，在现场储存阶段，不应将其包装护套打开，也不应露天存放。

根据安全钳型式试验证书及安装、维护使用说明书，找到安全钳上的每个整定封记（可能多处）部位，观察封记是否完好。如采用定位销定位，用手检查定位销是否牢靠，不能有脱落的可能。

检查方法：观察。

在检查中任一封记不满足要求，则该条判定为不合格。如安全钳是【技术要点说明】中第一种情况，不符合该条规定的严禁安装，安装单位应及时地与电梯供应商联系再次标定，且应重新验收。如安全钳是【技术要点说明】中第二种情况，安装单位应及时地与电梯制造商联系再次标定，且应重新验收。

4.9.1 绳头组合必须安全可靠，且每个绳头组合必须安装防螺母松动和脱落的装置。

【技术要点说明】

电梯悬挂装置通常由端接装置、钢丝绳、张力调节装置组成，绳头组合是指端接装置和钢丝绳端部的组合体。绳头组合必须安全可靠，其一指端接装置自身的结构、强度应满足要求；其二指钢丝绳与端接装置的结合处应至少能承受钢丝绳最小破断载荷的80%，以避免绳头组合断裂，导致重大伤亡事故。由于绳头组合端部的固定通常采用螺纹联结，因此要求必须安装防止螺母松动以及防止螺母脱落的装置，绳头组合的松动或脱落将影响钢丝绳受力均衡，使钢丝绳和曳引轮磨损加剧，严重时同样会导致钢丝绳或绳头组合的断裂，造成严重事故。

【实施与检查的控制】

钢丝绳与绳头组合的连接制作应严格按照安装说明书的工艺要求进行，不得损坏钢丝绳外层钢丝。钢丝绳与其端接装置连接必须采用金属或树脂充填的绳套、自锁紧楔形绳套、至少带有三个合适绳夹的鸡心环套、手工捻接绳环、带绳孔的金属吊杆、环圈（套筒）压紧式绳环或具有同等安全的任何其他装置。

如采用钢丝绳绳夹，应把夹座扣在钢丝绳的工作段上，U形螺栓扣在钢丝绳尾段上；钢丝绳夹间的间距应为6～7倍的钢丝绳直径；离环套最远的绳夹不得首先单独紧固，离环套最近的绳夹应尽可能靠近套环。

绳头组合应固定在轿厢、对重或悬挂部位上。防螺母松动装置通常采用防松螺母，安装时应把防松螺母拧紧在固定螺母上以使其起到防松作用。防螺母脱落装置通常采用开口销，防松螺母安装完成后，就应安装防螺母脱落装置。

观察绳头组合上的钢丝绳是否有断丝；如采用钢丝绳绳夹，观察绳夹的使用方法是否正确、绳夹间的间距是否满足安装说明书的要求、绳夹的数量是否够、用力矩扳手检查绳夹的拧紧是否符合安装说明书要求；用手不应拧动防松螺母；观察防螺母脱落装置的安装是否正确，或用手活动此装置，不应从绳头组合中拔出。

检查方法：观察，力矩扳手检查。

在检查中任一绳头组合不满足要求，则该条判定为不合格。不合格的绳头组合，安装单位应采取措施及时地改正、重新制作或更换，且应重新验收。

4.10.1 电气设备接地必须符合下列规定：

1 所有电气设备及导管、线槽的外露可导电部分均必须可靠接地（PE）；

【技术要点说明】

本款是为了保护人身安全和避免损坏设备。所有电气设备是电气装置和由电气设备组成部件的统称，如：控制柜、轿厢接线盒、曳引机、开门机、指示器、操纵盘、风扇、电气安全装置以及有电气安全装置组成的层门、限速器、耗能型缓冲器等，由于使用 36V 安全电压的电气设备即使漏电也不会造成人身安全事故，因此可以不考虑接地保护。如果电气设备的外壳导电，则应设有易于识别的接地端标志。导管和线槽是防止软线或电缆等电气设备遭受机械损伤而装设的，如果被保护电气设备的外露部分导电，则保护它的导管或线槽的外露部分也导电，因此也必须可靠接地。

如果电气设备的外壳及导管、线槽的外露部分不导电，则其可以不进行保护性接地连接，这些外壳及导管、线槽的材料应是非燃烧材料，且应符合环保要求。

【实施与检查的控制】

可采用电气安全保护设备，如过流保护开关或断路器等装置，对电气设备和人员进行安全保护，当电气设备、导管及线槽的外露部分导电且可靠接地时，具有电势的导体与这些部位连接时，会对地形成故障电流，故障电流引起电气保护装置动作，切断电气设备供电，阻止事故进一步发生。

用作接地支线的导线，其绝缘层应黄绿相间颜色，宜采用单股或多股铜芯导线。如果接地支线通过螺纹紧固件与需要接地的部件连接时，应配有合适的线鼻子，线鼻子与接地导线之间的压接强度应满足产品安装说明书要求；如果采用插接方式连接的接地，插接元件的强度及插接元件和接地干线、插接元件和接地导线的连接的压接强度也应满足安装说明书要求；如果采用接地端子连接，则接地端子宜采用借助于工具才能拆下导线的型式。

按安装说明书或原理图，观察电气设备及导管、线槽的外露可导电部分是否按安装说明书要求的位置接地。将控制系统断电，用手用适当的力拉接地导线(或支线)的连接点，观察是否牢固，观察接地支线是否有断裂或绝缘层破损。

检查方法：观察。

本款规定接地的电气设备及导管、线槽的外露可导电部分在检查中任一项不满足要求，则该条判定为不合格。不合格的部位，安装单位应采取措施及时地改正、补救，补救部分应重新验收。

2　接地支线应分别直接接至接地干线接线柱上，不得互相连接后再接地。

【技术要点说明】

本款对每个电气设备接地支线与接地干线接线柱之间的连接进行了规定，每个接地支线必须直接与接地干线可靠连接。如接地支线之间互相连接后再与接地干线连接，则会造成如下后果：离接地干线接线柱最远端的接地电阻较大，在发生漏电时，较大的接地电阻则不能产生足够的故障电流，可能造成漏电保护开关或断路器等保护装置无法可靠断开，另外如有人员触及，有可能通过人体的电流较大，危及人身安全；如前端某个接地支线因故断线，则造成其后端电气设备(或部件)接地支线与接地干线之间也断开，增大了出现危险事故概率；如前端某个电气设备(或部件)被拆除，则很容易造成其后端电气设备(或部件)接地支线与接地干线之间断开，使其后端得不到接地保护。

【实施与检查的控制】

接地干线接线柱应有明显的标示，且宜采用单、多股铜线(铝线)或铜排(铝排)。接地支线与其之间的连接应按安装说明书进行。

对金属线槽(导管)，可将一列线槽作为整体用一个接地支线与接地干线接线柱连接，但各节线槽(导管)之间必须可靠的直接机械连接。

观察接地干线接线柱是否有明显的标示；根据安装说明书和电气原理图，观察每个接地支线是否直接接在接地干线接线柱上。

检查方法：观察。

在检查中任一支线没有直接接在接地干线接线柱上，则该条判定为不合格。不合格的部位，安装单位应采取措施及时地改正、补救，补救部分应重新验收。如接地干线接线柱没有明显的标示，应在接地施工前要求土建施工单位及时补救。

4.11.3 层门与轿门的试验必须符合下列规定：

1 每层层门必须能够用三角钥匙正常开启；

【技术要点说明】

本款要求每层层门必须从井道外使用三角钥匙将层门开启，在以下两种情况均应实现上述操作：其一轿厢不在平层区，开启层门；其二轿厢在平层区，层门与轿门联动，在开门机断电的情况下，开启层门和轿门。三角钥匙应符合《电梯制造与安装安全规范》GB7588—1995 附录 B 要求，层门上的三角钥匙孔应与其相匹配。本条目的是为援救、安装、检修等提供操作条件。三角钥匙应附带有类似“注意使用此钥匙可能引起的危险，并在层门关闭后应注意确认已锁住”内容的提示牌。

【实施与检查的控制】

层门上和三角钥匙相配的开锁组件与门锁的相对位置应按安装、调试说明书进行。在使用和保管三角钥匙过程中不应损坏提示牌。由于三角钥匙管理不善，造成的伤亡事故占电梯事故的比例较大，因此三角钥匙应由经过批准的人员保管和使用，且安装施工单位应对三角钥匙有明确的管理规定。

轿厢在检修状态，逐一检查每一层站。轿厢停在某一层站开锁区内，断开开门机电源，检验人员在井道外用三角钥匙开锁，感觉锁钩是否有卡住及是否有三角钥匙与层门上开锁组件不匹配的现象，应能将层门、轿门扒开，检查完毕人为将层门关闭，确认该层层门不能再用手扒开后，进行下一层站的检验。检查三角钥匙附带的提示牌上内容是否完整、是否被损坏。

检查方法：观察，相匹配的三角钥匙开锁检查。

任一层门在检查中不符合要求，以及三角钥匙提示牌的内容不完整、被损坏，该条判定为不合格。不合格的部位，安装单位应采取措施及时地改正、补救，补救部分应重新验收。

2 当一个层门或轿门(在多扇门中任何一扇门)非正常打开时，电梯严禁启动或继续运行。

【技术要点说明】

门区是电梯事故发生概率比较高的部位，本款是防止轿厢开门运行时剪切人员或轿厢驶离开锁区域时人员坠入井道发生伤亡事故。层门或轿门正常打开是指以下两种情况：其一轿厢在相应楼层的开锁区域内，开门进行平层和再平层；其二满足 GB 7588 中 7.7.2.2 b)要求的装卸货物操作。除以上两种正常打开的情况外，在正常操作情况下，如层门或轿门(在多扇门中任何一扇门)非正常打开时，应不能启动电梯或保持电梯继续运行。

【实施与检查的控制】

用来验证门的锁闭状态、闭合状态的电气安全装置及验证门扇闭合状态的电气安全装置的位置应严格按照安装、调试说明书进行。

对常用的机械连接的多扇滑动层门，当门扇是直接由机械连接时，可只锁紧其中一门扇，但此门扇应能防止其他门扇的打开，且将验证层门闭合的装置装在一个门扇上；当门扇是由间接机械连接时(如用绳、链条、或带)，可只锁住一门扇，但此单一锁住应能防止其他门扇的打开，且这些门扇上均未装配手柄，未被锁紧装置锁住的其他门扇的闭合位置应装设电气安全装置来证实。

对常用的机械连接的多扇滑动轿门，当门扇是直接由机械连接时，验证轿门闭合的电气安全装置应装设在一个门扇上(对重叠门应为快门)，如门的驱动元件与门扇是直接连接时，也可以装在驱动元件上，另外对 GB 7588 中 5.4.3.2.2 规定的情况下，可只锁住一个门扇，但应满足虽单一锁住该门扇也能防止其他门扇打开。当门扇是由间接机械连接时(如用绳、链条、或带)，验证轿门闭合的电气安全装置不应装设在被驱动门扇上，且装设验证轿门闭合的电气安全装置的门扇与被该门扇驱动的门扇应是直接机械连接的。

在检修运行情况下，逐层用三角钥匙开门，观察电梯是否停止运行和不能再启动；

对门扇间直接机械连接多扇滑动层门，将轿厢停在便于观察直接机械连接装置的位置上，用螺丝刀、扳手检查直接机械连接是否牢固可靠及安装位置是否满足产品要求；对门扇间间接机械连接的多扇滑动层门，将轿厢停在便于观察验证层门门扇闭合状态的电气安全装置的位置上，打开层门，观察此装置是否动作，人为的断开此装置，电梯应不能启动；

对门扇间机械连接多扇滑动轿门，将轿厢停在两层站之间，观察验证轿门闭合的电气安全装置的安装位置是否正确，打开轿门，观察此装置是否动作，人为地断开此装置，电梯应不能启动。如被驱动门扇与门的驱动元件是直接连接的，应利用螺丝刀、扳手检查两者之间的连接装置安装是否牢固可靠。对门扇间直接机械连接多扇滑动轿门，如需要锁住，应检查未锁住门扇的安装位置是否满足安装说明书要求及连接是否牢固可靠。

检查方法：观察，力矩扳手、螺丝刀检查。

轿门或任一层门在检查中不符合要求，该条判定为不合格。不合格的部位，安装单位应采取措施及时地改正、补救，补救部分应重新验收。

6.2.2　在安装之前，井道周围必须设有保证安全的栏杆或屏障，其高度严禁小于 1.2m。

【技术要点说明】

为了防止自动扶梯、自动人行道安装前，建筑物内施工人员无意中跌入自动扶梯、自动人行道井道发生伤亡事故，土建施工中往往容易疏忽在井道周围安装安全栏杆或屏障，本条规定正是为了杜绝施工人员在井道附近施工时的安全隐患。安全栏杆或屏障应从楼层底面起不大于 0.15m 的高度向上延伸至不小于 1.2m 的高度，应采用可拆除结构，但应与建筑物联结，目的是防止其他人员将其移走或翻倒。

【实施与检查的控制】

为了防止建筑物内施工人员跌入井道，在井道土建施工过程中，就应安装本条要求的栏杆或屏障。电梯安装工程施工人员在没有安装该楼层层门前，不得拆除该层安全栏杆或屏障。栏杆或屏障应采用黄色或装有提醒人们注意的警示性标语。

安全栏杆或屏障的杆件材料规格及连接、结构宜符合《建筑施工高处作业安全技术规范》JGJ 80 第三章的相应规定。

在土建交接检验时，检验人员应逐层检查井道周围的安全栏杆或屏障；用钢卷尺测量其高度是否从该层地面不大于0.15m延伸至1.2m以上;不应意外移动安全栏杆或屏障;观察是否采用了黄色或装有提醒人们注意的警示性标语。

检查方法:观察,钢卷尺测量。

检查中的任何一项不满足要求,则该条判定为不合格。土建施工单位必须对不符合规定的部分及时补救,补救的部位应再次重新验收。没有验收合格前电梯安装单位严禁进行施工。

10 智能建筑工程

《智能建筑工程质量验收规范》GB 50339—2003

5.5.2 计算机信息系统安全专用产品必须具有公安部计算机管理监察部门审批颁发的“计算机信息系统安全专用产品销售许可证”;特殊行业有其他规定时,还应遵守行业的相关规定。

【技术要点说明】

信息安全包括操作系统安全,数据库安全,网络安全,病毒防护,访问控制,加密与鉴别七个方面。中华人民共和国公安部1997-04-21发布1997-07-01实施的《计算机信息系统安全专用产品分类原则》对信息系统安全专用产品的定义和分类作出了详细的规定。

在《计算机信息系统安全专用产品检测和销售许可证管理办法》中,已对销售许可证制度作了详细的规定,应严格遵照执行。

特殊行业是指涉及国家机密信息的行业或单位,如军队、公安司法、党政机关、科研单位;涉及金融支付安全信息的行业和单位,如银行、保险、证券、税收及电子商务等。

【实施与检查的控制】

应依据中华人民共和国公安部发布的《计算机信息系统安全专用产品分类原则》对接入系统的信息系统安全专用产品进行识别,内容应包括操作系统安全,数据库安全,网络安全,病毒防护,访问控制,加密与鉴别七个方面,对安全专用产品应进行安全专用产品销售许可证检查。

如果特殊行业有相关规定时,符合规定的信息安全产品也可允许使用。

对产品提供商出具的由公安部计算机管理监察部门审批颁发的“计算机信息系统安全专用产品销售许可证”进行检查,没有销售许可证的产品一律不予接入,并对其销售许可证的有效性、产品内容的一致性等内容进行核实。

属于下列情况一律为不合格,并应提交有关主管部门接受处罚:

1. 没有申领销售许可证而将生产的安全专用产品进入市场销售的;
2. 安全专用产品的功能发生改变,而没有重新申领销售许可证进行销售的;
3. 销售许可证有效期满,未办理延期申领手续而继续销售的;
4. 未在安全专用产品上标明“销售许可”标记而销售的;
5. 伪造、变造销售许可证和“销售许可”标记的。

5.5.3 如果与因特网连接,智能建筑网络安全系统必须安装防火墙和防病毒系统。

【技术要点说明】

随着Internet网络应用的不断普及,它们为人类社会带来的好处无疑是巨大的,然而人们所承担的风险和付出的代价也同样是巨大的。特别是在Internet网络环境中,由于节点分散、资源易于访问、管理复杂等原因,网络的信息资源很容易遭到来自内外的攻击和污染。“病毒”的入侵致使内部资源、机密信息与计算机系统遭到破坏等安全性问题,时时困扰着每一个用户。

防火墙是在网络中不同网段之间实现边界安全的网络安全设备，一般用在局域网和互连网之间，或局域网内部重要网段和其他网段之间。设立防火墙的主要目的是一个网络不受来自另一个网络的攻击，对网络的保护包括拒绝未授权的用户访问，同时允许合法用户不受妨碍地访问网络资源。防火墙安全保障技术已被证明是一种十分有效的防止外部入侵的措施。

当前计算机网络用户在网络系统中的日益增长及其对网络信息资源的依赖，使得计算机用户的机密和资源高度集中于计算机。这样当计算机网络安全受到威胁后，它所产生的影响和危害也越来越严重，网络安全问题开始得到了前所未有的关注。

【实施与检查的控制】

在 Internet 网络环境中，必须高度重视计算机网络的安全问题，必须采用相应的网络安全保障技术，本规范规定如果与因特网连接，智能建筑网络安全系统必须安装防火墙和防病毒系统，以保证信息网络的安全。防火墙和防病毒系统产品的选择，可根据用户的需求和主流技术的发展确定。

在智能建筑信息网络工程检测验收时，如果信息网络与因特网连接，则应检查其安装防火墙和防病毒系统情况，同时检查产品销售许可证。

如果没有安装防火墙和防病毒系统，或检查产品销售许可证不合格时，则为不合格。

7.2.6 检测消防控制室向建筑设备监控系统传输、显示火灾报警信息的一致性和可靠性，检测与建筑设备监控系统的接口、建筑设备监控系统对火灾报警的响应及其火灾运行模式，应采用在现场模拟发出火灾报警信号的方式进行。

【技术要点说明】

根据国家标准《建筑设计防火规范》(GBJ 16—87)(2001 年版)第 10.3.4 条，消防控制室应有下列功能：

1. 接收火灾报警，发出火灾的声、光信号，事故广播和安全疏散指令等；

2. 控制消防水泵、固定灭火装置、通风空调系统、电动的防火门、阀门、防火卷帘、防烟排烟设施；

3. 显示电源和消防电梯运行情况等。

鉴于消防控制室是建筑物内防火、灭火设施的显示控制中心，也是火灾扑救时的信息、指挥中心，地位十分重要。

同时，火灾自动报警及消防联动系统又是属于建筑智能化系统中的一个重要的、而又相对独立的系统，因此消防控制室必须将火灾报警等信息及时而准确地向建筑设备监控系统传输、显示。

【实施与检查的控制】

在消防控制室检测火灾自动报警及消防联动系统终端的 CRT 彩色显示装置及打印机自检程序，保证工作正常。同时，检测建筑设备监控系统的监视、控制、测量、记录等装置运行程序，保证在火灾模式下工作正常。

消防联动控制设备置于“手动”方式，在现场模拟试验发出火灾报警信号。即：使用专用加烟试验器及加温试验器向感烟火灾探测器或感温探测器进行加烟(或加温)试验，使火灾探测器发出火灾报警信号，观测检查消防控制室及建筑设备监控系统相应的显示装置及打印机，都应记录、显示相同的火灾报警信息内容及报警时间。

一是要求火灾报警信息传输要准确、完整、一致；二是要求系统反应时间≤3s。否则判定为不合格。

7.2.9　新型消防设施的设置情况及功能检测应包括：

1　早期烟雾探测火灾报警系统；

2　大空间早期火灾智能检测系统、大空间红外图像矩阵火灾报警及灭火系统；

3　可燃气体泄漏报警及联动控制系统。

【技术要点说明】

现行国家标准规范发布实施至今已有几年时间，有些新型消防设施还未写入标准规范，但已在一定范围内应用，应按法定程序得到消防主管部门和使用单位的认可。

【实施与检查的控制】

本条款的检查和判定均参照国家标准《火灾自动报警系统施工及验收规范》(GB 50166—92)有关条款执行。

7.2.11　安全防范系统中相应的视频安防监控(录像、录音)系统、门禁系统、停车场(库)管理系统等对火灾报警的响应及火灾模式操作等功能的检测，应采用在现场模拟发出火灾报警信号的方式进行。

本条的【技术要点说明】和【实施与检查的控制】参照7.2.6条实施。

11.1.7　电源与接地系统必须保证建筑物内各智能化系统的正常运行和人身、设备安全。

【技术要点说明】

智能建筑各智能化系统对电源要求较高，诸如火灾自动报警及消防联动系统、通信网络系统、信息网络系统、安全防范系统、智能化系统集成等系统都要求长期无间断连续运行，应根据具体情况采用变电所引双回路电源末端自动切换方式，并设不间断电源(UPS)装置和柴油机发电机组作为后备。

智能建筑工程中普遍采用直流供电系统，例如安全防范系统中有些摄像机采用12V直流电源；火灾自动报警系统中采用24V直流电源；程控交换机采用48V直流电源等。多种规格电源的使用和交叉安装应在电源设备的选择和安装时引起充分的注意。

智能建筑各智能化系统的接地对于网络信息传输质量、系统工作稳定性以及设备和人员的安全都具有重要的保证作用，各智能化系统普遍采用通信数据传输和计算机控制，对防雷、接地和抗干扰要求较高，由于接入地中电流错综复杂、相互影响，给系统接地安装提出很高的要求。

智能建筑工程电源和接地系统对保证建筑物内各智能化系统的正常运行和人身、设备安全，有着十分重要的作用。

【实施与检查的控制】

本规范在电源系统检测和防雷及接地系统检测中，基本上引用了《建筑电气安装工程施工验收规范》GB 50303 中的相关条文，规定了智能化系统应引接《建筑电气安装工程施工验收规范》GB 50303 验收合格的共用电源；智能化系统的防雷及接地系统应引接依 GB 50303 验收合格的建筑物共用接地装置。这样保证了智能化系统的引接电源和共用接地装置的质量，智能化系统自主配备的稳压稳流及不间断电源装置、应急发电机组、蓄电池组及充电设备、主机房集中供电专用电源设备和用户电源箱的安装和检测也引用了 GB 50303 中的相关条文,使得智能化系统中的电源设备的安装与检测和建筑电气设备的安装与检测标准取得一致,对智能化系统中特殊的电源设备可参照实行相应条款。

在智能化系统的防雷及接地系统中,除规定了智能化系统要求单独接地装置应执行 GB 50303 中相应条款外,还规定了智能化系统的防过流与过压元件的接地装置、防电磁干扰屏蔽的接地装置、防静电接地装置的检测,其设置应符合设计要求,连接可靠。

这样从规范条文规定上保证了智能化系统的电源与接地系统安装和检测的可实施性和可操作性,必须严格执行本规范条文,使得智能化系统的电源与接地系统能保证建筑物内各智能化系统的正常运行和人身、设备安全。

本规范中规定,智能化系统应引接依《建筑电气安装工程施工验收规范》GB 50303 验收合格的共用电源。

智能化系统自主配备的稳流稳压和不间断电源装置的整流装置、逆变装置和静态开关装置的规格、型号必须符合设计要求。内部结线连接正确,紧固件齐全,可靠不松动,焊接连接无脱落现象。

智能化系统自主配备的应急发电机组发电机的试验必须符合有关规定;发电机组至低压配电柜馈电线路的相间、相对地间的绝缘电阻值应大于 0.5MΩ;塑料绝缘电缆馈电线路直流耐压 Q 试验为 2.4kV,时间 15 min,泄漏电流稳定,无击穿现象;柴油发电机馈电线路连接后,两端的相序必须与原供电系统的相序一致;发电机中性线(工作零线)应与接地干线直接连接,螺栓防松零件齐全,且有标识。

智能化系统主机房集中供电专用电源设备,各楼层设置用户电源箱的交接试验和安装质量应符合有关规定。

智能化系统主机房集中供电专用电源线路的安装质量检测应符合有关规定。

对智能建筑工程各子分部工程中电源的质量验收,应符合不同建筑物交流供电等级的要求,设备的试验、检测和安装应符合本规范及相关国家及行业规范的要求。系统直流供电质量应满足电压传输损耗小、电压稳定、谐波分量小等要求,应符合设计要求和产品使用要求。

智能化系统的防雷及接地系统采用共用接地装置时,接地电阻不应大于 1Ω,智能化系统的单独接地装置的接地电阻不应大于 4Ω。

电源与接地系统必须保证建筑物内各智能化系统的正常运行和人身、设备安全条款为一般规定中条款,为管理性条文。

重点检查内容

《建筑工程施工质量验收统一标准》GB 50300—2001

条　号	项　　目	重点检查内容
3.0.3	施工质量验收	
	规范执行	施工技术标准储备、执行、降低、验收
	勘察、设计文件	按图施工、技术交底、设计变更、组织设计
	人员资格	项目经理、技术负责人、质检员、监理工程师
	验收过程	施工自检、监理(建设单位)验收
	见证取样检测	措施、制度、人员、报告、结果分析
	检验批	主控项目和一般项目的填写制度及落实
	抽样检测	制度、检测结果
	检测单位	单位资格、人员、结果的规范性
	观感检查	监理计划
5.0.4	单位(子单位)	分部(子)分部、控制资料、安全和功能检测、抽查结果、观感验收
5.0.7	严禁验收	加固、论证、判定
6.0.3	验收报告	自检报告、检查程序
6.0.4	工程验收	监理(建设)单位验收程序、报告内容
6.0.7	工程备案	备案准备、时间

《建筑地基基础工程施工质量验收规范》GB 50202—2002

条　号	项　　目	重点检查内容
4.1.5	单一地基	地基强度和承载力,测试方法、数量
4.1.6	复合地基	地基强度和承载力,测试方法、数量
5.1.3	打(压)入桩	最终桩位偏差或斜桩的倾斜度,偏差范围,全数检查
5.1.4	灌注桩	最终桩位标高,桩底沉渣厚度及试件强度,偏差
5.1.5	工程桩承载力	水平承载力或竖向承载力,试验、数量
7.1.3	土方开挖	开挖的顺序、方法、设计工况,跟踪措施
7.1.7	基坑(槽)、管沟开挖	基坑变形及周围建筑物的沉降或变形,变形监控措施

《湿陷性黄土地区建筑规范》GBJ 25—1990

条　号	项　　目	重点检查内容
5.1.1	湿陷性黄土施工	设计要求、施工组织、施工措施、观察记录
5.4.5	黄土湿陷	施工措施、沉降和裂缝观测

《膨胀土地区建筑技术规范》GBJ 112—1987

条 号	项 目	重点检查内容
4.1.3	施工用水	用水措施、排水措施

《建筑基坑支护技术规程》JGJ 120—1999

条 号	项 目	重点检查内容
3.7.2	基坑边界周围	排水沟、降排水措施
3.7.3	基坑周边	严禁超堆荷载
3.7.5	基坑开挖	防止碰撞支护结构、工程桩或扰动基底原状土措施

《建筑边坡工程技术规范》GB 50330—2002

条 号	项 目	重点检查内容
15.1.2	土石方开挖后不稳定或欠稳定的边坡	根据边坡的地质特征和可能发生的破坏等情况，采取自上而下、分段跳槽、及时支护的逆作法或部分逆作法施工。严禁无序大开挖、大爆破作业
15.1.6	一级边坡工程	应采用信息施工法
15.4.1	岩石边坡	开挖采用爆破法施工时，应采取有效措施避免爆破对边坡和坡顶建(构)筑物的震害

《建筑地基处理技术规范》JGJ 79—2002

条 号	项 目	重点检查内容
4.4.2	垫层施工	分层、压实控制、填土措施
5.4.2		
	受压土层	竖向变形和平均固结度控制
	预压的地基土	原位十字板剪切试验和室内土工试验
6.3.5	强夯	监测点、隔振沟等防振或隔振措施
6.4.3	强夯处理地基	承载力检验，原位测试和室内土工试验等
7.4.4	振冲处理地基	承载力检验应采用复合地基载荷试验
8.4.4	砂石桩地基	承载力检验应采用复合地基载荷试验
9.4.2	水泥粉煤灰碎石桩地基	承载力检验应采用复合地基载荷试验
10.4.2	夯实水泥土桩地基	单(或多)桩复合地基载荷试验
11.3.15	施工机械	瞬时检测、粉体计量、搅拌深度记录
11.4.3	竖向承载水泥土搅拌桩地基	承载力检验应采用复合地基载荷试验和单桩载荷试验
12.4.5	竖向承载旋喷桩地基	承载力检验应采用复合地基载荷试验和单桩载荷试验
13.4.3	石灰桩地基	承载力检验应采用复合地基载荷试验
14.4.3	灰土挤密桩和土挤密桩地基	承载力检验应采用复合地基载荷试验
15.4.3	柱锤冲扩桩地基	承载力检验应采用复合地基载荷试验
16.4.2	单液硅化法处理地基	承载力及其均匀性应采用动力触探或其他原位测试检验

《混凝土结构工程施工质量验收规范》GB 50204—2002

条 号	项 目	重点检查内容
4.1.1	模板设计	模板设计文件
4.1.3	模板拆除	施工技术方案、拆除顺序及安全措施
5.1.1	钢筋代换	设计变更文件及验收记录
5.2.1	钢筋力学性能	产品合格证或出厂检验报告、进场复验报告
5.2.2	抗震钢筋性能	检验报告中强屈比及屈强比的实测值
5.5.1	钢筋安装	隐蔽工程验收记录
6.2.1	预应力钢筋性能	产品合格证或出厂检验报告、进场复验报告
6.3.1	预应力钢筋安装	隐蔽工程验收记录
6.4.4	张拉控制	预应力张拉记录
7.2.1	水泥性能	产品合格证或出厂检验报告、进场复验报告
7.2.2	外加剂质量	产品合格证、出厂检验报告(必要时检查进场复验报告)
7.4.1	混凝土试件取样	施工记录、试件强度试验报告
8.2.1	外观质量严重缺陷	缺陷情况记录、技术处理方案、处理后验收记录
8.3.1	尺寸偏差严重缺陷	缺陷情况记录、技术处理方案、处理后验收记录
9.1.1	预制构件结构性能	出厂批量及结构性能检验报告

《钢筋焊接及验收规程》JGJ 18—2003

条 号	项 目	重点检查内容
1.0.3	焊工资格	现场焊工的考试合格证
3.0.5	钢材、焊接材料	质量证明书及产品合格证
4.1.3	焊接施工前的试验	试焊记录、焊后试验报告
5.1.7	焊接接头受拉性能	拉伸试验报告
5.1.8	焊接接头弯曲性能	弯曲试验报告

《钢筋机械连接通用技术规程》JGJ 107—2003

条 号	项 目	重点检查内容
3.0.5	接头等级的性能	型式检验报告
6.0.5	工地现场抽样检验	抗拉强度试验报告

《预应力筋用锚具、夹具和连接器应用技术规程》JGJ 85—2002

条 号	项 目	重点检查内容
3.0.2	锚具性能检验	效率系数及总应变试验报告
3.0.3	锚具性能计算	效率系数及总应变计算复核

《普通混凝土配合比设计规程》JGJ 55—2000

条　号	项　目	重点检查内容
7.1.4	抗渗混凝土配合比	抗渗性配合比设计资料及试验报告
7.2.3	抗冻混凝土配合比	抗冻性配合比设计资料及试验报告

《普通混凝土用砂质量标准及检验方法》JGJ 52—1992

条　号	项　目	重点检查内容
3.0.7	砂的碱活性	碱活性试验报告
3.0.8	海沙的应用	产品合格证、氯离子含量试验报告

《普通混凝土用碎石、卵石质量标准及检验方法》JGJ 53—1992

条　号	项　目	重点检查内容
3.0.8	石子的碱活性	碱活性试验报告

《混凝土外加剂应用技术规范》GB 50119—2003

条　号	项　目	重点检查内容
2.1.2	外加剂质量	产品许可证、产品合格证、试配资料、工程应用记录
6.2.3	含氯盐早强剂及减水剂的应用范围	工程应用记录复核
6.2.4	含强电介质无机盐减水剂的应用范围	工程应用记录复核
7.2.2	含亚硝酸盐无机盐防冻剂的应用范围	工程应用记录复核

《轻骨料混凝土技术规程》JGJ 51—2002

条　号	项　目	重点检查内容
5.1.5	外加剂、掺和料的适用性	配合比设计资料及试配试验报告
5.3.6	配合比调整	配合比调整资料及施工配合比资料
6.2.3	搅拌机类型	核实是否用强制式搅拌机搅拌

《建筑工程大模板技术规程》JGJ 74—2003

条　号	项　目	重点检查内容
3.0.2	系统连接可靠	检验连接件灵活、可靠
3.0.4	支撑系统要求	检验放置时稳定性、角度有可调性
3.0.5	吊环质量要求	检验材料和连接质量
4.2.1	设计重量	复核满足现场起重能力
6.1.6	吊环要求	操作规程、安全措施及执行情况
6.1.7	卡环吊钩、大风时停止吊装	操作规程、安全措施及执行情况
6.5.1	模板拆除要求完全脱离	操作规程、安全措施及执行情况
6.5.2	模板堆放要求	操作规程、安全措施及执行情况

《钢结构工程施工质量验收规范》GB 50205—2001

条　号	项　目	重点检查内容
4.2.1	钢材、钢铸件	品种、规格、性能及质量合格证明文件，中文标志、检验报告(有复验要求)的合法、有效、完整性
4.3.1	焊接材料	品种、规格、性能及质量合格证明文件、中文标志、检验报告(有复验要求)的合法、有效、完整性
4.4.1	紧固连接件	品种、规格、性能及质量合格证明文件、中文标志、检验报告(有复验要求)的合法、有效、完整性。高强度螺栓连接副扭矩系数或紧固轴力(预抗力)检验报告
5.2.2	焊工合格证	证书及其认可范围，有效期的合法和真伪性
5.2.4	焊缝内部缺陷	内部缺陷探伤比例及探伤记录的合法，有效和完整性
6.3.1	摩擦面抗滑移系数	摩擦面抗滑移系数值及试验报告和复验报告的合法、有效性
8.3.1	吊车梁和吊车桁架挠度	吊车梁和吊车桁架的下挠度和上拱度
10.3.4	单层钢结构整体变形	主体结构的整体垂直度和整体平面弯曲
11.3.5	多层及高层钢结构整体变形	主体结构的整体垂直度和整体平面弯曲
12.3.4	钢网架挠度变形	总拼完成后挠度值(自重状况下)，及屋面工程完成后挠度值(使用状态)
14.2.2	防腐涂料涂装	防腐涂料、涂装遍数及涂层厚度
14.3.3	防火涂料涂装	防火涂料及涂层厚度

《建筑钢结构焊接技术规程》JGJ 81—2002

条　号	项　目	重点检查内容
3.0.1	钢材及焊接填充材料	设计文件、质量证明书或检验报告，化学成分、力学性能等
4.4.2	调质钢	严禁采用塞焊和槽焊焊缝
5.1.1	焊接工艺评定	国内首次应用于钢结构工程的钢材、焊接材料和设计有规定要求应进行工艺评定
7.1.5	焊缝	检查数量，不合格率的控制
7.3.3	焊缝内部缺陷	一级焊缝、二级焊缝，检查数量，不合格率的控制

《砌体工程施工质量验收规范》GB 50203—2002

条　号	项　目	重点检查内容
4.0.1	水泥	进场复验报告、使用情况
4.0.8	外加剂	进场检验和试配报告，有机塑化剂型式检验报告
5.2.1	砖、砂浆	强度试验报告
5.2.3	砖砌体砌筑	转角处、交接处及临时间断处砌筑方式
6.1.2	小砌块	产品龄期
6.1.7	小砌块外观质量	缺陷(断裂)情况

续表

条　号	项　目	重点检查内容
6.1.9	小砌块砌筑	砌筑方向
6.2.1	小砌块、砂浆	强度试验报告
6.2.3	小砌块砌体砌筑	转角处、交接处及临时间断处的砌筑方式
7.1.9	挡土墙	泄水孔设置
7.2.1	石材、砂浆	强度试验报告
8.2.1	钢筋	产品合格证、进场复验报告
8.2.2	混凝土、砂浆	强度试验报告
10.0.4	冬期施工所用材料	石灰膏、电石膏、砂、砖及其他块材受冻情况

《砌筑砂浆配合比设计规程》JGJ 98—2000

条　号	项　目	重点检查内容
3.0.3	掺加料	严禁使用脱水硬化的石灰膏
4.0.3	砌筑砂浆	稠度、分层度、试配抗压强度试验，配合比、计量
4.0.5	砌筑砂浆的分层度	不得大于 30mm

《木结构工程施工质量验收规范》GB 50206—2002

条　号	项　目	重点检查内容
4.2.1	木屋架	载荷试验，总荷载应达到 2.5 倍设计荷载
5.2.2	胶缝完整性	脱胶试验、脱胶面积
6.2.1	规格材	等级检验、树种、应力等级、规格尺寸
7.2.1	木结构防腐	构造措施
7.2.2	防腐剂处理	保持量和透入度的测定
7.2.3	木结构防火	构造措施、设计文件

《地下防水工程质量验收规范》GB 50208—2002

条　号	项　目	重点检查内容
3.0.6	防水材料	产品合格证、质量检验报告、现场抽样复验报告
4.1.8	防水混凝土	设计要求，抗压强度和抗渗压力检验报告
4.1.9	细部构造	设计要求，施工措施，观察记录
4.2.8	水泥砂浆防水层	设计要求，基层处理，施工方法
4.5.5	塑料板防水层	搭接缝有效焊接宽度，焊缝检验记录
5.1.10	喷射混凝土	设计要求，抗压强度、抗渗压力及锚杆抗拔力检验报告
6.1.8	渗排水、盲沟排水	设计要求，砂、石试验报告

《屋面工程质量验收规范》GB 50207—2002

条　号	项　目	重点检查内容
3.0.6	防水、隔热保温材料	产品合格证、质量检验报告\现场报告\现场抽样复试报告
4.1.8	找平层排水坡度	设计要求，坡度检验记录
4.2.9	保温层含水率	设计要求，材料含水率试验记录
4.3.16	卷材防水层	雨后或淋水、蓄水检验记录
5.3.10	涂膜防水层	雨后或淋水、蓄水检验记录
6.1.8	细石混凝土防水层	雨后或淋水、蓄水检验记录
6.2.7	密封材料嵌填	设计要求，基层处理，嵌填方法
7.1.5	平瓦屋面	施工固定加强措施
7.3.6	金属板材屋面	雨后或淋水检验记录
8.1.4	架空屋面	设计要求，架空隔热制品质量
9.0.11	细部构造	设计要求，施工措施，观察记录

《建筑地面工程施工质量验收规范》GB 50209—2002

条　号	项　目	重点检查内容
3.0.3	建筑地面材料	材质证明文件、规格、型号及性能检测报告
3.0.6	厕浴间材料	材料防滑性能
3.0.15	厕浴间标高	与相连面层标高差是否符合设计要求
4.9.3	立管、地漏等节点	与楼板间密封处理和排水坡度
4.10.8	厕浴间及防水地面隔离层构造	结构应采用现浇混凝土或整块预制混凝土板、混凝土翻边高度大于120mm，其标高和预留洞位置是否正确
4.10.10	防水隔离层	蓄水检查、泼水检验记录
5.7.4	不发火（防爆的）面层	材质合格证明及试件检测报告

《建筑装饰装修工程质量验收规范》GB 50210—2001

条　号	项　目	重点检查内容
3.1.1	设计	设计单位是否具备规定的资质等级
		施工图设计文件是否按有关规定进行了审查
		施工图设计文件的设计深度是否满足施工要求
3.1.5	设计的结构安全和主要使用功能	设计单位是不是原设计单位，或具备相应资质的设计单位
		有无结构安全性的核验、确认文件
		有无涉及主体和承重结构改动或增加荷载的施工图设计文件
3.2.3	材料中的有害物质	国家标准做出规定的，应检查有无规定项目的合格检测报告
		检查有无复验合格报告
3.2.9	防火处理	如设计有要求，检查防火处理施工记录
	防腐处理	如设计有要求，检查防腐处理施工记录

续表

条　号	项　目	重点检查内容
	防虫处理	如设计有要求，检查防虫处理施工记录
3.3.4	施工的结构安全和主要使用功能	如有改动建筑主体、承重结构或主要使用功能的现象，检查有无相关设计内容
		是否经过有关部门的批准
3.3.5	施工过程的环保	检查易挥发、易扬尘材料保管情况和废弃物处理情况
		检查施工噪声和振动是否得到有效控制
4.1.12	外墙和顶棚抹灰	检查抹灰层有无裂缝、脱落、空鼓现象
		检查有无水泥的复验合格报告
		检查隐蔽工程验收记录和施工记录
5.1.11	门窗安装	进行开启、关闭检查，观察安装是否牢固
		检查推拉门窗扇是否有防脱落措施
		查阅隐蔽工程验收记录和施工记录，检查安装在砌体上的门窗是否采用了射钉固定
6.1.12	重型吊灯	检查隐蔽工程验收记录和施工记录
8.2.4	饰面板安装	观察饰面板有无脱落
		检查后置埋件的现场拉拔强度检测报告和隐蔽工程验收记录
8.3.4	饰面砖粘贴	观察饰面砖有无脱落、空鼓
		检查有无水泥、面砖的复验合格报告
9.1.8	幕墙结构胶	检查所使用的结构胶是否国家认可产品，进口结构胶是否具有商检合格证
		查阅施工记录，检查是否在有效期内打胶
9.1.13	幕墙预埋件	检查预埋件设计文件和验收记录
9.1.14	幕墙安装	观察幕墙面板有无脱落
		检查后置埋件现场拉拔强度的检测报告和隐蔽工程验收记录
12.5.6	护栏	检查护栏高度、栏杆间距和安装位置是否符合设计要求，手推检查是否牢固
		检查隐蔽工程验收记录

《金属与石材幕墙工程技术规范》JGJ 133—2001

条　号	项　目	重点检查内容
6.5.1	构件抽查	是否制定了构件质量标准和抽样检查制度
		检查构件的抽样检查记录
7.2.4	金属、石材幕墙预埋件	检查幕墙设计、施工单位的资质证书及相关设计文件
		检查预埋件复查记录
7.2.4	金属板与石板安装	在条件允许的情况下，对施工过程进行现场检查
		检查施工记录和自查记录
7.3.10	幕墙安装验收项目	检查安装施工阶段的验收记录

《建筑给水排水及采暖工程施工质量验收规范》GB 50242—2002

条　号	项　目	重点检查内容
3.3.3	管道地下穿墙防水	防水措施、刚性套管、柔性套管
3.3.16	管道、设备水压、灌水试验	工作压力、试验压力、压力降、渗漏情况
4.1.2	给水管材、管件、生活管材卫生	管材、管件配套、生活给水材料卫生
4.2.3	生活给水冲洗、消毒、卫生	冲洗、消毒、卫生检验
4.3.1	室内消火栓试射	顶层一处、首层二处、实地试射
5.2.1	室内排水灌水	隐蔽前，底层卫生器具或底层地面满水，满 15min，再 5min 接口渗漏情况
8.2.1	室内采暖管道坡度	气水同向，汽水同向 3‰≤i≮2，气水逆向 i≮5%
8.3.1	散热器水压试验	组对、整组、工作压力、试验压力，2～3min 压力不降不渗漏
8.5.1	地板辐射盘管接头	埋地部分不应有接头
8.5.2	地板辐射盘管水压试验	隐蔽前工作压力、试验压力稳压 1h，压降≯0.05MPa，不渗不漏
8.6.1	采暖系统水压试验	保温前，工作压力、试验压力、压力降、汽、水顶部 P+0.1≮0.3MPa，高温水顶部 P+0.4，10min 压降≯0.02MPa 不渗漏，塑料热水顶部 P+0.2≮0.4MPa，1h 压降≯0.05MPa，工作压力 1.15 倍、2h 压降 0.03MPa 不渗漏
8.6.3	采暖系统试运行、调试	冲洗后，充水、加热、试运行、调试、测室温
9.2.7	室外给水管道冲洗、消毒	冲洗、浊度、消毒、卫生检查
10.2.1	室外排水坡度	坡度、严禁无坡或倒坡
11.3.3	室外供热管道试运行调试	冲洗后，充水、加热、试运行、调试、测入口温度
13.2.6	锅炉水压试验	本体、省煤器、工作压力、试验压力、压力降，10min 压力降≯0.02MPa 不渗漏，无残余变形
13.4.1	锅炉安全阀定压	锅炉、省煤器、定压安全阀 1～2 个并调整
13.4.4	锅炉联锁装置	高、低水位报警，超温、超压报警，联动齐全、有效
13.5.3	锅炉 48h 运行检验调整	烘煮炉后，48h 带负荷运行，安全阀热态定压、检验、调整
13.6.1	热交换器水压试验	工作压力、试验压力、汽 P+0.3MPa、水≮0.4MPa，10min 压力不降

《家用燃气燃烧器具安装及验收规程》CJJ 12—99

条　号	项　目	重点检查内容
3.1.4	自然排气的烟道	设计图、燃气排烟管道及洞口
5.0.4	燃具安装部位	设计图、安装图的位置要求
5.0.8	室内燃具的安装	设计图、燃具四周物件的位置
5.0.9	室外燃具的安装	安装位置、燃具防护措施、管道布置

《通风与空调工程施工质量验收规范》GB 50243—2002

条号	项目	重点检查内容
4.2.3	防火风管	材料的耐火等级(极限)
4.2.4	复合材料风管	材料耐燃和安全使用性能
5.2.4	防爆风阀	与设计规定材料的相符性
5.2.7	防排烟系统柔性短管	材料的耐燃性能
6.2.1	风管预埋管或防护套管	穿防火、防爆墙体或楼板风管预埋管或防护套管的设置与材料厚度
6.2.2	风管安装的规定	1 风管内严禁其他管线穿越; 2 输送含有易燃、易爆气体和安装在易燃、易爆场合系统风管的严密性; 3 室外立管的拉索
6.2.3	高于80℃的风管	外表面的防护措施
7.2.2	通风机的防护罩(网)	传动部位和直通大气进、出风口处的防护措施
7.2.7	静电空气过滤器	接地的可靠性
7.2.8	电加热器的安装	绝热材料与法兰垫料的材质性能、接地的可靠性
8.2.6	燃油管道系统	管道连接和接地的可靠性
8.2.7	燃气系统管道	软管材料、系统试验和管道焊接的质量
11.2.1	通风与空调工程系统的测定和调整	设备单机试运转和联合试运转及调试的实施
11.2.4	防排烟系统的调试	必须符合设计与消防的规定

《建筑电气工程施工质量验收规范》GB 50303—2002

条号	项目	重点检查内容
3.1.7	接地支线连接	与干线相连、相互间无串联连接
3.1.8	高压设备和线路及其继电保护系统的试验	试验内容及记录齐全,符合现行国家标准GB 50150的规定
4.1.3	杆上变压器中性点接地和接地装置检测	变压器中性点与接地干线连接状况,接地装置接地电阻值
7.1.1	电动机、电加热器及电动执行机构的接地	有连接,连接状况可靠
8.1.3	柴油发电机馈线核相	查核相记录
9.1.4	不间断电源输出端中性点接地	检查重复接地,是否从接地干线引入
11.1.1	绝缘子等底座接地	有接地,且非接续导体
12.1.1	金属电缆桥架接地	与接地干线的连接点,每段桥架间跨接状况
13.1.1	金属电缆支架等接地	有接地连接,且可靠
14.1.2	金属导管连接	无对口熔焊现象,镀锌和壁厚小于2mm无套管焊接现象
15.1.1	交流单芯电缆穿管	无单独穿入钢导管内现象
19.1.2	大型花灯过载试验	有无过载试验,查试验报告
19.1.6	2.4m及以下灯具接地	接地连接状况是否可靠
21.1.3	景观照明灯具安装	绝缘电阻测定,防护围栏及高度,接地连接状况
22.1.2	插座接线	接线位置正确
24.1.2	防雷接地装置	接地电阻测试记录

《电梯工程施工质量验收规范》GB 50310—2002

条　号	项　目	重点检查内容
4.2.3	底坑底面下、层门预留孔、井道安全门	1　底坑底面强度；实心桩墩位置；实心桩墩及支撑其地面的强度。如采用防护措施使人员不能进入此空间，则检查底坑底面强度和为此设置的隔墙、隔障。 2　逐层检查：安全保护围封结构及强度；警示性标识。 3　井道安全门（如果有）的尺寸、强度、开启方向、钥匙开启的锁、设置的位置及电气安全装置
4.5.2	强迫关门装置	逐层检查：自行关闭；连接部位；重锤或弹簧不应有撞击、卡住现象；重锤应在导向装置内（上）；防止断绳后重锤落入井道的装置
4.5.4	锁紧元件	逐层检查：锁钩回位应灵活；在证实锁紧的电气安全装置动作之前，锁紧元件的最小啮合长度；门刀带动门锁开、关门，锁钩动作应灵活
4.8.1	限速器动作速度整定封记	每个整定封记（可能多处）
4.8.2	可调节的安全钳整定封记	每个整定封记（可能多处）；如采用定位销定位，定位销的安装
4.9.1	绳头组合	绳头组合处钢丝绳是否有断丝；如采用钢丝绳绳夹，检查绳夹的使用方法、型号、间距、数量及拧紧；防螺母松动装置的安装；防螺母脱落装置的安装
4.10.1	电气设备接地	1　电气设备及导管、线槽的外露可导电部分的接地位置；接地连接应牢固；接地支线的选用是否正确及其是否有断裂或绝缘层破损。 2　接地干线接线柱标示；接地支线应直接接在接地干线接线柱上
4.11.3	层门与轿门的试验	1　在每层站开锁区内，断开开门机电源，用三角钥匙开层门、轿门；三角钥匙附带的提示牌。 2　电梯检修运行，逐层用三角钥匙开门，电梯应停止运行和不能再启动；检查驱动元件与门扇及门扇间的机械连接部件的安装；验证门扇闭合状态的电气安全装置的安装
6.2.2	自动扶梯、自动人行道井道周围	逐层检验：安全保护围封结构及强度；警示性标识

《智能建筑工程质量验收规范》GB 50339—2003

条　号	项　目	重点检查内容
5.5.2	防火墙和防病毒软件	检查产品销售许可证及符合相关规定
5.5.3	智能建筑网络安全系统检查	防火墙和防病毒软件的安全保障功能及可靠性

续表

条号	项目	重点检查内容
7.2.6	检测消防控制室向建筑设备监控系统传输、显示火灾报警信息的一致性和可靠性	1 检测与建筑设备监控系统的接口 2 对火灾报警的响应 3 火灾运行模式
7.2.9	新型消防设施的设置及功能检测	早期烟雾火灾报警系统 大空间早期火灾智能检测系统 大空间红外图像矩阵火灾报警及灭火系统 可燃气体泄漏报警及联动控制系统
7.2.11	安全防范系统对火灾自动报警的响应及火灾模式的功能检测	1 视频安防监控系统的录像、录音响应 2 门禁系统的响应 3 停车场(库)的控制响应 安全防范管理系统的响应
11.1.7	电源与接地系统	引接验收合格的电源和防雷接地装置 智能化系统的接地装置 防过流与防过压元件的接地装置 防电磁干扰屏蔽的接地装置 防静电接地装置

第九篇　施　工　安　全

概　述

施工安全的实质是指出施工危险和施工隐患，在施工过程中，不断发现隐患和消除危险最终达到施工安全。施工危险主要来自物的不安全状态（包括施工环境及设施、设备的隐患）和人的不安全行为（包括违章指挥及违章操作），其二者的交叉点就会导致事故发生。

从建设部（20 世纪 80 年代）对五年中 810 起因工死亡事故分析得出，建筑行业的事故类别主要是高处坠落、触电、物体打击和机械伤害，这四类事故占事故总数的 80.6%，称为“四大伤害”。这四类事故主要集中在脚手架、临边与洞口防护、龙门架与井字架、施工用电、塔式起重机、施工机械及安全管理不善等七个方面。90 年代，随高层建筑的增加，坍塌事故也相应增多，主要发生在模板和深基工程施工，形成继四大伤害之后的第五大伤害。《强制性条文》针对建筑施工特点，从不同方面对施工设施、设备及人的行为进行规范，最终实现消除隐患保障施工安全。

2002 年版的施工安全强制性条文共 6 章，173 条。第 1 章 临时用电，有 34 条；第 2 章 高处作业，有 22 条；第 3 章 机械使用，有 69 条；第 4 章 脚手架，有 36 条；第 5 章 提升机，有 11 条；第 6 章 地基基础，有 2 条。与 2000 年版比较，章、节大体相同，条文总数由原来的 164 条增加为 173 条，增加了脚手架、提升机、地基基础方面的内容，删去部分非关键性或与新版规范不协调的要求，仍然保持了 2000 年版强制性条文中为达到施工安全目标，需要施工过程中重点控制的要求内容。

本篇强制性条文摘自下列规范：

《施工现场临时用电安全技术规范》JGJ 46—88，34 条；《建筑施工高处作业安全技术规范》JGJ 80—91，22 条；《建筑机械使用安全技术规范》JGJ 33—2001，69 条；《建筑施工扣件式钢管脚手架安全技术规范》JGJ 130—2001，20 条；《建筑施工门式钢管脚手架安全技术规范》JGJ 128—2000，16 条；《龙门架及井架物料提升机安全技术规范》JGJ 88—92，11 条；《建筑桩基技术规范》JGJ 94—94，1 条；《建筑地基处理技术规范》JGJ 79—2001，1 条。

执行本篇强制性条文时，应注意做好以下工作：

1. 工程施工前，应在施工组织设计中编制安全技术措施。在安全技术措施中贯彻有关强制性条文的规定，对专业性较强的工作项目，应编制专项施工组织设计。

(1) 现场临时用电工程，应编制临时用电施工组织设计。为保障用电安全防止发生触电事故，应重点控制对现场用电保护方式的正确选择，对线路、电箱及电器元件应按其计算负荷进行设计，漏电保护器的安装应符合两级保护的规定，按作业条件选用现场照明的电源电压以及做好对外电架空线路的防护措施。

(2) 处于高处作业条件时，应保障作业人员有符合要求的基本安全作业条件，防止发生高处坠落和物体打击事故。应重点控制对洞口与临边作业、攀登与悬空作业、操作平台与交叉作业等各种条件下高处作业的防护措施的安全可靠性。各种防护措施的做法与安全要求,应预先设计并纳入安全技术措施之中。

(3) 脚手架的搭设除应满足使用要求外,还应满足荷载及防护要求,防止发生高处坠落及架体倒塌事故。应重点控制钢管及扣件材质、脚手架基础、各杆件间距、剪刀撑及连墙件的正确设置。对模板支架、施工荷载超过规范规定的脚手架以及高度超过 24m 的脚手架,应通过计算校核,满足立杆稳定性的要求;对高度超过 50m 的脚手架,应专门进行设计。施工中,作业层不准超载使用和必须保证脚手架拆除过程中的稳定性。

2. 各种机械设备进场应做好交接验收工作,各种机械进场后使用前,应由主管部门按规定和说明书要求进行检验,确认合格后方可交付工地使用。对塔式起重机、施工升降机、物料提升机等转移工地后需重新组装的机械设备,在重新组装后,应按试验检验规则进行空载、额定荷载和超载试验,试验中应同时对其安全装置的灵敏可靠度进行试验并记录试验结果。外租的机械设备,应由产权单位与使用单位共同参加试验验收。自制的物料提升机应有设计计算书及图纸,架体结构必须满足承载力的要求,传动机构必须满足工作运行的要求,提升机应具备必要的安全防护装置。

3. 加强动态管理

由于施工条件的不断变化,现场的各种设施也会发生变化,应注意检查及时改进,使各种设施适应变化后的作业条件,达到预期效果。例如孔洞的防护,会因设置不当和施工中被挪动而出现不牢、不严等新的漏洞,一经发现及时整改,防止事故发生。又如脚手架连墙件的设置,在施工主体时能满足要求,当进入装修阶段有的连墙件影响施工,如果不及时采取措施,改变连接部位,就会被拆除造成杆件长细比加大,影响脚手架的整体稳定性。另外,象临时用电施工组织设计也应随用电设备的变化而进行修订,工程在主体施工阶段与进入装修后所用的机械设备种类、数量都会有明显变化,施工用电线路截面、电箱位置、电器元件的参数也应重新选择,否则就会造成临时用电的混乱。

1 临 时 用 电

《施工现场临时用电安全技术规范》JGJ 46—88

3.1.2 在建工程(含脚手架具)的外侧边缘与外电架空线路的边线之间必须保持安全操作距离。最小安全操作距离应不小于表3.1.2所列数值。

在建筑工程(含脚手架具)的外侧边缘与外电架空线路的边线之间的最小安全操作距离　　表3.1.2

外电线路电压	1kV以下	1~10kV	35~110kV	154~220kV	330~500kV
最小安全操作距离(m)	4	6	8	10	15

注：上、下脚手架的斜道严禁搭设在有外电线路的一侧。

3.1.3 施工现场的机动车道与外电架空线路交叉时,架空线路的最低点与路面的垂直距离应不小于表3.1.3所列数值。

施工现场的机动车道与外电架空线路交叉时的最小垂直距离　　表3.1.3

外电线路电压	1kV以下	1~10kV	35kV
最小垂直距离(m)	6	7	7

3.1.4 旋转臂架式起重机的任何部位或被吊物边缘与10kV以下的架空线路边线最小水平距离不得小于2m。

【技术要点说明】

1. 主要规定

安全距离、绝缘、保护屏障、保护隔离等都是触电保护中防直接接触的保护措施。

外电架空线路一般为220/380V低压电力线路和10kV、35kV、110kV及以上高压电力线路。

电力线路周围空间存在电场,而且随着电路电压等级的提高,其周围空间的电场越来越强。由于电场的作用,电路线路周围空间的电介质(主要是空气)会被极化,其邻近的导体也会因电感应而带电,如果人体(或人体经过导体)接近外电架空线路,特别是高压电力线路至一定距离时,其间隙电介质(空气)被击穿使人体遭受电击。所以人体(或人体经过导体)与外电架空线路之间必须保持一定的安全距离,随线路电压等级的增加,安全距离也随之加大。

安全距离是指电力线路与邻近人体或导体必须保持的最小空间距离。由于施工过程是动态的,必须考虑施工人员在作业过程中使用工具、搬运金属材料等因素,所以规定中用了最小"安全操作距离"。表3.1.2中的距离是考虑到人的一个臂长不超过1m,运送钢筋或钢管长度不超过6m而做的规定。对臂架式起重机是考虑了吊装作业时,被吊物会产生一定摆动,所以规定了最小水平距离不小于2m。

2. 相关规定

本规范第 3.1.1 条规定了架空线路的下方不得进行作业。

本规范第 3.2.1 条、第 3.2.2 条规定了当达不到第 3.1.2 条、第 3.1.3 条、第 3.1.4 条中的规定时，必须采取的防护措施，如搭设屏护架、采取停电等措施。

3. 注意事项

搭设和拆除屏护架的作业，必须在线路停电后进行，屏护架与架空线路也应保持一定安全距离。屏护架应坚固、稳定并封闭，防止钢管、钢筋等细长材料伸入网内。当采用金属材料搭设屏护架时，应作良好的接地，实现保护联结。

【实施与检查的控制】

1. 实施

由于施工位置无法保证规定的安全操作距离时，必须采取屏护措施。

(1) 现场一般可就地取材，采用脚手架材料搭设屏护架，屏护架与架空线路也应按要求保持一定的安全距离，一般与 10kV 架空线路之间不应小于 1.7m。

(2) 当架空线路位于塔吊作业半径之内时，该段线路上方也应有屏护，屏护架呈Ⅱ型，并设彩色小旗标志，夜间作业应设 36V 红色灯泡，防止碰撞。

(3) 当现场非常狭窄，屏护架的安全距离也无法实现时，应与有关部门协商，采取停电、迁移外电架空线路或改变工程位置，否则不得施工。

2. 检查

(1) 根据现场施工作业条件和施工工艺，确认在架空线路一侧施工时，架空线路的安全操作距离或屏护架的防护作用是否符合要求。

(2) 架空线路下方是否有堆放材料、搭建各种设施和其他作业的违章作法。

3.1.5 施工现场开挖非热管道沟槽的边缘与埋地外电缆沟槽边缘之间的距离不得小于 0.5m。

4.1.1 在施工现场专用的中性点直接接地的电力线路中必须采用 TN-S 接零保护系统。

电气设备的金属外壳必须与专用保护零线连接。专用保护零线(简称保护零线)应由工作接地线、配电室的零线或第一级漏电保护器电源侧的零线引出。

4.1.3 当施工现场与外电线路共用同一供电系统时，电气设备应根据当地的要求作保护接零，或作保护接地。不得一部分设备作保护接零，另一部分设备作保护接地。

【技术要点说明】

1. 主要规定

(1) 在施工现场专用的电源中性点直接接地的 220/380V 电力系统中，采用 TN 系统较采用 TT 系统不仅从安全技术上更稳定可靠，同时由于保护零线可重复使用，在经济上损耗也较低。

(2) 在 TN 保护系统中主要有 TN-C 和 TN-S 两种形式，采用 TN-C 系统时，由于 N 线(工作零线兼保护零线)上因三相负载不平衡时有电流通过，所以电气设备外露可导电部分在正常情况下即呈现对地电压；如果 N 线断线，则 N 线上就不会有工作电流，但 N 线断点负荷侧部分的电气设备其外露可导电部分会因中性点位移而呈现对地电压，因此，TN-C 系统存在缺陷不利于供电安全。采用 TN-S 系统后，不论三相负载是否平衡，PE 线(保护零线)上不会有工作电流,与PE线相连接的电气设备外露可导电部分始终与大地保持等电位(地电位),提高了供电系统的本质安全,因此,规定必须采用TN-S系统。

(3) 在同一供电系统中,TN与TT保护系统不得混用。这是因为当一台做TT保护的电气设备发生对地漏电时,所有做TN保护的电气设备外露可导电部分都会呈现对地电压。

(4) 采用TN或TT保护系统,是触电保护中防间接接触的一项基本保护措施。

2. 相关规定

本规范第4.1.8条规定,应防止保护断线而失去保护功能。

本规范第4.1.10条、第4.3.2条规定了采用TN-S系统还必须同时做重复接地,不少于三处。

本规范第4.1.11条、第4.1.12条、第4.3.4条、第4.3.5条规定了保护零线必须单独敷设,防止与工作零线混接而带来危险,并规定保护零线采用绿/黄双色线,以明显区别相线及工作零线。为使保护零线更可靠,规定了最小截面和材质要求。

本规范第4.2.1条规定了应作保护接零设备的范围。

本规范第8.1.1条规定了对产生振动的设备保护零线的连接点不少于两处。

3. 注意事项

施工现场采用TN系统还是采用TT系统,取决于电源情况。应注意执行第4.1.1条与第4.1.3条规定的一致性。

第4.1.1条的规定,是指用电单位设置了自行维护的专用变压器,采用电力部门线路10kV高压电源,降低为220/380V的中性点接地的三相四线制供电系统的要求。

第4.1.3条的规定,是指当施工现场未设置专用变压器,而由电力部门配电变压器以220/380V等电压供电(即条文中规定的"与外电线路共用同一供电系统")时,应与电力部门采用相同的保护方式(TT或TN)。若当地供电部门规定采用TT系统时,这些地区的施工现场也应采用TT系统,将各电气设备金属外壳等外露可导电部分分别直接接地,而不再与电力网的工作接地点(零线)连接。

【实施与检查的控制】

1. 实施

(1) 当施工现场设置了专用变压器,采用电力部门高压电源,降低为220/380V的中性点直接接地的三相四线制供电系统时,应实行TN-S系统,并按第4.1.1条规定位置引出保护零线。

(2) 当施工现场未设置专用变压器,而由电力部门配电变压器以220/380V电压供电时,应按第4.1.3条的规定,与当地电力部门接地型式保持一致,或采用TT系统或采用TN系统,不得擅自选择,不得在同一供电系统中,一部分设备作保护接零,另一部分设备作保护接地。

(3) 当分包单位由三相四线供电并采用TN-S保护系统时,应当注意,在三相四线供电系统首端已安装漏电保护器的情况下不准接地,因为通过漏电保护器的中性线不准重复接地。必须从三相四线供电系统首端第一级漏电保护器的电源侧的零线处引出PE线时,方可实行TN-S系统。

(4) 塔式起重机的接零保护问题,可将电源线路送至塔式起重机附近的开关箱,由该箱引出PE线,与塔式起重机或塔轨的重复接地线相连接,如果塔式起重机的三相用电和单相用电是合一的，则开关箱送电至塔式起重机的电缆必须是五芯；如果塔式起重机的三相用电和单相用电是分开的，则开关箱送电至塔式起重机的三相用电电缆可以是四芯的，单相电缆应为三芯。

2. 检查

(1) 首先查清现场电源情况，然后确定应该采用 TT 还是 TN 系统。

(2) 对采用 TN-S 系统的现场应确认 PE 线引出位置的正确性，并逐级确认工作零线与保护零线严格分设。

4.1.5 在只允许做保护接地的系统中，因条件限制接地有困难时，应设置操作和维修电气装置的绝缘台，并必须使操作人员不致偶然触及外物。

4.1.7 施工现场的电力系统严禁利用大地作相线或零线。

4.3.7 施工现场所有用电设备，除作保持接零外，必须在设备负荷线的首端处设置漏电保护装置。

【技术要点说明】

1. 主要规定

TN 和 TT 系统保护的安全可靠性都是有限度的，当电力线路和电气设备对地发生较小漏电故障时，由于漏电电流小，过流保护装置不能保证迅速切断故障电流，因此，对人体存在间接接触的隐患。为了在保障人体安全的条件下，自动消除危险的间接接触隐患，在采用了 TN 或 TT 系统以后，还必须装置漏电保护器，设置漏电保护系统。

装设漏电保护器，设置漏电保护系统是触电保护中防间接接触的另一项保护措施，必须与 TN 或 TT 系统配合，才能合理组合为一个完善可靠的防间接接触保护系统，它对于直接接触亦有一种后备补充保护功能(但不能作为惟一的可靠保护)。

2. 相关规定

本规范第 7.2.2 条、第 7.2.10 条规定了系统内应装设两级漏电保护器，即总配电箱和开关箱(末级)内应装设漏电保护器，且应使两级漏电保护器的额定漏电动作参数合理配合(漏电保护器不能越级动作，同时要求当下级漏电保护器发生故障时，上级漏电保护器按规定的动作参数动作，补救下级失灵的意外情况)，使之具有分级分段保护功能。

3. 注意事项

(1) 安装漏电保护器后，不能撤掉原有的接零(接地)保护措施，防止失去保护效果；

(2) 安装漏电保护器时，工作零线必须接入漏电保护器，保护零线禁止接入漏电保护器，防止漏电保护器正常误动作或故障不动作失去保护功能；

(3) 漏电保护器的试验按钮只能作为正常情况下定性检测驱动机构的灵敏度，不能确认保护器的动作参数是否符合规定。因此，尚需使用漏电保护测试仪对正在运行的漏电保护器定期检测其漏电动作电流、漏电动作时间及漏电不动作电流等主要参数，从而判断该保护器的可靠程度。

(4) 当漏电保护器发生动作时，应由专业电工进行检查，经检查未发现原因时，允许在做好隔离防护的情况下再试送电一次，如果保护器再次动作，不得连续强行送电。

【实施与检查的控制】

1. 实施

(1) 施工现场所有用电设备的金属外壳或金属底座应作保护接零或接地。

(2) 在控制用电设备的开关箱中隔离开关的负荷侧安装漏电保护器,并按要求选择参数。

(3) 当使用移动电箱时,在控制移动电箱的固定电箱内,也必须安装漏电保护器,以对移动电箱的橡皮电缆线路进行保护。

(4) 对漏电保护器的运行应每天由专业电工检查并记录问题和维修情况。

2. 检查

在对各用电设备检查保护接零或接地的同时,应对开关箱内的电器装置进行检查,开关箱内是否安装了漏电保护器,漏电保护器的参数选择是否与被控制的用电设备相适应。

5.1.8 配电屏(盘)或配电线路维修时,应悬挂停电标志牌。停、送电必须由专人负责。

5.2.2 电力为400/230V的自备发电机组的排烟管道必须伸出室外。发电机组及其控制配电室内严禁存放贮油桶。

5.2.3 发电机组电源应与外电线路电源联锁,严禁并列运行。

【技术要点说明】

1. 主要规定

规定要求,由外电线路电源或由自备发电机电源单独供电,严禁并列运行。如二者同时并联供电,会因内阻抗不匹配、不同期,电压波动而产生强烈的冲击电流,使发电机遭破坏。

2. 相关规定

本规范第5.2.4条规定了,自备发电机组应采用中性点直接接地的三相四线制供电系统和TN-S接零保护系统,并在电气上与外电线路电源完全隔离独立设置,防止自备发电系统通过外电线路变压器低压侧向高压侧反馈送电,造成危险。

3. 注意事项

(1) 自备发电机组与外电线路电源应设置可靠的联锁装置,保证单独供电的安全效果。

(2) 自备发电机组与外电线路电源完全隔离,应包括各自有独立的接地、接零系统,与外电线路不得有电气连接。防止当外电线路电源停电后,用电设备中的不平衡电流经过工作零线流入电源变压器的低压绕组,从而带来危险。

【实施与检查的控制】

1. 实施

(1) 自备发电机组位置应选择靠近负荷中心,并在配电室附近,一般应设置在室内,但其排烟管必须伸出室外。

(2) 外电线路与发电机组二者不能同时并联供电,且必须在电气上有联锁装置。

(3) 自备发电机组与外电线路完全隔离独立设置,包括发电机组的工作接地与变压器设置的工作接地完全隔离。

(4) 自备发电机组投入运行前,必须先分断外电线路连锁装置,然后再将自备发电机组开关依次合闸。

2. 检查

(1) 自备发电机组的设置位置及环境是否符合要求,周围不得存放油桶和易燃物品。

(2) 与外电线路有无可靠的联锁装置,检查发电机组是否有自己独立的接零保护系统,与外电线路不能有任何电气连接。

6.1.1 架空线必须采用绝缘铜线或绝缘铝线。

6.1.2 架空线必须设在专用电杆上，严禁架设在树木、脚手架上。

【技术要点说明】

1. 主要规定

考虑施工现场的实际作业条件，如果架空线路采用裸线，容易导致触电事故的发生，因此规定，架空线路必须采用绝缘导线，以保障施工安全。

线路的绝缘程度与截面规格，是用电安全的基本保证，主要通过正确的架设方法和负荷计算来实现，然而由于施工用电的临时性往往被忽视。

当架空线路采用脚手架、树木等不正确方法架设时，不仅由于不能保证合理档距，导致线路弧垂加大、线截面受拉变细，同时还由于线路的敷设不规范，容易被碰、挂等机械损伤，造成线路的绝缘破损、线路断开而导致发生触电事故。

2. 相关规定

本规范第 6.1.8 条、第 6.1.9 条规定了电杆的种类、规格；

本规范第 6.1.5 条、第 6.1.6 条规定了架空线路和档距、线间距离及相序排列；

本规范第 6.1.7 条规定了架空线路的最小垂直距离与水平距离。

3. 注意事项

(1) 专用电杆必须按规定的材质及规格选用，不得任意使用较差材质和较小规格代用，防止受力后变形过大和折断。

(2) 为保证线路相序的正确排列，应按照规定正确选用导线的安全色。相线 L1、L2、L3 绝缘色分别为黄、绿、红色，工作零线绝缘色为淡兰色，保护零线绝缘色为绿/黄双色，任何情况下不准使用绿/黄双色线做负荷线。

(3) 架空线路应按要求采用横担架设，禁止采用大把线（线束）架设，防止相互磨损造成绝缘损坏和发生误操作事故。

【实施与检查的控制】

1. 实施

(1) 专用电杆必须保证材料质量和规格。采用混凝土杆时不得有露筋、环向裂纹；采用木杆时不得有腐朽、劈裂，其梢径不小于 130mm。

(2) 电杆档距不大于 35m，线间距离不小于 0.3m，横担材料截面和长度符合规范要求。线路弧垂距地一般不小于 4m，与机动车道不小于 6m。

(3) 必须按照规范第 6.1.5 条规定的相序敷设线路。

(4) 架空线路截面应经负荷计算确定，满足载流量、电压降及机械强度的要求。

2. 检查

(1) 必须严格线路架设规定，架空线路应采用电杆按规定的相序排列，并确认相序是否正确。

(2) 架空线路与配电箱、开关箱的进线处应穿管保护，不能采用大把线（线束）方式敷设。

(3) 架空线路必须符合架设高度的规定。

6.1.17 经常过负荷的线路、易燃易爆物邻近的线路、照明线路，必须有过负荷保护。

6.2.1　电缆干线应采用埋地或架空敷设，严禁沿地面明设，并应避免机械损伤和介质腐蚀。

6.2.4　电缆穿越建筑物、构筑物、道路、易受机械损伤的场所及引出地面从 2m 高度至地下 0.2m 处，必须加设防护套管。

6.2.7　橡皮电缆架空敷设时，应沿墙壁或电杆设置，并用绝缘子固定，严禁使用金属裸线作绑线。固定点间距应保证橡皮电缆能承受自重所带来的荷重。橡皮电缆的最大弧垂距地不得小于 2.5m。

【技术要点说明】

1. 主要规定

电缆干线的架设应采用埋地（0.6m 以下）或架空（弧垂距地 2.5m 以上）敷设，严禁沿地面随意设置，防止由于施工和车辆运行造成的机械损伤、地面介质腐蚀和浸在水中等造成绝缘损坏，导致触电事故。

2. 相关规定

本规范第 6.2.3 条、第 6.2.6 条规定了电缆埋地敷设的要求。

本规范第 6.2.9 条规定了在建工程内部竖向送电时，电缆的敷设要求。

3. 注意事项

(1) 直埋电缆宜选用铠装电缆，橡皮电缆埋地时宜穿管保护。埋地电缆地面应沿电缆埋设方位设置标记，防止作业时误伤电缆。

(2) 禁止使用绝缘导线束穿塑料管埋地替代电缆，防止腐蚀、损伤。

(3) TN-S 系统的干线应采用五芯电缆，禁止采用四芯电缆外附加一根绝缘导线代替五芯电缆的敷设方法。对分支线路的敷设，三相动力线路可采用四芯电缆，单相动力线路及照明线路可采用三芯电缆。

(4) 多层及高层建筑施工楼内各层的用电，应按第 6.2.9 条要求，采用电缆埋地引入，每层或隔层设置分配电箱。严禁从附近地面设置的电箱采用橡皮护套软电缆直接牵拉到各楼层内提供电源的作法，否则不仅由于拉力过大会使电缆内线径变细造成过热和绝缘老化损坏，而且当设备发生故障时，由于地面电箱距离作业面过远，不能及时切断电源排除事故。

【实施与检查的控制】

1. 实施

(1) 电缆采用埋地敷设投资少、散热快，尤其是场地狭小和有塔式起重机等起重机械施工时，作业安全性高。电缆埋地敷设应选择避开交通干道和有热辐射处。

(2) 电缆埋深不小于 0.6m，电缆上、下铺不小于 50mm 厚细砂，上部用硬质材料覆盖作保护层。地面应沿电缆走向设置标记。

(3) 架空电缆，弧垂距地面在 2.5m 以上，沿墙敷设应采用绝缘子固定，不得用金属裸线作绑线。

(4) 在建工程内垂直敷设沿每一层高固定一处。室内沿墙水平敷设弧垂距地不小于 1.8m。

2. 检查

(1) 架空电缆沿线是否按要求固定敷设，是否有沿地面随意敷设现象。对埋地电缆的敷设情况及其作法进行了解，对架空或沿墙敷设的情况进行检查。

(2) 在建工程内用电是否有采用橡皮软电缆直接从地面电箱接线，然后拉入楼内各层提供电源的作法，如发现必须加以禁止，并应改为埋地电缆引入，垂直敷设分层固定。

6.3.1 室内配线必须采用绝缘导线。采用瓷瓶、瓷(塑料)夹等敷设，距地面高度不得小于2.5m。

【技术要点说明】

1. 主要规定

室内配线属于现场用电系统，与作业人员接触密切，所以必须保证线路的绝缘程度、敷设高度和绝缘固定牢靠，以保证接用照明及其他用电设备和使用环境的安全。

2. 相关规定

本规范第6.3.2条、第6.3.3条、第6.3.4条、第6.3.5条规定了室内配线的截面要求和进户、过墙敷设要求。本规范第6.3.6条规定了采用钢索配线的作法要求。

3. 注意事项

(1) 一些施工现场忽视室内配线要求，为方便随意敷设，大量采用了橡皮护套软线，线路沿用电场所满地爬行，随意乱拉或泡在水中、被金属物砸压及人踩现象严重；更有甚者，采用塑料绝缘导线沿地面随意牵拉，触电隐患到处可见。

(2) 橡皮护套软电缆架空敷设时，本身不应承受外施拉力，严禁直接将电缆像绳索一样拴绑在固定处。合理的架设方法是采用沿钢索敷设，用环套将电缆穿挂在钢索上。

【实施与检查的控制】

1. 实施

(1) 室内配线分明装和暗装，采用明装时，将导线沿墙或屋顶敷设。有条件的工地也可利用在建工程正式电气线路的电线管道敷设。不论何种方式均应安全可靠。

(2) 线路应避开热源，水平敷设不低于2m，且便于检查。

(3) 室内配线必须采用绝缘导线。线路穿管或槽板布线时不得有接头。不同设备的不同电压和不同回路的导线不准装入同一管内。

(4) 施工现场应尽量减少使用软电线。固定式用电设备应采用固定线路穿管保护；移动式用电设备可采用橡皮护套软电缆，但应控制线路的长度及采用正确敷设方法，可与移动式开关箱配合使用。

2. 检查

(1) 室内配线不准采用裸导线，禁止沿地面随意敷设，必须架空采用瓷瓶或瓷、塑料夹固定，或穿管、槽板。

(2) 埋地和潮湿场所非电缆配线应穿管敷设，管口应密封金属管作保护接零。

(3) 当采用钢索配线时，吊架间距不大于12m。护套绝缘导线可直接敷设于钢索上。

7.2.5 每台用电设备应有各自专用的开关箱，必须实行“一机一闸”制，严禁用同一个开关电器直接控制二台及二台以上用电设备(含插座)。

【技术要点说明】

1. 主要规定

规定中对开关箱要求实行“一机一闸”制的规定。开关箱以下便是用电设备，由于每台用电设备的性质不同、容量不同，使用要求不同，以及运行条件不同，所以每台设备应有各自独立的控制电器。如果两个或以上不同的设备共用一个开关控制，则电器不便配制；如果当其中一台发生故障需修理，而另一台又不能停止工作，也易导致误操作事故，因此规定要严格实行"一机一闸"制。

2. 相关规定

本规范第 7.1.4 条规定，开关箱与其控制的固定设备水平距离应尽量靠近(不超过 3m)，以便于发生故障时可以迅速切断电源和利于对设备进行监护达到安全启动。

本规范第 7.1.6 条、第 7.1.8 条规定了装设开关箱位置的高度及环境要求。

本规范第 7.2.12 条、第 7.2.13 条规定了开关箱中的各种电器额定值应与被控制的用电设备相匹配。

3. 注意事项

(1) 第 7.2.5 条除规定了"一机一闸"外，尚强调了"每台用电设备应有各自专用的开关箱"。即不允许几台设备的开关电器排列装在同一个开关箱内，这样虽然做到了一机一闸控制，由于装设在同一个开关箱内，当发生电气故障需迅速切断某台设备电源时，或因操作人员拉合闸操作等情况时仍然有导致误操作事故的可能。

(2) 当多台同类设备在同一区域共用时(如多台电焊机、多台磨石机在一起共用)，应对各台设备与其对应的开关箱进行编号，防止发生误操作。

(3) 对手持式电动工具应配置移动式开关箱，移动式电箱的电源线应采用橡皮护套软电缆，电箱应有坚固稳定的金属支架。不得采用移动插座拖地使用。更不准采用接长手持电动工具电源线的作法。

【实施与检查的控制】

1. 实施

(1) 按照用电设备的环境条件选择开关箱安装位置。应尽量安装在用电设备附近不超过 3m 的地方，周围无易燃物，无强烈振动和便于人员操作，可以清楚看清被控制的用电设备，避免误合闸事故。

(2) 每台用电设备有各自专用的开关箱，开关箱内只安装控制一台用电设备的电器，不能将附近用电设备的控制电器合用一个开关箱进行安装。

(3) 当使用移动电气设备或手持式电动工具时，若与固定式开关箱距离较远，应配备移动式开关箱。移动开关箱应装隔离开关、漏电保护和短路、过载保护装置，移动电箱设置在固定支架上，防止拖拉、倒地使用。

2. 检查

(1) 禁止多台电气设备共用一个开关箱的作法，必须实行一机一闸和每台用电设备有自己专用的开关箱。

(2) 开关箱内电器参数应与被控制的用电设备相匹配。

(3) 开关箱的位置应尽量靠近被控制的用电设备，便于启动时监视和发生故障时能迅速切断电源。

(4) 严格禁止采用移动插座代替移动电箱。因一般插座无控制开关、无过载保护、无漏电保护、无隔离开关，不能保证用电安全，且插座多是三联、二联，呈一闸多机使用，违反第 7.2.5 条规定。

7.2.7　开关箱中必须装设漏电保护器。

7.2.9　开关箱内的漏电保护器的额定漏电动作电流应不大于 30mA，额定漏电动作时间应小于 0.1s

使用于潮湿和有腐蚀介质场所的漏电保护器应采用防溅型产品。其额定漏电动作电流应不大于15mA,额定漏电动作时间应小于0.1s

【技术要点说明】

1. 主要规定

(1) 临电规范要求系统内应设置两级漏电保护器。而开关箱是配电系统的末级,以下就是用电设备,操作频繁、危险性大,故开关箱中必须设置漏电保护器,对可能致命的触电事故进行自动防护。

(2) 电击强度和人体对电击承受能力,除了与通过人体的电流大小有关外,还与电流在人体持续的时间有关。用I·t=30mA·s作为两级保护中,间接接触保护的安全电量界限控制值是比较安全的。

(3) 在末级开关箱中装设的漏电保护器主要要求提供间接接触保护和附加的直接接触保护。而人体与带电体直接接触时,经过人体的电流往往大于人体的摆脱电流,因为它完全由人体的接触电压和人体触电时的人体电阻所决定,与保护器的动作电流无关。

人体触电时最大的危险在于引起心室颤动,如果控制电流在人体的持续时间不超过一个心脏博动周期,则引发室颤的因素便会大大降低。所以规定一般场所开关箱内应装设高灵敏度(30mA以下)和快速型(小于0.1s)的漏电保护器。当在潮湿作业条件下,人体电阻将由1000Ω下降为500Ω,故漏电保护器的漏电动作参数应选用15mA×0.1s。当人体意外与带电体接触时,漏电保护器能实现保护切断,但对人体安全保护的可靠性是不确定的。对直接接触保护的主要措施仍是安全距离、绝缘、保护隔离、保护屏障等。

2. 相关规定

本规范第7.2.8条、第7.2.10条、第7.2.11条规定了漏电保护器的安装要求及接线方法。

3. 注意事项

(1) 开关箱中设置漏电保护器也应符合一机一闸的规定,不得多台设备共用一台漏电保护器,否则会因正常泄漏电流而发生误动作,或不便判定漏电设备。

(2) 禁止用漏电保护器代替负荷开关(断路器与漏电保护器合一的漏电断路器除外)。漏电保护器只用于意外漏电情况下动作,如频繁的人为动作容易造成保护器失灵、损坏失去保护功能。

(3) 安装漏电保护器前,必须用漏电保护器测试仪对保护器的参数进行确认,并在使用中定期检测。漏电保护器参数正确与否直接影响对人体触电安全的保护效果,如果30mA×0.1s漏电保护器的分断时间由于各种原因由0.1s延时为0.2s时,其安全限值将超过1倍,这样一来虽然安装了漏电保护器仍会有触电的危险,这种故障不经专用仪器测定是难以发现的。

(4) 当用电设备的正常对地泄漏电流较大(如某些塔式起重机、钢筋对焊机等)时,为避免漏电保护器发生误动作,可在30mA·s安全界限值内和分级保护的原则下,适当选择额定漏电动作电流大于30mA,额定漏电动作时间小于0.1s的漏电保护器。

【实施与检查的控制】

1. 实施

(1) 施工现场采用两级保护时,上一级漏电保护器的额定漏电动作时间和额定漏电动作电流应大于下一级。开关箱中设置的漏电保护器不应大于 30mA×0.1s,上一级漏电保护器不应大于 30mA·s。

(2) 应注意零线的接法,工作零线必须进入漏电保护器,保护零线不准进入漏电保护器。

(3) 开关箱中的漏电保护器只能用作保护一台用电设备,每一台设备配置一个开关箱。

(4) 安装后和使用过程中,应对漏电保护器进行定期检测。

2. 检查

(1) 开关箱内不能几台用电设备合用一台漏电保护器。当用电设备为蛙夯、磨石机、混凝土振捣器等潮湿作业条件使用的设备时,漏电保护器的额定漏电动作参数应采用 15mA×0.1s。

(2) 除使用保护器的试验按钮在通电状态下,进行漏电动作定性检验确认外,还应用漏电保护器测试仪对其漏电动作电流及漏电动作时间进行定量检测确认。

7.2.15　进入开关箱的电源线,严禁用插销连接。

【技术要点说明】

1. 主要规定

电源线进入开关箱内必须与电源隔离开关等电器装置进行连接牢固,以确保电气线路的正常运行。如果采用插销连接,容易造成连接松动,接触不良,发生弧光,烧毁电器发生事故。

2. 相关规定

本规范第 7.2.4 条、第 7.3.11 条中对开关箱及移动式开关箱的进、出线做了相关规定。

3. 注意事项

施工现场使用开关箱的作业环境变化很大,往往由于不按规定安装导致开关箱不合理使用。特别使用移动式电动工具,有时开关箱未按要求设在支架上随意拖地,进、出线既不采用橡皮绝缘电缆,线路连接也不合要求。

【实施与检查的控制】

1. 实施

施工用电的开关箱安装后,应经检查验收,确认安装固定、电器与所控制电气设备匹配,线路连接牢靠,方可投入运行。使用中有专业电工巡视检查,发现问题及时整改。

2. 检查

对施工现场的各类开关箱抽查,对开关箱的安装、电器装置参数以及线路连接情况进行检查,发现问题立即要求整改。

7.3.4　对配电箱,开关箱进行检查、维修时,必须将其前一级相应的电源开关分闸断电,并悬挂停电标志牌,严禁带电作业。

一、送电操作顺序为:总配电箱——分配电箱——开关箱;

二、停电操作顺序为:开关箱——分配电箱——总配电箱(出现电气故障的紧急情况除外)。

7.3.10　熔断器的熔体更换时,严禁用不符合原规格的熔体代替。

8.2.6　需要夜间工作的塔式起重机,应设置正对工作面的投光灯。塔身高于 30m 时,应在

塔顶和臂架端部装设防撞红色信号灯。

8.2.8 外用电梯轿厢内、外均应安装紧急停止开关。

8.2.10 外用电梯轿厢所经过的楼层，应设置有机械或电气联锁装置的防护门或栅栏。

8.2.11 每日工作前必须对外用电梯和升降机的行程开关、限位开关、紧急停止开关、驱动机构和制动器等进行空载检查，正常后方可使用。检查时必须有防坠落的措施。

【技术要点说明】

1. 主要规定

外用电梯应按《施工升降机安全规则》GB 10055 的有关规定设置必要的电气保护装置，并在电梯安装后及每班使用前，按要求进行试验，确认正常后方可进行作业。各楼层通道口属临边作业处，是作业人员经常出入的地方，应采用有联锁装置的防护门(栏杆)以保障作业安全。

2. 相关规定

《建筑机械使用安全技术规程》第 6.12.11 条、第 6.12.13 条、第 6.12.14 条规定，升降机安装后、启动前及每班首次载重运行时，都应按规定程序进行试验确认各装置的可靠性。

3. 注意事项

各种型号的外用电梯除应符合《施工升降机技术条件》GB 10054 的有关规定外，尚需满足该机的使用说明书的有关要求。

【实施与检查的控制】

1. 实施

(1) 外用电梯安装后应经试运行检验确认，运行试验中应同时检查各安全装置是否灵敏可靠。

(2) 安装试验包括空载试验、额定载荷试验和超载试验。新安装的升降机，应进行额定荷载下的坠落试验，对正在使用的升降机至少每 3 个月进行一次额定荷载坠落试验。

(3) 每班使用前应按规定进行班前运行检查。每次运行前，司机必须确认载重量和人数，防止超载运行。

(4) 电梯轿厢经过各楼层的防护门，可由电梯司机在运行中随时检查，发现防护门未关闭或有损坏时，应停机处理，报告负责人，经维修符合要求后方可继续运行。

2. 检查

(1) 通过查阅安装检验运行记录，确认安装质量。

(2) 通过电梯实际运行，检验防护门及联锁装置效果。

(3) 通过空载运行试验，检验行程限位、制动器、紧急开关电气安全装置的可靠性。

(4) 检验防坠器资料，是否按规定年限经指定部门校验。

8.5.1 焊接机械应放置在防雨和通风良好的地方。焊接现场不得堆放易燃易爆物品。交流弧焊机变压器的一次侧电源线长度应不大于 5m，进线处必须设置防护罩。

【技术要点说明】

1. 主要规定

(1) 交流电焊机实际上就是一台焊接变压器，一次线圈为 380V，接通电源后，二次线圈由于感应产生一空载电压，为引弧的需要空载电压不能太低，一般为 60～80V，当进行焊接时，工作电压维持在30V以下。

(2) 焊机一次侧较二次侧电压高、危险大，故应控制电源线不应过长。这里规定5m是最大长度，实际安装时，电焊机位置应尽量靠近开关箱，不使电源线拖地。如果一次线过长、拖地，不但会被水泡、介质腐蚀，而且容易被机械损伤，绝缘损坏导致触电事故。

2. 相关规定

本规范第8.1.5条规定，电焊机除应按要求作保护接零及设置过载、短路、漏电保护装置外，还应安装隔离开关，以确保使用和维修安全。

3. 注意事项

(1) 焊接作业区内有易燃物时，应进行清理、覆盖、设置灭火器材和监护人员等，采取措施防止发生火灾。

(2) 由于电焊机的空载电压已超过安全电压，除一次侧安装漏电保护器外，二次侧还应装设空载降压装置，防止空载电压引发的触电事故。

【实施与检查的控制】

1. 实施

焊接作业包括电焊与气焊，用电规范主要指电焊。电焊设备在现场使用广泛，必须注意采取措施防止发生触电事故和电气火灾事故。

(1) 焊机运到现场在使用前，应由主管部门进行验收确认符合要求后，由专业电工负责接线。

(2) 焊机露天使用应有防雨棚，一次线不应过长，不应拖地，为防止损伤可采取穿管保护措施，接线柱上部应有防护罩。开关箱内应装设断路器控制，焊机外壳应有保护接零。

(3) 焊机的一次侧安装漏电保护器，二次侧安装空载降压装置，防止空载电压触电。

(4) 焊机周围及作业环境不应有易燃物品，否则应做防护。

2. 检查

(1) 焊机一次线不应拖地，与焊机接线柱连接是否牢固，焊机外壳是否有接零保护。

(2) 一次侧漏电保护器参数是否符合要求，按动保护器的试验按钮检验其灵敏度。

(3) 二次侧是否安装空载降压防触电装置。

(4) 作业环境是否符合要求。

(5) 查问焊工基本操作要求是否清楚。

9.1.1 停电后，操作人员需要及时撤离现场的特殊工程，必须装设自备电源的应急照明。

【技术要点说明】

1. 主要规定

合理的电气照明是保证安全生产，提高劳动效率和保护工作人员视力健康的必要条件。

① 在工作环境中如果亮度差别较大，当视觉转换时，眼睛也有一个适应过程，经常反复容易导致视觉疲劳，因此工作环境亮度分布力求均匀，所以规定在一个工作场所内，不得只装设局部照明，还应设一般照明，减少明暗不一之处。施工人员为动态操作，当于明亮之处操作后，转向其他处时，也应保持一定亮度，保证作业安全。

② 应急照明是当工作照明发生故障中断时，为继续工作或疏散人员而设置的照明。应急照明与工作照明由不同的供电电源或自备发电机组和蓄电池组供电。

2. 相关规定

本规范第 9.1.2 条、第 9.1.3 条、第 9.1.4 条对照明器的选择进行了相关规定。

3. 注意事项

施工现场照明往往由于未纳入施工组织设计或施工组织设计中考虑不细，在发生夜间施工等情况时，临时设置照明，因此造成线路敷设混乱。照明器多采用碘钨灯做局部照明，不设置一般照明，导致不能保证照明的均匀度和最低照度，不仅给作业造成不便影响生产，同时有的还导致发生事故。

【实施与检查的控制】

1. 实施

现场照明应与动力用电一并在用电施工组织设计中进行设计，并对自然采光差的场所以及夜间施工场所进行现场勘察，对原设计中考虑不周之处应补充相应的照明装置，夜间施工应有专业电工跟班，发现问题及时解决。

2. 检查

对地下室等自然光较差的场所进行照明的专门检查。一般照明、局部照明设置是否合理，对夜间施工场所进行了解和提前进行检查，照明的设置是否满足施工要求。

9.2.2 对下列特殊场所应使用安全电压照明器：

一、隧道、人防工程，有高温、导电灰尘或灯具离地面高度低于 2.4m 等场所的照明，电源电压应不大于 36V；

二、在潮湿和易触及带电体场所的照明电源电压不得大于 24V；

三、在特别潮湿的场所、导电良好的地面、锅炉或金属容器内工作的照明电源电压不得大于 12V。

【技术要点说明】

1. 主要规定

(1) 采用安全电压是防止触电伤害的一种安全技术措施。所谓安全电压是指人体在一定的时间内接触而不会发生触电危险的电压。安全电压不是单指某一电压值，而是一个系列，即：42V、36V、24V、12V、6V，按照照明器使用场所的环境条件和作业条件等因素选择照明供电的安全电压等级。

(2) 从触电危险程度考虑施工场所环境可分为：

一般场所：相对湿度≤75%的干燥场所；无导电粉尘的场所；气温不高于 30℃ 的场所；无导电地板（干燥木地板、塑料地板、沥青地板等）的场所。

危险场所：相对湿度长期处于 75%以上的潮湿场所；露天并且能遭受雨、雪侵袭的场所；有导电粉尘的场所；气温高于 30℃炎热的场所；有导电的泥土、混凝土或金属结构地板的场所；施工中常处于水湿润的场所。

高度危险场所：相对湿度接近 100%，蒸汽潮湿环境，有活性化学媒质放出腐蚀性气体（或液体）的场所，具有两个危险场所特征（如导电地板和高温，或导电地板和有导电粉尘）的场所。

2. 相关标准

本规范第 9.2.4 条规定了使用行灯电源电压不超过 36V。

3. 注意事项

(1) 安全电压的数值与人体可以承受的安全电流及人体电阻有关，安全电压的上限为

50V，对 25V 以下可以不考虑防止电击的安全措施。

50V 一级相当于人体允许电流 30mA 和人体电阻 1600Ω 的情况（相当于一般场所的安全电压）。24V 一级相当于人体允许电流 30mA 和人体电阻 700Ω 的情况（相当于危险场所的安全电压）。当作业条件处于高度危险场所时，则应选用 12V 及以下等级的安全电压。

（2）选择 36V 电压作为安全电压是有条件的

《安全电压》标准中规定：当电气设备采用了超过 24V 的安全电压时，必须采取防直接接触带电体的保护措施。就是说，当采用 36V 作为安全电压时，应将电气设备及线路全部采取绝缘措施，线路接头必须作绝缘包扎，线路应按一般低压电力线路规定敷设，由专业电工敷设线路和接装电气设备。有些人误认为，使用 36V 线路不会有电击危险，因此可以任意拖地，接头可以不包扎，照明灯具也可随意接装，这是不正确的，事实上人体对 36V 电压的接触也是有时间限制的，如果人体长时间（超过 3～10s）直接接触，仍然会导致危险。

【实施与检查的控制】

1. 实施

应按照现场的作业环境条件选择照明供电的安全电压的等级和相应电压等级的照明器。

（1）在隧道、人防工程、有高温、导电灰尘及灯具架设达不到规定的高度时，供电电压选用 36V；

（2）在潮湿和易触及带电体场所作业，供电电压选用 24V；

（3）在特别潮湿、金属构架和金属容器内作业，供电电压选用 12V；

（4）使用行灯的供电电压采用 36V。

（5）当选用 36V 安全电压供电时，必须保证电气线路绝缘良好，线路不能随意拖地，接头处应做绝缘包扎。

2. 检查

（1）检查选择的电压等级是否符合规定的作业环境条件。

（2）对使用 36V 电压的电气设备的线路敷设以及线路接头包扎等情况进行检查，应保证绝缘良好。

（3）施工现场生活区的照明宜采用 36V 安全电压供电，并禁止随意接装照明器。

9.2.5　照明变压器必须使用双绕组型，严禁使用自耦变压器。

【技术要点说明】

1. 主要规定

安全照明变压器必须使用双绕组型，严禁使用自耦变压器。变压器按线圈的结构不同可分为单绕组、双绕组、三绕组及多绕组变压器。自耦变压器属单绕组变压器，它只有一个绕组，二次绕组是从一次绕组抽头而来的，因此，一次与二次绕组之间除了有磁的联系外，还有直接电的联系，作业时人体将直接受到初级 220V 电压的威胁。

双绕组变压器的一次绕组与二次绕组是绝缘隔离的。由于采用了一次绕组与二次绕组分别装在两个铁芯柱上这种特殊结构，即使发生高压击穿事故，也只是在一次绕组与铁芯之间形成短路，而不会发生一次绕组与二次绕组之间的直接击穿。双绕组变压器的一次绕组与二次绕组相互绝缘没有直接电的联系，靠磁耦合使次级电压稳定，初级 220V 电压不会窜入次级，因而作业人员可免受一次电压的威胁。

2. 相关标准

本规范第 9.2.6 条规定了携带式变压器的一次侧电源线长度不应过长，且应采用软电缆，以便于使用和防止发生因一次绝缘损伤而导致的触电事故。

3. 注意事项

安装变压器时，应将变压器的铁芯（或线圈的屏蔽隔离层）接零或接地，一次及二次侧均应装设熔断器（一次侧按变压器额定容量，二次侧按实际负载配置），变压器应装设于电箱内，并按照电箱内电器的安装要求安装牢固。

【实施与检查的控制】

1. 实施

安全照明变压器应选用双绕组型变压器，一次侧及二次侧装设熔断器，使用时变压器不应裸露，且应装在专用电箱内。

2. 检查

检查安全变压器的选用及安装是否符合要求。

9.3.11 对于夜间影响飞机或车辆通行的在建工程或机械设备，必须安装设置醒目的红色信号灯。其电源应设在施工现场电源总开关的前侧。

2 高 处 作 业

《建筑施工高处作业安全技术规范》JGJ 80—91

2.0.7 雨天和雪天进行高处作业时，必须采取可靠的防滑、防寒和防冻措施。凡水、冰、霜、雪均应及时清除。

对进行高处作业的高耸建筑物，应事先设置避雷设施。遇有六级以上强风、浓雾等恶劣气候，不得进行露天攀登与悬空高处作业。暴风雪及台风暴雨后，应对高处作业安全设施逐一加以检查，发现有松动、变形、损坏或脱落等现象，应立即修理完善。

【技术要点说明】

1. 主要规定

高处作业条件具有一定危险性，如果遇上特殊气候雨天、雪天更增加其危险，所以作业前须进行清理和采取必要措施。规范并未作出具体的规定，各地应根据当地的气候条件和工程特点，在编制施工组织设计中统一考虑对雨、雪、强风、雷电等特殊高处作业的安全技术措施。

2. 相关规定

本规范第 2.0.2～2.0.9 条的规定，都是针对高处作业施工特点制定的。

3. 注意事项

高处作业的规定，包括了对作业条件和作业人员的行为的规定。凡构成高处作业必须按规定设置相应的防护设施和作业人员应遵守高处作业的相关规定，这些防护措施的设置方法应在各施工部位进行具体规定；作业人员的操作要求，应在各工序中分别进行要求。

【实施与检查的控制】

1. 实施

(1) 建筑施工多为露天作业，受天气影响给作业条件带来变化。施工现场应按当地气候条件和建筑工程施工工艺，预先在施工组织设计中考虑应采取的措施。

(2) 当施工中遇特殊天气时，生产指挥人员应及时按照施工情况采取安全措施，确保施工安全。

(3) 当遇有六级以上强风、浓雾、大雨时应停止高处作业。当再复工时，应先进行检查整理。冬季雪天后应清扫和采取防滑措施。

2. 检查

(1) 按照规定，作业面的高度距有可能坠落的基准面距离达到 2m 时，即为高处作业。故一切高处作业的人员必须遵守相关规定。

(2) 凡高处作业处必须设置相应的防护设施。

(3) 特殊天气和雨、雪后施工应进行检查和清理，确认无隐患再继续施工。

2.0.9 防护棚搭设与拆除时，应设警戒区，并应派专人监护。严禁上下同时拆除。

3.1.1 对临边高处作业,必须设置防护措施,并符合下列规定:

一、基坑周边,尚未安装栏杆或栏板的阳台、料台与挑平台周边,雨篷与挑檐边,无外脚手的屋面与楼层周边及水箱与水塔周边等处,都必须设置防护栏杆。

三、分层施工的楼梯口和梯段边,必须安装临时护栏。顶层楼梯口应随工程结构进度安装正式防护栏杆。

四、井架与施工用电梯和脚手架等与建筑物通道的两侧边,必须设防护栏杆。地面通道上部应装设安全防护棚。双笼井架通道中间,应予分隔封闭。

五、各种垂直运输接料平台,除两侧设防护栏杆外,平台口还应设置安全门或活动防护栏杆。

3.1.3 搭设临边防护栏杆时,必须符合下列要求:

一、防护栏杆应由上、下两道横杆及栏杆柱组成,上杆离地高度为1.0～1.2m,下杆离地高度为0.5～0.6m。坡度大于1∶2.2的屋面,防护栏杆应高1.5m,并加挂安全立网。除经设计计算外,横杆长度大于2m时,必须加设栏杆柱。

三、栏杆柱的固定及其与横杆的连接,其整体构造应使防护栏杆在上杆任何处,能经受任何方向的1000N外力。当栏杆所处位置有发生人群拥挤、车辆冲击或物件碰撞等可能时,应加大横杆截面或加密柱距。

四、防护栏杆必须自上而下用安全立网封闭,或在栏杆下边设置严密固定的高度不低于180mm的挡脚板或400mm的挡脚笆。挡脚板与挡脚笆上如有孔眼,不应大于25mm。板与笆下边距离底面的空隙不应大于10mm。

接料平台两侧的栏杆,必须自上而下加挂安全立网或满扎竹笆。

五、当临边的外侧面临街道时,除防护栏杆外,敞口立面必须采取满挂安全网或其他可靠措施作全封闭处理。

【技术要点说明】

1. 主要规定

(1) 施工现场中，工作面沿边无围护设施的，或者虽有围护设施但高度低于800mm(低于一般人体重心高度) 时，此时的高处作业称临边作业，必须设置临边防护，否则会有发生高处坠落的危险。为此，第3.1.1条例举了应该设置临边防护措施的施工部位和方法。

(2) 第3.1.3条对临边防护栏杆的作法和要求进行了具体规定。防护栏杆的作用是防止人员在各种情况下(站立和下蹲作业)的坠落,故设上下两道横杆。其作法必须保障意外情况身体外挤时(按1000N外力)的构造要求。当特殊情况考虑发生人群拥挤或车辆冲击时,应单独设计加大栏杆及柱的截面。另外,考虑作业时,可能由于人体失稳,脚部可能从栏杆下面滑出或脚手板上的钢筋、钢管、木杆等物料滚落,故规定设置档脚板,也可采用立网封闭,防止人员或物料坠落。

(3) 第3.1.1条四款中规定,地面通道上部应装设安全防护棚。主要指有可能造成落物伤害的地面人员密集处。如建筑物的出入口、井架及外用电梯的地面进料口以及距在建施工的建筑物较近(在落物半径范围以内)的人员通道的上方,应设置防落物伤害的防护棚。

2. 相关规定

本规范第3.1.2条、第3.1.4条规定了当采用不同材料制作防护栏杆时的最小截面要求和计算方法。

3. 注意事项

(1) 临边防护栏杆可采用立网封闭,也可采用底部设置挡脚板(笆)两种作法。当采用立网封闭时,应在底部再设置一道大横杆,将安全立网下边沿的系绳与大横杆系牢,封严下口缝隙。

(2) 临边防护栏杆不能流于形式。一些工地采用了截面过细的竹杆,甚至采用麻绳等材料;也有利用阳台周边栏板的钢筋代替防护栏杆,但有的高度不够,有的钢筋也未作必要的横向连接;一些框架结构的各层沿边,只设置一道大横杆,既无立网防护也无挡脚板(笆)等极不规范。形式上虽然作了临边防护,仍然存在事故隐患。

(3) 当外脚手架已采用密目网全封闭时,脚手架的各作业层仍需设置挡脚板(笆)。因脚手架的作业层宽度小,人员作业、材料存放、料具搬运等操作过程中,与立网相碰撞的情况难以避免,设置挡脚板(笆)增加了安全度,避免了将立网撞破或因立网连接不严而导致的事故。

(4) 当临边防护高度低于 800mm 时,必须补设防护栏杆,否则仍然有发生高处坠落的危险。

【实施与检查的控制】

1. 实施

(1) 凡施工过程中已形成临边的作业场所,其周边要搭设临边防护后再继续施工。

(2) 临边防护必须符合搭设要求。选用合格材料,符合搭设高度,且满足上下两道栏杆,或采用立网封闭或在下部设档脚板(笆)的规定。

(3) 有一定的牢固性,选材及连接应符合要求。

(4) 对采用外脚手施工的建筑物,应在脚手架外排立杆用密目网封闭;对采用里脚手施工的建筑物,应在建筑物外侧周边搭设防护架,防护架与建筑物外墙距离应不大于 100mm,用密目网封闭。

(5) 防护棚的搭设除应牢固外,其搭设尺寸还应满足上方落物半径以外的要求。

2. 检查

(1) 建筑物外围在已用密目网封闭的同时,还应注意各楼层周边是否已设临边防护,防止因楼层与脚手架之间空隙过大而发生的坠落事故,并应注意阳台等凸出部位的周边是否亦已设临边防护。

(2) 对各种临边防护的搭设是否符合要求,安全网封挂是否严密,安全网质量是否有合格证。

(3) 检查搭设的防护棚是否具有防落物伤害的能力,包括防护棚选用的材料和搭设的防护面积。严禁防护棚上面存放物料。

3.2.1　进行洞口作业以及在因工程和工序需要而产生的,使人与物有坠落危险或危及人身安全的其他洞口进行高处作业时,必须按下列规定设置防护设施:

一、板与墙的洞口,必须设置牢固的盖板、防护栏杆、安全网或其他防坠落的防护设施。

二、电梯井口必须设防护栏杆或固定栅门;电梯井内应每隔两层并最多隔 10m 设一道安全网。

三、钢管桩、钻孔桩等桩孔上口,杯形、条形基础上口,未填土的坑槽,以及人孔、天窗、地板门等处,均应按洞口防护设置稳固的盖件。

四、施工现场通道附近的各类洞口与坑槽等处，除设置防护设施与安全标志外，夜间还应设红灯示警。

3.2.2 洞口根据具体情况采取设防护栏杆、加盖件、张挂安全网与装栅门等措施时，必须符合下列要求：

四、边长在1500mm以上的洞口，四周设防护栏杆，洞口下张设安全平网。

六、位于车辆行驶道旁的洞口、深沟与管道坑、槽，所加盖板应能承受不小于当地额定卡车后轮有效承载力2倍的荷载。

八、下边沿至楼板或底面低于800mm的窗台等竖向洞口，如侧边落差大于2m时，应加设1.2m高的临时护栏。

九、对邻近的人与物有坠落危险性的其他竖向的孔、洞口，均应予以盖没或加以防护，并有固定其位置的措施。

【技术要点说明】

1. 主要规定

(1) 洞口作业是指人在洞口旁的高处作业，当无防护设施时，有可能发生人或物的坠落危险。第3.2.1条例举了各种形式的洞口和应该设置不同防护设施的作法，这些洞口作法都是总结建筑施工过程中容易发生事故的部位，故必须设置防护设施，其要求和作法也是针对洞口特点及施工现场经常采用的有效作法。电梯井除应在井口设防护门或防护栏杆(栏杆底部应设挡脚板)外，井道内架设平网也是必要的补充防护措施，安全平网的最大冲击高度为10m，故规定两层平网的间隔不大于10m。

(2) 第3.2.2条各款中比较具体地规定了，根据洞口的情况可采用加盖板、设防护栏杆、张挂安全网等措施。较小的洞口可采用定型盖板，较大的洞口张挂平网(防止落人)，同时四周设防护栏杆阻止人员靠近。位于车辆行驶道旁的洞口，为防止被压坏，其盖板应有足够的牢固性。

2. 相关规定

本规范第3.2.2条1、2、3、5、7款各项内容，同样是对洞口防护的有关规定。

3. 注意事项

(1) 洞口的防护措施必须具有一定强度和进行固定。一些工地洞口防护措施没有在施工组织设计中预先设计，而是在施工过程中随意采用现场材料如脚手板、竹笆等材料覆盖，由于对脚手板无固定措施而移动或被挪用，产生了新洞口，或竹笆强度不够起不到防护作用，虽有措施，仍然会发生事故。

(2) 边长在1500mm以上较大孔洞可采用四周设防护栏杆洞口设双层平网(或一层平网一层密目网)，即阻止人体坠落也对物料坠落有一定的防护，但不能只用密目网(立网)代替平网使用。平网必须沿洞口周边系牢，以承受物体坠落时的冲击荷载。

(3) 采用栅门做竖向洞口防护时，应注意栅网格间距不大于150mm，并于底部设挡脚板。井道内设置的平网防护，不能用脚手板等硬质材料代替平网。

(4) 应注意规范规定了当平面洞口短边大于25mm时，就应按要求进行防护，以防止钢筋、石子、钢管等坠落伤人。

(5) 洞口的各种防护措施安装后，必须由施工负责人组织进行验收，并设专人在施工过程中进行检查，发现有变化应及时维修，许多事故的教训说明，动态管理非常重要。

【实施与检查的控制】

1. 实施

(1) 建筑施工中会有各种情况形成的洞口,如因安装设备、管道、电梯等需要预留洞口和由于施工工艺在施工过程中形成的临时洞口等,都要在编制施工组织设计时,预先设计洞口的防护设施,包括制作及安装固定的方法,安装后要经验收确认符合要求,并在施工过程中设专人进行巡回检查,发现有变动及时修理。

(2) 避免预先不考虑、不设计,当遇洞口时随机找材料覆盖、遮挡的作法,由于随意性会造成材料及安装方法有隐患,从而带来不安全。同时防止认为洞口防护是临时性的措施而无人维护无人负责,以致防护措施被变动产生隐患无人发现。

2. 检查

(1) 对洞口的检查包括两个方面,一是防护使用的材料,二是安装方法。例如采用平网防护,一是平网必须合格,二是四周确实挂牢,当有100kg重物自10m高坠落时,网必须有足够的承受能力。如果采用盖板,同样应进行固定。

(2) 有些工序如吊装作业,因施工工艺会形成临时性的洞口、临边,这些防护措施必须随施工随进行搭设。

4.1.5　梯脚底部应坚实,不得垫高使用。梯子的上端应有固定措施。立梯不得有缺档。

4.1.6　梯子如需接长使用,必须有可靠的连接措施,且接头不得超过1处。连接后梯梁的强度,不应低于单梯梯梁的强度。

4.1.8　固定式直爬梯应用金属材料制成。梯宽不应大于500mm,支撑应采用不小于∟70×6的角钢,埋设与焊接均必须牢固。梯子顶端的踏棍应与攀登的顶面齐平,并加设1～1.5m高的扶手。

使用直爬梯进行攀登作业时,攀登高度超过8m,必须设置梯间平台。

4.1.9　作业人员应从规定的通道上下,不得在阳台之间等非规定通道进行攀登,也不得任意利用吊车臂架等施工设备进行攀登。

上下梯子时,必须面向梯子,且不得手持器物。

【技术要点说明】

1. 主要规定

(1) 攀登作业是指借助登高用具或登高设施,在攀登条件下进行的高处作业。梯子是攀登作业时采用的主要登高用具之一。梯子的形式较多,国家已制订有相关标准,这里只对经常使用的固定式、移动式、直梯及折梯的安全使用提出重点要求,并不是全部内容,以求引起足够重视。

(2) 第4.1.5条、第4.1.6条主要对移动式直梯提出重点要求。梯脚不得垫高,系防止受荷载后不稳或下沉。上端应固定及梯子斜度不应过大,系防止作业时滑倒。梯子接长后,稳定性会降低,故作出限制。

(3) 第4.1.8条主要对固定式钢直梯的制作材料及制作要求、防护设施的设置都进行了规定,详见国家标准《固定式钢直梯》GB 4653.1。

(4) 第4.1.9条要求作业人员应从规定的通道上下,不准在无攀登设施处及非规定通道进行攀登,防止发生坠落。

2. 相关规定

本规范第 4.1.1～4.1.4 条、第 4.1.7 条中，都对借助梯子作登高用具的安全使用提出了要求。第 4.1.7 条对折梯使用提出要求也是非常必要的，折梯使用中由于不按要求使用导致事故的情况也有发生。

3. 注意事项

(1) 梯子作为登高用具，重复使用，每次使用前必须进行检查，往往由于使用时间很短或作业处高度不高而忽视。例如：某工地已到竣工收尾，只差室内顶棚处的人孔板安装刷油，室内净高不足 3m，木地板。作业时移动直梯上端无固定，下端无防滑，角度又过大，梯子滑倒，上部工作人员坠落，又因地面杂物未清理净，头部被铁件碰伤，抢救不及而死亡。

(2) 使用折梯的事故主要发生在下部无固定拉链，工地临时用麻绳、细铅丝随意绑扎，拉链被拉断，梯子由“人”字形变成“一”字形，操作人坠落。

(3) 本规范第 4.1.9 条提出的违章行为也是较普遍的。当施工现场防护设施不完善、作业人员上下通道不方便时，往往出现非规定通道攀登现象。如攀爬龙门架、井架，攀爬脚手架、模板支撑以及在阳台与阳台之间铺设一块脚手板作为通行道等等，无任何防护措施来回行走都是非常危险的。

【实施与检查的控制】

1. 实施

(1) 施工现场必须按照各施工阶段考虑作业人员的上下通道，或设置临时上下梯道或利用建筑物的固有设施等，应在编制施工方案时统一考虑。

(2) 提供的梯子等登高设施必须经检查验收确认符合要求后方能使用，必须禁止任何个人随意制作。

(3) 必须加强教育，使登高作业人员能够鉴别和正确使用梯子，并在规定的通道上下。

2. 检查

(1) 对正在使用的梯子等登高设施进行检查，确认是否符合要求。

(2) 发现有人攀爬脚手架、垂直运输设备的架体等非规定的通道进行攀登时，应查明原因。如属于工地没有提供可行的通道，使得作业人员违章时，应与工地负责人协商解决；如属于作业人员怕麻烦图方便，有意违章攀登时，应待攀登人员到安全部位，即命停止并进行教育。

4.2.1　悬空作业处应有牢靠的立足处，并必须视具体情况，配置防护栏网、栏杆或其他安全设施。

4.2.3　构件吊装和管道安装时的悬空作业，必须遵守下列规定：

二、悬空安装大模板、吊装第一块预制构件、吊装单独的大中型预制构件时，必须站在操作平台上操作。吊装中的大模板和预制构件以及石棉水泥板等屋面板上，严禁站人和行走。

三、安装管道时必须有已完结构或操作平台为立足点，严禁在安装中的管道上站立和行走。

4.2.4　模板支撑和拆卸时的悬空作业，必须遵守下列规定：

一、支模应按规定的作业程序进行，模板未固定前不得进行下一道工序。严禁在连接件和支撑件上攀登上下，并严禁在上下同一垂直面上装、拆模板。结构复杂的模板，装、拆应

严格按照施工组织设计的措施进行。

三、支设悬挑形式的模板时，应有稳固的立足点。支设临空构筑物模板时，应搭设支架或脚手架。模板上有预留洞时，应在安装后将洞盖没。混凝土板上拆模后形成的临边或洞口，应进行防护。

拆模高处作业，应配置登高用具或搭设支架。

4.2.5　钢筋绑扎时的悬空作业，必须遵守下列规定：

一、绑扎钢筋和安装钢筋骨架时，必须搭设脚手架和马道。

二、绑扎圈梁、挑梁、挑檐、外墙和边柱等钢筋时，应搭设操作台架和张挂安全网。

悬空大梁钢筋的绑扎，必须在满铺脚手板的支架或操作平台上操作。

4.2.6　混凝土浇筑时的悬空作业，必须遵守下列规定：

一、浇筑离地2m以上框架、过梁、雨篷和小平台时，应设操作平台，不得直接站在模板或支撑件上操作。

二、浇筑拱形结构，应自两边拱脚对称地相向进行。浇筑储仓，下口应先行封闭，并搭设脚手架以防人员坠落。

三、特殊情况下如无可靠的安全设施，必须系好安全带并扣好保险钩，并架设安全网。

4.2.8　悬空进行门窗作业时，必须遵守下列规定：

一、安装门、窗，油漆及安装玻璃时，严禁操作人员站在樘子、阳台栏板上操作。门、窗临时固定，封填材料未达到强度，以及电焊时，严禁手拉门、窗进行攀登。

二、在高处外墙安装门、窗，无外脚手时，应张挂安全网。无安全网时，操作人员应系好安全带，其保险钩应挂在操作人员上方的可靠物件上。

三、进行各项窗口作业时，操作人员的重心应位于室内，不得在窗台上站立，必要时应系好安全带进行操作。

【技术要点说明】

1. 主要规定

(1) 悬空作业是指在周边临空状态下进行的高处作业。所以首先应建立一个安全的作业条件，立足处必须牢靠，并且有防护栏杆、安全网等防护措施。

(2) 构件吊装、管道安装常处于悬空作业，首先要解决作业人员的立足处，搭设脚手架或操作平台，禁止站在尚没安装稳定的构件或强度差的顶板上作业、行走。安装中的管道一是表面呈弧形，二是不具有承受操作人员重量的能力，故禁止站立和行走。

(3) 支拆模板、绑扎钢筋、浇筑混凝土各工序的作业，必须结合生产工艺搭设脚手架、操作平台及配置登高用具，禁止利用模板、支撑、钢筋骨架等作为作业人员立足处，防止因受力过大，模板、支撑、钢筋等变形、折断或人员踩空、绊倒造成坠落危险。结构复杂的模板必须清楚承力特点，按照施工组织设计要求进行浇筑混凝土，如浇筑拱形结构混凝土时，应从拱脚开始向中间对称进行；拆除较大跨度梁模板下支柱时，应从跨中开始分别向两端拆除，以符合结构原设计的受力工况。作业中遇有临边时，应采取临边防护；遇有孔洞时，按洞口防护要求设置防护设施。

(4) 当进行安装门窗、油漆、玻璃作业时，多是工程已进入收尾阶段，一些外脚手架、防护网等设施可能已拆除。此时外墙作业人员的作业处没有再搭设作业平台条件，故提出有关注意事项，当无条件张挂安全网时，随操作随挂牢安全带就成为保障高处作业安全的关键措施。

2. 相关规定

(1) 本规范第 4.2.2 条、第 4.2.3 条 1 款、第 4.2.4 条 2 款、第 4.2.5 条 3 款、第 4.2.7 条中都对悬空作业的有关内容进行了规定。

(2)《建筑安装工人安全操作规程》(80)建工劳字第 24 号,第 89～93 条及第 188 条、第 189 条中,也对高处作业的模板及混凝土安全操作进行了规定。

3. 注意事项

(1) 构件吊装属悬空作业范围,应在施工之前,按照施工组织设计要求,搭设脚手架或操作平台并经验收,符合施工要求后方可进行吊装作业。对吊装过程中产生的临边和孔洞,应预先按施工组织设计要求,将设置防护所用材料运至现场,随出现临边和孔洞及时搭设防护设施。

(2) 安装模板前,应搭设脚手架或操作平台,防止操作人员站在模板支撑上作业。避免绑扎钢筋、浇筑混凝土时站在大梁侧模上作业和在梁底模板上行走现象。也有的工地作业人员在绑扎独立柱的钢筋时,因无操作平台,采取用方木插在钢筋骨架孔内,骑在方木上作业的违章现象。

(3) 有的高处作业坠落事故发生在工程后期安装外墙窗扇的作业中,由于外脚手架已拆除,没有防护措施,作业人员未系安全带当人体重心位于室外时,或没有拽住身体,或由于拽动窗扇与人一起坠落。故工程后期中因条件变化,高处作业应一并考虑防护措施。

【实施与检查的控制】

1. 实施

(1) 起重吊装工程及设备安装,应单独编制施工组织设计,并统一考虑临边、洞口防护及攀登、悬空作业所需设施。

(2) 对于支拆模板、绑扎钢筋及浇筑混凝土作业,依据作业条件搭设脚手架、采用操作平台或高凳。

(3) 其他各种悬空作业,除采取预先组装减少悬空作业措施外,当因作业条件不能满足防护要求时,必须采取配备安全带和架设安全网等补充措施进行防护。

2. 检查

(1) 检查悬空作业主要是检查在所采用的施工工艺条件下,是否搭设了作业人员的作业平台和通道以及在不能搭设作业平台时,作业人员是否有条件可以随时将安全带挂扣在牢靠处,来保证作业安全。

(2) 应注意防止施工单位用发给作业人员安全带的方法,来代替悬空作业的部分或所有防护措施,而许多情况下作业人员确无条件将安全带挂扣在牢靠处,安全带失去了安全保护作用。

5.1.1　移动式操作平台,必须符合下列规定:

三、装设轮子的移动式操作平台,轮子与平台的接合处应牢固可靠,立柱底端离地面不得超过 80mm。

五、操作平台四周必须按临边作业要求设置防护栏杆,并应布置登高扶梯。

5.1.2　悬挑式钢平台,必须符合下列规定:

一、悬挑式操作钢平台应按现行的相应规范进行设计,其结构构造应能防止左右晃动,

计算书及图纸应编入施工组织设计。

二、悬挑式钢平台的搁支点与上部拉结点，必须位于建筑物上，不得设置在脚手架等施工设备上。

四、应设置4个经过验算的吊环。吊运平台时应使用卡环，不得使吊钩直接钩挂吊环。吊环应用甲类3号沸腾钢制作。

五、钢平台安装时，钢丝绳应采用专用的挂钩挂牢，采取其他方式时卡头的卡子不得少于3个。建筑物锐角利口围系钢丝绳处应加衬软垫物，钢平台外口应略高于内口。

六、钢平台左右两侧必须装置固定的防护栏杆。

七、钢平台吊装，需待横梁支撑点电焊固定，接好钢丝绳，调整完毕，经过检查验收，方可松卸起重吊钩，上下操作。

八、钢平台使用时，应有专人进行检查，发现钢丝绳有锈蚀损坏应及时调换，焊缝脱焊应及时修复。

5.1.3 操作平台上应显著地标明容许荷载值。操作平台上人员和物料的总重量，严禁超过设计的容许荷载。应配备专人加以监督。

【技术要点说明】

1. 主要规定

(1) 移动式操作平台上人作业前，应将立柱与地面之间垫实，避免车轮传力。规定立柱底部离地面不超过80mm，便于垫实和稳定。

(2) 悬挑式钢平台由型钢材料制作，可设计成上部斜拉或下部支撑型式。无论何种型式悬挑结构都必须自成承力系统，并与工程结构连接。当与脚手架连接时，其产生的力矩不但破坏脚手架自身的稳定性，同时由于脚手架的变形也给悬挑平台的使用带来危险。斜拉式钢平台一般两边各设两道斜拉杆或钢丝绳，计算时为安全计，均以一道受力验算。钢丝绳安全系数(考虑平台上人作业)$K \geqslant 10$。

(3) 考虑平台上料的规格种类无规律情况，必须在平台明显处标明最大荷载限定值，防止超载。

2. 相关规定

本规范第5.1.1条1、2款中规定了操作平台应按规定进行设计，其计算书及图纸应编入施工组织设计中。

3. 注意事项

目前一些工地使用的悬挑平台没有按规范要求设计制作成悬挑钢平台，而是采用了脚手架钢管、扣件临时组装并与外脚手架的杆件不同方式有连接的作法。其主要问题有：

一是未经设计计算，安全载荷没有保障。即或计算也不是按钢管扣件连接的构造，而是按节点杆件轴线汇交于一点的刚性节点构造计算，与扣件钢管构造不符。

二是无论与脚手架采用何种形式连接，都将影响脚手架和平台的使用安全。

三是没有明确的荷载限值，平台的脚手板铺设不平整不固定，以及周边的防护不规范，给作业人员带来危险。

【实施与检查的控制】

1. 实施

(1) 无论移动式平台还是悬挑式平台，必须是经过设计计算，制作成稳定结构，并有足够的安全度及临边防护。

(2) 悬挑式平台的安装必须符合设计要求，与建筑结构连接或支承的部位应有保护措施，防止破坏建筑物。

(3) 施工单位可将悬挑平台设计成不同安装条件的标准型式，便于工地选用。要禁止使用脚手杆件搭设的悬挑平台。

2. 检查

(1) 应检查操作平台的设计计算是否已经复核，是否符合相关规范规定。

(2) 现场安装的悬挑式平台是否还有与脚手架相连接的作法。其与建筑结构连接的部位是否合理。

(3) 移动式平台的制作是否经设计和验收。

5.2.1 支模、粉刷、砌墙等各工种进行上下立体交叉作业时，不得在同一垂直方向上操作。下层作业的位置，必须处于依上层高度确定的可能坠落范围半径之外。不符合以上条件时，应设置安全防护层。

5.2.3 钢模板部件拆除后，临时堆放处离楼层边沿不应小于 1m，堆放高度不得超过 1m。楼层边口、通道口、脚手架边缘等处，严禁推放任何拆下物件。

5.2.5 由于上方施工可能坠落物件或处于起重机把杆回转范围之内的通道，在其受影响的范围内，必须搭设顶部能防止穿透的双层防护廊。

【技术要点说明】

1. 主要规定

(1) 交叉作业是指在施工现场的上下不同层次，于空间贯通状态下同时进行的高处作业。上下立体式交叉作业，极易造成落物伤人。因此，上下不同层次之间，在前后左右方向应有一段水平向的安全距离，此距离应大于可能坠落半径，当不能满足此距离时，应在上下作业层之间设置防护层。

(2)《高处作业分级》GB 3608 中，对可能坠落范围的半径 R，与作业位置的垂直距离 h 之间关系如下：

$h=2\sim5$m 时，　　R 为 3m；

15m$\geqslant h>$5m 时，　　R 为 4m；

30m$\geqslant h>$15m 时，　　R 为 5m；

$h>$30m 时，　　$R\geqslant$6m。

2. 相关规定

本规范第 5.2.2 条、第 5.2.4 条规定也属交叉作业时的安全要求。

3. 注意事项

施工现场常由于缩短工期而打乱原制订的生产程序，采取增加施工人员、提高施工工序的插入度等方法造成意外的交叉作业，如不注意采取合理安排和设置防护设施，极易发生伤人事故。尤其高层建筑的施工，不仅地面以上各层建筑的施工，既或地面以下深基工程施工，由于作业条件差更容易出现上下交叉作业情况，必须在施工组织设计中预以考虑。

【实施与检查的控制】

1. 实施

(1) 安排施工程序时，尽量避免上下人员在同一垂直面上作业。严格执行高处作业严禁向下抛物、作业人员应配工具袋、物料堆放应远离洞口、临边等规定，防止落物伤人。

(2) 当必须上下同一垂直面上作业时，应设置隔离层防护。

2. 检查

检查正在施工的现场对上下交叉作业的人员是否有合理的防护措施。

3 机 械 使 用

《建筑机械使用安全技术规程》JGJ 33—2001

2.0.1　操作人员应体检合格，无妨碍作业的疾病和生理缺陷，并应经过专业培训、考核合格取得建设行政主管部门颁发的操作证或公安部门颁发的机动车驾驶执照后，方可持证上岗。学员应在专人指导下进行工作。

2.0.5　在工作中操作人员和配合作业人员必须按规定穿戴劳动保护用品，长发应束紧不得外露，高处作业时必须系安全带。

2.0.8　机械必须按照出厂使用说明书规定的技术性能、承载能力和使用条件，正确操作，合理使用，严禁超载作业或任意扩大使用范围。

2.0.9　机械上的各种安全防护装置及监测、指示、仪表、报警等自动报警、信号装置应完好齐全，有缺损时应及时修复。安全防护装置不完整或已失效的机械不得使用。

2.0.15　变配电所、乙炔站、氧气站、空气压缩机房、发电机房、锅炉房等易于发生危险的场所，应在危险区域界限处，设置围栅和警告标志，非工作人员未经批准不得入内。挖掘机、起重机、打桩机等重要作业区域，应设立警告标志及采取现场安全措施。

2.0.16　在机械产生对人体有害的气体、液体、尘埃、渣滓、放射性射线、振动、噪声等场所，必须配置相应的安全保护设备和三废处理装置；在隧道、沉井基础施工中，应采取措施，使有害物限制在规定的限度内。

【技术要点说明】

1. 主要规定

(1) 机械使用安全，除要求机械本身无故障外，还规定了操作人员应具备的条件和持证上岗的要求，各种机械的操作人员所持的证书应与其所操作的机械相符。

(2) 机械操作人员除遵守操作机械应穿戴的劳动保护用品外，还应遵守在施工现场作业条件下，应穿戴的劳动保护用品的有关规定。

(3) 各种机械的作业能力和使用范围是有一定限度的，超过限度就会造成事故。为保持机械的完好状态，必须熟悉该机械说明书规定的技术性能并严格遵照执行，避免发生故障、损坏和导致事故。机械设备使用前进行检查和试运转，除对其性能进行检验外，尚应检验各安全装置的可靠性，保证机械设备的安全运行。

(4) 应注意机械设备的使用场所，特别是易发生危险的场所需要具备安全作业条件的要求，如设置通风换气装置、对危害气体的检测、防触电的安全措施以及设置消防器材、警示牌、防护围栏等，对保护人体及保护环境所提出的要求。

2. 相关规定

本规范第2.0.4条、第2.0.7条、第2.0.11条、第2.0.12条、第2.0.17条中规定了相关的内容，如：交接班、安全技术交底、拒绝违章指挥、按规定使用前进行测试等也应遵守。

3. 注意事项

(1) 机械操作属特种作业人员，必须经专业培训考核合格持证上岗。但有些中小型机械的操作属于企业自己培训的操作人员(如卷扬机)，因学习课时少、内容简单，虽经培训尚不能独立操作，遇故障不懂如何采取紧急措施；还由于对机械性能知识少，不懂如何按时正确维护保养。另外，也有其持证机型与所操作机型不符，例如：原操作中型起重量的塔式起重机司机，临时操作轻型塔式起重机，结果发生超载倒塔。又如：某施工单位汽车起重机的司机未到，由本车的汽车司机代替操作，结果导致事故。虽然都属塔式起重机，但不同级别起重量的塔式起重机对同样超载重量的影响程度是不同的。另外，虽然同属汽车起重机的司机，而起重机司机与汽车司机的技术要求也是不一样的。

(2) 有的机械操作人员不遵守现场的规定，如：认为在机车内作业或在操作棚内作业不同于现场露天，所以不遵守进入现场戴安全帽的规定。也有的操作人员为适应施工的需要而超载作业，不按规定对机械进行维修保养。各主管部门应进一步加强对各种机械操作人员的管理和定期培训工作，切实作到严格遵守操作规程和现场的安全规定。

【实施与检查的控制】

1. 实施

(1) 操作各类机械的人员必须持证上岗。其操作证必须与所操作的机械类型相适应。

(2) 操作搅拌机、卷扬机等中小型机械的操作人员必须按规定的培训内容及课时进行培训和考核。考核合格后应经熟练的操作人员同机操作，确认可以独立操作时，方可单独操作(经过一段时间的现场操作，可进一步提高遇意外问题时的处理能力)。

(3) 当操作人员改变机型时，必须经负责人同意，并经熟悉的操作人员同机操作，确认可以独立操作时，方可单独操作。

(4) 对各类机械人员必须加强管理，定期学习。应该会操作、会保养、懂机械原理、能在紧急情况下正确处理故障和具备遵章守纪的素质。

2. 检查

(1) 检查操作机械人员所持证书是否与所操作机械相符。

(2) 通过必要的简单问答包括班前试运转、作业中主要注意事项以及对发生故障的处理方法等，判断其技能。

(3) 通过操作和对安全装置的运行检查，确认机械安全装置的可靠度和确认操作人员熟知程度。

(4) 机械运行所产生噪声、振动等环境污染是否超标，作业条件和作业人员是否符合安全要求。

3.1.7　严禁利用大地作工作零线，不得借用机械本身金属结构作工作零线。

3.1.11　严禁带电作业或采用预约停送电时间的方式进行电气检修。检修前必须先切断电源并在电源开关上挂"禁止合闸，有人工作"的警告牌。警告牌的挂、取应有专人负责。

3.1.14　发生人身触电时，应立即切断电源，然后方可对触电者作紧急救护。严禁在未切断电源之前与触电者直接接触。

3.6.17　各种电源导线严禁直接绑扎在金属架上。

3.1.8 电气设备的每个保护接地或保护接零点必须用单独的接地(零)线与接地干线(或保护零线)相连接。严禁在一个接地(零)线中串接几个接地(零)点。

3.6.19 配电箱电力容量在15kW以上的电源开关严禁采用瓷底胶木刀型开关。4.5kW以上电动机不得用刀型开关直接启动。各种刀型开关应采用静触头接电源,动触头接载荷,严禁倒接线。

3.7.14 使用射钉枪时应符合下列要求:

1 严禁用手掌推压钉管和将枪口对准人;

2 击发时,应将射钉枪垂直压紧在工作面上,当两次扣动扳机,子弹均不击发时,应保持原射击位置数秒钟后,再退出射钉弹;

3 在更换零件或断开射钉枪之前,射枪内均不得装有射钉弹。

【技术要点说明】

1. 主要规定

(1) 无论采用保护接地或保护接零都不允许串接。如果多台设备串联共用一个保护接地装置,当其中一台设备发生碰壳故障时,所有串联设备外壳就会同时具有与保护接地处的相同电位,人触及时的接触电压容易导致触电事故。

若多台用电设备保护零线采用串接方法,当保护零线发生断线,和断点后面某台设备发生漏电时,断线后面所有设备外壳均会出现危险电压。

(2) 刀型开关属手动开关。由于手动开关通、断电流速度慢,灭弧能力差,在控制较大容量的动力电路时,容易产生较强电弧会灼伤人员或电器。而自动开关(空气开关)具有完善的灭弧装置,切断速度快、断流能力强,故较大容量的动力线路应采用自动开关控制。

(3) 射钉枪虽然在正常情况下,只有在枪筒顶紧作业面时,才能击发子弹,但在故障情况下,仍然有伤人的案例,所以不要将枪口对人。当与作业面压紧时,应保持枪筒与作业面垂直,防止顶滑发生危险。

2. 相关规定

《施工现场临时用电安全技术规范》JGJ 46 中,对接地(接零)、线路敷设、电气安装以及电器装置的选用都有相关的要求,应全面理解。

3. 注意事项

(1) 多台设备不得共用一组接地,应每台设备分别单独接地,或采用地下接地网措施。

多台设备(包括多台电箱或一台电箱中多个电器元件)的保护零线不准串接,应各自与保护零干线连接。例如一台电箱中安装了铁壳开关、磁力起动器和金属外壳的按钮,这三个电器的保护零线不能由金属按钮连接磁力起动器,再接到铁壳开关,之后再与接零干线连接。正确的作法,应该用适合的导线把接零保护干线引过来,再分别与每个电器装置连接。

(2) 电箱中的电器装置应与所控制设备的计算负荷相适应,尤其电动机电路,应考虑启动电流对电路及电器装置的影响。

【实施与检查的控制】

1. 实施

(1) 现场所有用电设备必须按照施工用电组织设计的要求,由专业电工安装。

(2) 各级配电箱、开关箱及电箱中设置的电器装置,必须与所控制的线路、用电设备相适应。

(3) 用电设备安装后，必须经验收和试运行确认合格后方能使用。

(4) 现场设专业电工，经常巡回检查、维修，并对违章使用电气设备的情况及时纠正。

(5) 操作射钉枪人员必须经专业培训建立对射钉枪专人保管的规定。

2. 检查

(1) 对所操作使用的用电设备的安装情况及作业条件进行检查。并检查开关箱内是否有隔离开关、漏电保护、超载保护及负荷开关等电气装置，检查电器标牌上参数应与所控制的用电设备相匹配。

(2) 检查操作射钉枪人员是否符合要求，并通过与操作人员问话，了解射钉枪使用、管理和发生故障等情况。

4.1.5　起重吊装的指挥人员必须持证上岗。

【技术要点说明】

1. 主要规定

本条规定对起重吊装指挥人员和起重吊装操作人员的职责进行了规定。

起重吊装作业中，指挥人员信号的正确与否是保障吊装作业安全的重要环节。要求指挥人员必须熟练掌握规定的指挥信号，懂得相关起重吊装工艺和安全规定，了解该起重设备的基本性能，必须经过培训考核持证上岗，按规定的信号正确指挥。

操作人员不能有误操作，必须按照指挥人员给出的信号进行，做到行为统一，防止发生事故。如果发现信号不清楚或指挥信号有错误时，应及时向指挥人员指出，待确认正确时再执行。

2. 相关规定

本规定第4.1.2条、第4.1.6条、第4.1.7条中，规定操作人员必须对现场环境进行了解。当正常指挥有困难时应采用对讲机等有效联络方式。在露天六级大风等恶劣天气时，应停止起重吊装作业。

3. 注意事项

目前，已经颁发了《起重吊装指挥信号》GB 5082，其中对手势信号、旗语信号及音响信号都进行了规定，要求必须按照规定的指挥信号进行培训和正确执行规定的指挥信号，不得擅自使用地方的习惯信号进行指挥，避免发生误操作事故。

【实施与检查的控制】

1. 实施

起重吊装作业前，必须由施工负责人组织，对指挥人员、操作人员及起重机驾驶员等所有参加起重吊装作业人员进行交底，对指挥人员的指挥信号进行规定，使全体人员都了解清楚，对司机使用的音响信号也必须同时进行要求。

2. 检查

可采用对现场人员进行提问，了解对指挥和操作的相关要求。或对正在进行起重吊装作业的各种人员进行观察判断是否符合规定。

4.1.10　起重机作业时，起重臂和重物下方严禁有人停留、工作或通过。重物吊运时，严禁从人上方通过。严禁用起重机载运人员。

4.1.8　起重机的变幅指示器、力矩限制器、起重量限制器以及各种行程限位开关等安全保护装置，应完好齐全，灵敏可靠，不得随意调整或拆除。严禁利用限制器和限位装置代替操

纵机构。

4.1.12 严禁使用起重机进行斜拉、斜吊和起吊地下埋设或凝固在地面上的重物以及其他不明重量的物体。现场浇注的混凝土构件或模板，必须全部松动后方可起吊。

4.1.16 严禁起吊重物长时间悬挂在空中，作业中遇突发故障，应采取措施将重物降落到安全地方，并关闭发动机或切断电源后进行检修。在突然停电时，应立即把所有控制器拨到零位，断开电源总开关，并采取措施使重物降到地面。

【技术要点说明】

1. 主要规定

(1) 为保障起重机在设备故障或操作失误的情况下不导致事故和造成更大损失，在起重机械安全规程和相关规定中，都要求安装必要的安全装置，这些装置应在设备运行前进行检查，确认齐全完好。这些安全装置是在意外故障时动作起保护作用，如果用安全装置代替正常的操纵机构，不但安全装置容易损坏失灵，而且在不正当的使用中也会导致事故。

(2) 起重机事故中，因超载作业导致倾翻事故所占比例较大，而斜拉、斜吊、起吊不明重量及埋在地下的物体等都可能导致超载。

起重机的额定起重量是以起吊钢丝绳垂直状态下确定的，当钢丝绳倾斜吊物，增加了水平牵引力，加大了倾覆力矩，造成起重机失稳，同时还可导致钢丝绳出槽、起重臂扭弯及起重机倾翻事故。

(3) 如用起升制动器使重物长时间停留在空中，当遇设备故障制动器失灵或操作疏忽，将使重物失控下降造成事故。

起重机在作业停止或下班断开总电源之前，应把所有控制器拨到零位，以确保再接通电源时，设备不会发生误动作而导致事故。

2. 相关规定

本规程第 4.1.9 条、第 4.1.11 条、第 4.1.13 条、第 4.1.14 条、第 4.1.15 条中，规定起重机变化动作前应发出音响示意；特殊情况下超载作业应经验算批准；起吊的重物上不得堆放或悬空挂零星物；重物荷载达额定起重量 90％及以上时，应先试吊确认以及操作应平稳等内容均应遵照执行。

3. 注意事项

(1) 一些单位使用起重机只注意影响起重作业技术性能的部件，而忽视了保证安全作业的安全装置。由于所有起重设备的安全装置在设备正常运行时不动作，因而误认为这些装置作用不大，工作前试运转中不进行试验，平时不检查不维护保养，以致当发生误操作或设备故障时，不能起保护作用而导致事故。

(2) 应该正确认识各种安全装置的作用。例如力矩限制器是防止起重机超载的安全装置，尤其像塔式起重机，重心高，稳定性差，作业中因超载引起造成的倒塔事故是主要原因。起重机安装力矩限制器后，只对起重臂纵向垂直平面内的超载力矩起防护作用，但不能防护斜吊、风载、地面倾斜或陷落等原因所引起的起重机倾翻事故。因此，决不能认为已装有力矩限制器而忽视对起重机的安全使用。

【实施与检查的控制】

1. 实施

(1) 起重吊装机械在运行过程中具有一定危险性，不仅要求机械本身无故障，同时还要求在起重吊装作业中，不超载使用，否则会导致事故。所以要求机械司机不仅要熟悉所操作机型的技术性能，同时还应清楚起重吊装工艺，懂得指挥信号，对违章指挥应拒绝起吊，起重机械司机是保障起重机械安全使用的关键。

（2）各种起重机械运到作业现场或在现场重新安装后，必须按照规定进行荷载试验，以对起重机械的性能进行确认，在作运行试验的同时，对各安全限位装置进行试验，以确认其可靠性。

（3）在正式作业前，现场指挥人员应将起重机司机和参加起重吊装作业人员集中，进行安全技术交底。

2. 检查

（1）对各种起重机械除应按相关规定要求检查外，还应针对该机械说明书的要求作进一步检查。

（2）对方便操作的安全限位装置如超高限位、幅度限位、行程限位等可在检查时，由司机操作，对各限位进行确认；对力矩限制器等不便操作的安全装置，可通过该机试验资料和对司机询问进行确认。

4.2.6 起重机变幅应缓慢平稳，严禁在起重臂未停稳前变换档位；起重机载荷达到额定起重量的90%及以上时，严禁下降起重臂。

4.2.10 当起重机如需带载行走时，载荷不得超过允许起重量的70%，行走道路应坚实平整，重物应在起重机正前方向，重物离地面不得大于500mm，并应拴好拉绳，缓慢行驶。严禁长距离带载行驶。

4.2.12 起重机上下坡道时应无载行走，上坡时应将起重臂仰角适当放小，下坡时应将起重臂仰角适当放大。严禁下坡空档滑行。

【技术要点说明】

1. 主要规定

（1）履带式起重机变幅机构一般采用蜗杆减速器和常闭带式制动器，这种制动器仅能起辅助制动作用，如果操作中在起重臂未停稳定时换档，由于起重臂下降的惯性超过了制动器的摩擦力，将造成起重臂失控滑杆事故。

（2）履带式起重机带载行走时，由于机身晃动、起重臂幅度不断变化以及重物因惯性摆动而形成斜吊等各种不利因素，会造成超载和影响机身的稳定性。因此，需要降低额定起重量保障作业安全。带载行走时，为使重物保持稳定需牵拉溜绳和离地面尽量低，重物重心低利于运行，遇意外情况重物可立即着地，重物置于起重机正前方便于司机控制和利于机车的稳定性。

（3）履带式起重机上下坡时，其重心和起重臂幅度将随坡度而变化，因此，不能再带载行驶。下坡时，若空档滑行，起重机会因失去控制而造成事故。

2. 相关规定

本规程第4.2.5条、第4.2.7条、第4.2.8条、第4.2.14条中的相关规定，都对履带式起重机的安全使用提出要求。

3. 注意事项

（1）使用起重机前，应认真阅读该机说明书，满足其作业条件要求。

（2）一般履带式起重机履带板的支承轮廓，纵向长度比两履带的横向宽度大，故纵向稳定性高，当起重机接近满负荷作业时，避免起重臂杆与履带呈垂直方向，防止机车失稳。

(3) 履带式起重机运到现场在安装起重臂之前，应先按说明书要求搭设枕木架，将起重臂放置在枕木架上，防止在紧固臂杆和穿绕钢丝绳作业时发生砸伤事故。

(4) 履带式起重机应具备起重量指示器、吊钩行程限位器、力矩限制器、防臂杆后仰装置等安全装置，使用前应经试验确认。

【实施与检查的控制】

1. 实施

(1) 履带式起重机运到施工现场重新组装后，应经荷载试验，对其起重性能及安全装置进行确认。

(2) 司机除必须熟悉该起重机性能外，尚应对现场所要进行吊装的构件尺寸、重物的实际 质量切实了解清楚。

(3) 对起重机运行路线，尤其是吊重作业路线的道路必须平整坚实，满足起重机对地耐力的要求。当不能满足时应采取垫板或路基箱措施，以保证起重机作业的稳定性。

2. 检查

(1) 检查起重机组装后进行荷载试验的资料，可根据情况在检查时进行必要的动作试验，以进一步确认起重机的完好情况。

(2) 对起重机作业环境及道路情况进行检查。

(3) 检查起重机作业时，应同时检查与其配合的作业人员是否符合安全操作要求。

4.3.21 行驶时，严禁人员在底盘走台上站立或蹲坐，并不得堆放物件。

【技术要点说明】

1. 主要规定

汽车、轮胎式起重机运行速度高、机动性强。其底盘平台周边无围护栏板，由于起重人员随机车蹲坐或站立在底盘平台上，机车在现场行驶时因地面凹凸不平或在公路上行驶车速快，致使人员从底盘上摔下造成伤害。

2. 相关规定

本规程第 4.3.18 条、第 4.3.19 条、第 4.3.20 条的规定，机车作业后及行驶前应做好的工作，并要求行驶保持中速不得紧急制动，防止臂杆及吊钩因惯性过大产生晃动。

3. 注意事项

由于汽车载重量的增大，加上液压装置和高强钢材制作的起重臂杆，因此，大吨位汽车式起重机得到进一步发展和被广泛使用。但应在使用中注意：

(1) 起重机支腿架是保证起重机作业稳定性的关键，作业时，一是机车要保持水平，二是支腿架底部用枕木垫牢；

(2) 由于起重机构造及支腿支承的位置等特点，致使臂杆在前后左右的各位置有不同的起重量，故起重臂杆回转作业时应注意，由于起重臂杆位于车前区时稳定性差，一般机车禁止在车前区作业，使用前应认真阅读说明书；

(3) 由于起重臂杆多为箱式结构，其截面宽度小、高度大，箱式起重臂下部由液压缸固定在支架上，格构式起重臂顶部用钢丝绳固定在变幅滑轮架上，因此垂直起吊负荷大，而横向刚度差，若侧向斜拉或回转过快都将造成臂杆变形。

【实施与检查的控制】

1. 实施

(1) 应对汽车式起重机的汽车司机和起重司机定期组织学习，对有关规定必须严格执行，并进行抽查，对违章行为有惩罚办法。

(2) 汽车司机无起重机操作证的不得操作起重机部分，起重机司机无汽车驾驶证的不能驾驶汽车，防止发生误操作事故。

(3) 汽车式起重机的稳定性主要依靠伸出支腿增大支承面积来保证。每次作业前，必须要全部伸出支腿，并垫实方木，调整到水平后，插好定位销再进行作业。严禁边调整支腿，边进行作业。

(4) 起重机运行时，司机室外不准有人和物件，司机必须事先进行检查确认。

2. 检查

(1) 汽车式起重机无论在作业或在运行时，除驾驶室内，任何处不得有人站立或蹲坐。

(2) 汽车式起重机当臂杆处于车前区时，一般不允许吊装作业，因为此时，稳定性最差，不能保证作业安全。

4.4.42　起重机载人专用电梯严禁超员，其断绳保护装置必须可靠。当起重机作业时，严禁开动电梯。电梯停用时，应降至塔身底部位置，不得长时间悬在空中。

4.4.6　起重机的拆装必须由取得建设行政主管部门颁发的拆装资质证书的专业队进行，并应有技术和安全人员在场监护。

4.4.47　动臂式和尚未附着的自升式塔式起重机，塔身上不得悬挂标语牌。

【技术要点说明】

1. 主要规定

(1) 随高层建筑的增加，塔式起重机的发展和使用也更加广泛，各种进口、国产塔式起重机的机型、规格不断更新，但由于管理不当，队伍素质低，致使发生了不少重大事故，其中很多是在拆装过程发生的。根据建设部颁发有关文件的要求，为加强管理特规定起重机的拆装必须由取得资格证书的专业队进行。

(2) 塔身悬挂标语牌会加大受风压面积，影响塔式起重机的稳定性。

2. 相关规定

(1) 本规程第4.4.7条、第4.4.10条、第4.4.13条、第4.4.17条、第4.4.19条规定，都对起重机的拆装作了相关要求。如：拆装前必须编制方案，并向全体人员交底；拆装作业必须有指挥人员，注意结构的连接和采用高强螺栓；安装后使用前，按规定进行整机检验确认；对塔身接高后与建筑物附着锚固的要求等。

(2)《塔式起重机安全规程》GB 5144 对塔式起重机进行了相关规定。

3. 注意事项

塔式起重机的特点是高度与底部支承轮廓尺寸之比值大，形成重心高、稳定性差，如不注意，容易发生倒塔事故。

(1) 拆装中倒塔事故，多是由于作业程序错误，或顶升时平衡臂与起重臂两端力矩不平衡引起。为此，要求：第一要认真按照该机说明书要求编制作业方案，认真阅读不同型号塔机的说明书，严格按方案进行；第二要由合格的专业队进行；第三要有熟悉作业方案和拆装工艺的人员统一指挥。

(2) 使用中发生倒塔事故，多是超载作业造成。引起超载的原因如：超负荷吊物、起吊不明重量或脱模时与构件有连接、基础沉陷或轨道不平造成的塔身倾斜、附着锚固不符合规定等。应进一步提高司机素质和对信号指挥人员加强培训，尤其对使用农民工做信号指挥的情况应引起注意。

(3) 塔式起重机的整机试验检验没有按照规范与《塔式起重机技术条件》GB/T 9462 规定的程序进行，致使带病运行。特别对安全装置没有进行试验确认形同虚设。例如力矩限制器，目前常用的有电子式和机械式两种，电子式，有显示、有预警，但受环境干扰大、易损坏；机械式，无显示，使用不如电子式方便，但耐用、维修方便、损坏率低。一些单位为使用方便，多采用了电子式，但由于无专人维护，拆装塔式起重机时管理不善，造成失灵或损坏，又因为没有可行的解决办法，造成一部分塔式起重机实际上在无力矩限制器保护的状态下运行。应由单位主管部门组织，逐台进行检验，对出现的问题分析归纳，研究解决办法，限期整改。

(4) 不准在塔式起重机塔身上悬挂标语牌，主要是指某些地区为宣传用制作成板式标语牌，将其悬挂在塔身节上，因而增大了迎风面积影响其稳定性。当大风骤起时，往往造成倒塔事故，特别是对行走动臂式和未附着的塔式起重机更是危险。

【实施与检查的控制】

1. 实施

(1) 安装和拆除塔式起重机之前，必须按照不同机型特点和说明书的要求，编制作业方案，并结合现场环境条件和辅助起重机情况提出工艺要求。

(2) 拆装塔式起重机必须由具有相应资质证书的专业队伍进行。作业前，必须仔细研究作业方案和阅读该机说明书，进行交底和岗位分工，并设统一指挥。

2. 检查

(1) 检查安装和拆除作业人员是否有资质证书，证书与作业机械是否相符，作业人员是否熟悉该机型安装、拆除工艺。

(2) 现场作业环境、有无障碍物、辅助起重机等是否符合要求。

(3) 对照作业方案检查主要操作程序是否正确。

(4) 检查使用的行走动臂式和未附着的塔式起重机的塔身上，是否挂有做宣传用的板式标语牌，如发现应立即拆除。

4.7.8 卷筒上的钢丝绳应排列整齐，当重叠或斜绕时，应停机重新排列，严禁在转动中用手拉脚踩钢丝绳。

【技术要点说明】

1. 主要规定

实践证明，卷扬机使用过程中钢丝绳的损坏和报废，大都不是因为正常运行磨损造成，而主要是由于卷筒上的钢丝绳未整齐排列，受力时钢丝绳之间重叠或斜绕，使其挤压变形，出现死弯、绳芯挤出、结构破坏达到报废标准，所以必须保证钢丝绳在卷筒上排列整齐。当发生乱绳时，应停机将绳倒出重新排列，不得在运行中进行，防止发生机械伤害事故。

2. 相关规定

本规程第 4.7.5 条对卷扬机与第一个导向滑轮的距离进行了规定，此项也是保障钢丝绳在卷筒上整齐排列的必要措施。

【实施与检查的控制】

1. 实施

① 应选用合格钢丝绳，按卷扬机位置合理确定钢丝绳长度并按要求在卷扬机上缠绕。

② 卷扬机操作人员应进行培训持证上岗，建立岗位责任，作业中随时注意观察，进行维修和整理时，必须停机后进行。

2. 检查

在卷扬机运行中和停机时进行检查，发现乱绳应指出，并提示必须停机后进行整理。

5.1.5 机械运行中，严禁接触转动部位和进行检修。在修理(焊、铆等)工作装置时，应使其降到最低位置，并应在悬空部位垫上垫木。

5.1.9 在施工中遇下列情况之一时应立即停工，待符合作业安全条件时，方可继续施工：

1 填挖区土体不稳定，有发生坍塌危险时；

2 气候突变，发生暴雨、水位暴涨或山洪暴发时；

3 在爆破警戒区内发出爆破信号时；

4 地面涌水冒泥，出现陷车或因雨发生坡道打滑时；

5 工作面净空不足以保证安全作业时；

6 施工标志、防护设施损毁失效时。

5.1.3 作业前，应查明施工场地明、暗设置物(电线、地下电缆、管道、坑道等)的地点及走向，并采用明显记号表示。严禁在离电缆 1m 距离以内作业。

5.1.10 配合机构作业的清底、平地、修坡等人员，应在机械回转半径以外工作。当必须在回转半径以内工作时，应停止机械回转并制动好后，方可作业。

【技术要点说明】

1. 主要规定

(1) 土石方机械作业区域包括地面以下，因此，要对施工现场运行路线区域内，地面的道路、架空线路及地面以下的管线、建筑物等充分了解，以便采取相应措施保障作业的顺利进行。

(2) 土石方机械作业时常有配合作业的人员。如开挖坑槽作业的清底、修坡人员，需在机械挖土的作业半径范围内作业时，必须待挖土机停止作业后进入，如果同时进行，容易发生伤人事故。

2. 相关规定

(1) 土石方机械作业，除应保持机械设备本身处于完好状态外，还应注意地上、地下的各种作业条件。地上应保持与架空线路的安全距离或采取安全防护措施；地下应查明建筑物和管线、电缆，并在地面作明显标志。有的挖土机作业前，因没有完全查清，导致挖断电缆、上下水管以及燃气管道等造成很大损失。

(2) 土石方机械作业前，应全面了解作业内容和工艺及环境条件。例如与外单位人员配合作业时，如何交叉进行，既满足施工要求，又能保证作业安全；又如，在深基工程挖土作业时，如何保证机位边坡的稳定性等问题，都应在施工组织设计中明确。

【实施与检查的控制】

1. 实施

(1) 土石方作业前，应根据工程内容和现场作业条件编制作业方案。应调查了解地上物、架空线路、地下物、各种管线等情况，并于现场设置明显标志，架空线路应有防护措施，防止作业中碰触和因对地下物不清楚而造成路基坍塌。

(2) 作业中遇特殊情况影响作业安全时，应暂停工作，待采取可靠措施后再继续施工。

(3) 与机械配合的作业人员，必须提前组织与司机共同进行交底，并设统一指挥人员，在机械作业的同时，其他人员不得进入其作业半径内工作。

2. 检查

(1) 土石方机械的作业位置是否稳固，运行路线中是否有障碍物，机械作业有无工序要求。

(2) 土石方机械使用前是否经试运转检查，司机是否掌握其机械性能和了解工程总体要求。

(3) 与机械配合作业人员是否经安全交底。

5.3.12 在行驶或作业中，除驾驶室外，挖掘装载机任何地方均严禁乘坐或站立人员。

5.4.8 推土机行驶前，严禁有人站在履带或刀片的支架上，机械四周应无障碍物，确认安全后，方可开动。

5.5.6 作业中，严禁任何人上下机械，传递物件，以及在铲斗内、拖把或机架上坐立。

5.5.17 非作业行驶时，铲斗必须用锁紧链条挂牢在运输行驶位置上，机上任何部位均不得载人或装载易燃、易爆物品。

【技术要点说明】

1. 主要规定

(1) 装载机、推土机、铲运机等土方机械在作业时，常与现场人员配合施工，有时配合作业人员为图方便乘随机械行驶或在机械驾驶室外坐立，因而常常导致机械伤害事故。为此规定，要求司机和配合作业人员，除驾驶室内，不应有人坐立；机械运行前，检查所有部位均不得有人；作业中，任何人不得上下，防止发生事故。

(2) 铲运机的铲斗是为运行中进行铲土作业而设的装置，当只运行不作铲土时，必须将铲斗悬挂牢靠，防止因车身颠波等原因使铲斗落地造成事故。

2. 相关规定

本规程第 5.5.5 条、第 5.5.14 条规定了铲运机在不同作业条件下，对铲斗位置的要求。

3. 注意事项

施工现场人员在与各种机械配合作业前，应经培训合格，培训内容应包括机械的特点、配合作业应注意事项，不能把随机人员交给司机而放弃管理。

【实施与检查的控制】

1. 实施

(1) 本规定提出的安全要求，必须由机车司机和配合作业人员双方遵守。司机必须坚持作业及运行时，不准载人；配合作业人员必须遵守不准在机车上坐立的规定，除在工作前的安全交底中写明外，并经常检查。

(2) 铲运机司机在机车作业和运行中，必须遵守不同情况对铲斗位置的要求。运行前，铲斗离开地面，运行中检查地面障碍物，铲土时应保持直线行驶，在高低不平地面行驶和转弯时不要将铲斗提升到最高位置，防止重心高铲斗摇摆机车失稳。

2. 检查

许多运行式机车都规定了驾驶室以外不准载人，主要是防止司机不坚持正确作业，配合作业人员无人管理和作业前无人要求，因此发生伤人事故。必须认真贯彻规定，讲明利害，指定配合作业的负责人员进行管理和进行检查。

5.10.21 装载机转向架未锁闭时，严禁站在前后车架之间进行检修保养。

5.11.4 夯实机作业时，应一人扶夯，一人传递电缆线，且必须戴绝缘手套和穿绝缘鞋。递线人员应跟随夯机后或两侧调顺电缆线，电缆线不得扭结或缠绕，且不得张拉过紧，应保持有3～4m的余量。

【技术要点说明】

1. 主要规定

夯实机作业发生触电事故的原因主要是，电缆线不合格或被夯砸绝缘破损导致触电；夯实机扶手无绝缘措施和操作人员未穿戴绝缘用品；安装、转移夯实机不按规定操作导致的触电。其中防止电缆线被砸伤绝缘，简单有效的办法就是增设一名调整电缆线人员。

2. 相关规定

本规程第5.11.2条、第5.11.3条、第5.11.14条规定，同样是防止夯实机作业触电的措施。

《施工现场临时安全技术规范》中，第8.4.1～8.4.4条中，对夯实机作业防止触电进行了规定。

3. 注意事项

(1) 按照《施工现场临时用电安全技术规范》要求，安装夯实机必须装设漏电保护器(15mA×0.1s)。

(2) 扶夯和调整电缆人员都必须穿戴绝缘用品。

(3) 转移夯实机时，必须切断电源。

【实施与检查的控制】

1. 实施

(1) 夯实机使用前应进行交底。

(2) 电气开关箱内必须装设漏电保护器，使用前检查电器及线路确认符合要求。夯实机扶手应有绝缘措施。操作人必须穿戴绝缘用品。

(3) 操作时，由二人进行，一人扶夯，一人调整电缆，当夯打基础墙周边时，要离开一定距离。

(4) 夯实机转移或停止作业时，必须切断电源，露天存放应有防雨措施。

2. 检查

(1) 检查开关箱中电器是否符合规定。

(2) 检查夯实机机械和电缆是否符合相关要求。

(3) 检查夯实机作业中扶夯和调整线路人员之间配合情况。

(4) 检查夯实机作业环境应该提醒操作注意事项。

5.12.10 电动冲击夯应装有漏电保护装置，操作人员必须戴绝缘手套，穿绝缘鞋。作业时，电缆线不应拉得过紧，应经常检查线头安装，不得松动及引起漏电。严禁冒雨作业。

5.13.7 严禁在废炮眼上钻孔和骑马式操作，钻孔时，钻杆与钻孔中心线应保持一致。

5.13.16 在装完炸药的炮眼5m以内,严禁钻孔。

5.14.3 电缆线不得敷设在水中或在金属管道上通过。施工现场应设标志,严禁机械、车辆等在电缆上通过。

6.1.15 在坡道上停放时,下坡停放应挂上倒档,上坡停放应挂上一档,并应使用三角木楔等塞紧轮胎。

6.2.2 不得人货混装。因工作需要搭人时,人不得在货物之间或货物与前车厢板间隙内。严禁攀爬或坐卧在货物上面。

【技术要点说明】

1. 主要规定

(1) 车辆停放司机离开后,车辆即处于无人驾驶管理,为防止发生意外,应将内燃机熄火,拉紧手制动器、锁好车门等,如果停放在坡道上,还要采取挂档措施。因为车辆挂档后,可利用内燃机的阻力而固定,防止因其他外力造成的车辆移动。将轮胎楔紧,避免位于坡道上的车辆因重力作用始终处于下滑状态。

(2) 车辆车厢多采用钢板材料,当制动时,车厢内货物因惯性会向前滑动,严重时会撞坏车厢及驾驶室,所以货物应捆牢。当有人在货物之间或在货物与前车厢间隙内时,会带来伤亡危险。

2. 相关规定

本规程第6.1.14条、第6.1.16条中,对停放车辆规定了应注意的事项。

本规程第6.2.6条规定,装运氧气瓶等易燃易爆物品时,严禁混装油料。

3. 注意事项

(1) 坡道停车,上坡时挂前进档,下坡时挂倒档,将前后轮楔紧。重新启动前,应将变速杆放到空档,拉紧手制动器。

(2) 人货混装车厢载人必须经主管负责人同意按有关规定执行,司机不能擅自决定。

【实施与检查的控制】

1. 实施

(1) 车辆停放应尽量选在平整坚实和避开易被水泡的低洼处,当因作业条件限制只能停放在坡道时,必须按要求采取挂档和楔紧车辆措施。

(2) 车厢装有货物时,司机必须认真检查确认捆绑牢靠后再开车,中途发生松动,要停车重新捆牢。

因工作需要装货车厢内需搭人时,必须根据货物的性质,危险程度采取可靠措施,否则不得人货混装。

2. 检查

(1) 对现场停放的车辆检查,在坡道停放的车辆前后轮是否已楔紧。

(2) 车辆运货时,货物捆绑是否牢靠,是否超宽、超高。有人搭车时,是否符合安全要求。

6.2.4 运载易燃、有毒、强腐蚀等危险品时,其装载、包装、遮盖必须符合有关的安全规定,并应备有性能良好、有效期内的灭火器。途中停放应避开火源、火种、居民区、建筑群等,炎热季节应选择阴凉处停放。装卸时严禁火种。除必要的行车人员外,不得搭乘其他人员。

严禁混装备用燃油。

6.3.3　配合挖装机械装料时，自卸汽车就位后应拉紧手制动器，在铲斗需越过驾驶室时，驾驶室内严禁有人。

6.3.6　卸料后，应及时使车厢复位，方可起步，不得在倾斜情况下行驶。严禁在车厢内载人。

【技术要点说明】

1. 主要规定

(1) 挖装机械向汽车装料，当铲斗越过驾驶室时，料斗内容易落物，故驾驶室内严禁有人，防止被砸伤。

(2) 自卸汽车如果车厢内载人，当车厢倾斜或起步过快时，都会造成人员滑落。自卸汽车在车厢未复位情况下运行，会使车辆重心外移，而发生翻车事故。

2. 相关规定

本程第6.3.4条、第6.3.5条、第6.3.7条中，对自卸汽车的卸料和检修时应注意的事项进行了规定。

3. 注意事项

某工地，自卸汽车在架空线路附近卸料时，先起步，运行后车厢复位，造成将架空线路挂断；也有配合挖装机装土时，司机不离驾驶室等违章操作而引发的事故。其主要原因是司机素质差，必须加强管理组织定期培训。

【实施与检查的控制】

1. 实施

(1) 自卸汽车司机应坚持装土时，离开驾驶室以确保安全。挖装机械司机装土前也应对自卸汽车司机提醒劝其离开驾驶室。

(2) 自卸汽车司机运行及卸车经常重复工作，必须坚持每次都要遵章守纪，绝不要图省事，一定要在起步前将车厢复位，防止发生车身重心变化和挂断架空线路等事故。

(3) 主管部门应巡回检查和定期组织对司机进行学习有关规定。

2. 检查

主要加强对各种土方作业中自卸汽车的检查和对司机宣传教育。

6.5.4　油罐车工作人员不得穿有铁钉的鞋。严禁在油罐附近吸烟，并严禁火种。

6.5.6　在检修过程中，操作人员如需要进入油罐时，严禁携带火种，并必须有可靠的安全防护措施，罐外必须有专人监护。

6.5.7　车上所有电气装置，必须绝缘良好，严禁有火花产生。车用工作照明应为36V以下的安全灯。

【技术要点说明】

1. 主要规定

油罐车的主要危险是接近火源，所以凡一切产生火源的因素都应避免。鞋上的铁钉与油罐金属碰撞时，易发生火花而导致火灾；工作人员进入油罐中，即使已放净存油，但仍会有残留余油挥发气体，遇火花仍会点燃；进入容器内，不但应检测可燃物含量，还应检测氧气的含量。

2. 相关规定

本规程第 6.5.1 条、第 6.5.3 条、第 6.5.5 条、第 6.5.8 条中，都对油罐车的防火防爆工作进行了规定。

3. 注意事项

油罐属燃料容器，当出现渗漏、破裂等故障需补焊时，应遵照焊接的有关规定进行置换清洗和检测分析，严格控制动火点周围可燃气的含量浓度，作业中始终进行监测和制定相应的安全措施。

【实施与检查的控制】

1. 实施

油罐车行驶、停放以及加油、放油时，必须满足有关防火防爆的环境要求，远离火源和安装拖地铁链防止静电火花等，要求必须用熟知安全规定的专车司机。

当需进入油罐检查时，必须有防护措施，油罐外有人监护。当修补时，必须按规定进行置换清洗。

2. 检查

对油罐及油罐车加油库等作业区环境进行检查，有无易燃物、火源、火种以及检修时的可靠措施。

6.7.9 严禁料斗内载人。料斗不得在卸料工况下行驶或进行平地作业。

【技术要求说明】

1. 主要规定

机动翻斗车其料斗的设计重心偏于车体之外，料斗依靠自重进行倾翻作业，平时依靠锁紧装置使之固定。如料斗内载人，存有倾翻的危险。在料斗倾翻倒料后，应立即复位并锁紧固定后方可行驶，如果料斗在倾翻情况下行驶或进行平地作业，不但造成料斗损坏还可能导致倾翻事故。

2. 相关规定

本规程第 6.7.1 条、第 6.7.4 条也都对机动翻斗车的作业作了相关规定，防止发生倾翻事故。

3. 注意事项

机动翻斗车在一些施工现场使用频繁，施工管理人员认为不在公路上行驶因而放松管理，道路无标志，行驶不限速以及随意载人现象，给机动翻斗车运行带来危险，应该引起注意。

【实施与检查的控制】

1. 实施

机动翻斗车司机必须经培训持证上岗，施工现场总平面布置图中应有机动车运行道路，应设置道路标志包括限速、拐弯以及禁止机动翻斗车载人等内容。对机动翻斗车的使用应有专人管理。

2. 检查

对正在运行的机动翻斗车检查和对司机的应知应会抽查。

6.7.10 内燃机运转或料斗内载荷时，严禁在车底下进行任何作业。

6.9.9 以内燃机为动力的叉车，进入仓库作业时，应有良好的通风设施。严禁在易燃、易爆的仓库内作业。

6.12.1 施工升降机应为人货两用电梯，其安装和拆卸工作必须由取得建设行政主管部门颁发的拆装资质证书的专业(队)负责，并必须由经过专业培训，取得操作证的专业人员进行操作和维修。

6.12.9 升降机安装后，应经企业技术负责人会同有关部门对基础和附壁支架以及升降机架设安装的质量、精度等进行全面检查，并应按规定程序进行技术试验(包括坠落试验)，经试验合格签证后，方可投入运行。

【技术要点说明】

1. 主要规定

(1) 施工升降机即施工现场的外用电梯，配合高层建筑施工的垂直运输，为人货两用。其安装和拆卸同塔式起重机要求。

(2) 施工升降机安装后应按照《施工升降机技术条件》GB 10054 进行检查，按照《施工升降机检验规则》GB 10056 进行试验。

(3) 对梯笼坠落试验的规定，凡新安装的施工升降机必须进行，正在使用的升降机至少每三个月进行一次。防坠安全装置按规定的限期由指定部门进行技术校验。

2. 相关规定

本规程第 6.12.11～6.12.14 条中，对施工升降机安装后、作业前以及每班首次载重运行，都作了相关规定。

3. 注意事项

(1) 升降机除应对架体安装检验外，还应注意对各安全装置的检验，包括：上下限位、梯笼门联锁、制动器、防坠器等，都需经试验确认。另外，还应对各层出入口的平台通道及防护门(或防护栏杆)进行检查，确保梯笼运行中各楼层的防护门(或防护栏杆)呈常闭状。

(2) 每班首次载重运行必须按规定进行试验，运行中每次对梯笼内乘人或载物的重量应进行确认。特别在上班或下班期间，人员使用比较集中，司机必须严格掌握不准超载。

【实施与检查的控制】

1. 实施

(1) 施工升降机的安装、拆卸必须由具有相关资质证书的专业队伍进行。

(2) 安装和拆卸工作必须按照施工方案要求进行，作业前要进行交底和岗位分工，应有统一指挥人员。

(3) 安装前对基础、附壁架与建筑物连接处以及环境进行检查，确认符合方案提出的要求。

(4) 安装后按相关规定进行动作试验，试验中对相关安全装置同步试验，并进行梯笼坠落试验，经试验确认符合要求方可投入运行。

(5) 正常使用中，每班使用前应按要求进行运行试验，以及每次载人或载物时，司机必须清点人数，确认不超载时方可运行。

2. 检查

(1) 检查安装时的运行试验资料。

(2) 由司机操作进行上下运行及对制动器、门联锁以及行程限位等安全装置的检查，并通过检查资料确认防坠安全装置的最近一次校验日期是否有效。

(3) 询问司机该机运行情况及每班作业前应进行的运行试验内容。

7.1.4 打桩机作业区内应无高压线路。作业区应有明显标志或围栏，非工作人员不得进入。桩锤在施打过程中，操作人员必须在距离桩锤中心5m以外监视。

7.1.8 严禁吊桩、吊锤、回转或行走等动作同时进行。打桩机在吊有桩和锤的情况下，操作人员不得离开岗位。

【技术要点说明】

1. 主要规定

(1) 打桩机作业区如有架空线路会影响打桩作业的安全进行，在作业区以外的高压线，也应满足安全距离的要求，防止回转作业时发生危险。

打桩过程也属危险作业，有时会发生断桩、倒桩等事故，所以操作人员距桩锤也应保持一定距离。

(2) 如果桩机作业时几种动作同时进行，一是机械本身因回转和行走产生晃动，给吊重作业增加了不稳定性，二是同时操作几个动作，会容易造成误操作事故。

2. 相关规定

本规程第7.1.2条、第7.1.12条、第7.1.14条中对打桩机规定，作业前，应进行安全技术交底；作业中，停机时间较长时，应将桩锤落下；作业后，应将桩锤落下并切断电源。

3. 注意事项

以下为违反规程的两起事故案例：

(1) 某工地打桩作业时，作业区外侧有高压架空线路，当起重机吊预制桩向打桩机递送作业时，起重机臂杆碰断高压线造成事故。高压线位置虽未在打桩区域内，但预制桩堆放位置距离高压线较近，起重机作业前，未采取任何防护措施，导致发生事故。

(2) 某工地采用打桩架施工，当移动桩架时同时吊锤，由于重心上升导致桩架移动中失稳倾倒。

【实施与检查的控制】

1. 实施

(1) 桩基工程施工前应按照施工工艺和现场作业条件以及使用机械种类编制施工方案。对作业区域的障碍物进行清理，当架空线路影响作业时，应预先采取防护措施或迁移。并对作业区域进行围圈，防止无关人员进入。

(2) 司机及作业人员应经培训，懂得打桩机性能和熟知打桩操作规程。作业前，由施工负责人进行交底，对安全施工问题提出要求。

2. 检查

对正在施工的现场应检查作业环境有无架空线路等障碍，司机及作业人员的站位和操作是否符合安全要求。

7.3.11 悬挂振动桩锤的起重机，其吊钩上必须有防松脱的保护装置。振动桩锤悬挂钢架的耳环上应加装保险钢丝绳。

7.5.18 压桩时，非工作人员应离机10m以外。起重机的起重臂下，严禁站人。

7.6.7 夯锤下落后，在吊钩尚未降至夯锤吊环附近前，操作人员不得提前下坑挂钩。从坑中提锤时，严禁挂钩人员站在锤上随锤提升。

7.11.2 潜水泵放入水中或提出水面时，应先切断电源，严禁拉拽电缆或出水管。

8.2.13　搅拌机作业中，当料斗升起时，严禁任何人在料斗下停留或通过；当需要在料斗下检修或清理料坑时，应将料斗提升后用铁链或插入销锁住。

8.8.3　电缆线应满足操作所需的长度，电缆线上不得堆压物品或让车辆挤压，严禁用电缆线拖拉或吊挂振动器。

【技术要点说明】

1. 主要规定

(1) 一般搅拌机架设在操作台上，而料斗在地面的料斗坑内，作业时，钢丝绳带动料斗沿滑道上升，将水泥、砂石料倒入搅拌筒内，然后滑下，由此往复进料搅拌。在料斗起升或向筒内倒料过程中，若发生钢丝绳断开或滑轮出轨，会造成料斗坠落。故作业中，严禁在料斗下停留。当检修或清理料坑时，应用搅拌机上的保险链将料斗锁牢。

(2) 插入式混凝土振动器属手持式电动工具，应采用耐气候型的橡皮护套铜芯软电缆，以满足露天和移动磨损等作业条件需要，使用时防止辗压和牵拉，保护绝缘及导线不被损坏。

2. 相关规定

(1) 本规程第8.2.2条、第8.2.8条、第8.2.12条、第8.2.19条中对搅拌机安全使用作了相应规定。

(2)《手持式电动工具的管理、使用、检查和维修安全技术规程》GB 3787中的有关规定，同样适用于手持式电动振动器。

3. 注意事项

(1) 混凝土搅拌机发生的较严重事故中，一是被料斗砸伤；二是搅拌筒旋转时刷油维修造成的机械伤害；三是误操作造成的伤害事故。应引起足够重视。

(2) 手持式振动器的安装应符合用电规范要求，负荷线首端处应装设15mA×0.1s的漏电保护器。应配合使用移动式电箱位于操作区内，当发生意外时便于迅速切断电源。手持式振动器属Ⅰ类工具，故操作人员应穿戴绝缘防护用品。

【实施与检查的控制】

1. 实施

(1) 混凝土搅拌机安装后应经检查验收，确认机械安装牢固、运行无故障、安全装置齐全、电气线路符合要求，方可投入运行。

(2) 操作混凝土搅拌机的司机应经培训合格。料斗运行中应随时注意对周围环境的检查，清理料坑时必须挂牢料斗。

(3) 使用混凝土振动器前，经试运转检查符合要求，操作人员应穿戴绝缘用品，振动器电缆上不得堆压重物，施工时不得拽拉电缆。

2. 检查

(1) 检查混凝土搅拌机的安装及操作使用是否符合要求。

(2) 检查混凝土振动器、电缆线及操作使用是否符合要求。

9.5.2　冷拉场地应在两端地锚外侧设置警戒区，并应安装防护栏及警告标志。无关人员不得在此停留。操作人员在作业时必须离开钢筋2m以外。

【技术要点说明】

1. 主要规定

钢筋冷拉作业时，有发生钢筋被拉断的情况，所以应设置防护和警戒区，防止伤人。

2. 相关规定

(1) 本规程第 9.5.1 条规定，卷扬机与被拉钢筋方向成直角，采取此种措施可以防止断筋伤及卷扬司机。

(2) 本规程第 9.5.3～9.5.8 条，要求进行冷拉作业时，应有延伸率等控制标志，作业前对夹具及滑轮等机具的检查，夜间作业需设足够的照明以及作业后应切断电源等项规定。

3. 注意事项

某工地采用冷拉方法进行钢筋盘条的调直，由于卷扬机、钢丝绳与冷拉钢筋成一直线布置，且卷扬机操作位置前无任何防护措施。冷拉作业中一根钢筋因材料匀质性差、含碳量高，发生断开，夹具中的一段钢筋反方向冲出，将卷扬机司机扎伤头部，送医院抢救不及死亡。由此可以看出，场地的布置，防护措施的设置，合理的操作以及对材料的检验都是至关重要的。

【实施与检查的控制】

1. 实施

(1) 钢筋冷拉场地的布局应经合理规划，冷拉卷扬机位置不应与钢筋冷拉设置在同一直线方向，防止钢筋拉断伤及卷扬机操作人。当必须设在同一直线方向位置时，必须采取防止断筋伤人的防护措施。

(2) 冷拉作业时，场地周围应有防护拦杆及标志，对控制钢筋延伸率应有明显标志并严格遵守。

2. 检查

检查冷拉场所环境和卷扬机位置、延伸率控制标志、夹具、钢丝绳以及防护设施的设置是否符合要求。

10.6.2 喷涂燃点在 21℃ 以下的易燃涂料时，必须接好地线，地线的一端接电动机零线位置，另一端应接涂料桶或被喷的金属物体。喷涂机不得和被喷物放在同一房间里，周围严禁有明火。

12.1.2 焊接操作及配合人员必须按规定穿戴劳动防护用品。并必须采取防止触电、高空坠落、瓦斯中毒和火灾等事故的安全措施。

12.1.9 对承压状态的压力容器及管道、带电设备、承载结构的受力部位和装有易燃、易爆物品的容器严禁进行焊接和切割。

【技术要点说明】

1. 主要规定

在进行焊接和金属切割作业之前必须详细了解该设备的状况：

对于承压状态的容器及管道，要按本规程第 12.1.11 条及相关规定进行，防止发生火灾及爆炸事故；

对于带电设备，必须先切断电源并按规定做好防护措施，防止发生触电及火灾事故；

当钢结构承力后若进行焊接和切割作业，会导致钢材变形造成事故；

对易燃、易爆物品的容器进行焊接和切割作业，将导致火灾、爆炸事故。

2. 相关规定

本规程第 12.1.4 条、第 12.1.6 条中的相关规定，也是防止发生火灾、爆炸、触电事故的必要措施。

3. 注意事项

① 在设备上进行焊接之前，应先把该设备的接地线或接零线拆除，待焊接完毕再恢复，防止发生事故。

② 电焊机除在一次侧安装漏电保护器外，还应在二次侧安装空载降压装置，防止发生触电事故。

【实施与检查的控制】

1. 实施

在进行焊接和切割作业之前，必须由施工负责人对作业环境进行详细了解并向作业人员交底，对于不同作业条件应采取的各种措施要切实落实。

2. 检查

对作业现场环境和作业情况进行检查，发现违反规定的应及时指出并停工整改，防止发生事故。

12.1.11　当需施焊受压容器、密封容器、油桶、管道、沾有可燃气体和溶液的工件时，应先消除容器及管道内压力，消除可燃气体和溶液，然后冲洗有毒、有害、易燃物质；对存有残余油脂的容器，应先用蒸汽、碱水冲洗，并打开盖口，确认容器清洗干净后，再灌满清水方可进行焊接。在容器内焊接应采取防止触电、中毒和窒息的措施。焊、割密封容器应留出气孔，必要时在进、出气口处装设通风设备；容器内照明电压不得超过 12V，焊工与焊件间应绝缘；容器外应设专人监护。严禁在已喷涂过油漆和塑料的容器内焊接。

【技术要点说明】

1. 主要规定

各种燃料容器以及管道等在工作过程中，因内部介质的压力、温度、腐蚀等作用，或者由于焊接接头存在内应力等缺陷引起破裂、渗漏等故障，因此，常会遇到补焊问题。尤其在处于易燃易爆和有毒危险的情况下工作，如不注意就会发生事故。

发生火灾爆炸事故原因：

(1) 补焊动火前，容器内外置换清洗不彻底，检测数值不准；

(2) 在补焊过程中，动火条件发生了变化，未跟随检测；

(3) 动火检修容器未与系统完全隔断；

(4) 动火区未清理干净，周围存有易燃易爆物；

(5) 焊接没有开口的容器。如用水置换的容器水位较高，顶部被水封闭，此处焊接极易发生爆炸。

2. 相关规定

本规程第 12.1.4 条规定，在施焊区的 10m 范围内，不准堆放易燃易爆物品。

特殊环境的焊接作业，应遵守相关的规定。

3. 注意事项

(1) 隔离

在易燃易爆容器设备上焊补时，应将可移动或可拆除的部件拆下移到“动火区”进行补焊。

(2) 清洗置换

不能用置换的次数来确定,必须以化验分析为依据。进入容器内不但应检测可燃物含量,还应检测氧气的含量。

(3) 取样分析

置换清洗后,必须从容器内外不同地点取样分析,在动火过程中用仪表跟随监视,当条件变化时,应停止补焊,再次清洗到合格为止。

(4) 安全组织工作

动火前,应经批准并制定安全措施;

工作区 10m 内清理并停止其他用火工作;

补焊前,将人孔、手孔打开;

照明电源应采用 12V 以下安全电压。

【实施与检查的控制】

1. 实施

“置换动火”就是在焊接动火前实行严格的惰性气置换将原有的气体排出,使设备管道内的可燃气含量达到 0.5%以内,才能动火焊补,以消除爆炸条件。

应采取如下措施:

(1) 固定动火区。可在现场或车间内划定动火区,按防火防爆要求条件加强管理,以缩小危险源区域。

(2) 安装盲板。用盲板将管路截断,使焊修的设备处于完全隔离状态。

(3) 置换作业。动火前把设备管道内可燃性或有毒介质彻底置换。置换过程中要不断取样分析,确认可燃气含量。

(4) 清洗工作。置换后,为防止在管道内或积垢以及保温材料中,因温差压力变化而陆续散发的易燃易爆介质,仍需里外仔细清洗和吹洗。

(5) 空气分析。动火前和施焊作业中,应需不断从设备内外不同地点取空气样品,以监测变化情况。

(6) 应打开所有孔盖,严禁焊补未开洞的密封容器。

(7) 必须做好安全组织工作。

2. 检查

(1) 检查焊修设备的环境条件是否符合要求。

(2) 检查置换清洗作业程序和空气分析结果是否达到合格要求。

12.1.13 高空焊接或切割时,必须系好安全带,焊接周围和下方应采取防火措施,并应有专人监护。

12.14.6 电石起火时必须用干砂或二氧化碳灭火器,严禁用泡沫、四氯化碳灭火器或水灭火。电石粒末应在露天销毁。

12.14.16 未安装减压器的氧气瓶严禁使用。

【技术要点说明】

1. 主要规定

氧气减压器是气焊作业不可少的装置,俗称氧气表,它的作用有两点:

（1）减压作用。氧气瓶内高压的气体，经减压器降到适合焊接的工作压力。

（2）稳压作用。气瓶内气体压力随消耗不断下降，为保持焊接、气割工作压力相对稳定，通过减压器调节。

2. 相关规定

本规程第12.14.17条、第12.14.25条，规定安装减压器时应注意事项和作业后拆卸减压器的操作要求。

3. 注意事项

减压器应注意保管，防止油污。

减压器的关键部分是减压阀门，必须保持其清洁、平整、密封，否则高压气不能从高压室流向低压室，当密封被破坏时，减压器便发生"直流"而不起作用。

【实施与检查的控制】

1. 实施

（1）使用前，应对减压器进行检查是否有"直流"现象；

（2）安装前，先将瓶阀打开吹掉瓶嘴污物，切实拧紧螺母；

（3）减压器防止沾染油污；

（4）冬期使用如有冻结，禁止用火烤，氧气减压器可用开水或蒸气解冻，乙炔减压器用40℃以下温水解冻；

（5）工作结束，应将瓶阀关闭，放掉余气，松开调压螺钉，双表针回零位，卸下减压器妥善保管。

2. 检查

（1）开启瓶阀前，检查减压器调压螺钉是否有松动。

（2）开启瓶阀要缓慢，人要站在侧面。

（3）检查减压器与气瓶接口处是否漏气。

（4）检查减压器表针是否灵活。

（5）作业现场有无易燃品和远离明火。

4 脚 手 架

《建筑施工扣件式钢管脚手架安全技术规范》JGJ 130—2001(2002局部修订)

3.1.3 钢管的尺寸和表面质量应符合下列规定：

2 钢管上严禁打孔。

5.3.5 立杆稳定性计算部位的确定应符合下列规定：

2 当脚手架搭设尺寸中的步距、立杆纵距、立杆横距和连墙件间距有变化时，除计算底层立杆段外，还必须对出现最大步距或最大立杆纵距、立杆横距、连墙件间距等部位的立杆段进行验算。

【技术要点说明】

1. 主要规定

脚手架的失稳有两种形式：整体失稳和局部失稳。当脚手架以相同步距、纵距搭设，连墙件设置均匀时，在均布荷载作用下，立杆局部稳定性高于整体稳定性，脚手架破坏形式为整体失稳。规范给出的立杆稳定性计算公式是对脚手架结构的整体稳定性计算。当脚手架以不相等步距、纵距搭设，或连墙杆设置不均匀，或立杆负荷不均匀时，两种形式的失稳破坏均有可能。故规定，除计算脚手架整体稳定性外，还应对薄弱处的立杆段进行计算。

2. 相关规定

本规范第5.3.5条1款规定，当搭设脚手架采用相同步距、立杆纵距、立杆横距和连墙件间距时，应计算底层立杆段的整体稳定性。

第5.3.5条3款规定了当采用双立杆搭设脚手架时，计算双管立杆与单管立杆变截面处主立杆，上部单立杆的稳定性计算公式。

3. 注意事项

(1) 搭设脚手架时，应严格按照施工组织设计所设计的各杆件间距，用钢尺均匀测量，不能认为脚手架是临时设施采用步测、目测等不准确的方法，从而造成间距不等、受力不均。脚手架搭设完毕应经检查验收。

(2) 局部立杆纵向间距增大将造成立杆负荷加大。当步距增大时将加大立杆的长细比，降低脚手架承载能力。连墙件间距加大，尤其是加大竖向间距，会影响脚手架的整体稳定性，所以不得随意加大杆件间距。

(3) 施工时也不准任意拆除脚手架杆件，当遇门洞需加大杆件间距，应按规范规定进行选型、搭设，并在施工方案中图示做法。当连墙件预埋漏掉时，应补设，保持原设计间距。当施工中必须加大杆件间距或需要增加脚手架负荷时，应按规定进行补充设计计算。

【实施与检查的控制】

1. 实施

(1) 脚手架施工应经设计计算，严格按施工方案的图示进行，脚手架立杆纵距、立杆横距应采用钢尺测量标示，随搭设随校正其垂直度，10m 高应控制偏差在 20～30mm，全高垂直度偏差不超过 100mm。

(2) 立杆步距可采用与步距长度相同的尺杆控制，随搭设随校正纵向水平杆的水平度。

(3) 连墙件间距按照规定的水平和垂直间距的要求，并视脚手架主节点位置与建筑物连接牢固。凡有预埋件的构造，要预先测量检查预埋件质量及位置，当漏埋时应采取补设，必须保证连墙件间距的均匀性。

(4) 脚手架搭设应进行分段验收，发现问题及时纠正，避免造成偏差积累。

(5) 使用期间应有专人巡回检查，发现拆改杆件应及时补设改正。

2. 检查

(1) 检查审阅脚手架的设计计算书及施工图对杆件、连墙件间距及节点构造的要求。

(2) 对已搭设完毕的脚手架进行抽查，除用经纬仪检查立杆垂直度、纵向水平杆水平度外，尚应用钢尺测量杆件间距，其误差应控制为：步距±20mm，纵距±50mm，横距±20mm，连墙件不漏设并符合构造要求。

6.2.2　横向水平杆的构造应符合下列规定：

1　主节点处必须设置一根横向水平杆，用直角扣件扣接且严禁拆除。

6.3.2　脚手架必须设置纵、横向扫地杆。纵向扫地杆应采用直角扣件固定在距底座上皮不大于 200mm 处的立杆上。横向扫地杆亦应采用直角扣件固定在紧靠纵向扫地杆下方的立杆上。当立杆基础不在同一高度上时，必须将高处的纵向扫地杆向低处延长两跨与立杆固定，高低差不应大于 1m。靠边坡上方的立杆轴线到边坡的距离不应小于 500mm（图 6.3.2）。

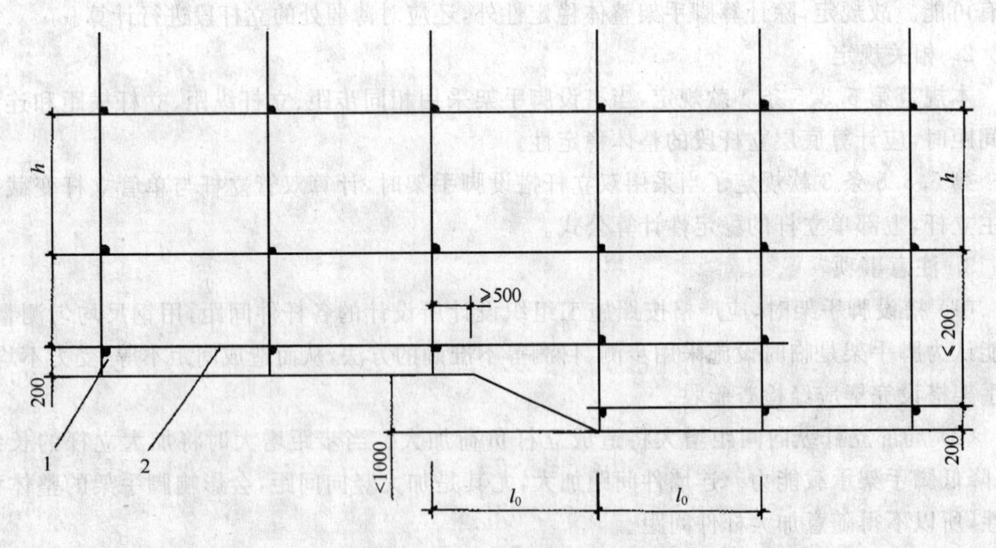

图 6.3.2　纵、横向扫地杆构造

1—横向扫地杆；2—纵向扫地杆

6.3.5　立杆接长除顶层顶步外，其余各层各步接头必须采用对接扣件连接。

【技术要点说明】

1. 主要规定

(1) 脚手架的横向水平杆是构成脚手架空间框架的受力杆件，保证立杆的计算长度，提高整体稳定性作用。双排脚手架由于设置了横向水平杆，使里外排脚手架成为整体共同工作。

(2) 因为脚手架立杆不埋地搭设，所以规定增设扫地杆。其作用，不但可以固定立杆底部的位置，调节相邻杆件的不均匀沉降，同时还可以提高脚手架的承载能力。当立杆基础不在同一高度时，应将高处扫地杆向低处延长连接固定，延长两跨以加强整体稳定。

(3) 钢管立杆的接长采用对接时，轴向传力没有偏心，钢管截面受压承载力大；搭接时，偏心传力，扣件销轴受剪承载力小。试验表明：一个对接扣件的承载能力比搭接扣件的承载能力大 2.14 倍。

2. 相关规定

(1) 本规范第 6.2.2 条中对横向水平杆规定了，除主节点处必须设置横向水平杆且严禁拆除外，还规定，非主节点处的横向水平杆是根据脚手板的搭设情况进行设置的。并规定单排脚手架横向水平杆的另一端，插入墙内的长度不小于 180mm。

(2) 本规范第 6.3.2 条规定，脚手架扫地杆必须纵、横向设置(第 6.2.1 条还规定了，纵向水平杆的设置要求)。

(3) 本规范第 6.3.5 条中除规定立杆接长必须采用对接外，还对接头位置的设置要求进行了规定。

3. 注意事项

(1) 有的工地对脚手架设置横向水平杆的重要性了解不够，认为横向水平杆主要承受脚手板荷载。所以当非作业层时，横向水平杆被大量拆除，使双排脚手架成为两片脚手架，受力后变形加大，整体稳定性明显降低，严重时会导致脚手架倒塌。

(2) 双排脚手架设置横向水平杆时，必须将横向水平杆的两端均用扣件进行固定，如果只将外端固定，当脚手架受力时，仍不能达到里排架与外排架连接成一体共同工作的效果；单排脚手架也应遵守第 6.2.2 条 1 款的规定。许多外装修工程的单排脚手架，只在作业层设置了横向水平杆，非作业层不按要求设置，从而减弱了立杆的稳定性。

(3) 除规定脚手架底部必须设置扫地杆以减少立杆的不均匀沉降外，规范第 6.3.1 条还规定立杆底部设置底座或垫板，其目的同样是加大基土受压面积减少沉降。只要在立杆标准底座下加一尺寸不小于 500mm×240mm×50mm 的木垫板，地基土的承载能力将提高 5 倍以上，当木垫板长度大于 2 跨时，将有助于克服地基的不均匀沉降。

【实施与检查的控制】

1. 实施

(1) 在搭设立杆、纵向水平杆的同时，应在每一节点处设置横向水平杆，主节点处的两个扣件尽量靠近，其中心距不大于 150mm。双排脚手架的横向水平杆两端，均需用扣件紧固；单排脚手架横向水平杆的另一端入墙长度不少于 180mm。

(2) 在开始搭设脚手架立杆的同时，应搭设扫地杆并与立杆固定，扫地杆的设置也必须按纵、横向位置设置。当地面有边坡时，应将高处纵向扫地杆向低处延长不少于两跨；当高低差较大超过 1m 时，低处应按步距增设纵横向水平杆，高处扫地杆与低处纵向水平杆连接。

(3) 立杆的接长必须采用对接扣件，同时要求相邻两立杆的接头不设在步距的 1/3 中间处。因最顶端的立杆上部需取一样高度且荷载已减少，故顶层步立杆可按搭接要求设置。

2. 检查

(1) 脚手架各主节点是否都设置了横向水平杆，并靠近主节点位置（两个扣件的中心距不大于 150mm），且横向水平杆两端是否与双排脚手架用扣件固定。单排脚手架所留脚手眼位置是否符合《规范》第 7.3.6 条中 3 款的要求。

(2) 脚手架底部是否按要求设置了纵、横扫地杆。

(3) 立杆的接长是否除顶层顶步外，全采用了对接方法。

6.4.2　连墙件的布置应符合下列规定：

4　一字型、开口型脚手架的两端必须设置连墙件，连墙件的垂直间距不应大于建筑物的层高，并不应大于 4m（两步）。

6.4.4　对高度 24m 以上的双排脚手架，必须采用刚性连墙件与建筑物可靠连接。

6.4.5　连墙件的构造应符合下列规定：

2　连墙件必须采用可承受拉力和压力的构造。

【技术要点说明】

1. 主要规定

(1) 在脚手架中，连墙件的作用主要是：一为防止脚手架在竖向及水平荷载作用下发生横向失稳而提供约束（即在水平方向对脚手架整体结构提供侧向支承）；二是传递水平荷载给建筑结构。因此连墙件的设置构造的可靠性对保证脚手架的稳定性至关重要。

(2) 实验结果表明，减少连墙件的竖向间距，可显著提高立杆的稳定承载力。连墙件按二步三跨和按三步二跨设置时，虽然每根连墙件控制面积相等，但二步三跨的立杆承载能力比三步二跨有提高。

(3) 对非封闭型脚手架，在开口处增设连墙件以提高架体的整体刚度，否则开口处将形成自由边界成为薄弱环节。对 24m 以上较高的脚手架，由于风荷载作用加大，故必须采用刚性连墙件，保证力的传递效果。

2. 相关规定

(1) 本规范第 6.4.1 条规定了连墙件设置的最大间距及每根连墙件控制最大面积。

(2) 本规范第 6.4.2 条 1、2、3 款规定了连墙件应靠近主节点（不大于 300mm）处设置和应从底层第一步纵向水平杆开始设置。

(3) 本规范第 6.4.5 条 1 款规定，连墙件与脚手架连接的一端，不应采用上斜连接。

(4) 本规范第 6.4.7 条规定，当架高超过 40m 的多风地区，应采取抗上升翻流作用的连墙措施。

3. 注意事项

(1) 大量的架体倒塌事故证明，连墙件对脚手架的整体稳定性的影响是至关重要的。如果设置的连墙件存在连接强度不足，或间距过大，或施工中被任意拆除，都将导致架体倒塌事故。

(2) 连墙件的设置位置及构造方法必须在施工组织设计中图示，不仅满足受力要求，还应考虑主体、装修各阶段施工特点，不致因受影响而被拆除。

(3) 连墙件应与建筑结构部位连接以保证受力效果；连墙件与脚手架连接处应尽量靠近主节点位置。如果设置在步距 1/2 的立杆段的中间处，由于立杆的抗弯刚度差，将会产生局部弯曲变形从而减弱连墙件对脚手架的横向约束作用，这对脚手架稳定性是极为不利的。

【实施与检查的控制】

1. 实施

(1) 在脚手架的施工图中，应有连墙件与建筑物连接构造作法的图示及说明，并规定连墙件的水平及垂直间距。

(2) 高度在24m以上的脚手架及非封闭型的脚手架，连墙件的设置要采用刚性构造连接；

对高度在24m以下的脚手架，可采用拉筋及顶撑作法，拉筋不小于2股8号(ϕ4mm)钢丝或(ϕ6mm)钢筋，在拉筋处必须同时设置支顶措施。

(3) 对连墙件与建筑物的连接设计，应考虑既适用于主体施工又适用于装修施工，防止进入装修阶段因连墙件影响施工而被拆除的情况发生。

(4) 脚手架使用期间应经常注意检查连墙件的连接情况。

2. 检查

(1) 检查连墙件的构造及间距是否符合规定。

(2) 连墙件是否从第一步纵向水平杆处开始设置，中间有无漏设置。

(3) 连墙件作法是否符合高度24m以上的脚手架，应采用刚性连接；高度在24m以下的脚手架，在采用拉筋的同时设有支顶措施。

(4) 是否主体施工及装修施工时都可满足要求。

6.6.2 剪刀撑的设置应符合下列规定：

2 高度在24m以下的单、双排脚手架，均必须在外侧立面的两端各设置一道剪刀撑，并应由底至顶连续设置。

6.6.3 横向斜撑的设置应符合下列规定：

2 一字型、开口型双排脚手架的两端均必须设置横向斜撑。

【技术要点说明】

1. 主要规定

(1) 由于脚手架杆件的扣件连接不属刚性连接，受力后杆件角度有一定变化产生侧向位移，它不同于工程框架结构的刚性节点。所以从构造上要求脚手架必须设置剪刀撑、横向斜撑、连墙件以增加脚手架的整体稳定性。

(2) 设置剪刀撑是增强脚手架的纵向刚度、承传纵向水平力。阻止脚手架倾斜，并有助于提高立杆的承载能力。当脚手架外侧设置剪刀撑后，比不设支撑体系的立杆承载力约提高10%以上。

(3) 双排扣件式脚手架的主要破坏形式为整体横向失稳破坏，故增强脚手架横向平面刚度是提高脚手架稳定承载能力的有效措施。加设横向支撑及缩小连墙件间距，可以明显提高脚手架的整体稳定性，尤其对开口型脚手架，将其两端与主体结构加强连接，再加上横向斜撑的作用，可提高脚手架的承载能力约20%左右。

2. 相关规定

(1) 本规范第6.6.2条1、3、4、5款对剪刀撑规定，脚手架高度在24m以上时，应沿纵向和高度连续设置，剪刀撑斜杆的接长采用搭接和斜杆应与立杆或横向水平杆的伸出端进行固定，以增加扣件连接的数量提高剪刀撑的承力效果。为此，规范还对每道剪刀撑跨越立杆的根数做了要求。

（2）本规范第6.6.3条1、3款对横向斜撑规定，高度在24m以上的封闭型脚手架沿纵向"每隔6跨设置一道"和横向斜撑沿横向框架平面内，"由底至顶层呈之字型连续布置"的作法。

3. 注意事项

（1）纵向剪刀撑在脚手架中的作用，主要靠与立杆连接和扣件的数量，连接点越多，扣件与斜杆抗滑移作用越大，同时减少剪刀撑斜杆的长细比。当斜杆与地面夹角过大，则跨越立杆根数太少，纵向支承刚度差，但夹角过小，跨越立杆太多，斜杆接近水平其支撑作用降低。夹角应保持在45°～60°之间。

规定要求，斜杆接长采用搭接，斜杆应与立杆固定或与横向水平杆伸出端固定。其目的为增加剪刀撑斜杆的支撑效果，施工中应采用规范要求的作法。一些工地的脚手架剪刀撑上连接的扣件过少，使之流于形式；而采用双管斜杆加强的剪刀撑的作法，在构造上也无十分必要。

（2）横向斜撑的作用还未被广泛认识，尤其对较高脚手架的施工，有些工程尚未采用，应该做进一步宣传。当按规定在沿脚手架纵向每隔6跨设置一道横向斜撑时，不仅增强了脚手架横向刚度，同时还加强了脚手架整体承受荷载的能力。由于设置横向斜撑而使立杆段的稳定性增强和提高了脚手架承风荷载的能力。当遇作业层时，可将影响通行的斜杆临时拆除，当非作业层时再及时恢复。

【实施与检查的控制】

1. 实施

（1）剪刀撑、横向斜撑应随脚手架立杆、纵、横向水平杆同步搭设。剪刀撑底层斜杆下端应支承在垫板上，斜杆与地面夹角为45°～60°，剪刀撑跨越立杆5～7根。

（2）剪刀撑沿脚手架外侧立面自下向上连续设置。斜杆应与立杆或横向水平杆的伸出端用扣件紧固，斜杆的接长采用搭接方法，搭接处不少于2个扣件，搭接长度不小于1m。

（3）高度24m以下脚手架的剪刀撑，除两端各设一道外，中间可间隔15m设置一道；高度24m以上脚手架的剪刀撑，沿脚手架长度和高度连续设置。

（4）一字形、开口形双排脚手架的两端及中间（每隔6跨）设置横向斜撑。高度在24m以上封闭型脚手架的拐角处及中间（每隔6跨）设置横向斜撑。

2. 检查

（1）剪刀撑斜杆的角度是否符合覆盖立杆数的要求。

（2）剪刀撑斜杆是否与立杆或横向水平杆伸出端固定。

（3）剪刀撑斜杆接长处是否不少于2个扣件。

（4）横向斜撑的设置部位是否符合要求。

（5）剪刀撑、横向斜撑是否与脚手架按高度同步搭设。

7.1.5　当脚手架基础下有设备基础、管沟时，在脚手架使用过程中不应开挖，否则必须采取加固措施。

7.3.1　脚手架必须配合施工进度搭设，一次搭设高度不应超过相邻连墙件以上两步。

7.3.4　立杆搭设应符合下列规定：

1　严禁将外径48mm与51mm的钢管混合使用。

7.3.8　连墙件、剪刀撑、斜撑的搭设应符合下列规定：

2　剪刀撑、横向斜撑搭设应随立杆、纵向和横向水平杆等同步搭设。

7.4.2　拆脚手架时，应符合下列规定：

1　拆除作业必须由上而下逐层进行，严禁上下同时作业；

2　连墙件必须随脚手架逐层拆除，严禁先将连墙件整层或数层拆除后再拆脚手架；分段拆除高差不应大于两步，如高差大于两步，应增设连墙件加固。

【技术要点说明】

1. 主要规定

(1) 搭设脚手架当采用 ϕ48mm 与 ϕ51mm 两种规格钢管混用时，给选用连接扣件的规格带来困难，影响搭设质量。

(2) 脚手架设置剪刀撑、横向斜撑以及连墙件等都是为保证脚手架的整体稳定性而设置的。脚手架的稳定性不单指使用过程中的稳定性，同时包括搭设和拆除过程中的稳定性，所以剪刀撑、横向斜撑、连墙件应随架体的搭设同时设置。

(3) 脚手架属于承力构架，应该按照其受力特点分别进行拆除，保障未拆除部分的稳定性。先拆除上层再拆除下层，从上向下逐层拆除；先拆除次要杆件再拆主要杆件，与搭设程序相反，即：安全网→护栏→脚手板→横向水平杆→纵向水平杆→剪刀撑→立杆→连墙件。

(4) 封闭圈型脚手架应逐层交圈拆除，始终保持脚手架的整体稳定性。分段拆除脚手架时，应使相邻段高差不大于两步，以保证脚手架的稳定性，否则应增加临时连墙措施。

2. 相关规定

(1) 本规范第7.2.3条规定，搭设脚手架前应先检验基础，并按施工组织设计放线定位。

(2) 本规范第7.3.3条规定，立杆底部应加底座、垫板。

(3) 本规范第7.3.2条规定，在搭设脚手架的同时应按规定检验校正。

(4) 本规范第7.4.1条规定，在拆除脚手架之前，应进行全面检查并编写拆除方案和措施，经主管部门批准后方可实施。

(5) 本规范第7.4.2条3款规定，当拆至最后一根立杆的高度时，应先设置抛撑加固后，再拆除连墙件。

3. 注意事项

(1) 搭设脚手架必须严格按经审批的脚手架施工组织设计进行，应有脚手架设计计算书及施工图纸。对高层建筑、特种结构等脚手架的重要部位(如连墙措施、悬挑连接等)，在施工图中应有构造详图。

(2) 必须保障连墙点的正确位置及牢固性，按设计规定的间距、靠近主节点、与脚手架不应上斜连接，不能与建筑物的门窗、管道等非承重部位连接，主体施工采用的连墙作法应考虑不影响装修作业，防止被拆除。施工中应加强检查，发现漏安装或被拆除情况，应及时采取补救措施。

(3) 拆除脚手架前，应到现场实地勘察，并有针对性制定拆除方案，包括拆除前的准备，清理杂物、障碍物，对周围环境的防护，拆除程序，拆除过程中需临时加固的措施，以及对拆除杆件、扣件、脚手板等材料的传递方法和人员分工等。拆除之前，先进行交底分工并对作业范围进行围圈和设置监护人员。

【实施与检查的控制】

1. 实施

(1) 搭设脚手架前，应对所有钢管，扣件等材料按照规范的规定进行检查，经检查不合格者不得使用，应选用相同规格的钢管及与直径相适应的扣件。

(2) 开始搭设立杆可按规范要求采用抛撑进行稳定，当搭设至有连墙构造时，应立即与连墙件连接。当搭设高度可设置剪刀撑时，应同步进行搭设剪刀撑或横向斜撑。随搭设随校正脚手架垂直度。

(3) 拆除脚手架前，应按照脚手架高度及建筑结构型式，并结合现场环境及施工工艺编制拆除方案。按照由上向下，按脚手板、防护拦杆、水平杆、斜杆、立杆、连墙件顺序，先拆次要杆件，后拆主要杆件，连墙件随脚手架逐层拆除。

(4) 封闭型脚手架应交圈逐步拆除，以保持拆除过程中的整体稳定性。当分段拆除高差大于2步时，应增设连墙措施加固后再拆除。

2. 检查

(1) 注意检查所用钢管和扣件的材质是否符合规范要求。从一些脚手架事故中发现，钢管及扣件的合格率不足50%，成为发生事故的主要因素。

(2) 注意检查扣件与钢管规格是否相符，检查节点处扣件与钢管紧固情况。

(3) 在脚手架搭设过程中，注意剪刀撑、连墙件是否同步安装。

(4) 拆除脚手架时，检查拆除程序及脚手架的稳定性。

7.4.3　卸料时应符合下列规定：

1　各构配件严禁抛掷至地面。

8.1.3　扣件的验收应符合下列规定：

2　旧扣件使用前应进行质量检查，有裂缝、变形的严禁使用，出现滑丝的螺栓必须更换。

【技术要点说明】

1. 主要规定

扣件为脚手架的主要承力部件，它连接各向钢管组成脚手架框架的节点，脚手架的荷载通过杆件及节点逐步传递到基础，当扣件本身质量不能保证时，会直接影响脚手架的承载能力。

2. 相关规定

(1) 本规范第8.1.3条1款规定，扣件产品应有质量合格证。

(2) 本规范第3.2.1条规定，应采用可锻铸铁扣件，暂不推荐钢板扣件，因尚无产品标准且重复使用次数少。

(3) 本规范第3.2.2条规定，扣件螺栓拧紧扭力矩达65N·m时，不得发生破坏，否则为不合格。

3. 注意事项

(1) 新扣件必须有质量合格证，并抽验扣件产品质量，用扭力板手检测螺栓扭拧紧扭力矩。应注油集中存放。

(2) 旧扣件应注油集中保管，使用前按现行国家标准《钢管脚手架扣件》(GB 15831)的规定进行检查，确认符合要求时方可使用。

(3) 搭设中发现有裂纹、滑丝的扣件，必须立即更换。必须保证螺栓拧紧扭力矩为40～50N·m。

(4) 拆除时，不得抛扔，应集中后注油存放。

【实施与检查的控制】

1. 实施

(1) 搭设脚手架前应对扣件进行逐个检查，发现问题及时研究解决。

(2) 搭设中发现扣件质量问题或紧固达不到规定扭力矩时，应进行更换。

2. 检查

抽查扣件数量依脚手架而定，一般为扣件总数的5%～10%。可首先用目测确定检查部位，然后用扭力板手测定扣件拧紧扭力矩为40～50 N·m。

9.0.1 脚手架搭设人员必须是经过按现行国家标准《特种作业人员安全技术考核管理规则》GB 5036 考核合格的专业架子工。上岗人员应定期体检，合格者方可持证上岗。

9.0.4 作业层上的施工荷载应符合设计要求，不得超载。不得将模板支架、缆风绳、泵送混凝土和砂浆的输送管等固定在脚手架上；严禁悬挂起重设备。

9.0.7 在脚手架使用期间，严禁拆除下列杆件：

1 主节点处的纵、横向水平杆，纵、横向扫地杆；

2 连墙件。

【技术要点说明】

1. 主要规定

(1) 特种作业人员的作业特点是，不仅本身作业时存有危险，同时还由于其作业质量不合要求时，会给其他人员带来危险。故特种作业人员除具备一般人员上岗条件外，还应专门进行学习考核，取得专业操作证持证上岗。

(2) 脚手架的设计计算及构造要求，是按正常施工情况下考虑的荷载及承载力要求，当施工荷载超出设计荷载标准值的规定时，脚手架会产生变形，严重时会倒塌。

脚手架按承受均布荷载设计，当栓有缆风绳或悬挂起重设备时，局部因荷载加大，不仅使杆件变形，且由于牵引力造成的弯矩会破坏杆件的连接和导致架体倒塌。

(3) 脚手架主节点处的各杆件为主要传力杆件，使用中必须保障其传力效果，严禁拆除。连墙件是保证脚手架整体稳定性的关键部件，使用中若被拆除即会大幅度降低承载能力，造成架体失稳倒塌。

2. 相关规定

(1) 规范第4.2.2条规定了施工均布活荷载标准值，施工时应严格掌握不得超载。

(2) 规范第8.2.3条规定了脚手架使用中应定期对构造要求、使用条件、是否超载以及立杆基础的变化等进行检查。

3. 注意事项

(1) 架子工操作证应按规定期限进行复审，超过规定年限的失去效力。上岗人员还应定期进行体检，发现有不适应症的，禁止上岗作业。

(2) 对脚手架的安全管理应做到：按经审批的施工组织设计要求搭设，搭设完毕由施工负责人组织验收以及使用中设专业人员进行日常的检查和维护工作，严禁随意拆除杆件，发现有使用不当的应及时纠正。

【实施与检查的控制】

1. 实施

(1) 脚手架作业人员应经主管部门考核发给合格证书，一般应每年进行体检，确认符合要求。

(2) 各工种使用脚手架前，应进行交底，提出正确使用脚手架的要求。

(3) 规定任何人不得随意变更和拆除脚手架杆件，当因施工需要临时拆除时，必须按规范规定进行验算，经生产指挥人员同意，并采取临时补强措施，以保证脚手架的整体稳定性，并将此变更内容纳入施工组织设计之中。

2. 检查

(1) 抽查作业人员操作证书。

(2) 检查脚手架使用荷载情况(结构架 $3kN/m^2$，装修架 $2kN/m^2$)

(3) 检查脚手架在使用期间是否有被拆除的杆件或连墙件。

《建筑施工门式钢管脚手架安全技术规范》JGJ 128—2000

3.0.4 钢管应平直，平直度允许偏差为管长的1/500；两端面应平整，不得有斜口、毛口；严禁使用有硬伤(硬弯、砸扁等)及严重锈蚀的钢管。

【技术要点说明】

1. 主要规定

门式钢管脚手架是由门架、配件及加固件等组成。门架和配件中的水平架由钢管焊接成型，加固件中的加固杆也采用钢管。上述门架、水平架、加固杆等均为受力构件，钢管不平直(初弯曲过大)，端面不平整(尤其门架立杆)，有硬伤及严重锈蚀的钢管将使上述传力构件的截面削弱，传力偏心，从而降低脚手架的承载能力。严重锈蚀是指有贯穿性锈孔，大面积鱼鳞状锈片等锈蚀情况。

2. 相关规定

(1) 现行行业标准《门式钢管脚手架》(JGJ 76)对门架及其配件的品种、规格及质量标准均有规定，此标准是对门架及其配件的产品标准。本规范第3.0.1条对新购(或新加工)门架、配件的要求是应有出厂合格证书。

(2) 本规范第3.0.2条，规定了周转使用的门架及配件应按附录A的要求对门架配件质量进行类别判定。A、B类可以使用，C类需经维修后使用，D类应报废处理。

(3) 规范第3.0.3条，对使用不同直径钢管时，规定应采用相应规格的扣件。本规范第3.0.5、3.0.6条，对加固件、连墙件所用扣件及钢管、型钢等材料规定了相应的材质要求。

3. 注意事项

当门架钢管外径为42mm使用外径48mm钢管做门架剪刀撑等加固杆件时，必须采用相应的异形扣件。但有的工地由于没有提前准备异形扣件，因工程进度急需而采用了 ϕ48mm扣件，当与 ϕ42mm门架钢管连接时，将扣件空隙用木楔楔紧，实际上加固杆已失去作用，对脚手架的使用已构成危险。

【实施与检查的控制】

1. 实施

脚手架材料及配件运到现场后，应由专人按规范要求对其逐件进行检验，对有严重质量问题的不准使用,需经维修的由专人维修,维修后经检验符合要求时方可使用。

2. 检查

对门架及其配件要按本规范附录A中的规定进行检查。

6.2.2 上、下榀门架的组装必须设置连接棒及锁臂,连接棒直径应小于立杆内径的1~2mm。

6.2.4 水平架设置应符合下列规定:

1 在脚手架的顶层门架上部、连墙件设置层、防护棚设置处必须设置。

【技术要点说明】

1. 主要规定

(1) 门式脚手架的基本受力构件是门架,而门架与门架上下叠放连接的主要配件是锁臂及连接棒,用以保障门架组装的垂直度及轴向传力,如果连接棒直径过小,安装后门架立管内空隙较大,上下钢管截面发生错位移动,不但影响传力效果,而且造成稳定性能降低,故安装前应进行检查。

(2) 门式脚手架搭设是由许多组合单元逐层叠高,水平伸展,并设加固杆构成。基本组合单元是由两片门架用水平架及交叉支撑连接而成,水平架是挂扣在门架顶部的水平框架,在非施工作业层代替脚手板,以增加脚手架的刚度。水平架由纵向水平杆、横向水平杆和搭钩焊接而成。

挂扣式脚手板是挂扣在门架顶部上的专用脚手板,板面有木板、钢板网、冲孔钢板等几种,脚手架四周和中间由薄钢板冲压成型的型钢焊接成边框,四角焊有搭钩,可供操作人员作业和增加门架组合单元的刚度。在整体脚手架的顶层、连墙件层都是受力较大且有偏心荷载需加强的部位,必须设置水平架。

2. 相关规定

本规范第6.2.4条2、3、4、5款对水平架的设置还作了规定,对不同高度的脚手架要求设置的间距、位置不同。要求水平架在设置的层面内连续设置。

3. 注意事项

(1) 规范规定水平架可由挂扣式脚手板代替,应在作业层连续铺设且应将搭钩与门架横杆扣紧,用滑动档板锁牢。当脚手架高度超过20m时,应在脚手架外侧每隔4步设置一道水平加固杆。水平加固杆应与门架立杆连接,且应连续设置,形成水平封闭圈。

(2) 门架的交叉支撑与剪刀撑设置要求不同,剪刀撑只在门架的外侧设置,而交叉支撑必须在门架内、外两侧设置,当施工影响需要临时拆除局部内侧交叉支撑时,应补设水平架进行加固,防止变形。

【实施与检查的控制】

1. 实施

(1) 门架垂直上下安装时,应注意检查连接棒的直径是否与门架钢管内径配套,既便于插放又不能空隙较大,连接后必须保证紧密结合,上下两榀门架形成整体。

(2) 水平架是保证脚手架纵向刚度的重要配件,在编制脚手架的施工方案中必须明确规定设置位置及要求,并在搭设前进行交底,水平架随门架搭设到预定位置时同步安装。

2. 检查

(1) 门架上下安装后其钢管连接处应对中,当出现错开位移情况时,说明连接棒与钢管内径空隙过大。

(2) 上下门架连接处是否已将锁臂配件装牢。

(3) 按本规范第 6.2.4 条中水平架设置的规定进行检查。

6.5.4 连墙件应能承受拉力与压力，其承载力标准值不应小于 10kN；连墙件与门架、建筑物的连接也应具有相应的连接强度。

【技术要点说明】

1. 主要规定

(1) 连墙件与主体结构的可靠连接，是保证竖向荷载下脚手架的稳定和水平荷载下脚手架的可靠承载。必须保证连墙件与门架、建筑物的连接强度。门式脚手架应采用刚性连接件，不宜采用柔性连接件。

(2) 门式脚手架在一般情况下其破坏形式主要是由于门架平面外的变形失稳而破坏，但是当连接件竖向间距过大或连接件承载力过低时，其整体承载能力下降，脚手架可能在门架平面方向变形失稳。所以必须按规定的间距和承载力设置连接件。

2. 相关规定

本规范第 6.5.1 条、第 6.5.2 条、第 6.5.3 条中对连接件的设置间距、位置进行了具体的规定。

3. 注意事项

(1) 连墙件对脚手架的整体稳定性的影响是至关重要的。如果设置的连墙件存在连接强度不足，或间距过大，或施工中被任意拆除，都将导致架体倒塌事故。

(2) 连墙件的设置位置及构造方法必须在施工组织设计中图示，不仅满足受力要求，还应考虑主体、装修各阶段施工特点，不致因受影响而被拆除。

(3) 当脚手架搭设至连墙件部位时应同步设置连墙件。连墙件宜靠近门架的横梁设置，距门架横梁杆不宜大于 200mm。

【实施与检查的控制】

1. 实施

(1) 在脚手架的施工图中，应有连墙件与建筑物连接构造作法的图示及说明，并规定连墙件的水平及垂直间距。

(2) 连接件宜采用门式脚手架的连接件配件，当采用钢管、扣件等其他材料做连接件时，必须与门架钢管规格一致，以保证连接效果。

(3) 连墙件的间距及设置位置，应根据脚手架高度、基本风压和脚手架形式，按规范相关规定进行设置。

(4) 连墙件的设置位置应满足主体及装修施工的需要，避免因影响施工而拆除的情况发生。

(5) 有巡视检查制度，发现问题及时解决。

2. 检查

(1) 检查连墙件的构造、间距及设置位置是否符合规定。

(2) 当采用钢管、扣件等其他材料做连接件时，是否与门架钢管规格一致并连接牢固。

(3) 连接件有无漏设，主体设施对设置的连接件是否影响装修施工。

6.8.1 搭设脚手架的场地必须平整坚实，并作好排水，回填土地面必须分层回填，逐层夯

实。

【技术要点说明】

1. 主要规定

落地式脚手架的基础必须保证门架的传力要求。门式脚手架承受荷载后，由门架立杆将竖向荷载传给基础，当脚手架基础承载力不足或产生不均匀沉降时，都将直接影响脚手架的整体稳定性和承载能力。

2. 相关规定

本规定第6.8.2条、第6.8.3条对不同高度脚手架土质的要求及立杆底座下应铺设垫板的规定。

3. 注意事项

(1) 当现场土质达不到要求时，应在施工方案中提出处理方法。

(2) 门架立杆必须落实在基础上，严禁出现悬空现象。

(3) 脚手架基础附近严禁进行挖掘作业。

【实施与检查的控制】

1. 实施

(1) 对不同高度脚手架按规定对地基基础进行设计计算，将基础做法纳入脚手架施工组织设计之中。

(2) 在脚手架施工图中，对立杆垫板及基础做法进行标明。

(3) 遇挑台、楼板等建筑时，除在立杆底座下铺设垫板外，尚应对其建筑部位承载力进行验算。

2. 检查

(1) 按照脚手架搭设高度检查基础做法是否符合要求。

(2) 立杆底部是否落实在基础上，有无悬空

(3) 脚手架立杆支撑在建筑物部位处，有无验算承载力，是否铺设垫板，设置是否符合要求。

(4) 脚手架基础附近有否挖掘作业。

7.3.1 搭设门架及配件应符合下列规定：

4 交叉支撑、水平架或脚手板应紧随门架的安装及时设置；

5 连接门架与配件的锁臂、搭钩必须处于锁住状态。

7.3.2 加固杆、剪刀撑等加固件的搭设应符合下列规定：

1 加固杆、剪刀撑必须与脚手架同步搭设。

7.3.3 连墙件的搭设应符合下列规定：

1 连墙件的搭设必须随脚手架搭设同步进行，严禁滞后设置或搭设完毕后补做。

7.5.4 脚手架的拆除应在统一指挥下，按后装先拆、先装后拆的顺序及下列安全作业的要求进行：

4 连墙件、通长水平杆和剪刀撑等，必须在脚手架拆卸到相关的门架时方可拆除；

5 工人必须站在临时设置的脚手板上进行拆卸作业，并按规定使用安全防护用品；

6 拆除工作中，严禁使用榔头等硬物击打、撬挖，拆下的连接棒应放入袋内，锁臂应先传递至地面并放室内堆存。

【技术要点说明】

1. 主要规定

(1) 搭设门架必须按照逐个基本组合单元连接牢固并构成稳定结构的搭设程序进行。交叉支撑、水平架或挂扣式脚手板都是与单片门架连接后的框架承力构件，所以应随门架一同组装并牢固连接。同样，门架向上接高时，必须用锁臂、搭钩将门架锁住，保证上下连接牢固稳定。

(2) 加固杆、剪刀撑是增加脚手架的整体稳定性的必要措施，脚手架在搭设、使用、拆除过程中都需保证其稳定性。随基本组合单元搭设延伸，同时随加强已搭设完成脚手架部分的整体稳定性。

(3) 连墙件是保证脚手架整体稳定的重要部件，是脚手架的受力支承点，其设置应随脚手架搭设同步进行，当作业层高于连墙点两步以上时，脚手架处于悬臂受力容易引发事故。

(4) 脚手架拆除作业比搭设更具危险性，应按照施工方案规定顺序拆除，必须保证未拆除部分的稳定性。作业人员拆除脚手板时，应留一块操作板并注意随时挂牢安全带。门架安装要求的精度高，勿使击打变形，禁止从高处下扔，应用绳系下分规格码放，小型配件(锁臂、连接棒)应专门有盛放容器或袋，防止丢失损坏。

2. 相关规定

(1) 本规范第 7.1.1 条规定，脚手架搭设之前，应编制施工组织设计并向作业人员进行交底。

(2) 本规范第 7.3.1～7.3.5 条的规定，是对脚手架搭设时的基本要求，应遵照执行。

(3) 本规范第 7.4.1 条规定，脚手架搭设完毕或分段搭设完毕应经检查合格后方可交付使用。

(4) 本规范第 7.5.1～7.5.4 条规定了脚手架拆除时的基本要求。

3. 注意事项

(1) 目前，门式钢管脚手架南方多用于高层建筑的外脚手架，北方多用作里排脚手架和模板支撑。门式脚手架结构合理，整体稳定性好，装拆方便，但应注意对材料配件的使用管理。搭设前，必须经认真培训学习，掌握门式脚手架与扣件式脚手架的不同特点和搭拆程序，保证架体稳定性。

(2) 扣件式脚手架横向稳定性差，架体失稳主要发生在横向，抗风荷载能力弱，故需采取加强措施，高层脚手架除缩小连墙件间距外，尚应设置横向斜撑以加强横向刚度。由于杆件连接采用扣件紧固，较门架上下采用连接棒连接更可靠。

门架式脚手架的特点是横向抗弯刚度大，受力后变形常发生在门架平面外方向。因此，必须在基本单元内用交叉支撑及水平架加固，整体架用水平加固杆和剪刀撑加固以增加纵向刚度。另外，门式脚手架与扣件脚手架一样采用连墙件措施以加强整体稳定性。尤其当架体高度超过 45m 时，水平架应沿竖向每步设置。由于门式脚手架纵向刚度弱，因此，不宜在脚手架上走小推车。

【实施与检查的控制】

1. 实施

(1) 搭设或拆除脚手架之前，应编制施工组织设计，并向作业人员进行交底。

(2) 搭设之前应对所用门架、配件等材料进行检查、配套，随竖立门架随安装交叉支撑、水平架、以保证组装单元的稳定性。

(3) 按设计要求检查连墙件与建筑物连接位置，当搭设到连墙件位置时，随即安装连墙件。

(4) 门式脚手架搭设应从一端开始向另一端延伸，并逐层改变方向，以使整体稳定性协调减少累积误差，不得相对方向进行安装。

(5) 严格控制首层门架的垂直度，使上下门架立杆对中。搭设顺序为：铺设垫板→底座→门架及交叉支撑→水平架(或挂扣脚手板)→钢梯→水平加固杆→连墙件→剪刀撑。

(6) 门架拆除从边跨开始，先拆顶部护栏→脚手板或水平架→水平加固杆和剪刀撑→交叉支撑→连墙件→门架。拆除程序应逐层进行，减少悬臂高度。

(7) 拆除脚手架应有统一指挥人员，不准抛掷不准击打钢管和配件，防止变形。

2. 检查

(1) 检查搭设或拆除脚手架作业有无施工组织设计，是否已按要求向作业人员交底。

(2) 搭设或拆除脚手架作业人员是否经主管部门培训考核并持有操作证。

(3) 搭设或拆除程序是否符合规定，在搭设或拆除过程中是否能使已搭设完的部分或未拆除的部分，都能保证其稳定性。

(4) 对拆除过程有抛掷的现象应进行制止。

8.0.1 搭拆脚手架必须由专业架子工担任，并按现行国家标准《特种作业人员安全技术考核管理规则》(GB 5036)考核合格，持证上岗。上岗人员应定期进行体检，凡不适于高处作业者，不得上脚手架操作。

8.0.3 操作层上施工荷载应符合设计要求，不得超载；不得在脚手架上集中堆放模板、钢筋等物体。严禁在脚手架上拉缆风绳或固定、架设混凝土泵、泵管及起重设备等。

【技术要点说明】

1. 主要规定

(1) 搭设和拆除脚手架的作业属专业性较强的特种作业，故需按照规定由专业架子工种进行作业，经主管部门专门组织学习考试合格，取得专业操作证持证上岗。

(2) 脚手架的设计计算及构造要求，是按规范规定的荷载正常施工情况，当操作人员上料超过规范规定的荷载或集中堆料形成的过大集中荷载时，都将导致脚手架局部变形或整体倒塌。同样，如果利用脚手架牵拉缆风绳等操作时，由于牵引力造成的弯矩也会破坏脚手架的整体稳定性，所以必须禁止。

2. 相关规定

规范第4.0.3条规定了均布施工荷载标准值，施工时应严格掌握不得超载。

3. 注意事项

(1) 架子工操作证应按规定期限复审，超过规定年限的失去效力，需重新培训考核。对上岗人员还应定期进行体检，发现有不适应症的，禁止上岗作业。

(2) 对脚手架的安全管理应做到：按经审批的施工组织设计要求搭设，搭设完毕由施工负责人组织验收以及使用中设专业人员进行日常的检查和维护工作，严禁随意拆除杆件，发现有使用不当的应及时纠正。

【实施与检查的控制】

1. 实施

(1) 脚手架作业人员应经主管部门考核发给合格证书，一般应每年进行体检，确认符合要求。

(2) 各工种使用脚手架前，应进行交底，提出正确使用脚手架的要求。

(3) 规定任何人不得随意变更和拆除脚手架杆件，当因施工需要临时拆除时，必须按规范规定进行验算，经生产指挥人员同意，并采取临时补强措施，以保证脚手架的整体稳定性，并将此变更内容纳入施工组织设计之中。

2. 检查

(1) 抽查作业人员操作证书。

(2) 检查脚手架使用荷载情况(结构架 $3kN/m^2$，装修架 $2kN/m^2$)

(3) 检查脚手架使用期间是否有被拆除的交叉支撑、水平架、连墙件及加固杆件，如发现应立即恢复，以保证脚手架的稳定性。

8.0.2 搭拆脚手架时工人必须戴安全帽，系安全带，穿防滑鞋。

8.0.5 施工期间不得拆除下列杆件：

1 交叉支撑，水平架；

2 连墙件；

3 加固杆件：如剪刀撑、水平加固杆、扫地杆、封口杆等等；

4 栏杆。

8.0.10 沿脚手架外侧严禁任意攀登。

【技术要点说明】

1. 主要规定

(1) 脚手架在使用期间必须保持整体稳定性及其承载能力，若交叉支撑、水平架被拆除，会造成门架平面外变形；连墙件被拆除，会造成脚手架横向倾斜；剪刀撑、水平加固杆等加固杆件是保证整体稳定的，当被拆除后，门架基本单元之间将失去连接，整体稳定性将被破坏；防护栏是作业层临边防护的必要措施，施工期间不得拆除。

(2) 脚手架设有上人梯道供操作者上下，当在脚手架外侧攀登时，不仅容易导致坠落事故，还由于交叉支撑为细长杆件刚度差，易造成杆件变形。

2. 相关规定

本规范第 8.0.6 条规定了，当由于作业需要，临时拆除局部交叉支撑或连墙件时，应遵守的事项。

3. 注意事项

(1) 由于脚手架属临时设施，往往被忽视管理，施工期间或由于工程施工部位的特殊或施工工艺的要求，而任意拆除脚手架的杆件，造成架体变形，严重时造成倒塌事故。所以必须加强管理与维护工作，不准超载使用、不准任意拆除杆件，临时需要拆除应经批准和采取加固措施，保证脚手架的使用安全。

(2) 门式脚手架的门架及连接配件都是定型配套产品，应注意运输、保管、使用的配套性，如：脚手板为挂扣式，以成为门架之间连接的水平部件，当使用普通脚手板时，应提出连接方法及加固措施。

(3) 注意门式脚手架的拆除不应采用敲击、撬挖等方法，拆下的门架、杆件不应抛掷，较小配件随拆随装入袋，防止丢失、变形、损坏，门架的安装精度要求较高，当配件规格不合适，会影响脚手架安装质量。

【实施与检查的控制】

1. 实施

(1) 施工现场应建立对脚手架的管理制度。搭设后经验收确认,符合要求后使用。使用期间设专人巡回检查,遇有变形,杆件变化等情况应及时整修。当需临时拆除部分杆件时,需经施工负责人同意并采取加固措施。

(2) 脚手架使用中,附近地面不准挖掘,脚手架上荷载不得超出原设计规定,作业人员从规定通道和梯子上下,不准攀爬脚手架,不准脚手架与其他设施进行连接。

2. 检查

对正在使用的脚手架进行检查,是否符合构造要求,是否有被拆除的杆件,是否已进行了加固措施。

8.0.7 在脚手架基础或邻近严禁进行挖掘作业。

9.4.3 施工应符合下列规定:

6 拆除模板支撑及满堂脚手架时应采用可靠安全措施,严禁高空抛掷。

【技术要点说明】

1. 主要规定

模板支撑、满堂脚手架有的高度较大,或平面尺寸较大、门架布置较密,故脚手架拆除前应该按照方案规定的拆除程序研究安全措施及配件运输方法,以保证拆除过程中脚手架的稳定性、作业人员的安全和不使脚手架的构配件变形损坏。

2. 相关规定

本规范第7.5.1～7.5.4条规定了脚手架拆除中应注意的事项。第9.3.10条规定,拆除满堂脚手架时,操作层应铺设脚手板,工人应系安全带,确保作业安全。

3. 注意事项

(1) 模板支撑的拆除,除遵守脚手架的拆除程序外,还应注意遵守模板拆除规定,拆除支撑时,必须待混凝土强度达到规定和经批准后拆除。

(2) 满堂脚手架应按一定顺序分层拆除,上面拆除时,下面不得同时运输,防止物体打击。要设统一指挥,作业区进行围圈。

【实施与检查的控制】

1. 实施

(1) 当门架作模板支架时应经设计计算,并列入施工方案中。

(2) 为防止门架可调底座的污染应采取包扎保护措施。

(3) 模板上料和浇筑混凝土时,防止荷载集中。

(4) 拆除时应规定拆除方法,防止抛掷。

2. 检查

(1) 模板支架的施工是否按施工方案要求进行。

(2) 支架拆除应有批准,并按规定的程序进行。

5 提 升 机

《龙门架及井架物料提升安全技术规范》JGJ 88—92

2.0.6 提升机在安装完毕后，必须经正式验收，符合要求后方可投入使用。

【技术要点说明】

1. 主要规定

物料提升机属重复安装的设备，一般提升机的架体由标准节或标准件组成，运到现场按图纸要求安装后使用。施工完毕，拆卸成标准节或标准件运到下一工地组装。因此，每次重复安装后，都必须按规程规定进行技术检查和运转试验，确认提升机的安装质量和使用性能，符合原设计要求后方可投入使用。

2. 相关规定

(1) 本规范第 2.0.1 条规定，提升机必须有设计计算书和制作安装图纸。在对提升机进行验收时，应首先对设计计算书及图纸进行审核和确认。

(2) 本规范第 2.0.8 条规定，进行试运转及验收后，应将有关资料纳入该设备技术档案。

(3) 本规范第 9.1.1～9.2.6 条中规定了提升机的检验规则与试验方法。

3. 注意事项

(1) 由于目前提升机尚属未定型产品，有的产品设计无计算书，制作无图纸、无工艺要求，完全凭经验制作，误认为已使用多年未出事故即为合格产品。

(2) 有的产品不按规范要求，虽经设计但无审核批准，使用前未经试验和鉴定，给安全使用造成隐患。

(3) 有的单位对提升机安装后的验收工作简单化，不严格按规范规定的程序和安装质量要求而随意进行和降低安装质量要求。

(4) 还有在验收时，未认真检查试验安全防护装置，以致使用中不能确保安全。

【实施与检查的控制】

1. 实施

(1) 物料提升机产品必须经设计计算，经审核符合规范规定方可进行制作。

(2) 制作、安装必须按设计图纸和工艺要求进行并经试验鉴定。

(3) 每次重新安装后，应组织有关人员参加，按照规范规定的程序进行试验检验，确认符合要求后，方可投入使用。

2. 检查

(1) 了解该提升机是否有设计计算书，图纸是否符合设计规定，该提升机是否经鉴定确认。

(2) 检查该提升机安装后是否按规定进行荷载试验，并检查试验资料。

(3) 现场作运行试验，并同时作动作试验对安全装置（断绳防护装置除外）进行确认。

断绳防护装置应在该提升机安装后进行试验，现场检查时应提供试验资料。

（4）在现场作运行试验之前，应检验提升机架体的组装情况、架体垂直度、附墙连接、缆风绳、地锚以及卷扬机安装等均已符合要求。

3.1.9 提升机架体顶部的自由高度不得大于6m。

【技术要点说明】

1. 主要规定

自由高度是指最高一组附墙架距架体顶端的距离。架体的自由高度越大，架体的稳定性越差，故自由高度不宜过大。规范中规定的6m，系吊篮的工作高度与上部的越程（约3m）之和。

2. 相关规定

本规范第7.2.1～7.2.3条中对附墙架的选材与安装进行了规定。

3. 注意事项

为减轻自由高度段作业时对架体的影响，应将最高一组附墙架位置尽量上移至建筑物顶部，以减少自由高度；另外，在自由高度段施工时吊篮装载不要过重，以减少自由端的变形。

【实施与检查的控制】

1. 实施

（1）物料提升机安装中应尽量缩小架体上端的自由度，将最后一道附墙架上移至建筑物顶部，附墙架以上的自由高度应满足吊篮提供屋面施工和吊篮与天梁之间越程要求。

（2）当实际需要的自由高度超过规定时，应单独进行验算架体的稳定性。

2. 检查

对采用附墙架的物料提升机，检查其上部的自由高度是否超过6m；当超过规定时，检查有无进行验算架体的稳定性计算资料。

4.0.11 提升钢丝绳不得接长使用。端头与卷筒应用压紧装置卡牢，在卷筒上应能按顺序整齐排列。当吊篮处于工作最低位置时，卷筒上的钢丝绳应不少于3圈。

【技术要点说明】

1. 主要规定

（1）一般钢丝绳接长多采用编结（插接）方法，而编结连接的强度达不到原钢丝绳的拉断强度（起重机械安全规程规定，编结连接强度不小于钢丝绳破断拉力的75%）；另外如果采用接长的钢丝绳还影响穿绕滑轮的传动运行。

（2）实践证明，钢丝绳的破坏，大都不是由于正常使用的磨损造成，而是因管理使用不当，特别是钢丝绳不能在卷扬机卷筒上顺序排列，造成相互错叠乱绳挤压，致使钢丝绳变形、死弯、结构破坏、绳芯挤出，达到报废标准。

（3）钢丝绳在卷筒上绳头虽经压板连接，但压板一般只能承受钢丝绳最大拉力的14%，另外尚需靠钢丝绳与卷筒的摩擦力来弥补。经计算，缠绕2圈时，压板处最大拉力为钢丝绳拉力的17%（仍大于14%），当缠绕3圈时其拉力为7%（小于是14%）。

2. 相关规定

（1）本规范第4.0.13条规定，应选用合格的钢丝绳以确保使用安全。

（2）本规范第8.3.4条规定，钢丝绳应采用正确的使用方法，减少磨损。

3. 注意事项

(1) 发生钢丝绳在卷筒上错叠的原因很多,如:卷扬机距第一个导向滑轮过近,使钢丝绳斜拉;没有根据钢丝绳的捻向来选择在卷筒上的缠绕方法;以及使用操作不当等都会造成乱绳。当发生乱绳时,严禁在钢丝绳运行时用手拨或脚踢绳,应查明原因,停机后,重新缠绕。

(2) 规定卷筒上钢丝绳留有不少于3圈的安全圈,除去承受钢丝绳拉力的需要之外,还可以起到保障运行安全,否则当钢丝绳全部放出吊篮降至地面时,卷筒稍有转动,钢丝绳又会反向缠绕产生误动作。但安全圈也不应过多(不超过5圈),如钢丝绳过长应切掉,不要缠到卷筒上。当卷筒钢丝绳超过一层时,往往产生下层松绳,上层拉力大而紧压,绳间磨损加大,减少使用寿命。

【实施与检查的控制】

1. 实施

(1) 钢丝绳长度应满足传动机构及缠绕卷筒的总长度要求,不得采用接长使用。

(2) 在卷扬机卷筒上缠绕钢丝绳时,应根据钢丝绳的捻向,当采用右交互捻的钢丝绳时,应从卷筒右向左卷绕,当采用左交互捻的钢丝绳时,应从左向右卷绕。避免钢丝绳拉力放松时,钢丝绳在卷筒上自动松开。

(3) 钢丝绳端头与卷扬机卷筒采用压板固定,绳端头用铁丝绑扎,压板上的螺钉压紧使绳不松动。

(4) 卷筒上钢丝绳全部放出后(吊篮置于最低位置时),卷筒上留有3~5圈钢丝蝇,当钢丝绳过长时,应把余下绳切掉,不要缠到卷筒上。

2. 检查

吊篮处于最低位置时,检查钢丝绳是否有接头,吊篮处于运行中和运行到位时,检查卷筒上缠绕的钢丝绳是否排到整齐。

5.0.1　提升机应具有下列安全防护装置并满足其要求:

一、安全停靠装置或断绳保护装置。

1　安全停靠装置。吊篮运行到位时,停靠装置将吊篮定位。该装置应能可靠地承担吊篮自重、额定荷载及运料人员和装卸物料时的工作荷载。

二、楼层口停靠栏杆(门)。各楼层的通道口处,应设置常闭的停靠栏杆(门),其强度应能承受1kN/m² 水平荷载。

五、上极限限位器。该装置应安装在吊篮允许提升的最高工作位置。吊篮的越程(指从吊篮的最高位置与天梁最低处的距离),应不小于3m。当吊篮上升达到限定高度时,限位器即行动作,切断电源(指可逆式卷扬机)或自动报警(指摩擦式卷扬机)。

六、紧急断电开关。紧急断电开关应设在便于司机操作的位置,在紧急情况下,应能及时切断提升机的总控制电源。

【技术要点说明】

1. 主要规定

(1) 物料提升机是专为解决物料的上下运输提供的设备,未考虑载人的安全问题,但当吊篮运行到位时,仍需作业人员进入吊篮内运出或运进物料,所以必须设置安全停靠装置,对人员进入吊篮内的作业安全进行保护。

(2) 提升机吊篮上下运行时途经各楼层通道口，是装卸物料人员经常作业处，为防止各通道口处发生坠落事故，必须设置临边防护装置，可以开启的门或活动栏杆。此防护门或栏杆经常处于关闭状，只有当吊篮运行到某层通道口处，某层防护门或栏杆方可以开启。停靠门或停靠栏杆应具有一定强度，符合防护栏杆能承受1kN外力的要求。

(3) 上极限限位器的作用是预防意外情况引起的吊篮运行超过规定的极限高度时，与天梁发生碰撞事故。

当提升机动力采用可逆式卷扬机时，在吊篮运行碰撞安全装置时，应能切断提升电源，卷扬机自行制动，避免碰撞事故；

当提升机动力采用摩擦式卷扬机时，安全装置不应采用断电而采用自动报警。因摩擦式卷扬机的制动是靠司机手刹制动，当发生报警提醒司机立即刹车制动，然后逐渐松弛制动器使吊篮下降，如果采用切断电源方式，则吊篮会因失去控制发生滑落事故。

(4) 当提升机安全装置发生故障，或发生其他意外情况需要立即切断故障时，应能采用紧急断电开关，直接切断提升机总控制电源，避免故障延续造成事故。

2. 相关规定

(1) 本规范第5.0.1条3、4款规定，提升机应设置吊篮安全门及上料口防护棚。

(2) 本规范第5.0.2条规定，对高架提升机，除应满足第5.0.1条规定外，还应满足第5.0.2条规定增加的安全装置。

3. 注意事项

(1) 规范原提出安全停靠与断绳保护两种类型安全装置可自行选择。但通过建设部的事故统计表明，许多提升机事故是因断绳保护装置平时不能按照规定进行试验、检查和维修，致使在吊篮发生坠落时未能有效的制停而导致了人身事故。故在制订《建筑施工检查标准》JGJ 59—99时，改为必须设有停靠装置，当设置断绳保护时还必须同时设置停靠装置。

(2) 规范规定楼层口停靠门或栏杆应是常闭状，而许多现场确是“常开状”，各楼层口虽有栏杆或门，但都敞开不能起到防护作用。也有的工地根本不设置楼层口停靠门或栏杆，给各层在通道口的作业人员带来不安全隐患。

(3) 许多物料提升机的超高限位(上极限限位)装置设计制作及安装不科学，以至达不到预期的效果。例如：将行程开关电器安装在卷扬机的卷筒上，利用在卷筒上缠绕钢丝绳时与行程开关拨杆之间的间隙来控制。当吊篮上升则卷筒上钢丝绳缠绕就越多，当吊篮上升到限定的高度位置时，钢丝绳缠绕的圈数位置正碰触行程限位器拨杆，从而切断上升电源。但由于安装行程开关与钢丝绳之间的间隙不准确或由于行程开关电器固定不牢等原因，致使不能准确控制吊篮的限定位置而流于形式。

【实施与检查的控制】

1. 实施

(1) 在设计、制作物料提升机时，应同时对安全防护装置进行选型或设计，安装和试验物料提升机时，应同步安装和试验各安全装置。

(2) 在提升机使用期间，应随时检查各安全装置的可靠性，当安全装置发生故障应及时修理。任何人不准擅自将安全装置拆除。

应建立安全管理制度。除规定每班前进行检查外，应明确分工专人负责，例如楼层口停靠门，可由卷扬机司机负责检查(当高架提升机或司机视线看不到各楼层停靠门时除外)，当停靠门未关闭时，吊篮不得运行。

2. 检查

(1) 应检查提升机安装后进行试验的资料，确认是否按规定进行试验。

(2) 对安全停靠装置、上极限限位器的可靠度可通过现场运行试验进行检验，楼层口停靠门的使用效果，可以了解现场作业人员和通过构造情况确认。

7.2.2 附墙架与架体及建筑之间，均应采用刚性件连接，并形成稳定结构，不得连接在脚手架上。严禁使用铅丝绑扎。

7.2.3 附墙架的材质应与架体的材质相同，不得使用木杆、竹杆等做附墙架与金属架体连接。

【技术要点说明】

1. 主要规定

(1) 附墙架与提升机架体共同组成承力结构保障架体的稳定性。如果提升机架体超过设计规定高度而不采取附墙架与工程结构连接，从而使计算高度增大，架体将发生变形、失稳、倾倒。

(2) 为保证传力效果，附墙架与建筑结构连接的型式应形成几何稳定结构，当架体与墙距离过大时，应验算连接杆件的长细比。

(3) 连墙架属架体结构的一部分与架体共同工作，故应与架体采用同样材质并保证结点的可靠连接。

2. 相关规定

本规范第 7.2.1 条、第 7.2.4 条规定，附墙架的制作、安装都应符合设计要求，不准随意选料及安装。

3. 注意事项

(1) 有些工地采用的提升机，对附墙架没有设计要求，导致随意连接。误认为附墙架不属提升机结构，只要与建筑物牵拉，架体不倒，便符合使用要求。

(2) 由于安装图纸中对附墙架无要求，在选材方面随机性很大，当使用了与架体不同材质时，直接影响了传力效果；也有架体为角钢材料，连墙采用了钢管连接，虽然都是金属材料，由于杆件截面不同，结点没有专门设计连接件，结点处受力后滑动、变形仍然不符合要求。

(3) 由于施工方案中没有预先设计附墙架位置及与工程结构连接方法，施工中不能保证连墙的间距；由于没有预埋连接铁件，造成附墙架与脚手架连接形不成稳定结构，使用中架体晃动变形很大。

【实施与检查的控制】

1. 实施

(1) 物料提升机附墙架构造、材料以及与建筑物的连接方法等均应在施工图上进行规定。

(2) 施工现场必须按设计要求预埋连接件与提升机架体连接。附墙预埋件应在施工方案中进行规定，施工时应经检查验收。

2. 检查

按照物料提升机设计要求和安装图纸进行检查，包括材料、规格、构造形式以及连接方法等。任何情况下，不准将提升机与脚手架进行连接。

7.3.2 提升机的缆风绳应经计算确定（缆风绳的安全系数 n 取 3.5）。缆风绳应选用圆股钢丝绳，直径不得小于 9.3mm。提升机高度在 20m 以下（含 20m）时，缆风绳不少于 1 组（4～8 根）；提升机高度在 21～30m 时，不少于 2 组。

7.3.3 缆风绳应在架体四角有横向缀件的同一水平面上对称设置，使其在结构上引起的水平分力，处于平衡状态。缆风绳与架体的连接处应采取措施，防止架体钢材对缆风绳的剪切破坏。对连接处的架体焊缝及附件必须进行设计计算。

7.3.8 在安装、拆除以及使用提升机的过程中设置的临时缆风绳，其材料也必须使用钢丝绳，严禁使用铅丝、钢筋、麻绳等代替。

【技术要点说明】

1. 主要规定

(1) 提升机应优先选用附墙连接方式，当安装提升机无附墙连接条件时，应采用缆风绳解决架体的稳定性。采用缆风绳时需由计算确定钢丝绳的直径和锚拉位置。按《起重机械安全规程》GB 6067 的规定，钢丝绳做缆风绳时，其安全系数为 3.5。

(2) 缆风绳必须采用钢丝绳，当采用麻绳、铅丝等材料时，均不能满足受力要求。当采用钢筋作缆风绳时，选 ϕ12mm 以下钢筋不能满足受力要求，选 ϕ12mm 以上自重大不好操作，且缆风绳与架体、地锚连接处易弯曲折断。而钢丝绳由多股细钢丝组成，适用于受拉、弯曲、冲击荷载，能够确保安全使用。

2. 相关规定

本规范第 7.3.1 条、第 7.3.4 条、第 7.3.5 条、第 7.3.6 条、第 7.3.7 条中对缆风绳的安装使用提出相关要求。

3. 注意事项

(1) 提升机的倒塌事故，多数都是在安装、拆除过程中发生的，而其中没有正确的使用缆风绳又是主要原因，所以提升机的设计图纸和施工组织设计中，必须对其进行规定。

(2) 缆风绳位置、角度都必须按设计要求，当需临时改动时，也必须选用与原设计同规格钢丝绳并与地锚连接牢固后，方可拆改原缆风绳。有的工地因运输或施工影响擅自拆除其中一根缆风绳，未采取任何措施，造成架体倒塌事故。

(3) 高 21～30m 的龙门架设置两道缆风绳的作法应按第 7.3.4 条规定，即在架体中间缆风绳连接处，将门架两立柱临时横向连接以传递水平力，防止将单肢立柱拉弯。当工程部位逐渐增高，此时，应设置预埋件，架体增加附墙连接后，中间缆风绳及横向连接即可拆除，以便进行上部各层材料运输。

【实施与检查的控制】

1. 实施

(1) 物料提升机的缆风绳必须采用钢丝绳，不得采用其他材料代替。钢丝绳直径由设计确定，且不小于 ϕ9.3mm。

(2) 按照 20m 以下设置一组，21～30m 设置两组缆风绳的要求，每组不少于 4 根，角度均匀分布。当龙门架设置两组缆风绳时，架体中间应有横向连接。

(3) 地锚位置与缆风绳角度相适应，地锚与缆风绳的连接应符合要求。埋设地锚引出的连接绳必须是钢丝绳。缆风绳不能与树木、电杆、堆放的构件相连接。

(4) 当需要临时拆改缆风绳时，必须经现场负责人批准，并采取可靠措施后方可进行，当作业完毕及时恢复。

2. 检查

(1) 任何情况下，缆风绳不准使用铅丝、钢筋等材料代替钢丝绳。

(2) 检查缆风绳连接方法、角度是否符合要求。

8.3.1 卷扬机应安装在平整坚实的位置上，应远离危险作业区，且视线应良好。

【技术要点说明】

1. 主要规定

(1) 卷扬机为提升机的动力设备，靠钢丝绳进行传动，所以卷扬机卷筒应与水平传动的钢丝绳保持垂直，卷扬机应安装水平和牢固保持位置不变。

(2) 物料提升机架体附近的区域比较危险，靠近正在施工的建筑物也是比较危险的作业区，另外，高压线、变配电室、易燃易爆物品存放处等，也属危险区，卷扬机位置应尽量远离这些区域，减少卷扬机操作区的危险源。当在交叉作业落物范围之内时，操作棚顶部应符合防护棚构造要求。

(3) 必须保证操作卷扬机时的视线清楚，能看到吊篮上下运行和各层装卸人员进入吊篮的作业情况，以保证准确操作。

2. 相关规定

本规范第8.3.2条、第8.3.3条、第8.2.3条及第5.0.2条4款中，对安装卷扬机的相关要求和由于卷扬机位置使司机不能看清吊篮运行及各层作业人员情况时，应设置通讯装置的要求。

3. 注意事项

卷扬机位置的选择不但直接影响提升机的使用，还对保障作业时的安全有关。一般低架提升机各楼层运料人员与司机联系多采用手势与喊话，当司机视线不清时容易发生误操作，例如：停靠装置尚没安全到位置时，吊篮已降落，不能与作业人员配合，容易发生事故。当看不清地面进料口时，也容易发生事故，如：某工地施工时，由于地面摆放砖等材料影响司机视线，再加上现场管理不严，外面非工地人员进入场内拣废品，吊篮下降速度快，正砸在一名到提升机架体内拣废品人头部，造成死亡事故。也有卷扬机位置距正在施工的建筑物过近，司机需要随时提防上面落物伤害，从而影响了司机正常操作。

【实施与检查的控制】

1. 实施

(1) 一般物料提升机卷扬机的位置，应该使操作人的视线能看到各楼层进料口处的作业情况，当物料提升机在建筑物井道内或高架提升机等卷扬机操作人员看不到时，应对其联络方式按本规范第5.0.2条4款执行。

(2) 卷扬机位置应满足从卷筒中心至第一个导向滑轮的距离为15～20倍卷筒宽度和当钢丝绳在卷筒中间位置时，导向滑轮应与卷筒轴心垂直的要求。

2. 检查

(1) 检查人员可以通过坐在卷扬机操作人的位置上进行视线情况的检查。

(2) 检查卷扬机与第一个导向滑轮的设置情况及钢丝绳运行中在卷筒上是否整齐排列。

10.1.2 使用提升机时应符合下列规定：

一、物料在吊篮内应均匀分布,不得超出吊篮。当长料在吊篮中立放时,应采取防滚落措施;散料应装箱或装笼。严禁超载使用;

二、严禁人员攀登、穿越提升机架体和乘吊篮上下;

三、高架提升机作业时,应使用通讯装置联系。低架提升机在多工种、多楼层同时使用时,应专设指挥人员,信号不清不得开机。作业中不论任何人发出紧急停车信号,应立即执行。

【技术要点说明】

1. 主要规定

(1) 吊篮内装物料要求尽量均匀分布以避免由于偏载造成的吊篮倾料,否则吊篮在上下运行时会与轨道间隙不均,从而导致加大磨损和吊篮出轨;当长料超出吊篮以外时,会给运行带来意外故障;长料(如脚手架钢管)立放运送,必须将钢管等扎牢,防止发生滚动从吊篮中坠落;运送砖、钢模板散料时,应有相应容器,防止由于吊篮运行中晃动发生散落。

(2) 当有人攀爬提升机架体时,一是因架体不像一般直梯那样固定、有规则和有护圈防护措施,因此容易发生坠落事故;二是由于吊篮在架体内上下运行,同样会带来危险。

当有人横穿架体时,吊篮内的物料坠落和吊篮的下降都会造成伤人事故。应在架体底部四周进行围圈防护并挂警示标志。

物料提升机是专为运送物料设计,未考虑吊篮运行中乘人的安全,许多事故都是违章乘人时,吊篮发生意外滑落造成的。

(3) 物料提升机的装卸料人员与卷扬司机的联系方式一般有以下几种:

当低架提升机司机能清楚地看到各楼层进料口作业情况时,多由各层作业人员直接用手势和喊话进行联系;

当各楼层同时使用,或当卷扬机位置不能使司机清楚看到各楼层作业时,增设信号指挥人员与司机联系;

当高架提升机,或采用建筑物内电梯井做垂直运输时,为确保各层运料人员与司机联系无误,应采用通讯装置。目前一些工地采用了可视装置,司机不但能与各层站联系,同时还可以通过在司机处设置的屏幕显示清楚地看到各层吊篮及作业情况。

2. 相关规定

本规范第 10.1.2 条 4、5、6、7、8、9 款中的各项规定,同样是对提升机正确使用的要求。

3. 注意事项

许多事故发生在不按规定使用的情况下进行违章操作,除去客观的作业条件外,主要是司机违章或不负责任造成。各工地必须把物料提升机视为外用电梯、塔吊一样的垂直运输设备进行管理,不能由于其操作简单而忽视其安全使用。

另外,对司机培训时间短、内容简单、又多由民工操作,从而不能全面贯彻司机对设备的安全使用、维护保养和监督检查责任,隐患不能及早发现,危险不能及时制止以致发生事故。

【实施与检查的控制】

1. 实施

通过建立管理制度、安全教育、安全交底及设置安全检查人员等措施不断改进和落实。

2. 检查

物料提升机在使用时通过检查确认落实情况。

6 地 基 基 础

《建筑桩基技术规范》JGJ 94—94

6.2.13　人工挖孔桩施工应采取下列安全措施：

6.2.13.1　孔内必须设置应急软爬梯；供人员上下井，使用的电葫芦、吊笼等应安全可靠并配有自动卡紧保险装置，不得使用麻绳和尼龙绳吊挂或脚踏井壁凸缘上下。使用前必须检验其安全起吊能力；

6.2.13.2　每日开工前必须检测井下的有毒有害气体，并应有足够的安全防护措施。桩孔开挖深度超过10m时，应有专门向井下送风的设备。

6.2.13.3　孔口四周必须设置护栏。

6.2.13.4　挖出的土石方应及时运离孔口，不得堆放在孔口四周1m范围内，机动车辆的通行不得对井壁的安全造成影响。

6.2.13.5　施工现场的一切电源、电路的安装和拆除必须由持证电工操作；电器必须严格接地、接零和使用漏电保护器。各孔用电必须分闸，严禁一闸多用。孔上电缆必须架空2.0m以上，严禁拖地和埋压土中，孔内电缆、电线必须有防磨损、防潮、防断等保护措施。照明应采用安全矿灯或12V以下的安全灯。

【技术要点说明】

1. 主要规定

(1) 人工挖孔桩施工的垂直运输设备中，运送物料与运送人员用的应分别设置。作业人员上下时，不能乘坐出土的吊桶上下。乘人吊笼除要求起重设施应符合载人要求外，还应有自动卡紧保险装置，即当突然停电或设备发生意外故障时，乘人吊笼应能自锁在保险绳上。

(2) 井下施工常遇有害气体危及人身安全，或因地下作业层过深造成的缺氧窒息。为此，每次下井前，必须对井内气体抽样检测，作业层较深时，应通过送风改善作业条件。

(3) 井孔口的四周设置不低于1m高的防护栏杆，一是防止其他人员进入施工范围发生危险，二是防护栏杆内不得堆土和通行机动车辆，防止影响井壁的稳定。

(4) 为防止触电事故，使用各种电气应符合用电规范规定，有接地、接零，加装漏电保护器，线路架空高度不低于2.5m，以防止人员碰触。井内作业潮湿，属特别危险作业条件，故照明应采用12V安全电压。

2. 相关规定

(1) 用电设施的安装使用，应符合《施用现场临时用电安全技术规范》JGJ 46。

(2) 载人吊笼的设计制作，应符合《高处作业吊篮安全规则》JG 5027。

(3) 井下作业，应符合排水管道规程中井下作业的相关规定。

3. 注意事项

分析人工挖孔桩发生的事故类别主要有以下几种：

(1) 井壁未及时护壁造成的坍塌事故；

(2) 井口无盖板、护栏，或乘坐出土的吊桶上下或脚踩护壁凸缘上下，造成的高处坠落事故；

(3) 井边堆物或井内无防护措施，造成的物体打击事故；

(4) 井下毒害气体，下井前未检测或换气量过小造成的窒息中毒事故；

(5) 由于电气安装使用不符合要求造成的触电事故。

【实施与检查的控制】

1. 实施

(1) 各种大直径桩的成孔，应首先采用机械成孔。当采用人工挖孔或人工扩孔时，必须经上级主管部门批准。

(2) 人工挖孔桩的施工必须由专业队伍施工和制定专项施工方案。

(3) 现场环境、作业条件以及设施的设置都必须经检查验收。

(4) 每次下井作业前应按规定进行检查。

2. 检查

(1) 挖孔作业人员的作业是否符合安全要求。

(2) 桩孔周围环境及运送土方和人员的设备是否符合安全要求。

(3) 井内作业时，上部是否有监护人员及必备的通风换气设备与井下人员连系方法以及连续工作时的轮换制度等。

(4) 通过检查和询问了解作业时存在的隐患以及挖孔及护壁情况。

《建筑地基处理技术规范》JGJ 79—2002

13.3.9 石灰桩施工时应采取防止冲孔伤人的有效措施，确保施工人员的安全。

重点检查内容

《施工现场临时用电安全技术规范》JGJ 46—88

条　号	项　　目	重点检查内容
3.1.2	在建工程与外电线路	最小安全操作距离：1kV以下，4m；1～10kV，6m；35～110kV，8m；154～220kV，10m；330～500kV，15m
3.1.3	机动车道与外电线路	最低点与地面垂直距离：1kV以下，6m；1～10kV，7m；35kV，7m
3.1.4	起重机(物)与外电线路	起重机(包括吊物)与10kV以下架空线≮2 m
3.1.5	开挖沟槽与外电缆沟槽	开挖沟槽与埋地外电缆沟槽边缘≮0.5m
4.1.1	接　零　保　护	采用TN-S系统、设备外壳与PE线连接
4.1.3	接零(地)保护	与供电系统保护方式一致、设备外壳保护方式一致
4.1.5	接　地　保　护	接地有困难时，设置绝缘台
4.1.7	电　力　线　路	严禁利用大地作相线或零线
4.3.7	用电设备保护	负荷线首端处设置漏电保护装置
5.1.8	维　　修	挂牌、专人负责
5.2.2	自备发电机	烟管伸出室外、室内禁放贮油桶
5.2.3	发电机组电源	与外电线路电源联锁
6.1.1	架　空　线　材	绝缘铜线、绝缘铝线
6.1.2	架空线架设	严禁架设在树木、脚手架上
6.1.17	过负荷保护	经常过负荷、易燃易爆物邻近、照明等线路须设置
6.2.1	电　缆　干　线	严禁沿地面明设，避免机械损伤和介质腐蚀
6.2.4	电　　缆	穿越建、构筑物，道路，易损伤及引出地面段(－0.2～2m)设护套管
6.2.7	电缆架空敷设	严禁金属裸线绑扎，固定点间距能承受电缆自重，弧垂离地≮2.5m
6.3.1	室　内　配　线	用绝缘导线，瓷瓶、瓷(塑料)夹敷设，不低于2.5m
7.2.5	开　关　电　箱	严禁一个开关控制二台以上设备(含插座)
7.2.7	开关电箱内	必须装设漏电保护器
7.2.9	开关电箱内 漏电保护器	动作电流≯30mA、动作时间＜0.1s；潮湿有腐蚀介质场所用防溅型产品，动作电流≯15mA、动作时间≯0.1s
7.2.15	开关箱电源线	严禁用插销连接
7.3.4	电箱检查维修	须断电，挂标志牌，执行送、停电顺序
7.3.10	熔断器熔体	严禁用不符合原规格的熔体代替
8.2.6	塔式起重机	应设正对工作面的投光灯，塔身高于30m时，塔顶和臂架端部装设防撞灯
8.2.8	外用电梯紧急开关	轿厢内、外均应安装紧急停止开关
8.2.10	外用电梯楼层通道	应有机械或电气联锁装置的防护门或栅栏
8.2.11	外用电梯、升降机的班前检查内容	行程、限位、急停开关，驱动机构和制动器等进行空载检查
8.5.1	焊接机械、交流弧焊机	放置环境防雨通风，焊接现场不得堆放易燃易爆物品。弧焊机一次侧电线长度≯5m，并有防护罩

续表

条　号	项　目	重点检查内容
9.1.1	停　电	人员需及时撤离现场的工程，须装应急照明
9.2.2	特殊场所的照明	1. 隧道、人防，高温、有导电灰尘、灯具离地高度＜2.4m等，电压≯36V； 2. 潮湿和易触及带电体场所，电压≯24V； 3. 特别潮湿、导电良好的地面、锅炉或金属容器内，电压≯12V
9.2.5	照明变压器	严禁使用自耦式的
9.3.11	夜间信号灯	影响飞行、车辆通行的在建工程或机械设备夜间装设红色信号灯，电源设在总开关前侧

《建筑施工高处作业安全技术规范》JGJ 80—91

条　号	项　目	重点检查内容
2.0.7	特殊气候的高处作业	雨、雪天有防滑、寒、冻措施。水、冰、霜、雪应及时清除。高耸建筑物应设避雷设施。六级以上强风、浓雾等气候不得露天攀登和悬空作业。暴风雪、台风、暴雨后应检查及修理
2.0.9	防护棚	搭、拆时设警戒区，严禁上下同时拆除
3.1.1	临边高处作业的防护措施	1. 基坑周边及未设防护的阳台、料台、挑平台、雨篷、挑檐边，无脚手架的屋面、楼层及水箱、水塔周边设防护栏杆 2. 分层施工的楼梯口、楼段边设临时护栏，顶层楼梯口随结构进度装正式防护栏杆 3. 井架、施工电梯和脚手架与建筑物通道两侧边设防护栏杆；地面通道上部设防护棚；双笼井架通道中间分隔封闭 4. 垂直运输接料平台除两侧栏杆外，平台口设安全门或活动栏杆
3.1.3	防护栏杆	1. 上下栏杆离地高度为1～1.2m和0.5～0.6m；坡度大于1：2.2的屋面栏高1.5m，并加安全网；立杆间距大于2m时，加设立杆 2. 栏杆能经受1000N外力；可能发生拥挤、碰撞处，应有加强措施 3. 在防护栏杆上用安全立网封闭，或设18cm档脚板（或40cm档脚笆），围档材料孔眼≯25mm，板与笆距底面空隙≯10mm；接料平台两侧栏杆须挂安全立网或扎竹笆 4. 沿街临边外侧须挂安全立网或全封闭处理
3.2.1	洞口作业的防护措施	1. 板与墙的洞口，设盖板、栏杆、安全网或其他设施 2. 电梯井口设栏杆或栅门，井内每隔两层（10m以内）设一道安全网 3. 桩、基础上口、坑槽及人孔、天窗、地板门等处应设稳固盖件 4. 现场通道附近的洞口、坑槽等处设置防护设施与安全标志，夜间红灯示警
3.2.2	洞口防护要求	1. 边长1.5m以上洞口，四周设栏杆，洞口下张安全网 2. 车行道旁洞口及沟、坑、槽盖板的承载力大于车辆后轮承载力的2倍 3. 洞口低于800mm，落差＞2m的竖向洞口，应设1.2m护栏 4. 对人与物有坠落危险的竖向孔、洞，应予防护，并有固定措施
4.1.5	梯子	底部坚实，不得垫高使用，上端应固定，立梯不得有缺档
4.1.6	梯子接长	接头不超过一处，强度不低于单梯梯梁

续表

条号	项目	重点检查内容
4.1.8	固定式直爬梯	金属材料制成，宽度≯0.5m，支撑用≮L70×6的角钢，梯顶踏棍应与攀登的顶面齐平，并设1～1.5m高的扶手，攀登超过8m须设梯间平台
4.1.9	人员上、下通道	应从规定的通道上下。上下梯子须面向梯子，不得手持器物
4.2.1	悬空作业	应有牢靠立足处，并设防护设施
4.2.3	构件管道安装的悬空作业	1. 安装大模板，吊装第一块预制构件和单独的大中型预制构件须在平台上操作，吊装中的物体上严禁站人和行走 2. 安装管道须有立足点，安装中的管道上严禁站人和行走
4.2.4	支拆模板时的悬空作业	1. 严禁在连接和支撑件上攀登上下和同一垂直面上装拆模板 2. a 支设悬挑模板应有稳固立足点 b 支设临空构筑物模板时，应搭支架和脚手架 c 模板上的洞口安装后应盖没 d 拆模后的临边洞口，应有防护 e 拆模高处作业，应有登高用具或搭支架
4.2.5	钢筋绑扎时的悬空作业	1. 绑扎钢筋和安装钢筋骨架时，须搭脚手架和马道 2. 绑扎圈梁、挑檐、外墙和边柱等钢筋时，应搭操作台、架和挂安全网 3. 绑扎悬空大梁钢筋须在满铺脚手板的支架或平台上操作
4.2.6	浇筑混凝土时的悬空作业	1. 浇筑2m以上框架、过梁、雨篷、小平台时，应设平台 2. 浇筑拱形结构应对称进行，浇筑储仓，应先封下口，并搭脚手架 3. 特殊情况下，无可靠安全设施，须系安全带、架设安全网
4.2.8	门窗施工时的悬空作业	1. 门、窗(包括玻璃)安装、油漆时，严禁站在樘子、阳台栏板上；严禁手拉临时固定的门、窗进行攀登 2. 高处外墙安装门窗，无外脚手架时，应张安全网，人员系好安全带 3. 窗口作业时，人员重心应位于室内，不得站在窗台上，必要时系安全带
5.1.1	移动式操作平台	1. 有轮移动平台，轮子与平台接合处应牢固可靠，柱底离地≯80mm 2. 操作平台四周须设防护栏杆，并应布置登高梯
5.1.2	悬挑式钢平台	1. 应设计计算、计算书及图纸编入施工组织设计 2. 平台搁置点、上部拉结点，须在建筑物上 3. 应设4个经验算的吊环，吊运时用卡环，不得直接钩挂吊环，吊环用甲类3号沸腾钢制作 4. 安装时，钢丝绳应用专用的挂钩挂牢，采取其他方式时卡头的卡子不少于3个，建筑物锐口与钢丝绳接触处应加衬垫物，平台应外高里低 5. 平台两侧应设固定防护栏杆 6. 平台吊装，需待横梁支撑点电焊固定，连接并调整钢丝绳，经过检查验收，方可松吊钩 7. 平台使用时，应有专人检查
5.1.3	操作平台	应显著地标明容许荷载值，严禁超载，应配专人监督
5.2.1	立体交叉作业	上、下交叉作业时，不得在同一垂直方向上操作，否则应设防护层
5.2.3	钢模板部件堆放	离楼层边>1m，高度低于1m。楼层边口、通道口、脚手架边缘严禁堆放
5.2.5	对坠物防护	有可能坠物或起重把杆回转范围内的通道，须搭能防穿透的双层防护廊

《建筑机械使用安全技术规程》JGJ 33—2001

条　号	项　目	重点检查内容
2.0.1	机操人员	体检合格，经培训，取得建设主管部门操作证或机动车驾驶证后上岗，学员应在专人指导下工作
2.0.5	作业人员劳保	作业人员按规定穿戴劳保用品，长发不外露，高处作业系安全带
2.0.8	机械使用	按说明书正确、合理使用
2.0.9	机械防护装置及信号	防护装置及报警、信号装置完好齐全
2.0.15	危险和重要作业区管理	变配电所等危险区域设围栅和警告标志；挖掘机等重要作业区设警告标志及采取安全措施
2.0.16	环保与健康	对有害气体、液体等场所，须配安全保护和三废处理设备，在隧道、沉井施工中，应使有害物限制在规定限度内
3.1.7	工作零线	禁用大地、机械金属结构作工作零线
3.1.8	设备接零(地)保护	设备每个保护接零(地)点，须与保护接零(地)干线单独连接，严禁串接
3.1.11	电气检修	须断电，挂警告牌(挂取有专人负责)，严禁带电作业和预约送电
3.1.14	触电急救	应切断电源，否则严禁与触电者直接接触
3.6.17	电源线绑扎	严禁直接绑在金属架上
3.6.19	刀型开关	15kW 以上禁用瓷底胶木刀型开关；4.5kW 以上不得用刀型开关直接启动。刀型开关应采用静触头接电源
3.7.14	射钉枪	1. 禁用手掌推压钉管和枪口对人 2. 击发时，应垂直压紧在工作面上，两次扣扳机，子弹均不击发时，应保持原位数秒后再退射钉子弹 3. 更换零件或断开射钉枪之前，枪内不得有射钉弹
4.1.5	持证上岗	起重吊装指挥人员必须持证上岗
4.1.8	保护装置	变幅、力矩、重量限制及行程限位等保护装置齐全、可靠，禁用限位器(装置)代替操纵机构
4.1.10	起重作业	起重臂和重物下严禁有人停留、工作或通过；吊运时严禁从人的上方通过。严禁起重机载运人员
4.1.12	起吊	严禁起重机斜拉、斜吊和起吊埋设或凝固在地面的重物，混凝土构件及模板须松动后可起吊
4.1.16	故障处理	起吊突遇故障，重物应降落，切断电源，控制器拨到零位
4.2.6	起重操作	严禁起重臂未停前变换挡位；起重额≥90%时，严禁下降起重臂
4.2.10	带载行走	载荷不超起重量的 70%、道路坚实平整、重物在机器正前方。离地≯0.5m并栓好拉绳，缓慢行驶。严禁长距离带载行驶
4.2.12	起重机上、下坡	应无载行走，上坡时起重臂仰角放小，下坡时则放大
4.3.21	汽车、轮胎式起重机	行驶时，严禁人员在底盘走台上站立、蹲坐或堆物
4.4.6	起重机拆装	由具有拆装资质证书的队伍进行，并有技术、安全人员监护
4.4.42	起重机上的载人电梯	严禁超员，断绳保险可靠；起重作业时严禁开动；停用时降至塔身底部
4.4.47	塔机机身悬挂物	动臂式和未附着的自升式塔式起重机、塔身上不得悬挂标语
4.7.8	卷扬机卷筒及钢丝绳	卷筒上的钢丝绳重叠或斜绕时，应停机重排，严禁转动中手拉脚踩钢丝绳

续表

条　号	项　目	重点检查内容
5.1.3	土石方机械	作业前查明场地明、暗设置物并标记，严禁离电缆 1m 内作业
5.1.5	土方石机运行	运行中严禁接触转动部位和检修。修理时，应降到最低位置，悬空部位垫上垫木
5.1.9	土石方机施工不安全状态停工条件	有下列情况之一应停工，符合条件，方可施工： 1. 填、挖区有坍塌危险时 2. 暴雨、水位瀑涨、山洪爆发时 3. 有爆破信号时 4. 出现陷车或坡道打滑时 5. 净空不足时 6. 防护设施失效时
5.1.10	人员配合土石方机作业	应在机械回转半径以外，否则应停止机械回转并制动
5.3.12	挖掘装载机	行驶或作业时任何地方严禁乘坐或站人
5.4.8	推土机行驶前	严禁有人站在履带或刀片的支架上
5.5.6	拖式铲运机作业时	严禁人员上下机械、传递物体及在铲斗内、拖把或机架上坐立
5.5.17	拖式铲运机非作业时	铲斗须用锁紧链条挂牢在行驶位置上，机上不得载人或载易燃、易爆物品
5.10.21	轮胎式装载机	转向架未锁闭时，严禁站在前后车架之间进行检修保养
5.11.4	蛙夯机作业	应一人扶夯，一人传递电缆线，且须穿、戴绝缘鞋和手套，电缆线不得扭结或缠绕，并有 3～4m 的余量
5.12.10	电动冲击夯作业	有漏电保护装置，操作人员须穿、戴绝缘鞋和手套，严禁冒雨作业。
5.13.7	风动凿岩机作业	严禁在废炮眼上钻孔和骑马式操作，钻孔时，钻杆与钻孔中心线应保持一致
5.13.16	凿岩机作业禁区	在装完炸药的炮眼 5m 以内，严禁钻孔
5.14.3	电动凿岩机	电缆线不得在水中或金属管道上通过。严禁机械、车辆等在电缆上通过
6.1.15	运输机械	当坡道上停放时，下坡挂倒档，上坡挂一档，并使用三角木楔等塞紧轮胎
6.2.2	载重汽车	不得人货混装。确需时，人不得在货物之间或货物前车厢板间隙内。严禁攀爬或坐卧在货物上
6.2.4	装运危险品	装载、包装、遮盖必须符合安全规定，并备灭火器，不得搭乘其他人员。途中停放应避开火源、火种、居民区、建筑群等，炎热季节应选择阴凉处停放。装卸时严禁火种。严禁混装备用燃油
6.3.3	自卸汽车装料	汽车就位后应拉紧手制动器，在铲斗需越过驾驶室时，驾驶室内严禁有人
6.3.6	自卸汽车卸料	车厢应及时复位，不得在倾斜情况下行驶。严禁在车厢内载人
6.5.4	油罐车作业要求	工作人员不得穿有铁钉的鞋。严禁在油罐附近吸烟，并严禁火种
6.5.6	油罐车检修	检修人员进入油罐时，严禁携带火种，并有防护措施，罐外有专人监护
6.5.7	油罐车装置	电气装置绝缘良好，严禁火花产生。工作照明应为 36V 以下的安全灯
6.7.9	机动翻斗车作业	严禁料斗内载人。不得在卸料工况下行驶或进行平地作业
6.7.10	内燃机车	内燃机运转或料斗内载荷时，严禁在车底下进行任何作业
6.9.9	内燃机叉车	进仓库作业，应通风良好。严禁在易燃、易爆的仓库内作业
6.12.1	人货两用梯	拆装须由资质的专业队伍负责，并由取得操作证的人员进行操作和维修

续表

条　号	项　目	重点检查内容
6.12.9	升降机安装验收	应对基础和附壁支架以及安装质量进行检查，并进行技术试验(包括坠落试验)，合格后，投入运行
7.1.4	打桩作业	作业区无高压线路和无关人员，有明显标志或围栏。锤打中，人员须在桩锤中心 5m 以外监视
7.1.8	桩机操作	严禁吊桩、吊锤、回转或行走等动作同时进行。桩机上有桩和锤的情况下，人员不得离开岗位
7.3.11	悬挂振动桩锤的起重机	吊钩上须有防松脱的装置。振动桩锤悬挂钢架的耳环上应加装保险钢丝绳
7.5.18	静力压桩机	压桩时，非工作人员应离机 10m 以外
7.6.7	夯机作业	夯锤下落后，在吊钩尚未降至夯锤吊环附近前，操作人员不得提前下坑挂钩。提锤时，严禁人员站在锤上随锤提升
7.11.2	潜水泵	放入或提出水面时，应切断电源，严禁拉拽电缆或出水管
8.2.13	搅拌机作业	严禁人员在升起的料斗下停留或通过；检修或清理料坑时，应用铁链或插入销锁住料斗
8.8.3	插入式振动器	电缆线长度满足操作所需，不得被物品或车辆挤压，严禁用电缆线拖拉或吊挂振动器
9.5.2	钢筋冷拉机	地锚外侧设警戒区，并装防护栏及警告标志，人员不得停留。作业时人员须离钢筋 2m 以外
10.6.2	高压无气喷涂机	喷涂燃点在 21℃以下的易燃涂料时，必须接好地线。喷涂机不得和被喷物放在同一房间里，周围严禁有明火
12.1.2	焊接操作	操作及配合人员必须穿戴劳防用品
12.1.9	禁止焊割的种类	承压的容器及管道、带电设备、承载结构的受力部位和装有易燃、易爆物品的容器
12.1.11	特殊焊割的要求	施焊沾有可燃气体或溶液的容器及管道时，应先消除压力、洗净，灌满清水方可焊接。在容器内焊接应采取防触电、中毒和窒息的措施。焊、割密封容器应留出气孔，必要时强制通风；容器内照明≯12V，焊工与焊件间应绝缘；容器外应设专人监护。严禁在已喷涂过油漆和塑料的容器内焊接
12.1.13	高空焊割	系好安全带、周围和下方应有防火措施、有专人监护
12.14.6	电石	起火时须用干砂或二氧化碳灭火器，严禁用泡沫、四氯化碳灭火器或水灭火。电石粒末应在露天销毁
12.14.16	氧气瓶	未安装减压器的氧气瓶严禁使用

《建筑施工扣件式钢管脚手架安全技术规范》JGJ 130—2001

条　号	项　目	重点检查内容
3.1.3	脚手架用钢管	钢管上严禁打孔
5.3.5	立杆稳定性计算	脚手架主要搭设尺寸有变化时，除计算底层立杆段外，还须对最大步距或最大立杆纵距、横距，连墙件间距等的立杆段进行验算

续表

条 号	项 目	重点检查内容
6.2.2	横向水平杆	主节点处须设一根横向水平杆，用直角扣件扣接
6.3.2	脚手架扫地杆	须纵、横向设置。纵向扫地杆离底座≯0.2m、横向扫地杆在纵向扫地杆下方设置，均用直角扣件与立杆紧扣。立杆基础高低差≯1m。靠边坡上方的立杆轴线到边坡的距离≮0.5m，且高处纵向扫地杆向低处延长两跨与立杆固定
6.3.5	立杆接长	须采用对接扣件连接(顶层顶步除外)
6.4.2	一字型、开口型脚手架连墙件布置	一字型、开口型脚手架两端须设置连墙件，连墙件的垂直间距不大于层高，并不大于4m(两步)
6.4.4	刚性连墙件使用	24m以上双排脚手架须用刚性连墙件
6.4.5	连墙件构造	采用可承受拉力和压力的构造
6.6.2	剪刀撑设置	24m以下的单、双排脚手架，外侧立面的两端各设一道剪刀撑，由底至顶连续设置
6.6.3	横向斜撑设置	一字型、开口型双排脚手架的两端均必须设置横向斜撑
7.1.5	脚手架基础	脚手架使用时不应开挖，否则须加固
7.3.1	脚手架搭设进度	一次搭设高度不应超过相邻连墙件以上两步
7.3.4	立杆搭设	严禁将外径48mm与51mm的钢管混合使用
7.3.8	同步搭设规定	剪刀撑、横向斜撑应随立杆、纵向和横向水平杆等同步搭设
7.4.2	拆脚手架	由上而下逐层进行。连墙件随脚手架逐层拆除。分段拆除高差不应大于两步，否则应增设连墙件
7.4.3	拆脚手架卸料要求	构配件严禁抛掷
8.1.3	旧扣件使用	应进行检查，有裂缝、变形的严禁使用，滑丝的螺栓必须更换
9.0.1	搭设人员	须经培训考核合格的架子工，定期体检，合格者持证上岗
9.0.4	脚手架荷载	不得超载。不得将模板支架、缆风绳、泵送混凝土和砂浆的输送管等固定在脚手架上；严禁悬挂起重设备
9.0.7	使用中严禁拆除的杆件	主节点处的纵、横向水平杆，纵、横向扫地杆、连墙件

《建筑施工门式钢管脚手架安全技术规范》JGJ 128—2000

条 号	项 目	重点检查内容
3.0.4	钢管	平直度在1/500内；两端不得有斜口、毛口；硬弯、砸扁及严重锈蚀的钢管严禁使用
6.2.2	上、下榀门架组装	须设连接棒及锁臂
6.2.4	水平架设置点	脚手架的顶层门架上部、连墙件设置层、防护棚设置处
6.5.4	连墙件承受力	能承受≮10kN拉力与压力
6.8.1	搭设门架场地	须平整坚实，作好排水，回填土须逐层夯实
7.3.1	门架搭设	交叉支撑、水平架或脚手板应紧随门架及时设置；连接门架与配件的锁臂、搭钩须处于锁住状态

续表

条　号	项　目	重点检查内容
7.3.2	加固件搭设	加固杆、剪刀撑必须与脚手架同步搭设
7.3.3	连墙件搭设	须随脚手架搭设同步进行
7.5.4	脚手架拆除	1. 统一指挥，后装先拆 2. 连墙件、通长水平杆和剪刀撑等，不得提前拆 3. 工人须站在临时设置的脚手板上拆卸，并按规定使用防护用品 4. 拆除中，严禁使用榔头等硬物击打、撬挖，拆下的连接棒应放入袋内，锁臂应传递至地面
8.0.1	搭拆人员	由专业架子工担任，持证上岗，定期体检
8.0.2	搭拆人员防护	须戴安全帽，系安全带，穿防滑鞋
8.0.3	施工荷载	不得超载；不得集中堆放物件。严禁在脚手架上拉缆风绳或固定、架设混凝土泵、泵管及起重设备等
8.0.5	施工期间不得拆除的杆件	交叉支撑，水平架；连墙件；加固杆件（如剪刀撑、水平加固杆、扫地杆、封口杆等等）；栏杆
8.0.7	门架基础	基础或邻近严禁挖掘
8.0.10	人员上下	脚手架外侧严禁任意攀登
9.4.3	拆除材料	严禁高空抛掷

《龙门架及井架物料提升机安全技术规范》JGJ 88—92

条　号	项　目	重点检查内容
2.0.6	提升机验收	安装完毕验收合格，方可投入使用
3.1.9	提升机架体	顶部自由高度≯6m
4.0.11	提升钢丝绳	不得接长使用。端头与卷筒卡牢，整齐排列。吊篮最低时，卷筒上钢丝绳不少于3圈
5.0.1	安全防护装置要求	1. 安全停靠装置。能可靠地承担吊篮自重、额定荷载及运料人员和装卸物料时的工作荷载 2. 楼层口停靠栏杆（门）。楼层通道口，应设常闭的停靠栏杆（门），其强度能承受 $1kN/m^2$ 水平荷载 3. 上极限限位器。吊篮升达限定高度时，限位器动作，切断电源（指可逆式卷扬机）或自动报警（指磨擦式卷扬机）。吊篮的越程应≮3m 4. 紧急断电开关。应便于司机操作
7.2.2	附墙架与建筑物连接	附墙架应采用刚性连接，不得连接在脚手架上，严禁用铅丝绑扎
7.2.3	附墙架材质	与架体相同，不得使用木杆、竹杆等材料
7.3.2	提升机缆风绳	缆风绳应选用圆股钢丝绳，经计算确定规格，直径不得小于9.3mm。提升机高度在≤20m，设1组（4～8根），在21～30m时，不少于2组
7.3.3	缆风绳设置	在架体四角有横向缀件的水平面上对称设置。缆风绳与架体的连接处应防止剪切破坏。对连接处的架体焊缝及附件须经设计计算
7.3.8	临时缆风绳	其材料也须使用钢丝绳，严禁使用铅丝、钢筋、麻绳等
8.3.1	卷扬机位置	远离危险作业区，且视线应良好

续表

条 号	项 目	重点检查内容
10.1.2	提升机使用规定	1. 吊篮内物料均匀分布,不得超出吊篮。长料立放时,应采取防滚措施;散料应装箱或装笼。严禁超载使用 2. 严禁人员攀登、穿越提升机架体和乘吊篮上下 3. 高架提升机应使用通讯装置联系。低架提升机在多工种、多楼层同时使用时,应专设指挥人员。作业中发出紧急停车信号,应立即执行

《建筑桩基技术规范》JGJ 94—94

条 号	项 目	重点检查内容
6.2.13	人工挖孔桩安全措施	1. 孔内须设应急软爬梯;供人员上下使用的电葫芦、吊笼等应有自动卡紧装置,不得使用麻绳和尼龙绳吊挂或脚踏井壁凸缘上下。使用前必须检验其安全起吊能力 2. 每日开工前必须检测井下的有毒有害气体,并有足够的防护措施。桩孔开挖深度超过10m时,应有专门送风设备 3. 孔口四周必须设置护栏 4. 挖出的土石方不得堆放在孔口四周1m范围内,机动车辆不得对井壁的安全造成影响 5. 现场的电源、电路由持证电工安装、拆除;电器须接零(地)保护和使用漏电保护器。各孔用电必须分闸。孔上电缆必须架空2.0m以上。孔内电缆、电线须有防磨损、防潮、防断等保护措施。照明应采用安全矿灯或12V以下的安全灯

《建筑地基处理技术规范》JGJ 79—2002

条 号	项 目	重点检查内容
13.3.9	石灰桩施工	应有防止冲孔伤人的有效措施

附　　录

附录 A　建设工程质量管理条例

中华人民共和国国务院令(第 279 号)

《建设工程质量管理条例》已经 2000 年 1 月 10 日国务院第 25 次常务会议通过，现予发布，自发布之日起施行。

总理　朱镕基
2000 年 1 月 30 日

第一章　总　则

第一条　为了加强对建设工程质量的管理，保证建设工程质量，保护人民生命和财产安全，根据《中华人民共和国建筑法》，制定本条例。

第二条　凡在中华人民共和国境内从事建设工程的新建、扩建、改建等有关活动及实施对建设工程质量监督管理的，必须遵守本条例。

本条例所称建设工程，是指土木工程、建筑工程、线路管道和设备安装工程及装修工程。

第三条　建设单位、勘察单位、设计单位、施工单位、工程监理单位依法对建设工程质量负责。

第四条　县级以上人民政府建设行政主管部门和其他有关部门应当加强对建设工程质量的监督管理。

第五条　从事建设工程活动，必须严格执行基本建设程序，坚持先勘察、后设计、再施工的原则。

县级以上人民政府及其有关部门不得超越权限审批建设项目或者擅自简化基本建设程序。

第六条　国家鼓励采用先进的科学技术和管理方法，提高建设工程质量。

第二章　建设单位的质量责任和义务

第七条　建设单位应当将工程发包给具有相应资质等级的单位。

建设单位不得将建设工程肢解发包。

第八条　建设单位应当依法对工程建设项目的勘察、设计、施工、监理以及与工程建设有关的重要设备、材料等的采购进行招标。

第九条　建设单位必须向有关的勘察、设计、施工、工程监理等单位提供与建设工程有关的原始资料。

原始资料必须真实、准确、齐全。

第十条　建设工程发包单位不得迫使承包方以低于成本的价格竞标，不得任意压缩合理工期。

建设单位不得明示或者暗示设计单位或者施工单位违反工程建设强制性标准，降低建设工程质量。

第十一条　建设单位应当将施工图设计文件报县级以上人民政府建设行政主管部门或者其他有关部门审查。施工图设计文件审查的具体办法，由国务院建设行政主管部门会同国务院其他有关部门制定。

施工图设计文件未经审查批准的，不得使用。

第十二条　实行监理的建设工程，建设单位应当委托具有相应资质等级的工程监理单位进行监理，也可以委托具有工程监理相应资质等级并与被监理工程的施工承包单位没有隶属关系或者其他利害关系的该工程的设计单位进行监理。

下列建设工程必须实行监理：

（一）国家重点建设工程；

（二）大中型公用事业工程；

（三）成片开发建设的住宅小区工程；

（四）利用外国政府或者国际组织贷款、援助资金的工程；

（五）国家规定必须实行监理的其他工程。

第十三条　建设单位在领取施工许可证或者开工报告前，应当按照国家有关规定办理工程质量监督手续。

第十四条　按照合同约定，由建设单位采购建筑材料、建筑构配件和设备的，建设单位应当保证建筑材料、建筑构配件和设备符合设计文件和合同要求。

建设单位不得明示或者暗示施工单位使用不合格的建筑材料、建筑构配件和设备。

第十五条　涉及建筑主体和承重结构变动的装修工程，建设单位应当在施工前委托原设计单位或者具有相应资质等级的设计单位提出设计方案；没有设计方案的，不得施工。

房屋建筑使用者在装修过程中，不得擅自变动房屋建筑主体和承重结构。

第十六条　建设单位收到建设工程竣工报告后，应当组织设计、施工、工程监理等有关单位进行竣工验收。

建设工程竣工验收应当具备下列条件：

（一）完成建设工程设计和合同约定的各项内容；

（二）有完整的技术档案和施工管理资料；

（三）有工程使用的主要建筑材料、建筑构配件和设备的进场试验报告；

（四）有勘察、设计、施工、工程监理等单位分别签署的质量合格文件；

（五）有施工单位签署的工程保修书。

建设工程经验收合格的，方可交付使用。

第十七条　建设单位应当严格按照国家有关档案管理的规定，及时收集、整理建设项目各环节的文件资料，建立、健全建设项目档案，并在建设工程竣工验收后，及时向建设行政主管部门或者其他有关部门移交建设项目档案。

第三章 勘察、设计单位的质量责任和义务

第十八条 从事建设工程勘察、设计的单位应当依法取得相应等级的资质证书，并在其资质等级许可的范围内承揽工程。

禁止勘察、设计单位超越其资质等级许可的范围或者以其他勘察、设计单位的名义承揽工程。禁止勘察、设计单位允许其他单位或者个人以本单位的名义承揽工程。

勘察、设计单位不得转包或者违法分包所承揽的工程。

第十九条 勘察、设计单位必须按照工程建设强制性标准进行勘察、设计，并对其勘察、设计的质量负责。

注册建筑师、注册结构工程师等注册执业人员应当在设计文件上签字，对设计文件负责。

第二十条 勘察单位提供的地质、测量、水文等勘察成果必须真实、准确。

第二十一条 设计单位应当根据勘察成果文件进行建设工程设计。

设计文件应当符合国家规定的设计深度要求，注明工程合理使用年限。

第二十二条 设计单位在设计文件中选用的建筑材料、建筑构配件和设备，应当注明规格、型号、性能等技术指标，其质量要求必须符合国家规定的标准。

除有特殊要求的建筑材料、专用设备、工艺生产线等外，设计单位不得指定生产厂、供应商。

第二十三条 设计单位应当就审查合格的施工图设计文件向施工单位作出详细说明。

第二十四条 设计单位应当参与建设工程质量事故分析，并对因设计造成的质量事故，提出相应的技术处理方案。

第四章 施工单位的质量责任和义务

第二十五条 施工单位应当依法取得相应等级的资质证书，并在其资质等级许可的范围内承揽工程。

禁止施工单位超越本单位资质等级许可的业务范围或者以其他施工单位的名义承揽工程。禁止施工单位允许其他单位或者个人以本单位的名义承揽工程。

施工单位不得转包或者违法分包工程。

第二十六条 施工单位对建设工程的施工质量负责。

施工单位应当建立质量责任制，确定工程项目的项目经理、技术负责人和施工管理负责人。

建设工程实行总承包的，总承包单位应当对全部建设工程质量负责；建设工程勘察、设计、施工、设备采购的一项或者多项实行总承包的，总承包单位应当对其承包的建设工程或者采购的设备的质量负责。

第二十七条 总承包单位依法将建设工程分包给其他单位的，分包单位应当按照分包合同的约定对其分包工程的质量向总承包单位负责，总承包单位与分包单位对分包工程的

质量承担连带责任。

第二十八条　施工单位必须按照工程设计图纸和施工技术标准施工，不得擅自修改工程设计，不得偷工减料。

施工单位在施工过程中发现设计文件和图纸有差错的，应当及时提出意见和建议。

第二十九条　施工单位必须按照工程设计要求、施工技术标准和合同约定，对建筑材料、建筑构配件、设备和商品混凝土进行检验，检验应当有书面记录和专人签字；未经检验或者检验不合格的，不得使用。

第三十条　施工单位必须建立、健全施工质量的检验制度，严格工序管理，作好隐蔽工程的质量检查和记录。隐蔽工程在隐蔽前，施工单位应当通知建设单位和建设工程质量监督机构。

第三十一条　施工人员对涉及结构安全的试块、试件以及有关材料，应当在建设单位或者工程监理单位监督下现场取样，并送具有相应资质等级的质量检测单位进行检测。

第三十二条　施工单位对施工中出现质量问题的建设工程或者竣工验收不合格的建设工程，应当负责返修。

第三十三条　施工单位应当建立、健全教育培训制度，加强对职工的教育培训；未经教育培训或者考核不合格的人员，不得上岗作业。

第五章　工程监理单位的质量责任和义务

第三十四条　工程监理单位应当依法取得相应等级的资质证书，并在其资质等级许可的范围内承担工程监理业务。

禁止工程监理单位超越本单位资质等级许可的范围或者以其他工程监理单位的名义承担工程监理业务。禁止工程监理单位允许其他单位或者个人以本单位的名义承担工程监理业务。

工程监理单位不得转让工程监理业务。

第三十五条　工程监理单位与被监理工程的施工承包单位以及建筑材料、建筑构配件和设备供应单位有隶属关系或者其他利害关系的，不得承担该项建设工程的监理业务。

第三十六条　工程监理单位应当依照法律、法规以及有关技术标准、设计文件和建设工程承包合同，代表建设单位对施工质量实施监理，并对施工质量承担监理责任。

第三十七条　工程监理单位应当选派具备相应资格的总监理工程师和监理工程师进驻施工现场。

未经监理工程师签字，建筑材料、建筑构配件和设备不得在工程上使用或者安装，施工单位不得进行下一道工序的施工。未经总监理工程师签字，建设单位不拨付工程款，不进行竣工验收。

第三十八条　监理工程师应当按照工程监理规范的要求，采取旁站、巡视和平行检验等形式，对建设工程实施监理。

第六章　建设工程质量保修

第三十九条　建设工程实行质量保修制度。

建设工程承包单位在向建设单位提交工程竣工验收报告时，应当向建设单位出具质量保修书。质量保修书中应当明确建设工程的保修范围、保修期限和保修责任等。

第四十条 在正常使用条件下，建设工程的最低保修期限为：

（一）基础设施工程、房屋建筑的地基基础工程和主体结构工程，为设计文件规定的该工程的合理使用年限；

（二）屋面防水工程、有防水要求的卫生间、房间和外墙面的防渗漏，为5年；

（三）供热与供冷系统，为2个采暖期、供冷期；

（四）电气管线、给排水管道、设备安装和装修工程，为2年。

其他项目的保修期限由发包方与承包方约定。

建设工程的保修期，自竣工验收合格之日起计算。

第四十一条 建设工程在保修范围和保修期限内发生质量问题的，施工单位应当履行保修义务，并对造成的损失承担赔偿责任。

第四十二条 建设工程在超过合理使用年限后需要继续使用的，产权所有人应当委托具有相应资质等级的勘察、设计单位鉴定，并根据鉴定结果采取加固、维修等措施，重新界定使用期。

第七章 监督管理

第四十三条 国家实行建设工程质量监督管理制度。

国务院建设行政主管部门对全国的建设工程质量实施统一监督管理。国务院铁路、交通、水利等有关部门按照国务院规定的职责分工，负责对全国的有关专业建设工程质量的监督管理。

县级以上地方人民政府建设行政主管部门对本行政区域内的建设工程质量实施监督管理。县级以上地方人民政府交通、水利等有关部门在各自的职责范围内，负责对本行政区域内的专业建设工程质量的监督管理。

第四十四条 国务院建设行政主管部门和国务院铁路、交通、水利等有关部门应当加强对有关建设工程质量的法律、法规和强制性标准执行情况的监督检查。

第四十五条 国务院发展计划部门按照国务院规定的职责，组织稽察特派员，对国家出资的重大建设项目实施监督检查。

国务院经济贸易主管部门按照国务院规定的职责，对国家重大技术改造项目实施监督检查。

第四十六条 建设工程质量监督管理，可以由建设行政主管部门或者其他有关部门委托的建设工程质量监督机构具体实施。

从事房屋建筑工程和市政基础设施工程质量监督的机构，必须按照国家有关规定经国务院建设行政主管部门或者省、自治区、直辖市人民政府建设行政主管部门考核；从事专业建设工程质量监督的机构，必须按照国家有关规定经国务院有关部门或者省、自治区、直辖市人民政府有关部门考核。经考核合格后，方可实施质量监督。

第四十七条 县级以上地方人民政府建设行政主管部门和其他有关部门应当加强对有关建设工程质量的法律、法规和强制性标准执行情况的监督检查。

第四十八条 县级以上人民政府建设行政主管部门和其他有关部门履行监督检查职责

时，有权采取下列措施：

（一）要求被检查的单位提供有关工程质量的文件和资料；

（二）进入被检查单位的施工现场进行检查；

（三）发现有影响工程质量的问题时，责令改正。

第四十九条 建设单位应当自建设工程竣工验收合格之日起15日内，将建设工程竣工验收报告和规划、公安消防、环保等部门出具的认可文件或者准许使用文件报建设行政主管部门或者其他有关部门备案。

建设行政主管部门或者其他有关部门发现建设单位在竣工验收过程中有违反国家有关建设工程质量管理规定行为的，责令停止使用，重新组织竣工验收。

第五十条 有关单位和个人对县级以上人民政府建设行政主管部门和其他有关部门进行的监督检查应当支持与配合，不得拒绝或者阻碍建设工程质量监督检查人员依法执行职务。

第五十一条 供水、供电、供气、公安消防等部门或者单位不得明示或者暗示建设单位、施工单位购买其指定的生产供应单位的建筑材料、建筑构配件和设备。

第五十二条 建设工程发生质量事故，有关单位应当在24小时内向当地建设行政主管部门和其他有关部门报告。对重大质量事故，事故发生地的建设行政主管部门和其他有关部门应当按照事故类别和等级向当地人民政府和上级建设行政主管部门和其他有关部门报告。

特别重大质量事故的调查程序按照国务院有关规定办理。

第五十三条 任何单位和个人对建设工程的质量事故、质量缺陷都有权检举、控告、投诉。

第八章 罚 则

第五十四条 违反本条例规定，建设单位将建设工程发包给不具有相应资质等级的勘察、设计、施工单位或者委托给不具有相应资质等级的工程监理单位的，责令改正，处50万元以上100万元以下的罚款。

第五十五条 违反本条例规定，建设单位将建设工程肢解发包的，责令改正，处工程合同价款百分之零点五以上百分之一以下的罚款；对全部或者部分使用国有资金的项目，并可以暂停项目执行或者暂停资金拨付。

第五十六条 违反本条例规定，建设单位有下列行为之一的，责令改正，处20万元以上50万元以下的罚款：

（一）迫使承包方以低于成本的价格竞标的；

（二）任意压缩合理工期的；

（三）明示或者暗示设计单位或者施工单位违反工程建设强制性标准，降低工程质量的；

（四）施工图设计文件未经审查或者审查不合格，擅自施工的；

（五）建设项目必须实行工程监理而未实行工程监理的；

（六）未按照国家规定办理工程质量监督手续的；

（七）明示或者暗示施工单位使用不合格的建筑材料、建筑构配件和设备的；

（八）未按照国家规定将竣工验收报告、有关认可文件或者准许使用文件报送备案的。

第五十七条 违反本条例规定，建设单位未取得施工许可证或者开工报告未经批准，擅自施工的，责令停止施工，限期改正，处工程合同价款百分之一以上百分之二以下的罚款。

第五十八条 违反本条例规定，建设单位有下列行为之一的，责令改正，处工程合同价款百分之二以上百分之四以下的罚款；造成损失的，依法承担赔偿责任：

（一）未组织竣工验收，擅自交付使用的；

（二）验收不合格，擅自交付使用的；

（三）对不合格的建设工程按照合格工程验收的。

第五十九条 违反本条例规定，建设工程竣工验收后，建设单位未向建设行政主管部门或者其他有关部门移交建设项目档案的，责令改正，处1万元以上10万元以下的罚款。

第六十条 违反本条例规定，勘察、设计、施工、工程监理单位超越本单位资质等级承揽工程的，责令停止违法行为，对勘察、设计单位或者工程监理单位处合同约定的勘察费、设计费或者监理酬金1倍以上2倍以下的罚款；对施工单位处工程合同价款百分之二以上百分之四以下的罚款，可以责令停业整顿，降低资质等级；情节严重的，吊销资质证书；有违法所得的，予以没收。

未取得资质证书承揽工程的，予以取缔，依照前款规定处以罚款；有违法所得的，予以没收。

以欺骗手段取得资质证书承揽工程的，吊销资质证书，依照本条第一款规定处以罚款；有违法所得的，予以没收。

第六十一条 违反本条例规定，勘察、设计、施工、工程监理单位允许其他单位或者个人以本单位名义承揽工程的，责令改正，没收违法所得，对勘察、设计单位和工程监理单位处合同约定的勘察费、设计费和监理酬金1倍以上2倍以下的罚款；对施工单位处工程合同价款百分之二以上百分之四以下的罚款；可以责令停业整顿，降低资质等级；情节严重的，吊销资质证书。

第六十二条 违反本条例规定，承包单位将承包的工程转包或者违法分包的，责令改正，没收违法所得，对勘察、设计单位处合同约定的勘察费、设计费百分之二十五以上百分之五十以下的罚款；对施工单位处工程合同价款百分之零点五以上百分之一以下的罚款；可以责令停业整顿，降低资质等级；情节严重的，吊销资质证书。

工程监理单位转让工程监理业务的，责令改正，没收违法所得，处合同约定的监理酬金百分之二十五以上百分之五十以下的罚款；可以责令停业整顿，降低资质等级；情节严重的，吊销资质证书。

第六十三条 违反本条例规定，有下列行为之一的，责令改正，处10万元以上30万元以下的罚款：

（一）勘察单位未按照工程建设强制性标准进行勘察的；

（二）设计单位未根据勘察成果文件进行工程设计的；

（三）设计单位指定建筑材料、建筑构配件的生产厂、供应商的；

（四）设计单位未按照工程建设强制性标准进行设计的。

有前款所列行为，造成工程质量事故的，责令停业整顿，降低资质等级；情节严重的，吊销资质证书；造成损失的，依法承担赔偿责任。

第六十四条　违反本条例规定，施工单位在施工中偷工减料的，使用不合格的建筑材料、建筑构配件和设备的，或者有不按照工程设计图纸或者施工技术标准施工的其他行为的，责令改正，处工程合同价款百分之二以上百分之四以下的罚款；造成建设工程质量不符合规定的质量标准的，负责返工、修理，并赔偿因此造成的损失；情节严重的，责令停业整顿，降低资质等级或者吊销资质证书。

第六十五条　违反本条例规定，施工单位未对建筑材料、建筑构配件、设备和商品混凝土进行检验，或者未对涉及结构安全的试块、试件以及有关材料取样检测的，责令改正，处10万元以上20万元以下的罚款；情节严重的，责令停业整顿，降低资质等级或者吊销资质证书；造成损失的，依法承担赔偿责任。

第六十六条　违反本条例规定，施工单位不履行保修义务或者拖延履行保修义务的，责令改正，处10万元以上20万元以下的罚款，并对在保修期内因质量缺陷造成的损失承担赔偿责任。

第六十七条　工程监理单位有下列行为之一的，责令改正，处50万元以上100万元以下的罚款，降低资质等级或者吊销资质证书；有违法所得的，予以没收；造成损失的，承担连带赔偿责任：

（一）与建设单位或者施工单位串通，弄虚作假、降低工程质量的；

（二）将不合格的建设工程、建筑材料、建筑构配件和设备按照合格签字的。

第六十八条　违反本条例规定，工程监理单位与被监理工程的施工承包单位以及建筑材料、建筑构配件和设备供应单位有隶属关系或者其他利害关系承担该项建设工程的监理业务的，责令改正，处5万元以上10万元以下的罚款，降低资质等级或者吊销资质证书；有违法所得的，予以没收。

第六十九条　违反本条例规定，涉及建筑主体或者承重结构变动的装修工程，没有设计方案擅自施工的，责令改正，处50万元以上100万元以下的罚款；房屋建筑使用者在装修过程中擅自变动房屋建筑主体和承重结构的，责令改正，处5万元以上10万元以下的罚款。

有前款所列行为，造成损失的，依法承担赔偿责任。

第七十条　发生重大工程质量事故隐瞒不报、谎报或者拖延报告期限的，对直接负责的主管人员和其他责任人员依法给予行政处分。

第七十一条　违反本条例规定，供水、供电、供气、公安消防等部门或者单位明示或者暗示建设单位或者施工单位购买其指定的生产供应单位的建筑材料、建筑构配件和设备的，责令改正。

第七十二条　违反本条例规定，注册建筑师、注册结构工程师、监理工程师等注册执业人员因过错造成质量事故的，责令停止执业1年；造成重大质量事故的，吊销执业资格证书，5年以内不予注册；情节特别恶劣的，终身不予注册。

第七十三条　依照本条例规定，给予单位罚款处罚的，对单位直接负责的主管人员和其他直接责任人员处单位罚款数额百分之五以上百分之十以下的罚款

第七十四条　建设单位、设计单位、施工单位、工程监理单位违反国家规定，降低工程质量标准，造成重大安全事故，构成犯罪的，对直接责任人员依法追究刑事责任。

第七十五条　本条例规定的责令停业整顿，降低资质等级和吊销资质证书的行政处罚，由颁发资质证书的机关决定；其他行政处罚，由建设行政主管部门或者其他有关部门依照法

定职权决定。

依照本条例规定被吊销资质证书的，由工商行政管理部门吊销其营业执照。

第七十六条 国家机关工作人员在建设工程质量监督管理工作中玩忽职守、滥用职权、徇私舞弊，构成犯罪的，依法追究刑事责任；尚不构成犯罪的，依法给予行政处分。

第七十七条 建设、勘察、设计、施工、工程监理单位的工作人员因调动工作、退休等原因离开该单位后，被发现在该单位工作期间违反国家有关建设工程质量管理规定，造成重大工程质量事故的，仍应当依法追究法律责任。

第九章 附 则

第七十八条 本条例所称肢解发包，是指建设单位将应当由一个承包单位完成的建设工程分解成若干部分发包给不同的承包单位的行为。本条例所称违法分包，是指下列行为：

（一）总承包单位将建设工程分包给不具备相应资质条件的单位的；

（二）建设工程总承包合同中未有约定，又未经建设单位认可，承包单位将其承包的部分建设工程交由其他单位完成的；

（三）施工总承包单位将建设工程主体结构的施工分包给其他单位的；

（四）分包单位将其承包的建设工程再分包的。

本条例所称转包，是指承包单位承包建设工程后，不履行合同约定的责任和义务，将其承包的全部建设工程转给他人或者将其承包的全部建设工程肢解以后以分包的名义分别转给其他单位承包的行为。

第七十九条 本条例规定的罚款和没收的违法所得，必须全部上缴国库。

第八十条 抢险救灾及其他临时性房屋建筑和农民自建低层住宅的建设活动，不适用本条例。

第八十一条 军事建设工程的管理，按照中央军事委员会的有关规定执行。

第八十二条 本条例自发布之日起施行。

附刑法有关条款

第一百三十七条 建设单位、设计单位、施工单位、工程监理单位违反国家规定，降低工程质量标准，造成重大安全事故的，对直接责任人员处五年以下有期徒刑或者拘役，并处罚金；后果特别严重的，处五年以上十年以下有期徒刑，并处罚金。

附录B　建设工程勘察设计管理条例

中华人民共和国国务院令(第293号)

《建设工程勘察设计管理条例》已经2000年9月20日国务院第31次常务会议通过,现予公布施行。

总理　朱镕基

二○○○年九月二十五日

第一章　总　　则

第一条　为了加强对建设工程勘察、设计活动的管理,保证建设工程勘察、设计质量,保护人民生命和财产安全,制定本条例。

第二条　从事建设工程勘察、设计活动,必须遵守本条例。

本条例所称建设工程勘察,是指根据建设工程的要求,查明、分析、评价建设场地的地质地理环境特征和岩土工程条件,编制建设工程勘察文件的活动。

本条例所称建设工程设计,是指根据建设工程的要求,对建设工程所需的技术、经济、资源、环境等条件进行综合分析、论证,编制建设工程设计文件的活动。

第三条　建设工程勘察、设计应当与社会、经济发展水平相适应,做到经济效益、社会效益和环境效益相统一。

第四条　从事建设工程勘察、设计活动,应当坚持先勘察、后设计、再施工的原则。

第五条　县级以上人民政府建设行政主管部门和交通、水利等有关部门应当依照本条例的规定,加强对建设工程勘察、设计活动的监督管理。

建设工程勘察、设计单位必须依法进行建设工程勘察、设计,严格执行工程建设强制性标准,并对建设工程勘察、设计的质量负责。

第六条　国家鼓励在建设工程勘察、设计活动中采用先进技术、先进工艺、先进设备、新型材料和现代管理方法。

第二章　资质资格管理

第七条　国家对从事建设工程勘察、设计活动的单位,实行资质管理制度。具体办法由国务院建设行政主管部门商国务院有关部门制定。

第八条　建设工程勘察、设计单位应当在其资质等级许可的范围内承揽建设工程勘察、设计业务。

禁止建设工程勘察、设计单位超越其资质等级许可的范围或者以其他建设工程勘察、设计单位的名义承揽建设工程勘察、设计业务。禁止建设工程勘察、设计单位允许其他单位或者个人以本单位的名义承揽建设工程勘察、设计业务。

第九条　国家对从事建设工程勘察、设计活动的专业技术人员，实行执业资格注册管理制度。

未经注册的建设工程勘察、设计人员，不得以注册执业人员的名义从事建设工程勘察、设计活动。

第十条　建设工程勘察、设计注册执业人员和其他专业技术人员只能受聘于一个建设工程勘察、设计单位；未受聘于建设工程勘察、设计单位的，不得从事建设工程的勘察、设计活动。

第十一条　建设工程勘察、设计单位资质证书和执业人员注册证书，由国务院建设行政主管部门统一制作。

第三章　建设工程勘察设计发包与承包

第十二条　建设工程勘察、设计发包依法实行招标发包或者直接发包。

第十三条　建设工程勘察、设计应当依照《中华人民共和国招标投标法》的规定，实行招标发包。

第十四条　建设工程勘察、设计方案评标，应当以投标人的业绩、信誉和勘察、设计人员的能力以及勘察、设计方案的优劣为依据，进行综合评定。

第十五条　建设工程勘察、设计的招标人应当在评标委员会推荐的候选方案中确定中标方案。但是，建设工程勘察、设计的招标人认为评标委员会推荐的候选方案不能最大限度满足招标文件规定的要求的，应当依法重新招标。

第十六条　下列建设工程的勘察、设计，经有关主管部门批准，可以直接发包：

（一）采用特定的专利或者专有技术的；

（二）建筑艺术造型有特殊要求的；

（三）国务院规定的其他建设工程的勘察、设计。

第十七条　发包方不得将建设工程勘察、设计业务发包给不具有相应勘察、设计资质等级的建设工程勘察、设计单位。

第十八条　发包方可以将整个建设工程的勘察、设计发包给一个勘察、设计单位；也可以将建设工程的勘察、设计分别发包给几个勘察、设计单位。

第十九条　除建设工程主体部分的勘察、设计外，经发包方书面同意，承包方可以将建设工程其他部分的勘察、设计再分包给其他具有相应资质等级的建设工程勘察、设计单位。

第二十条　建设工程勘察、设计单位不得将所承揽的建设工程勘察、设计转包。

第二十一条　承包方必须在建设工程勘察、设计资质证书规定的资质等级和业务范围内承揽建设工程的勘察、设计业务。

第二十二条　建设工程勘察、设计的发包方与承包方，应当执行国家规定的建设工程勘察、设计程序。

第二十三条　建设工程勘察、设计的发包方与承包方应当签订建设工程勘察、设计合同。

第二十四条　建设工程勘察、设计发包方与承包方应当执行国家有关建设工程勘察费、设计费的管理规定。

第四章　建设工程勘察设计文件的编制与实施

第二十五条　编制建设工程勘察、设计文件，应当以下列规定为依据：

（一）项目批准文件；

（二）城市规划；

（三）工程建设强制性标准；

（四）国家规定的建设工程勘察、设计深度要求。

铁路、交通、水利等专业建设工程，还应当以专业规划的要求为依据。

第二十六条　编制建设工程勘察文件，应当真实、准确，满足建设工程规划、选址、设计、岩土治理和施工的需要。

编制方案设计文件，应当满足编制初步设计文件和控制概算的需要。

编制初步设计文件，应当满足编制施工招标文件、主要设备材料订货和编制施工图设计文件的需要。

编制施工图设计文件，应当满足设备材料采购、非标准设备制作和施工的需要，并注明建设工程合理使用年限。

第二十七条　设计文件中选用的材料、构配件、设备，应当注明其规格、型号、性能等技术指标，其质量要求必须符合国家规定的标准。

除有特殊要求的建筑材料、专用设备和工艺生产线等外，设计单位不得指定生产厂、供应商。

第二十八条　建设单位、施工单位、监理单位不得修改建设工程勘察、设计文件；确需修改建设工程勘察、设计文件的，应当由原建设工程勘察、设计单位修改。经原建设工程勘察、设计单位书面同意，建设单位也可以委托其他具有相应资质的建设工程勘察、设计单位修改。修改单位对修改的勘察、设计文件承担相应责任。

施工单位、监理单位发现建设工程勘察、设计文件不符合工程建设强制性标准、合同约定的质量要求的，应当报告建设单位，建设单位有权要求建设工程勘察、设计单位对建设工程勘察、设计文件进行补充、修改。

建设工程勘察、设计文件内容需要作重大修改的，建设单位应当报经原审批机关批准后，方可修改。

第二十九条　建设工程勘察、设计文件中规定采用的新技术、新材料，可能影响建设工程质量和安全，又没有国家技术标准的，应当由国家认可的检测机构进行试验、论证，出具检测报告，并经国务院有关部门或者省、自治区、直辖市人民政府有关部门组织的建设工程技术专家委员会审定后，方可使用。

第三十条　建设工程勘察、设计单位应当在建设工程施工前，向施工单位和监理单位说明建设工程勘察、设计意图，解释建设工程勘察、设计文件。

建设工程勘察、设计单位应当及时解决施工中出现的勘察、设计问题。

第五章　监　督　管　理

第三十一条　国务院建设行政主管部门对全国的建设工程勘察、设计活动实施统一监督管理。国务院铁路、交通、水利等有关部门按照国务院规定的职责分工，负责对全国的有关专业建设工程勘察、设计活动的监督管理。

县级以上地方人民政府建设行政主管部门对本行政区域内的建设工程勘察、设计活动实施监督管理。县级以上地方人民政府交通、水利等有关部门在各自的职责范围内，负责对本行政区域内的有关专业建设工程勘察、设计活动的监督管理。

第三十二条　建设工程勘察、设计单位在建设工程勘察、设计资质证书规定的业务范围内跨部门、跨地区承揽勘察、设计业务的，有关地方人民政府及其所属部门不得设置障碍，不得违反国家规定收取任何费用。

第三十三条　县级以上人民政府建设行政主管部门或者交通、水利等有关部门应当对施工图设计文件中涉及公共利益、公众安全、工程建设强制性标准的内容进行审查。

施工图设计文件未经审查批准的，不得使用。

第三十四条　任何单位和个人对建设工程勘察、设计活动中的违法行为都有权检举、控告、投诉。

第六章　罚　　则

第三十五条　违反本条例第八条规定的，责令停止违法行为，处合同约定的勘察费、设计费1倍以上2倍以下的罚款，有违法所得的，予以没收；可以责令停业整顿，降低资质等级；情节严重的，吊销资质证书。

未取得资质证书承揽工程的，予以取缔，依照前款规定处以罚款；有违法所得的，予以没收。

以欺骗手段取得资质证书承揽工程的，吊销资质证书，依照本条第一款规定处以罚款；有违法所得的，予以没收。

第三十六条　违反本条例规定，未经注册，擅自以注册建设工程勘察、设计人员的名义从事建设工程勘察、设计活动的，责令停止违法行为，没收违法所得，处违法所得2倍以上5倍以下罚款；给他人造成损失的，依法承担赔偿责任。

第三十七条　违反本条例规定，建设工程勘察、设计注册执业人员和其他专业技术人员未受聘于一个建设工程勘察、设计单位或者同时受聘于两个以上建设工程勘察、设计单位，从事建设工程勘察、设计活动的，责令停止违法行为，没收违法所得，处违法所得2倍以上5倍以下的罚款；情节严重的，可以责令停止执行业务或者吊销资格证书；给他人造成损失的，依法承担赔偿责任。

第三十八条　违反本条例规定，发包方将建设工程勘察、设计业务发包给不具有相应资质等级的建设工程勘察、设计单位的，责令改正，处50万元以上100万元以下的罚款。

第三十九条　违反本条例规定，建设工程勘察、设计单位将所承揽的建设工程勘察、设计转包的，责令改正，没收违法所得，处合同约定的勘察费、设计费25%以上50%以下的罚款，可以责令停业整顿，降低资质等级；情节严重的，吊销资质证书。

第四十条　违反本条例规定，有下列行为之一的，依照《建设工程质量管理条例》第六十三条的规定给予处罚：

（一）勘察单位未按照工程建设强制性标准进行勘察的；

（二）设计单位未根据勘察成果文件进行工程设计的；

（三）设计单位指定建筑材料、建筑构配件的生产厂、供应商的；

（四）设计单位未按照工程建设强制性标准进行设计的。

第四十一条 本条例规定的责令停业整顿、降低资质等级和吊销资质证书、资格证书的行政处罚，由颁发资质证书、资格证书的机关决定；其他行政处罚，由建设行政主管部门或者其他有关部门依据法定职权范围决定。

依照本条例规定被吊销资质证书的，由工商行政管理部门吊销其营业执照。

第四十二条 国家机关工作人员在建设工程勘察、设计活动的监督管理工作中玩忽职守、滥用职权、徇私舞弊，构成犯罪的，依法追究刑事责任；尚不构成犯罪的，依法给予行政处分。

第七章 附 则

第四十三条 抢险救灾及其他临时性建筑和农民自建两层以下住宅的勘察、设计活动，不适用本条例。

第四十四条 军事建设工程勘察、设计的管理，按照中央军事委员会的有关规定执行。

第四十五条 本条例自公布之日起施行。

附录C 实施工程建设强制性标准监督规定

中华人民共和国建设部令(第81号)

《实施工程建设强制性标准监督规定》已于2000年8月21日经第27次部常务会议通过,现予以发布,自发布之日起施行。

部长　俞正声

二〇〇〇年八月二十五日

实施工程建设强制性标准监督规定

第一条　为加强工程建设强制性标准实施的监督工作,保证建设工程质量,保障人民的生命、财产安全,维护社会公共利益,根据《中华人民共和国标准化法》、《中华人民共和国标准化法实施条例》和《建设工程质量管理条例》,制定本规定。

第二条　在中华人民共和国境内从事新建、扩建、改建等工程建设活动,必须执行工程建设强制性标准。

第三条　本规定所称工程建设强制性标准是指直接涉及工程质量、安全、卫生及环境保护等方面的工程建设标准强制性条文。

国家工程建设标准强制性条文由国务院建设行政主管部门会同国务院有关行政主管部门确定。

第四条　国务院建设行政主管部门负责全国实施工程建设强制性标准的监督管理工作。

国务院有关行政主管部门按照国务院的职能分工负责实施工程建设强制性标准的监督管理工作。

县级以上地方人民政府建设行政主管部门负责本行政区域内实施工程建设强制性标准的监督管理工作。

第五条　工程建设中拟采用的新技术、新工艺、新材料,不符合现行强制性标准规定的,应当由拟采用单位提请建设单位组织专题技术论证,报批准标准的建设行政主管部门或者国务院有关主管部门审定。

工程建设中采用国际标准或者国外标准,现行强制性标准未作规定的,建设单位应当向国务院建设行政主管部门或者国务院有关行政主管部门备案。

第六条　建设项目规划审查机构应当对工程建设规划阶段执行强制性标准的情况实施监督。

施工图设计文件审查单位应当对工程建设勘察、设计阶段执行强制性标准的情况实施监督。

建筑安全监督管理机构应当对工程建设施工阶段执行施工安全强制性标准的情况实施监督。

工程质量监督机构应当对工程建设施工、监理、验收等阶段执行强制性标准的情况实施监督。

第七条　建设项目规划审查机关、施工设计图设计文件审查单位、建筑安全监督管理机构、工程质量监督机构的技术人员必须熟悉、掌握工程建设强制性标准。

第八条　工程建设标准批准部门应当定期对建设项目规划审查机关、施工图设计文件审查单位、建筑安全监督管理机构、工程质量监督机构实施强制性标准的监督进行检查，对监督不力的单位和个人，给予通报批评，建议有关部门处理。

第九条　工程建设标准批准部门应当对工程项目执行强制性标准情况进行监督检查。监督检查可以采取重点检查、抽查和专项检查的方式。

第十条　强制性标准监督检查的内容包括：

（一）有关工程技术人员是否熟悉、掌握强制性标准；

（二）工程项目的规划、勘察、设计、施工、验收等是否符合强制性标准的规定；

（三）工程项目采用的材料、设备是否符合强制性标准的规定；

（四）工程项目的安全、质量是否符合强制性标准的规定；

（五）工程中采用的导则、指南、手册、计算机软件的内容是否符合强制性标准的规定。

第十一条　工程建设标准批准部门应当将强制性标准监督检查结果在一定范围内公告。

第十二条　工程建设强制性标准的解释由工程建设标准批准部门负责。

有关标准具体技术内容的解释，工程建设标准批准部门可以委托该标准的编制管理单位负责。

第十三条　工程技术人员应当参加有关工程建设强制性标准的培训，并可以计入继续教育学时。

第十四条　建设行政主管部门或者有关行政主管部门在处理重大工程事故时，应当有工程建设标准方面的专家参加；工程事故报告应当包括是否符合工程建设强制性标准的意见。

第十五条　任何单位和个人对违反工程建设强制性标准的行为有权向建设行政主管部门或者有关部门检举、控告、投诉。

第十六条　建设单位有下列行为之一的，责令改正，并处以20万元以上50万元以下的罚款：

（一）明示或者暗示施工单位使用不合格的建筑材料、建筑构配件和设备的；

（二）明示或者暗示设计单位或者施工单位违反工程建设强制性标准，降低工程质量的。

第十七条　勘察、设计单位违反工程建设强制性标准进行勘察、设计的，责令改正，并处以10万元以上30万元以下的罚款。

有前款行为，造成工程质量事故的，责令停业整顿，降低资质等级；情节严重的，吊销资质证书；造成损失的，依法承担赔偿责任。

第十八条　施工单位违反工程建设强制性标准的，责令改正，处工程合同价款2%以上4%以下的罚款；造成建设工程质量不符合规定的质量标准的，负责返工、修理，并赔偿因此造成的损失；情节严重的，责令停业整顿，降低资质等级或者吊销资质证书。

第十九条　工程监理单位违反强制性标准规定，将不合格的建设工程以及建筑材料、建筑构配件和设备按照合格签字的，责令改正，处50万元以上100万元以下的罚款，降低资质等级或者吊销资质证书；有违法所得的，予以没收；造成损失的，承担连带赔偿责任。

第二十条　违反工程建设强制性标准造成工程质量、安全隐患或者工程事故的，按照《建设工程质量管理条例》有关规定，对事故责任单位和责任人进行处罚。

第二十一条　有关责令停业整顿、降低资质等级和吊销资质证书的行政处罚，由颁发资质证书的机关决定；其他行政处罚，由建设行政主管部门或者有关部门依照法定职权决定。

第二十二条　建设行政主管部门和有关行政部门工作人员，玩忽职守、滥用职权、徇私舞弊的，给予行政处分；构成犯罪的，依法追究刑事责任。

第二十三条　本规定由国务院建设行政主管部门负责解释。

第二十四条　本规定自发布之日起施行。

附录D《工程建设标准强制性条文》(房屋建筑部分)咨询委员会工作准则

(2001年7月27日建办标〔2001〕33号)

第一章 总 则

第一条 为贯彻《建设工程质量管理条例》,加强《工程建设标准强制性条文》房屋建筑部分(以下简称"强制性条文")的管理工作,根据建设部令第81号《实施工程建设强制性标准监督规定》,制定本工作准则。

第二条 强制性条文咨询委员会是受建设部的委托、协助建设部标准定额司管理强制性条文的专家工作机构。

第三条 咨询委员会按国家方针政策及有关法律、法规和强制性条文的有关规定开展工作。

第二章 工 作 任 务

第四条 咨询委员会负责对强制性条文的审查,协助建设部标准定额司负责强制性条文的日常管理和对强制性条文技术内容进行解释。

第五条 咨询委员会协助建设部标准定额司,参与强制性标准实施的监督检查。

第六条 咨询委员会协助组织并参与对工程建设中采用的新技术、新工艺、新材料,尚不符合现行强制性条文规定的论证工作。

第七条 咨询委员会协助组织并参与对拟建工程中采用国际标准或国外标准备案前的论证工作。

第八条 咨询委员会可派员参加相关国家标准、行业标准的送审稿审查会议。

第九条 咨询委员会应承担强制性条文的发展研究工作,并承担强制性条文实施过程中的咨询任务。

第十条 咨询委员会承担建设部标准定额司委托的其他工作。

第三章 组 织 机 构

第十一条 咨询委员会由主任委员、常务副主任委员、副主任委员、秘书长、副秘书长和委员组成。每届咨询委员会任期四年。

第十二条 咨询委员会由具有较高理论水平和丰富实践经验以及从事标准化工作的工程技术人员、研究人员、管理人员组成。

第十三条 咨询委员会实行聘任制,由建设部标准定额司负责聘任。

第十四条 咨询委员会的委员应当承担咨询委员会分配的工作。对不履行职责、工作不力、无故不参加咨询委员会活动或其他原因不宜继续担任委员者,由咨询委员会报请解聘。

第十五条 新增委员由咨询委员会提出,报建设部标准定额司聘任。

第十六条 咨询委员会设秘书处,秘书处挂靠在中国建筑科学研究院,负责咨询委员会的日常工作,由中国建筑科学研究院委派工作人员,并提供必要的工作条件。

第十七条 咨询委员会按专业设立下列九个专业组:

1. 建筑设计组　2. 建筑设备组
3. 建筑防火组　4. 勘察和地基基础组
5. 结构设计组　6. 房屋抗震设计组
7. 结构鉴定和加固组　8. 施工质量组
9. 施工安全组

第十八条 主任委员、常务副主任委员、副主任委员、秘书长和副秘书长可直接参加相关专业组的活动。

第四章 强制性条文的审查

第十九条 强制性条文的审查以专业组为单位,可采用函审或会议审查。当内容较多、意见分歧较大时应采用会议审查。

第二十条 咨询委员会各专业组对强制性条文采用会议审查时,参加会议人数必须达到全组人数的四分之三以上,审查会须形成会议纪要,提出审查意见。

第二十一条 咨询委员会各专业组对强制性条文采用函审方式时,一般应征询专业组全体委员的意见,如遇特殊情况,至少须征询不低于本组五分之四委员的意见。各专业组组长应及时收集本组委员的书面意见,汇总、整理后,提出审查意见。

第二十二条 对审查内容,原则上应协商一致。对于有分歧意见的条文,专业组可以采用表决的办法,将表决结果报秘书处,由秘书处送主任会议研究确定。

第二十三条 审查内容应为国家标准、行业标准编制组通过标准审查会议提出的直接涉及工程质量、安全、卫生及环境保护和公共利益等方面并需要强制执行的条文。

第二十四条 下列内容不得列入强制性条文:

一、条文规定的内容可操作性差;

二、争议较大,且未取得一致的意见。

三、其他标准的内容已经纳入到强制性条文中,不再重复列入;

第二十五条 强制性条文审查意见可包括下列三类结论:

一、同意纳入强制性条文;

二、不同意纳入强制性条文;

三、修改后再纳入强制性条文。

第五章 工 作 程 序

第二十六条 强制性条文由相应标准编制组负责起草,经标准审查会议进行初步审查后,由标准编制组将标准审查会议纪要、强制性条文及说明报送咨询委员会秘书处。

第二十七条 咨询委员会收到强制性条文文件后,30个工作日内,提出审查意见,返回标准编制组,由标准编制组将咨询委员会的审查意见和其他报批文件按照标准报批程序上报有关部门。

第二十八条 咨询委员会秘书处在接到编制组提交的强制性条文送审材料后，按专业汇总，在五个工作日内，将强制性条文和条文说明及其他相关文件送交有关主任委员和专业组进行审查。各专业组收到审查文件后20个工作日返回咨询委员会秘书处。

第二十九条 经专业组审查通过的强制性条文审查意见，由秘书处进行复核，送主任委员或常务副主任委员签字后，返回标准编制组。

第三十条 当需要讨论强制性条文重大问题或共性问题时，召开咨询委员会全体成员会议。全体成员会议一般结合审查会议同时举行。

第六章 附 则

第三十一条 本准则自建设部批准之日起执行。

第三十二条 本准则由建设部标准定额司负责解释。

附录E 《工程建设标准强制性条文》(房屋建筑部分)咨询委员会成员名单

主　　任:	徐培福	建设部科学技术委员会	常务副主任　研究员
常务副主任:	袁振隆	中国建筑科学研究院	副院长　教授级高工
副　主　任:	徐金泉	建设部标准定额研究所	副所长
	王金森	中国建筑设计研究院	副院长
	黄熙龄	中国建筑科学研究院	院　士
	容柏生	广东省建筑设计研究院	院　士
	吕志涛	东南大学	院　士
	周锡元	中国建筑科学研究院	院　士
	叶可明	上海建工集团	院　士
	沈世钊	哈尔滨工业大学	院　士
秘书长(临):	卫　明	建设部标准定额司	副处长　高　工
副秘书长:	丁玉琴	中国建筑科学研究院	研究员
	张　雁	中国土木工程学会	秘书长　研究员
	马　恒	公安部消防局防火处	副处长　高　工
	陈国义	建设部标准定额研究所	副处长　高　工
建筑设计组:			
召　集　人:	林建平	中国建筑设计研究院住宅工程中心	教授级高工
成　　员:	周文麟	北京市建筑设计研究院	高级建筑师
	周锡全	中国工程建设标准化协会	秘书长　高　工
	叶茂煦	清华大学建筑学院	教　授
	林海燕	中国建筑科学研究院物理所	所长　研究员
	林　杰	中国建筑科学研究院物理所	高　工
建筑设备组:			
召　集　人:	郎四维	中国建筑科学研究院空调所	顾问总工　研究员
成　　员:	高　勇	中国市政华北设计研究院	高　工
	张　淼	上海现代建筑设计(集团)有限公司	高　工
	徐　伟	中国建筑科学研究院空调所	所长　研究员
	周吕军	北京有色冶金设计研究院	高　工
	王冠军	总后建筑设计研究院	高　工
建筑防火组:			
召　集　人:	倪照鹏	公安部天津消防科研所	副研究员
成　　员:	黄德祥	公安部四川消防科研所	高　工

	李引擎	中国建筑科学研究院防火所	研究员
	曾　杰	上海市消防局建审处	副处长　高　工
	赵克伟	北京市消防局建审处	副处长　高　工
	亓延军	山东省消防局防火部	副处长　高　工
	沈　纹	公安部消防局防火处	高　工
勘察和地基基础组:			
召　集　人:	滕延京	中国建筑科学研究院地基所	所长　研究员
成　　员:	顾宝和	建设部勘察设计研究院	勘察大师
	刘金砺	中国建筑科学研究院地基所	研究员
	张永钧	中国建筑科学研究院地基所	研究员
	李荣强	深圳市勘察设计研究院	副院长　教授级高工
	张在明	北京市勘察设计研究院	院士　勘察大师
	杨　敏	同济大学	教授
结构设计组:			
召　集　人:	白生翔	中国建筑科学研究院结构所	研究员
成　　员:	苑振芳	中国建筑东北设计研究院	教授级高工
	李明顺	中国建筑科学研究院	顾问总工　研究员
	胡德炘	中国建筑科学研究院结构所	研究员
	邵卓民	中国工程建设标准化协会	研究员
	陈雪庭	中国建筑中南建筑设计研究院	教授级高工
	王永维	四川省建筑科学研究院	副院长　教授级高工
	于之绰	冶金建筑研究总院	教授级高工
	陶学康	中国建筑科学研究院结构所	研究员
	汪大绥	华东建筑设计研究院	设计大师
	白绍良	重庆大学	教授
	陈基发	中国建筑科学研究院结构所	研究员
	李国强	同济大学	副校长　教授
	陈岱林	中国建筑科学研究院结构所	副所长　研究员
	黄小坤	中国建筑科学研究院结构所	研究员
房屋抗震设计组:			
召　集　人:	戴国莹	中国建筑科学研究院	研究员
成　　员:	徐　建	中国机械设备集团公司	副总裁　教授级高工
	徐永基	中国建筑西北设计研究院	顾问总　教授级高工
	贾　抒	建设部抗震办公室	副处长　高工
	钱稼茹	清华大学	教　授
结构鉴定和加固组			
召　集　人:	梁　坦	四川省建筑科学研究院	研究员
成　　员:	岳清瑞	冶金建筑研究总院	教授级高工
	邸小坛	中国建筑科学研究院	研究员

	姓名	单位	职务/职称
	林文修	重庆市建筑科学研究院	总工 高 工
	侯伟生	福建省建筑科学研究院	副院长 研究员
施工质量组:			
召 集 人:	吴松勤	中国建筑协会质量监督分会	会长 教授级高工
成 员:	张昌叙	陕西省建筑科学研究院	教授级高工
	高小旺	国家建筑工程质量检测中心	副主任 研究员
	桂业琨	上海市地基基础公司	总工 教授级高工
	张元勃	北京市建设工程质量监督总站	副站长 教授级高工
	徐有邻	中国建筑科学研究院	研究员
	侯兆欣	冶金建筑研究总院	研究员
	孟小平	中国建筑科学研究院装修所	研究员
	陈凤旺	中国建筑科学研究院机械化分院	高 工
	钱大治	浙江省建筑工程安装公司	总工 教授级高工
	王 华	江苏省建设厅科技处	高 工
	宋 波	沈阳市建筑工程管理局	高 工
	邵长利	建设部质量安全监督及行业发展司	调研员 高 工
施工安全组			
召 集 人:	杨华雄	中建一局科研所	副总工 教授级高工
成 员:	刘嘉福	天津建工集团总公司	教授级高工
	黄 强	中国建筑科学研究院	副院长 研究员
	刘 军	上海市建筑施工技术研究院	教授级高工
	夏 静	深圳市施工安全监督站	站长 高 工
	邓 谦	建设部质量安全监督及行业发展司	调研员 高 工